Oldenbourgs

Technische Handbibliothek

Band III:

A. Schäfer, Einrichtung und Betrieb eines Gaswerkes

München und **Berlin**
Druck und Verlag von R. Oldenbourg
1910

Einrichtung
und
Betrieb eines Gaswerkes

Ein Leitfaden
für Betriebsleiter und Konstrukteure

bearbeitet von

A. Schäfer
Direktor des städt. Gas- und Wasserwerks zu Ingolstadt

Unter Mitwirkung von

Dr.-Ing. R. Witzeck, Chemiker

Dritte vermehrte und verbesserte Auflage
Mit 413 Abbildungen und 8 Tafeln

München und Berlin
Druck und Verlag von R. Oldenbourg
1910

In Dankbarkeit seinem väterlichen Freund und früheren Lehrer

Herrn Professor Max Pahl

gewidmet.

Der Verfasser.

Vorwort.

Die vorliegende dritte Auflage enthält wiederum wesentliche Verbesserungen gegenüber der letzten Auflage. Selbstverständlich haben alle Neukonstruktionen von Bedeutung Aufnahme gefunden. Auch die einzelnen Untersuchungsmethoden sowie die rein theoretischen Betrachtungen sind einer kritischen Prüfung unterzogen worden.

Im Kapitel »Steinkohlen« konnten die neueren Untersuchungen der Versuchs- und Lehrgasanstalt Karlsruhe über Gaskohlen die älteren Resultate aus den achtziger Jahren ergänzen und berichtigen. Der Verbrennungsprozeß und der Vergasungsprozeß wurden entsprechend den neueren Anschauungen ergänzt. Die Beschreibung der Konstruktionen der Vertikalöfen und der Kammeröfen wurde neu aufgenommen. Das Kapitel Transportmittel wurde ganz neu bearbeitet. Unter den Apparaten zur Verarbeitung von Gaswasser konnten einige konstruktive Verbesserungen Aufnahme finden. Im Kapitel Gasreinigung wurde der vertikal stehende Reinigerkasten näher beschrieben. Den Anschauungen über die Zersetzung des Wasserdampfes im Wassergasgenerator wurden die neueren Untersuchungen von Strache zugrunde gelegt.

Bei der Bearbeitung der neuen Auflage haben mich wiederum eine Reihe von Kollegen und Firmen in der entgegenkommendsten Weise unterstützt. Ganz besonderer Dank sei aber den Herren Dr. Ing. Witzeck,

Ingenieur Pichler und Ingenieur H. Schmiedt abgestattet für die bei der Bearbeitung des chemischen Teils, der Kapitel »Gasbehälter« resp. »Wassergas« geleistete Mitarbeit.

Die äußere Ausstattung des Buches ließ sich die Verlagsbuchhandlung wieder sehr angelegen sein.

Hoffentlich findet auch diese neue Auflage jene wohlwollende Aufnahme, die ihre beiden Vorgängerinnen gefunden haben.

Ingolstadt, Dezember 1909.

A. Schäfer.

Inhaltsverzeichnis.

I. Die Steinkohlen.

1. Brennstoffe.

Das zur Leuchtgasbereitung verwendete Rohmateria gehört zu den Brennstoffen. Unter dieser Bezeichnung werden alle Stoffe zusammengefaßt, durch deren Verbrennung für häusliche und gewerbliche Zwecke Wärme und Licht gewonnen wird. Je nachdem die Brennstoffe vorwiegend zur Erzeugung von Wärme oder Licht benutzt werden, unterscheidet man — aber ohne scharfe Trennung — Heizstoffe und Leuchtstoffe. Die wichtigsten sind:

Brennstoffe.

	Heizstoffe.	Leuchtstoffe.	
fest	Holz	Talg	Kerzen
	Torf	Wachs	
	Braunkohle	Walrat	
	Steinkohle	Stearinsäure	
	Anthrazit	Paraffin	
flüssig	Erdöl	Rüböl	Lampen
	Spiritus	Petroleum	
gasförmig	Leuchtgas	Leuchtgas	Brenner
	Wassergas	Ölgas	
	Generatorgas	Azetylen	
	Mischgas		

Die Hauptbestandteile aller Brennstoffe sind Kohlenstoff und Wasserstoff, dazu kommt bei vielen mehr oder weniger Sauerstoff; die festen Heizstoffe enthalten außerdem geringe Mengen Stickstoff und Schwefel neben wechselnden Mengen mineralischer Bestandteile (Asche) und Wasser.

Die natürlich vorkommenden festen und flüssigen Brennstoffe haben die Eigenschaft, nicht direkt zu verbrennen, sondern durch Einwirkung der Hitze gasförmige Produkte zu entwickeln, die ihrerseits mit Flamme verbrennen. Daher ist jede Flammenbeleuchtung eigentlich »Gasbeleuchtung«. Während aber bei festen und flüssigen Leuchtstoffen (Kerzen und Öllampen) Gaserzeugung und Verbrennung örtlich und zeitlich zusammenfallen, sind diese beiden Vorgänge bei der Gasbeleuchtung im engeren Sinne räumlich und zeitlich vollständig getrennt.

Die festen Heizstoffe können im allgemeinen nicht direkt zur Beleuchtung verwendet werden, weil sie nicht regelmäßig abbrennen, Ruß und Rauch als lästige Produkte unvollständiger Verbrennung entwickeln und unverbrennliche Rückstände hinterlassen. Dagegen eignen sie sich zur Herstellung von Leuchtgas durch Erhitzen unter Luftabschluß, d. h. durch die sogenannte trockene Destillation. Das wirtschaftlich wertvollste Material für diesen Zweck liefern die Steinkohlen und unter diesen die geologisch jüngeren, in den oberen Schichten gelagerten Gaskohlen.

Fossile Brennstoffe.

Im Gegensatz zum Holz bezeichnet man die übrigen natürlichen festen Heizstoffe, die sämtlich aus mehr oder weniger veränderten Pflanzenresten gebildet sind und aus oberen oder tiefer liegenden Erdschichten gewonnen werden, als fossile Brennstoffe. Die im Aufbau der gesamten Erdrinde räumlich so unbedeutende gesteinsbildende Tätigkeit der Pflanzenwelt durch Verkohlung hat für das Kulturleben die größte Wichtigkeit erlangt.

Die Herkunft der Steinkohlen aus Pflanzenresten erkannten schon einzelne Forscher des 18. Jahrhunderts (Scheuchzer 1706, Beroldingen 1778), der

Nachweis pflanzlicher Zellen gelang H u t t o n 1835 und L i n k 1838.

G ü m b e l war der erste, der einwandfrei nachgewiesen hat, daß alle fossilen Brennstoffe als eine fortlaufende Reihe gleichartiger Bildungen anzusehen sind, und daß in allen Kohlen sich deutlich Pflanzenteile nachweisen lassen, aus denen jene entstanden sind.

Während die Pflanzen bei Luftzutritt verfaulen und nach völliger Verwesung nur ihre unorganischen Bestandteile zurücklassen, unterliegen sie bei Luftabschluß einem sehr langsamen Zersetzungsprozeß, bei dem Wasser, Stickstoff, Kohlensäure (»s c h w e r e W e t t e r«) und Methan (»s c h l a g e n d e W e t t e r«) entweichen und in der zurückbleibenden Pflanzensubstanz eine allmähliche Anreicherung an Kohlenstoff erfolgt. Daher zeigen fossile Brennstoffe im allgemeinen desto geringeren Sauerstoff- und desto größeren Kohlenstoffgehalt und höhere Koksausbeute, je älteren geologischen Formationen sie angehören, wie die nachstehende Tabelle über die chemische Zusammensetzung der aschefreien Brennstoffe nebst den Produkten der trockenen Destillation zeigt.

	Zeit der Bildung	C	H	O	Koks	Flüchtige Stoffe Wasser	Teer	Gas
		Gewichts-Prozente				Gewichts-Prozente		
Holz . . .	jetzt	50	6	44	15	60	6	19
Torf . . .		60	6	34	20			
Braunkohle .	Tertiär	65	6	29	40	25	15	20
Wälderkohle	Kreide	70	6	24	45	—	—	—
Flammkohle	Karbon	75	6	19	50	—	—	—
Gaskohle . .		80	6	14	60	8	5	17
Kokskohle .		85	5	10	70/80			
Magerkohle .		90	4	6	90	—	—	—
Anthracit . .	Silur, Devon	95	2	3	95	—	—	—
Graphit . .	Kambrium	100	—	—	100	—	—	—

Doch nicht allein vom Alter, sondern auch von den Ausgangsprodukten hängt die Art und Zusammensetzung der fossilen Brennstoffe ab. Torf bildet sich noch jetzt aus Moosen und Sumpfpflanzen (namentlich Sphagnum- und Hypnumarten), die Braunkohlen der Tertiärzeit sind meist aus Koniferen, Palmen und Laubhölzern, die Steinkohlen des Karbons besonders aus riesigen Gefäßkryptogamen, Anthrazit und Graphit jedenfalls aus Algen entstanden. Der letztere findet sich schon in solchen Gesteinen (Urschiefer und Gneis), die außer diesen Resten einer Urflora noch keine Spuren irgendwelcher Lebewesen aufweisen.

2. Entstehung der Steinkohlen.

Die geologische Formation, welche der Steinkohle durch ihr häufiges Vorkommen und ihre weite Verbreitung ein charakteristisches Gepräge verleiht, ist die hiernach benannte Steinkohlen- oder Karbonformation. Diese gliedert sich in zwei Abteilungen; den rein marinen, zahlreiche Versteinerungen von Schal- und Muscheltieren einschließenden Kohlenkalk und das eigentliche sogenannte produktive Steinkohlengebirge. Nur im letzteren findet sich die Kohle in Form von Flözen zwischen weit überwiegenden Massen von Kohlensandsteinen und Schiefertonen.

Zur Bildung eines Steinkohlenflözes gehören bei dem durch Druck und Verkohlung bedingten starken Schwinden des Materials ungeheure Massen von Pflanzensubstanz, so daß zur Entstehung der Kohlenlager nach Jahrmillionen zählende Zeiträume erforderlich waren.

Das Klima der Steinkohlenzeit dürfte, wie die bisherigen Forschungsergebnisse bestätigen, auf der ganzen Erdoberfläche ziemlich gleichmäßig, dem unserer Tropen ähnlich, feuchtwarm und an Niederschlägen sehr reich gewesen sein und dadurch eine außerordentlich üppige Entwicklung der Pflanzenwelt begünstigt haben. Die Wälder jener Zeit waren nicht so abwechslungsreich wie unsere heutigen. Es fehlten unsere Laubhölzer, die

Nadelhölzer waren spärlich vertreten, dagegen herrschten Pflanzen vor in der Form unserer Schachtelhalme, Bärlappgewächse und namentlich Farnkräuter, aber in Baumgröße (Sigillarien, Kalamiten, Lepidodendren, Lykopodien, Equisetaceen). Besonders charakteristisch waren die im Aussehen unseren Palmen ähnlichen »Schuppen- und Siegelbäume«, letztere mit ihren zahlreichen Wurzeln, den Stigmarien. Dafür fehlte den Wäldern aller Blumenschmuck, und auch von größeren Landtieren sind keine Reste erhalten.

Längere Zeit stand die Forschung vor der Streitfrage, ob die Kohlenlager sich aus den an Ort und Stelle, auf den Resten der abgestorbenen Vegetation immer wieder gewachsenen Pflanzen, also »autochthon«, oder aus einem durch Flüsse, Meeresbrandung oder Überschwemmungen zusammengetragenen Pflanzenmaterial, also »allochthon«, gebildet haben.

Diese Streitfrage ist jetzt, namentlich durch Gümbel und Potonié, aus der Kenntnis des »Hangenden« und »Liegenden« der Kohlenflöze (das sind die direkt über und unter einem Flöz liegenden Schichten) dahin entschieden, daß ebenso wie in den Torfmooren unserer Tage auch in der Vorzeit die Pflanzenablagerungen in der Regel an der Stelle ihres Wachstums erfolgten. Es finden sich oft im Liegenden eines Flözes die Wurzeln von Bäumen, denen im Hangenden versteinerte Überreste von aufrecht stehenden Stämmen entsprechen. Auch lassen sich durch Anschwemmung z. B. die über Hunderte von Quadratmeilen ausgedehnten nordamerikanischen Lager ziemlich reiner Kohle nicht erklären. Daß sich, wenn auch in quantitativ untergeordnetem Maße, stellenweise Einschwemmungen an der Flözbildung beteiligt haben, ist ebenso wie die vor Augen liegende verschiedene (auto- und allochthone) Entstehung von Torflagern zuzugeben. In ihren Hauptmengen ist die Steinkohlenformation als eine Inlandsbildung von weitausgedehnten sumpfartigen Niederungen zu betrachten.

Die dort üppig wuchernden Sumpfpflanzen lieferten in erster Reihe das Material zur Kohlenbildung und dann erst die Anschwemmungen zertrümmerter Pflanzenstoffe von benachbarten, mit reicher Waldvegetation bedeckten Anhöhen und Bergen.

In diesen Sümpfen häuften sich riesige Ansammlungen abgestorbener Pflanzen. Unter dem durch das Wasser gegebenen Luftabschluß nahm der Zersetzungsprozeß durch Auslaugen der löslichen Pflanzenstoffe seinen Anfang und führte nach Gümbels Theorie in folgender Weise zur Kohlenbildung.

Die in ihrer ursprünglichen Form erhalten gebliebenen Reste des Pflanzengewebes befinden sich innerhalb einer anfänglich in Lösung gewesenen und dann in unlöslichen Zustand übergegangenen huminartigen[1]) Masse (Carbohumin), so daß das Ganze als amorph erscheint. Dieser Vorgang »der Aufnahme ursprünglich löslicher kohliger Materie und der Ablagerung derselben in fester, nach und nach erhärtender Masse«, bezeichnet Gümbel als »Inkohlungsprozeß«, welcher sich in der Weise eines Versteinerungsprozesses — aber durch die huminartige Substanz — vollzog. Die Ungleichartigkeit mancher Flözkörper ist nach Gümbel auf wechselnde Verhältnisse zurückzuführen, und zwar:

1. auf die ursprüngliche Verschiedenheit der Pflanzenarten und -teile, aus deren Anhäufung die Kohle hervorgegangen ist;
2. auf den in chemischer und mechanischer Beziehung verschiedenen Zustand, in welchem die Pflanzensubstanzen zur Beteiligung an der Zusammensetzung der Steinkohle gelangten;
3. auf die Verschiedenartigkeit der äußeren Verhältnisse, unter welchen sich die Umbildung der

[1]) Huminstoffe = braune bis schwarze durch Fäulnis entstandene Zersetzungsprodukte organischer Substanzen, die in der Ackerkrume, Torf usw. vorhanden sind.

Pflanzensubstanz zu Mineralkohle vollzog, wobei die mehr oder weniger beschränkte Einwirkung der Luft, das Entziehen von Wasser, das Austrocknen, der Einfluß der Oberflächenwärme, die Dauer der die Umbildung befördernden Umstände, die Mächtigkeit der angehäuften Pflanzenstoffe unter anderem besonders in Betracht zu ziehen sind.

Die Zersetzung von angehäuften Pflanzen durch den »Inkohlungsprozeß« ging offenbar in der Regel ohne wesentlichen Einfluß von großem Druck und hoher Wärme vor sich, wie der in den Pflanzengeweben aller Kohlenarten wahrgenommene geringe Grad von Zusammendrückung und Deformation erkennen läßt. Es wird dies auch bewiesen z. B. durch das Vorkommen dichtester Glanzkohle in der Rinde aufrecht stehender Stämme sowie von Flözen des noch dichteren Anthrazits in den obersten Schichtenlagen.

Die großen geologischen Zeiträume brachten natürlich bedeutende Änderungen in der Gestaltung der Erdoberfläche. Durch Senkungen einzelner Gebiete traten Überflutungen der Kohlenbecken mit Schlamm und Sandmassen ein. Bei späterer relativer Hebung der überfluteten Flächen konnte sich die Sumpfvegetation neu entfalten und abermals ein Kohlenlager bilden. So vergingen die Jahrmillionen in häufigem Wechsel von Land- und Seebildung auf dem gleichen Gebiet und hinterließen uns an manchen Stellen viele übereinander gelagerte Kohlenflöze mit trennenden Schichten von Sedimentärgestein dazwischen.

In späteren Epochen der Erdentwicklung haben viele Kohlenflöze große Umgestaltungen erfahren. Durch eruptive Einwirkungen von Porphyr und anderen feuerflüssigen Massen sind mächtige Zerreißungen und Verwerfungen ganzer Flözpartien eingetreten. Man findet Senkungen, Hebungen, Überschiebungen, Unterschiebungen, Sattel- und Muldenbildungen; Rinnsale haben zu Ringelbildungen, d. h. zur Einführung toter Massen in die Flöze Veranlassung gegeben, und in der Nähe des Porphyrs ist die Kohle manchmal so verändert, daß sie mehr dem Koks ähnlich sieht. So sind z. B. manche Anthrazitlager durch natürliche Verkokung eines Steinkohlenflözes infolge Durchbruchs glutflüssiger Eruptivgesteine entstanden.

Die Steinkohle ist, wenn auch sehr ungleichmäßig, auf der ganzen Erde verbreitet und höchst wahrscheinlich noch an anderen als den bis jetzt bekannten Fundorten anzutreffen. So besitzen z. B. Nordamerika, Asien, Afrika und Australien noch unvollständig oder gar nicht erschlossene, wahrscheinlich aber enorme Kohlenlager.

Über die Jahresförderung und die bekannten bzw. geschätzten Vorräte von Steinkohlen in den zurzeit wichtigsten Produktionsländern gibt die folgende Tabelle für das Jahr 1907 einen Überblick.

Steinkohlen.

	Ausdehnung in qkm	Förderung 1907 Millionen t	Vorräte Milliarden t
Deutsches Reich:			
Ruhr-Becken	2 800	80	258,6
Saar-Becken	385	17	11,5
Aachener Becken	21	3	2,4
Oberschlesisches Becken	3 000	} 38	140,8
Niederschlesisches Becken	200		1,2
Sächsisches Becken	220	5	0,4
		143	414,9
Österreich-Ungarn		15	17,0
Belgien		24	20,0
Frankreich		36	19,0
Rußland		20	?
Großbritannien		268	193,0
Vereinigte Staaten		426	681,0

3. Zusammensetzung der Steinkohlen.

Die am Aufbau der lebenden Pflanzen hauptsächlich beteiligten Elemente: Kohlenstoff, Wasserstoff, Sauerstoff, Stickstoff und Schwefel bilden auch die Grundstoffe des organischen Teils der Steinkohlen, neben welchem anorganische, d. h. mineralische oder Aschenbestandteile nie fehlen, aber nur eine untergeordnete, oft allerdings recht störende Rolle spielen.

Die Zusammensetzung der Kohlen ist nur nach ihren elementaren Bestandteilen bekannt, deren prozentualer Gehalt je nach der Gattung und dem Fundort der Kohle in weiten Grenzen schwankt. Doch ist bis heute eine analytische Trennung der die Kohlen bildenden, jedenfalls höchst komplizierten organischen Verbindungen nicht gelungen. Vor allem aber ist die früher gemachte Annahme, daß die Kohlen freien Kohlenstoff enthielten, durch nichts berechtigt.

Aus der folgenden Tabelle, in der Wasserstoff und Sauerstoff auf die gleiche Menge Kohlenstoff (1000 Gewichtsteile) bezogen sind, ergibt sich eine stetige Abnahme von Sauerstoff und Wasserstoff von der lebenden Pflanze (d. h. von der Zellulose $C_6 H_{10} O_5$) an bis zum ältesten fossilen Brennstoff, dem Anthrazit. Eine Zunahme dagegen zeigt der sogenannte disponible Wasserstoff, jedoch nur bis zu den Steinkohlen (bis Nr. 6), von welchen ab bis zum Anthrazit eine Abnahme erfolgt.

Die jüngsten Steinkohlen, oder überhaupt diejenigen, bei denen die Vermoderung am wenigsten weit vorgeschritten ist — die sog. Gasflamm- und Gaskohlen — sind die (im Verhältnis zum Sauerstoff) wasserstoffreichsten. Zieht man von dem ganzen Wasserstoff (irgendeiner Kohle) für je acht Gewichtsteile Sauerstoff einen Gewichtsteil Wasserstoff ab, so bleibt ein Rest, welchen man »disponiblen« Wasserstoff nennt, weil er disponiert ist, bei der Erhitzung der Kohle unter Luftabschluß sich mit Kohlenstoff zu verbinden und flüchtige Kohlenwasserstoffe (die Hauptbestandteile des Leuchtgases und des Teers) zu liefern. Der Gehalt an »disponiblem« und »gebundenem« Wasserstoff ist von Einfluß auf die Verwendbarkeit der Kohlen zur Kokserzeugung und zur Gasbereitung und spielt eine Rolle bei der noch zu besprechenden Verwitterung.

Auf 1000 Gewichtsteile Kohlenstoff ist enthalten in:[1])

	Sauerstoff	Gesamtwasserstoff	Disponibler Wasserstoff
1. Holz	830,7	121,8	18,0
2. Torf	557,6	98,5	28,9
3. Lignit	424,2	83,7	30,7
4. Englische Gaskohle	183,2	59,1	36,2
5. Gaskohle von Zeche Holland (Westfalen)	133,1	60,0	43,3
6. Gaskohle von Zeche Hannover (Westfalen)	102,5	57,8	44,7
7. Kokskohle von Zeche Prosper (Westfalen)	74,6	52,0	42,7
8. Sinterkohle aus dem Wurmrevier (Aachen)	67,6	45,4	36,9
9. Sandkohle von Zeche Langenbrahm (Westfalen)	42,2	40,7	35,4
10. Anthrazit von Piesberg (bei Osnabrück)	46,2	17,2	11,5

Die stufenweise Änderung in dem Verhältnis der elementaren Bestandteile zueinander erklärt sich aus dem Verhalten der Pflanzensubstanz beim Zersetzungsprozeß, bei dem vorzugsweise Wasserstoff und Sauerstoff zur Ausscheidung gelangen. In der ersten Periode der Umbildung (Torf und Braunkohlen) tritt hauptsächlich

[1]) Aus Muck, Chemie der Steinkohle.

Abspaltung von Kohlensäure (»schwere Wetter«) und Wasser ein. Bei den älteren Kohlen mit geringerem Sauerstoffgehalt scheiden sich Kohlenstoff und Wasserstoff als Methan CH_4 (»schlagende Wetter«) ab. In den ältesten Kohlenschichten des Devon scheidet sich neben Methan noch Wasserstoff ab und es bleibt der sehr wasserstoffarme Anthrazit.

Der Einfluß der Atmosphärilien beschleunigt die Zersetzung der Kohlen unter verstärkter Gasabgabe. Daher ist die Entgasung der Kohle in hohem Maße abhängig von der Beschaffenheit der überlagernden Schicht, weniger abhängig vom geologischen Alter. Je dichter die Bedeckung ist, um so langsamer können die gasförmigen Produkte entweichen und von um so geringerem Einfluß sind die Atmosphärilien. So enthält z. B. im Aachener Becken ein und dasselbe Flöz in den dichter bedeckten Teilen Fettkohle (ärmer an Kohlenstoff und reicher an Wasserstoff), in den weniger geschützten Teilen hingegen Magerkohle (reicher an Kohlenstoff und ärmer an Wasserstoff).

Der geringere Einfluß des geologischen Alters ist z. B. daraus ersichtlich, daß die älteren Kohlen des Saar-Rheingebietes fette Kohlen, die jüngeren magere sind, während das Verhältnis im Ruhrgebiet meist umgekehrt ist.

Als Zersetzungsrückstände verbleiben Gemenge von festen, wie schon oben erwähnt, jedenfalls sehr kompliziert zusammengesetzten Verbindungen von Kohlenstoff, Wasserstoff, Sauerstoff, Stickstoff und Schwefel.

Baltzer hat über die Konstitution der Kohle eine Hypothese aufgestellt, die er in folgende Sätze zusammenfaßt:

1. Die Kohlen sind Gemenge komplizierter Kohlenstoffverbindungen.
2. Letztere bilden eine genetische und vielleicht eine homologe Reihe.

3. Das Kohlenstoffgerüst dieser Verbindungen ist ein kompliziertes. Die einzige Analogie dafür bildet die aromatische Reihe der organischen Verbindungen.

Die mineralischen Bestandteile der Kohle setzen sich zusammen aus:

1. Dem verbliebenen Rest der Mineralbestandteile der Mutterpflanzen,
2. dem mineralischen Schlamm, welcher mit der kohlenbildenden Substanz gleichzeitig zum Absatz gelangte,
3. späteren Einschlämmungen, welche die Steinkohle nach ihrem Absatz und während oder nach ihrer Erhärtung erfahren hat.

Diese mineralischen Bestandteile beeinflussen den Wert einer Kohle nur, wenn sie in großen Mengen auftreten. Der Heizwert nimmt selbstverständlich mit zunehmendem Gehalt an unverbrennlichen Bestandteilen ab. Der Aschengehalt der Steinkohle schwankt zwischen 0,15—20% und darüber. Gute Steinkohle enthält bis 7%, mittlere bis 14%, schlechte über 14% Asche. Die Asche besteht wesentlich aus Kieselsäureverbindungen von Tonerde, Kalk, Magnesia und Alkalien sowie Eisenoxyd, welches zumeist der Verbrennungsrückstand des Schwefelkieses ist. Der Schwefel kann in dreierlei Form in den Kohlen enthalten sein:

1. Als Schwefelkies (meist in überwiegender Menge) $F_e\,S_2$,
2. als Sulfat (Gips),
3. in organischer, noch nicht näher ermittelter Verbindung.

Hoher Schwefelgehalt ist bei der Gaskohle eine unangenehme Beigabe, indem die Beseitigung der in das Rohgas übergehenden Schwefelverbindungen Arbeit und Kosten verursacht und nicht vollständig durchzuführen ist.

4. Einteilung der Steinkohlen.

Man hat bei der Einteilung der Kohlen zwischen Kohlenarten und Kohlengattungen zu unterscheiden. Die Kohlenarten stehen zu den Kohlengattungen in derselben Beziehung wie die Mineralien zu den daraus bestehenden Gesteinen. Unter Kohlengattung ist also die Kohle als Ganzes, gleichsam das ganze Fördergut betreffender Flöze oder Flözpartien verstanden, unter Kohlenarten dagegen die verschieden beschaffenen Kohlen, aus welchen manche Flöze bestehen. Wie also das Gestein (Granit) aus den verschiedenen Mineralien Quarz, Glimmer und Feldspat besteht, so besteht eine Kohlengattung aus einer oder mehreren Kohlenarten.[1])

Die Einteilung der Steinkohlen nach Gattungen ist auf ihr Verhalten beim Erhitzen im bedeckten Platintiegel begründet und steht mit ihrer Verwendbarkeit für bestimmte Zwecke in sehr nahem Zusammenhang. Als Klassifizierungsprinzip dient die Beschaffenheit der Verkokungsrückstände, welche bei gleicher Versuchseinrichtung je nach der Natur der Kohle entweder keine nennenswerte Verschiedenheit dem ursprünglichen (gepulverten) Material gegenüber zeigen, oder aber eine mehr oder weniger weit fortgeschrittene Schmelzung erkennen lassen.

Falls die Verflüssigung nicht weiter geht, als daß die einzelnen Partikelchen erweichen und nach dem Erkalten oberflächlich zusammengeklebt erscheinen, bezeichnet man diesen Grad als Sintern.

Der Übergang in den vollkommen teigartigen Zustand, welcher ein Aufblähen der Masse durch die entweichenden Gase zur Folge hat, entspricht dagegen dem Schmelzen.

[1]) Neben den verschiedenen Kohlenarten = »wesentliche Bestandteile« unterscheidet man noch »akzessorische« Bestandteile, unter denen harzartige Bestandteile, das Wasser und die Gase zu verstehen sind.

Auf Grund dieses charakteristischen Verhaltens unterscheidet man zunächst drei Gattungen von Kohlen:

1. Sandkohle.

Eine gepulverte Probe behält nach dem Verkoken ihre Form bei und bleibt rein pulverig.

2. Sinterkohle.

Der Koks stellt eine zusammengesinterte feste Masse dar.

3. Backkohle.

Der Koks bildet eine geschmolzene Masse von glattem, metallglänzendem Äußern und von größerem Volumen als vor der Verkokung.

Die zwischen 1 und 2 resp. zwischen 2 und 3 existierenden Übergangsformen bezeichnet man als sinternde Sandkohlen bzw. als backende Sinterkohlen.

A. Schondorff bestimmte als erster die genauen Merkmale des Kokskuchens und schlug die obige Kohleneinteilung vor, die vor vielen anderen den Vorzug hat, einen wesentlichen Anhalt für die technische Verwendbarkeit zu liefern.

Der Übersichtlichkeit wegen ist die obige Einteilung in nachstehende Tabellenform gebracht.

Tabelle.

Gattung der Kohle	Aussehen des Kokskuchens	
Sandkohle	überall oder doch bis nahe zum Rande gelockert	Oberfläche rauh, feinsandig und schwarz
gesinterte Sandkohle	fest gesintert, nur in der Mitte locker	
Sinterkohle	überall fest gesintert	
backende Sinterkohle	knospenartig aufbrechend, grau und fest	
Backkohle	glatt, metallglänzend und fest.	

Backkohlen geraten bei der Verkokung vollständig in Fluß. Sandkohlen zeigen nach der Entgasung kein Zusammenbacken. Dieser Mangel an Backfähigkeit kann zwei Ursachen haben:

a) Überwiegen des nichtflüchtigen (fixen) Kohlenstoffes, Zurücktreten der (flüchtigen) anderweitigen Bestandteile (geologisch alte Kohlen).

b) Überwiegen der flüchtigen Bestandteile und großer Sauerstoffgehalt (junge Steinkohlen).

Die Backkohlen stehen geologisch in der Mitte. Es gibt demnach zwei Klassen von Sand- und Sinterkohlen, gasarme und gasreiche, kurz- und langflammige, sauerstoffarme und sauerstoffreiche.

Beispiele hierfür:

1. Braunkohlen sind gasreiche } Sandkohlen
2. Anthrazite sind gasarme }
3. Flammkohlen sind gasreiche } Sinterkohlen
4. Magerkohlen sind gasarme }
5. Schmiedekohlen sind Backkohlen.
6. Gaskohlen sind meist backende Sinterkohlen.

Eine Mittelstufe zwischen 4. und 5. wäre halbfette Kohle von schon bedeutender Backfähigkeit, aber noch unerheblicher Gasausbeute.

Für die Gaserzeugung kommen außer den backenden Sinterkohlen auch Backkohlen zur Verwendung. Übrigens werden in den jetzigen Zeiten der Kohlennot den Gaswerken oft Kohlen geliefert, die nach Analyse, Gasausbeute und Koksbeschaffenheit in manche andere Rubrik besser passen als in die der Gaskohlen.

Eine andere auf die Beschaffenheit der Flamme gegründete, ursprünglich wohl von Regnault herrührende Klassifikation stellt sich in der Erweiterung, die sie unter Mitberücksichtigung der elementaren Zusammensetzung sowie der Menge und Beschaffenheit der Koksrückstände durch Gruner[1]) erhalten hat, wie folgt dar:

[1]) Ann. d. Mines 1873, 169.

Bezeichnung der Typen oder Klassen	Elementare Zusammensetzung			Verhältnis O/H	Menge d bei d. Destillation erhaltenen Koks	Beschaffenheit und Aussehen des Koks	Spezif. Gewicht des Koks
	C	H	O		%		
1. Trockene Kohle mit lang. Flamme (Flammkohle)	75 bis 80	5,5 bis 4,5	19,5 bis 15,5	4—3	50—60	Pulverförmig od. höchstens zusammengefrittet.	1,25
2. Fette Kohle mit langer Flamme (Gaskohle)	80 bis 85	5,8 bis 5,0	14,2 bis 10	3—2	60—68	Geschmolzen, aber stark zerklüftet.	1,28—1,3
3. Eigentl. fette Kohlen (Schmiedekohlen)	84 bis 89	5 bis 5,5	10,5 bis 6,0	2—1	68—74	Geschmolzen bis mittelmäßig kompakt.	1,3
4. Fette Kohlen mit kurzer Flamme (Kokskohle)	88 bis 91	5,5 bis 4,5	6,5 bis 5,5	1	74—82	Geschmolzen, sehr kompakt, wenigzerklüftet.	1,3—1,35
5. Magere Kohle mit kurzer Flamme (Anthrazitkohle)	90 bis 93	4,5 bis 4	5,5 bis 3	1	82—92	Gefrittet oder pulverförmig.	1,35—1,4

Unter den Kohlenarten unterscheidet man hauptsächlich »Glanzkohle« und »Mattkohle«. (Nach den Ergebnissen Gümbels finden sich in der ersteren überwiegend Holzzellen, in der letzteren Blattzellen.) Aus diesen beiden besteht die Hauptmasse der Kohlen. Daneben kommen noch in Betracht »Cannelkohle«, »Pseudocannelkohle«, Faserkohle« und »Brandschiefer«. Die Glanzkohle ist von Farbe tiefschwarz, glasglänzend, meist sehr spröde und ausgezeichnet ebenflächig spaltbar. Die Mattkohle, welche nie den einzigen Bestandteil eines Flözes bildet, sondern stets in inniger Verwachsung mit Glanzkohle vorkommt, ist mattglänzend, grauschwarz von Farbe, weniger spröde wie Glanzkohle und spezifisch leichter wie diese. Sie ist nicht spaltbar und besitzt unebenen Bruch. Chemisch unterscheiden sich die beiden Kohlenarten wesentlich. Die Mattkohle ist meist die aschenreichere, aber auch stets die wasserstoffreichere, gibt daher bei der trockenen

Destillation mehr flüchtige Bestandteile ab wie die Glanzkohle. Mithin ist die vorzugsweise aus Mattkohle bestehende Kohle meist eine besonders gute Gaskohle. Mattkohle kommt nur als Bestandteil der »gasreichen Kohle« vor, während Glanzkohle in allen Partien vorkommt. Allerdings tritt Glanzkohle hauptsächlich in den älteren (liegenderen) Flözen, dagegen in den jüngeren (hangenderen) Flözen Mattkohle mit Glanzkohle gemengt auf.

5. Untersuchung der Steinkohlen.

A. Der Wert der Kohlenuntersuchung.

Wenn auch der Leiter eines Gaswerkes infolge der gegen frühere Zeiten sehr erschwerten Kohlenversorgung sehr oft nicht in der Lage ist, die seiner Erfahrung nach beste Kohle für seinen Betrieb zu beschaffen, so soll er doch imstande sein, unter den Kohlen, die für sein Gaswerk nach der geographischen Lage und den Transportverhältnissen in Betracht kommen, die für ihn wirtschaftlich wertvollsten auszuwählen.

Die vielen Umstände, die für die Bewertung der Gaskohlen von maßgebendem, wirtschaftlichem Einfluß sind, können etwa nach folgenden Hauptgesichtspunkten eingeteilt werden:

Einkaufswert: Preis, Fracht, Reinheitsgrad, Lagersicherheit oder Veränderlichkeit etc.

Verkaufswerte der Produkte: Gasausbeute und Beschaffenheit, Koksausbeute, Teer und Ammoniakausbringen, Unterfeuerungswert des Kokses.

Betriebswerte: Ausstehzeit mit ihrem Einfluß auf die Ofenzahl und Unterfeuerung, Eigenschaften des Kokses, Teer und Ruß, deren Einfluß auf den ungestörten Betrieb, Verunreinigungen wie Schwefelwasserstoff, Gesamtschwefel u. a. m.

Die Probevergasung einer größeren Menge im praktischen Betriebe bietet zwar den besten Anhalt für die

Qualität der Kohlen, daneben aber wird der Betriebsleiter den Laboratoriumsversuch nicht entbehren können. Auf Grund früherer Versuche sind schon mehrfach Regeln darüber aufgestellt worden, inwieweit die chemische Zusammensetzung der Kohlensubstanz als Grundlage für die Klassifikation der Kohlen dienen kann und auf deren Eigenschaften für die praktische Verwendung schließen läßt. Zum Beispiel schrieb man dem Wasserstoff, namentlich dem disponiblen Wasserstoff und dem Verhältnis von Wasserstoff zu Kohlenstoff eine ausschlaggebende Rolle zu. Angesichts der jeweils beobachteten zahlreichen Ausnahmen von diesen Regeln konnte jedoch ihre Gültigkeit nicht aufrecht erhalten werden.

Eine häufig, wenn auch nicht ohne Ausnahme zutreffende Regel ist die von St. Claire Deville[1]), nach welcher mit wachsendem Sauerstoffgehalt der Kohlen bei der Vergasung die Koksausbeute fällt und die Gesamtmenge der flüchtigen Bestandteile, Gas, Teer und Ammoniakwasser, steigt, dabei aber das Volumen des Gases geringer wird.

Trotz dieser vorläufig noch herrschenden Unsicherheit behält die genaue chemische Untersuchung ihren Wert und zwar zunächst, wenn es sich um die Identifizierung einer Kohle handelt[2]) und ferner, weil jede neue Analyse in Verbindung mit den Ergebnissen der Kohle im Betrieb einen Beitrag zur Statistik der Gaskohlen liefert, aus der nach genügender Materialansammlung zweifellos noch wertvolle Aufschlüsse zu erwarten sind. Die Lehr- und Versuchsgasanstalt des Deutschen Vereins von Gas- und Wasserfachmännern hat bereits sehr bemerkenswerte Ergebnisse aus ihren zahlreichen, äußerst sorgfältig, unter genau beobachteten Bedingungen ausgeführten Versuchen ab-

[1]) J. f. Gasbel. 1889, S. 652.

[2]) Bunte, J. f. Gasbel. 1888, S. 858. Drehschmidt, J. f. Gasbel. 1904, S. 678.

geleitet und z. B. schon bewiesen, daß der früher für Gaskohlen als nebensächlich erachtete Heizwert eines der Hauptmerkmale bei der Bewertung der Kohlen bildet.

Nach Untersuchungen Buntes[1]) ändert sich die Zusammensetzung der Kohlensubstanz bei einer bestimmten Kohlensorte nur sehr wenig, während beträchtliche Schwankungen im Gehalt von Feuchtigkeit, Asche und Schwefel auftreten.

Das darf jedoch nicht zu der Annahme verleiten, daß mit der Kenntnis von der Herkunft einer Kohle deren Beschaffenheit eindeutig charakterisiert sei. In sehr vielen, ja in den meisten Fällen genügt die Angabe der Zeche nicht zur Kennzeichnung des Rohstoffs, weil die meisten Zechen auf verschiedenen Flözen von verschiedenem Alter bauen und deshalb die von derselben Zeche gelieferte Kohle in Zusammensetzung und Charakter nicht unerheblichen Schwankungen unterliegen kann.

Da, wie oben erwähnt, der Gehalt an Feuchtigkeit, Asche und Schwefel den Wert einer Kohle stark beeinflußt, so gehört ihre Bestimmung neben der Ermittelung der Koksausbeute durch die Mucksche Probe zur laufenden Kontrolle der Kohlenlieferungen. Ein höherer Aschegehalt, dem ein geringerer Gehalt an Kohlensubstanz entspricht, wird sich im Betriebe durch geringere Gasausbeute, Gewinnung eines minderwertigen Koks, Mehrverbrauch an Unterfeuerung, schlechten Gang der Öfen und andere Schäden fühlbar machen. Ein stärkerer Wassergehalt der Kohlen erniedrigt die Retortentemperatur, verlangsamt dadurch das Ausgasen und verschlechtert die Gasausbeute nach Menge und Beschaffenheit.

Die regelmäßige Untersuchung der angelieferten Kohlen vermag vor solchen Vorkommnissen rechtzeitig

[1]) Bunte, J. f. Gasbel. 1888, S. 863.

zu warnen, bzw. ihr Auftreten zu erklären, insbesondere bei einer allmählichen Verschlechterung der einzelnen Lieferungen, die in den Betriebsresultaten nicht sofort zum Ausdruck kommt und den Betriebsleiter veranlassen kann, die Ursache des Rückganges anderwärts zu suchen.

Von beträchtlichem Interesse für die weitere Beurteilung einer Kohle ist ihr Schwefelgehalt, der wenigstens einen annähernden Schluß auf die zu gewärtigende Verunreinigung des Gases mit Schwefelverbindungen zu ziehen erlaubt. Dagegen ist der Stickstoffgehalt der Kohlen von geringer Bedeutung für den Betriebsleiter, denn die Erzeugung der Nebenprodukte Ammoniak und Cyan hat sich als ziemlich unabhängig von dem übrigens nur in sehr engen Grenzen schwankenden Stickstoffgehalt gezeigt.

Die sogenannte Elementaranalyse der Kohlen: Ermittlung von Kohlenstoff, Wasserstoff und Sauerstoff, sowie die Heizwertbestimmung kommt nur für gut eingerichtete Laboratorien solcher Gaswerke in Betracht, die eine systematische analytische Kontrolle der Kohlen neben praktischen Leistungsversuchen im Großbetrieb oder in einer Versuchsgasanstalt ausführen.

In welcher Weise die chemische Untersuchung zu wichtigen Anhaltspunkten für die Beurteilung des relativen Wertes verschiedener Kohlen führt, wird am besten das folgende Beispiel zeigen.

Zur Beurteilung sollen zwei Kohlen kommen:

1. Königin Luisengrube-Oberschlesien,
2. Bürgergewerkschaft Zwickau-Sachsen.

Nach Bunte war die chemische Zusammensetzung dieser Kohlen:

(Siehe untenstehende Tabelle auf S. 22 u. 23.)

In diesen beiden Kohlen haben wir die Vertreter zweier verschiedener Zeitepochen vor uns, d. h. bei der sauerstoffärmeren »Luisengrube« ist im Laufe geologischer Zeiträume der Vermoderungsprozeß weiter fortgeschritten als bei der sauerstoffreichen jüngeren »Bürgergewerkschaft«. Entsprechend dem größeren Alter pflegt auch unter normalen Verhältnissen der Wassergehalt der lufttrockenen Kohle kleiner zu sein als bei jüngeren Kohlen. Im vorliegenden Falle zeigt Luisengrube 2 %, Bürgergewerkschaft 6,5 % Wasser im lufttrockenen Zustande; auch im Aschegehalt unterscheiden sich die beiden Kohlensorten um etwa 5 %, so daß der Gehalt der Rohkohle an Reinkohle (Kohlensubstanz) bei »Luisengrube« 94 %, bei »Bürgergewerkschaft« nur 85 % beträgt. Es ist nun ohne weiteres klar, daß dieser Unterschied von 9 % auch die Gasausbeute wesentlich beeinflussen muß, über deren absolute Größe sich zunächst nichts angeben läßt. Weitere wichtige Schlüsse gestattet uns die Verkokungsprobe zu machen, die für die vorliegenden Kohlen folgende Resultate ergab:

100 kg Rohkohle	Luisengrube	Bürgergewerkschaft Zwickau
1. enthalten Reinkohle . . .	94 kg	85 kg
Verhältnis	100 :	90,4
2. geben Koks	69,03 kg	58,38 kg
mit Asche	3,45 »	8,18 »
3. Aschegehalt i. Koks (trocken)	5,0 %	14,0 %
Brennbare Substanz . . .	95,0 »	86,0 »
	100,0	100,0
4. Heizwert von 1 kg Koks $8100 \times 0,95$ bzw. $0,86 =$ . .	7695 WE	6966 WE
Verhältnis	100 :	90,5
5. Verbrauch an Unterfeuerung etc. für 100 kg Kohle 15 kg Koks von Luisengrube . .	$15 \times 7695 =$	115425 WE
	15 kg	16,6 kg
6. Übrigbleibender Koks . .	54,0 »	41,8 »
Verhältnis der Gewichte .	100 :	77
Heizwert	415530 WE	291180 WE
Verhältnis des Heizwertes .	100 :	70

Die Art der Berechnung ist aus obiger Aufstellung ohne weiteres zu erkennen. Man ersieht daraus, daß — ohne die im praktischen Betrieb für die eine oder andere Kohlensorte sprechenden Verhältnisse in Betracht zu ziehen — unter sonst gleichen Umständen das für den Verkauf oder für eigene Verwertung übrig bleibende Koksgewicht bei beiden Kohlen sich verhält wie 100 : 77. Der Heizwert dieser Koksmengen steht im Verhältnis von 100 : 70, er ist also bei der sächsischen Kohle 30% geringer als bei der oberschlesischen Kohle.

An diesem Wertverhältnis wird sich nicht viel ändern, ob die Versuche im kleinen oder im großen ausgeführt werden, denn es handelt sich um quantitative Verhältnisse, die sich durch veränderte Versuchsbedingungen im kleinen oder großen Maßstab nur relativ wenig verschieben werden.

Über die Beschaffenheit des Koks sowie Festigkeit bzw. Lagerfähigkeit können natürlich durch Versuche im Laboratorium keine sicheren Aufschlüsse gewonnen werden.

Bei den vorstehenden Betrachtungen handelt es sich, trotz der Wichtigkeit derselben im einzelnen, doch

Chemische Zusammen-

Kohlenzeche	Elementarzusammensetzung										
	Elementarzusammensetzung der Rohkohle							Kohlensubstanz	100 Teile Kohlensubstanz enthalten		
	C	H	O	S	N	H_2O	Asche		C	H	O+N+S
1. Luise (Oberschlesien) . .	80,18	4,69	7,69	0,70	1,01	2,18	3,45	94,37	84,96	4,97	10,07
2. Bürgergewerkschaft Zwickau (Sachsen) . . .	69,50	4,96	8,15	1,62	1,19	6,48	8,10	85,42	81,36	5,81	12,83

nur um ein Nebenprodukt, denn der Schwerpunkt für die Beurteilung einer Kohle als Gaskohle wird immer in der Menge und Art des daraus gewinnbaren Gases liegen. Hier ist aber der Leistungsfähigkeit der Laboratoriumsversuche eine Grenze gezogen, denn die Menge und Art des erzeugten Gases ist nicht allein von der Natur der Kohle, sondern ganz wesentlich von den Versuchsbedingungen abhängig. Die Hauptfragen: Wieviel und welches Gas gibt eine Kohle; wie hoch ist die Ausbeute an Nebenprodukten, und wie sind diese beschaffen? kann nicht die chemische Untersuchung, sondern nur die Vergasung selbst beantworten, die nicht im Laboratorium, sondern nur unter den im Gaswerksbetrieb gegebenen Bedingungen mit Erfolg auszuführen ist.

Soll nun auf Grund der Gas- und Koksausbeuten verschiedener Kohlen deren wirtschaftlicher Wert für eine Gasanstalt berechnet werden, so ist vor allem das Wertverhältnis von Gas zu Koks zu berücksichtigen, das in jedem einzelnen Falle verschieden sein wird.

Ferner kann bei der Wahl einer Kohle die Erwägung ausschlaggebend sein, daß unter sonst gleichen

setzung von Gaskohlen.

Verkokung										
100 Teile Rohkohle geben			100 Teile Kohlensubstanz geben		100 Teile flüchtiger Bestandteile enthalten			100 Teile Koks enthalten Asche	Als Schwefelwasserstoff flüchtiger Schwefel in % des Gesamtschwefels	Schwefelwasserstoff im Rohgase für 30 cbm Gas von 15° C aus 100 kg Kohlen
Koks	Fixer Kohlenstoff	Flüchtige Bestandteile	Koks	Flüchtige Bestandteile	C	H	O + N + S			
69,03	65,58	28,79	69,49	30,51	50,70	16,29	33,01	5,15	19,43	0,33
58,38	50.28	35,14	58,86	41,14	54;70	14,12	31,18	12,30	32,40	1,23

Verhältnissen zur Erzeugung einer bestimmten Gasmenge von einer gasärmeren Kohle ein größeres Quantum als von der gasreicheren entgast werden muß. Mit der nötigenfalls gesteigerten Ofen- oder Retortenzahl würden sich gleichzeitig alle damit im Zusammenhang stehenden Verhältnisse, wie Ofenarbeiten, Löhne usw., im gleichen Sinne ändern.

B. Die Analyse der Steinkohlen.

a) Entnahme der Kohlenprobe.

Da die chemischen Untersuchungen der Kohlen an kleinen Proben ausgeführt werden und oft die Grundlage für eine große Zahl von Berechnungen aus den Betriebsresultaten bilden, so ist die Probenahme eine der wichtigsten Operationen.

Es ist selbstverständlich unzulässig, von einer Kohlenladung ein Kohlenstück zu entnehmen, es zu untersuchen und aus dem Analysenresultat auf die Beschaffenheit der Gesamtmenge schließen zu wollen. Fischer fand zum Beispiel in einem 5 kg schweren Kohlenstück Differenzen im Aschegehalt von 4 bis 31 %.

Eingehende Untersuchungen, für welche sich auch bereits die Lehr- und Versuchsgasanstalt in Karlsruhe Verdienste erworben hat, haben gezeigt, daß — im Gegensatz zu den von den Kohlenlieferanten mitunter geäußerten Zweifeln — eine vollkommen einwandfreie Probenahme doch sehr wohl möglich ist, daß sie aber nur bei umsichtigem und sachgemäßem Vorgehen ein wirkliches Durchschnittsresultat liefern kann. Vor allem ist die Entnahme möglichst großer Proben erforderlich, um die Abweichungen verschiedener Proben voneinander zu verringern. Als Verfahren für die Probenahme wird folgendes empfohlen. [1])

Von der zu prüfenden Kohlensorte wird beim Abladen eines Wagens jede zwanzigste oder dreißigste

[1]) Bunte, Journ. f. Gasbel. 1909, S. 725.

Schaufel in Körbe beiseite geworfen, wobei darauf zu achten ist, daß das Verhältnis von Stücken und Kleinkohle in der Probe dem der Lieferung entspricht, weil Feinkohle in der Regel bedeutend aschereicher ist als Stückkohle. Alle größeren Stücke werden bereits auf dem Wagen soweit klein geschlagen, als es für den Betrieb tunlich ist, also etwa auf Faustgröße. Diese Rohprobe im Gewicht von 5 bis 10 Zentner wird auf einer festen, reinen Unterlage (Beton, Steinfliesen, Bohlen u. dgl.) ausgebreitet und bis zur Wallnußgröße kleingestampft. Hierauf werden die zerkleinerten Kohlen durch wiederholtes Umschaufeln nach Art der Betonbereitung gemischt, quadratisch zu einer Schicht von etwa 8 bis 10 cm Höhe ausgebreitet und durch die beiden Diagonalen *a d* und *b c* (Fig. 1) in vier Teile geteilt. Zwei gegenüberliegende Teile werden fortgenommen, die beiden anderen weiter, etwa auf Haselnußgröße, zerkleinert, gemischt und geteilt wie oben. In dieser Weise wird fortgefahren, bis eine Probemenge von etwa 10 kg übrig bleibt, welche in gut schließenden Flaschen oder Blechgefäßen ins Laboratorium geliefert wird. Für genaue Untersuchungen, namentlich Heizwertbestimmungen muß die Kohle genau im ursprünglichen Feuchtigkeitszustand erhalten bleiben, so daß in diesem Falle die Verpackung in Holzkisten wegen der leicht eintretenden Austrocknung der Kohlen zu vermeiden ist.

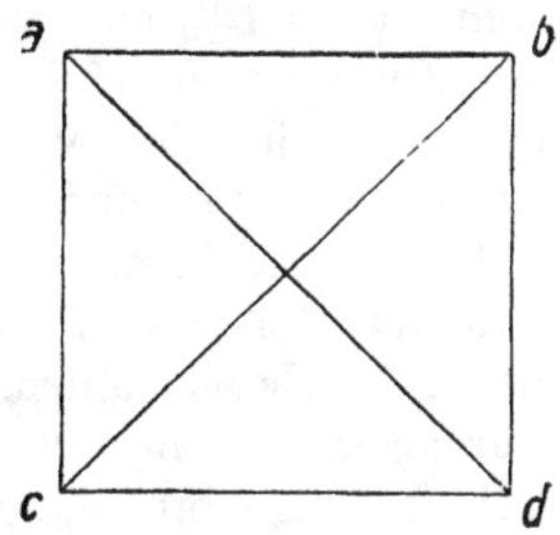

Fig. 1.

Liegen die Kohlen auf Lager, so sind an mindestens zehn verschiedenen Stellen Proben von je 25 bis 30 kg zu entnehmen, die zusammengeschüttet zur Durchschnittsprobe verarbeitet werden. Bei grobstückigem Material soll die erste Rohprobe nicht unter 300 kg betragen.

Die Probenahme von Kohlen wird, wie noch ausdrücklich betont sei, dadurch erschwert, daß die Kohle beim Abladen durch Abrollen über eine Böschung oder beim Einfüllen in Bunker usw. sich entmischt. Die dann scheinbar bequemer zu entnehmenden Proben geben aber leicht ein ganz falsches Verhältnis von Stückkohle zu Grus.

Beobachtet man alle Vorsichtsmaßregeln, so entspricht die entnommene Probe dem Durchschnitt der Sendung in recht vollkommener Weise, und bei Parallelproben treten z. B. Differenzen im Aschegehalt um weniger als 1 % auf.

Zur weiteren Herrichtung der Probe für die Untersuchung wird das Material zunächst bis auf Bohnengröße zerkleinert und in der obigen Weise diagonal geteilt, bis eine Menge von etwa 1 kg übrig bleibt. Diese wird im Mörser weiter zerstampft oder in einer besonderen Mühle gemahlen. Hierauf wird die Probe gut durchgemischt, in einer quadratischen ca. 1 cm dicken Schicht ausgebreitet und mit einem scharfkantigen Lineal schachbrettartig geteilt. Aus jedem Quadrat wird mit einem Löffel eine Probe entnommen und gemischt. Diese Analysenprobe wird in einer Reibschale fein gepulvert und in einer gut schließenden Stöpselflasche aufbewahrt. Vor dem Abwägen jeder einzelnen Probe muß die verschlossene Flasche kräftig geschüttelt werden.

Für das Zerkleinern von Kohlen (auch von Reinigungsmassen usw.) sind die in Fig. 2 dargestellten Exzelsiormühlen für Handbetrieb zu empfehlen. Die verstellbaren und leicht herausnehmbaren Mahlscheiben haben beim kleinsten Modell 80 mm Durchmesser. Selbstverständlich muß die Mühle nach jedesmaligem Gebrauch auf das sorgfältigste von den im Mahlwerk zurückgebliebenen Resten der Probe gereinigt werden, damit sich diese nicht mit der nächsten verarbeiteten Probe vermischen.

b) Bestimmung des Feuchtigkeitsgehaltes.

Beim Feuchtigkeitsgehalt der Kohle ist zu unterscheiden zwischen

a) dem infolge Regen, nassem Fundort usw. mechanisch aufgenommenen Wasser (wie bei Torf, frischgelöschtem Koks, im Freien lagernder Kohle usw.).

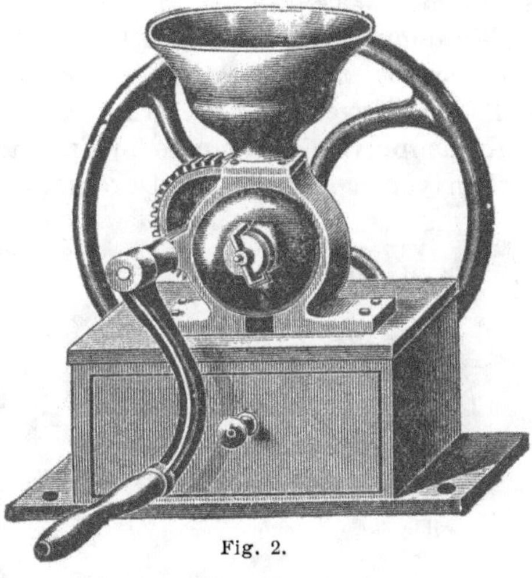

Fig. 2.

b) dem durch die Hygroskopizität der Kohlen aufgenommenen Wasser.

Alle Untersuchungen werden mit dem lufttrockenen Material ausgeführt, um Gewichtsveränderungen bei der Wägung zu vermeiden. Die mit der lufttrockenen Kohle erhaltenen Resultate sind auf die »ursprüngliche«, d. h. feuchte Kohle umzurechnen.

Zur Bestimmung des unter a) genannten Wassergehaltes wägt man eine nur grob, auf etwa Bohnengröße, zerkleinerte Kohlenprobe (1—2 kg) ab, breitet sie auf einer Blechtafel flach (1 cm hoch) aus, läßt sie zwei Tage an der Luft trocknen, und bestimmt dann durch Wägung den Gewichtsverlust, der dem Gehalt an »grober Feuchtigkeit« entspricht.

Der Zustand der Lufttrockenheit ist kein bestimmter, sondern von äußeren Umständen abhängig, wie Dauer des Trocknens, Temperatur und Trockenheit der Luft, Stückgröße des Materials usw. Die lufttrockene Kohle enthält daher noch mehr oder weniger Feuchtigkeit (»hygroskopisches Wasser«).

Zur Bestimmung dieses hygroskopischen Wassers ist die lufttrockene, zu feinem Pulver zerriebene Kohle bei 105—110° C längere Zeit zu erhitzen. Man wiegt 1 g des Kohlenpulvers, in einem niedrigen, tarierten Wägegläschen von ca. 3 bis 4 cm Durchmesser ab, und

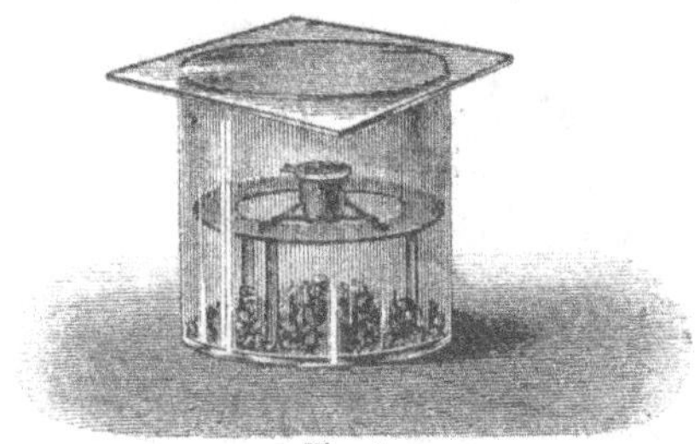

Fig. 3.

Fig. 4.

setzt die Probe in einem Trockenschrank zwei Stunden hindurch einer Temperatur von 105 bis 110° C aus. Nach Beendigung des Trockenprozesses wird das offene Glas sofort mit einem eingeschliffenen Stopfen verschlossen. Vor der abermaligen Wägung der getrockneten Probe muß man diese vollständig erkalten lassen. Um zu vermeiden, daß die sehr hygroskopische Kohle wieder Feuchtigkeit aus der Luft aufnimmt, wird die Probe in einem sogenannten Exsikkator (Fig. 3 u. 4) über gekörntem Chlorkalzium aufbewahrt. Das im heißen Zustand geschlossene Gläschen muß vor der Wägung zwecks Druckausgleich einen Augenblick geöffnet werden. Der festgestellte Gewichtsverlust ergibt den Feuchtigkeitsgehalt. Ist also

V = Gewichtsverlust der Kohle nach zweitägigem Trocknen an der Luft,
V_1 = Gewichtsverlust der Kohle nach dem Trocknen bei 110° C,
P = Gewicht der ursprünglichen Kohle,
P_1 = Gewicht der lufttrockenen Kohle,

dann ist

$$\frac{V \cdot 100}{P} = h\,\% = \text{»grobe Feuchte«}$$

$$\frac{V_1 \cdot 100}{P_1} = h_1\,\% = \text{Wassergehalt der lufttrockenen Probe}$$

$$\frac{(V + V_1) \cdot 100}{P} = H\,\% = \text{Gesamtwassergehalt der ursprünglichen Kohle.}$$

Für technische Zwecke empfiehlt es sich bei Mangel einer Analysenwage größere Mengen der Kohlenprobe, 10 oder 100 g, auf Dezigramme oder Zentigramme genau zur Wasserbestimmung abzuwiegen. Man wählt hierzu eine mit einem großen Uhrglase bedeckte Schale.

Fig. 5 zeigt einen einfachen aus Eisenblech hergestellten Trockenschrank. Auf den Rost im Innern des Schrankes werden die Gläschen mit den Proben gestellt. Die Erwärmung erfolgt durch einen wegen seiner leichten Regulierbarkeit sehr zweckmäßigen Schlangenrohrbrenner. Die Temperatur wird an einem mit der Quecksilberkugel in das Innere des Kastens ragenden Thermometer abgelesen. Bedeutend sicherer für die Konstanthaltung der Temperatur sind doppelwandige Schränke (Fig. 6), deren hohler Mantelraum mit Flüssigkeiten von dem der gewünschten Temperatur entsprechenden Siedepunkt gefüllt wird. Die völlige Verdampfung der Flüssigkeit wird durch einen aufgesetzten Rückflußkühler vermieden, der die ausströmenden Dämpfe kondensiert und in den Apparat zurückführt. Man erhält in diesen Schränken konstante Temperaturen ohne besondere Aufsicht und Reguliervorrichtung.

Besonders bequem, aber auch wesentlich teurer ist der [nach dem gleichen System eingerichtete Trockenschrank nach Abati (Fig. 7).

Der konische Boden des äußeren Blechmantels mündet in ein Rohr aus, das in einen 100 ccm fassenden kupfernen Kolben dicht eingeschraubt wird. Der Kolben wird mit ca. 30 ccm der Heizflüssigkeit be-

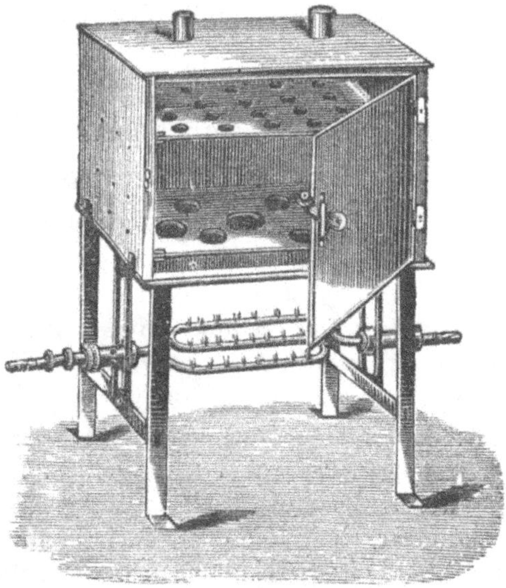

Fig. 5.

schickt und durch einen Bunsenbrenner so erwärmt, daß die Flüssigkeit in lebhaftem Sieden bleibt. Zur ergiebigen Ausnützung der Flüssigkeit muß auch auf diesen Trockenschrank ein Soxhletscher Metallkühler (Fig. 8) aufgesetzt werden, der durch ein kurzes Glasrohr mit dem Schrank verbunden wird, um die Beobachtung des Abtropfens der niedergeschlagenen Heizflüssigkeit zu ermöglichen. Folgende konstante Temperaturen werden in dem Schrank erreicht bei Verwendung von

	Wasser	98° C
	Toluol.	107° C
(gleiche Volumina)	Toluol + Xylol	121—122° C
	Xylol.	136° C
(gleiche Volumina)	Xylol + Cumol . .	151° C

Ältere Steinkohlen, Anthrazite und Koks können ohne merklichen Fehler im Lufttrockenschrank bei 100° C getrocknet werden; jüngere Steinkohlen und Braunkohlen dagegen erfahren eine wesentliche Änderung. Erstens geben sie neben Wasser und Kohlensäure

Fig. 6.

auch geringe Mengen brennbarer Gase (CH_4 und H_2) ab, zweitens nehmen sie Sauerstoff in chemischer Bindung unter Gewichtsvermehrung auf. Solche Kohlen trocknet man besser im Kohlensäurestrom in einem Trockenschrank mit horizontal liegenden Glasröhren, in die man die in einem Porzellanschiffchen abgewogenen Kohlenproben einschiebt.

c) Bestimmung des Aschegehaltes.

Um den Aschegehalt zu bestimmen, erhitzt man genau 1 g der feingepulverten Kohle in einem schräg liegenden Platintiegel (Fig. 9) oder besser noch in einem flachen Platinkästchen (ca. 3 × 5 × 1 cm) (Fig. 10) langsam mit einem Bunsenbrenner. Besonders backende Kohlen müssen in dünnen Schichten und sehr langsam verascht werden. Zu Anfang der Erhitzung bedeckt man das Kästchen zweckmäßig mit einem Glimmerblatt, da alle Kohlen auch in fein gepulvertem Zustand „spritzen". Gegen Ende der Entgasung wird das Glimmerblatt entfernt und die Erhitzung bis zur starken Glut gesteigert.

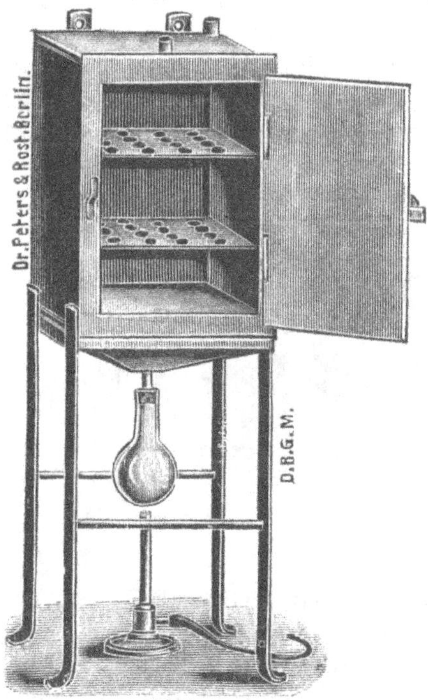

Fig. 7.

Erhitzt man zu schnell, so schmilzt und backt die Kohle, und die Einäscherung wird dadurch sehr erschwert, weil ein kompakter Kokskuchen wegen seiner Schwerverbrennlichkeit nur langsam verascht. Man erleichtert die Veraschung durch Umrühren mit einem Platindraht.

Am bequemsten läßt sich die Veraschung in einem Muffelofen, wie ihn Fig. 11 zeigt, bewerkstelligen. Die Verbrennung geht in diesem Ofen schneller von statten, namentlich wenn die Probe von Zeit zu Zeit mit einem starken Platindraht vorsichtig umgerührt wird. Backende Kohlen müssen in die kalte Muffel eingesetzt werden, damit sie sich allmählich erwärmen. Der Ofen hat auch vor der offenen Flamme den Vorzug, daß der Platintiegel nicht durch sich ansetzenden Ruß angegriffen und dadurch die Schlußwägung fehlerhaft beeinflußt werden kann. Bei der Verbrennung im Muffelofen können zweckmäßig auch Porzellanschälchen in der oben angegebenen Form verwendet werden. Nach vollständigem Ausbrennen der Asche, wobei sie eine gelbliche, rote, manchmal auch braune Farbe annimmt und keine schwarzen Punkte mehr enthält, wägt man.

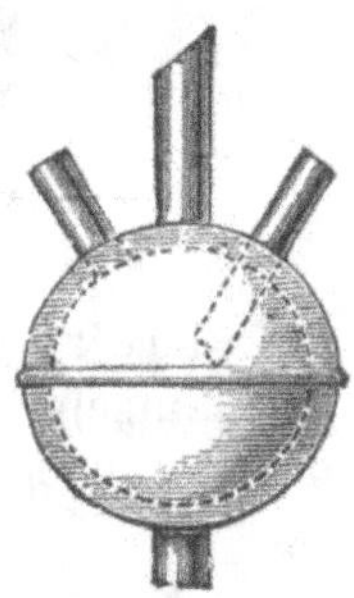

Fig. 8.

Während der Einäscherung gehen die verunreinigenden Bestandteile der Kohle, die, wie schon früher erwähnt, der Hauptmenge nach aus tonähnlichen Silikaten, ferner Eisenkies ($Fe\,S_2$), dann auch kohlensaurem Kalk, freier Kieselsäure, Gips, Schwerspat und anderen Gesteinsarten bestehen, untereinander die verschiedensten Verbindungen ein. Der Eisenkies findet sich als Eisenoxyd, die gebildete Schwefelsäure kann sich teilweise an Basen binden, der kohlensaure Kalk kann ganz oder teilweise zersetzt sein, auch kann die Kieselsäure die Kohlensäure austreiben usw. Aus diesem Grunde können Aschebestimmungen, selbst bei gleichartigem Materiale, verschieden ausfallen. Jedoch kommen nach Muck Differenzen der Einzelbestimmungen von über 0,2% nur bei äußerst schwefelreichen (bis 6%) Kohlen vor.

Fig. 9.

d) Verkokungsprobe.

Die Verkokungsprobe dient dazu festzustellen

1. in welche Kategorie eine Kohle gehört;
2. wie hoch die Koksausbeute ist.

Vergleichbare Resultate erhält man bei dieser Probe nur dann, wenn die Bedingungen, unter denen sie vorgenommen werden, immer die gleichen sind.

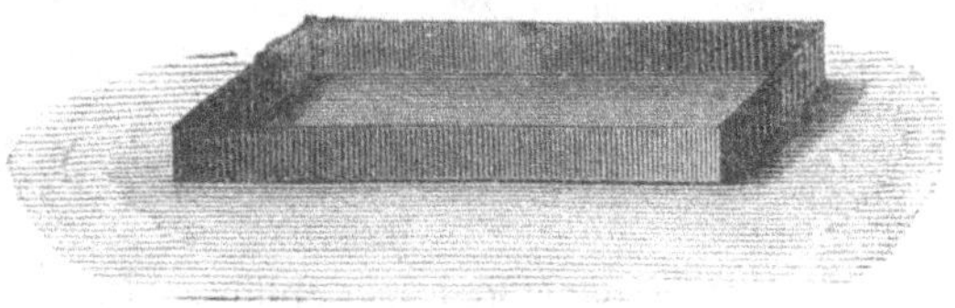

Fig. 10.

Muck[1]) gibt folgende Vorschrift: Man erhitzt 1 g der feingepulverten Kohle in einem 3 cm hohen, vorher gewogenen Platintiegel bei fest aufgelegtem Deckel

Fig. 11.

über einer nicht unter 18 cm hohen Bunsenflamme bis keine brennbaren, leuchtenden Gase zwischen Deckel und Tiegelrand mehr entweichen, läßt erkalten und

[1]) Steinkohlenchemie S. 8—10.

wägt, ohne den Deckel abzunehmen. Der ganze Versuch ist in wenigen Minuten beendet, dabei ist aber folgendes wohl zu beachten:

1. die Kohle soll im Tiegel gleichmäßig geschichtet liegen (durch Aufklopfen des Tiegels auf den Tisch zu erreichen);
2. das Dreieck auf dem der Tiegel ruht, soll ein dünnes Drahtdreieck sein; (Fig. 12)
3. die Erhitzung soll möglichst rasch vor sich gehen, da allmähliche Erhitzung eine wesentlich höhere Koksausbeute bewirkt;
4. der Boden des Tiegels soll von der Brennermündung 3 cm entfernt sein.

Fig. 12.

Diese Vorschriften von Muck genügen nach Berthold-Bochum[1]) nicht, um einwandfreie Resultate zu erhalten. Berthold kommt auf Grund einer Reihe von Versuchen zu dem Resultat, daß, um Unterschiede in den Koksausbeuten zwischen verschiedenen Laboratorien zu vermeiden, unbedingt nur eine Tiegelsorte von bestimmten Dimensionen verwendet werden darf. Die Größe der Tiegeloberfläche, ferner deren Beschaffenheit, d. h. ob sie glänzend oder matt ist, und die Wandstärke sind von ganz bedeutendem Einfluß auf das Resultat der Bestimmung. Berthold schlägt deshalb auf Grund seiner Versuche einen Normalverkokungstiegel[2]) mit folgenden Dimensionen vor:

Bodendurchmesser . .	19 mm
Deckel » . . .	33 »
Höhe	38 »
Gewicht	20,1 g

[1]) Journ. f. Gasbel. 1908, 628.

[2]) Alleiniger Fabrikant des Normalverkokungstiegels: Franz Eisenach & Co, Platinschmelze, Offenbach a. M.

mit diesem Tiegel erhielt Berthold trotz mehr oder weniger verschiedener Versuchsbedingungen die am besten übereinstimmenden Zahlen und außerdem das Maximum der Gasergiebigkeit, denn je schneller und heißer die Verkokung vor sich gehen kann, desto mehr Gas kann aus der Kohle ausgetrieben werden. Ferner ist bei diesem Tiegel von geringem Einfluß, ob man mit dem Barthelbrenner, oder mit dem Teklubrenner, ob mit großer oder kleiner Flamme erhitzt; jedoch darf die Flamme auf keinen Fall unter 18 cm gewählt werden.

Bei genauer Befolgung der Vorschriften weichen die Resultate der gleichen Versuchsreihe nur um Bruchteile eines Prozentes voneinander ab, dagegen ist die Koksausbeute durchschnittlich um 2—3 % höher, wie in der Praxis. Nach der Beschaffenheit des Kokskuchens läßt sich mit Hilfe von Tabelle (S. 14) die Kohle in die entsprechende Gattung einreihen. Das Aussehen, besonders die Länge der bei der Verkokung auftretenden Flamme, läßt auf den Gasgehalt der Kohle schließen. Im Koksrückstand ist die Asche enthalten, in den durch Erhitzung ausgetriebenen Bestandteilen das hygroskopische Wasser. Wird vom Koks die Asche abgezogen, so bleibt der »Reinkoks« (fixer Kohlenstoff). Das Gewicht der ausgetriebenen Bestandteile abzüglich des Wassergehaltes ergibt die »flüchtigen Bestandteile«.

Die Koksausbeute sowie der Gehalt an flüchtigen Bestandteilen werden zur Vergleichung und besseren Kennzeichnung verschiedener Kohlensorten auf wasser- und aschefreie Kohlensubstanz berechnet. Ist

K_1 = Koksausbeute aus wasser- und aschefreier Kohle (Reinkohle)

K = Koksausbeute aus aschehaltiger Kohle (Rohkohle)

A = Aschegehalt

W = Wassergehalt

so ist $K_1 = 100 \cdot \frac{K - W}{100 - (A + W)}$.

Die Menge der flüchtigen Bestandteile ergibt sich dann zu $100 - K_1$.

Aus diesen Angaben (Asche-, Wassergehalt, Koksausbeute, Gehalt an flüchtigen Bestandteilen) ergeben sich wesentliche Anhaltspunkte zur Beurteilung einer Kohle. Ihre Zusammenstellung bildet die Rohanalyse (Immediatanalyse).

Beispiel: Koksausbeute . .	= 70,94 %	
Asche	= 5,53 »	
Wasser	= 1,37 »	
Brennbare Substanz . . .	= 93,10 »	
	100,00 %	
Reinkoks (fixer Kohlenstoff)	65,41 %	93,10 %
Flüchtige Bestandteile . . .	27,69 »	

$$K_1 = 100 \cdot \frac{70{,}94 - 5{,}53}{100 - 6{,}90} = 70{,}26\,\%$$

flüchtige Bestandteile = 29,74 »

100,00 %

e) Schwefelbestimmung.

Der Schwefel ist in der Kohle in dreierlei Verbindungen enthalten:

1. als Eisenkies, fein verteilt in der Kohle eingesprengt, oft auch in deutlich sichtbaren Kristallen oder dünnen Schichten;

2. als Sulfat (Gips, Schwerspat);

3. in nicht näher bekannter organischer Bindung.

Eine getrennte Bestimmung dieser drei Formen wäre mit großen Schwierigkeiten verknüpft und für die Praxis ohne Bedeutung. Von Wichtigkeit ist nur die Kenntnis des gesamten Schwefels sowie desjenigen Teiles, der mit der Kohlensubstanz verbrennt, denn nur dieser flüchtige Schwefel ist bei der Kohlenentgasung an der Bildung des Schwefelwasserstoffs, des Schwefelkohlenstoffs und anderer organischer Schwefelverbindungen des Leuchtgases beteiligt. Der Rest des Schwefels bleibt in der Asche bzw. im Koks zurück.

Gesamtschwefel.

Die Bestimmung des gesamten Schwefels geschieht gewöhnlich nach dem Eschkaschen Verfahren. Dieses Verfahren beruht auf der Verbrennung der Kohlen durch Glühen mit Magnesiumoxyd und Natriumkarbonat, welch letzteres die schweflige Säure aus den Verbrennungsprodukten direkt aufnimmt unter Bildung von Sulfid, Sulfit und Sulfat. Durch Behandlung mit Bromsalzsäure werden die Sulfide und Sulfite zu Sulfat oxydiert, durch Zusatz von Chlorbaryum als unlösliches Baryumsulfat ausgefällt und gewogen.

Fig. 13.

1 g feingepulverte Kohle wird mit 1,5 g eines Gemisches aus 2 Gewichtsteilen gebrannter Magnesia und 1 Gewichtsteil wasserfreien Natriumkarbonats in einem Platintiegel innig gemengt. Darauf erhitzt man mittels Bunsenbrenners[1]) den offenen Tiegel, welcher in schräger Lage bis zur Hälfte in einer Asbestplatte (Fig. 13) steht, allmählich so weit, daß der untere Teil des Tiegels rotglühend wird. Hierbei wird die Kohle gewöhnlich in etwa 2 bis 3 Stunden verbrannt, wenn die Masse während dieser Zeit öfter mittels eines starken Platindrahtes umgerührt wird. Im Laufe der Verbrennung geht die Farbe der Probe aus dem grauen Ton in einen hellgelblichen bis hellbräunlichen über. Bei gasreichen Kohlen schwillt der Inhalt des Tiegels

[1]) Da Leuchtgas stets schweflige Säure beim Verbrennen entwickelt, die von den Alkalien im Tiegel absorbiert werden könnte, soll man bei genauen Untersuchungen das Erhitzen nur auf einer Weingeistflamme vornehmen.

anfangs unter Ausscheidung von Rußpartikeln stark an, beim Umrühren findet oft rasches Verglimmen statt.

Nach dem Erkalten wird die noch pulverförmige Masse aus dem Tiegel (oder auch der Tiegel mit Inhalt) in ein Becherglas gegeben und zur Oxydation etwa vorhandener Sulfide und Sulfite mit einigen Kubikzentimetern Bromwasser angefeuchtet, bis er schwach gelblich erscheint. Die letzten Reste des Rückstandes werden aus dem Tiegel anfangs mit heißem Wasser, dann mit verdünnter Salzsäure entfernt und der Hauptmenge zugefügt. Nach vollständiger Zersetzung der basischen Bestandteile durch einen Überschuß an Salzsäure wird die etwa 150 bis 200 ccm betragende Lösung durch Erwärmen vom überschüssigen Brom befreit und von dem aus der Kohle stammenden unlöslichen Rückstande abfiltriert. In der klaren siedend heißen Lösung wird die Schwefelsäure durch Zusatz von wenigen Kubikzentimetern heißer Chlorbaryumlösung gefällt.

$$Ba\,Cl_2 + H_2\,SO_4 = Ba\,SO_4 + 2\,H\,Cl.$$

Sofort nach dem Chlorbaryumzusatz ist die Erhitzung zu unterbrechen, damit das Baryumsulfat in leicht abfiltrierbarer grobkristallinischer Form sich ausscheidet. Der Niederschlag wird auf einem aschefreien, sogenannten quantitativen Filter gesammelt und sorgfältig mit heißem Wasser ausgewaschen bis das ablaufende Filtrat mit Silbernitrat keine Chlorreaktion, d. h. keine weiße Fällung bzw. Trübung mehr gibt. Das Filter wird getrocknet, im gewogenen Platintiegel verascht, der Rückstand mit einem Tropfen konzentrierter Schwefelsäure abgeraucht, der Tiegel in der Bunsenflamme geglüht und nach der Abkühlung im Exsikkator gewogen. 1 g Ba SO_4 entspricht 0,1373 g Schwefel.

Sollen mehrere Schwefelbestimmungen gleichzeitig gemacht werden, so verwendet man Porzellantiegel und erhitzt dieselben ca. 1 Stunde im Muffelofen.

Da die zur Analyse verwendeten Chemikalien: Magnesia, Natriumkarbonat, Bromwasser und Salzsäure nicht leicht ganz frei von Schwefelsäure zu erhalten sind, deren Anwesenheit natürlich das Ergebnis fehlerhaft macht, so ist durch einen sogen. »blinden« Versuch ohne Kohle mit Anwendung genau gleicher Substanzmengen eine Schwefelbestimmung durchzuführen, deren Resultat von dem in den Kohlen gefundenen Schwefel jeweils abgezogen wird.

Nach Langbein[1]) hat man bei der Eschskaschen Methode keine Gewißheit darüber, ob nicht bei gasreichen Kohlen Schwefel in Form gasförmiger Verbindungen entweicht. Sicherer erscheint deshalb die Verbrennung der Kohle in einer Bombe in Sauerstoff bei einem Druck von 25 Atm. Bei diesem Druck wird bei genügend hoher Verbrennungswärme der Gesamtschwefel in H_2SO_4 übergeführt. Die Bestimmung schließt sich an die kalorimetrische Ermittelung des Heizwertes der Kohle an. (Siehe diese.)

Den flüchtigen Schwefel erhält man, wenn man von dem Gesamtschwefel der Kohle den Schwefelgehalt der Asche abzieht, besser aber durch Verbrennung einer Kohlenprobe im Sauerstoffstrom.

Diese Bestimmung lehnt sich an die unten beschriebene Elementaranalyse an, nur verwendet man eine größere Kohlenmenge (1 g) und ein Verbrennungs-

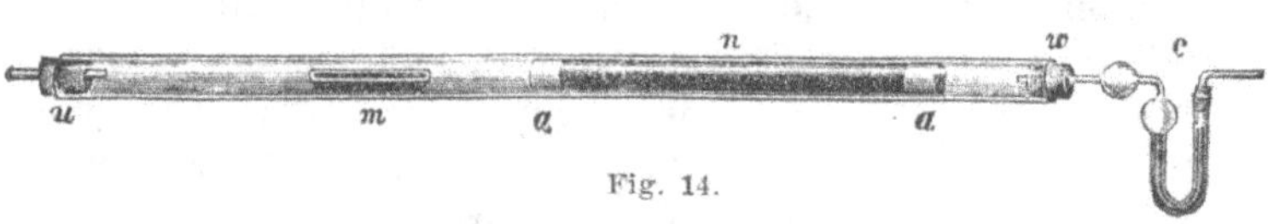

Fig. 14.

rohr, welches bei *n* (Fig. 14) statt Kupferoxyd eine mindestens 10 cm lange Schicht von platinierten Porzellanscherben enthält. Letztere haben sich als viel wirksamer erwiesen, als der früher empfohlene Platinasbest. Die Schicht kann zweckmäßig auf beiden Seiten bei *a* mit lockeren Spiralen aus dünnem Platinblech abgeschlossen werden.

[1]) H. Langbein, Zeitschr. f. angew. Chem. 1900, S. 1232.

Die im Porzellanschiffchen *m* enthaltene Kohlenprobe wird, während — in der Figur von links aus — ein langsamer Sauerstoffstrom das Rohr passiert, von links nach rechts fortschreitend allmählich erhitzt und durch den Sauerstoff verbrannt. Unvollkommen verbrannte Bestandteile werden in der zum Glühen erhitzten platinhaltigen Schicht vollständig oxydiert. Die Verbrennungsgase mit der gebildeten schwefligen Säure leitet man in eine Vorlage mit einer abgemessenen Menge von Wasserstoffsuperoxyd und bestimmt sie durch Fällung und Wägung als Baryumsulfat oder durch Titration mit $^1/_{10}$ Normalkalilauge unter Zusatz von Methylorange. Auch hier ist auf den ursprünglichen Gehalt des Wasserstoffsuperoxydes an Schwefelsäure in der oben angegebenen Weise Rücksicht zu nehmen.

Wählt man die Titrationsmethode, so ist das Wasserstoffsuperoxyd vor der Verwendung genau mit $^1/_{10}$ Normallauge zu neutralisieren. Bei der Titration der entstandenen Schwefelsäure entspricht 1 ccm $^1/_{10}$ Normalkalilauge 1,6 mg Schwefel.

Die rückständige Asche kann im Platintiegel mit Soda geschmolzen und im wässerigen, mit Salzsäure angesäuerten Auszuge der Schmelze der nichtflüchtige Schwefel als Baryumsulfat bestimmt werden.

f) Stickstoffbestimmung.

Der Stickstoff, dessen Menge meist zwischen 1 bis 2 % schwankt, findet sich in den Steinkohlen in unbekannten organischen Verbindungen vor.

Für die Berechnung des Heizwertes ist die Stickstoffbestimmung ohne Belang.

Bei der Entgasung der Kohlen entweicht der größte Teil des Stickstoffs in freier Form, ein beträchtlicher Teil bleibt im Koks zurück und nur verhältnismäßig geringe Mengen werden als Ammoniak und Cyan gewonnen.

Die Ausbeute an Ammoniak und Cyan ist weit mehr von der Entgasungstemperatur und anderen Bedingungen als vom Stickstoffgehalt der Kohlen abhängig.

Der Stickstoff in Kohlen und Koks wird nach der von Kjeldahl erfundenen, von Gunning und Wilfarth verbesserten Methode ermittelt. Diese Bestimmung beruht auf dem Prinzip, daß der Stickstoff vieler organischer Verbindungen, wie z. B. der Kohlen, bei längerem Kochen mit konzentrierter Schwefelsäure unter Zusatz von einem Tropfen Quecksilber völlig in Ammoniak bzw. Ammoniumsulfat übergeht, während die organische Substanz gänzlich zersetzt wird. Durch die Gegenwart des Quecksilbersalzes, das die Rolle eines Sauerstoffüberträgers spielt, wird die Oxydation erleichtert, die an der allmählichen völligen Entfärbung der anfangs dunklen Lösung zu erkennen ist. Aus den entstandenen Ammoniaksalzen wird das Ammoniak durch Destillation mit Lauge ausgetrieben, in Normalsäure aufgefangen und durch Titration bestimmt.

Zum Aufschließen der Kohle bzw. des Koks verwendet man vorteilhaft folgende Säuremischung: In 9 Gewichtsteilen konzentrierter Schwefelsäure löst man durch Erwärmen 2 Teile Kaliumsulfat, die erkaltete Lösung gießt man — im Freien oder unter einem gut wirkenden Abzuge — auf 1 Teil Phosphorsäureanhydrid. Letzteres wirkt als sehr kräftiges Oxydationsmittel, während das Kaliumsulfat zugesetzt wird, um die Zersetzung der Kohlen durch Erhöhung der Siedetemperatur zu beschleunigen. Mehr Kaliumsulfat zuzugeben empfiehlt sich deshalb nicht, weil die Lösung sonst beim Stehen wieder festes Salz ausscheidet.

Die Bestimmung wird in folgender Weise ausgeführt: Man bringt 0,8—1,0 g sehr feingepulverte (gebeutelte) Kohle in einem etwa 600—700 ccm fassenden Kochkolben aus bestem Jenenser Glas mit 1 g Quecksilber und 30 ccm der obigen Säuremischung zusammen.

Die Verwendung eines geräumigen Kolbens bietet

gegenüber der eines kleinen den großen Vorteil, daß das Aufschließen der Kohle und Abtreiben des Ammoniaks ohne lästiges Umspülen, das leicht mit Substanzverlust verbunden ist, erfolgen kann.

Der Kolben wird mit einer kleinen gestielten Glaskugel, die als lose sitzender Stopfen wirkt, verschlossen und in einer kleinen mit Asbest ausgekleideten Eisenschale unter dem Abzuge zum Sieden erhitzt. Um einen Verlust an stickstoffhaltiger Substanz zu vermeiden, erhitzt man zuerst einige Minuten mit ganz kleiner, später mit starker Flamme, die aber nie bis über den von der Flüssigkeit eingenommenen Raum des Kolbens reichen darf.

Wenig zu empfehlen ist die Erhitzung des Kolbens auf einem Drahtnetz wegen der größeren Gefahr des Zerspringens. Auf alle Fälle tut man gut daran, Brenner mit Stativ, Schale und Kolben auf eine flache, stark verbleite Eisenschale mit niedrigem Rand zu setzen, damit beim Platzen eines Kolbens die ausfließende Säure kein größeres Unheil anrichten kann.

Das Erhitzen wird solange fortgesetzt, bis die Lösung klar und farblos geworden ist, denn alle Kohlenarten, selbst Anthrazit, werden durch die Säure vollständig verbrannt. Bei Anwesenheit von viel Eisen in der Asche ist die Flüssigkeit bisweilen schwach gelb gefärbt. Die Zersetzung ist meist in 2 bis 3 Stunden vollendet.

Den erkalteten Kolbeninhalt verdünnt man unter gleichzeitigem Abspülen der gestielten Kugel mit ca. 200 bis 250 ccm Wasser, läßt wieder erkalten, setzt hinzu 120 bis 140 ccm reine Natronlauge von 31 ^{0} Bé (1,274 spez. Gewicht, erhalten durch Auflösen von 320 g Na OH zu 1 l) bis zu stark alkalischer Reaktion der Lösung unter ständiger Kühlung mit einem kalten Wasserstrahl, dann noch rasch 35 ccm einer Lösung von gelbem Schwefelkalium (etwa 40 g käufliches Kaliumsulfid im Liter), bis alles Quecksilber gefällt ist und die Flüssigkeit schwarz erscheint, und endlich zur Verhütung des Stoßens einige Körnchen von granuliertem Zink.

Der Kolben wird sofort an den bereitstehenden Destillationsapparat angeschlossen (Fig. 15)[1]) und in 20 bis 30 Minuten etwa $^1/_3$ bis $^1/_2$ des Kolbeninhalts abdestilliert. Das Anbringen des zwischen Kolben und Kühler befindlichen Tropfenfängers ist unerläßlich zur Vermeidung des Überspritzens alkalischer Flüssigkeit. Die vorgelegten 20 ccm $^1/_{10}$ Normalschwefelsäure (bei Koks 10 ccm)

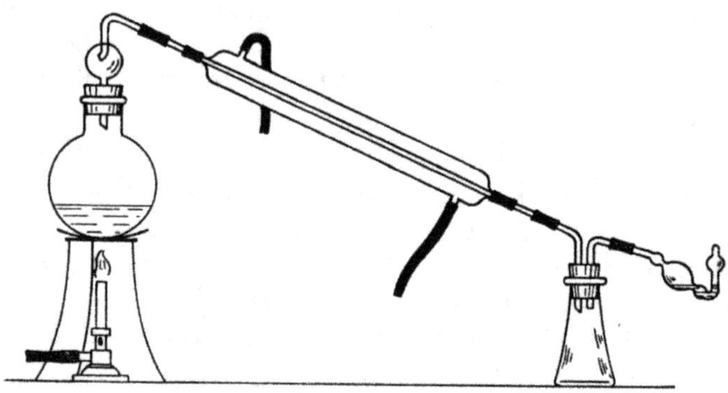

Fig. 15.

werden mit $^1/_{10}$ Normalnatronlauge und Methylorange als Indikator zurücktitriert.

Die verbrauchten Kubikzentimeter $^1/_{10}$ Normalsäure ergeben durch Multiplikation mit 1,404 den Stickstoff in Milligrammen.

Reinheit der verwendeten Chemikalien, speziell Abwesenheit von Stickstoffverbindungen, ist Grundbedingung für zuverlässige Analysenresultate.

Zur Kontrolle muß auch hier wie bei der Eschkaschen Methode ein »blinder« Versuch mit den gleichen

---

[1]) Wird Aufschließen und Abtreiben in demselben Kolben ausgeführt, so ist es zweckmäßig, einen Kochkolben mit längerem Hals zu benutzen, als ihn die Figur zeigt.

Substanzmengen wie eine normale Bestimmung, aber ohne Kohle ausgeführt werden zur Ermittelung des etwaigen Stickstoffgehaltes der verwendeten Chemikalien. Auch bei Verwendung sehr reiner Chemikalien wird man bei diesen Kontrollversuchen in der Regel einen Verbrauch von 1,0 bis 1,5 ccm $^1/_{10}$ Normalsäure feststellen.

Beispiel:

Angewendet: 0,8500 g Kohle
Vorgelegt: . . . . 20,0 ccm $^1/_{10}$ n H_2SO_4,
Zurücktitriert mit . . . . . . 9,35 ccm $^1/_{10}$ n KOH
demnach verbraucht: . . . 10,65 ccm $^1/_{10}$ n H_2SO_4
Beim Kontrollversuch wurden 1,25 ccm $^1/_{10}$ n H_2SO_4 verbraucht,
also sind . . . . 9,40 ccm $^1/_{10}$ n H_2SO_4 für den Stickstoff der Kohle verbraucht.

$$\frac{9,4 \cdot 100 \cdot 0,001404}{0,85} = 1,55\,\%\ \text{Stickstoff}$$

g) Bestimmung von Kohlenstoff und Wasserstoff.

Die Bestimmung des Kohlenstoff- und Wasserstoffgehaltes einer Kohle erfolgt durch die sogenannte Elementaranalyse, deren Wesen in einer vollständigen Verbrennung der Kohlensubstanz und Wägung der Verbrennungsprodukte: Kohlensäure und Wasser besteht. Durch eine einfache Berechnung ergibt sich der Kohlenstoff- und Wasserstoffgehalt. Nachdem auch Stickstoff und Schwefel nach den schon erwähnten Methoden bestimmt sind, zieht man die Summe dieser 4 Bestandteile vom angewandten Kohlengewicht ab und erhält als Rest den Sauerstoffgehalt, der sich analytisch nicht direkt ermitteln läßt. Oft wird Sauerstoff- und Stickstoffgehalt zusammen (O + N) aus der Differenz gegen 100 % ermittelt.

Die Verbrennung der Kohle erfolgt durch Glühen im Sauerstoffstrome bei Gegenwart leicht reduzierbarer Körper (Kupferoxyd oder Bleichromat), die dabei den zur völligen Oxydation der Zersetzungsprodukte noch nötigen Sauerstoff abgeben. Durch diese doppelte Sauerstoffzuführung wird einerseits eine vollkommene Verbrennung der Destillationsprodukte und des fixen Koh-

Fig. 16.

lenstoffs der Kohle, audererseits eine Regeneration der reduzierten Kupfer- und Bleiverbindungen erzielt.

An Chemikalien werden gebraucht:

1. Gekörntes Kupferoxyd. Die Körnung soll etwa linsen- bis erbsengroß sein. Kupferoxydstaub ist durch Sieben zu entfernen. Vor dem Gebrauch wird es schwach ausgeglüht und noch heiß in gut verstöpselte Gläser gefüllt.

2. Chromsaures Blei.

3. Gekörntes Chlorkalzium. Es ist in zwei Körnungen vorrätig zu halten, erbsen- und hirsekorngroß. Eine Lösung des trockenen Salzes darf nicht alkalisch reagieren.

4. Kalilauge. Die Lauge soll ein spez. Gewicht von 1,33 haben. (1 Teil Ätzkali auf 2 Teile Wasser bzw. 450 g Ätzkali zu 1 l gelöst.)

5. Gekörnter Natronkalk.

6. Metallisches Kupfer. Man macht aus kupfernem Drahtgewebe eine Rolle von 5 cm Länge und 1 cm Dicke.

An Apparaten sind erforderlich:

1. Verbrennungsofen (Fig. 16). Auf einem starken Gasrohr *a* von 80 cm Länge, zu dem die Gaszufuhr durch Schläuche zweckmäßigerweise von beiden Seiten erfolgt, sind ca. 12 bis 25 Bunsenbrenner aufgeschraubt, von denen jeder einzelne durch einen Hahn absperrbar ist.

In der Höhe der heißesten Zone der Brenner liegt eine Schamotterinne, welche das Verbrennungsrohr trägt. Die Rinne ist auf beiden Seiten mit Schamottekacheln umgeben, deren Form so gewählt ist, daß die Flamme der Gasbrenner rings um die Rinne und das Rohr schlagen muß und oben durch Luftöffnungen entweichen kann.

2. Das Verbrennungsrohr muß von schwer schmelzbarem Glase sein, das in der Hitze des obigen Ofens nur wenig erweichen darf. Die Weite des Rohres soll 12—15 mm betragen, seine Länge die des Ofens auf beiden Seiten um einige Zentimeter überragen. Vor

Ingebrauchnahme wird das Rohr gut gereinigt, durch Erwärmen mit einem Bunsenbrenner unter gleichzeitiger Durchleitung einses Luftstromes getrocknet und sodann verschlossen aufbewahrt.

3. Chlorkalziumröhren. Meistens werden U-förmige Röhren verwendet (Fig. 17 u. 18), die zweckmäßigerweise mit eingeschliffenen Hahnstöpseln versehen sein können. Zur Füllung wird feingekörntes, aber nicht staubförmiges Chlorkalzium genommen, das wegen seiner

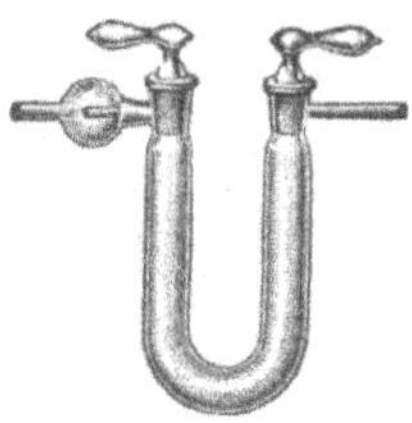

Fig. 17.

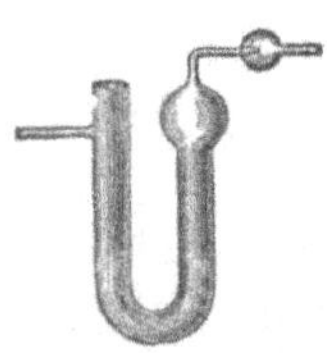

Fig. 18.

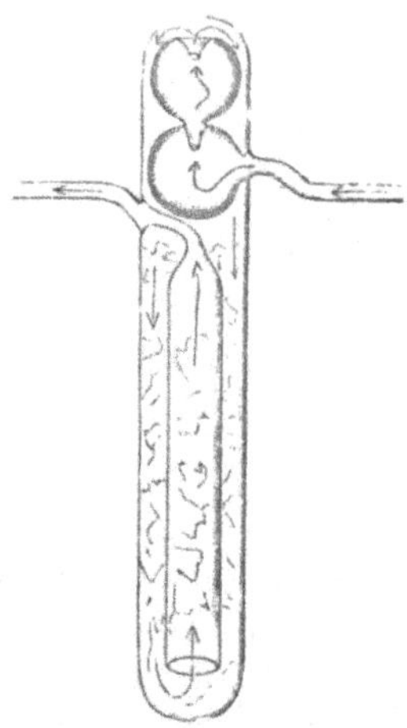

Fig. 19.

stark hygroskopischen Eigenschaft zur Absorption des bei der Verbrennung gebildeten Wasserdampfes gut geeignet ist. Erscheint das trockene Chlorkalzium nach mehreren Analysen teilweise aufgeweicht und feucht, so sind die Röhren frisch zu füllen. Um einen etwaigen Gehalt des Chlorkalziums an Alkali unschädlich zu machen, leitet man durch die Röhren vor deren Verwendung einen gut getrockneten Kohlensäurestrom, dessen Rest durch trockene Luft zu verdrängen ist.

Sehr bequem ist die Verwendung der z. B. von Bender u. Hobein in München zu beziehenden Chlorkalziumröhren mit Aluminiumfuß, die schon gefüllt und fertig zum Gebrauche sind (Fig. 19).

4. Kaliapparat. Am gebräuchlichsten sind die nach Liebig und Geißler angefertigten Formen (Fig. 20 und 21). Die 3 unteren Kugeln werden mit Kalilauge 1 : 2 gefüllt. Bei Kugel *m* treten die vollständig getrockneten Verbrennungsgase aus dem Chlorkalziumrohr in den Kaliapparat ein und durchströmen in kleinen Blasen die Kalilauge, wobei sie ihre Kohlensäure vollständig an die Lauge abgeben. Die von den entweichenden Gasen aus der Lauge aufgenommene Feuchtigkeit wird

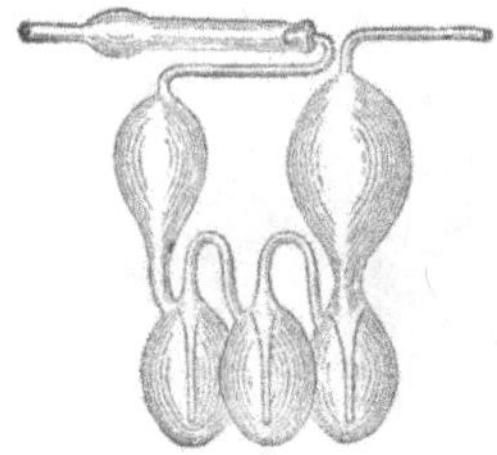

Fig. 20.

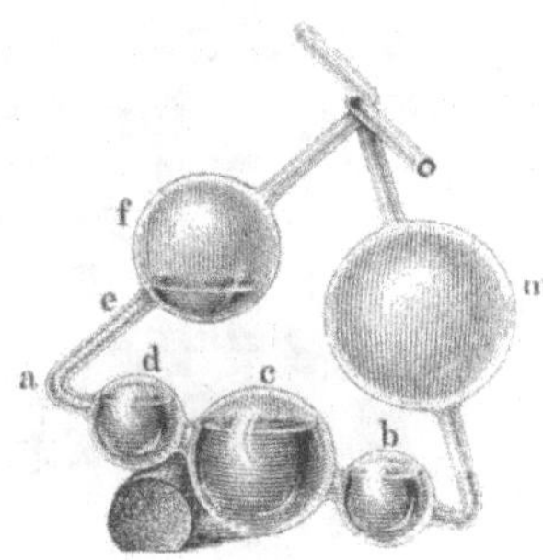

Fig. 21.

in einem an den Kaliapparat angeschlossenen kleinen Röhrchen mit Chlorkalziumfüllung zurückgehalten. Ohne diese Anordnung würde das Kohlensäuregewicht um den Betrag des verdunsteten Wassers zu niedrig gefunden werden.

5. Zwei Gasbehälter, einer für Luft, einer für Sauerstoff sind in Bereitschaft zu halten. Der Sauerstoff unterhält die Verbrennung, die Luft dient zur Verdrängung des Sauerstoffs aus dem damit erfüllten Apparat. Da beide Gase vollständig frei von Kohlensäure und Feuchtigkeit sein müssen, haben sie vor dem Eintritt in das Verbrennungsrohr einen

6. Trockenapparat zu passieren, der mit einem Kohlensäure-Absorptionsapparat kombiniert ist. Fig. 22

zeigt einen solchen Apparat. In den ersten 2 Glaszylindern, die mit Kalilauge gefüllt sind, erfolgt die Absorption der Kohlensäure; in dem **U**-Rohr, das mit Schwefelsäure getränkte Bimssteinstücke enthält, erfolgt die Trocknung. Der Apparat ist zweiteilig ausgeführt, so daß auf der einen Seite durch entsprechende Hahnstellung der Sauerstoffstrom, auf der anderen der Luftstrom durchgeleitet werden kann. Das Ausgangsrohr wird mit dem Verbrennungsrohr verbunden.

7. Schiffchen von Porzellan (Fig. 23), die sich

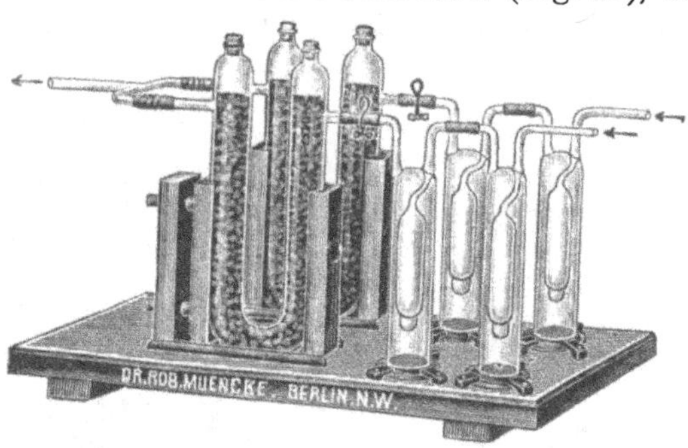

Fig. 22.

bequem in das Verbrennungsrohr schieben lassen, dienen zur Aufnahme der Kohlenprobe.

Ausführung der Analyse:

Zunächst wird die Kohlenprobe (0,25 g) in einem Porzellanschiffchen abgewogen. Die Wägung soll bis auf 0,0002 g genau sein. In das vorher ausgetrocknete, auf beiden Seiten offene Verbrennungsrohr schiebt man erst einen lockeren Asbestpfropfen *a* (Fig. 14) ein, auf den man dann gekörntes Kupferoxyd in einer Schicht von 40 cm, ein Röllchen von Kupferdrahtnetz und eine 10 cm lange Schicht von chromsaurem Blei bringt. Das Ganze wird dann wieder durch einen Asbestpfropfen geschlossen. Das chromsaure Blei soll die schweflige Säure zurückhalten, welche sich bei der Verbrennung

Fig. 23.

schwefelhaltiger Kohlen bildet. Etwa gebildete Stickstoffoxyde werden durch das metallische Kupfer zersetzt. Darauf wird das Rohr mit gut getrockneten, durchbohrten Kautschukstopfen verschlossen in die Schamotterinne des Verbrennungsofens gelegt und in seiner ganzen Länge erhitzt. An das leere Ende des Rohres ist der Trockenapparat und der Sauerstoffbehälter angeschlossen, aus dem man etwa $^1/_2$ Stunde lang einen langsamen Strom das heiße Rohr passieren läßt. Die Erhitzung des metallischen Kupferröllchens und des Bleichromates darf nur mäßig sein, die Kupferoxydschicht muß dagegen in helle Rotglut kommen. Nach gründlichem Ausglühen des Rohres löscht man die Flammen unter dem leeren Teile aus, schließt an das entgegengesetzte Ende das genau gewogene Chlorkalziumrohr, an dieses den ebenfalls gewogenen Kaliapparat mit dem angesetzten Trockenröhrchen und zum Schluß ein einfaches mit Chlorkalzium gefülltes Rohr an, das dem Eindringen von feuchter Luft in die Apparate vorbeugen soll. Nach der Abnahme des Kautschukstopfens wird in den leeren Teil des Rohres das Porzellanschiffchen mit der Kohle geschoben und der Stopfen wieder geschlossen. Die Reihenfolge der Apparate und Schichten ist also nun folgende: Sauerstoffbehälter, Waschflaschen mit Kalilauge, U-Rohr mit Schwefelsäure, Verbrennungsrohr mit Porzellanschiffchen (Kohlenprobe), Kupferoxyd, Kupferdrahtnetz und Bleichromat, hierauf Chlorkalziumrohr und Kaliapparat mit Trockenröhrchen.

Sämtliche Hähne und Schlauchverbindungen müssen vorzüglich dicht schließen.

Inzwischen ist das Kupferoxyd in heller Rotglut geblieben. Nunmehr beginnt man am hinteren Ende des Apparates die Brenner anzuzünden, nähert sich allmählich der zu verbrennenden Kohle und stellt den Sauerstoffstrom an. Die direkte Erhitzung der Kohle muß sehr vorsichtig und, so lange noch eine Entgasung der Kohle stattfindet, sehr langsam vorgenommen werden.

Der Gang der Gasblasen durch den Kaliapparat gibt den sichersten Anhalt für die Leitung der Verbrennung. Sie erfolgt regelmäßig und gut, wenn in der Sekunde eine bis zwei Blasen in der Kugel *c* sichtbar werden. Ist die Verbrennung beendet, so wird durch den Apparat noch trockene Luft geleitet, um den leichteren Sauerstoff zu verdrängen, was ungefähr 5 Minuten dauert. Jetzt werden sämtliche Gashähne geschlossen, die Absorptionsröhren abgenommen und deren Öffnungen sofort durch übergezogene Schlauchstücken mit Glasstäbchen verschlossen. Nachdem die Apparate sich abgekühlt haben, werden sie (natürlich ohne die Kautschukverschlüsse) gewogen. Ihre Gewichtszunahme entspricht der Menge des gebildeten Wassers bzw. der Kohlensäure. Das Gewicht der Kohlensäure mit $^3/_{11}$ multipliziert ergibt den Kohlenstoff

$$\left(\frac{C}{CO_2} = \frac{12}{44},\ C = \frac{3}{11}\,CO_2\right),$$

während vom Gewicht des Wassers der Gehalt an hygroskopischem Wasser, der durch Feuchtigkeitsbestimmung ermittelt war, abzuziehen und der Rest mit 0,1119 zu multiplizieren ist, um den Wasserstoff zu berechnen

$$\left(\frac{H_2}{H_2O} = \frac{2{,}016}{18{,}016},\ H_2 = 0{,}1119 \,.\, H_2O\right).$$

Die Elementaranalyse wird zweimal ausgeführt. Die Resultate beider Bestimmungen sollen auf mindestens 0,3 % bei Kohlenstoff und 0,2 % bei Wasserstoff übereinstimmen.

h) Heizwertbestimmung.

Der Heizwert eines Brennstoffes ist die Zahl, welche angibt, wieviel Wärmeeinheiten 1 kg desselben entwickelt, wenn er ohne jeden Verlust zu gasförmiger Kohlensäure (schwefliger Säure) und Wasserdampf von gewöhnlicher Temperatur verbrennt. Die Einheit der Wärme ist die Wärmemenge, welche erforderlich ist, um die Temperatur von 1 kg Wasser v 0° auf 1° C zu erhöhen.

Die exakte Bestimmung des Heizwertes von Kohlen als Brennstoff ist schon längst in ihrer großen praktischen Bedeutung anerkannt, denn die Feststellung der Nutzwirkung einer Feuerung ist nur möglich bei einer genauen Kenntnis des Heizwertes des verwendeten Brennmaterials, und damit hängt aufs engste eine rationelle Ausnutzung der Kohlen und ein sparsamer Betrieb zusammen, für den sich der Wert des Brennstoffs nach der Höhe seines »Heizwertes« bemißt.

Bis jetzt ist man leider noch weit davon entfernt, die Heizkohle nach dem für ihren wirtschaftlichen Nutzen maßgebenden Heizwert zu kaufen oder zu verkaufen, in der Regel sind es ziemlich unsichere, in den handelsüblichen Bezeichnungen enthaltene praktische Anhaltspunkte, nach denen dieser für die gesamte Industrie wichtigste Rohstoff bewertet wird. Nur ganz wenige große industrielle Betriebe sind in der Lage, ihren Lieferanten die Kohlen nach dem effektiven Heizwerte (unterer Heizwert der wasserfreien Kohle) zu bezahlen. Der Tonnenpreis wird hierbei auf Grund wöchentlicher Durchschnittsproben in folgender Weise ermittelt: die gewählte Kohle habe beispielsweise normal bei 10 % Feuchtigkeit und 8 % Asche einen Heizwert von 7200 WE und koste 10 M. für die Tonne im Kesselhause. Der effektive Heizwert einer Tonne dieser Kohle sei daher $0,9 \cdot 7\,200\,000 = 6\,500\,000$ WE. Kostet die Abfuhr einer Tonne Asche 2 M., also pro Tonne Kohle $0,08 \cdot 200 = 16$ Pf., so sind demnach die Gesamtkosten einer Tonne Kohle $= 1000 + 16 = 1016$ Pf. Um 1 Pf. hat man demnach 6300 WE zu beanspruchen.

Ergibt nun die Untersuchung einer Durchschnittswochenprobe statt 10 % Wasser 15 %, statt 8 % Asche 10 % und statt 7200 WE Heizwert nur 7000, so ist der effektive Heizwert einer Tonne nur $0,85 \cdot 7\,000\,000 =$

5 950 000 WE, und der für eine Tonne zu bezahlende Kohlenpreis x berechnet sich aus

$$\frac{5\,950\,000}{x + 0{,}1 \cdot 200} = 6\,300$$

zu $x = \frac{5\,950\,000}{6\,300} - 20 = 944 - 20 = 9.24$ M. (anstatt normal 10 M.).

Bei den zur Gaserzeugung verwendeten Kohlen galt die Ermittlung des Heizwertes bisher als unwesentlich. Doch haben, wie schon früher erwähnt wurde, und wie im Abschnitt: Der Destillationsprozeß näher zu erörtern ist, die Arbeiten in der Lehr- und Versuchsgasanstalt in Karlsruhe die große Bedeutung des Heizwertes auch für Gaskohlen erwiesen.

Von derselben Wichtigkeit wie bei den Heizkohlen ist die Kenntnis des Heizwertes natürlich auch beim Koks.

Die verschiedenen Methoden, die zur Bestimmung des Heizwertes der Kohlen angewendet werden, lassen sich einteilen in:

I. Berechnung des Heizwertes mit Hilfe empirischer Formeln aus der chemischen Zusammensetzung.

II. Direkte Bestimmung des Heizwertes, und zwar:
   a) im großen (an Dampfkesseln),
   b) im kleinen (in Kalorimetern).

I. Nach der Dulongschen Regel.

Von den mannigfachen zur ersten Gruppe gehörigen Bestimmungen hat die Formel von Dulong wegen ihrer verhältnismäßig großen Genauigkeit verbreitete Anerkennung gefunden. Dulong ging von der hypothetischen Annahme aus, daß die die Brennmaterialien bildenden Elemente nicht, wie es tatsächlich der Fall ist, zu komplizierten organischen Verbindungen vereinigt sind, sondern daß sie frei nebeneinander bestehen. Demzufolge muß die bei der Verbrennung entstehende

Wärmemenge gleich der Summe der Wärmemengen sein, die bei der Verbrennung jedes einzelnen zur Wärmeentwicklung fähigen Elementes (Kohlenstoff, Wasserstoff und Schwefel) entwickelt würden. Es gibt:

1 kg	Kohlenstoff	zu CO_2	verbrannt	8100 Kal.
1 »	Wasserstoff	» H_2O-Dampf	»	28550 »
1 »	Schwefel	» SO_2	»	2230 »

Bezeichnet man den prozentualen Kohlenstoff-, Wasserstoff- und Schwefelgehalt mit C bzw. H bzw. S, so ist:

$$V_w = 81 \cdot C + 285\, H + 22{,}3\, S.$$

Von dem im Brennstoff enthaltenen Sauerstoff nimmt man an, daß er bereits mit der entsprechenden Menge Wasserstoff, also mit $\frac{1}{8} \cdot O$ zu Wasser verbunden ist, weshalb man in der letzten Formel an Stelle von H den Wert $H - \frac{O}{8}$ setzen muß; man erhält also

$$V_w = 81 \cdot C + 285 \cdot \left(H - \frac{O}{8}\right) + 22{,}3\, S.$$

Die stark wechselnden Mengen von Feuchtigkeit in den Kohlen werden in allen üblichen Feuerungsanlagen verdampft und entweichen mit den Heizgasen aus der Feuerung.

Wird das Brennmaterial mit einer Temperatur von t^0 auf den Rost gebracht, so beansprucht 1 kg des darin enthaltenen hygroskopischen Wassers $(636{,}7 - t)$ Kal., um in Dampf von 100^0 verwandelt zu werden. Dieser Dampf wird aber auf Kosten des Wärmeinhaltes des auf den Rost gebrachten Brennstoffes noch weiter erhitzt bis auf die Temperatur T^0 der Abgase (Fuchsgase). Hierzu gehören pro 1 kg Wasserdampf $0{,}48\ (T - 100)$ Kal., so daß die gesamte an 1 kg hygroskopisches Wasser abgegebene Wärmemenge den Betrag

$$[(636{,}7 - t) + 0{,}48\,(T - 100)] \text{ Kal.}$$

ausmacht.

Bei $W\,\%$ Feuchtigkeitsgehalt beträgt diese Wärmemenge

$$= \frac{636,7 - t + 0,48\,(T - 100)}{100} \cdot W \text{ Kal.}$$

Ist z. B. $t = 20^0$, $T = 300^0$ und $W = 20\,\%$, so erhält man für die letzte Formel den Wert

$$\frac{711,7}{100} \cdot W = \sim 7 \cdot W = 7 \cdot 20 \text{ Kal.} = 140 \text{ Kal.}$$

Diese Wärmemenge ist aber, wenn das hygroskopische Wasser mit den Abgasen in Dampfform entweicht, und dies ist die Regel, für die Feuerung verloren, daher in negativem Sinne in Anrechnung zu bringen.

Der Heizwert berechnet sich also zu:

$$\text{Heizwert} = 81\,C + 285\left(H - \frac{O}{8}\right) + 22,3\,S$$
$$- \frac{636,7 - t + 0,48\,(T - 100)}{100} \cdot W \text{ Kal.}$$

Hieraus ist deutlich zu ersehen, daß ein bestimmter Brennstoff für eine gegebene Feuerungsanlage eigentlich einen stetig (mit t und T) wechselnden nutzbaren Heizwert hat.

Um aber von solcher Unbestimmtheit frei zu sein, haben sich der Verein Deutscher Ingenieure und der Internationale Verband der Dampfkessel-Überwachungsvereine zu einer für den praktischen Gebrauch geeigneten, auf der Dulongschen Hypothese basierenden Formel, der sogenannten Vereinsformel geeinigt, wonach der Heizwert eines Brennmaterials bestimmt ist aus:

$$\text{Heizwert} = 81\,C + 290\left(H - \frac{O + N}{8}\right) + 25\,S - 6\,W.$$

Es muß betont werden, daß diese Formel theoretisch keine absolut richtigen Werte geben kann, da vor allem, wie schon erwähnt, die Grundannahme Dulongs, wonach die Brennstoffe nur Gemische der Elemente C, H, O, S sind, nicht zutrifft.

Hingegen genügt die Formel für die Praxis vollständig und kommt den durch Kalorimetrie für Kohlen gewonnenen Werten innerhalb der Fehlergrenze sehr nahe.

Die Dulongsche Formel nimmt an, daß sämtlicher in dem Brennstoff enthaltene Schwefel zu schwefliger Säure (SO_2) verbrennt und dadurch 2230 Kalorien entstehen, während in Wirklichkeit ein Teil des Schwefels zu Schwefelsäureanhydrid (SO_3) oxydiert wird, unter Entwicklung von 3300 Kalorien. Diesen Fehler der Dulongschen Formel sucht die Vereinsformel auszugleichen, indem sie statt 2230 Kalorien 2500 in Ansatz bringt.

Dividiert man den gefundenen Heizwert durch 637, so erhält man den »Verdampfungswert«, das heißt die Menge Wasser in Kilogrammen, welche durch 1 kg Kohle in Dampf von 100° C verwandelt werden kann, den theoretischen Verdampfungseffekt des Brennmaterials. Für eine Kohle mit einem Heizwert von 6986 WE würde der Verdampfungswert sein 6986 : 637 = 10,9, das heißt, mit 1 kg dieser Steinkohle könnten theoretisch 10,9 kg Wasser in Dampf von 100° übergeführt werden.

II. Im Kalorimeter.

Die Anwendbarkeit der Dulongschen Regel zur Berechnung des Heizwertes der Kohlen wurde lange Zeit von verschiedenen Forschern bezweifelt, welche große Differenzen zwischen dem berechneten und dem experimentell ermittelten Heizwert nachweisen zu können glaubten. An Hand eines sehr umfangreichen Materials sorgfältigster Analysen bewies jedoch Bunte, daß die vermeintlichen Abweichungen teils auf Fehler der Elementaranalyse, teils auf Mängel der kalorimetrischen Bestimmung zurückzuführen waren, und daß die Dulongsche Regel für Stein- und Braunkohlen durchaus genügt.

Die erforderliche sehr genaue Elementaranalyse setzt eine beträchtliche Übung in dieser umständlichen und zeitraubenden Untersuchungsmethode voraus, so daß die experimentelle Ermittelung des Heizwertes der Berechnung vorzuziehen ist. Umgekehrt aber gewinnt die Dulongsche Formel einen Wert als Kontrolle über die Genauigkeit der Analyse, indem der berechnete vom experimentell bestimmten Heizwert bei Steinkohlen nur um $^1/_2$—1 $^0/_0$, bei Braunkohlen 2—3 $^0/_0$ abweichen darf. Größere Differenzen lassen auf Analysenfehler schließen, da bei der experimentellen Bestimmung in einem der neuen Kalorimeter ausgezeichnete Genauigkeit zu erreichen und nach dieser Seite der Fehler nicht zu suchen ist.

Das Wesen der kalorimetrischen Bestimmung besteht in folgendem:

Kleine Proben der Kohle (etwa 1 g) werden mit Sauerstoff in einem Gefäß unter Wasser verbrannt. Die entwickelte Wärme wird an das Wasser übertragen. Aus der beobachteten Temperaturerhöhung und der bekannten Menge des erwärmten Wassers läßt sich der Heizwert berechnen. Dabei ist zu berücksichtigen, daß sich auch das Kalorimetergefäß und dessen Zubehörteile erwärmen. Die zur Erwärmung dieser Teile um 1° C nötige Wärmemenge läßt sich aus dem Gewicht und der spezifischen Wärme der einzelnen Teile rechnerisch, genauer aber experimentell feststellen und kommt in Wassergewicht ausgedrückt als »Wasserwert« des Kalorimeters in Rechnung.

Unter der großen Zahl der verschiedenen Kalorimeterkonstruktionen gehört von den älteren Modellen das von F. Fischer angegebene zu den besten, vermochte aber wegen der sehr umständlichen Handhabung und wegen unsicherer Korrektionswerte, unter denen die Genauigkeit sehr litt, keine praktische Bedeutung zu erlangen.

Berthelot konstruierte ein Kalorimeter, in dem sich

die Verbrennung mit Sauerstoff unter erhöhtem Druck (25 Atm.) in einem starkwandigen, luftdicht schließenden Gefäß, der kalorimetrischen Bombe, vollzieht und sehr schnell und vollständig verläuft.

Zweckmäßige Änderungen der Berthelotschen Konstruktion wurden von Mahler, Bunte u. a. angegeben, so daß heute in der Berthelot-Mahlerschen Bombe eine Vorrichtung zur denkbar genauesten und raschesten kalorimetrischen Bestimmung gegeben ist. Die gegen andere Kalorimeter erhöhten Anschaffungskosten, die mit allem Zubehör ca. 900 M. betragen, werden durch die großen Vorteile des Apparates aufgewogen, der wohl in den meisten größeren Laboratorien von Prüfungsanstalten und Gaswerken Eingang gefunden hat[1]).

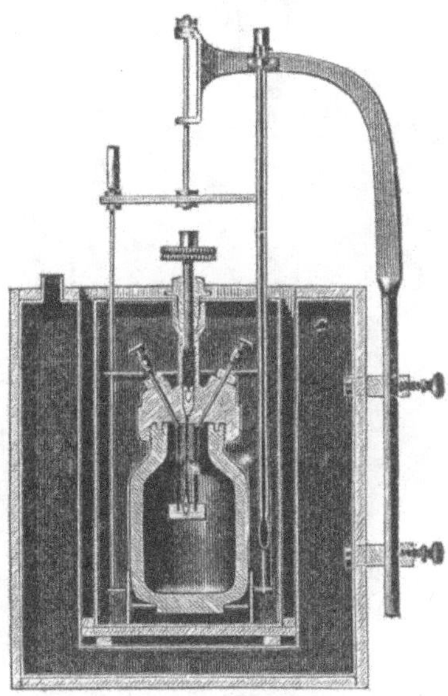

Fig. 24.

Zur vollständigen Ausrüstung dieses Kalorimeters gehören: die kalorimetrische Bombe (Fig. 24) und 25) aus gezogenem Gußstahl, innen emailliert, außen stark vernickelt, mit starker Platinarmatur (Zuleitungsdrähte für die elektrische Zündung, Schälchen zur Aufnahme der Probe, Schutzplatte an der Innenseite des Bombendeckels); das Kalorimetergefäß mit Rührwerk; Thermometer von + 10 bis 25° C in $^1/_{50}{}^0$ geteilt mit Ablesclupe zur Bestimmung von 0,001°; mit Filz umkleidetes

[1]) Zu beziehen von C. Desaga-Heidelberg.

Wärmeschutzgefäß mit Wasserfüllung; Eichenholzblock mit Klemmbacken zum Festhalten der Bombe beim Zuschrauben; sehr großer starker Schraubenschlüssel für den sechseckigen Bombendeckel; Federmanometer auf Stativ; Sauerstoffzylinder mit Sauerstofffüllung auf ca. 100 Atm.; Messingverbindungsröhren mit Verschraubungen und Schraubenschlüssel; galvanische Elemente;

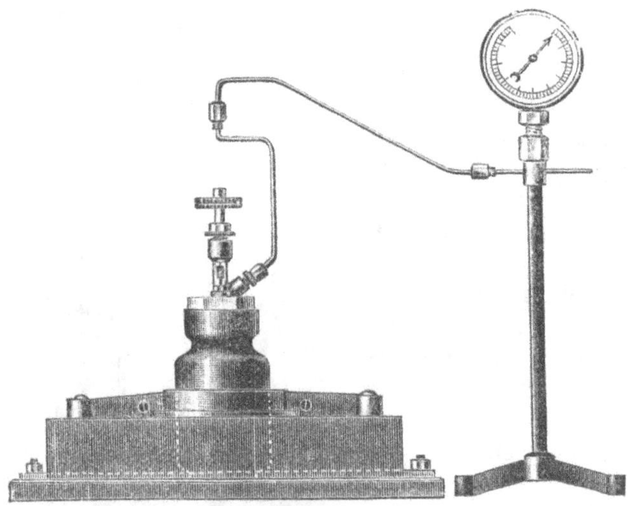

Fig. 25.

elektrischer Vorschaltwiderstand; Uhr mit Minutenanschlag; feinster Platindraht zur elektrischen Zündung.

Es ist sehr zu empfehlen, die ganze Apparatur in einem vor Temperaturschwankungen, besonders also vor Zugluft, möglichst geschützten Raume fest aufzustellen.

Der innere Emailleüberzug der Bombe ist leider ziemlich vergänglich. Dieser Umstand veranlaßte Langhein, Dresden, eine mit dünnem Platinblech ausgelegte[1]) Bombe (Fig. 26) zu konstruieren, die im übrigen der beschriebenen ähnelt.

---

[1]) Zu beziehen von Franz Hugershoff-Leipzig.

Die Ausführung einer kalorimetrischen Bestimmung gestaltet sich folgendermaßen:

Der Deckel der Bombe wird abgeschraubt, das mit einer Klemmschraube befestigte Platinschälchen abgenommen; zwischen den freien Enden der 2 starken, elektrisch isoliert durch den Bombendeckel nach den 2 Klemmschrauben geführten Platindrähten wird mittels eines ganz feinen Platindrahtes eine ca. 1 cm lange Verbindung hergestellt. Darauf wird das Platinschälchen mit genau 1 g Kohle wieder an der Klemme so befestigt, daß der feine Platindraht in das Kohlenpulver eintaucht. Die Bombe steht in dem fest montierten Holzblock, die Klemmbacken sind angezogen, in die Bombe werden genau 10 ccm Wasser gegeben, und mit einigen Tropfen wird die Bleidichtung am oberen Rande angefeuchtet. Vorsichtig wird der Deckel mit dem daran hängenden Schälchen aufgeschraubt und mit Hilfe des großen Schraubenschlüssels sehr fest angezogen. Unter Zwischenschaltung des Manometers wird die Verbindung mit dem Sauerstoffzylinder hergestellt, das Ventil im Bombendeckel wird durch eine halbe Drehung der mit gerändertem Kopf versehenen Schraubenspindel ganz wenig geöffnet, dann läßt man aus dem Sauerstoffzylinder den Sauerstoff ziemlich langsam in die Bombe einströmen, bis das Manometer 25 Atmosphären angibt, stellt die Sauerstoffzuleitung ab, schraubt sofort das Ventil am Bombendeckel fest zu und kann nun nach Lösung der Rohrverbindungen die Bombe aus den Klemmbacken

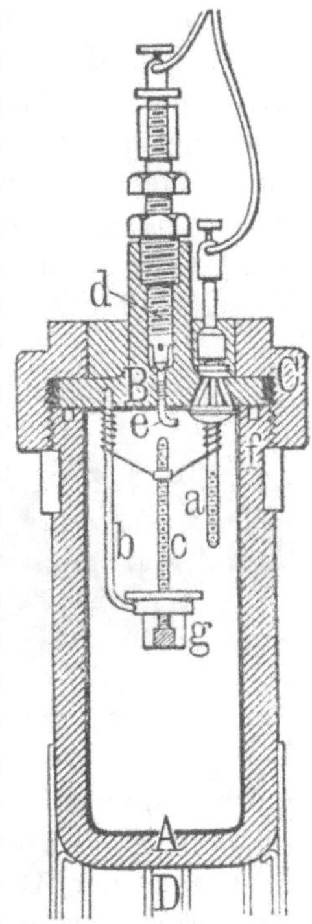

Fig. 26.

herausnehmen und in das mit abgewogener Wassermenge gefüllte Kalorimetergefäß setzen. Rührvorrichtung und Thermometer werden in passender Höhe eingestellt, die Klemmschrauben mit der Batterie und dem Vorschaltwiderstand verbunden und das Rührwerk in Bewegung gesetzt. Da das fortwährende Bewegen des Rührwerkes von Hand während des etwa 10 Minuten dauernden Versuches recht lästig ist, empfiehlt sich die Verwendung einer kleinen Turbine (Fig. 27) zum Antrieb[1]). Bei der neuesten Konstruktion ist die Rührbewegung nicht mehr horizontal, sondern vertikal, so daß das Wassergefäß zugedeckt werden kann und dadurch Wasserverluste durch Herausschleudern von Tropfen vermieden und die Wärmeverluste durch Strahlung verringert werden. Zum Vorversuch wird von Minute zu Minute die Temperatur möglichst auf 0,002° genau abgelesen und notiert. Die anfangs unregelmäßigen Temperaturschwankungen gehen schließlich zu einem gleichmäßigen Steigen oder Sinken des Thermometers über. Sind die Differenzen der Ablesungen während mehrerer Minuten annähernd konstant geblieben, so wartet man noch $^1/_2$ Minute und schaltet dann den Strom ein, wobei man den Vorschaltwiderstand nicht zu schnell verkleinert. Diese Vorsichtsmaßregel ist nötig, weil bei plötzlicher Erhitzung des Platindrähtchens dieses leicht durchschmilzt, ohne auf die Kohle zündend zu wirken; kommt es dagegen langsam in Glut, so verfehlt es seine Wirkung nicht. Schon etwa 10 Sekunden nach erfolgter Zündung

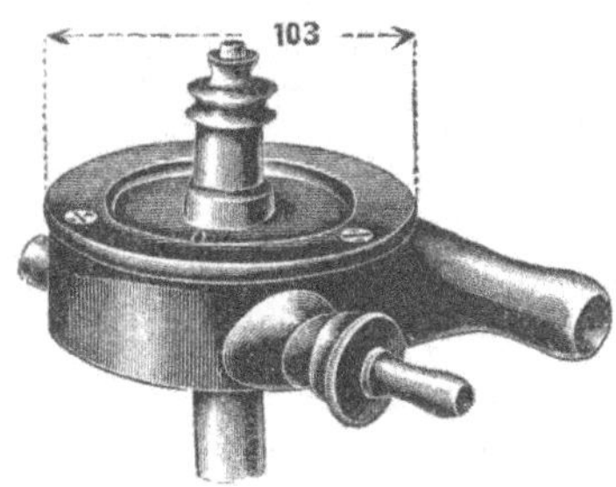

Fig. 27.

[1]) Das Rührwerk wird auf Bestellung mit zweckmäßiger Vorrichtung für Motorenantrieb geliefert.

beobachtet man ein schnelles Steigen des Thermometers. Das Temperaturmaximum tritt gewöhnlich nach etwa 3—4 Minuten ein, von da ab sinkt unter normalen Verhältnissen das Thermometer zuerst langsam, dann rascher und ändert schließlich wie beim Vorversuch seinen Stand um konstante Beträge, oder es erfolgt bei hoher Zimmertemperatur nach dem plötzlichen Steigen ein weiteres ganz allmähliches. Für die Berechnung der Temperaturzunahme ist dieser letztere Fall recht ungünstig, weshalb die Versuchsbedingungen (Wasser- und Zimmertemperatur, vorteilhaft so gewählt werden, daß nach dem Ausgleich der Verbrennungswärme mit dem Wasser ein Sinken der Wassertemperatur zu erwarten ist. Der Eintritt konstanter Temperaturänderungen zeigt den erfolgten Ausgleich an, der Versuch wird abgebrochen, die Bombe eingespannt, zunächst das Ventil im Deckel geöffnet und nach dem Abblasen des Druckes der Deckel selbst abgeschraubt.

Manche sehr gasreiche Kohlen oder leichtflüchtige organische Substanzen dürfen bei der Heizwertbestimmung nicht in lockerer Form verbrannt werden, weil dann die Verbrennung unter starker Rußabscheidung unvollständig ist. Solche Substanzen sind daher zuvor in einer Preßform (Fig. 28), die dem sogenannten Diamantmörser ähnlich ist, zu festen kleinen Zylindern zusammenzupressen, die gewogen werden und im Kalorimeter ohne Schwierigkeit verbrennen. Koks und Anthrazit wägt man in Düten aus Wachspapier ein, deren Verbrennungswärme man kennt.

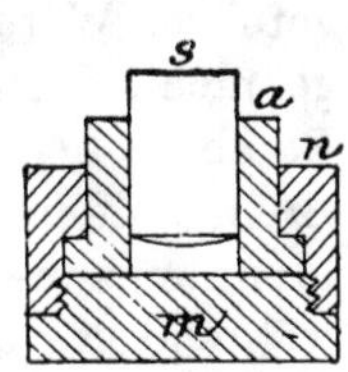

Fig. 28.

Die Wasserwertbestimmung des Kalorimeters wäre wegen des verschiedenartigen Materials durch Berechnung nur ungenau zu ermitteln; man verfährt daher so, daß man mit einer abgewogenen Menge entweder einer chemisch reinen Substanz von genau bekanntem Heizwert (etwa Benzoësäure) oder einer in einem andern

Kalorimeter schon untersuchten Kohle Heizwertbestimmungen ausführt, aus deren bekanntem Resultat das dem Kalorimeter entsprechende Wassergewicht zu ermitteln ist.

Zur Erzielung eines einwandfreien Ergebnisses der Heizwertbestimmung sind für die auf dem obigen Wege gewonnenen Resultate teils rechnerisch, teils analytisch zu ermittelnde Korrekturen zu berücksichtigen. Zunächst hat man aus der von Minute zu Minute beobachteten Temperaturänderung des Kalorimeters vor und nach dem Versuch die »Korrektur für Abkühlungsverluste während des Versuches« zu berechnen.

Die Temperaturerhöhung, d. h. die Differenz des beim raschen Steigen des Thermometers erreichten Maximums und der letzten Ablesung vor der Zündung, wird nach entsprechender Korrektur mit dem Gesamtwasserwert des Kalorimeters — also dem abgewogenen Wasser und der den Kalorimeterteilen nach ihrer spezifischen Wärme entsprechenden Wassermenge — multipliziert.

Von der hieraus sich ergebenden Wärmemenge wird die zur Zündung mittels des erhitzten Platindrahtes eingeführte Wärme im Betrage von etwa 10 WE in Abzug gebracht. Ferner bedingt die Heizwertbestimmung in der Bombe höhere Ergebnisse, als sie mit dem betreffenden Brennstoff in der Praxis zu erzielen sind, weil das Verbrennungswasser sich in der Bombe flüssig niederschlägt, während es in den Feuerungen dampfförmig entweicht, so daß sein Wärmegehalt einschließlich der Kondensationswärme sich der technischen Ausnutzung entzieht und daher auch von dem gefundenen Heizwert abzuziehen ist.

Die Menge des Verbrennungswassers einschließlich des hygroskopischen Wassers ergibt sich aus der Elementaranalyse, seine Verdampfungswärme durch Multiplikation mit 600. In den meisten Fällen wird es angängig sein, auf die umständliche Ermittelung des Verbrennungswassers durch Elementaranalyse zu verzichten und für die latente Wärme des in der Bombe kondensierten Wassers je nach der Art des Brennstoffs einen festen Betrag in Abzug zu bringen.

Bekanntlich bewegt sich der Wasserstoffgehalt der Steinkohlen, um die es sich fast ausschließlich handelt, innerhalb sehr enger Grenzen: nach zahlreichen Analysen beträgt der Wasserstoffgehalt der Ruhrkohlen im Durchschnitt 4,7 %, der Saarkohlen, sächsischen und schlesischen Kohlen im Mittel 5 %. Dementsprechend ergibt dies, die latente Wärme des Wasserdampfes = 600 WE gesetzt, für je 1 % Wasserstoff eine Korrektur von $1 \cdot 9 \cdot 6 = 54$ WE, für Ruhrkohlen also 254 WE, für Saarkohlen usw. 270 WE. Man wird also nicht weit fehlgehen, wenn man bei Steinkohlen für Verbrennungswasser eine mittlere Korrektur von 250 WE von dem in der Bombe gefundenen Heizwert in Abzug bringt. Dazu kommt noch der sehr geringe Betrag für Feuchtigkeit. Da 1 % Wassergehalt 6 WE entspricht, so beläuft sich diese Korrektur bei 2—5 % Feuchtigkeit auf 12 bis 30 WE.

Von untergeordneter Bedeutung und in vielen Fällen zu vernachlässigen, ist die Korrektur für die Bildung von Oxyden des Stickstoffs und Schwefels. Der gesamte flüchtige Schwefel verbrennt im komprimierten Sauerstoff nicht wie in der Feuerung meist zu schwefliger Säure, sondern zu Schwefeltrioxyd, sowie ein Teil des Stickstoffs zu Salpetersäure. Die bei beiden Vorgängen entwickelte Wärme ist bei besonders genauen Untersuchungen von dem gefundenen Heizwert abzuziehen, nachdem die gebildete Schwefel- und Salpetersäure analytisch ermittelt worden sind.

Diese im folgenden angegebene Bestimmung ist aber weniger als Korrektur des Heizwertes wie zur Ermittelung des flüchtigen Schwefels von Bedeutung, der auf diesem Wege rascher als nach der früher angegebenen

Methode durch Verbrennung im Sauerstoffstrom festzustellen ist.

Die von Langbein ausgearbeitete Methode[1]) gestaltet sich folgendermaßen:

Etwa 15 Minuten nach der Zündung wird der Inhalt der Bombe, die vor der Verbrennung mit 10 ccm Wasser beschickt wurde, quantitativ in ein Becherglas gespült, längere Zeit zur Entfernung der Kohlensäure gekocht, siedend heiß mit $^1/_{10}$ *n*-Barytlösung und Phenolphthalein bis zu bleibender Rosafärbung titriert, 25 ccm $^1/_{10}$ n-Sodalösung zugegeben, nochmals aufgekocht, nach dem Erkalten in einen 500 ccm Kolben gespült, zur Marke aufgefüllt, davon 400 ccm abfiltriert und mit $^1/_{10}$ *n* HCl und Methylorange der Sodaüberschuß zurücktitriert (Übergang von Gelb zu Rot). Die nach der Umrechnung aufs Ganze verbrauchte Sodamenge, mit 6,3 multipliziert, ergibt die bei der Verbrennung gebildete Salpetersäure in mg, der nach Abzug der Sodalösung verbleibende Rest an Barythydrat mit 4,9 multipliziert ergibt die Schwefelsäure in mg, mit 0,16 multipliziert den Gehalt an flüchtigem Schwefel in Prozenten. Für 1 mg Salpetersäure (HNO_3) sind 0,227, für 1 mg Schwefelsäure (H_2SO_4) 0,735 WE in Abzug zu bringen.

Von verschiedenen Autoren sind an der vorstehend beschriebenen, wohl zumeist benutzten Form der Berthelot-Mahlerschen Bombe Änderungen angebracht worden, wodurch aber die Bestimmungsmethode weder verbessert noch — bei gleicher Genauigkeit — vereinfacht ist.

Nach Parr wird der Heizwert durch Verbrennung einer Kohlenprobe mit Natriumsuperoxyd bestimmt. Die Apparatur ist bedeutend billiger als die Kalorimeterbombe und das Verfahren bequemer auszuführen, aber

[1]) Zeitschr. f. angew. Chem. 1900, S. 1260. Ebenda 1901, S. 794.

die Berechnung der Resultate beruht auf teilweise recht unsicheren Koëffizienten, so daß Langbein[1]) und andere das Verfahren ganz verwerfen. -

i) Beispiel einer Kohlenuntersuchung.

Von der Ruhrkohle: Zeche Zollverein wurde eine Durchschnittsprobe im ursprünglichen Zustand der gelieferten Kohle gewogen und zwei Tage an der Luft getrocknet.

Gewicht der Durchschnittsprobe	1667 g
Gewichtsverlust nach zweitägigem Trocknen .	30 g
demnach »grobe Feuchte«	1,80 %

Die lufttrockene Probe wurde gemahlen und fein gepulvert. Von den jeweils zweimal ausgeführten einzelnen Bestimmungen sind im folgenden die Mittelwerte angegeben.

Immediatanalyse.

Koksausbeute: 70,94 %.
Flamme: lang, rußend.
Koks: grau, glänzend, fest, wenig gebläht.
Charakter: gasreiche, backende Sinterkohle.

Asche	5,53 %
Wasser	1,37 %
Brennbare Substanz .	93,10 %
	100,00 %

Fixer Kohlenstoff (Reinkoks)	70,94 — 5,53 = 65,41 %
Flüchtige Bestandteile . . .	93,10 — 65,41 = 27,69 %
	93,10 %

Die Umrechnung auf reine Kohlensubstanz ergibt:

$$65{,}41 \cdot \frac{100}{93{,}10} = 70{,}26\,\% \text{ aschefreier Koks,}$$

und $$27{,}69 \cdot \frac{100}{93{,}10} = 29{,}74\,\% \text{ flüchtige Bestandteile.}$$

[1]) Zeitschrift f. angew. Chemie 1903. S. 1075.

Elementaranalyse.

Zur Verbrennung angewandtes Kohlengewicht 0,2500 g
Erhalten: 1. Wasser . . . . 0,1118 g
für 1 g Kohle 0,4472 g
davon abzuziehen der Wassergehalt 0,0137 g
0,4335 g

entsprechend 0,4335 · 0,1119 · 100 = 4,85 % Wasserstoff.

2. Kohlensäure . . . . . . 0,7308 g
für 1 g Kohle 2,9232 g

entsprechend $\frac{2{,}9232 \cdot 3}{11} \cdot 100 = 79{,}72\,\%$ Kohlenstoff.

Zum Vergleich verschiedener Kohlensorten ist die Zusammensetzung der Reinkohle (brennbaren Substanz) von Wichtigkeit, die sich durch Multiplikation der Ergebnisse für Rohkohle mit $\frac{100}{93{,}10}$ ergibt.

Zusammenstellung.

	Rohkohle		Reinkohle (wasser- und aschefrei)
Kohlenstoff (C) . . .	79,72 %	93,10 %	85,63 %
Wasserstoff (H) . . .	4,85 %		5,21 %
Stickstoff (N)	1,48 %		1,59 %
Sauerstoff (O) . . . (als Differenz gegen 100 %)	5,76 %		6,19 %
flüchtiger Schwefel (S)	1,29 %		1,38 %
Asche	5,53 %		
Wasser	1,37 %		
	100,00		100,00

Zur Umrechnung auf feuchte ursprüngliche Kohle sind die Ergebnisse der Rohkohle mit $\frac{100 - 1{,}8}{100} = 0{,}982$ zu multiplizieren.

Unter Zugrundelegung des Gehaltes an »grober Feuchte« enthält die ursprüngliche Kohle:

Wasser: 0,0137 . (100 — 1,80) = 1,35 %
+ 1,80 %

3,15 %

Asche: 0,0553 · (100 — 1,80) = 5,43 %

Brennbare Substanz (Reinkohle):
Differenz gegen 100 % 91,42 %

100,00

Die Bestimmung des Gesamtschwefels nach Eschka ergab aus 1 g Kohle 0,1202 g $BaSO_4$ entsprechend: 0,1202 · 0,1373 · 100 = 1,65 % Schwefel.

Bei der Bestimmung des flüchtigen Schwefels aus 1 g Kohle durch Titration der Schwefelsäure in neutralisiertem Wasserstoffsuperoxyd wurden verbraucht

8,05 ccm $^1/_{10}$ Normalkalilauge

entsprechend: 8,05 · 0,0016 · 100 = 1,29 % Schwefel.

Bei der Bestimmung des Stickstoffs aus 1 g Kohle wurden zur Aufnahme des abdestillierten Ammoniaks

vorgelegt 20,00 ccm $^1/_{10}$ n H_2SO_4
zurücktitriert mit 8,20 ccm $^1/_{10}$ n NaOH

demnach verbraucht 11,80 ccm $^1/_{10}$ n H_2SO_4
Beim Kontrollversuch
wurden 1,25 ccm $^1/_{10}$ n H_2SO_4 verbraucht,

für den Stickstoff
der Kohle also 10,55 ccm $^1/_{10}$ n H_2SO_4 verbraucht,
entsprechend 10,55 · 0,001404 · 100 = 1,48 % Stickstoff.

Der Heizwert der Kohle nach der Dulongschen Regel aus der Zusammensetzung berechnet:

$$81\,C + 290\left(H - \frac{O}{8}\right) + 25\,S - 6\,W =$$

$$81 \cdot 79{,}72 + 290\left(4{,}85 - \frac{5{,}76}{8}\right) + 25 \cdot 1{,}29 - 6 \cdot 1{,}37 =$$

$$6457 + 1198 + 32 - 8 = 7679 \text{ WE für 1 kg Kohle}$$

$$\text{Für Reinkohle: } \frac{7679 + 8}{93{,}10} \cdot 100 = 8256 \text{ WE}$$

Für feuchte, ursprüngliche Kohle:

$$7679 \cdot 0{,}982 - 1{,}80 \cdot 6^{1)} = 7530 \text{ WE}$$

Heizwertbestimmung im Kalorimeter.

Ruhrkohle: Zeche Zollverein.

Wasserwert des Kalorimeters .	715 g
Abgewogenes Wasser . . .	2275 g
10 ccm Wasser in der Bombe	10 g
Gesamtwasserwert	3000 g
Angewandte Kohlenmenge .	1,000 g

Versuch.

Minuten	Temperatur	Differenz	
0	17,900		
		> 0,010	
1	17,910		
		> 0,010	
2	17,920		$-0{,}009 = V_1$
		> 0,006	
3	17,926		
		> 0,009	
4	17,935		
		> $t = 1/2$	
$4^1/_2$	Zündung		
		> $t_1 = 3/2$	
5	18,700		
6	20,400		
		> $t_2 = 2$	
7	20,560		
8	20,571		
		> 0,006	
9	20,565		
		> 0,008	
10	20,557		
		> 0,007	
11	20,550		$+ 0{,}007 = V_2$
		> 0,007	
12	20,543		
		> 0,007	
13	20,536		

Sind V_1 und V_2 = durchschnittliche Temperaturänderungen beim Vor- und Nachversuch (negativ bei steigender, positiv bei fallender Temperatur),

t = Zeit in Minuten zwischen letzter Ablesung und Zündung,

t_1 = Zeit von der Zündung bis zum Nachlassen des rapiden Steigens der Temperatur.

---

1) Auf Rechnung des höheren Wassergehaltes.

t_2 = Zeit des langsamen Steigens bis zur Erreichung des Maximums, so berechnet sich die Korrektur für Abkühlungsverluste zu

$$V_1\, t + \frac{V_1 + V_2}{2}\, t_1 + V_2\, t_2,$$

also im vorliegenden Falle:

$$-0{,}009 \cdot {}^1/_2 + \frac{0{,}007 - 0{,}009}{2} \cdot {}^3/_2 + 0{,}007 \cdot 2 = + 0{,}008.$$

Die Korrektur für Verbrennungswasser von 1 g Kohle ergibt sich zu:

Wasser aus Wasserstoff: 4,85% × 8,94	= 0,4336 g
hygroskopisches Wasser: 1,37%	= 0,0137 g
Verbrennungswasser:	= 0,4473 g

Verdampfungswärme desselben 0,45 · 600 = 270 WE.

Die Titration zur Ermittelung der Korrektur für Bildung von Schwefel- und Salpetersäure ergab:

Mit Barytlösung und Phenolphthalein siedend heiß titriert

16,5 ccm $^1/_{10}$ n $Ba(OH)_2$-Lösung,

dazu 25,0 ccm $^1/_{10}$ n Sodalösung, auf 500 ccm aufgefüllt, 400 ccm filtriert und mit 13,2 ccm $^1/_{10}$ n Salzsäure zurücktitriert.

Auf 500 ccm umgerechnet = 16,5 ccm $^1/_{10}$ n HCl, diese von der Sodalösung abgezogen = 8,5 ccm $^1/_{10}$ n Sodalösung, diese von der Barytlösung abgezogen = 8,0 ccm $^1/_{10}$ n $Ba(OH)_2$-Lösung.

8,5 × 6,3 = 53,6 mg HNO_3
53,6 × 0,227 = 12,2 WE
8,0 × 4,9 = 39,2 mg H_2SO_4
39,2 × 0,735 = 28,8 WE
Korrektur = 41,0 WE

Flüchtiger Schwefel:

8,0 × 0,16 = 1,28%.

Berechnung.

Maximaltemperatur	=	20,571 ° C
Anfangstemperatur	=	17,935 ° C
Temperatur-Erhöhung		2,636 ° C
Korrektur für Abkühlung	+	0,008 ° C
Wirkliche Temperaturerhöhung		2,644 ° C
Multipliziert mit Wasserwert	=	3000 g
Beobachtete Wärmemenge		7932 WE
Korrektur für Zündung	—	10 WE
Korrektur für Verdampfungswärme des Verbrennungswassers	—	270 WE
Korrektur für Bildung von H_2SO_4 und HNO_3	—	41 WE
Heizwert		7611 WE

Die chemische Zusammensetzung und den Heizwert von Gaskohlen aus deutschen Kohlengebieten zeigt die beiliegende Tabelle. Die einzelnen Proben sind von deutschen Gaswerken der Lehr- und Versuchsgasanstalt in Karlsruhe zur Untersuchung eingeschickt worden.

C. Untersuchung der Kohlen durch Probedestillation.

Die für den Betrieb wichtigsten Fragen, wieviel und wie beschaffenes Gas eine Kohle gibt, und welche Ausbeute an Nebenprodukten erzielt wird, kann nicht die chemische Untersuchung, sondern nur die praktische Vergasung beantworten. Die Analyse nebst der Verkokungsprobe im Tiegel gibt wohl einen Anhalt dafür, ob sich eine Kohle mehr oder weniger gut zur Gasbereitung eignet, aber keinen unbedingt zuverlässigen Aufschluß. Dieser Umstand kann eigentlich nicht befremden. Die Kohle besteht aus einer großen Anzahl von Verbindungen, deren Zusammensetzung und Molekulargröße verschieden und unbekannt ist. Wir wissen nun, daß prozentisch gleich zusammengesetzte organische Körper (sog. isomere Verbindungen) ihrer Konstitution

29	Dubensko	79,59	4,44	6,22	1,58	0,67	3,05	4,65	63,60	58,95	33,35	7,49	7488	92,30	86,23	4,81	6,75	1,49	0,72	63,81	36,13	8133
30	Reckeschacht	75,93	4,59	9,43	1,10	0,70	3,53	4,72	67,27	62,55	29,20	7,02	7119	91,75	82,76	5,00	10,29	1,19	0,76	68,18	31,82	7782
31	Pleßsche Grube	70,58	4,39	6,56	1.01	1,10	1,13	15,23	74,80	59,57	24,05	20,35	6696	83,64	84,39	5,25	7,84	1,21	1,31	71,22	28,78	8013
	(Niederschlesien.)																					
32	Bahnschacht	76,49	4,72	6,28	0,80	2,00	1,74	7,97	70,85	62,88	27,41	11,25	7349	90,29	84,70	5,23	6,96	0,89	2,22	69,64	30,36	8139
33	Fuchsgrube	72,82	4,58	7,20	1,26	1,10	2,19	10,85	70,17	59,32	27,64	15,46	6954	86,96	83,74	5,27	8,28	1,45	1,26	68,21	31,79	8012
34	Glückhilf-Friedenshoffnung .	81,12	4,53	6,09	0,89	0,84	1,23	5,30	76,75	71,45	22,02	6,89	7674	93,47	86,79	4,85	6,52	0,95	0,89	76,41	23,59	8218
	Saarkohlen. Kgl. Steinkohlenbergwerke bei Saarbrücken.																					
35	Dudweiler	76,33	4,94	6,15	1,15	0,72	1,51	9,20	71,15	61,95	27,34	12,93	7314	89,29	85,49	5,53	6,89	1,29	0,80	69,38	30,62	8201
36	Altenwald	78,94	4,93	7,74	1,24	0,53	1,42	5,20	68,34	63,14	30,24	7,61	7558	93,38	84,54	5,27	8,29	1,33	0,57	67,62	32,38	8102
37	Sulzbach	78,28	5,18	7,02	1,13	0,62	1,22	6,55	65,15	58,60	33,63	10,05	7505	92,23	84,88	5,61	7,61	1,23	0,67	63,54	36,46	8145
38	Heinitz-Dechen	77,95	5,10	7,69	1,18	0,50	1,94	5,69	66,72	61,03	31,34	8,53	7516	92,37	84,39	5,52	8,32	1,23	0,54	66,07	33,93	8149
39	Reden (Bildstock)	77,62	4,95	7,05	1,10	0,78	1,21	7,29	67,24	59,95	31,55	10,84	7488	91,50	84,83	5,41	7,71	1,20	0,85	65,51	34,49	8191
40	Maybach	76,75	4,79	5,80	1,65	0,81	1,85	8,35	67,55	59,20	30,60	12,36	7319	89,80	85,47	5,33	6,46	1,84	0,90	65,92	34,08	8106
41	Camphausen	77,43	4,86	5,13	1,23	0,65	0,50	10,20	65,00	54,80	34,50	15,70	[7455]	89,30	86,70	5,44	5,76	1,37	0,73	61,37	38,63	[8348]
42	Brefeld	76,91	4,93	6,43	1,13	0,99	1,43	8,18	67,03	58,85	31,54	12,22	7365	90,39	85,08	5,46	7,11	1,25	1,10	65,10	34,90	8157
	Sächsische Kohlen.																					
43	Bockwa-Hohndorf, Ver. Feld .	72,52	4,79	8,35	1,23	1,16	6,59	5,36	61,63	56,27	31,78	8,69	6911	88,05	82,36	5,44	9,49	1,39	1,32	63,90	36,10	7893
44	Concordia	72,85	4,83	7,74	1,32	1,06	7,71	4,49	60,05	55,56	32,24	7,48	6988	87,80	82,97	5,50	8,82	1,50	1,21	63,28	36,72	8012
45	Deutschland	71,90	4,39	7,49	1,27	0,72	10,88	3,35	59,60	56,25	29,52	5,62	6773	85,77	83,83	5,12	8,73	1,48	0,84	65,56	34,44	7973
46	Kaisergrube	71,73	4,69	8,65	1,29	1,13	7,63	4,88	60,05	55,39	32,10	8,11	6828	87,49	81,99	5,36	9,89	1,77	1,29	63,31	36,69	7857
47	Hedwigsschacht	72,19	4,66	7,96	1,21	0,82	9,38	3,78	60,27	56,27	30,57	7,12	6877	86,84	83,13	5,37	9,17	1,39	0,94	64,80	35,20	7984
48	Vereinsglück-Ölsnitz . . .	73,03	4,47	7,23	1,21	1,30	7,68	5,08	59,00	53,92	33,32	8,63	6930	87,24	83,72	5,12	8,29	1,38	1,49	61,80	38,20	7999
49	Burgker-Kohlenwerke . . .	69,03	4,53	7,23	1,09	1,58	3,93	12,61	66,54	53,93	29,53	18,95	6598	83,46	82,71	5,43	8,67	1,30	1,89	64,62	35,38	7935
50	Erzgebirgischer Steinkohlen .	71,71	4,80	8,30	1,06	1,17	7,28	5,68	65,07	59,39	27,65	8,74	6870	87,04	82,39	5,51	9,54	1,22	1,34	68,00	32,00	7943
	A. V.	71,35	4,60	7,89	1,04	1,38	7,85	5,89	59,50	53,61	32,65	9,90	6753	86,26	82,71	5,33	9,16	1,20	1,60	62,15	32,85	7899
51	Vereinsglück, Zwickauer Steinkohlenbauverein	70,88	4,22	7,20	1,08	1,32	10,04	5,26	61,05	55,79	28,91	8,62	6681	84,70	83,68	4,98	8,50	1,27	1,57	65,87	34,13	7959
52	Zwickauer Brückenberg . .	71,68	4,73	8,58	1,32	0,85	6,61	6,23	62,02	55,83	31,33	10,05	6866	87,16	82,24	5,43	9,85	1,51	0,97	64,05	35,95	7924
53	Bürgergewerkschaft	69,55	4,43	7,76	1,14	1,39	8,25	7,48	58,70	51,22	33,05	12,74	6593	84,27	82,53	5,26	9,21	1,35	1,65	60,78	39,22	7883
54	Falck Bockwa	70,85	4,45	7,88	0,97	0,77	10,45	4,63	58,70	52,07	32,85	7,88	6629	84,92	83,43	5,24	9,28	1,14	0,91	61,33	38,67	7882
55	Hermannschacht	70,75	4,30	7,76	1,09	0,91	10,18	5,01	58,00	52,99	31,82	8,64	6653	84,81	83,43	5,07	9,15	1,28	1,07	62,47	37,53	7916
56	Wilhelmschacht	72,24	4,95	8,23	1,29	1,05	8,00	4,24	61,54	57,30	30,46	6,89	6946	87,76	82,32	5,64	9,38	1,47	1,19	65,29	34,71	7981
57	Auroraschacht	70,51	4,63	7,71	1,19	0,88	8,94	6,14	62,45	56,31	28,61	9,19	6665	84,92	83,04	5,46	9,08	1,40	0,92	66,31	33,69	7912

Druck und Verlag von R. Oldenbourg, München und Berlin.

Chemische Zusammensetzung und Heizwert von Gaskohlen, welche in deutschen Gasanstalten vergast werden.

Analysen der Lehr- und Versuchsgasanstalt des Deutschen Vereins von Gas- und Wasserfachmännern.

Nr.	Bezeichnung	Rohkohle Zusammensetzung C	H	O	N	S	H_2O	Asche	Rohkohle Verkokung Koks	Reinkoks	Flüchtige Bestandteile	Aschegehalt d. Koks	Heizwert	In der Rohkohle ist enthalten Reinkohle %	Reinkohle Zusammensetzung C	H	O	N	S	Reinkohle Verkokung Koks	Flüchtige Bestandteile	Verbrennungswärme
	Ruhrkohle.																					
1	Minister Achenbach	81,45	4,72	4,15	1,36	1,66	0,86	5,80	76,30	70,50	22,84	7,60	7759	93,34	87,26	5,06	4,46	1,44	1,78	75,53	24,47	8318
2	Mont Cenis	76,36	4,74	6,72	1,28	1,17	2,32	7,41	70,90	63,49	26,78	10,45	7235	90,27	84,59	5,26	7,45	1,41	1,29	70,33	29,67	8030
3	Ewald	74,67	4,90	8,57	1,34	0,82	1,56	8,14	67,60	59,46	30,84	12,04	7139	90,30	82,69	5,43	9,43	1,54	0,91	65,85	34,15	7916
4	General Blumenthal	77,53	4,70	4,57	1,31	1,21	0,93	9,75	76,50	66,75	22,57	12,74	7415	89,32	86,81	5,26	5,12	1,46	1,35	74,72	25,28	8308
5	Schlägel und Eisen	76,20	4,56	5,32	1,92	1,59	1,35	8,66	69,80	61,14	28,85	12,41	7230	89,89	84,68	5,07	7,36	1,13	1,76	67,94	32,06	8098
6	Hugo	75,47	4,88	7,23	1,31	0,88	1,73	8,50	68,15	59,65	30,12	12,47	7239	89,77	84,07	5,43	8,06	1,46	0,98	66,43	33,57	8047
7	Nordstern	75,49	4,75	6,70	1,21	1,39	1,63	8,83	68,75	59,87	29,67	12,85	7190	89,54	84,31	5,31	7,48	1,35	1,55	66,86	33,14	8041
8	Graf Moltke	75,82	4,77	6,86	1,32	1,76	2,10	7,42	68,85	61,43	29,05	10,86	7277	90,48	83,80	5,27	7,58	1,46	1,89	67,90	32,10	8057
9	Graf Bismarck	71,35	4,59	7,31	1,18	1,34	1,68	12,55	68,00	55,45	30,32	18,45	6819	85,77	83,19	5,35	8,52	1,38	1,56	64,65	35,35	7962
10	Friedrich der Große	79,66	5,13	5,90	1,65	1,32	1,98	4,36	65,00	60,64	33,02	6,71	[7689]	93,66	85,05	5,48	6,31	1,76	1,40	64,75	35,25	[8210]
11	Recklinghausen	80,17	4,89	6,05	1,54	2,07	2,09	4,19	69,82	65,63	28,09	6,00	7699	93,72	85,54	5,20	6,48	1,64	1,14	70,03	29,97	8229
12	Shamrock	75,93	4,73	6,37	1,07	1,29	1,38	9,23	72,10	62,87	26,52	12,78	7228	89,39	84,95	5,29	7,13	1,18	1,45	70,36	29,64	8095
13	Consolidation	75,27	4,53	6,08	1,28	0,65	0,99	11,00	72,95	61,95	26,06	15,08	7182	88,01	85,52	5,15	7,14	1,45	0,74	70,38	29,62	8168
14	Wilhelmine Viktoria	74,96	4,74	7,07	1,51	1,42	2,54	7,76	69,50	61,74	27,96	11,16	7135	89,70	83,58	5,28	7,88	1,68	1,58	68,83	31,17	7969
15	Hibernia	82,97	5,08	5,29	1,53	0,81	2,10	2,22	67,20	64,98	30,70	3,30	[7953]	95,68	86,72	5,31	5,42	1,59	0,86	67,91	32,09	[8313]
16	Königsgrube	77,43	4,71	6,57	1,26	0,98	2,50	6,55	71,65	65,10	25,85	9,14	7356	90,95	85,13	5,18	7,23	1,39	1,07	71,57	28,43	8104
17	Pluto	83,14	4,63	4,34	1,08	1,00	1,08	4,73	77,90	73,17	21,02	6,07	7857	94,19	88,27	4,91	4,61	1,15	1,06	77,68	22,32	8348
18	Unser Fritz	73,10	4,51	6,79	1,39	0,88	1,43	11,90	71,65	59,75	26,92	16,61	6930	86,67	84,34	5,20	7,84	1,60	1,02	68,94	31,06	8005
19	Rheinelbe-Alma	77,02	4,77	6,28	1,31	0,80	1,18	8,64	72,25	63,61	26,57	11,96	7316	90,18	85,41	5,29	6,96	1,46	0,88	70,46	29,54	8121
20	Dahlbusch	74,65	4,48	5,63	1,28	0,94	1,35	11,67	75,55	63,88	23,10	15,45	7155	86,98	85,82	5,15	6,48	1,47	1,08	73,44	26,56	8235
21	Bonifazius	70,91	4,51	6,27	1,29	1,07	1,87	14,08	71,38	57,30	26,75	19,73	6798	84,05	83,38	5,36	7,46	1,53	1,27	68,17	31,83	8101
22	Zollverein	76,77	4,73	5,70	1,36	1,14	1,33	8,97	72,35	63,38	26,32	12,04	7359	89,70	85,59	5,27	6,36	1,51	1,27	70,66	29,34	8213
23	Mathias Stinnes	78,24	4,81	6,73	1,34	0,97	1,75	6,16	69,20	63,04	29,05	8,90	7479	92,09	84,96	5,22	7,31	1,45	1,06	68,46	31,54	8133
24	Neu-Essen	75,44	4,63	5,63	1,60	0,60	1,91	11,19	73,55	62,26	25,54	15,21	7206	87,90	85,82	5,27	7,01	1,82	0,68	70,94	29,06	8204
	Schlesische Kohlen.																					

nach ganz verschieden sein, völlig abweichende äußere Eigenschaften besitzen und sich chemisch ganz anders verhalten können. Solche Fälle von Isomerie sind in der organischen Chemie sehr häufig.

Beispielsweise sind Zellulose, Stärke und Stärkegummi isomere Verbindungen, sie besitzen aber nicht nur die gleiche, der Formel $C_5 H_{10} O_5$ entsprechende prozentuale Zusammensetzung, sondern sind chemisch sehr nahe miteinander verwandt. Trotzdem zeigen sie — unter gleichen Bedingungen der trockenen Destillation im bedeckten Platintiegel unterworfen — ein ganz verschiedenes Verhalten. Drei Parallelversuche ergaben:

Bei	Zellulose	einen Kohlenrückstand	von	6,71 %
»	Stärke	» »	»	11,30 »
»	Stärkegummi einen	»	»	20,42 »

Derartige Fälle von Isomerie finden sich auch bei Kohlen, die trotz gleicher Zusammensetzung bei der Vergasung unter gleichen Bedingungen sich doch verschieden verhalten. Hier versagt also die Analyse.

Daß trotzdem die Analyse den praktischen Versuch in wertvollster Weise ergänzt und in einem rationell arbeitenden Großbetriebe nicht mehr zu entbehren ist, braucht nach dem weiter oben in der Einleitung zur Kohlenanalyse Gesagten nicht nochmals betont zu werden.

Praktische Entgasungsversuche müssen dem Betrieb angepaßt sein, aber doch in verhältnismäßig kleinem Umfang angestellt werden, damit ihre Ausführung erleichtert und eine genaue Kontrolle über alle Versuchsbedingungen und Resultate ermöglicht wird.

Die Wichtigkeit solcher Versuche ist längst anerkannt, deshalb haben schon manche größeren Gaswerke Versuchsgasanstalten erbaut. Meist sind diese so eingerichtet, daß das Gas aus einem bestimmten, mit den übrigen aber gleichmäßig betriebenen Ofen, oder nur aus einzelnen Retorten eines Ofens durch eine besondere Wäscher- und Reinigeranlage geleitet wird, für sich gemessen, in einem Behälter aufgefangen und untersucht werden kann.

Naturgemäß arbeiten diese Anlagen nur im Interesse und für den Vorteil der betr. einzelnen Werke; die übrigen Gaswerke hatten von den bisher bestehenden Versuchsgasanstalten keinen oder nur einen indirekten Nutzen durch gelegentliche Veröffentlichung von Versuchsresultaten. Deshalb hat auf Anregung von Bunte[1]) der Deutsche Verein von Gas- und Wasserfachmännern zur wissenschaftlichen Förderung des Gasfachs, zur theoretischen und praktischen Ausbildung von Ingenieuren und Chemikern für Gaswerke und zur Unterstützung aller deutschen Gaswerke in praktischen und wirtschaftlichen Fragen die Lehr- und Versuchsgasanstalt in Karlsruhe errichtet. Die Einrichtung[2]) dieser Anstalt entspricht im wesentlichen der eines normalen Gaswerks, nur sind die Abmessungen dem Zweck entsprechend klein genommen. Auch die bei einem andern Gaswerke nötigen Reserven sind in Fortfall gekommen. Die Anstalt enthält einen Generatorofen mit zwei Retorten (Tafel I) von 2,60 m Länge. Im oberen Teile des Ofens sind zwei Thermoelemente zwischen beiden Retorten gelagert, eines von vorn, das andere von hinten 1 m weit in den Ofen eingeführt. Sie sind mit einem selbstregistrierenden Millivoltmeter umschaltbar ständig in Verbindung, so daß fortlaufend die Temperatur im Ofen aufgezeichnet wird. Die Hinterwand des Oberbaus und sämtliche Kanäle des Ofens sowie der Generator sind so eingerichtet, daß überall die Entnahme von Gasproben und die Messungen von Temperaturen vorgenommen werden können. Von der Vorlage gelangt das Gas zu den Apparaten, die für eine Gaserzeugung von 500 cbm in 24 Stunden bemessen sind. Der Apparatenraum enthält einen Luftkühler,

---

[1]) Auf der Vereinsversammlung in Zürich 1903.

[2]) Bunte, Journ. f. Gasbel. 1909, S. 726.

einen kombinierten Naphthalin- und Cyanwäscher, einen Wasserkühler, einen elektromotorisch vom Ofenhaus aus angetriebenen Gassauger mit Umlaufregler, einen Stoßkondensator, einen Ammoniakstabwäscher, zwei Reiniger von je 1,2 qm Grundfläche und 1,3 m Höhe mit Gummidichtung und Umschaltvorrichtung, um die Richtung des Gases im einzelnen Kasten sowie die Reihenfolge der Kästen zu wechseln, ferner einen Gasmesser mit Proportionalgaspumpe und einen Versuchsgasbehälter. Nach dem Gasmesser wird die Hauptmenge des erzeugten Gases dem städtischen Gaswerk durch eine mittels Absperrtopf gegen Zurücktreten von Gas gesicherte Leitung zugeführt. Das für die weitere Untersuchung notwendige Gas wird in einem Versuchsbehälter von 2 cbm Inhalt gesammelt. Diesem Behälter wird während der Dauer je einer Entgasungsperiode ein bestimmter Teil des Gases, und zwar genau proportional der erzeugten Gasmenge, zugeführt, so daß die Beschaffenheit des Gases im Probebehälter in jeder Beziehung derjenigen entspricht, welche bei Aufsammlung der ganzen erzeugten Gasmenge erhalten worden wäre. Um diese der Erzeugung proportionale Probenahme zu bewirken, ist mit der Achse des Gasmessers, der das gesamte erzeugte Gas mißt, ein kleiner Gasmesser durch Kettenräder gekuppelt, der als Pumpe wirkt, einen Teil des Gases am Ausgang der großen Uhr entnimmt und dem Behälter zuführt. An den einzelnen Apparaten befinden sich noch Meßvorrichtungen zum Auffangen der sich ausscheidenden Kondensate. Neben den eigentlichen Betriebsräumen sind Arbeitsräume für gasanalytische, kalorimetrische und photometrische Untersuchungen vorgesehen.

Natürlich arbeitet die Versuchsgasanstalt unter möglichst weitgehender Feststellung aller Verhältnisse, die von Einfluß sein können, unter Anwendung aller meßbaren Korrektionsfaktoren und mit den zuverlässigsten Untersuchungsmitteln. Zur möglichsten Ausschaltung von Versuchsfehlern wird stets eine größere Reihe von Versuchen zusammengefaßt.

Die Hauptaufgabe, die der Versuchsgasanstalt eines Gaswerks gestellt wird, besteht in der Prüfung der zur dauernden Lieferung angenommenen Kohlen, sowie in der Ermittelung des wirtschaftlichen Wertes der zum Kauf angebotenen Kohlen. Sie zerfällt im wesentlichen in zwei Teile: in die Vergasung und Feststellung der hierfür günstigsten Bedingungen sowie in die chemische und physikalische Untersuchung des Rohmaterials und der bei der Vergasung gewonnenen Produkte. Ein Musterbeispiel hierzu bildet die von Geipert-Mariendorf[1]) angestellte Untersuchung über den wirtschaft-

	in 24 Stunden	in 7 Tagen	auf 1000 kg Rohkohle
Vergaste Kohlen . .	1500 kg	10500 kg	—
Gaserzeugung (in cbm bei 15° C)	487—511 cbm 496 cbm	3473 cbm	331 cbm
Gaserzeugung pro Retorte	248 cbm		
Oberer Heizwert des Gases (15° C) . . .	5178—5275 5223 WE		
Ofentemperaturen (auf den Rücken der Retorten)	1197—1207° 1200° C		
Koks . grob . .	. . . .	. .	639 kg
Koks . Staub . .	. . . .	. .	36 »
Koks . gesamt .	. . . .	. .	675 »
Teer	. . . .	. .	58 l
Ammoniak	. . . .	. .	2,69 kg

[1]) Journ. f. Gasbel. 1909, S. 253.

lichen Wert der Gaskohlen, die auszugsweise nachstehend wiedergegeben ist:

Eine Kohlenuntersuchung in der Versuchsgasanstalt des Gaswerks Mariendorf ergab: 2 horizontale Retorten wurden mit je 5 Chargen in 24 Stunden und einem Ladegewicht von 150 kg 7 Tage lang beschickt.

Raumgewicht der Kohle (Gewicht eines hl) 83 kg
Grobe Feuchtigkeit der Rohkohle . . . . 0,8 %

Analyse der lufttrockenen Kohle:

Wasser	1,7 %
Asche	11,3 »
Fixer Kohlenstoff (Reinkohle)	55,1 »
Flüchtige Bestandteile . . .	31,9 »
	100,0 %
Koks	66,4 »

Bei Probevergasungen soll jede Beschickung nach Möglichkeit einen Durchschnitt der Versuchskohlen darstellen, worauf besonders bei den sich sehr leicht in grobe Stücke und feinen Staub entmischende Förderkohlen zu achten ist.

Die Bestimmung der Koksausbeute in der Retorte bietet gewisse Schwierigkeiten. Geipert läßt den entgasten glühenden Inhalt einer Retorte in dünner Schicht auf dem Boden ausbreiten und gut umrühren, wobei der Koks nach etwa 4 Minuten zu glühen aufhört. Dabei verbrennt jedenfalls eine nicht geringe Menge des Koks. Anderseits bietet das Ablöschen des Koks mit Wasser keine volle Sicherheit vor Abbrennverlusten und erschwert durch die erforderliche gründliche Trocknung die Bestimmung der Ausbeute. Am sichersten scheint das an manchen Orten, so auch in der Lehr- und Versuchsgasanstalt geübte Verfahren zu sein, den glühenden Koks in einen eisernen Kasten zu füllen, der luftdicht abzuschließen ist und den Koksbrand schnell erstickt.

Für die wirtschaftliche Bewertung der untersuchten Kohle nützt es nun wenig zu wissen, daß diese 330 cbm gutes Gas und anderseits geringe Ausbeute an Koks von schlechter Beschaffenheit liefern. Diese Feststellungen müssen zueinander in Beziehung gebracht werden, und das belebende Element hierfür bildet der Wert der Erzeugnisse. Nach Geipert[1]) berechnet sich der relative Wert einer Gaskohle folgendermaßen: Für Koks, Teer und Ammoniak gilt der Gewinn, den sie beim Verkauf bringen. Beim Gas kommen die Erzeugungskosten in Frage, weil der Konsum dieses Produktes konstant ist, denn eine Mehrausbeute an Gas steigert nicht die Abgabe, sondern der erzielte Nutzen kommt durch geringere zu vergasende Kohlenmengen zum Ausdruck. Im vorliegenden Beispiel sollen M. 5 für 100 cbm ausgesetzt werden. Dieser Betrag setzt bei gleicher Kohlenmenge gleiche Vergasungszeit voraus. Höhere Leistung der Anlage, die man gewöhnlich auf die Retorten zu beziehen pflegt, wird 1. durch hohe Gasausbeute und 2. schnell entgasende Kohle hervorgerufen. Ersterer Einfluß wird durch den Betrag von M. 5 pro 100 cbm Gas berücksichtigt; der Berücksichtigung des zweiten Einflusses soll nicht die Ausstehzeit resp. ein größeres Ladegewicht zugrunde gelegt werden, sondern das über oder unter eine bestimmte mittlere Retortenleistung hinausgehende Gasquantum. Gilt beispielsweise für Öfen mit geneigten Retorten eine Leistung von 390 cbm pro Retortentag, und sind die Kosten auf 100 cbm für Tilgung, Verzinsung, Reparaturen, Löhne und Unterfeuerung 160 Pf., so wird, wenn mit einer Kohle 490 cbm Gas pro Retorte erzielt werden, dieser Betrag ermäßigt auf

$$\frac{160 \cdot 390}{490} = 127 \text{ Pf.}$$

Alsdann kostet die mittlere Gasmenge aus 1 t Kohlen, die zu 320 cbm angenommen sei,

im 1. Falle 3,2 · 160 = 512 Pf.
» 2. » 3,2 · 127 = 406 »

Ersparnis rund 100 Pf. pro 1 t Kohlen. Für horizontale Retorten trifft dieser Wert

[1]) Journ. für Gasbel. 1909, S. 257.

nicht zu, da die mittlere Leistung nur ca. 240 cbm pro Retortentag ist. Die Ersparnis erhöht sich demnach bei 100 cbm Mehrleistung entsprechend dem Verhältnis

$$240 : 390 = 0{,}61 \text{ auf } \frac{100}{0{,}61} \sim 160 \text{ Pf.}$$

In bezug auf das erzeugte Gas ist nicht nur die Menge sondern auch der Heizwert desselben wichtig. Da nun das Kohlengas große Qualitätsunterschiede aufweist und es für den Verbraucher von Wert ist, ein Gas von stets gleichmäßigem Heizwert zu erhalten, wird es nötig, eine Ausgleichung herbeizuführen, die durch Wassergaszusatz zu hochwertigem Kohlengas erreicht wird. Ein solcher bedeutet aber eine Ersparnis, denn 100 cbm Wassergas kosten ca. 150 Pf. weniger wie Kohlengas. Wenn Wassergas einen oberen Heizwert bei 15° 760 mm von 2700 WE besitzt, für Kohlengas als untere Grenze 4900 WE gelten, so kommt man, falls das Kohlengas 5200 WE hat, nach der Gleichung

$$x \cdot 5200 + (1 - x) \cdot 2700 = 4900$$

zu einem Mischgas mit

88 cbm	Kohlengas	von	5200 WE
12 »	Wassergas	»	2700 »
100 cbm	Mischgas	»	4900 »

Auf 100 cbm Kohlengas kämen also im vorliegenden Falle 12 : 0,88 = 13,6 cbm Wassergas, die eine Ersparnis von 13,6 · 1,5 = 20 Pf. bedeuten. Diese bezieht sich auf einen Mehrwert von 300 WE und beträgt 7 Pf. pro 100 WE, was, auf die mittlere Gaserzeugung aus 1000 kg Kohlen berechnet, 22 Pf. entspricht. Z. B. Heizwert des Gases 5223 WE, somit ein Plus von 5223 — 4900 = 323 WE entsprechend einem Gewinn von 3,23 · 22 = 71 Pf.

Außer dem Gase sind Menge und Beschaffenheit des Koks von Bedeutung für die Wertbemessung. Für die Festigkeitsprüfung fehlt es noch an Normen, vorläufig wird durch Absieben ein bescheidener Anhaltspunkt gewonnen. Für die Qualität und die Bewertung des Koks ist der Aschegehalt von wesentlicher Bedeutung. Dabei ist zu unterscheiden zwischen dem Koks, der zur Heizung der Öfen verwendet wird, und dem, der zum Verkauf kommt. Bei höherem Aschegehalt muß der Generatorrost häufiger gereinigt werden, was mit einem Verlust an Koks und an Wärme verbunden ist. Nimmt man an, daß normal der Rost bei 7 % Asche in der Kohle in 72 Stunden zweimal und bei 12 % Asche dreimal abgeschlackt werden muß, und daß bei jedem Schlacken der entleerte Raum des Generators 2 Retortenfüllungen ausmacht, so entsprechen jene 2 Retortenfüllungen (bei 108 Retortenladungen in 72 Stunden und 70 % Koksausbeute), die bei einer Differenz von 12 — 7 = 5 % Asche verloren werden, einem Unterschied von $\frac{2 \cdot 0{,}7 \cdot 100}{108} = 1{,}3\,\%$ im Unterfeuerungsverbrauch, bezogen auf die vergaste Kohlenmenge. Auf 1000 kg Kohlen macht das 13 kg Koks, also wenn 100 kg Koks 170 Pf. kosten: 0,13 · 170 = 22 Pf. Hierzu kommen noch 10 % für Arbeitslohn und Materialabnutzung = 2 Pf., insgesamt = 24 Pf. Diese Mehrausgabe berechnet sich für einen Unterschied im Aschegehalt in der Kohle von 12 bis 7 = 5 %. Jedes Prozent Asche über oder unter 7 % macht also 24 : 5 = 5 Pf. am Werte von 1000 kg Kohlen aus.

Bei anderen industriellen Feuerungen treten diese Nachteile nicht so in Erscheinung, deswegen dürfen für den verkauften Koks theoretischer Heizwert und praktische Heizwirkung als identisch und unmittelbar abhängig vom Aschegehalt gelten. Für jedes Kilogramm Asche werden daher in dem Koks, der verkauft werden kann, 1,7 Pf. in Rechnung gestellt, und dabei 10 % Asche im Koks als normal bezeichnet. Z. B.: Asche in der trockenen Kohle = 11,3 %, in der nassen Kohle 11,2 %, Koksausbeute aus letzterer 675 kg, somit Asche im Koks 11,2 : 0,675 = 16,6 %, was einem Zuviel von 6,6 % Asche entspricht, oder im gesamten Verkaufskoks von (675—120) · 0,066 = 36,6 kg Asche. Es kommen in Abzug 36,6 · 1,7 = 62 Pf. am Werte von 1 t Rohkohle.

Werden die Zahlen des Versuches in der angegebenen Weise berechnet, so kommt man zu folgendem Resultat:

Bewertung der Versuchsergebnisse.

Einheitswerte M.	Einheitswerte Pf.		Erzeugung aus 1000 kg Rohkohle	Relativer Wert der Rohkohle M.	Relativer Wert der Rohkohle Pf.
5	—	für 100 cbm Kohlengas . .	331 cbm	16	55
25	—	» 1000 l Teer	58 l	1	45
400	—	» 1000 kg Ammoniak . .	2,69 kg	1	08
17	—	» 1000 » groben Koks .	639 »	10	85
5	—	» 1000 » Koksstaub . .	36 »		18
	5	für jedes Prozent Asche in der Kohle über oder unter 7 % für die Asche im Unterfeuerungskoks, Asche in der lufttrockenen Kohle 11,3 %, in der nassen Kohle 11,2 %; Unterschied 11,2 —7,0 = 4,2 % Asche, entsprechend		—	21
	1,7	für jedes Kilogramm Asche über oder unter 10 % im Verkaufskoks. Asche in der Rohkohle 11,2 %, Koksausbeute aus letzterer 675 kg, Asche im Koks 11,2 : 0,675 = 16,6 %; Unterschied 6,6 % Asche, wonach die unzulässige Aschenmesge im Verkaufskoks (675 —120) · 0,066 = 36,6 kg beträgt und die Wertverminderung der Kohle dadurch		—	62
1	60	für 100 cbm Abweichung von der Normalgaserzeugung von 240 cbm auf Retorte und Tag. Erzielt wurden 248 cbm Gas; Unterschied 8 cbm Gas, entsprechend		+	13
	22	für 100 WE Unterschied im Heizwerte des Gases. Als normal gelten 4900 WE (15° C) o. H. Heizwert des Gases 5223 WE, Unterschied 323 WE . .		+	71
				30	13

Die so errechnete Wertzahl einer untersuchten Kohle ist nur relativ richtig, weil in ihr die Betriebskosten stecken und der Betrag für das erzeugte Gas zu hoch gegriffen ist. Die Unterschiede zwischen den Wertzahlen verschiedener Kohlen weisen aber die Ersparnisse nach, die in einem Fall gegenüber dem andern gemacht werden. Z. B.: Eine Kohle mit der Wertzahl 32,79 kostet 20 M., dann darf eine zweite Kohle mit der Wertzahl 28,48 nicht mehr kosten wie 20—(32,79—28,48) = 15,69 M.

Bei der Wertbestimmung von 19 verschiedenen Kohlensorten fand Geipert in den Einzelwerten folgende Schwankungen:

	Höchster Wert M.	Niedrigster Wert M.	Unterschied M.
Gas	17,65	15,50	2,25
Teer	1,93	0,93	1,00
Ammoniak	1,42	0,72	0,70
Koks	11,86	9,33	2,53
Anrechnung auf:			
Asche im Gesamtkoks	+ 0,55	— 1,32	1,87
Gas auf die Retorte	+ 0,82	— 0,13	0,95
Heizwert des Gases	+ 1,17	+ 0,14	1,03

Aus dieser Zahlenreihe ergibt sich deutlich, wie wichtig es ist, bei der Wertbemessung einer Gaskohle ihren Aschegehalt, den Heizwert des Gases, sowie die Vergasbarkeit der Kohle mit heranzuziehen.

6. Der Destillationsprozeß.

Bei der trockenen Destillation der Kohle zur Gasbereitung oder Kokserzeugung ist in erster Linie das Verhalten des Kohlenstoffs und des Wasserstoffs von Interesse.

Während die Kokerei darauf abzielt, eine möglichst große Menge des Kohlenstoffs in fester Form zu erhalten, ist es Aufgabe der Gasfabrikation, möglichst viel Kohlenstoff mit entsprechenden Mengen Wasserstoffs in den gasförmigen Zustand überzuführen. Sucht der Gasfachmann diese Forderung zunächst durch zweckmäßige Auswahl der Kohle zu erfüllen, so muß er weiter darauf bedacht sein, die Bedingungen herzustellen, unter denen die qualitativ und quantitativ beste Leuchtgasausbeute aus einer Kohle erzielt wird, und wir wissen, daß hier in erster Linie die Destillationstemperatur von Bedeutung ist.

Über die chemischen Vorgänge beim Destillationsprozeß kann man im allgemeinen nur hypothetische Erklärungen aufstellen. Man nimmt an, daß die Steinkohlen durch die Einwirkung hoher Temperaturen in der Retorte unter Luftabschluß ihre in der Hitze flüchtigen Bestandteile abspalten, die dabei zum Teil in ihre kleinsten Teile (Moleküle) zerfallen. Unter diesen Molekülen sind zweifellos sehr kompliziert zusammengesetzte organische Verbindungen, die aus einer ganzen Reihe von Kohlenstoffatomen bestehen, denen wieder Wasserstoff-, Sauerstoff- oder Stickstoffatome angegliedert sind. Die einzelnen Atome dieser komplizierten Moleküle denke man sich zum leichteren Verständnis als lebende mit je einem oder mehreren Fangarmen ausgestattete Wesen. Mehr oder weniger fest sind diese Fangarme miteinander verschlungen. Die Hitze treibt die Moleküle in lebhaftester Bewegung durcheinander, da lockern sich manche Fangarme, Umschlingungen öffnen sich, greifen zu anderen Molekülen über und bilden neue Körper, viele Moleküle zerfallen, weil sie sich in dem großen Verbande nicht zu halten vermögen, in kleinere um so fester verknüpfte Moleküle, viele werden ganz in ihre Atome zerrissen. Im wilden Durcheinander werden die Moleküle endlich durch neu sich bildende aus der Retorte verdrängt, werden dadurch der Hitze entzogen, kommen zu verhältnismäßiger Ruhe und sind vor weiteren durchgreifenden und umgestaltenden Zersetzungen geschützt.

So entsteht als Hauptprodukt das *Leuchtgas*, im wesentlichen ein Gemisch von Wasserstoff (H_2), Methan (CH_4), Äthylen (C_2H_4), Benzol (C_6H_6) und Kohlenoxyd (CO). Die zahlreichen sonst noch entstehenden Stoffe mischen sich zum Teil dem Gase als Verunreinigungen bei, zum Teil kondensieren sie sich aus dem abgekühlten Gase und bilden den *Teer* und das *Gaswasser*.

Der Rückstand in der Retorte, der *Koks*, besteht zum Teil aus Kohlenstoff, welcher, bei der Vergasung von den Molekülen der Kohlensubstanz abgerissen, in fester Form zurückbleibt, zum Teil aus nicht flüchtigen Kohlenstoffverbindungen, deren Menge von der Temperatur und Dauer des Destillationsprozesses abhängt. So enthält der Koks noch Sauerstoff, Wasserstoff, Stickstoff und die verunreinigenden mineralischen Bestandteile der Kohle.

Eine Übersicht über die bei der Kohlendestillation entstehenden Produkte bietet die folgende Zusammenstellung:

Produkte der Steinkohlendestillation.

I. *Leuchtgas.*

1. Leuchtende Bestandteile, Lichtgeber oder schwere Kohlenwasserstoffe.	Kohlenwasserstoffe $C_n H_{2n+2}$, Äthan und höhere Homologen, Kohlenwasserstoffe $C_n H_{2n}$, *Äthylen* C_2H_4, Propylen C_3H_6, Kohlenwasserstoffe $C_n H_{2n-2}$, Azetylen C_2H_2, Kohlenwasserstoffe $C_n H_{2n-6}$, *Benzol* C_6H_6, Toluol C_7H_8 und Homologe.
2. Lichtträger oder Heizgase, verdünnende Bestandteile.	Wasserstoff H_2, Grubengas, Methan CH_4, Kohlenoxyd CO.

3. Verunreinigende Bestandteile.		
	Kohlensäure CO_2,	Geschwefelte Kohlenwasserstoffe, Phenylsenföl C_6H_5NCS,
	Ammoniak NH_3,	Kohlenoxysulfid COS,
	Cyanwasserstoff CNH,	Thiophen C_4H_4S,
	Naphthalin $C_{10}H_8$,	Stickstoff N_2.
	Schwefelwasserstoff H_2S,	
	Schwefelkohlenstoff CS_2,	

Das vom Teer befreite Rohgas hat ungefähr folgende Zusammensetzung:

Wasserstoff . . .	H_2	50,00 %	
Methan	CH_4	31,00 »	
Kohlenoxyd . . .	CO	8,00 »	
Äthylen	C_2H_4	2,75 »	} 3,50 %
Benzol	C_6H_6	0,75 »	
Kohlensäure . . .	CO_2	2,50 »	
Schwefelwasserstoff	H_2S	0,75 »	
Stickstoff	N_2	3,00 »	
Ammoniak . . .	NH_3	1,10 »	} 1,25 %
Cyanwasserstoff . .	HCN	0,15 »	
Sonstige Schwefelverbindungen und Naphthalin			} Spur.

Für gereinigtes Gas gibt die nachstehende Tabelle eine Durchschnittsanalyse an:

Bestandteile des gereinigten Leuchtgases		Volum %	Gewicht %	1 cbm Gas enthält g	100 kg Kohle geben 30 cbm Gas mit kg
Wasserstoff	H_2	51	8,7	46	1,38
Methan	CH_4	32	43,7	229	6,87
Kohlenoxyd	CO	8	19,1	100	3,00
Äthylen u. Homologe .	C_2H_4	3	7,1	37	1,11
Benzol u. Homologe .	C_6H_6	1	6,7	35	1,05
Kohlensäure	CO_2	2	7,5	39	1,17
Stickstoff	N_2	3	7,2	38	1,14
		100	100,0	524	15,72

(Spezifisches Gewicht des Gases = 0,414.)

II. Teer.

Teer ist ein sehr kompliziertes Gemenge unvollständig zersetzter oder durch Zusammenlagerung einfacher Spaltungsstücke entstandener flüssiger und fester organischer Substanzen mit Kohlenstoff (Ruß). Die Hauptmasse des Teers besteht aus 50—60% »Pech«, das in der Kälte fest und spröde, in der Hitze dickflüssig ist, und 20—30% Kohlenstoff (Ruß) enthält.

Die durchschnittliche Zusammensetzung des Teers hat Krämer, wie folgt, ermittelt:

Benzol (Siedep. 80°), Toluol (Siedep. 110°), Xylol (Siedep. 140°)	2,50 %
Phenol (Siedep. 183°) u. Homologe (Kresol)	2,00 »
Pyridin und Chinolinbasen	0,25 »
Naphthalin (Siedep. 218°), Acenaphten .	6,00 »
Schwere Öle (z. B. Kresole, Naphthole) .	20,00 »
Anthrazen (Siedep. 360°), Phenanthren .	2,00 »
Asphalt (lösliche Teile des Pechs) . . .	38,00 »
Kohle (unlösliche Teile des Pechs) . . .	24,00 »
Wasser	4,00 »
Gase (Verlust bei der Destillation) . . .	1,25 »
	100,00 %.

Von den außerordentlich zahlreichen im Steinkohlenteer nachgewiesenen Verbindungen seien nur die wichtigeren genannt:

a) Kohlenwasserstoffe.

Fettkörper aus den Reihen:

$C_n H_{2n+2}$: Pentan C_5H_{12} u. a.
$C_n H_{2n}$: Amylen C_5H_{10} u. a.

Aromatische Kohlenwasserstoffe:

$C_n H_{2n-6}$: Benzol C_6H_6; Toluol C_7H_8; Ortho-, Meta- und Para-Xylol C_8H_{10}; Äthylbenzol C_8H_{10}; die drei isomeren Trimethylbenzole: Pseudocumol, Mesitylen und Hemellithol C_9H_{12}; Durol $C_{10}H_{14}$.

$C_n H_{2n-8}$: Styrol $C_8 H_8$.
$C_n H_{2n-10}$: Inden $C_9 H_8$; Acenaphten $C_{10} H_{10}$.
$C_n H_{2n-12}$: Naphthalin $C_{10} H_8$.
$C_n H_{2n-14}$: Diphenyl $C_{12} H_{10}$.
$C_n H_{2n-16}$: Fluoren $C_{13} H_{10}$.
$C_n H_{2n-18}$: Anthracen und Phenanthren $C_{14} H_{10}$.
Verschiedene: Fluoranthen $C_{15} H_{10}$; Pyren $C_{16} H_{10}$; Chrysen $C_{18} H_{12}$.
Bitumen, d. h. nicht näher charakterisierte Kohlenwasserstoffe als Bestandteile des Teerpechs.

b) Sauerstoffhaltige Körper:

Wasser $H_2 O$.
Phenol (Karbolsäure) $C_6 H_6 O$; Meta-, Ortho- und Parakresol $C_7 H_8 O$; Xylenol $C_8 H_{10} O$; Naphthol $C_{10} H_8 O$; Cumaron $C_8 H_6 O$.

c) Schwefelhaltige Körper:

Schwefelwasserstoff $H_2 S$; Schwefelkohlenstoff CS_2; Thiophen $C_4 H_4 S$; Thiotolen $C_5 H_6 S$; Thioxen $C_6 H_8 S$; Dithienyl $C_8 H_6 S_2$.

d) Stickstoffhaltige Körper:

1. Basische:

Ammoniak NH_3.
Anilin $C_6 H_7 N$; Pyridin $C_5 H_5 N$; Picolin $C_6 H_7 N$; Lutidin $C_7 H_9 N$; Collidin $C_8 H_{11} N$; Chinolin (Leukolin) $C_9 H_7 N$; Chinaldin $C_{10} H_9 N$; Iridolin $C_{10} H_9 N$; Cryptidin $C_{11} H_{11} N$; Acridin $C_{13} H_9 N$.

2. Nicht basische:

Pyrrol $C_4 H_5 N$; Cyanmethyl (Acetonitril) $C_2 H_3 N$; Karbazol $C_{12} H_9 N$.
Kohlenstoff bzw. Kohlenflugstaub.

III. Gaswasser.

Flüchtige Bestandteile: Einfach-, anderthalb- und doppeltkohlensaures Ammonium; Schwefelammonium $(NH_4)_2S$; Ammoniumsulfhydrat $NH_4 SH$. Eventuell Spuren von Cyanammonium (NH_4CN) und freiem Ammoniak (NH_3). Fixe Bestandteile: Chlorammonium NH_4Cl; Rhodanammonium NH_4CNS; Ferrocyanammonium $(NH_4)_2Fe(CN)_6$; Ammoniumsulfat $(NH_4)_2SO_4$; Ammoniumsulfit $(NH_4)_2SO_3$; thioschwefelsaures (unterschwefligsaures) Ammonium $(NH_4)_2S_2O_3$.

IV. Koks.

Kohlenstoff, Wasserstoff, Sauerstoff, Stickstoff, Schwefel und Aschebestandteile.

Der Koks enthält wohl einen Teil des Kohlenstoffs in elementarer Form, aber in der Hauptmenge stellen seine Bestandteile wahrscheinlich ebenso wie die Kohle eine sehr komplizierte Kohlenwasserstoffverbindung dar.

Vorgänge bei der Entgasung und Einflüsse auf deren Verlauf.

Von Einfluß auf die Vergasung ist der Gehalt der Kohle an »disponiblem Wasserstoff« ($= H - \frac{1}{8}O$), da in der Hauptsache nur dieser an der Bildung der Kohlenwasserstoffe beteiligt ist, während der Rest des Wasserstoffs sich mit Sauerstoff — wenigstens primär zu Wasser verbindet. Durch sekundäre Umsetzungen infolge der hohen Temperaturen tritt jedenfalls eine gewisse Verschiebung dieser Verhältnisse ein. Die früher aufgestellte Regel, daß die Gasausbeute vom Gehalt der Kohle an disponiblem Wasserstoff direkt abhängig sei, hat so viele Ausnahmen gefunden, daß man sie fallen lassen mußte.

Der Sauerstoff der Kohle ist in untergeordnetem Maße an der Gasbildung beteiligt, zum Teil bildet er mit dem Kohlenstoff Kohlensäure und Kohlenoxyd, der größere Teil aber verbindet sich mit Wasserstoff zu Wasser und findet sich im Gaswasser wieder.

Der Wassergehalt der Kohle macht sich störend bemerkbar, weil der entstehende Dampf die CO_2-Bildung begünstigt und infolge Wärmeentziehung die Destillationstemperatur und dadurch die Gasausbeute erniedrigt.

Eingehende Untersuchungen von Berthelot, Sabatier und Senderens geben uns Aufschluß über die Umwandlungen, denen die Kohlenwasserstoffe während der Kohlendestillation unterliegen. Danach bilden sich, entsprechend den verschiedenen Temperaturen und durch Einwirkung der primär entstandenen Verbindungen aufeinander, während des Destillationsprozesses Produkte sehr verschiedener Zusammensetzung. Zu Beginn der Destillation bildet sich ein an Methan (CH_4) und höheren Kohlenwasserstoffen reiches, an Wasserstoff armes Gas, während zum Schlusse der Destillation das umgekehrte Verhältnis eintritt. Aus den einfachen Bausteinen, Kohlenstoff (C) und Wasserstoff (H), der Kohlensubstanz entstehen unter der zersetzenden Einwirkung der hohen Temperatur zunächst die Anfangsglieder der Kohlenwasserstoffreihen:

Methan $= CH_4$ 75 % C
25 % H

$$\begin{array}{c} \mathrm{H} \\ | \\ \mathrm{H-C-H} \\ | \\ \mathrm{H} \end{array} = CH_4$$

Äthan $= C_2H_6$ 80 % C
20 % H

$$\begin{array}{c} \mathrm{H} \\ | \\ \mathrm{H-C-H} \\ \mathrm{H-C-H} \\ | \\ \mathrm{H} \end{array} = C_2H_6$$

Äthylen $= C_2H_4$ 85,7 % C
14,3 % H

$$\begin{array}{c} \mathrm{H-C-H} \\ \| \\ \mathrm{H-C-H} \end{array} = C_2H_4$$

Azetylen $= C_2H_2$ 92,3 % C
7,7 % H

$$\begin{array}{c} \mathrm{C-H} \\ ||| \\ \mathrm{C-H} \end{array} = C_2H_2.$$

Diese vier Kohlenwasserstoffe stellen die einfachsten Glieder dar, in welche die Kohlensubstanz durch die Destillation zerfällt. Die übrigen schweren Kohlenwasserstoffe kann man sich entstanden denken:

1. durch Zusammenlagerung der gleichen oder anderer Körper:

$3\,C_2H_2$ (Azetylen) $=$ C_6H_6 (Benzol),
C_6H_6 (Benzol) $+$ C_2H_2 (Azetylen) $=$ C_8H_8 (Styrol).

2. durch eine wechselseitige Verdrängung und Ersetzung von Kohlenwasserstoffen und Wasserstoff:

$C_{12}H_{10}$ (Diphenyl) $+$ C_2H_4 (Äthylen) $=$ C_8H_8 (Styrol) $+$ C_6H_6 (Benzol) oder $C_{14}H_{10}$ (Anthracen) $+$ $2\,H_2$.

3. durch Zerlegung zu Körpern, von denen die einen mehr Kohlenstoff, die andern mehr Wasserstoff enthalten als die ursprüngliche Verbindung, bis zum schließlichen Zerfall in reinen Kohlenstoff und Wasserstoff unter Vergrößerung des Volumens:

$2\,C_6H_6$ (Benzol) $=$ $C_{12}H_{10}$ (Diphenyl) $+$ H_2
$5\,C_6H_6$ » $=$ $C_{10}H_8$ (Naphthalin) $+$ $3\,H_2$
$2\,C_7H_8$ (Toluol) $=$ $C_{14}H_{10}$ (Anthracen) $+$ $3\,H_2$
C_2H_4 (Äthylen) $=$ C_2H_2 (Azetylen) $+$ H_2
$2\,CH_4$ (Methan) $=$ C_2H_2 » $+$ $3\,H_2$
1 Vol. CH_4 » $=$ C (Kohlenstoff) $+$ 2 Vol. H_2

1 Vol. $C_6H_6 = C_6 + 3$ Vol. H_2. Aus dem Azetylen $= C_2H_2$ entsteht, sobald es der Hitze ausgesetzt ist, durch Aneinanderreihung dreier seiner Moleküle das Benzol $= 3\,(C_2H_2) = C_6H_6$ 92,3 % C
7,7 % H,
dem das Steinkohlengas hauptsächlich seine Leuchtkraft verdankt.

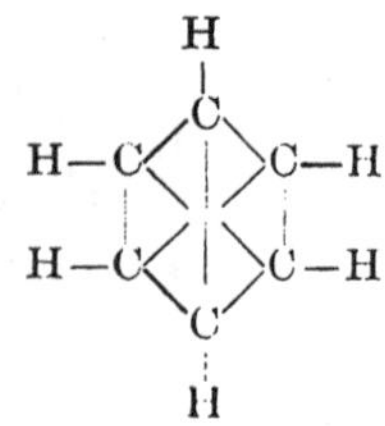

Neben dem Benzol entstehen bei der Destillation der Kohle auch noch verwandte Körper, Homologe des Benzols, z. B:

Toluol =
(Methylbenzol)

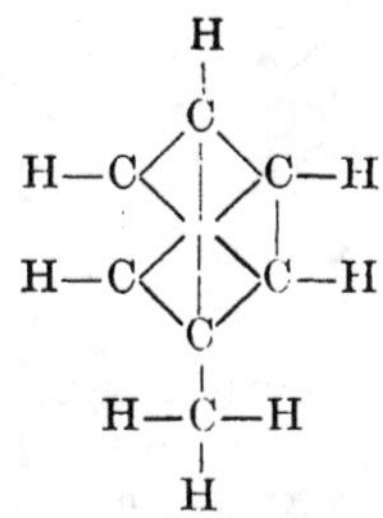

m-Xylol =
(Dimethylbenzol)

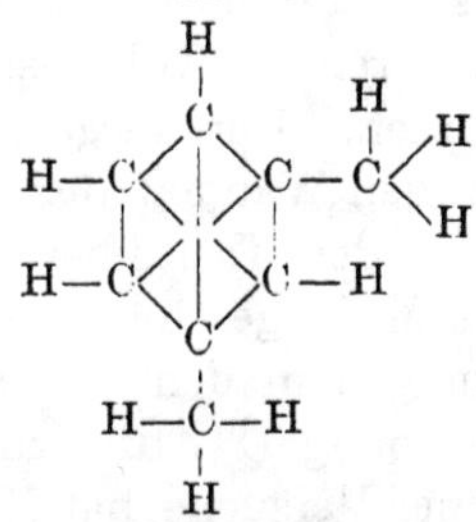

Diese, wie viele andere Verbindungen zersetzen sich leicht, wenn sie höheren Hitzegraden ausgesetzt sind. Die Ringe, Seitenglieder und -Ketten zerfallen in einzelne Bruchstücke, die sich zum Teil wieder zu beständigen Verbindungen zusammenfügen, zum Teil in ihre Bausteine, C und H, auflösen.

Solche, bei sehr hohen Temperaturen entstehende und unter diesen Verhältnissen beständige Körper sind das Naphthalin, Anthracen, Chrysen etc.

Naphthalin = $C_{10}H_8$ 93,75 % C
6,25 % H

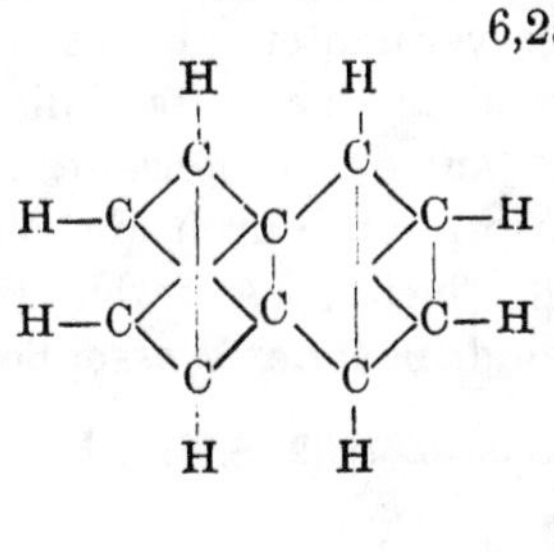

Anthracen = $C_{14}H_{10}$ 94,4 % C
5,6 % H

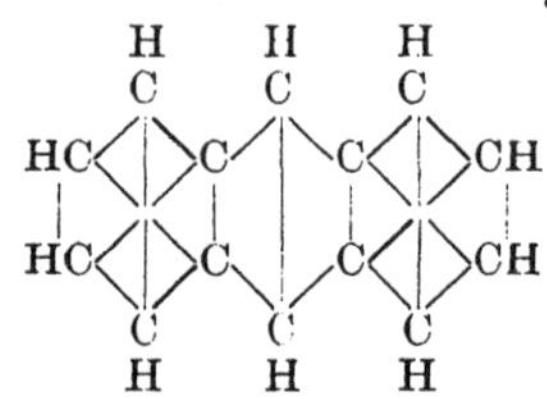

Die entstehenden Zersetzungsprodukte nähern sich mit steigender Temperatur unter ständiger Abspaltung des Wasserstoffes und Vergrößerung des Gasvolumens immer mehr dem reinen Kohlenstoff, um schließlich bei diesem zu enden. Der ausgeschiedene Kohlenstoff setzt sich teils an den Wänden der Retorten als Graphit ab, teils geht er in den Teer über und gibt, wenn dies in beträchtlichem Maße geschieht, Anlaß zu sehr störenden Teerverdickungen in den Steigröhren der Retorten und in der Teervorlage. Auf Grund sehr geschickter und gut gelungener Versuche hat Hilgenstock[1]) eine anschauliche Schilderung der Entgasungsvorgänge im Koksofen gegeben, denen ja die in der Vertikalretorte und im Kammerofen ziemlich genau, weniger aber die in der horizontalen und schrägen Retorte entsprechen.

Wird in den heißen Destillationsraum eine frische Kohlenfüllung gebracht, so tritt alsbald in der Berührungsschicht an den Wänden nach Verdampfung der Feuchtigkeit die Entgasung der Kohle ein. Die entstehenden Kohlenwasserstoffe aber, namentlich Teerbildner, werden durch die noch kühle Nachbarschicht in Menge zu Teer verdichtet, und es entsteht eine »Verkokungsnaht«, eine teerige Masse, die auf der Wandseite erhitzt wird, auf der Innenseite aber vermöge der großen Wärmeabsorption durch die Verdampfung verhältnismäßig kühl bleibt. Auf der Innenseite in die Kohlenfüllung eindringende Wasserdämpfe verdichten

[1]) Journ. f. Gasbel. 1902, S. 618.

sich zum Teil in derselben, und so kann man durch Probenahme aus dem Innern nachweisen, daß der Feuchtigkeitsgehalt der Kohlen in der ersten Zeit zunimmt, und daß sogar ganz trocken eingebrachte Kohle während dieser Zeit aus dem chemisch gebundenen Wasser eine gewisse Feuchtigkeit aufnimmt. Bestände die Verkokungsnaht, die etwa 30 bis 40 mm stark ist, nicht, würde vielmehr die Temperatur allmählich, gleichmäßig abnehmend in das Innere der Füllung dringen, so wäre eine Verkokung überhaupt nicht möglich. Denn es ist bekannt, daß die Entgasung der Kohle schon bei mäßiger Temperatur vor sich geht und ohne jede Koksbildung sich vollständig bei 300 bis 500^0 durchführen läßt. Diese Gasbildung verteilt sich dann aber im allmählichen Vorschreiten so sehr, daß die Teerbildner keine Scheidewand aufrichten können.

Diese zur Verkokung also unerläßliche, deutlich erkennbare Scheidewand aus Dickteer trennt die rohe fast noch unveränderte Kohle von festem, aber noch nicht ganz entgastem Koks. Zwischen Anfang und Ende der Entgasung, d. h. zwischen Dickteerschicht und völlig entgastem Koks, liegt eine ziemlich breite Zone, in der die entwickelten Gase ungefährdet aufsteigen können. Die Gase aus der Verkokungsnaht oder deren Nähe sind am reichsten an schweren Kohlenwasserstoffen, während die übrigen Gase, je mehr sie dem Ende der Entgasung entstammen, ärmer an Kohlenwasserstoffen sind und fast nur aus Wasserstoff bestehen.

Nähert sich die Menge der rohen Kohle ihrem Ende, so nimmt die Menge der Gase aus der Scheidewand und deren Nähe ab, während die an sich schlechtere Gasmenge aus dem übrigen Teil der Entgasungszone zunimmt. Hieraus erklärt sich in erster Linie die Tatsache, daß eine Retorten- oder Kammerfüllung gegen Ende der Entgasung schlechteres Gas liefert, erst in zweiter Reihe ist — wenigstens beim Vertikal- und Kammerofen — die Einwirkung der vom Gas durchstrichenen glühenden Koksschichten von Einfluß auf seine Verschlechterung. Deutlich zu erkennen ist diese Einwirkung daran, daß viele Koksstücke von einer Schicht reinen Kohlenstoffs (Graphit) überzogen sind.

Bei der horizontalen und schrägen Retorte kommt die zur ungefährdeten Abführung der Gase so wichtige Entgasungszone nicht zur Wirkung. Der freie am stärksten beheizte Raum über der Kohlenfüllung, durch den fast alle entwickelten Gase nach dem Steigrohr hinziehen, bietet dem Gase große, glühende Berührungsflächen. Zerstörung von Teerdämpfen, andern Kohlenwasserstoffen und Ammoniak ist die notwendige Folge. Ferner kommt die von allen Seiten beheizte Kohlenfüllung äußerlich verhältnismäßig schnell zum Glühen, sodaß das aus dem Kern der Ladung entweichende Gas nicht nur an der glühenden Retortenwand, sondern auch an dem schon glühenden Koks reichliche Gelegenheit zur Zersetzung findet. Gerade diese ungünstigen Entgasungsbedingungen in den älteren Retorten sind nicht zum kleinen Teil Ursache zur Einführung der neueren Destillationsverfahren (Vertikalretorte und Kammerofen) gewesen, wenn auch natürlich andere Fragen wie Leistungsfähigkeit der Öfen, Beschickung und Entladung usw. eine große Rolle dabei gespielt haben. Durch Vorrichtungen, die eine besonders starke Ladung der horizontalen Retorte ermöglichen und den leeren Raum über der Kohle verringern, suchte man zuerst dem Übelstand abzuhelfen, aber ein nennenswerter Fortschritt wurde doch erst durch die neuen Ofensysteme erzielt.

Der Zusammenhang zwischen der chemischen Zusammensetzung und dem Heizwert der Kohlen ist sehr einfach und mit Sicherheit nachgewiesen. Für das Verhalten bei der Entgasung sind dagegen die Einflüsse äußerst mannigfaltig und beeinflussen die Ergebnisse meist in viel höherem Maße als die Unterschiede in der Zusammensetzung des Materials. Es war nun die erste und zum Teil schon mit bestem Erfolg gelöste

Aufgabe der Lehr- und Versuchsgasanstalt, unter genauer Beobachtung möglichst vieler Entgasungsbedingungen bei genauer Kenntnis der verwendeten Kohlen die Gesetzmäßigkeit der verschiedenen Einflüsse festzustellen.

Es ist eine jedem Gasfachmann längst bekannte Tatsache, daß verschiedene Gaskohlensorten der Entgasung einen größeren oder geringeren Widerstand entgegensetzen. Man unterscheidet leicht und schwergasende Kohlen, je nachdem der Zerfall der Kohlensubstanz nach längerer oder kürzerer Einwirkung der Hitze vor sich geht.

Die nachstehende graphische Darstellung (Fig. 29) von Ergebnissen der Lehr- und Versuchsgasanstalt[1]) zeigt das verschiedene Verhalten bei der Destillation an zwei Gruppen von Kohlen. Die Zeit ist als Abszisse, die in jeder Viertelstunde entwickelte Gasmenge als Ordinaten aufgetragen. Während die eine Gruppe (»Unser Fritz« und »Ewald«) schon nach $4^1/_2$ Stunden fast völlig entgast sind, ist bei der zweiten Gruppe (»Dahlbusch«, »Königin Elisabeth« und »Neuessen«) nach Ablauf von 6 Stunden noch immer keine genügende Ausgasung erfolgt. Die Wichtigkeit dieses verschiedenen, allerdings nur selten in so scharfen Kontrasten auftretenden Verhaltens der Kohlen für den praktischen Betrieb ist ohne weiteres einleuchtend.

Auch der Frage, welchen Einfluß die Stückgröße auf den Verlauf der Entgasung ausübt, hat die Lehr- und Versuchsgasanstalt nachgeforscht und als vorläufiges Ergebnis festgestellt, daß unter sonst gleichen Umständen die Stückkohle rascher entgast und eine größere Gasmenge abgibt als dieselbe Kohle, wenn sie, ganz klein geschlagen, destilliert wird. (Fig. 30.)

Das wichtigste Ergebnis der bisherigen Untersuchungen der Lehr- und Versuchsgasanstalt ist zweifel-

---

[1]) Journ. f. Gasbel. 1909, S. 749.

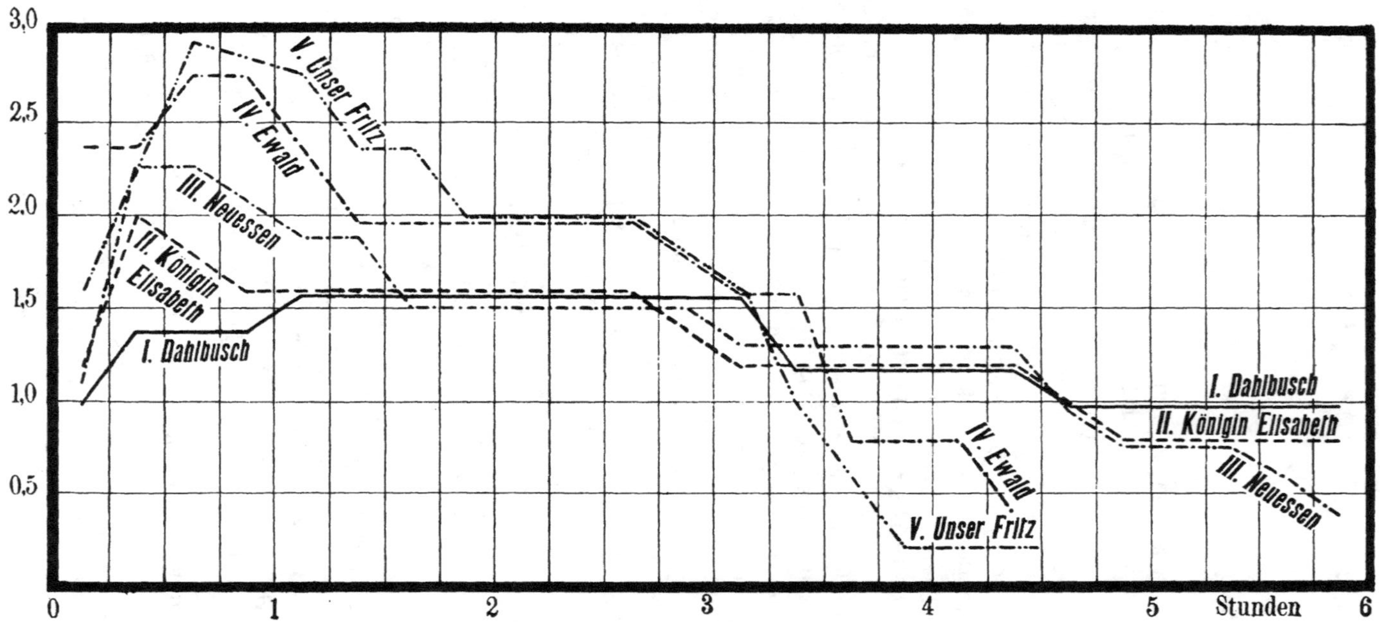
3,0
2,5
2,0
1,5
1,0
0,5
0
1
2
3
4
5
Stunden
6
V. Unser Fritz
IV. Ewald
III. Neuessen
II. Königin Elisabeth
I. Dahlbusch
I. Dahlbusch
II. Königin Elisabeth
III. Neuessen
IV. Ewald
V. Unser Fritz

Fig. 29.

los die interessante Feststellung, daß die individuellen Eigenschaften der Gaskohlen verschiedener Reviere, die

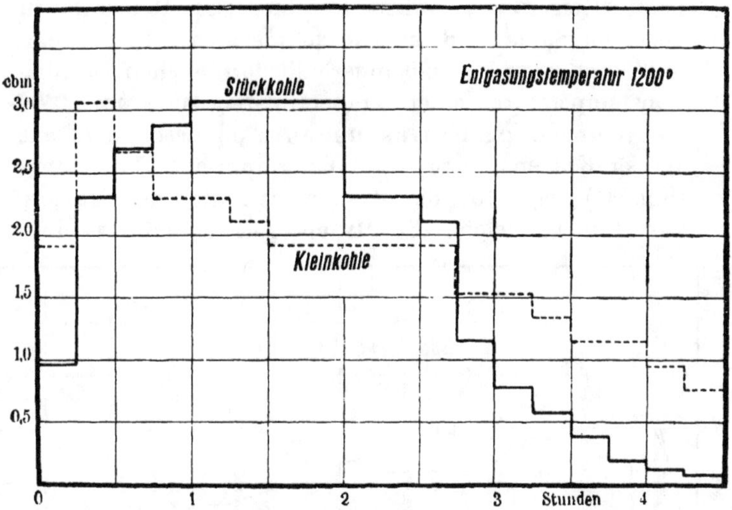

Fig. 30

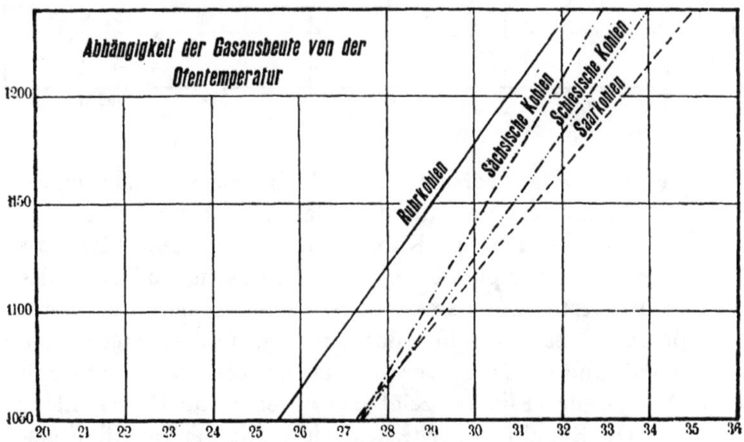

Fig. 31.

sich z. B. in der Koksbeschaffenheit deutlich ausprägen, bei der Ausbeute an Gas nach Menge und Beschaffenheit bei weitem nicht den Einfluß haben wie die Destillationstemperatur. Demnach werden durch eine Temperatursteigerung Kohlen verschiedener Herkunft in gleichem Sinne und in nahezu gleichem Maße beeinflußt, und zwar so, daß innerhalb der üblichen Destillationstemperaturen einer Temperatursteigerung um 50° C eine Vermehrung der Gasausbeute um fast 2 cbm aus 100 kg Kohlen entspricht. Die graphische Darstellung (Fig. 31) zeigt für die Kohlen verschiedener Reviere vier Linien, welche die Mittelwerte aus jeweils einer

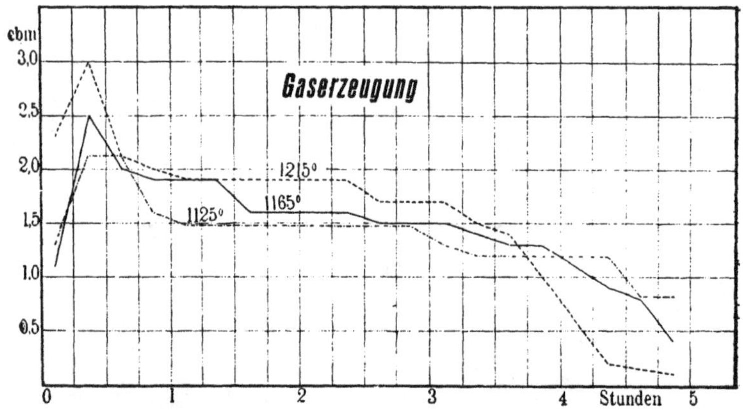

Fig. 32.

ganzen Reihe verschiedener Kohlensorten darstellen.

Auch der Verlauf der Gasentwicklung zeigt im Durchschnitt bei den Kohlen der verschiedenen Reviere einen ungefähr parallelen Verlauf in bezug auf verschiedene Destillationstemperaturen. Je höher die Temperatur, desto rascher der Anstieg, um so steiler der Abfall und um so größer die Gasausbeute. Die graphische Darstellung (Fig. 32) zeigt das Ergebnis für Ruhrkohlen.

Die Zunahme der Gasausbeute mit der Destillationstemperatur wird erstens durch die schnellere und vollständigere Entgasung der Kohle infolge der größeren Hitze und der rascheren Wärmeübertragung durch die

Retortenwand hindurch, zweitens durch die stärkere Zersetzung der Teer- und Gasbestandteile an der heißen Retortenwand bewirkt.

Die Veränderung der Zusammensetzung des Gases im Verlaufe der Destillation zeigt Fig. 33. Das Ansteigen der Temperatur im Innern der Kohlenladung einer horizontalen Retorte während einer 4 stündigen Entgasung zeigen die Kurven auf Fig. 34.

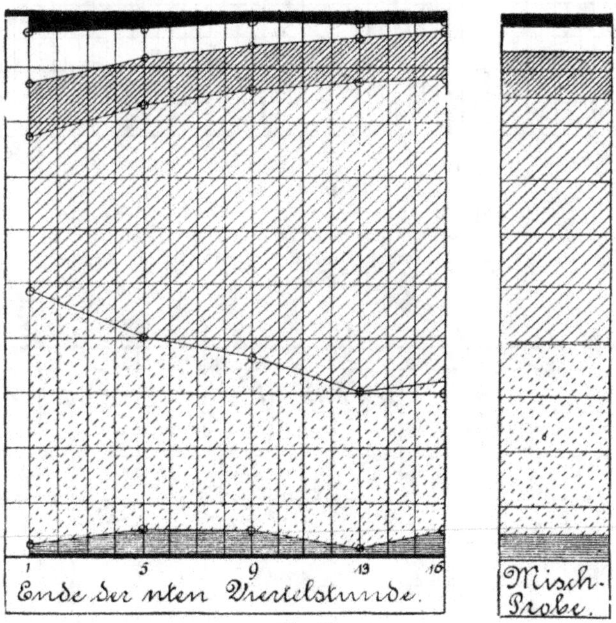

Fig. 33.

Die auffallende Abnahme des Gehaltes an Methan und schweren Kohlenwasserstoffen gegen Ende der Destillation ist nach Hilgenstock (s. weiter oben) nicht nur auf die Zersetzung infolge der höheren Temperatur, sondern auch darauf zurückzuführen, daß die Kohlen zum Schluß der Entgasung überhaupt ein minderwertiges, an Wasserstoff reiches Gas geben. Diesen beiden Umständen ist die allmähliche Verminderung des Heizwertes, der Leuchtkraft und der sonstigen Eigenschaften des Gases zuzuschreiben.

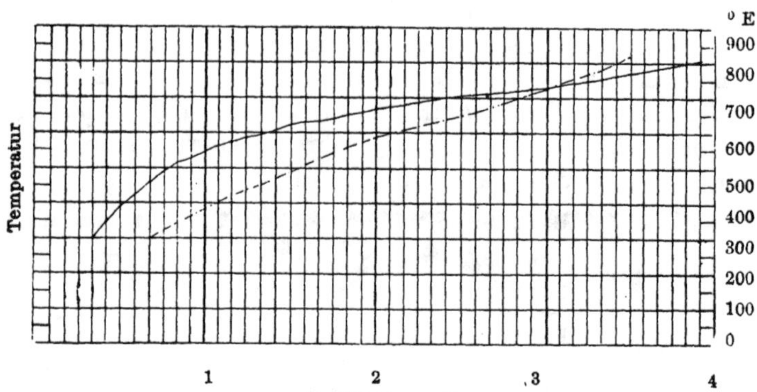

Destillationszeit
Temperaturanstieg in den gasenden Retorten
——— Thermoelement direkt in den Kohlen
—.—.—. Thermoelement in Eisenrohr in den Kohlen.
Fig. 34.

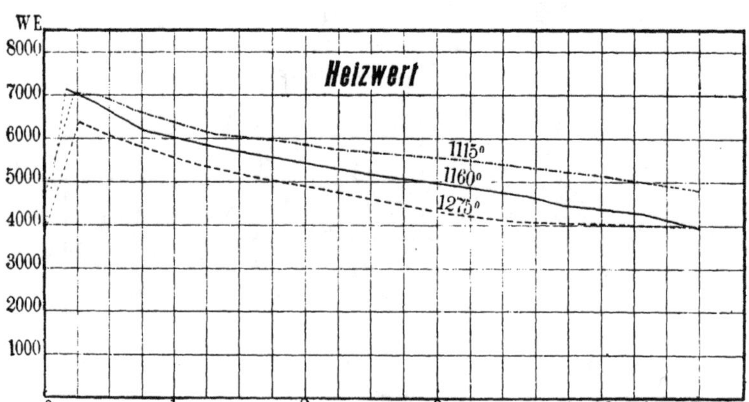

Fig. 35.

Ähnlich liegen die Verhältnisse in bezug auf die Zusammensetzung des Gases bei gesteigerter Destillationstemperatur. Infolge stärkerer Zersetzung der Kohlenwasserstoffe gehen Heizwert, Leuchtkraft und spezifisches

Gewicht zurück. Da die schweren Kohlenwasserstoffe, denen das Gas seine Leuchtkraft verdankt, sich besonders leicht zersetzen, so zeigt natürlich auch die Leuchtkraft mit steigender Temperatur den stärksten Rückgang.

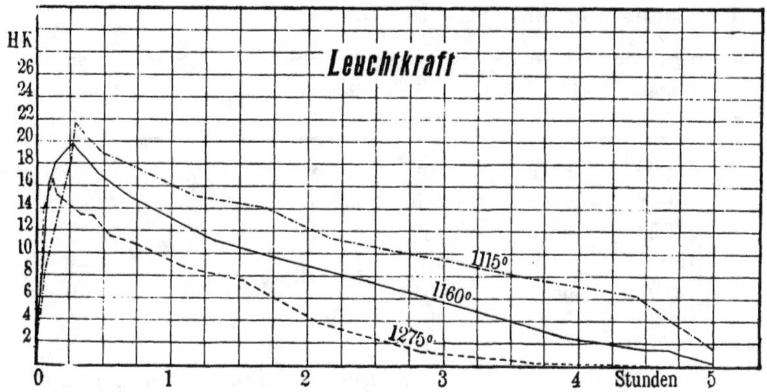

Fig. 36.

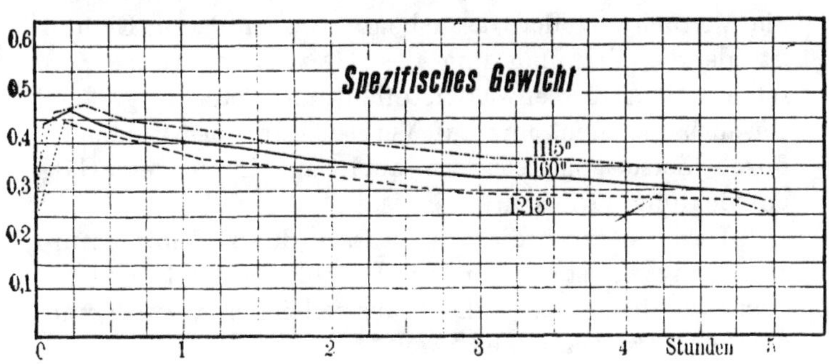

Fig. 37.

Die Figuren 35, 36, 37 zeigen wieder die Ergebnisse für Ruhrkohlen.

Die nachstehende Tabelle gibt für eine in der Lehr- und Versuchsgasanstalt bei verschiedenen Ofentemperaturen entgaste sächsische Gaskohle[1]) die zu-

[1]) Journ. f. Gasbel. 1909, S. 750.

gehörigen Heizwerte, die Heizwertzahl, d. i. das Produkt aus oberem Heizwert (0°, 760 mm) und zugehöriger Gasausbeute (0°, 760 mm) aus 1 kg Reinkohle, ferner die Leuchtkraft und die Leuchtwertzahl, d. i. das Produkt aus Leuchtkraft pro 150 l Stundenkonsum und Gasausbeute.

Ofentemperatur	Heizwert 0°, 760 mm, trocken		Heizwertzahl	Leuchtkraft HK 0°, 760 mm	Leuchtwertzahl
	oberer	unterer			
1050°	6113	5503	1881	14,56	451,0
1165°	5830	5213	2078	12,84	448,0
1180°	5815	5220	2110	—	—
1200°	5675	5023	2112	—	—
1210°	5690	5101		11,65	434,0
1250°	5623	5031	2150	9,82	376,5

Aus der Tabelle geht hervor, daß mit steigender Temperatur der Heizwert pro cbm Gas zwar sinkt, die Heizwertzahl aber steigt; woraus sich weiter ergibt, daß die Vermehrung der Gasausbeute von größerem Einfluß ist als die Verminderung des Heizwertes infolge Zersetzung von Kohlenwasserstoffen, und daß die größere Gasausbeute nicht nur auf Vergrößerung des Volumens durch Zersetzung, sondern auch auf intensivere Gasentwicklung zurückzuführen ist.

Dagegen wird die Leuchtkraft durch Temperatursteigerung so stark verringert, daß die größere Gasausbeute den Verlust nicht auszugleichen vermag und die Leuchtwertzahl fällt.

Mit der Heizwertzahl steigt der in Gasform gewonnene Anteil des Kohlenheizwertes. Fig. 38 zeigt diesen Anteil in Prozenten des Kohlenheizwertes bei verschiedenen Destillationstemperaturen als Mittelwert für die einzelnen Kohlen von vier Becken. Man findet, daß einer Temperatursteigerung um 50° C eine Zunahme an Heizwertausbeute im Gas um rund 0,75 % vom Heizwert der Kohle entspricht.

Da nun im Gas 10000 WE in ca. 2 cbm mit ca. 25 Pf., im Koks 10000 WE in 1,25 kg mit ca. 2,5 Pf. bezahlt werden, so ergibt sich der Wert des im Gas gewonnenen Heizwertes als etwa zehnmal so groß wie der im Koks verbliebene. Auf Grund dieser Erwägungen kommt Bunte zu dem Resultat, daß der Wert einer Gaskohle, die in allen sonstigen Eigenschaften (z. B. Koksbeschaffenheit) den Anforderungen entspricht,

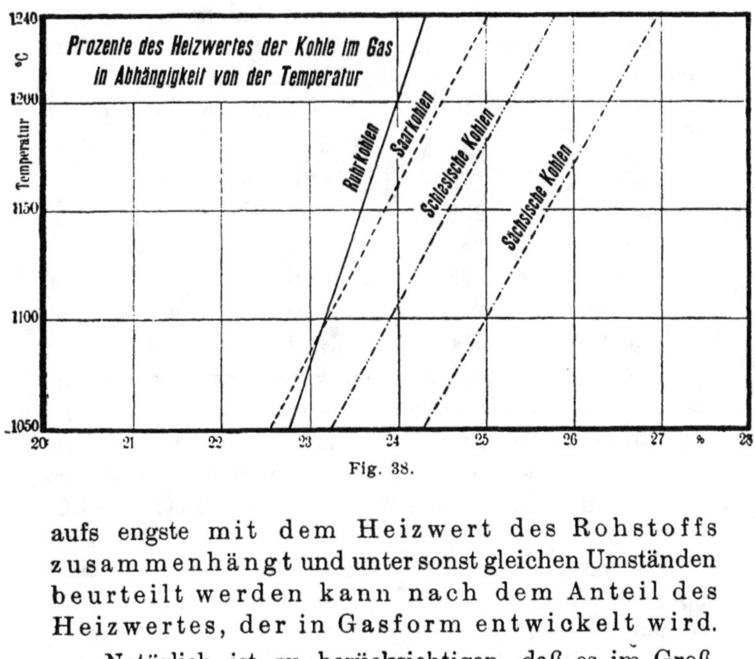

Fig. 38.

aufs engste mit dem Heizwert des Rohstoffs zusammenhängt und unter sonst gleichen Umständen beurteilt werden kann nach dem Anteil des Heizwertes, der in Gasform entwickelt wird.

Natürlich ist zu berücksichtigen, daß es im Großbetrieb praktisch nicht möglich ist, die Ofentemperaturen der jeweils zu vergasenden Kohlensorten anzupassen. Diese wechseln im allgemeinen zu oft, auch kommen häufig Mischungen verschiedener Kohlen zur Verwendung, sodaß man schon dadurch gezwungen ist, sich für eine bestimmte, konstante Temperaturhöhe zu entscheiden, die eine möglichst große Ofenleistung unter

Rücksicht auf die Haltbarkeit der Retorten und auf eventl. Steigrohrverstopfungen gewährleistet.

Bewertung des Gases nach Leuchtkraft und Heizwert.

Wie schon erwähnt, verdankt das Steinkohlengas seine Leuchtkraft in erster Reihe dem Benzol, nach diesem dem Äthylen, da das leuchtkräftigere Azetylen in zu geringen Mengen im Gase enthalten ist.

Die Leuchtkraft gleicher Volumina verschiedener Gase steht etwa in folgendem Verhältnis:

	Oberer Heizwert von 150 l WE	Leuchtkraft pro 150 l n HK-Stunden	Wärmeaufwand pro HK-Stunde WE
Methan . .	1429	6	238
Äthan . .	2485	35	71
Propan . .	3537	54	65
Äthylen . .	2237	68	33
Azetylen .	2079	240	8,6
Benzol . .	5180	420	12

Die Leuchtkraft des Steinkohlengases wird durch dessen Kohlensäuregehalt sehr ungünstig beeinflußt, da die Kohlensäure den in der Flamme sich ausscheidenden, hellglühenden Kohlenstoff in Kohlenoxyd verwandelt und dadurch die Flamme entleuchtet: $C + CO_2 = 2\ CO$.

Normen für die Leuchtkraft des Gases, die leider noch in vielen Gaslieferungsverträgen enthalten sind, sollten nach dem heutigen Stande der Gasversorgung als ganz entbehrlich in Wegfall kommen.

Als normale Durchschnittsleuchtkraft wird man bei 150 l Stundenkonsum 9—12 HK annehmen können.

Die Beurteilung der Gasqualität nach Leuchtkraft kann nur zu Trugschlüssen führen, denn ein Rückgang im Benzolgehalte um 0,3 Vol.-%, der bei hoher Ofentemperatur leicht eintritt, schwächt die Leuchtkraft um 3 HK, d. h. ca. 25 %, den Heizwert aber nur um 100 WE,

d. h. ca. 2%. Auch durch Kohlensäuregehalt des Gases oder durch Luftzufuhr zum Gase wird die Leuchtkraft ungleich stärker beeinträchtigt als der Heizwert. Der Heizwert ist aber nicht nur bei Benutzung des Gases zum Heizen und zum Motorbetrieb, sondern auch für Glühlichtbeleuchtung, deren Intensität nach St. Claire Deville[1]), sowie nach Mayer und Schmidt[2]) dem Heizwert direkt proportional ist, allein maßgebend.

Durch diesen Umstand hat die Gasglühlichtbeleuchtung außerordentlich günstig auf die Bewertung des Gases eingewirkt.

Früher mußte zur Erhaltung der streng vorgeschriebenen Mindestleuchtkraft durch niedrige Destillationstemperatur und unvollständiges Ausgasen der Kohlen die Gewinnung eines an schweren Kohlenwasserstoffen reichen Gases erstrebt werden. Für die Unzuträglichkeiten, die aus dieser Notwendigkeit erwuchsen, bietet allerdings die Aufbesserung des Gases durch Verwendung von Zusatzkohlen, d. h. stark bituminösen Kohlen mit reicher Ausbeute an schweren Kohlenwasserstoffen, oder durch Karburation des »armen« Gases mit Benzol eine Abhilfe, führt aber doch zu einer Erschwerung und Verteuerung des Betriebes.

Als charakteristisches Beispiel für strenge Anforderungen an die Leuchtkraft des Gases sei das Gaswerk der Frankfurter Gasgesellschaft erwähnt, die noch jetzt auf Grund einer nach heutigen Anschauungen ganz veralteten Vertragsbestimmung verpflichtet ist, ein Gas von so hoher Leuchtkraft herzustellen, daß sie auf die Verwendung ausländischer Zusatzkohlen angewiesen ist. Sie vergast in gleichen Mengen nebeneinander australische Boghead-, schottische Cannel- und Ruhrkohlen und gewinnt daraus ein Mischgas mit ca. 18% schweren Kohlenwasserstoffen.

---

[1]) Journ. f. Gasbel. 1904, S. 21; 1908, S. 1097.

[2]) Journ. f. Gasbel. 1908, S. 1137.

Über die im Vergleich mit den gewöhnlichen Gaskohlen sehr interessante Zusammensetzung der gebräuchlichen Zusatzkohlen, die natürlich unter den erörterten Verhältnissen im allgemeinen ihre frühere Bedeutung verloren haben, gibt die nachstehende Tabelle Aufschluß:

Chemische Zusammensetzung gebräuchlicher Zusatzkohlen.

Bezeichnung	Elementare Zusammensetzung: 100 Teile Kohlensubstanz enthalten				Verkokung: 100 Teile Kohlensubstanz liefern	
	C	H	O	Disp. H	Fixen C	Flüchtig
Consolidation Cannel .	85,41	6,02	9,62	4,82	58,39	41,61
Böhm. Plattelkohlen . .	79,24	7,46	13,30	5,80	40,68	59,32
Böhm. Braunkohle (Falk.)	77,61	7,80	14,59	6,00	29,64	70,36
Tyne Boghead Cannel .	84,55	6,63	8,82	5,53	54,15	45,85
Schott. Woodville Boghd.	81,87	7,04	11,09	5,65	43,30	56,70
Austral. Shale Boghead .	83,17	10,04	6,79	9,18	17,63	82,37

Die gegebenenfalls nötige Anreicherung des Gases durch Karburation mit Benzoldämpfen zu bewirken ist durch Untersuchungen Buntes angeregt worden. Diese Untersuchungen gehen auf die im Kapitel »Wassergas«[1]) wiedergegebenen Bestimmungen des Dampfdruckes von Benzol und auf die davon abhängige Aufnahmefähigkeit des Leuchtgases für Benzoldampf zurück.

Die Formeln für die Berechnung des Benzolgehaltes im Gase aus der Dampftension in Volumprozenten und aus den Litergewichten in g pro cbm finden sich im Kapitel »Gasanalyse«.[2])

Das Steinkohlenleuchtgas enthält gewöhnlich bis zu 1 % Benzol (und Toluol) entsprechend ca. 40 g in 1 cbm, d. h. nur ungefähr 1/3 der Menge, die es bei 0° C aufzu-

---

[1]) S. Seite 676 u. ff.

[2]) S. Seite 710.

nehmen vermag. Demnach kann dem Gase, ohne daß selbst bei starker Abkühlung eine Benzolkondensation zu befürchten ist, noch eine beträchtliche Menge Benzoldampf geführt zu und dadurch die Leuchtkraft bis zu einem gewissen Grade erhöht werden. Bei mäßiger Karburation entspricht der Zugabe von 4 g Benzol pro cbm eine Erhöhung der Leuchtkraft um 1 HK bei 150 l im Schnittbrenner.

Eine ungleich wichtigere Rolle als in der Steinkohlengasfabrikation spielt die Karburation bei der Wassergasverwendung, indem das an sich gar nicht leuchtende Gas entweder bei gewöhnlicher Temperatur mit Benzol oder anderen Kohlenwasserstoffen oder auf heißem Wege mit Zersetzungsprodukten mineralischer Öle karburiert und leuchtend gemacht wird.

Nur ganz kurz sei hier noch des Prinzipes der Autokarburation gedacht, die in den letzten Jahren Gegenstand zahlreicher Untersuchungen war, und über die widersprechende Resultate vorliegen.

Man hoffte, durch Einleiten von nicht karburiertem Wassergas in die Leuchtgasretorten während der ersten Zeit der Entgasung eine Anreicherung des Wassergases durch die schweren Kohlenwasserstoffe der Steinkohlendestillation zu erzielen. Das Wassergas sollte beim raschen Durchströmen der Retorten die leucht- und heizkräftigen Bestandteile des Gases der Zerstörung entziehen, die bei längerer Berührung mit den heißen Kohlen und Retortenwandungen eintritt, so daß von dieser Autokarburation ein direkter Gewinn an der Beschaffenheit des Gases erwartet wurde, der eine entsprechende Steigerung des Wassergaszusatzes erlaubte.

Von anderer Seite wurde dieser Gewinn geleugnet oder doch wenigstens seine Entstehung nach obiger Erklärung bestritten, weil der gleiche, zum Teil ein noch besserer Effekt erzielt wurde, wenn das Wassergas in die Vorlagen der Retortenöfen eingeleitet wurde.

An die Stelle der früher in Verträgen bzw. von Behörden vorgeschriebenen Mindestleuchtkraft des Gases tritt doch mehr und mehr die Vorschrift eines Mindestheizwertes. Aber mit der Sicherheit, daß der Heizwert eine gewisse Grenze nicht unterschreiten darf, ist dem Gaskonsumenten noch nicht gedient, vielmehr verlangt die Gasglühlichtbeleuchtung und ganz besonders die Invertlampen ein Gas von gleichmäßigem Heizwert.

Alle Gasbrenner mit Beimischung von Primärluft vor der Verbrennung sind auf ein gewisses Gasluftgemisch eingestellt. Bei kleinen Änderungen des Luftbedarfs kann der Brenner durch Veränderung der Gas- und Luftzufuhr (Regulierdüsen, Luftregulierhülsen) wieder auf gute Wirkung eingestellt werden, größere Änderungen beeinträchtigen aber den Effekt der Brenner ganz bedeutend oder machen sie überhaupt unbrauchbar. In dieser Beziehung sind die Invertlampen besonders empfindlich, weil bei ihnen die Bewegung des Gas-Luftstromes dem Auftrieb des Gases entgegengerichtet ist und sie deshalb inbezug auf Weite und Länge der Brennerrohre usw. für ganz bestimmte Verhältnisse von Druck, Gaskonsum und Luftzufuhr erprobt sind und nur unter diesen Voraussetzungen günstige Resultate geben.

Man kann allgemein annehmen, daß Steinkohlengas verschiedener Herkunft bei gleichem Heizwert auch annähernd gleichen Luftbedarf[1]) für die Verbrennung hat. Deshalb liegt es im Interesse der Leuchtgasindustrie, daß nicht nur an demselben Ort Gas von konstantem Heizwert abgegeben wird, sondern daß eine möglichst gute Übereinstimmung im Heizwert des Gases aller Gaswerke angestrebt wird.

Eine hierfür aufzustellende Norm muß natürlich sowohl den Anforderungen des rationellen Betriebes,

---

[1]) Siehe Kapitel »Gasanalyse«, S. 739.

der möglichst viel Gas aus einer Kohle zu erzeugen sucht, wie auch den Ansprüchen des Konsumenten, der ein. heizkräftiges Gas verlangt, gerecht werden. Auf Grund der neueren Erfahrungen kann daher wohl, wie Bunte angeregt hat, ein oberer Heizwert von 5200 WE (bei 0° 760 mm trocken) als normal angenommen und außerdem angestrebt werden, daß der Heizwert möglichst geringe Schwankungen zeigt und 5000 WE nicht unterschreitet. Bestimmtere Grenzen für die Gleichmäßigkeit vorzuschreiben, dürfte nach dem heutigen Stande der Gastechnik noch nicht angängig sein. Große Gaswerke haben es wohl in der Hand, ein Leuchtgas von höherem Heizwert durch entsprechenden Wassergaszusatz auf den normalen Heizwert zu bringen, aber kleinere Werke beherrschen ihre Betriebsverhältnisse nicht in diesem Maße und können wohl die Grenze nach unten einhalten, doch sind dort größere Schwankungen nach oben unvermeidlich.

Verunreinigungen des Gases.

Von den schon weiter oben angeführten sogenannten Verunreinigungen des Rohgases können manche, wie Kohlensäure und Stickstoff, als durchaus unschädlich ohne nennenswerten Einfluß auf die Beschaffenheit des Gases in diesem belassen werden. Andere, wie Schwefelwasserstoff, sonstige Schwefelverbindungen und Naphthalin sind äußerst lästige, im Interesse des ungestörten Betriebes und der hygienisch einwandfreien Verwendbarkeit des Gases möglichst vollkommen zu beseitigende Bestandteile des Rohgases. Ihre Entfernung bietet zum Teil noch große Schwierigkeiten. Während der Schwefelwasserstoff leicht und vollkommen auszuscheiden ist, hat sich trotz vielseitiger Bemühungen bisher kein technisch brauchbares Verfahren gefunden, um die sonstigen Schwefelverbindungen zu beseitigen. Die Naphthalinplage ist zwar noch nicht ganz beseitigt, hat aber doch durch Einführung der Naphthalinwäsche nach Bueb gegen früher ganz bedeutend nachgelassen. Eine Ausnahmestellung nehmen Ammoniak und Cyanwasserstoff ein, die zwar auch als Verunreinigungen des Gases anzusehen sind, aber gleichzeitig gut verwertbare Nebenprodukte bilden, von denen das Ammoniak den Gaswerken beträchtliche Einnahmen bringt, während der Erlös für das Cyan wenigstens die Kosten der Reinigung decken hilft.

Nicht eigentlich als Verunreinigung, aber als gefährlichster Bestandteil des Leuchtgases ist das Kohlenoxyd zu bezeichnen, dem bekanntlich die leider so häufigen Vergiftungen durch Leuchtgas zuzuschreiben sind. Aus diesem Grunde ist eine Entfernung des Kohlenoxyds aus dem Gase entschieden erstrebenswert, bisher sind freilich alle dahinzielenden Versuche als praktisch undurchführbar gescheitert. Muß man aber einmal mit der giftigen Wirkung des Gases rechnen, so ist zu bedenken, daß ein etwas höherer Gehalt an Kohlenoxyd, wie er sich durch Beimischung von Wassergas ergibt, die Gefährlichkeit des Gases nicht nennenswert erhöht. Hat doch Pettenkofer sogar die Verwendung des über 30% Kohlenoxyd enthaltenden Holzgases für unbedenklich erklärt, so lange nur die beim Umgehen mit Gasen überhaupt erforderliche Vorsicht beobachtet wird.

Ammoniak = NH_3.

Der Stickstoff der Kohle wird bei der Destillation teils in Ammoniak, Cyan und cyanhaltige Verbindungen, stickstoffhaltige Basen des Teers übergeführt oder als freier Stickstoff (flüchtiger Stickstoff) entwickelt, teils bleibt er in dem Koks zurück (fixer Stickstoff).

Die Ausbeute an NH_3 bei der trockenen Destillation der Steinkohlen ist ihrem Stickstoffgehalt nicht proportional, da sich der in den Kohlen enthaltene

Stickstoff auf eine ganze Reihe von Verbindungen ungleichmäßig verteilt.

Von wesentlichem Einfluß auf die Menge und Verteilung des Stickstoffs ist die Destillationstemperatur.

Nach den Versuchen von Haber und van Oordt ist reines Ammoniakgas innerhalb der Temperaturen, die beim Retortenofen in Frage kommen, seinen Eigenschaften nach nicht existenzfähig. Wenn dennoch bei den vorkommenden hohen Temperaturen Ammoniak auftritt, so beruht das auf der Zerfallsträgheit des Ammoniaks, d. h. die Zeit, die das Ammoniak der Destillationstemperatur ausgesetzt ist, reicht nicht aus, die Spaltung in die Elemente N und H zu vollziehen. Ferner kommt noch als ammoniakerhaltendes Moment[1]) hinzu, daß infolge der Verdünnung mit den Destillationsgasen das Ammoniak einen sehr geringen Partialdruck hat (rohes Leuchtgas enthält etwa 1—1,5 Vol.-% Ammoniak). Das Ammoniak kommt dadurch auch nur verhältnismäßig wenig mit der glühenden Retortenwand und dem glühenden Koks in Berührung, die beide auf Cyanbildung hinwirken. Diese Verhältnisse erklären die höhere NH_3-Ausbeute in der Vertikalretorte, wo die Destillationsgase von der äußeren Kohlenschicht ihren Weg durch den inneren relativ kalten Kohlenkern nehmen und dadurch recht schnell der zersetzenden Wirkung der heißen Retortenwandung entzogen werden.

Das Maximum[2]) der NH_3-Ausbeute liegt bei der trockenen Destillation bei ca. 800°, höhere Temperaturen treiben zwar mehr Stickstoff ursprünglich wohl als NH_3 aus, letzteres zerfällt jedoch in seine Elemente und vermehrt damit die Menge des elementaren N.

Das Überleiten von Wasserdampf bewirkt eine weit-

---

[1]) Journ. f. Gasbel., 1907, S. 25. Bildung von NH_3 bei der trockenen Destillation. Dr. Mayer und V. Altmayer.

[2]) Journ. f. Gasbel. 1907, S. 25 u. folg.

gehende Umwandlung des N in NH_3, und zwar wirkt der Wasserdampf nicht nur schützend auf das Ammoniak, sondern direkt ammoniakbildend beim Durchstreichen glühender stickstoffhaltiger Kohlen (Vertikalretorte, Wassergasgenerator). Auch in diesem Falle liegt das Maximum der Ausbeute bei 800°. Für technische Zwecke wird man jedoch im Interesse eines guten Wassergases, das dabei erhalten wird, mit einer höheren Temperatur arbeiten.

Hilgenstock[1]) hat bei seinen mit Bauer und Blasberg zusammen ausgeführten Untersuchungen

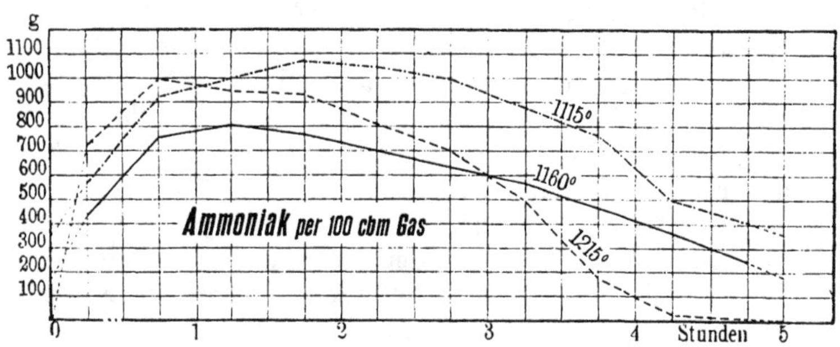

Fig. 39.

über die weiter oben besprochene »Verkokungsnaht« das sehr wichtige Ergebnis festgestellt, daß die Stickstoffentwicklung, d. h. Ammoniakbildung aus Kohlenproben, die auf beiden Seiten der Verkokungsnaht entnommen sind, nur geringe Unterschiede zeigt, d. h. auf beiden Seiten kaum begonnen hat. Das beweist, daß die Ammoniakentwicklung in der Hauptsache erst bei der weiteren Entgasung der bereits fest gewordenen hocherhitzten Kokspartien vor sich geht. In Verbindung mit dem oben über Ammoniakbildung Gesagten ergibt sich hieraus die Begründung der so beschränkten NH_3-Ausbeute. An dieser Tatsache sind bisher alle Mittel

[1]) Journ. f. Gasbel. 1902, S. 619.

zur Vermehrung der Stickstoffumsetzung gescheitert und werden wohl leider auch in Zukunft daran scheitern.

Der typische Verlauf der Ammoniakentwicklung zeigt in den ersten Stunden ein Ansteigen und bis zum Schluß der Destillation einen langsamen Abfall. Mit erhöhter Destillationstemperatur wird die stärkste Ammoniakentwicklung nach dem Anfang zu verschoben, zugleich vermindert sich aber die Ammoniakausbeute. (Fig. 39.) Stickstoff und Schwefel zeigen insofern ein ähnliches Verhalten bei der Destillation, als mit höheren Temperaturen die Wasserstoffverbindung (NH_3 u. H_2S) unbeständiger wird und dafür die Bedingungen günstiger für die Bildung der Kohlenstoffverbindungen (CN u. CS_2).

Von 100 Teilen Stickstoff der Kohle werden durchschnittlich

als Ammoniak entwickelt 8—21 %, im Mittel 14 %
als Cyan . . . . . . 1—4 % » » 2 »
als freier Stickstoff finden sich im Gase 12—50 »
im Koks bleiben . . . . 35—75 »
in den Teer gehen über . . . . . . 1—2 »

Cyan = CN bzw. Cyanwasserstoff = HCN.

Das zweite verwertbare Stickstoffprodukt entsteht durch Dissoziation von Ammoniak (NH_3) an den heißen Retortenwandungen und Verbindung des frei werdenden Stickstoffs mit Kohlenstoff.

Die Cyanentwicklung erreicht ihr Maximum ungefähr 2 bis 3 Stunden nach Beginn der Destillation, also erst wenn mindestens ein Teil der Retortenladung ins Glühen gekommen ist.

Aus der graphischen Darstellung (Fig. 40) ist nach Versuchen von Witzeck die Ammoniak- und Cyanentwicklung bei der Destillation verschiedener Kohlen zu ersehen.

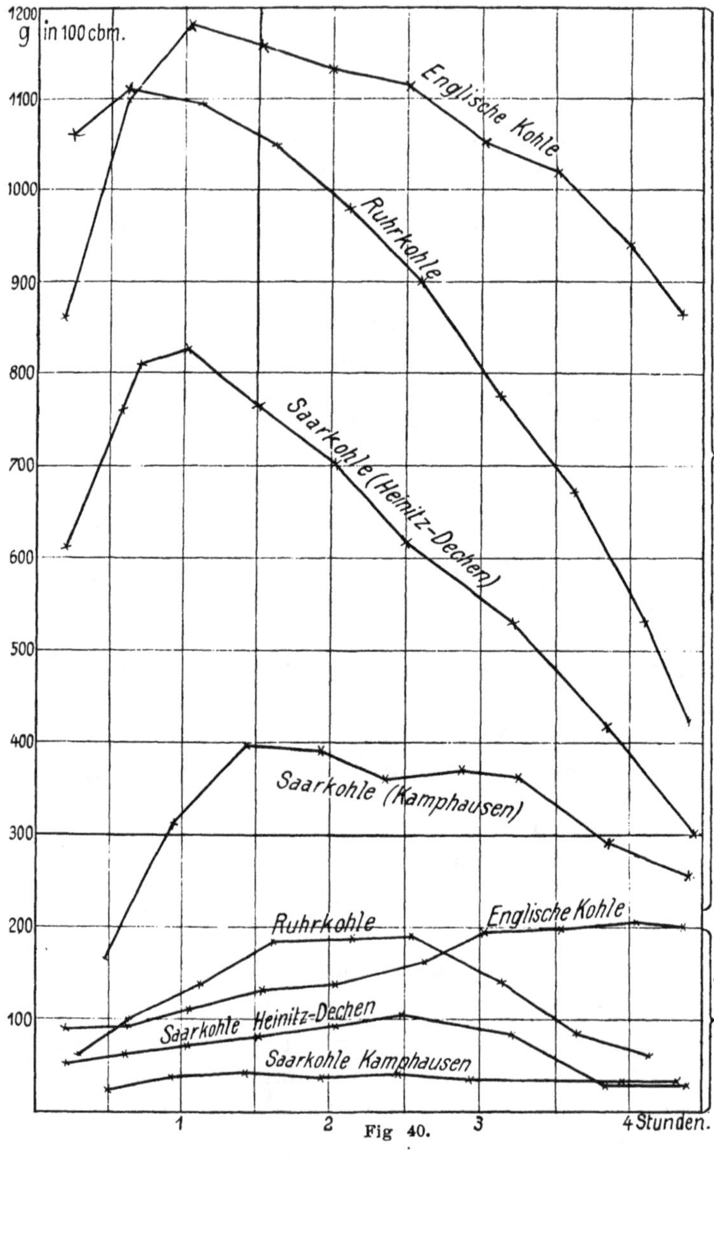
g in 100 cbm.
1200
1100
1000
900
800
700
600
500
400
300
200
100
Englische Kohle
Ruhrkohle
Saarkohle (Heinitz-Dechen)
Saarkohle (Kamphausen)
Ruhrkohle
Englische Kohle
Saarkohle Heinitz-Dechen
Saarkohle Kamphausen
Ammoniak (NH_3)
Cyan (HCN)
1
2
3
4 Stunden.

Fig 40.

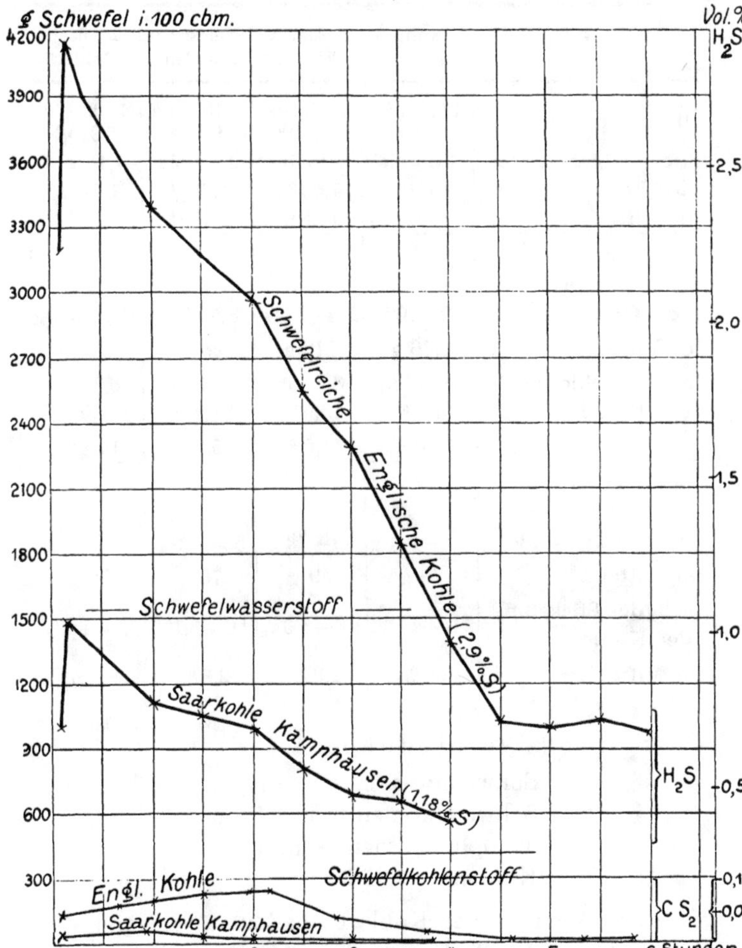

Fig. 41.

Die nachfolgende, aus Untersuchungsergebnissen der Lehr- und Versuchsgasanstalt zusammengestellte Tabelle zeigt die Ausbeute an Ammoniak und Cyanwasserstoff und den Anteil des Stickstoffs der Kohle an diesen nutzbaren Verbindungen.

	Ruhrkohlen	Saarkohlen	Schlesische Kohlen	Sächsische Kohlen
Ofentemperatur . .	1115 bis 1240°	1130 bis 1240°	1100 bis 1235°	1100 bis 1225°
Stickstoffgehalt der Rohkohle . . .	1,35 bis 1,68 %	1,19 bis 1,56 %	1,29 bis 1,61 %	1,16 bis 1,44 %
im Mittel	1,56 %	1,38 %	1,47 %	1,32 %
Ammoniak-Ausbeute pro 100 kg Kohlen	187—300 g	154—224 g	233—360 g	169—337 g
im Mittel	246 g	178 g	287 g	219 g
in % des Stickstoffs der Kohle . . .	10,5 bis 14,6 %	8,5 bis 13,5 %	12,4 bis 21,4 %	8,7 bis 17,0 %
im Mittel	13,0 %	11,0 %	16,3 %	14,1 %
Cyanwasserstoff-Ausbeute pro 100 kg Kohlen	60 —161 g	43—79 g	53—91 g	59—89 g
im Mittel	79 g	59 g	73 g	75 g
in % des Stickstoffs der Kohle . . .	2,0—4,1 %	1,6—3,0 %	2,0—3,1 %	2,3—3,7 %
im Mittel	2,9 %	2,3 %	2,6 %	2,9 %

Schwefelverbindungen:

Schwefelwasserstoff = H_2S,
Schwefelkohlenstoff = CS_2,
Thiophen, Phenylsenföl u. a.
Kohlenoxysulfid.

Von dem in der Kohle enthaltenen Schwefel verflüchtigt sich ein Teil und tritt in Form von Schwefelwasserstoff, Schwefelkohlenstoff und Spuren einiger anderer organischer Schwefelverbindungen als lästige Verunreinigung des Gases auf.

Der im Koks zurückbleibende fixe Schwefel findet sich an Eisen, Kalzium und Magnesium und in organischer Form gebunden vor.

Im allgemeinen entspricht einem größeren Schwefelgehalt der Kohle auch ein größerer Schwefelgehalt im Gase.

Über den Verlauf der Schwefelwasserstoff- und Schwefelkohlenstoffentwicklung während der Destillation der Kohlen belehren Witzecks Untersuchungen[1]), die in Fig. 41 graphisch dargestellt sind.

Zu bemerken ist, daß unter der Bezeichnung Schwefelkohlenstoff alle außer dem Schwefelwasserstoff

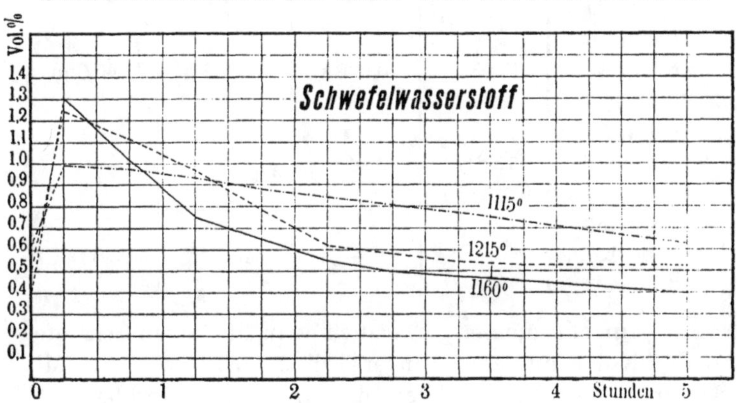

Fig. 42.

im Gase enthaltenen Schwefelverbindungen, die nicht genauer zu identifizieren waren, zusammengefaßt sind.

Die folgende, nach Untersuchungen der Lehr- und Versuchsgasanstalt[2]) zusammengestellte Tabelle zeigt den Einfluß verschiedener Destillationstemperaturen auf die Entwicklung von Schwefel- und Stickstoffverbindungen. Bei höherer Destillationstemperatur nimmt unter sonst gleichen Umständen der Schwefelwasserstoffgehalt des Gases ab (Fig. 42), während die im Reingas zurückbleibenden Schwefelverbindungen sich in der Regel vermehren. Die Kohle enthält 0,85 % Schwefel und 1,30 % Stickstoff.

[1]) Journ. f. Gasbel. 1903, S. 165.

[2]) Journ. f. Gasbel. 1909, S. 751.

Ofen-temperatur	Gesamt-schwefel im reinen Gas in 100 cbm (0°, 760 mm)	Schwefel-wasserstoff im Steigrohr Vol. %	Ammoniak im Steigrohr in 100 cbm (0°, 760 mm)	Cyan-wasserstoff in 100 cbm (0°, 760 mm)
1050° C	42,7 g	1,11 %	1059 g	206 g
1165° C	55,5 g	0,88 %		307 g
1250° C	58,6 g	0,84 %	575 g	345 g
Mittelwert	52,3 g	0,86 %	673 g	286 g
Auf 100 kg Kohle berechnet .	15,98 g	0,386 kg	207,8 g	45,9 g
In % des Schwefels in der Kohle	1,88 %	45,4 %	—	—
In % des Stickstoffs in der Kohle	—	—	13,1 %	3,53 %

Im allgemeinen geht auch vom flüchtigen Schwefel der Kohle nur ein geringer Teil in das Gas über. Mit der Zähigkeit, mit der der im Koks verbleibende Schwefel festgehalten wird, findet auch bei der Destillation die Abnahme und der schließlich fast gleichmäßige Verlauf der Schwefelabscheidung eine Erklärung.

Da der Schwefelkohlenstoff mit Wasserdämpfen bei höherer Temperatur in Kohlensäure und Schwefelwasserstoff zersetzt wird, erreicht die CS_2-Entwicklung erst nach Austreibung der Feuchtigkeit aus den Kohlen ihren Höhepunkt. Bei der Einwirkung des CS_2 auf Wasserdämpfe entsteht als intermediäres, leicht zersetzliches Produkt Kohlenoxysulfid (COS).

Kohlenoxysulfid kann allerdings in seltenen Fällen als Verunreinigung des Leuchtgases auftreten, doch hat es sich dann nicht in der Retorte gebildet (in diesem Falle wäre es durch das Waschwasser der Wäscher in H_2S und CO_2 zersetzt worden), sondern in den Reini-

Vergasungsergebnisse mit deutschen Gaskohlen unter den Bedingungen des Großbetriebes in horizontalen Retorten aus der Lehr- und Versuchsgasanstalt.

	Ruhrkohlen	Saarkohlen	Sächsische Kohlen	Schlesische Kohlen
Raumgewicht der Kohle (1 cbm)	732—883 784 kg	675—796 748 kg	672—744 712 kg	725—860 782 kg
Mittlere Ofentemperatur	1130—1215 1180° C	1115—1200 1160° C	1120—1195 1155° C	1140—1190 1160° C
100 kg Rohkohle geben: Gasausbeute 15° 760 mm	28,6—34,8 32,1 cbm	32,0—37,0 34,1 cbm	30,7—35,1 32,9 cbm	32,8—34,6 33,6 cbm
Koks	66,7—73,9 69,7 kg	62,2—69,5 66,6 kg	57,9—62,3 60,7 kg	65,9—68,9 66,7 kg
Raumgewicht des Koks (1 cbm)	328—387 360 kg	345—398 376 kg	316—361 333 kg	356—414 388 kg
Teer	4,0—6,3 5,2 kg	5,6—6,9 6,0 kg	4,5—7,7 6,7 kg	4,9—7,0 6,1 kg
Gaswasser	4,6—8,4 6,1 kg	4,5—7,9 6,2 kg	8,8—13,4 11,0 kg	6,3—7,8 7,3 kg
Leuchtwertzahl	213—450 307	303—485 381	320—536 399	180—464 293
Heizwertzahl	1500—1855 1680	1665—2050 1820	1640—1890 1800	1585—1820 1740

gern, wenn die Masse durch starke Luftzufuhr ausgetrocknet und stark erhitzt wird. Die Bildung erfolgt dann durch Vereinigung von CO mit S. Kohlenoxysulfidhaltiges Gas hat die charakteristische Eigenschaft, daß es sich in trockenem Zustand frei von H_2S zeigt, aber in Berührung mit Wasser durch sofort eintretende Zersetzung des COS Reaktion auf H_2S gibt.

Über Teer- und Naphthalinentwicklung als Nebenprodukt bzw. Verunreinigung des Gases finden sich weiter oben, sowie in den Kapiteln über die entsprechenden Reinigungsapparate nähere Angaben.

7. Lagerverluste und Selbstentzündung der Kohlen.

Der Kohlenverbrauch hat in den letzten Jahren eine solche Höhe erreicht, daß es den Zechen nicht mehr möglich ist, den Gaswerken wie früher die für jeden Monat verschieden große Kohlenmenge nach Bedarf zu liefern, vielmehr verlangen die Zechen einen gleichmäßigen Bezug der Kohlen im Jahre. Auch erklären sie sich außerstande, die durch Betriebsstörungen der Zechen ausfallenden Kohlenmengen vertragsmäßig nachzuliefern.

Der Betriebsleiter eines Gaswerkes ist demnach gezwungen, auf Lagerung größerer Kohlenmassen Bedacht zu nehmen, und dies um so mehr, als er außer mit den Betriebsstörungen der Zechen auch mit denen der Eisenbahnverwaltungen, mit Wagenmangel und Arbeiterstreiks zu rechnen hat, anderseits aber nicht in die Lage kommen darf, auch in diesen Ausnahmefällen die öffentliche Sicherheit durch den Mangel der Straßenbeleuchtung zu gefährden.

Eine allmähliche Verschlechterung der Kohlen durch längeres Lagern ist unvermeidlich. Interessante Versuche über diesen schädlichen Einfluß des Lagerns der

Kohlen im Freien sind vom Gaswerkslaboratorium Köln angestellt worden. Es wurde ein Haufen von 128 Waggons aufgestapelt, von denen jeder einzelne Wagen auf seinen Wasser- und Aschegehalt sowie Heizwert untersucht wurde. Nach $1^1/_2$ jährigem Lagern wurden beim Abfahren der Kohlen fortlaufend 60 Proben entnommen und in der gleichen Weise wie anfangs untersucht. Den hierbei entstandenen Verlust zeigen folgende Zahlen:

	Wasser	Asche	Heizwert
vor dem Lagern	3,05 %	11,07 %	6984 Kalorien,
nach » »	2,26 »	12,81 »	6603 »

Einen weiteren interessanten Beitrag zu dieser Frage liefern ausgedehnte Untersuchungen[1]) von Wolffram in Königsberg, welche die beträchtlichen Wertverluste der Kohlen beim Lagern im Freien deutlich zeigen. Die in Frage kommenden englischen Kohlen ergaben nach mehrere Monate langem, ungeschütztem Lagern eine um ca. 10 % verminderte Gasausbeute, der anfänglich 1,5—3 % betragende Wassergehalt war auf 10 % und darüber gestiegen, zu dessen Verdampfung in den Retorten ein Mehraufwand an Unterfeuerung erforderlich war. Am auffallendsten war jedoch der Rückgang der Ammoniakgewinnung um mehr als 50 %.

Dieser aus dem Lagern der Kohlen entspringende Verlust spielt aber noch eine geringe Rolle gegenüber der Gefahr einer starken Erhitzung oder Selbstentzündung der Kohlen, mit der beim Aufspeichern größerer Kohlenvorräte für längere Zeit zu rechnen ist. Die überaus wichtige Frage nach den Gründen für die Selbstentzündung der Kohlen wurde namentlich durch die Beobachtung der zahlreichen Brände in den Kohlenlagern der Dampfschiffe angeregt.

In der Gastechnik hatte man längst die unangenehme Erfahrung gemacht, daß die Kohlen durch

---

[1]) Journ. f. Gasbel. 1906, S. 433.

das Lagern an der Luft sich in gewissen Beziehungen verändern und an Heizkraft, Verkokungs- und Vergasungswert, Backfähigkeit usw. Einbuße erlitten. Diese Veränderungen wurden bis zu den bahnbrechenden Untersuchungen Richters weniger nach den chemischen Vorgängen, als nach den substantiellen Veränderungen der Kohle selbst zu ermitteln versucht.

Nach Richters Untersuchungen absorbieren Steinkohlen schon bei gewöhnlicher Temperatur Sauerstoff, und zwar unter Freiwerden von Wärme. Die Sauerstoffaufnahme nimmt aber mit der steigenden Temperatur schnell zu. Eine Kohlenprobe a) nahm in 12 Tagen bei 15—18° C das Dreifache ihres Volumens = etwa 0,3% ihres Gewichtes an Sauerstoff auf, während eine andere b) in 14 Tagen bei 70—80° C 8,09% Sauerstoff aufnahm, wovon 2,11% in die Zusammensetzung der Kohle eintraten, während der Rest 0,16% Wasserstoff und 1,76% Kohlenstoff zu Wasser resp. zu Kohlensäure oxydierte. Eine ganz ähnliche, nur noch viel weitergehende Veränderung erlitt eine dritte Kohle c) schon in 10 Stunden bei 190° C; es wurden 0,74% Wasserstoff und 1,17% Kohlenstoff als Wasser und Kohlensäure verflüchtigt, während 6,07% Sauerstoff in die Kohle eintraten, deren Gewicht dabei um 4,21% zunahm.

Durch dieses Verhalten der Steinkohle zum Sauerstoff lassen sich die Verwitterungserscheinungen und die endliche Selbstentzündung auf das einfachste erklären. Durch die Verwitterung ganz ebenso wie durch die Sauerstoffaufnahme verliert die Kohle an Brennwert, wie an Verkokungs- und Vergasungswert. Durch fortgesetztes Erwärmen der Kohle bis 100° und darüber kann man die beiden letzteren Werte gradweise so weit herabmindern, daß die Kohle zuletzt beim Vergasen keinen gebackenen und zusammengefritteten Koks und kein mit leuchtender Flamme brennbares Gas gibt.

Für die Entwicklung und den Verlauf der Verwitterung von Kohle, die in großen umfangreichen Haufen lagert — und um solche handelt es sich in der Praxis ausschließlich — sind nach Richters[1]) besonders zwei Dinge entscheidend: einmal die Lebhaftigkeit, mit der der Sauerstoff bei gewöhnlicher Temperatur aufgenommen wird, und ferner alle die Umstände, die darauf hinwirken, daß die dabei freiwerdende Wärme nicht rasch abgeleitet wird, sondern eine andauernde, wenn auch vielleicht nur örtlich begrenzte Temperatursteigerung in der Kohlenhalde zur Folge hat. Ist die Sauerstoffaufnahme gering oder wird die Wärme rasch abgeleitet, die Kohle also nicht nennenswert erwärmt, so treten Verwitterungserscheinungen überhaupt nicht, oder doch erst nach Ablauf so langer Zeiträume auf, daß sie praktisch bedeutungslos sind. Kohle, die sich beim Beginn der Lagerung nicht erwärmt, wird sich auch weiter bei längerem Lagern nicht erhitzen, da die Aufnahmefähigkeit für Sauerstoff, wenn keine Temperatursteigerung eingetreten ist, sich in kurzer Zeit völlig verliert.

Ganz anders steht die Sache, wenn die anfängliche Sauerstoffaufnahme rasch und kräftig vor sich geht und eine Temperatursteigerung der lagernden Kohlenhalde — wenn auch vielleicht nur an einzelnen Stellen — zur Folge hat. Dann erlischt die Sauerstoffabsorption nicht, sie nimmt im Gegenteil mit der steigenden Temperatur fortwährend zu, beide Vorgänge ergänzen sich: durch die Sauerstoffaufnahme wird die Temperatur gesteigert und durch die Temperatursteigerung die Sauerstoffaufnahme, so daß in diesem Falle ein Kohlenlager in kurzer Zeit, in wenigen Wochen, ja selbst in Tagen verwittern und zuletzt ins Brennen kommen kann.

Nach Richters Meinung wird häufig die Eigenschaft der Kohle, Sauerstoff zu absorbieren, und die dadurch bedingte Fähigkeit zu verwittern oder sich von selbst zu entzünden, mit ihrer Neigung zur Verwitte-

[1]) Journ. f. Gasbel. 1870, S. 366 u. 1900, S. 886.

rung oder Selbstentzündung verwechselt. Für die Fähigkeit der Kohle, zu verwittern, kann die Sauerstoffaufnahme (oder auch nach F. Fischer die Aufnahme von Brom[1]) einen Maßstab abgeben. Aber eine Kohle, die reichlich Sauerstoff (oder Brom) aufzunehmen vermag, braucht darum keineswegs zur Verwitterung oder Selbstentzündung zu neigen. Richter nimmt weiter an, daß die bei gewöhnlicher Temperatur erfolgende Sauerstoffaufnahme, durch die der Verwitterungsprozeß eingeleitet wird, ein rein physikalischer Vorgang ist, indem in den ersten Stadien der Absorption der chemischen Bindung des Sauerstoffs eine Verdichtung desselben vorangeht, für welche die Flächenanziehung der Kohle von entscheidendem Einfluß ist. Für die Flächenanziehung ist wiederum der Gehalt an hygroskopischem Wasser ein Maßstab. Hiernach sind die am meisten hygroskopischen Kohlen auch die absorptionsfähigsten und zugleich die, welche am meisten zur Verwitterung und Selbstentzündung neigen.

Die Fähigkeit, Wasser aufzunehmen, steht in keinem Verhältnis zur Struktur der Kohle, so zeigten feste, stückreiche Glanzkohlen nicht selten eine dreimal größere Wasseraufnahme als lockere mürbe, leicht zerreibliche Schieferkohlen, von fast lamellenartiger Struktur. Bei mehr als 100 verschiedenen untersuchten Steinkohlen schwankte die Feuchtigkeitsmenge, welche dieselben nach

[1]) F. Fischer fand, daß Kohlen, die rasch Sauerstoff aufnehmen, also zur Selbstentzündung geneigt sind, auch rasch und viel Brom aufnehmen. Auf Grund derartiger Untersuchungen könnte man verdächtige Kohlen von der Lagerung ausschließen und direkt verarbeiten. Fischer schlägt vor; »1 g der fein gepulverten Kohle wird mit 20 ccm halbnormaler Bromlösung 5 Minuten lang geschüttelt; ist dann noch freies Brom vorhanden (Farbe und Geruch), so ist die Kohle sicher.« Natürlich bietet diese Probe immerhin nur eine sehr beschränkte Sicherheit.

ihrer Trocknung bei 100° C auf ihrer Oberfläche zu verdichten vermochten, zwischen 2 und 7,5 %. Der Verdichtungsprozeß wird durch niedere Temperatur begünstigt, die chemische Bindung durch höhere.

Mit dieser Annahme will jedoch Richter nicht etwa der weit verbreiteten Ansicht beipflichten, daß das Wasser als solches einen begünstigenden Einfluß auf die Verwitterung und Selbstentzündung besäße derart, daß nasse Kohlen rascher verwittern als trockene. Für eine solche Annahme gaben die angestellten Versuche keinen Anhalt, vielmehr absorbierte frisch geförderte, lufttrockene Kohle weit lebhafter Sauerstoff als feuchte. Der Gehalt an hygroskopischem Wasser hat nur den Wert eines Indikators für die Neigung der Kohle, Sauerstoff aufzunehmen, d. h. zu verwittern, denn die Feuchtigkeit ermöglicht die Oxydation des Schwefelkieses, die stets von einer Temperaturerhöhung begleitet ist, welche wiederum die Sauerstoffaufnahme steigert. Begünstigt wird diese dadurch, daß bei der Umwandlung des Schwefelkieses zu schwefelsaurem Eisenoxydul eine Volumenvergrößerung eintritt, durch die die Kohle zersprengt und zerkleinert wird, so daß sie der Luft eine größere Berührungsfläche darbietet. Hierzu tritt noch ein drittes Moment mit der Annahme, daß sich das schwefelsaure Eisenoxydul an der Luft rasch in Oxyd verwandelt, welches von der Kohle wieder desoxydiert wird, so daß es denkbar wäre, daß das Eisenoxyd gewissermaßen als Überträger des Sauerstoffs fungiert.

Die Oxydation des Schwefelkieses trägt also nur mittelbar zur schnelleren Zersetzung der Steinkohle bei, nichtsdestoweniger dürften viele Entzündungen der lagernden Kohlen auf seine Mitwirkung zurückzuführen sein.

Richter gelangt auf Grund seiner Untersuchungen zu folgenden Schlüssen:

1. Die Verwitterung ist die Folge einer Aufnahme von Sauerstoff, welcher einen Teil des Kohlenstoffs und

Wasserstoffs der Steinkohlen zu Kohlensäure und Wasser oxydiert, andernteils direkt in die Zusammensetzung der Kohle eintritt.

2. Erwärmen sich infolge dieses oder eines anderen Vorganges die Kohlen während der Lagerung, so tritt nach Maßgabe der Temperaturerhöhung eine mehr oder weniger energische chemische Reaktion des Sauerstoffs auf die verbrennliche Substanz der Kohlen ein, andernfalls verläuft der Oxydationsprozeß so langsam, daß sich in der Mehrzahl der Fälle die innerhalb Jahresfrist eintretenden Veränderungen technisch wie analytisch kaum mit Sicherheit feststellen lassen.

3. Die Feuchtigkeit als solche hat direkt keinen begünstigenden Einfluß auf die Verwitterung. Gegenteilige Beobachtungen werden sich immer auf den Umstand zurückführen lassen, daß manche, besonders an leicht zersetzbarem Schwefelkies reiche, oder in Berührung mit Wasser bald zerfallende Kohlen sich unter gleichen Verhältnissen im feuchten Zustande ausnahmsweise rascher erhitzen ais im trockenen.

4. So lange die Temperaturerhöhung gewisse Grenzen (170—190°) nicht übersteigt, treten bei der Verwitterung keine bemerkenswerten Gewichtsverluste ein; das Verhalten der Kohle zum Sauerstoff läßt vielmehr geringe Gewichtszunahmen annehmbar erscheinen.

5. Für die Erklärung der Abnahme des Brennwertes des Verkokungswertes, der Backfähigkeit und des Vergasungswertes, welche die Kohlen durch die Verwitterung erleiden, bedarf es nicht der von mehreren Seiten unterstellten Annahme einer neuen Gruppierung der Atome. Vielmehr erklären sich die angedeuteten Verschlechterungen hinreichend aus der absoluten und relativen Abnahme des Kohlenstoffs und Wasserstoffs und der absoluten Zunahme des Sauerstoffs, die infolge der Verwitterung eintritt.

Die neueste größere Untersuchungsreihe über Lagerungsverluste und Selbstentzündung der Steinkohlen hat F. Fischer[1]) angestellt. Er kommt zu folgendem Endergebnis:

1. Die Steinkohlen enthalten größere oder geringere Mengen ungesättigter Verbindungen welche rasch Sauerstoff aufnehmen, dadurch an Gewicht zunehmen, aber an Brennwert und Verkokbarkeit abnehmen.

2. Je rascher diese Sauerstoffaufnahme erfolgt, um so mehr ist bei der Lagerung darauf zu achten, daß die entwickelte Wärme zweckentsprechend abgeführt wird, da mit steigender Temperatur die Geschwindigkeit der Oxydation wesentlich zunimmt, die Gefahr der Selbstentzündung daher wächst.

3. Eine zweite Reihe von Verbindungen nimmt Sauerstoff auf unter Abspaltung von Kohlensäure und Wasser.

Diese Oxydation, welche langsamer verläuft als die vorige, bewirkt Verminderung des Gewichtes und des Wertes der Kohle. Für die Selbstentzündung werden diese Bestandteile der Kohle viel weniger in Frage kommen als die ungesättigten.

Je nach den gegenseitigen Mengeverhältnissen dieser Verbindungen wird daher eine Kohle beim Lagern an der Luft entweder an Gewicht zunehmen, oder unverändert bleiben, oder an Gewicht abnehmen, immer aber wird sie mehr oder weniger an Wert verlieren. Bei trocken und kühl gelagerter Stückkohle wird dieser Verlust meist nicht bedeutend sein.

Kohlen nehmen im allgemeinen in feuchter Luft, mehr noch, wenn sie mit Wasser genäßt sind, Sauerstoff etwas langsamer auf, einige wenige aber rascher, indem hier Sauerstoff in wässeriger Lösung auf die un-

[1]) Zeitschr. f. angew. Chemie 1899, S. 24.

gesättigten Verbindungen einwirkt. Jedoch wird die Oxydation des beigemengten Schwefelkieses durch Nässen der Kohle wesentlich gefördert, so daß in nassen Kohlen Kies die Selbstentzündung sehr wohl begünstigen kann; für trockene Kohlen ist dies unwahrscheinlich. Auch der organisch gebundene Schwefel neigt nicht sonderlich zur Oxydation. Im allgemeinen wird der Einfluß des Schwefelkieses auf die Selbstentzündung der Kohlen überschätzt.

Was die Lüftung der gelagerten Kohlen anbelangt, so teilt Fischer die auch von andern vertretene Ansicht, daß es sich zwar empfehlen würde, durch die Kohle so viele Luft zu leiten, daß die bei der Oxydation frei werdende Wärme abgeführt und so die Erwärmung der Kohle bis zur Entzündungstemperatur verhütet wird, hält dies praktisch aber nicht für ausführbar, und deshalb eine künstliche Ventilation der gelagerten Kohle für bedenklich. Kohlen sollen daher trocken, vor Regen und Sonne oder anderer Hitze geschützt, in nicht zu hohen Haufen gelagert werden.

Durch die wissenschaftlichen Arbeiten von Richters, Fischer und Muck sind uns wichtige Aufklärungen über die Selbstentzündung der Kohlen gegeben, so daß wir uns nach Möglichkeit gegen diese Gefahr zu schützen vermögen. Dagegen bedarf es noch sehr sorgfältiger und vielseitiger Untersuchungen, bis die heute so oft angeregte Streitfrage entschieden werden kann, ob die Verwitterungsverluste der Kohlen beim Lagern im Freien unvermeidlich und so viel größer als beim Lagern im gedeckten Raume sind, daß sich die bei großen Gaswerken sehr hohen Baukosten der erforderlichen riesigen Kohlenschuppen rentieren. Diese Untersuchungen werden dadurch erschwert, daß sich verschiedene Kohlensorten zweifellos ganz verschieden verhalten.

Beim Lagern der Kohle wird stets die Ableitung der entstehenden Wärme von großer Bedeutung für die Verhütung der Selbstentzündung sein und läßt sich bei der Lagerung der Kohlen im Freien durch Lüftung bewerkstelligen. Man nimmt dabei allerdings den Nachteil mit in Kauf, daß die Kohle infolge der Lüftung leicht verwittert. Die Lüftung läßt sich leicht erreichen, indem man die Kohlen in niedrigen Haufen stapelt oder in hohe Kohlenhaufen Kanäle und Schächte einbaut. Beide Verfahren werden in der Praxis vielfach angewandt. Hat man genügend Platz, so wird man die Kohle nur so hoch stapeln, daß eine Selbstentzündung auch ohne Anwendung von Luftkanälen ausgeschlossen ist. Für solche Fälle gelten folgende Maximalhöhen: für westfälische Kohle im Schuppen 4 m, im Freien 5 m, Schlesische Stückkohlen und Saarkohlen können beliebig hoch gelagert werden. Englische Kohlen verhalten sich verschieden. Unbekannte Kohlen sollte man stets getrennt von anderen und nicht höher als 3 m lagern. In allen Fällen sind aber die Temperaturen zu messen, indem man in die Kohlenhaufen gelochte, unten mit einer Spitze versehene Gasröhren einstößt, in die man Thermometer hängt. Da wo man gezwungen ist infolge Raummangels hoch zu stapeln, muß man Lüftungskanäle vorsehen. Zunächst ist dabei für eine trokkene, für die Feuchtigkeit nicht durchlässige Unterlage zu sorgen, auf diesem Boden sind entweder Kanäle aus Ziegeln mit offenen Fugen anzulegen, die über das Kohlenlager hinreichen, oder solche aus Bohlen oder starken Schlote mit genügenden Öffnungen und auf diese hölzerne Schlote senkrecht zu stellen, so daß der ganze Haufen ordentlich durchlüftet ist. Die Latten müssen durch Dächer gegen Regen geschützt sein. Die Luftzüge sind in Entfernungen von 4—5 m anzuordnen, wenn sie ihren Zweck erfüllen sollen. Den ganzen Haufen deckt man am zweckmäßigsten mit feiner Steinkohle ab, die man, wenn tunlich, mit einem breiigen Lehmüberzug versieht. Diese Abdeckung mit Lehmbrei dürfte sich auch deshalb empfehlen, weil bei Schneefall und eintretender Schmelze das Wasser nur schwer in die Kohlenmasse eindringen würde. Andernfalls kann durch das Abböschen des Kohlenhaufens sowie Abkehren des Schnees das Durchdringen der Feuchtigkeit vermieden werden. Unter einer Schneedecke erhitzt sich Kohle erfahrungsgemäß sehr leicht.

Großstückige Kohle soll man nie direkt neben feinstückige lagern. Zwischen Kohlensorten von verschiedenem Korn soll man vielmehr einen schmalen Gang lassen, denn entsteht in einem Haufen feiner Kohle ein Brand, dann wirken die Hohlräume der daneben lagernden großstückigen Kohle wie ein Schornstein, und die grobe Kohle steht bald in hellen Flammen.

Mit Rücksicht auf die infolge der Lüftung schneller vor sich gehende Verwitterung und damit verbundene Wertverminderung der Kohle lagern viele Gaswerke ihre Kohle ohne jede Lüftungsvorrichtung und beschränken sich darauf, in schon oben erwähnter Weise häufige Temperaturmessungen vorzunehmen, um auf diese Art etwaige Erhitzungen im Kohlenstapel rechtzeitig zu erkennen und die Gefahr durch Ausheben des heißen Nestes, denn es handelt sich fast immer nur um Nester, zu beseitigen.

Anders gestaltet sich die Sache bei der Lagerung der Kohlen in bedeckten Schuppen, hier kann, wie die Erfahrung gelehrt hat, von einer Durchlüftung der Kohlen nicht die Rede sein. Die Ansichten sämtlicher Praktiker gehen dahin, daß sich die Durchlüftung in geschlossenen Räumen in der Praxis nicht durchführen lasse. Es hat sich vielmehr gezeigt, daß man den Einbau von Lüftungsvorrichtungen in geschlossenen Lagerräumen unterlassen soll. Man beschränkt sich am besten auf die Messung der Temperaturen im Innern der Kohlenlager.

Bricht trotz aller Vorsichtsmaßregeln ein Kohlenbrand aus, so vermeide man es, etwa sofort Wasser zum Löschen zu verwenden, da die entstehende Dampfentwicklung einen Aufenthalt der Arbeiter im Lagerraum oder über dem Kohlenhaufen unmöglich macht. Man grabe vielmehr auf kürzestem Wege, am besten von oben, die Kohlen frei. Diese Arbeit ist durchaus ungefährlich, denn es kommen nur geringe entweichende Gasmengen in Betracht. Das brennende Kohlennest bedecke man, sobald es freiliegt, mit breiigem Lehm, dessen entstehende Risse wieder verschmiert werden müssen, um auf diese Art das Feuer zu ersticken. Wasser darf nicht eher verwendet werden, als bis man auf glühende Kohlen trifft. Sind Lüftungsschächte in der Nähe des Brandherdes, so sind diese mit Sand oder Lehm sorgfältig auszufüllen. Zu bemerken wäre noch, daß durch Brand entwertete Kohlen, soweit sie überhaupt noch brauchbar sind, möglichst schnell verarbeitet werden sollen.

8. Der Wirkungsgrad der trockenen Destillation.

Für den Gasfachmann ist das Gas das wertvollste und wesentlichste Erzeugnis der Kohlendestillation. Für die Beurteilung des Gases kommt nach dem heutigen Stande seiner Verwendung der Heizwert als einzig richtiger Maßstab in Frage. Es ist also, wie bei der Besprechung der Destillationsvorgänge betont wurde, das Bestreben des Gasfachmannes, einen möglichst großen Teil vom Heizwert der Kohle im Gas wiederzu gewinnen, weil dieselbe Menge von Wärme-Einheiten im Gas etwa 10 mal so viel wert ist wie im Koks. Es fehlt nun noch der Vergleich zwischen dem Heizwert des Rohstoffs, der Kohle, und dem Heizwert der gewonnenen Erzeugnisse: Gas, Koks und Teer.

Die Bilanz stellt sich, wie Mahler mit einer Kohle aus Commentry nachgewiesen hat, recht günstig. Die kalorimetrische Untersuchung ergab folgende Resultate:

	Beobachteter Heizwert (pro 1 kg) WE	100 kg Kohle ergaben bei der Destillation	Verbrennungswärme der Destillationsprodukte WE	% des Heizwerts der Kohle
Rohkohle . . .	7423,2	100	742 326	100
Koks	7019,4	65,66	460 894	62,1
Teer	8797	7,51	66 066	8,9
Gas (trocken) . .	11111,0	17,09	189 887	25,6
Ammoniakwasser .	—	9,36	—	—
Summa		99,62	716 847	96,6
Verlust			25 479	3,4

Diesem Resultat entsprechen sehr gut die von der Lehr- und Versuchsgasanstalt in Karlsruhe ausgeführten zahlreichen Untersuchungen.[1]) Hierbei ergab sich der Heizwert des Koks auf Grund zahlreicher kalorimetrischer Bestimmungen mit geringen Schwankungen zu 7950 WE für Reinkoks aus verschiedenen Kohlensorten. Daraus ist der Heizwert des Rohkoks rechnerisch zu ermitteln. Für den Teer, dessen Heizwert nur geringen Schwankungen unterworfen ist, kann ein Mittelwert von 8800 WE pro kg gelten.

Aus 36 untersuchten Kohlen (15 Ruhrkohlen, 10 Saarkohlen, 7 sächsische und 4 schlesische Kohlen) ergab sich im Durchschnitt folgende Verteilung des Heizwertes der Kohle auf Gas, Koks und Teer:

	Durchschnitt	Minimum	Maximum
Gas	24,5 %	21,5 %	29,5 %
Koks	65,5 »	61,5 »	68,5 »
Teer	7,5 »	5,0 »	10,0 »
Verlust	2,5 »	0	5,5 »
Kohle	100 %.		

Also auch bei Zugrundelegung der runden Annäherungswerte für Koks und Teer findet sich der Heiz-

[1]) Bunte, Journ. f. Gasbel. 1909, S. 755.

wert der Kohle bis auf wenige Prozente in den Produkten wieder.

Aus dieser Bilanz, die kaum nennenswerte Verluste aufweist, ist zu ersehen, daß die höchste wirtschaftliche Ausnutzung der Brennstoffe erreicht wird, wenn die Brennstoffe in möglichst viele, einer besonderen Verwertung zugängliche Stoffe zerlegt werden, und jedes der Produkte in zweckmäßigster Weise verwendet wird. Da es nun bisher nicht gelungen ist, die verschiedenen Kohlenwasserstoffverbindungen, aus denen die fossilen Brennstoffe bestehen, voneinander zu trennen, so stellen in dieser Beziehung die trockene Destillation und der Vergasungsprozeß (in Generatoren) die einzigen Mittel dar, um auf dem vorgezeigten Wege sich der wirtschaftlich günstigsten Ausnutzung der Brennstoffe einigermaßen zu nähern.

Die zentrale Versorgung der Städte mit Kraft, Licht und Wärme durch Gaswerke ist also sehr wohl geeignet, die Ausnutzung der Brennstoffe zu erhöhen.

II. Die Retortenöfen.

I. Der Verbrennungsprozeß im Retortenofen.

a) Allgemeines.

In den Gaswerken ist der Verbrauch von Brennmaterialien zur Heizung der Retortenöfen von großem Einflusse auf die Rentabilität des ganzen Unternehmens. Für den rationellen Betrieb einer Feuerung mit möglichst günstiger Ausnutzung des Brennmaterials ist daher die Kenntnis der Verbrennungsvorgänge ein unbedingtes Erfordernis.

Die wichtigste Wärmequelle hat ihren Ursprung in chemischen Prozessen. Die Aufnahme oder Abgabe von Wärme bei chemischen Prozessen bezeichnet man nach Thomsen mit Wärmetönung, häufig auch je nach dem Endprodukt einer Reaktion Bildungs- und Zersetzungswärme genannt. Hier interessiert besonders die Bildungswärme von Verbindungen, in die Sauerstoff eintritt: die Verbrennungswärme, die Wärmetönung bei Oxydationsprozessen.

Ist die Wärmetönung und die dadurch bedingte Temperatursteigerung groß, so daß es zu einer Lichtentwicklung kommt, so nennt man den Vorgang eine Verbrennung im eigentlichen Sinne. Nicht jeder Verbrennungsprozeß ist mit Lichtentwicklung verbunden. Eisen verbrennt in feuchter Luft langsam zu Rost ohne Lichtentfaltung. Aber auch durch langsame Verbrennung kann unter Umständen ein Körper so weit erhitzt werden, daß er sich entzündet (Selbstentzündung der Kohlen). Die niedrigste Temperatur, bei der sich eine brennbare Substanz unter Lichtwirkung entzündet, heißt Entzündungspunkt. Manche Körper entzünden sich schon bei gewöhnlicher Temperatur (Phosphor).

Bei der Verbrennung gleicher Körper werden gleiche Wärmemengen entwickelt, unabhängig davon, ob die Verbrennung in Luft oder reinem Sauerstoff vor sich geht. Dagegen ist der Grad der Hitze, die Höhe der Temperatur, je nach den äußeren Bedingungen eine verschiedene, denn bei der Verbrennung in Luft muß der zu $^4/_5$ darin enthaltene Stickstoff miterwärmt werden. Durch diese Wärmeentziehung wird die Temperatur erniedrigt.

Unter Verbrennung der technischen Heizstoffe ist im engeren Sinne die Vereinigung ihrer wichtigsten Bestandteile, Kohlenstoff (C) und Wasserstoff (H) mit Sauerstoff (O) unter Licht- und Wärmeentwicklung zu verstehen. Bei Koks, der ja fast ausschließlich zur Heizung von Retortenöfen verwendet wird, verläuft der Verbrennungsvorgang am einfachsten, da seine brennbare Substanz größtenteils aus Kohlenstoff besteht.

Wird Koks bis zu seiner Entzündungstemperatur, die bei 700° C liegt, erhitzt, so verbindet sich bei genügender Luftzufuhr sein Kohlenstoff unter Wärmeentwicklung, aber ohne Flammenbildung mit dem Sauerstoff der Luft zu Kohlensäure (CO_2) nach der Formel

$$C + O_2 = CO_2.$$

Im weiteren Verlaufe der Verbrennung sind nun zwei Fälle möglich:

1. Die gebildete Kohlensäure geht mit dem Stickstoff der Verbrennungsluft und mit dem eventuell vorhandenen überschüssigen Sauerstoff als Heizgas durch die Feuerzüge den vorgeschriebenen Weg zum Schornstein, wobei die Heizgase Gelegenheit haben, ihren Wärmegehalt zum größten Teil abzugeben (Rostfeuerung) oder

2. die Kohlensäure trifft unmittelbar nach ihrer Entstehung auf weitere glühende Brennstoffschichten, durch welche sie zu Kohlenoxyd (Generatorfeuerung) reduziert wird nach der Gleichung:

$$CO_2 + C = 2\,CO.$$

Trifft das so entstandene Kohlenoxydgas auf seinem weiteren Wege auf Sauerstoff (Luft), so verbrennt es bei genügend hoher Temperatur (ca. 650° C) mit blauer Flamme vollständig zu Kohlensäure nach der Gleichung:

$$2\,CO + O_2 = 2\,CO_2.$$

Bei Mangel an Sauerstoff oder zu niedriger Temperatur zieht das Kohlenoxyd unverbrannt mit den Heizgasen ab, wodurch große Wärmeverluste verursacht werden, die aus der folgenden Tabelle zu berechnen sind.

Verbrennungswärmen.

	Gewichtsverhältnisse		Raumverhältnisse	
	1 kg verbrennt zu	WE	1 cbm verbrennt zu	WE
Kohlenstoff C .	CO_2	8 100	(0,536 kg) 1 cbm CO_2	4337
» C .	CO	2 433	(0,536 kg) 1 cbm CO	1303
Kohlenoxyd CO	CO_2	2 429	1 cbm CO_2	3034
Wasserstoff H_2 .	flüss. Wasser	33 928	flüssigem Wasser	3052
» H_2 .	Wasserdampf	28 557	1 cbm Wasserdampf	2570

Für die Betrachtung der Verbrennungsvorgänge in technischen Heizungen waren Buntes Arbeiten[1]) von grundlegender Bedeutung, da sie die Wichtigkeit der Feuerungskontrolle auf chemischem Wege bewiesen und durch Einführung der Berechnungsmethode nach Volumverhältnissen gegen die Rechnungsweise mit Gewichtsverhältnissen den Vorzug großer Einfachheit und Anschaulichkeit boten. Denn einerseits vollziehen sich Gasreaktionen, die bei Verbrennungsprozessen eine so große Rolle spielen, immer nach einfachen Volumver-

[1]) Journ. f. Gasbel 1878 S. 68; 1881 S. 297.

hältnissen, die von den Vorgängen ein klareres Bild geben als Gewichtsangaben, anderseits verbindet sich auch für den Fachmann mit der Volumenangabe eines Gases eine deutlichere Vorstellung als mit der Gewichtsmenge.

Luftbedarf.

Zur Berechnung des Luftbedarfs für die vollständige Verbrennung eines Heizstoffs aus Kohlenstoff und disponiblem Wasserstoff ist aus der Gleichung

$$C + O_2 = CO_2$$

zu entnehmen, daß sich $12 + 2 \cdot 16$ zu 44 Gewichtsteilen verbinden. Demnach verbraucht 1 kg Kohlenstoff $\frac{31}{12} = 2{,}67$ kg Sauerstoff.

Ferner folgt aus:

$$\begin{aligned} H_2 + O &= H_2O \\ 2 + 16 &= 18 \\ 1 + 8 &= 9, \end{aligned}$$

daß 1 kg Wasserstoff 8 kg Sauerstoff verbraucht.

Da die Luft 23 Gewichtsprozente Sauerstoff enthält, so ist der Luftbedarf

$$L = (2{,}67\ \mathrm{C} + 8\ \mathrm{H}) \frac{100}{23}\ \mathrm{kg},$$

wobei C und H den Prozentgehalt an Kohlenstoff und disponiblem Wasserstoff bezeichnen.

Das dem Luftgewicht entsprechende Volumen in Kubikmetern von der Temperatur t und dem Barometerstand b ist:

$$L_v = \frac{L}{1{,}29} \cdot \frac{760\ (1 + 0{,}00366\ t)}{b}$$

da 1 cbm Luft bei 0^0 C und 760 mm 1,29 kg wiegt.

Beispiel: Enthält ein Brennstoff

76,1 % C
5,1 % H
8,8 % O,

dann beträgt der disponible Wasserstoff

$$H_1 = H - \frac{O}{8} = 5,1 - \frac{8,8}{8} = 4,0.$$

Das zur Verbrennung von 1 kg nötige Luftgewicht ist:

$$L = (2,67 \cdot 76,1 + 8 \cdot 4,0) \frac{100}{23} = 10,21 \text{ kg}.$$

das sind in cbm

$$L_v = \frac{10,21}{1,29} = 7,9 \text{ cbm}.$$

Mit direkter Berücksichtigung der Volumenverhältnisse läßt sich aus den Gleichungen der Verbrennungsvorgänge folgendes ableiten:

$$\begin{array}{lrl}
1. & C + O_2 & = CO_2 \\
 & 1 \text{ Vol.} & = 1 \text{ Vol.} \\
2. & 2\,C + O_2 & = 2\,CO \\
 & 1 \text{ Vol.} & = 2 \text{ Vol.} \\
3. & 2\,H_2 + O_2 & = 2\,H_2O \\
 & 2 \text{ Vol.} + 1 \text{ Vol.} & = 2 \text{ Vol.} \\
4. & 2\,CO + O_2 & = 2\,CO_2 \\
 & 2 \text{ Vol.} + 1 \text{ Vol.} & = 2 \text{ Vol.}
\end{array}$$

Wie im Kapitel Gasanalyse näher erörtert wird, entspricht das Molekulargewicht eines Gases in Gramm ausgedrückt einem Volumen von 22,4 l bei 0° C und 760 mm Barometerstand. In der Formel

$$\begin{array}{c} C + O_2 = CO_2 \\ 12 + 32 = 44 \end{array}$$

sind 44 g CO_2 = 22,4 l, in denen 12 g C enthalten sind. 1 cbm CO_2 entsteht also aus $\frac{12}{22,4} = 0,536$ kg C.

Zu derselben Zahl gelangt man durch folgende Berechnung:

1 cbm CO_2 wiegt	=	1,965 kg,
darin ist enthalten 1 cbm O_2	=	1,429 »
demnach bleibt für den Kohlenstoff		0,536 kg.

In tabellarischer Übersicht lauten die obigen Ergebnisse:

Brennstoff		Sauerstoff	Verbrennungsprodukt
0,536 kg C	verbrennen mit	1 cbm O_2	zu 1 cbm CO_2
0,536 » C	» »	1/2 » O_2	» 1 » CO
1 cbm H_2	» »	1/2 » O_2	» 1 » H_2O-Dampf
1 » CO	» »	1/2 » O_2	» 1 » CO_2.

Aus dieser Tabelle ergibt sich, daß bei der Verbrennung von C zu CO_2 die entstandene Kohlensäure (auf gleiche Temperatur und Druck bezogen) das gleiche Volumen (21 %) einnimmt wie der zur Verbrennung nötige Sauerstoff. Bei der Verbrennung von Wasserstoff zu Wasser, von Kohlenstoff zu Kohlenoxyd und von Kohlenoxyd zu Kohlensäure wird für jedes verbrauchte Volumen Sauerstoff das doppelte Volumen Verbrennungsprodukt erzeugt.

Maximaler CO_2-Gehalt der Rauchgase.

Der bei der Verbrennung eines wasserstoffhaltigen Brennstoffes sich ergebende maximale CO_2-Gehalt der Rauchgase berechnet sich wie folgt: Der O der Luft verteilt sich bei der Verbrennung auf den Kohlenstoff (C) und disponiblen Wasserstoff (H_1) des Brennstoffes im Verhältnis C : 3 H, da 1 Gewichtsteil H dreimal so viel O erfordert als 1 Gewichtsteil C. Von den in 100 Vol. Luft enthaltenen 21 % O entfallen demnach $21 \cdot \frac{C}{C + 3\,H_1}$ Vol. auf die Verbrennung des C, wobei ebensoviele Volumina CO_2 entstehen. Der Rest des O verschwindet, indem er mit H zu H_2O (Dampf) verbrennt und sich als Wasser niederschlägt. Das Rauchgas besteht demnach aus:

1) $21 \cdot \frac{C}{C + 3\,H_1}$ Vol. CO_2

2) 79 Vol. Stickstoff,

woraus sich der Prozentgehalt des Rauchgases an CO_2 ergibt:

$$\left(21 \cdot \frac{C}{C + 3\,H_1} + 79\right) : 21 \cdot \frac{C}{C + 3\,H_1} = 100 : x$$

$$x = \frac{21 \cdot C}{C + 2{,}37 \cdot H_1} = \%\ CO_2.$$

Volumen der Rauchgase.

Würde bei der Verbrennung nur CO_2 entstehen, so müßte das Volumen der durch den Schornstein entweichenden Gase gleich dem Volumen der in die Feuerung eintretenden Luft sein, denn der Stickstoff der Luft durchstreicht die Feuerung ohne Teilnahme an der Verbrennung. In Wirklichkeit wird nun das Volumen der Rauchgase das der zugeführten Luft um den stets vorhandenen Gehalt an Wasserdampf übertreffen, der seinen Ursprung in dem Wassergehalt der Brennstoffe und deren Gehalt an disponiblem H_2 hat. Bei unvollkommener Verbrennung können die Rauchgase auch noch CO enthalten. Für die Betriebspraxis sind diese letzteren Vorgänge zu vernachlässigen, so daß man mit hinreichender Genauigkeit das Volumen der aus dem Schornstein entweichenden Verbrennungsgase — reduziert auf Druck und Temperatur der Verbrennungsluft — gleich dem Volumen der in die Feuerung einströmenden Luft setzen kann.

Das Volumen des aus 1 kg Brennstoff entstehenden Rauchgases berechnet sich bei C % Kohlenstoff und H % disponiblem Wasserstoff und W % Wasser folgendermaßen: Da 1 cbm CO_2 aus 0,536 kg C bei der Verbrennung entsteht, so verbrennt umgekehrt 1 kg C zu $\frac{C}{0{,}536 \cdot 100}$ cbm CO_2. Der Wasserstoff (H) und das Wasser (W) bilden $\frac{9\,H + W}{100}$ kg Wasserdampf. Ist das Gewicht von 1 cbm Wasserdampf bei 0° C und 760 mm Quecksilberdruck gleich 0,804 kg und enthalten 100 Teile Rauchgase *k* Teile CO_2, so ist das Volumen (V) der aus

1 kg Brennstoff entstehenden Rauchgase bei den Normalumständen (0^0 und 760 mm)

$$V = \frac{C}{0{,}536 \cdot k} + \frac{9\,H + W}{100 \cdot 0{,}804}\ \text{cbm}.$$

Das durch Rechnung gefundene theoretische Luftquantum reicht in Wirklichkeit zur vollkommenen Verbrennung nicht aus. Diese Tatsache erklärt sich daraus, daß sich der Verbrennungsakt vollzieht, ehe eine molekulare Mischung zwischen Brennstoff und Luft vor sich gegangen ist. Bei der Rostfeuerung, bei welcher die Luft nur eine verhältnismäßig niedrige Brennstoffschicht durchstreicht, liegen die Verhältnisse am ungünstigsten und beträgt der in der Praxis erforderliche Luftüberschuß 30—100 % des theoretischen.

Ein Brennstoff wird aber am besten ausgenutzt werden, wenn er möglichst wenig überschüssige Luft mitzuerwärmen braucht und vollständig zu Kohlensäure und Wasser verbrennt. Dieses läßt sich nur durch richtige Regelung der Luftzufuhr und des Zuges, richtige Schüttung und Nachfüllung des Brennstoffs erreichen, mit anderen Worten durch eine aufmerksame Bedienung der Feuerung. Die Größe des Wärmeverlustes ist direkt abhängig von dem Kohlensäuregehalt der Rauchgase. Er ist um so größer, je weniger Kohlensäure die Rauchgase enthalten, je größer also der Luftüberschuß ist; er ist um so kleiner, je mehr sich die verbrauchte Luftmenge der theoretisch notwendigen nähert.

Der Sauerstoffgehalt der Verbrennungsgase und der unverbrauchten Luft ist

$$O_2 = \%\,CO_2 + \frac{\%\,H_2O}{2} + \frac{\%\,CO}{2} + O_2 = 21.$$

Verbrennt ein H_2 enthaltender Brennstoff, so wird, wie schon erwähnt, ein Teil des O_2 zur Bildung von Wasserdampf verbraucht, welcher sich bei Abkühlung niederschlägt. Die Summe von CO_2- und O_2-Prozenten in solchen Rauchgasen erreicht daher nie den Höchstbetrag von 21. Das Gleiche ist der Fall, wenn neben H_2 noch O_2 in einem Brennmaterial sich vorfindet. Je mehr »disponiblen« H_2, also solchen, der mit Luftsauerstoff und nicht mit dem O_2 des Brennstoffs zu H_2O verbrennt, ein Brennstoff enthält, um so kleiner wird die Summe von $CO_2 + O_2$ in den Rauchgasen ausfallen. Für die Verbrennung von reinem C beträgt der CO_2-

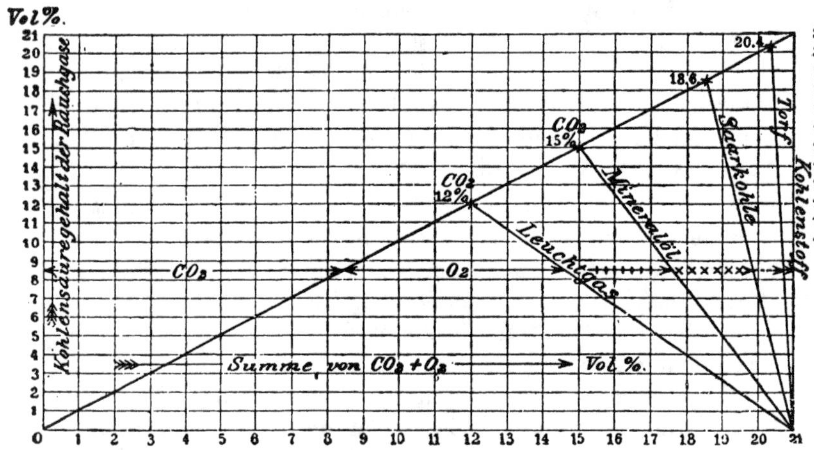

Fig. 43.

Gehalt 21%, für alle übrigen Brennstoffe ist er entsprechend niedriger.

Graphisch aufgetragen in einem Koordinatenkreuz, das als Ordinate die Kohlensäureprozente, als Abszisse die Summe der Prozente $CO_2 + O_2$ erhält, bekommt man das in Figur 43 dargestellte Diagramm.[1])

Für die Verbrennung von C in Luft gibt die Diagonale die Grenze zwischen CO_2 (links) und O_2 (rechts) für jeden CO_2-Gehalt. Die Summe beider ist stets 21.

Für wasserstoffhaltige Brennstoffe läßt sich auf Grund ihrer chemischen Zusammensetzung der bei voll-

[1]) Bunte, »Zum Gaskursus.«

kommener Verbrennung theoretisch höchst erreichbare CO_2-Gehalt rechnerisch ermitteln und auf der Diagonale fixieren. Da nun bei mehr oder weniger vollkommener Verbrennung der CO_2-Gehalt der entstehenden Rauchgase alle Phasen von Null bis zum berechneten Maximum für den betreffenden Brennstoff durchlaufen muß, und alle Verhältnisse dem CO_2-Gehalt direkt proportional sind, so bildet die gerade Verbindungslinie von Null bis zum Maximum die Begrenzungslinie für den zwischen ihr und der Diagonalen liegenden O_2-Gehalt. Von diesen Begrenzungslinien, deren Lage auf der Diagonalen sich entsprechend dem Brennstoff ändert, reicht über das gezeichnete System hinaus bis zur Ordinate 100 der Stickstoff.

Für die in dem System eingezeichneten Brennstoffe von folgender Zusammensetzung

Steinkohle	Torf	Mineralöl	Leuchtgas
Gewichtsprozente			Volumprozente
C = 84,45	C = 56,74	C = 85,7	H_2 = 50
H = 5,43	H = 5,85	H = 14,3	CH_4 = 30
O = 8,18	O = 37,41	100,00	CO = 9
S = 0,78	100,00	CnH_2n	CnHm = 5
N = 1,16			O = 0,5
100,00			CO_2 = 3,0
			N = 2,5
			100,00

berechnet sich der Maximal-CO_2-Gehalt

für Steinkohle zu 18,6 % CO_2,
für Torf » 20,4 % »
für Mineralöl » 15,0 % »
für Leuchtgas » 12,0 % »

b) Bestimmung des Luftüberschusses.

Wird der Sauerstoff der atmosphärischen Luft nicht vollständig zur Verbrennung verbraucht, so läßt sich aus der Menge des in den Rauchgasen noch enthaltenen Sauerstoffs und dem vorhandenen Stickstoff der Luftüberschuß berechnen. Zur Feststellung dieser Bestandteile dient die Rauchgasanalyse.

Die atmosphärische Luft besteht, wenn man von einem geringfügigen Gehalt an Wasserdampf, Kohlensäure und Spuren anderer Gase absieht, aus

79 Raumteilen Stickstoff,
21 » Sauerstoff.

Ist n = Stickstoffgehalt der Rauchgase, so berechnet sich daraus das zur Bildung von 100 Teilen Rauchgas aufgewendete Luftvolumen zu $n \cdot \frac{100}{79}$, und aus dem Sauerstoffgehalt $= O$ der Rauchgase ergibt sich dann das Luftvolumen, das die Brennstoffschicht unbeteiligt durchstrichen hat, zu $O \cdot \frac{100}{21}$. Die Differenz beider Volumina ergibt das wirklich an der Verbrennung beteiligte Luftquantum

$$= n \cdot \frac{100}{79} - O \cdot \frac{100}{21}.$$

Der Quotient aus der wirklich verbrauchten Luft und der zur Verbrennung eines Brennstoffes theoretisch nötigen Luft ergibt den

$$\text{Überschußkoeffizienten } U = \frac{n \cdot \frac{100}{79}}{n \cdot \frac{100}{79} - O \frac{100}{21}}$$

$$= \frac{1}{1 - \frac{O \cdot 79}{n \cdot 21}} = \frac{21}{21 - 79 \frac{O}{n}}$$

Der Überschußkoeffizient gibt also an, das Wievielfache der theoretisch erforderlichen Luftmenge der Feuerung zugeführt wurde.

Bei der Verbrennung von Kohlenstoff, wenn der Sauerstoff der Luft also nicht zur Oxydation von anderen Bestandteilen verbraucht wird, läßt sich diese Gleichung auch so geben:

$$U = \frac{21}{CO_2\text{-Gehalt.}}$$

Dieses gilt annähernd für Koksverbrennung.

Zum Beispiel für ein Rauchgas mit 10 % CO_2
9 % O
81 % N

$$\text{ist } U = \frac{21}{21 - 79 \cdot \frac{9}{81}} = 1{,}72.$$

Nachstehende Tabelle gibt Aufschluß über den Zusammenhang zwischen dem freien, in den Rauchgasen nachgewiesenen Sauerstoffe und dem Luftüberschuß:

Vol. % freier Sauerstoff in den Rauchgasen	Vielfaches der theoretischen Luftmenge	Vol. % freier Sauerstoff in den Rauchgasen	Vielfaches der theoretischen Luftmenge
0,0	1,000	7,5	1,555
0,5	1,024	8,0	1,615
1,0	1,050	8,5	1,680
1,5	1,077	9,0	1,750
2,0	1,105	9,5	1,826
2,5	1,135	10,0	1,909
3,0	1,167	10,5	2,000
3,5	1,200	11,0	2,100
4,0	1,235	11,5	2,210
4,5	1,272	12,0	2,333
5,0	1 312	12,5	2,470
5,5	1,355	13,0	2,625
6,0	1,400	13,5	2,800
6,5	1,448	14,0	3,000
7,0	1,500		

c) Bestimmung der durch die Abgase verursachten Wärmeverluste.

Zur Destillation der Kohle ist eine gewisse Wärmehöhe[1]) erforderlich; früher wandte man 800—1000° an, heute meist über 1000°. Da nun Wärme nur von den heißeren an den kälteren Körper übertragen wird, so muß man die Rauchgase mit 1000° aus dem Retortenraum entlassen und kann ihre Wärme nicht wie beim Dampfkessel durch mehrfache Umspülung der Retorten ausnutzen.

Bei der hohen Temperatur haben die Rauchgase einen beträchtlichen Wärmeinhalt, der zunächst nicht weiter nutzbar ist, und dieser Wärmeinhalt drückt sich aus in Wärmeeinheiten, die das Gas bei Abkühlung von der betreffenden Temperatur bis 0° abgeben könnte. Der Bequemlichkeit halber rechnet man mit 0°, während man genau genommen mit der Lufttemperatur im Ofenhause rechnen müßte. Für die Praxis ist dies aber unwesentlich.

Diese Wärmemenge W_t ist gleich der (mittleren) Wärmekapazität des Gasgemisches C_t, multipliziert mit der Temperatur t

$$W_t = C_t \cdot t$$

Dieser Ausdruck läßt sich auch schreiben:

$$t = \frac{W}{C_t}.$$

und aus dieser Form der Gleichung ergibt sich, daß man in Temperaturzahlen — d. h. Wärmehöhen über z. B. 0° — einen Ausdruck für die verfügbaren Wärmemengen sehen kann, wenn man nur für ein Rauchgas die Wärmekapazität konstant einsetzt, weil dann die Wärmeinhalte den Temperaturen proportional sind.

1. Methode.

Nimmt man an, der gesamte im Brennstoff enthaltene Kohlenstoff gelange zur vollkommenen Verbren-

---

[1]) K. Bunte, Retortenöfen und deren Kontrolle. J. f. Gasbel. 1908, S. 785.

nung, so daß also weder in den Herdrückständen unverbrannter Kohlenstoff, noch in den Verbrennungsgasen Kohlenoxyd, Kohlenwasserstoffe oder Ruß enthalten sind; läßt man ferner den Schwefelgehalt des Brennstoffes und den Feuchtigkeitsgehalt der Verbrennungsluft unberücksichtigt, so findet man den durch die Rauchgase von 1 kg Brennstoff verursachten Verlust V als das Produkt:

Volumen der Abgase $\times$ Wärmekapazität $\times$ Temperaturüberschuß (d. h. Differenz der Rauchgastemperatur gegen die Temperatur der zuströmenden Verbrennungsluft)

$$= R \cdot c \cdot (t - \tau).$$

Hierzu addiert sich noch der Wärmeverlust, der durch die in den Abgasen enthaltenen Wasserdämpfe verursacht wird. Dieser ist

$$\mathrm{W} \cdot c_0 \cdot (t - \tau),$$

worin c_0 die spez. Wärme (= Wärmekapazität) des Wasserdampfes bedeutet.

Also Gesamtverlust:

$$V = (R \cdot c + \mathrm{W} \cdot c_0)\,(t - \tau).$$

Es handelt sich also zunächst um die Bestimmung des entstehenden Rauchgasvolumens. Nach früheren Erwägungen entstehen aus 1 kg Brennstoff mit C% Kohlenstoff, H% Wasserstoff und W% Wasser:

$$\frac{\mathrm{C}}{100 \cdot 0{,}536} \text{ cbm Kohlensäure}$$

und

$$\frac{9\,\mathrm{H} + \mathrm{W}}{100} \text{ kg Wasserdampf.}$$

oder, da 1 cbm Wasserdampf (bei 0° und 760 mm) 0,804 kg wiegt

$$\frac{9\,\mathrm{H} + \mathrm{W}}{100 \cdot 0{,}804} \text{ cbm Wasserdampf.}$$

Bedeutet k den Prozentgehalt der Rauchgase an Kohlensäure, so ist das Volumen der aus 1 kg Brennstoff entstehenden Rauchgase (0° und 760 mm):

$$= \frac{\mathrm{C}}{0{,}536 \cdot k} + \frac{9\,\mathrm{H} + \mathrm{W}}{100 \cdot 0{,}804} \text{ cbm.}$$

Für den Gesamtverlust ergibt sich somit:

$$V = \left(\frac{C}{0{,}536 \cdot k} \cdot c + \frac{9\,H + W}{100} c_0\right)(t - \tau),$$

wobei

c = Wärmekapazität von 1 **cbm** des trockenen Rauchgases,

c_0 = » 1 **kg** Wasserdampf.

Diese Berechnung zeigt, daß der Wärmeverlust durch die Rauchgase um so kleiner wird, je größer der Kohlensäuregehalt k und je niedriger die Abgangstemperatur t der Rauchgase ist.

Beispiel:

Es komme Steinkohle von 7400 WE Heizwert mit 79% C, 4% H und 2% Wasser zur Verbrennung, wobei $t - \tau = 260^0$ sei. Die Rauchgasanalyse ergab 10% CO_2, c werde zu 0,32, c_0 zu 0,48 angenommen, dann ist der Verlust:

$$V = \left(\frac{79}{0{,}536 \cdot 10} \cdot 0{,}32 + \frac{9 \cdot 4 + 2}{100} \cdot 0{,}48\right) 260.$$

$$= 1271 \text{ WE oder } 17{,}2\,\%.$$

2. Methode:

Für die Beziehungen zwischen Kohlensäuregehalt der Rauchgase und der Wärmeausnutzung gibt Bunte[1]) folgende Betrachtungen: Denken wir uns in einem abgeschlossenen Raume von 100 cbm Luft 0,536 kg reinen Kohlenstoff (z. B. Holzkohle) zu Kohlensäure verbrannt, so enthält die Luft 1 cbm CO_2 oder 1% Kohlensäure. Bei der Bildung dieser Kohlensäuremenge ist eine gewisse Menge Wärme frei geworden, welche die Temperatur des Gases, welche anfänglich 0_0 C gewesen sein soll, erhöht hat. Diese Temperatursteigerung läßt sich leicht berechnen aus der entwickelten Wärme

$$8100 \cdot 0{,}536 = 4341 \text{ WE},$$

dividiert durch die Wärmekapazität von 100 cbm Luft $= 100 \cdot 0{,}31 = 31$.

Es ergibt sich $\frac{4341}{31} = 140^0$ C.

[1]) Journal f. Gasbel. 1891.

Wenn wir in gleicher Weise wie vorhin die doppelte Menge Kohle in 100 cbm Luft verbrennen, so erhalten wir 2% Kohlensäure, und durch die Verbrennungswärme wird die Temperatur um etwa den gleichen Betrag ansteigen. Tatsächlich ist die Temperatursteigerung etwas geringer, weil mit dem zunehmenden Kohlensäuregehalt der Luft die Wärmekapazität sich erhöht. Bei genauer Rechnung erhalten wir bei 2% CO_2 eine Temperatursteigerung von 281° C. Wird nun in der gleichen Weise fortgefahren, daß nämlich mit der Wärmekapazität der gesamten entstandenen Verbrennungsprodukte unter Berücksichtigung der einzelnen Bestandteile in den Wärmeeffekt dividiert wird, so erhält man für jeden Kohlensäuregehalt eine gewisse Temperatur T, die sogenannte Grenztemperatur, nach der Formel

$$T = \frac{W}{c},$$

welche in der folgenden Tabelle für 1—16% CO_2 für reinen Kohlenstoff und für Steinkohle angegeben ist:

Wärmekapazität und Grenztemperatur der Rauchgase.

Kohlensäuregehalt der Rauchgase % CO_2	Wärmekapazität von 1 cbm trockenen Rauchgases WE	Grenztemperatur T für Kohlenstoff ° C	Grenztemperatur T für Steinkohle ° C	Unterschied für 0,1 % CO_2
1	0,308	141	167	16
2	0,310	280	331	16
3	0,311	419	493	16
4	0,312	557	652	15
5	0,313	694	808	15
6	0,314	830	961	15
7	0,315	962	1112	15
8	0,316	1096	1261	15
9	0,318	1229	1407	14
10	0,319	1360	1550	14
11	0,320	1490	1692	14
12	0,322	1620	1830	14
13	0,323	1750	1968	13
14	0,324	1880	2102	13
15	0,324	2005	2237	13
16	0,325	2130	2366	

Wärmekapazität (bei konstantem Druck zwischen 0° und 200° C) und Raumgewicht von Gasen.

	WE für 1 cbm		WE für 1 kg	1 cbm wiegt bei 0° und 760 mm
Luft	0,307	0,31	0,237	1,294 kg
Sauerstoff	0,311		0,217	1,4291 »
Stickstoff	0,306		0,243	1,2544 »
Kohlenoxyd	0,303		0,242	1,2510 »
Wasserstoff	0,305		3,41	0,0895 »
Kohlensäure	0,421	0,42	0,211	1,9650 »
Wasserdampf	0,393	0,39	0,480	0,8041 »

Beliebige Gemenge von O_2, N_2, CO, $H_2 = 0{,}31$ WE Wärmekapazität pro 1 cbm bei 0° und 760 mm Druck.

Gemenge von $(O_2, N_2, CO, H_2) + CO_2$ bis 21% = 0,31 bis 0,33 WE Wärmekapazität, im Mittel bei 10% $CO_2 = 0{,}32$.

Beispiel:

In einer Dampfkesselfeuerung komme
Steinkohle von 7400 WE Heizwert mit
79% C, 4% H und 2% Wasser
zur Verwendung.

Die Rauchgasanalyse ergab 12% CO_2, so ist

$$T = \frac{7400}{\frac{79}{0{,}536 \cdot 12} \cdot 0{,}32 + \frac{9 \cdot 4 + 2}{100} \cdot 0{,}48} = 1800^0 \text{ C.}$$

Die Temperaturzahl T veranschaulicht, mit der Temperatur t (Abgangstemperatur) verglichen, gewissermaßen das nutzbare Wärmegefälle. Denn die Wärmemenge, welche zwischen T und t liegt, ist übertragbar, die Wärmemenge zwischen t und 0° bleibt unübertragbar. Aus der Differenz der entwickelten Wärme und dem Wärmeverlust durch die Rauchgase ergibt sich also unmittelbar die Ausnutzung, d. h. diejenige Wärmemenge, welche an den Gasretortenofen abgegeben worden ist. Der Wärmeverlust durch die Rauchgase läßt sich allgemein darstellen durch den

Bruch $\frac{t}{T}$; der an die Feuerung abgegebene Wärmebetrag, der **Bruttonutzeffekt** durch $\frac{T-t}{T}$. Beide Ausdrücke lassen sich in einfacher Weise durch ein Diagramm zur Anschauung bringen.

In der Figur 44[1]) ist auf der linken Seite der Kohlensäuregehalt der Rauchgase in Abständen, entsprechend den Grenztemperaturen T aufgetragen, auf der rechten Seite sind in gleichem Maßstab die Endtemperaturen t, mit welchen die Rauchgase die Feuerung verlassen, verzeichnet. Von den Punkten, welche dem Kohlensäuregehalt der Rauchgase entsprechen, sind ferner Strahlen nach dem Nullpunkt gezogen, welche durch Vertikallinien in 100 bzw. 20 gleiche Teile geteilt sind. Es läßt sich nun aus dem Kohlensäuregehalt und der Abgangstemperatur in einfachster Weise der relative Wärmeverlust durch die Rauchgase »V« ermitteln, indem man den Punkt sucht, wo der nach dem CO_2-Gehalt gezogene Strahl von der durch die Abgangstemperatur gezogenen Horizontallinie geschnitten wird; die oben bzw. unten aufgetragenen Zahlen geben dann unmittelbar den Wärmeverlust durch die Rauchgase bzw. den Bruttonutzeffekt $\left(\frac{T-t}{T}\right)$ in Prozenten der gesamten entwickelten Wärme an.

In der folgenden Tabelle ist mittels dieser Rechnung der Bruttonutzeffekt einer Rostfeuerung verfolgt, während das Brennmaterial herunterbrennt, wobei $t = 1000^0$.

Zeit	CO_2 %	W	C	$\frac{W}{C} = T$	$\frac{T-t}{T}$
2^{57}	15,9	689	0,328	2100°	0,523
3^{04}	14,4	624	0,326	1930°	0,482
3^{11}	13,0	563	0,324	1770°	0,435
3^{18}	11,2	485	0,322	1510°	0,338
3^{25}	11,0	477	0,322	1480°	0,324

[1]) Auf Fig. 44 sind die Grenztemperaturen als Anfangstemperaturen bezeichnet.

Feuer frisch aufgeworfen.

3^{38}	15,0	650	0,326	1990°	0,497
3^{46}	15,6	676	0,327	2070°	0,517
3^{54}	15,4	667	0,327	2020°	0,500
4^{02}	14,5	629	0,326	1930°	0,428
4^{10}	11,6	503	0,323	1560°	0,359

Die Grenztemperaturen sind, wie aus der Ableitung hervorgeht, gewissermaßen nur eine Form des Ausdruckes, mit der die Temperatursteigerung bezeichnet werden soll, welche durch die Verteilung der gesamten Verbrennungswärme auf die Verbrennungsprodukte wirklich erreicht werden kann. Ob diese Temperaturen wirklich erreicht werden, ist zunächst für unsere Betrachtungen gleichgültig, da sie nur Rechnungselemente sind, um das Verhältnis der gesamten entwickelten Wärme zu der in den heißen Rauchgasen entweichenden festzustellen.

Die vorstehend angeführten Formeln, sowie auch die graphische Darstellung, welche für reinen Kohlenstoff berechnet sind, lassen sich sehr wohl bei Koksheizung in der Praxis verwenden, da Koks beim Verbrennen unter den hier in Frage kommenden Umständen sich ähnlich verhält wie Holzkohle. Durch eine Reihe von Versuchen hat Bunte eine genügende Übereinstimmung nachgewiesen, um die Brauchbarkeit der Formel bzw. der graphischen Darstellung für die Praxis zu zeigen.

d) Berechnung der wahren Grenztemperaturen.

Die in der angegebenen Weise ermittelten sog. Grenztemperaturen hatten, wie oben erwähnt, nur einen Wert als Faktor zur Berechnung des Nutzeffektes, entsprechen aber nicht der wirklich erzielten Temperatur.

Denn in deren bisheriger Berechnung konnte nicht berücksichtigt werden, daß die spezifische Wärme der Gase bei hohen Temperaturen sich wesentlich ändert, weil keine genaueren Bestimmungen hierüber vorlagen. Wird c in der Gleichung $T = \frac{W}{c}$ eine Variable, die mit der Temperatur wächst, so kommt man naturgemäß zu niedrigeren Zahlen, den sog. wahren Grenztemperaturen.

Auf Grund der neuerdings von Le Chatelier ermittelten Wärmekapazitäten der Gase bei verschiedenen Temperaturen hat Geipert[1]) die Wärmekapazität der Rauchgase bei Verbrennung von Kohlenstoff, Saarkohle, Äthylen und Leuchtgas und hieraus die wahren Grenztemperaturen für den verschiedenen Kohlensäuregehalt der Rauchgase berechnet.

Geipert leitet seine Ergebnisse folgendermaßen ab:

Zunächst war die Zusammensetzung der Rauchgase der als Beispiele gewählten Brennstoffe bei Verbrennung mit Luft und die auf 1 cbm CO_2 entfallende Wärmemenge zu ermitteln.

1. Reiner Kohlenstoff

liefert theoretisch ein Rauchgas mit höchstens 21 Vol.-Proz. CO_2.

Bei der Bildung von **1 cbm CO_2** entstehen **4341 WE.**

2. Saarkohle

mit der Zusammensetzung:

$$0{,}8253 \text{ C liefert } \frac{0{,}8253}{0{,}536} = 1{,}54 \text{ cbm } CO_2,$$

$$0{,}0555 \text{ H } \quad » \quad \frac{9 \cdot 0{,}0555}{0{,}804} = 0{,}62 \text{ » } H_2O\text{-Dampf},$$

0,1192 O

1,000.

Der Sauerstoffverbrauch beträgt

für 1,54 cbm CO_2 = 1,54 cbm O_2,

[1]) Journ. f. Gasbel. 1906, S. 437.

für den disponiblen Wasserstoff

$$0{,}0555 - \frac{0{,}1192}{8} = 0{,}0406 \text{ kg}$$

$$\frac{9 \cdot 0{,}0406}{0{,}804 \cdot 2} = \frac{0{,}23 \text{ cbm } O_2}{1{,}77 \text{ cbm } O_2,}$$

diesen entsprechen $1{,}77 \cdot \frac{79}{21} = 6{,}66$ cbm N_2.

Somit enthält das Rauchgas von 1 kg wasser- und aschefreier Kohle bei theoretischer Luftzufuhr:

1,54 cbm CO_2	= 18,8 % CO_2
6,66 » N_2	= 81,2 » N_2
8,20 cbm	100,0
+ 0,62 cbm H_2O-Dampf	= 7,5 H_2O-Dampf.

Der Heizwert beträgt 7862 WE. Da 1,54 cbm CO_2 entstehen, werden auf **1 cbm CO_2 5105 WE** frei.

3. Äthylen (C_2H_4).

1 cbm C_2H_4 verbraucht nach der Formel

$$C_2H_4 + 2\,O_2 + O_2 = 2\,CO_2 + 2\,H_2O$$

für C 2 cbm O_2 und liefert 2 cbm CO_2
für H 1 » O_2 » » 2 » H_2O-Dampf,

den 3 cbm O_2 entsprechen $3 \cdot \frac{79}{21} = 11{,}3$ cbm N_2.

Demnach enthält das theoretische Rauchgas von 1 cbm C_2H_4

2,0 cbm CO_2	= 15,05 % CO_2
11,3 » N_2	= 84,95 » N_2
13,3 cbm	100,0
+ 2,0 » H_2O-Dampf	= 15,05 H_2O-Dampf.

Der Heizwert beträgt für 1 cbm = 13947 WE. Da 2 cbm CO_2 entstehen, werden auf **1 cbm CO_2 6973 WE** frei.

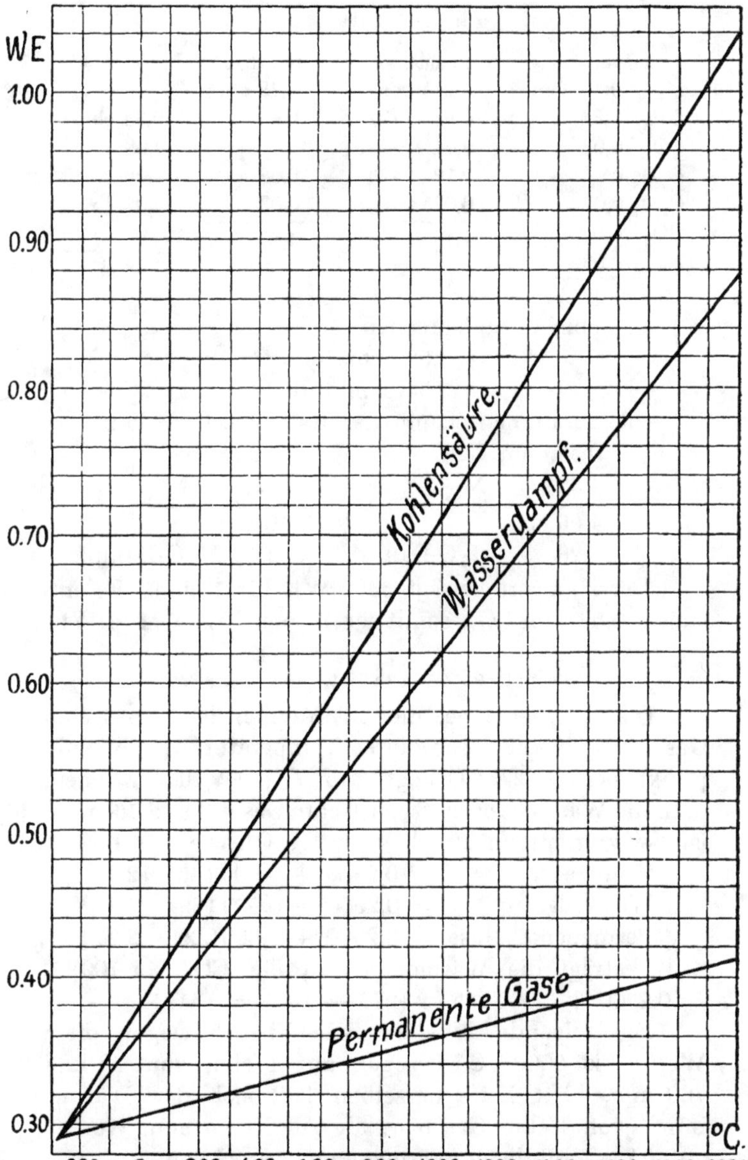
WE
1.00
0.90
0.80
0.70
0.60
0.50
0.40
0.30
Kohlensäure.
Wasserdampf.
Permanente Gase
°C.
-200
0
200
400
600
800
1000
1200
1400
1600
1800
2000

Fig. 45.

4. Leuchtgas.

Zusammensetzung		Verbrauch an O_2	liefert H_2O-Dampf	liefert CO_2
H_2	0,49 cbm	0,245 cbm	0,49 cbm	—
CH_4	0,34 »	0,68 »	0,68 »	0,34 cbm
CO	0,08 »	0,04 »	—	0,08 »
C_2H_4	0,04 »	0,12 »	0,08 »	0,08 »
C_6H_6	0,01 »	0,075 »	0,03 »	0,06 »
CO_2	0,02 »	1,16 cbm	1,28 cbm	0,02 »
N_2	0,02 »			0,58 cbm
	1,00 cbm			

1,16 cbm O_2 entsprechen
4,38 cbm N_2
5,54 cbm Luft.

Die Zusammensetzung der Rauchgase ist dann:

0,58 cbm CO_2	=	11,7 % CO_2
4.38 » N_2	=	88,3 » N_2
4,96 cbm		100,0
1,28 » H_2O-Dampf	=	25,8 H_2O-Dampf.

Der Heizwert beträgt 5322 WE für 1 cbm. Es entstehen 0,58 cbm CO_2, somit für **1 cbm CO_2 = 9176 WE.**

Wärmekapazität der Gase.

Die Wärmemenge, die erforderlich ist, um 1 cbm Gas von T^0 (nach absoluter Temperatur, deren Nullpunkt bei — 273° C liegt) auf $T + 1^0$ zu erwärmen, d. h. die Wärmekapazität von 1 cbm Gas (0° und 760 mm) ist bei konstantem Druck nach Le Chatelier für:

Kohlensäure $= 0{,}2900 + 0{,}000165 \cdot 2\,T$
Wasserdampf $= 0{,}2900 + 0{,}0001294 \cdot 2\,T$
Permanente Gase $= 0{,}2900 + 0{,}0000268 \cdot 2\,T$.

Z. B. beträgt die Wärmekapazität der CO_2 bei 100° C $= 0{,}2900 + 0{,}000165 \cdot 2\,(273 + 100) = 0{,}4131$.

Die folgende Tabelle sowie Fig. 45 zeigen diese Werte bis 2000° C, bezogen auf 1 cbm von 0° und 760 mm. Mit Hilfe derselben läßt sich der Wärmeinhalt von 1 cbm Gas bzw. die zur Erwärmung von t^0 auf $t_1{}^0$ erforderliche Wärmemenge berechnen.

Wahre Wärmekapazitäten.

Temperatur ° C	Permanente Gase	Wasserdampf	Kohlensäure
0	0,3046	0,3607	0,3801
100	0,3100	0,3866	0,4131
200	0,3153	0,4125	0,4461
300	0,3207	0,4383	0,4791
400	0,3260	0,4642	0,5121
500	0,3314	0,4901	0,5451
600	0,3368	0,5160	0,5781
700	0,3421	0,5419	0,6111
800	0,3475	0,5677	0,6441
900	0,3528	0,5936	0,6771
1000	0,3582	0,6195	0,7101
1100	0,3636	0,6454	0,7431
1200	0,3689	0,6713	0,7761
1300	0,3743	0,6971	0,8091
1400	0,3796	0,7230	0,8421
1500	0,3850	0,7489	0,8751
1600	0,3904	0,7748	0,9081
1700	0,3957	0,8007	0,9411
1800	0,4011	0,8265	0,9741
1900	0,4064	0,8524	1,0071
2000	0,4118	0,8783	1,0401

Z. B. erfordert 1 cbm CO_2 zur Erwärmung um 1°:

bei 0° 0,3801 WE

» 2000° 1,0401 »

im Mittel 1,4202 : 2 = 0,7101 WE,

entsprechend der wahren Wärmekapazität bei 1000° C.

Daher ist für die Benutzung der Tabelle zu beachten, daß die für die späteren Berechnungen immer benötigten mittleren Wärmekapazitäten für die Temperatur t^0 C gleich sind den wahren Wärmekapazitäten bei $\frac{1}{2}\, t^0$.

Bei der Berechnung der Grenztemperaturen nach $T = \frac{W}{c}$ wird für c ein der ungefähr zu erwartenden Temperatur entsprechender Wert eingesetzt.

Für die oben berechneten Rauchgase wird nun die Wärmekapazität nach folgendem Muster berechnet:

Wärmekapazität bei 0°

für CO_2	$= 0{,}380$	bei 11,7 % CO_2	$= 0{,}117 \cdot 0{,}38$	$= 0{,}044$ WE
» N_2	$= 0{,}305$	» 88,3 » N_2	$= 0{,}883 \cdot 0{,}305$	$= 0{,}269$ »
			für 1 cbm trockenes Rauchgas	$= 0{,}313$ WE
» H_2O	$= 0{,}361$	bei 25,8 H_2O-Dampf		$= 0{,}093$ »
Gesamtkapazität bei 0°, bezogen auf 1 cbm Rauchgas				$= 0{,}406$ WE

Die Berechnung der Wärmekapazitäten für andere Temperaturen und anderen Kohlensäuregehalt geschieht in der gleichen Weise. In der graphischen Darstellung liegen die Wärmekapazitäten bei gleichem CO_2-Gehalt und wechselnder Temperatur auf einer Geraden, so daß nur die Berechnung der Anfangs- und Endwerte erforderlich ist.

Damit sind die Werte für W und c der Gleichung $T = \frac{W}{c}$ gegeben, denn W wird am einfachsten durch Multiplikation des CO_2-Gehaltes der Rauchgase mit der auf 1 cbm CO_2 entfallenden Wärmemenge berechnet.

Die auf diesem Wege ermittelten wahren Grenztemperaturen (auf der Figur als Anfangstemperatur bezeichnet) bei Verbrennung von Leuchtgas, Mineralöl, Saarkohle und Kohlenstoff in Luft bei verschiedenem Kohlensäuregehalt der Rauchgase zeigt Fig. 46 in graphischer Darstellung.

e) Die Generatorgasfeuerung.

Der Bruttonutzeffekt eines Rostofens unterliegt, wie weiter oben durch ein Beispiel gezeigt wurde, beim Herunterbrennen des Brennmaterials fortwährenden Änderungen. Da das Zurückgehen des Kohlensäuregehaltes mit dem der Bruttonutzeffekt steigt und fällt, eine Folge der durch Abbrand verringerten Schütthöhe ist, so könnte man daran denken, den Verlust an Schütthöhe durch Anlage eines größeren Rostes zu verlangsamen Dem steht entgegen, daß die Rostfläche und der Querschnitt des Herdes nicht groß sein darf, damit eine gewisse Strömungsgeschwindigkeit erreicht wird. Bei

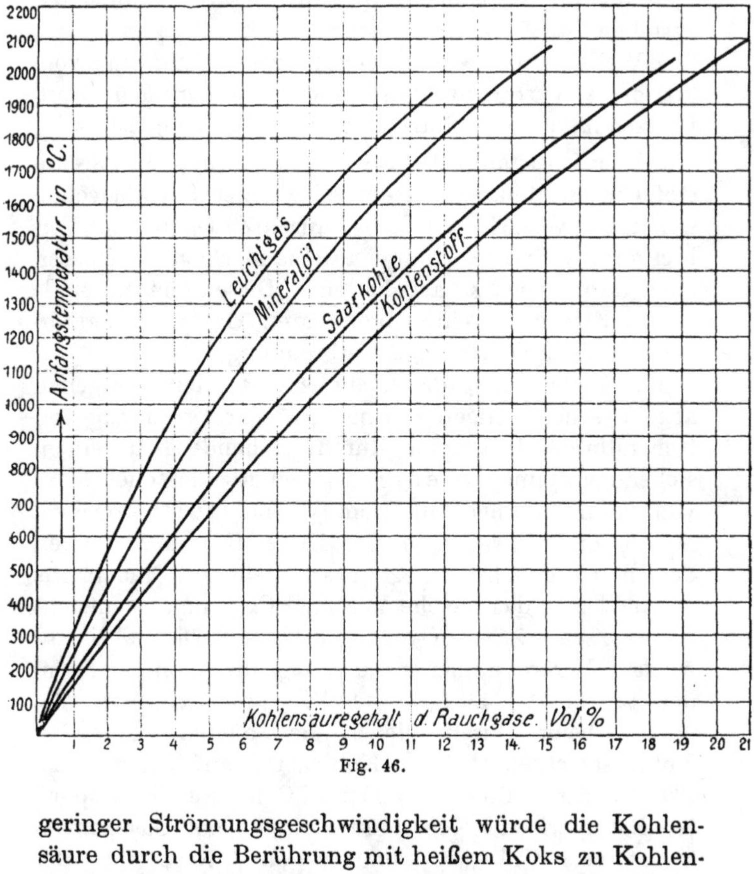

Fig. 46.

geringer Strömungsgeschwindigkeit würde die Kohlensäure durch die Berührung mit heißem Koks zu Kohlenoxyd reduziert werden. Eine kleine Rostfläche ergibt die Notwendigkeit, den Rost sorgfältig vor dem Verschlacken zu bewahren. Deshalb ist ein guter Gang des Rostofens nur durch häufiges Aufwerfen von Brennmaterial und häufiges Aufbrechen zu erzielen.

Trotz aller Aufmerksamkeit bei der Bedienung arbeitet der Rostofen leider meist mit Überschuß an Luft oder Kohlenoxyd, weil zwischen festem Brennstoff und Verbrennungsluft nur schwer der genügend innige Kontakt zur völligen Ausnutzung des Sauerstoffs herzustellen ist.

Weiter oben wurde gezeigt, wie wichtig eine vollkommene Verbrennung mit möglichst geringem Luftüberschuß für den Nutzeffekt einer Feuerung ist.

Dem Übelstand, daß bei der Verheizung der Brennstoffe in Rostfeuerungen ein schädlicher Luftüberschuß sich nicht vermeiden läßt, ist durch Zerlegung des Verbrennungsvorganges in zwei aufeinanderfolgende Phasen (Generatorfeuerung) abzuhelfen. Diese Phasen sind:

1. Erzeugung eines brennbaren Gases (Generatorgas) durch unvollständige Verbrennung;

2. Verbrennung des erzeugten Gases mit der genau abgemessenen nötigen Luftmenge. Zur Erzeugung von Generatorgas läßt man durch glühenden, in einem stehenden Zylinder (G e n e r a t o r) eingeschlossenen Koks von unten her einen Luftstrom (P r i m ä r l u f t) streichen. Mit dieser Luft verbrennt der Heizstoff in den unteren Schichten zunächst zu CO_2; an Stelle des Sauerstoffs der Luft tritt das gleiche Volumen CO_2, und es entsteht ein Gas von 21 % CO_2 und 79 % N. Die dabei entwickelte Verbrennungswärme beträgt für 1 cbm zutretender Luft $0{,}21 \cdot 4337 = 911$ WE. Die gebildete CO_2 nimmt beim Durchstreichen der oberen glühenden Kohlenschichten weiteren Kohlenstoff auf und wird zu CO reduziert. Das entstandene CO nimmt den doppelten Raum wie die Kohlensäure ein, so daß das Generatorgas aus 35 Vol. % CO und 65 Vol. % N besteht. Der ganze Vorgang läßt sich durch folgende Gleichung darstellen:

$$C + \frac{\begin{matrix}0{,}21\ O_2\\ 0{,}79\ N_2\end{matrix}}{1{,}00\ \text{Luft}} \rightarrow \frac{\begin{matrix}0{,}21\ CO_2\\ 0{,}79\ N_2\end{matrix}}{1{,}00} + C \rightarrow \frac{\begin{matrix}0{,}42\ CO\\ 0{,}79\ N_2\end{matrix}}{1{,}21\ \text{Heizgas}} \text{ oder } \frac{\begin{matrix}34{,}71\ \text{Vol.}\ \%\ CO\\ 65{,}29\ \text{Vol.}\ \%\ N_2\end{matrix}}{100{,}00\ \%.}$$

Der Reduktionsprozeß ist von einer Wärmeabsorption begleitet, die aus der vorher bei der Verbrennung zu CO_2 entstandenen Wärme gedeckt wird.

Der Vorgang der CO-Bildung setzt sich nach der Gleichung $CO\underbrace{O + C} = CO + CO$

entsprechend der CO_2 — aus neuem C und dem halben O der CO_2

aus zwei in entgegengesetzter Richtung verlaufenden Prozessen zusammen; auf der einen Seite werden 0,21 Vol. CO_2 zu CO reduziert und absorbieren die gleiche Wärmemenge wie 0,21 Vol. CO bei der Verbrennung zu CO_2 erzeugen, nämlich $0,21 \cdot 3034 = 637$ WE; anderseits werden 0,21 Vol. CO aus Kohlenstoff und dem halben Sauerstoff der CO_2 neu gebildet, so daß die Wärmeproduktion $0,21 \cdot 1303 = 273$ WE beträgt. Der Wärmeverbrauch bei der Reduktion von CO_2 zu CO beträgt demnach $637 - 273 = 364$ WE, welche von den bei der vorausgehenden CO_2-Bildung entwickelten 911 WE in Abzug kommen. Nach stattgefundener Reduktion zu CO stehen also noch $911 - 364 = 547$ WE zur Verfügung. Zu dem gleichen Ergebnis gelangt man direkt, wenn man erwägt, daß aus 1 cbm Luft mit 0,21 cbm Sauerstoff 0,42 cbm CO mit einer Wärmemenge von $0,42 \cdot 1303 = 547$ WE gebildet werden. Die Temperaturen der entstandenen Verbrennungsgase berechnen sich mit Hilfe der konstanten Wärmekapazitäten der einzelnen Bestandteile (c für Stickstoff und Kohlenoxyd $= 0,31$, für Kohlensäure $= 0,421$)

1. vor der Reduktion:

$$T_1 = \frac{911}{(0,79 \cdot 0,31) + (0,21 \cdot 0,421)} = 2736^0.$$

2. nach der Reduktion:

$$T_2 = \frac{547}{1,21 \cdot 0,31} = 1458^0.$$

Das aus dem Generator mit einer Temperatur von 1458° entweichende Gas gelangt nun im Retortenofen durch Zuführung von frischer Luft (Sekundärluft) zur Verbrennung. Durch Zuführung der Sekundärluft entsteht das Gasgemisch

$$\begin{array}{lclclcl} \multicolumn{3}{c}{\text{Gemisch}} & & & & \\ \text{Heizgas} & & \text{Luft} & & \text{Rauchgas} & & \\ 0{,}42\ CO & + & 0{,}21\ O & & 0{,}42\ CO_2 & & 21\,\%\ CO_2 \\ 0{,}79\ N & + & 0{,}79\ N & = & 1{,}58\ N & = & 79\,\%\ N \\ \hline 1{,}21 & + & 1{,}00 & & 2{,}00 & & 100\,\% \end{array}$$

1 kg Kohlenstoff kann theoretisch $\frac{100}{0{,}536 \cdot 34{,}71}$ $= 5{,}373$ cbm des obigen Heizgases liefern.

Hieraus ergibt sich, daß das in den Generator eintretende Luftvolumen (Primärluft) genau so groß ist wie das zur vollkommenen Verbrennung nötige (Sekundärluft).

Durch die Verbrennung von 0,42 Vol. CO zu CO_2 werden sich die in den Heizgasen enthaltenen 547 WE vermehren um $0{,}42 \cdot 3034 = 1274$ WE. Die Gesamtwärme beträgt demnach $547 + 1274 = 1821$ WE. Daraus berechnet sich die Temperatur der Verbrennungsgase zu

$$T_3 = \frac{1821}{1{,}58 \cdot 0{,}31 + 0{,}42 \cdot 0{,}421} = \frac{1821}{0{,}667} = 2730^0.$$

Zu dem gleichen Ergebnis führt eine andere Betrachtungsweise, wenn man annimmt, daß der Verbrennungsprozeß nicht in zwei Phasen verläuft, sondern daß sich die ganze Verbrennung auf einmal direkt im Ofen vollzieht (Rostfeuerung). Die theoretische Zusammensetzung der Feuergase ist dann $21\,\%\ CO_2 + 79\,\%\ N$.

Die Bildung von 0,21 cbm CO_2 liefert $0{,}21 \cdot 4337 = 911$ WE, daher ist die Grenztemperatur im Ofen

$$T = \frac{911}{(0{,}21 \cdot 0{,}421) + (0{,}79 \cdot 0{,}31)} = \frac{911}{0{,}333} = 2736^0\ C$$

wie oben.

Bei der Primärverbrennung wird nur der kleinere Teil der Wärme erzeugt, denn

0,536 kg C, zu 1 cbm CO verbrannt, gibt . 1303 WE,

während 1 cbm CO, zu 1 cbm CO_2 verbrannt 3034 WE, also mehr als das Doppelte, im zweiten Teile der Verbrennung gibt.

Mit der Gasfeuerung wird also erstens der Vorteil erreicht, daß ein brennbares Gas mit Luft verbrennt, wobei vollkommene Vermischung von Brennstoff und Luft und nahezu theoretische Verbrennung eintritt, und zweitens entwickeln sich ca. $^2/_3$ der Wärme an der Stelle, wo sie direkt auszunutzen sind. Die Verbrennung wird zu $^2/_3$ aus dem Herd in den Retortenraum verlegt.

Um aber den Retorten einen möglichst großen Teil der Gesamtwärme zuzuführen, muß das Kohlenoxyd, dessen Heizwert noch ca. $^2/_3$ von dem des Koks beträgt, mit seinem ganzen durch die Grenztemperatur gewonnenen Wärmeinhalt auf dem kürzesten Wege aus dem Generator dem Ofen zugeführt werden.

Tatsächlich gestalten sich die Vorgänge weniger einfach als oben beschrieben. Zunächst ist die unten zu erörternde Einführung von Wasserdampf in den Generator von Einfluß auf die Zusammensetzung und Temperatur des Gases. Ferner erfolgt die Reduktion der an der Eintrittsstelle der Primärluft entstandenen Kohlensäure nicht plötzlich, sondern nur in dem Maße, als der aufsteigende Gasstrom mit dem höher gelegenen glühenden Brennstoff in Berührung kommt. Die Reduktion der Kohlensäure geht in der Regel auch nicht vollständig vor sich, so daß schon aus diesem Grunde die Zusammensetzung des technischen Generatorgases nicht genau der Theorie entspricht.

Entsprechend hohe Schüttung des zu vergasenden Brennstoffs und richtige Regelung des Luftzutritts sind die Vorbedingungen für einen guten Gang des Generators. Die sorgfältigste Überwachung des Vergasungsprozesses im Generator ist nötig, damit nicht unverbrannter Sauerstoff oder der Reduktion entgangene Kohlensäure in erheblichen Mengen mit in die Gase gelangen und damit die Verbrennung immer in dem

Maße des Bedarfs vor sich geht. Besonders bei schlakkendem Brennstoff ist das Schüren oder das wenig störende Abschlacken eine wichtige und Sorgfalt erheischende Arbeit. Eine einzige Ungeschicklichkeit kann schon unangenehme Störungen im Gefolge haben.

f) Einfluſs der Wasserverdampfung und der Luftvorwärmung auf die Verbrennungsvorgänge im Ofen.

Der Gedanke der Luftvorwärmung bei industriellen Generatorfeuerungen stammt von Siemens und wurde für Retortenöfen so ausgeführt, daß die heißen Verbrennungsgase, nachdem sie die Retorten umspült haben, auf ihrem Weg zum Schornstein in mehr oder weniger langen Kanälen hin- und hergeleitet werden, während die dem Generator bzw. dem Retortenofen zuzuführende Verbrennungsluft (Primär- und Sekundärluft) in entgegengesetzter Zugrichtung durch danebenliegende Kanäle strömt. Der Wärmeaustausch findet so lediglich durch die Scheidewände der Kanäle hindurch statt; indem die Rauchgase auf ihrem Wege durch den einen Kanal einen großen Teil ihrer Wärme abgeben, wird die im benachbarten Kanal zum Ofen strömende Luft immer mehr erhitzt. (Rekuperativ- bzw. Regenerativ-Feuerung.)

Durch die Vorwärmung der Sekundär- oder Oberluft ist es möglich, den mit ca. 1000° abziehenden Rauchgasen Wärme zu entnehmen und in den Ofen zurückzubringen, wodurch die Grenztemperatur und damit der Bruttonutzeffekt gesteigert wird.

Um auf diesem Wege eine weitere Steigerung zu erreichen, liegt es nahe, die Menge der Sekundärluft zu vermehren, ohne dabei einen Luftüberschuß zuzusetzen. Dies läßt sich dadurch erzielen, daß ein Teil der Primär- oder Unterluft durch Wasserdampf ersetzt wird. Nach der Gleichung

$$C + H_2O = CO + H_2 - 1267 \text{ WE}$$

wird Kohlenstoff durch Wasserdampf auf Kosten des im Wasser enthaltenen Sauerstoffs zu Kohlenoxyd und Wasserstoff verbrannt, wobei 1 Vol. Wasserdampf $^1/_2$ Vol. Sauerstoff, also 2,5 Vol. Luft ersetzt, die nun ebenfalls, als Sekundärluft vorgewärmt, zugeführt werden. Die Gesamtluft muß gleich bleiben, da der eingeführte Wasserdampf nach der Verbrennung wieder erhalten wird.

Da die Wasserdampfzersetzung unter beträchtlichem Wärmeverbrauch gleichzeitig mit der Kohlensäurebildung im untersten Teil der Brennstoffschicht vor sich geht, so wird die Temperatur erniedrigt und unter dieser Voraussetzung, aber auch nur unter dieser, kann auch die Primärluft vorgewärmt werden.

Bei starker Vorwärmung der durch den Rost einströmenden Unterluft ohne Wasserdampfzufuhr würde im unteren Teile des Generators eine außerordentlich hohe Temperatur erzielt werden, die ein starkes Verschlacken des Rostes, ein Schmelzen der Roststäbe und eine sehr ungünstige Beanspruchung des Schamottematerials zur Folge hätte.

Durch Zuführung von Wasserdampf unter den Generatorrost wird das Zusammenschmelzen der Schlacke vermieden und auch die Strahlungsverluste verringert.

Der eingeführte Wasserdampf zersetzt sich nun durch den glühenden Kohlenstoff unter Wärmeabsorption je nach der Temperatur in

$$H_2O + C = H_2 + CO \text{ (Wassergas)}$$
$$\text{oder } 2\,H_2O + C = 2\,H_2 + CO_2.$$

Dabei steigt der Gehalt der Heizgase an Kohlensäure mit der Menge des verdampften Wassers.

Es folgt hieraus, daß der Wasserdampf leichter und bei niedrigerer Temperatur durch die glühenden Kohlen zersetzt wird, als die Reduktion der Kohlensäure zu Kohlenoxyd erfolgt.

Neben den obigen Prozessen, welche Wärme *verbrauchen*, muß der Prozeß der Generatorgasbildung zum Recht kommen, welcher Wärme erzeugt. Die rechnerische und praktische Grenze, bei der die beiden Prozesse sich das Gleichgewicht halten, liegt bei einem Wasserverbrauch von etwa 0,7 kg Wasser pro 1 kg

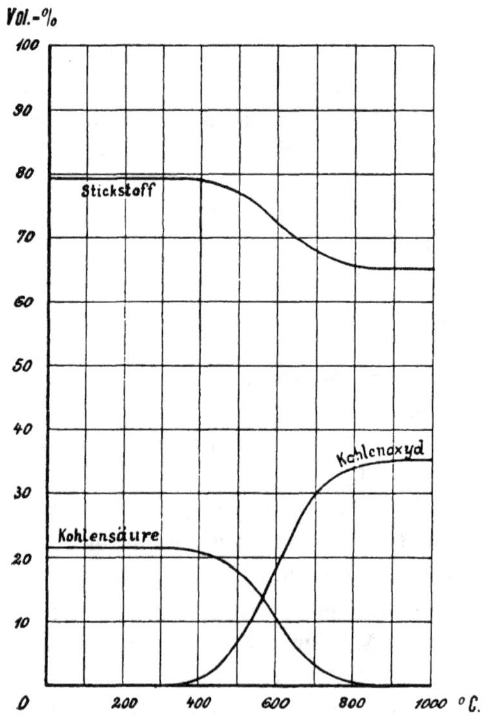

Fig. 47.

Kohlenstoff. Da in der Praxis die Wärmeverluste noch zu berücksichtigen sind, so werden im allgemeinen zweckmäßig 0,5 kg Wasser verdampft.

Der Generator muß eine große Rostfläche haben, denn hier soll der Gasstrom langsam im Brennmaterial aufsteigen, damit die Kohlensäure und der Wasserdampf Zeit haben, sich mit dem heißen Koks zu Kohlenoxyd umzusetzen. Wie diese Prozesse abhängig sind von der Temperatur, zeigen die Figuren 47 und 48.[1])

In die Koordinatensysteme dieser Figuren sind die idealen prozentischen Zusammensetzungen von Gene-

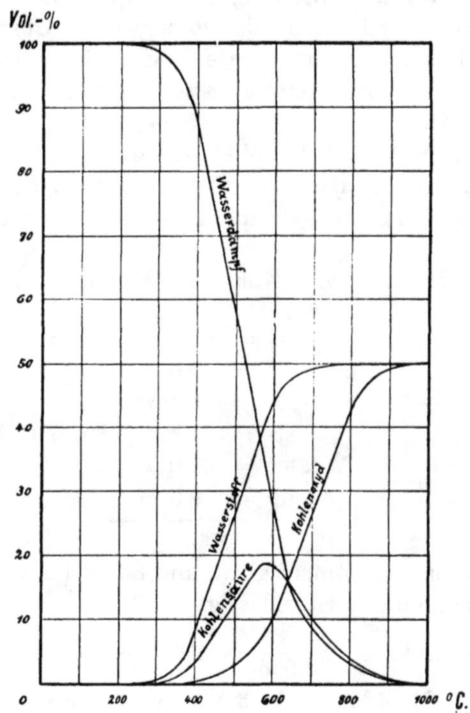

Fig. 48.

ratorgas und Wassergas eingetragen, wie sie den Gasgleichgewichten bei den verschiedenen Temperaturen entsprechen, aber nur dann erhalten werden, wenn die beteiligten Gase und der Kohlenstoff genügend Zeit

---

[1]) Die Figuren sind dem mehrfach zitierten und dem obigen Text zugrunde gelegten Vortrag von K. Bunte, »Retortenöfen und deren Kontrolle« entnommen. Journ. f. Gasbel. 1908. S. 785.

haben, sich ins Gleichgewicht zu setzen. Praktisch erhält man je nach der Reaktionsdauer eine mehr oder weniger gute Annäherung an diesen Zustand. Die Tendenz bei den betrachteten Reaktionen ist die, daß in beiden Fällen die Erhöhung der Temperatur die Bildung von Kohlenoxyd, d. h. die vorzugsweise Umwandlung des Kohlenstoffs in brennbare Gase begünstigt, und daß bei ca. 800° bereits ein günstiger Reaktionsverlauf zu erwarten ist.

Die Berechnung der Wärmevorgänge in einem Münchener Generatorofen soll in folgendem nach dem von Geipert gewählten Beispiel[1]) durchgeführt werden.

Im Generator wird Koks vergast von der Zusammensetzung:

C	=	88,1 %
H	=	0,8 »
O + N	=	1,8 »
S	=	1,8 »
Wasser	=	1,0 »
Asche	=	6,5 »
		100,0 %.

Wasserstoff, Feuchtigkeit und Schwefel werden bei der Berechnung vernachlässigt.

1 kg Koks gibt $\frac{0,881}{0,536} = 1,64$ cbm CO_2, bei deren Bildung $1,64 \cdot 4337 = 7113$ WE als Heizwert des Koks frei werden.

Koksverbrauch in 24 Stunden: 920 kg
Wasserverbrauch » 24 » 860 kg.

Mittlere Zusammensetzung der Gase (Vol. %):

Heizgas.		(Kontrolle.)
CO_2 = 11,9 %	entsprechend	11,9 O_2
CO = 20,0 »	»	10,0 O_2
		21,9 O_2

[1]) Journ. f. Gasbel. 1906 S. 459.

H_2 = 16,3 % entsprechend 8,15 O_2

N_2 = 51,8 » » 13,75 O_2

aus der Luft, entsprechend $13{,}75 \cdot \frac{79}{21} = 51{,}7\ N_2$.

Rauchgas. (Kontrolle.)

CO_2 = 19,4 %	entsprechend	19,4 O_2
O_2 = 1,6 »	»	1,6 O_2
N_2 = 79,0 »	»	21,0 O_2
	entsprechend	79,0 N_2.

Temperaturen (thermometrisch und pyrometrisch ermittelt):

Primärluft beim Eintritt in den Ofen . . .	0° C
» mit Dampf unter dem Rost . . .	200° C
Wasser beim Einlauf	0° C
Heizgase beim Austritt aus dem Generator bzw. Eintritt in den Ofen	800° C
Sekundärluft beim Eintritt	0° C
» im obersten Kanal	900° C
Rauchgas aus dem Ofenraum abziehend . .	1000° C
» am Rauchschieber	250° C

Volumina der entstehenden Gase:

1 cbm Heizgas enthält $(0{,}119 + 0{,}200) \cdot 0{,}536 =$ 0,171 kg C.

1 kg Koks mit 0,881 kg C liefert $\frac{0{,}881}{0{,}171} =$ **5,15 cbm Heizgas,** und zwar

$0{,}119 \cdot 5{,}15 = 0{,}61$ cbm CO_2
$0{,}200 \cdot 5{,}15 = 1{,}03$ » CO
$0{,}163 \cdot 5{,}15 = 0{,}84$ » H_2
$0{,}518 \cdot 5{,}15 = 2{,}67$ » N_2

5,15 cbm.

1 cbm Rauchgas enthält $0{,}194 \cdot 0{,}536 = 0{,}104$ kg C.

1 kg Koks liefert $\frac{0{,}881}{0{,}104} =$ **8,47 cbm Rauchgas,** und zwar

$$
\begin{aligned}
0{,}194 \cdot 8{,}47 &= 1{,}64 \text{ cbm } CO_2\\
0{,}016 \cdot 8{,}47 &= 0{,}14 \text{ » } O_2\\
0{,}79 \cdot 8{,}47 &= 6{,}69 \text{ » } N_2\\
&\overline{8{,}47 \text{ cbm.}}
\end{aligned}
$$

Primärluft für 1 kg Koks

für 0,61 cbm $CO_2 = 0{,}61\ O_2 \cdot \frac{100}{21} =$ 2,9 cbm Luft

» 1,03 » $CO = 0{,}515\ O_2 \cdot \frac{100}{21} =$ 2,45 » »

abzüglich des Sauerstoffs aus dem zersetzten Wasserdampf

für 0,84 cbm $H_2 = 0{,}42\ O_2 \cdot \frac{100}{21} = -$ 2,0 cbm Luft

Primärluft . . . . = **3,35 cbm.**

Sekundärluft für 1 kg Koks.

für 1,03 cbm $CO = 0{,}515\ O_2 \cdot \frac{100}{21} =$ 2,45 cbm Luft

» 0,84 » $H_2 = 0{,}42\ O_2 \cdot \frac{100}{21} =$ 2,00 » »

für theoretische Sekundärluft . . = 4,45 cbm.

Der Luftüberschuß des Rauchgases beträgt . . . . $0{,}14\ O_2 \cdot \frac{100}{21} =$ 0,67 cbm Luft

Zugeführte **Sekundärluft** . . . . = **5,12 cbm.**

Zersetztes Wasser pro 1 kg Koks:

Das Heizgas enthält auf 1 kg Koks 0,84 cbm H_2, entsprechend . . . . . . **0,84 cbm H_2O-Dampf.**

Verdampft wurden auf 1 kg Koks $\frac{860}{970} = 0{,}935$ kg Wasser, entsprechend $\frac{0{,}935}{0{,}8041} =$ **1,16 cbm H_2O-Dampf.**

Davon wurden zersetzt .	0,84 cbm	=	72,4 %
Blieben unzersetzt . . .	0,32 »	=	27,6 »
	1,16 cbm	=	100,0 %.

Wärmevorgänge.

Die Berechnung der Wärmevorgänge wurde unter Benutzung einerseits der konstanten, anderseits der variablen Wärmekapazitäten durchgeführt, um zu zeigen, daß zwar bei der Ermittlung des Nutzeffekts die Abweichungen für beide Methoden gering sind, aber bei der Berechnung der Temperaturen ganz beträchtlich werden.

A. Im Generator.

Bildungswärme für CO_2 .	0,61 cbm · 4337 =	2646 WE
» » CO .	1,03 » · 1303 =	1342 »
		3988 WE
Zersetzungswärme für H_2O-Dampf	0,84 cbm · 2570 =	2158 »
Es bleiben übrig		1830 WE

Die Primärluft von 200° C führt dem Generator zu:

3,35 cbm · 0,31 · 200 = 208 WE

Dazu kommt der Wasserdampf

1,16 cbm · 0,387 · 200 = 90 » — 298 »

2128 WE

Beim Austritt aus dem Generator ist der Wärmeinhalt des Heizgases bei 800° C

a) mit konstanten Wärmekapazitäten:

5,15 cbm · 0,32 · 800 = 1318 WE

dazu kommt der unzersetzte Dampf

0,32 cbm · 0,387 · 800 = 99 » — 1417 WE

Demnach beträgt der Verlust im Generator — 711 WE

b) mit variablen Wärmekapazitäten:

5,15 cbm · 0,348 · 800 = 1434 WE		
0,32 » · 0,464 · 800 = 119 »		1553 WE
Verlust im Generator		575 WE

B. Im Ofen.

Verbrennungswärme des Heizgases (5,15 cbm)

für CO 1,03 · 3034 = 3125 WE	
» H_2 0,84 · 2570 = 2158 »	
	5283 WE

dazu kommt der Wärmeinhalt der Generatorgase	a) 1417 WE	b) 1553 WE
	a) 6700 WE	b) 6836 WE
Die Rauchgase verlassen den Ofenraum mit 1000°, entsprechend einem Wärmeinhalt von		
a) 8,47 cbm · 0,33 · 1000 + 1.16 » · 0,387 · 1000	= a) 3240 WE	
b) 8,47 cbm · 0,373 · 1000 + 1,16 » · 0.490 · 1000		= b) 3757 WE
Der Wärmegewinn beträgt	a) 3460 WE	b) 3079 WE
und wird durch die Vorwärmung der Sekundärluft in der Regeneration auf 900° vermehrt um		
a) 5,12 · 0,31 · 900 =	1428 WE	
b) 5,12 · 0,329 · 900 =		1516 WE
Die an den Ofenraum abgegebene Wärme ist . . .	a) 4888 WE	b) 4595 WE
Das sind vom Heizwert des Koks	a) 68,7 %	b) 64,6 %.

Temperaturen (berechnet).

A. Im Generator.

Die Temperatur des Gases ist anfänglich = 200° C. 1830 WE werden frei und bewirken eine Temperaturerhöhung um

a) $\frac{1830}{5,15 \cdot 0,32 + 0,32 \cdot 0,387} = \frac{1830}{1,77} = 1034^0$

b) $\frac{1830}{5,15 \cdot 0,37 + 0,32 \cdot 0,529} = \frac{1830}{2,07} =$ 884° C

(wahre Wärmekapazitäten eingesetzt für 635°, entsprechend den mittleren für 1270°.)

Die Temperatur im Generator beträgt also . . . . a) 1234° b) 1084°

B. Im Ofen.

Das Heizgas tritt ein mit 800° C.

Seine Wärmekapazität war oben ermittelt zu . . . a) 1,77

und wurde für b) ermittelt zu

$5,15 \cdot 0,384 + 0,32 \cdot 0,574 =$ b) 2,16

Die Sekundärluft tritt ein mit 900° C.

Ihre Wärmekapazität ist

$5,12 \cdot 0,31 =$ a) 1,587

$0,512 \cdot 0,352 =$ b) 1,80

(Wahre Wärmekapazität für 872°.)

Der Temperaturausgleich zwischen Heizgas und Sekundärluft ergibt sich aus dem Verhältnis von . . a) 1,587 : 1,77 b) 1,80 : 2,16

woraus sich die mittlere Temperatur berechnet zu . . a) 847° b) 845°

Die Temperaturerhöhung beträgt

a) $\frac{5283}{8,47 \cdot 0,33 + 1,16 \cdot 0,387} = \frac{5283}{3,24} = 1631^0$

$$\text{b)}\ \frac{5283}{8{,}47 \cdot 0{,}467 + 1{,}16 \cdot 0{,}723} = \frac{5283}{4{,}79} = \qquad 1103^{0}$$

Die Höchsttemperatur ist alsdann . a) 2478° b) 1948° C

g) Vergleich zwischen trockenem und nassem Betrieb des Generators mit und ohne Vorwärmung der Unterluft.

Gegen die Vorwärmung der Primärluft bei Generatoröfen könnte folgender Einwand erhoben werden: Die Zuführung von Wasserdampf unter den Rost hat den Zweck, durch Abkühlung das Zusammenschmelzen der Schlacken zu verhindern. Wird nun die Primärluft, die durch den Rost zieht, vorgewärmt, so muß diese erhöhte Wärmezufuhr durch verstärkte Wasserverdampfung unschädlich gemacht werden, wenn die nötige Abkühlung der Schlacken erfolgen soll. Danach kann es widersinnig erscheinen, kostspielige Luftvorwärmer zu bauen, wenn die dadurch gewonnene Wärme hinterher vernichtet werden muß. Ferner ist leicht einzusehen, daß die zur Zersetzung des Wasserdampfes im Generator verbrauchte Wärmemenge später im Ofen wieder gewonnen wird, so daß von diesem Gesichtspunkte aus durch die Wasserdampfzufuhr kein Vorteil zu erwarten ist. Vielmehr erwächst ein Nachteil aus dem Umstande, daß der Wasserdampf mit den Rauchgasen bei höherer Temperatur in den Schornstein geht, als er dem Ofen zugeführt wurde, also einen Wärmeverlust verursacht. Durch die folgenden vergleichenden Berechnungen für den trocknen und nassen Betrieb des Generators mit und ohne Vorwärmung der Unterluft hat Bunte die angegebenen Einwände widerlegt.[1])

I. Trockener Betrieb des Generators.

Der im Abschnitt über Generatorfeuerung ausführlich besprochene Fall des trocknen Generatorbetriebes hatte ergeben:

---

[1]) Journ. f Gasbel. 1904, S. 316.

Temperatur im Generator = 1458° C,
» » Ofen = 2730° C.

Wird nun die Oberluft auf 1000° vorgewärmt, so erhöht sich die bei der CO_2-Bildung entwickelte Wärme

	von 1821 WE,
für 1 cbm Oberluft von 1000° C um	310 WE,
so daß im ganzen zugeführt werden	2131 WE.

Hieraus ergibt sich die Temperatur:

$$T = \frac{2131}{0,667} = 3195^0\,\mathrm{C}.$$

II. Nasser Betrieb **ohne** Vorwärmung der Unterluft.

1. Generator.

Auf 1 kg Kohlenstoff sollen 0,42 kg Wasser zersetzt werden.

Der Vorgang im Generator geht nach folgender Gleichung vor sich:

$$1\ \mathrm{kg\ C} + 0{,}42\ \mathrm{kg\ H_2O} + \mathrm{Luft} = x\,\mathrm{CO} + y\,\mathrm{H_2} + z\,\mathrm{N}.$$

Vom Kohlenstoff und Wasser ist das Gewichtsverhältnis 1 : 0,42 bekannt. Um aus einem Gewichtsverhältnis das Raumverhältnis zu finden oder mit anderen Worten eine Gewichtsgleichung in eine chemische Gleichung umzuformen, ist ganz allgemein jeder Teil der Gleichung durch sein Molekulargewicht zu dividieren; um also das Raumverhältnis von $CO : H_2$ oder was dasselbe ist von $C : H_2O$ zu finden, ist C durch 12, H_2O durch 18 zu dividieren, oder, da es nur auf das Verhältnis ankommt, so ist C mit 1 und H_2O mit $^2/_3$ zu multiplizieren.

Diese Rechnung an obiger Formel ausgeführt ergibt in Raumteilen:

$$1\ \mathrm{C} + 0{,}28\ \mathrm{H_2O} + x\ \mathrm{Luft} = 1\ \mathrm{CO} + 0{,}28\ \mathrm{H_2} + z_r\ \mathrm{N}.$$

Die Menge des Stickstoffs im Generatorgas oder die zur Verbrennung notwendige Luftmenge ergibt sich aus folgender Betrachtung:

Die 0,28 Raumteile Wasserdampf zersetzen sich mit Kohlenstoff unter Bildung von

$$\left.\begin{matrix}0{,}28 \text{ Rt. } H_2 \\ 0{,}28 \text{ » } CO\end{matrix}\right\} \text{ dazu kommen}$$

$$1-0{,}28=0{,}72 \text{ » } CO \text{ aus } \frac{0{,}72}{2}\times\frac{100}{21}=1{,}71 \text{ Rt. Luft mit}$$

$$\frac{0{,}72}{2}\times\frac{79}{21}=1{,}35 \text{ » } N$$

$$\overline{2{,}63 \text{ Rt.}}$$

Das entstehende Heizgas setzt sich also zusammen aus:

1,0 Rt. CO	oder	38,0 %	CO
0,28 » H_2	»	10,7 %	H_2
1,35 » N	»	51,3 %	N
2,63		100,0	

Bei der Bildung von 1 cbm CO werden frei 1303 WE,
die Zersetzung von 0,28 cbm H_2O-Dampf
erfordert $0{,}28 \cdot 2570 =$ . . . . — 720 »
es werden also frei . . . . 583 WE.

Daher ist die Anfangstemperatur im Generator bei nassem Betrieb

$$T = \frac{583}{2{,}63 \cdot 0{,}31} = \frac{583}{0{,}815} = 715^0 \text{ C.}$$

2. Verbrennung im Ofen.

a) Ohne Vorwärmung der Oberluft.

Die Anfangstemperatur im Ofen ergibt sich, als wenn der Prozeß direkt verliefe nach der Gleichung:

$$C + H_2O + \text{Luft} = CO_2 + H_2O + N.$$

Der ganze zur Verbrennung notwendige Sauerstoff wird also der Luft entnommen und das Wasser gewissermaßen nur als Ballast mitgeschleppt; die Verbrennungstemperatur im Ofen muß dadurch herabgesetzt werden.

Bei der Verbrennung der Heizgase bilden sich folgende Volumverhältnisse:

1,0 Rt. CO +	0,5 Rt. O_2 =	1,0 Rt. CO_2	oder 19,84% CO_2
0,28 » H_2 +	0,14 » O_2 =	0,28 » H_2O	» 5,55% H_2O
1,35 » N_2 +	2,41 » N_2 =	3,76 » N_2	» 74,61% N
2,63	3,05	5,04	100,00

Die Grenztemperatur im Ofen ergibt sich wie folgt:

$$T = \frac{4337}{(1 \cdot 0{,}42) + (0{,}28 \cdot 0{,}39) + (3{,}76 \cdot 0{,}31)} = \frac{4337.}{1{,}695} = 2558^0\ C.$$

Anders gestalten sich die Verhältnisse bei

b) mit Vorwärmung der Oberluft auf 1000° C.

Wie unter II. 1. ausgeführt, sind von der zur Bildung von 1 cbm CO_2 nötigen 4,76 cbm Luft $\frac{0{,}72}{2} \cdot \frac{100}{21} =$ 1,71 cbm Unterluft.

4,76 — 1,71 = 3,05 cbm Oberluft werdon also auf 1000° vorgewärmt zugeführt. Der Ofen erhält dann:

durch die Bildung von 1 cbm CO_2 . . .	4337 WE,
durch 3,05 cbm Oberluft von 1000° 3,05 · 1000 · 0,31 = ...	945 »
im ganzen	5282 WE.

$$T = \frac{5282}{1{,}695} = 3116^0\ C.$$

III. Nasser Betrieb mit Vorwärmung der Unterluft.

1. Generator.

Zu den nach II. 1. freiwerdenden . .	583 WE
kommen durch 1,71 cbm (s. II. 1.) auf 500° vorgewärmte Unterluft 500 · 1,71 · 0,31 =	265 »
im ganzen also	848 WE.

Die Grenztemperatur im Generator

$$T = \frac{848}{0{,}815} = 1040^0\ C.$$

2. Verbrennung im Ofen.

a) ohne Vorwärmung der Oberluft.

Zu den nach II. 2. freiwerdenden . .	4337 WE
kommen durch vorgewärmte Unterluft nach III. 1.	265 »
im ganzen	4602 WE.

$$T = \frac{4602}{1,695} = 2715^0 \text{ C.}$$

b) Mit Vorwärmung der Oberluft.

Zu den nach II. 2. b) zugeführten . .	5282 WE
kommen durch die warme Unterluft nach III. 1.	265 »
im ganzen	5547 WE.

$$T = \frac{5547}{1,695} = 3273^0 \text{ C.}$$

IV. Nasser Betrieb mit 0,567 kg Wasserdampf auf 1 kg Kohle mit Vorwärmung der Unterluft.

1. Generator.

Die gleiche Rechnung wie bei II. 1. ergibt für 0,567 kg Dampf auf 1 kg Kohlenstoff ein Generatorgas folgender Zusammensetzung:

$$1 \text{ Rt. CO}; \; {}^2/_3 \times 0,567 \text{ Rt. } H_2; \; \frac{1 - {}^2/_3 \cdot 0,567}{2} \cdot \frac{79}{21} \text{ Rt. N},$$

oder

1,0 Rt. CO	oder	39,24 % CO
0,378 » H_2	»	14,84 % H_2
1,17 » N	»	45,92 % N
2,548 Rt.		100,00

$$\text{Die Menge der Unterluft} = \frac{1 - {}^2/_3 \cdot 0,567}{2} \cdot \frac{100}{21}$$

= 1,48 Rt.

Bei der Bildung von 1 cbm CO werden frei	1303 WE,
zur Reduktion von 0,378 cbm H_2O-Dampf sind erforderlich 0,378 · 2570 = . . .	971 »
frei werden also	332 WE.

Zugeführt durch 1,48 cbm auf 500° gewärmte Unterluft 500 · 1,48 · 0,31 . . . . 229 WE,

im ganzen also 561 WE.

Demnach

$$T = \frac{561}{2{,}548 \cdot 0{,}31} = 710^{0}\ \mathrm{C}.$$

2. Verbrennung im Ofen.

a) Ohne Vorwärmung der Oberluft.

Die Verbrennung des Heizgases im Ofen ergibt ein Feuergas von der Zusammensetzung:

1,0	Rt. CO_2	oder	19,45 % CO_2
0,378	» H_2O	»	7,36 % H_2O
3,762	» N	»	73,19 % N
5,140	Rt.		100,00

Zugeführt werden dem Ofen:

durch die Bildung von 1 cbm CO_2 . . . . 4337 WE,

durch Unterluft wie bei IV. 1. . . . . . . 229 »

im ganzen 4566 WE.

Die Grenztemperatur demnach

$$T = \frac{4566}{(1 \cdot 0{,}42) + (0{,}378 \cdot 0{,}39) + (3{,}762 \cdot 0{,}31)} = \frac{4566}{1{,}733} = 2635^{0}\ \mathrm{C}.$$

b) Mit Vorwärmung der Oberluft.

Die Menge der Unterluft beträgt, wie unter IV. 1. berechnet, 1,48 cbm, so daß 3,28 cbm Oberluft vorgewärmt werden können.

Es werden dann dem Ofen zugeführt:

durch Bildung von 1 cbm CO_2 . . . . . . 4337 WE,

durch 3,28 cbm Luft von 1000° 3,28 · 1000 . 0,31 = ... 1017 »

durch Unterluft wie bei IV. 1. . . . . . . 229 »

im ganzen 5583 WE.

$$T = \frac{5583}{1{,}733} = 3221^{0}\ \mathrm{C}.$$

Die nachstehende Zusammenstellung zeigt deutlich, daß, wenn für gute Vorwärmung der Oberluft durch eine reichlich bemessene Regenerationsanlage gesorgt ist, mit der Zufuhr von Wasserdampf zum Generator keineswegs sparsam vorgegangen zu werden braucht. Je mehr Wasserdampf dem Generator zugeführt bzw. zersetzt wird, desto mehr kommt die Vorwärmung der Unter- und Oberluft zur Geltung, da eben die Möglichkeit geboten ist, eine größere Menge Luft von höherer Temperatur zuzuführen. Die Ausnutzung wird am günstigsten sein, wenn dem Generator so viel Wasserdampf zugeführt wird, daß dieser bei genügender Vorwärmung der Unterluft noch vollkommen zersetzt werden kann, wofür die Temperaturverhältnisse im Generator maßgebend sind.

Die Ergebnisse seien in folgender Tabelle nochmals zusammengestellt.

Betriebsweise	Grenztemperatur im Generator	Grenztemperatur im Ofen, Oberluft kalt	Grenztemperatur im Ofen, Oberluft 1000°	Verteilung von Unter- und Oberluft Volumenverhältnis: Unterluft	Verteilung von Unter- und Oberluft Volumenverhältnis: Oberluft
Trockener Betrieb .	1458°	2730°	3195°	1	1
Nasser Betrieb (1 kg C : 0,42 kg H_2O) .					
Unterluft kalt . .	715°	2558°	3116°	0,72	1,28
Unterluft 500° . .	1040°	2715°	3273°	—	—
Nasser Betrieb (1 kg C : 0,567 kg H_2O) .					
Unterluft 500° . .	710°	2635°	3221°	0,62	1,38

Übrigens gestalten sich in der Praxis die Verhältnisse noch viel günstiger als die obige Tabelle erkennen läßt, denn bei den theoretischen Berechnungen wurden die durch Strahlung und Leitung etc. im Generator stattfindenden Wärmeverluste nicht berücksichtigt. Nun ist aber natürlich klar, daß die außerordentlich hohe

Temperatur im Generator bei trockenem Betrieb — abgesehen von sonstigen Nachteilen — größere Wärmeverluste zur Folge hat als die viel niedrigere Temperatur bei nassem Betrieb. Dieser Umstand wird für die Grenztemperatur im Ofen und damit für den Nutzeffekt der Feuerung zugunsten der Dampfzuführung wesentlich ins Gewicht fallen.

2. Die verschiedenen Ofenkonstruktionen.

a) Der Rostofen.

Der Rostofen (Tafel II) stellt die einfachste Form eines Retortenofens dar. Er hat sich bis heute seine Existenzberechtigung erhalten, da er durch Billigkeit in der Anlage und Unterhaltung und durch die Einfachheit der Behandlung für viele Verhältnisse nicht zu unterschätzen ist. Die Schütthöhe des Brennmaterials ist nur eine sehr niedrige, so daß die vollkommene Verbrennung des Kohlenstoffs zu Kohlensäure unmittelbar stattfindet. Der Tiefbau des Ofens ist nur sehr gering, so daß er sich allen Bodenverhältnissen leicht anpaßt. Bei den älteren Rostofenkonstruktionen trat ein Teil der zur Verbrennung nötigen Luft durch den Rost ein, ein Teil (Oberluft) durch die schlecht schließenden Ofentüren. Bei den neueren Rostofenkonstruktionen sucht man nun einen Teil der Wärme der Abgase wiederzugewinnen dadurch, daß man die frisch zuzuführende Luft an den warmen Rauchgasen sich erwärmen läßt, bevor sie in den Verbrennungsraum tritt. Zu dem Zwecke läßt man die Oberluft durch einen unter den (Tafel I) Retorten liegenden Kanal streichen, welcher parallel zu einem Kanal liegt, durch welchen die warmen Rauchgase ziehen. Die auf diese Weise vorgewärmte Luft tritt in den Verbrennungsraum durch in der Zeichnung sichtbare runde Düsen ein. Bei dieser Art der

Luftvorwärmung ist es unbedingt notwendig, daß die Feuertüren dicht schließen, so daß durch sie keine Luft eintreten kann. Hierdurch zwingt man den Ofen dazu, seine Luft von unten durch den Rost und durch den Anwärmekanal einzusaugen. Durch Schieber läßt sich die Luftzufuhr dann noch so einstellen, daß der Ofen ohne allzu großen Luftüberschuß und damit ohne große Wärmeverluste arbeitet.

b) Der Halbgenerator- oder Schüttrostofen.

Tafel III zeigt einen Halbgeneratorofen, System Hasse-Vacherot. Das Wasserschiff unter dem Rost ist doppelt, so daß die Schlacke und die Rostabgänge beim Schüren in das obere Schiff fallen müssen. Dadurch ist es zur Unmöglichkeit geworden, daß sich Schlackenabgänge an den Wandungen oder am Boden festbrennen können, was bei der alten Konstruktion mit nur einem Wasserschiff leicht eintrat. Der Wasserzulauf erfolgt in das obere Schiff kontinuierlich. Überschüssiges Wasser läuft an einer Überlaufnase an dem hinteren Ende des Schiffes in das untere Wasserschiff. Das untere Schiff hat seinerseits auch einen Überlauf, so daß ein Zuviel von Wasser in den vor dem Ofen liegenden Bedienungskanal tritt. Das untere Wasserschiff ragt in diesen Bedienungskanal hinein und ist auf dem vorragenden Ende mit einem leicht verschiebbaren Blech abgedeckt, durch welches die Zuführung frischer Luft eingestellt werden kann. Da das untere Wasserschiff durch die abziehenden Rauchgase geheizt wird, so tritt in demselben eine lebhafte Wasserverdampfung ein, die über das Wasserschiff streichende Luft nimmt den Wasserdampf auf und führt ihn unter den Rost.

Die Brennstoffschicht auf dem Rost ist eine bedeutend höhere als bei dem vorbeschriebenen Rostofen. Der Vollgeneratorofen hat vor dem Halbgeneratorofen den Vorzug einer konstanten Reduktionsschicht von ca. 60 cm, die aus dem Füllschacht ergänzt wird. Diese Reserve fällt beim Halbgeneratorofen weg. Durch den Abbrand verringert sich die Höhe der Reduktionsschicht, und es ist dieselbe Erscheinnung zu gewärtigen, die den Rostofen unwirtschaftlich macht. Wie bei dem letzteren Luft unverbraucht durchging, so geht hier CO_2 unreduziert durch, der CO-Gehalt des Generatorgases wechselt, und damit der eigentliche Bedarf an Sekundärluft, deren Zuführung diesen Schwankungen natürlich nicht folgen kann. Die Zuführung der Primärluft unter den Rost geschieht meistens nicht durch die Wasserschiffabdeckplatte, sondern durch zwei auf der Rückseite des Ofens mündende, durch Schieber oder Zugregler einzustellende Kanäle. Diese Primärluftkanäle durchziehen den Unterbau des Ofens in Schlangenwindungen und erwärmen sich an den heißen, in Parallelkanälen abziehenden Rauchgasen des Ofens. Zum Schluß streicht die Primärluft über die Wasserschiffe und tritt, mit Wasserdampf geschwängert, in die Brennstoffschicht. Der Eintritt der Sekundärluft in den Ofen geschieht gleichfalls durch zwei Regulierschieber an der Rückseite des Ofens. Die Vorwärmung ist infolge längerer Kanäle eine ausgiebigere. Der Eintritt in den Verbrennungsraum über den Rost erfolgt durch seitliche Schlitze. Hier findet die Verbrennung der infolge der hohen Brennstoffschicht, der beschränkten Luftzufuhr und der Wasserverdampfung gebildeten Generatorgase zu Kohlensäure statt. Die Flammenentfaltung ist nach oben eine vollkommen freie. Die Feuergase fallen zu beiden Seiten der Retorten nach unten und entweichen in Schlangenwindungen aus dem Ofen, um vorher einen großen Teil ihrer Wärme an die kalt in den Ofen ziehende Primär- und Sekundärluft abzugeben.

Um die Verdampfung des Wassers regulieren zu können, kann man die im Schnitt 2—2 gezeichneten Öffnungen durch vorgesetzte Steine mehr oder weniger schließen. Dadurch wird erreicht, daß die Rauchgase entweder direkt zum Schornstein entweichen oder aber so abgelenkt werden, daß sie den Boden des Wasserschiffes bestreichen müssen.

Ein Halbgeneratorofen mit sehr weit gehender Luftvorwärmung wird von der Firma Pintsch ausgeführt, indem durch Verwendung eigenartiger Fassonsteine auf kleinen Raum eine große Heizfläche erzielt wird. Die Regeneration besteht aus aufeinander liegenden, vierkantigen, röhrenförmigen Schamottesteinen (Fig. 49). Diese Steine, welche nach der Längsrichtung des Ofens angeordnet werden, haben auf der oberen und unteren Außenfläche Querrillen, die bei der Aufmauerung zwischen den einzelnen Schichten Kanäle für die Oberluft bilden. Durch diese engen Kanäle streicht die Oberluft unten eintretend im Schlangenbogen in der Querrichtung zum Ofen allmählich nach oben. Die heißen Rauchgase fallen von oben gleichfalls im Schlangenbogen, aber in der Längsrichtung des Ofens durch die großen viereckigen Kanäle nach unten zum Kamin (Fig. 50 und 51). Diese Art der Regeneration bietet fünfmal mehr Heizfläche auf das gleiche Volumen berechnet als die gewöhnlichen Konstruktionen.

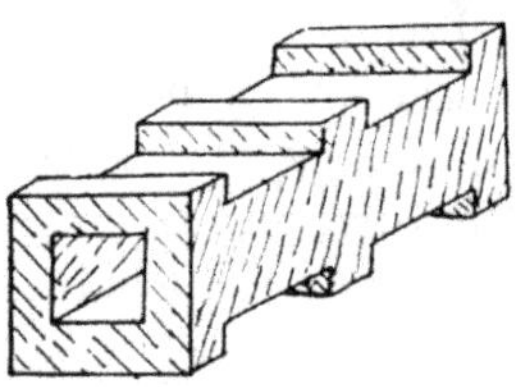

Fig. 49.

c) Der Vollgeneratorofen.

Der Vollgeneratorofen besitzt im Gegensatz zum Halbgeneratorofen eine ausgiebigere Luftvorwärmung und auch eine vollkommenere Generatorgasbildung. Der ganze Unterbau des Ofens (Tafel IV) ist infolgedessen ein weit größerer. Die Regeneration enthält dreierlei Kanäle, und zwar:

1. Kanäle für die abziehenden Rauchgase,
2. » » » Primärluft,
3. » » » Sekundärluft.

Die Vollgeneratoröfen werden sowohl mit vor dem Ofen liegendem Generator gebaut, als auch mit in dem

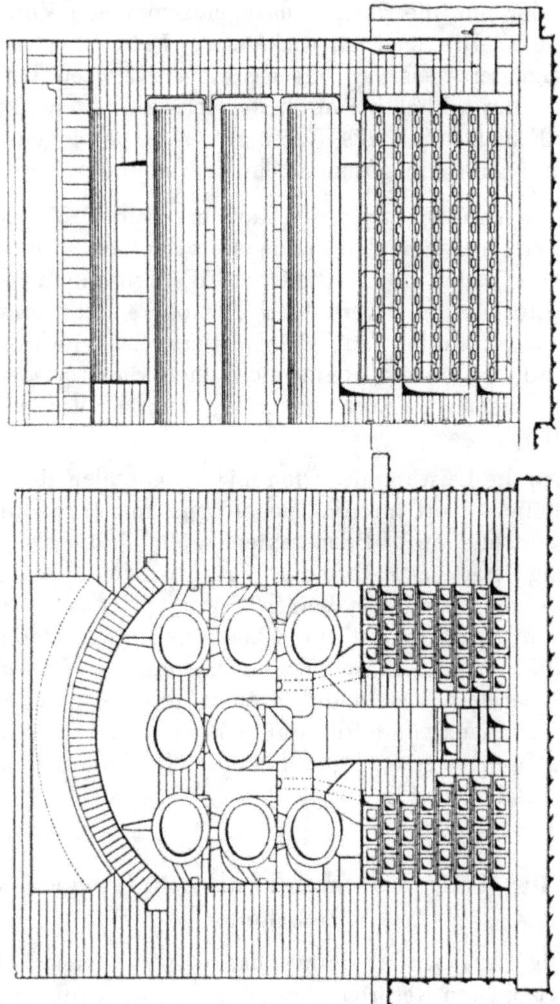

Fig. 50 und 51.

Ofen liegendem. Die auf Tafel IV abgebildete Konstruktion stellt den von Schilling-Bunte entworfenen sog. Münchener Ofen dar.

Das im Generatorschacht gebildete Gas strömt durch einen Kanal (seltener zwei) in die Mitte des Ofens und trifft hier auf die parallel dazu einströmende Verbrennungsluft. Die sich entwickelnden Flammen werden in geeigneter Weise um die einzelnen Retorten herumgeleitet, um schließlich auf jeder Seite des Ofens durch einen Kanal durch die Regeneration zu streichen und in den Hauptrauchgaskanal einzumünden.

Klönne-Dortmund baut bei seinen Vollgeneratoröfen halbschräg liegende Retorten ein, um ein leichteres Laden und Entladen in Werken ohne maschinelle Einrichtung zu erzielen. Die obere Retortenreihe steigt nach hinten an, die mittlere liegt horizontal, während die untere Reihe sich nach rückwärts etwas senkt. Laden und Entladen erfolgt von der Vorderseite des Ofens.

Um die Leistung der Öfen mit horizontalen Retorten zu erhöhen, baut man sie neuerdings mit 6 m langen Retorten, die auf beiden Seiten offen sind. Die Bedienung derartiger Retorten erfolgt entweder durch 3 m lange Lademulden von beiden Seiten gleichzeitig, oder wie wohl jetzt zumeist durch Lade- und Stoßmaschinen. Für die Beheizung ist nur ein Generator vorhanden. Das Generatorgas zieht durch einen unter den Retorten liegenden Kanal und tritt durch regulierbare Öffnungen in das Ofengewölbe, das durch eine Mittelwand in zwei Teile geteilt ist (Fig. 52).

d) Der Vollgeneratorofen mit schrägliegenden Retorten.

Die Leuchtgaserzeugung hat während vieler Jahre in horizontalen Retorten stattgefunden, die anfangs ausschließlich mit der Schaufel oder Mulde geladen wurden. Erst in neuerer Zeit haben sich Lademaschinen in die Praxis eingeführt. Die gleichmäßige Verteilung der

Kohle in der Retorte ist mit Recht eine der wesentlichsten Bedingungen für eine ökonomische Destillation. Der Einwurf der Kohlen mit der Schaufel, von geschickten und geübten Heizern ausgeführt, sicherte diese

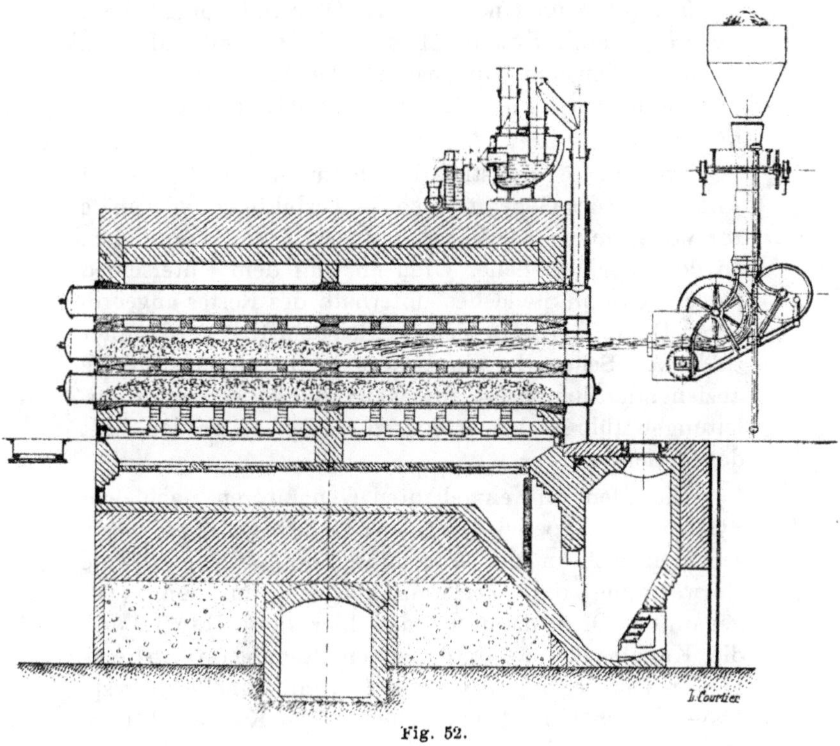

Fig. 52.

Verteilung mit einer Regelmäßigkeit, der die ersten Lademaschinen nicht gleichkamen.

Im Jahre 1885 fand André Coze-Reims durch die geneigte Retorte eine ebenso elegante, wie einfache Lösung für das mechanische Füllen und Entleeren der Retorte. Dieser »Coze-Ofen« hat zahlreiche Anwendung gefunden.

Er kann als einer der bedeutendsten Fortschritte in der Gasindustrie bezeichnet werden. Das Prinzip der Neigung hat auch noch nicht sein letztes Wort gesprochen, denn wir finden es bei den neuen Kammeröfen wieder.

Tafel V zeigt einen solchen Ofen mit vorgebautem Generator nach System Hasse-Didier und Tafel Va einen solchen mit eingebautem Generator nach dem System der Imperial-Continental-Gasassociation, Berlin.

Die erstere Konstruktion lehnt sich in bezug auf Anordnung des Generators sowie Ausbildung der Kanäle zur Vorwärmung der Verbrennungsluft im wesentlichen an den sog. Münchener Ofen an, mit dem Unterschied jedoch, daß an Stelle des unterhalb des Rostes angeordneten Dampferzeugers hier zwei kastenartige Verdampfer zu beiden Seiten des Generators in die Kanäle für die abziehenden Rauchgase eingebaut sind; besondere Rohrleitungen führen den erzeugten Dampf unter den Rost des Generators.

Die Öfen mit eingebauten Generatoren nach dem System der Imperial-Continental-Gasassociation unterscheiden sich in der Anordnung der Kanäle für die Vorwärmung der Verbrennungsluft von dem erstgenannten Ofen dadurch, daß hier diese Kanäle und die Kanäle für die abziehenden Rauchgase nebeneinander liegen, im Gegensatz zum Münchener resp. Hasse-Didier-Ofen, bei welchem diese Kanäle übereinander gelagert sind.

Bei beiden Systemen ist die Heizfläche für die vorzuwärmende Luft die gleiche.

Die Anordnung mit nebeneinander gelagerten Kanälen hat jedoch den Vorzug einer größeren Übersichtlichkeit und ergibt die Möglichkeit einer bequemen Reinigung der Rauchgaskanäle und leichteren Auffindens und Beseitigung von eventuellen Undichtigkeiten.

Der erforderliche Wasserdampf für den Generator wird bei diesen Öfen in einem in der Rückseite derselben eingebauten Verdampfer erzeugt, um mittels Rohrleitungen durch das Ofenmauerwerk hindurch nach der Vorderseite des Ofens unter den Rost geleitet zu werden.

Die Anlagekosten von Öfen mit schrägliegenden Retorten in Verbindung mit der für diese Öfen erforderlichen maschinellen Kohlenbrech- und Hebeanlage sind nur bei Anlage von Öfen mit geringerer Retortenlänge als 4,5 bis 5,0 m etwas höher als Anlagen mit horizontalen Retorten von ca. 3,00 m Länge; während eine Anlage mit Schrägretorten von 6,00 m Länge sich sogar nicht unwesentlich billiger stellt. Der erzielte wirtschaftliche Vorteil ist aber ein ganz bedeutender. Hierzu kommt als nicht zu unterschätzender Vorzug die größere Unabhängigkeit von dem guten Willen der Arbeiter und damit die Möglichkeit, bei einem eventuellen Streik den Betrieb mit gewöhnlichen, ungeschulten Arbeitern aufrecht erhalten zu können.

Während bei Öfen mit horizontalen, durch Handmulde zu ladenden Retorten die Länge der letzteren ca. 3,00 m nicht überschreiten darf, da bei eventuell größerer Länge das Laden sowie auch das Herausziehen des Koks praktisch kaum noch ausführbar wäre, findet die Länge der schrägliegenden Retorte nur eine Beschränkung dadurch, daß die Möglichkeit vorhanden sein muß, kleinere Reparaturen an den Retorten, als Ausschmieren von Rissen und kleinen Löchern auch während des Betriebes vorzunehmen. Diese Möglichkeit ist aber noch bei Retorten von 6,0 bis 6,3 m Länge vorhanden.

Der wirtschaftliche Vorteil dieser Öfen mag durch folgendes kurz erläutert werden:

1. Zur Erzeugung von 30000 cbm Gas in 24 Stunden würden beim Betrieb von 9er Öfen mit 3,0 m langen horizontalen Retorten bei einer Leistungsfähigkeit von ca. 2000 cbm pro Ofen 15 Öfen erforderlich sein.

Zur Erzeugung der gleichen Gasmenge mit 9 er Öfen von 6,00 m langen schrägen Retorten bei einer Leistungsfähigkeit von ca. 5000 cbm pro Ofen genügten demnach sechs solcher Öfen.

Die Anlagekosten für erstere Anlage belaufen sich auf ungefähr M. 265 000, und zwar:

ca. M. 200 000 für die Öfen und
» » 65 000 » das Ofenhaus.

Die Anlagekosten einer Schrägretortenanlage für die gleiche Leistung sind nun bei denselben Grundpreisen nicht unbeträchtlich geringer wie für eine Anlage mit horizontalen Retorten, und zwar:

1. 6 Öfen mit allem Zubehör .	ca.	M. 156 000
2. Gebäude mit unterem und oberem Arbeitsflur, Laufbühnen und Treppen	ca.	» 64 000
3. Kohlenaufbereitungsanlage, als Brecher, Elevator, Kohlenhochbehälter, Retortenbeschickungsanlage, Gasmotor etc. . . .	ca.	» 25 000
	ca.	M. 245 000.

Der Betrieb von 15 Öfen mit horizontalen Retorten erfordert für jede Arbeitsschicht ungefähr 15 Arbeiter, wohingegen der Betrieb von 6 Öfen mit 6,00 m langen schrägen Retorten pro Arbeitsschicht durchschnittlich nur 5 Arbeiter erfordert einschließlich Bedienung der maschinellen Kohlenbrech- und Hebeanlage.

Hierzu kommen allerdings noch die Kosten für den Betrieb des Antriebmotors. Bei einem Gasmotor von 8 bis 10 PS würde sich bei 10 stündigem Tagesbetrieb im Jahre ein Verbrauch von ca. 18 000 cbm Gas ergeben. Bei einem Gaspreis von 10 Pf. pro cbm belaufen sich die Kosten daher nur um wenig mehr als der Jahreslohn für einen Ofenarbeiter.

Die Reparaturkosten für die maschinelle Anlage sind bei der Einfachheit der in Frage kommenden Einrichtungen nur ganz geringe. Selbst wenn man diese aber einschließlich der Abschreibungen mit einer Summe gleich dem Jahreslohn eines Arbeiters in Rechnung setzt, stellt sich ein Vergleich zwischen beiden Ofensystemen ganz außerordentlich zugunsten einer Anlage mit schrägen Retorten, da die Betriebskosten noch nicht die Hälfte derjenigen einer Anlage mit horizontalen Retorten betragen. Die Lebensdauer eines Schrägretortenofens ist erfahrungsgemäß die gleiche wie bei einem Ofen mit horizontalen Retorten.

Bei einer Schrägretortenanlage der angegebenen Größe würde die jährliche Ersparnis an Arbeitslöhnen bei einem Schichtlohn von M. 4,00 = 2 · 8 · 4 · 365 = M. 23 360 betragen, entsprechend einem geringeren Betriebskapital von ca. M. 467 000.

Wenn auch bei diesem Vergleich der günstigste Fall herausgegriffen wurde, indem die horizontalen Retorten schrägen Retorten von der größtmöglichen Länge, das ist ca. 6,00 m, gegenübergestellt sind, so stellt sich aber auch ein Vergleich mit schrägen Retorten von geringerer Länge noch derart günstig, daß bei einer größeren Neuanlage Öfen mit horizontalen Retorten nicht ernstlich in Frage kommen können. Die Länge der Retorten hat naturgemäß keinen Einfluß auf die Anzahl der nötigen Arbeiter.

Die in mittleren und größeren Gaswerken gebräuchlichste Retortenlänge beträgt 5,00 m, während man die früher vielfach ausgeführte Länge von 3,50 m fast ganz verlassen hat wegen der verhältnismäßig hohen Anlagekosten. Letztere fallen natürlich mit der Retortenlänge, da die Kosten für die Generator- und Ofenarmaturen stets die gleichen bleiben. Je länger also die Retorten, um so geringer stellen sich die Kosten für den laufenden Meter Retortenlänge.

e) Der Vollgeneratorofen mit vertikalen Retorten.

In den letzten Jahren ist man dazu übergegangen, die Destillation in Vertikalretorten und Großraumöfen vorzunehmen. Veranlassung hierzu war das Bestreben, für den Großbetrieb Vergasungsöfen zu schaffen, die bei erhöhter Leistungsfähigkeit einen ökonomischeren Betrieb und eine unabhängige Bedienungsweise bieten.

Die Bestrebungen, Gas in Öfen mit vertikalen Retorten zu erzeugen, reichen bis in die Anfänge der Gastechnik zurück. Trotzdem ist erst im Jahre 1903 ein solcher Ofen zum erstenmal in der Praxis zur Ausführung gelangt.

Die bisher unter den Gastechnikern verbreitete Ansicht, daß die Gaskohle infolge ihrer Eigenschaft, sich in der Hitze aufzublähen, eine Vergasung in vertikalen Retorten, deren gesamten Raum die Kohle ausfüllen würde, aus dem Grunde nicht zulasse, weil ein Sprengen der Retorten zu befürchten sei, war wohl die Hauptursache, daß man nicht an die Ausführung eines solchen Ofens herantrat.

Dann aber glaubte man bisher annehmen zu müssen, daß das in der vertikalen Retorte erzeugte Gas beim Emporsteigen durch schon vergaste glühende Kohle, resp. Koks, eine starke Zersetzung gerade seiner wertvollsten lichtgebenden Bestandteile erleiden würde.

J. Bueb, Dessau, hat sich das Verdienst erworben, durch eingehende praktische Versuche den Nachweis geführt zu haben, daß diese Befürchtungen durchaus nicht stichhaltig waren.

An diesen Versuchen nahmen Ed. Drory und E. Körting, Berlin, sowie die Stettiner Schamottefabrik Aktiengesellschaft vorm. Didier, Stettin, und die Berlin-Anhaltische Maschinenbau-Aktiengesellschaft, Berlin, erfolgreichen Anteil.

Es hat sich herausgestellt, daß überhaupt kein Aufblähen der Kohle und damit auch keine Druckausübung auf die Retortenwandungen eintrat; es ergab sich sogar das Resultat, daß die Entgasung der Kohle ganz allmählich von der heißen Wand nach innen fortschreitet. Die flüchtigen Produkte schlagen sich teilweise in dem innern Kern nieder und werden im Laufe der Destillationsperiode erst allmählich ausgetrieben, teilweise entweichen sie als fertige Gase durch die relativ kalte Innenzone nach dem Ausgang, ohne tiefgreifende Zersetzungen zu erleiden. Hierin ist auch die Ursache der höheren Leuchtkraft und des höheren Heizwertes des in Vertikalretorten erzeugten Gases zu suchen, denn Benzol und Methan haben weniger Gelegenheit zur Zersetzung als in horizontalen Retorten, bei denen ein großer Teil des Gases nach seinem Austritt aus der Kohle die heißen Wände der Retorte berührt.

Die Gasausbeute übertrifft dagegen nicht das, was man bei gutem Gang des Ofens in horizontalen oder schrägen Retorten erreicht.

Die Qualität des erzeugten Koks ist eine wesentlich bessere als bei anderen Öfen. Namentlich ist der Koks dichter, härter, großstückiger und gibt weniger Grus.

Eine Ausnahme macht nur die »beste« oberschlesische Gaskohle, deren Koks wegen zu starken Aufblähens dieser Kohle in der Retorte hängen bleibt. Die gewöhnlichen oberschlesischen Gaskohlen zeigen diesen Nachteil nicht.

Als weiter nicht zu unterschätzender Vorteil ist eine um 30 bis 50% größere Ammoniakausbeute, eine geringere Cyanausbeute und damit eine Entlastung der Reinigeranlage zu verzeichnen.

Auch ist die Teerausbeute eine etwas höhere und die Qualität des Teers eine ganz wesentlich bessere. Der Teer bildet ein braunes Öl und enthält viele leichte Öle und wenig Pech. Die folgende Tabelle zeigt am besten die Unterschiede zwischen dem in senkrechten und geneigten Retorten gewonnenen Teer:

Temperatur	Teer von	
	senkrechten Retorten	geneigten Retorten
	Es destillieren über:	
0°–100°	8,9% Öl, 5,7% Wass.	1,0% Öl, 0,85% Wass.
100°–170°	1,2% »	1,6% » 1,85% »
170°–230°	13,5% »	7,5% »
230°–270°	7,3% »	10,27% »
über 270°	29,3% »	18,80% »
Rest	34,1% »	58,13% »

Zum Schlusse sei noch der um ca. 50% geringere Naphthalingehalt des in der Vertikalretorte erzeugten Gases hervorgehoben, der seinen Grund gleichfalls darin hat, daß das Gas nicht so stark der Zersetzung ausgesetzt ist wie bei den bisherigen Ofensystemen. Die mit dem Dessauer Vertikalofen erhaltenen Resultate zeigen die folgenden graphischen Aufzeichnungen (Fig. 53):

Eine Steigerung der Gasausbeute mit dem Vertikalofen ist dadurch möglich, daß gegen Schluß der Vergasung in den unteren Teil der Retorte Wasserdampf in langsamem Strome zugeführt wird. Es bildet sich auf diese Weise Wassergas, welches mit dem vorher erzeugten Leuchtgas ein sog. Mischgas liefert. Dieses Mischgas kann aber mit dem Leuchtgas nicht auf dieselbe Wertstufe gestellt werden, denn sein Heizwert ist wesentlich geringer. Die Erzeugung von Wassergas darf daher nur so weit getrieben werden, daß der obere Heizwert des Mischgases ca. 5200 WE beträgt und keinesfalls unter 5000 WE sinkt. Die Gasausbeute pro 100 kg Kohlen wird bei nassem Betrieb um ca. 10 bis 15% gegenüber dem trockenen Betrieb gesteigert. Der durch den nassen Betrieb in der Vertikalretorte etwas erhöhte Verbrauch an Unterfeuerung beträgt nach Geipert[1]) nur 0,25 kg pro 1 cbm Wassergas bei 14% Wassergaszusatz zum Steinkohlengas. Dieser geringe Mehrauf-

[1]) Journ. f. Gasbel. 1909, S. 367.

wand an Koks ist dadurch zu erklären, daß die Eigenwärme des glühenden Koks nutzbar gemacht wird. Die

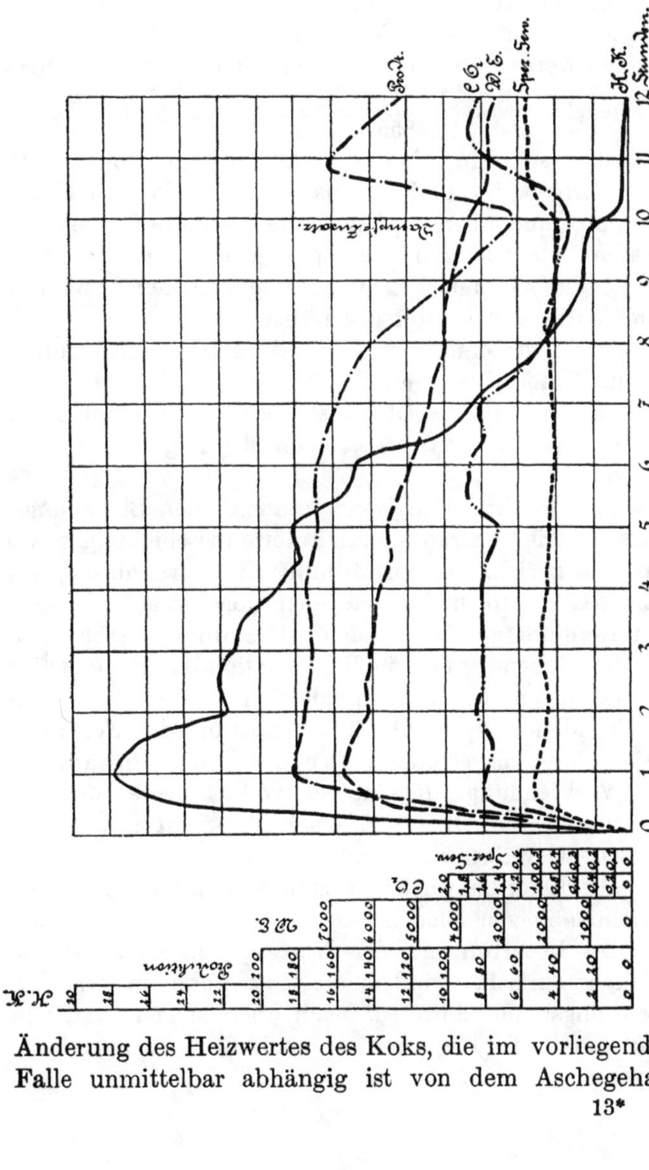

Fig. 53.

Änderung des Heizwertes des Koks, die im vorliegenden Falle unmittelbar abhängig ist von dem Aschegehalt, ist bei nassem Betrieb sehr gering. Werden beispielsweise bei trockenem Betrieb 70 kg Koks mit 12 % Asche aus 100 kg Kohle gewonnen, dann bleiben bei nassem Betrieb, wenn 7 cbm Wassergas auf 100 kg Kohlen erzeugt werden, $70 - 7 \cdot 0{,}207 = 68{,}55$ kg Koks mit einem Aschegehalt von $\frac{12 \cdot 70}{0{,}6855} = 12{,}25\,\%$ übrig. Der Unterschied ist so gering, daß er praktisch keine Rolle spielt.

Übrigens ist die Frage nach dem Bedarf an Unterfeuerung und überhaupt nach der Rentabilität des sog. nassen Betriebes noch nicht genügend aufgeklärt. Vorläufig stehen sich noch abweichende Ansichten bewährter Fachleute recht schroff gegenüber.

Die allgemeine Anordnung eines 10er Vertikalofens ist auf Tafel VI dargestellt.

In der Mitte des Ofens ist der Generator vorgebaut und zu beiden Seiten desselben die Regeneration angeordnet.

Zwecks Erreichung eines einheitlichen Bedienungsflurs für die Generator- und Retortenbeschickung sowie einer ausgedehnten Vorwärmung der Verbrennungsluft ist der Generator und die Regeneration bis auf die volle Retortenhöhe geführt worden. Hierdurch ergaben sich für den Generator und die Regeneration derartig günstige Abmessungen, daß sein Inhalt dem Koksverbrauch in 24 Stunden entspricht. Die Ausnutzung der Feuergase ist bei der ausgedehnten Fläche für die Vorwärmung der Verbrennungsluft eine so vollkommene, daß die Rauchgase den Ofen mit einer Temperatur von nur ca. 300 ° C verlassen.

Die Retorten verjüngen sich von unten nach oben gleichmäßig von allen Seiten.

Die Feuerführung der Heizgase im Ofen ist die denkbar einfachste, indem die Gase unten in den Verbrennungsraum eintreten, nach oben steigen und von hier durch die Regeneration nach dem Fuchs geleitet werden.

Die oberen Retortenverschlüsse entsprechen in ihrer Konstruktion den bisher gebräuchlichen selbstdichtenden Morton-Mundstücken. Die Konstruktion der unteren Retortenverschlüsse ist ebenfalls eine selbstdichtende und die gesamte Anordnung derart zentral ausgebildet, daß ein Arbeiter von einer an der Außenseite des Ofens gelegenen Stelle sämtliche Verschlüsse allein öffnen und schließen kann.

Das Füllen der Retorten vollzieht sich in folgender einfacher Weise: Die durch einen Elevator oder Aufzug in den oberhalb der Öfen gelagerten Kohlenbunker geförderte Kohle wird von diesem in eigens konstruierte Hängebahnwagen von gleichem Inhalt wie die Retorten abgefüllt. Diese Wagen werden über die zu beschickende Retorte gefahren und entleeren ihren Inhalt durch Öffnen eines Bodenschiebers. Vor dem Einfüllen der Kohle hat man etwas Koksgrus in die Retorte laufen zu lassen, bis der untere kalte Teil des Mundstücks damit bedeckt ist. Auch ist darauf zu achten, daß nicht etwa nur Feinkohle in die Retorte kommt, denn sonst tritt bei stürmischer Gasentwicklung ein sehr bedeutender Überdruck auf. Es empfiehlt sich daher, beim Füllen zweierlei Sortierungeu, Nuß- und Feinkohle zu verwenden, so daß in der ganzen Länge der Retorte ein durchlässiger Kanal vorhanden ist.

Die Abführung des aus den Retorten herausrutschenden Koks erfolgt zweckmäßig durch eine mechanische Transportrinne. Um zu verhindern, daß die ganze Kokssäule auf einmal in die Transportrinne hineinstürzt, ist ein fahrbarer Schüttrumpf über der Rinne angeordnet, welcher eine gleichmäßige Verteilung des Koks in der Rinne bewirkt. Die Rinne selbst ist in einem gemauerten Kanal vollständig unter Flur eingebaut.

Als zweckmäßigste Anzahl der zu einem Ofen zu vereinigenden Vertikalretorten haben sich deren zehn ergeben von 4,00 m Länge. Die Ladefähigkeit dieser Retorten beträgt ca. 500 bis 550 kg und die erforderliche Ausstehzeit für diese Kohlenmenge je nach der Kohlensorte 8 bis 10 Stunden, so daß die Leistungsfähigkeit eines Ofens im Mittel 4000 cbm pro 24 Stunden beträgt. Nach den vorliegenden Erfahrungen ist mit Sicherheit anzunehmen, daß auch die Lebensdauer von Vertikalretorten derjenigen anderer Ofensysteme nicht nachstehen wird.

Die Ersparnisse an Arbeitslöhnen zur Bedienung solcher Öfen sind noch bedeutendere als bei Öfen mit schrägen Retorten und natürlich in der Hauptsache durch die längere Entgasungszeit der Retorten bei den großen Kohlenladungen bedingt, da bei gleichen Ofenleistungen die Manipulation des Ladens und Entleerens der Retorten seitens der Arbeiter weniger oft vorgenommen zu werden braucht. In dieser Hinsicht ist der Vertikalofen den Öfen mit schrägen Retorten noch bedeutend überlegen.

Der Raumbedarf für Vertikal-Öfen ist ungefähr der gleiche wie derjenige für Öfen mit schrägen Retorten, und zwar beträgt die Größe der überbauten Grundfläche des Ofenhauses in beiden Fällen im Durchschnitt ca. $12^1/_2$ qm pro 1000 cbm Gasproduktion in 24 Stunden. Wenngleich auch die Kosten von Öfen mit Vertikalretorten um ein geringes höher sind als solche mit schrägen Retorten, so werden diese Mehrkosten zur Hauptsache wieder ausgeglichen durch die geringeren Kosten des Ofenhauses. Da die Kohlenbehälter auf den nach oben verlängerten Verankerungssäulen des Ofenblocks gelagert werden können, mithin die Gebäudekonstruktion selbst überhaupt nicht belasten, ergibt sich eine ganz außerordentlich leichte Gebäudeanlage. Zudem kommen die bei schrägen Retorten erforderlichen unteren und oberen Arbeitsflure gänzlich in Wegfall, da die obere Fläche der Vertikalöfen selbst als die einzige überhaupt nötige Arbeitsbühne ausgebildet ist.

In welch einfacher Weise sich das Ofenhaus für eine Vertikalofenanlage ausbilden läßt, zeigt die von

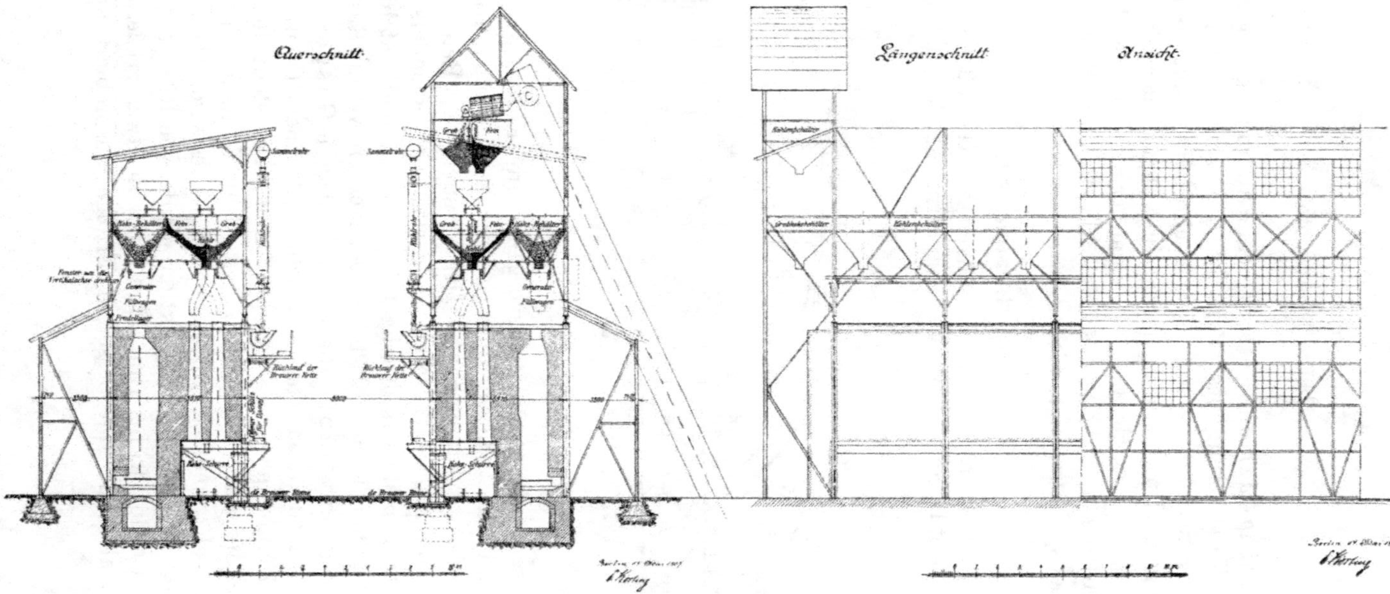

Fig. 54.

Körting-Mariendorf stammende Anordnung (Fig. 54). Die Verankerung des Ofens ist hier zum Tragen der Dachkonstruktion und der Hochbehälter mit herangezogen. Durch Einschaltung eines Pendellagers in die senkrechten Stiele hat die Verankerung nur vertikale Belastung auszuhalten, so daß alle unkontrollierbaren Nebenspannungen fortfallen.

f) Der Grofsraumofen.

Das Bestreben, die Ladungen zu vergrößern und die Destillationsdauer zu verlängern, ist Veranlassung

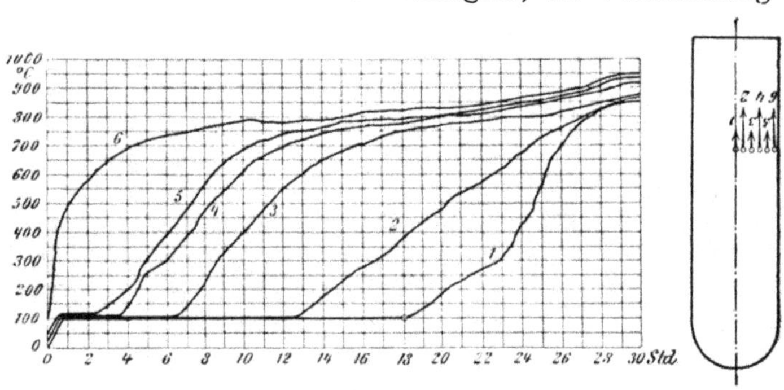

Fig. 55.

gewesen, die Destillationsvorgänge im Koksofen eingehend zu studieren und sie für die Leuchtgaserzeugung nutzbar zu machen. Der Versuch, den Retortenofen durch den Koksofen zu ersetzen, ist besonders in Amerika praktisch durchgeführt worden und hat hier trotz anfänglicher Mißerfolge zu beachtenswerten Resultaten geführt. Auch die Continentale Gasgesellschaft in Dessau hat Versuche mit einem Ofen mit vier Kammern von je 1000 kg Fassung angestellt, deren Resultate aber hinter den mit dem Vertikalofen erzielten Ergebnissen zurückblieben. Diese von Dessau wieder verlassene Konstruktion wurde von Ries-München schon früher (im Jahre 1896) in etwas größerem Maßstabe und mit besserem Erfolge ausprobiert und ist jetzt im Begriff, der Vertikalretorte das Feld streitig zu machen.

Für den Bau der Großraumöfen waren die bei den Koksöfen gemachten Erfahrungen maßgebend. Während die Gasindustrie auf größte Gasausbeute Gewicht legt und den Koks als ein wichtiges Nebenprodukt betrachtet, das gleichzeitig zur Beheizung der Öfen dient, hat die Koksindustrie die Erzeugung eines möglichst guten Koks, haupsächlich für metallurgische Zwecke, als Ziel. Das im Koksofen entstehende Gas dient teilweise zur Beheizung der Koksöfen, teilweise wird es zur Dampf-

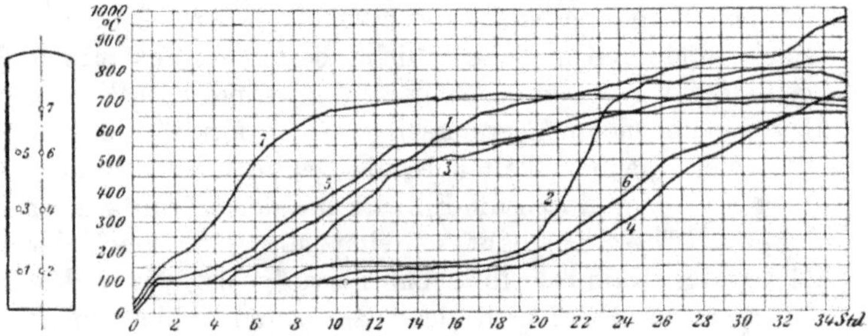

Fig. 56.

erzeugung verwendet oder direkt in Gasmotoren in Kraft umgesetzt.

Trotz dieser so gegensätzlichen Ziele beider Betriebe haben sich infolge der Verwendung des Gases im Gasglühlichtbrenner und zu Heizzwecken die trennenden Momente wesentlich zugunsten des Kokereibetriebes verschoben. Sowohl im Retortenofen als auch im Koksofen läßt sich ein gleichmäßiges Gas erzeugen. Diese Tatsache läßt es wünschenswert erscheinen, die Destillationsvorgänge näher zu betrachten.

Zur Kokserzeugung verwendet man backende Fett- oder Magerkohle oder ein Gemisch von beiden. Diese Kohle wird zur Verkokung naß (mit ca. 12—15 % Wasser) verarbeitet, weil feucht verarbeitete Kohle einen besseren

Koks gibt. Der Grund hierfür liegt zum Teil darin, daß feuchte Kohle dichter liegt als trockene, und daß gewaschene Kohle nicht so aschereich ist als ungewaschene.

Einen interessanten Beitrag zu den Destillationsvorgängen im Koksofen bieten die auf Grund Hilgenstockscher[1]) und Schniewindscher Messungen zusammengestellten Diagramme (Fig. 55 u. 56) über die an den verschiedenen Stellen des Kokskuchens herrschenden Temperaturen. Der Destillationsfortschritt spielt sich danach ähnlich wie in der Vertikalretorte ab. Die Vergasung resp. Verkokung erfolgt von der beheizten Wandung aus. Es bildet sich eine 3—5 cm starke undurchdringliche Schicht, bestehend aus primär gebildetem Teer und in Zersetzung befindlicher Kohle. Die entstehenden Teermassen werden fortwährend an der rückliegenden kalten Kohle gekühlt und kondensiert und dann durch die Einwirkung der Wärme wieder vergast. Diese Teernaht schreitet allmählich nach der Mitte der Kammer fort, bis sie aufgelöst wird. Die Temperatur in der Mitte des unzersetzten Kohlekuchens beträgt nicht mehr als 100°. Die Entgasung der letzten Kohlenteilchen beginnt bei trockener Kohle in der 15. bis 16. Stunde.

Schreitet die Entgasung der Kohle nach Maßgabe des im Diagramm dargestellten Temperaturverlaufs vor, so ergibt sich zwischen Anfang und Ende der Entgasung eine ziemlich breite Zone. In dieser Zone können die entwickelten Gase, ohne sich zu zersetzen, aufsteigen. Die aus der Teernaht oder deren Nähe aufsteigenden Gase sind am reichsten an schweren Kohlenwasserstoffen, während die übrigen Gase, je mehr sie dem Ende der Entgasung entstammen, ärmer an diesen Kohlenwasserstoffen sind und fast nur aus Wasserstoff bestehen. In manchen Fällen ist das im Koksofen aus wenig gas-

[1]) Journ. f. Gasbel. 1908, S 466.

reichen Kohlen entstehende Durchschnittsgas nur wenig verschieden von dem in Leuchtgasfabriken gewonnenen Gas. Zum Belege diene die Analyse von folgenden Gasen, die je aus einer Kokerei und einer städtischen Gasanstalt stammen:

	Koksanlage	Gasanstalt
CO_2	1,4 %	1,7 %
O	0,0 »	0,6 »
CO	6,6 »	7,1 »
$C_m H_n$	3,2 »	3,0 »
CH_4	25,0 »	28,62 »
H	56,4 »	52,75 »
N	7,4 »	6,11 »

Bei Verwendung einer gasreichen Kohle in zweckmäßig konstruierten Koksöfen könnte sogar ein besseres Gas gewonnen werden als aus der gleichen Kohle in der Retorte. Daraus folgt, daß durch die Einführung des Großraumofens in die Leuchtgasindustrie diese in der Wahl der Kohle viel unabhängiger wird, denn fast jede zur Verkokung sich eignende Kohle gibt ein mittleren Ansprüchen genügendes Gas.

Die direkte Verwendung von Koksofengas zur Gasversorgung von Städten ist in den letzten Jahren von vielen Seiten angeregt und an einigen Stellen schon mit günstigem Erfolg erprobt worden. Kokereien und Gaswerke haben nun trotz der großen Ähnlichkeit im technischen Betrieb so abweichende wirtschaftliche Ziele, daß es vorläufig schwer zu beurteilen ist, ob die bisherigen Versuche eine weitergehende Interessengemeinschaft von Kokerei und Gaswerk zur Folge haben werden. Die Kokerei mit ihrer ständig gleichbleibenden Gasproduktion kann sich dem so stark wechselnden Gaskonsum einer Stadt schlecht anpassen. Anderseits verlangt die öffentliche Gasversorgung eine unbedingte Betriebssicherheit, die in Streikfällen von Kokereien weniger gewährleistet werden kann als von

Gaswerken. Der an sich lokal beschränkte Interessentenkreis für Koksofengasversorgung, die zunächst für die

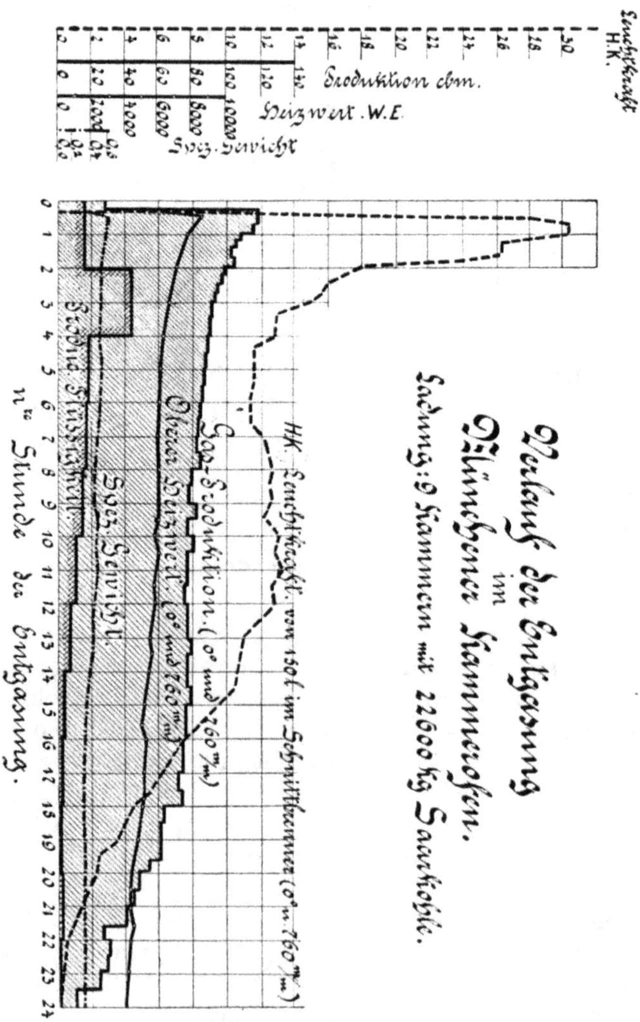

Fig. 57.

Städte in unsern Kohlenrevieren in Betracht kommt, würde natürlich durch die jetzt mehr und mehr in

Aufnahme kommenden Ferndruckleitungen eine ganz bedeutende Erweiterung erfahren.

Im allgemeinen ist die Mischung der gesamten Gasausbeute der Koksöfen im Durchschnitt zu minderwertig für eine städtische Gasversorgung. Deshalb muß das gute Gas aus der ersten Zeit der Destillation fraktioniert abgesaugt werden. Zu diesem Zwecke erhalten die Öfen zwei Vorlagen, von denen die eine das für die Ofenheizung bestimmte Gas, die andere das Leuchtgas aufnimmt. Jeder Ofen bleibt nach der Beschickung einige Zeit, in der sich hauptsächlich Wasserdampf und ein wegen der Feuchtigkeit kohlensäurereiches Gas bildet, an die Kokereigasvorlage angeschlossen wird dann durch Ventilumstellung je nach Bedarf und Beschaffenheit des Gases für ein Viertel bis ein Drittel der gesamten Garungszeit mit der Leuchtgasvorlage verbunden und endlich für den Rest der Destillation auf die andere Vorlage zurückgeschaltet.

Seeger untersuchte das Koksofengas auf der Zeche Rhein-Elbe der Gelsenkirchener Bergwerks-Aktien-Gesellschaft, von der die Stadt Gelsenkirchen Gas bezieht, und fand folgende Grenzwerte[1]):

Beschaffenheit des Gases

am Ende der	1.	8.	16.	32. Stunde der Destillation
		Entnahme von Leuchtgas		
Kohlensäure	5,5 %	4,0 %	3,5 %	0,5 %
schwere Kohlenwasserstoffe	6,5 %	5,0 %	4,0 %	0,0 %
Kohlenoxyd	7,0 %	6,0 %	7,5 %	12,5 %
Wasserstoff	38,0 %	46,0 %	52,0 %	61,5 %
Methan	38,0 %	34,0 %	29,0 %	2,5 %
Stickstoff	5,0 %	5,0 %	4,0 %	13,5 %
spez. Gewicht	0,53	0,445	0,397	0,32
oberer Heizwert (15° 760 mm)	6580	5860	5100	2350

Über den Verlauf der 24stündigen Destillationsperiode im Münchener Kammerofen gibt die folgende

[1]) Auf Grund freundlicher privater Mitteilung hier aufgenommen.

graphische Darstellung am besten Aufschluß, die auf Grund der Resultate einer Probevergasung gewonnen wurde (Fig. 57).

Die Gaserzeugung erhebt sich unmittelbar nach der Ladung der Kammer zu ihrer größten Höhe und sinkt dann allmählich auf eine gleichmäßige mittlere Gaserzeugung herab bis zur 17. Stunde. Von da ab läßt die Gasentwicklung stärker nach, bis sie nach 24 Stunden praktisch ihr Ende erreicht. Im Gegensatz zu der relativ gleichmäßigen Gasentwicklung unterliegt die Leuchtkraft großen Veränderungen. Durch die während der ersten Stunden der Destillation bei relativ kaltem Kohleninnern auftretenden sog. »schweren Kohlenwasserstoffe« zeigt das Gas anfänglich eine hohe Leuchtkraft (bis 30 HK), die jedoch schnell abnimmt, eine Zeitlang, abgesehen von kleinen Schwankungen, konstant bleibt, um gegen Ende der Entgasung rasch auf Null zu sinken. Im Durchschnitt hat das Gas eine Leuchtkraft von 11 bis 12 Kerzen. Geringeren Veränderungen ist der Heizwert des entstehenden Gases unterworfen. Es hat dieses seinen Grund darin, daß das die Heizkraft bedingende Methan weit hitzebeständiger ist als die die Leuchtkraft bedingenden Kohlenwasserstoffe. Der obere Heizwert beträgt anfangs 8000 WE, sinkt bis zur 5. Stunde auf 6000 WE, bleibt dann fast konstant, um gegen Ende der 24stündigen Periode auf 4000 WE zu fallen. Das erhaltene Mischgas (bei 0° und 760 mm) besitzt einen oberen Heizwert von 5880 WE.

Nach den bisherigen Erfahrungen bietet die Verwendung der Großraumöfen mit langen Destillationsperioden gegenüber den kleinen Retorten mit kurzen Destillationszeiten erhebliche Vorteile. Den besten Beweis bietet ein Vergleich beider Destillationsarten. Für die Erzeugung von 100000 cbm in 24 Std. sind erforderlich:

I. Bei Vollgeneratoröfen mit je 9 Retorten und einer Leistung von 258 cbm pro Retorte und Tag, 43 cbm pro 1 Ladung á 4 Stunden

44 Öfen mit 396 Retorten × 6 Ladungen =
2376 Ladungen/Tag.

II. Bei Münchener Kammeröfen à 3 Kammern mit einer Leistung von 2000 cbm pro Kammer und Tag
17 Öfen à 3 Kammern = **51** Ladungen/Tag.

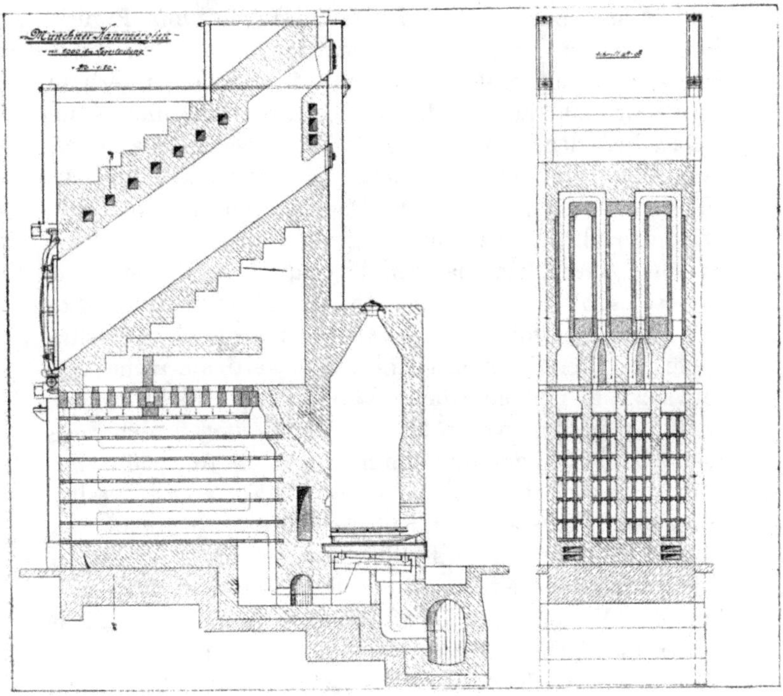

Fig. 58.

Berücksichtigt man noch, daß mit jeder Beschickung und Entleerung gewisse Verluste und Belästigungen verbunden sind, so kann man den Übergang von den Öfen mit kleinen Retorten zu solchen mit großen Destillationsräumen nur als wünschenswert bezeichnen.

Die Münchener Kammeröfen (Bauart Ries) wurden bis jetzt in Größen von 2800 bis 6500 cbm Tagesleistung pro Ofen ausgeführt (Fig. 58). Die Entgasungszeit in denselben beträgt 24 Stunden, so daß die Beschickungen stets bei Tag erfolgen können und die Nachtarbeit bis auf die Tätigkeit eines Wächters vollständig in Wegfall kommt. Die schrägen Vergasungskammern, bis jetzt stets drei pro Ofen, sind über der Regeneration angeordnet und bauen sich auf drei massiven, vom Fundamente durch die ganze Regeneration bis zu den Kammersohlen reichenden Pfeilern auf. Seitlich unterhalb der sehr stabil ausgebildeten Sohlen der einzelnen Kammern befinden sich die Brenner, von welchen die Feuerzüge zwischen den Kammern nach aufwärts und an den Außenseiten herab zur Regeneration führen. Die Kammersohle besitzt eine Neigung von 35—40° zur Erzielung einer gleichmäßigen Lagerung der Kohlen und des selbsttätigen Herausgleitens des Kokskuchens. Bei einem Kammerofen von 6500 cbm Tagesleistung besitzt jede der drei Kammern eine lichte vertikale Höhe von etwa 2,8 m und eine lichte Länge, in der Richtung der Sohle gemessen, von 7.30 m. Die Breite an der Füllseite beträgt 45 cm und nimmt gegen die Auslaßöffnung hin zu, woselbst sie 60 cm mißt. Jede Kammer besitzt drei durch Türen verschließbare Öffnungen: am oberen Ende der Kammer die Füllöffnung, unterhalb derselben dicht über der Kammersohle die Ausstoßöffnung und an der Vorderseite die Koksauslaßöffnung im vollen Querschnitt der Kammer.

Die große Koksauslaßtüre ist um eine obere horizontale Achse drehbar und wird durch einen längs des Ofenblocks verfahrbar angeordneten Aufzug geöffnet und geschlossen. Sie ist gegen das Innere der Kammer mit einem Schild versehen, um das Vordringen der Kohlen in den weniger heißen in der Brustmauer liegenden Teil der Kammer zu verhindern. Die gasdichte Anpressung der Türe an den Rahmen erfolgt mittels eines Längsbügels durch Schneckengewinde oder Exzenterdruck. Der Druck der Kohle auf die Türe wird durch zweckmäßige Konstruktion der Verankerung auf diese übertragen. Mit dem fahrbaren Aufzugswagen vor dem Ofen ist zweckmäßig auch eine mit Dampfabzugschlot versehene Ablöschvorrichtung für den austretenden glühenden Koks verbunden, dessen Weitertransport je nach den örtlichen Verhältnissen durch Brouwerrinnen, Greifer oder dergl. erfolgt. Beim Weitertransport durch Greifer ist vor dem Ofenhause vorteilhaft eine Grube zur Aufnahme des abgelöschten Koks anzuordnen.

Die Füll- und Ausstoßtüren an der Füllseite des Ofens sind wesentlich kleiner als die Auslaßtüren und werden von Hand geöffnet und geschlossen und durch die bekannten Mortonverschlüsse gasdicht angepreßt.

Zum Füllen der Kammern und zum Ausdrücken des Kokskuchens sind eine Kippmulde und eine Ausstoßvorrichtung längs des Ofenblockes verfahrbar angeordnet, die beide auf dem gleichen Fahrgestell vereinigt sein können. Oberhalb einer jeden Kammer befindet sich ein den Inhalt einer Kammerfüllung aufnehmender Kohlenbunker, an dessen mit einer Klappe verschlossenem Auslauf die Kippmulde anliegt, wenn sie mit dem anderen Ende in die Füllöffnung eingekippt wird. Die Füllung einer Kammer mit 6—7 Tonnen Kohlen erfordert weniger als eine Minute Zeit.

Die Ausstoßvorrichtung besteht aus einer mit Handwinde oder Motor angetriebenen Zahnstange mit Platte, sie tritt nur ab und zu in Tätigkeit, um den Kokskuchen in Bewegung zu setzen, wenn er nach Öffnung der Türe nicht selbständig abrutschen sollte.

Die Ableitung des Gases aus den Kammern in die für je drei Kammern eines Ofens gemeinsame Vorlage erfolgt bei kleinen Öfen durch ein Steigrohr für jede Kammer, das vom Füllhals ausgeht. Bei großen Öfen ist noch ein zweites Steigrohr nahe der Auslaßtüre angebracht.

Jeder Kammerofen besitzt einen eigenen auf der Füllseite gelegenen Generator gewöhnlicher Konstruktion,

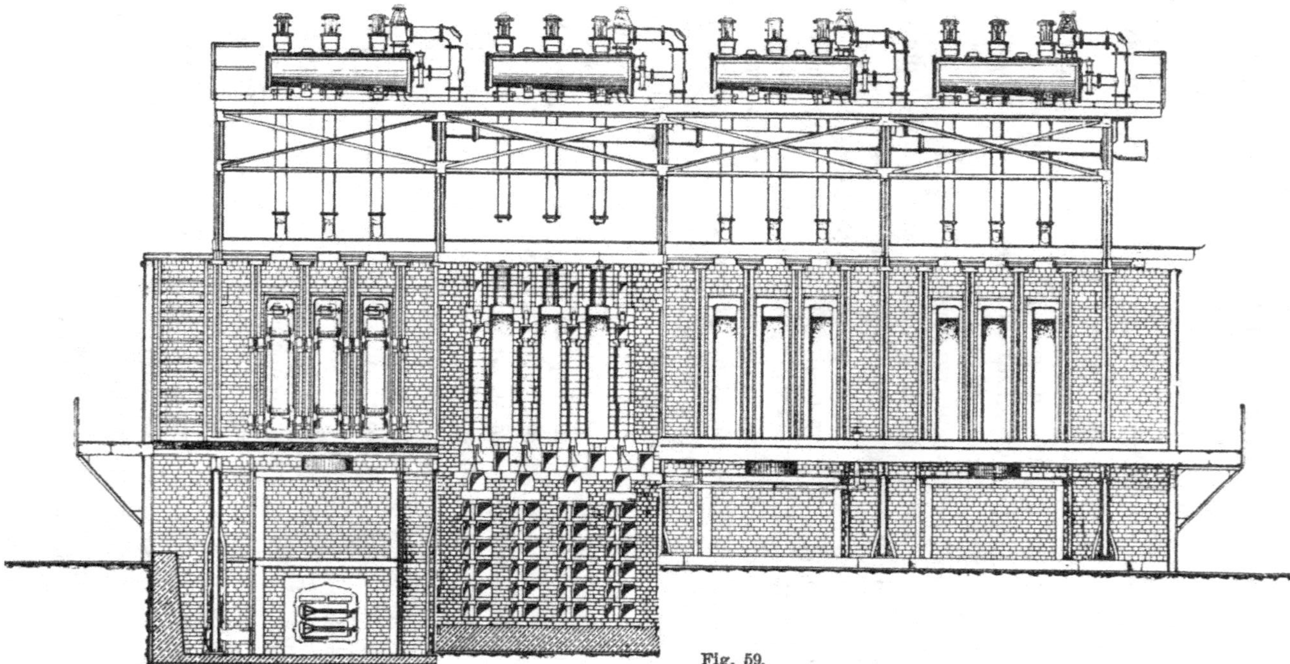

Fig. 59.

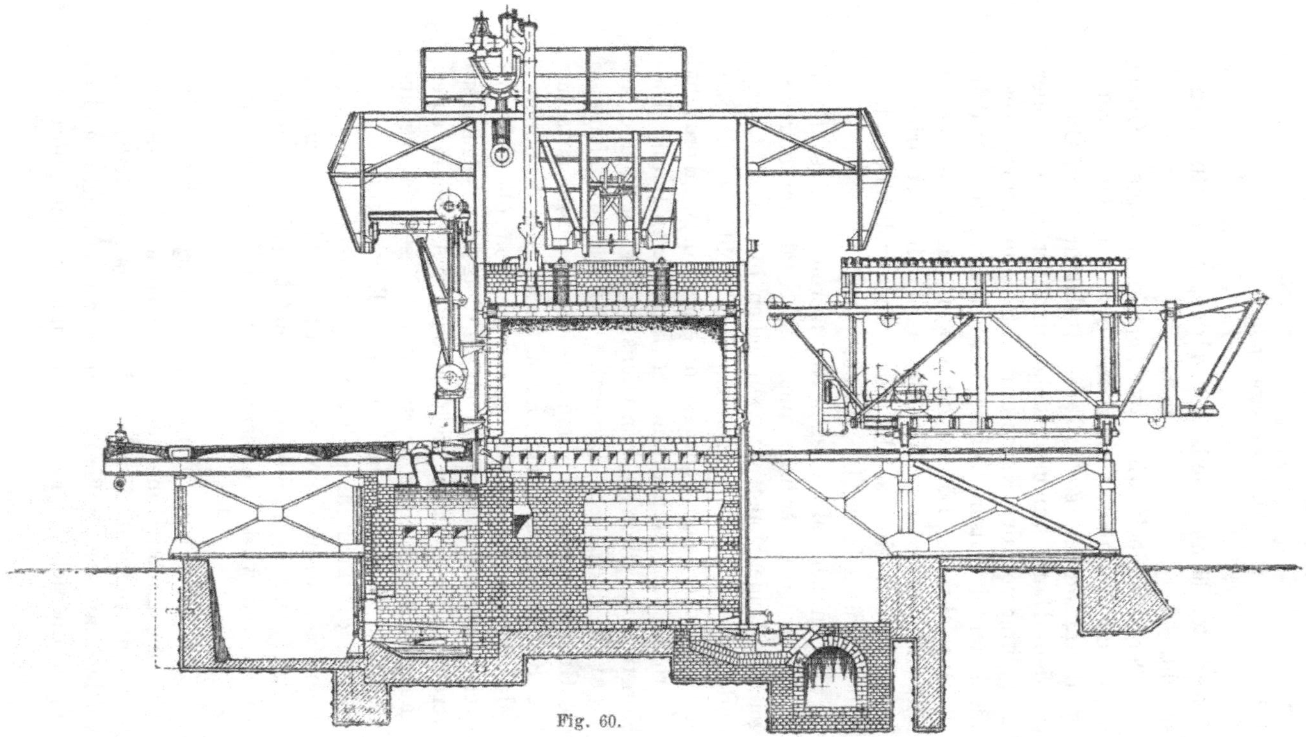

Fig. 60.

dessen Rostfläche jeweils der verlangten Leistung entspricht.

Der Ofenblock wird zweckmäßig in einem Ofenhause, die Auslaßseite möglichst nahe an der Vorderwand angeordnet, so daß die Auslaßtür beim Öffnen aus dem Hause hinausschwingt und der Koks bei der Entladung von den Kammern mittels eines kurzen festangebrachten Rutschbleches unmittelbar in den vor dem Ofen verfahrbaren Löschwagen bzw. in die Ablöschgrube fällt und Wasserdampf nicht in das Ofenhaus eindringen kann. Doch sind solche Öfen auch vollständig freistehend, ohne Haus, in Betrieb.

Neben dem Münchener Kammerofen mit schräger Sohle werden neuerdings auch horizontale Kammeröfen gebaut. Beide Konstruktionen haben ihre Berechtigung und Vorteile. Der horizontale Ofen stellt sich im Bau etwas billiger wie der Schrägkammerofen, dagegen braucht er pro Leistungseinheit einen etwas größeren Raum. Die Konstruktion eines solchen Ofens zeigen Fig. 59 und 60. (System Koppers-Essen). Bei diesem Ofen ist die Generatoranlage für mehrere Öfen zentral gedacht. Die Regenerationskanäle liegen unter den Kammern. Jeder Ofen hat drei Kammern, die von oben durch zwei Schüttöffnungen von einem Wagen aus geladen werden. Der Wagen faßt gerade den Inhalt einer Kammer. Das Steigerohr ist seitlich dieses Wagens angeordnet. Zum Ausdrücken dieses Kokskuchens dient eine Ausdrückmaschine, welche gleichzeitig zum Einebnen der Kohle eine sogenannte Planiervorrichtung besitzt. Der gedrückte Kokskuchen fällt in einen Wagen und wird in diesem zu einer Löschstelle transportiert und entladen.

Das Generatorgas tritt mit der vorgewärmten Verbrennungsluft in Höhe der Kammersohle ein. Die Verbrennung vollzieht sich dann in einer ganzen Reihe von vertikal an der äußeren Kammerwand aufsteigenden Zügen, die sich oben wieder zu einem einzigen horizontalen Kanal vereinigen. Jeder dieser vertikalen Züge hat seinen Brenner. Diese Brenner sind von oben zugänglich. Außerdem hat jeder Vertikalzug oben einen Schieber zur Regulierung der Beheizung. Mittels dieser Einrichtung wird eine vollständig gleichmäßige Beheizung der Ofenwand erzielt.

Koppers baut diese Öfen im Freien stehend, ähnlich wie die Koksöfen, so daß also die Kosten für das Ofenhaus gespart werden. Nur über dem Ofen selbst ordnet er zum Schutz gegen Regen ein leichtes Dach an, das er mit der Verankerung der Öfen verbindet.

g) Die Ofenhülsen und deren Verankerung.

Die Ofenhülse schließt den gesamten Ofeneinbau in sich ein und gibt dem durch viele Kanäle durchbrochenen Mauerwerk den konstruktiven Halt. Die Hülse sitzt direkt auf dem Fundament auf. Für die Materialbeschaffenheit gilt hier wie beim gesamten Ofenbau die Regel, daß das beste Material gerade noch gut genug ist. Die zu den Eckpfeilern verwendeten Ziegel müssen Klinker oder Hartbrandsteine sein. Sie sind in deutschem Format vollkantig und geradflächig anzuliefern (am besten Maschinensteine). Alle krummen und windschiefen Steine sind beim Bau von der Verwendung auszuschließen.

Der Schamotteeinsatz der Hülse ist ohne jeden Verband mit dem Ziegelmauerwerk hochzuführen. Alles ist mit schwachen Fugen und in gutem Ziegelverbande herzustellen. Um diese möglichst schwachen Fugen bei dem Ziegelmauerwerk zu ermöglichen, ist eine gute Nässung der Steine vor der Verwendung notwendig. Es genügt daher nicht, wie das fast allgemein üblich ist, die Ziegel mit einer Brause, z. B. mit einer Gießkanne zu bespritzen, sondern es müssen die Ziegel in Wasser gelegt und darin so lange belassen werden, bis keine Luftblasen mehr aufsteigen. Derartig tüchtig durchnäßte Steine erlauben es dem Maurer gar nicht, starke Fugen auszuführen, er ist vielmehr gezwungen, dünne Fugen zu legen, da sonst das dem Maurer so verhaßte Wegschwimmen der Steine eintritt. Jeder einzelne zu verlegende Stein ist vom Arbeiter zuerst durch einen Hammerschlag zu prüfen, ob er keinen Sprung hat, was durch den Klang der Steine beim Hammerschlag leicht zu erkennen ist. Jeder gesprungene Stein ist von der Vermauerung auszuschließen und kann höchstens als $^1/_2$ oder $^1/_4$-Stein Verwendung finden.

Von ganz besonderer Wichtigkeit beim Bau sind volle Stoß- und Lagerfugen. Daher ist jeder zu verlegende Stein dort, wo er mit dem Nachbarstein in Berührung kommt, der ganzen Steinlänge bzw. seiner Breite nach mit dem Mörtel zu bestreichen und an seinem Bestimmungsort mittels Hammerschlag zu verlegen. Unzulässig ist es, die Steine nur mit der Kelle zu setzen und seitlich wie von oben mit der Kelle anzuklopfen.

Der für die Ofenbauten zu verwendende Mörtel muß feinkörnig sein und muß so dünn angerührt werden, daß er gerade noch auf der Kelle verbleibt. Hat man sich den Mörtel selbst zu bereiten, so untersucht man den zu verwendenden Sand vorher, ob er Lehm oder Letten enthält. Zu dem Zwecke mischt man in einem Literglase Wasser und Sand innig und läßt alsdann ruhig absitzen. Zeigt sich auf der Probe die geringste Ablagerung von Lehm o. dgl., so ist der Sand von der weiteren Verwendung unter allen Umständen auszuschließen. In der Regel ist Flußsand der geeignetste, jedoch auch dieser ist auf seine Reinheit zu untersuchen.

Ob zu dem Aufbau der roten Steine guter Kalkmörtel oder sog. verlängerter Mörtel (Kalkmörtel mit Zementzusatz) oder reiner Zementmörtel am zweckmäßigsten zu verwenden ist, ist eine offene Frage, welche noch durch zu sammelnde Erfahrungen beantwortet werden muß. Verfasser neigt nicht der Verwendung von Zementmörtel zu, da dieser, wenn er abgebunden hat, fester ist als der in Verwendung genommene Ziegel. Da nun jeder Ofen im Betriebe schiebt, d. h. sich ausdehnt, so liegt die Gefahr vor, daß die Zementfuge den Druck der Schiebung aushält, dagegen der Ziegel springt und zerklüftet. Bei der Verwendung von Kalkmörtel hingegen wird der Ziegel immer seine größere Festigkeit gegenüber dem Mörtel bewahren, und es wird im ungünstigsten Falle die Fuge reißen. Eine gerissene Fuge ist aber viel leichter durch Auskratzen und Neuverfugen zu dichten als ein willkürlich gerissener Mauerstein.

Das Schamottefutter der Hülse ist in Schamottemörtel aufzuführen. Auch hierfür gilt die Regel, Stoß- und Lagerfugen so schwach als möglich auszuführen. Der Schamottemörtel selbst soll so dünnflüssig verwendet werden, daß es dem Arbeiter unmöglich ist, mit der Kelle zu arbeiten. Solcher Mörtel muß mit dem Löffel aufgetragen werden. Wird auf diese Art Stein an Stein verlegt, so entstehen so gut wie keine Fugen.

Bei allen Bauausführungen in feuerfestem Material gilt als Regel, daß man Bruchstücke von Steinen nicht verwendet oder höchstens dort, wo eine Notwendigkeit vorliegt. Im allgemeinen verwende man lieber kleinere Teilsteine.

Zu dem Zwecke werden von den Fabriken außer dem deutschen Normalformat, den sog. 30er Steinen (65 × 250 × 120 mm), noch folgende Teilsteine hergestellt.

Nr. 31	65 × 190 × 120	mm
Nr. 32	30 × 250 × 120	»
	25 × 250 × 120	»
	20 × 250 × 120	»
	15 × 250 × 120	»
	10 × 250 × 120	»
Nr. 33	65 × 250 × 60	»
Nr. 34	65 × 122 × 120	»
Nr. 35	65 × 60 × 120	»

Die Widerlagsteine für das Ofengewölbe sind aus Formsteinen von entsprechender Größe herzustellen und nicht aus abgeschrägten, behauenen Normalsteinen. Beim Bau ist auf die genau gleiche Höhe dieser Lager zu achten, sowie darauf, daß die Hülsenwände genau gleich weit voneinander ausgeführt werden. Große Aufmerksamkeit ist auf den Bau des Gewölbes der Hülse zu verwenden. Der Gewölbebogen soll aus drei verschieden großen keilig geformten Steinen bestehen, welche in der aus Fig. 61 ersichtlichen Weise vermauert werden.

Wenn die Ofenhülsen hochgeführt werden, muß für die Anker gleich der nötige Platz gelassen werden.

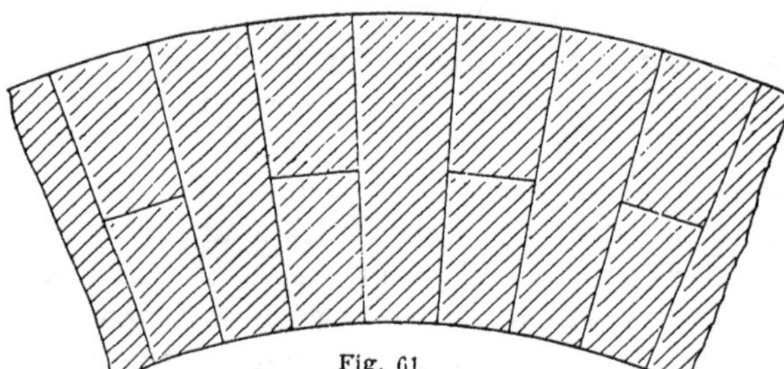

Fig. 61.

Die Anker einzumauern, ist nicht angebracht, denn diese sollen nicht fest im Mauerwerk sitzen, sondern darin beweglich sein, um einmal den Bewegungen des Mauerwerks folgen zu können und das andere Mal, um durch die umgebende Luft kühl gehalten zu werden. Die Anker werden am besten erst nach Fertigstellung des Ofenbaues durch die quadratisch ausgesparten Öffnungen eingezogen.

Bei dem Retortenofen, besonders dort, wo mehrere Öfen zu einem ganzen Ofenblock vereinigt sind, treten infolge der Materialausdehnung durch die Wärme Längenänderungen auf, welche ziemlich beträchtlich werden können. Nach dem Erkalten geht das Mauerwerk nicht mehr in seine alte Lage zurück, sondern es hat eine dauernde Verschiebung stattgefunden, durch welche die

Anker, die den ganzen Block zusammenhalten, dauernd beansprucht werden. Werden die Öfen wieder in Betrieb genommen, so findet eine neue größere Beanspruchung der Anker statt, die so stark anwachsen kann, daß die Anker reißen. Man hätte also die Spannung der Anker durch stete Beaufsichtigung konstant zu halten, indem man bald die Muttern löst, bald wieder anzieht. Die Anker, welche die Vorderseite des Ofens mit der Rückseite verbinden, sind bei ihrer geringen Länge nicht

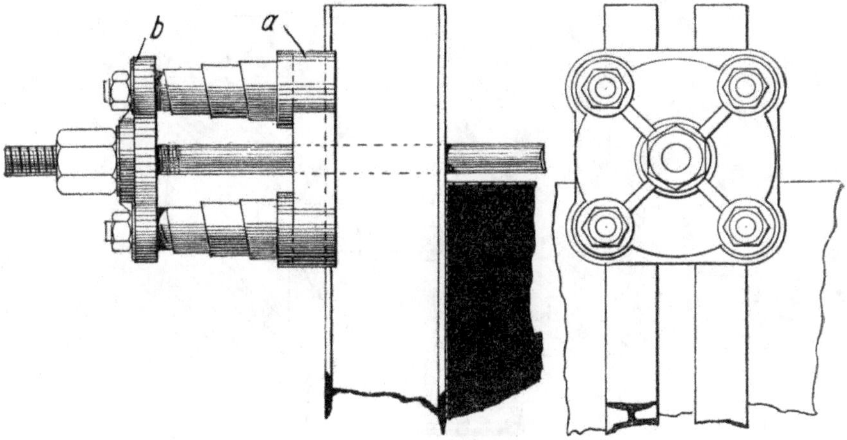

Fig. 62.

so stark der Ausdehnung unterworfen wie die Längsanker. Um sich nun von der steten Kontrolle dieser Anker unabhängig zu machen, werden an den beiden Enden derselben starke Pufferfedern eingeschaltet, welche die Differenzen in der Längenausdehnung aufnehmen und den gesamten Ofenblock in konstanter Spannung halten müssen. Fig. 62 zeigt eine solche Anordnung. Auf T-Eisen liegt die Platte *a*, auf welcher im Kreis verteilt sich die vier Federn stützen, darauf sitzt die Deckplatte *b*, welche durch die Mutter des Ankereisens dagegengepreßt wird. Die Anzahl der Längsanker variiert je nach der Breite des Ofens zwischen 3—4 oberen Ankern und ebensoviel unteren.

h) Der Rauchkanal.

Ein Retortenofen besitzt auf jeder Seite des Ofens einen Ausgang für die Abgase, welcher in den Rauchkanal mündet. Jede dieser Ausmündungen besitzt einen Schieber, durch den die Zugverhältnisse auf jeder Seite des Ofens gesondert geregelt werden können. Würde diese getrennte Regelung nicht vorhanden sein, so würde die Ofenseite, welche dem Schornstein näher

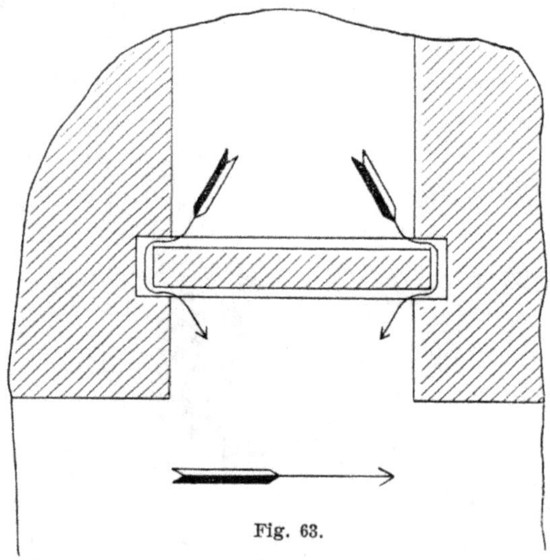

Fig. 63.

liegt, stärkeren Zug haben als die entfernter liegende; dadurch würde die letztere in der Temperatur bedeutend gegen die erstere zurückbleiben.

Diese Ofenschieber bedingen unter Umständen eine große Reihe von Fehlerquellen im Gange des Ofens, deren fast gänzliche Behebung im folgenden näher behandelt werden soll. Verfasser sagt ausdrücklich »fast gänzlich«, denn als Ofenabschluß sind diese Schieber überhaupt nicht fehlerlos.

Bekanntlich gehen die Ofengase mit einer so hohen Temperatur in den Rauchkanal, daß eiserne Register,

Schieber, Drosselklappen etc. nicht anwendbar sind, es bleibt daher nur die Verwendung der aus Schamotte hergestellten Schieber, die an ihrem oberen Ende eine eiserne Armatur besitzen, durch welche sie gehoben und gesenkt werden können. Diese Schieber bewegen sich in einem bedeutend breiteren Schlitz, als der Schieber selbst dick ist. Sie schließen daher an keiner Stelle des Schlitzes etwa durch Auflage dicht ab, und man kann nur den Zug, bezugsweise den Querschnitt des Rauchkanals verändern, niemals aber einen dichten Abschluß erreichen. Die Fig. 63 zeigt den

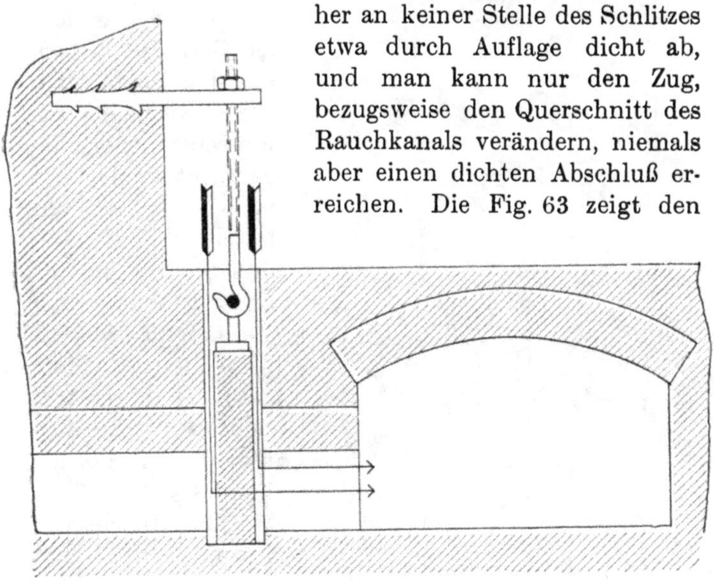

Fig. 64.

horizontalen Schnitt durch einen solchen Schieber, und die Pfeile deuten an, wie die Verbrennungsgase um den Schieber herum vom Schornsteinzuge abgesaugt werden. In Fig. 64 ist ein Vertikalschnitt gezeichnet, der erkennen läßt, daß dort, wo der Schieber mit der Eisenarmierung versehen ist, ebenfalls an allen Seiten Luft eintreten kann. Der Schornsteinzug besorgt denn auch das Einsaugen von Luft an diesen Stellen so reichlich, daß bei einigen Anlagen mehr atmosphärische Luft an diesen Stellen eingesaugt wird, als der gesamte Ofen

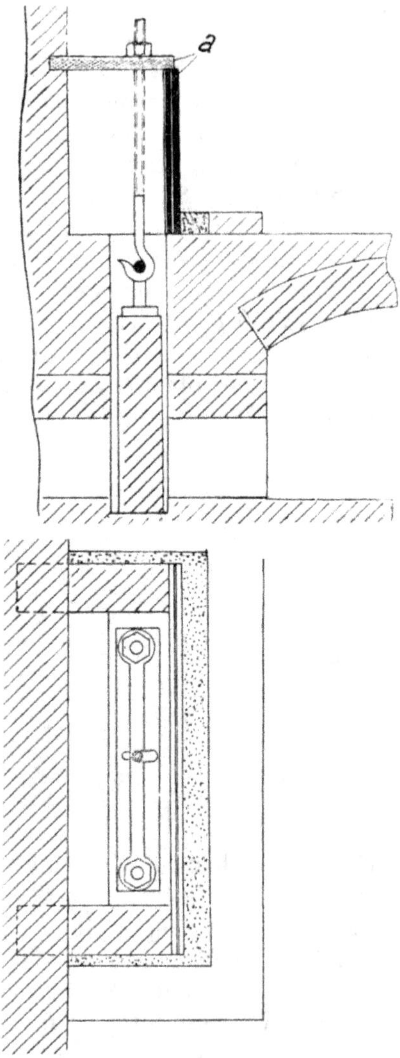

Fig. 65.

und sekundäre Luft ıt. Da diese an den n eintretende Luft ɜr den heißen Vergsgasen als kalt bewerden muß, so werden diese kalten Luftmengen gar nicht das Bestreben haben, aus dem Schornstein zu entweichen. Sie müssen daher erst angewärmt werden, bevor sie die Esse verlassen können. Zu dieser unbedingt nötigen Erhöhung der Temperatur müssen henden warmen Ofenhalten. Dadurch tritt schlechterung der Zugıd damit eine Störung ıbetriebes ein.

den die Rauchschieh außen hin dicht , so daß keine nutz- an dieser Stelle einwird, so kann der einzug bei sonst dichngemäuer seine Luft ch den Rost als prid durch die Luftschiesekundäre ansaugen.

den Schieber nach außen hin abzudichten, empfiehlt sich die in Fig. 65 dargestellte Einrichtung. *a* ist eine äußere Ummantelung; der Schieber wird durch die Schraubenspindel *s* gehoben und gesenkt: nur diese Spindel bewegt sich in einem etwas größeren Loche, durch welches jedoch im Verhältnis zu den in Fig. 63 und 64 dargestellten Anordnungen nur verschwindend wenig Luft eingesaugt werden kann. Diese Ummantelung läßt sich auch ganz aus einem genieteten oder gegossenen Kasten herstellen, dessen Unterteil in Sand glockenartig gedichtet werden müßte. Fig. 66 zeigt eine derartige Einrichtung.

Münden mehrere Öfen in einen gemeinsamen Rauchkanal, so liegen deren Ausgänge zumeist sämtlich in ein und derselben Ebene. Bei dieser Anordnung liegt die Gefahr vor, daß die von dem Schornstein entfernter liegenden Öfen den anderen Öfen der Zug abschneiden, wenn nicht besondere Maßnahmen getroffen werden. Die einzige Hilfe, diesen Mangel zu beseitigen, ist die Anbringung einseitiger Schutzkappen nach Art der in der Fig. 67 gezeichneten Schnitte. Dieselben stellen einen Längen- und einen Querschnitt durch den Rauchkanal dar und zeigen die Austrittskanäle der Öfen. Jeder einzelne Ofenausgang hat auf der Zugschattenseite

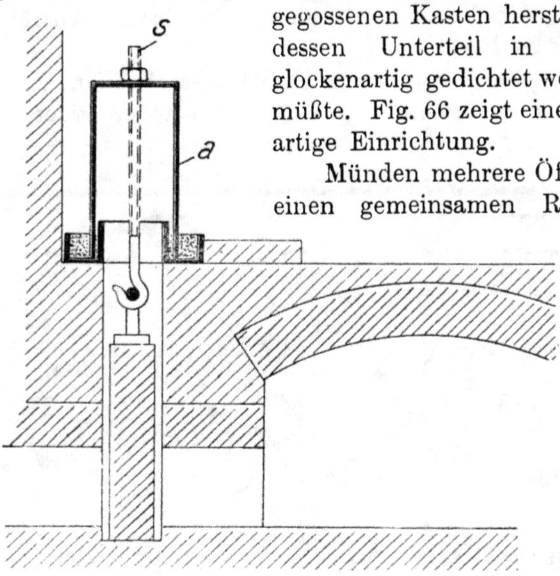

Fig. 66.

einen kleinen Wall, der oberhalb zweckentsprechend mit einer Schiefer- oder Schamotteplatte zum Teil zugedeckt wird. Der Schornsteinzug wirkt so auf alle vorhandenen Öfen gleichmäßig ein, und ein Abschneiden des Zuges ist zur Unmöglichkeit geworden.

Was von der Bauausführung der Ofenhülsen schon gesagt worden ist, gilt gleichfalls für die Ausführung des Essenkanals.

Ist die Verbrennung in den Retortenöfen eine normale, der Kohlensäuregehalt ein hochprozentiger, so ist

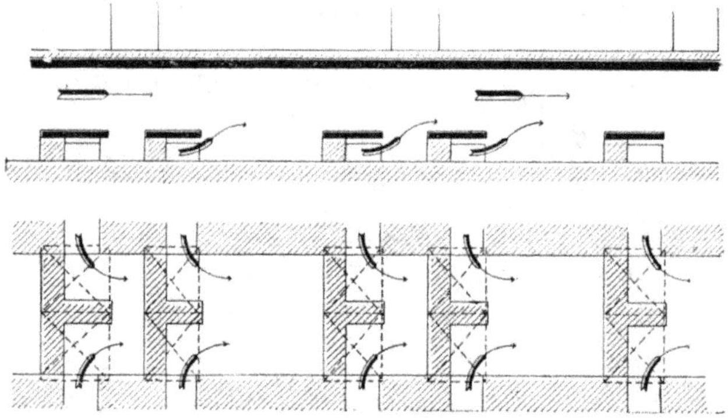

Fig. 67.

es ausgeschlossen, daß sich in den Essenkanälen Ruß ansammeln kann. Es ist dafür Sorge zu tragen, daß die Rauchkanäle zugänglich sind, um die sich ansammelnde Flugasche beseitigen zu können. Ob dieses von der Endseite oder von der Stelle einer Kanaldecke aus geschieht, ist dabei gleichgültig. Wenn die Kanäle von der Endseite aus zugänglich gemacht werden, unterläuft häufig ein grober Fehler, indem derartige Kanäle am Ende einfach mit Steinen, oft sogar nur mit einem halben Stein zugesetzt werden. Die gewölbte Form des Kanals bedingt, daß die oberen Steinschichten gehauen werden müssen (Fig. 68). Ein derartiger Flickbau ist natürlich nicht dicht zu halten, und durch die entstandenen Risse zieht bald kalte Luft in Massen ein, welche den Gang der Öfen ungünstig beeinflußt. Einen zuverlässigen Rauchkanalverschluß zeigt Fig. 69. In dem Kanal werden, einen Stein lang, die Steine am besten trocken, jedoch verfugt oder berappt, eingesetzt, so daß dieselben etwa 10 cm tief in den Kanal einspringen. Sodann wird ca. 20 cm vor dem Kanal eine Wand in Mörtel aufgeführt. Der sich bildende Zwischenraum wird mit gut trockenem, feinem Sand ausgefüllt. Da die Wand mit der Oberkante der Kanaldecke bündig gehalten wird, so schneidet die Sandfüllung an dieser

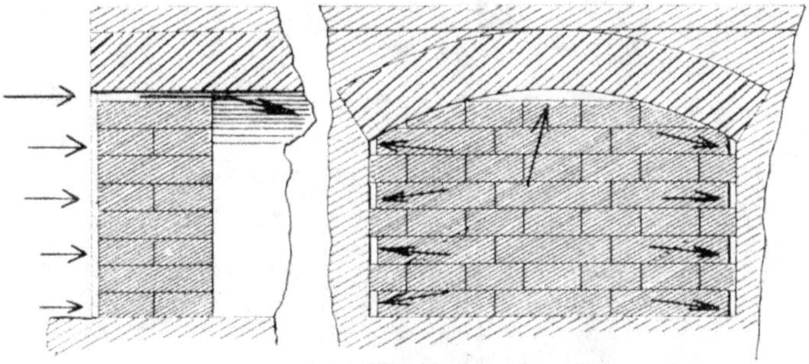

Fig. 68.

Stelle ab. Der Abschluß eines solchen Kanals ist absolut dicht. Wird seine Öffnung notwendig, so ist diese ohne Schwierigkeit auszuführen.

Diese Art der Sandabdichtung kann auch an anderen Stellen, z. B. an den Eingängen zu den Schornsteinen zweckmäßigerweise angebracht werden. Haben die Schornsteine Blechtüren, welche sich bei der hohen Temperatur des Schornsteins sehr leicht verziehen, so kann nur dazu geraten werden, diese Türen durch die obige Sandabdichtung zu ersetzen.

i) Der Ofeneinbau.

Die bei der Herstellung des Gases entstehenden Unkosten und auch die Gasausbeute hängen in erster Linie von der guten Instandhaltung und von der sachgemäßen Bauausführung der Öfen ab. Die Konstruktion eines Retortenofens muß derartig sein, daß er bei normaler Beanspruchung trotz der dauernd hohen Temperaturen, denen er unterworfen ist, eine lange Betriebsdauer gewährleistet. Er muß in seiner Bauart so kräftig gehalten sein, daß er die eigenen Lasten mit Sicherheit zu tragen vermag. Er muß ferner so zusammengefügt

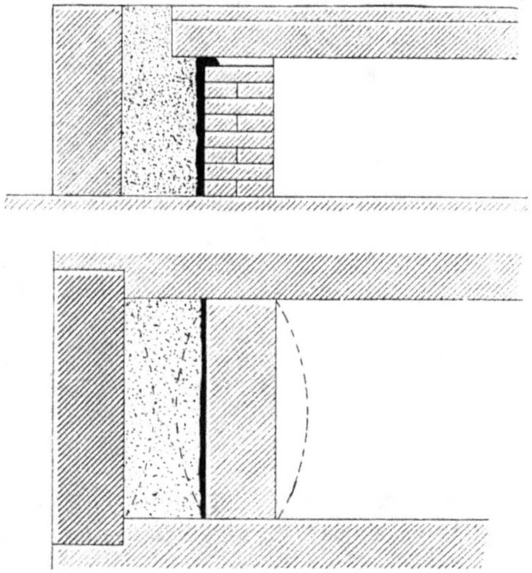

Fig. 69.

sein, daß nach Fertigstellung ein einziger wie aus einem Gusse hergestellter Schamotteblock entstanden ist. Dieses letztere bedingt, daß die einzelnen Teile, das sind die Form- und Normalsteine, so im Verband miteinander aufgebaut sind, daß die durch die Temperaturschwankungen herbeigeführten Verschiebungen ohne jeden Einfluß auf einzelne Bauteile selbst verbleiben. Der Ofen muß sich daher als ganzes Bauwerk ausdehnen und zusammenziehen können. Betrachtet man irgendeine bessere Ofenkonstruktion (darunter sollen besonders die verstanden werden, welche eine ausreichende

Vorwärmung der Verbrennungsluft anstreben), so erkennt man sofort, welche unterschiedlichen Temperaturen in einem derartigen Bauwerk vorhanden sind.

Fig. 70. Fig. 71.

Die getrennt gehenden Feuerkanäle mit ihrer immerhin hohen Temperatur liegen in unmittelbarster Nachbarschaft der kalten Luftkanäle. Auf der einen Seite glühend heiße Gase, auf der anderen Seite die aus dem

Retortenhause geschöpfte Luft. Trotz dieser Gegensätze muß alles in solidem Verbande bleiben. Um dieses zu erreichen, ist es unbedingt nötig, daß die Trennungswände der Feuerkanäle und der Luftkanäle aus zwei Steinlagen bestehen, deren jede einzelne unbeeinflußt voneinander wachsen und schwinden kann. Besteht eine solche Trennungswand nur aus einer Steinlage, gleichgültig, ob aus Normalsteinen oder Formsteinen, so müssen unter jeder Bedingung die trennenden Wände Risse bekommen, durch die die Kanäle miteinander kommunizieren. Dazu kommt noch ein zweiter Faktor. Sind nämlich bei der Herstellung einer solchen Trennungswand nicht volle Fugen gemauert, und ist mit dem Mörtel gespart worden, so kann man sicher annehmen, daß der Ofen in seinem Innern schon zerklüftet ist, bevor er in Betrieb genommen wird. Daraus ergibt sich, daß eine genaue Kontrolle der Aufmauerung des Ofens nötig ist, und daß die Anordnung der Steine eine solche sein muß, daß der Ofen sich frei bewegen kann. Fig. 70 zeigt beispielsweise einen Retortenofen in einer Konstruktion, deren Steinanordnung den einfachsten Regeln widerspricht. Fig. 71 zeigt den gleichen Ofen in richtiger Anordnung. Wie aus Fig. 70 ersichtlich, trennt die Luft- und Feuerzüge nur ein halber Schamottestein. Durch die rechts und links vom Stein verschiedenen Temperaturen werden die Trennungswände schnell zerklüftet, und es wird bald durch die entstandenen Risse Luft eingesaugt. Der Ofen selbst aber beginnt dann an Luftmangel zu leiden, und unverbrannte Gase werden in die Rauchkanäle treten, dort frische Luft vorfinden und somit an unrichtiger Stelle des Ofens weiterverbrennen.

Betrachtet man Fig. 71, so findet man, daß die Fugen der Hülse mit jenen des Ofeneinbaues nicht übereinstimmen. Eine Undichtigkeit der Hülsenmauerung kann sich daher auch nicht so leicht schädlich fühlbar machen. Der bei diesem Ofensystem innen liegende Generator zeigt vom Rost angefangen schon Formsteine mit Nut und Feder. Der Kanaleinbau ist durch je einen halben Stein sowohl von der Hülse als auch von den Wangensteinen des Generators getrennt, und keine Fuge stößt mit der anderen direkt zusammen. Die Tragsteine der Bodenplatten haben gleichfalls Nut und Feder. Ein Übertreten von Luft in den Feuerkanal oder der Generatorgase in diesen ist fast zur Unmöglichkeit geworden. Der Generator kann sich ausdehnen, ohne den Nachbarkanal und dessen Mauerwerk im geringsten zu beeinflussen. Ein derartig gebauter Ofen stellt sich zwar in der Anschaffung teurer, dagegen in der Unterhaltung und im Betriebe bedeutend billiger, so daß sich die höheren Anschaffungskosten reichlich bezahlt machen. Mangelhafte Betriebsresultate sind wohl häufiger auf eine schlechte Ofenkonstruktion zurückzuführen als auf schlechtes Material.

Für die Bauausführung des Ofeneinbaues gilt das schon früher Betonte in vollster Ausdehnung. Als Mörtel darf nur ein ganz feinkörniges Material Verwendung finden. Der Mörtel muß so dünnflüssig verarbeitet werden, daß der Maurer nicht imstande ist, ihn mit der Kelle zu verarbeiten, sondern den Mörtel für die Lagerfugen mit dem Löffel auftragen muß, während die Stoßfugen durch Eintauchen der nassen Steine an der betreffenden Seite mit Mörtel belegt werden. Jeder Normalstein ist durch Hammerschläge in sein Lager fest einzusetzen, die großen Formsteine mit einem entsprechend größeren Hammer. Im letzteren Falle muß ein Brettstück über den zu verlegenden Stein gelegt werden, um den Druck gleichmäßig zu verteilen.

k) Die feuerfesten Materialien.

Man teilt die feuerfesten Materialien nach den hauptsächlich zu ihrer Herstellung benutzten Rohmaterialien ein in:

1. Quarzhaltige = Dinassteine (bei Martin- und Glasöfen verwendet, widerstandsfähig gegen höchste Temperaturen in trockener Hitze [Flamme] und gegen saure Schlacken).

2. Tonhaltige = Schamottesteine (Verwendung je nach ihrer Zusammensetzung verschieden).

3. Magnesithaltige = Magnesitsteine (ein sehr hohen Temperaturen und alkalischen Angriffen widerstehendes basisches Ofenbaumaterial).

4. Kohlenstoffhaltige = Kohlenstoffsteine (bei elektrischen Schmelzöfen und für die Rast der Eisenhochöfen verwendet),

5. Dolomithaltige = Dolomitsteine (für Thomasstahlwerksbetriebe geeignet).

Die Masse für Dinassteine wird durch Mischen von gewaschenem Quarz (in Stücken oder Mehl) mit Kalkmilch gewonnen. Der dazu benutzte Kalk soll einen hohen Gehalt von Calciumkarbonat besitzen und möglichst frei von Magnesia sein. Die Masse wird zu Steinen geformt, getrocknet und dann gebrannt. Dinassteine müssen vor Feuchtigkeit geschützt und deshalb stets trocken gelagert werden. Zum Vermauern der Dinassteine verwendet man eine Mischung von fein gemahlenem Quarz und gutem Bindeton. Alle aus Dinassteinen hergestellten Öfen müssen sehr langsam angeheizt werden, weil diese Steine sehr viel Wasser aufnehmen, das ganz allmählich verdampft werden muß.

Unter Schamottesteinen kann man sämtliche feuerfesten Produkte verstehen, welche mit Verwendung von Ton als Bindemittel hergestellt werden.

Die für die Schamottesteine zu verwendenden Rohmaterialien teilt man je nach ihrem größeren Gehalt an SiO_2 oder Al_2O_3 in saure und basische. Zu den sauren Rohmaterialien zählen die Quarzite, Quarzkiesel und Quarzsande, welche fast frei von Al_2O_3 sind, ferner Klebsande mit geringen Mengen Al_2O_3 und der Ganister, ein Quarzgestein mit ca. 7% $Al_2O_3 + Fe_2O_3$. Zu den basischen Rohmaterialien rechnen roher Ton, der als Bindemittel benutzt wird, und gebrannter Ton = Schamotte.

Bei den Rohtonen unterscheidet man

1. Schiefertone, die sehr feuerfest sind, hohen Al_2O_3-Gehalt besitzen, aber geringe Bindekraft haben, weshalb sie meist gebrannt als Schamotte verwendet werden.

2. Kaoline; diese sind gleichfalls von geringer Bindekraft, enthalten bis 44% Al_2O_3 und sind sehr feuerbeständig.

3. Plastische Tone, von sehr verschiedenem Gehalt an H_2O, SiO_2, Al_2O_3 und TiO_2, Fe_2O_3, CaO, MgO und K_2O, welch letztere Oxyde man als Flußmittel bezeichnet. Je nach der Zusammensetzung sind diese Tone sehr verschieden feuerbeständig und plastisch.

Die zum Schmelzen eines Tones nötige Temperatur hängt sowohl von dem Verhältnis der Al_2O_3 zur SiO_2 als auch von der Menge und Art der Flußmittel ab.

Die Einteilung der Schamottesteine erfolgt nach Wernicke[1]) am zweckmäßigsten in:

1. Tonschamottesteine, das sind Steine mit nur Al_2O_3-haltigen Bestandteilen.

2. Quarzschamottesteine, diese bestehen aus SiO_2-haltigen Bestandteilen sowie aus Schamotte und Ton.

3. Quarzsteine, die hauptsächlich SiO_2-haltige Rohmaterialien enthalten, bei denen der Ton nur als Bindemittel dient.

Tonschamottesteine verwendet man, wo es sich um die Einwirkung sehr hoher Temperaturen bei Schmelzprozessen mit basischen Schlacken handelt, z. B. Unterbau der Eisenhochöfen.

Quarzschamottesteine benutzt man dort, wo die Steine größeren Temperaturschwankungen und mecha-

[1]) F. Wernicke, Die Fabrikation der feuerfesten Steine.

nischen Angriffen ausgesetzt sind, z. B. durch heruntergehende Massen im Hochofenschacht.

Quarzsteine kommen in Frage bei Schmelzprozessen mit sauren Schlacken und bei den Deckengewölben der Öfen gegen die Einwirkung der sog. trockenen Hitze, wie auch gegen die Angriffe durch Flugasche.

Zwischen diesen drei Steinsorten gibt es eine ganze Reihe von Übergangssorten, die dem jeweiligen Verwendungszwecke angepaßt sind, denn die an die Schamottesteine gestellten Ansprüche sind oft sehr verschiedene. Im allgemeinen soll der fertige Schamottestein eine gute Form zeigen, mechanisch fest sein, einen hellen Klang haben, gegen Temperaturwechsel möglichst unempfindlich und gegen mechanische Angriffe und chemische Einwirkungen von Flugasche, Feuergasen und Schlacken widerstandsfähig sein. Diese Unempfindlichkeit gegen chemische Einwirkungen erzielt man durch geeignete Zusammensetzung der Mischungen, wobei man den Angriffen durch Basen basische Steine, denen durch Säuren saure Steine gegenüberstellt. Feuerbeständigkeit wird erzielt durch geeignete Wahl der Rohmaterialien. Die mechanische Festigkeit ist neben dem verwendeten Rohmaterial abhängig von einem vorzüglichen Durchkneten der Masse, gutem Einstampfen in die Form und scharfem Brand.

Mit Rücksicht auf die wichtige Rolle, die die Schamotteretorte bei der Leuchtgaserzeugung spielt, soll im nachstehenden noch eine spezielle Beschreibung dieses feuerfesten Bestandteils des Retortenofens gegeben werden.

Die Retorten müssen neben der erforderlichen Feuerbeständigkeit auch große mechanische Festigkeit besitzen, vor allem aber größte Widerstandsfähigkeit gegen häufige und schroffe Temperaturwechsel. Kleine Risse in der Retorte verhindern nicht die Brauchbarkeit der Retorte, und führen keine nennenswerten Gasverluste herbei, weil sich die inneren Wände der Retorte schon nach 24 Stunden des Betriebes mit Retortengraphit überziehen, welcher die Risse dicht verschließt. Kleine Risse können sogar in bezug auf das Verhalten der Retorten gegen plötzlichen Temperaturwechsel von günstigem Einfluß sein. Die Herstellung der Retorten bietet besonders dadurch Schwierigkeiten, als bei der Größe der Stücke die schädlichen Einflüsse einer mangelnden Homogenität, sowie des Schwindens beim Trocknen und Brennen sich stärker fühlbar machen als bei kleinen Stücken. Die Masse der Retorten besteht aus Ton und Schamotte und zwar im Verhältnis 1 : 1 bis 1 : 1,5. Als Bindemittel verwendet man meist ein Gemisch von Tonen, häufig unter Zusatz von Kaolin und Schieferton. Die Schamotte wird in ziemlich grober Körnung verwendet, um den Retorten eine möglichst große Unempfindlichkeit gegen Temperaturwechsel zu geben.

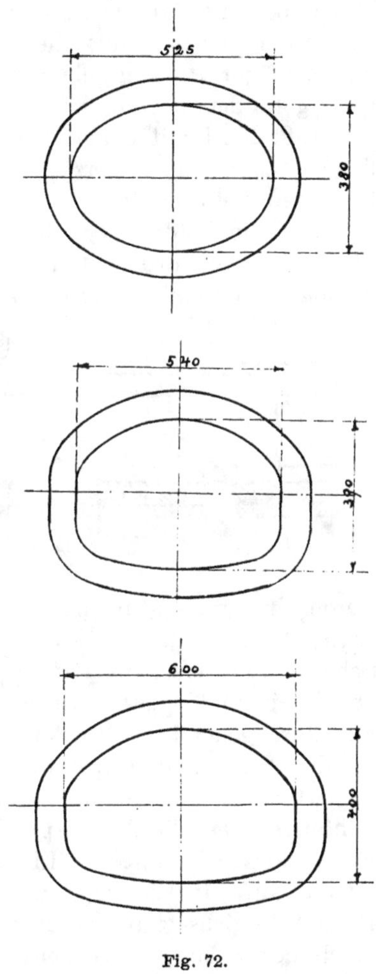

Fig. 72.

An der Form der Retorte hat sich während der langen Periode ihrer Verwendung nur wenig geändert. Sie ist eine unrunde Röhre mit 65 mm starker Wandung, Boden auf der einen Seite und verstärktem Kopf auf der anderen Seite.

Von den vielen im Gebrauch befindlichen Retortenprofilen seien hier nur diejenigen in nebenstehender Skizze (Figur 72) angegeben, welche den meisten Eingang gefunden haben. Es sind dies das Deutsche Normalprofil Nr. I mit ovaler Form und die beiden D-Profile. Letztere finden vorzugsweise bei Öfen mit schrägliegenden Retorten Verwendung.

Um die Retorte gegenüber den durch die Ausdehnung des Ofeneinbaues und der Vorder- und Rückwand bedingten Verschiebungen unempfindlicher zu machen,

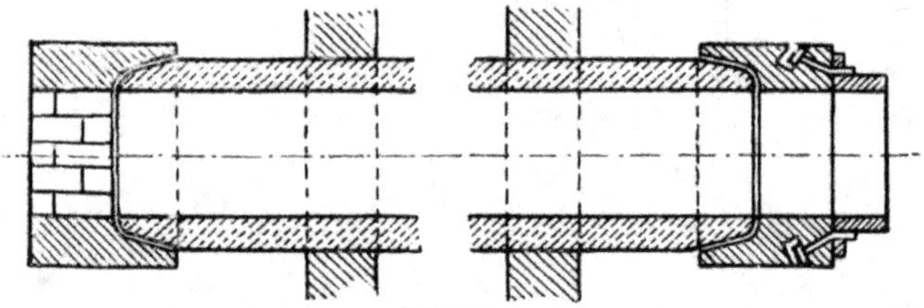

Fig. 73.

werden neuerdings mehrteilige Retorten (Patent Jerratsch) ausgeführt. Diese Retorte besteht aus dem Schaft und einem Kopfstein (Fig. 73) für einfache Öfen, aus je einem Kopfstein vorne und rückwärts bei Öfen mit durchgehenden Retorten. Die Kopfsteine werden in die Stirnwand resp. Rückwand des Ofens eingemauert, und nehmen in ihren muffenförmigen Aushöhlungen die diesen entsprechend konisch geformten Enden des im inneren Einbau lagernden Retortenschafts auf. In die Fuge wird ein Asbestring gelegt. Nach Inbetriebsetzung werden die Fugen mit Ton ausgeschmiert. Auf diese Weise ist die Retorte in vertikaler wie horizontaler Richtung beweglich gelagert und kann den Ausdehnungen des Ofens leicht folgen.

l) Retortenmundstücke, Steigerohre und Teervorlagen.

a) Mundstücke.

Die Retortenmundstücke erhalten in der Regel selbstdichtende Mortonsche Verschlüsse und nur noch in seltenen Ausnahmen werden dieselben mit Lehmverschluß ausgeführt. In diesem Falle werden die Deckel meistens aus Stahlblech hergestellt und durch eine Schraubenspindel aufgepreßt. Die selbstdichtenden Mortonverschlüsse sind nachstellbar. Durch die eigentümliche Bauart findet beim Schließen des Deckels ein Aufreiben der Dichtflächen statt, so daß Verunreinigungen, welche zwischen den Dichtflächen liegen, beseitigt werden und keine Veranlassung zu Undichtigkeiten geben.

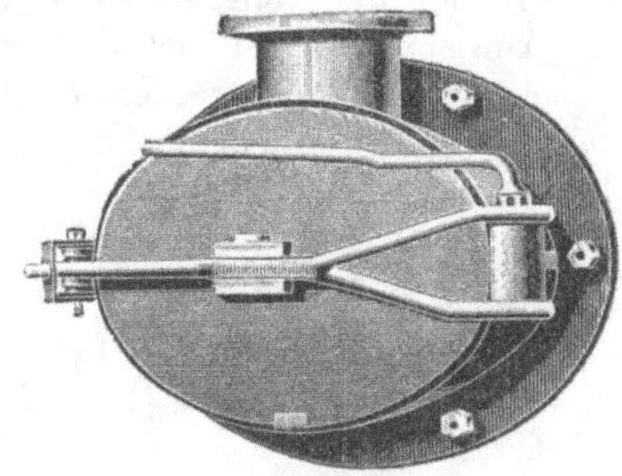

Fig. 74.

Fig. 75.

Für Retortenöfen mit schrägliegenden Retorten werden ausschließlich Mundstücke mit selbstdichtendem Mortonverschluß verwendet. Die oberen Mundstücke dienen nur zum Einfüllen der Kohle und erhalten deshalb kürzere Bahnlänge.

Die Erfahrung hat gelehrt, daß die Gasentnahme bei Öfen mit sehr schrägliegenden Retorten an dem unteren Mundstück stattfinden muß, da bei Anschluß der Steigerohre an die oberen Mundstücke fortwährende Verstopfungen der Steigerohre unausbleiblich sind.

Die vorstehenden Figuren (Fig. 74 und 75) veranschaulichen die Konstruktion dieser Mundstücke.

Um eine dauernd leichte Beweglichkeit des Exzenterhebels zu sichern, werden diese mit Schmierung versehen (Fig. 76). In dem oberen Teil des Exzenterhebels liegt ein kleiner Ölbehälter. Dieser besitzt am Boden

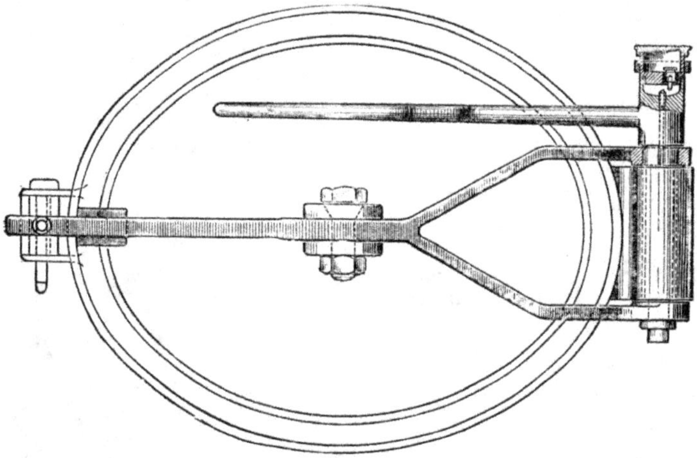

Fig. 76.

ein Ventil, welches durch Anheben das Öl in die Schmiernute des Exzenters gelangen läßt. Der Behälter steht fest und der Exzenter dreht sich unter dem Boden des Ölbehälters. Bei jeder Drehung wird das Ventil angehoben, und eine geringe Menge Öl fließt in die Schmiernute. Bei alten Exzentern kann man sich durch Aufsetzen einer gewöhnlichen Schmierdose mit Dochtschmierung helfen.

Für die Schmierung verwendet man hochsiedende Mineralöle (Zylinderöle).

Die Mundstücke werden an den Schamotteretorten mit Schrauben befestigt. Als Dichtungsmittel zwischen

Mundstück und Retorte dient ein Eisenkitt von folgender Zusammensetzung:

1. 3 kg Gußspäne, 1 kg gesiebtes Schamottemehl, 125 g feuerfester, ungebranner Ton, 70 g Salmiak oder
2. 20 Raumteile Eisenfeilspäne, 4 Rtl. Schamotte, 5 Rtl. Borax, 5 Rtl. Salz, 10 Rtl. Braunstein.

b) Steigrohre.

Die Steigrohre sind mit den Mundstücken durch Flansche oder Muffen verbunden. Die Weite der Rohre beträgt 150 bis 175 mm. Zur Dichtung der Flanschen und Muffen werden die genannten Kitte verwendet. Bei den Muffen wird zunächst ein Asbestring eingelegt, dann trockenes Schamottemehl eingestampft und nur die oberen 3 cm bis zum Rand mit dem Kitt ausgefüllt. Die Sattelrohre (Fig. 77) verbinden die Steigrohre mit der Vorlage. An die Sattelrohre sind die in die Vorlage ragenden Tauchstutzen meist angegossen.

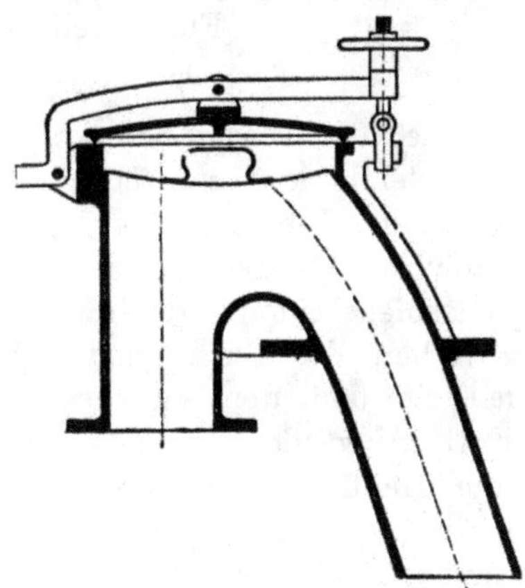

Fig. 77.

Als Ausgleich für die Ausdehnung der Steigrohre durch die Wärme, besonders beim Ausbrennen der Rohre und Ausgraphiten der Retorten können, um schädliche Spannungen zu vermeiden, Kompensationsstücke eingebaut werden. Als solche werden Kupferrohrstücke[1]) a (Fig. 78) von harmonikaähnlicher Form empfohlen, die sich um ca. 30 mm zusammendrücken resp. auseinanderziehen lassen. Zum Schutz gegen Beschädigungen

[1]) Zu beziehen von Peter Dinkels & Sohn, Mainz.

beim Ausputzen ist das Ausgleichstück innen mit einer Schutzhülse b ausgekleidet, welche aber nur am oberen Ende befestigt ist.

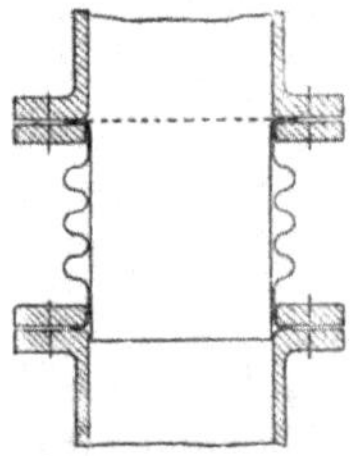
Fig. 78.

Ein anderes Ausgleichstück zeigt Fig. 79 (Burgmannmuffe)[1]. Als Dichtungsmittel dient hier ein Asbestring, der sich fest zwischen Muffe und Steigrohr preßt. Eine weitere Abdichtung findet durch die in der tassenartig ausgebildeten Muffe sich ansammelnde Flüssigkeit statt.

c) Teervorlagen.

Die Teervorlagen haben in erster Linie den Zweck, durch das Eintauchen der Tauchrohre in den Flüssigkeitsspiegel einen Abschluß zwischen der Gassammelleitung und den zwecks Entleerung oder Beschickung geöffneten Retorten herbeizuführen, um zu verhindern, daß bei geöffneten Retorten das Gas aus der Leitung zurücktritt. Ferner findet innerhalb der Teervorlagen eine starke Kondensation der im Rohgase befindlichen Teer- und Wasserdämpfe statt, weshalb geeignete Vorrichtungen vorhanden sein müssen, die ein stetes Ableiten dieser Kondensationsprodukte ermöglichen, ohne

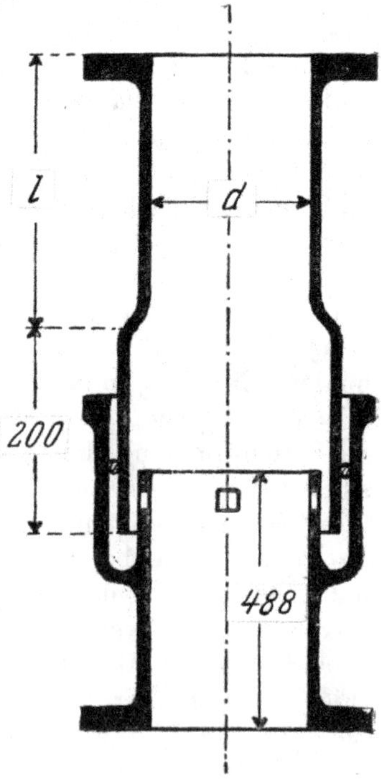

Fig. 79.

[1]) Zu beziehen von Bamag, Berlin NW. 87.

daß die Höhenlage des Flüssigkeitsspiegels und damit auch das Maß des Eintauchens der Tauchrohre eine wesentliche Veränderung erleidet.

Neben Erfüllung der letzten Bedingung ist weiter von großer Bedeutung, daß das Innere der Vorlage während des Betriebes jederzeit zugänglich ist, um Ablagerungen von verdicktem Teer, zu welchen einige Kohlensorten ganz besonders neigen, beseitigen zu können.

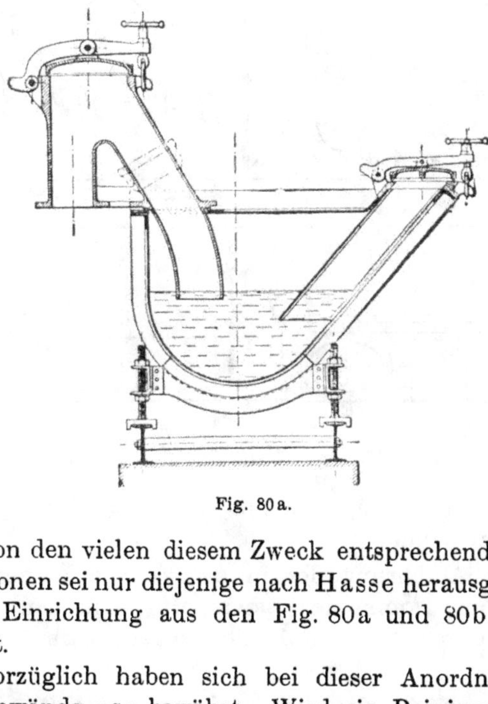

Fig. 80a.

Von den vielen diesem Zweck entsprechenden Konstruktionen sei nur diejenige nach Hasse herausgegriffen, deren Einrichtung aus den Fig. 80a und 80b ersichtlich ist.

Vorzüglich haben sich bei dieser Anordnung die Scheidewände »*a*« bewährt. Wird ein Reinigungsabteil geöffnet, so kann infolge der Scheidewände nur in diesem die Sperrflüssigkeit hochsteigen, während früher beim Öffnen eines Deckels die Sperrflüssigkeit über die ganze Länge der Vorlage in den gemeinsamen Reinigungskanal übertrat, was leicht ein Aufheben der Tauchung zur Folge haben konnte.

Die Teervorlagen werden zweckmäßig mit durch Druckschrauben nachstellbaren Füßen ausgerüstet, da durch die Ausdehnungen des Ofenmauerwerks, auf welchem die Vorlagen ruhen, leicht eine Schiefstellung derselben eintreten kann, welche zum mindesten eine ungleichmäßige Tauchung herbeiführt, unter Umständen

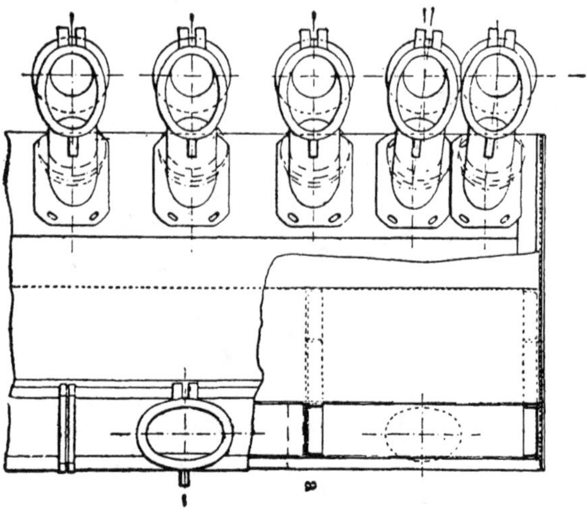

Fig. 80 b.

aber die Tauchung bei einigen Tauchrohren gänzlich aufheben kann.

Die Abführung des in der Vorlage kondensierten Teeres und Ammoniakwassers erfolgt in den meisten Fällen durch eine Rohrleitung gemeinsam mit dem Gase.

Diesem Zwecke dienen die sog. Teer-Gasabgänge, welche die Bedingung zu erfüllen haben, den Flüssigkeitsspiegel in der Vorlage möglichst auf konstanter Höhe zu halten. Diese Teerabgänge werden in den meisten Fällen nach der Droryschen Konstruktion ausgeführt, welche in nachstehenden Figuren 81 a — c dargestellt ist.

Wie aus der Figur hervorgeht, steht der Wasserspiegel »*c*« in der Vorlage höher als der vom Teerstandschieber geregelte Teerspiegel »*b*« im Teerabgang, und zwar um so viel, als dies dem Unterschied des spezifischen Gewichts von Wasser und Teer und den Höhen $c-a$ und $b-a$ entspricht. Durch die sich in der Vorlage ausscheidenden Niederschläge von Wasser und Teer würde der Wasserspiegel »*c*« sich erhöhen,

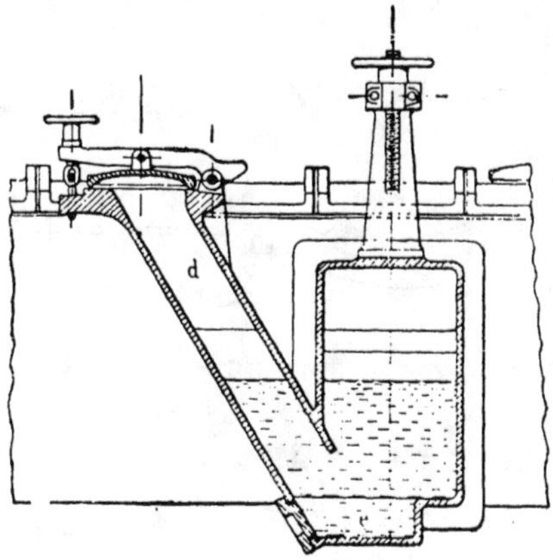

Fig. 81 a.

wenn nicht im Droryschen Teerabgang unter der Scheidewand bei »*a*« eine Ausflußöffnung dies verhindern würde. Es werden natürlich die der Ausflußöffnung bei »*a*« zunächst liegenden Teile der Flüssigkeit durch diese Öffnung entweichen und, da der schwere Teer sich am Boden befindet, so wird so lange Teer abfließen, als noch solcher vor der Öffnung steht, bis er schließlich so vollständig entfernt ist, daß tatsächlich außer einer dünnen Bodenschicht nur noch Ammoniakwasser in der Vorlage sich befindet. Ist der Teer entfernt, so entweicht durch den Droryschen Teerabgang schließlich auch das sich bildende Ammoniakwasser.

Um diesen Verdrängungsvorgang zu beschleunigen, empfiehlt es sich, der Vorlage Ammoniakwasser zuzuführen.

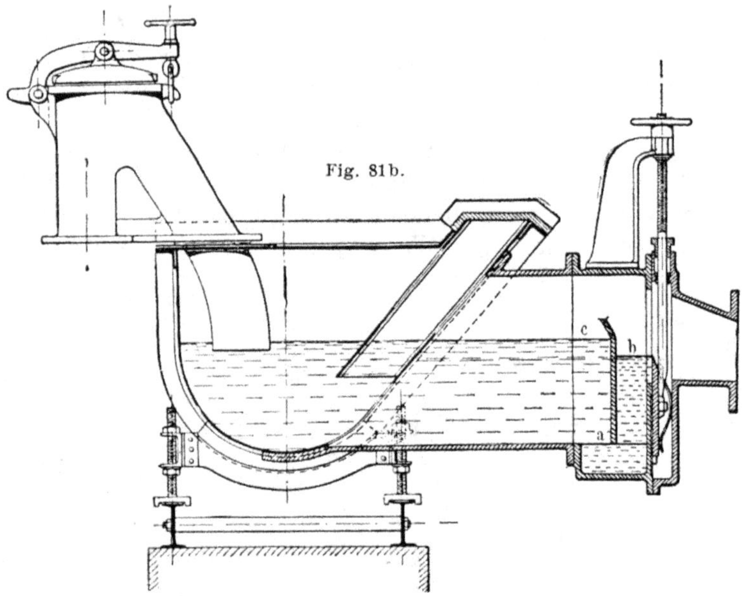

Fig. 81b.

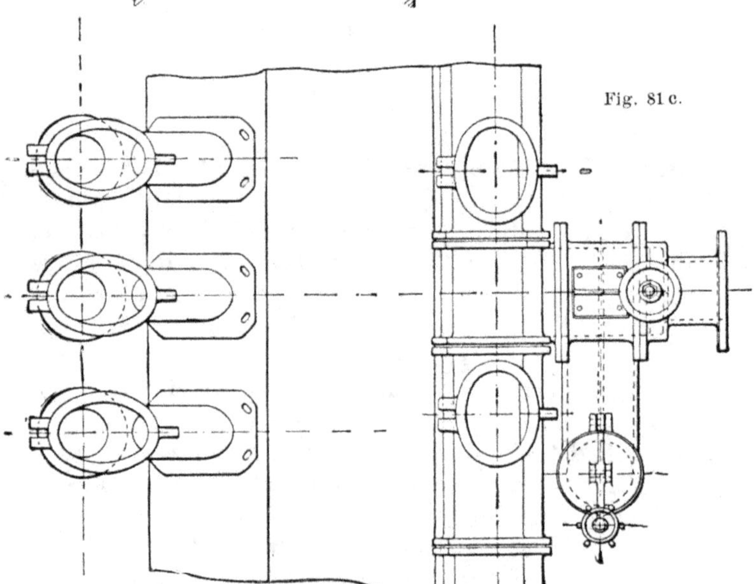

Fig. 81c.

Die Eintauchung der Tauchrohre in die Flüssigkeit der Vorlage stellt sich indirekt ein, da das Ammoniakwasser im Innern der Vorlage je nach dem Unterschied im spezifischen Gewicht entsprechend höher steht, als die durch den Teerstandschieber eingestellte Überlaufkante.

Allerdings ändert sich gelegentlich das spezifische Gewicht von Teer- und Ammoniakwasser, so daß hierdurch, sowie auch durch eine eventuell eintretende Verdickung des Teeres die Tauchung beeinflußt wird.

Der Querschnitt der Teervorlagen ist so groß gewählt, daß bei Steigen des Druckes in der Vorlage auf die normale Höhe trotz der dadurch bedingten Verschiebung der Wassermasse die Tauchung der Tauchrohre erhalten bleibt. Bei unvorhergesehener Steigerung des Druckes dagegen ist die Tauchung nicht mehr gesichert und es kann daher der Fall eintreten, daß sich das erzeugte Gas einen Weg nach den geöffneten oder nicht in Betrieb befindlichen Retorten oder nach den Reinigungskästen der Teervorlagen sucht, wenn durch irgendeine Störung, wie z. B. durch plötzliche Verstopfung, Versagen der Sicherheitsvorrichtungen, falsche Ventilstellung u. dgl., der vorgeschriebene Weg des Gases versperrt ist. Um diesem zu begegnen, sind in letzter Zeit auch Konstruktionen ersonnen, welche es ermöglichen, daß die einmal eingestellte Tauchung sich ohne Nachstellen automatisch auf absolut gleicher Höhe hält.

Eine derartige Einrichtung nach H. Schäfer (Fig. 82a und 82b) besteht aus einem je nach dem Querschnitt der Teervorlage entsprechend groß bemessenen Wassergefäß, welches allseitig dicht verschlossen ist und nur durch eine Rohrleitung mit einem Vierweg-Hahn mit der Teervorlage verbunden ist. Dieses Verbindungsrohr taucht in die Flüssigkeit der Teervorlage etwas ein, so daß bei normalem Stand der Absperrflüssigkeit kein Wasser aus dem Gefäß abfließen kann. Sinkt der Flüssigkeitsspiegel, so wird die Rohröffnung frei und das Wasser aus dem

Behälter fließt in die Teervorlage, während Gas in der Rohrleitung aufsteigt und an Stelle des abfließenden Wassers den Wasserbehälter füllt. Hat der Wasserstand in der Teervorlage die eingestellte Höhe dadurch wieder erreicht, so ist auch die Rohröffnung wieder verschlossen und es kann kein Gas mehr in den Wasserbehälter strömen und demnach auch kein Wasser mehr nachfließen. So regelt sich der Wasserzufluß selbsttätig zur richtigen Zeit.

Nach Beseitigung der Störung, welche die Druckerhöhung herbeigeführt hat, fließt die entbehrliche Wassermenge über die Überlaufkante des verstellbaren Droryschen Teerabgangs ab.

Der in die Verbindungsleitung eingebaute Vierweg-Hahn ist so gebaut, daß in einer Stellung nur die Verbindung zwischen Wasserbehälter und Teervorlage her-

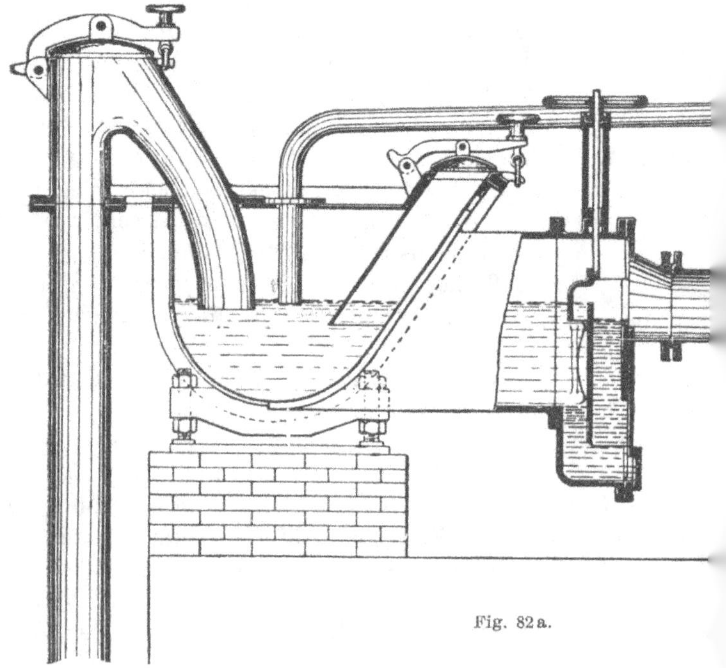

Fig. 82 a.

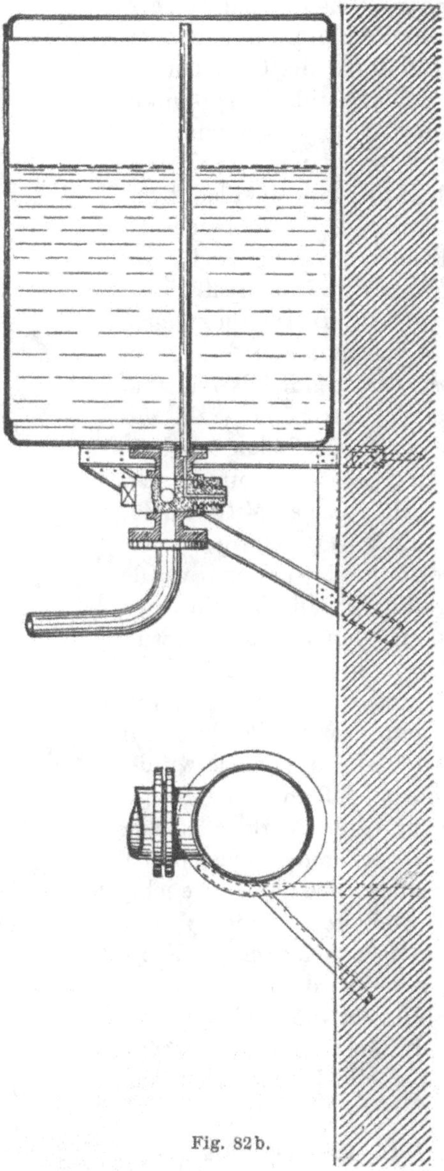

Fig. 82b.

gestellt ist, während alle anderen Wege abgesperrt sind. Bei Drehung des Hahnes um 90° wird dieser Weg geschlossen und einerseits die Verbindung mit der Wasserfüllleitung hergestellt, anderseits die Luftleitung geöffnet, so daß der Wasserbehälter wieder mit Wasser gefüllt werden kann. Bei vollständiger Füllung ist alle Luft bzw. Gas aus dem Wasserbehälter durch das Wasser verdrängt, das nach beendeter Füllung aus der Luftleitung ausfließt.

Diese Einrichtung ist außer für die Teervorlagen der Retortenöfen auch zur Aufrechterhaltung des Flüssigkeitsspiegels in Wasserschiffen anwendbar. Die für den Betrieb so lästigen Teerverdickungen in den Vorlagen und Steigröhren entstehen aus verschiedenen Ursachen. Meist ist der Grund in zu heißem Gang der Öfen zu suchen. Die Destillationsprodukte zersetzen sich leicht bei hohen Temperaturen und Ruß und Pech scheiden sich als Folge davon in Vorlage und Steigröhren ab. Aber auch zu kleine Kohlenladungen und zu lange Destillationszeiten können die Ursache zu Teerverdickungen sein, auch Kohlen mit geringem O- und H-Gehalt, deren Destillationsprodukte wenig flüchtige Bestandteile enthalten, neigen zu Teerverdickungen.

Die Mittel, um diesem Übelstande zu begegnen, sind richtige Auswahl der zu vergasenden Kohle und Kühlung der Steigrohre und Vorlage. Die Wahl der Kohle ist nur in besonders günstigen Fällen möglich, da in den Zeiten der Kohlenknappheit genommen werden muß, was zu haben ist. Als einziges Mittel bleibt die Kühlung der Steigrohre und Vorlage übrig.

Die Kühlung der Steigrohre und Vorlagen wurde bisher in der Weise durchgeführt, daß die Vorlagen verhältnismäßig hoch über dem Ofen angeordnet wurden. Die Vorlage kam dadurch aus dem Bereich der strahlenden Wärme des Ofens und die Steigerohre wurden dadurch künstlich verlängert, womit allerdings für den unteren Teil der Steigerohre nichts erreicht wurde. Ein anderes Mittel bestand darin, daß man die Steigerohre schwach (tropfenweis) und die Vorlage stärker mit kaltem Ammoniakwasser (oder auch Wasser) berieselte. Neuerdings bedient man sich einer beliebig regulierbaren Kühlung[1]) der Steigerohre, indem man die Rohre (Fig. 83) mit einem schmiedeeisernen Kühlmantel umgibt. Das Kühlwasser wird unten in den Mantel eingeführt und läuft oben in die Abflußleitung. Der Zufluß des Wassers ist durch Hähne regulierbar. Bei dieser Art von Kühlung bleiben die Steigrohre absolut frei von Ansätzen.

[1]) Kölnische Maschinenbau-A.-G., Köln-Bayenthal.

m) Inbetriebsetzung der Öfen.

Vor der Inbetriebsetzung sind neuerbaute Öfen, Rauchkanäle und Schornsteine gut trocken zu feuern.

Zuerst wird man den Schornstein, darauf den Rauchkanal austrocknen und dann erst zum Ofen selbst übergehen.

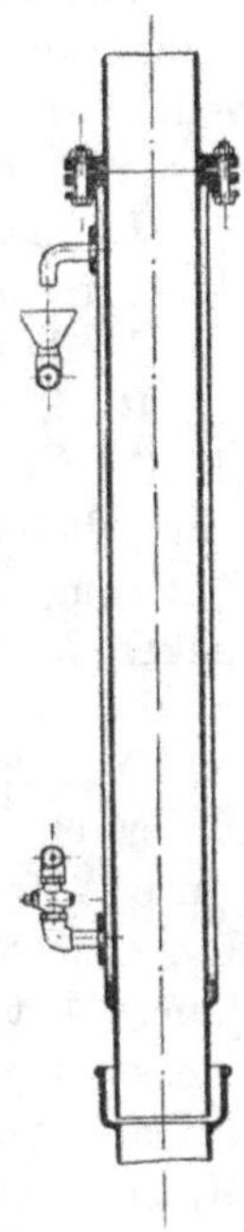

Fig. 83.

Beim Trockenfeuern des Schornsteins wird man schon die Zugluft durch den Rauchkanal streichen lassen, damit eine oberflächliche Vortrocknung auch dieses Teils bereits eintritt. Zeigt der Schornstein lebhaften Zug, so kann mit der Befeuerung des Rauchkanals begonnen werden. Durch dieses langsame, nur schrittweise Vorgehen erreicht man, daß beim Anheizen des Ofens sich das von der warmen Luft aufgenommene Wasser nicht in kalten Zügen und Kanälen wieder ausscheiden und sich eventuell so stark niederschlagen kann, daß der Mörtel verwaschen wird und das Wasser aus den Kanälen tropft.

Die ersten Tage unterhält man am Grunde des Schornsteins ein gelindes Holz- oder Koksfeuer, das man ganz allmählich steigert; nach einiger Zeit verlegt man das Feuer in den Rauchkanal, und zwar meist an dessen beiden Enden. Zu diesem Zwecke legt man sich in demselben einen provisorischen Rost nebst Feuerbrücke an und feuert auch hier wieder nur bei vollständig offener Tür, denn nicht das Feuer soll den Bau austrocknen, sondern die hindurchströmende erwärmte Luft. Jedes scharfe Trockenfeuer muß vermieden werden, weil es zur Zerreißung des besten Baues führen würde. Aus diesem Grunde läßt man das Feuer im Schornstein möglichst lange bestehen und saugt durch den Rauchkanal und den Ofen so viel Luft als möglich hindurch. Es heißt also bei der Inbetriebsetzung eines neuen Ofens Geduld zu haben und keine Gewalt zu gebrauchen. Alle bei der Bauausführung aufgewendete Mühe und Sorgfalt kann durch unvorsichtiges Anheizen zunichte werden.

Viel Luft bei geringer, 100° nicht überschreitender Temperatur, das ist die Parole durch Wochen. Um einen neuen 9 er-Generatorofen in Betrieb zu bringen, kann man mindestens sechs Wochen rechnen.

Je nachdem man einen Rost-, Halbgenerator- oder Generatorofen trocknen will, wird man bei dieser Arbeit verschieden vorgehen müssen.

Bei Befeuerung der Generatoren wird man die Deckel oben offen lassen, damit kalte Luft eingesaugt werden kann, bei Rost- und Halbgeneratoröfen, bei denen die Feuerung im Ofen liegt, die Ofentür. Auch die Schaulucken läßt man am besten offen. Die Luft kann so an allen Stellen einziehen.

Das Trockenfeuern nach der angegebenen Art erfordert einen sehr gewissenhaften Arbeiter, welcher seine ganze Aufmerksamkeit der richtigen Unterhaltung der Feuer zuwendet. Wie lange dieses Trockenfeuern zu dauern hat, muß von Fall zu Fall entschieden werden. Die einzige Probe, welche sich machen läßt, um festzustellen, wie stark der Feuchtigkeitsgrad des Gemäuers ist, ist folgende: Ein Stück möglichst frisch gebrannten Kalks wird an die zu untersuchende Stelle des Ofens gebracht. Aus der Art und der Zeitdauer des Zerfalls des Kalks läßt sich bei einiger Übung auf den vorhandenen Feuchtigkeitsgehalt schließen und danach die Dauer der weiteren Trockenfeuerung einrichten, welche anderseits auch noch abhängig ist von der Konstruktion und der Größe des Ofens.

Sobald der Ofen gut ausgetrocknet ist, kann mit dem Anheizen begonnen werden. Zu diesem Zwecke werden alle Trockenfeuer gelöscht, etwa noch vorhandene Hilfsroste entfernt, Schornsteineinsteigöffnung, Rauchkanal, Teervorlage und der Ofen selbst werden vorgerichtet, als wenn der Betrieb beginnen sollte, nur läßt man die Luftschieber noch vollständig offen. Auf dem Roste des Ofens oder des Generators wird ein niedriges Koksfeuer angemacht und unterhalten. Der Schornsteinzug saugt, sobald alles Mauerwerk vorher gut ausgetrocknet ist, die Verbrennungsprodukte mit viel Luft untermischt um die Retorten, durch die Regeneration, den Rauchkanal und den Schornstein. Nach 24 Stunden kann das Feuer durch Hinzunahme von Koks verstärkt werden. Langsam alle Tage schärfer feuernd, wird die Temperatur schließlich so weit gesteigert, bis die Retorten beginnen, einen zarten, roten Schimmer anzunehmen. Jetzt erst werden die Generatordeckel oder Ofentüren geschlossen, und die vorhandenen Luftschieber so eingestellt, als dieses das praktische Gefühl und die Erfahrung lehrt. In die vorhandenen Wasserschiffe und Verdampfer wird Wasser eingelassen, die Roste gereinigt und ein stärkeres Feuern begonnen. Das sich bildende Generatorgas entzündet sich an den schon glühenden Retortenwandungen von selbst.

---

3. Die Betriebskontrolle der Öfen.

Die sorgsame Überwachung der Feuerungen in den Betortenöfen gehört zu den Hauptaufgaben der Betriebsleitung. Namentlich kommen die großen Vorzüge der Halbgenerator- und Generatorfeuerungen nur bei richtiger Behandlung zur Geltung und werden durch nachlässige oder falsche Wartung leicht in empfindliche Nachteile verwandelt.

Die einfachste Kontrolle ist die Beobachtung des Zuges, die zweite Beobachtung ist die Temperaturmessung, welche die Wärmeverteilung im Ofen feststellt, und die dritte und weitaus wichtigste ist die Untersuchung der Verbrennungsprodukte durch die Gasanalyse, die eigentlich erst einen Einblick in die Verbrennungsvorgänge im Ofen gibt.

Eine sachgemäße Kontrolle des Ofenbetriebes kann auch sofort lohnenden Gewinn bringen, denn schon eine Ersparnis von nur 1% Unterfeuerung[1]) bedeutet eine beträchtliche Belohnung für wenige Stunden Arbeit. Verbraucht z. B. ein 8er Ofen bei 17% Unterfeuerung

$$\frac{8 \cdot 6 \cdot 140 \cdot 17}{100} = 1142 \text{ kg Koks},$$

bei 16% Unterfeuerung

$$\frac{8 \cdot 6 \cdot 140 \cdot 16}{100} = 1075 \text{ kg Koks},$$

so beträgt die Ersparnis pro Tag und Ofen 67 kg Koks,
pro Monat $67 \cdot 30 = 2010$ kg Koks,
bei 25 M. pro t $= 50{,}25$ M.

Trotz dieses recht fühlbaren und häufig unschwer zu erzielenden Nutzens geben sich die Betriebsleiter oft mit mäßigen Resultaten des Ofenbetriebes zufrieden, weil mit dem Probieren einer anderen Einstellung häufig zunächst schlechte Erfahrungen gemacht werden, die sich im allgemeinen aus der großen Vielfältigkeit der zu überwachenden Einflüsse erklären. Je mehr ein Ofen durch seine Konstruktion allen diesen Einflüssen Rechnung trägt, um so komplizierter wird er, und um so mehr Umsicht erfordert seine Behandlung, dafür wird er allerdings dann um so gleichmäßiger arbeiten.

a) Der Ofenzug.

Die treibende Kraft für die Zuführung der Verbrennungsluft liefert der als Zug bezeichnete Auftrieb der heißen Gase im Schornstein. Die geförderte Luft- oder Gasmenge ist direkt abhängig von der Stärke des Zuges und umgekehrt proportional den Widerständen. Es muß naturgemäß mindestens soviel Zug vorhanden

[1]) K. Bunte, Retortenöfen und deren Kontrolle. Journ. f. Gasbel. 1908. S. 785.

sein, daß alle Widerstände überwunden werden und dem Herde genügend Luft zugeführt wird. Man wählt aber den verfügbaren Zug größer als den benötigten, man macht den Schornstein höher als nötig und reduziert den Zug dann durch den Rauchschieber, um eine Zugreserve zu haben.

Die Widerstände, die der Zug zu überwinden hat, setzen sich zusammen aus gleichbleibenden, die in der Konstruktion des Ofens bedingt sind, und wechselnden, die im Brennstoff liegen und sich fortwährend ändern.

Der Ofenzug wird mittels des Rauchschiebers eingestellt. Er wirkt durch die Regenerationskanäle in das Ofengewölbe und auf die Düsen, an denen sich Generatorgas und Sekundärluft mischen. Bei der Wirkung durch die Regeneration und das Ofengewölbe hindurch wird der Zug durch eine äußerst wichtige prinzipielle Anordnung sehr stark beeinflußt. Alle Retortenöfen arbeiten mit überschlagender Flamme, d. h. die Verbrennungsgase werden in der Mitte in die Höhe geführt und der Gasstrom dann in zwei abfallende Rauchgasströme geteilt. Angenommen, durch einen kleinen augenblicklichen Zugüberschuß auf der einen Seite werde hier mehr Rauchgas abgezogen als auf der anderen Seite, so wird die Regeneration hier heißer. Damit wird aber auch der Auftrieb der Rauchgase hier größer und wirkt dem Zug entgegen. Bestände die überschlagende Flamme nicht, sondern würde sich die Verbrennung gleich unter der Mittelretorte teilen und der Rauchkanal etwa über dem Ofen liegen wie bei alten Rostofenkonstruktionen, so würde, wo der Zug einmal stärker wirkt, auch die Wirkung immer stärker werden. Im Aufsteigen dürfen daher die Feuergase nicht getrennt werden, sondern erst im Absteigen; das ist das Prinzip der überschlagenden Flamme.

So wirkt also der Zug durch die beiden Seiten der Regeneration, von selbst bis zu einem gewissen Grade ausreguliert, auf das Ofengewölbe und auf die Düsen. Hier teilt sich nun die Wirkung auf zwei Stränge, auf die Primärluft und die Sekundärluft. Die zuströmenden Mengen werden sich, da der Zug für beide gleich ist, umgekehrt wie die Widerstände verhalten. Nun haben wir in der Sekundärluft als Widerstände die Reibung der Kanäle und den Sekundärluftschieber. Beide Widerstände sind nach der Ofeneinstellung konstant. In der Primärluft haben wir in der Hauptsache die Reibung im Koks und den Widerstand des Rostes; diese beiden Widerstände wechseln. Wenn nun dieser Widerstand allmählich immer größer wird durch Verschlacken des Rostes, so wird weniger Primärluft angesaugt und weniger Generatorgas gebildet. Der Zug wird aber dafür stärker auf die Sekundärluft wirken; also doppelter Schaden: weniger Brennmaterial und größerer Luftüberschuß. Man muß also bestrebt sein, die Widerstände in der Primärluft möglichst konstant zu halten. Das erreicht man durch große Rostfläche und hauptsächlich dadurch, daß man die Schlacke porös, d. h. für Luft durchlässig macht, so daß sie der zuströmenden Luft keinen wesentlich größeren Widerstand entgegensetzt als der Koks. Das läßt sich, wie praktisch festgestellt ist, durch Verhindern des Schmelzens, d. h. durch die Wasserdampfzufuhr erreichen. Es wurde aber schon angedeutet, daß beim Halbgenerator- oder Schüttrostofen diese Forderung noch schwerwiegender ist als beim Vollgenerator. Erstens ist beim Vollgenerator die Reibung in dem verschlackten Rost nur ein Teil der relativ großen Gesamtreibung, während sie beim Schüttrost gegenüber der niederen Koksschicht ins Gewicht fällt, zweitens bleibt die Reduktionsschicht im Füllschacht des Generators konstant, da immer noch Brennmaterial über dem Gasabgang liegt, das nur als Reserve dient und keinen Widerstand gibt, während beim Schüttrost die Reduktionsschicht des Brennmaterials von Beschickung zu Beschickung mit dem Abbrand fällt. Hierdurch und durch das Anwachsen der Schlacke und Asche wird beim Schüttrost die Höhe der Brennmaterialschicht, d. h. die Reduktionsschicht, meist wesentlich verringert, so daß ein CO-ärmeres Gas entsteht, das schon an sich weniger Oberluft braucht, und dem man nicht durch Drosselung der Primärluft im verschlackten Rost noch mehr Sekundärluft zuführen darf.

Eine zweite Möglichkeit, konstanteren Widerstand in der Unterluft zu haben, ist durch Anwendung eines Primärluftschiebers gegeben. Bei einem mittleren Widerstand im Generator wird eine bestimmte Menge Luft angesaugt, wenn zunächst kein Schieber da ist. Wir können nun den Schieber so stellen, daß er im allgemeinen der nicht allzuschnell zuströmenden Luft keinen merklichen Widerstand bietet. Sobald aber bei frischgeschlacktem Rost der Zug im Generator nicht viel Widerstand findet und nun bestrebt wäre, unter Vernachlässigung der Oberluft sich überwiegend auf dem Primärluftwege zu versorgen, dann fängt der Unterluftschieber an zu wirken, d. h. für die größere Luftmenge eine Drosselung zu sein. Der Primärluftschieber ist also eine Minimalwiderstandsgröße.

Diese Gabelung des Zuges von den Düsen aus und die Wirkung des wachsenden Widerstandes im Unterluftweg auf das Ansteigen der Leistung im Oberluftweg ist außerordentlich wichtig für die Beurteilung und Regulierung des Ofens. Umgekehrt hat ein Schließen der Sekundärluftschieber kräftigere Saugung in der Primärluft zur Folge.

Wie groß der Zug nun gewählt werden soll, hängt von der Konstruktion des Ofens ab. Es ist vielleicht nicht unnötig, darauf hinzuweisen, daß die Strömungsgeschwindigkeit im Ofenraum, also die Zeit, welche die Rauchgase haben, um die Wärme an die Retorten zu übertragen, unabhängig ist vom Zug. Da der Querschnitt gegeben ist, so ist die Geschwindigkeit nur abhängig von der Gasmenge. Wenn wir eine bestimmte

Brennstoffmenge zu Rauchgasen von z. B. 18% Kohlensäure verbrennen, so ist die Gasmenge ebenfalls gegeben, und da die Strömungsgeschwindigkeit nur von Gasmenge und Querschnitt abhängt, so kommt die Zughöhe dabei gar nicht in Frage. Wenn wir einen Ofen mit höherem Zuge gehen lassen, kann also keine Rede davon sein, daß wir etwa die Rauchgase durch den Ofen »durchreißen«.

Je geringer der Zug, desto weniger werden die Undichtigkeiten des Ofenbaues fühlbar, aber desto geringer ist auch die regulierende Wirkung der Luftschieber, desto weniger hält der Betriebsleiter den Ofen in der Hand. Die Regeneration kann man bei den allermeisten Öfen unschwer dicht machen, wenigstens technisch dicht, und was in den Retortenraum durch die Porosität des Mauerwerks an Luft eindringt, ist keine kalte Luft sondern gut vorgewärmt auf Kosten der Strahlung. Vorausgesetzt muß werden, daß grobe Undichtigkeiten des Ofens durch Verfugen und Abpinseln sorgfältig vermieden werden.

Die Größe des Zuges wird mit Zugmessern gemessen, die, vor dem Essenschieber mit dem Fuchs verbunden, den Schornsteinzug in Millimeter Wassersäule anzeigen.

Die durch die Verschlackung des Rostes in den Oberluftkanälen auftretende Zugsteigerung soll durch automatisch arbeitende Oberluftregler unschädlich gemacht werden.

Ein von Hudler-Glauchau konstruierter Regler für die Oberluftzufuhr hat sich in der Praxis gut bewährt. Die Einrichtung ist kurz folgende (Fig. 84): Der rechteckige Rohransatz des Gehäuses wird so eingemauert, daß die durch den Regler gesaugte Luft die Oberluftkanäle durchstreichen muß. In dem vorstehenden Teile des Gehäuses ist ein in Schneiden drehbarer und durch ein aus mehreren Scheiben bestehendes Gewicht *c* belasteter Flügel *a* eingehängt, dessen vordere Kante in kleinem bzw. größeren Abstande von einer mittels der Spindel *r* und der Schraube *d* einstellbaren Wand *b* den Zutritt der Luft zu den Oberluftkanälen regelt. Der eingemauerte Teil hat einen lichten Querschnitt von

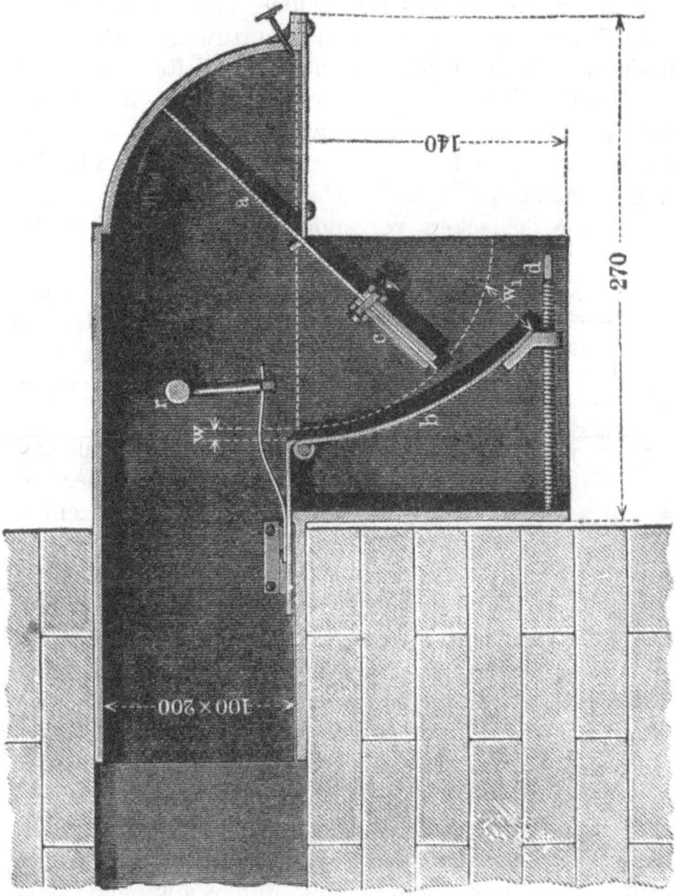

200 × 100 mm. Bei der Abhängigkeit, die zwischen den primären und sekundären Luftöffnungen besteht, ist bei Anwendung der Oberluftregler darauf zu achten, daß die Unterluftöffnungen nicht jene Größe überschreiten,

bei welcher das Maximum der innerhalb der Reguliergrenze liegenden Regleröffnungen freigegeben werden muß. Der Hudlersche Regler genügt für eine Gesamtunterluftöffnung bis zu 190 qcm. Je nach dem Koksverbrauch empfiehlt es sich jedoch, eine Gesamtprimärluftöffnung von 120 bis 150 qcm anzuwenden. Bei Veränderung des Querschnitts der Unterluftöffnung muß selbstverständlich der Rauchschieberstand der neuen Öffnung angepaßt werden, was am besten vor Ingebrauchnahme der Regler oder bei festgeklemmten Reglerflügeln geschieht. Das Einstellen wird kurz vor und nach dem Schlacken vorgenommen und muß bei Anwendung zweier Apparate in gleicher Weise geschehen, so daß auf beiden Seiten des Ofens stets die gleiche Luftzufuhr erfolgt.

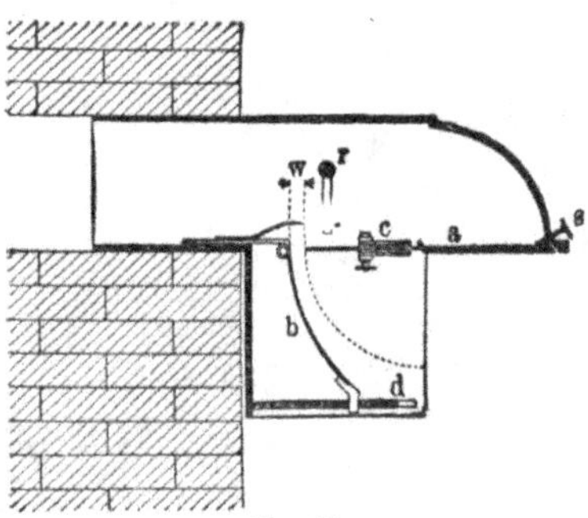

Fig. 85.

Vor dem Schlacken (Fig. 85) wird der Flügel *a* in die horizontale Lage gebracht und in dieser durch die Klemmschraube *s* festgehalten. Die zwischen dem Flügel und dem oberen Teile der Wand *b* gebildete Öffnung *w* ist die vor dem Schlacken nötige kleinste Luftöffnung. Durch Drehen der durch die seitlichen Wände tretenden Spindel *r* wird der obere Teil der Wand *b* so nahe an den Flügel gebracht, bis die geringste weitere Annäherung die Zeichen des Luftmangels in den Feuerkanälen (blaue Oxydgasflamme) erkennen läßt. Sodann wird die Schraube *e* gelöst, und der Flügel muß nun schwebend seine wagerechte Lage beibehalten. Damit dieses der Fall sein kann, muß die Flügelbelastung *c* bis zu jener Grenze der Drehachse genähert werden, bei welcher sich das Schweben des Flügels durch leise Schwingungen bemerkbar macht. Der Flügel darf nie fest anliegen.

Nach dieser Einstellung darf der Generator geschlackt werden. Der Luftregler wird sofort nach dem Schlacken einen größeren Querschnitt w_1 (Fig. 86) entsprechend der größeren Gaserzeugung, freigeben. Die Größe dieser Öffnung wird noch vor dem Nachfüllen des Generators mit Hilfe der Spindel *d* so eingestellt, daß die bläuliche Flamme in den Rauchkanälen eben verschwindet. Mit zunehmender Verschlackung, d. h. mit geringer werdender Generatorgasbildung hebt sich der Flügel, verengert damit den Querschnitt und gleichzeitig die Luftzufuhr. Sobald der Flügel wieder horizontal liegt, ist dies ein Zeichen, daß geschlackt werden muß. Ein vorzeitiges Eintreten der Flügel in die horizontale Lage bedeutet eine Steigerung des Essenzuges und mahnt zur Drosselung desselben durch den Rauchschieber. Erreicht hingegen der Flügel vor dem Schlacken die wagerechte Stellung nicht, so muß der Ofenzug erhöht werden.

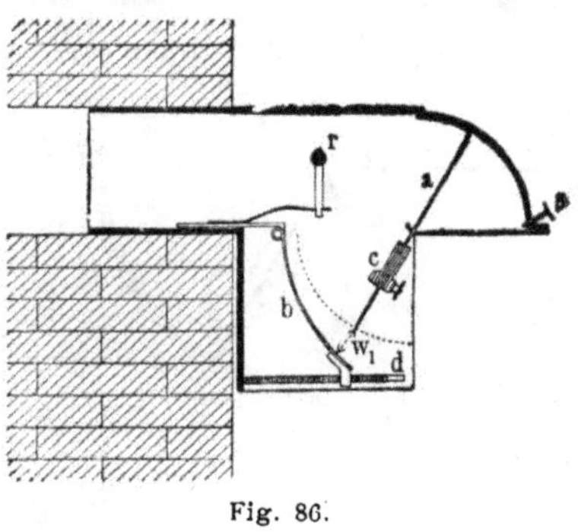

Fig. 86.

Da der Zug des Schornsteins von der Richtung und Stärke des Windes, von der Temperatur und dem Feuchtigkeitsgehalt der Luft abhängig ist, wird eine häufige Regulierung der Rauchschieber an den Retortenöfen nötig sein.

Um eventuelle Störungen in den Zugverhältnissen des Ofens konstatieren zu können, ist es nötig, einen mit dem Primärluftkanal verbundenen Zugmesser anzubringen, weil dann der ganze Weg der Feuergase hinter dem Zugmesser liegt und alle Verengungen sich in demselben Sinne — als Zugverminderung äußern, gleichgültig ob die Verstopfung im Generator, im Gaskanal, an den Gasschlitzen oder in den Zügen zu suchen ist. Der Zug muß bei normaler Beschaffenheit vom Ofengewölbe bis zum Schornstein Zone um Zone stetig zunehmen; ist dieses Verhältnis irgendwo gestört, so kann man daraus schließen, daß ein innerer Bruch des Mauerwerks oder eine Verstopfung vorhanden ist. Die leichte Ausführbarkeit solcher Zugmessungen ermöglicht das rasche Auffinden derartiger Störungen. Für einen guten

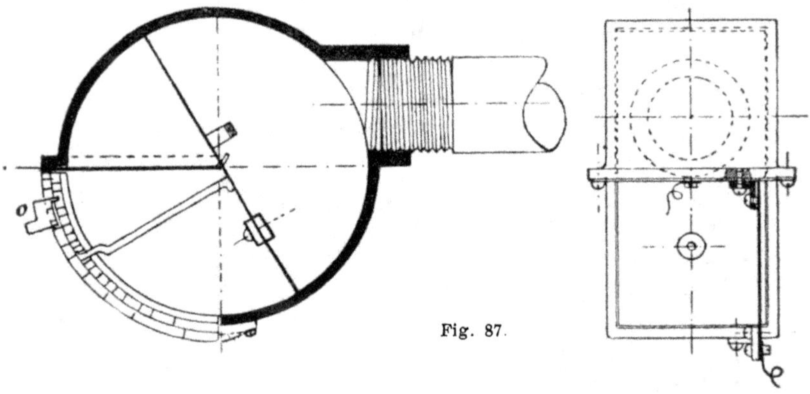

Fig. 87.

Ofen werden sich die Messungen in den verschiedenen Zonen konstant aneinanderreihen, während bei einem Ofen mit inneren Brüchen Abweichungen von konstantem Verlauf sich ergeben.

Hudler hat seinen Oberluftregler zu einem trockenen Zugmesser umgearbeitet, indem er die Krümmung der Wand *b* des Luftreglers gleich einem Viertelkreise formte und den Flügel möglichst dicht an der Wandung entlang schleifen ließ. An dem Flügel ist außerdem ein Zeiger angebracht, welcher auf einer Skala entlang läuft, die außerhalb des Gehäuses liegt. Die praktische Gestalt ist aus der Fig. 87 ersichtlich und ohne weiteres verständlich. Die Größe des Zuges am Eintritt des Primärluftkanals gibt uns einen Maßstab für die Menge des in der Zeiteinheit verbrennenden Materials. Da nun in vielen Fällen die Unterluftöffnungen in unveränderter Größe beibehalten werden, so kann für die Mengen der Zuströmung nur die Geschwindigkeit bestimmend sein. Die Geschwindigkeit ist aber der Quadratwurzel aus der Zugstärke proportional. Dieser Wert bildet nun eine direkte Verhältniszahl für die Größe der Generatorgasbildung, deren einzelne Werte auf einer zweiten Skala des Zugmessers angegeben sind. Die Kenntnis dieser Werte ist von großer Wichtigkeit, wenn es sich um eine rasche Temperatursteigerung des Ofens handelt, daß man

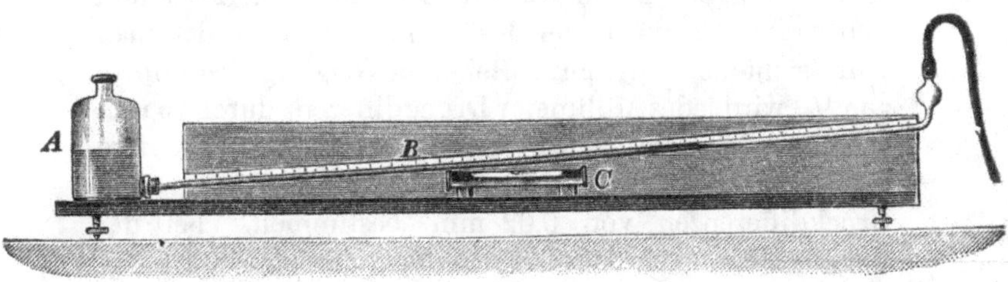

Fig. 88.

dann im voraus entscheiden kann, ob das gewünschte Quantum Koks verbrennen wird oder nicht.

Bei der großen Empfindlichkeit dieses Zugmessers wird die Verschlackung des Generators durch einen Rückgang des Zeigers gekennzeichnet. Man hat daher ein Mittel, genau zu wissen, wann das Putzen des Rostes vorzunehmen ist, und braucht nicht, wie bisher, in bestimmten Zeitabständen ohne Rücksicht auf die vielleicht noch genügenden Zugverhältnisse zu schlacken. Will man es nicht der Zuverlässigkeit der Feuerleute überlassen, sich durch Beobachtung des Zugmessers über die Zeit des Schlackens zu unterrichten, so kann man mit Hilfe einer elektrischen Klingel und eines auf der Skala verstellbaren Kontaktes bei einem Zugminimum ein Alarmsignal abgeben, welches die Feuerleute rechtzeitig aufmerksam macht.

Ein sehr empfindlicher Zugmesser ist der von Péclet angewendete mit geneigter Seitenröhre (Fig. 88). Er besteht aus einem weiten Gefäß *A*, an das sich ein schwach geneigtes Seitenrohr *B* mit einer ihm parallel laufenden Skala anschließt. Das zur Befestigung beider dienende Brett besitzt Stellschrauben, so daß der ganze Mechanismus genau in Wage gestellt werden kann. Der Neigungswinkel, den *B* mit der Horizontalen macht, läßt sich durch Messung leicht bestimmen. Die Flüssigkeit (Wasser oder wegen der viel geringeren Reibung besser Alkohol) nimmt in *B* einen langen Meniskus an, dessen Krümmung bei einem Rohrdurchmesser von 2—3 mm sich senkrecht zur oberen Krümmung stellt, so daß man sehr leicht ablesen kann. Bei einer Neigung des Rohres von $^1/_{25}$ wird jedes Millimeter Druckdifferenz durch 25 mm Weglänge in dem geneigten Rohr angezeigt. Da man an der Skala leicht $^1/_2$ mm ablesen kann, so kann man Druckdifferenzen von 0,02 mm bestimmen. Bei der Verwendung von Alkohol als Sperrflüssigkeit ist die Messung entsprechend dem spez. Gewicht des Alkohols zu korrigieren. Bei Alkohol von 0,8 spez. Gewicht entspricht 1 mm nur 0,8 mm Wasserdruck.

Zur Regelung des Essenzuges wendet man bei Retortenöfen fast durchweg Essenschieber an, während man die in der Eisenindustrie schon längst mit Vorteil angewendeten Temperklappen nicht kennt. Beide Vorrichtungen sollen dadurch wirken, daß sie den Querschnitt verengen und das abziehende Gasquantum auf solche Weise vermindern.

Bei Temperklappen wird der Querschnitt am Essenkopf durch Senken der Klappe tatsächlich verkleinert und damit die Zugwirkung der Esse herabgesetzt. Führt die Esse bei offener Klappe die Gasmenge *Q* ab, welche gleich ist dem Produkt aus dem freien Querschnitt der Esse und der Austrittgeschwindigkeit, so wird diese Gasmenge kleiner, wenn die Temperklappe teilweise geschlossen ist.

Wesentlich ungünstiger liegen die Verhältnisse bei einem Essenschieber. Die Esse ziehe vor dem Essenschieber die Gasmenge Q ab, es wird dann auch hinter dem Essenschieber, volle Dichtheit aller Mauerteile vorausgesetzt, die Menge Q abgesaugt. Die Geschwindigkeit der Gase im Raume A (Fig. 89) vor dem geöffneten Essenschieber wird gleich sein der Geschwindigkeit nach dem Essenschieber in dem Raume B, da ja die Kanalquerschnitte gleiche sind. Ist jedoch der Schieber teilweise geschlossen und wird die Gasmenge Q abgezogen, so muß dieselbe durch eine gleichgroße Gasmenge aus dem Raum B ersetzt werden, weil sonst vor dem Schieber bei A ein Vakuum entstehen würde. Diese Gasmenge Q wird den freien Querschnitt f unter dem Schieber passieren. Die Geschwindigkeit muß dabei bedeutend zunehmen.

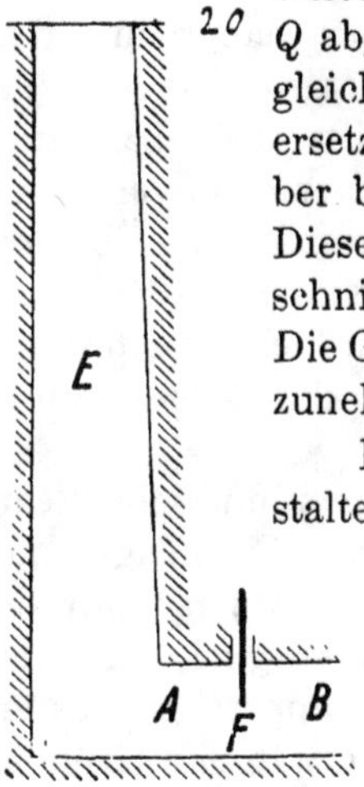

Fig. 89.

Die Bewegung der Gasmoleküle gestaltet sich dabei ungefähr folgendermaßen: Ist der Schieber ganz geöffnet, so wird das Gas den Querschnitt f mit der normalen Geschwindigkeit v passieren. Diese Geschwindigkeit wird sich vergrößern, sobald der Schieber geschlossen wird, und ein Maximum erreichen, wenn der Querschnitt f ein Minimum erreicht hat. Toldt (in seinem Werk »Regenerativöfen«) denkt sich die Wirkung dann folgendermaßen: Die Moleküle, welche in Fig. 90 mit m bezeichnet sind, werden am Boden abprallen und wieder zurückgeschleudert werden; dadurch wird den Gasmolekülen n und o der Weg verlegt, d. h. es wird vor der Öffnung unter dem Schieber ein Wirbel entstehen, welcher ein Austreten der Gase aus dem Kanal B fast unmöglich macht. Ist die Öffnung f sehr klein, so kann auch die Geschwindigkeit und mit ihr die Reibung derart wachsen, daß eine Bewegung des Gases in der Leitung unmöglich wird. Diese Erhöhung der Reibungswiderstände in Verbindung mit dem Wirbel der Essengase verhindern demnach den Durchzug der Essengase bei wenig geöffnetem Schieber.

Um überhaupt Essenzug zustande zu bringen, wird daher der Schieber bis zu einer bestimmten Höhe geöffnet werden müssen. Ist diese Höhe erreicht, so wird der volle Essenzug noch nicht zur Geltung kommen, sondern wird sich bis zu einer zweiten höheren Stellung des Schiebers regulieren lassen; doch werden unbedeutende Vergrößerungen des Querschnitts die abziehende Rauchgasmenge unverhältnismäßig vermehren. Über die zweite Stellung des Schiebers hinaus wird eine weitere Regulierung des Zuges erfolglos sein.

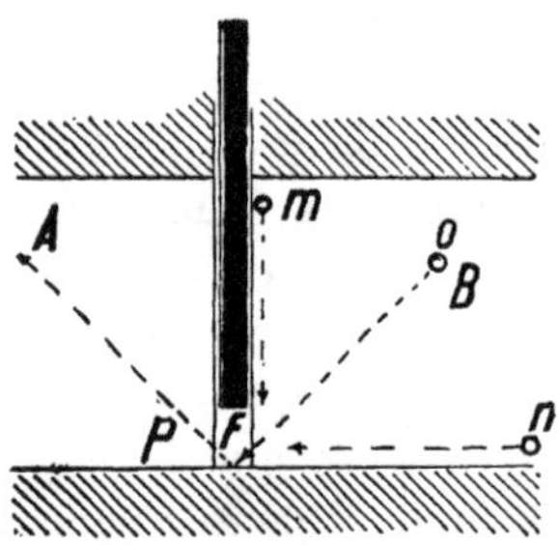

Fig. 90.

Eine empfindliche Regulierung des Essenzuges auf dem ganzen Querschnitt der Esse ist daher nur in der Esse selbst möglich und wird am besten wirken, wenn der Regulierapparat am Essenkopf angeordnet ist. Aus den oben erwähnten Gründen ist die Anlage von Zentralessen für mehrere Öfen nicht zweckmäßig

b) Die Temperatur des Ofens.

Die zweite Methode zur Beaufsichtigung des Ofens ist die Temperaturbeobachtung.

Der starke Einfluß der Temperatur auf den Verlauf der Kohlendestillation, namentlich auf die Gasausbeute nach Menge und Zusammensetzung ist schon an anderer Stelle betont worden. Wie sich nun der Betriebsleiter auf der einen Seite durch entsprechende Ofentemperatur eine nach Qualität oder Quantität seinen Ansprüchen genügende Gasausbeute sichern kann, so dient ihm in zweiter Linie eine hohe Ofentemperatur als Merkzeichen, daß — eine sparsame Unterfeuerung vorausgesetzt — der Generator- bzw. Ofenbetrieb regelrecht verläuft. Denn in den obigen allgemeinen Betrachtungen über Verbrennungsvorgänge ist gezeigt, daß die höchste Temperatur bei vollständiger Verbrennung und möglichst geringem Luftüberschuß erzielt wird. Natürlich kann bei hohem Verbrauch an Unterfeuerung die Ofentemperatur trotz unvollständiger Verbrennung oder starkem Luftüberschuß leicht sehr hoch getrieben werden.

Die Gleichmäßigkeit der Temperatur eines Ofens beruht auf der Flammenbildung[1]), auf der allmählichen Vereinigung von Luft und Generatorgas. Wenn zwei Gasströme aufeinander treffen, werden sie sich langsamer oder schneller mischen, je nach dem Querschnitt der Ströme und der Art, wie sie aufeinander treffen. Ströme, die unter stumpfem Winkel aufeinander treffen, werden sich bei geringerer Geschwindigkeit langsamer mischen. Dagegen Gasströme, die unter spitzem Winkel zusammengeführt werden, werden bei größerer Geschwindigkeit langsamer gemischt. In allen Fällen wird aber durch Anprallen eine raschere Mischung hervorgebracht. Langsame Mischung aber bedeutet die Bildung einer langen Flamme, eines großen Flammenvolumens. Wodurch werden nun die Geschwindigkeiten gegeben? Nicht durch den Zug, wie schon oben betont, sondern durch die Gasmenge. Wenn die Gasmenge und die Oberluftmenge erhöht werden sollen, so ist das Mittel die Wasserdampfzersetzung. In der Flammenentwicklung ist also ein weiterer Vorzug der Wasserverdampfung zu sehen.

Stark kohlensäurehaltige Generatorgase, wie sie im Schüttrostofen oft erhalten werden, bringen viel Wärme

[1]) K. Bunte, Retortenöfen und deren Kontrolle. Journ. f. Gasbel. 1908. S. 785.

aus dem Generator mit, und da sie wenig Kohlenoxyd enthalten und wenig Oberluft brauchen, so bilden sie eine kurze, heiße Flamme. Das sind die Stichflammen und Überhitzungen der Mittelretorten bei Halbgeneratoren. Die Abhilfe ergibt sich aus dem Vorhergesagten. Entweder nützt die Zuführung von Wasserdampf unter den Rost und Erhalten der hohen Brenstoffschicht durch häufiges Abschlacken, also Änderung der Arbeitsweise, oder man muß die Generatorgasbildung durch Vergrößerung der Rostfläche und daraus folgende Verlangsamung des Gasstromes erreichen oder endlich die zu rasche Durchmischung der Gasströme durch Veränderung der Düsen oder Stoßfläche vermeiden, also Konstruktionsänderungen vornehmen.

Wenn nun auch der Gaswerksleiter durch längere Übung aus dem Farbenton des glühenden Ofeninnern einen gewissen Anhalt für die Beurteilung der Gleichmäßigkeit der Ofentemperatur gewinnt, so ist damit doch noch nicht die Möglichkeit gegeben, kleinere Temperaturdifferenzen festzustellen und einen genaueren Vergleich zwischen den Ergebnissen mit verschiedenen Öfen oder aus mehreren Gaswerken mit Berücksichtigung der Vergasungstemperatur zu ziehen. Außerdem ist man bei dieser Prüfung großen Täuschungen unterworfen je nach der Beleuchtung, die außerhalb des Ofens herrscht.

Die genaue Messung der hohen Temperaturen war aus diesen Gründen für den Gaswerksbetrieb ebenso wie in anderen Zweigen der Technik schon lange als dringendes Bedürfnis erkannt.

Eine ganze Reihe von Pyrometern, d. h. Vorrichtungen zum Messen der Temperaturen bei Glühhitze, entstanden, deren Wirkungsweise sich auf den verschiedensten physikalischen Grundlagen aufbaut.

Quecksilberthermometer können bei Füllung mit Stickstoff und Verwendung von schwer schmelzbarem Glase für Temperaturen bis 550° hergestellt werden.

Metallpyrometer beruhen auf der Ausdehnung fester Körper durch Erhitzung unter Benutzung der ungleichen Ausdehnung verschiedener Stoffe: etwa Eisen und Kupfer oder Graphit und Eisen. Hierhin gehört z. B. das früher am meisten verbreitete Graphitpyrometer von Steinle und Hartung, das Temperaturen bis 1200° angibt.

Luftpyrometer, bei denen der durch Ausdehnung der Luft entstehende Druck gemessen wird, gibt es in beträchtlicher Menge. Teilweise sind diese Instrumente viel zu empfindlich und ihre Handhabung zu umständlich für technische Zwecke, doch fehlt es nicht an einfacheren Konstruktionen, die den Bedürfnissen der Praxis zu entsprechen suchen.

Kalorimetrische Pyrometer beruhen darauf, daß die Wärmemenge, welche ein der betreffenden Heizquelle ausgesetzter fester Körper (ein kleiner Zylinder aus Eisen oder am besten aus Platin) aufgenommen hat, durch Eintauchen dieses Körpers in ein abgemessenes Wasserquantum aus der eintretenden Temperaturerhöhung des Wassers berechnet wird. Bei richtiger Ausführung gibt diese Methode so gute Resultate, daß sie früher zur Kontrolle aller anderen Pyrometer angewendet wurde. Zur Berechnung der Temperatur ist natürlich die Kenntnis der spezifischen Wärme des betreffenden Körpers bei der fraglichen Temperatur erforderlich.

Die Beobachtung des Schmelzens von Metalllegierungen wurde nach Prinseps Vorschlag zur Temperaturbestimmung verwendet. Durch systematische Mischung von Silber, Gold und Platin in verschiedenen Verhältnissen ist eine ganze Skala von Legierungen mit steigenden Schmelzpunkten hergestellt worden. Die Legierungen sind in Form von dünnen Blechstreifen von der Deutschen Gold- und Silberscheideanstalt in

Frankfurt a. M. zu beziehen und werden in folgender Weise verwendet: Ganz kleine Schnitzel verschiedener Legierungen, deren Schmelzpunkte ungefähr mit der zu bestimmenden Temperatur übereinstimmen, werden in kleine Vertiefungen eines feuerfesten Steines gelegt, der nun längere Zeit der Ofenglut ausgesetzt wird. Nach dem Herausnehmen des Steines überzeugt man sich, welche von den Legierungen zu Kügelchen geschmolzen sind, und welche noch die ursprüngliche Form erkennen lassen. Zwischen dem Schmelzpunkt des letzten geschmolzenen und dem des ersten unveränderten Metallstreifchens liegt die gesuchte Temperatur. Die gleichen Proben lassen sich wohl zu mehreren Bestimmungen verwenden, zu welchem Zweck die geschmolzenen Kügelchen breitgeklopft werden müssen, um ihnen eine charakteristische Form zu geben und eine Veränderung durch das Schmelzen wahrnehmen zu können, doch tritt nach mehrmaligem Schmelzen eine Entmischung der Legierung und eine Einwirkung von Kohlenstoff, damit aber eine Änderung ihres Schmelzpunktes ein.

Auf dem Schmelzen von Tonmischungen beruht eine von Prof. Seger angegebene Temperaturmessung, welche verhältnismäßige Einfachkeit der Handhabung und Billigkeit in sich vereinigt. Die Methode ist kurz folgende. Gewisse Sorten von Ton widerstehen selbst den höchsten in der Technik angewandten Temperaturen. Werden diesen Tonen bestimmte Mengen von Sand und Feldspat, Quarz und Marmor zugesetzt, so ändert sich damit die Schmelzbarkeit. Seger hat nun für die einzelnen Temperaturgrade bestimmte Mischungen hergestellt und in Form von Pyramiden gebracht, welche 6 cm hoch sind. Aus dem Verhalten dieser sog. Segerkegel im Feuer kann man auf die Temperatur schließen. Die folgende Tabelle zeigt die Stufenfolge der Temperaturen, für welche die Segerkegel angefertigt werden.

Segerkegel Nummer	Geschätzte Temperatur Grad Celsius	Segerkegel Nummer	Geschätzte Temperatur Grad Celsius	Segerkegel Nummer	Geschätzte Temperatur Grad Celsius	Segerkegel Nummer	Geschätzte Temperatur Grad Celsius
022	590	07	1010	9	1310	24	1610
021	620	06	1030	10	1330	25	1630
020	650	05	1050	11	1350	26	1650
019	680	04	1070	12	1370	27	1670
018	710	03	1090	13	1390	28	1690
017	740	02	1110	14	1410	29	1710
016	770	01	1130	15	1430	30	1730
015	800	1	1150	16	1450	31	1750
014	830	2	1170	17	1470	32	1770
013	860	3	1190	18	1490	33	1790
012	890	4	1210	19	1510	34	1810
011	920	5	1230	20	1530	35	1830
010	950	6	1250	21	1550	36	1850
09	970	7	1270	22	1570		
08	990	8	1290	23	1590		

Um zu bestimmen, welche Temperatur an einer bestimmten Stelle der Feuerung herrscht, ist eine größere Reihe verschiedener Kegel, die man entsprechend der zu erwartenden Temperatur ausgewählt hat, so in den Ofen einzusetzen, daß sie von außen beobachtet werden können. Da die Kegel beim Schmelzen meist nach ein und derselben Seite hinneigen, so schützt man sie vor dem Umfallen, indem man sie mit etwas feuchtem Ton auf einer feuchten Schamotteplatte festklebt (siehe Fig. 91).

Die Kegel sollen vor Stichflammen geschützt werden; man umstellt sie mit feuerfesten Steinen oder setzt sie direkt mit sog. Haubenlerchen ein, das sind aus feuerfester Masse hergestellte gewölbeartige Schutzhülsen.

Zeigen z. B. die in das hintere Ende eines Flammenrohres eingesetzten vier Kegel nach Herausnahme das in Fig. 91 gegebene Bild, so kann mit Bestimmtheit angenommen werden, daß die Temperatur an der betreffenden Stelle dem Schmelzpunkte des Segerkegels 4 am meisten entsprach, weil die Kegel 5 und 6 noch völlig scharfkantig stehen, während der Kegel 3 schon breit geschmolzen ist.

Ein schwaches Biegen der Kegel ist nicht als Schmelzen anzusehen. Wäre keiner der vier eingesetzten Segerkegel geschmolzen, so müßten früher schmel-

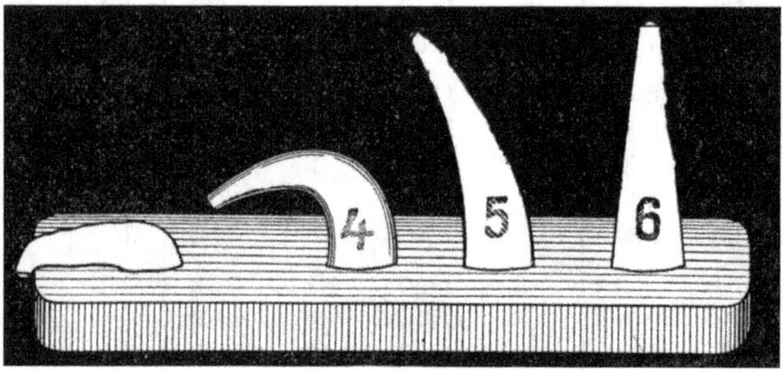

Fig. 91.

zende Kegel, z. B. die Nummern 02, 01, 1, 2, eingesetzt werden.

Das Verfahren mit den Segerkegeln gibt natürlich nur angenäherte Werte, aber keine richtigen Temperaturen nach Celsiusgraden. Die Temperaturangabe ist überdies abhängig von der Glühzeit der Kegel und beschränkt sich auf den Ort, an dem sie gerade stehen. Auch wird das Anbringen der Kegel im Ofen oft recht erschwert sein.

Zu den akustischen Pyroskopen wird — allerdings mit Unrecht — das Thermophon von Wiborgh gezählt. Diese Vorrichtung zur Temperaturbestimmung besteht aus einzelnen Patronen von explosiblen Körpern (besonders Knallquecksilber) mit einer feuerfesten, die Wärme schlecht leitenden Umhüllung. Je nach der

Explosionstemperatur des Körpers, der Dicke der Hülle und der einwirkenden Temperatur wird die Explosion früher oder später eintreten. Durch Beobachtung der Zeit, die zwischen dem Einwerfen der Patrone in den Ofen und dem Explosionsknall verstreicht, läßt sich die Temperatur nach einer empirisch festgesetzten Skala ermitteln. Demnach beruht die Methode nicht wirklich auf einer akustischen Erscheinung, sondern auf einer chemischen Reaktion, die sich durch ein Geräusch kundgibt.

Die elektrischen Pyrometer teilen sich in zwei Klassen: solche, welche den mit der Temperatur wachsenden Leitungswiderstand eines Metalls, und solche, welche die thermoelektrischen Ströme einer Kette von zwei Metallen zur Temperaturmessung benutzen.

In der zweiten Klasse dieser Apparate findet sich endlich ein Instrument, das von den Mängeln der bisher genannten Methoden — seien diese nun in der komplizierten Handhabung oder in ungenauen Angaben zu suchen — frei ist und bei einem allerdings ziemlich hohen Anschaffungspreise (ca. 300 M.) recht handlich ist und sehr zuverlässige Resultate gibt.

Es ist dies das Pyrometer nach Le Chatelier, das von der Firma W. C. Heräus (Hanau) in Gemeinschaft mit Keiser und Schmidt (Berlin) hergestellt und von der Physikalisch-technischen Reichsanstalt geprüft wird.

Das Le Chatelier-Pyrometer (Fig. 92 u. 93) besitzt als eigentlich aktiven Teil ein Thermoelement, gebildet aus einem 0,6 mm starken, 1,5 m langen Draht aus reinem Platin, verbunden mit einem Draht von gleichen Dimensionen, bestehend aus einer Legierung von 90% Platin und 10% Rhodium. Die Verbindungsstelle, deren Temperatur die Stromstärke bestimmt, darf nicht durch fremdartiges Lot hergestellt sein. Heräus verbindet die beiden Drähte durch direktes Zusammenschmelzen. Die beiden Drähte sind in der aus der Fig. 93 ersichtlichen Weise durch eine 1 m lange Porzellanröhre isoliert und durch eine zweite Porzellanröhre eingehüllt. Das Ganze wird dann erst noch mit Asbestfaden umwickelt und durch ein Schmiederohr gegen Bruch geschützt.

Bei der Messung kommt das Thermoelement also gar

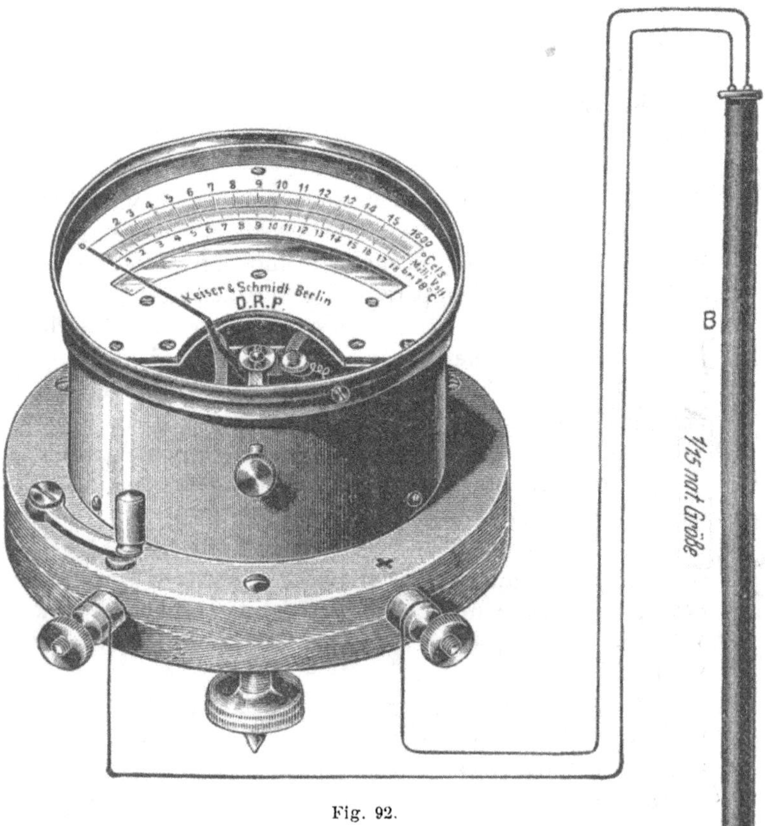

Fig. 92.

nicht in direkte Berührung mit den verbrennenden Gasen, und zwar weil im reduzierenden Feuer eine Platinkohlenverbindung entstehen würde, welche die elektromotorische Kraft des Thermoelementes verändert. Die äußere glasierte Porzellanröhre verhindert diese Wirkung der Feuergase.

Die Platindrähte setzen sich in eine Leitung fort, welche nach einem Galvanometer *A* führt, dessen Zeiger auf zwei Skalen spielt. Die eine derselben zeigt die elektromotorische Kraft in Milli-Volt an, die andere die entsprechenden Temperaturen. Die Angaben des Galvano-

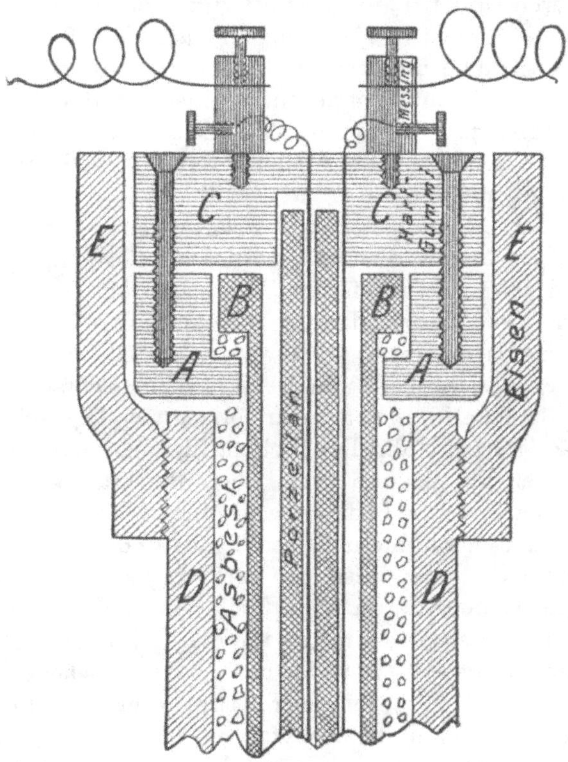

Fig. 93.

meters sind mittels der ersteren Skala leicht durch Vergleichung mit einem Clarkschen Normalelement zu kontrollieren.

Ein großer Vorzug dieses Instruments beruht auf seiner vielseitigen Verwendbarkeit im Laboratorium wie im Fabrikbetrieb, da eben nur die Verbindungsstelle der beiden Drähte der zu messenden Wärmequelle ausgesetzt zu werden braucht.

Das Galvanometer kann an einem beliebigen Orte, z. B. in dem Zimmer des Betriebsleiters, aufgestellt werden, jedenfalls aber an einem vor Erschütterungen sicheren Ort. Bei größerer Entfernung von dem Thermoelemente, wenn der äußere Widerstand 1 Ohm überschreitet, muß dies bei der Eichung berücksichtigt werden. Die Verbindungsstellen der Elementdrähte mit der Zuleitung zum Galvanometer sollen Zimmertemperatur nicht wesentlich überschreiten, eventuell muß für Kühlung gesorgt werden.

Das Galvanometer muß stets, wenn es von seinem Platz entfernt werden soll, vorher arretiet werden. Nur wenn es auf einer festen Unterlage steht, am besten einer Wandkonsole, darf die Arretierung gelöst werden. Um das Galvanometer genau wagerecht stellen zu können, sind eine Dosenlibelle und drei Mikrometerschraubenfüße angebracht. Nur in der genau horizontalen Lage schwingt der Zeiger auf Null. Die Eichung der Instrumente wird von der Physikalisch-technischen Reichsanstalt vorgenommen unter der Bedingung, daß die Verbindungsstellen der Zuleitungsdrähte mit den Elementdrähten in schmelzendem Eis liegen, also eine Temperatur von 0° haben. Ist die Temperatur an dieser Stelle eine höhere, so muß die Skala des Galvanometers um die Anzahl der höheren Temperaturgrade von rechts nach links verschoben werden, so daß z. B. bei einer Temperatur von 30° der Zeiger nicht auf 0° sondern auf 30° einspielt. Man kann natürlich auch den Angaben des anfangs auf 0° eingestellten Galvanometers die Differenz in der Temperatur zurechnen. Im allgemeinen kann man diese meist geringe Differenz vernachlässigen.

Reißt einer der Drähte des Elements oder die Verbindung der beiden Drähte, so genügt es, die beiden Enden auf 1 cm Länge fest zusammenzuwickeln, so daß ein inniger Kontakt stattfindet. Ein Bruch des inneren

Porzellanrohres beeinflußt die Messung nicht. Sorge ist dafür zu tragen, daß das schmiedeeiserne Schutzrohr sich in glühendem Zustande nicht verbiegt und die Porzellanrohre zum Bruche und die Drähte zum Reißen bringt. Besser ist es, wenn man statt der Metallschutzrohre ein Schamotterohr verwendet, oder aber man läßt das Metallschutzrohr auf einer Schamotteplatte aufruhen. In den meisten Fällen, besonders bei höheren Temperaturen, wird es genügen, das Element nur kurze Zeit im Feuer zu lassen. Ein mit Asbestschnur umwickeltes und mit Eisenrohr umgebenes Element braucht ca. 10 Minuten, um die Temperatur anzunehmen. Bevor man das Element zum erstenmal in den Ofen bringt, wird man es zuvor anwärmen, um den schroffen Temperaturwechsel zu vermeiden. Bringt man das Thermoelement durch eine Schauluke in den Ofen ein, so ist Sorge dafür zu tragen, daß neben dem Element in den Ofen keine kalte Luft einziehen kann, da diese die Resultate stark beeinflussen würde. Deswegen muß das Element entweder mit Lehm oder mit Asbestschnur abgedichtet werden.

Neben der Eisenporzellanmontierung, der der Fehler leichten Springens der Porzellanröhre bei jähem Temperaturwechsel anhaftet, wird neuerdings die Porzellanröhre durch eine Röhre aus Quarzglas ersetzt. Das Quarzglas kann wegen seines geringen Ausdehnungskoeffizienten den schroffsten Temperaturwechsel ertragen, ohne zu zerspringen. Bei dem Gebrauch einer Quarzglasmontierung ist nur darauf zu achten, daß das glühende Quarzglas mit keinem Eisen in Berührung kommt, da sonst an dieser Stelle ein Durchschmelzen und Brechen erfolgt. Es ist deshalb die Quarzglasröhre von der sie umgebenden Eisenröhre durch einen Schamottering zu trennen.

Im allgemeinen darf das Thermoelement nur da ohne Schutzhüllen zur Verwendung kommen, wo eine schädliche Einwirkung von leuchtenden Flammen, die das glühende Platin angreifen, ausgeschlossen ist. Doch kann zur Erzielung schnellerer Temperaturangaben die Lötstelle frei in den Ofenraum eingeführt werden. Die beiden Drähte werden dann durch dünnwandige Porzellanröhren von 4 mm äußerem und 2 mm innerem Durchmesser geführt und diese Röhren mit Asbest umwickelt in ein $^3/_8''$ Gasrohr geschoben, so daß die Lötstelle frei herausragt. Durch die Einwirkung der Flammgase werden die Drahtenden allmählich spröde und brechen ab, worauf sie wieder zusammenzuwickeln sind.

Noch schnelleren Eingang als das Le Chatelier-Pyrometer hat in der Praxis das optische Pyrometer von Wanner gefunden, das rasch und sicher Temperaturen über 900° C zu messen ermöglicht und sich besonders deshalb für den Gaswerksbetrieb eignet, weil mit ihm die Temperaturen nicht nur an allen von außen sichtbaren Teilen des Ofeninnern sondern auch im Innern der Retorten bestimmt werden können.

Das einfache Mittel, die Temperatur glühender Massen aus der Farbe der Glut zu schätzen, ist an dauernde Übung gebunden und versagt allzu leicht. Und doch liegt diesem einfachen Mittel eine gesetzmäßige Beziehung zwischen Temperatur und der Art der ausgesandten Lichtstrahlen zugrunde. Es ist ja bekannt, daß bei steigender Temperatur eines Körpers die Färbung der von ihm ausgesandten Lichtstrahlen vom anfänglichen Dunkelrot durch allmähliche Beimischung der andern Fhrben nach ihrer Reihenfolge im Spektrum über Hellrot, Orange und Gelb fortschreitet und zuletzt in heller Weißglut alle Farben des Spektrums umfaßt. Von diesem Gesichtspunkte aus sind optische Erscheinungen früher schon mehrfach zur Pyrometrie benutzt worden, in roherer Weise durch Vergleichung der Glühfarbe mit einem Normalglase oder genauer mit Zuhilfenahme des Spektroskops. An irgendwelche Genauigkeit war dabei meist nicht zu denken. Das Pyrometer von Wanner ist das erste optische Instrument, mit dem die

Ermittelung hoher Temperaturen auf Grund eines bewiesenen Gesetzes erfolgt. Dieses Gesetz, nach welchem die Änderung in der Stärke der Lichtstrahlen in den einzelnen Farben mit der Steigerung der Temperatur durch eine Gleichung verbunden ist, wurde durch experimentelle Untersuchungen von Prof. Paschen, H. Wanner, Lummer und Pringsheim aufgefunden und danach theoretisch von Wien und Planck abgeleitet. Das Resultat dieser Untersuchungen ist kurz folgendes:

Beobachtet man ohne Rücksicht auf die Farbenänderung eines bei steigender Temperatur glühenden Körpers die Intensität einer bestimmten Farbe, also eines engbegrenzten Teiles des Spektrums, so nimmt man bei wachsender Temperatur auch eine bedeutende Zunahme in der Stärke der ausgewählten Lichtstrahlen wahr. Blendet man z. B. das der Fraunhoferschen Linie C entsprechende rote Licht ab und setzt dessen Intensität bei 1000° C = 1, so ist sie für 1200° schon = 10, für 1800° = 804, für 2000° = 2134. Diese enorme Steigerung der Lichtintensität bewirkt schon für ganz geringe Temperaturveränderungen meßbare Unterschiede der Strahlung. Es ist somit möglich, aus der Intensität des von dem heißen Körper ausgehenden Lichtes auf photometrischem Wege die Temperatur des Körpers zu ermitteln. Das Wanner-Pyrometer ist danach ein Photometer.

Demnach wird mit dem Wanner-Pyrometer wie auch mit andern optischen Instrumenten ähnlicher Art die Temperatur glühender Flächen, z. B. der Retortenwandung gemessen, die ja für die Destillation maßgebend ist, während diese Apparate unabhängig sind von den etwaigen vorübergehenden Schwankungen der Flammentemperatur, durch die alle nicht optischen Pyrometer, z. B. das von Le Chatelier, in ihren Angaben beeinflußt werden.

Das Wien-Plancksche Strahlungsgesetz gilt streng genommen nur für den theoretischen, sog. absolut schwarzen Körper, dem in seinen Eigenschaften der Ruß am nächsten kommt. Nach Kirchhoffs Definition ist ein theoretisch schwarzer Körper ein allseitig von wärmeundurchlässigen, in gleicher Temperatur befindlichen Wänden umgebener Hohlraum. Durch eine kleine Öffnung in der Wand wird die Strahlung nicht meßbar beeinflußt. Hieraus ist zu sehen, daß alle geschlossenen Öfen ohne weiteres den theoretischen Forderungen Ge-

Fig. 94.

nüge leisten, wie denn überhaupt für fast sämtliche in der Industrie vorkommende Fälle von glühenden festen oder flüssigen Körpern die etwaige Abweichung vom angeführten Gesetze vernachlässigt werden kann. Nur die Temperatur von durchsichtigen Flammen kann nicht nach diesem Gesetze bestimmt werden, weil deren Strahlung sich zu weit von der des schwarzen Körpers entfernt.

Der optische Teil des Apparates besteht aus einem handlichen, etwa 30 cm langen, wie ein Fernrohr gestalteten Photometer (Fig. 94). Das von dem glühenden Körper ausgestrahlte Licht tritt durch einen Spalt in den Apparat ein. Durch Linsen und ein geradsichtiges Prisma entsteht ein Spektrum, aus dem durch eine Blende rotes Licht von ganz bestimmter Wellenlänge (entsprechend der Fraunhoferschen Linie C) abgesondert wird. Die Intensität dieses Lichtes wird durch Polarisation gemessen. An der der Lichtquelle zugewandten Seite des Apparates ist eine kleine elektrische 6 Volt-Glühlampe angebracht, deren Licht gleichfalls den Apparat durchläuft und zur Vergleichung mit der zu messenden Intensität benutzt wird. Sieht man durch den Apparat, so erblickt man das kreisförmige Gesichtsfeld in zwei Hälften geteilt, deren eine durch die elektrische Lampe, die andere durch das Licht des zu untersuchenden Körpers in roter Farbe erleuchtet wird. Durch Einstellen eines drehbaren Okulars, in dem sich ein Nicolsches Prisma befindet, kann man mit Leichtigkeit die beiden Hälften des Gesichtsfeldes durch Polarisation auf gleiche Helligkeit bringen. Mit Hilfe der an dem Okular angebrachten Kreisteilung, an welcher die Drehung d. h. der Polarisationswinkel gemessen wird, entnimmt man aus einer jedem Apparat beigegebenen Tabelle die Temperatur. Der Vorgang ist so zu denken, daß die Temperatur der elektrischen Vergleichslampe bekannt ist, und daß mit ihrer Strahlung diejenige des Körpers von unbekannter Temperatur verglichen wird.

Der Meßbereich des Instrumentes umfaßt die Temperaturen von 900—1900°, doch werden auch Apparate geliefert, die mit Einschaltung von Rauchgläsern Temperaturen bis 4000° und darüber zu bestimmen ermöglichen.

Zur Temperaturmessung richtet man den Apparat, dessen Glühlampenkästchen man, um besser visieren zu können, nach unten wendet, auf das Ofenloch etc., bis der untere Halbkreis des Gesichtsfeldes von der Glut erleuchtet wird. Kann man sich nicht auf die Sicherheit seiner Hand verlassen, so bedient man sich mit Vorteil zum Halten des Pyrometers eines Stativs (Fig. 95

Fig. 95.

und 96), doch ist es bei einiger Übung auch ohne Stativ leicht, in jeder Stellung stehend, sitzend oder liegend, das Photometer auf den zu beobachtenden Ofenteil einzustellen. Die Entfernung, von welcher

Fig. 96.

aus gemessen wird, ist gleichgültig, wenn nur das Gesichtsfeld des Apparates einigermaßen mit dem zu messenden Lichte ausgefüllt wird.

Die ganze Messung ist so einfach, daß sie von jedem

Gasmeister und intelligenteren Arbeiter binnen kurzem erlernt werden kann. Durch einige Übungen an einer beliebigen Lichtquelle, z. B. an einem Auerbrenner, im dunklen Zimmer, erlangt man schnell die nötige Fertigkeit in der Einstellung des Apparates. Die Ablesungen erreichen dann eine Genauigkeit von $^1/_1$ bis $^1/_2$ Polarisationsgrad, so daß die Temperaturen bis 1350° auf 5 bis 10° C genau gemessen werden können.

Überraschend ist die Sicherheit, die man nach längerem Gebrauch des Wanner Pyrometers in der Abschätzung der Temperatur nach der Glutfarbe mit bloßem Auge erlangt. Meist vermag man schon vor der Messung mit dem Instrument das Resultat mit großer Annäherung anzugeben. Natürlich muß die elektrische Glühlampe immer auf der gleichen Temperatur bzw. Lichtintensität erhalten werden. Durch die veränderliche elektromotorische Kraft der Akkumulatoren, die zur Speisung der Lampe dienen, und die mit der Zeit eintretende Verminderung der Leuchtkraft der Lampe würde eine große Fehlerquelle erschlossen, zu deren Verhütung jedem Apparat eine Vergleichsvorrichtung beigegeben ist.

Um die Glühlampe des Pyrometers einzustellen, wird sie mit einer Amylazetatlampe auf folgende Weise verglichen: Das Pyrometer wird auf dem Vergleichsstativ befestigt (Fig. 94). Nachdem man die Amylazetatlampe ca. 10 Minuten lang hat brennen lassen, um eine ruhige Flamme von der durch das Visier vorgeschriebenen Höhe zu erzielen, verbindet man die Glühlampe mittels des Steckkontaktes an der Leitungsschnur mit der Akkumulatorenbatterie und stellt den Zeiger am Okular genau auf die in der beigegebenen Tabelle hervorgehobene Normalzahl des Apparates ein. Sieht man nun durch das Okular die rot erhellten Halbkreisflächen, von denen die obere durch die Glühlampe, die untere durch die Amylazetatlampe erleuchtet wird, in gleicher Helligkeit, so ist der Apparat zum Gebrauche fertig. Ist die Helligkeit aber verschieden, so dreht man an der Regulierschraube, wodurch die Glühlampe dem Apparat genähert oder von ihm entfernt wird, und somit das Glühlampenfeld heller oder dunkler erscheint, bis gleiche Helligkeit erreicht ist.

Die Kapazität der Akkumulatoren ist so beträchtlich, daß bei ca. 20 Beobachtungen täglich die obige Kontrolle nur einmal wöchentlich auszuführen ist. Da bei jeder Beobachtung das Glühlämpchen höchstens zwei Minuten brennt und man natürlich ein unnützes Brennen möglichst vermeidet, wird ein Nachladen der Batterie erst nach ungefähr zweimonatlicher Betriebsdauer notwendig sein. Über das vorschriftsmäßige Laden der Batterie und die einfachen Hilfsmittel zur Regulierung des Ladestroms, auch ohne Regulierwiderstand und beim Fehlen eines Ampèremeters, belehrt eine jedem Apparat beigegebene Anweisung, so daß auch von dieser Seite der bequemen Verwendbarkeit des Apparates sich keinerlei Schwierigkeiten entgegenstellen.

Zum Schlusse seien noch einige mit dem Wanner-Pyrometer ermittelte Resultate angegeben und namentlich deren schnelle Bestimmbarkeit betont. Der Apparat, dessen Anschaffungspreis etwa 320 M. beträgt, ist für den Gasfachmann so besonders wertvoll, weil er die Temperatur der tiefer liegenden Teile des Ofeninnern, besonders aber sofort nach dem Entladen die Innentemperatur der Retorten zu messen ermöglicht, für welche Zwecke das Le Chatelier-Pyrometer nicht oder kaum zu gebrauchen ist.

Die Imperial-Continental-Gas-Association in Berlin fand z. B. an verschiedenen Stellen einer ganzen Batterie von 6 Cozeöfen folgende Temperaturen:

Ofen	1.	2.	3.	4.	5.	6.
Über den Retorten	1232	1264	1370	1464	1409	1436°
Gleich über dem Generator	1409	1397	1464	1397	1296	1264°
Fünfter Zug	1126	1002	1112	1104	1096	1119°
Vorletzter Zug	992	982	918	932	970	932°

Witzeck fand in Mannheim gelegentlich besonderer Vergasungsproben folgende Ergebnisse: An jedem der fünf Versuchstage wurde einmal sofort nach dem Entladen die Temperatur jeder Retorte der im Betrieb befindlichen Öfen sowie die Temperatur im Ofeninnern bestimmt.

Die Durchschnittswerte für 3 Öfen mit schrägen Retorten ergaben:

Retorten.			Ofenraum.		
Ofen 1.					
1. 1071°	2. 1095°	3. 1047°	linke Seite	Mitte oben	rechte Seite
4. 1095°	5. 1123°	6. 1036°	1216°	1256°	1167°
7. 1087°	8. 1057°	9. 1040°			
Ofen 2.					
1. 1077°	2. 1098°	3. 1060°			
4. 1033°	5. 1079°	6. 1051°	1176°	1253°	1192°
7. 1019°	8. 1020°	9. 1030°			
Ofen 3.					
1. 1071°	2. 1080°	3. 1050°			
4. 1047°	5. 1088°	6. 1030°	1170°	1258°	1184°
7. 1007°	8. 985°	9. 987°			

Gesamtdurchschnitt:

Retorten: links Mitte rechts. Ofenraum: Mitte: 1256°
1056° 1070° 1037° Seite: 1184°
1054°

Die Durchschnittswerte aus analogen Untersuchungen an fünf älteren Öfen mit horizontalen Retorten ergaben:

Retorten.			Ofenraum. (dicht über dem Generator).	
Ofen 1.				
1. 988°	2. 1006°	3. 1000°	Mitte links	Mitte rechts
4. 964°	5. 1036°	6. 965°	1253°	1253°
7. 980°	8. 1048°	9. 936°		

Retorten.			Ofenraum.	
Ofen 2.				
1. 1051°	2. 1090°	3. 1064°		
4. 1044°	5. 1167°	6. 1076°	1312°	1322°
7. 1026°	8. 1126°	9. 1058°		
Ofen 3.				
1. 1019°	2. 1060°	3. 1032°		
4. 1010°	5. 1091°	6. 1051°	1308°	1320°
7. 989°	8. 1018°	9. 1000°		

Retorten.			Ofenraum. (dicht über dem Generator.)	
Ofen 4.				
1. 1006°	2. 1075°	3. 982°	Mitte links	Mitte rechts
4. 1002°	5. 1080°	6. 960°	1328°	1315°
7. 1002°	8. 1045°	9. 942°		
Ofen 5.				
1. 1065°	2. 1108°	3. 1049°		
4. 1034°	5. 1137°	6. 1004°	1348°	1328°
7. 995°	7. 1086°	9. 992°		

Gesamtdurchschnitt:

Retorten: links	Mitte	rechts.	Ofenraum.
1011°	1078°	1007°	(dicht über dem Generator).
	1032°		1309°.

Neben dem Wanner-Pyrometer hat in den letzten Jahren das optische Strahlungspyrometer des Franzosen Ch. Féry durch seine Exaktheit und praktische Brauchbarkeit Beachtung gefunden.

Das Gesetz, auf dem die Konstruktion des Apparates[1]) beruht, und das zuerst von Stephan-Boltzmann erkannt wurde, läuft darauf hinaus, daß die Strahlungsenergie eines ursprünglich vollkommen schwarzen Körpers der vierfachen Potenz der absoluten Tem-

[1]) Journ. f. Gasbel. 1903, S. 336 u. 634, 1904 S. 100, 1906 S. 500. Stahl und Eisen 1906, S. 497.

peratur gleich ist, woraus zugleich erhellt, daß die Empfindlichkeit der Temperaturmessung mit der Höhe der Temperatur stark zunimmt und jeder auf dem Gesetz begründete Apparat sich besonders für Bestimmung hoher Temperaturen eignet.

Die Strahlung des schwarzen Körpers wird auf eine kleine Silberscheibe (Fig. 97) geworfen, in deren Mitte die eine Lötstelle eines Thermoelements befestigt ist, während die andere Lötstelle desselben mit Metallteilen verbunden ist, die außerhalb des Strahlungsbereichs liegen. Der Apparat hat die Form eins Fernrohrs. Das Objektiv bildet bei den exakten Laboratoriumsapparaten eine plankonvexe Flußspatlinse, bei Apparaten für ge-

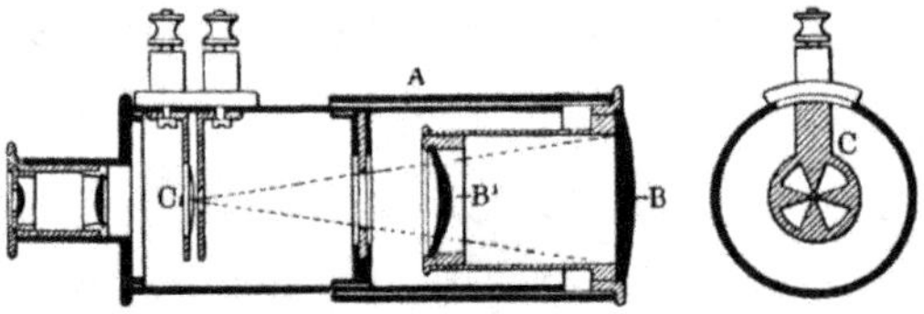

Fig. 97.

werbliche Zwecke ein System von zwei Linsen mit geringer Absorption. Durch zweckentsprechende Anordnung ermöglicht das Augenglas ein müheloses Betrachten bzw. Einstellen auf den glühenden Körper. Man hat nur noch die Ablenkung abzulesen, die das mit dem Apparat verbundene Galvanometer *F* (Fig. 98) anzeigt, um den Wärmegrad festzustellen. Die Gradeinteilung wird durch Vergleichung mit einem Normalapparat bestimmt, der seinerseits mit einem Le Chatelier-Pyrometer verglichen wird. Durch Versuche ist festgestellt, daß die Entfernung des Apparates von der zu messenden Wärmequelle innerhalb weiter Grenzen ohne Einfluß auf das Resultat der Messung ist.

Der anerkannten Genauigkeit des Apparates stand bisher der Fehler einer gewissen Unhandlichkeit gegenüber, insofern also zu den Messungen immer zwei Beobachter erforderlich sind: einer zum Einstellen des Fernrohrs und einer zum Ablesen des Galvanometers. Diesem Übelstand wird durch eine Änderung[1]) des Apparates abgeholfen, über die allerdings praktische Erfahrungen noch nicht veröffentlicht sind.

Féry hat das Thermoelement durch eine Spirale von drei übereinandergelegten Streifen von Gold, Silber und Platin ersetzt, auf welche die von dem heißen Körper ausgehende Strahlung durch eine Linse kon-

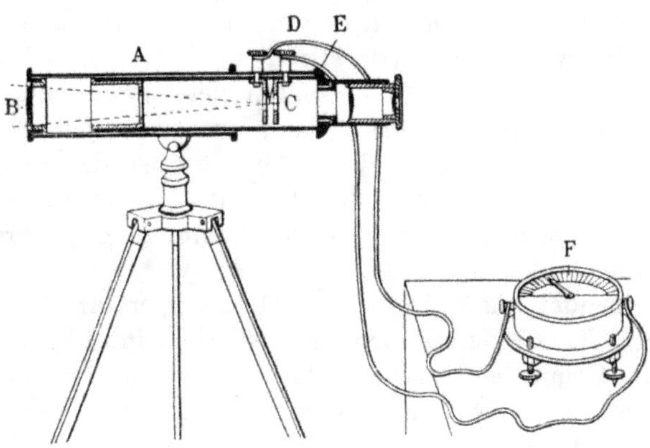

Fig. 98.

zentriert wird. Infolge der verschiedenen Ausdehnungskoeffizienten der Metalle windet die Spirale beim Erwärmen sich mehr oder weniger auf. Ein Zeiger am Ende der Spirale zeigt den Grad der Aufwindung und so mittelbar die Temperatur an. Infolge der geringen Masse der Spirale nimmt das Pyrometer schnell den Beharrungszustand an und gestattet daher schnelles Arbeiten. Vor Beginn einer Messung muß der Zeiger der Spirale, der Lufttemperatur entsprechend, auf den Nullpunkt eingestellt werden.

[1]) Journ. f. Gasbel. 1908, S. 162.

c) Die Rauchgasanalyse.

Zur Erhaltung einer konstanten Temperatur in den Retortenöfen neben sparsamem Verbrauch an Unterfeuerung ist dem Verlauf des Verbrennungsprozesses der Heizgase die größte Aufmerksamkeit zuzuwenden. Die Verbrennung soll vollständig, d. h. ohne Luftmangel, aber auch ohne beträchtlichen Luftüberschuß gewissermaßen »neutral« verlaufen.

Zur Kontrolle der Verbrennungsvorgänge haben wir das zuverlässigste Hilfsmittel in der Gasanalyse. Leider ist es vielfach nur ein Ausnahmefall und letzter Notbehelf, wenn der Betriebsleiter an seinen Öfen Rauchgasanalysen macht. Diese sollten vielmehr zur ständigen Betriebskontrolle gehören[1]) und wenigstens jede Woche einmal ausgeführt werden. Aber oft ist der Betriebsleiter froh, wenn nur die Öfen warm sind, ohne sich zu vergewissern, mit welcher Ökonomie dies erreicht wurde.

Findet man bei guter Ofentemperatur 18 oder 19 % CO_2 in den Rauchgasen, so liegt im allgemeinen kein Grund vor, an der Einstellung und am Betrieb etwas zu ändern. Findet man Kohlenoxyd in erheblicher Menge am Eingang der Regeneration — und das ist die Stelle, wo zunächst die Rauchgasprobe entnommen wird —, so zeigt dies einen Verlust an Brennstoff an, der im Ofen ausgenutzt werden, nicht aber in der Regeneration verbrennen soll.

In der nachstehenden Tabelle sind die Verbrennungen mit der theoretischen Luftmenge, mit Luftüberschuß und mit Luftmangel zusammengestellt, und es zeigt sich, daß das Resultat für die Kohlenoxydverbrennung ungünstig ist. Zwar ist der Bruttonutzeffekt nicht wesentlich verschoben, doch liegt der Hauptschaden darin, daß 16 % mehr Kohlenstoff

---

[1]) K. Bunte, Retortenöfen und deren Kontrolle. Journ. f. Gasbel. 1908, S. 785.

verbraucht sind, wenn mit CO-Überschuß und 18% CO_2 gearbeitet wird. Diesen Verlust bringt auch die Regeneration nicht wieder ein, die nur das ausnutzen soll, was auf anderem Wege nicht nutzbar wird.

Tabelle.

Vol.	%	$\frac{W}{C}$	T	$\frac{T-t}{T}$
		Theoretische Verbrennung.		
1 CO_2 4 N_2	20% CO_2 80% N_2 100	$\frac{4337}{0,42 + 4 \cdot 0,31}$	2610°	0,617
		$^1/_{10}$ Luftmangel		
0,8 CO_2 0,2 CO 3,6 N_2	17,4% CO_2 4,35% CO 78,25% N_2 100	$\frac{0,8 \cdot 4337 + 0,2 \cdot 1303}{0,8 \cdot 0,42 + 3,8 \cdot 0,31}$	1970°	0,493
		$^1/_{10}$ Luftüberschuß		
1 CO_2 0,1 O_2 4,4 N_2	18,2% CO_2 1,8% O_2 80,0% N_2 100	$\frac{4337}{0,42 + 4,5 \cdot 0,31}$	2390°	0,582
		18% CO_2 mit Luftüberschuß		
	18% CO_2 2% O_2 80% N_2 100	$\frac{18 \cdot 4337}{18 \cdot 0,42 + 82 \cdot 0,31}$	2370°	0,578
		18% CO_2 mit NO-Überschuß		
	18% CO_2 3,3% CO 78,7% N_2 100	$\frac{18 \cdot 4337 + 3,3 \cdot 1303}{18 \cdot 0,42 + 82 \cdot 0,31}$	2240°	0,554

Zur Verbrennung des Kohlenoxyds ist dem Ofen mehr Sekundärluft zuzuführen. Durch Öffnen des Sekundärluftschiebers wird der Widerstand in der Sekundärluft verringert und manchmal schon dadurch soviel weniger Primärluft angesaugt, daß weniger Brennstoff verbraucht wird und keine Gefahr besteht, den Ofen zu überhitzen, wie es eintreten würde, wenn nun die gleiche Menge Brennstoff ökonomisch statt unökonomisch verbrannt wird. Meistens aber wird man, wenn die Temperatur bei der Kohlenoxydverbrennung schon genügend war, auch mit dem Zug etwas heruntergehen müssen, um den Brennstoffverbrauch zu reduzieren.

Findet man bei guter Ofentemperatur wenig Kohlensäure, so hat das Brennmaterial nicht nur den Ofen geheizt, sondern noch überschüssige Luft miterwärmt. Um diese Wärmeverschwendung zu vermeiden, reduziert man den Zug und drosselt die Sekundärluft.

Dies sind die beiden vom ökonomischen Standpunkt wichtigen Hauptmöglichkeiten bei genügender Ofentemperatur.

In den meisten Fällen muß die Rauchgasanalyse Aufschluß geben, wenn der Ofen »nicht hochkommt«. Bei zu niedriger Temperatur ist zunächst zu prüfen, ob überhaupt nach dem Unterfeuerungsverbrauch eine höhere Temperatur zu erwarten ist. Dafür gibt bereits die Rauchgasanalyse einen starken Anhalt. Bei geringem Kohlensäuregehalt der Rauchgase ist zuviel Luft eingesaugt und miterhitzt worden und deshalb nur eine niedrige Flammentemperatur zu erwarten. In diesem Falle kann man zunächst durch Drosselung der Sekundärluft die Temperatur steigern. Ein Kohlenoxydgehalt der Rauchgase zeigt unvollkommene Verbrennung und mangelhafte Wärmeausnützung an. Hier führt eine Vermehrung der Sekundärluft zu besserer Wärmeausnützung und meist auch zu der gewünschten Temperaturerhöhung.

Ist der gefundene CO_2-Gehalt gut, z. B. 18%, und trotzdem die Temperatur ungenügend, so ist zunächst der Zustand des Ofens in bezug auf Schlacken und Aufwerfen in Betracht zu ziehen. Man notiert zweckmäßig bei jeder Rauchgasanalyse, wieviel Stunden nach dem Schlacken und wie lange nach dem Auffüllen die Probe entnommen ist. Denn ohne diese Berücksichtigung kann die einzelne Analyse leicht ein ganz falsches Bild geben. Z. B. bietet ein Schüttrostofen etwa zwei Stunden nach dem Schlacken und kurz nach dem Auffüllen mit heißem Koks die günstigsten Bedingungen, weil die Primärluft leicht und reichlich zutritt, hohe Schütthöhe findet und viel Kohlenoxyd bildet, weil dadurch ferner entsprechend wenig Sekundärluft angesaugt wird und die Verbrennung ziemlich theoretisch verläuft. Viel schlechter würde das Resultat kurz vor dem Schlacken und bei stark heruntergebranntem Brennmaterial sein, und die längste Zeit ist die Verbrennung nich so günstig, wie es nach einer Analyse bei frischgeschlacktem und aufgeworfenem Feuer scheinen konnte.

Findet sich nun auch zur Zeit normaler Bedingungen, also z. B. im zweiten Teil der Periode zwischen zwei Schlackungen hoher CO_2-Gehalt, und der Ofen ist trotzdem nicht heiß genug, dann wird eben zu wenig Brennmaterial verbrannt, und man geht meist nicht fehl mit der Annahme, daß die Regeneration undicht ist und auf dem Wege durch diese ein großer Zugverlust eingetreten ist. Mittels der Rauchgasanalyse ist auch das qantitativ festzustellen. Zeigen sich z. B. am Eingang der Regeneration 18 % CO_2 und am Ausgang im letzten Feuerzuge nur noch 12 % CO_2, so läßt sich berechnen, daß ein Drittel falsche Luft angesaugt wird. In solchen Fällen ist natürlich vor jeder andern Regulierarbeit die Regeneration dicht zu machen.

War aber die Regeneration dicht, so ist zu schließen, daß der angewandte Zug nicht genügt, und es muß durch verstärkten Zug mehr Luft beigeschafft werden. Dabei hat man die Gabelung des Zuges auf Sekundär- und Primärluftweg zu berücksichtigen und dafür zu sorgen, daß der erhöhte Zug auch wirklich zuerst auf den Primärluftstrang wirkt. Es kann notwendig werden, den Sekundärluftschieber zuerst kleiner zu stellen. Über die richtige Sekundärluftmenge gibt natürlich die Rauchgasanalyse Aufschluß. Nach erfolgter Einstellung muß man den Ofen mindestens einen Tag gehen lassen, bis er ins Gleichgewicht gekommen ist, worauf die geänderten Wärmeverhältnisse unbedingt einer zweiten Prüfung und Nachregulierung zu unterziehen sind.

Eine dritte Möglichkeit, warum ein Ofen bei gutem CO_2-Gehalt und genügendem Brennstoffverbrauch keine hohe Temperatur erreicht, ist die, daß zu viel Wasser verdampft wird und der unzersetzte Dampf als Ballast mit durch den Ofen geht und die Wärmekapazität der Rauchgase erhöht.

Eine weitere Feststellung, die bei Innengeneratoren mittels der Rauchgasanalyse gemacht werden kann und öfter gemacht werden sollte, ist die Prüfung, ob das Mauerwerk des Herdes gegen die Regeneration dicht ist. Beim Schlacken werden hier nicht selten grobe Undichtheiten erzeugt. Es ist klar, daß, wenn Heizgas den Weg direkt zu den Rauchgaskanälen finden kann, Brennmaterial verloren wird. Der Austritt des Kohlenoxyds ist nicht immer sichtbar, aber doch sicher zu erkennen, wenn z. B. vom dritten zum vierten Feuerzug abwärts der CO_2-Gehalt zunimmt. Voraussetzung ist, daß vorher kein CO im Rauchgas vorhanden war, das diese Zunahme erklärt, was ja aber ohnehin zu vermeiden ist.

Liegen neben dem Herd die Luftkanäle, dann wird sich die Undichtheit dadurch zeigen, daß Kohlensäure schon im Luftkanal gefunden wird. Auch hier bedeutet natürlich die Verbrennung in der Regeneration einen Verlust.

Mit den im vorstehenden gegebenen Gesichtspunkten zur Anwendung der Rauchgasanalyse bei der Ofenkontrolle sind die Möglichkeiten natürlich nicht annähernd erschöpft. Je nach dem Bau des Ofens können sich noch manche anderen Schlüsse aus den scheinbar gleichen Beobachtungen ergeben und andere Maßnahmen empfehlen.

Was die Apparate und Methoden zur Ausführung der Rauchgasanalysen anlangt, so sei hier die Beschreibung des in der Praxis vielfach gerade für die Ofenkontrolle benutzten Orsat-Apparates der weiter unten folgenden ausführlicheren Besprechung der Gasanalyse vorausgeschickt. Cl. Winkler[1]) gibt zur Benutzung des Orsat-Apparates folgende Anleitung:

Die Meßröhre *A* (Fig. 99) faßt von der in ihrem unteren Teile befindlichen Nullmarke bis zum oberen kapillaren Ende 100 ccm, ihre Teilung erstreckt sich jedoch nur auf 40 ccm und hört dort auf, wo die Röhre durch Aufblasen erweitert ist. Um den Gasinhalt der Meßröhre dem Einfluß äußerer Temperaturschwankungen zu entziehen, ist letztere mit einem oben und unten durch Gummistopfen geschlossenen, mit Wasser gefüllten Mantelrohr umgeben, auf welchem sich ein weißer Milchglashintergrund befindet, von dem sich die schwarze Skala der Meßröhre scharf abhebt. Mit ihrem unteren Ende steht die Bürette in Schlauchverbindung mit der zu zwei Drittel mit Wasser gefüllten Niveauflasche *B*, an das andere schließt sich ein rechtwinklig abgebogenes, gläsernes Kapillarrohr *r* an, welches in den vertikal und nicht wie bei den neuerdings gelieferten Apparaten horizontal stehenden Dreiweghahn *h* mündet und durch eine Holzumfassung vor dem Zerbrechen geschützt ist. Von diesem zweigen rechtwinklig nach unten die einfachen Glashähne *h'*, *h''*, *h'''* ab, deren Röhren ebenfalls kapillar sind, und welche durch Schlauchstücke in Verbindung mit den drei U-förmig gebogenen und mit Glasrohrbündeln gefüllten Absorptionsgefäßen *C'*, *C''*, *C'''* stehen, deren erstes mit Kalilauge, deren zweites mit alkalischer Pyrogallussäure,

[1]) Cl. Winkler, Lehrbuch der techn. Gasanalyse 1901.

deren drittes mit Kupferchlorürlösung und in die Glasröhren eingeschobenen Spiralen aus Kupferdraht gefüllt ist. Die vorerwähnten Absorptionsflüssigkeiten dienen zur Aufnahme von Kohlensäure bezw. Sauerstoff und Kohlenoxyd. Die Absorption des Sauerstoffs läßt sich

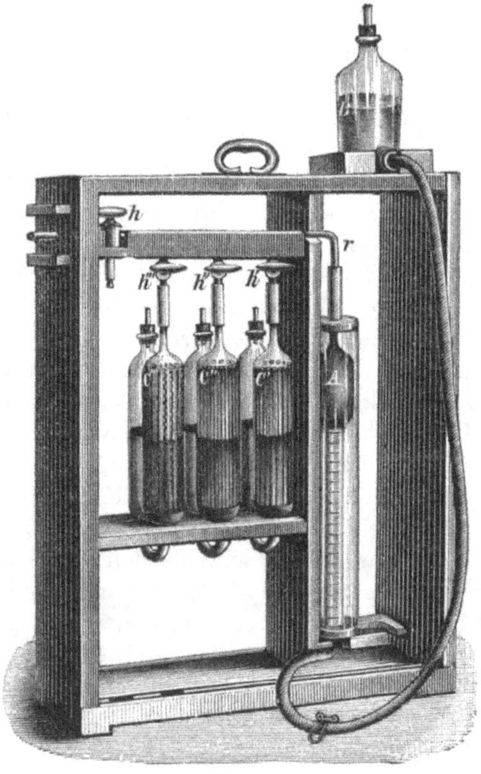

Fig. 99.

auch durch feuchten Phosphor bewerkstelligen; soll dies geschehen, so gibt man dem Gefäße C'' oben eine kleine, durch einen weichen Gummistopfen verschließbare Tubulatur, durch welche man unter Wasser dünne Phosphorstängelchen eintragen kann, bis das Gefäß gefüllt ist. Eine Glasrohreinlage erfolgt in solchem Falle nicht. Die Absorptionsgefäße werden reichlich bis zär Hälfte mit Flüssigkeit gefüllt und diese sodann bis zu der im kapillaren Halse angebrachten Marke emporgezogen. Das Emporziehen erfolgt einfach auf die Weise, daß man bei geöffnetem Verbindungshahn die Wasserfüllung der Bürette *A* ablaufen läßt, zu welchem Zwecke die Niveauflasche *B* natürlich gesenkt werden muß. Um endlich die Absorptionsflüssigkeiten vor der Einwirkung der Luft zu schützen, schließt man die Ausgangsenden der Absorptionsgefäße durch Aufstecken kleiner Ballons aus Kautschukmembran ab.

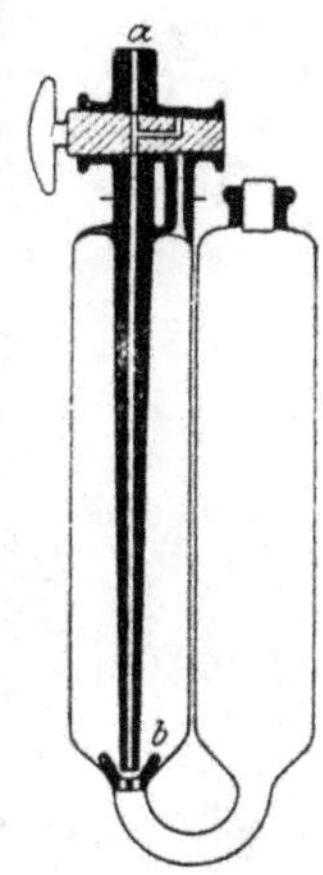

Fig. 100.

Um eine innige Berührung zwischen Flüssigkeit und dem zu untersuchenden Gas zu bewirken, fertigt C. Heinz-Aachen Absorptionsgefäße von folgender Form: In Fig. 100 tritt das Gas bei *a* in das Gefäß und geht durch ein nach unten spitz zulaufendes Glasrohr nach *b*, wo es in einem Trichterchen verteilt wird, um so eine möglichst innige Mischung mit der Flüssigkeit einzugehen. Zur Rückführung des Gases wird der Hahn der Pipette um 180° gedreht. Fig. 101 zeigt eine noch bessere Konstruktion. Nachdem das Gas das Rohr *cd* durchströmt, tritt es bei *d* durch eine Injektorspritze in ein spiralförmig nach oben gerichtetes Schlangenrohr, in dem eine innige und lange Berührung mit der Absorptionsflüssigkeit erfolgt. Das Rohr ist durch einen Ansatz bei *d* nach unten geöffnet, wodurch die frischere Lösung fortwährend nach oben gehebert wird. Auch in diesem Falle muß man bei der Rückführung des Gases den Hahn um 180° drehen.

Der ganze Apparat befindet sich in einem tragbaren an beiden Seiten durch Schiebetüren verschließbaren Holzkasten.

Für die Handhabung des Apparates stellt man die Niveauflasche *B* hoch, öffnet den Hahn *h* und läßt die Meßröhre *A* sich bis zur Kapillare mit Wasser füllen. Hierauf verbindet man das Ausgangsende der Kapillare mit dem Saugrohr, durch welches die Gasprobe entnommen werden soll, die nach unten gerichtete Bohrung des Dreiweghahnes *h* aber mit einer Saugpumpe aus Kautschuk und entfernt mit Hilfe dieser die Luft aus der Rohrleitung. Die Ansaugung der Gasprobe wird hierauf einfach dadurch bewirkt, daß man die Niveauflasche *B* senkt und den Hahn *h* um 90° dreht. Man läßt das Wasser etwas bis unter die Nullmarke abfließen. schließt den Hahn *h* ab, komprimiert das Gas durch Heben der Saugflasche *B* so weit, daß das Wasser bis über die Nullmarke steigt, kneift den Verbindungsschlauch dicht an der Ansatzstelle mit den Fingern oder einem Quetschhahn zu und läßt hierauf, nachdem man die Niveauflasche *B* wieder gesenkt hat, durch vorsichtiges Lüften des Schlauches den Wasserüberschuß bis zur Nullmarke austreten. Schließlich hat noch ein momentanes Öffnen des Hahnes *h* zu erfolgen, um atmosphärischen Druck herzustellen, worauf sich in der Meßröhre genau 100 ccm Gas abgesperrt befinden.

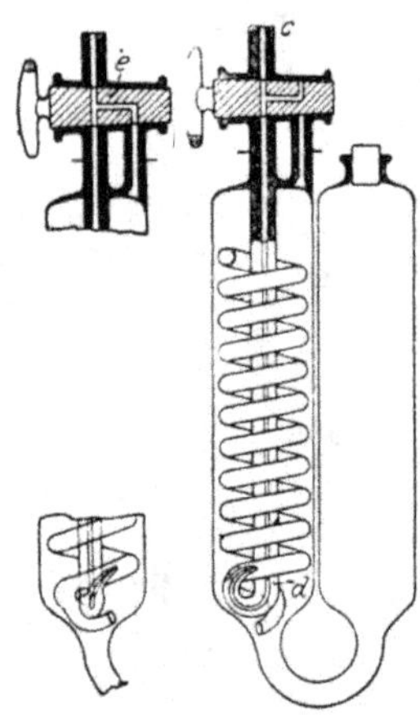

Fig. 101.

Nun schreitet man zur Absorption. Zuerst bestimmt man den Gehalt an Kohlensäure, indem man das Gas in die **U**-Röhre *C'* überfüllt. Das geschieht in der Weise, daß man die Niveauflasche *B* hebt und gleichzeitig den Hahn *h'* öffnet. Die Absorption kann dadurch beschleunigt werden, daß man das Gas durch wechselweises Senken und Heben der Niveauflasche zwischen

C und A herüber und hinüber wandern läßt, während welcher Operation der Hahn h geöffnet bleiben kann. Zuletzt wird der Flüssigkeitsspiegel in C' auf die Marke eingestellt und der Hahn h' geschlossen. Nun kann die Ablesung vorgenommen werden, nachdem man die Niveauflasche so weit gehoben hat, daß ihr Inhalt mit dem in der Meßröhre befindlichen Wasser gleichen Stand zeigt. Die eingetretene Volumenabnahme zeigt den Kohlensäuregehalt unmittelbar in Prozenten an. In ganz gleicher Weise absorbiert man der Reihe nach in Gefäß C'' den Sauerstoff, in Gefäß C''' das Kohlenoxyd und findet schließlich als nicht absorbierbaren Rest den vorhandenen Stickstoff. Wird die Sauerstoffabsorption durch feuchten Phosphor bewirkt, so kann das erwähnte Herüber- und Hinüberfüllen als zwecklos unterlassen werden. Als Absorptionsflüssigkeit pflegt man zu verwenden:

für Kohlensäure Kalilauge von 1,20 spez. Gewicht (270 g Ätzkali zu 1 l gelöst),

für Sauerstoff ebensolche Kalilauge, der man pro Gefäßfüllung 15—25 g Pyrogallussäure zusetzt, oder Phosphor mit Wasser,

für Kohlenoxyd ammoniakalisches Kupferchlorür, und zwar löst man 250 g Ammoniumchlorid in 750 g Wasser, bringt die Lösung in eine mit Gummistopfen versehene, dicht verschließbare Flasche und fügt ihr 200 g Kupferchlorür zu. Damit die Lösung sich besser hält, fügt man etwas metallisches Kupfer hinzu. In Berührung mit Luft scheidet die Lösung grünes Kupferchlorid ab. Um sie gebrauchsfertig zu machen, setzt man ihr ein Drittel ihres Volumens Ammoniakflüssigkeit von 0,91 spez. Gewicht zu.

Zur Untersuchung der Rauchgase wird auch vielfach die Bunte-Bürette benutzt, deren Handhabung zugleich mit anderen Aufgaben der Gasanalyse weiter unten beschrieben werden soll.

Um die Lage der neutralen Verbrennung genau festlegen zu können, hat Pfeiffer einen leicht zu handhabenden Apparat angegeben[1]). Die Bestimmung der neutralen Zone geschieht danach in der Weise, daß man feststellt, an welcher Stelle des Ofenraums, soweit sich durch diesen der Verbrennungsprozeß erstreckt, Sauerstoff aufzutreten beginnt. Solange dieser qualitativ nicht nachzuweisen ist, wird derselbe noch vollkommen von den verbrennenden Generatorgasen aufgebraucht. Sobald er dagegen im Überschuß auftritt, ist die Verbrennung beendet. Mit Hilfe der verschiedenen Ofenschieber hat man es dann leicht in der Hand, die neutrale Zone der Verbrennung im Ofen zu verlegen.

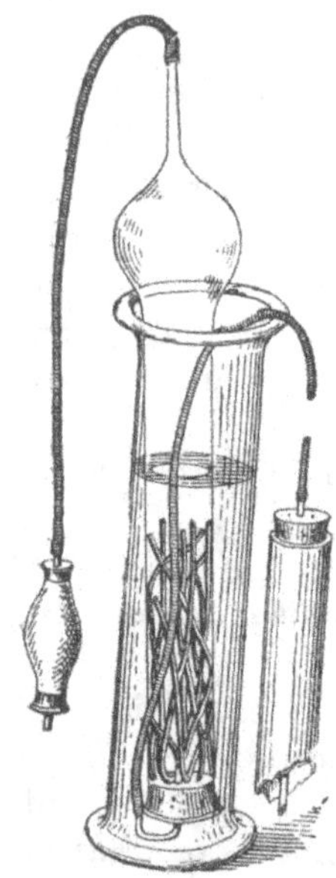

Fig. 102.

Der zur qualitativen Untersuchung auf Sauerstoff dienende Apparat (Fig. 102) besteht aus einem 30 cm langen Chlorkalziumrohr, welches bis zur Hälfte mit gelbem Phosphor in Stangenform angefüllt ist. Die Öffnung verschließt man mit einem Kork, durch welchen ein U-förmiges Glasrohr mit anschließendem Gummischlauch führt. Der Gummischlauch ist mit der Porzellanröhre verbunden, welche zur Entnahme der Gasproben in die verschiedenen Ofenzonen eingeführt wird. Das andere Ende des Reaktionsrohres ist mit einer Saugpumpe verbunden. Da der Phosphor an der Luft leicht Feuer fängt, wird das Rohr in einem Standglas unter Wasser aufbewahrt, vor dem Gebrauch jedoch zur Entleerung des Wassers und zur Herstellung der

[1]) Journ. für Gasbel. 1898. 605.

Schlauchverbindungen herausgenommen und dann zur äußeren Kühlung wieder unter Wasser getaucht. Nachdem das Porzellanrohr in den Ofenzug eingeführt ist, saugt man mit der Luftpumpe erst rascher, um den Apparat zu füllen, dann langsamer. Die Anwesenheit von Sauerstoff in den Rauchgasen zeigt sich durch das Auftreten von dicken weißen Nebeln in dem Reaktionsrohr. Diese dicken Nebel sind Phosphorsäure, welche durch die Verbrennung des Phosphors mit dem eintretenden Sauerstoff entstehen.

Soll die neutrale Zone verlegt werden, so führt man die Porzellanröhre an der Stelle des Ofens ein, an welcher man neutrale Verbrennung erhalten will. Man saugt an dieser Stelle dann fortwährend Rauchgas durch den Apparat und stellt gleichzeitig die Sekundärluftschieber auf resp. zu und zwar so lange, bis die weißen Nebel verschwinden oder erscheinen, je nachdem die bisherige neutrale Verbrennung vor oder hinter der Gasentnahmestelle lag. Durch eine Änderung in der Schieberstellung wird eine Änderung der Temperaturverhältnisse des Ofens selbstverständlich erst sehr viel später erzielt, weil ein große Steinmasse des Retortenofens viel zu viel Wärme aufnimmt, um sich sofort auszugleichen.

Die Lage der neutralen Zone in einem Ofen soll natürlich auf der rechten Seite die gleiche sein wie auf der linken. Ist dieses nicht der Fall, so kann man sicher annehmen, daß durch eine Undichtheit des Mauerwerks der Verbrennungsprozeß schädlich beeinflußt wird. Auch hier gibt die Rauchgasanalyse näheren Aufschluß.

4. Das Laden und Entleeren der Retorte.

Das Laden und Entleeren der Retorte, das den Ausgangspunkt der ganzen Gasfabrikation bildet, bietet den großen Nachteil der Abhängigkeit von der Gewissenhaftigkeit und Geschicklichkeit der Arbeiter. Seit langem sind daher die Konstrukteure bestrebt, die Handarbeit möglichst durch maschinelle Einrichtungen zu ersetzen. Nur in ganz kleinen Gaswerken werden die Retorten mit Hilfe der Kohlenschaufel geladen. Bei mittleren Gaswerken dagegen wird das Laden nur noch mit der Mulde oder mit einfacheren Lademaschinen vorgenommen. Diese Art zu laden hat eine ganze Reihe von Vorzügen:

1. Kurze Ladezeit und dadurch Verminderung des Gasverlustes;
2. gleichmäßiges Lagern der Kohlen in den Retorten;

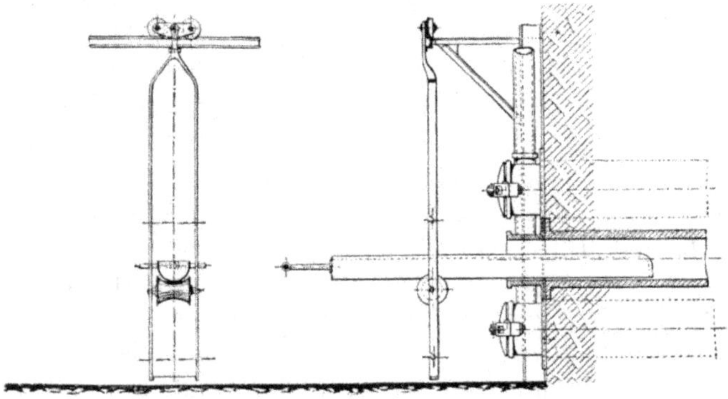

Fig. 103.

3. gutes Ausfüllen des hinteren Retortenendes und hierdurch größere Leistungsfähigkeit der Retorte;
4. Verminderung von Kohlenverlusten beim Laden.

Die einfachste Form einer derartigen Ladevorrichtung (Fig. 103) stellt die fahrbare Laderolle dar. Diese besteht aus einer zylindrischen, in einem Bügel drehbar gelagerten Walze mit Flanschen an beiden Seiten. Der Bügel hat drei den Höhenlagen der Retorten entsprechende Lagerstellen für die Rolle und ist an einer Laufkatze befestigt, welche auf einer Hängebahnschiene vor den Öfen entlang läuft, und kann nach rechts und links vor jede Retorte gefahren werden.

Eine andere Ladevorrichtung (Fig. 104) besteht aus einer in jeder Richtung beweglichen Mulde. Diese liegt in einem Bügel und kann durch einen Kettenzug mit Haspelrad in jede Höhenlage gehoben werden. Der Kettenzug ist an einer Laufkatze befestigt, welche in der Richtung der Retortenachse auf einem Träger verschiebbar ist. Dieser Träger ist durch Laufrollen auf Schienen in der ganzen Länge des Ofenhauses seitwärts fahrbar. Die Mulde wird gefüllt und vor die zu ladende

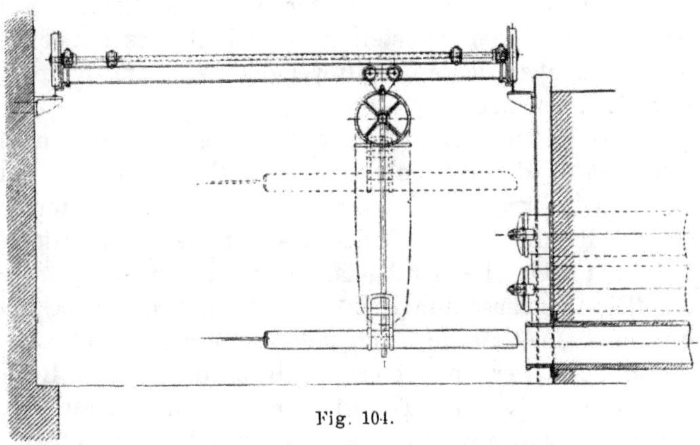

Fig. 104.

Retorte gefahren bzw. gehoben oder gesenkt. Während der Bewegung in die Retorte liegt die Mulde bis zur Hälfte des Weges in dem Gehänge, bis dieses vor das Retortenmundstück stößt. Der Arbeiter schiebt nun die Mulde ganz in die Retorte, wobei er von der lebendigen Kraft der in Bewegung befindlichen Mulde unterstützt wird, und entleert diese durch Umdrehen.

Eine andere einfache Ladevorrichtung, deren Bewegungsmechanismen gleichfalls alle von Hand bedient werden, ist die von der Firma Eitle-Stuttgart konstruierte. Der Hauptvorzug dieser in Fig. 105 abgebildeten Maschine ist die zweiteilige Mulde, weil diese sich noch sehr gut in Retorten einfahren und entleeren läßt, welche schon stark Graphit angesetzt haben.

Der Apparat ist in seiner Konstruktion so einfach gehalten, daß zu seiner Bedienung nur ein Mann nötig ist. Längs des Ofenhauses ist eine Fahrbahn angeordnet. Auf dieser ist ein Laufkran montiert, dessen Katze ein Hängegerüst mit der Lagerung und dem Mechanismus zum Entleeren der Lademulde trägt.

Die Lademulde selbst ist zweiteilig, und beide Teile derselben werden mittels Hebel und geeigneter Zahnradübersetzung derart exzentrisch bewegt, daß sie sich in der Mitte öffnen, das Material in die Retorte entleeren und in der Endstellung oberhalb des entleerten Materials über dasselbe hinweggleitend herausgezogen werden können.

Das Füllen der Mulde mit Kohle läßt sich noch sehr gut in der Höhenlage der mittleren Retorte vornehmen, während beim Laden der oberen Retortenreihen die Mulde zum Füllen bis auf die nächst niedrigere Retortenreihe herabgelassen werden muß.

Die Lademaschine (Fig. 106) nach de Brouwer besteht aus einem Lederförderband, welches über drei Laufrollen geführt ist. Der Antrieb erfolgt durch die vordere Rolle, welche mittels eines Treibriemens durch den auf dem hinteren Teil des Rahmens aufgestellten Elektromotor angetrieben wird. Über dem Lederförderband liegt eine Rillenscheibe, deren Kranz eine Vertiefung mit halbrundem Querschnitt besitzt und deren Drehung durch die zwischen dem Lederförderriemen und dem Kranz vorhandene Reibung erfolgt (Fig. 106). Die Kohle fällt aus dem hochliegenden Kohlenbehälter durch einen Trichter in die halbrunde Vertiefung der Rillenscheibe, welche mit dem darüber gespannten Riemen einen Kanal von gleichfalls halbkreisförmigem Querschnitt bildet. Bei der schnellen Bewegung des Förderriemens und der Rillenscheibe erhält die Kohle in diesem halbrunden Kanal die gleiche Geschwindigkeit, so daß sie, auf der unteren wagerechten Bahn des Förderriemens ankommend, dessen Geschwindigkeit angenommen hat. Bei der Biegung

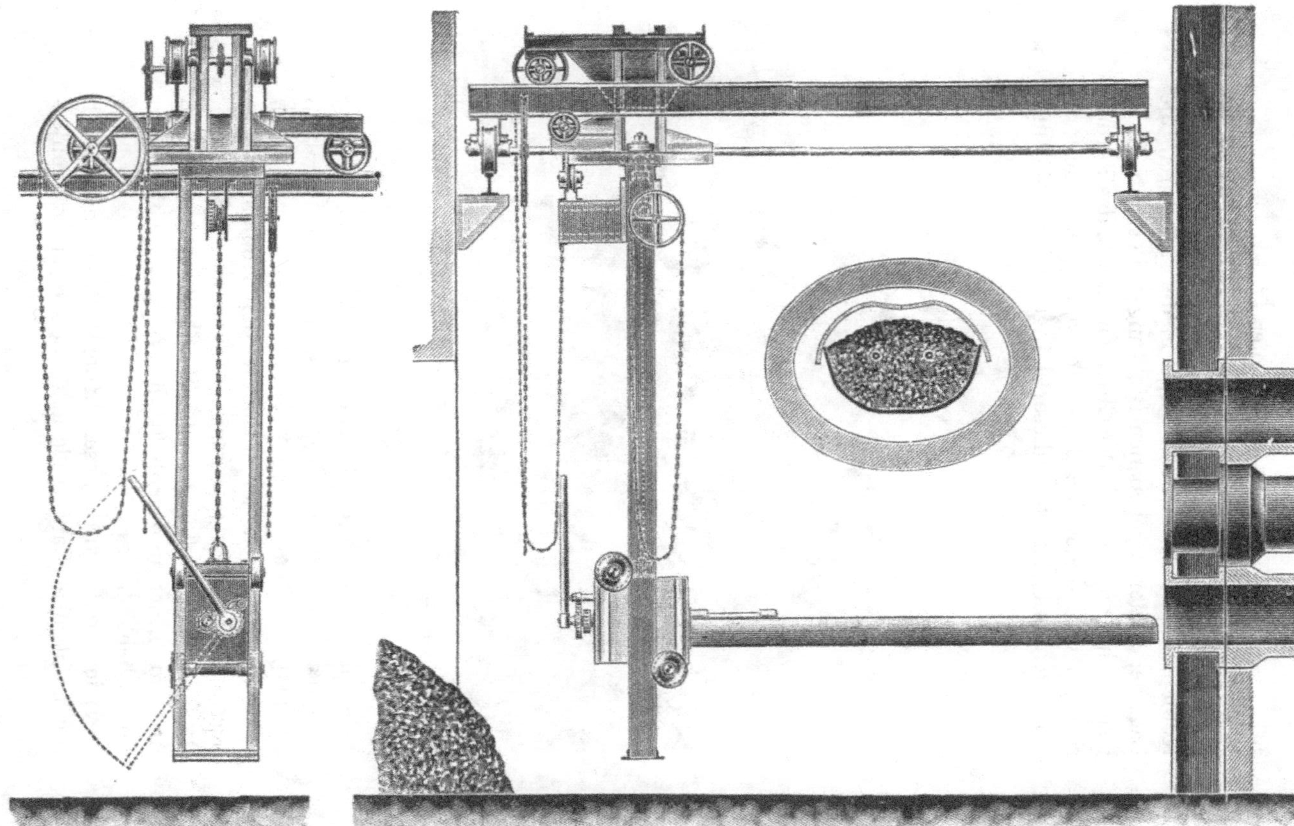

Fig. 105.

des Riemens über die vordere Rolle verläßt daher die Kohle den Förderriemen, fliegt in der ihr durch die Lage der letzteren gegebenen Richtung weiter und in die Retorte hinein. Je nach der Geschwindigkeit des Förderriemens wird die Kohle 6 bis 8 m weit geschleudert, so daß auch Retorten von dieser Länge vollständig und

Fig. 106.

gleichmäßig gefüllt werden können. Die Bedienung der Lademaschine nach de Brouwer kann durch einen Mann erfolgen, welcher hinter der Maschine steht und durch leichtes Schwenken der Maschine den Kohlenstrahl so richtet, daß die Retorte ganz gleichmäßig gefüllt wird. Derselbe Mann schaltet auch den Elektromotor ein und aus und öffnet und schließt die Verschlußschieber der Kohlenbehälter.

Die Kohle wird dieser Lademaschine in Stücken von nicht über Faustgröße aus hochliegenden Kohlen-

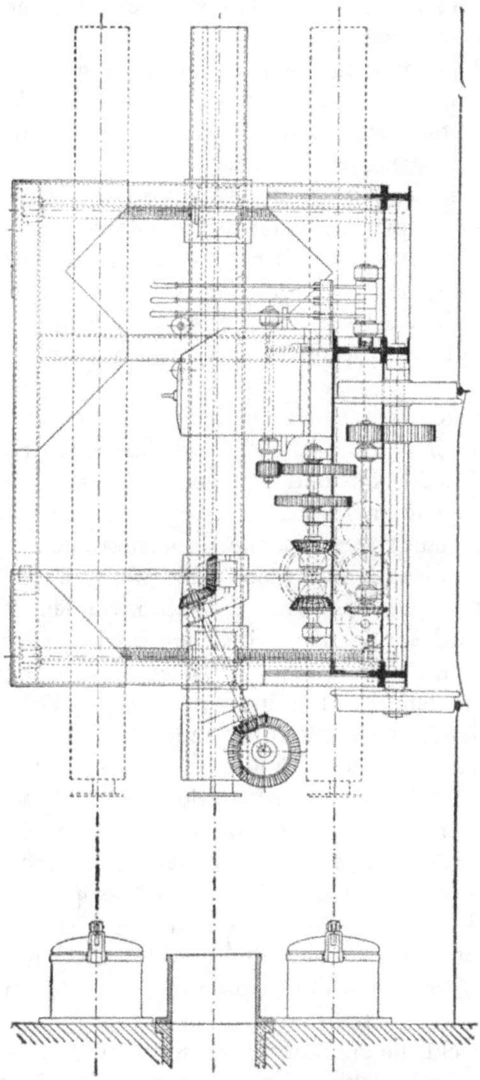

Fig. 107.

behältern, welche vor jedem Ofen angebracht sind, zugeführt. Durch Öffnen des Bodenschiebers entleert sich der Kohlenbehälter in den Trichter der darunter stehenden Lademaschine.

Die Lademaschine wird entweder in einem auf dem Ofenhausflur in Schienen laufenden Fahrgestell oder mittels Ketten auf oberhalb der Retorten liegenden Schienen hängend angeordnet.

Zur Einstellung in die verschiedenen Höhenlagen der Retorten ist die Lademaschine mit zwei Kettenzügen ausgerüstet. Der Antrieb der Maschine erfolgt durch einen Elektromotor, der auf dem Rahmen der Lademaschine befestigt ist. Die Zuführung des elektrischen Stromes erfolgt durch freiliegende Kabelleitungen.

Das beschwerliche Herausziehen des glühenden Koks aus der Retorte wird fast auf allen Gaswerken noch von Hand mit Ziehhaken und Krücken besorgt. Es bestehen zwar schon seit einer ganzen Reihe von Jahren (namentlich in England) verschiedene Konstruktionen von Ziehmaschinen, jedoch konnten diese wegen ihrer großen Mängel keine allgemeinere Verbreitung finden. Größere Aussicht auf Erfolg haben die verschiedenen Konstruktionen der Ausstoßmaschinen, besonders bei langen Retorten (6 m lang). Allerdings müssen bei Verwendung solcher Maschinen die Retorten auch an ihrem hinteren Ende Deckel erhalten. Eine derartige Ausstoßmaschine zeigt Fig. 107 (Pariser Konstruktion). Die Maschine ist auf Schienen vor den Öfen fahrbar. Der Stempel, welcher zum Heraudrücken des Koks dient, kann gehoben und gesenkt werden und schiebt sich teleskopartig auseinander, so daß der dafür erforderliche Platz vor den Öfen nicht sehr breit zu sein braucht. Alle Bewegungen erfolgen durch einen Elektromotor. Der Stempel wird bei 6 m langen Retorten zunächst 2 m vorgeschoben, alsdann rückt die erste und nach weiteren 2 m die zweite teleskopartige Verlängerung des Stempels ein. In gleicher Weise bewegt sich der Stempel zurück. Bei seiner Vorwärtsbewegung stürzt der glühende Koks aus dem geöffneten

Mundstück in den bereitgestellten Kokswagen oder in eine Koksförderrinne, welche hinter den Öfen liegt.

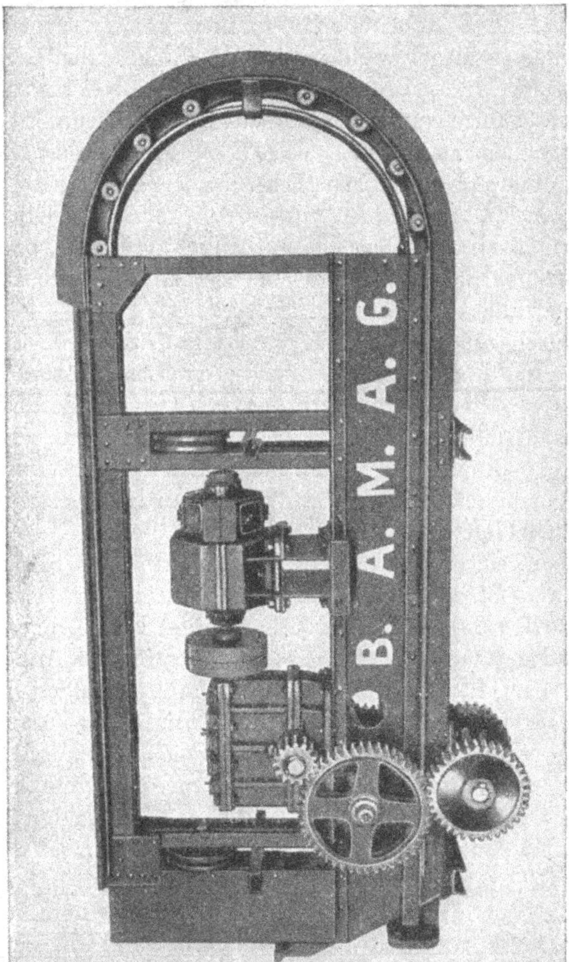

Fig. 108.

Eine andere Ausstoßvorrichtung stammt gleichfalls von Brouwer. Sie besteht aus einer starken Gliederkette, die in einem Rahmen geführt ist (Fig. 108). Die Glieder laufen durch eine Bogenführung im oberen Teil des Rahmens zurück, um Raum zu sparen. Die einzelnen Glieder haben oben Pfannen zur Aufnahme von Kühlwasser, durch welches ein Ausglühen der Glieder verhindert wird. Die ersten Glieder der Kette sind lang, um ein Freitragen der Kette bis zum Aufliegen in der Retorte zu ermöglichen. Alle Bewegungen der Stoßmaschine werden durch Elektromotore bewirkt. Die Brouwersche Lade- und Ausstoßvorrichtung werden in einem fahrbaren Gerüst miteinander vereinigt, so daß eine solche Einrichtung für die Bedienung horizontaler Retorten alle Vorteile in sich vereinigt.

Durch die Einführung derartiger Lade- oder Stoßmaschinen kann die zur Bedienung der Öfen sonst nötige Arbeiterzahl bedeutend verringert werden, außerdem wird aber auch die noch verbleibende Arbeit bedeutend erleichtert, so daß der maschinelle Betrieb nicht nur in wirtschaftlicher sondern auch in humaner Beziehung Vorteile bietet.

Zum Schluß sei auch noch die auf Tafel VII dargestellte Retortenbeschickungsvorrichtung für schräge Retorten kurz beschrieben. Es ist die Patent-Drorysche Anordnung, wie sie bei den meisten größeren Anlagen neben der Patent Riegelschen Eingang gefunden hat. Wie die Tafel zeigt, besteht die Einrichtung aus zwei Teilen, und zwar den auf zwei Laufschienen beweglichen vierräderigen Meßgefäßen und den an diese drehbar angehängten Einsatzrinnen. Da die Anordnung der Ausläufe an dem Kohlenbehälter, von welchem aus die Meßgefäße gefüllt werden, derart getroffen ist, daß nach vollständiger Füllung keine Kohle mehr aus dem Hochbehälter nachrutschen kann, ist einmal ein Überlaufen von Kohle vollständig vermieden, und was von größter Bedeutung ist, wird auch den Retorten stets ein genau bemessenes Kohlenquantum zugeführt. Der Inhalt der Meßgefäße kann zudem noch durch eine leicht verstellbare Klappe innerhalb größerer Grenzen geändert werden.

Nachdem der mit Kohle gefüllte Meßwagen vor die zu beschickende Retorte gefahren ist, wird die angehängte Blechrinne von Hand in das Mundstück der Retorte eingeschoben, worauf man, nach Öffnen der im Meßgefäße angebrachten Bodenschieber, die Kohle in die Retorte hineingleiten läßt. Durch sinnreich angebrachte Hebelkombinationen gestaltet sich die Bedienung zu einer sehr leichten.

Das Laden der senkrechten Retorten geschieht in der einfachsten Weise durch über den Öfen fahrbare Meßwagen, die die nötige Kohle aus Hochbehältern entnehmen.

Bei den Münchener Kammeröfen sind an der Rückseite oberhalb der Öfen Kohlenbunker angeordnet, aus denen die Kohle direkt in die Kammern rieselt. Als Zwischenglied zwischen den Ausläufen aus dem Kohlenbunker und der Ofenkammer ist lediglich ein fahrbarer Trichter vorgesehen, an dessen Gerüstkonstruktion gleichzeitig ein mit einer Zahnstange versehener Stößer befestigt ist, der dazu dient, bei backenden Kohlen den Kokskuchen aus der Kammer auszudrücken. Im allgemeinen rutscht der Koks infolge der geneigten Anordnung der Kammern selbsttätig beim Öffnen der Deckel heraus, so daß diese Maschine nur zur Betriebssicherheit dient.

---

5. Das Ausbrennen der Retorten.

Wie schon an anderer Stelle erwähnt, zersetzt sich an den glühenden Wandungen der Retorte ein Teil des Gases und scheidet sich in Form von festem Kohlenstoff (Graphit) aus, der an den Retortenwänden fest haften bleibt. Von Zeit zu Zeit — mindestens alle drei

Monate — muß diese Graphitkruste durch Ausbrennen der Retorte entfernt werden.

Das Ablösen des Graphits von der Retorte beruht darauf, daß infolge von Temperaturunterschieden des Graphits und der Retorte durch die verschiedene Ausdehnung der beiden Materialien eine Trennung eintritt und der Graphit in großen und kleineren Stücken von der Retortenwandung abspringt.

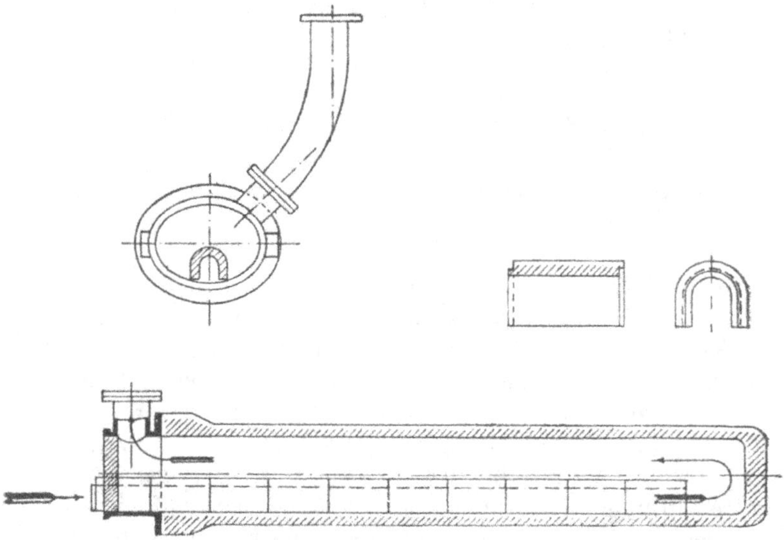

Fig. 109.

Das gewöhnliche Verfahren besteht darin, daß man in die außer Betrieb gesetzte Retorte einen aus Muldensteinen (Fig. 109) gebildeten Kanal führt und die vordere Öffnung der Retorte durch Aussetzen mit Steinen bis auf die Kanalöffnung schließt. Die kalte Außenluft muß alsdann, wie die Pfeile in Fig. 109 andeuten, durch den Muldenkanal bis an die Rückwand der Retorte ziehen und hier aufwärts steigen, um dann in der Retorte nach vorn zu ziehen und durch das Steigrohr zu entweichen. Das Quantum der die Retorte durchstreichenden Luft läßt sich je nach dem Stande des Ausbrennens regulieren dadurch, daß man die vermauerte Vorderwand der Retorte mehr oder weniger öffnet und Beiluft einziehen läßt. Eine zweite Regulierung läßt sich durch teilweises Schließen des Steigrohrdeckels erreichen.

Nach Angabe von Habermann[1]) soll der in

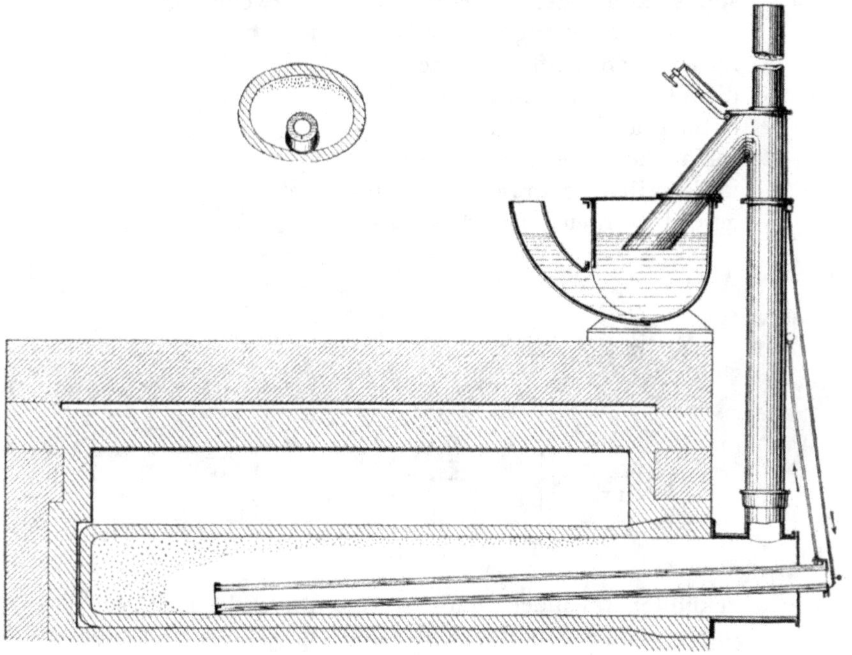

Fig. 110.

Fig. 110 abgebildete Apparat sich zum Ausbrennen besser eignen als die Muldensteine. Der Apparat besteht aus zwei ineinander gedichteten schmiedeeisernen Röhren von 4—5 mm Wandstärke. Das innere Rohr mit einer lichten Weite von ca. 80 mm bildet den Luftzuleitungskanal und wird durch Umspülung mit kaltem Wasser

[1]) Journ. f. Gasbeleuchtung 1897, S. 118.

vor der hohen Ofentemperatur geschützt. Die Zuleitung des Wassers zum Apparat sowie die Ableitung sind an den Steigröhren der ganzen Ofenfront angebracht. Das Wasser verläßt den Apparat, welcher zur ev. Kesselsteinentfernung auseinandergenommen werden kann, mit einer Temperatur von ca. 60° C und findet als Kesselspeisewasser oder zu Badezwecken Verwendung.

Die Bedienung des Apparats ist eine sehr einfache. Nachdem die Verbindung mit Zu- und Ableitung des Wassers durch Spiralschläuche hergestellt ist, kann er in jede Retorte abwechselnd eingesetzt werden. Die durch den

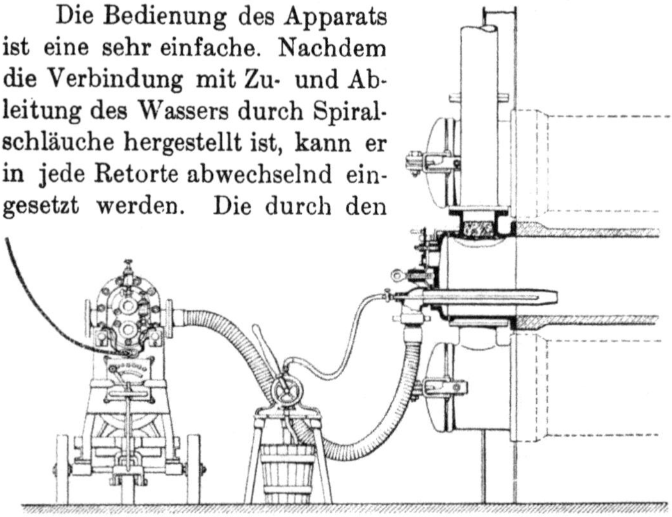

Fig. 111.

gekühlten Zylinder von außen eintretende Luft wird somit bis an den Boden der Retorte geführt und muß auf ihrem Weg zum Steigrohre die ganze Retortendecke bestreichen. Die durch dieses Verfahren erzielte Temperaturdifferenz zwischen heißer Retortenwandung und abgekühltem Graphitansatze bewirkt eine leichte Loslösung der Kohlenstoffinkrustation.

Ein neuerer von Vogt konstruierter Apparat (Fig. 111) arbeitet mit Preßluft und gestattet, das Ausgraphiten einer Retorte in $^1/_2$ Stunde vorzunehmen, eine Arbeit, die nach den bisherigen Methoden 24 Stunden und länger dauert. Ein durch einen Elektromotor angetriebenes Kapselradgebläse führt der durch einen Deckel verschlossenen Retorte mit einem Spiralschlauch Preßluft zu. Mit diesem Preßluftstrom werden zur Kühlung des weißglühenden Graphits kleine Wassermengen zugeführt, welche beim Austritt aus der in der Figur sichtbaren Düse sehr fein zerstäubt und dann plötzlich in Dampf verwandelt werden. Durch diese plötzliche Abkühlung des Graphits, die in 2 bis 3 Minuten erfolgt, wird ein Zusammenziehen und Loslösen desselben von der Retorte bewirkt, so daß er sich ganz leicht von der Wand abstoßen läßt. Die Zuführung des Wassers erfolgt durch eine kleine Flügelpumpe, welche das Wasser aus einem untergesetzten Eimer entnimmt. Ein Gummischlauch bildet die Verbindung zwischen Pumpe und Einspritzrohr. Zur Abkühlung des Graphites sind ca. 8 l Wasser pro Retorte nötig.

Am einfachsten gestaltet sich das Ausgraphiten bei schrägen Retorten, Vertikalretorten und Kammeröfen, da man hier nur nötig hat, die unteren und oberen Retortendeckel aufzulassen, um mit Hilfe der durchstreichenden kühlen Luft den Graphitansatz auszubrennen. Bei Vertikalretorten dauert das Ausgraphiten ca. 24 Stunden, bei Kammeröfen ca. 1 Stunde.

III. Die Kohlen- und Koks-Transportmittel und Lagereinrichtungen.

1. Entladevorrichtung für Eisenbahnwagen und für Schiffe.

Die stetige Versorgung der Gaswerke mit Kohlen sowie die Fortschaffung der anfallenden Nebenprodukte sind von um so größerer Bedeutung für den wirtschaftlichen Betrieb, je größer die zu befördernden Materialmengen sind. Demnach kommt man bei kleineren Anlagen mit einfacheren Mitteln aus als bei Riesenwerken. Schon in Werken mittlerer Größe lassen sich durch zweckmäßig angelegte maschinelle Einrichtungen zur Beförderung und Lagerung von Kohlen und Koks bedeutende Ersparnisse erzielen. Weitere Vorzüge dieser Anlagen beruhen darin, daß man sich durch sie bis zu einem gewissen Grade von Störungen durch Arbeitsniederlegung und von Preisschwankungen unabhängig machen und die Gefahr einer Selbstentzündung der Kohlen durch Umlagerung leichter und schneller abwenden kann als durch Menschenhände.

Eine strenge Scheidung der verschiedenen Förderungsarten in einzelne Gruppen läßt sich für die vorliegende Besprechung im Interesse der Kürze nicht durchführen, vielmehr sollen Anlagen bestehender Werke als Beispiele angeführt werden.

Im Prinzip können die Transportmethoden für die in Gaswerksbetrieben vorkommenden Massengüter unterschieden werden in unstetige, d. h. mit Unterbrechungen erfolgende, und in stetig vor sich gehende Förderungen.

Die technischen Hilfsmittel für die unstetige Förderung von Kohle und Koks für

a) senkrechte Bewegungsrichtung sind Kräne, Aufzüge etc.,

b) wagerechte Bewegungsrichtung Voll- und Schmalspurbahnen, Hängebahnen, Hochbahnen mit oft recht sinnreich ausgedachten Selbstentladewagen.

Die technischen Hilfsmittel für die stetige Förderung gestatten meist eine senkrechte und wagerechte Bewegungsrichtung in einem Arbeitsvorgang. Zur Verwendung kommen dazu Becherwerke, Schlepprinnen, Schüttelrinnen, Transportbänder usw.

Die Anfuhr der Kohlen zum Gaswerk erfolgt meist durch Eisenbahnwagen, seltener durch Schiffe. Zur Entladung von Eisenbahnwagen werden vielfach Waggonkipper verwendet. Der Kipper besteht aus einer Plattform, die durch einen darunterliegenden hydraulischen Kolben um einen Drehpunkt gehoben und gesenkt werden kann. Mit dieser Plattform wird der darauf gefahrene Eisenbahnwagen fest verkuppelt, dann die vordere Stirnwand des Wagens entfernt und der Wagen durch Anheben der Plattform in einen davorliegenden Trichter entleert, aus dem mittels eines Becherwerkes, Transportbandes etc. die Kohle entnommen und weiter in das Kohlenlager oder direkt an die Verbrauchsstellen verteilt wird. Das verbrauchte Preßwasser läuft zurück in einen Rücklaufbehälter, von dem es der Pumpe wieder zuläuft. Der Druckwasserzylinder ist in einem Zapfen drehbar aufgehängt, so daß sich der Stempel entsprechend der Hebung schräg stellen kann. Um zu verhüten, daß das Wasser infolge eines Rohrbruchs bei aufgerichteter Plattform zu schnell ausströmt und diese mit großer Geschwindigkeit niedersinkt, hat man einen Sicherheitsdoppelkegel eingeschaltet, der das Wasser nur allmählich austreten läßt. Außer diesen seit längerer Zeit gebräuchlichen Plattformkippern sind neuerdings sogenannte Kurvenkipper (J. Pohlig, Köln a. Rh.) in Verwendung gekommen. Die Entladung erfolgt mit ihnen in der Weise, daß die Eisenbahnwagen an geeigneten Stellen gehalten und gestützt, durch ein Windwerk auf eine gekrümmte Bahn hinaufgezogen und dadurch geneigt werden. Die Konstruktion des Gestells des Kippers ist so getroffen, daß sämtliche Kräfte in diesem aufgenommen werden und der Kipper ohne weiteres auf ein normales Eisenbahngleis gesetzt werden kann. Er kann daher feststehend oder fahrbar ausgeführt werden.

Erfolgt die Zuführung durch Schiffe, so muß die Kohle aus diesen erst gehoben und dann zum Lager transportiert werden. Die Hebung der Kohle geschieht in den meisten Fällen durch Kräne mit Selbstgreifern oder durch Becherwerke. Auf große stündliche Leistungsfähigkeit muß bei derartigen Anlagen besonders großer Wert gelegt werden, weil erstens die Kohlentransportschiffe meist nur kurze Lagerzeit haben und schnell entleert werden müssen, und zweitens weil der Bezug der Kohle nur während der eisfreien Zeit möglich ist und der gesamte Winterbedarf während der Sommermonate gedeckt werden muß.

Die Aufgabe, Kohlen aus Schiffen unmittelbar auf benachbarte Lagerplätze überzuführen, setzt bei der Ausdehnung, welche die Lager erhalten müssen, voraus, daß mit der Hebevorrichtung gleichzeitig eine Anlage für die wagerechte Förderung von beträchtlicher Länge verbunden wird, und da die Kohlen in hohen Haufen aufgeschichtet werden müssen, lassen sich zweckmäßig zur Verteilung des Materials auf dem Lager nur Hochbahnen verwenden.

Eine naheliegende Lösung für den Entwurf einer solchen Anlage ergibt sich, wenn man am Uferrande einen Kran aufstellt und an diesen die Hochbahn anschließt. Die Förderkübel wären dann mittels des Krans aus dem Schiffsraum emporzuwinden, in Hochbahnhöhe an Land zu schwenken und in die Transportkippwagen der Hochbahn zu entleeren. Als Unvollkommenheit dieses Verfahrens ist die Einfügung des Kranschwenkens in den Lastweg anzusehen, weil dieser Zwischenvorgang den Zeitaufwand vermehrt und einen besonderen Arbeitsaufwand zum Schwenken nicht unbeträchtlicher toter Kranmassen erfordert, der bei amerikanischen Ausführungen vollkommen vermieden wird. Die in Amerika geltenden Gesichtspunkte für solche Anlagen lassen sich dahin zusammenfassen:

1. die Last in einer und derselben Ebene aus dem Schiffsraum bis zur Lagerstätte zu schaffen, sie also, ohne zu schwenken, nur zu heben, zu fahren und zu senken;
2. die hierbei mit der Nutzlast in Bewegung zu setzenden toten Massen möglichst auf die zum Transport unentbehrlichen Fördergefäße mit ihren Laufkatzen oder Wagengestellen zu beschränken.

Wie diese Bedingungen erfüllt wurden, das zeigen die folgenden Betrachtungen: Setzt man eine Laufkatze mit einer im unteren Rahmenteil eingebauten Leitrolle auf eine wagerechte Fahrbahn und führt das Lastseil über die Rolle parallel zur Bahn nach der Winde, so ist der Fahrwiderstand kleiner als die zum Heben der Last erforderliche Kraft, und der von der Winde ausgeübte Seilzug wird daher die Laufkatze in Bewegung setzen, ohne die Last zu heben. Neigt man die Bahn aufwärts, so fällt eine Komponente der Last in die

Richtung der Bahn nach abwärts und erhöht dadurch den Fahrwiderstand in entsprechender Weise, bis schließlich bei 45° Steigung der gesamte Fahrwiderstand größer als der zum Heben der Last auszuübende Seilzug ausfällt. Unter diesen Umständen zieht der Antrieb der Windentrommel zunächst bei frei stillstehender Laufkatze, die in der tiefsten Stellung sich gegen einen Prellblock abstützt, die Last in die Höhe und setzt die Katze mit der Last erst in Bewegung, wenn letztere am

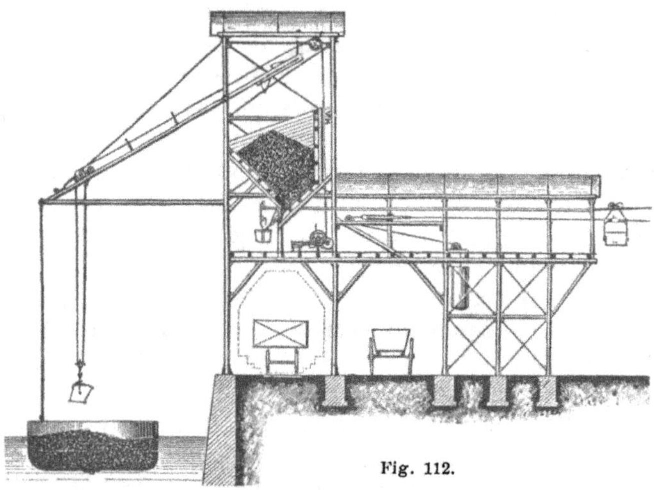

Fig. 112.

unmittelbaren weiteren senkrechten Steigen dadurch gehindert wird, daß sie gegen die Unterfläche der Katze anschlägt. Auf diese Weise läßt sich ein Förderkübel senkrecht aus dem Schiffsraum in die Höhe ziehen und dann ohne Unterbrechung auf geneigter Bahn freischwebend nach dem Entleerungsplatz befördern. Bei dem Ablassen des entleerten Kübels wiederholen sich die gleichen Vorgänge in der umgekehrten Reihenfolge. Fig. 112 zeigt eine solche Entladevorrichtung. Der Kübel entleert die Kohle bei dieser in einen Trichter, von dem aus die Wagen einer Bahn gefüllt werden, die das Fördergut in die Magazine verteilt.

2. Seil- und Hängebahnen.

Hängebahnen finden im Gaswerksbetriebe ausgedehnte Verwendung wegen der Vorteile, welche sie durch Einfachheit, Leichtigkeit der Bewegung, geringen Raumbedarf, Freihaltung der Wege und durch Ersparnis an Arbeitskräften bieten. Das Gleis der Hängebahn wird durch eine Schiene von hochrechteckigem Querschnitt gebildet, deren obere Fläche halbkreisförmig abgerundet ist. Diese Schiene wird mittels Wandstützen oder Hängearmen (Fig. 113 bis 117) an den Wänden der Gebäude, an Säulen oder am Dachwerk oder an besonders gelegten Trägern befestigt.

Die Wagen laufen mit zwei in Hartguß hergestellten Rollen auf der Schiene; sie werden dem Bedürfnis entsprechend aus Blech oder Eisenstäben hergestellt und sind mittels eines Bügels am Rollenlager aufgehängt. Bei den gewöhnlichen Wagen hängt der Kasten (Fig. 117) mittels Drehzapfen im Bügel. Die Entleerung findet durch Umkippen der Kästen statt, indem dieselben nach der einen oder anderen Seite gedreht werden. Eine am Kasten angebrachte Gabel umfaßt einen am Bügel drehbar angebrachten Zapfen und verhindert ein unbeabsichtigtes Umkippen des Kastens.

Bei dem Wagen nach dem Patent Burgmann ist der Kasten mit dem Gestänge fest verbunden, und der Boden klappt in zwei Hälften nach unten auf; diese Bodenklappen sind beiderseits durch Zugstangen mit Hebelkreuzen verbunden, die auf einer durch den Kasten hindurchgehenden Achse sitzen und durch einen Handhebel bewegt werden können. Die Verbindung der Hebelkreuze mit den Bodenklappen erfolgt in Form durchschlagender Winkelhebel, welche Anordnung einerseits den Schluß der Bodenklappen vollständig sichert, anderseits ein leichtes Öffnen der Klappen ermöglicht. An dem im Innern des Kastens befindlichen Teile der

Achse ist ein Flügel derart angebracht, daß er sich beim Öffnen der Bodenklappen in der Drehrichtung nach oben zu, also der nach unten sich entleerenden Masse entgegen bewegt und so ein hastiges Aufschlagen der Bodenklappen durch erzeugten Widerstand verhindert.

Der Burgmannsche Wagen bietet dem einfachen gegenüber wesentliche Vorteile. Vor allem gelangt das Transportgut genau an der gewünschten Stelle zur Ausschüttung, was bei seitlichem Kippen nicht der Fall ist. Außerdem erfolgt eine vollständige Entleerung ohne Nachhilfe. Ein Schwanken der Wagen beim Entleeren ist ausgeschlossen.

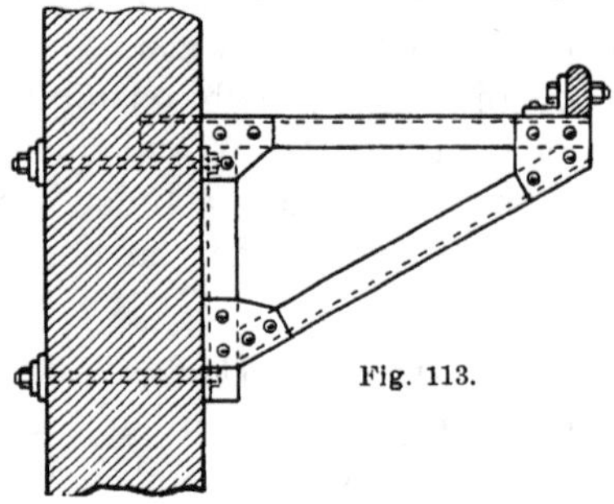

Fig. 113.

Die Verbindung der einzelnen Schienenstränge zu seinem System vermitteln Drehscheiben und Weichen. Die Drehscheibe besteht aus einem an einem drehbaren Hängebock befestigten Stück Laufschiene und einem System von Flacheisenschienen, welche das Abfahren der Wagen sowohl von der Drehscheibe als auch von den durch die Drehscheibe zu verbindenden Schienensträngen verhindert, so lange die Drehscheibe sich nicht in der richtigen Lage, in welcher sie durch auslösbare Knaggen festgehalten wird, befindet.

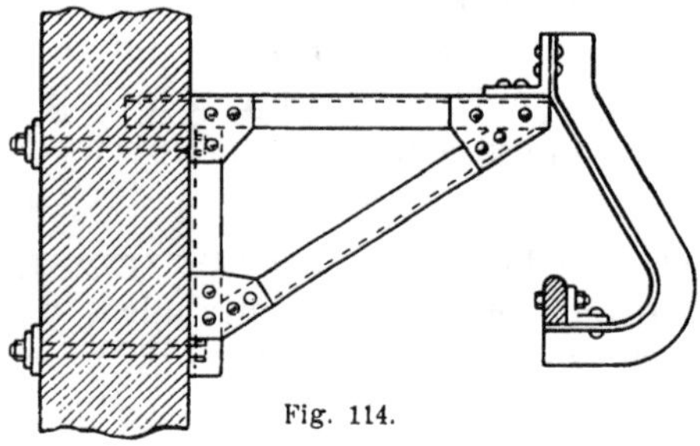

Fig. 114.

Die Weichen werden als Kletterweiche oder als Schleppweiche ausgeführt. Bei der Kletterweiche (Fig. 118) müssen die Wagen über ein nach oben gekröpftes und vorn zugespitztes Schienenstück, welches mit diesem Ende auf das Hauptgleis gelegt wird und am andern Ende durch ein Gelenk mit dem Nebengleise verbunden ist, hineingeschoben werden, wobei sie mindestens um die Randhöhe der Rollen zu heben sind.

Fig. 115.

Die Schleppweiche nach Burgmann ist in Fig. 119 abgebildet. Die Weichenzunge *a* ist an einem Ende durch ein Gelenk mit dem Gleise *g* verbunden, am andern ist sie mittels Hängearmes *b* und der Rolle *c* an der kreisförmig gebogenen Schiene *d* aufgehängt. Mittels der rahmenartig ausgebildeten Zugstange *e* und der Handhebelübertragung *l*, *f*, *h* kann die Weichenzunge entweder vor das Gleis g_1 oder vor g_2 geschoben werden, wobei die Lage des Hebels *l* in den Totpunkten *r* bzw. *s* die Gewähr für den richtigen und sicheren Anschluß der Weiche gibt. Diese Anordnung bietet den Vorzug vollständigster Sicherheit, da die Weichen in ihren Endstellungen stets durch die Totpunktstellung der Kurbeln gesichert sind; Unfälle durch herabfallende Wagen sind daher ausgeschlossen. Außerdem befahren sich die Gleise leichter, da die Wagen nicht zu heben sind.

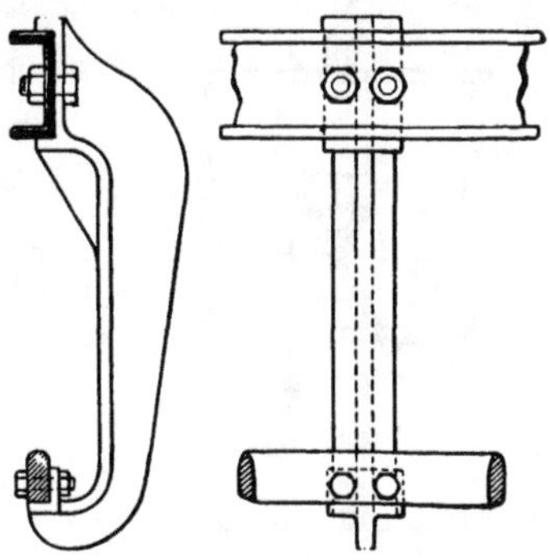

Fig. 116.

Die Anordnung der Hängebahnen richtet sich nach den örtlichen Verhältnissen und Bedingungen, welchen sie jedesmal anzupassen sind. Im nachstehenden sind eine Reihe ausgeführter Anlagen dargestellt.

Bei einer Anordnung der einfachsten Art besteht die Hängebahn nur aus einem durchlaufenden Schienenstrang, welcher vom Kohlenschuppen nach dem Ofenhause gelegt ist, wo er an einer besonderen Träger-

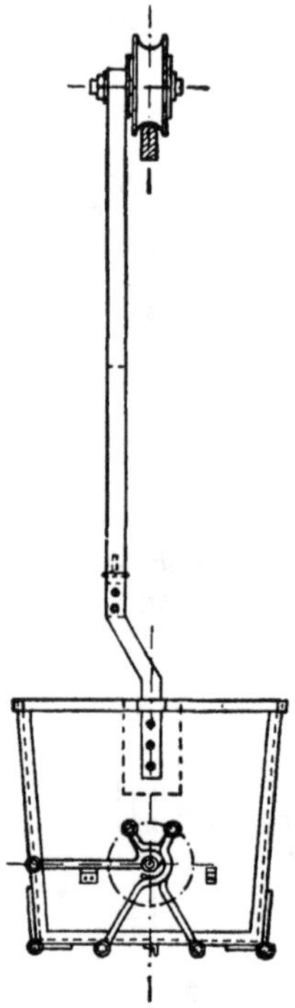

Fig. 117.

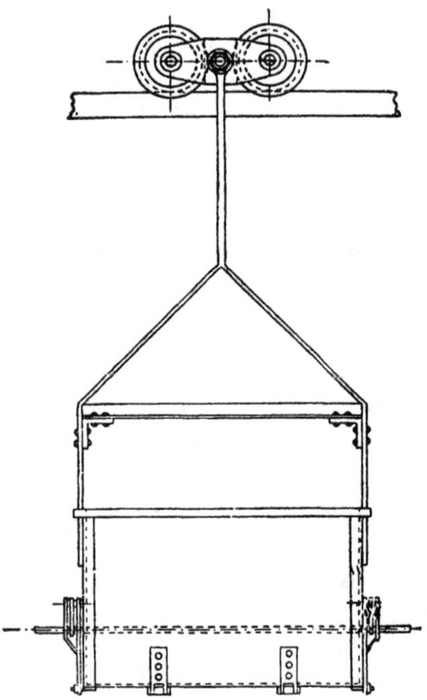

Fig. 117a.

anordnung in der ganzen Länge des Hauses und in einem gewissen Abstande von den Öfen angebracht ist. Als Wagen dient hier eine einfache Ladenmulde, welche im vorigen Kapitel beschrieben worden ist.

Eine für die Gasanstalt Winterthur ausgeführte Hängebahn ist in Fig. 120 im Grundriß dargestellt. Über der Mitte des 3 m tief ausgeschachteten Kohlenschuppens liegt auf gemauerten Pfeilern P und auf Trägern das Eisenbahngleis EE, und unter diesem eine durch neun Drehscheiben (a_1 bis a_9) unterbrochene Hängebahnschiene b. Zu beiden Seiten der Drehscheiben a_1 bis a_9 sind Hängebahngleise c_1 bis c_9 angeschlossen. Die an einer beliebigen Stelle des Kohlenschuppens, z. B. beim Pfeil am Gleis c_6 beladenen Wagen werden mittels der betreffenden Drehscheibe a_6 auf das in der Mitte lie-

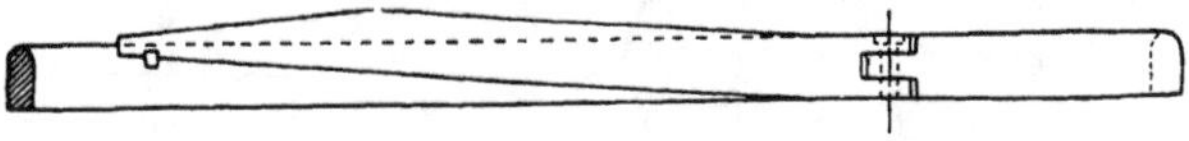

Fig. 118.

gende Hauptgleis b gebracht und auf diesem Hauptgleis durch den freien Mittelgang nach einem Trichter befördert, in welchen sie ihren Inhalt entleeren. Aus diesem Trichter werden die Kohlen durch ein Becherwerk nach Hochbehältern gehoben, welche über den Öfen (mit schräg liegenden Retorten) liegen.

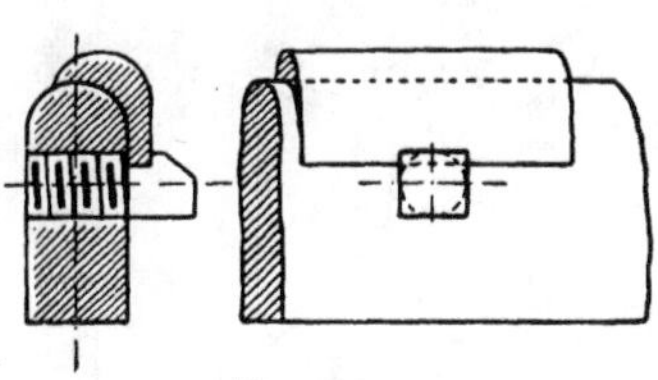

Fig. 118 a.

Hängebahnwagen mit elektrischem Antrieb werden besonders dort gern genommen, wo größere Strecken zurückzulegen sind. Der Förderwagen läuft in einer Tragschiene. Entlang der Tragschiene ist ein Draht gespannt, von welchem der Wagenmotor die elektrische Kraft abnimmt. Der Wagen selbst hat einen dachförmigen Boden und seitliche Entleerungsklappen und besitzt einen Anschlaghebel. Der mit Kohlen beladene Wagen wird mit einem Anlasser in den Strom eingeschaltet, der Wagen läuft bis an die Entladestelle. Hier ist ein Anschlag angebracht, an welchen er beim Fahren stößt, wodurch die Bodenklappen sich öffnen und der Inhalt abstürzt. Durch die lebendige Kraft läuft der Wagen noch einige Meter weiter, schaltet sich hier selbständig um und läuft zur Beladestelle zurück.

Kurz vor der Beladestelle ist eine Schließvorrichtung angebracht, welche beim Durchlaufen des Wagens die

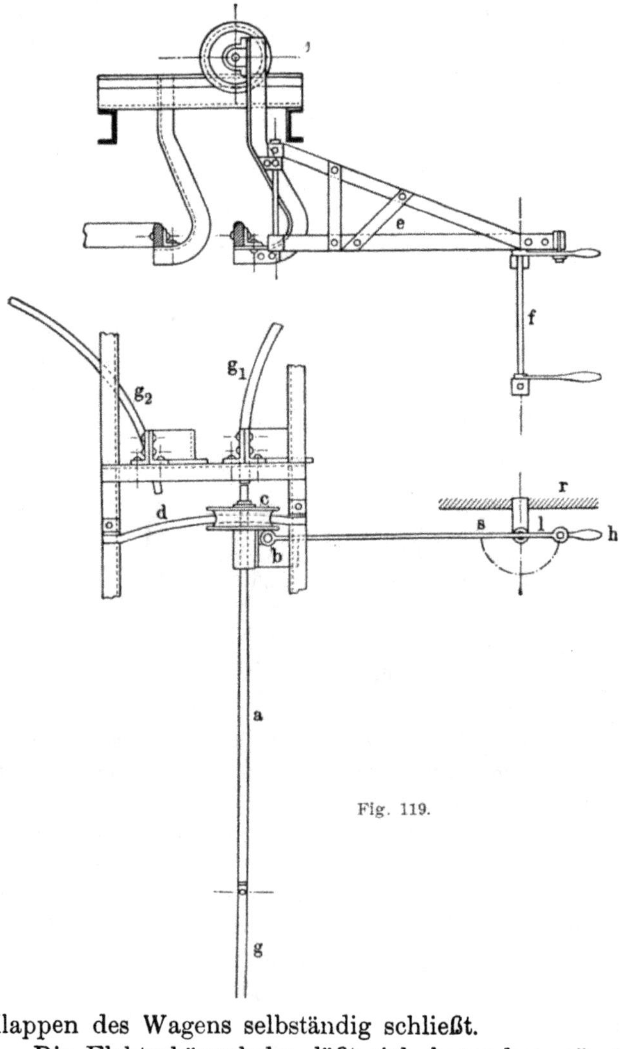

Fig. 119.

Klappen des Wagens selbständig schließt.

Die Elektrohängebahn läßt sich besonders günstig den schwierigsten Terrainverhältnissen anpassen. Die folgende Anordnung läßt besonders die Vielseitigkeit der Elektrohängebahn erkennen[1]): Vor den Retortenöfen ist ein fahrbarer Wasserbehälter angeordnet, in den ein durchlöcherter Blechkasten einer Elektrohängebahn eintaucht. In diesen Kasten fällt der glühende Koks aus der Retorte und wird abgelöscht. Ist aller Koks aus der Retorte entfernt, dann wird der Kasten mit der Koksfüllung gehoben, während das Wasser im Behälter zurückbleibt. Nach Vollendung des Hubes (Fig. 121) fährt der Wagen sofort weiter nach der Koksaufbereitung oder zum Kokslager, ohne daß eine Umladung nötig ist. Nach Entleerung kehren die Wagen zum Retortenhaus zurück. Zur Wiederaufnahme des Koks vom Lagerplatz werden die gleichen Hängebahnwagen benutzt, indem die Kasten auf den Lagerplatz herabgelassen, gefüllt und gehoben und dann zur Aufbereitung gefahren werden.

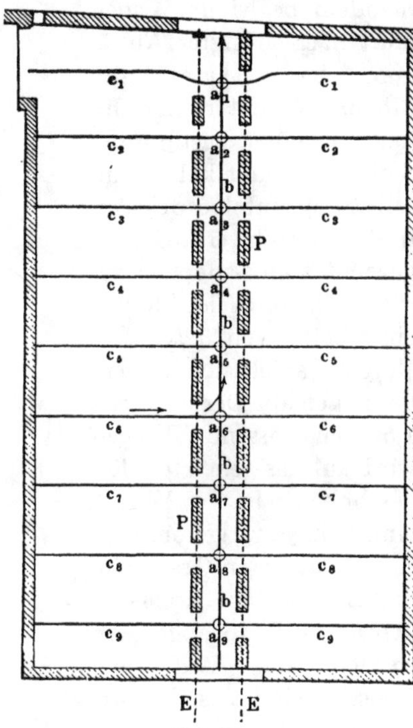

Fig. 120.

Eine selbsttätige **Hängebahn (System Hunt)** hat die Aufgabe, das durch den Huntschen Entladekran gehobene Fördergut auf den Lagerplatz zu verteilen.

---

[1]) Ausführungsrecht: Ad. Bleichert & Co., Leipzig-Gohlis.

Diese Bahn, die sowohl als Hängebahn als auch Gleisbahn ausgeführt werden kann, ist selbsttätig, d. h. der gefüllte, von niemandem begleitete Wagen läuft nach erfolgter Abwägung die geneigte Bahn hinab, schüttet seinen Inhalt an einer bestimmten Stelle aus und kehrt nun selbsttätig infolge des Antriebes durch ein Gegengewicht zum Ladeplatz zurück. Die Gleise haben ein Gefälle von 3 %. Der Vorgang spielt sich folgendermaßen ab: Der beladene 1,5 cbm fassende Wagen wird auf das geneigte Gleis geschoben. Ist der Wagen einmal in Gang gekommen, so nimmt er an Geschwindigkeit konstant zu bis zu dem Punkte, wo abgeladen werden soll. Auf dem Gleise befindet sich kurz vor der Abladestelle das sog. Joch, welches mit dem Drahtseil fest verbunden ist. Das letztere ist in unmittelbarer Nähe des Anfangspunktes der Bahn durch eine auf Schienen geführte Seilrolle doppelt herumgeschlungen und mit einem um einen festen Punkt drehbaren Gegengewicht verbunden. Dieses Gegen-

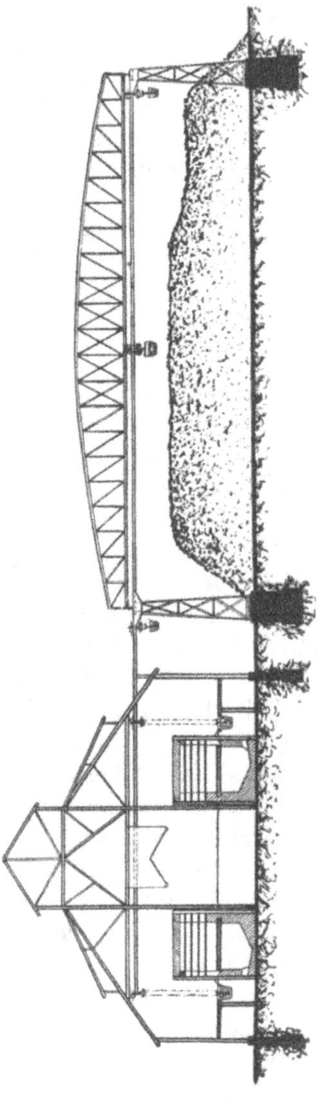

Fig. 121.

gewicht wird beim Anprall des Wagens auf das vorerwähnte Joch gehoben, nimmt also dessen lebendige Kraft auf. An der Entleerungsstelle läuft der Wagen auf einem seitlich am Schienenstrang angebrachten und zugleich verschiebbaren Anschlag auf. Dadurch wird ein an den Seitenwänden des Wagens angebrachter Hebel gelöst und die beweglichen Seitenwände geöffnet. Im Momente der totalen Entleerung des Wagens erhält das

Fig. 122.

hochgehobene Gegengewicht ein bedeutendes Übergewicht und gibt dem Wagen vermittest des Joches einen starken Stoß, so daß er an seine Abgangsstelle zurückläuft.

Sind größere Entfernungen für den Transport des Fördergutes zurückzulegen, so werden Drahtseilbahnen bevorzugt. Eine Drahtseilbahn besteht aus einem Tragseil und einem Zugseil. Das Tragseil bildet die Schiene für die Wagen, während das Zugseil, das ein Seil ohne Ende ist, die Wagen in ununterbrochener, gleichmäßiger Folge fortbewegt, und zwar in der Weise, daß sie auf einem Tragseilstrang hin-, auf einem danebenliegenden Tragseilstrang zurückbewegt werden und so einen fortwährenden Kreislauf beschreiben. Die Verbindung des Wagens mit dem Zugseil geschieht durch eine Kuppelung, die das Seil möglichst schont, aber dennoch gestattet, eine große Zugkraft auszuüben. Das Ankuppeln der Wagen an das in Bewegung befindliche Zugseil und ebenso das Entkuppeln (Fig. 122) geschieht automatisch. Die Seilbahnen können gerade oder beliebig in Kurven verlegt werden.

3. Bandförderer.

In ähnlicher Weise wie durch Seil- und Hängebahnen kann der Transport durch Bandförderer

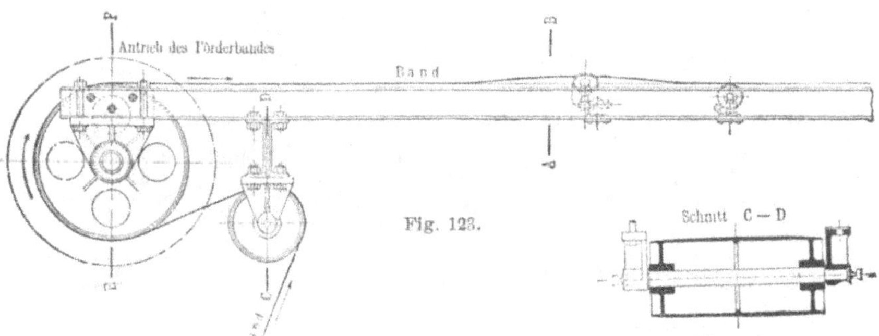

Fig. 123.

Fig. 124.

erfolgen, in einfachster Form durch den Balatagurt vertreten, welcher in jeder Länge und Breite hergestellt wird. Der Gurt ist durch Tragrollen (Fig. 123 u. 124) in

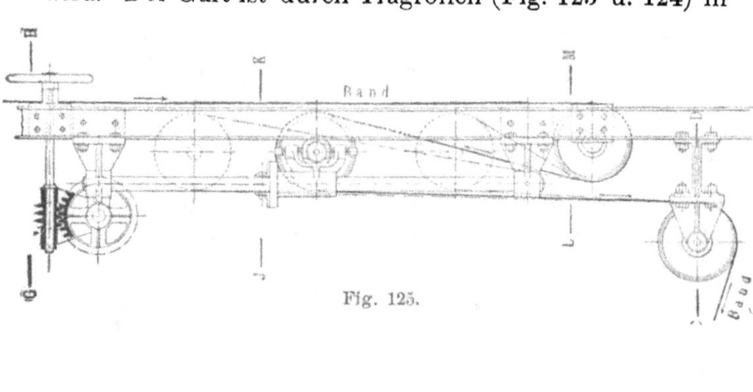

Fig. 125.

bestimmten Abständen unterstützt und durch eine Vorrichtung (Fig. 125) gespannt, durch welche meist auch der Antrieb mittels Riemenscheibe erfolgt.

In bestimmten Zwischenräumen wird das Band durch schräg gestellte seitliche Rollen (Fig. 126) muldenförmig aufgebogen, so daß die Kohle nach der Mitte zusammengeschoben wird. Zum Abwerfen der Kohle dienen Abwurfwagen (Fig. 127), in denen das Band über zwei übereinander liegende Rollen geführt wird, so daß es eine kurze Biegung macht, während das Fördergut infolge seines Beharrungsvermögens in derselben Richtung weiterfliegt und in seitlich ausmündenden Rinnen abfließt.

Schnitt A — B

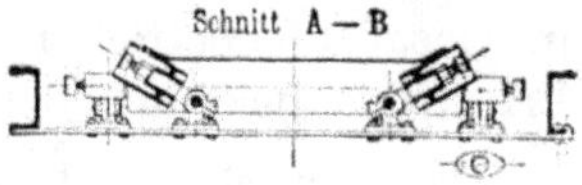

Fig. 126.

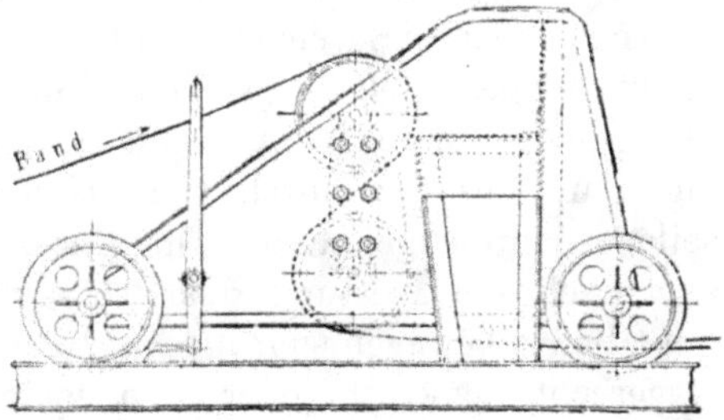

Fig. 127.

Die Bandförderer können mit einer Geschwindigkeit von 2 bis 3 m in der Sekunde bewegt werden und wagerecht oder schwach geneigt liegen. Um größere Höhen zu überwinden, ist das Band mit becherartigen Taschen zu versehen, doch ist die Anwendung solcher Bänder nur für Kohle verwendbar, welche keine großen Stücke enthält.

Der große Vorzug der Bandförderer ist, daß sie gestatten, mit geringem Kraftaufwand große Materialmengen schnell zu fördern.

4. Becherwerke.

Die in senkrechter oder stark geneigter Richtung nach oben fördernden Transporteinrichtungen sind bekannt unter dem Namen Becherwerke. Sie werden in den verschiedensten Formen und in zahllosen Fällen im Gasanstaltsbetrieb benutzt. Ihre Konstruktion ist im Prinzip so bekannt, daß ihre Erwähnung hier genügt.

Die neuesten Kohlen- und Koksfördereinrichtungen, welche die wagerechte und die lotrechte stetige Förderung gestatten, sind die amerikanischen Becherwerke von Bradley und Hunt.

Das Bradley-Becherwerk wird im Prinzip durch die Fig. 128 dargestellt. Es besteht aus einzelnen eisernen Bechern, welche drehbar in einer gliederartig zusammengesetzten biegsamen Rinne angeordnet sind. Die Glieder dieser Rinne sind auf je zwei Rollen gelagert und werden durch vier bis sechs endlose Drahtseile zusammengehalten. Die Anzahl der Seile richtet sich nach der Leistung des Becherwerkes. Die Rollen der Glieder bewegen sich auf einer Schienenbahn, welche wagerecht, senkrecht oder in beliebigen Neigungen und Krümmungen geführt werden kann. Die aus den einzelnen Gliedern zusammengesetzte Rinne folgt diesen Bewegungen, und die darin befindlichen, drehbaren Becher liegen auf derselben in der unteren wagerechten Lage auf. Bei der oberen wagerechten Lage der Rinne sowie bei steigenden Rinnen hängen die Becher, in welchen sich das Fördergut befindet, nach unten. Die Entleerung der Becher erfolgt durch Umkippen, wozu ein Anschlagbügel mit schräger Auflauffläche angeordnet ist. Die Rolle des Bechers, welche den Anschlag und damit das Kippen des Bechers bewirkt, rollt dabei über wellenartige Erhöhungen der Gleitbahn, so daß der Becher in schüttelnde Bewegung versetzt wird, wodurch auch bei backendem Inhalt eine vollständige Entleerung erfolgt.

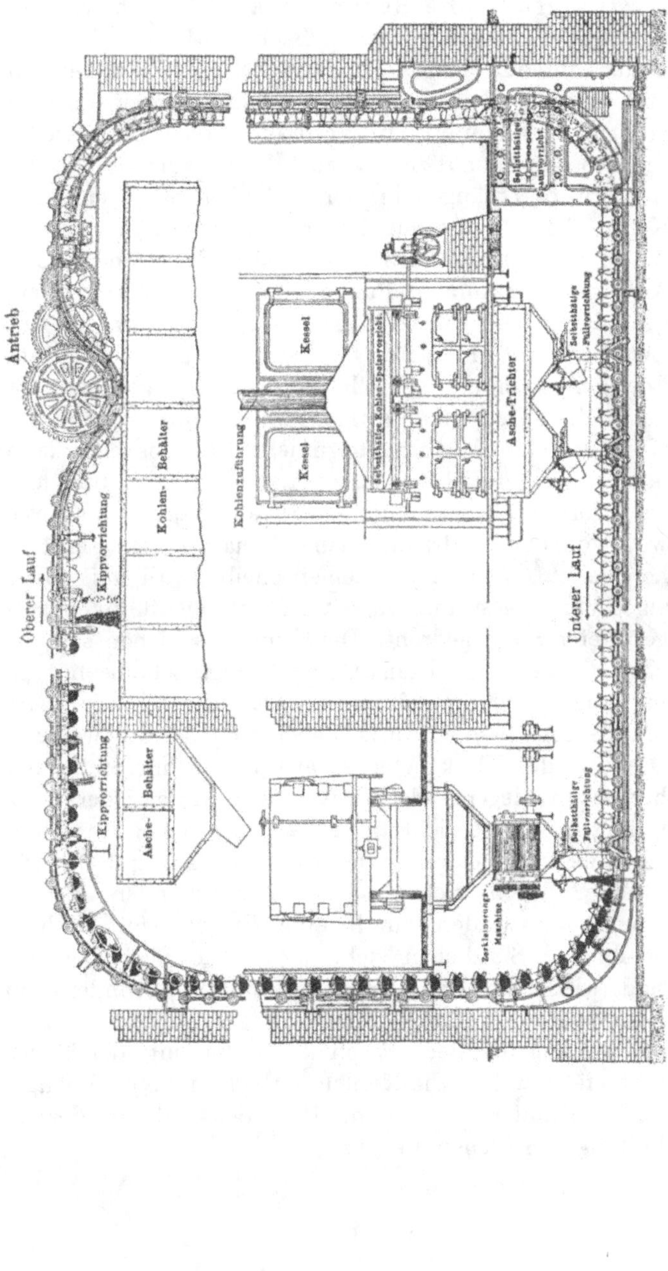
Antrieb
Oberer Lauf
Kippvorrichtung
Kohlen- Behälter
Kippvorrichtung
Asche- Behälter
Kessel
Kessel
Kohlenzuführung
Asche-Trichter
Selbstthätige Füllvorrichtung
Unterer Lauf
Selbstthätige Füllvorrichtung

Fig. 128.

Das Huntsche Becherwerk ist ein Paternoster-Becherwerk, dessen einzelne Becher wie bei Baggern wiederkehrend einen und denselben, aus wagerechten und aufsteigenden Bewegungen zusammengesetzten Weg vom Ausgangspunkt zur Verbrauchsstelle und wieder zum Ausgangspunkt zurück ausführen. Die Gefäße des Becherwerkes hängen in den Gelenken einer endlosen Kette. Dieselbe ist mit Laufrädern ausgerüstet, deren Achse zugleich die Aufhängungsachse der Becher bildet. An einem bestimmten Punkt wird der Becher beladen, geht dann, dem ganzen Zug der Kette folgend, bis zur Entladestelle und wird hier durch einen in seiner Bewegungsrichtung befindlichen Anschlag gekippt. Er kehrt dann leer zum Ausgangspunkt zurück, um den Kreislauf von neuem zu beginnen. Den Anschlag kann man an eine beliebige Stelle setzen und daher bald hier bald dort die Becher entladen. Die Bewegung der Kette wird von der Umdrehung eines Schaltwerkes (Fig. 129) hergeleitet. Von einer Riemenscheibe wird mit Hilfe eines Vorgeleges ein sechsseitiger mit Schaltklinken ausgerüsteter Stern gedreht. Die Klinken schieben sich im Kreise um eine festsitzende, herzförmige Scheibe herum. Sie setzen sich in zahnförmige Einschnitte der Kette und treiben diese vorwärts, heben sich bei der weiteren Drehung des Klinkensternes aus den Zahneinschnitten heraus und legen sich dann an den Umfang der herzförmigen Scheibe dicht an. Zum Füllen der Becher dient eine in sich zurückkehrende Trichterkette (Fig. 130). Die Trichter legen sich in die ankommenden Becher hinein und werden durch eine Rutsche mit Kohlen beschickt. Sie heben sich, sobald die Becher gefüllt sind, wieder aus denselben heraus und verhindern ein Verstreuen von Kohle, sichern das Einfüllen, machen die Füllung der Becher von der Entladung der Transportgefäße, welche die Kohlen herbeiführen, unabhängig und verhindern außerdem jede Schwankung der in Füllung begriffenen Becher.

Der Vorteil dieser Becherwerke beruht in ihrer Anpassungsfähigkeit an jede Situation; dem stehen aber

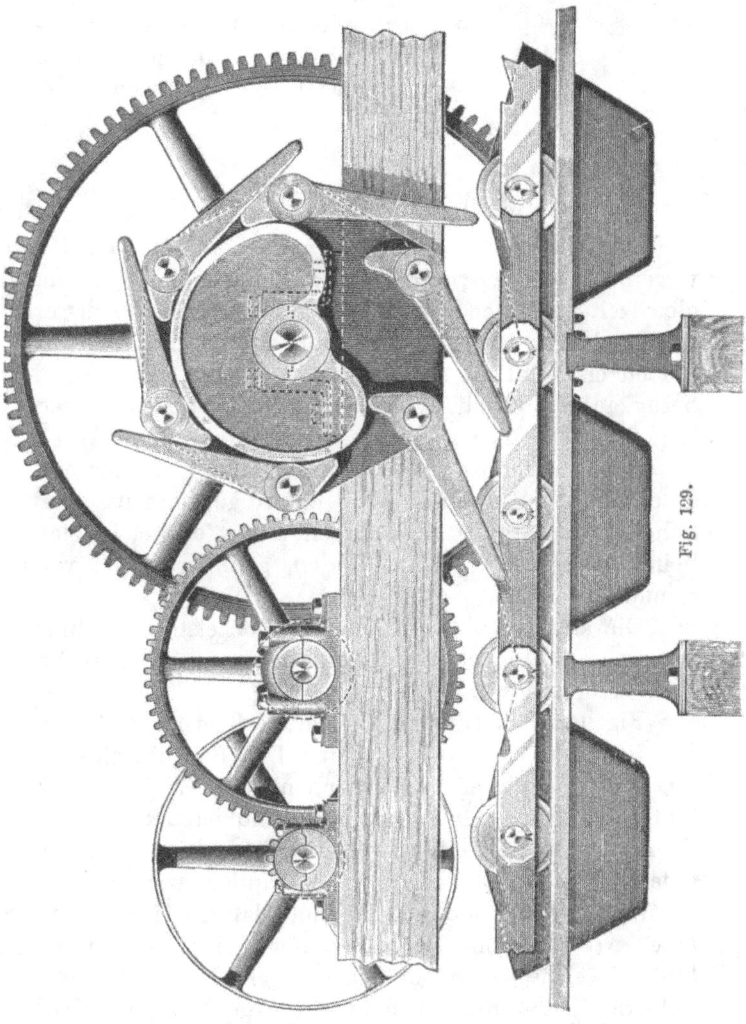

Fig. 129.

auch große Nachteile gegenüber. Der Verschleiß der vielen bewegten Teile ist kein geringer, und der Antrieb

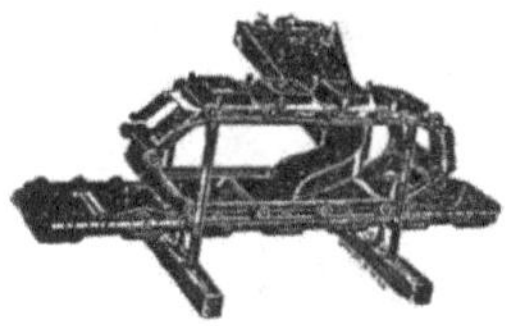

Fig. 130.

des Becherwerkes erfordert einen ziemlich großen Kraftaufwand, bedingt erstens durch die großen zu überwindenden Reibungen, zweitens durch das nicht unbeträchtliche Eigengewicht der bewegten Teile.

---

5. Koks-Förderrinnen.

Die Koks-Förderrinnen dienen zum Fortbewegen des aus den Retorten gezogenen Koks und zum gleichzeitigen Löschen desselben. Die Einführung dieser Rinnen hat bedeutende Ersparnisse ergeben, wichtiger jedoch erscheint der Erfolg, der durch diese Rinnen in bezug auf die Wohlfahrt der Ofenarbeiter erzielt worden ist; denn erstens wird die schwere körperliche Arbeit durch die mechanisch betätigten Koksrinnen sehr eingeschränkt, und zweitens wird das so gesundheitsschädliche Einatmen der schwefligen Dämpfe, welche sich beim Ablöschen des Koks bilden, ganz erheblich vermindert.

Die älteste und wohl auch verbreitetste Koksrinne ist die von de Brouwer, die in neuerer Zeit mehrfach verbessert worden ist.

Fig. 131 u. 132 stellen eine ältere Konstruktion dar. Die Rinne ist ca. 800 mm breit. Das Bodenblech *a* ist 10 mm stark; zwei ungleichschenkelige Winkeleisen *b* bilden die Seitenwände. Auf den kürzeren Schenkeln dieser Winkel schleift die Gelenkförderkette *c*, deren Glieder durch Stehbolzen in Abständen von 600 mm so miteinander verbunden sind, daß sie im ganzen eine Art biegsame Sprossenleiter oder eine Kette bilden, welche unten vor den Öfen herläuft und oberhalb der Retortenmundstücke zurückgeleitet wird. Die Kette, deren jedes zweite Glied aus zwei kleineren Zugstangen besteht, welche eine für den Eingriff eines

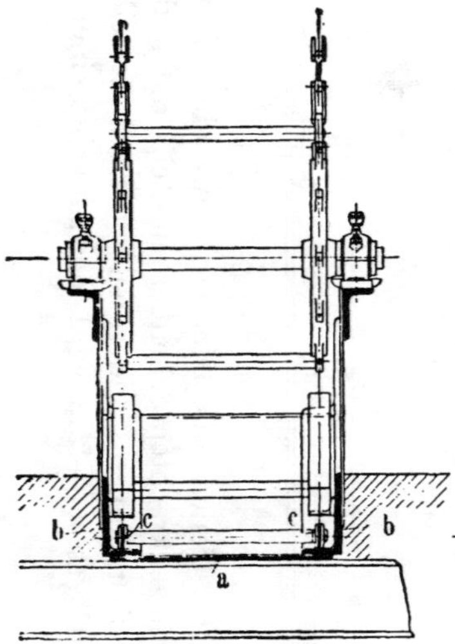

Fig. 131.

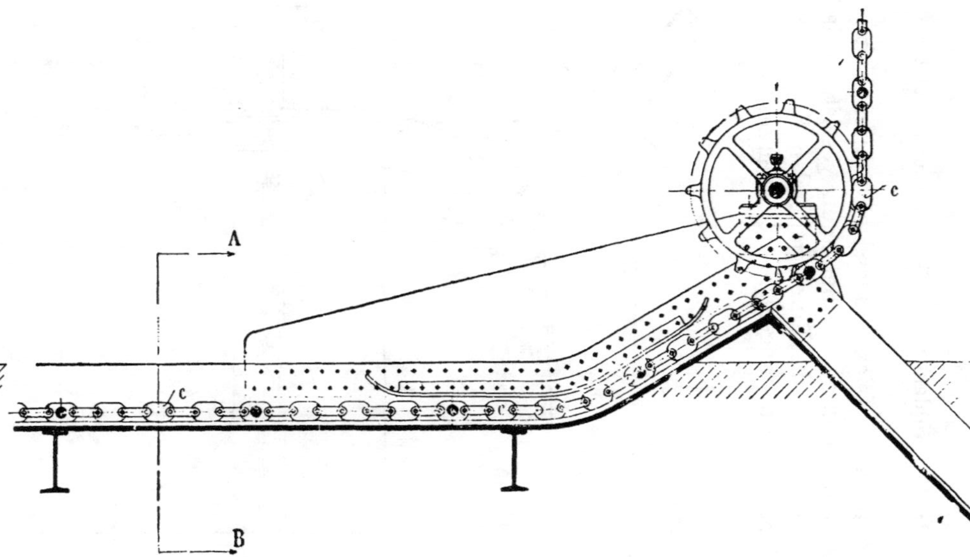

Fig. 132.

Zahnes passende Lücke bilden, wird durch Kettenräder und Zahnradvorgelege in Bewegung gesetzt, so daß die Stehbolzen den in die Rinne fallenden Koks vor sich herschieben. Die wagerechten Schenkel der beiden

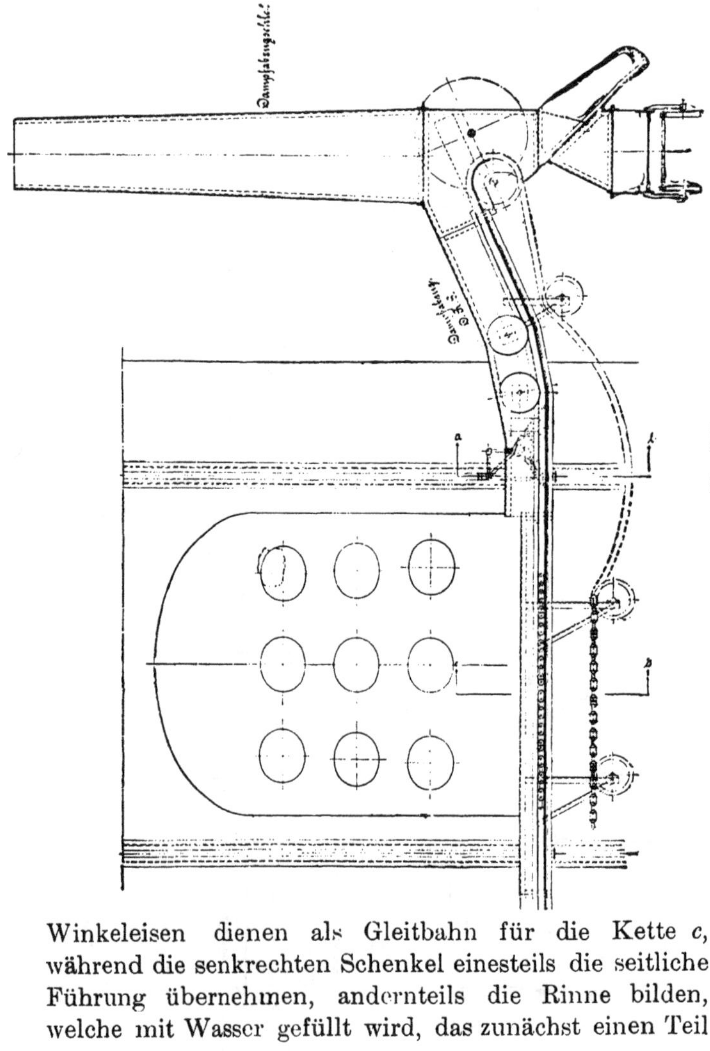

Fig. 133.

Winkeleisen dienen als Gleitbahn für die Kette *c*, während die senkrechten Schenkel einesteils die seitliche Führung übernehmen, anderenteils die Rinne bilden, welche mit Wasser gefüllt wird, das zunächst einen Teil

Fig. 134.

des Koks löscht, soweit es mit ihm in Berührung kommt. Die Rinne ist an den Enden nach oben gebogen, damit das Wasser nicht abläuft, und um das Ablöschen des Koks zu vervollständigen. Bei der Fortbewegung treibt der Koks das Wasser vor sich her und führt es in den nach oben gebogenen Teil der Rinne. Das so gehobene Wasser stürzt sodann über die nachfolgenden Koksstücke und löscht diese so weit ab, daß sie nur noch stark dampfend weitergeführt werden. Am Ende der Rinne wird der Koks über eine Rutsche abgestürzt.

Eine neuere Anordnung der Brouwerschen Rinne zeigt Fig. 133. Hier ist die Kette statt nach oben nach unten abgelenkt. Ferner ist, um den beim Löschen des Koks entstehenden Wasserdampf möglichst schnell und ohne Belästigung der Arbeiter abzuführen, am Ende der Rinne ein Abzugsschlot angebracht, der die Dämpfe nach außen führt Die rückführende Kette läuft über Laufrollen und hängt an einer oder mehreren Stellen frei durch und wirkt so auf die denkbar natürlichste Weise als Spannvorrichtung.

Während bei der Brouwer-Rinne eine schleifende Bewegung des Koks stattfindet, ist man in neuerer Zeit dazu übergegangen, die Bauart so zu treffen, daß der Koks bis zur Abwurfstelle getragen wird. Verwendet werden zu dem Zweck bisher Bänder, die aus einzelnen Blechen oder gitterartigen Rosten zusammengesetzt sind. Fig. 134 zeigt einen Teil einer solchen Kokstransportrinne. Die Kette besteht aus einzelnen leicht auseinanderzunehmenden Gliedern, deren Boden korkartig durchbrochen ist. Die Kette läuft auf seitlich angebrachten Rollen auf dem Rand der Löschrinne. Die Korbglieder hängen teilweise im Wasser, so daß dieses von unten bequem an den auf dem Rost liegenden Koks dringen kann.

6. Die Lagereinrichtungen.

Die Koks- und Kohlenlager sind die ausgleichenden Bindeglieder zwischen der Anlieferung und dem Ver-

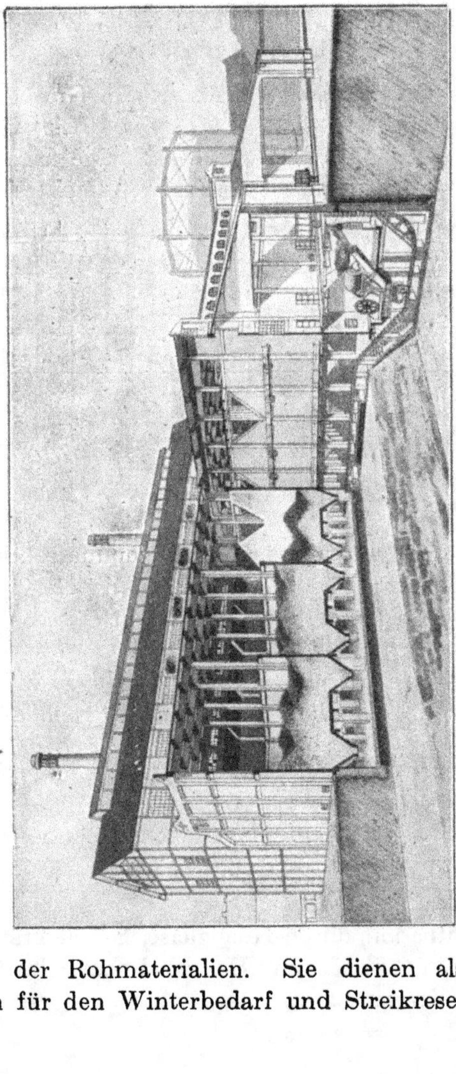

Fig. 135.

brauch der Rohmaterialien. Sie dienen als Vorratsanlagen für den Winterbedarf und Streikreserven.

Man hat zu unterscheiden zwischen Lagern im Freien, sog. Haufenlagern, und solchen in Gebäuden.

Die Lagerung der Kohlen im Freien stellt sich infolge der geringeren Anlagekosten bedeutend billiger als die Lagerung in überdachten Räumen, anderseits ist aber die Lagerung im Freien mit einer Wertminderung der Kohlen durch Verwitterung verbunden.

Die Form der Haufenlager ist im Grundriß meist die eines langgestreckten Rechtecks. Die Höhe der Lagerung schwankt zwischen 6—12 m, je nach der Art der Kohle. Die Gebäudelager haben meist die Form

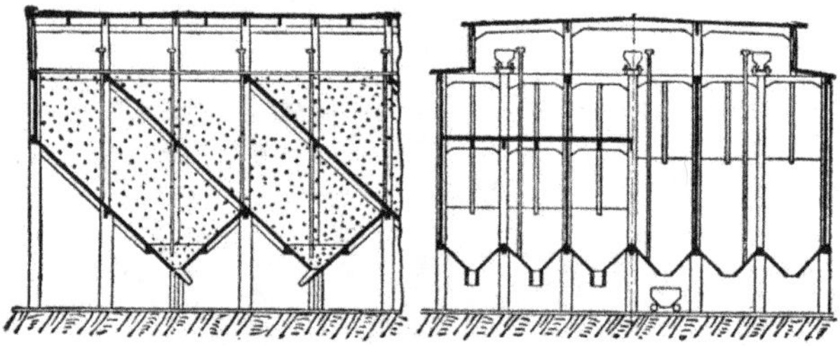

Fig. 136.

der Zellenspeicher. Das zur Verwendung kommende Baumaterial ist meist Eisenbeton. Welch weite und hohe Räume sich hierdurch gewinnen lassen, zeigt der in Fig. 135 dargestellte Kohlenspeicher des Gaswerks Fürth. Die Gefahr der Selbstentzündung der Kohlen wird in sehr bemerkenswerter Weise gemildert durch Trennung der übereinander gelagerten Schichten. Eine sehr schöne Lösung dieser Bedingung zeigt Fig. 136 (Gebr. Rank-München); hier liegt auch die Möglichkeit einer außerordentlich schnellen Entleerung der Zellen vor.

Die Beschickung der Lager erfolgt je nach der gegebenen Situation durch Hochgleise, Schwerkraftbahnen (Pohlig-Köln), Seil- und Hängebahnen, Gurtförderer, Conveyor Kratzer usw.

Die Entnahme der Kohlen erfolgt bei Haufenlagern durch Schaufeln, Kübel oder Selbstgreifer von oben, bei Gebäudelagern durch am Boden der Zellen angebrachte trichterförmige Entleerungsschächte in beiden Fällen in Verbindung mit den üblichen Transportmitteln.

Die Größe des Kohlenlagers soll so bemessen sein, daß mindestens der Bedarf für drei Wintermonate untergebracht werden kann. Der Bedarf in den Monaten

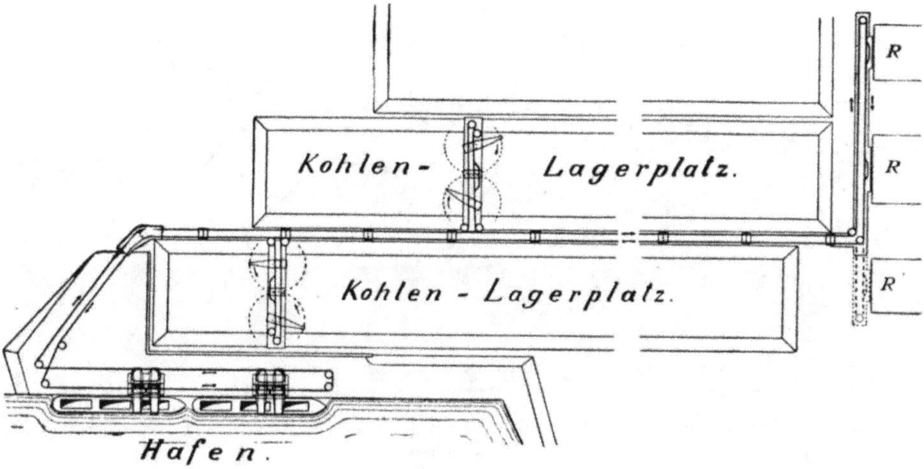

Fig. 137.

November, Dezember und Januar beträgt ca. $^1/_3$ des Jahresbedarfs. Beispiel: Jahresproduktion 1 Million cbm Gas. Kohlenbedarf bei 29 cbm Ausbeute aus 100 kg Kohle:

$$\frac{1000000 \cdot 100}{29} = 3448000 \text{ kg/Jahr.}$$

Kohlenvorrat $^1/_3$ hiervon = 1150000 kg.

Bei 870 kg Gewicht pro 1 cbm Kohle ist der Rauminhalt $= \frac{1150000}{870} = 1320$ cbm oder bei 4 m Schütthöhe $= \frac{1320}{4} = 330$ qm Grundfläche.

Ein Haufenlager von größeren Dimensionen zeigt Fig. 137 im Grundriß. Es hat eine Stundenleistung von 600 t. Auf den Längsseiten des Hafens sind Schiffsentladekrane vorgesehen, die mit Greifern die Kohle aus den Schiffsrümpfen heben und in Füllrümpfe entleeren. Vor den Füllrümpfen läuft eine Hängebahn her, deren Wagen die Kohle aus den Füllrümpfen entnehmen. Die Hängebahn führt zu einer Winkelstation und von dieser in gerader Strecke zwischen den beiden Kohlenlagern hindurch bis zu den Ofenhäusern *R*.

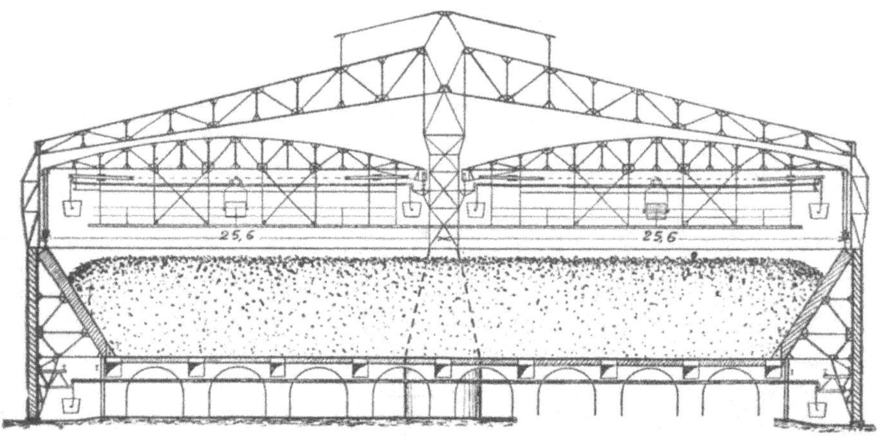

Fig. 138.

An die Längstrecke der Bahn schließen zu beiden Seiten fahrbare Brücken, die die Hängebahn schleifenartig durchfährt. Auf diese Weise kann jeder Lagerplatz in seiner ganzen Länge und Breite mit Kohlen beschüttet werden. Zur Wiederaufnahme der Kohle ist jede fahrbare Brücke mit 2 Drehkranen versehen, die die Kohle vom Lagerplatz mit Selbstgreifern entnehmen und in Füllrümpfe entleeren. Aus diesen Füllrümpfen werden dann die nach dem Retortenhause fahrenden Seilbahnwagen gefüllt.

Im Gegensatz zu dieser Anlage zeigt Fig. 138 (Gaswerk Berlin-Tegel) ein Gebäudelager, das durch seine ungewöhnliche Größe bemerkenswert ist. Das Kohlenlagerhaus hat einen Fassungsraum von 170000 t. Die Breite beträgt 52 m, die Länge 574 m. Die Entnahme der Kohlen erfolgt aus den Schiffen in ähnlicher Weise wie bei dem vorigen Beispiel. Die Kohlen werden in Hängebahnwagen gefüllt. Die Hängebahn durchzieht den Kohlenschuppen in seiner ganzen Länge. Zu beiden Seiten sind Entladeweichen angeordnet, die senkrecht zur Längsachse des Speichers stehen. Diese Entladeweichen ermöglichen ein selbsttätiges Abstürzen der Kohlen in die einzelnen Zellen des Speichers. Der Speicher selbst besteht in seinem unteren Teile aus Eisenbeton, in seinem oberen ganz aus Eisen. Jede einzelne Zelle hat im Boden eine ganze Anzahl von Schrägausläufen (Figur 139), an denen die gelagerte Kohle in Hängebahnwagen abgezogen wird, die die Kohlen zur Brecheranlage und zum Retortenhaus führen.

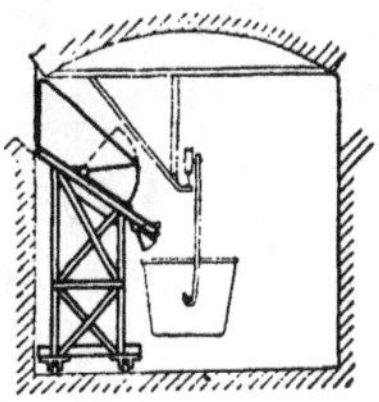

Fig. 139.

IV. Die Kühlung des Gases.

1. Allgemeines.

Aus der Retorte entweicht das Gas mit einer Temperatur von ca. 150—220°. Die in den Steigröhren und in der Vorlage beginnende Abkühlung des Gases veranlaßt die teilweise Kondensation der das Gas begleitenden Dämpfe. Um deren weitere Ausscheidung an ungelegenen Stellen des Betriebs oder des Stadtrohrnetzes zu verhindern, muß das Leuchtgas vor seiner sonstigen Reinigung in einer genügend großen Kühlanlage möglichst bis auf eine Temperatur gekühlt werden, welche unter gewöhnlichen Verhältnissen nachher nicht mehr unterschritten wird. Eine ausreichende Kühlung wird die Dämpfe nicht nur bis zu der Sättigungsgrenze der niedrigsten, in den Fabrikationsapparaten herrschenden Temperatur entfernen, sondern wegen der absorbierenden Wirkung der abgeschiedenen Teernebel auch noch eine weitere Erniedrigung des Taupunktes für gewisse Produkte, wie z. B. für Naphthalin, hervorbringen, so daß das gekühlte Gas noch eine starke Abkühlung erfahren kann, ohne Kondensate abzuscheiden.

Ist die Kühlung nur eine mangelhafte gewesen, so kondensiert sich an der nächst kälteren Stelle besonders leicht Naphthalin (Reinigerwände und -Deckel), und kühlt das Gas sich auf seinem weiteren Wege noch mehr ab, so setzen sich auch dort feste Kristallschuppen von Naphthalin ab. Steigt die Temperatur an Stellen, wo sich Naphthalinabsätze befinden, so werden sie vom Gasstrome aufgelöst, um an der nächsten kälteren Stelle wieder ausgeschieden zu werden, und es entstehen die bekannten Naphthalinverstopfungen, welche im Rohrnetz zu unerträglichen Störungen führen. Gegen diese Störungen gibt es nur zwei Mittel, einmal die völlige Ausscheidung des Naphthalins durch kräftige, langsame Kühlung des Gases, zweitens durch Absorbierung des Naphthalins nach dem von Bunte angeregten Verfahren, welches später beschrieben werden soll.

Berechnung der Kühler.

Für die Berechnung der Kühlanlagen gibt Perrisini die nachstehenden Formeln an:

1. Luftkühler.

Es bedeute:

T_0 die Temperatur des eintretenden Gases,
T_1 » » » austretenden Gases,
Θ » » der äußeren Luft,
G das Gewicht des Gases in Kilogramm, welches pro Stunde durch den Kühler geht,
c den Transmissionskoeffizienten, welcher angibt, wieviel Kalorien pro Stunde und Quadratmeter Kühlfläche bei 1° C Temperaturdifferenz durch die Wandungen des Kühlers übertragen werden $= 7$,
F die Fläche des Kühlers in Quadratmeter,
$\alpha = 0{,}6$,
$\beta = 0{,}06$.

$$F = \frac{G}{c}\left[(\alpha + \beta\,\Theta)\,2{,}3 \log \frac{T_0 - \Theta}{T_1 - \Theta} + \beta\,(T_0 - T_1)\right].$$

Für 1000 cbm Gasproduktion in 24 Stunden berechnet sich hiernach die Luftkühlfläche zu 30 qm.

2. Wasserkühler.

Es bedeute:

t_1 die Temperatur des eintretenden Wassers,
t_0 » » » austretenden Wassers,

F_1 die Wasserkühlfläche,
Q das Gewicht des pro Stunde nötigen Wassers,
a eine aus der folgenden Formel für F_1 durch Versuch zu bestimmende Konstante $= 0{,}2$

$$F_1 = \frac{a \cdot G \cdot p\,(T_0 - T_1)}{(T_0 - t_0)\,(T_1 - t_1)}$$

oder

$$t_0 = T_0 - \frac{a\,G\,p\,(T_0 - T_1)}{F_1\,(T_1 - t_1)},$$

dann berechnet sich

$$Q = \frac{G \cdot p\,(T_0 - T_1)}{t_0 - t_1},$$

dabei ist $p = \alpha + \beta\,T =$ spez. Wärme des Gases.

Im allgemeinen rechnet man erfahrungsgemäß für 100 cbm Tagesproduktion 3 qm Kühlfläche bei Luftkühlung und 1,0—1,5 qm Kühlfläche bei Wasserkühlung. Der Wasserverbrauch schwankt dabei zwischen 0,3 bis 0,5 cbm in 24 Stunden.

Wird das Gas erst durch Luftkühler und dann durch Wasserkühler geschickt, so rechnet man für die Kühlfläche

bei Luftkühlung	0,75 qm	pro 100 cbm Tagesleistung.
» Wasserkühlung	0,75—1,25 »	

2. Luftkühler.

In den letzten Jahren sind eine ganze Reihe neuer Konstruktionen für Kühlapparate entstanden, ohne aber die beiden alten Formen, den Luftkühler mit ringförmigem Querschnitt und den Wasserröhrenkühler gänzlich verdrängen zu können. Die neueren Konstruktionen gehen fast alle darauf aus, die Kühlung des Gases möglichst schnell zu erreichen und auf möglichst geringem Raum eine hohe Leistungsfähigkeit zu erzielen, während die beiden oben genannten Apparate das Gas ganz allmählich kühlen. Gerade aber durch den Vorzug der langsamen Kühlung werden diese beiden alten Konstruktionen für den Betrieb unentbehrlich, und die neuen Apparate lassen sich nur am Ende der Kondensationsanlagen einschalten. Denn bei einer plötzlichen und schnellen Abkühlung des noch warmen Gases würden die dampfförmigen Produkte, wie die Erfahrung gezeigt hat, in Nebelform übergehen und sich nur unvollständig in flüssigem Zustande ausscheiden.

Der Ringluftkühler.

ist in Fig. 140 dargestellt. Der Abstand zwischen innerem und äußerem Mantel wird nur gering genommen, ca. 100—150 mm. Je höher der Kühler, um so schornsteinartiger wirkt der innere Ring auf den Luftzug. Durch die Verbindung des unteren Endes des Kühlers mit der Außenluft durch ein Rohr oder einen gemauerten Kanal und durch die Verlängerung des oberen Endes bis über das Dach läßt sich die Zugwirkung und damit der Luftwechsel bedeutend erhöhen. Um diesen Luftwechsel im Winter regulieren zu können, muß in den oberen Abzug eine Drosselklappe eingebaut werden. Das Gas wird in den Kühler oben eingeführt. Es durchströmt also den Apparat in der der aufsteigenden Kühlluft entgegengesetzten Richtung.

3. Wasserkühler.

Der Röhrenwasserkühler stellt eine Verbindung von Luft- und Wasserkühlung dar. Der äußere Mantel wirkt nur luftkühlend, während die eingezogenen Rohre wasserkühlend wirken. Das Wasser tritt unten, das Gas oben in den Kühler ein. Alle Einzelheiten ergeben sich aus der Fig. 141 ohne weiteres. Die Wirkung des Kühlers läßt sich durch Regelung des Wasserzuflusses beliebig einstellen, eventuell kann man diesen Kühler auch als Luftkühler benutzen, wenn man das Wasser abstellt und bei geöffneten Reinigungsdeckeln Luft durch die Röhren streichen läßt.

Der Mohrsche Kühler.

Im Mohrschen Kühler vereinigt sich, wie bei dem vorigen, Luft- mit Wasserkühlung. Durch Veränderung

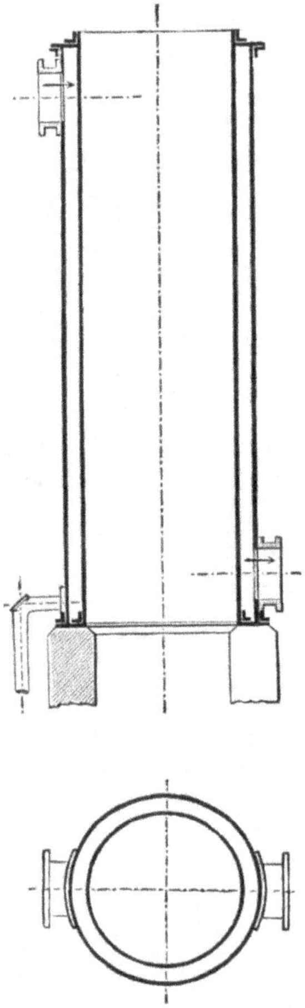

Fig. 140.

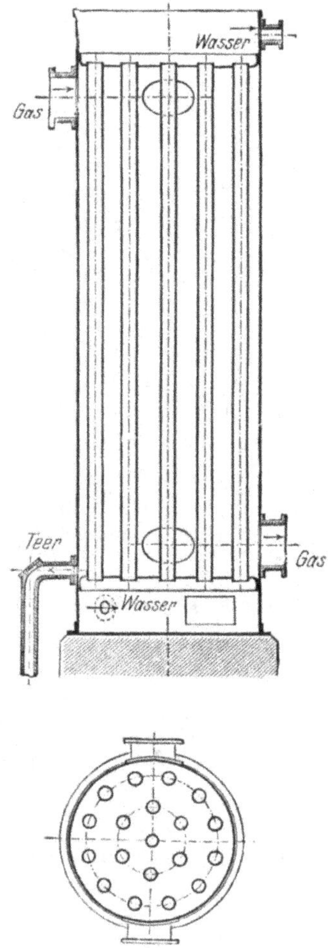

Fig. 141.

des glatten zylindrischen Mantels der bisherigen Konstruktionen in eine wellenförmige Oberfläche wird für

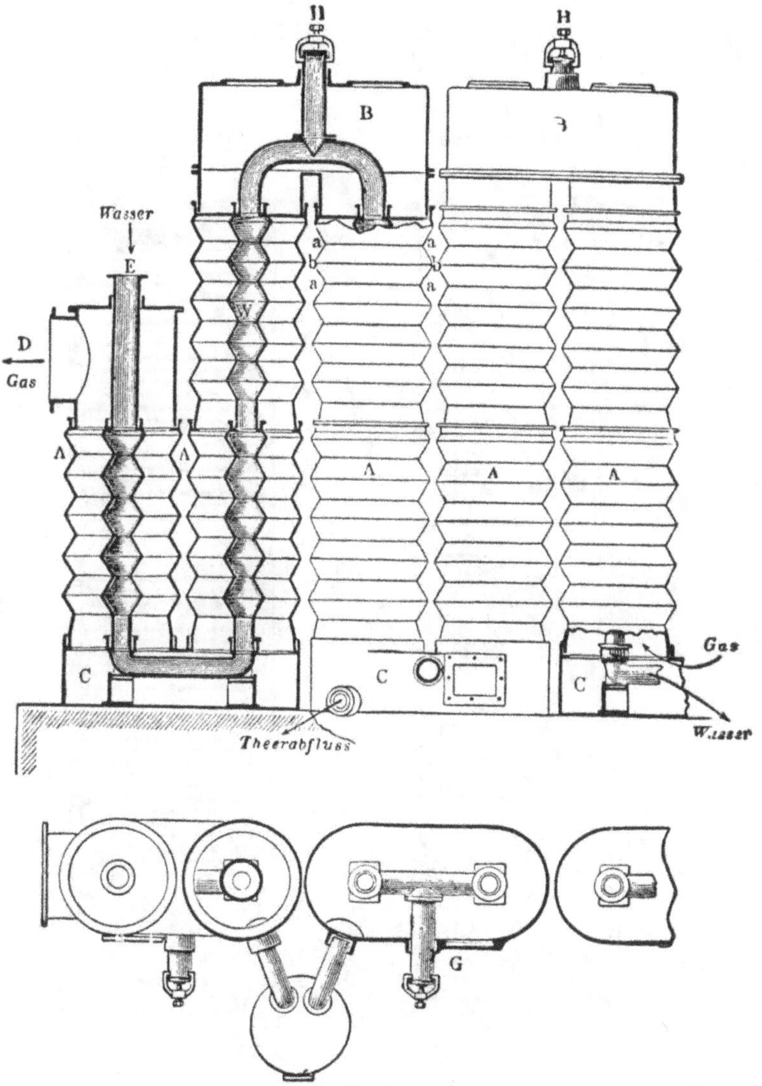

Fig. 142.

die gleiche Apparatenhöhe eine größere Kühlfläche erzielt. Außerdem wechselt das Gas infolge der sich wieder-

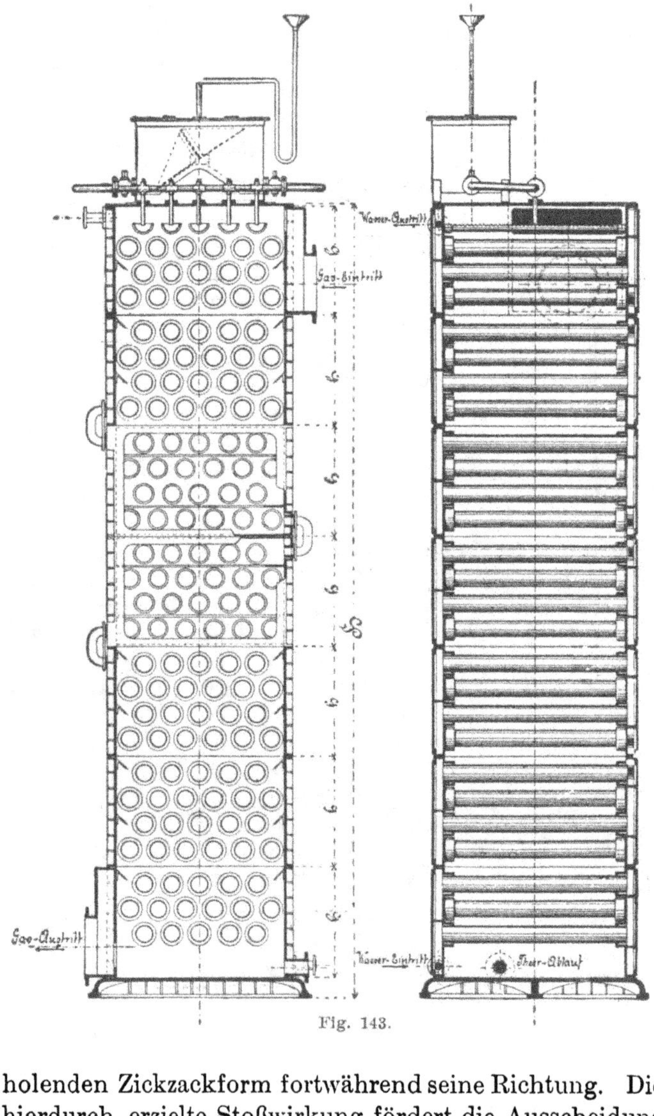

Fig. 143.

holenden Zickzackform fortwährend seine Richtung. Die hierdurch erzielte Stoßwirkung fördert die Ausscheidung des Teeres. Weiter wird durch die Zickzackform eine

Querschnittsveränderung für den Durchgang des Gases und damit eine Veränderung in der Geschwindigkeit desselben erreicht. An den ausgebauchten Stellen wird das Gas langsamer durchströmen und mit der größeren Kühlfläche, welche diese Stellen darbieten, länger in Berührung bleiben.

Der Kühler (Fig. 142) besteht aus lauter einzelnen Gliedern *A*, welche durch Übergangskästen *B* und untere Fußkästen *C* verbunden sind. Das Gas tritt unten in das rechts gelegene Rohr und verläßt den Kühler bei *D*. Das innere Rohr kann durch Wasser oder durch Luft gekühlt werden. Das Wasser wird in der dem Gasstrome entgegengesetzten Richtung, also bei *E* eingelassen. Die Reinigung läßt sich bequem durch geeignet angebrachte Reinigungsöffnungen vornehmen. Ein großer Vorteil dieses Kühlers ist der, daß er sich vorhandenen örtlichen Verhältnissen sehr leicht anpassen läßt.

Der Reutter-Kühler.

Der Reutter-Kühler[1]) ist nur für Wasserkühlung bestimmt. Er besteht aus einem gußeisernen Gehäuse (Fig. 143), welches aus Platten mit gefrästen Flanschen zusammengesetzt ist, und wagerecht liegenden, dünnwandigen gußeisernen Rohren, welche reihenweise mit Endkammern verbunden sind, und durch welche das kühlende Wasser reihenweise von unten nach oben aufsteigt, während das oben eintretende Gas nach unten strömt, die gekühlten Rohre im Gegenstrom umspülend. Infolge der aus den Skizzen ersichtlichen Anordnung der Rohre findet eine fortgesetzte innige Berührung des mehr und mehr gekühlten Gases mit den Wasserrohren statt.

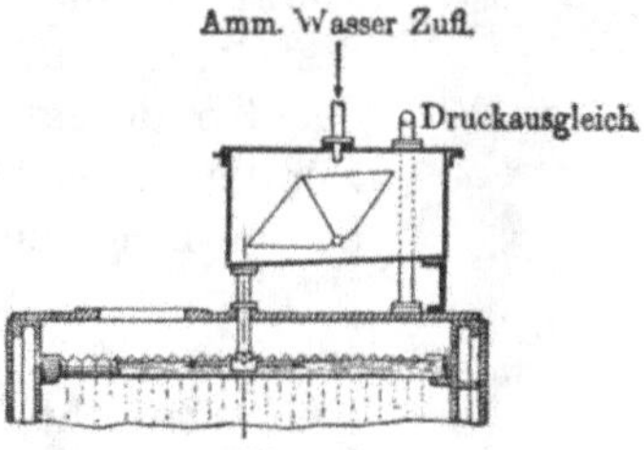

Fig. 144.

[1]) Journ. f. Gasbel. 1896.

Der an und für sich intensive Kühlprozeß wird durch Berieselung der Kühlrohre mit Ammoniakwasser noch wesentlich verstärkt. Über den Kühlrohren liegen Rinnen mit gezackten Überlaufkanten, aus denen durch ein Kippgefäß von Zeit zu Zeit ein feinverteilter Regen von Ammoniakwasser niederrieselt (Fig. **144**). Das die Röhren benetzende Ammoniakwasser vermindert das Ansetzen von Kondensationsprodukten, spült diese vollends ab und hält dadurch die Kühlflächen rein.

Der Wert des Reutter-Kühlers liegt in der intensiven Kühlung des Gases, deshalb sollte diese Konstruktion aus den schon erwähnten Gründen nur nach voraufgegangener Vorkühlung angewendet werden.

---

4. Betriebskontrolle.

Bei der Kontrolle der Kühlanlagen wird man sich in der Hauptsache darauf beschränken, die Ein- und Ausgangstemperatur des Gases und den ungehinderten Abfluß der Kondensationsprodukte zu beobachten. Für die Beobachtung der Temperaturen sind an den Ein- und Ausgangsröhren eines jeden Kühlers genau zeigende Thermometer so anzubringen, daß ihre Ablesung bequem erfolgen kann. Zu achten ist darauf, daß das Thermometer möglichst bis in die Mitte des Gasstromes hineinreicht, dessen Temperatur gemessen werden soll. Derartige Thermometer zeigen uns die Figuren **145**, **146** und **147**. Außer den Thermometern sollte man Entnahmehähne für die zu untersuchenden Gasproben anbringen. Die Hähne müssen eine weite Bohrung besitzen, um sich leicht von dem anhaftenden Teer reinigen zu lassen.

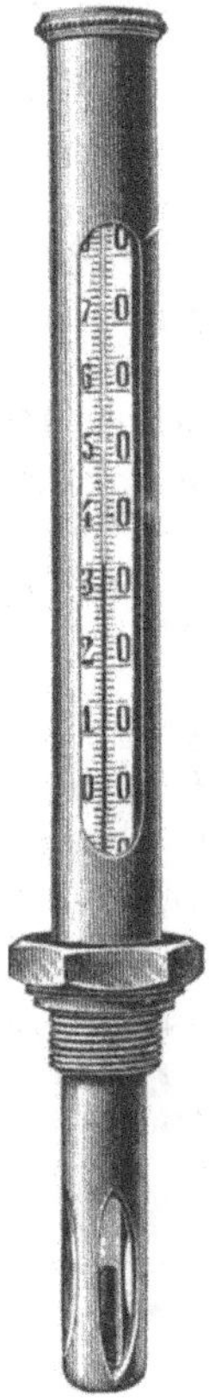

Fig. 145.

Der Zufluß des Kühlwassers soll so eingestellt werden, daß die Kühlung möglichst langsam erfolgt und sich ohne Temperatursprünge auf die ganze vorhandene Kühlanlage gleichmäßig verteilt. Dieses gilt

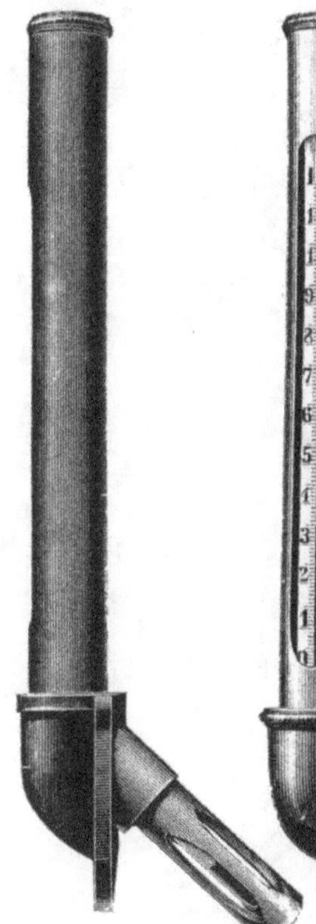

Fig. 146.

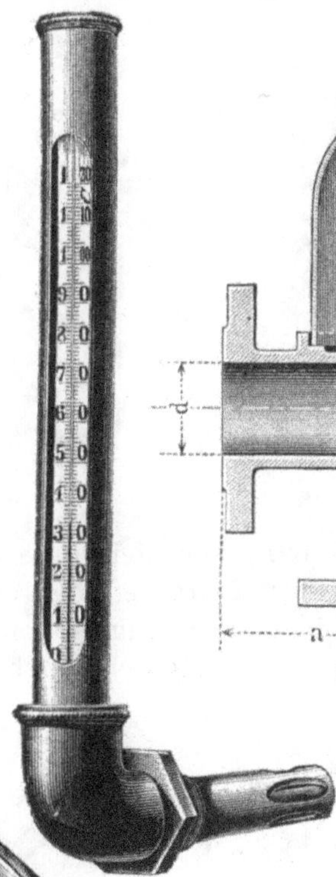

Fig. 147.

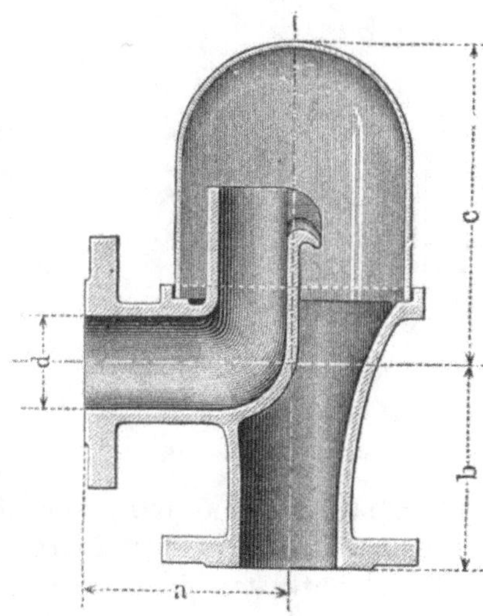

Fig. 148.

namentlich für die Zeit der geringen Produktion, wenn der Kühlwasserzulauf auf ein Minimum reduziert, oft sogar ganz abgestellt werden kann.

Die Teer- und Ammoniakwasserabläufe sind, wenn es irgend angängig ist, an den einzelnen Apparaten sichtbar anzubringen, denn die Möglichkeit, den Ablauf der Kondensationsprodukte aus den einzelnen Apparaten jederzeit beobachten zu können, bietet dem Betriebsleiter den Vorteil, sich von der Menge und der Beschaffenheit der ausgeschiedenen Produkte an den einzelnen Betriebsstellen überzeugen zu können. Die

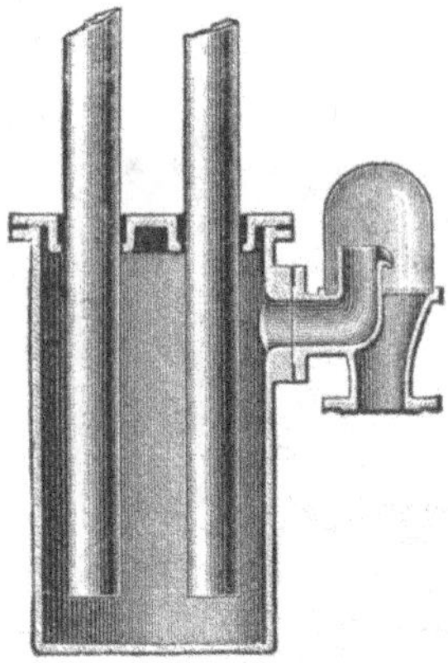

Fig. 149.

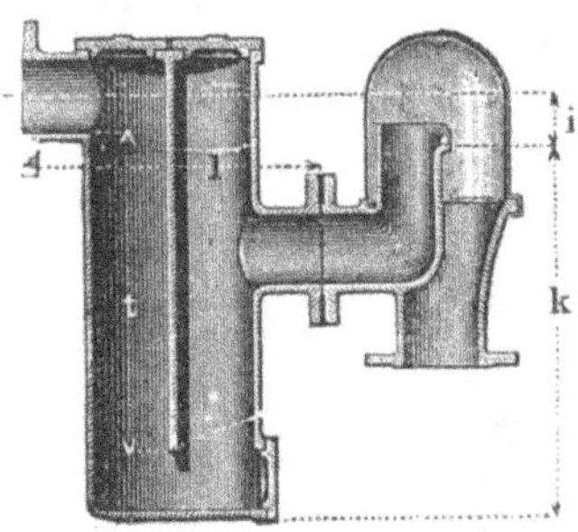

Fig. 150.

Fig. 148, 149 und 150 zeigen derartige Abläufe, die an den Stutzen eines Teertopfes befestigt oder mit einem Teerablaufkasten in Verbindung gebracht sind. Die letztere Anordnung empfiehlt sich durch handliche Anordnung und geringen Gefällverlust. Fig. 151 zeigt einen

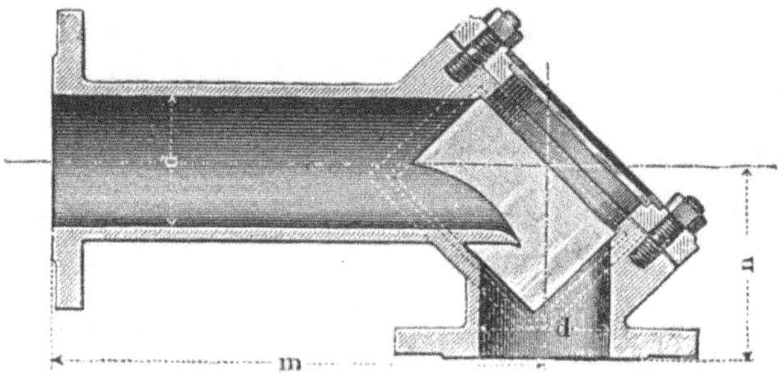

Fig. 151.

Teerablauf, welcher keinen Flüssigkeitsabschluß hat und daher unter Gasdruck steht. Die Glasscheibe muß sorgfältig abgedichtet werden, so daß Gasentweichungen ausgeschlossen sind. Dieser Ablauf kann direkt an den Kühler geschraubt werden, so daß er über Flur zu liegen kommt und der Abfluß leicht kontrolliert werden kann.

Soll die Wirksamkeit einer Kühlanlage in bezug auf Teerausscheidung geprüft werden, so ist einerseits der aus den Kühlern auslaufende Teer aufzufangen, anderseits der gesamte Teer aus dem Teerscheider und den Entwässerungen vor und nach dem Gassauger[1]) zu sammeln.

Auf die gesamte, während 12 oder 24 Stunden erhaltene Teermenge läßt sich das aus den Kühlern ausgelaufene Quantum nach Prozenten berechnen, woraus sich ein Maßstab für die Leistung der Kühler in bezug auf Teerausscheidung ergibt. Die geringe, nach dem Teerscheider noch anfallende Teermenge kann bei geordnetem Betriebe gegenüber dem Hauptquantum bei dieser Berechnung vernachlässigt werden.

---

[1]) Im Flügelgassauger ist infolge der wirbelnden Bewegungen, denen das Gas ausgesetzt ist, die Teerausscheidung eine ziemlich bedeutende. So ergab beispielsweise ein Versuch, daß ohne Benutzung des Gassaugers 33,8 kg Teer, mit Benutzung des Gassaugers nur 9,6 kg Teer zum Teerscheider gelangten.

V. Der Gassauger.

I. Der Gassauger und seine Wartung.

Das in den Retorten erzeugte Gas hat auf dem Wege durch die Vorlage und die verschiedenen Reinigungsapparate eine Reihe von Widerständen zu überwinden, schließlich im Gasbehälter das Gewicht der Behälterglocke zu tragen und besitzt dementsprechend einen vom Behälter aus im Fabrikationsgang rückwärts immer steigenden Druck, dessen Maximum in der Retorte erreicht wird. Dieser Druck in den Retorten wird je nach der Größe des Gasbehälters, nach der Beschaffenheit der Apparate und der jeweiligen Gasproduktion außerordentlich wechseln, immer aber große Nachteile mit sich bringen. Denn zunächst kann das unter hohem Druck entwickelte Gas nicht schnell genug aus der Retorte entweichen und erleidet durch die längere Einwirkung der hohen Temperatur eine Zersetzung, die zu starker Graphitablagerung führt. Ferner wächst naturgemäß mit dem Druck der Gasverlust durch die nie fehlenden Poren und Risse der Retorten und die Undichtigkeiten der Retortenverschlüsse.

E. Schilling[1]) hat Untersuchungen über die Größe dieses Verlustes angestellt. Er fand denselben bei einem Druck von 50 mm Wassersäule zu 1% mit einer dem wachsenden Druck entsprechenden Steigerung, vorausgesetzt, daß die Retorten durch beträchtlichen Graphitansatz gut abgedichtet sind. Viel größer ist der Verlust

[1]) Journ. f. Gasbel. 1891, S. 452.

bei frisch ausgebrannten Retorten, nimmt aber schon nach 24 Stunden mit dem Beginn der Graphitablagerung bedeutend ab.

Diese Nachteile werden stark verringert durch Absaugung des Gases aus den Retorten. Durch die Entlastung des Retortendrucks wird eine rasche Ableitung des Gases und damit eine Verbesserung der Gasausbeute nach Qualität wie Quantität erzielt. Zum Absaugen des Gases dienen Gassauger, deren Gang so geregelt wird, daß der Druck in der Teervorlage gleich dem Atmosphärendruck, der Überdruck also gleich 0 ist. Das Gas hat dann nur den Druck zu überwinden, welchen die Tauchung der Steigeröhren in der Vorlage verursacht, etwa 30 mm Wassersäule. Diesen geringen Überdruck hat man noch durch Aufhebung der Tauchung zu beseitigen versucht, jedoch haben solche Einrichtungen[1]) nur wenig Verbreitung gefunden, weil dadurch die Sicherheit gegen das Eindringen von Luft verringert wird. Überhaupt ziehen es viele Betriebsleiter vor, auch in der Teervorlage einen geringen Überdruck von ca. + 5 mm zu behalten, um gegen die Gefahr des Luftansaugens völlig gesichert zu sein.

Besondere Verbreitung haben in der Praxis die Flügel-Exhaustoren gefunden, die als zweiflügelige und dreiflügelige Gassauger ausgeführt werden.

Fig. 152 zeigt einen dreiflügeligen Exhaustor. Im Mittel des ausgebohrten Gehäuses befindet sich eine am hinteren Deckel befestigte Achse mit aufgestecktem, genau gebohrtem und gedrehtem Schmierrohr, auf welchem sich die drei Flügel pendelnd bewegen, während sich das Schmierrohr auf der Achse dreht. Die Achse ist behufs Zuführung von Schmieröl in ihrer ganzen Länge durchbohrt und gibt durch mehrere Öffnungen das durch die am hinteren Deckel angebrachte Schmierpumpe eingespritzte Öl an das Schmierrohr und

[1]) Journ. f. Gasbel. 1886, S. 1012.

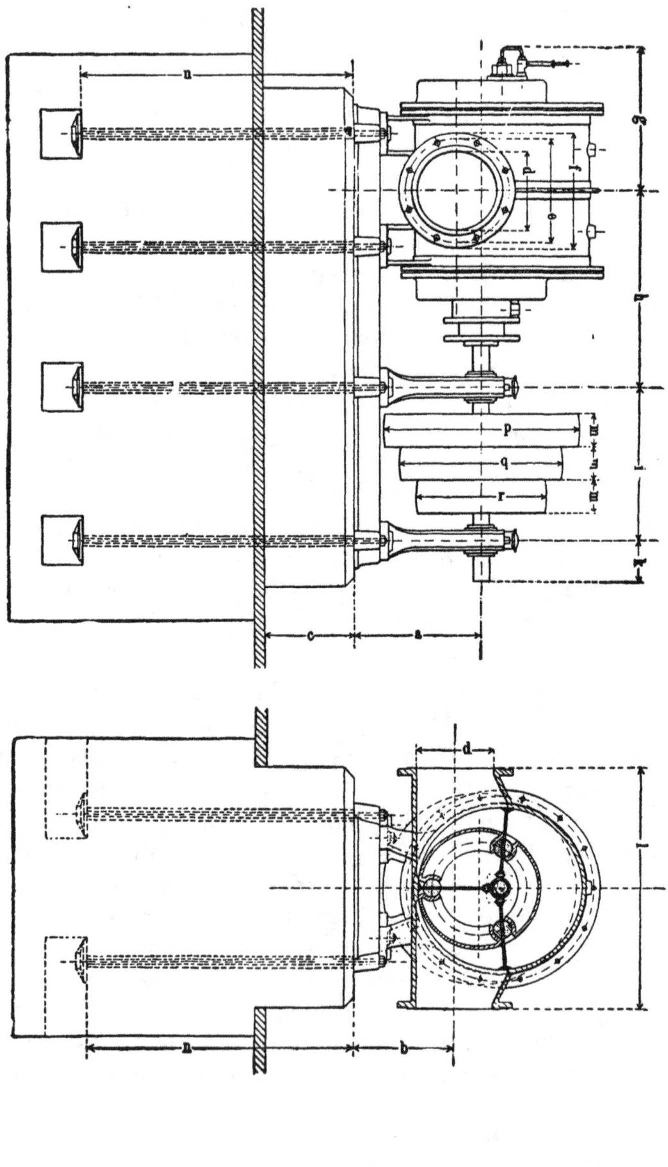

Fig. 152.

die Lagerungen der Flügel ab. Die Flügel verschieben sich in genau ausgearbeiteten Schlitzen von Walzen, welche in Ausbohrungen des exzentrisch gelagerten Kolbens liegen und so an der Dichtung des Kolbens teilnehmen. Der durch die Stopfbüchse des vorderen Deckels gehende Kolbenhals nimmt die zum Betriebe erforderliche Kraft durch Riemenübertragung oder durch direkte Verbindung mit einer Dampfmaschine auf.

Zum Schmieren aller mit dem Gase in Berührung kommenden, sich reibenden Teile ist säurefreies Rüböl zu verwenden. Es empfiehlt sich, unraffiniertes Rüböl zu nehmen. Mineralöle geben Veranlassung zu festen Absonderungen und zur Bildung von Teerkrusten, säurehaltiges Rüböl zur Bildung von schwefelsaurem Ammoniak. Die Ablagerung der festen Bestandteile im Gassauger, namentlich am Ausgang, können zu so starken Querschnittsverengungen Anlaß geben, daß das Gas kaum noch aus dem Sauger auszutreten vermag und infolge der starken Kompression des Gases eine Erwärmung desselben und des Gassaugers eintritt. Ein großer Verschleiß der beweglichen Teile und ein großer Dampfverbrauch sind die notwendigen Folgen dieser schädlichen Ablagerungen. Es empfiehlt sich daher, den Gassauger im Jahre mindestens einmal von der Reinigungsöffnung am Ausgangsventil aus zu besichtigen und mit Hilfe eines Reflektorspiegels oder einer elektrischen Glühlampe im Innern abzuleuchten, um etwaige Ablagerungen rechtzeitig wahrnehmen und beseitigen zu können. Neben dem Flügelgassauger wird neuerdings auch vielfach das Root-Gebläse mit Vorteil verwendet. Der Vorzug dieses Gebläses ist besonders der, daß die Leistung pro Zeiteinheit eine wesentlich höhere ist als bei den gewöhnlichen Gassaugern, und daß die Zahl der bewegten Teile sehr klein ist.

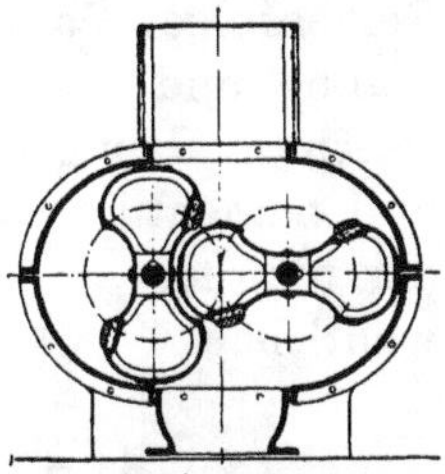
Fig. 153.

Fig. 153 läßt die Innenkonstruktion erkennen[1]). Die Flügel sind aus Gußeisen. Die Dichtung zwischen Flügel und Gehäusewand erfolgt mittels breiter Flächen, die gegenseitige Abdichtung der Flügel wird durch Eisenflächen und elastische Filzflächen bewirkt.

Über die Anordnung des Saugers im ganzen Apparatensystem des Gaswerks sei noch kurz erwähnt, daß man die Reihenfolge der Apparate: Kühler, Skrubber, Teerscheider, Sauger, Reiniger als veraltet aufgegeben hat, weil die lange Saugseite dieser Anordnung eine erschwerte Regulierung des Druckes in der Vorlage und damit des Saugers bedingt. Bei der jetzt üblichen Reihenfolge: Vorkühler, Sauger, Teerscheider (Naphthalin- und Cyanwäscher), Nachkühler, Ammoniakwascher, Reiniger ist die Druckregulierung erleichtert und namentlich eine bessere Wirkung des Teerscheiders, der nunmehr auf der Druckseite des Saugers steht, gewährleistet.

2. Regler für den Gassauger.

Da die Menge des erzeugten Gases während der verschiedenen Destillationsperioden im Laufe des Tages fortwährend schwankt, so würde ein Gassauger mit gleichbleibender Förderung bald ein Vakuum saugen, das durch Lufteinströmung beim Öffnen der Retorten und durch deren Undichtigkeiten die Qualität des Gases verschlechterte oder sogar Explosionsgefahr brächte, bald würde durch zu schwaches Saugen eine Stauung und starke Druckvermehrung des Gases eintreten. Es muß daher eine Vorrichtung geschaffen werden, welche die Wirkung des Saugers mit der Gasentwicklung in Einklang bringt und bei plötzlichem Stillstande des Saugers dem Gase einen Weg öffnet.

Die erste Forderung — gleichbleibender Druck auf der Saugseite — wird dadurch erfüllt, daß durch eine

[1]) Fabrikant: Ärzener Maschinenfabr. Ärzen-Hameln.

selbsttätige Reguliervorrichtung so viel von dem geförderten Gase von der Druck- nach der Saugseite zurückfließt, als nötig ist, um die auf der Saugseite gewünschte Druckhöhe herzustellen und konstant zu halten.

Die andere Forderung, bei Störungen im Gassaugerbetriebe, also nicht genügender Förderung, die ganze Anlage zu umgehen und das Gas unter eigenem Druck von den Öfen nach den folgenden Apparaten strömen zu lassen, läßt sich durch eine Umgangsklappe erreichen, welche bei Überschreitung eines Maximaldruckes sich selbsttätig öffnet.

Beide Funktionen hat die Firma S. Elster, Berlin, in ihrem Umlaufregler vereinigt.

Da die beiden Aufgaben, welche der Apparat zu leisten hat, vollkommen voneinander verschieden sind, die eine nur äußerst selten in Anspruch genommen wird, während die andere dauernd geleistet werden muß, so sind auch die Organe der beiden Funktionen verschieden und nur in demselben Apparat räumlich sehr nahe gebracht. Für die dauernde Regulierungsarbeit ist ein Abschlußventil gewählt, das von einer schwimmenden Glocke getragen wird, während für den Durchlaß der ganzen Gasmenge ein Wasserabschluß vorgesehen ist.

Der Umlaufregler besteht aus dem Kübel *A* (Fig. 154 und 155) für die Glocke *C* und dem Untersatz *B* mit der Scheidewand *D* und dem angegossenen Stutzen *s* für den Eingang und *d* für den Ausgang. Die Scheidewand teilt den Kübel im Verhältnis 1 : 4. Da sie in Wasser taucht, so vermittelt der Konus *F* die Verbindung zwischen Ein- und Ausgang. In dem Konus *F* spielt das Ventil *K*, welches durch das in Wasser tauchende beiderseits offene Rohr *R* vom umgebenden Druck unabhängig ist. *R* wird am unteren Teile mittels eines Steges an einem im Boden *B* angebrachten Stift geführt. *K* bildet ein Rohrventil, welches in der Nabe mit einer Stange an der Glocke *C* hängt; diese Stange hat ihre Führung am oberen Ende des Stutzens *G* in der Buchse des Steges *T*, unter welchem die gelochte Scheibe *S* leicht drehbar gelagert ist. Die Glocke *C*, an welcher das Rohrventil hängt, trägt nach oben eine

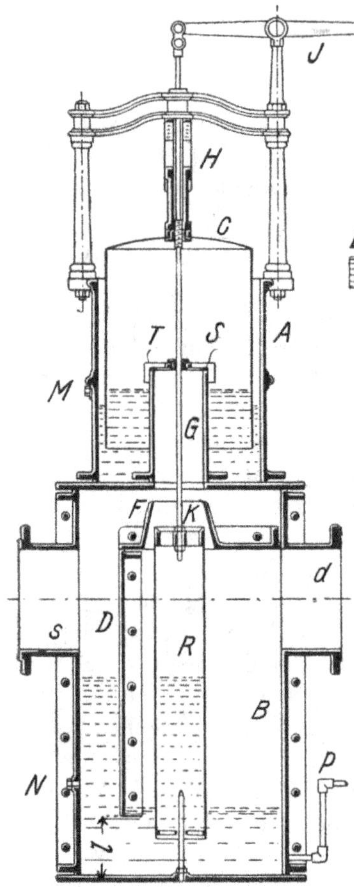

Fig. 154.

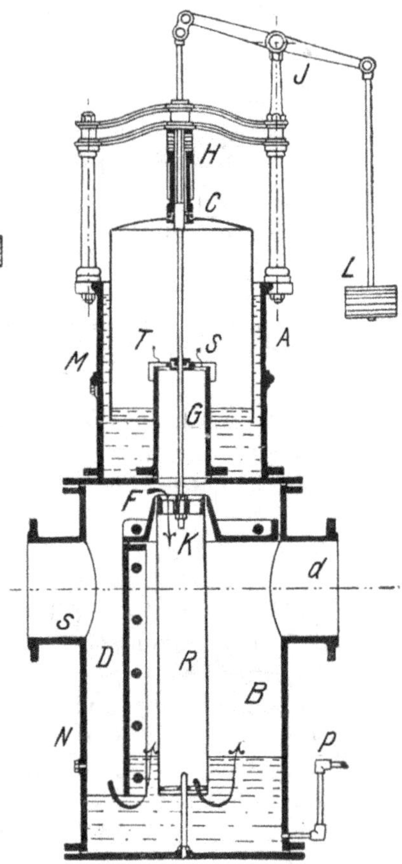

Fig. 155.

Führungsstange, welche durch die Buchse des Bügels geht und mit einem Gelenk an einem Ende des Hebels *J* angehängt ist, während das andere Ende dieses Hebels an einer Tragstange die Entlastungsgewichte *L* für die

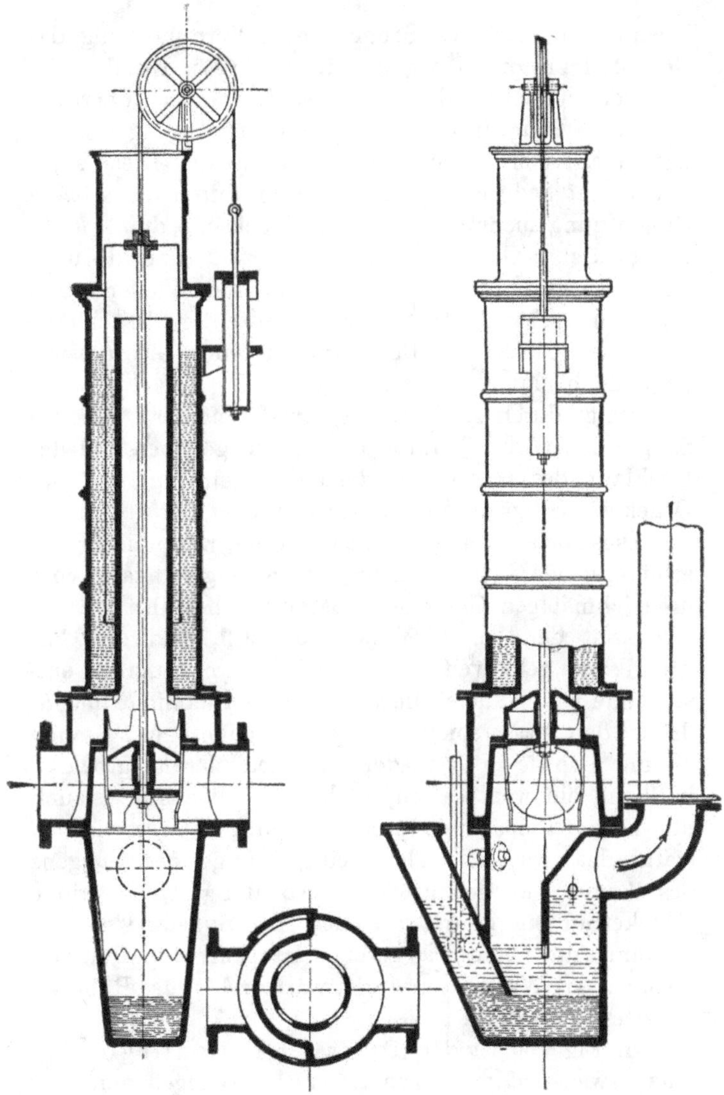

Fig. 156.

Glocke trägt, durch welche der Druck in der Saugleitung eingestellt wird. Eine Vermehrung der Gewichte *L* bewirkt ein stärkeres Saugen, eine Verminderung das Gegenteil bis zum Übergang über $\pm$ 0 zu Druck.

Bei zu starker Leistung des Gassaugers überträgt sich seine Saugwirkung vom Gassaugereingang durch *s* und *G* auf den Raum unter der Glocke *C*. Diese sinkt und öffnet dadurch *K*, so daß nun durch die größere Ringöffnung mehr Gas von der Druckseite durch *d*, *K*, *F* und *s* zum Gassaugereingang übertritt und dadurch das überflüssige Saugen ausgleicht bis zum Wiedereintritt des Gleichgewichts, also der eingestellten Druckhöhe unter der Glocke *C*. Das zurücktretende Gas passiert dann noch einmal den Gassauger.

Steigt durch stärkere Gasentwicklung der Druck im Saugrohr, so wird dadurch die Glocke gehoben und der Rücklauf des Gases von *d* nach *s* gehemmt, bis der Druck im Saugrohr und unter *C* wieder der alte ist.

Dieselben Vorgänge stellen sich ein, wenn die Druckerhöhung oder -verminderung im Gassaugereingang vom ungleichmäßigen Gang des Gassaugers herrührt.

Steht der Gassauger plötzlich still, und die Gasproduktion geht weiter, so hebt der im Saugrohr entstehende Druck zuerst die Glocke *C* und damit *K* und *R*, drückt den Wasserspiegel in dem Zwischenraum zwischen *D* und *s* sowie in *R* nieder und den viermal größeren in *B* um ein weniges empor, bis sowohl aus *R* als auch um *D* von *s* her ein Durchschlagen des Gases nach *d* stattfindet, wodurch gleichzeitig infolge des Steigens des Wassers in der größeren Abteilung eine geringe Druckerhöhung eintritt. Dauert der Stillstand länger, so kann, um auch diese gerenge Druckerhöhung zu vermeiden, das Wasser durch Seitwärtsdrehen des Rohres *p* abgelassen werden.

In Fig. 156 ist der Dessauer Umlaufregler mit einer zweckmäßigen, von Starcke angegebenen Verbesserung dargestellt. Der Apparat besteht aus einem gußeisernen Gehäuse, in welchem ein tellerförmiges Ventil mit einer durch den Druck der Saugleitung getragenen Glocke verbunden ist. Das Tellerventil bewegt sich in einem zylindrischen Mantel, der nach unten und oben zackenförmige Ausschnitte besitzt. Bei einer Bewegung des Tellers nach oben oder unten wird allmählich ein immer größerer Teil dieser Ausschnitte frei, durch die das Gas strömen kann. Das Gewicht von Glocke und Teller ist durch ein Gegengewicht ausgeglichen, das je nach dem gewünschten Druck in der Saugleitung durch aufgelegte Gewichtsscheiben geändert wird. Hinter dem Umlaufregler drückt das Gas gleichmäßig von oben auf den Ventilteller und von unten auf die Glocke, so daß, da beide Flächen gleich groß sind, dieser Druck ohne jeden Einfluß auf die Bewegung des Ventiltellers ist. Der Druck in der Saugleitung wirkt nur auf die untere Seite des Tellers und wird so ausgeglichen, daß der Teller bei unverändertem Druck in der Mittelstellung steht und kein Gas durchläßt. Steigt oder fällt der Druck in der Saugleitung, so wird der Ventilteller entsprechend gehoben oder gesenkt und gibt in beiden Fällen dem Gase den Durchgang frei. Ersterer Fall tritt ein, wenn der Gassauger zu langsam geht, dann gelangt das Gas direkt in die folgenden Apparate; der zweite Fall tritt ein, wenn der Gassauger zu schnell geht und nunmehr ein Teil des gesaugten Gases in die Saugleitung zurücktritt. Da es vorkommen kann, daß der Gassauger — etwa durch Abfallen des Treibriemens — stehen bleibt, so würde in solchem Falle die Saugleitung unter dem vollen Druck des Gasbehälters und der gesamten Apparate stehen, wobei möglicherweise durch die Wasserverschlüsse der einzelnen Apparate Gas ausströmen könnte. Um dies zu vermeiden, läßt man den Ventilteller nach oben nur so weit sich öffnen, daß ein gewisser zulässiger Druck in der Saugleitung erreicht wird. Bei weiterer Drucksteigerung schließt ein zweiter Teller den Gasdurchgang ab, und es kann das während dieser Betriebsstörung erzeugte Gas durch den Sicherheitstopf im Untersatz des

Umlaufreglers ins Freie gelangen, jedoch kann aus dem Gasbehälter rückwärts kein Gas entweichen. Natürlich braucht der Sicherheitstopf nicht mit dem Umlaufregler verbunden zu sein, sondern kann an einer andern Stelle, meist zwischen Vorlage und Kühler, angeordnet werden.

Die früher an Stelle der Umlaufregler verwendeten Umlaufklappen (Beipaß) sind wegen ihrer schweren Beweglichkeit als Umgang für den Gassauger ganz ungeeignet.

In anderer Art kann man den Gang des Gassaugers so regeln, daß er nur so viel Gas saugt, als produziert wird. Diese Regulierung läßt sich aber nur da anwenden, wo der Gassauger mit der Antriebsmaschine direkt gekuppelt ist, und wo die Kraft durch Dampf erzeugt wird. Durch Regelung der Dampfzufuhr zu der Antriebmaschine erhält man dann bald einen schnelleren bald einen langsameren Lauf der Maschine und damit des Gassaugers. Neben diesem Dampfzuflußregler wird man aber noch immer einen Umlaufregler anbringen müssen, da der Dampfzuflußregler nicht so rasch wirkt wie dieser. Die Einrichtung und Wirkung eines solchen Reglers nach Bauart Pintsch-Berlin ist folgende (Fig. 157): Das unter der Glocke im Kübel *a* mündende Rohr *b* ist mit der Saugleitung des Gassaugers verbunden. Die in dem bis zur Überlaufschraube *n* mit Wasser gefüllten Kübel *a* befindliche, mit Schwimmer versehene Glocke ist so belastet, daß sie beim gewünschten Druck ihre Mittelstellung einnimmt.

An der Glocke ist die mit einem Belastungsteller *c* versehene Stange *d* befestigt, die wiederum mit dem beweglichen Hebel *e* verbunden ist. Letzterer ist mit dem doppelarmigen Hebel ll_1 durch den Bolzen *f* verbunden.

Vom Hebel *e* führt die Stange *g* nach einem im Gehäuse *h* befindlichen, der Länge nach durchbohrten Schieber, welcher den Ein- und Austritt sowie auch die

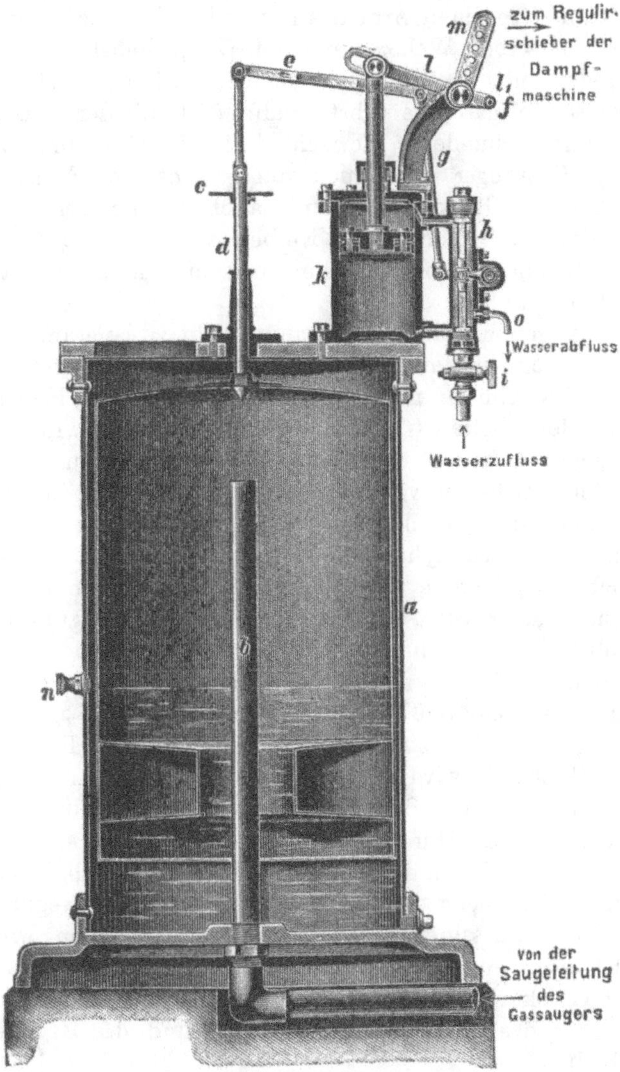

Fig. 157.

Absperrung des in den Zylinder k gelangenden Druck**wassers** bewirkt. Der im Zylinder k spielende Kolben ist mit dem einen Arm des Doppelhebels ll_1 verbunden. Auf derselben Welle, mit dem Doppelhebel fest verbunden, sitzt der Hebel *m*, welcher zum Regulierschieber der Dampfmaschine führt. Hahn *i* ist mit der Wasserleitung verbunden. Herrscht in der Rohrleitung vor dem Gassauger ein Druck von gewünschter Höhe, so stehen die Glocke und damit auch der im Gehäuse *h* befindliche Schieber, der Kolben vom Zylinder *k* und der Regulierschieber der Dampfmaschine in ihren Mittelstellungen.

Angenommen, der Gassauger geht zu langsam, und der Druck in der Saugleitung beginnt zu steigen, so wird die Glocke nach oben bewegt und der Hebel *e* um den Bolzen *f* gedreht. Infolgedessen wird die Stange *g* gehoben und dadurch der im Gehäuse *h* befindliche Schieber verstellt, so daß das aus einer Wasserleitung oder einem Behälter herausströmende Druckwasser in den Zylinder *k* eintritt und dessen Kolben nach oben bewegt, wobei das über dem Kolben befindliche Wasser bei *o* abfließt. Durch die Bewegung des Kolbens wird auch der Hebel ll_1 und Hebel *m* gedreht und dadurch dem Regulierschieber eine derartige Stellung gegeben, daß der Betriebsmaschine eine größere Menge Dampf zuströmen kann. Infolge der Drehung des Hebels ll_1 wird aber die Stange *g* in ihre Anfangsstellung und der Schieber in die Abschlußstellung zurückgebracht. Durch diesen Umstand kann sich der Kolben, da Zu- und Ableitung zum Zylinder abgesperrt sind, nicht mehr bewegen, wodurch auch der Regulierschieber in seiner neuen Stellung festgehalten wird. Erst wenn neue Druckschwankungen eine Bewegung der Glocke herbeiführen, erfolgt eine abermalige Verstellung des Schiebers, des Kolbens und des Regulierschiebers.

Beim Sinken des Gasdruckes erfolgt ein Niedergehen der Glocke, wobei die Wirkung des Reglers eine entgegengesetzte ist. Der Verbrauch an Wasser ist minimal, da nur bei eintretenden Druckschwankungen eine der geringen Bewegung des Kolbens entsprechende kleine Wassermenge verbraucht wird. Für den Betrieb genügt ein Wasserdruck von 4—5 m.

Ein weiterer Gassauger-Dampfmaschinenregler[1]), der sich durch große Einfachheit auszeichnet, sei noch beschrieben: In einen gußeisernen Kübel, der mit Wasser gefüllt ist, taucht eine Glocke, die durch das aus der Abbildung ersichtliche Gestänge mit Gegengewicht ausbalanciert ist. Durch Einstellung des Gegengewichts läßt sich der Druck unter der Glocke von minus 20 mm

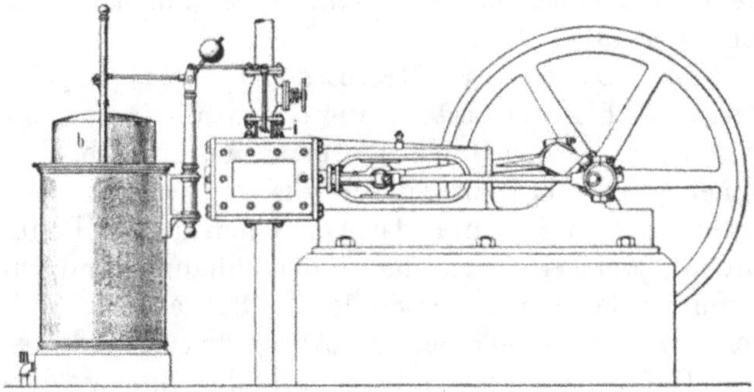

Fig. 158.

bis zu beliebiger Druckhöhe einstellen. Der Druck unter der Glocke ist bei tiefster wie bei höchster Stellung der gleiche, aber in beiden Höhenlagen wird das durch ein Hebelgestänge gesteuerte Dampfdrosselventil verschieden beeinflußt. In mittlerer Lage stellt die Regulatorglocke die Dampfdrosselklappe derart ein, daß eine der mittleren Leistung der Dampfmaschine entsprechende Dampfmenge passieren kann. Sobald die Produktion an Gas steigt, sucht sich dieses einen Ausweg durch ein dünnes unter die Glocke führendes Rohr (*m*). Da die Glocke (*b*) ausbalanciert ist, erfolgt keine Druck- sondern nur eine Volumzunahme unter

[1]) Fabrikant: Gasmesserfabrik Mainz.

der Glocke; die Glocke *b* steigt in die Höhe, ohne daß sich der Druck in der Vorlage ändert, und öffnet die Dampfdrosselklappe weiter, wodurch die Dampfmaschine ihre Umdrehungszahl sofort vermehrt. Das umgekehrte Spiel tritt ein, wenn die Produktion abnimmt.

---

3. Kontrolle über den Gang des Gassaugers.

Um den Maschinisten, welcher die Gassaugeranlage zu bedienen hat, ständig kontrollieren zu können, stellt man einen unter Verschluß befindlichen Druckschreiber auf.

Der Dessauer Druckschreiber (System Tusche) Fig. 159 besteht aus einem allseitig geschlossenen, gußeisernen Gefäß *A*, welches bis auf drei Viertel seiner Höhe (begrenzt durch die Füllschraube *h*) mit Wasser gefüllt ist und darüber einen leeren Raum *J* enthält, welcher durch den Schlauchhahn *k* und einen Gummischlauch mit der Stelle des Betriebes zu verbinden ist, von welcher der Druck registriert werden soll. Das Gefäß *A* trägt den Blechzylinder *B*, auf dessen Mantelfläche ein Diagrammpapier aufgespannt wird. Der Zylinder schließt ein Uhrwerk ein, welches ihn gleichmäßig, in 24 Stunden einmal, um seine Achse dreht. Am Boden von *A* ist seitlich die Rohrsäule *C* befestigt, welche mit dem Inhalt von *A* kommuniziert. In diesem Rohr ist ein Schwimmer *c*, welcher an einem über die leicht bewegliche Rolle *d* geführten und durch das Gegengewicht *g* gespannten Faden aufgehängt ist. Ein an derselben Rolle befestigter Seidenfaden trägt die Schreibfeder *f*, welche alle Bewegungen des Schwimmers in gleichem Sinn und Umfang mitmacht.

Da sich der Querschnitt der Rohrsäule *C* zu dem des Gefäßes *A* wie 1 : 50 verhält, so steigt bei 30 mm Überdruck im Raum *J* das Wasser *C* um 30 mm, während es in *A* nur 0,6 mm, also um einen sehr geringen Betrag fällt. Entsteht in *J* ein Unterdruck, so findet der umgekehrte Vorgang statt. Der Schwimmer und damit die Füllfeder folgen stets genau den Schwankungen des Wasserspiegels. Infolge der durch das Uhrwerk bewirkten Umdrehung des Zylinders *B* entsteht auf dem Papier eine Schaulinie, welche stets ohne weiteres erkennen läßt, welcher Druck zu einer bestimmten Zeit geherrscht hat.

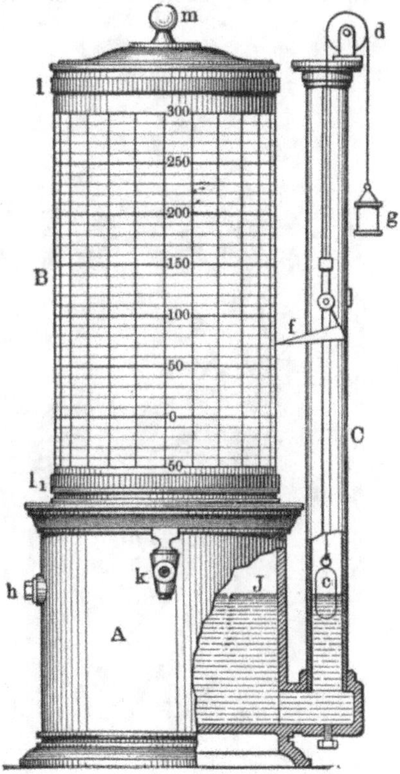

Fig. 159.

Um dem Maschinisten ein Zeichen zu geben, daß der Gasdruck in der Saugleitung eine bestimmte Grenze unter- oder überschritten hat, wendet man **Alarmapparate mit elektrischem Kontakt** der verschiedensten Konstruktion an. Einen derartigen Apparat zeigt Fig. 160.[1]) Der Apparat besteht aus zwei durch ein enges Rohr kommunizierenden Gefäßen, von denen das eine einen Schwimmer enthält und das andere mit der Gasleitung verbunden ist.

Der Schwimmer, welcher durch steigenden und

[1]) S. Elster, Berlin.

fallenden Druck gehoben und gesenkt wird, überträgt seine Bewegung vermittelst des um *a* drehbaren Hebels *H* und der Drähte *r* und *l* auf eine Kontaktscheibe *C*, welche sich zwischen den Kontakten K_1, K_2 und K_3, K_4 bewegt. Diese Kontakte sind verschiebbar und werden,

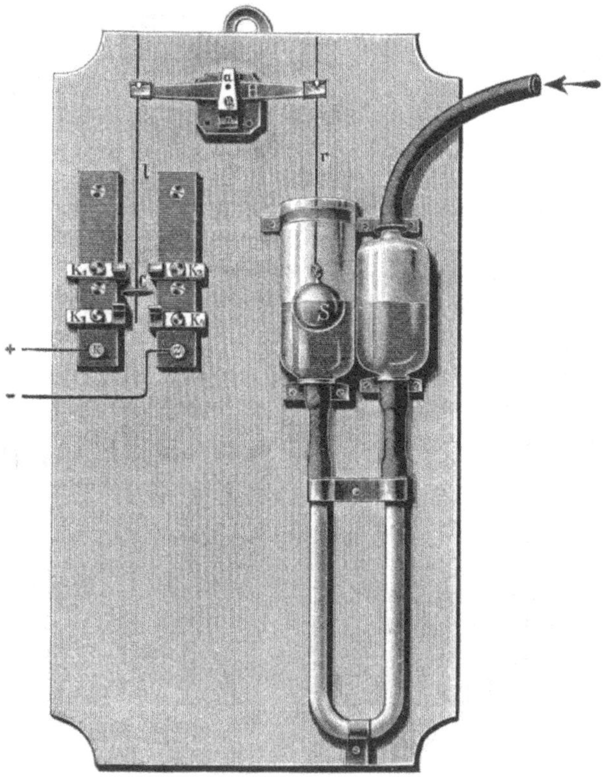

Fig. 160.

entsprechend dem niedrigsten und höchsten Druck, welcher nicht unter- resp. überschritten werden soll, eingestellt. Durch den geschlossenen elektrischen Stromkreis ertönen eine oder mehrere Glocken, welche den Maschinisten darauf aufmerksam machen, daß die

Druckverhältnisse nicht in Ordnung sind. Der Apparat wird an eine Gasleitung angeschlossen, welche hinter der Vorlage und vor den Kühlern abgezweigt ist und der man wegen etwaiger Verstopfungen eine Weite von wenigstens 19 mm geben muß. Die Abzweigung erhält ein 600 mm langes Zwischenstück von 50 mm l. W., welches für das eintretende Gas als Kühler wirken soll. Es wird derartig angebracht, daß die Kondensationsprodukte nach dem Betriebsrohr zurückfließen können.

VI. Der Teerscheider.

1. Die wichtigsten Teerscheiderkonstruktionen.

Der größere Teil des Teers wird zwar schon in der Vorlage und in den Kühlern durch Verdichtung ausgeschieden, doch muß durch besondere Apparate für seine möglichst vollständige Entfernung Sorge getragen werden, damit nicht etwa die im Gase verbleibenden Reste sich in der Reinigung auf der Eisenoxydmasse ausscheiden und zu deren Verschmierung Anlaß geben. Durch die Beschmutzung mit Teer wird die Reinigungsmasse schnell für ihre eigentlichen Zwecke unbrauchbar und verliert beträchtlich an Wert für die weitere Verarbeitung auf Cyanverbindungen. Allerdings werden auch bei normalem Betriebe trotz des Teerscheiders Spuren der feinen Teernebel noch weiter durch das Apparatensystem getragen, verdankt doch das gereinigte Gas seinen spezifischen Geruch hauptsächlich diesen Spuren von Teer.

Bei nicht genügender Teerabscheidung findet man, daß in gewissen Fällen teerartige Massen bis in die Stadtrohrleitung und zu den Verbrauchsgasmessern mit fortgeführt werden.

Die ersten Apparate, welche den Teer auf mechanische Weise entfernen, wurden von Pelouze und Audouin nach folgendem Prinzip konstruiert. Die im Gase suspendierten Teertröpfchen werden durch den Anprall an eine feste Wand ausgeschieden, nachdem das

Gas zuvor mit einer verhältnismäßig großen Geschwindigkeit, wie sie durch den Betriebsdruck erzeugt wird, eine Metallwand mit zahlreichen kleinen Öffnungen von ungefähr 1 bis $1^1/_2$ mm Durchmesser passiert hat. Letztere Wand ist von der zweiten, die anstatt der kleinen Öffnungen größere rechteckige Schlitze hat, nur 1 bis $1^1/_2$ mm entfernt. Die Anordnung der Bohrungen in den Glockenwandungen des Apparates ist aus Fig. 161 ersichtlich.

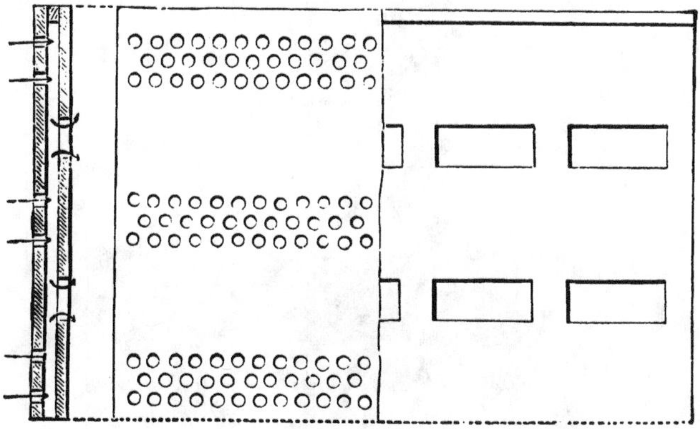

Fig. 161.

Indem das Gas die engen Öffnungen der inneren Metallwand passiert, werden die in ihm suspendierten Flüssigkeitsteilchen auf einen engen Raum zusammengedrängt und zu größeren Tröpfchen verdichtet, so daß sie bei dem unmittelbar darauf folgenden Anpralle an die zweite Wand infolge ihres vergrößerten Gewichts nicht mehr in Suspension bleiben können, sondern sich als Flüssigkeit ausscheiden müssen. Welches auch das Verhältnis der im Gase suspendierten flüssigen und festen Stoffe sein mag, die Wirkung bleibt die gleiche, sie erfolgt augenblicklich, und zwar in einem Zwischenraum von weniger als 2 mm. Die Glocken haben ein doppeltes Plattensystem von der oben beschriebenen

Fig. 162.

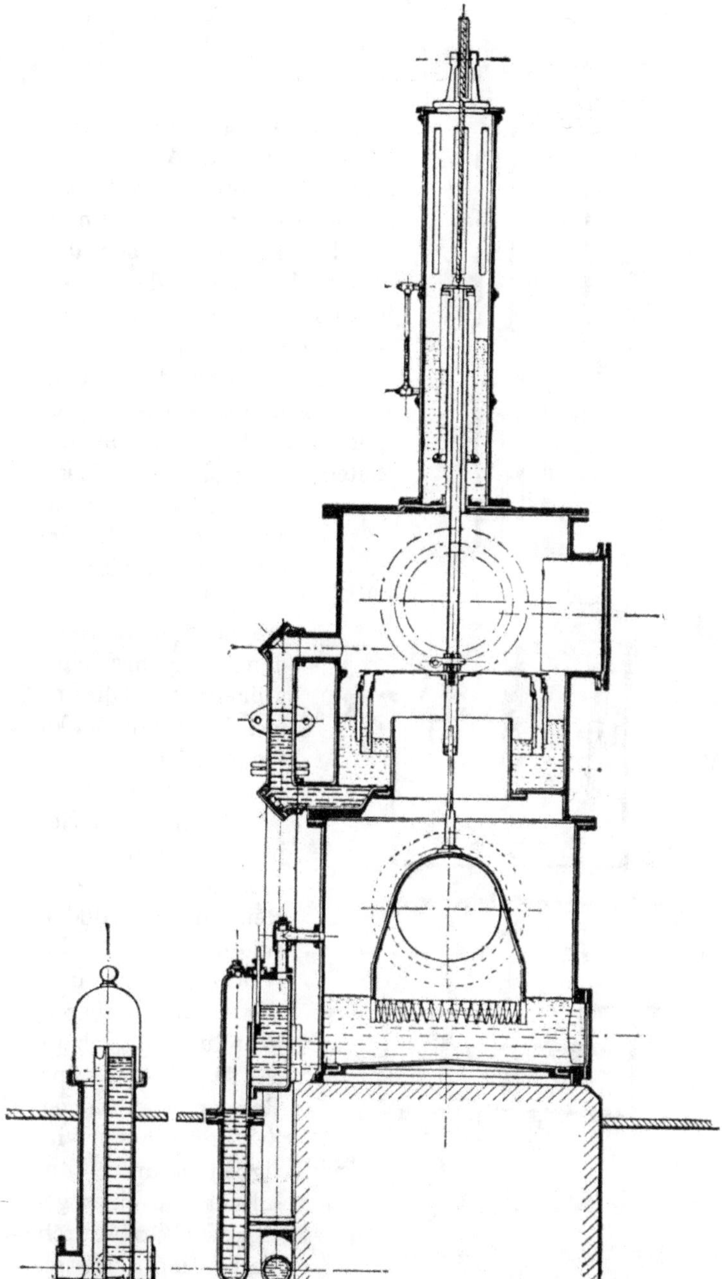

Fig. 163.

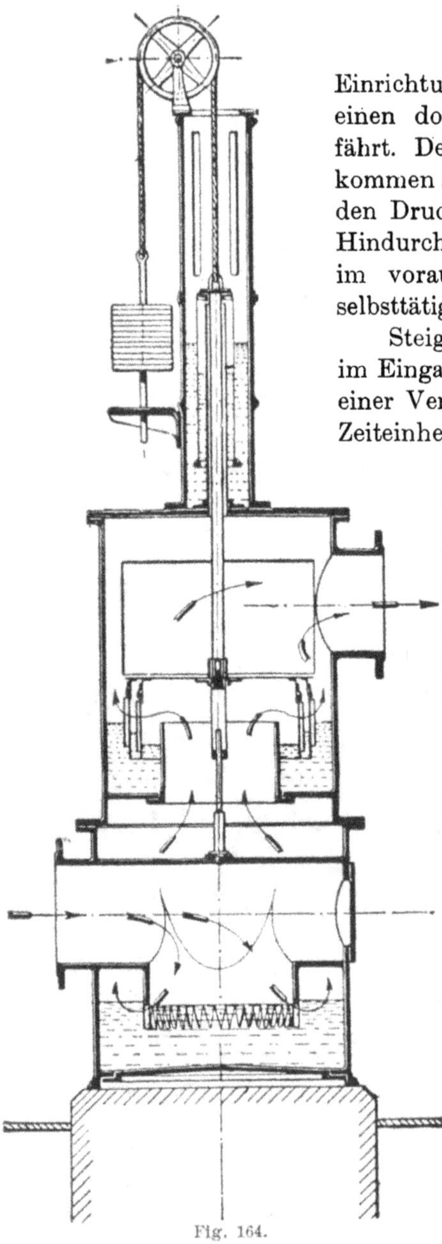

Fig. 164.

Einrichtung, so daß das Gas einen doppelten Anprall erfährt. Der Apparat wirkt vollkommen automatisch und hält den Druck, auf welchen die Hindurchströmung des Gases im voraus eingestellt wird, selbsttätig konstant.

Steigert sich der Druck im Eingang des Apparats, was einer Vermehrung des in der Zeiteinheit gebildeten Gases entspricht, so hebt sich die Glocke in einem hydraulischen Verschluß und ermöglicht dem Gase den Abzug durch eine größere Zahl Öffnungen. Umgekehrt sinkt die Glocke bei vermindertem Druck.

Nach einem Gebrauch von mehreren Monaten wird eine Reinigung der Glocke erforderlich. Da die Glocke zerlegbar und mit abnehmbaren Wandungen gebaut ist, so läßt sich eine Reinigung in kurzer Zeit und ohne Schwierigkeiten unter Zuhilfenahme einer geeigneten Bürste durch Terpentinöl, Petroleum oder besser Benzol bewerkstelligen. Um ein rasches Auswechseln der im Betrieb nach und nach verschmierten Glocken zu ermöglichen, wird sich die Anschaffung einer Reserveglocke empfehlen. Fig. 162 zeigt den von der Firma Schirmer, Richter & Co., Leipzig, gebauten Apparat.

Ein in gleicher Weise wirkender Apparat ist der Drorysche Teerwascher, welcher in den Fig. 163 und 164 abgebildet ist. Beim Eintritt in den Apparat wird das Gas in der Waschkammer in dünnen Strahlen durch Ammoniakwasser geleitet, welches feste Bestandteile zurückhalten soll. Dann erst gelangt das so vor-

Fig. 165.

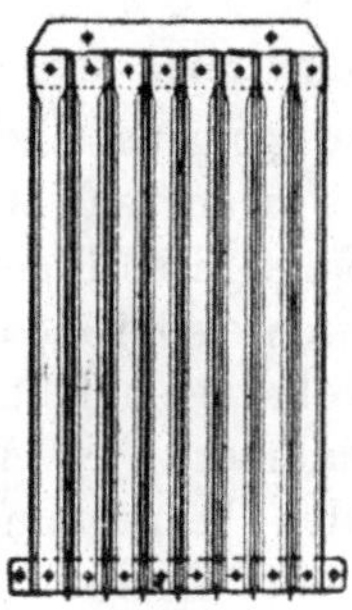

Fig. 166.

Fig. 167.

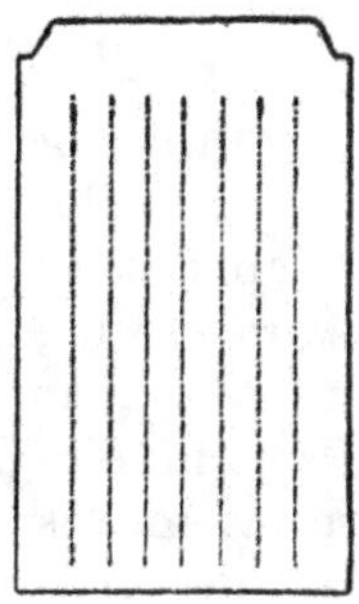

Fig. 168.

gereinigte Gas nach der Stoßkammer und wird dort bis auf geringe Spuren vom Teer befreit. Zur schnellen Ableitung des Teers sind sowohl an der Stoßkammer wie an der Waschkammer die bekannten Droryschen Teerabgänge angebracht, und zwar an der Stoßkammer mit fester, dagegen an der Waschkammer mit verstellbarer Überlaufkante, welche gestattet, die Tiefe der Tauchung beim ersten Eintritt des Gases in den Wascher je nach Bedarf einzustellen. Die Teerabläufe sind unter einer Glasglocke sichtbar angeordnet.

Die Glocke besteht aus einzelnen Elementen, deren Durchgangsöffnungen des inneren Ringes als senkrechte Schlitze und die des äußeren Ringes als eine senkrechte Reihe von kleinen Löchern ausgebildet sind. Die Figuren

165, 166, 167 und 168 zeigen die einzelnen Teile, aus denen ein Element besteht.

Die beiden Kammern des Teerscheiders werden mit schwachem Ammoniakwasser berieselt, so daß infolge der Droryschen Teerabläufe die Stoßglocke ihren unteren Abschluß im Ammoniakwasser und nicht im Teer findet. Die Einlauftrichter werden durch Glasglocken überdeckt, damit eine Verdunstung von Ammoniak ausgeschlossen ist und doch die zulaufende Menge Wassers ständig kontrolliert werden kann.

---

2. Die Inbetriebsetzung des Teerscheiders.

Eingangs- und Ausgangsventile zu dem Teerscheider sind geschlossen, der Umgangsschieber oder die Umgangsklappe dagegen geöffnet. Das Eigengewicht der Glocke wird durch Gegengewichte so weit ausgeglichten, daß sie sich leicht auf und ab bewegen läßt. In die Stoßkammer bzw. in die Waschkammer wird Ammoniakwasser eingelassen, bis es an den Teerabläufen überläuft. Dabei ist der Teerstandschieber an der Waschkammer so tief zu stellen, daß das obere Ende der Schraubenspindel mit der Nabe des Handrades abschneidet.

Man kann nun daran gehen, die beiden Ventile zu öffnen und langsam die Umgangsklappe zu schließen. Das Gas ist so gezwungen, seinen Weg durch den Apparat zu nehmen. Durch den Gasdruck wird die Stoßglocke gehoben. Um den Apparat auf einen bestimmten Druck einzustellen, wird die Glocke durch Abnahme von Gegengewichten belastet. Sie sinkt demnach in die Absperrflüssigkeit tiefer ein, infolgedessen erhöht sich bei dem kleiner gewordenen Durchlaßquerschnitt der Gasdruck. Der jeweilige Druck läßt sich an einem passend angebrachten Manometer ablesen. Der Teerstandschieber für die Waschkammer wird nun allmählich unter ständigem Zulauf von Ammoniakwasser höher gestellt, bis in dem zweiten Manometer die Wassersäule beginnt, auf und ab zu schwanken. Man erhöht den Druck bis auf 20 mm in der Waschkammer und 50 bis 70 mm in der Stoßkammer. Das Ammoniakwasser läuft in der Stärke eines Strohhalmes in die Kammern.

3. Die Betriebskontrolle des Teerscheiders.

Der Teerscheider soll täglich mindestens einmal auf seine Wirksamkeit geprüft werden. Die Probe wird in der Weise vorgenommen, daß man ein Blatt weißes Papier in einer bestimmten Entfernung und während einer bestimmten Zeit dem einem Probierhahn entströmenden Gase entgegenhält. Die in dem Gase enthaltenen Teerteilchen werden sich dann auf dem Papiere niederschlagen und es je nach der Reinheit des Gases verschieden stark färben. Die getroffene Stelle wird z. B. vor dem Teerwäscher sogleich braun bis schwarz, hinter demselben erst nach langer Zeit. Man erhält zwar durch diese Probe keinen ziffermäßigen Beleg über das Quantum des im Gase enthaltenen Teeres, doch bietet sie einen wertvollen Anhalt für den laufenden Betrieb und hat sich allgemein eingeführt.

Allerdings sind brauchbare Resultate nur zu erzielen, wenn die Versuche immer unter gleichen Bedingungen, wie folgt, ausgeführt werden:

1. Die Probierhähne müssen am Eingang wie am Ausgang der Apparate in gleicher Weise angebracht sein, sämtliche Anschlußröhren müssen gleich lang und gleich weit sein.

2. Die Bohrungen der Hähne müssen gleich weit sein.

3. Der Abstand zwischen Probierpapier und Ausströmungsöffnungen muß immer derselbe sein.

4. Die Dauer des Versuches muß, nach Sekunden bemessen, immer die gleiche sein. Die Versuchsdauer beträgt gewöhnlich eine Minute.

5. Das ausströmende Gas darf durch den aufgelegten Papierstreifen am Ausströmen nicht gehindert werden.

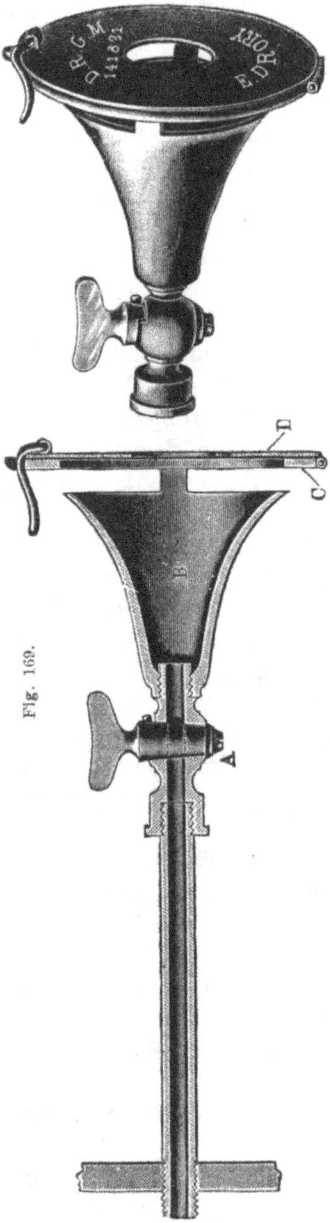

Fig. 169.

Eine diesen Anforderungen entsprechende Versuchseinrichtung stellt der Drory-sche Probierhahn dar (Fig. 169). Dieser Probierhahn besteht aus einem Hahn *A* mit Trichter *B* in Verbindung mit einer Galerie *C*, auf welcher das Papier durch den Deckel *D* festgehalten wird. Zur Abmessung der Zeit kann man dem Arbeiter eine Sanduhr in die Hand geben, welche für diesen Versuch genügend genau, dabei leicht zu handhaben und wenig empfindlich ist.

Die so ausgeführten Proben lassen sehr gut, untereinander verglichen, einen richtigen Schluß auf die Menge des im Gase enthaltenen Teeres ziehen.

Eine zuverlässigee quantitative Bestimmung des Teeres im Gase fehlt bis jetzt. Eine einigermaßen brauchbare Methode hat Tieftrunk (Winkler, Industriegasse II. 51) angegeben. Diese beruht auf der Waschung des Gases mit Alkohol und Wägen des vom Alkohol durch Filtration und Trocknung befreiten Teeres. Den dazu erforderlichen

Apparat zeigt Fig. 170. Der Absorptionszylinder *a* hat eine Messingfassung, mit der ein aufgeschliffener, mit etwas Talg eingefetteter Deckel *b* durch Klemmschrauben *k* luftdicht verbunden werden kann. Mit dem Eingangsrohr *c* ist durch einen Gummischlauch das bis fast zum Boden des Gefäßes reichende Rohr *g* verbunden. Letzteres trägt sechs lose aufgeschobene Glocken *h* von Messingblech, welche mit mehreren Reihen von 1,5 mm weiten Löchern in Abständen von mindestens 5 mm versehen sind. Zum Gebrauch wird der Zylinder *a* so weit mit

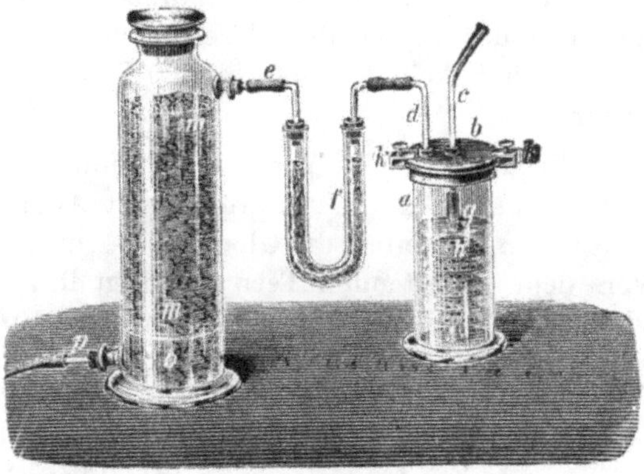

Fig. 170.

Alkohol von 30 bis 35 Volumprozenten gefüllt, daß die Glocken völlig bedeckt sind. Beim Durchdringen des Gases durch die einzelnen Löcher wird der Teer mechanisch zurückgehalten; zur Aufnahme der letzten Spuren dient ein mit Watte lose gefülltes U-Rohr *f*. Die Abscheidung des Teeres im Alkohol verläuft so vollständig, daß sich die Watte im U-Rohr oft nicht im geringsten bräunt. Ehe das aus den Absorptionsapparaten ausströmende Gas gemessen werden kann, muß es zur Schonung des Gasmessers vom Schwefelwasserstoff befreit werden. Dies geschieht in der tubulierten Flasche, in der auf einer Schicht *o* von Indiafaser und einer

Filtrierpapierscheibe Reinigungsmasse *m* liegt. An die Ableitung *p* schließt sich der Gasmesser an. Das Durchsaugen des Gases durch die ganze Apparatur erfolgt mittels einer Wasserstrahlluftpumpe.

Am besten ist es, den Apparat direkt an der Gasentnahmestelle anzubringen oder ihn doch mit derselben durch ein tariertes Glasrohr zu verbinden, das nach dem Apparat zu Gefälle hat. Natürlich muß dieses Rohr nach dem Versuch wieder gewogen werden.

Vor den Kühlern läßt man für eine Untersuchung etwa 250 l Gas mit einer Geschwindigkeit von 30 bis 40 l pro Stunde, hinter dem Teerscheider 500 l mit einer Geschwindigkeit von 50 bis 60 l den Apparat durchströmen.

Nach Beendigung des Versuches nimmt man den Deckel *b* ab, befreit durch Abspritzen mit Alkohol von 30 bis 35 Volumprozenten die Glocken so gut wie möglich von dem anhaftenden Teer und fügt ihn zu dem im Zylinder befindlichen hinzu. Nach zwölfstündigem Absitzen wird der Teer auf ein trockenes, gewogenes Filter gebracht. Die alkoholische Flüssigkeit wird mit Hilfe der Wasserstrahlpumpe abgesaugt, doch muß letztere abgestellt werden, sobald der Teer aufs Filter kommt. Nach gutem Abtropfen kommt das Filter mit Inhalt in eine tarierte Glasschale mit steilen Wänden, wird 12 Stunden in den Exsikkator gestellt und dann gewogen.

Ist die Watte im U-Rohr *f* durch Teer gefärbt, so wird sie mit Schwefelkohlenstoff ausgewaschen. Aus dem in einer gewogenen Glasschale aufgefangenen Filtrat läßt man den Schwefelkohlenstoff im Luftzuge bei gewöhnlicher Temperatur verdampfen. Dabei verflüchtigen sich zwar Dämpfe leichter Teeröle, doch ist deren geringe Menge bei der Wägung des zurückbleibenden Teeres zu vernachlässigen. Dagegen muß die auf den Glocken und in der Flasche *a* haften bleibende Teermenge berücksichtigt werden. Zu diesem Zweck wird durch die geschlossene Flasche so lange getrocknete Luft gesaugt, bis alle Feuchtigkeit verschwunden ist, und darauf die Gewichtszunahme des vorher schon gewogenen Apparates bestimmt.

Zu allen Wägungen verwendet man eine Wage, die bei 1 kg Belastung noch 0,01 g anzeigt. Die gefundenen Ergebnisse werden zweckmäßig in kg Teer pro 1000 cbm Gas angegeben. Man findet vor der Kühlung 150 bis 200 kg, vor der Waschung 25 bis 75 kg, vor der Reinigung 0,5 bis 20 kg Teer in 1000 cbm Rohgas.

Die Bestimmung des Teers ist dort von Wichtigkeit, wo es sich darum handelt, die Wirksamkeit der Teerscheideranlage festzustellen. In diesem Falle läßt sich die vorstehend beschriebene Methode sehr gut nach dem Teerscheider verwenden. Zur Bestimmung des Teers vor dem Teerscheider wiegt man den durch den Teerscheider ausgeschiedenen Teer, indem man ihn am Überlauf während längerer Zeit (6 bis 10 Stunden) in ein Blechgefäß auffängt, absitzen läßt und das oben schwimmende Gaswasser abschöpft. Die gefundene Teermenge wird dann umgerechnet auf 1000 cbm Gas.

Auf 1000 cbm Gas sind aus dem Apparat ausgelaufen . . . . m kg Teer

in 1000 cbm Gas sind nach dem Apparat enthalten . . . . n kg Teer

Zu dem Apparat gelangen auf 1000 cbm Gas . . . . $m + n$ kg Teer.

Die Leistungsfähigkeit des Apparates beträgt in Prozenten: $(m + n) : m = 100 : x$

$$x = \frac{100 \cdot m}{m + n}.$$

Als Zahlenbeispiel diene:

Tagesproduktion	18000 cbm
In 24 Stunden liefen aus	180 kg Teer
Der Apparat schied demnach pro 1000 cbm Gas aus	10,000 kg »
Das Gas nach dem Apparat enthielt 35 g in 1000 cbm Gas = ...	0,035 kg »
Zum Apparat gelangten also . .	10,035 kg Teer.

Die prozentmäßige Wirkung des Teerscheiders beträgt demnach 99,9 %.

---

4. Die Teer- und Ammoniakwassergruben.

Aus allen Apparaten, in denen Teer ausgeschieden wird, gelangt derselbe zusammen mit dem Ammoniakwasser durch eine vom Gasrohr getrennte Leitung in die Sammelgruben, welche entweder in Mauerwerk oder Stampfbeton ausgeführt sind. Das System der Gruben besteht aus der Ammoniakwassergrube und der Teergrube, denen eine kleinere Grube als Scheidegrube vorgelagert ist. Der mit Ammoniakwasser vermischte Teer gelangt zunächst in die Scheidegrube, in welcher die Trennung der beiden verschiedenen Flüssigkeiten sich in äußerst einfacher Weise infolge der Verschiedenheit ihrer spezifischen Gewichte vollzieht. Diese letzteren verhalten sich für Ammoniakwasser und Teer wie 5 : 6 oder wie 1 : 1,2. Der schwerere Teer setzt sich bald nach dem Einlaufen auf dem Boden der Scheidegrube ab, während das Ammoniakwasser obenauf schwimmt.

Um nun den auf dem Boden befindlichen Teer zum Überlaufen in die Teergrube zu bringen, hat man in der Scheidegrube folgende Einrichtung zu treffen. Der Teerüberlauf T befindet sich um das Stück d (Fig. 171) unterhalb des Überlaufes für Ammoniakwasser A. Das Teerüberlaufrohr ragt außerdem noch in die Teerzone der Grube ein ganzes Stück (a) hinein, so daß es vom

Boden nur wenig (e) entfernt ist. Dies geschieht, um den möglichst dicken, wasserfreien Teer, der natürlich am Boden sitzt, zum Überlaufen zu bringen. Ist die Scheidegrube in der Höhe von $a + e$ nur mit Teer gefüllt, so steht in dem Rohr T der Teer genau ebenso hoch wie in der Grube, also $a + e$. Läßt man nun auf den Teer in der Grube allmählich Ammoniakwasser laufen, so wird in dem Rohr T durch den statischen Überdruck der Teer von unten allmählich hochsteigen, doch wird, seinem höheren spezifischen Gewicht entsprechend, der Flüssigkeitsspiegel im Rohr T immer etwas niedriger sein müssen als in der Grube. Ist der Teer in dem Rohr so hoch gestiegen, daß er nach der Teergrube überläuft, so muß sich die Teersäule b zur Ammoniakwasserhöhe c verhalten wie 5 : 6. Die Differenz d der beiden Flüssigkeitssäulen b und c ist = $^1/_5\, b$ oder $^1/_6\, c$. Nach der bisherigen Betrachtung befinden sich die beiden Flüssigkeitssäulen im Gleichgewicht. Ein Überlaufen kommt in folgender Weise zustande: Teer und Ammoniakwasser laufen aus dem Betrieb ständig in die Scheidegrube ein. Das Ammoniakwasser läuft oben am Überlauf A in die Ammoniakwassergrube, der Teer dagegen sammelt sich in der Scheidegrube an. Infolgedessen steigt der Teerspiegel, und die Entfernung b verkleinert sich, während die Entfernung d konstant bleibt. Dadurch wird aber das statische Gleichgewicht gestört, denn d ist jetzt nicht mehr $^1/_5$ von dem verkürzten b, sondern vielleicht nur noch $^1/_4$. Die Höhen $b : c$ verhalten sich jetzt nicht mehr wie die spezifischen Gewichte (5 : 6), sondern wie 4 : 6, d. h. in der Grube ist gegenüber dem Teerrohr T ein Überdruck vorhanden, der den Teer zwingt, in dem Rohr aufzusteigen und an dem

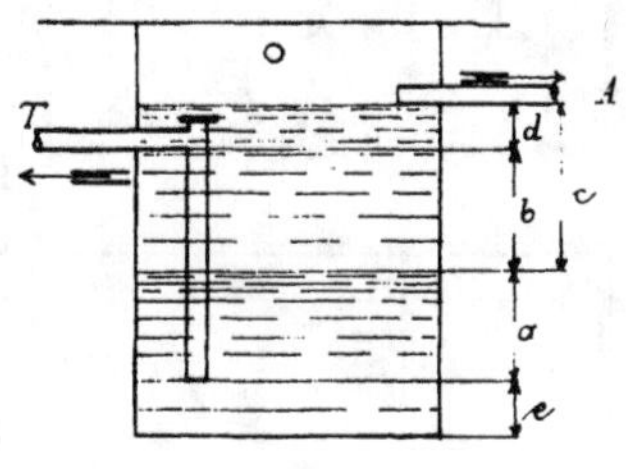

Fig. 171.

Überlauf abzulaufen. Aus praktischen Gründen nimmt man die Entfernung d gewöhnlich zu 100 mm an. Daraus ergibt sich dann, daß bei Gleichgewichtslage

1. $b = 500$ mm, $c = 600$ mm, $d = 100$ m, $c = {}^6/_5\, b$ wird; steigt dagegen der Teer, während das überschüssige Ammoniakwasser abläuft, so wird:
2. $b = 400$ mm, $c = 500$ mm, $d = 100$ mm, $c = {}^5/_4\, b$,
3. $b = 300$ mm, $c = 400$ mm, $d = 100$ mm, $c = {}^4/_3\, b$,
4. $b = 200$ mm, $c = 300$ mm, $d = 100$ mm, $c = {}^3/_2\, b$,
5. $b = 100$ mm, $c = 200$ mm, $d = 100$ mm, $c = 2\, b$.

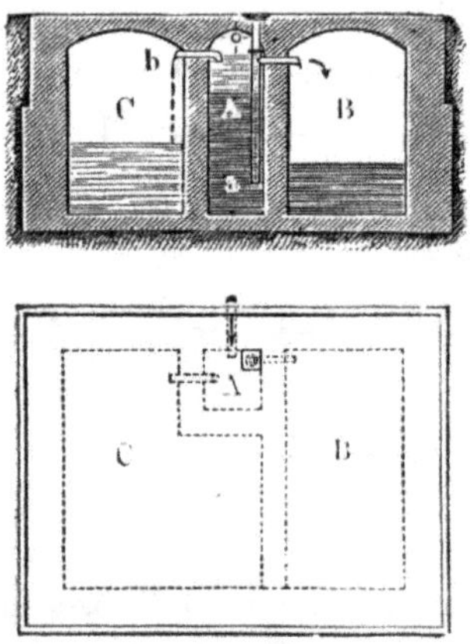

Fig. 172.

Wie aus der letzten Kolonne hervorgeht, wird, je höher der Teerspiegel steigt, das Übergewicht der Ammoniakwassersäule c desto größer. Die Höhendifferenz d der beiden Überläufe nimmt man nicht zu groß an, da man sonst an Sicherheitstauchung a verliert und auch der Nutzraum der danebenliegenden Teergrube verkleinert wird. Wird in dem obigen Beispiel $d = 200$ mm gesetzt, so wird $b = 5 \cdot 200 = 1000$ mm und $c = 1200$ mm. Dementsprechend verkürzt sich die Höhe a.

Die Mündung des Teerrohrs T läßt man vom Boden der Scheidegrube ungefähr 100—150 mm abstehen. Mit Rücksicht auf diesen geringen Abstand muß von Zeit zu Zeit (ca. alle 2 Jahre) die Scheidegrube gereinigt werden, da sonst der am Boden sich ansammelnde zähflüssige Teer den Ablauf durch das Rohr T verstopft. Die Folge davon wäre, daß der Teerspiegel in der Scheidegrube bis an den Überlauf A steigt und schließlich die Ammoniakwassergrube mit Teer verunreinigt wird.

Fig. 172 zeigt die schematische Anordnung einer Grubenanlage im Schnitt. *C* ist die Ammoniakwassergrube, *B* die Teergrube; zwischen beiden liegt die Scheidegrube *A*. Die Größe der Gruben ist abhängig von der mehr oder weniger günstigen Lage des Gaswerkes zu chemischen Fabriken, die Teer und Ammoniakwasser weiter verarbeiten. Im allgemeinen kann man sagen, daß die Gruben so groß sein müssen, daß sie die ganze Produktion des Monats Dezember aufnehmen können. Die Größenabmessungen der Scheidegrube betragen im Querschnitt 1×1 m.

B e i s p i e l: Für ein Gaswerk mit einer maximalen Leistung von 200000 cbm im Dezember soll die Größe der Grube bestimmt werden. Verarbeitet werden Saarkohlen, die eine Gasausbeute von 30,5 cbm und eine Teerausbeute von 6,1 kg pro 100 kg ergeben.

Zur Erzeugung von 200000 cbm sind demnach nötig $\frac{200000 \cdot 100}{30{,}5} = 655400$ kg Kohlen; diese ergeben $\frac{655400 \cdot 6{,}1}{100} = 39979$ kg Teer. Das ist, da das spezifische Gewicht des Teers $s = 1{,}10 - 1{,}26$ ist, ein Volumen von $39979 : 1{,}1 = 36{,}3$ cbm.

Da das gleichzeitig anfallende Quantum Ammoniakwasser durchschnittlich doppelt so groß ist wie das Teerquantum, so muß die Ammoniakwassergrube einen nutzbaren Inhalt von 72 cbm haben.

In großen Gaswerksanlagen wird neuerdings die Anordnung so getroffen, daß der Teer und das Ammoniakwasser in kleinere Gruben laufen, die ungefähr die Produktion von einer Woche aufnehmen können. Aus diesen Gruben werden die Flüssigkeiten durch Pumpen ständig in Hochbehälter gehoben. Diese Anordnung hat besonders bei schlechten Bodenverhältnissen den Vorteil, daß die Anlagekosten billiger werden. Auch treten an den kleinen Vorgruben Undichtheiten viel weniger leicht auf als an den großen Gruben. Die hochliegenden Behälter erfordern bei Wahl von durchhängenden oder Intzeböden einen Unterbau aus Mauerwerk, der mit verhältnismäßig geringem Aufwand an Material hergestellt werden kann. Auch bietet der Intzebehälter den Vorzug, daß er von allen Seiten nachgesehen werden kann, so daß Verluste nicht zu befürchten sind. Gegen Witterungseinflüsse wird ein leichtes Eisengerippe mit Monierbekleidung um die Behälter gebaut. Der Raum unter den Behältern wird zumeist als Lagerraum benutzt.

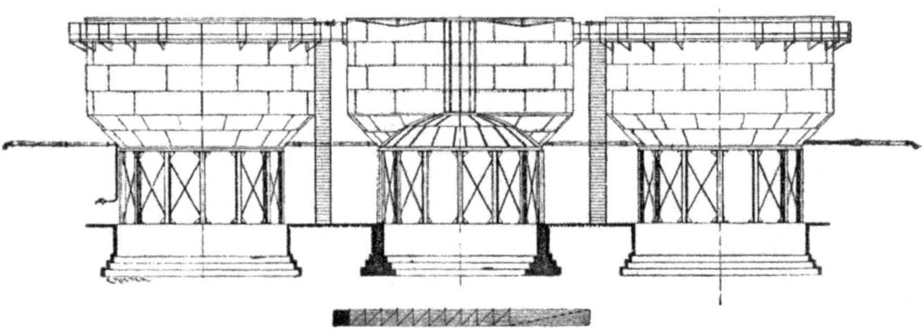

Fig. 173.

Um die schädliche Wirkung, welche das Ammoniakwasser in Verbindung mit dem Sauerstoff der Luft auf Schmiedeeisen ausübt, zu verhindern, werden die Behälter mit einer gasdicht abschließenden Decke versehen und in geeigneter Weise mit der Betriebsrohrleitung[1]) verbunden. Der nicht mit Flüssigkeit angefüllte Behälterraum ist daher stets mit Gas gefüllt, welches selbsttätig zu- oder abströmt, je nachdem Flüssigkeit entnommen oder zugepumpt wird. Der Ammoniakgehalt des Wassers bleibt gleichfalls erhalten, da keine Verdunstung in die freie Luft stattfindet. Außerdem bleibt die Umgebung der Behälter frei von Ammoniakgeruch.

[1]) Patent Körting.

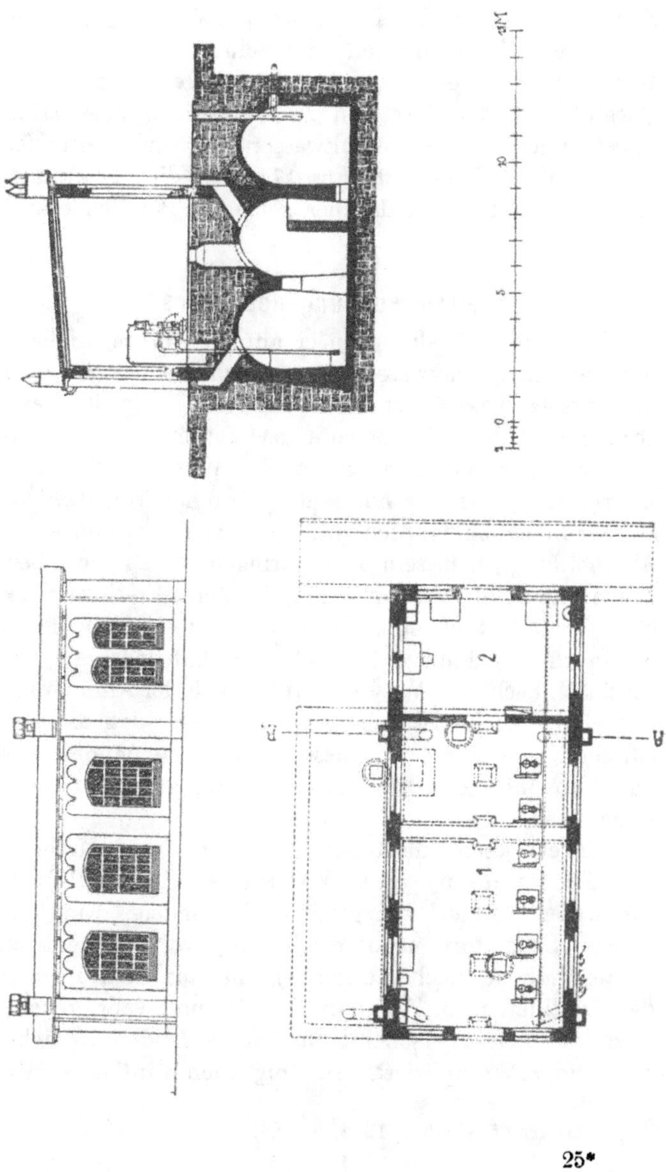

Fig. 174.

Fig. 173 zeigt die Hochbehälteranlage des Gaswerks Nürnberg. Es sind drei Behälter à 1000 cbm. Die Behälter sind durch Röhren und Schieber in geeigneter Weise miteinander verbunden. Ihre Höhenlage ist so gewählt, daß der Teer den zu beladenden Eisenbahnwagen und das Ammoniakwasser den Behältern der Ammoniakfabrik zufließt. Fig. 174 zeigt die Vorsammelgrube mit der direkt darüber gebauten Pumpenanlage.

5. Untersuchung des Teers.

Der Teer enthält, wenn er auf die vorbeschriebene Art vom Ammoniakwasser getrennt wird, einen gewissen Prozentsatz Wasser, der oft zu Klagen seitens der Teerabnehmer Anlaß gibt, obwohl der Verkäufer beim Versand der Zisterne keine merkliche Wasserabscheidung wahrnahm. Letzteres hat seinen Grund darin, daß das Wasser in feinen Tropfen im Teer verteilt ist und seine Abscheidung, d. h. sein Durchdringen bis an die Oberfläche gar nicht oder erst infolge längerer Erschütterung beim Transport erfolgt; denn die Viskosität des Teers ist in diesem Falle größer als die Auftriebskraft des spezifisch leichteren Wassers; oft ist auch der Ammoniaksalzgehalt des Teerwassers ein so großer, daß die spezifischen Gewichte von Wasser und Teer einander sehr nahe kommen und so eine Trennung gar nicht stattfinden kann.

Unter diesen Umständen ist eine einfache Methode zur Bestimmung des Wassergehalts im Teer für dessen Verkauf von größter Wichtigkeit. Eine für genaue Laboratoriumsuntersuchungen wohl empfehlenswerte Methode nach Becker[1]), die auf dem Prinzip der Destillation im Vakuum beruht und sehr genaue Resultate liefert, erscheint für die laufenden Betriebsanalysen zu kompliziert. Im folgenden wird nach Mit-

[1]) Journ. f. Gasbel. 1902, S. 764.

teilungen Sengers[1]) die in den größten westfälischen Teerdestillationen übliche Wasserbestimmung beschrieben, deren genügend zuverlässige Resultate anerkannt und ausschlaggebend für die Teerverkäufe sind.

Gleich von vornherein sei darauf hingewiesen, daß die Schwierigkeit einer maßgebenden Bestimmung weniger in der Destillation als in der Probeentnahme des Teers beruht. Wird der letzteren nicht die genügende Aufmerksamkeit geschenkt, so ist selbstverständlich auch die exakteste Wasserbestimmung wertlos. In der Tat finden die Analysendifferenzen zwischen Käufer und Verkäufer meistens nur in der verschiedenen Art der Probeentnahme ihre Erklärung. Es ist daher nicht unwichtig, eine einheitliche Form des Teerhebers nach Fig. 175 anzuwenden, weil dadurch die Erlangung einwandfreier Durchschnittsproben erleichtert wird. Der Heber besteht aus einem beiderseits offenem Rohr, das wegen der Konsistenz des Teers keinen zu kleinen Durchmesser (ca. 40 bis 50 mm) und außerdem keine Verengerung — am allerwenigsten am unteren Ende — haben darf. Durch das Rohr führt ein starker Draht mit Handgriff am oberen, und einem das Rohr gut verschließenden konischen Teller am unteren Ende. Der Heber wird unten offen langsam in den Teer bis auf den Boden eingetaucht, darauf durch Hochziehen des Handgriffes unten geschlossen und aus dem Teer gehoben. Den Inhalt des Rohrs fängt man in einem Gefäß auf, in dem man die an verschiedenen Stellen genommenen Proben sammelt und vor der Analyse gut durchrührt; vor dem Ablassen der Probe befreit man den Heber noch von

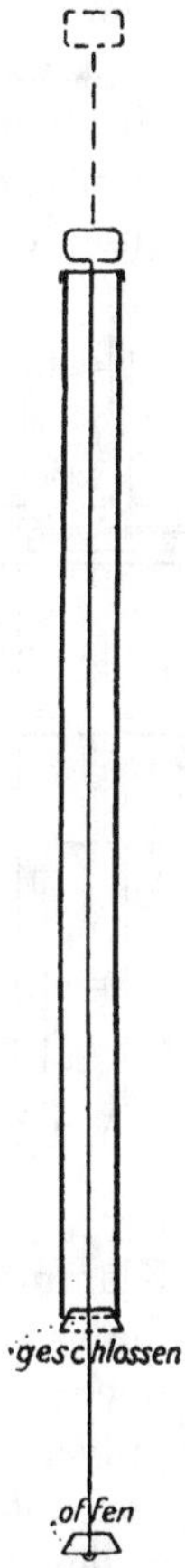

Fig. 175.

[1]) Journ. f. Gasbel. 1902, S. 841.

dem außerhalb anhaftenden Teer und Wasser. Nach dem Gebrauch kann man den Heber zum Schutz vor starkem Teeransatz in ein hohes Gefäß mit Teerölen oder Benzol stellen. Fig. 176 zeigt den Destillationsapparat, in dessen ca. 1 l fassende Kupferblase von 12 cm Höhe und 13 cm Durchmesser man 0,5 kg des Teers einwiegt. Der Deckel der Blase ist der besseren Reinigung wegen abnehmbar und wird mit vier bis sechs

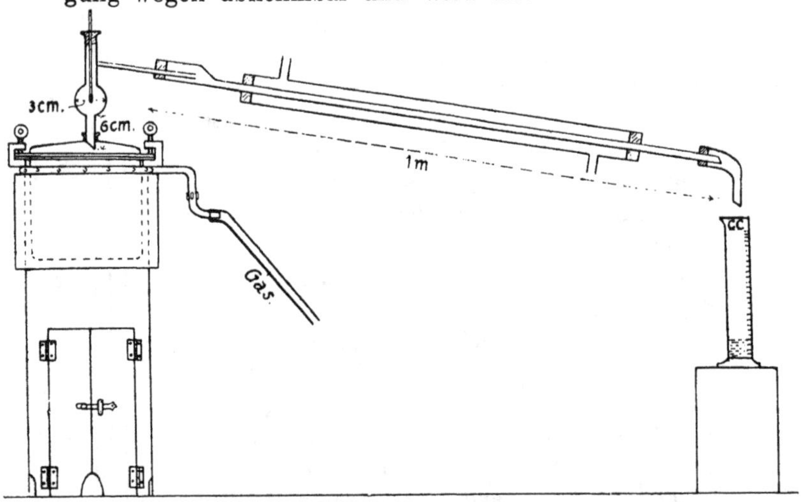

Fig. 176.

Klammern befestigt. Zwischen Blase und Deckel befindet sich als Dichtung ein Papp- oder Asbestring, der noch zweckmäßig mit einem Kitt aus Leinöl und Kreidepulver bestrichen wird. Die Blase hängt in einem Ofen von Eisenblech, der oben einen doppelten Mantel und unten ein Türchen sowie Öffnungen für den Luftzutritt besitzt.

Die Erwärmung erfolgt zunächst bis zur vollständigen Vertreibung des Wassers allein durch das um den oberen Teil der Blase gelegte Gasrohr. Ein Erhitzen der Blase von unten ist während der Destillation des Wassers nicht nötig; erst dann, wenn man weiter Mittelöl,

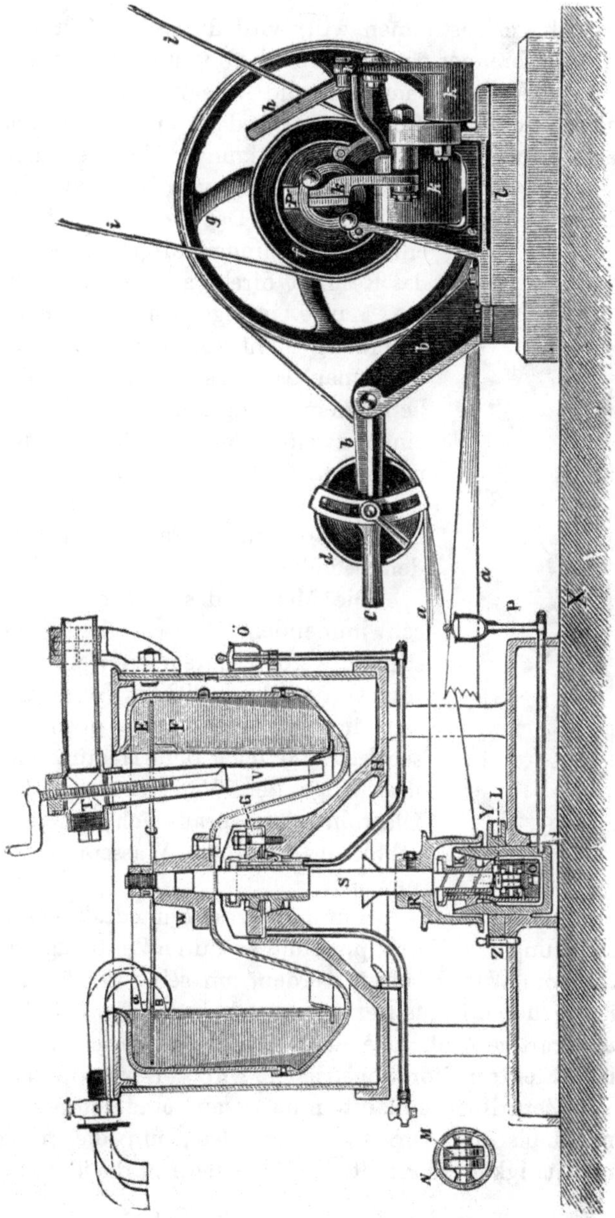

Fig. 177.

Schweröl etc. bestimmen will, wird durch das Türchen ein Bunsenbrenner eingeführt und von nun ab nur von unten gefeuert. Schäumen und Übersteigen kommen wohl nie vor, und der Apparat bedarf, einmal in Gang gesetzt, kaum weiterer Beaufsichtigung. Man destilliert so weit, bis das übergehende Öl frei von Wassertropfen st, was bei ca. 200° C eintritt. Das Destillat wird in einem Meßzylinder aufgefangen und das Resultat direkt abgelesen. Sollte die Marke infolge von Kristallausscheidung nicht ablesbar sein, so filtriert man das Wasser durch ein möglichst kleines, angefeuchtetes Filter in einen zweiten Meßzylinder ab und notiert dann die Prozente.

Fig. 178.

Eine derart ausgeführte Bestimmung ist innerhalb drei bis vier Stunden beendigt.

Die Menge des auf dem Teer schwimmenden Wassers kann bestimmt werden, indem man ein Glasrohr von ca. 8 mm lichter Weite langsam in den Teer taucht, oben verschließt und nach dem Herausziehen die Länge der Wassersäule in dem Glasrohr mißt, woraus sich der Kubikinhalt des gesamten Wassers berechnen läßt.

Für die Verwendung des Teers zur Herstellung von Teerpappe muß er durch Zentrifugieren völlig vom Wasser befreit werden, um seine Verkäuflichkeit für diesen Industriezweig zu erhöhen. Fig. 177 stellt eine derartige Zentrifuge dar, welche durch Riemen von einem Elektromotor angetrieben wird. Bevor der Teer in die Zentrifuge einläuft, muß er auf eine Temperatur von 30 bis 35° vorgewärmt werden, um die nötige Dünnflüssigkeit zu erhalten. Der Zulauf in die Trommel wird durch die Spindel T eingestellt. Durch die Schleuderkraft wird der schwerere Teer an den Mantel gedrückt und steigt hinter der Scheibe E in die Höhe, so daß das Rohr a den Teer und das Rohr B das Wasser aufnimmt und fortleitet. Das letztere fließt in die Ammoniakwassergrube zurück. Die sich in die Zentrifuge absetzenden Verunreinigungen des Teers, wie Koksstaub usw., müssen alle 6 bis 12 Stunden aus der Maschine entfernt werden.

Eine andere Teerentwässerungseinrichtung stellt Fig. 178[1]) dar. Der wasserhaltige Teer fließt auf einer ca. 45° gegen die Wagerechte geneigten Rinne bis unterhalb des Flüssigkeitsspiegels. Das Wasser sondert sich dann bereits auf der Rinne infolge seines geringen spez. Gewichtes von dem Teer ab, welcher am Boden der Rinne entlang fließt. Das Wasser breitet sich, sobald es die Oberfläche des Flüssigkeitsspiegels erreicht, sofort aus, während der Teer, den Gegendruck des Wassers überwindend, immer langsamer bis zum Teerspiegel fließt, auf dem es sich alsdann ausbreitet.

Dieser Apparat wird am zweckmäßigsten an Stelle der Scheidegrube eingebaut. In dem Falle wird das Ablaufrohr bis zum Teerspiegel nach oben gezogen und als Überlauf eingerichtet.

---

[1]) Fabrikant: Berl. Anh. Masch. A.-G.

VII. Entfernung des Naphthalins aus dem Leuchtgase.

a) Allgemeines.

Die hohen Temperaturen der gegenwärtig gebräuchlichen Retortenöfen haben neben dem Vorteil der vergrößerten Gasausbeute den Nachteil der häufigeren Naphthalinverstopfungen gebracht, denn die Bildung von Naphthalin findet, wie in dem ersten Kapitel dieses Buches erwähnt ist, gerade bei sehr hohen Destillationstemperaturen statt.

Von vornherein das Entstehen des Naphthalins in der Retorte gänzlich zu verhindern, ist bis jetzt noch nicht gelungen; doch ist bei der »Dessauer Vertikalretorte« eine Verminderung des Naphthalins um ca. 50% festgestellt worden. Dieser günstige Effekt dürfte darauf zurückzuführen sein, daß das entstehende Gas aus der vertikalen Retorte schneller entweicht und dadurch die lichtgebenden Kohlenwasserstoffe vor der Zersetzung an den heißen Wandungen eher bewahrt bleiben als bei der horizontalen Retorte.

Die Versuche, das Naphthalin innerhalb des Gaswerks aus dem Gase auszuscheiden, haben erst in den letzten Jahren zu einem günstigen Resultat geführt; früher begnügte man sich mit Methoden, welche die möglichst rasche Beseitigung bereits vorhandener Naphthalinverstopfungen bezweckten.

Das Naphthalin ist bekanntlich ein fester, in weißen Schuppen kristallisierender Körper, der bei 79° C schmilzt und bei 218° C siedet. Aus der Dampfspannung des Naphthalins ergibt sich der in der folgenden Tabelle angegebene Gehalt des mit Naphthalin gesättigten Gases.

Naphthalin im Gase

t^0C	Dampf-druck mm	g in 100 cbm	t^0C	Dampf-druck mm	g in 100 cbm
0	0,022	13,7	50	0,81	476
5	0,034	22,4	60	1,83	1104
10	0,047	32,3	70	3,95	2405
15	0,062	43,5	80	7,40	4342
20	0,080	56,3	90	12,6	6950
30	0,135	90,4	100	18,4	11022
40	0,32	191,0			

Die Hauptmenge des Naphthalins findet sich im Teer und beträgt ungefähr 5 bis 6% desselben, so daß bei der Destillation von 100 kg Kohlen zusammen 300 g Naphthalin gebildet werden, oder etwa 20 mal soviel, als im Gase bei einer Temperatur von 20° C dampfförmig enthalten sein kann.

Als besonders störend erweist sich die Eigenschaft des Naphthalins, daß es bei allen Temperaturen unter 80° C sofort in den festen Zustand übergeht und infolge seines großen Kristallisationsvermögens zu den lästigsten Verstopfungen Veranlassung gibt. Kann das Gas in der Kühlung auf die tiefste Temperatur gekühlt werden, der es überhaupt auf dem Wege zur Verwendungsstelle ausgesetzt ist, so wird keine Gefahr einer weiteren Naphthalinausscheidung im Rohrnetz bestehen. Da sich aber diese Bedingung im Winter nicht erfüllen läßt, so muß an kälteren Stellen Naphthalin auskristallisieren, das bei Temperatursteigerung durch Sublimation von der erwärmten Stelle an die nächste kältere weiter wandert, immer von neuem mit der Gefahr einer Verstopfung drohend.

Dieser mit der Kondensation in fester Form verbundene große Übelstand kann offenbar vermieden werden, wenn gleichzeitig mit dem Naphthalin ein flüssiges Kondensationsprodukt, in dem sich das feste Naphthalin löst, niedergeschlagen wird.

Auf diesem, von Bunte angeregten Grundprinzip bauen sich sämtliche Vorrichtungen auf, die dazu dienen, das Naphthalin aus dem Gase zu entfernen, mögen es einfache Kühler, Waschapparate oder Verdampfapparate sein; allen drei Arten ist das Prinzip gemeinsam, das feste Naphthalin durch ein Lösungsmittel (Kohlenwasserstoff) zu verflüssigen.

Als Lösungsmittel kommen besonders die Zwischenglieder zwischen Benzol und Naphthalin in Betracht, z. B. die flüssigen Homologen des Benzols (Toluol, Xylol, Cumol) und die sauerstoffhaltigen Abkömmlinge (Phenol, Kreosot usw.), die ja alle in dem bei der trockenen Destillation der Steinkohle entstehenden Teerdampf enthalten sind. So lange also solche auf das Naphthalin stark lösend wirkende Zwischenkohlenwasserstoffe im Gas vorhanden sind, werden bei der Abkühlung feste Naphthalinabsonderungen nicht eintreten können.

b) Durch langsame Kühlung des Gases.

Aus dieser Betrachtung ergibt sich nunmehr ohne weiteres, daß man das Gas zu möglichst vollständiger Beseitigung des Naphthalins recht lange mit dem Teerdampf in Berührung lassen, also in einer genügend großen Kühleranlage langsam abkühlen muß, damit die sich ausscheidenden Teerbläschen Zeit haben, das Naphthalin in sich aufzunehmen.

Eine hierauf hinzielende Gaskühlung in großem Maßstabe ist auf dem Bremer Gaswerk zur Ausführung gekommen (Fig. 179). Direkt über den Teervorlagen befinden sich übereinander zwei wenig geneigte, einfache Kondensationszylinder. Aus diesen Zylindern gelangt das Gas durch die Produktionsleistung nach der eigentlichen Kühlanlage. Auf dem Wege durch die freie Luft ist das Rohr isoliert, um das Gas vor plötzlicher

Abkühlung zu schützen. Die Kühlanlage selbst besteht zum großen Teil aus Luftkühlern, und erst die letzte Kühlung erfolgt durch Wasser. Jede der drei aufgestellten Kühlbatterien setzt sich zusammen aus drei nebeneinander liegenden, dünnwandigen Blechröhren von 60 cm Durchmesser und 36 m Länge, die das am höchsten Punkte der obersten Reihe eintretende Gas in einem sechsfachen Zickzackwege bis zum tiefsten Punkte der untersten Reihe durchstreicht, um dann wieder aufwärts zu den Wechselventilen zurückgeführt zu werden. Bei einer maximalen Produktion von 45000 cbm berechnet sich die Kühlfläche für 1000 cbm Gas zu 27 qm. Dies entspricht einer Durchgangsgeschwindigkeit des Gases von nicht ganz 37 m in der Minute und einer Durchgangsdauer von 6 Minuten. Die Leistung der Luftkühlung wird noch dadurch verstärkt, daß der unterste Lauf der drei Röhren in einem Wasserbehälter liegt, dessen Wasserzulauf je nach der gewünschten Wirkung geregelt werden kann.

Klönne-Dortmund hat mit großem Erfolg seinen Großraumkühler zur Beseitigung des Naphthalins aus dem Gase angewendet. Dieser Kühler, der nur durch die ihn umgebende Luft gekühlt wird, ist ein einfacher Zylinder (im Maximum von 3 m Durchmesser und 30 m Höhe, in den das noch warme Gas, im Gegensatz zu den sonst üblichen Kühlern,. nicht von oben, sondern von unten eintritt. In diesem Kühler sind einige perforierte Bleche eingebaut, um das Gas zu zwingen, sich möglichst gleichmäßig zu verteilen, gleichzeitig aber geben diese eingebauten Widerstände, die keine nennenswerte Drucksteigerung verursachen, dem Teerqualm Gelegenheit, sich in Tropfen auszuscheiden. Der in den großen Kühler unten eintretende warme Gasqualm steigt infolge des großen Querschnitts des Kühlers nur langsam in die Höhe und kühlt sich auf diesem Wege ganz allmählich ab. Die durch diese Abkühlung sich ausscheidende Feuchtigkeit fällt nun in feine Tropfen verteilt dem warmen Gase entgegen und erwärmt sich an diesem wieder. Die in den oberen Zonen des Kühlers sich ausscheidende kühlere Flüssigkeit wirkt auf den nachströmenden Gasqualm gleichfalls kondensierend und erhöht den Effekt. Dem Gase, das auf diese Weise mit dem Teer in denkbar innigste Berührung kommt, entziehen jene naphthalinlösenden Bestandteile des Teers (wie Toluol, Xylol usw.) das Naphthalin fast vollständig. Die chemische Untersuchung des in verschiedenen Gaswerken aus solchen Kühlern entnommenen Teers hat denn auch ergeben, daß er weit naphthalinhaltiger ist als die Teere von anderen Werken, welche ihr Gas sehr schnell abkühlen. Klönne schlägt auf Grund seiner Erfahrungen vor, nach dem Raumkühler gleich den Gassauger anzuordnen, dann den Teerscheider und erst nach diesem die Wasserkühler. Stehen die Wasserkühler gleich nach dem Raumkühler, so gelangt in den Teerscheider nur noch dicker Teer, der bei der niedrigen Temperatur nicht mehr abfließt, sondern die Teerabflußleitungen verstopft.

c) Durch Waschung des Gases mit schweren Teerölen.

Die zahlreichen Gaswerke, die aus technischen oder finanziellen Gründen nicht in der Lage sind, eine derartig reichliche »Vorkühlung« des Gases in einer vorhandenen Anlage aufzustellen, müssen zur Entfernung des Naphthalins ein besonderes Absorptionsverfahren zu Hilfe nehmen.

Ein solches von Bueb in der Praxis eingeführtes, von Bunte und Young vorgeschlagenes Verfahren beruht auf der leichten Lösbarkeit des Naphthalins in schweren Teerölen. Die nach dieser Methode leicht erreichbare Beseitigung des Naphthalins bedeutet eine große Erleichterung in der Gasversorgung der Städte und damit eine Unterstützung im Kampfe mit den Konkurrenzbeleuchtungen.

Zum Waschen des Gases wird meist ein Anthrazenöl, d. h. eine über 270° siedende Teerfraktion verwendet, welche mit 4 Gewichtsprozent Benzol versetzt ist, um zu verhüten, daß etwa gleichzeitig mit dem Naphthalin lichtgebende Bestandteile des Gases, wie Benzol und Toluol, absorbiert werden. Der Erfolg dieser Methode hängt in erster Linie von einem brauchbaren Öle ab. Klagen über mangelhafte Wirkung der Waschapparate sind meist auf die Verwendung eines ungeeigneten Öls zurückzuführen. Die billigeren Öle besitzen oft von vornherein einen ganz beträchtlichen Naphthalingehalt, der sie für die Absorption des Naphthalins im Wäscher unbrauchbar macht. Es empfiehlt sich daher, die Öle vor der Verwendung einer Untersuchung zu unterziehen. Ein gutes Absorptionsöl soll bei der Destillation in dem weiter unten beschriebenen Apparat bis

120° C 3—4% Benzol,
120—200° C 3% (im Maximum) Leichtöl,
200—270° C 4 bis höchstens 8% Naphthalinfraktion

ergeben.

Die letztere soll bei halbstündiger Abkühlung auf — 5° C keine festen Bestandteile ausscheiden. Ein so präpariertes Teeröl nimmt bis zu 40% Naphthalin auf, doch wird man für gewöhnlich zu rechnen haben, daß 100 g Anthrazenöl nur ca. 25 g Naphthalin absorbieren.

Die ganz neutralen, sorgfältigst gereinigten und deshalb teuren Anthrazenöle sollen übrigens nicht so aufnahmefähig für Naphthalin sein als rohe, phenolhaltige Teeröle.

Drehschmidt empfiehlt die Verwendung von Wassergasteer zur Naphthalinauswaschung, wobei zu beachten ist, daß nur gut gekühltes Gas mit solchem Teer gewaschen werden darf, warmes Gas nimmt leicht flüchtige Teeröle auf, die sich bei weiterer Abkühlung z. B. in den Ammoniakwäschern wieder kondensieren und die Ammoniakauswaschung stören.

Auch der dünnflüssige Teer aus Vertikalöfen soll mit Erfolg zur Naphthalinauswaschung zu benutzen sein. Dagegen ist das in letzter Zeit vielfach angepriesene Paraffinöl wegen seiner geringen Aufnahmefähigkeit für Naphthalin nicht zu empfehlen.

Der Naphthalingehalt des Steinkohlengases variiert je nach der Höhe der Destillationstemperatur und je nach der verwendeten Kohle. Im Durchschnitt kann man annehmen, daß das Gas für die günstigste Absorptionstemperatur von 30 bis 35° C mit Naphthalin gesättigt ist, daß also 1 cbm Gas 1 bis 1,5 g Naphthalin enthält. Für 100 cbm produziertes Gas genügen demnach etwa 0,6 bis 0,9 kg von dem vorgeschriebenen Anthrazenöl. Das mit Naphthalin gesättigte Teeröl läßt man am zweckmäßigsten in die Teergrube laufen, da sich meistens kein höherer Preis dafür erzielen läßt als für gewöhnlichen Teer. Nur wenige Gaswerke sind durch besondere Verhältnisse in der glücklichen Lage, das gesättigte Öl fast zum gleichen Preise abzugeben, wie sie das frische Öl beziehen. Eine Reinigung des gebrauchten Öls durch Destillation empfiehlt sich nur für sehr große Gaswerke.

Die aus der Naphthalinabsorption entstehenden Kosten betragen bei der Annahme, daß 100 kg Anthrazenöl 27 M. kosten, und für das gesättigte Öl der Teerpreis von 3 M. für 100 kg erzielt wird, ungefähr 14 bis 20 Pf. für 100 cbm gewaschenes Gas.

Die Absorption wird in den üblichen, für diesen Zweck jedoch kleiner gewählten Gaswaschapparaten vorgenommen, deren Konstruktionsprinzip darauf beruht, eine möglichst große Absorptionsfläche mit dem Waschöl zu benetzen.

Die vielfach eingeführte Kombination der Naphthalin- und Cyanentfernung in einem rotierenden Wascher bietet zwar den Vorteil, daß nur ein Antrieb erforderlich ist, doch ist der Nachteil der gegenseitigen Abhängigkeit weit schwerwiegender und spricht gegen die Vereinigung beider Verfahren.

Das in den Waschapparaten zirkulierende Öl muß regelmäßig auf seinen Naphthalingehalt untersucht werden, denn die Wirksamkeit des Öls hängt natürlich nur von dem Sättigungsgrad mit Naphthalin ab. Sobald das Öl mit Naphthalin gesättigt ist, wird es gegen frisches Öl ausgewechselt. Geschieht das nicht rechtzeitig, so liegt die Gefahr nahe, daß das Gas durch Berührung mit dem Öl eine Anreicherung mit Naphthalin erfährt.

Die Bestimmung des Naphthalingehalts im ausgebrauchten Öl geschieht durch Probedestillation in dem nachstehend beschriebenen Apparat. Fig. 180 zeigt die Versuchsanordnung. In den Erlenmeyerkolben *c* werden 100 ccm des Öls gefüllt und durch die Kugel *d* mit dem Liebigschen Kühler *f* verbunden. Der Kolben wird dann mit dem Bunsenbrenner *a* langsam, da sonst leicht ein Aufbrausen eintritt, bis auf 200° C erhitzt. Die Temperatur wird dabei ständig an dem Thermometer *e* kontrolliert. Das Destillat wird bis zur Temperatur von 200° C und von 200° bis 270° C getrennt aufgefangen. Das zweite Destillat ist das Naphthalin, welches im Teeröl gelöst war. Beim Übergehen des zweiten Destillates ist eine Wasserkühlung zur Kondensation der Dämpfe unnötig, wegen der leicht eintretenden Verstopfung des Kühlerrohres sogar störend. Bei einer Sättigung des Anthrazenöls mit Naphthalin muß die Fraktion zwischen 200 und 270° im vorgelegten Zylinder erstarren und mindestens 20 bis 30 ccm betragen. Da 100 ccm Öl zur Probe verwendet werden, gibt die an dem Standglas abgelesene Kubikzentimeterzahl direkt den Gehalt an Naphthalin an. Das Verfahren ist ohne große Mühe und vor allen Dingen in kurzer Zeit auszuführen, so daß man schnell einen Überblick über die Waschfähigkeit des Öls gewinnt.

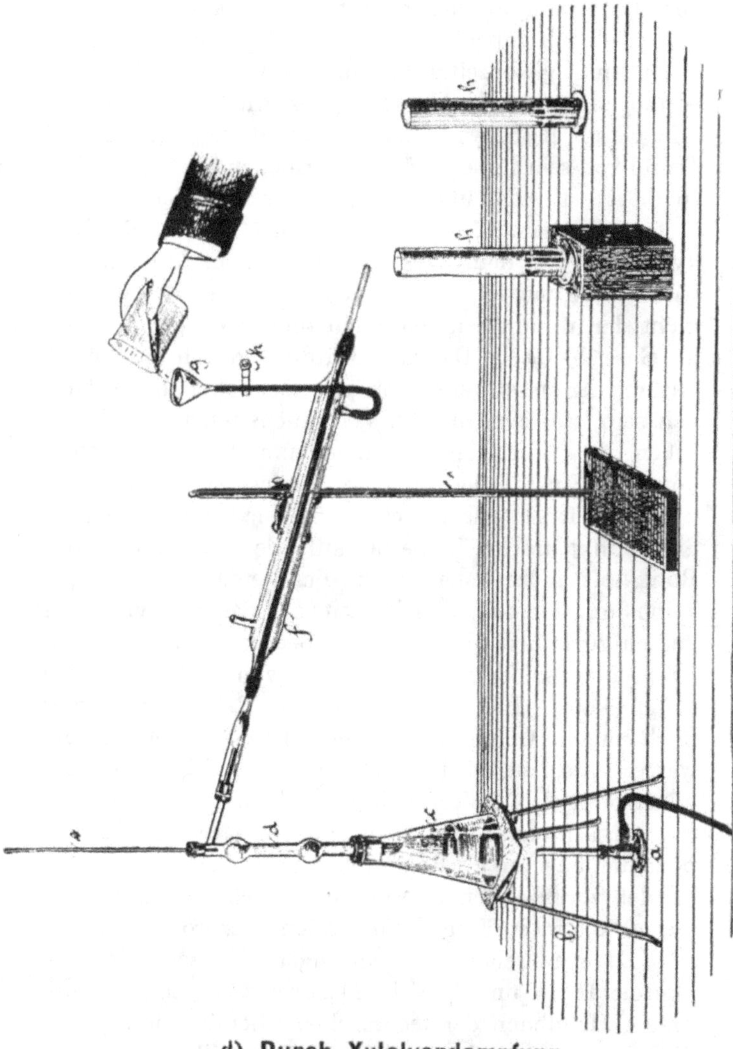

Fig. 180.

d) Durch Xylolverdampfung.

Als drittes Mittel zur Entfernung des Napthalins aus dem Gase kommt die von Bunte und Eitner vorgeschlagene Methode in Frage, die darauf beruht, dem Gase Dämpfe solcher Stoffe zuzusetzen, welche sich bei gleicher Temperatur mit dem Naphthalin kondensieren und gleichzeitig für dieses ein hohes Lösungsvermögen besitzen. Als geeignetes Mittel geben Bunte und Eitner Rohxylol an. Es ist dieses ein leichtes Teeröl von sehr hohem Lösungsvermögen für Naphthalin. In dieser Hinsicht übertrifft es mehrere andere Flüssigkeiten, die man früher angewandt hat. Damit das Rohxylol sich aus dem gekühlten Gase zum größten Teil wieder ausscheidet, dürfen leichtflüchtige Bestandteile nicht darin enthalten sein, weil diese zum größten Teil im Gase bleiben. Das Gas würde dadurch karburiert und reicher an schweren Kohlenwasserstoffen als gewöhnlich sein, was sich an den Verbrauchsstellen durch Verrußen der Glühkörper unangenehm fühlbar machen könnte. Ein für die genannten Zwecke geeignetes Rohxylol soll frühestens bei etwa 125° sieden. Der höhere Siedepunkt macht in bezug auf die Anwendung des Rohxylols nichts aus, denn die Verdampfung bietet keine Schwierigkeiten. Anderseits soll das Rohxylol auch keinen zu hohen Siedepunkt haben, so daß als dessen Grenzen das Temperaturintervall von 125° bis 180° gelten kann. Bei Verwendung von Reinxylol (immer noch einem Gemisch verschiedener isomerer Kohlenwasserstoffe, hauptsächlich Metaxylol) ist der Erfolg kein günstigerer als bei Verwendung von Rohxylol. Das Reinxylol ist infolge seiner schwierigeren Herstellungsweise bedeutend teurer als Rohxylol, zeichnet sich aber sonst für den vorliegenden Verwendungszweck in keiner Weise aus. Die etwa in Frage kommenden Teerprodukte wären nach den üblichen Bezeichnungen die sog. Handelsbenzole IV, V und VI. In Muspratts »Enzyklopädischem Handbuch der technischen Chemie« finden sich über deren spezifische Gewichte und Destillationsgrenzen folgende Angaben:

Handelsbenzol (Rohxylol):

	IV	V	VI
Spez. Gewicht bei 15° C	0,875	0,878	0,900
Destillationstemperaturen	%	%	%
120° C	0	—	—
125° C	12	—	—
130° C	37	0	—
135° C	61	2	—
140° C	81	27	—
145° C	90	57	0
150° C	—	76	8
155° C	—	86	33
160° C	—	90	55
165° C	—	—	71
170° C	—	—	83
175° C	—	—	90.

Diese Handelsmarken besitzen etwa folgende Zusammensetzung:

	IV	V	VI
Toluol	25%	5%	—
Xylol	70%	70%	25%
Cumol	5%	25%	60%
Neutrales Naphthalinöl	—	—	5%.

Von dem gleichzeitig mit dem Naphthalin sich ausscheidenden Rohxylol, von welchem 100 g bei 0° 21 g Naphthalin zu lösen vermögen, wird das Naphthalin aufgenommen; die flüssigen Kondensate sammeln sich im nächsten Wassertopf und können dort ausgepumpt werden. Aus dem Gemisch der Kondensate läßt sich durch fraktionierte Destillation das Rohxylol zurückgewinnen. Für die Entstehung von Kondensationen in Gas- und Dampfgemischen ist bekanntlich die Überschreitung der Sättigung für eine bestimmte Temperatur bzw. die Erreichung des Taupunktes durch Temperaturerniedrigung erforderlich.

Hierbei sei bemerkt, daß aus der experimentell ermittelten Dampfspannung eines Flüssigkeitsgemisches wie Rohxylol nicht ohne weiteres auf das Verhalten der betreffenden Dämpfe im Gase geschlossen werden kann. Es ist dazu noch die genaue Kenntnis der prozentualen Zusammensetzung nach den einzelnen Siedepunktsfraktionen erforderlich. Denn es genügt die Anwesenheit ganz geringer Mengen von leichtflüchtigen Bestandteilen, um die Tension viel höher erscheinen zu lassen, als der Tension der Hauptbestandteile entspricht. Infolgedessen treten viel leichter Kondensationen ein, als die einfache Berechnung aus der Dampfspannung nach den im Kapitel »Gasanalyse« besprochenen Gesetzen erwarten läßt.

Gegen die Verwendung des Rohxylols ist eben wegen seiner leichten Kondensation ein Bedenken geltend zu machen, das die zuerst von Witzeck untersuchten Störungserscheinungen an trockenen Gasmessern[1]) betrifft. Durch die Gaskondensate werden die schützenden Imprägnierungsstoffe aus den Stoffmembranen wie aus den Lederbälgen der trockenen Gasmesser gelöst. Hierdurch werden die Stoffmembranen undicht und verursachen ein falsches Registrieren der Messer, während die Lederbälge zwar dicht bleiben, aber austrocknen und brüchig werden oder sonstigen zerstörenden Einflüssen leichter unterliegen.

Der Zusatz des Xyloldampfes erfolgt am zweckmäßigsten vor der Kühlung des Gases, indem man das flüssige Xylol in einer einfachen, mit Dampf geheizten Rohrschlange zur Verflüchtigung bringt und durch ein Verbindungsrohr in das Hauptgasrohr einführt. Durch diesen Zusatz des Xylols gleich zu Beginn der Fabrikation wird erreicht, daß schon innerhalb des Betriebes das Gas mit Xylol gesättigt ist und etwa sich ausscheidendes Naphthalin sofort aufgelöst wird. Eine andere

[1]) Journ. f. Gasbel. 1904, S. 654.

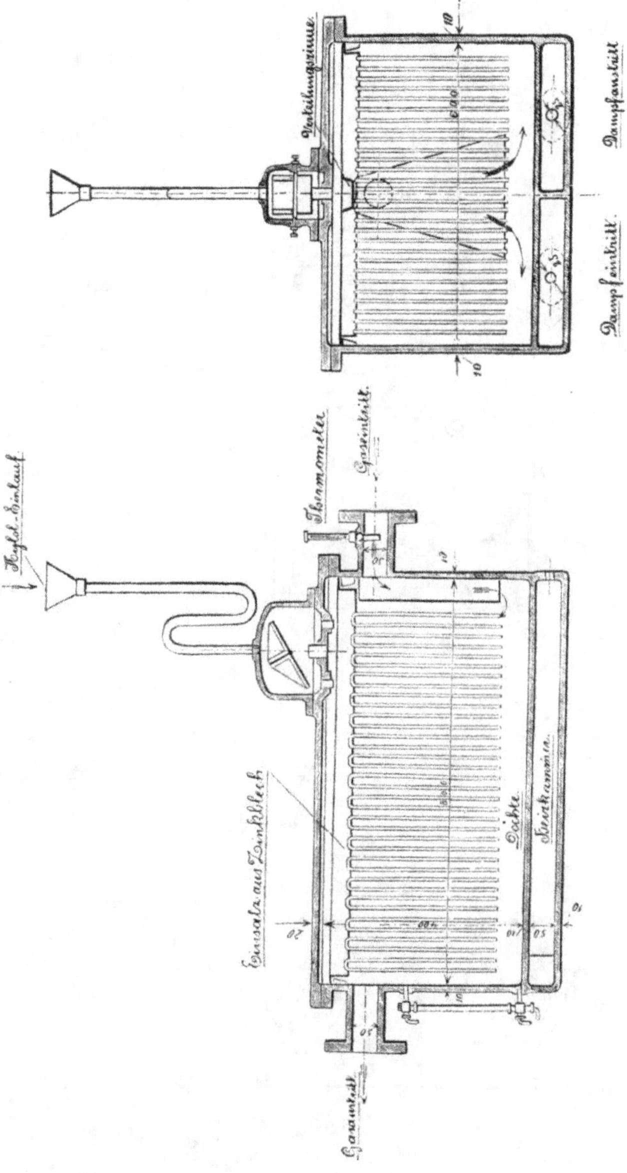

Fig. 181.

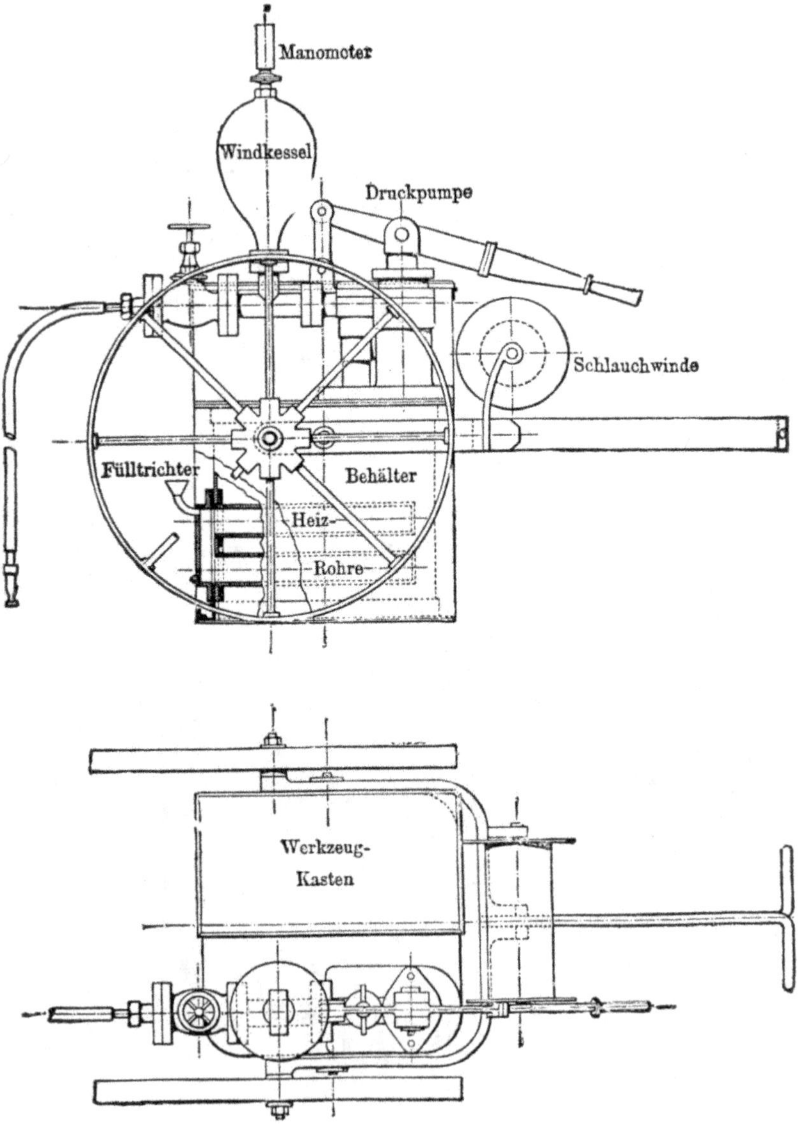
Manomoter
Windkessel
Druckpumpe
Schlauchwinde
Fülltrichter
Behälter
Heiz-
Rohre
Werkzeug-
Kasten

Fig. 182.

Art der Xylolverdampfung zeigt der in Fig. 181 dargestellte Apparat. Dieser besteht aus einem durch Dampf heizbaren Kasten, in dessen oberem Teil sich ein gelochtes, mit herabhängenden Baumwolldochten durchzogenes Blech befindet. Der Zufluß des Xylols erfolgt durch ein Kippgefäß, welches mit einem Tourenzähler verbunden ist. Um den entstehenden Dampf dem Leuchtgas zuzusetzen, läßt man einen Teil des erzeugten Gases durch den Verdampfer strömen und vereinigt ihn wieder mit dem Hauptgasstrom. Der Apparat ist nur geeignet, reines Leuchtgas mit Xylol zu karburieren; er wird infolgedessen in die zum Gasversorgungsgebiet führende Rohrleitung eingebaut. Der Zusatz an Xylol beträgt pro 1 cbm Leuchtgas 20 g.

Handelt es sich darum, örtliche Naphthalinverstopfungen im Rohrnetz zu beseitigen, so verwendet man mit Vorteil den in Fig. 182 abgebildeten fahrbaren Apparat der Kontinental-Gasgesellschaft Dessau. Der Apparat besteht aus einem Behälter von ca. 50 l Inhalt. Auf diesem ist eine Handdruckpumpe mit Windkessel und Manometer angeordnet. Die Pumpe saugt aus dem Behätter und drückt dessen Inhalt durch den Zerstäuber, welcher mit der Pumpe durch einen Schlauch verbunden ist, in die Rohrleitung. Zur Erwärmung des Behälterinhalts durch heißes Wasser dienen die in den Behälter eingebauten Rohre. Die vier Seitenwände sind durch einen Mantel gegen Abkühlung geschützt.

Ein weiteres praktisches Verfahren, um partielle Naphthalinverstopfungen einer Rohrleitung zu beseitigen, gibt Wahl-Güstrow[1]) an. Dieses Verfahren wird sich am besten an Hand eines Beispiels aus der Praxis erläutern lassen.

Es handelt sich darum, aus den Krümmern der Gasbehälterrohre starke Naphthalinanhäufungen mittels

---

[1]) Journ. f. Gasbel. 1901 S. 533.

der bekannten Lösungsmittel, wie Xylol usw., zu beseitigen.

Zum Zwecke der Reinigung wird der Schieber oder das Ventil des betreffenden Rohres an dem Behälter geschlossen. In den Verschlußdeckel der Glocke, über dem Ein- resp. Ausgangsrohr, wird ein Loch gebohrt

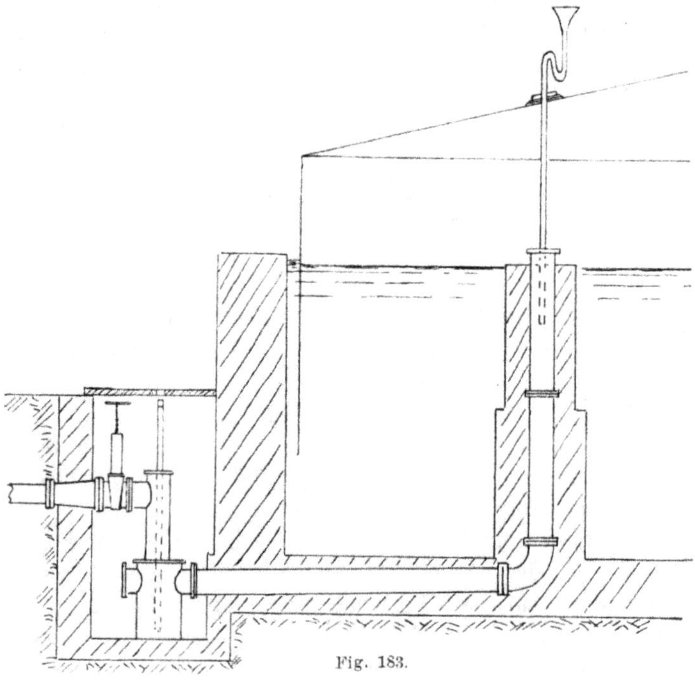

Fig. 183.

und mit einem einzölligen Stopfen verschlossen. Durch dieses Loch wird ein halbzölliges, oben schwanenhalsförmig gebogenes Rohr in das aufsteigende Rohr eingeführt (Fig. 183). Durch diese halbzöllige Zuleitung wird nun Wasser bis zur halben Höhe des Rohres, jedenfalls aber so hoch gefüllt, als die Naphthalinansätze reichen, auf dieses Wasser ein Quantum (15 bis 20 kg) des Lösungsmittels gegossen und dann durch langsames

Auspumpen des Siphons ein allmähliches Sinken des Flüssigkeitsspiegels im Rohr veranlaßt.

Die Folge davon ist, daß das Lösungsmittel gezwungen ist, auf die gesamte Wandung des Rohres, beim liegenden Rohr auch an der oberen Wandung, eine bestimmte Zeit einzuwirken und den Lösungsprozeß zu vollziehen. Beim Sinken bis zur Biegung des Knies verlangsamt sich die Geschwindigkeit der Absenkung bei gleicher Ausflußöffnung wegen des größeren horizontalen Querschnitts, und man kann durch schnelles oder langsames Pumpen die Zeit der Einwirkung verlängern oder verkürzen.

Der Erfolg dieser Arbeitsweise ist der, daß das Rohr auf der ganzen Fläche von Naphthalinansätzen befreit wird, während das Lösungsmittel bei direktem Hineinschütten die lockersten Stellen zuerst löst und, Furchen bildend, zwischen den Rückständen zum Abfluß gelangt. Eine Wiederholung der oben beschriebenen Ausspülung ist nicht nötig, da alle Punkte der zu reinigenden Flächen gründlich gesäubert werden. Die entstandene Naphthalinlösung läuft als breiige Flüssigkeit aus der Pumpe.

e) Bestimmung des Naphthalins im Leuchtgase.

Die Bestimmung des Naphthalins im Leuchtgase beruht auf der Eigenschaft des Naphthalins, mit Pikrinsäure (Trinitrophenol, $C_6H_2 \cdot OH \cdot (NO_2)_3$), eine ziemlich beständige kristallinische Verbindung zu bilden, $C_{10}H_8$, $C_6H_3N_3O_7$, welche in einer wässerigen Lösung von Pikrinsäure kaum löslich ist. (Die Verbindung kann aus Alkalien und Benzol umkristallisiert werden, bildet goldgelbe Nadeln vom Schmelzpunkt 149° und wird durch Ammoniak zersetzt.) Der Umsatz zu unlöslichem Pikrat erfolgt jedoch nur dann sofort quantitativ, wenn die Waschflüssigkeit zur Absorption des Naphthalins noch ungelöste Pikrinsäure enthält.

Die zuerst von Colman und Smith[1]) angegebene Methode ist von Rutten[2]) verbessert worden und wird folgendermaßen ausgeführt: Von einer kaltgesättigten Pikrinsäurelösung werden z. B. 250 ccm auf 150 ccm eingedampft und die eingedampfte Flüssigkeit in zwei Waschflaschen verteilt. Da durch das Eindampfen die Flüssigkeit übersättigt ist, scheiden sich bald Pikrinsäurekristalle ab.

Das zu untersuchende Gas wird nun nach Reinigung von Cyan, Schwefelwasserstoff und Ammoniak mit einer Geschwindigkeit von 30—40 l pro Stunde durch diese Waschflaschen geleitet. (Verbindungen mittels Kautschukschlauch sind möglichst zu vermeiden.)

Nachdem sich in der ersten Flasche eine große Menge Pikrat ausgeschieden hat, wird am Gasmesser die durchgeströmte Gasmenge abgelesen und der gesamte Inhalt der beiden Flaschen sehr sorgfältig in den Meßkolben von 250 ccm Inhalt zurückgebracht. Sind dann die Flaschen ganz entleert, wird der Meßkolben mit Wasser auf 250 ccm aufgefüllt, verschlossen, eine halbe Stunde lang auf 40° C erhitzt und tüchtig durchgeschüttelt, damit sich die Pikrinsäurekristalle leichter lösen. Hierauf läßt man die Flüssigkeit auf Zimmertemperatur abkühlen, filtriert einen Teil ab (das Volumen des Niederschlags wird vernachlässigt) und titriert 25 ccm des Filtrats nach Hinzufügen von 3 Tropfen Methylorange mit $^{1}/_{10}$ Normalkalilauge zurück. Nunmehr werden von der ursprünglichen gesättigten Pikrinsäurelösung ebenfalls 25 ccm titriert und die Differenz der beiden Titrationen, in Kubikzentimetern gemessen, mit 10 und mit 12,8 multipliziert, ergibt die aus dem gemessenen Gase absorbierte Naphthalinmenge ausgedrückt in Milligramm.

Das Resultat ist noch auf Gramm pro cbm Leuchtgas umzurechnen. Kontrollversuche mit Gas von be-

[1]) Journ. f. Gasbel. 1900, S. 236, 1903 S. 113.

[2]) Journ. f. Gasbel. 1909, S. 694.

kanntem Naphthalingehalt ergaben bei sorgfältiger Ausführung eine Genauigkeit der Methode von ca. $\pm$ 3%. Die Messung des Gases erfolgt hinter den Absorptionsapparaten mittels Gasuhr.

Die Bestimmung des Naphthalingehalts von heißem Rohgas, z. B. vor den Kühlern, ist mit dieser Methode nicht möglich, weil in heißem Zustand das Naphthalin nicht absorbiert wird. Eine Kühlung des Gases ist aber nicht zulässig, weil sich mit der dabei stattfindenden Teerabscheidung auch Naphthalin abscheidet. Für gekühltes und für reines Gas ist dagegen die Methode genau genug, doch muß bei Rohgasuntersuchungen das Ammoniak durch Oxalsäurelösung zurückgehalten werden.

VIII. Der Ammoniakwäscher.

I. Allgemeines.

Das Steinkohlengas enthält, nachdem es die Kühlanlage und den Teerscheider verlassen hat, noch eine Reihe von Verunreinigungen, als deren wichtigste zu nennen sind:

Kohlensäure,
Schwefelwasserstoff,
Ammoniak und
Cyan.

Durch die Einwirkung dieser Gase aufeinander entstehen Verbindungen wie:

einfach- und doppelkohlensaures Ammonium, $(NH_4)_2\ CO_3$ und $NH_4\ HCO_3$,

Cyanammonium, $NH_4\ CN$,

Schwefelammonium $(NH_4)_2\ S$ und Ammoniumsulfhydrat $NH_4\ HS$,

Schwefelcyan-Rhodanammonium $NH_4\ CNS$.

Die leichte Löslichkeit der Verunreinigungen und ihrer Verbindungen in Wasser läßt sich zur Reinigung des Gases ausnutzen, das zu diesem Zwecke in innige Berührung mit Wasser zu bringen ist.

1 l Wasser vermag bei 15° C

727 l Ammoniak,
3,2 l Schwefelwasserstoff,
1 l Kohlensäure.

aufzunehmen. In einem Gemisch dieser mit anderen Gasen hängt natürlich die Absorptionsfähigkeit des Wassers vom Partialdruck bzw. dem Prozentgehalt der einzelnen Gase ab.

Die Ausscheidung dieser Gase geht aber nicht nur nach Maßgabe ihrer Löslichkeit vor sich, sondern ist in Wirklichkeit größer, weil die entstehenden salzartigen Verbindungen der vier genannten Gase in Wasser leicht löslich sind. Am stärksten ist das Ammoniak an der Bildung dieser Salze beteiligt, so daß dessen Entfernung auch eine Verringerung des Kohlensäure- und Schwefelwasserstoffgehaltes im Gase, allerdings nur um zirka $^1/_8$—$^1/_{10}$ ihres Gesamtbetrages — zur Folge hat. Da die Löslichkeit der Gase in Wasser mit sinkender Temperatur zunimmt, wird die Entfernung des Ammoniaks um so besser erfolgen, je kühler das zur Waschung des Gases dienende Wasser ist. Die unvollständige Entfernung speziell des Schwefelwasserstoffs und des Cyans durch Waschen des Gases mit Wasser macht besondere Reinigungsmethoden erforderlich.

Ein Teil des Ammoniaks scheidet sich bereits in der Vorlage, in den Kühlern usw. aus, der Rest wird in den Ammoniakwäschern gewonnen. Bei der leichten Löslichkeit des Ammoniaks genügt es, das Gas über Flächen streichen zu lassen, die mit Wasser berieselt werden. Zur vollständigen Gewinnung des Ammoniaks ist bei allen Wäschern Wert darauf zu legen, daß das reinste Gas mit dem reinsten Wasser in Berührung kommt. Das unreine Gas trifft dann mit Wasser zusammen, das schon mit Ammoniak angereichert ist, so daß der Gehalt daran noch weiter erhöht wird. Da unter Umständen auch Teer in die Ammoniakwäscher gelangt, so ist es zweckmäßig, zunächst das Gas mit Ammoniakwasser zu waschen, um den Teer zurückzuhalten, zu verdünnen und von den Waschflächen abzuspülen. Aus diesen Gründen werden in den meisten Fällen zwei oder mehrere Ammoniakwäscher hintereinander geschaltet, von denen der letzte mit klarem Wasser, die vorhergehenden zur weiteren Anreicherung mit Ammoniak mit dem Abwasser des letzten berieselt werden. Von geringer Bedeutung ist die Beschaffenheit des Wassers, das natürlich nicht stark verunreinigt und nicht zu hart sein darf; ein Niederschlag von kohlensaurem Kalk und Gips aus sehr hartem Wasser kann durch Krustenbildung zu Störungen führen.

Die einfachsten Apparate für die Ammoniakwaschung sind die Volumen-Skrubber. Das sind runde schmiedeeiserne Blechzylinder von 1,5—2,0 m lichtem Durchmesser und mehreren Metern Höhe. Angefüllt ist das Innere mit einem porösen, große Oberfläche bietenden Stoff. In früheren Zeiten verwendete man den porösen Koks, dann geschlitzte Holzhorden (Fig. 184). Eins der besten und dabei billigsten Füllmaterialien ist die Holzwolle, welche neuerdings vielfach in Anwendung gekommen ist. Auf dem oberen Deckel des Skrubbers ist eine Berieselungsvorrichtung angebracht, welche die Füllmasse in allen ihren Teilen möglichst gleichmäßig mit Wasser zu benetzen gestattet. Bei der Konstruktion der Ammoniakwäscher ist auf ausreichend große Berieselungsflächen Rücksicht zu nehmen. Man hat für Volumen Skrubber auf je 100 cbm Gaserzeugung in 24 Stunden 7—10 qm berieselte Fläche zu rechnen.

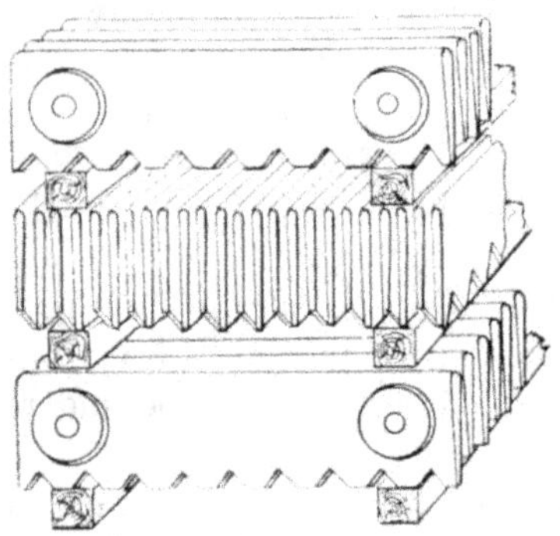

Fig. 184.

2. Standardwäscher und Bürstenwäscher.

In neuerer Zeit sind eine Reihe von Intensivwäschern von vorzüglicher Wirksamkeit geschaffen worden, welche die Wirkung der oben beschriebenen Ammoniakwäscher um mehr als das Dreifache übertreffen. Besonders bewährt haben sich von diesen Apparaten

1. der Standardwäscher,
2. der Bürstenwäscher, System Holmes,
3. rotierender Wäscher mit beweglichen Einlagen.

Fig. 185.

Der Standardwäscher (Fig. 185) und der Bürstenwäscher, System Holmes, sind einander im Prinzip vollkommen gleich und unterscheiden sich nur durch die Art der Benetzungsflächen.

Bei dem Standardwäscher (Fig. 186) tritt bei Pfeil 1 durch die Vorkammer 2 das Gas in das Innere des sich mit der Achse drehenden Scheibenrades I, durchstreicht dieses Rad und verläßt dasselbe am äußeren

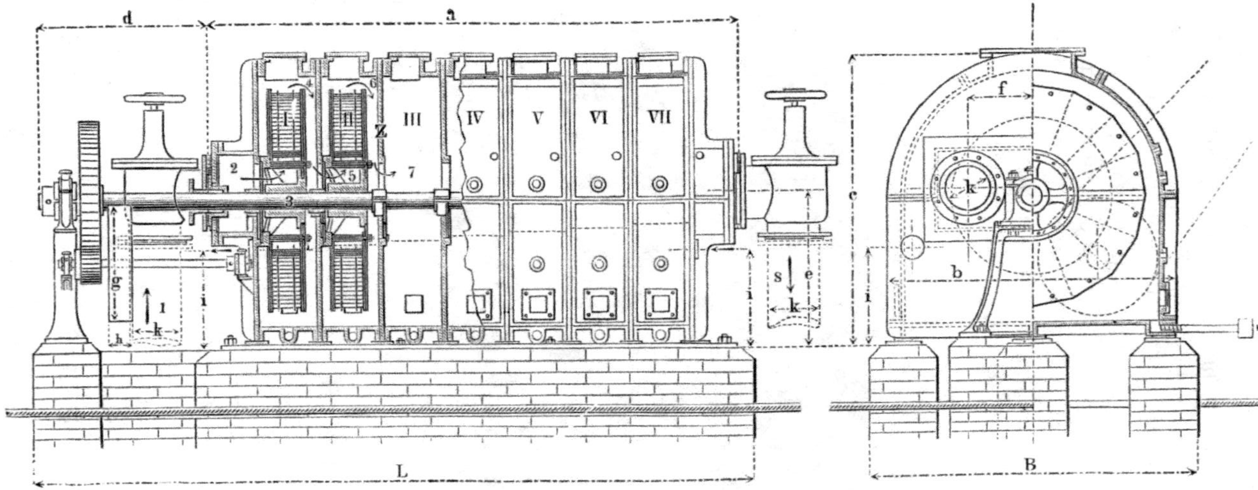

Fig. 186.

Umfange bei 4, geht dann durch das zweite Scheibenrad von innen (Pfeil 5) nach außen (Pfeil 6), dann durch das dritte Rad (Pfeil 7) usw. und entweicht schließlich durch das Ausgangsventil. Da sämtliche Scheibenräder sich gemeinsam mit der Achse 3 drehen und mit ihren abgedrehten Dichtflächen gegen die Zwischenwände Z abschließen, so ist das Gas gezwungen, hintereinander die Scheiben I—VII von innen nach außen zu durchstreichen. Das Absorptionswasser tritt dagegen bei der letzten Kammer (VII) ein. Es fließt durch die Öffnung in der Zwischenwand von Kammer zu Kammer, wie dies durch die Wasserlinie in Fig. 186 angedeutet ist.

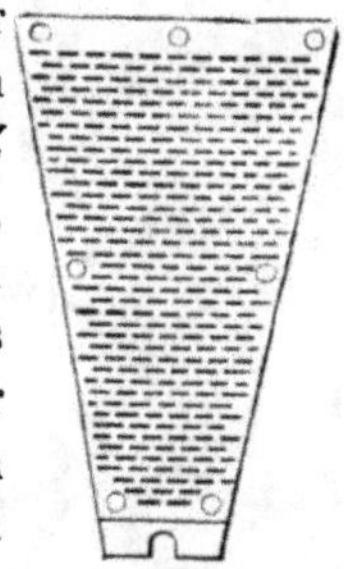

Fig. 187.

Das reine Wasser tritt daher in Kammer VII dem bereits von dem größten Teil des Ammoniaks befreiten Gase entgegen, während in Kammer I das austretende

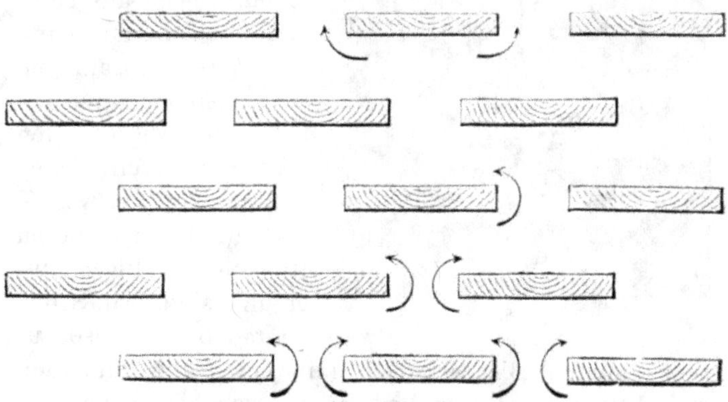

Fig. 188.

Ammoniakwasser, welches sich von Kammer zu Kammer verstärkt hat und aus Kammer I demnach in der gewünschten Grädigkeit austritt, dem ammoniakhaltigen Gase bereits denjenigen Teil des Ammoniaks entzieht, den starkes Wasser noch aufnimmt. Durch die oben geschilderte Gegenstromwirkung wird die Arbeit der Ammoniakentfernung von Kammer zu Kammer kleiner, bis in der letzten Kammer das entgegentretende klare Wasser nur noch die letzten Ammoniakreste aus dem Gase aufzunehmen hat.

Fig. 189.

Die sich drehenden Scheibenräder sind derartig mit einlegbaren Stäben belegt, daß das Gas auf seinem Wege von innen nach außen zwischen diesen Stäben hindurchgehen muß. Aus der Fig. 187 ist die Zusammenstellung der Scheibenräder zu ersehen, welche aus einer Zahl leicht herausnehmbarer Pakete zusammengesetzt sind. Diese Pakete sind zwischen den beiden äußeren Scheiben angeordnet, welche bis auf ihren inneren Ring voll in Blech ausgeführt sind. Ein Scheibenrad besteht also aus den äußeren Blechscheiben mit der Nabe und den zwischen diese Blechscheiben eingeschobenen Paketen mit Holzstäben.

Zwischen diesen Holzstäben, welche in Fig. 188 in natürlicher Größe dargestellt sind, muß das Gas in fein zerteilten Strömen durchgehen. Hierbei kommt es in innige Berührung mit den einzelnen feuchten Holzstäbchen. Bei Verwendung von stark kalkhaltigem

Wasser scheidet sich in den Wäschern Kalk aus und inkrustiert die Holzpakete, was zu Störungen Veranlassung geben kann. Da der sich ausscheidende Kalk an Metallen nicht so stark haften bleibt wie an dem faserigen Holz, verwendet man mit Vorteil gelochte Bleche statt der Holzpakete.

Der Bürstenwäscher System Holmes (Köl-

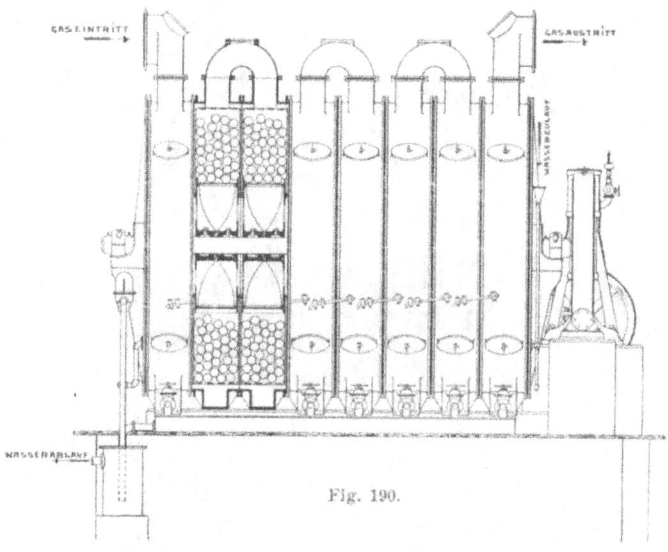

Fig. 190.

nische Maschinenbau-A.-G.) hat statt der Holzstäbe Bürsten aus Piassava. Diese Bürsten werden auf leichte Brettsegmente kreisförmig aufgesetzt und an den rotierenden Blechscheiben befestigt. Die Höhe der Bürsten ist so bemessen, daß die freien Bürstenflächen dicht gegen die festen Wände der einzelnen Waschkammern anliegen, bei der Rotation also leicht an denselben schleifen und schwach vibrieren. Das Gas ist also gezwungen, seinen Weg durch das dichte Gewirr der Piassavafaser zu nehmen und in die denkbar engste Berührung mit der Waschflüssigkeit zu kommen. Die genannten Pflanzenfasern sollen sich vermöge ihrer Zähigkeit für den vorliegenden Zweck sehr gut eignen.

Das auf den Holzstäben oder Bürsten ausgeschiedene Ammoniak wird bei dieser Art von Wäschern sofort wieder abgespült und geht in das Ammoniakwasser über, sobald die Stäbchen resp. die Fasern in die Flüssigkeit tauchen.

An jeder einzelnen Kammer sind Hähne zur Ent-

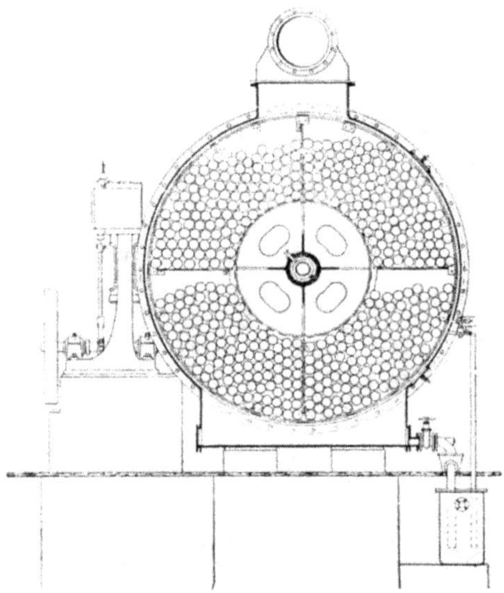

Fig. 191.

wässerung und Entnahme von Proben des Ammoniakwassers angebracht. Auch Gasentnahmehähne sind an jeder einzelnen Kammer vorhanden, so daß durch die chemische Analyse sehr leicht der Fortgang der Absorption kontrolliert werden kann.

Der Bürstenwäscher wird auch, um Raum zu sparen, in stehender Form ausgeführt. Die Kammern werden alsdann, wie Fig. 189 zeigt, übereinander angeordnet. Der Antrieb der einzelnen Trommeln erfolgt gemeinsam durch eine vertikal stehende Welle.

Der dritte[1]) in diese Gruppe gehörige Wäscher besitzt im Gegensatz zu den beschriebenen Apparaten bewegliche Einlagen. Diese Einlagen sind kugelförmige Körper von beliebiger Gestalt und Material. Sie sind lose in den einzelnen Kammern des Wäschers angeordnet und werden bei der Rotation der Welle durch Flügel oder Schaufeln (Fig. 190 u. 191), die auf letzterer befestigt sind, mitgenommen. Hierbei ändern die einzelnen Waschkörper fortwährend ihre Lage und wälzen sich aufeinander ab, so daß das anhaftende Ammoniakwasser, und der Teer in der Waschflüssigkeit im unteren Teile des Wäschers leicht abgespült resp. abgerieben wird und dadurch eine Verstopfung durch Teeransammlung nur schwer eintreten kann.

Der Wäscher besteht gleichfalls aus einem zylindrischen, durch Zwischenwände in mehrere Kammern geteilten Gehäuse. Die einzelnen Kammern sind abwechselnd in der Mitte und im oberen Teile miteinander durch Öffnungen verbunden. In jeder Kammer sind mehrere mit durchlochten Blechen belegte Flügel auf der durch die Mitte des Wäschers gehenden Welle befestigt. Die in die Kammern lose eingeworfenen Waschkörper sind mehrmals durchlöchert, um den zu reinigenden Gase eine möglichst große benetzte Fläche bei kleinstem Raumbedarf zu bieten. Das zum Waschen des Gases dienende Wasser tritt durch ein Standrohr in die erste Kammer rechts ein, füllt diese bis zu einer bestimmten Höhe, fließt dann von Kammer zu Kammer über und tritt an der letzten Kammer aus.

Der Weg, den das Gas in dem Apparat einschlägt, ist in der Fig. 190 durch Pfeile angedeutet.

Bei der Konstruktion des Apparates ist besonderer Wert auf bequeme Zugänglichkeit seiner inneren Teile gelegt, damit man sich leicht von der Beschaffenheit der Einlagen überzeugen, diese je nach Befund eventuell

[1]) Zschockes Maschinenfabrik in Kaiserslautern.

durch geeignet angebrachte Handlöcher entfernen und eine Reservefüllung einlegen kann, ohne eine Demontage des Wäschers vornehmen zu müssen.

---

3. Die Bestimmung des Ammoniaks im Gase

a) nach Tieftrunk[1]).

Die Bestimmung des Ammoniaks im Gase wird maßanalytisch durch Absorption mittels titrierter Schwefelsäure vorgenommen. Ein einfacher Apparat, welcher erlaubt, die Untersuchung durch einen Arbeiter vornehmen zu lassen, ist der von Tieftrunk angegebene, den Fig. 192 zeigt. Er besteht aus einem Experimentier-Gasmesser und einem mit Schwefelsäure gefüllten Absorptionsgefäß, für welches man zweckmäßig die von Drehschmidt angegebene Form wählt (Fig. 193).

Der Gasmesser hat außer dem gewöhnlichen Zählwerk zwei horizontale Zifferblätter, welch letztere allein zur Ammoniakbestimmung gebraucht werden.

Durch Aufdrücken auf den Knopf des rechts vorn liegenden Hebels *a* wird die Verbindung der Trommel mit dem Uhrwerk ausgelöst; dann kann durch Drehen an dem Knopf des rechten Zifferblattes *b* das horizontale Zählwerk auf Null gestellt werden und der Hahn *c* am Gasmessereingang von der quer durch den Uhrkasten liegenden horizontalen Schiene *d* offen gehalten werden. Wenn dann der Gasmesser 100 l durchgelassen hat, verschiebt ein Stift des Uhrwerks die Schiene *d*, und der Hahn *c* wird durch das Gewicht auf seinem Winkelhebel geschlossen. Der Mikrometerhahn am Gasmesserausgang wird so gestellt, daß 100 l in 4—5 Stunden durchgehen resp. der Einlochbrenner eine gewisse ausprobierte Flammenhöhe hat. Will man weniger als 100 l durch die Uhr gehen lassen, so stellt man den Zeiger *b* zum

---

[1]) Journ. f. Gasbel. 1878, S. 298.

Beispiel auf 20 um 80 l, und auf 30 um 70 l hindurchgehen zu lassen. Der Wasserstand des Gasmessers muß vor dem Gebrauch genau reguliert werden.

Fig. 192.

In Ermangelung des beschriebenen Gasmessers läßt sich für die Ammoniakbestimmung natürlich — allerdings mit nicht so großer Bequemlichkeit — jeder Gasmesser verwenden, der kleinere Gasvolumina mit einiger Genauigkeit zu messen erlaubt.

Zwischen Gasleitung und Gasmesser wird der Absorptionszylinder *h* (Fig. 193) eingeschaltet. Die in Fig. 192 abgebildete Anordnung ist nur für die Untersuchung von Straßengas zu verwenden. Hat man jedoch die Untersuchung von Gas aus dem Betriebe zu machen, so ist zwischen Absorptionsgefäß und Gasmesser die in Fig. 194 abgebildete Waschflasche *B* einzuschalten. Diese ist mit schwach angesäuerter Bleiazetatlösung gefüllt, um den Schwefelwasserstoff zurückzuhalten, welcher sonst den dahinterstehenden Gasmesser stark angreifen würde. Ferner ist am Ausgang der Waschflasche noch ein mit Watte gefüllter Glaszylinder angebracht, der ebenfalls zur Schonung des Gasmessers etwa vorhandene Teerdämpfe aufnehmen soll.

Diese Waschflasche mit Bleilösung kann durch ein größeres Gefäß mit Eisenreinigungsmasse ersetzt werden, die das durchströmende Gas von Schwefelwasserstoff und Teer befreit und ebenso wie die Bleilösung vor der völligen Ausnutzung zu erneuern ist.

Das Absorptionsgefäß wird je nach dem zu erwartenden Ammoniakgehalt mit einem genau abgemessenen Volumen von $^1/_1$, $^1/_5$, $^1/_{10}$ oder $^1/_{20}$ Normalschwefelsäure gefüllt.

Bei Untersuchung des Gases hinter der Vorlage oder den Kühlern verwendet man 30—50 ccm Normalsäure,

vor den Wäschern		30—50	»	$^1/_2$ „
hinter	» »	20—30	»	$^1/_{10}$ »

Die Menge der Säure ist im allgemeinen so groß zu nehmen, daß noch 5—10 ccm Säure nach der Absorption ungesättigt bleiben. Das zur Untersuchung zu bringende Gasvolumen beträgt 25—100 l. Man läßt das Gas mit einer Geschwindigkeit von ca. 50 l pro Stunde die Waschflasche passieren. Es empfiehlt sich, die Versuchseinrichtung von der Gasentnahmestelle nicht zu weit entfernt aufzustellen, da in langen Leitungen Kondensationen von Dämpfen und damit Verringerung des Ammoniakgehalts stattfinden kann. Vor allen Dingen sind hier, wie bei den meisten Untersuchungen des Gases, lange Schlauchleitungen zu vermeiden, weil diese oft absorbierend auf den zu bestimmenden Bestandteil einwirken. Soll die Wirksamkeit eines Betriebsapparates festgestellt werden, so empfiehlt es sich, die Untersuchung vor und hinter dem Apparat gleichzeitig zu machen, weil die Zusammensetzung des Gases zu verschiedenen Zeiten Änderungen unterliegt. Nach Beendigung der Absorption titriert man mit entsprechender $^1/_1$ oder $^1/_{10}$ usw. Normallauge zurück. Sollte während

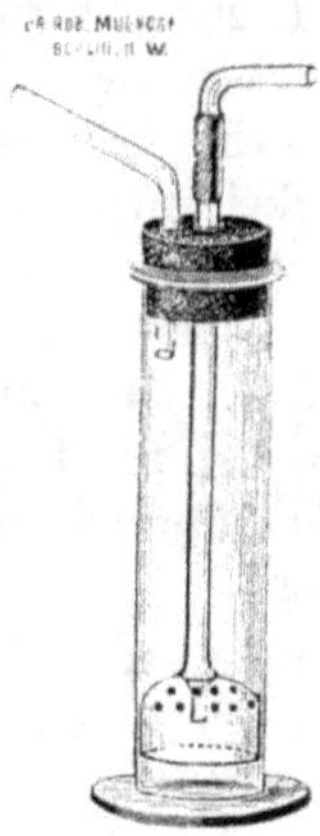

Fig. 193.

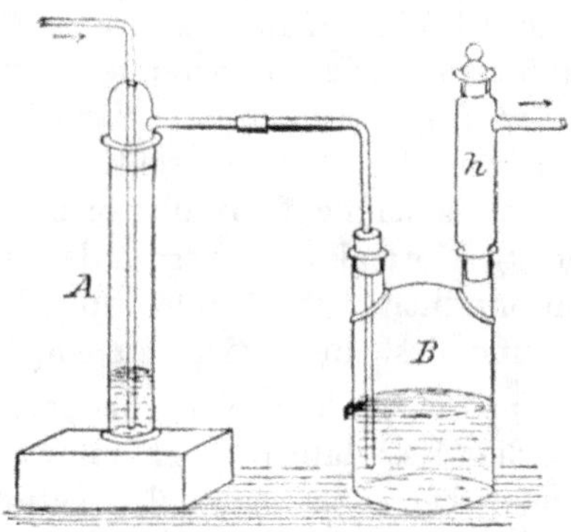

Fig. 194.

der Absorption die Flüssigkeit so stark mit Teer verunreinigt werden, daß die Farbenänderung dadurch verdeckt würde, so bringt man das Ganze in einen $^1/_4$ l-Kolben, füllt bis zur Marke auf, schüttelt gut um, filtriert durch ein trockenes Filter in einen trockenen Kolben, titriert 50 oder 100 ccm des Filtrats und rechnet das Egebnis auf die Gesamtmenge (250 ccm) um. Als zweckmäßigster Indikator für die Ammoniaktitration ist Methylorange[1]) zu empfehlen, das von Säuren rot, von Alkalien gelb gefärbt wird und beim Ende der Titration

---

[1]) 0,2 g Methylorange in 100 ccm heißem Wasser gelöst, nach dem Erkalten filtriert.

die Übergangsfarbe Orange annehmen muß. In stark teerhaltiger Flüssigkeit läßt sich der Farbumschlag am besten unter Verwendung von Fluorescein erkennen, wenn man die schwach gefärbte Lösung auf einen Bogen schwarzen Glanzpapiers stellt. Methylorange läßt sich nur bei schwach mit Teer verunreinigten Flüssigkeiten verwenden, ist aber viel empfindlicher als Fluorescein. Die Reaktion beider Farbstoffe wird durch die Anwesenheit von Kohlendioxyd und Schwefelwasserstoff nicht beeinträchtigt, so daß man die zur Absorption verwendete Flüssigkeit direkt in der Kälte zurücktitrieren kann. Von dem Methylorange löst man zum Gebrauche 1 g in 1 l Wasser auf, und fügt von dieser Lösung zu je 100 ccm der zu titrierenden Flüssigkeit nicht mehr als vier Tropfen hinzu. Bei Verwendung einer größeren Menge wird der Farbenumschlag weniger scharf. Rosolsäure, die häufig als Indikator beim Gebrauche von $^1/_{10}$ oder $^1/_{20}$ Normalsäure verwendet wird, ist nicht ganz unempfindlich gegen Kohlendioxyd und Schwefelwasserstoff und deshalb weniger zu empfehlen.

Um die bei den verschiedenen Apparaten sich ergebenden Resultate bequem miteinander vergleichen zu können, berechnet man das gefundene Ammoniak in Gramm auf 100 cbm reines Gas. Temperatur- und Druck-Korrektionen werden nicht vorgenommen. Hat man bei der Untersuchung e l Gas und n ccm Säure gebraucht, so beträgt der Gehalt an Ammoniak in 100 cbm Gas bei Anwendung von

Normalschwefelsäure $\frac{n \cdot 1706}{e}$ g NH_3

Halb-Normalschwefelsäure $\frac{n \cdot 853}{e}$ g NH_3

Zehntel-Normalschwefelsäure $\frac{n \cdot 170,6}{e}$ g NH_3

Zwanzigstel-Normalschwefelsäure $\frac{n \cdot 85}{e}$ g NH_3.

Als Beispiel diene folgendes: Vor dem Wäscher wurden 65 l Gas durch 24 ccm Normalsäure in einer Zeit von 3 Stunden geleitet. Um die überschüssige Säure zu neutralisieren, waren 11,2 ccm Normallauge nötig, folglich wurden für die Absorption des Ammoniaks 25 — 11,1 = 13,8 ccm Normalsäure verbraucht, das entspricht einem Ammoniakgehalt von

$$\frac{13{,}8 \cdot 1706}{65} = 362 \text{ g in 100 cbm Gas.}$$

Zu gleicher Zeit wurde der Ammoniakgehalt hinter dem Wäscher bestimmt. Man erhielt bei Verwendung von 10 ccm $^1/_{10}$ Normalsäure und 75 l in 3 Stunden und einem Verbrauch von 4 ccm $^1/_{10}$ Normallauge:

$$\frac{(10-4) \cdot 170{,}6}{75} = 13{,}7 \text{ g } NH_3 \text{ in 100 cbm Gas.}$$

Der Wäscher hat demnach absorbiert 362 — 13,7 = 348,3 g, das sind in Prozenten $\frac{348{,}3 \cdot 100}{362} = 96\,^0/_0$.

Der Gehalt von 13,7 g Ammoniak in 100 cbm Gas hinter dem Ammoniakwäscher ist noch zu hoch. Bei sorgfältig überwachtem Betrieb ist das Ammoniak bis auf 0,5 g in 100 cbm und noch weniger auszuwaschen. Im vorliegenden Falle hätte man also für eine ausgiebigere Ammoniakentfernung zu sorgen. Die Mittel hierfür sind verschieden und hängen ganz von der Konstruktion des Apparates ab, der dem Betriebsleiter zur Verfügung steht. Störungen im Wäscherbetrieb können eintreten durch Verschmierung der Benetzungsflächen mit Teer, durch ungenügende Kühlung des Gases, durch zu warmes Waschwasser oder zu kleine Abmessung der Waschanlage. Im letzteren Falle läßt sich die Waschung des Gases durch stärkere Berieselung mit Reinwasser aufbessern, man nimmt aber dafür die Unannehmlichkeit in Kauf, ein Gaswasser von geringem Ammoniakgehalt zu erzielen.

b) nach Knublauch[1]).

Von Knublauch ist eine andere einfache Ammoniakbestimmungsmethode angegeben, welche das Resulfat direkt von einer Skala abzulesen gestattet.

Bei dieser Methode wendet man stets die gleiche Menge Säure zur Absorption an und mißt das zum Sättigen der Säure nötige Gasvolumen, welches bei verschiedenem Gehalt an Ammoniak verschieden groß sein muß. Das einem bestimmten Ammoniakgehalt entsprechende Volumen Gas ist nun bei Anwendung einer bestimmten Menge Normalsäure berechnet, und an dem mit Wasser gefüllten Aspirator *A* abgemessen und markiert. Der diesem Volumen entsprechende Ammoniakgehalt ist in Grammen pro 100 cbm Gas angegeben, so daß derselbe direkt abzulesen ist.

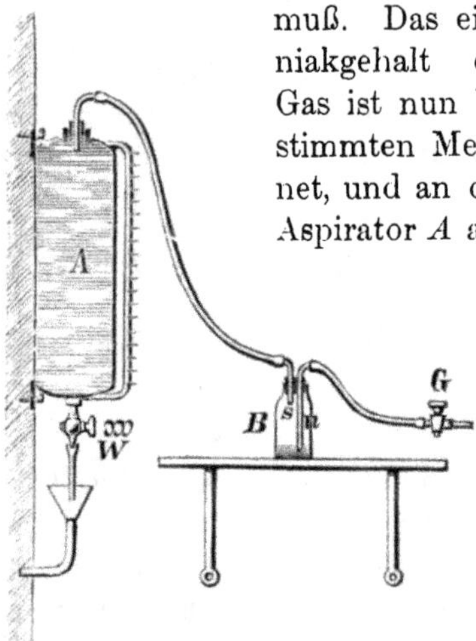

Fig. 195.

Vor Beginn des Versuches wird die Absorptionsflasche *B* (Fig. 195) ausgeschaltet und die Schläuche durch ein Glasrohr verbunden, dann saugt man, indem man die Hähne *G* und *W* öffnet, Gas hindurch. Schließt alsdann die Hähne und füllt den Aspirator wieder auf bis zur Nullmarke. In die Absorptionsflasche *B* sind inzwischen 25 ccm der Normalsäure, welche dem Apparat beigegeben und genau eingestellt ist, eingefüllt und mit 4 Tropfen der oben erwähnten Methylorangelösung gefärbt. Nun schaltet man die Flasche in die Leitung ein, öffnet die Hähne *G* und *W* und saugt so das Gas durch die Schwefelsäure, zweckmäßig ungefähr 1 l in

[1]) Journ. f. Gasbel. 1881, S. 153.

drei Minuten. Je nach dem Gehalte des Gases an Ammoniak geht die rote Farbe nach einer gewissen Zeit in gelb über. Ist diese Endreaktion gerade erreicht, so schließt man rasch *W* und dann *G* und liest an der Skala den Ammoniakgehalt ab. Ist das Wasser in dem Aspirator beim Eintreten der Endreaktion z. B. bis zur Marke 200 abgeflossen, so beträgt der Ammoniakgehalt in 100 cbm Gas 200 g.

Sollte die Säure schon nach einem geringen Gasverbrauche, z. B. 3—4 l, gefärbt werden, so wendet man zur Erhöhung der Genauigkeit der Bestimmung statt 25 ccm 50 ccm Säure an; das Resultat muß dann mit 2 multipliziert werden. Die Säure wird für diesen Apparat in zwei verschiedenen Konzentrationen verwendet. Die stärkere, vor den Skrubbern gebrauchte, wird dargestellt durch Verdünnen von 100 ccm Normalschwefelsäure auf 4,25 l. Eine einfache Überlegung ergibt, daß sich der Ammoniakgehalt von 100 cbm Gas dann nach der Formel $\frac{1000}{v} = \text{g } NH_3$ berechnen läßt, wenn v die Anzahl Liter des zur Probe gebrauchten Gases bezeichnet. Die zweite schwächere Säure, welche nach den Skrubbern verwendet wird, stellt man aus der oben erwähnten stärkeren Säure dar durch Verdünnen derselben auf das hundertfache Volumen, z. B. 50 ccm auf 5 l. Die Formel zur Berechnung des Ammoniaks ist dann $\frac{10}{v} = \text{g } NH_3$. Die mit dem Knublauchschen Apparat zu erreichenden Resultate genügen für den Betrieb vollständig. Der Vorzug des Apparates besteht in der leichten Handhabung, mit der jeder Arbeiter betraut werden kann. (Verfertiger: Leybolds Nachfolger, Köln a. Rh., Schildergasse.)

IX. Das Gaswasser und seine Verarbeitung.

1. Das Gaswasser.

Das bei der Destillation der Kohlen gewonnene rohe Gaswasser hat eine gelbe bis braune Farbe und riecht stark nach Schwefelammonium und Teerbestandteilen. Während die absolute Ausbeute an Ammoniak hauptsächlich von der verwendeten Kohle abhängt, wird der prozentuale Gehalt des Gaswassers an Ammoniak, der zwischen 1,3 bis 3,0 Gewichtsprozent schwankt, namentlich durch die Art der Kühlung und Waschung des Gases und durch das dazu verwendete Wasserquantum bedingt. Das Ammoniak ist im Gaswasser meist zum weitaus größeren Teile in Form von flüchtigen, durch einfaches Kochen auszutreibenden Verbindungen vorhanden, zum kleineren Teil ist es als sog. fixes Ammoniak gebunden und nur durch Destillation mit Kalk oder einer anderen basischen Substanz zu entfernen.

Die wichtigsten Bestandteile des Gaswassers sind:

1. Flüchtige Ammoniaksalze:

$(NH_4)_2\,CO_3$	$(NH_4)_2\,S$	$NH_4\,CN$
Ammoniumkarbonat	Ammoniumsulfid	Ammoniumcyanid

2. Nicht flüchtige (fixe) Ammoniaksalze:

$(NH_4)\,Cl$	$(NH_4)_2\,S_2O_3$	$(NH_4)_2SO_3$
Ammoniumchlorid	Ammoniumthiosulfat	Ammoniumsulfit
$(NH_4)_2\,SO_4$	$NH_4\,CNS$	$(NH_4)_4\,Fe\,(CN)_6$
Ammoniumsulfat	Ammoniumrhodanid	Ammoniumferrocyanid

3. In geringen Mengen sind noch vorhanden organische, teilweise stickstoffhaltige Stoffe (Phenole, Benzol, Naphthalin, Pyridin usw.).

Die obengenannten flüchtigen Ammoniaksalze bilden sich direkt im gekühlten Gase, während Sulfat, Sulfit, Thiosulfat, Rhodanid und Ferrocyanid sekundär entstanden sind. (Thiosulfat und Sulfat durch Einwirkung von Luftsauerstoff; Rhodan durch Einwirkung von Cyanammon auf Polysulfid, Ferrocyan aus Cyan, Sauerstoff und dem Eisen der Apparate.) Daraus ergibt sich, daß die Gaswässer an der Luft sich fortwährend verändern und das Verhältnis des flüchtigen zum fixen Ammoniak sich verschiebt. Hierdurch wird die Menge des zur Abtreibung des fixen Ammoniaks nötigen Kalkes entsprechend beeinflußt.

Die folgende Tabelle von Gerlach zeigt die Zusammensetzung einiger Gaswässer. Die Zahlen sind die in Grammen ausgedrückten Mengen der in der ersten Kolumne bezeichneten Körper auf je 1 l Gaswasser:

	Chemnitz Zwickauer Kohle	Andre Stadt in Sachsen Zwickauer Kohle	Bonn Ruhrkohle	Trier Saarkohle	Zürich Saarkohle
Ammoniak im ganzen NH_3	12,09	9,40	18,12	15,23	3,47
Unterschwefligsaures Ammonium $(NH_4)_2 \cdot S_2O_3$	1,036	1,628	5,032	2,072	0,296
Schwefelammonium $(NH_4)_2 \cdot S$	0,340	0,646	6,222	2,468	1,428
Doppeltkohlensaures Ammonium $NH_4 \cdot H \cdot CO_3$	1,050	1,470	2,450	33,763	5,856
Einfachkohlensaures Ammonium $(NH_4)_2 \cdot CO_3$.	4,560	7,680	33,120		
Schwefelsaures Ammonium $(NH_4)_2 \cdot SO_4$ . . .	0,462	0,858	1,320	4,932	1,926
Chlorammonium NH_4 Cl	30,495	17,120	3,745		
Ammoniaksalze i. ganzen	37,943	29,402	51,889	43,225	9,506

Der Wert eines Gaswassers wird bedingt durch seinen Ammoniakgehalt, der eine gewisse Abhängigkeit vom spez. Gewicht zeigt. Für rohe Bestimmungen begnügt man sich daher mit der Feststellung des spez. Gewichtes mit Hilfe des Aräometers, ausgedrückt in Baumé-Graden bei 15° C. So wird der Gang der Wäscher vornehmlich nach den Aräometerablesungen überwacht und geregelt. Für genaue Bestimmungen kommt nur die chemische Analyse in Frage. Wie ungenau die Bewertung des Gaswassers mittels des Aräometers ist, geht aus folgender Tabelle Seidels[1]) hervor, die die Verschiedenartigkeit der Bé-Grade, des spez. Gewichts und des Ammoniakgehalts im Gaswasser veranschaulicht.

Grade Baumé bei 15° C:	2°	2,5°	3°	3,5°	4°	4,5°
Spez. Gew. b. 15° C:	1,0138	1,0163	1,0208	1,0249	1,0280	1,0316
Ammoniak-Gehalt:	1,16 %	1,30 %	—	—	—	—
	1,42 %	1,43 %	—	—	—	—
	1,50 %	1,63 %	1,63 %	—	—	—
	1,77 %	1,77 %	1,76 %	—	—	—
	—	1,98 %	1,90 %	1,87 %	—	—
	—	2,18 %	2,10 %	2,00 %	—	—
	—	2,65 %	2,38 %	2,24 %	—	—
	—	—	2,45 %	2,40 %	2,55 %	—
	—	—	—	2,72 %	2,72 %	2,79 %
	—	—	—	—	2,90 %	2,85 %
	—	—	—	—	3,40 %	3,06 %
	—	—	—	—	—	3,40 %
	—	—	—	—	—	3,53 %

Diese beträchtlichen Differenzen erklären sich daraus, daß das spez. Gewicht des Gaswassers nicht nur vom Gesamtammoniakgehalt sondern auch von den aufgelösten primären und sekundären Ammoniaksalzen abhängt. Den bei jedem Gaswasser wechselnden Mengenverhältnissen dieser Salze vermag aber das Aräometer nicht zu folgen. Rohes Gaswasser enthält freies Ammoniak überhaupt nicht oder nur in ganz geringen Mengen, deshalb muß das spez. Gewicht über 1 liegen.

[1]) Lunge-Köhler, Industrie des Steinkohlenteers und Ammoniaks. 4. Aufl., Bd. 2, S. 88.

Die chemische Untersuchung des Gaswassers und der daraus hergestellten Präparate.

Eine genauere chemische Untersuchung des Gaswassers auf seine einzelnen Bestandteile ist selten erforderlich. Es genügt, den Gehalt des Wassers an flüchtigem Ammoniak, fixem Ammoniak und Gesamt-Ammoniak festzustellen.

Zur Bestimmung des flüchtigen Ammoniaks durch direkte Titration gibt man 10 ccm Gaswasser oder weniger, wenn dessen Grädigkeit 6^0 Beaumé übersteigt, in einen Kolben, fügt ca. $^1/_4$ l destilliertes Wasser und 4 Tropfen des Indikators hinzu und titriert diese Lösung unter ständigem Schütteln des Kolbens tropfenweise mit Normalschwefelsäure. Als Indikator verwende man Methylorange in wäßriger Lösung von 0,2—1 $^0/_{00}$, da dieses von der Kohlensäure und dem Schwefelwasserstoff, die im Gaswasser enthalten sind, nicht beeinflußt wird. Jeder zugesetzte Kubikzentimeter Normalschwefelsäure entspricht 0,01706 g Ammoniak.

Beispielsweise betrug für 10 ccm Gaswasser von 4^0 Beaumé der Verbrauch an Schwefelsäure 13,8 ccm. Das entspricht $13{,}8 \cdot 0{,}017 = 0{,}235$ g schwach gebundenem Ammoniak oder, auf 1 l Gaswasser bezogen:

$$\frac{13{,}8 \cdot 0{,}017 \cdot 1000}{10} = 23{,}5 \text{ g}.$$

Für die Bestimmung in konzentriertem Gaswasser, das ja nur flüchtiges Ammoniak enthält, empfiehlt sich folgende Methode:

10 ccm konzentriertes Wasser werden mit der Pipette in einen Meßkolben für 500 ccm gebracht, dieser bis zur Marke mit destilliertem Wasser aufgefüllt und nach dem Verstöpseln zur guten Mischung des Inhaltes kräftig geschüttelt.

Hiervon werden mit der 50 ccm-Pipette 50 ccm, also gleich 1 ccm konzentrierten Wassers, in den Kochkolben gebracht und mit 20 ccm-Normalschwefelsäure versetzt. Hierauf wird nach Aufsetzen eines kleinen Glastrichters auf den Kolben durch $^1/_4$ stündiges Kochen die Kohlensäure und der Schwefelwasserstoff ausgetrieben und die Flüssigkeit durch Einstellen des Kolbens in kaltes Wasser gekühlt.

Nach Zusatz einiger Tropfen Rosolsäurelösung wird die überschüssige Schwefelsäure durch Zusatz von Normallauge zurücktitriert, bis die gelbe Farbe in Rot übergeht. Bei Verwendung von Methylorange als Indikator erfolgt der Farbenumschlag umgekehrt von Rot in Gelb. Die hierzu nötigen Kubikzentimeter Lauge werden von 20 ccm Säure abgezogen und auf folgende Weise in Rechnung gebracht:

Angenommen, es wäre dieser Unterschied = a ccm, so beträgt der Ammoniakgehalt des untersuchten Wassers:

$$\frac{a \cdot 1{,}706}{\text{spez. Gewicht}} = \text{Gewichtsprozente } NH_3.$$

Das spez. Gewicht wird mittels des Aräometers bestimmt.

Zum Beispiel wurde das spez. Gewicht eines konzentrierten Gaswassers mit dem Aräometer zu 1,052 gefunden, entsprechend 7,2° Beaumé. Die Untersuchung erfolgte in der oben angegebenen Weise.

Zum Zurücktitrieren waren 5,8 ccm Lauge erforderlich, es wurden demnach 20—5,8 = 14,2 ccm Säure an Ammoniak gebunden. Der Ammoniakgehalt des Wassers betrug somit:

$$\frac{14{,}2 \cdot 1{,}7}{1{,}052} = 22{,}95\,\%.$$

Für möglichst genaue Verkaufsanalysen von konzentriertem Gaswasser empfiehlt es sich, die mit der Pipette abgemessenen 10 ccm in einem tarierten, während der Wägung verschlossen gehaltenen Wägegläschen abzuwiegen, weil die Bestimmung des spez. Gewichtes durch Aräometer oft recht ungenau ist. Ferner ist es besser, für die betreffenden Verkaufsanalysen nicht die direkte

Titration, sondern die unten beschriebene Destillationsmethode anzuwenden.

Zum Beispiel: 10 ccm konzentriertes Gaswasser wogen 10,832 g, wurden auf 1 l verdünnt, 100 ccm davon zur Destillation verwendet, die vorgelegten 20 ccm Normalsäure mit 7,25 ccm Normallauge zurücktitriert, so daß der Ammoniakgehalt des Wassers beträgt:

$$\frac{(20-7,25)\cdot 1,7}{1.0832} = 20,01\ \%.$$

Zur Bestimmung des Gesamtammoniakgehaltes in einem Gaswasser ist die Destillationsmethode anzuwenden, die für Gaswasser von verschiedenster Stärke bis herab zum abgetriebenen Wasser der Ammoniakverarbeitungsanlage die genauesten Resultate liefert.

Der Destillation muß durch Zusatz von Kali oder Natronlauge die Zersetzung der fixen Ammoniaksalze in die entsprechenden Natrium- oder Kaliumsalze unter Freiwerden des Ammoniaks vorausgehen. Das unter Erwärmung abgetriebene Ammoniak wird in einer Vorlage von Normalsäure aufgefangen und die überschüssige Säure durch Zurücktitrieren bestimmt. Je nachdem ein stärkeres oder ein schwächeres Gaswasser zu untersuchen ist, muß die Untersuchungsprobe mehr oder weniger verdünnt werden.

Die Versuchsanordnung ist die gleiche wie bei der Ammoniakdestillation zur Stickstoffbestimmung in Steinkohlen (siehe Seite 44, Fig. 15). Ein Kolben von $^1/_2$ bis $^3/_4$ l Inhalt mit dicht schließendem Gummistopfen und Tropfenfänger, ein ca. 80 cm langer abwärts gerichteter Liebigscher Kühler, ein Erlenmeyer-Kolben, der die Normalsäure aufnimmt, mit doppelt durchbohrtem Gummistopfen, eine Vorlage nach Will und Varrentrapp, zwei Stative und ein Bunsenbrenner bilden die Einrichtung. Von dem zu untersuchenden Gaswasser nimmt man je nach dessen Stärke 10 bis 25 ccm, fügt 200 ccm destilliertes Wasser und 5 bis 10 ccm konzentrierte Natronlauge hinzu, gibt die genau abgemessene

Menge Normalsäure in den Erlenmeyerkolben und füllt die Willsche Vorlage zur Hälfte mit destilliertem Wasser. Nach Verbindung des Kolbens mit dem Tropfenfänger, Kühler und Vorlage bringt man den Kolbeninhalt zum Kochen und läßt etwa $^2/_3$ der ganzen Flüssigkeitsmenge überdestillieren. Das ausgetriebene Ammoniak wird von dem im Kühler kondensierten Wasser gelöst und von der vorgelegten Schwefelsäure fest gebunden. Nach beendigter Destillation darf ein Tropfen Kondenswasser aus dem Kühlrohr rotes Lackmuspapier nicht mehr blau färben, andernfalls ist die Destillation zu früh unterbrochen worden und noch nicht alles Amanoniak in die vorgelegte Säure übergegangen. Das Wasser aus der Willschen Vorlage, das auch noch Spuren von Ammoniak aufgenommen haben kann, wird sorgfältig in den Erlenmeyerkolben gespült. In diesem titriert man mit Normallauge unter Zusatz von Methylorange oder Lackmustinktur als Indikatoren die überschüssige Säure zurück.

1 ccm Normalschwefelsäure entspricht = 0,01706 g Ammoniak.

Die Destillationsmethode wird auch für genauere Bestimmungen des flüchtigen Ammoniaks der direkten Titration vorzuziehen sein und erfährt dann nur dahin eine Abänderung, daß dem Gaswasser im Destillierkolben keine Natronlauge zugesetzt wird. Dadurch bleibt das fixe Ammoniak beim Kochen unverändert, und nur das flüchtige wird ausgetrieben.

Aus der Differenz des durch Destillation bestimmten gesamten und des durch direkte Titration (oder Destillation ohne Lauge) ermittelten flüchtigen Ammoniaks erhält man den Gehalt an fixem Ammoniak.

Eine schnell auszuführende Bestimmung des Gesamtammoniaks gibt Lubberger[1]) an. Er geht bei dieser Methode von der Annahme aus, daß in dem Gas-

[1]) Journal f. Gasbel. 1899, 1.

wasser eines Gaswerks, das dauernd die gleiche Kohlensorte vergast, der Gehalt an fixem Ammoniak fast konstant ist. Diese Konstante muß zunächst nach der Destillationsmethode bestimmt werden. Während des Betriebes ist dann nur noch der Gehalt an flüchtig gebundenem Ammoniak durch direkte Titration zu bestimmen und durch Addition der Konstanten der Gesamtammoniakgehalt zu berechnen.

Zur Bestimmung der Konstanten nimmt man das Mittel aus 8 bis 10 Bestimmungen des fixen Ammoniaks im Gaswasser von verschiedenen Tagen und Wochen nach der schon beschriebenen Destillations- und Titrationsmethode. Für jede Ammoniakbestimmung fülle man die Säurebürette bis zur Nullmarke auf, so daß man den Säureverbrauch ohne Zwischenrechnung direkt ablesen kann, und lege sich dann eine Tabelle an, in die man die Zahlen der verbrauchten Kubikzentimeter Säure (Stand der Säure in der Bürette) und den zugehörigen Ammoniakgehalt nebeneinander einträgt. Da dann gar keine Rechnungen mehr nötig sind, so kann man jeden geschickten Arbeiter mit der Titration betrauen.

Auch zur Bestimmung des Ammoniakverlustes im Abwasser von Ammoniakdestillationsapparaten gibt Lubberger folgendes einfaches Verfahren an, welches sich in kürzester Zeit ausführen läßt.

In einen Rundkolben von 400 ccm Inhalt gibt man drei nußgroße Stücke reinen gebrannten Kalkes (am besten aus Marmor). Von dem abgetriebenen Wasser gießt man heiß, wie es aus dem Apparat kommt, so viel in den Kolben, daß er etwa halb voll wird, und schüttelt ihn mäßig um, bis die Flüssigkeit eine tiefbraune Färbung annimmt. Diese stellt sich öfters erst nach stärkerem Schütteln ein, wenn der Inhalt des Kolbens in innigere Berührung mit der Luft kommt. Sobald dies geschehen und der Kalk sich gelöscht hat, kühlt man unter der Wasserleitung. Dann filtriert man 50 ccm durch ein Faltenfilter in ein kleines Meßkölbchen (das Filtrat muß blank sein, man läßt unter Umständen die ersten trübe durchgehenden Tropfen weglaufen), gießt den Inhalt des Meßkölbchens in ein Becherglas und spült dreimal mit destilliertem Wasser nach. Dann setzt man so lange aus einer Bürette $^1/_2$ normale Salzsäure zu, bis die Farbe der Flüssigkeit plötzlich von braun in hellgelb übergeht. Von den verbrauchten Kubikzentimetern Säure ist soviel abzuziehen, als dem Kalk entspricht, welcher in den 50 ccm gelöst ist. Der Rest der Säure ist zur Sättigung des Ammoniaks verbraucht (1 ccm halbnormaler Säure = 17 g NH_3 in 100 l abgetriebenen Wassers bei Verwendung von 50 ccm abtriebenen Wassers). Wenn die Säurebürette jedesmal bis zur Nullmarke aufgefüllt wird, kann man sich auch hier eine Tabelle anlegen, aus der zu jedem Stand der Säure beim Farbenumschlag der Gehalt des Wassers an Ammoniak entnommen werden kann.

Da die Löslichkeit des Kalks von der Beschaffenheit des Gaswassers abhängt, muß sie für jede Anstalt bestimmt werden, um als Konstante in die obige Rechnung eingeführt werden zu können.

Zu diesem Zwecke titriert man 50 ccm des nach Vorschrift behandelten abgetriebenen Wassers bis zum Farbenumschlag und merkt sich die Zahl der verbrauchten Kubikzentimeter Säure. Dann bestimmt man in 50 ccm desselben Gaswassers mit Zusatz von Kalk nach der genauen Destillationsmethode unter Vorlegung von Säure. Die überschüssige Säure wird mit $^1/_2$ normaler Lauge zurücktitriert, woraus sich ergibt, wieviel Säure für das Ammoniak allein (in 50 ccm) nötig ist. Die Differenz der beiden Säurezahlen ergibt den Säureverbrauch für den gelösten Kalk. Um eine möglichst genaue Konstante zu ermitteln, werden mehrere Bestimmungen gemacht und von diesen der Durchschnitt gezogen.

Die schnelle Bestimmung des Ammoniaks im Abwasser nach dieser einfachen Methode ermöglicht es dem Arbeiter, den Betrieb des Abtreibeapparates selbst richtig zu überwachen. Übrigens wird bei einiger Übung der Arbeiter auch die immerhin genauere Ammoniakbestimmung durch Destillation, Auffangen in vorgelegter Säure und Zurücktitrieren ausführen lernen.

Von dem abgetriebenen Gaswasser werden 100 ccm mit etwas Kalk oder Natronlauge destilliert und das Ammoniak in 10 ccm $^1/_{10}$ Normalschwefelsäure aufgefangen. 1 ccm derselben entspricht 0,0017 g Ammoniak. Bei richtig geleitetem Betrieb wird das Abwasser selten mehr als 5 bis 10 g Ammoniak in 100 l enthalten.

Bestimmung der Gesamt-Kohlensäure (CO_2) im Gaswasser.

50 (oder auch 100) ccm Gaswasser werden mit 5 bis 10 g Chlorcalcium und etwas destilliertem Wasser versetzt, einige Zeit auf dem Wasserbade erwärmt und der Niederschlag durch ein oder zwei Papierfilter vollkommen abfiltriert und mit warmem Wasser dreimal ausgewaschen. Die Filter mit dem Niederschlag werden dann in etwa 50 (oder 100) ccm Normalschwefelsäure unter Beifügung von etwas destilliertem Wasser und einigen Tropfen Methylorangelösung aufgelöst und die überschüssige Säure mit Normalnatronlauge bis zum Farbenumschlag von rot in gelb zurücktitriert.

Beispiel: Angenommen, es wären 10 ccm Normalschwefelsäure ungesättigt gefunden, so sind, da 1 ccm Normalsäure 0,022 g CO_2 entspricht, im Gaswasser

$$\frac{(50-10)\cdot 0{,}022\cdot 100}{50} = 1{,}76\,\%$$ Gesamt-Kohlensäure enthalten.

Die Wiedergabe der vollständigen Analyse des Gaswassers würde hier zu weit führen. Nur selten ergibt sich das Bedürfnis, Chlor, Schwefelwasserstoff, Thiosulfat, Sulfit, Sulfat, Rhodan, Cyan und Ferrocyan im Gaswasser quantitativ zu bestimmen. M. Mayer und

H. Hempel[1]) haben in einer kritischen Untersuchung der Analysenmethoden für Gaswässer die zuverlässigsten Bestimmungsmethoden zusammengestellt.

Schwefelsaures Ammoniak $(NH_4)_2\ SO_4$.

Die Untersuchung des schwefelsauren Ammoniaks beschränkt sich auf die Feststellung des Gehaltes an Feuchtigkeit, Stickstoff und eventuell Verunreinigung durch freie Schwefelsäure und Rhodanammonium. Zur Bestimmung der Feuchtigkeit nimmt man 5 g fein geriebene Substanz auf ein Uhrglas und läßt diese im Trockenschrank bei 110° C so lange (meist genügen 2 Stunden) trocknen, bis eine Gewichtsabnahme durch Wägung nicht mehr zu konstatieren ist. Aus der Gewichtsdifferenz ergibt sich der Wassergehalt ohne weiteres.

Auch die Bestimmung des Stickstoffgehaltes gestaltet sich äußerst einfach, da nur der als Ammoniak vorhandene Stickstoff für die Bewertung in Frage kommt, also einfach der Ammoniakgehalt zu ermitteln und daraus die Stickstoffmenge zu berechnen ist. Die Ammoniakbestimmung wird nach der oben beschriebenen Destillationsmethode vorgenommen, indem man vor dem Kochen der wäßrigen Lösung des Ammoniaksalzes etwas Natronlauge zusetzt. 10 g Sulfat werden in Wasser gelöst und auf 500 ccm verdünnt. Von dieser Lösung werden mit der Pipette 50 ccm (= 1 g des Sulfates) in einen Kolben gefüllt, ca. 5 ccm Natronlauge und etwa 150 ccm destilliertes Wasser hinzugefügt. Nunmehr wird in der schon oben beschriebenen Weise das Ammoniak abdestilliert und in vorgelegter Säure (ungefähr 20 ccm) aufgefangen. Die überschüssige Säure wird durch Titration mit Normallauge bestimmt. 1 ccm Normalschwefelsäure = 0,01706 g Ammoniak. Reines Am-

[1]) Journal f. Gasbel. 1908, S. 381, 403, 425.

moniumsulfat enthält 25,81 % Ammoniak; 1 g gebraucht daher $\frac{0,2581}{0,01706} = 15,1$ ccm Normalsäure.

Der Nachweis von Rhodanammonium, das im allgemeinen als Pflanzengift angesprochen wird, ist nur qualitativ nötig. Zu dem Zwecke versetzt man eine Lösung von Ammoniumsulfat mit Salzsäure und Eisenchlorid, worauf bei Gegenwart von Rhodanammonium eine blutrote Färbung eintritt.

Freie Schwefelsäure wird im Ammoniumsulfat bestimmt, indem man 50 ccm der obigen Lösung (= 1 g Substanz) nimmt und durch Titration mit $^1/_{10}$ Normalnatronlauge unter Anwendung von Methylorange als Indikator die freie Säure bestimmt. 1 ccm der verbrauchten $^1/_{10}$ Normallauge entspricht 0,49 % freier Schwefelsäure (H_2SO_4).

Salmiakgeist.

Die Grädigkeit des reinen Salmiakgeistes wird nach dem spez. Gewichte auf Grund der von Lunge und Wiernik ermittelten Werte angegeben.

Die hauptsächlich in Frage kommenden Verunreinigungen des Salmiakgeistes sind Schwefelwasserstoff, Kohlensäure und empyreumatische Bestandteile, die der Lösung einen fremdartigen Geruch erteilen. Das Vorhandensein dieser drei Stoffe kann nur aus einer unzweckmäßigen Verarbeitung des Rohwassers herrühren. Die chemische Untersuchuna beschränkt sich auch hier auf den qualitativen Nachweis der Verunreinigungen. Ein Zusatz von ammoniakalischer Bleiazetatlösung zum Salmiakgeist ergibt bei Gegenwart von Schwefelwasserstoff einen schwarzen Niederschlag von Schwefelblei; bei Anwesenheit von Kohlensäure entsteht auf Zusatz von Chlorkalzium ein weißer Niederschlag von kohlensaurem Kalk. Pyridinartige Bestandteile, die dem Salmiakgeist einen fremdartigen Geruch und ein meist erst später auftretendes unansehn-

Spez. Gewichte von reinen Ammoniaklösungen bei 15° C.[1]

Spez. Gew. bei 15°	Proz. NH_3	1 Liter enthält NH_3 bei 15° g	Korrektion des spez. Gewichts für ± 1°	Spez. Gew. bei 15°	Proz. NH_3	1 Liter enthält NH_3 bei 15° g	Korrektion des spez. Gewichts für ± 1°
1,000	0,00	0,0	0,00018	0,940	15,63	146,9	0,00039
0,906	0,91	9,1	0,00019	0,936	16,82	157,4	0,00041
0,992	1,84	18,2	0,00020	0,932	18,03	168,1	0,00042
0,988	2,80	27,5	0,00021	0,928	19,25	178,6	0,00043
0,984	3,80	37,4	0,00022	0,924	20,49	189,3	0,00045
0,980	4,80	47,0	0,00023	0,920	21,75	200,1	0,00047
0,976	5,80	56,6	0,00024	0,916	23,03	210,9	0,00049
0,972	6,80	66,1	0,00025	0,912	24,33	221,9	0,00051
0,968	7,82	75,7	0.00026	0,908	25,65	232,9	0,00053
0,964	8,84	85,2	0,00027	0,904	26,98	243,9	0,00055
0,960	9,91	95,1	0,00029	0,900	28,33	255,0	0,00057
0,956	11,03	105,4	0,00031	0,896	29,69	266,0	0,00059
0,952	12,17	115,9	0,00033	0,892	31;05	277,0	0,00060
0,948	13,31	126,2	0,00035	0,888	32,50	288,6	0,00062
0,944	14,46	136,5	0,00037	0,884	34,10	301,4	0,00064

liches Aussehen geben, fehlen fast nie. Ihr Geruch tritt ganz besonders charakteristisch in Erscheinung, wenn man nach Pfeiffer[2]) eine kleine Flüssigkeitsprobe mit Schwefelsäure genau neutralisiert, etwas Lackmustinktur hinzusetzt, um ein weniges übersäuert, dann in die Flüssigkeit etwas Schlämmkreide wirft, die den Säureüberschuß bindet. Treten die empyreumatischen Produkte in verstärktem Maße auf, so sind die Kohlenfilter zu reinigen, welche der Absorption des Empyreuma aus den Ammoniakdämpfen dienen.

[1]) Zeitschrift für angew. Chemie 1889, S. 181.

[2]) Lunge, chem.-techn. Untersuchungsmethoden II, 692.

2. Der Abtreibeapparat.

Die Verarbeitung des Gaswassers geschieht heutzutage durchweg mittels Kolonnenapparaten in kontinuierlichem Betriebe. Das veraltete 2- und 3-Kesselsystem und das Arbeiten in intermittierendem Betrieb ist als weniger rentabel fast vollständig verlassen worden. Der kontinuierlich wirkende Abtreibeapparat besteht aus 4 Hauptabteilungen, nämlich 1. aus einer der Leistung des Apparates entsprechenden Zahl von Zellen für die Austreibung des im Gaswasser enthaltenen flüchtigen Ammoniaks (diese Zellen bilden den oberen Teil des Apparates); 2. dem Zersetzungsgefäß, in welches in bestimmten Zwischenräumen Kalkmilch eingeführt wird, um durch deren Einwirkung das chemisch gebundene Ammoniak in flüchtiges überzuführen; 3. den unter dem Zersetzungsgefäß sitzenden Abtreibezellen, in denen das nunmehr flüchtige Ammoniak abgetrieben werden soll; 4. dem Sammelbecken für das abgetriebene Wasser, auf welchem die drei vorgenannten Abteilungen sich säulenartig aufbauen (Fig. 196).

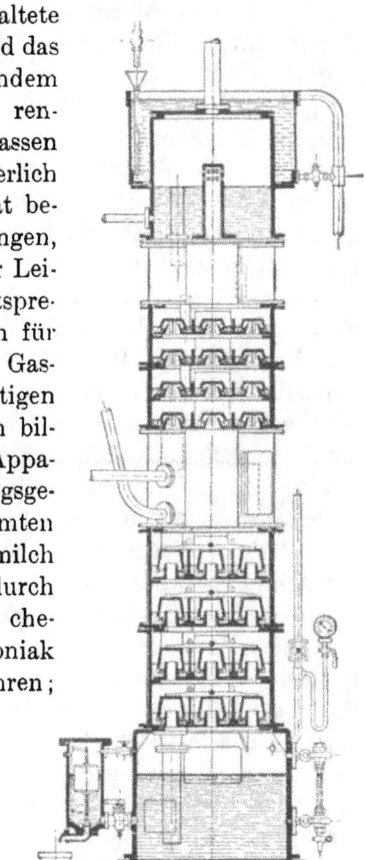

Fig 196.

Das Abtreiben des Ammoniaks gestaltet sich nun folgendermaßen: Das rohe Ammoniakwasser läuft kontinuierlich aus einem Hochbehälter in den Abtreibeapparat oben ein. Von unten wird dem Apparat der Dampf von 0,1—0,5 Atm. zugeführt, welcher das Ammoniakwasser erwärmt und schließlich zum Kochen bringt. In die Rohrleitung zwischen Hochbehälter und Apparat ist ein Stellhahn mit Skala eingeschaltet, welcher die genaue Regelung des Zuflusses ermöglicht. Das oben eintretende Rohwasser fließt durch Überlaufrohre von Zelle zu Zelle abwärts. Der Dampf tritt im Sammelbecken oberhalb des Wasserspiegels ein und gelangt durch Stutzen, über welche gezackte Glocken gestülpt und mit Schrauben befestigt sind, von Zelle zu Zelle aufwärts. Das Überlaufrohr in jeder Zelle läßt die Flüssigkeit eine solche Höhe erreichen, daß die Glocken Tauchung haben. Dadurch wird erzielt, daß der unter den Glocken austretende Dampf und mit diesem das sich verflüchtigende Ammoniak durch die Flüssigkeit streichen muß, um in die nächst höhere Zelle zu gelangen. Die Zuführung der Kalkmilch im mittleren Teil des Apparates erfolgt in möglichst kurzen Zwischenräumen und in kleinen Quantitäten, um ein plötzliches Abkühlen des Ammoniakwassers zu vermeiden. In den unter dem Zersetzungsgefäß angeordneten Zellen erfolgt das Abdestillieren der letzten Teile des Ammoniaks in der gleichen Weise wie in den oberen Zellen. Der Abfluß des abgetriebenen Wassers aus dem Sammelbecken wird durch ein selbsttätiges Schwimmerventil geregelt. Das abfließende Wasser enthält bei ordnungsmäßigem Betriebe im Durchschnitt nur noch 3 g Ammoniak in 100 l, ist dagegen hauptsächlich verunreinigt mit ausgebranntem Kalk, Rhodankalzium, Schwefelkalzium, unterschwefligsaurem Kalzium, schwefelsaurem Kalzium und Spuren von phenolartigen Stoffen. Die Dampfzufuhr ist derart zu bemessen, daß vor dem Eintritt des Gaswassers in das Zersetzungsgefäß alle flüchtigen Verbindungen — also auch Kohlensäure und Schwefelwasserstoff — abgetrieben sind, weil andernfalls durch Bildung von kohlensaurem Kalk leicht Verstopfungen im zweiten Teil der Kolonne entstehen können. Ob dieser Forderung genügt ist, davon überzeugt man sich in einfachster Weise durch Entnahme einer Probe aus der oberhalb des Zersetzungsgefäßes gelegenen Zelle. Eine hier entnommene Probe darf beim Erhitzen ohne Kalkzusatz nicht mehr nach Ammoniak riechen. Das den Apparat verlassende abgetriebene Wasser wird zunächst noch durch einen Vorwärmer (Fig. 197) geleitet, in welchem das zur Verarbeitung gelangende kalte Rohwasser durch die Wärme des Abwassers vorgewärmt wird, bevor es in den Apparat gelangt.

1. Inbetriebsetzung des Abtreibeapparates.

Bevor der Zufluß von Gaswasser zum Apparat angestellt wird, muß der letztere langsam (2 bis 3 Stunden)

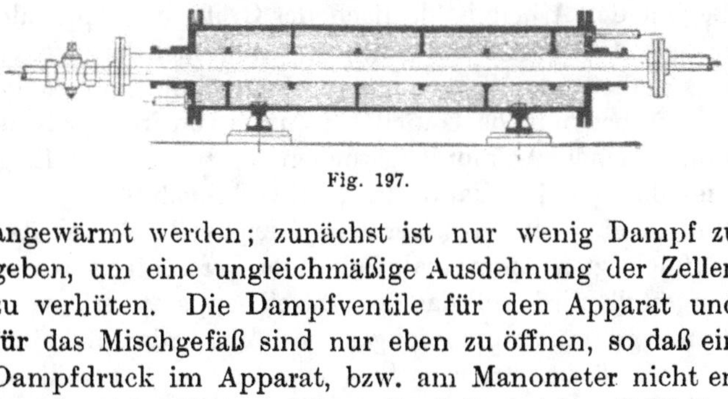

Fig. 197.

angewärmt werden; zunächst ist nur wenig Dampf zu geben, um eine ungleichmäßige Ausdehnung der Zellen zu verhüten. Die Dampfventile für den Apparat und für das Mischgefäß sind nur eben zu öffnen, so daß ein Dampfdruck im Apparat, bzw. am Manometer nicht erkennbar ist. Erst nachdem die Zellen sich mit Niederschlagwasser gefüllt haben, werden die Ventile etwas mehr geöffnet, so daß der Dampfdruck je nach der Größe des Apparates bei kleinen Apparaten auf 0,05 Atm., bei großen auf 0,1 bis 0,15 Atm. steigt. Nun kann der Zufluß des Ammoniakwassers angestellt werden, und zwar so lange weniger stark, bis das abgetriebene Wasser aus dem Vorwärmer zu fließen beginnt.

Nun ist Kalkmilch in das Zersetzungsgefäß zu pumpen und das Dampfventil für dieses so weit zu öffnen, daß in dem Mischraum ein Rauschen (kein Wallen oder Kochen) hörbar ist.

Aus dem Hochbehälter darf jetzt das Ammoniakwasser dem Apparat etwas stärker zufließen. Um die in der Zeiteinheit zufließende Menge Wasser besser kontrollieren zu können, empfiehlt es sich, den Wasserstand im Hochbehälter durch eine Schwimmvorrichtung auf einen Zeiger zu übertragen, der sich vor einer Maßlatte bewegt, deren Teilung der Wassermenge entspricht, welche in $^1/_2$ oder besser in $^1/_4$ Stunde verarbeitet werden soll. Hiernach wird der Wasserzuflußhahn, der mit einem Zeiger versehen ist, eingestellt. Nach Ablauf einer jeden Viertelstunde — viel besser aber noch mit kürzeren Unterbrechungen von 10 oder 5 Minuten — wird frische Kalkmilch, deren Menge durch den Betrieb festgestellt wird, in das Zersetzungsgefäß gepumpt. Bei Beginn der Arbeit ist je nach der Größe des Apparates mittels 15 bis 25 Kolbenhüben Kalkmilch zuzugeben. Das abfließende Wasser muß rotes Lackmuspapier tiefblau färben und darf auch bei Zusatz von frischer Kalkmilch keinen Ammoniakgeruch mehr haben. So lange dies der Fall ist, kann der Kalkverbrauch so weit als tunlich eingeschränkt werden. Gleichviel, ob aus dem verflüchtigten Ammoniak Salz oder verdichtetes Wasser hergestellt wird, soll das den Abtreibeapparat verlassende Gemenge von Ammoniakgas und Wasserdampf keinen Überschuß an letzterem haben. Um dies kontrollieren zu können, empfiehlt es sich, die Rohrleitung an geeigneter Stelle anzubohren und das Loch von etwa 5 mm Weite durch einen Holzpfropfen zu verschließen. Das dieser Öffnung beim Lüften des Stopfens entströmende Gemenge darf eine durch dasselbe geführte Hand nicht nässen. Wird die Hand naß, so fließt entweder dem Apparat zu wenig Wasser zu, oder es wird zu viel Dampf gegeben. Um den den Apparat bedienenden Arbeiter rechtzeitig an das regelmäßige Einpumpen der Kalkmilch zu erinnern, empfiehlt es sich, eine Weckuhr in dem Arbeitsraum aufzustellen, welche in bestimmten Zeitabschnitten ein Glockenzeichen ertönen läßt. Neuere Apparate sind mit automatischer Kalkzuführung, die in ganz kurzen Pausen erfolgt, versehen, wodurch die Bedienung der Apparate eine so einfache geworden ist, daß sie von einem Arbeiter nebenbei ausgeführt werden kann.

Eine derartige automatische Kalkmilchpumpe zeigen die Figuren 198 und 199. Das Wesentliche an der Pumpe ist ein Katarakt. In dem Gehäuse *A* bewegt sich eine Gummimembran *B*. In der gezeichneten Stellung liegt dieselbe oben am Gehäuse *A* an. Der Niedergang der Membran wird durch den Einfluß des Gewichtes *C* eingeleitet. Dieser Niedergang kann nur bei geöffnetem Hahn *D* stattfinden, und zwar findet der Niedergang um so langsamer statt, je weniger der Hahn *D* geöffnet ist. Beim Niedergange der Membran stößt die mit dieser verbundene Stange *E* an den Hebel *F* an und zieht denselben nieder. Hierdurch wird der Steuerhebel *G*, welcher durch den von *F* beeinflußten Hebel *H* festgehalten war, frei, so daß die gespannte Feder *J* auf denselben einwirken kann, wodurch der Dampfeintritt in den Zylinder geöffnet wird. Beim hierauf folgenden Hochgehen des Plungers wird der Steuerhebel *G* durch die Hebel *F* und *H* und die Feder *J* so bewegt, daß der Dampfzutritt, entsprechend einer richtigen Expansion, rechtzeitig abgesperrt wird. Am Ende des Hubes hebt der Stift *K* den Hebel *P* an, wodurch der von *H* festgehaltene Steuerhebel *G* wieder frei wird, so daß ihn die gespannte Feder nach oben drücken kann. Dadurch wird die Pumpe umgesteuert. Gleichzeitig wird beim Hochgehen des Plungers die Membrane des Kataraktes wieder mit hochgenommen und Luft in das Gehäuse *A* durch das Ventil *L* eingesogen. Beim Niedergange der Membran wiederholt sich dann der gleiche Vorgang wie vorher. Die Zahl der Hübe ist durch Stellung des Hahnes *D* innerhalb weiter Grenzen zu regeln.

2. Beseitigung des Abwassers.

Das Abwasser vom Abtreibeapparat wird in eine Klärgrube geleitet, welche durch Zwischenwände in

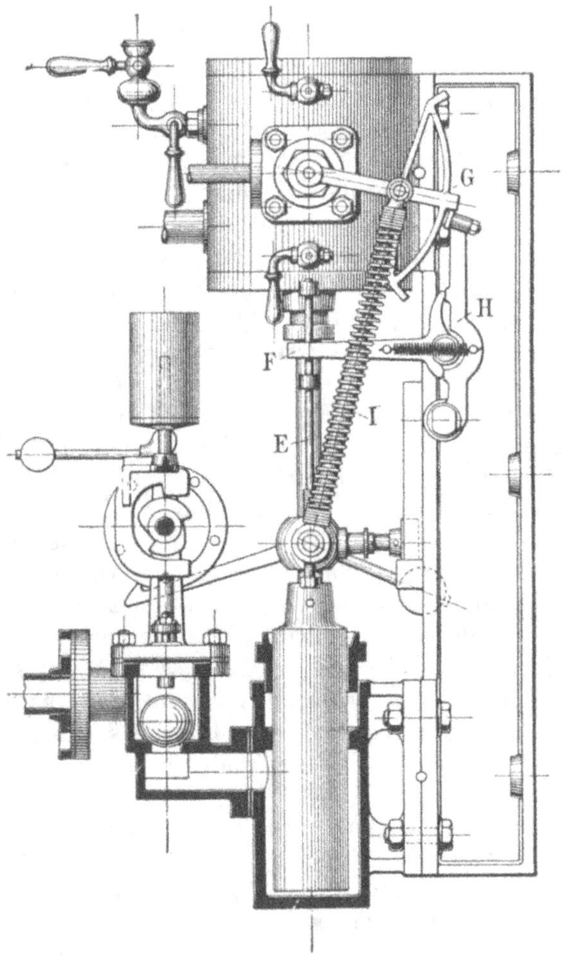

Fig. 198.

mehrere Abteilungen geteilt ist. Auf dem Boden dieser Klärgruben lagert sich der Kalk ab. Das die Klärgruben verlassende Wasser enthält zwar noch kleine Mengen von Kalk, kann aber unbedenklich in die Kanalisation geleitet werden. Der sich in den Gruben absetzende Kalkschlamm ist wertlos und eignet sich vermutlich wegen seines Gehaltes an Rhodanverbindungen nicht zu Düngezwecken. Die Ableitung des Abwassers oder auch des rohen Gaswassers in offene fischreiche Flüsse wird meist von den Aufsicht führenden Behörden nicht ohne weiteres gestattet, vielmehr wird verlangt, daß das rohe Gaswasser so weit verdünnt wird, daß Nachteile für die Fische nicht zu befürchten sind. Wie weit die Verdünnung zu treiben ist, hängt ganz von der chemischen Zusammensetzung des betreffenden Wassers und auch von der Größe des Wasserlaufes ab, in welchen es eingelassen werden soll.

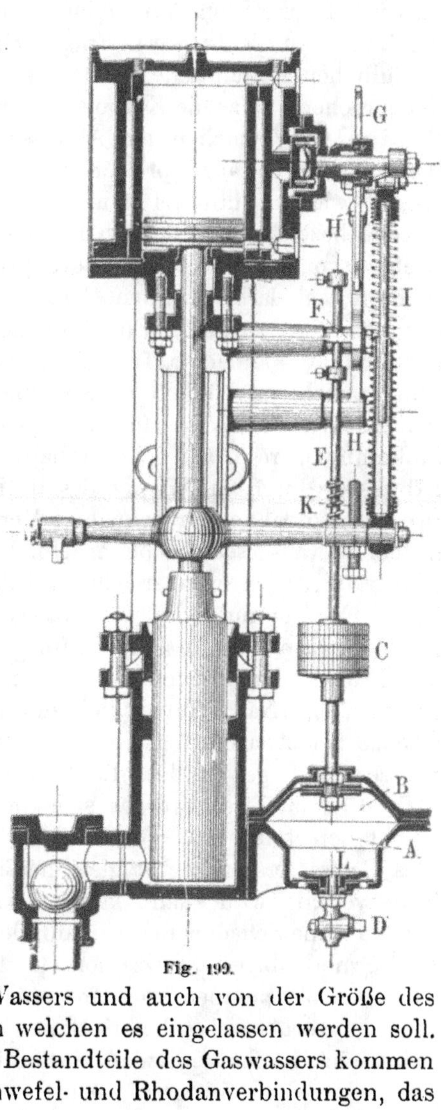

Fig. 199.

Als schädliche Bestandteile des Gaswassers kommen in Betracht die Schwefel- und Rhodanverbindungen, das

Ammoniak und die Teerbestandteile, besonders die Karbolsäure. Für das Abwasser einer Destillationsanlage, das nur Spuren von Ammoniak enthält, kommt dessen Schädlichkeit nicht mehr in Frage, während die sonstigen schädlichen Bestandteile denen des Gaswassers ungefähr entsprechen. Was die Karbolsäure betrifft, so muß nach Weigelts Versuchen ein Abwasser mit einem Gehalt von 1 g Karbolsäure pro Liter auf das 200fache verdünnt werden, um als gänzlich unschädlich für die Fische bezeichnet werden zu können, da erst bei einem Gehalt von 0,005 g Karbolsäure pro Liter das Wasser aufhört, bei darin lebenden Forellen Vergiftungserscheinungen hervorzurufen. Ein Gaswasser mit 0,5 g Karbolsäure müßte hiernach auf das 100fache verdünnt werden, um an sich unschädlich zu werden. Nun wird es aber außerdem auf die Wasserführung des betreffenden Baches ankommen, resp. auf das Verhältnis, in welchem die Abwässer durch das Wasser des Baches selbst verdünnt werden, so daß, eine regelmäßige Vermischung mit demselben vorausgesetzt, eine erheblich geringere Verdünnung der Abwässer ausreichen wird, um den unschädlichen Verdünnungsgrad (von 0,005 g pro Liter) unterhalb der Einflußstelle herbeizuführen.

Nächst den Phenolen kommt noch das Ammoniak in Betracht. Nach Weigelt liegt dessen Unschädlichkeitsgrenze bei etwa 0,015 g Ammoniak pro Liter. Im Gaswasser sind gewöhnlich 1,5% Ammoniak vorhanden, d. h. 15 g im Liter, woraus sich die Schlußverdünnung leicht berechnen läßt. Wesentlich ist, daß das Einlaufen des Gaswassers möglichst gleichmäßig über den ganzen Tag verteilt wird, dann kann selbst in relativ kleine Bäche ohne Schaden der Einlauf des Ammoniakwassers auf Grund obiger Grenzzahlen stattfinden.

Das Wegpumpen von Ammoniakwasser wird immer nur in vorübergehenden Notfällen stattfinden, und es wird ein Konflikt mit der zuständigen Polizeibehörde nur sehr selten eintreten. Anders verhält es sich bei der Abführung der Abwässer der Ammoniakfabriken, denn hier muß für die ständige Entwässerung gesorgt werden.

Das vom Kalk in der schon oben beschriebenen Weise geklärte Abwasser kann man noch durch ein Sandfilter laufen lassen, um die Verunreinigungen soviel wie möglich zurückzuhalten. Nach dem Verlassen des Sandfilters wird das Abwasser, dem seine teerigen Verunreinigungen eine braune Farbe und charakteristischen Geruch erteilen, mit der 4 bis 5fachen Menge klaren Wassers verdünnt und nun innerhalb 24 Stunden kontinuierlich in den Flußlauf eingeleitet. Irgendwelche begründete Bedenken gegen dieses Verfahren werden von der Behörde kaum noch erhoben werden können.

3. Ermittelung des Kalkzusatzes zum Gaswasser.

Von größter Wichtigkeit für die Abtreibung des Ammoniaks aus dem Gaswasser ist die Zuführung der richtigen Kalkmenge, welche einerseits abhängig ist von der chemischen Zusammensetzung des Gaswassers, anderseits von dem Gehalte des verwendeten Kalkes an wirksamem Ätzkalk. Da nur so viel Kalk zugesetzt zu werden braucht, als zum Freimachen des gebundenen Ammoniaks nötig ist, so genügt die analytische Bestimmung des letzteren nach der oben angegebenen Methode, um die Kalkmenge zu berechnen. Da nun 17 Teile Ammoniak 28 Teile Ätzkalk zur Entbindung brauchen, so läßt sich die Kalkmenge leicht berechnen, wenn man weiß, wieviel prozentig der Kalk ist.

Wäre beispielsweise ermittelt worden:

Gesamtammoniak . .	= 19,3 g im Liter
freies Ammoniak . .	= 12,9 » » »
gebundenes Ammoniak	= 6,4 g im Liter,

so berechnet sich bei Verwendung eines 74prozentigen Kalkes die Kalkmenge, welche einem Kubikmeter Rohgaswasser theoretisch zuzusetzen ist, zu

$$6,4 \cdot \frac{28 \cdot 100}{17 \cdot 74} = 14,2 \text{ kg.}$$

Zur Ermittelung des Kalkzusatzes für den technischen Betrieb mit vorhergehender Bestimmung des Gehaltes an wirksamem Ätzkalk ist von Pfeiffer eine Methode ausgearbeitet worden, zu welcher folgende Anleitung gegeben wird.

a) Bestimmung des wirksamen Ätzkalkes[1]).

Eine größere Durchschnittsprobe des für den Betrieb gelieferten Stückkalkes wird in bohnengroße Stücke zerschlagen, von denen die eigentliche Untersuchungsprobe entnommen wird. Es werden 70 g dieser Probe in etwa $^3/_4$ l Wasser geschüttet, das man in einem geräumigen emaillierten Kessel mit Deckel zum Kochen erhitzt hat. Die Flamme wird sogleich entfernt, weil nun die Löschung des Kalkes sehr lebhaft vonstatten geht. Wenn sich der Inhalt etwas abgekühlt hat, wird er in eine starkwandige 1 l-Meßflasche gegeben, nach vollständiger Abkühlung zum Liter aufgefüllt und gut gemischt. Darauf nimmt man unter ständiger Bewegung aus der Flasche rasch 20 ccm mittels einer Pipette heraus, deren Spitze abgebrochen oder erweitert ist, so daß sie sich nicht verstopfen kann, und deren Marke natürlich geändert werden mußte. Diese Probe bringt man in einen Erlenmeyer, spült die Pipette mit Wasser nach und fügt so viel Phenolphtaleinlösung hinzu, daß eine starke Rotfärbung eintritt. Man läßt nun sofort unter beständigem Umschwenken des Kolbens anfangs rasch, dann langsamer Normalsalzsäure hinzufließen, bis die Rotfärbung zum ersten Male verschwindet. Die bis dahin verbrauchte Säuremenge kann als Maßstab gelten für den leichter reaktionsfähigen Kalk; man notiert also den Stand an der Bürette. Da die Rotfärbung aber wiederkehrt, so titriert man weiter, indem man je 0,5 ccm Säure auf einmal zulaufen läßt und wartet, bis sich wieder alkalische Reaktion (Rotfärbung) zeigt. Tritt

[1]) Lunge, Untersuchungsmethoden. II. S. 686.

diese zum Schluß auch nach 5 Minuten nicht wieder ein, so gilt die Titration des gesamten wirksamen Kalkes als beendigt. Wie leicht nachzurechnen ist, entspricht hier 1 ccm Normalsalzsäure gerade 2 % Kalziumoxyd (CaO).

Wenn beispielsweise auf vorbeschriebene Weise bis zur erstmaligen Entfärbung 46,7 ccm Normalsäure, bis zur länger als 5 Minuten anhaltenden Entfärbung 47,6 ccm verbraucht wurden, so entspricht dies einem Gehalt an

leicht wirksamem Ätzkalk = 93,4 %,
gesamten » » = 95,2 %.

Je älter der Kalk, desto weiter liegen die nach dieser Methode ermittelten Werte auseinander.

Ein anderes, von Stiepel angegebenes Verfahren, den Wert eines Kalkes zu bestimmen, beruht auf dem folgenden Prinzip. Die Umsetzung des Ätzkalks mit Wasser verläuft im Sinne der Gleichung:

$$CaO + H_2O = Ca(OH)_2 + 15100 \text{ kal.}$$

Löscht man also Ätzkalk mit einer überschüssigen Menge Wassers, so wird die freiwerdende Wärmemenge an dieses übertragen und ist durch eine Temperaturerhöhung des Wassers wahrzunnehmen.

Nimmt man das Ablöschen beliebiger Mengen reinen Kalziumoxyds in einer bestimmten Menge Wassers unter stets gleichen Bedingungen vor, so kann man aus den ermittelten Temperaturerhöhungen die Verhältniszahlen berechnen, in welchen bei verschiedenen Ablöschungen die verwendeten Quantitäten Kalziumoxyds zueinander gestanden haben.

Da die Versuchsbedingungen die gleichen waren, bedarf es keiner Anbringung einer Korrektur bezüglich des kalorimetrischen Wertes des Apparates.

Verwendet man auf der anderen Seite sowohl eine stets gleiche Menge Wassers wie auch gleiche Mengen eines gebrannten Kalksteines, der also nicht mehr reines Kalziumoxyd ist, so wird die Temperatur nicht so hoch steigen wie beim Ablöschen des gleichen Quantums reinen Kalziumoxyds. Aus der Temperaturdifferenz läßt sich berechnen, wie viel reines Kalziumoxyd in dem gebrannten Kalkstein abgelöscht worden ist.

Verwendet man schließlich nicht mehr ein Thermometer mit einer Einteilung in Grade Celsius, sondern ein solches, bei welchem unter bestimmten, stets in gleicher Weise eingehaltenen Versuchsbedingungen der Abstand zweier Teilstriche der Temperaturerhöhung entspricht, welche 1% Kalziumoxyd hervorruft, so ist man in der Lage, an diesem Thermometer sogleich die Prozente ablöschbaren Kalkes abzulesen, welche ein beliebiger Kalkstein enthält.

Der für diese Untersuchung konstruierte Apparat (Fig. 200) besteht aus einem äußeren, auf drei Metallfüßen ruhenden zylindrischen Hohlkörper aus Hartgummi von ca. 20 cm lichter Weite und 23 cm Höhe. In diesem ist ein zweiter Hartgummihohlkörper der gleichen Form von ca. 6 cm lichter Weite und 20 cm Höhe eingesetzt, welcher auf einer Spiralfeder ruht, die bewirkt, daß dieser Körper sich gegen den Deckel dicht andrücken kann.

Letzterer Zylinder nimmt ein Becherglas auf, in welchem das Ablöschen des Kalkes vorgenommen wird. Verschlossen wird das Ganze durch einen Hartgummideckel, welcher mittels Bajonett-Verschlusses sich festlegt. Der Deckel hat zwei Durchbohrungen, und zwar eine für das Thermometer und eine zweite für ein Rührwerk. Letzteres besteht aus einem Metallstab, an welchem unten ein ringförmiges Metallsieb mit Seitenwänden angelötet ist (*c*). Dasselbe dient zur Aufnahme des abzulöschenden Kalkes. Mittels der Schraube (*b*) kann das Rührwerk in jeder beliebigen Höhe arretiert werden.

Das Thermometer ist nicht in Grade Celsius, sondern, wie oben erwähnt, derart eingeteilt, daß beim Ablöschen der für jeden Apparat genau bestimmten Menge reinen Kalziumoxyds (ca. 8 g) in 500 ccm Wasser, das vor dem

Versuch auf die Nullmarke eingestellte Thermometer bis zur Hundertmarke steigt, wobei die Strecke 0—100 ca. 15 cm beträgt. Diese Strecke ist in 100 gleiche Teile eingeteilt, so daß also ein Teilstrich einem Prozent Kalziumoxyd entspricht. Um nicht immer bei ein und derselben Temperatur arbeiten zu müssen, für welche die erste Einstellung vorgenommen wurde, sondern bei beliebigen Temperaturen zwischen ca. 15—25° C, ist die Skala durch besondere Vorrichtung im Thermometer beweglich angebracht, so daß man leicht vor jedem Versuch durch Drehen der Kopfschraube (*a*) den Nullpunkt in die Höhe des Quecksilberfadens einstellen kann, wodurch also jede Rechnung vermieden wird.

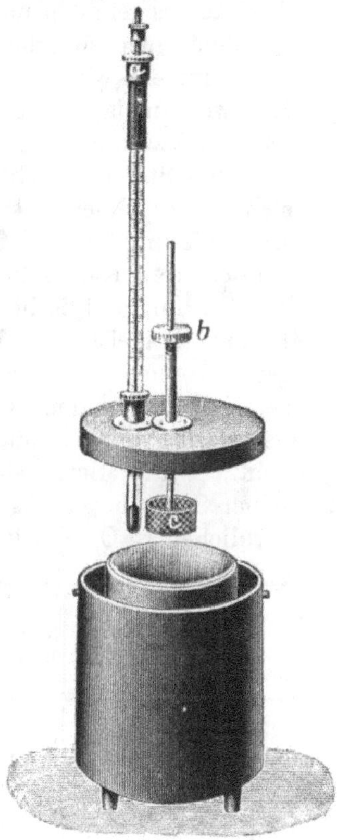

Fig. 200.

Das Gewicht der bei jeder Bestimmung abzulöschenden Kalkmenge ist jedem Apparat in Form eines Gewichtsstückes beigegeben, auf welchem zudem das Grammgewicht vermerkt ist. Die Ausführung der Bestimmung gestaltet sich folgendermaßen:

Nachdem auf einem Tarierblech das Gewicht des Kalkes in Form erbsengroßer Stücke abgewogen worden ist, wobei die genaue Abwägung zuletzt durch Zugabe von etwas feinem Kalk bewirkt werden kann, werden die Kalkstücke auf das Sieb des Rührwerkes gelegt und das feine Pulver in das Becherglas gegeben, in welchem sich 50 ccm Wasser befinden. Mittels der Schraube (*b*) wird das Rührwerk dabei so hoch festgehalten, daß es beim nunmehr erfolgenden Aufsetzen des Deckels sich über dem Wasser befindet. Zuvor war der Apparat wie auch das Wasser auf die gerade herrschende Temperatur des Raumes gebracht und die Nullmarke in gleiche Höhe mit dem Quecksilberfaden eingestellt.

Nunmehr wird die Schraube (*b*) gelockert und das Rührwerk in langsame ununterbrochene Bewegung versetzt, und zwar so lange, bis der Quecksilberfaden seinen höchsten Stand erreicht hat, wozu es bei guten Kalksteinen nur einer Zeit von etwa zwei Minuten bedarf. Die Ablesung an der Skala ergibt sofort die Prozente ablöschbaren Kalkes in dem untersuchten Kalkstein.

Da im praktischen Gebrauch die Einstellung der Kalkmilch meist nach Bé-Graden erfolgt, so sei im folgenden eine Tabelle aufgeführt, die die Beziehungen zwischen Bé-Graden, Gewicht einer CaO-Lösung und der Menge an CaO im Liter dieser Lösung veranschaulicht. Unter Berücksichtigung des Prozentsatzes an reiner Substanz im Kalk gibt sie einen Anhalt für den wirklichen CaO-Gehalt in der Kalkmilch.

Grade Bé	Gewicht von 1 Liter CaO-Lösung in g	CaO im Liter der Lösung in g	Grade Bé	Gewicht von 1 Liter CaO-Lösung in g	CaO im Liter der Lösung in g
1	1007	7,5	9	1067	84
2	1014	16,5	10	1075	94
3	1022	26	11	1083	104
4	1029	36	12	1091	115
5	1037	46	13	1100	126
6	1045	56	14	1108	137
7	1052	65	15	1116	148
8	1060	75			

b) Ermittelung des Kalkzusatzes.

Für die Darstellung von Ammoniumsulfat oder konzentriertem Gaswasser läßt sich, wie oben erwähnt, die anzuwendende Kalkmenge einfach nach dem Gehalte des verarbeiteten Wassers an fixem Ammoniak berechnen. Dagegen ist bei der Gewinnung von Salmiakgeist der Kalkzusatz zum rohen Gaswasser so zu bemessen, daß außer der dem fixen Ammoniak äquivalenten Menge noch genug Kalk zur Bindung der Kohlensäure und des Schwefelwasserstoffs vorhanden ist. Durch die fast allgemein eingeführte Vorwärmung des Gaswassers bei der Salmiakgeistfabrikation wird ein beträchtlicher Teil der Kohlensäure und des Schwefelwasserstoffs unter relativer Anreicherung des Wassers an Ammoniak ausgetrieben, so daß auch der Bedarf an Kalk wesentlich zurückgeht.

Zur Berechnung der Kalkmenge ist dann die analytische Bestimmung des fixen Ammoniaks, der Kohlensäure und des Schwefelwasserstoffs erforderlich. Einfacher ist der Kalkzusatz durch Destillationsprobe nach dem von Pfeiffer angegebenen Verfahren[1]) zu ermitteln. Diese Probe schließt sich unmittelbar an die oben beschriebene Gehaltsbestimmung des Kalkes durch Titration an und ist dadurch gekennzeichnet, daß eine abgemessene Menge Gaswassers mit einem bestimmten Volumen Kalkmilch von bekanntem Gehalt bis zur Austreibung des ganzen Ammoniaks gekocht wird, worauf man den Überschuß an nicht verbrauchtem Ätzkalk mit Normalsalzsäure und Phenolphtalein zurücktitriert.

Mittels der schon erwähnten 20 ccm-Pipette bringt man 2 Füllungen, also 40 ccm der zu einem Liter verdünnten 70 g-Probe, entsprechend 2,8 g Kalk, in einen Kolben, fügt von dem Gaswasser 25 oder 50 ccm, wenn es sich um rohes, 100 ccm, wenn es sich um vorgewärmtes handelt, hinzu, verdünnt den Kolbeninhalt auf etwa 200 ccm und erwärmt ihn unter Umschütteln über freier Flamme bis zum Sieden. Auf kleiner Flamme läßt man $^1/_2$—$^3/_4$ Stunden weiterkochen, bis die entweichenden Dämpfe rotes Lackmuspapier nicht mehr blau färben. In der abgekühlten und mit Wasser verdünnten Flüssigkeit wird unter Zusatz von Phenolphtalein der Kalküberschuß mit Normalsalzsäure zurücktitriert.

Der Säureverbrauch bis zum dauernden Verschwinden der Rotfärbung gibt den Überschuß an Ätzkalk an. Aus der Differenz gegen die ganze angewandte Menge läßt sich der Kalkbedarf für die Herstellung von Salmiakgeist folgern.

$$1 \text{ ccm n. } HCl = 0{,}028 \text{ g } CaO.$$

Beispielsweise wurden bei derartiger Prüfung von 100 ccm eines Gaswassers mit Kalk von 74% bis zur dauernden Entfärbung 41,3 ccm Normalsalzsäure zurücktitriert; das entspricht einem Überschuß von

$$\frac{41{,}3 \cdot 0{,}028 \cdot 100}{74} = 1{,}563 \text{ g Kalk.}$$

Es waren

angewandt	2,800 g Kalk,
Überschuß	1,563 g »
somit Verbrauch . .	1,237 g Kalk,

das ist auf 1 cbm Gaswasser 12,4 kg Kalk. In der Praxis wird man nun, um ganz sicher zu gehen, etwas mehr Kalk zusetzen und wird statt 12,4 kg vielleicht 16 kg nehmen, so daß damit etwaigen Schwankungen im Betriebe Rechnung getragen ist.

3. Herstellung von schwefelsaurem Ammoniak.

Bei der Herstellung von schwefelsaurem Ammoniak werden die aus dem Abtreibeapparat entweichenden Ammoniakdämpfe durch eine Rohrleitung (Fig. 201) mit eingeschaltetem Wasserabscheider *W*, der etwa mitgerissenes Ammoniakwasser auffängt, in einen mit verdünnter Schwefelsäure gefüllten Sättigungskasten *D* geleitet, in welchem sich das schwefelsaure Ammoniak bildet. Der Sättigungskasten besteht aus Holz und ist

[1]) Lunge, Untersuchungsmethoden II, S. 689.

mit 10 mm starkem Blei ausgelegt. Eine runde Bleiglocke ist darin eingestülpt, stützt sich auf die Kastenwände und trägt in der Mitte ein starkes, unten offenes Einhängerohr aus Hartblei, durch welches die Ammoniakdämpfe oben eingeleitet und gezwungen werden, durch die Schwefelsäure zu streichen. Diese füllt den Sättigungskasten bis zu dreiviertel der Tiefe desselben an.

Die unter der Glocke sich entwickelnden übelriechenden Dämpfe und Gase, hauptsächlich Schwefel-

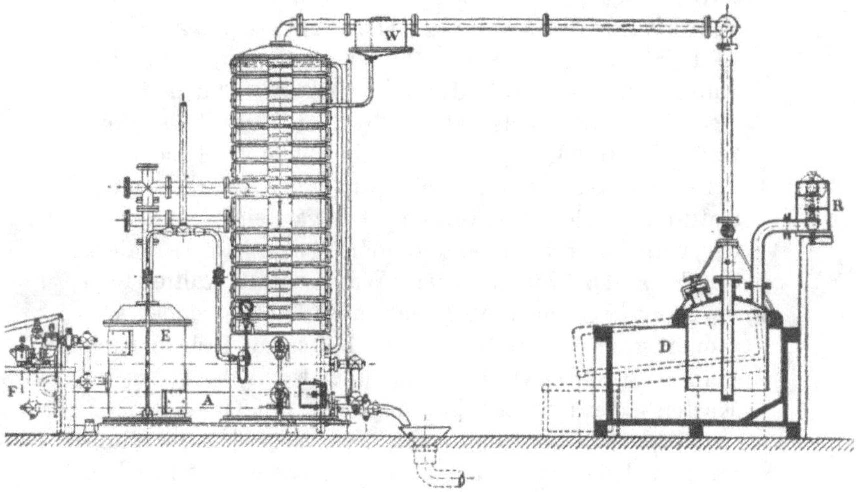

Fig. 201.

wasserstoff und Wasserdampf, steigen durch ein Rohr in ein oberhalb der Glocke befindliches Bleigefäß *R*, welches wechselständig derartig mit Scheidewänden versehen ist, daß durch diese Scheidewände die mitgerissenen Säureteilchen zurückgehalten werden. Mit starkem Gefälle leitet man die Gase weiter bis in den nächsten Schornstein, läßt aber das Wasser vorher sich ausscheiden.

Nicht immer wird diese Art der Entfernung der übelriechenden Gase von den aufsichtführenden Behörden gestattet. In solchem Falle müssen dann die Gase, nachdem sie in Kühlern vom Wasserdampf befreit sind, zur Entfernung des Schwefelwasserstoffes durch einen kleinen mit Raseneisenerz beschickten Reinigerkasten geleitet werden, der ganz den für das Leuchtgas gebräuchlichen Reinigern gleicht. Der Gasrest (Kohlensäure) darf dann durch einen Schornstein in die freie Luft geleitet werden.

Unter der Bleiglocke im Sättigungskasten bildet sich durch chemische Bindung des Ammoniaks an die Schwefelsäure schwefelsaures Ammoniak [$2NH + H_2SO_4 = (NH_4)_2 SO_4$]. Durch diese zwischen den Ammoniakgasen und der Schwefelsäure stattfindende Reaktion wird so viel Wärme frei, daß die Flüssigkeit unter der Glocke stets im Kochen bleibt. Eine Kondensation von Wasserdampf kann dabei natürlich nicht stattfinden, vielmehr verdampft sogar ein Teil des in der vorgelegten Säure enthaltenen Wassers, so daß diese durch Zusatz von frischem Wasser oder Mutterlauge verdünnt werden muß. Das auskristallisierende Ammoniaksalz wird mittels einer hölzernen Brücke nach vorn in den Kasten gezogen, und wenn die Säure im Kasten nahezu neutral geworden ist, mit einem kupfernen Seiher ausgeschöpft. Das Neutralwerden der Säure ist mit Hilfe von Lackmuspapier leicht festzustellen, wird aber auch an der orangegelben Färbung, welche die Flüssigkeit zum Schluß der Reaktion annimmt, leicht zu erkennen sein. Hält die Sättigung zu lange an, nimmt also die Lauge kein Ammoniak mehr auf, so macht sich dieses durch üblen Geruch bemerkbar. Das ausgeschöpfte, schwefelsaure Ammoniak läßt man auf verbleiten Abtropfbühnen trocknen, fängt die ablaufende Mutterlauge in einem verbleiten Laugenkasten auf und füllt sie zurück in den Sättigungskasten, wo sie zum Verdünnen der Säure dient. Diese hat zweckmäßig beim Beginn der jedesmaligen Abkochung eine Stärke von 42—45° Beaumé. Die Menge der vorzulegenden

Säure berechnet sich folgendermaßen: Angenommen, eine Fabrik wollte in kontinuierlichem Betrieb in 24 Stunden 10 cbm Gaswasser von 1,5% Ammoniakgehalt auf schwefelsaures Ammoniak verarbeiten, so enthält das gesamte Gaswasser, welches in 24 Stunden zur Verarbeitung kommt, 150 kg reines Ammoniak.

Nach der Gleichung

$$2\ NH_3 + H_2SO_4 = (NH_4)_2SO_4$$
$$2 \cdot 17 + 98 = 132$$

verbrauchen 34 Gewichtsteile Ammoniak 98 Teile Schwefelsäure von 100% H_2SO_4 oder 66° Bé. Für die Sulfatfabrikation wird meistens Säure von 60° Bé und 1,710 spez. Gewicht mit 78% H_2SO_4 verwendet. Von dieser Säure sind für 150 kg Ammoniak erforderlich

$$\frac{150 \cdot 98 \cdot 100}{34 \cdot 78} = 564\ \text{kg} = \frac{554}{1,71} = 224\ \text{l}.$$

Durch Zusatz von Wasser oder Mutterlauge wird diese Säure auf ungefähr 45° Bé = 55,4% H_2SO_4 verdünnt.

Im praktischen Betrieb wird gewöhnlich die vierfache Gewichtsmenge des im Gaswasser enthaltenen reinen Ammoniaks an Schwefelsäure von 60° Bé mit ca. 78% reiner Substanz zugesetzt, also im obigen Falle $150 \times 4 = 600$ kg. Die gesamte notwendige Säure wird jedoch nicht auf einmal in den Sättigungskasten gefüllt. Dieser ist meist 750 mm tief und wird nur bis 550 mm Höhe mit der schon mit Mutterlauge verdünnten Säure beschickt; sobald der Inhalt des Kastens neutral geworden ist und man mit dem Ausschöpfen des Salzes beginnt, wird der Rest der frischen Säure zugesetzt, weil sonst das Ammoniak, das aus dem Abtreibeapparat während des Ausschöpfens in den Sättigungskasten gelangt, keine Schwefelsäure mehr vorfindet und daher, ohne gebunden zu werden, mit den Abgasen entweicht, was zu recht beträchtlichen Verlusten an Ammoniak führen kann. Um dem bei dieser Arbeitsweise unvermeidlichen Übelstand, daß das Salz immer einen Prozentsatz Säure enthalten muß, abzuhelfen, arbeitet man am besten mit 2 Sättigungskästen, wie aus Fig. 202 ersichtlich (Konstruktion der Firma Francke-Bremen). Die vorzulegende Säure wird in beide Kästen gleich verteilt, aber das Ammoniakgas vorerst nur in einen Kasten geleitet. Sobald die Säure in diesem Kasten neutral ist, wird durch Hahnstellung der Zugang der Ammoniakgase nach diesem Kasten abgesperrt und nach dem zweiten Kasten geöffnet. Inzwischen wird der erste Kasten ausgesoggt und wieder mit frischer Säure gefüllt. Um stets die richtige Menge Schwefelsäure ohne weitere Umstände einfüllen zu können, sind an einer Innenseite des Sättigungskastens 3 Marken angebracht; die unterste Marke zeigt den Flüssigkeitsstand an, welcher nach dem Ausschöpfen des Salzes erreicht wird, von dieser untersten bis zur mittleren Marke wird der Kasten mit frischer Säure von 60° Bé gefüllt, während die obere Marke angibt, wie viel Wasser oder Lauge zum Verdünnen der Säure bis auf 45° Bé nachzufüllen ist. Auf diese Weise ist es möglich, ohne Verluste an Ammoniak einen kontinuierlichen Betrieb einzurichten.

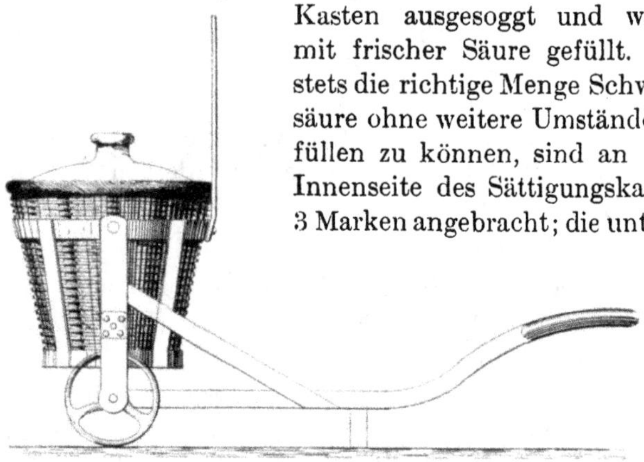

Fig. 203.

In kleinen Betrieben gießt man die Schwefelsäure (Kammersäure von 60° Bé) meistens direkt aus den Glasballons, in denen man sie bezieht, in den Sättigungskasten und setzt Mutterlauge und Wasser zu, bis das Gemisch eine Stärke von 42 bis 45° Bé erreicht hat.

Schäfer, Gaswerk. 3. Aufl.

Anlage zur Verarbeitung vo

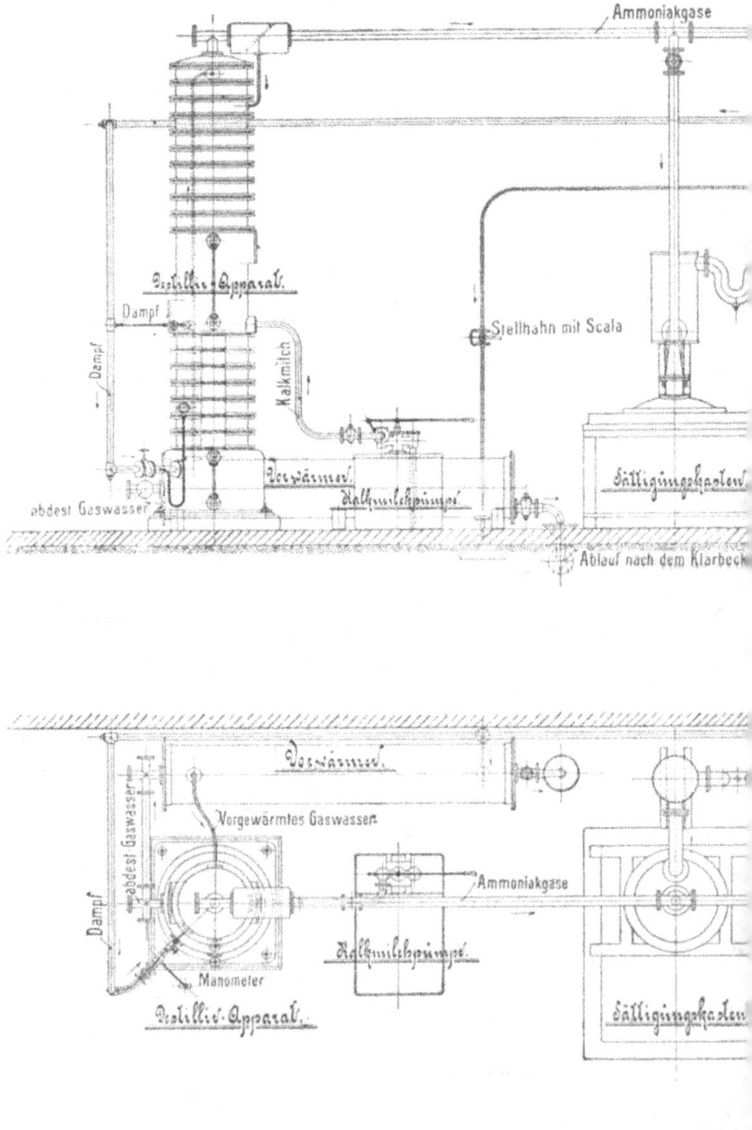

auf schwefelsaures Ammoniak.

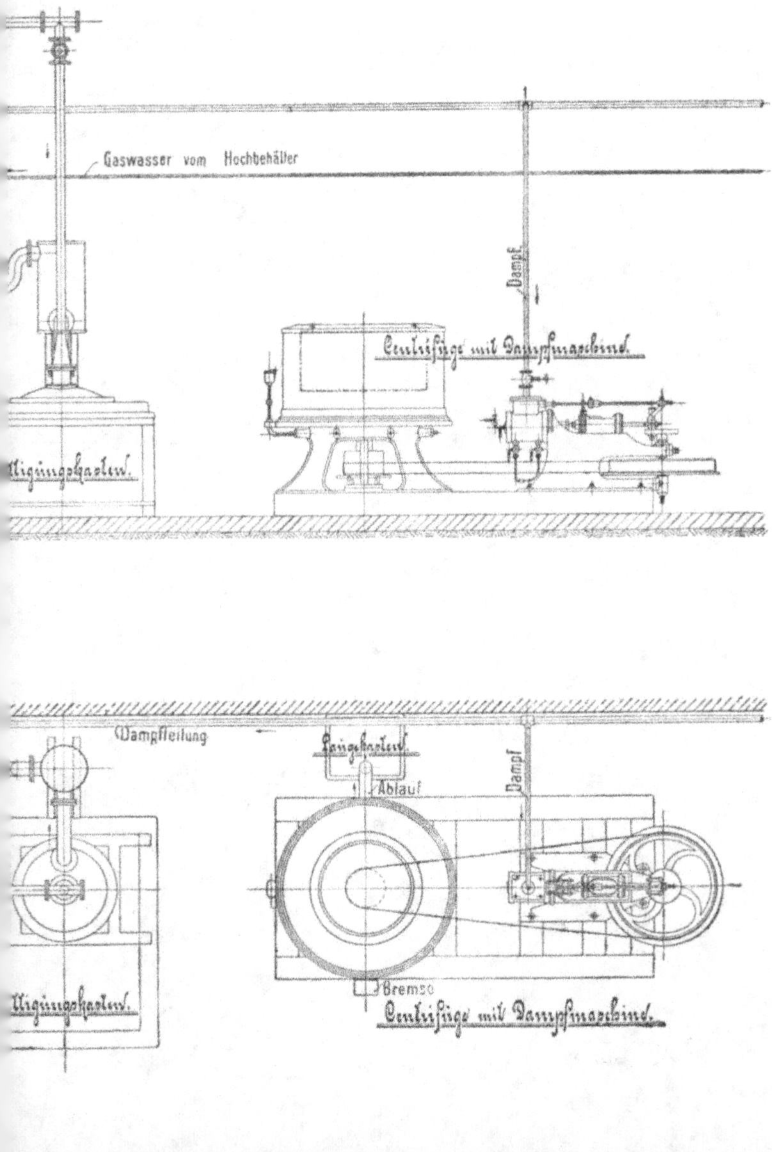

Diese Arbeit ist sehr gefährlich und sollte ohne Verwendung eines Krans oder einer anderen Hebevorrichtung nicht vorgenommen werden.

Zu empfehlen ist auch die Benutzung von Gummiballgebläsen, mittels welcher in die Säureflaschen Luft gepreßt wird, welche das Aufsteigen der Säure aus der am Boden stehenden Glasflasche nach dem Sättigungskasten bewirkt. Auch läßt sich die Anordnung so treffen, daß die Schwefelsäure mittels eines Ballonwagens (Fig. 203) auf eine neben dem Sättigungskasten angebrachte Rampe

Fig. 204.

gefahren wird und der Ballon durch einen Heber entleert wird.

In größeren Betrieben wird die Schwefelsäure in Bahnwagen bezogen. Die Aufbewahrung geschieht alsdann in hochstehenden, verbleiten Behältern, aus denen die Säure selbsttätig durch eine Bleirohrleitung in die Sättigungskästen abgelassen werden kann.

Hat das ausgeschöpfte schwefelsaure Ammoniak 1 bis 2 Stunden auf der Abtropfbühne gelegen und den größten Teil der anhaftenden Lauge verloren, so wird es direkt in den hierfür bestimmten Lagerraum gefahren oder in eine Zentrifuge gebracht, um von der noch anhaftenden Lauge oder Feuchtigkeit befreit zu werden.

In den Zentrifugen (Fig. 204) wird das Salz durch Schleudern in ganz kurzer Zeit so getrocknet, daß es höchstens noch 4 % Feuchtigkeit enthält, welche dann im Lagerraum noch um 1—2 % vermindert wird. Mit einem Feuchtigkeitsgehalt von 2—3 % kommt es dann in den Handel. Das schwefelsaure Ammoniak ist selten ganz weiß, meistens ist es grau, gelb, braun, ja auch bläulich gefärbt, was durch die Verunreinigungen der zur Verwendung gelangenden Schwefelsäure, durch Arsen, Eisen etc. bewirkt wird. Man kann die Färbung des schwefelsauren Ammoniaks möglichst verhindern, wenn man die sich während des Betriebes im Sättigungskasten bildenden Verunreinigungen, wie Schwefelarsen etc., welche als Schaum oben schwimmen, von Zeit zu Zeit abschöpft. Weniger empfehlenswert ist es, das Salz zur Erhaltung einer weißen Farbe beim Neutralisationspunkt sofort aus dem Kasten auszusoggen, da es dann noch ziemlich viel Säure enthält und in diesem Zustand schlechten Absatz findet. Vom handelsüblichen schwefelsauren Ammoniak wird gefordert, daß es zum mindesten 24,5 % Ammoniak (das sind ungefähr 20 % Stickstoff) und nicht mehr als 2 % Feuchttigkeit enthält, daß es möglichst frei von Säure, weiß oder nur ganz schwach gefärbt ist. Findet das Salz zu Düngezwecken Verwendung, was meistens der Fall ist, dann hat eine graue, braune oder sonstige Färbung des Salzes keinen Einfluß auf die Güte. Um ein rein weißes Salz herzustellen, muß Schwefelsäure, welche aus natürlichem Schwefel erzeugt ist, verwendet werden; die Anwendung einer aus Schwefelkies hergestellten Säure wird in den wenigsten Fällen ein farbloses Salz ergeben. In den Ammoniakfabriken Deutschlands kommt fast ausnahmslos Schwefelsäure aus Kiesen zur Verwendung.

4. Herstellung von konzentriertem Ammoniakwasser.

Die Herstellung von verdichtetem Ammoniakwasser vollzieht sich in der Weise, daß das den Abtreibeapparat verlassende Gemisch von Ammoniak und Wasserdampf in einem Kühler gekühlt wird und das Ammoniak sich in dem hierbei niederschlagenden Wasser löst.

Um die Menge der übertretenden Wasserdämpfe regeln zu können, wird auf dem Abtreibeapparat ein Rückflußkühler angeordnet, welcher je nach der Menge des durchfließenden Kühlwassers mehr oder weniger Dämpfe zu Wasser verdichtet, welches unmittelbar in den Abtreibeapparat zurückfließt. Je mehr Wasser so zurückgehalten wird, desto weniger wird in den folgenden Kühler gelangen und desto ammoniakreicher wird das verdichtete Ammoniakwasser ausfallen.

Die aus dem Abtreibeapparat mit übertretende Kohlensäure verbindet sich bei zunehmender Abkühlung wieder mit dem Ammoniak zu kohlensaurem und doppelkohlensaurem Ammoniak, welches sich aus konzentrierter Lösung kristallinisch ausscheidet und zu lästigen Verstopfungen der Apparate und Rohrleitungen führt. Besonders im Winter schließen sich die Kristalle gern zu großen Klumpen zusammen und bereiten bei der Lagerung und dem Versand des Konzentrates große Unannehmlichkeiten. Um diese Ausscheidungen zu verhüten, werden die den Abtreibeapparat verlassenden Gase durch einen Kohlensäurewäscher (Fig. 205) geleitet, in welchem sie durch Kalkmilch streichen, welche einen großen Teil der Kohlensäure an sich reißt. Durch entsprechende Zuführung frischer Kalkmilch ist man in der Lage, den Kohlensäuregehalt so herabzumindern, daß die Bildung von Kristallen im Kühler und Sammelgefäß ausgeschlossen ist. Fehlt der Kohlensäurewäscher, so wird auch ein Rückflußkühler gar nicht oder nur in sehr beschränktem Maße zu gebrauchen sein, denn es ist dann durch genügenden Wasserdampfübertritt in den Kühler eine zu starke Konzentration des verdichteten Wassers, die unbedingt zur Salzausscheidung führen würde, zu verhüten. Das gewonnene Gaswasser wird in solchen Fällen nicht über 15 bis 18% NH_3 bei etwa 16° Bé enthalten.

Die Beschickung des Kohlensäurewäscher erfolgt mittels der Kalkmilchpumpe des Abtreibeapparates, und zwar wird hierzu die gleiche Kalkmilch verwendet wie für den letzteren. Der Kalkbedarf ist für den Kohlensäurewäscher größer als für den Abtreibeapparat, so daß abwechselnd 2 Kolbenhübe Kalk in den Abtreibeapparat und 3 Hübe in den Kohlensäurewäscher gepumpt werden. Zu diesem Zwecke sind in den Druckleitungen der Kalkpumpe Hähne angeordnet, die abwechselnd geöffnet und geschlossen werden, je nachdem in den Abtreibeapparat oder in den Kohlensäurewäscher Kalk gepumpt werden soll. Es ist nicht zweckmäßig, größere Mengen Kalkmilch mit einem Male einzuführen, weil hierdurch das Wasser zu sehr abgekühlt wird. Mit Rücksicht hierauf empfiehlt sich die Verwendung der schon weiter oben beschriebenen Dampfkalkmilchpumpe, in deren Druckleitung aber für den vorliegenden Fall ein Verteilungsventil eingeschaltet werden muß, welches automatisch so gesteuert wird, daß 3 Hübe in den Wäscher und 2 Hübe in den Abtreibeapparat gelangen. Hierdurch wird erreicht, daß die Kalkmilch in immer gleichen Zwischenräumen und stets nur in der erforderlichen Menge, aber auch ununterbrochen zugesetzt wird. Der in dem Kohlensäurewäscher abgestumpfte Kalk fließt

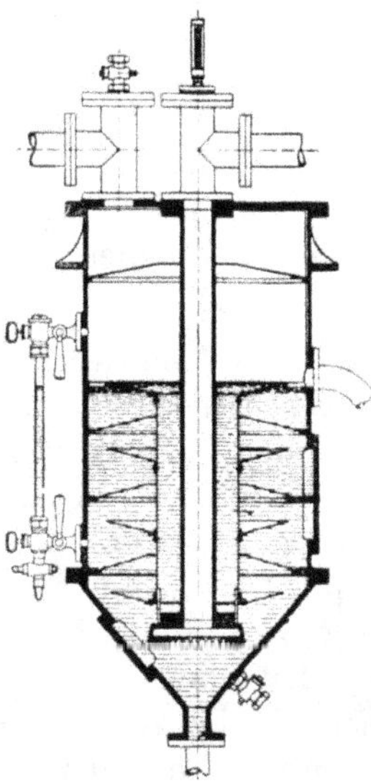

Fig. 205.

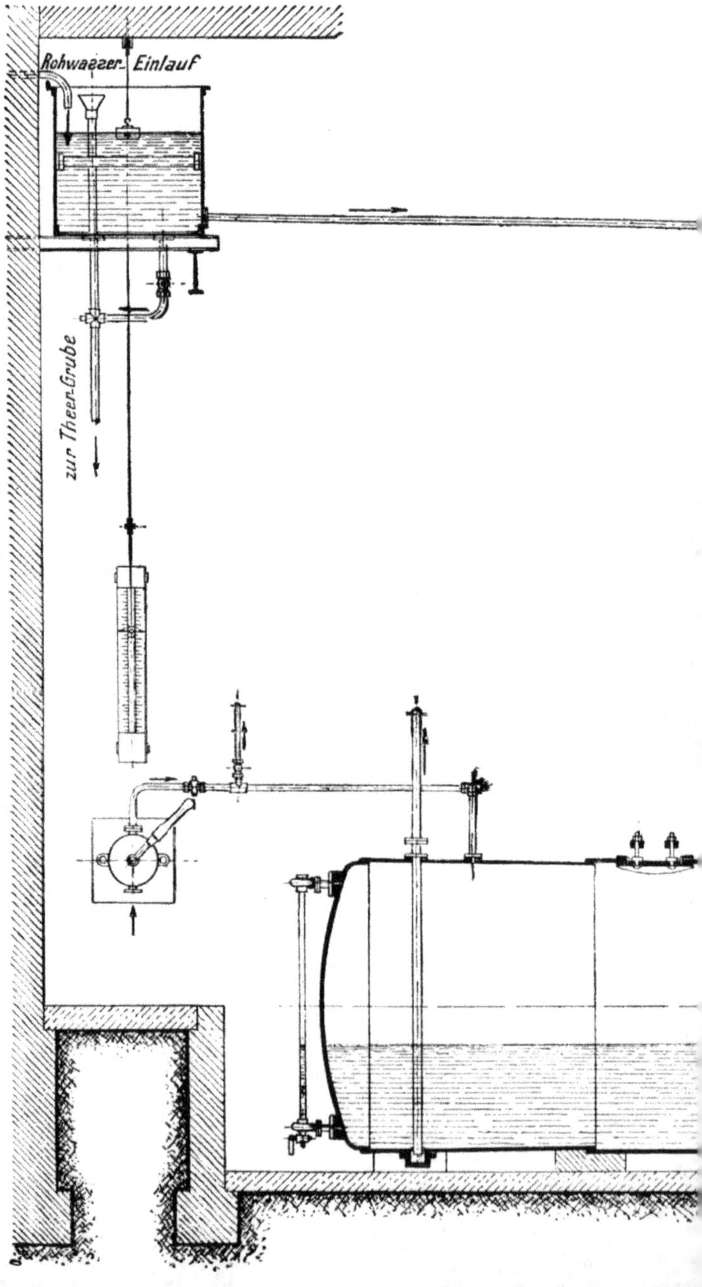
Rohwasser-Einlauf
zur Theer-Grube

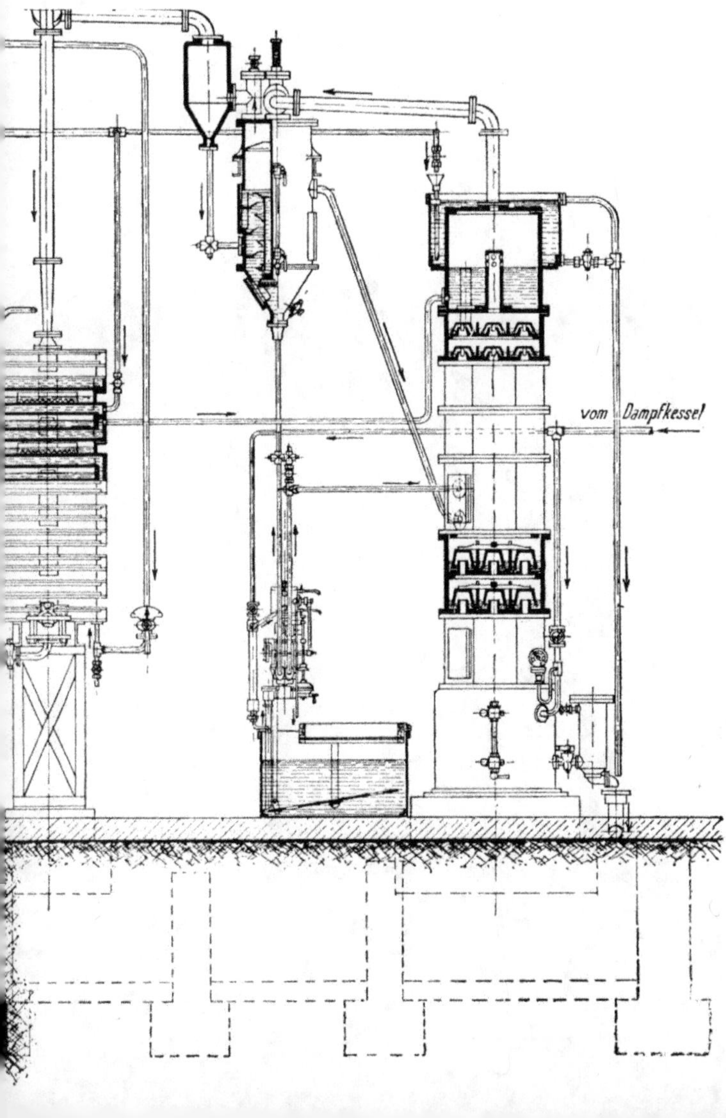
vom Dampfkessel

nach dem Abtreibeapparat, in welchem das von der Kalkmilch aufgenommene Ammoniak abgetrieben wird. Aus Fig. 206 ist die Anordnung eines Kohlensäurewäschers innerhalb einer Konzentrationsanlage zu ersehen.

Das den Wäscher verlassende kohlensäurearme Gasgemenge gelangt nun in den Kühler, in welchem das Ammoniakgas von den kondensierten Wasserdämpfen absorbiert wird. Dieser Kühler wird von der Berlin-Anhalter Gesellschaft als Zellenkühler (Fig. 207) gebaut. Der Kühler besteht aus einer Anzahl Ammoniakzellen (C_1, C_2, C_3) mit eingegossenen Tauchwänden und einer Anzahl Kühlzellen (K_1, K_2, K_3). Das Ammoniak durchstreicht von oben nach unten die einzelnen Zellen C, während das Kühlwasser, als welches man rohes Ammoniakwasser benutzt, um dieses vorzuwärmen, die Zellen K von unten nach oben durchfließt. Infolgedessen kommt in dem untersten Teil des Kühlers vollständig gekühltes Ammoniak mit dem kältesten Kühlwasser in Berührung, und durch diese nach unten ständig zunehmende Kühlung und die wiederholte Tauchung werden schließlich die letzten Spuren des Ammoniaks vom Wasser aufgenommen. Das konzentrierte Gaswasser verläßt endlich durch den Auslauf z unter der Glasglocke J den Apparat, um in einem Sammelgefäß oder bei kleineren Anlagen in Fässern aufgespeichert zu werden.

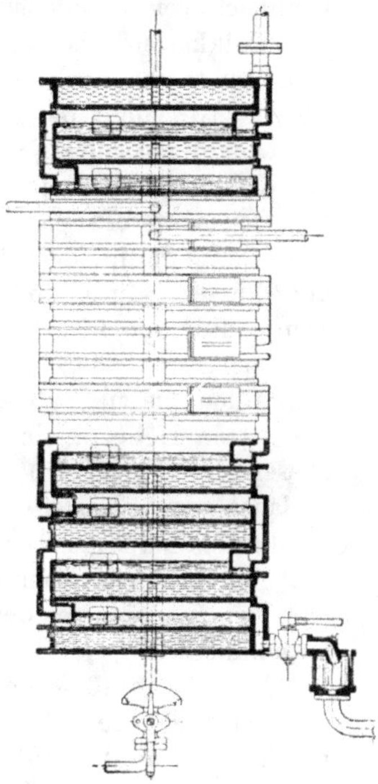

Fig. 207.

Für die Inbetriebsetzung einer derartigen Konzentrationsanlage ist folgendes zu beachten:

Der Kalkkasten ist mit Kalkmilch von ca. 15° Bé in der Weise zu füllen, daß die Kalkmilch in einem Gefäß in dieser Stärke eingerührt und dann durch ein Drahtsieb von 1, höchstens 1,5 mm Maschenweite in den Kalkkasten übergegossen wird. Auf das Sieb legt man am besten noch ein Filtertuch von groben Juteleinen. Geschieht das letztere nicht, so setzt man sich der Gefahr aus, daß sich der untere Wasserstandshahn am Kohlensäurewäscher mit Kalk oder Sand verstopft.

Der Abtreibeapparat wird in der schon erwähnten Weise angewärmt, der Rückflußkühler bis zum Überlauf mit Wasser gefüllt und, nachdem dieses Wasser eine Temperatur von 50° C erreicht hat, der Zulauf des Ammoniakwassers langsam angestellt. Gleichzeitig wird Kalkmilch bis zur halben, der durch eine Marke bezeichneten Höhe, in den Kohlensäurewäscher gepumpt. Dieser Stand wird sich in der ersten Zeit durch Niederschlagen der eingeleiteten Dämpfe so lange erhöhen, bis die Kalkmilch die Temperatur derselben angenommen hat und diese nun nach dem Zellenkühler hinübergehen läßt, wo sie sich niederschlagen und das Ammoniak aufnehmen.

Von 10 zu 10 Minuten werden dem Kohlensäurewäscher je 20, dem Abtreibeapparat je 12 Hübe Kalkmilch zugepumpt. Hat der Stand der Kalkmilch die Marke erreicht, so muß beim nächsten Zupumpen von Kalkmilch erst so viel vom Inhalt des Kohlensäurewäschers nach dem Abtreibeapparat abgelassen werden, als 20 Kolbenhübe ausmachen. Nach je viertelstündiger Beobachtung des Wasserzulaufs zum Abtreibeapparat wird auch dieser auf das richtige Maß gebracht.

Der Dampfdruck wird je nach der Größe des Apparates am Manometer auf 0,15 bis 0,25 Atmosphären eingestellt; jedenfalls muß die Dampfzufuhr so groß sein, daß das den Apparat verlassende Wasser nicht mehr nach Ammoniak riecht. Die Temperatur der in den Kohlensäurewäscher eintretenden Dämpfe soll bei 85 bis 90° C liegen und wird durch den Wasserzulauf in den Rückflußkühler geregelt.

Wenn nach Verlauf von einigen Stunden sich die einzelnen Zellen des Zellenkühlers gefüllt haben und das verdichtete Wasser abläuft, wird es auf seinen Ammoniakgehalt untersucht. Es soll 20 bis 25% Ammoniak enthalten bei 6 bis 8° Bé. Hat es weniger Prozente Ammoniak, so wird der Rückflußkühler stärker gekühlt, damit weniger Wasserdämpfe mit übergeleitet werden; ist es dagegen ammoniakreicher, so wird der Kühlwasserzulauf zum Rückflußkühler vermindert, die Temperatur des Kühlwassers in demselben wird sich erhöhen, und es werden mehr Wasserdämpfe mit nach dem Zellenkühler geleitet, so daß in diesem mehr Wasser zur Lösung des Ammoniaks zur Verfügung steht. Hat das verdichtete Wasser weniger als 6° Bé, so wird weniger Kalkmilch in den Kohlensäurewäscher gebracht; hat es mehr als 8° Bé, so muß demselben mehr Kalk zugeführt werden.

Zur besseren Übersicht über den Betrieb ist es sehr zu empfehlen, daß der bedienende Arbeiter angehalten wird, die Beobachtung der Temperaturen und des Wasserszulaufs sowie die Dampfspannung viertelstündlich nachzusehen und mit der Anzahl der Kolbenhübe für Kalkmilch in eine Betriebstabelle einzutragen.

Bei dem von Pintsch-Berlin gebauten Konzentrations-Apparat wird die Kohlensäure nicht durch Waschung mit Kalkmilch, sondern durch Erwärmung ausgetrieben. Das Rohwasser fließt (Fig. 208) in diesem Falle vor Eintritt in den Abtreibeapparat *d* zunächst in den oberen Teil *r* des Kohlensäure-Ausscheiders *t*, Ammoniakwascher genannt, und von hier aus in den Gaswasservorwärmer *v*. In diesem wird es, um Dampf zu sparen, vor Einfluß in die Heizkammer *s* des Kohlensäureausscheiders *t* durch das heiße, ca. 100grädige Abwasser des Abtreibeapparates *d* auf etwa 85—90° C vorgewärmt. In der Heizkammer *s* wird die Temperatur je nach Beschaffenheit des Rohproduktes durch indirekten Dampf auf 88—95° C erhöht. Dabei entweicht naturgemäß außer der Kohlensäure auch Ammoniak, das jedoch von dem durch den Ammoniakwascher *r* fließenden kalten Gaswasser wieder vollkommen aufgenommen wird, während die Kohlensäure mit geringen Mengen von Schwefelwasserstoff ins Freie entweicht. Die Menge der ausgeschiedenen CO_2 hängt von der Temperatur in den Heizkammern ab und kann bis zu 90% betragen. Bei Verdichtungsanlagen scheidet man jedoch zweckmäßigerweise zur Erleichterung und Vereinfachungdes Betriebes nur etwa 40—70% ab und erzielt damit ein Produkt, das bei etwa 25% NH_3 0—3° Bé anzeigt.

Nun erst tritt das zum größten Teil von CO_2 befreite Gaswasser in den Abtreibeapparat. Das gasförmige Ammoniak entweicht aus diesem an der obersten Kolonne, durchstreicht den Rückflußkühler *x* und gelangt dann zu dem Zellenkühler *n*, der mit reinem Wasser berieselt wird. Diese letzteren Teile der Anlage bieten keine wesentlichen Unterschiede von der schon oben ausführlich beschriebenen Verdichtungsanlage.

Der Dampfverbrauch für die CO_2-Ausscheidung und Destillation des Gaswassers schwankt je nach der Zusammensetzung des Rohwassers zwischen 175—300 kg pro 1 cbm Rohwasser, das entspräche pro 1 cbm Rohwasserverarbeitung pro 24 Stunden einer Kesselheizfläche von 0,5—1 qm. Die größere oder geringere Leistung der Anlagen hat auf den Dampfverbrauch nur unbedeutenden Einfluß.

Die Konzentrierung des Gaswassers nach den beschriebenen Verfahren ist für kleine Gaswerke, die keinen Dampfkessel haben, undurchführbar. Findet auf solchen Werken das rohe Gaswasser wegen zu hohen Transportkosten keinen lohnenden Absatz, so empfihlt sich die Aufstellung einer Konzentrationsanlage nach Francke-Bremen, mit welcher das Gaswasser in einfacher Weise auf ca. 10%

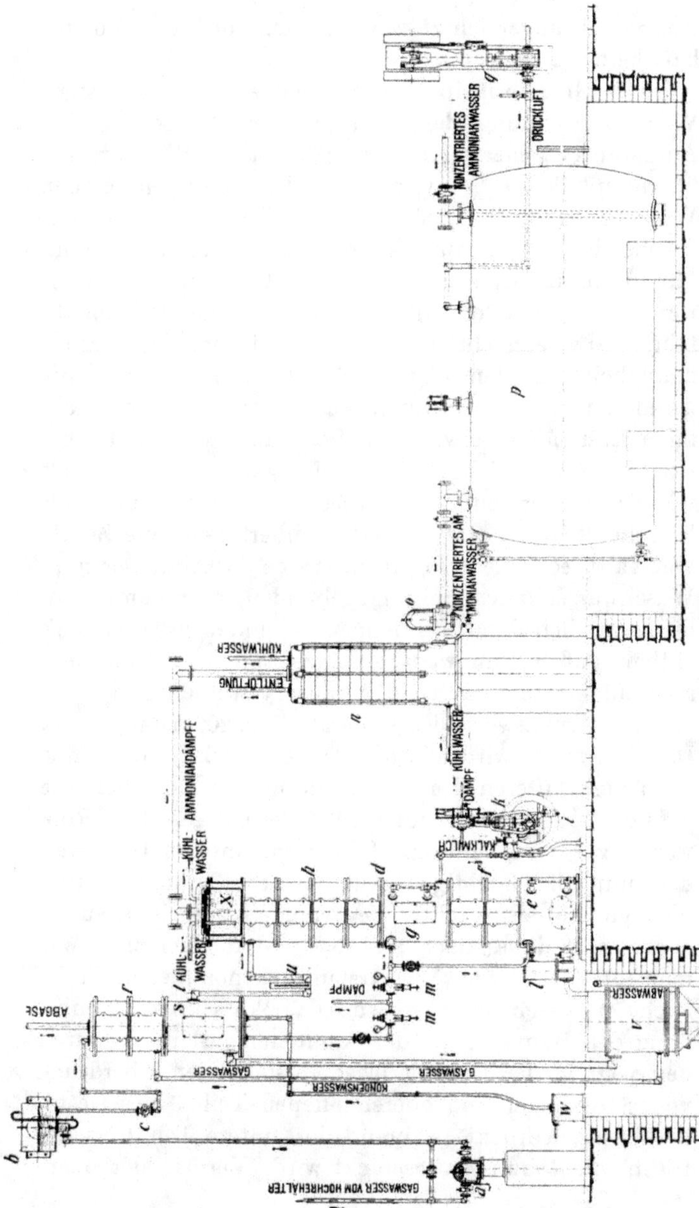

Fig. 208. Schema einer Anlage zur Herstellung von starkverdichtetem Ammoniakwasser.

Ammoniak angereichert werden kann, und den Vorzug hat, keine Abwasser zu geben.

Das Grundprinzip dieser Arbeitsweise ist die stete Wiederverwendung der Abwässer zur Berieselung der Ammoniakwascher. Klarwasser findet als Waschwasser überhaupt keine Verwendung. Die Berieselung der Wascher erfolgt lediglich mit den Flüssigkeitsmengen, welche bei der Gasfabrikation direkt aus der Kohle (durchschnittlich ca. 5% von deren Gewicht) gewonnen werden, unter steter Regeneration durch die Ammoniakfabrik. Es entsteht ein steter Kreislauf der Waschflüssigkeit. In den Waschern reichert sich diese mit Ammoniak an, wird durch Auskochen von den flüchtigen Bestandteilen wieder befreit, also regeneriert, besitzt dann die gleiche Aufnahmefähigkeit für Ammoniak wie Klarwasser und wird wieder zur Berieselung der Wascher benutzt. Da in der Destillierblase ohne Zusatz von Kalk gearbeitet wird, reichert sich das Abwasser resp. Waschwasser immer mehr mit gebundenem Ammoniak an, bis es endlich derartige Mengen gebundenes Ammoniak enthält, daß es ohne weitere Verarbeitung direkt mit dem ammoniakreichen Destillat vermischt werden kann.

Die Arbeitsweise des Apparats (Fig. 209) ist folgende: Das Rohwasser wird aus der Grube mittels Handpumpe nach dem unteren Teile 1 der doppelten Destillierblase gefördert, und zwar kommen jedesmal ca. 400 l Rohwasser zur Verarbeitung. In diesem unteren Teile werden nun die flüchtigen Ammoniakbestandteile durch Kochen mittels direkter Feuerung (Koksgrieß) ausgetrieben; ist dieses nach 2 bis 3 Stunden geschehen, was man an einer vom Wasserstand entnommenen Probe leicht erkennen kann, so wird das Wasser nach Schließung des Hahnes 2 in der Ammoniakgasleitung durch den jetzt in der Destillierblase entstehenden Überdruck von selbst nach dem oberen offenen Teile 3 des Destillierkessels gedrückt, während der untere Teil 1 wieder frisch mit Rohwasser beschickt wird. Vermag der obere

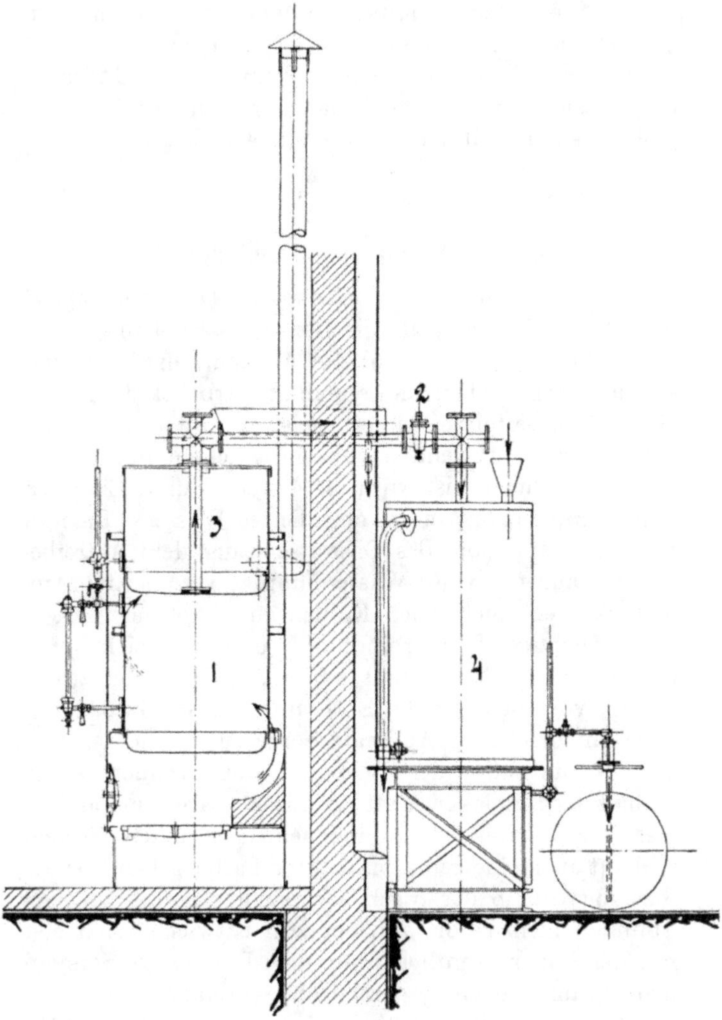

Fig. 209.

Teil 3 kein Wasser mehr aufzunehmen, so wird der überflüssige Teil in einigen Fässern oder in einem Bottich abgelassen und nach vollständigem Erkalten in den Hochbehälter gepumpt, von dem aus die Ammoniakwascher berieselt werden. Die aus dem unteren Teil 1 der Destillierblase entweichenden Ammoniak- und Wasserdämpfe werden in dem Schlangenrohrkühler 4 niedergeschlagen und direkt in Fässer abgelassen.

5. Herstellung von Salmiakgeist.

Die Verarbeitung des Gaswassers zu Salmiakgeist ist gewinnbringender als die übrigen Verwertungsarten, verlangt aber eine gewissenhafte Aufsicht, häufige Untersuchung von Proben und geschulte Arbeitskräfte. Die Herstellung erfolgte früher meist in unterbrochenem, neuerdings vorwiegend in kontinuierlichem Betriebe.

Der Salmiakgeist wird hergestellt durch Einleiten reiner Ammoniakgase in destilliertes Wasser. Da nun bei der Destillation des Gaswassers aus dem Abtreibeapparat außer den mit Wasserdämpfen vermischten Ammoniakgasen auch noch Kohlensäure, Schwefelwasserstoff, flüchtige Teerverbindungen usw. entweichen, so ist, um ein trockenes und reines Ammoniakgas zu erhalten, vor allem für die Entfernung dieser Gase durch zweckentsprechende Apparate Sorge zu tragen.

Bei ungenügender Reinigung der Ammoniakgase enthält der Salmiakgeist oft organische Basen und andere teerige Produkte, welche ihm einen fremden Geruch und oft auch eine gelbe bis braune Farbe geben. Diese Färbung tritt in der frisch dargestellten Flüssigkeit gewöhnlich nicht sofort auf, sondern entwickelt sich erst mit der Zeit, namentlich unter dem Einfluß des Sonnenlichtes, aus den empyreumatischen Bestandteilen.

Eine Salmiakgeistanlage zeigen die Fig. 210 und 211 (Konstruktion von Francke, Bremen).

Der Abtreibeapparat ist wie bei der Fabrikation des konzentrierten Ammoniakwassers mit einem Rückflußkühler versehen, um das aus dem Apparat entweichende

Plan einer Anlage zur Verarbeitung

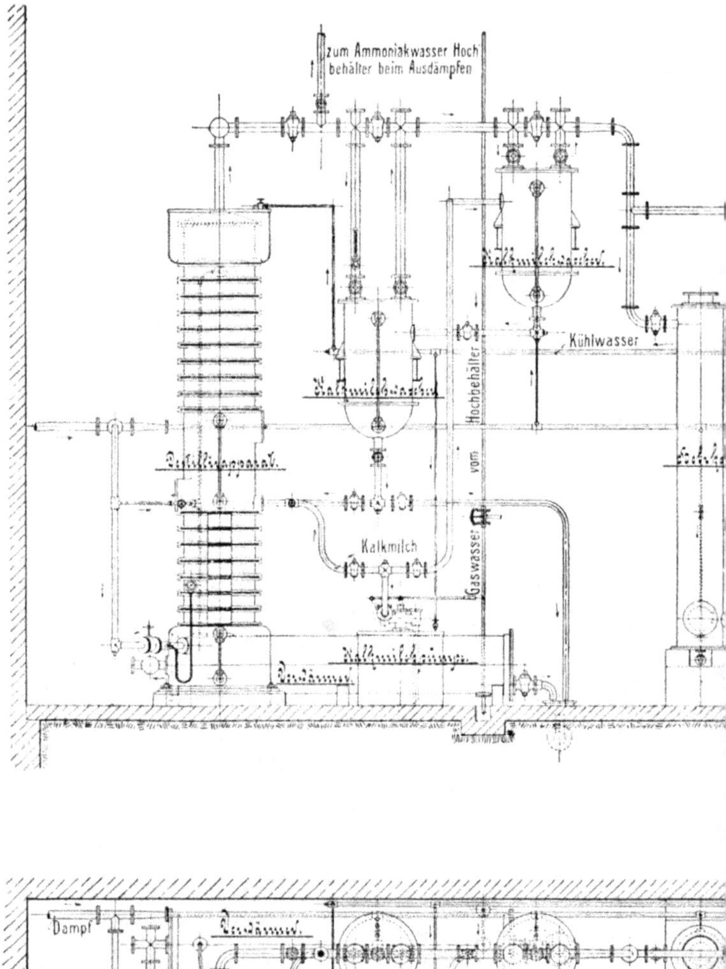

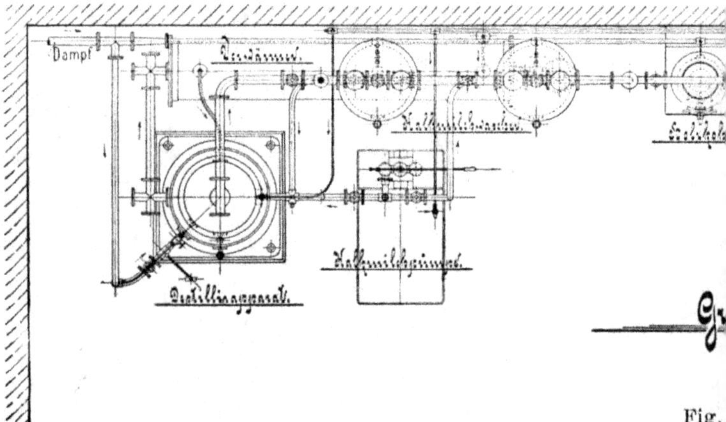

Fig.

ssers auf chemisch reinen Salmiakgeist.

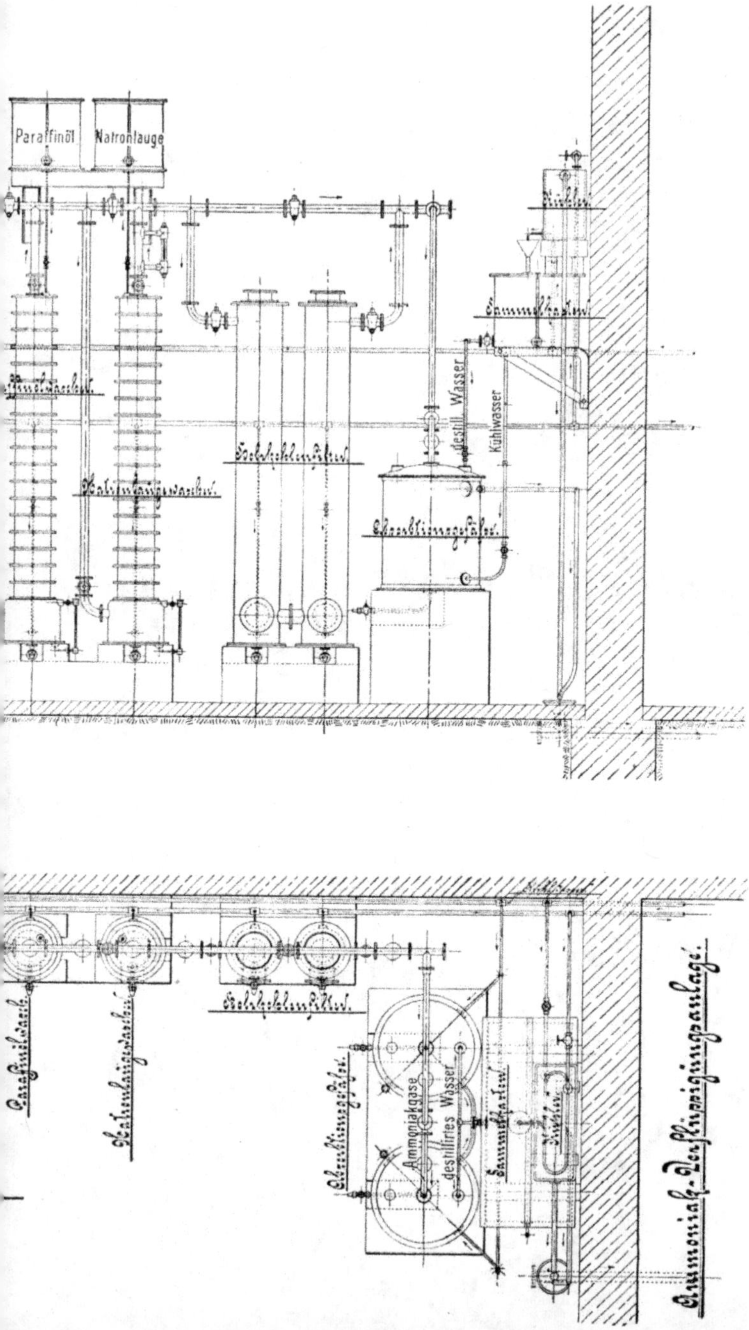

Gasgemisch möglichst frei von Wasserdämpfen zu erhalten. Das Gasgemisch gelangt zuerst in zwei hintereinander geschaltete Wäscher, welche mit Kalkmilch gefüllt sind und den Zweck haben, die dem Gasgemisch anhaftende Kohlensäure und einen Teil des Schwefelwasserstoffs zu entfernen. Der zweite Wäscher steht höher als der erste, so daß der Inhalt des zweiten nach dem ersten Wäscher abgelassen werden kann; mit frischer Kalkmilch wird daher nur immer der zweite Wäscher beschickt; ist die Kalkmilch im ersten Wäscher ausgebraucht, was sich an ihrer grünlich-blauen Färbung zeigt, so wird sie abgelassen und der Inhalt des zweiten Wäschers nach dem ersten geleitet. Dieses Ableiten und Zuführen geschieht allmählich.

Die von Kohlensäure gänzlich und vom Schwefelwasserstoff zum größten Teile befreiten Gase gelangen dann zum Trocknen und zur Abgabe eines Teiles der beigemengten empyreumatischen Bestandteile in 2 Filter, welche mit frisch ausgeglühten nußgroßen Holz- oder Knochenkohlenstücken gefüllt sind und von den Gasen nacheinander durchstrichen werden. Da jedoch die Holzkohle, namentlich wenn das verarbeitete Gaswasser teerhaltig ist, nicht alle empyreumatischen Bestandteile der Gase aufzunehmen vermag, so müssen die Gase nach den zwei Holzkohlenfiltern noch einen mit Paraffinöl beschickten Wäscher durchstreichen, in welchem alle teerigen Produkte aus den Gasen absorbiert werden.

Da in reinem Salmiakgeist selbst die geringsten Spuren von Schwefelwasserstoff sich unangenehm bemerkbar machen, die Entfernung desselben in den Kalkmilchwäschern aber nicht vollständig gelingt, so müssen die aus dem Paraffinwäscher kommenden Gase einen mit reiner Natronlauge gefüllten Wäscher durchstreichen. Hier werden die Gase nicht nur völlig von Schwefelwasserstoff und den etwaigen letzten Spuren von Teerverbindungen befreit, sondern geben auch gleichzeitig den größten Teil ihrer Feuchtigkeit ab, so daß in die zwei nach dem Laugewäscher aufgestellten Holz- oder Knochenkohlenfilter, die ebenso wie die zwei vor dem Paraffinölwäscher befindlichen gebaut und hintereinander geschaltet sind, ein schon vollkommen gereinigtes und fast trockenes Ammoniakgas gelangt. Das in diesen letzten Holzkohlenfiltern völlig getrocknete Ammoniak tritt endlich in die mit destilliertem Wasser gefüllten Absorptionsgefäße und wird begierig vom Wasser aufgenommen. Der in Fig. 212 dargestellte Natronwäscher besteht aus dem Behälter *B*, in welchen die in ihrem unteren Teile durchbrochene Haube *H* steht. Das die Gase einführende Rohr mündet in den Boden bis unter die Haube *H*. Die Ableitung erfolgt durch das Rohr *A*, so daß also das eintretende Gas erst durch die Löcher der Haube durch die Natronlauge streichen muß. *W* ist ein offener Wasserstand, welcher gleichzeitig einen wirksamen Schutz bietet gegen ein Zurücksteigen des Salmiakgeistes in die Absorptionsgefäße. Zur Füllung des Wäschers dient Natronlauge, welche man sich aus einer Lösung von technischem Ätznatron in dem zehnfachen Gewicht Wasser herstellt.

Die Kontrolle der Reaktionsfähigkeit der Natronlauge während des Betriebes geschieht in einfacher Weise durch den Vorarbeiter, indem das den Natronwäscher verlassende Gas von Zeit zu Zeit auf die Anwesenheit von Schwefelwasserstoff mittels Bleipapier untersucht wird, genau so wie das Leuchtgas aus den Reinigern. Zur dauernden Beobachtung empfiehlt es sich, an der Ableitungsröhre *A* einen Umgang *S* anzubringen, im wesentlichen bestehend aus einer kurzen Glasröhre, die an beiden Seiten von T-Röhren gefaßt wird zur Verbindung mit der Hauptröhre. Der Bleipapierstreifen wird am Stopfen des oberen T-Stückes aufgehängt, so daß er durch die Glasröhre beobachtet werden kann. Sobald nun die Reaktionsfähigkeit der Lauge nachläßt, wird sich das Bleipapier durch den übergehenden Schwefelwasserstoff braun färben. Nun ist es Zeit, die

Lauge zu erneuern. Die gebrauchte Lauge wird in den Kocher gefüllt, um das aufgenommene Ammoniak zurückzugewinnen, ebenso wie dieses mit der Füllung der Kalkwäscher geschieht.

Je niedriger die Temperatur des für die Aufnahme

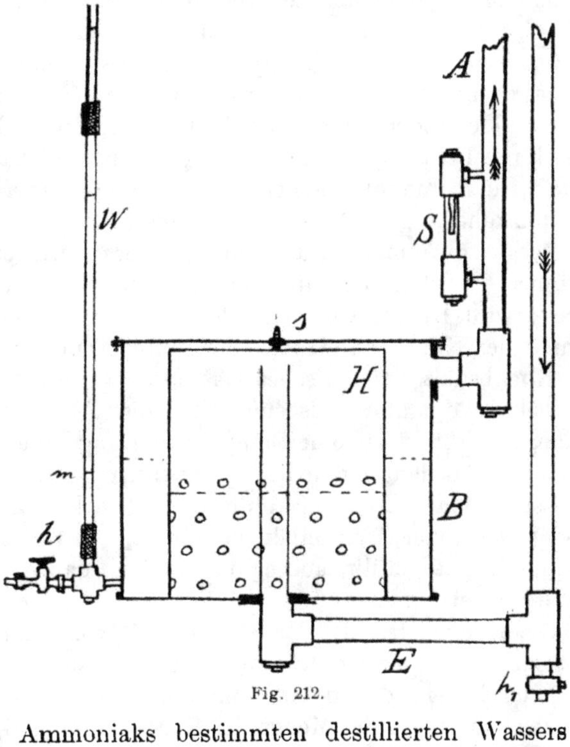

Fig. 212.

des Ammoniaks bestimmten destillierten Wassers gehalten wird, desto größer ist dessen Absorptionsfähigkeit; daher ist im Absorptionsgefäß eine Kühlschlange angebracht. Die Absorptionsgefäße sind innen verbleit, damit der Salmiakgeist auf keine Weise verunreinigt werden kann, und sind außerdem mittels Rohrleitungen so miteinander verbunden, daß die Ammoniakgase, falls sie im ersten Gefäß vom Wasser nicht mehr absorbiert werden, in das Wasser des zweiten Gefäßes gelangen.

Auf diese Weise kann man Salmiakgeist von beliebiger Stärke erzeugen, ohne Ammoniakverluste befürchten zu müssen.

Die Natronlauge sowohl wie das Paraffinöl müssen von Zeit zu Zeit erneuert werden. Die ausgebrauchte Natronlauge wird in den Hochbehälter für frisches Gaswasser geschüttet und gelangt von hier aus mit dem Gaswasser in den Destillierapparat, um das Ammoniak, welches eventuell darin enthalten ist, wieder zu gewinnen. Auch die Holz- oder Knochenkohle der Filter muß, sobald sie sich mit Feuchtigkeit derart vollgesogen hat, daß sie keine mehr aufnimmt, regeneriert oder erneuert werden. Die Holzkohle saugt, während die Filter in Betrieb sind, auch begierig Ammoniak auf, und um dieses wieder zu gewinnen, werden die Filter ausgedämpft; zu diesem Zwecke wird Dampf eingeleitet, der sich mit dem Ammoniak der Kohle anreichert und unter Tauchung in den Hochbehälter für frisches Gaswasser geführt wird. Sämtliche Apparate, ausgenommen die Absorptionsgefäße, sind direkt an eine Dampfleitung angeschlossen, so daß ein Ausdämpfen jedes einzelnen Apparates möglich ist. Sobald die Holzkohle im Filter durch das Ausdämpfen von Ammoniak befreit ist, wird dieselbe in eine Retorte gefüllt, ausgeglüht und ist dann sofort wieder zu verwenden.

Die Menge der bei der Herstellung von Salmiakgeist zu verwendenden Kalkmilch richtet sich einmal nach der Menge des fixen Ammoniaks im Gaswasser und zweitens nach der Menge der Kohlensäure und des Schwefelwasserstoffs, welche beim Abtreiben des flüchtigen Ammoniaks im Destillierapparat frei wird.

Wie Resultate aus einer Reihe von praktischen Betrieben ergeben haben, wird bei der Erzeugung von Salmiakgeist die 3- bis $3^1/_2$fache Menge an Kalk gebraucht, wie bei der Herstellung des schwefelsauren Ammoniaks. Eine Salmiakgeistfabrik, die pro 24 Stunden 10 cbm Gaswasser von durchschnittlich 1,5 % Ammoniakgehalt verarbeitet, würde demnach 630—735 kg Kalk von 90% wirksamem Ätzkalkgehalt gebrauchen. Bei neueren Salmiakgeistanlagen werden wie bei den Konzentrationsapparaten durch starke Vorwärmung des Gaswassers bis zu 90% der Kohlensäure ausgeschieden und dadurch eine bedeutende Ersparnis an Kalk (ca. 60%) erzielt.

Auch der Dampfverbrauch ist ein größerer als bei der Verarbeitung des Gaswassers auf schwefelsaures Ammoniak oder auf konzentriertes Ammoniakwasser, weil er außer zum Abdestillieren auch zur Herstellung des für die Absorption nötigen destillierten Wassers dient. Zu diesem Zweck wird ein Kühler aufgestellt, unter welchem sich ein innen verzinkter Holzkasten befindet, der als Sammelbehälter für das destillierte Wasser dient. Der Kühler sowohl als auch der Sammelbehälter stehen hoch, so daß das destillierte Wasser von selbst nach den Absorptionsgefäßen fließt. Ebenso sind auch die Behälter für Paraffinöl und für Natronlauge über den Wäschern angeordnet, damit die Füllung derselben selbsttätig erfolgen kann. Der Verbrauch an Knochenkohle, Paraffinöl und Ätznatron beträgt für normales Gaswasser je ungefähr 1 kg für 1 cbm Gaswasser.

Der erzeugte Salmiakgeist wird bei kleineren Betrieben in Glasballons, die gut verschlossen sein müssen, versandt; wenn er in größeren Mengen produziert wird, geschieht sein Transport meistens in verzinnten eisernen Fässern. Es ist jedoch sowohl bei den Glasballons als auch den eisernen Rollfässern darauf zu achten, daß dieselben nie ganz voll gefüllt und stets an einem kühlen Orte aufbewahrt werden, um schädlichen Gasdruck zu vermeiden.

Der Salmiakgeist, wie er in den Handel kommt, soll wasserhell und vollkommen frei von Schwefelwasserstoff, Kohlensäure und Empyreuma sein, er wird meistens nach dem Prozentgehalt an Ammoniak, seltener nach

Graden Beaumé gehandelt. Der stärkste Salmiakgeist des Handels, wie er für den Betrieb der Eis- und Kühlmaschinen gebraucht wird, hat bei 15° C gemessen ein spez. Gewicht von 0,882 und einen Ammoniakgehalt von 35 %. Der gewöhnliche Salmiakgeist hat ein spez. Gewicht von 0,910 und enthält 25 % Ammoniak.

Seine Hauptverwendung findet der Salmiakgeist in der Färberei, Bleicherei, Wollwäscherei und Kattundruckerei, dann bei der Farbenfabrikation, ferner, wie schon erwähnt, zum Betrieb der Eismaschinen, zur Darstellung chemischer Präparate, in der Pharmacie und dem Haushalt.

X. Reinigung des Gases von Schwefelwasserstoff und Cyan.

I. Das Prinzip der Reinigung.

Nachdem das Gas von Teer, Naphthalin und Ammoniak befreit ist und mit letzterem zusammen einen Teil der Kohlensäure und des Schwefelwasserstoffs abgegeben hat, gilt es, den Rest des Schwefelwasserstoffs bis auf die letzten Spuren zu entfernen und eine möglichst vollständige Absorption des Cyans zu erzielen.

In der Gastechnik bezeichnet man die Beseitigung des Schwefelwasserstoffs aus dem Rohgas schlechtweg mit »Reinigung«. Alle Schwefelverbindungen im Gase verbrennen in der Flamme zu schwefliger Säure, zum Teil zu Schwefelsäure:

$$2\,H_2S + 3\,O_2 = 2\,SO_2 \text{ (schweflige Säure)} + 2\,H_2O$$

$$2\,SO_2 + O_2 = 2\,SO_3 \text{ (Schwefelsäureanhydrid)}$$

$$SO_3 + H_2O = H_2SO_4 \text{ (Schwefelsäure).}$$

Ferner kann sich durch die im Gase noch vorhandenen Spuren von Ammoniak bei der Verbrennung saures Ammoniumsulfat (NH_4HSO_4) bilden. Alle diese Sauerstoffverbindungen des Schwefels üben höchst nachteilige Wirkungen auf die Umgebung der betreffenden Gasflammen aus, sobald der Schwefelgehalt des Gases eine gewisse Grenze überschreitet, die natürlich nur willkürlich auf 50 bis 100 g Schwefel in 100 cbm Gas festgesetzt werden kann, denn die Wirkung der Verbrennungsprodukte hängt namentlich von der Ventilation der Innenräume ab. Durch größere Mengen von schwefliger und Schwefelsäure wird die Luft in Wohn- und Arbeitsräumen in bedenklicher Weise verschlechtert, werden die Atmungsorgane außerordentlich gereizt, erleiden Zimmerpflanzen, Gewebe, Farben usw. schweren Schaden und werden Metalle stark angegriffen. Diese Erscheinungen machen die möglichst vollständige Entfernung der Schwefelverbindungen aus dem Gase zu einem dringenden Erfordernis. In erster Reihe handelt es sich dabei, wie im Kapitel «Der Destillationsprozeß« erörtert wurde, um dem Schwefelwasserstoff, gegen den die sonstigen Schwefelverbindungen — wenigstens bei Verwendung der meisten deutschen Gaskohlen — so sehr zurücktreten, daß ihr Vorhandensein vernachlässigt werden kann. In England und in manchen deutschen Gaswerken, in denen englische Kohlen mit hohem Schwefelgehalt vergast werden, müssen dagegen Vorkehrungen wenigstens zur teilweisen Entfernung der sonstigen Schwefelverbindungen, die ja von Eisenhydroxyd nicht absorbiert werden, getroffen werden. Von den zahllosen zu diesem Zweck vorgeschlagenen Verfahren hat allein die Absorption mit Kalk größere Verbreitung gefunden.

Die Entfernung des Schwefelwasserstoffs erfolgt leicht und vollständig auf Grund seiner Eigenschaft, mit Metalloxyden unter Abscheidung von Wasser Schwefelverbindungen zu bilden. Man verwendet zur »Reinigung« in Deutschland fast ausschließlich Eisenhydroxyd, entweder in Form des natürlich vorkommenden Raseneisenerzes oder künstlich hergestellter Reinigungsmassen (z. B. Deik- und Luxsche Masse). Die vor Jahren gebräuchliche Reinigung mit kalk- und eisenoxydhaltigen Massen (Lamingsche Masse) ist völlig verdrängt und damit eine Quelle von Geruchbelästigung beseitigt, welche in früheren Jahren die Nachbarschaft der Gasanstalten sehr unangenehm machte.

Das Eisenoxydhydrat kann jeweils nach der Sättigung mit Schwefelwasserstoff durch Berührung mit Luft regeneriert und mehrmals wieder verwendet werden. Dieses einfache Reinigungsverfahren ist durch den zuerst von Valon und Hunt empfohlenen Zusatz von Sauerstoff oder Luft zum Rohgas und die gleichzeitige Regeneration der Masse im Kasten noch wesentlich verbessert worden. Die Verwendung von reinem Sauerstoff kommt allerdings der hohen Kosten wegen nicht in Frage, man begnügt sich daher mit der Zuführung von Luft, deren Stickstoffgehalt nach Absorption des Sauerstoffs unverändert im Gase bleibt. Doch ist unter normalen Verhältnissen eine nennenswerte Verminderung von Leucht- und Heizkraft durch diesen Stickstoffgehalt nicht zu befürchten.

Die mit der Luftzuführung gewonnene Neuerung im Reinigungsbetriebe verlangt nun, daß der Betriebsleiter über die Vorgänge der Reinigung und Regeneration durchaus unterrichtet ist, denn nur auf Grund dieser Kenntnisse vermag er den Übelständen abzuhelfen, die ihm sonst leicht gerade aus der neuen Verbesserung erwachsen können.

Eine Aufklärung über die Vorgänge bei der Reinigung bietet Bunte[1]) durch die folgende Übersicht über die chemischen und thermischen Prozesse und die daran sich anknüpfenden Erörterungen.

Chemische und thermische Vorgänge bei der Schwefelwasserstoffabsorption mit Eisenoxyd.

I. Reinigung:

$$Fe_2O_3\,(3\,H_2O) + 3\,H_2S \rightarrow Fe_2S_3 + 6\,H_2O.$$

Bildungs- bzw. Zersetzungswärme:

$$\underbrace{193\text{ Kal.} + 3 \times 4{,}8\text{ Kal.}}_{-\,207{,}4\text{ Kal.}} \rightarrow \underbrace{2 \times 24\text{ Kal.} + 3 \times 58{,}1\text{ Kal.}}_{+\,222{,}3\text{ Kal.}}$$

$$= 14{,}9\text{ Kal.}$$

[1]) Journ. f. Gasbel. 1903 S. 709.

Die Umsetzung von Schwefelwasserstoff mit Eisenhydroxyd erfolgt infolge der nie fehlenden geringen Ammoniakmengen unter Bildung von anderthalbfach Schwefeleisen und Wasser.

Bei Absorption von 102,2 g (3 H_2S) Schwefelwasserstoff überwiegt die bei der Bildung des Schwefeleisens und des Wassers freiwerdende Wärme die zur Zersetzung des Schwefelwasserstoffs und des Eisenoxydhydrats nötige Wärme um 14,9 Kal.

1 cbm Schwefelwasserstoff, bei 0°, 760 mm, (= 1520 g) entwickelt demnach bei der Absorption:

$$\frac{14{,}9 \cdot 1520}{102{,}2} = 221 \text{ Kal.}$$

Wegen der großen Verdünnung des Schwefelwasserstoffs im Rohgas macht sich die Wärmeentwicklung bei der Absorption kaum bemerklich. Angenommen, das Rohgas enthalte 1 Vol. % H_2S, so verteilt sich die obige Wärmemenge von 222 Kalorien auf 100 cbm Rohgas mit einer ungefähren Wärmekapazität von 0,362 pro 1 cbm und verursacht eine Temperaturerhöhung von $\frac{222}{36{,}2} = 6{,}1^0$ C. Da nun die Wärme nicht nur auf das Gas, sondern auch auf die Reinigungsmasse und die Eisenteile des Reinigerkastens übergeht, wird die Temperatursteigerung so gering sein, daß sie der direkten Beobachtung entgeht. Der erste Vorgang bei der Reinigung ist also mit einer relativ sehr geringen Wärmeentwicklung verbunden. Anders verhält es sich mit dem zweiten Prozeß, der Regeneration. Wird die Reinigungsmasse nach der Sättigung mit Schwefelwasserstoff der Einwirkung des Luftsauerstoffs ausgesetzt, so erfolgt bei Gegenwart von Feuchtigkeit Regeneration des Schwefeleisens zu Hydroxyd unter Ausscheidung des gesamten Schwefels. Dadurch wird die Masse für den Betrieb wieder verwendbar. Dieser Prozeß ist von einer beträchtlichen Wärmeentwickelung begleitet.

II. Regeneration:

$$Fe_2S_3 + 3\,O + H_2O = Fe_2O_3\,(3\,H_2O) + 3\,S.$$

Reaktionswärme:

$$2 \times 24 = -48 \qquad\qquad +193 = 145 \text{ Kal.},$$

d. h. bei Regeneration des aus 1 cbm (= 1520 g) H_2S entstandenen Schwefeleisens werden entwickelt

$$\frac{145 \times 1520}{102,2} = 2160 \text{ Kal.}$$

Hier beträgt also die Wärmeentwickelung, auf die gleiche Menge Schwefeleisen bzw. H_2S bezogen, fast das 10fache wie bei der Absorption. Bis auf die zahlenmäßige Darstellung ist ja die starke Wärmeentwickelung bei der Regeneration allgemein bekannt. Geht die Regeneration des Schwefeleisens rasch vor sich, so kann leicht eine ganz erhebliche Temperatursteigerung eintreten, die zur Bildung von Schwefelsäure (SO_3) (saure Massen), Eisenoxydsulfat oder sogar zum Erglühen und zur Entzündung der Reinigungsmasse bzw. des Schwefels führt. Durch saure Reaktion der Masse wird bei der H_2S-Absorption die Bildung von Eisendisulfid FeS_2 begünstigt, welches nicht regenerationsfähig ist[1]). 1 kg Schwefeleisen (Fe_2S_3) entwickelt bei der Oxydation zu Eisenoxyd 700 Kal. und verbraucht 770 l Luft. Glücklicherweise vollzieht sich aus vielen Gründen die Regeneration des Schwefeleisens gewöhnlich langsamer, da nur ein Bruchteil der Reinigungsmasse aus Schwefeleisen besteht und die Wärme Zeit findet, sich auf die Umgebung zu verteilen. Besonders aber wird ein gewisser Feuchtigkeitsgehalt der Masse einer zu hohen Temperatursteigerung entgegenwirken, da durch diese das Wasser verdampft. Anderseits ist, wie Gleichung II zeigt, die Anwesenheit von Wasser zur Regeneration erforderlich, damit dasselbe zur Bildung von Eisenhydroxyd beitragen kann und nicht wasserfreies Oxyd

[1]) Gedel, Journ. f. Gasbel. 1905. S. 432.

entsteht. Es ist deshalb besondere Sorgfalt darauf zu verwenden, daß die in Regeneration begriffene Masse nicht zu naß, aber auch nicht zu trocken wird, denn einerseits ist zur kräftigen Regeneration eine mäßige Temperaturerhöhung erforderlich, anderseits bringt eine zu starke Steigerung der Temperatur neben den schon erwähnten noch andere Nachteile mit sich, wie z. B. die Zerstörung von Cyanverbindungen und Überführung in Schwefelcyan (Rhodan) und Ammoniumsulfat und die damit zusammenhängende Entwertung der ausgebrauchten Massen.

Die Zahl der Regenerationen für gebrauchte Massen ist natürlich beschränkt, denn man kann nicht mit begrenzten Mengen Eisenoxydhydrat unbegrenzte Gasmengen reinigen. Mit jeder Regeneration steigt der Gehalt der Masse an Schwefel, der Gehalt an wirksamem Eisenhydroxyd pro Volumeneinheit nimmt ab. Schon deshalb können gleiche Raumteile Masse immer weniger H_2S absorbieren, dazu kommt, daß der feinverteilte Schwefel die Eisenhydroxydteilchen umhüllt und der Reaktion entzieht, so daß die Masse unwirksam wird.

Die oben angeführten chemischen und thermischen Vorgänge vollziehen sich bei der Reinigung unter Zuführung von Luft zum Rohgas nebeneinander.

III. Gleichzeitige Reinigung und Regeneration unter Luftzusatz:

1 cbm H_2S liefert

nach I bei der	Reinigung	222 Kal.
» II » »	Regeneration	2160 »
	zusammen	2382 Kal.

Natürlich gelangt man zu demselben Ergebnis auch direkt, wenn man das abwechselnd verbrauchte und wieder regenerierte Eisenoxyd unberücksichtigt läßt und die beiden Prozesse zusammenfaßt nach der Gleichung:

$$H_2S + O = S + H_2O$$
$$-4{,}8 \text{ Kal.} \quad + 58{,}1 \text{ Kal.} = 53{,}3 \text{ Kal.}$$

1 cbm H_2S liefert eine Wärmemenge von

$$\frac{53{,}3 \cdot 1520}{34} = 2382 \text{ Kal. wie oben.}$$

Daraus ergibt sich ohne weiteres, daß sich bei Luftzusatz die Wärmeentwicklung in den Reinigern fast um das 10fache gegen früher steigern wird und deshalb nicht mehr unbeachtet bleiben kann. Würde die ganze bei der Reinigung und Regeneration entwickelte Wärme auf das Gas übertragen, so könnte das letztere bei einem Schwefelwasserstoffgehalt von 1 Vol. % eine Temperatursteigerung von 65 bis 66° C erfahren gegenüber 6° bei der alten Art der Reinigung ohne Luftzusatz. Selbstverständlich wird auch hier die berechnete Temperatursteigerung nicht erreicht, da für Erwärmung der Reinigungsmasse und der Kästen ein großer Teil der Wärme verbraucht wird und durch Leitung und Strahlung nach außen verloren geht. So hat Becker-Frankfurt a. M. beim Einwirken frischen Gases mit 1,5 % beigemischter Luft auf frische Masse eine Temperatursteigerung um 15° beobachtet. Wurde aber der frisch beschickte Reiniger nicht wie in diesem Falle als erster, sondern als letzter eingeschaltet, so betrug die Temperaturzunahme nur 6°. Mit dieser Wärmeentwicklung im Reiniger ist nun gleichzeitig eine sehr kräftige Wasserverdampfung verbunden, welche zu einer Austrocknung der Masse führt und deren Wirksamkeit sehr beeinträchtigen kann. Wenn gut gekühltes Rohgas mit einer Temperatur von 10° C in den Reinigungskasten tritt, so ist es mit Wasserdampf gesättigt und enthält in 1 cbm ungefähr 10 g Wasserdampf (ca. 1,2 Vol. %). Wird nun die Temperatur um 20° C, also auf 30° gesteigert, so vermag das Gas noch 2 kg Wasser pro 100 cbm aufzunehmen, bis es den Sättigungsgrad erreicht hat. Es wird deshalb eine große Menge Wasser der anfänglich feuchten Reinigungsmasse entzogen, dieselbe trocknet stark aus, wird staubig und verliert an Wirksamkeit. Ist keine Feuchtigkeit mehr vorhanden, so hört der durch Wasserdampfbildung bedingte Wärmeverbrauch auf, die Temperatur steigt höher, und der außerordentlich fein in der Masse verteilte, leicht schmelzbare Schwefel kann ein Zusammenbacken der Masse bewirken und Störungen hervorrufen, die in der Praxis oft beobachtet worden sind. Daß in der Tat große Mengen von Wasser der Reinigungsmasse bei diesem Prozeß entzogen werden, geht daraus hervor, daß, je nachdem das Gas von oben nach unten oder in umgekehrter Richtung die Masse durchstreicht, im unteren Teil desselben oder des nächsten Reinigers oft große Mengen von Kondensationswasser sich ansammeln. Das gereinigte Gas kommt warm und mit Wasserdampf fast gesättigt aus der Masse und wird im Winter an dem kalten Boden des Reinigers abgekühlt, so daß ein Teil des aus der Masse aufgenommenen Wassers abgeschieden wird.

Becker-Frankfurt a. M. gelang es, durch Änderung des Feuchtigkeitsgehaltes der Masse die störende Wasserkondensation zu vermeiden. Er beobachtete zunächst bei einer Luftzuführung von 1,5% und 40% Feuchtigkeit in der Masse eine merkliche Abscheidung von Wasser, als er jedoch die Feuchtigkeit auf 30% verminderte, schied sich kein Wasser mehr ab, ohne daß etwa die Masse zu trocken geworden wäre, die beim Öffnen des Kastens noch 10 bis 12% Feuchtigkeit enthielt.

Die unangenehmen Erscheinungen, wie die Temperatursteigerung im Reiniger, das Austrocknen und Zusammenbacken der Masse, die Abscheidung von Wasser in der Reinigung treten natürlich um so stärker hervor, je reicher das Rohgas an Schwefelwasserstoff ist. Die im Kapitel: »Der Destillationsprozeß« enthaltenen Angaben über die Schwefelwasserstoffentwicklung zeigen, wie sehr der H_2S-Gehalt des Rohgases im Verlauf der Destillation bei ein und derselben Kohle schwankt.

Bei verschiedenen Kohlen finden sich in der Schwefelwasserstoffentwicklung, die ungefähr dem Schwefelgehalt der Kohlen entspricht, natürlich auch ganz bedeutende Unterschiede. Soll nun der gesamte im Rohgas enthaltene Schwefelwasserstoff absorbiert und das entstandene Schwefeleisen durch Luftzusatz regeneriert werden, so ist es durchaus nicht erforderlich, diesen Schwankungen im Schwefelwasserstoffgehalt des Rohgases mit dem Luftzusatz zu folgen, es würde vielmehr genügen, eine dem mittleren Schwefelwasserstoffgehalt entsprechende Luftmenge zuzuführen. Die Reinigungsmasse wird imstande sein, diese Schwankungen vollkommen auszugleichen; bei einem Überschuß an Schwefelwasserstoff wird sich auch der Gehalt der Masse an Schwefeleisen vergrößern, während anderseits das letztere bei zeitweiligem Luftüberschuß den Sauerstoffgehalt zur Regeneration verbraucht. Aus gleich zu erwähnenden Gründen wird man nun den Luftzusatz etwas geringer bemessen müssen als dem mittleren H_2S-Gehalt des Rohgases entspricht. Da 1 Volumen Schwefelwasserstoff $^1/_2$ Volumen Sauerstoff verbraucht und die Luft rund $^1/_5$ an Sauerstoff enthält, so wäre der Luftzusatz auf das 2,5fache Volumen des mittleren H_2S-Gehaltes zu bemessen. Aber auch bei theoretisch vollkommen richtigem Luftzusatz und bei normalem Verlauf des Reinigerbetriebes wird die Masse im Laufe der Zeit immer reicher an Schwefeleisen werden, da nur ein Teil derselben regeneriert wird. Es tritt allmählich eine Erschöpfung der Masse ein, so daß schließlich die völlige Regeneration derselben doch außerhalb des Kastens vorgenommen werden muß.

Dies hat darin seinen Grund, daß die Absorption von Schwefelwasserstoff und die Regeneration des Schwefeleisens nicht mit gleicher Geschwindigkeit verlaufen, namentlich wenn die Masse stark ausgetrocknet ist. Während die Bildung von Schwefeleisen sehr rasch und prompt erfolgt, verläuft die Regeneration bei Wassermangel bekanntlich sehr träge. Daher kann Sauerstoff unverbraucht durch die Masse hindurchgehen, selbst wenn der Luftzusatz den mittleren Schwefelwasserstoffgehalt nicht übersteigt, und es ist folglich ratsam, mit dem Luftzusatz etwas hinter der Theorie zurückzubleiben.

Die Übertreibung in der Luftzuführung rächt sich im Betrieb in unangenehmster Weise. Steigert man z. B. den Luftzusatz in der Absicht, weniger Gas zu machen und dem Abnehmer dafür Luft zu verkaufen, bis auf 3 und 3,5 %, so erzielt man damit allerdings eine beträchtliche Gasersparnis, muß aber die schwersten Nachteile in der Reinigung mit in den Kauf nehmen. Zwar kann man bei diesem starken Luftzusatz große Reinigungskasten 8 bis 9 Monate geschlossen lassen, ohne etwas daran vorzunehmen, aber beim Öffnen des Kastens zeigt sich die Reinigungsmasse so hart, fest zusammengebacken und staubtrocken, daß man sie von einer ganzen Reihe von Arbeitern mit Picken heraushauen lassen muß. Diese schwere Arbeit wäre, da sie selten auszuführen ist, nicht besonders nachteilig, viel schwerwiegender ist der Umstand, daß die staubtrockene Masse gar kein Wasser aufnimmt, deshalb auch nicht regeneriert werden kann und für die weitere Benutzung verloren geht. Nicht immer macht sich die Verhärtung der Masse durch eine Drucksteigerung im Kasten bemerkbar, weil sich in der zusammengebackenen Masse oft so viel feine Poren und Kanäle bilden, daß dem Gase der Durchgang nicht erschwert wird.

Ferner setzt man sich der Gefahr aus, daß bei mehr als etwa 1,5 % Luftzusatz der Cyangehalt der Masse durch die starke Erwärmung bedeutend — oft auf weniger als die Hälfte — zurückgeht.

Aber noch ein anderer Übelstand fällt bei zu hohem Luftzusatz ins Gewicht: Im Laufe der Zeit werden die Gasmesser in auffallender Weise zerfressen, weil der in den Reinigern nicht absorbierte Sauerstoff mit dem

Cyanwasserstoff zusammen Eisen sehr stark angreift. Diese Erscheinung trat in manchen Städten so bedenklich auf, daß man zu ihrer Verhütung den Luftzusatz einschränken mußte und teilweise ganz aufgab.

Was nun die Frage anlangt, an welcher Stelle der Fabrikationsapparate man dem Rohgas Luft zusetzen soll, so waren früher die Meinungen geteilt. Man empfahl einerseits, die Luft dem noch warmen Rohgas vor den Kühlern zuzuführen, in der Absicht, von der Luft einen Teil der sich sonst mit dem Teer abscheidenden Kohlenwasserstoffe aufnehmen zu lassen, um dadurch die geringe Verminderung der Leuchtkraft wieder auszugleichen. Dem steht anderseits entgegen, daß durch die Anwesenheit von Sauerstoff leicht Verrostungen der Apparate eintreten und bei der Abscheidung des Cyans in Gegenwart von Schwefelwasserstoff durch den Sauerstoff die Bildung von Rhodansalzen auf Kosten der wertvolleren Cyanverbindungen erfolgt. Auf Grund eingehender Untersuchungen in der Gasanstalt Warschau rät Bueb[1]), dem Leuchtgas grundsätzlich erst unmittelbar vor der Reinigung Luft zuzusetzen.

Cyanabsorption durch die Reinigungsmasse.

Nach wiederholter Regeneration wird die Masse zur Reinigung unbrauchbar, und zwar zum Teil durch Anhäufung des jedesmal ausgeschiedenen Schwefels, dessen Gehalt auf 40 bis 50% steigt, zum Teil dadurch, daß die im Gase noch als Verunreinigungen enthaltenen Cyanverbindungen sich in der Masse unter Bildung verschiedener Produkte anreichern. Durch diese Cyanverbindungen erhält die ausgebrachte Reinigungsmasse für die Gaswerke einen gewissen Verkaufswert, der nicht nur die Neuanschaffung von Masse deckt, sondern noch einen Nebengewinn bringt. Bei den zurzeit niedrigen

[1]) Journ. f. Gasbel. 1903, S. 734.

Preisen für die Cyanverbindungen in Reinigungsmassen ist dieser Nebengewinn allerdings nicht bedeutend. Die ausgebrauchte Masse wird in der Regel auf gelbes Blutlaugensalz und dieses weiter auf Cyankalium verarbeitet. Doch ist diese Fabrikation so umständlich, daß andere Darstellungsverfahren von Cyankalium mit dem obigen in scharfe Konkurrenz getreten sind und dadurch die Verkaufspreise von ausgebrauchter Masse so sehr herabgedrückt haben. Der große Bedarf der Industrie an Cyankalium ist auf den von A. Forrest erfundenen, namentlich in Transvaal angewendeten Prozeß der Goldgewinnung durch Auslaugen der Golderze mit Cyankalilösung zurückzuführen.

Der größte Teil der Cyanverbindungen ist in der Masse als Berliner Blau und Rhodanammonium vorhanden, nur ein kleiner Teil als Ferrocyanammonium, Cyanammonium und in anderer Form.

Von diesen verschiedenen Verbindungen stellt das Berliner Blau, das Ferrisalz der Ferrocyanwasserstoffsäure = Ferriferrocyanid: $Fe_4\,[Fe\,(CN)_6]_3 = Fe_7(CN)_{18}$, diejenige Form dar, deren Anreicherung und Erhaltung in der Masse das Ziel der Cyanabsorption im normalen Reinigerbetriebe ist. Die sonstigen Cyanverbindungen bedeuten meist nur Übergangszustände vom Cyanwasserstoff des Gases entweder nach der Seite der Blaubildung oder nach der Seite des Cyanverlustes durch Rhodanbildung.

Im ungereinigten Rohgase ist der Cyanwasserstoff an Ammoniak gebunden enthalten und kann nur vorübergehend vom Gaswasser als Cyanammonium aufgenommen werden, weil ihn die Kohlensäure des Gases aus dieser Verbindung wieder austreibt. Doch ist auch bei der Berührung mit dem Gaswasser durch die weiter unten zu erörternden Bedingungen die Gefahr des Cyanverlustes durch Rhodanbildung gegeben.

Die weitaus größte Menge des Cyans im Gase gelangt jedoch in die trockene Reinigung und soll hier möglichst vollständig absorbiert werden, weil seine mangelhafte Entfernung einerseits einen Verlust an einem Nebenprodukt, anderseits aber eine Gefährdung der Gasbehälter und Gasmesser bedingt, die vom Cyanwasserstoff in beträchtlichem Maße angefressen werden. Vom gesamten Cyanwasserstoff des Rohgases werden in der Reinigung ungefähr 50 bis 70% absorbiert, im gereinigten Gase bleiben noch 10 bis 20%, der Rest findet sich im Gaswasser meist als Rhodan und Ferrocyan.

Über die chemischen Vorgänge in der Reinigungsmasse bei der Cyanabsorption unter »Blaubildung« hat hauptsächlich Leybolds grundlegende Arbeit[1]) »Cyan in der Gasfabrikation« wichtige Aufklärungen gebracht.

Es ist eine bekannte Tatsache, daß frische Reinigungsmassen im Anfang nur sehr langsam, später schneller und zum Schlusse wieder langsam Cyan absorbieren. Regenerierte Massen absorbieren dagegen auch anfangs viel energischer als frische. Vergegenwärtigt man sich, daß frische Massen im Anfang nur aus Eisenoxyd bestehen, dann unter dem Einfluß des Schwefelwasserstoffs allmählich zu Eisenoxydul reduziert werden und schließlich in Schwefeleisen übergehen, so ergibt sich folgende mit den Tatsachen übereinstimmende Erklärung: Eisenoxyd allein absorbiert Cyanwasserstoff überhaupt nicht, dagegen absorbiert Eisenoxydul für sich allein Cyanwasserstoff unter Bildung von unlöslichem Eisencyanür. Ist indessen Eisenoxyd mit Eisenoxydul gemischt, so wirkt ersteres auf letzteres in dem Sinne ein, daß die Cyanwasserstoffabsorption durch Bildung von Cyaneisendoppelsalzen befördert wird; es entsteht das Eisenoxydoxydul Doppelcyanid, das eigentliche Berliner Blau. Schwefeleisen wiederum für sich allein ist, wie auch W. Feld[2]) betont, entgegen der herrschenden Ansicht nicht imstande, Cyanwasserstoff zu absorbieren.

---

[1]) Zum Teil Journ. f. Gasbel. 1890 S. 336.

[2]) Journ. f. Gasbel. 1902, S. 935.

Kommt dagegen Schwefeleisen in Berührung mit Gasen, welche Sauerstoff und Cyanwasserstoff enthalten, so findet unter Schwefelabscheidung eine, wenn auch langsame Absorption des Cyanwasserstoffes statt. Ebenso absorbiert ein Gemisch von Schwefeleisen und Eisenoxyd unter Schwefelabscheidung Cyanwasserstoff.

Mit Anknüpfung an die Zerlegung der Schwefelwasserstoffaufnahme

$$2\,Fe(OH)_3 + 3\,H_2S = Fe_2S_3 + 6\,H_2O$$

in die gleichzeitig nebeneinander herlaufenden Prozesse unter vorübergehender Bildung von Eisenoxydulhydrat:

$$2\,Fe(OH)_3 + H_2S = 2\,Fe(OH)_2 + S + 2\,H_2O$$

$$2\,Fe(OH)_2 + 2\,H_2S = Fe_2S_2 + 4\,H_2O$$

lassen sich die Vorgänge bei der Cyanabsorption folgendermaßen darstellen:

$$1)\quad Fe(OH)_2 + 2\,HCN = Fe(CN)_2 + 2\,H_2O$$

$$1)\quad 8\,Fe(OH)_3 + 6\,Fe(OH)_2 + 36\,HCN = 2\,Fe_7(CN)_{18} + 36\,H_2O$$

$$3a)\quad 2\,Fe(OH)_3 + FeS = 3\,Fe(OH)_2 + S$$

$$3b)\quad 3\,Fe(OH)_2 + 6\,HCN = 3\,Fe(CN)_2 + 6\,H_2O$$

$$4)\quad O + FeS + 2\,HCN = Fe(CN)_2 + H_2O + S.$$

Für die Frage der Blaubildung kommen, je nach der Natur des Blaus, zwei verschiedene Vorgänge in Betracht. Es entsteht nämlich entweder Eisencyanür-Cyanid, das eigentliche Berliner Blau, oder Eisencyanür, auch Berliner Weiß genannt, und Gemenge beider.

Das Eisencyanür geht bei der Regeneration der Reinigungsmasse durch den Sauerstoff der Luft ebenfalls allmählich in Berliner Blau über. Das in der Reinigungsmasse als Blau bezeichnete Produkt ist ein wechselndes Gemisch beider Eisencyanverbindungen.

Während die Blaubildung durch Eisenoxydul allein oder durch ein Gemisch von Oxyd mit Oxydul ein primärer Vorgang ist, wird die Absorption, sobald nur noch Schwefeleisen vorhanden ist, zu einer sekundären. Dies ist die Ursache für die Verlangsamung der Cyanabsorption vor dem Entleeren der Reiniger. Die Ursache, daß regenerierte Reinigungsmassen von Beginn an leichter Cyanwasserstoff absorbieren als frische, ist durch obige Gleichungen ebenfalls erklärt, weil die regenerierten Massen Eisenoxyd und Oxydul gemischt enthalten.

Das Wesen der Cyanabsorption mit Eisenoxydhydrat bedingt neben unvollständiger Aufnahme des Cyanwasserstoffs infolge zu hoher Geschwindigkeit des Gasstromes oder schlechter Absorptionsfähigkeit der Massen noch weitere Möglichkeiten des Cyanverlustes durch Bildung von Rhodanverbindungen und von Carbonylferrocyaneisen. Der Gehalt an letzterem ist, wie auch Stöckers Untersuchungen[1]) gezeigt haben, so gering, daß er vernachlässigt werden kann.

Dagegen kann der Verlust durch Rhodansalzbildung auf 70% und mehr des Cyans steigen, falls die dahinwirkenden Bedingungen nicht vermieden werden. Zahlreiche Analysen bestätigen, daß die Cyanverluste durch Rhodanbildung abhängig sind von der bei der Cyanabsorption gegenwärtigen Ammoniakmenge.

Die folgende Tabelle über Untersuchungen Leybolds läßt diese Verhältnisse deutlich genug erkennen.

1 g der Reinigungsmasse enthielt:

Nr.	Ammoniak	Cyanwasserstoff absorbiert als Berliner Blau	Cyanwasserstoff absorbiert als Rhodanammonium	demnach Cyanwasserstoff umgewandelt in Rhodan
1	2,86 g	1,70 g	2,12 g	55,5 %
2	2,84 »	2.41 »	2,34 »	49,0 »
3	2,82 »	1,53 »	2,87 »	65,0 »
4	1,66 »	1,28 »	1,34 »	51,0 »
5	1,01 »	2,75 »	2,55 »	48,0 »
6	0,41 »	3,05 »	0,87 »	22,0 »
7	0,38 »	5,82 »	0,80 »	12,0 »
8	0,37 »	4,48 »	0,16 »	3,5 »

[1]) Journ. f. Gasbel. 1904 S. 338.

Für die Erklärung der Rhodanbildung hat man sich zu vergegenwärtigen, daß im Reiniger Eisenhydroxyd, Schwefeleisen und freier Schwefel vorhanden sind. Der Schwefel ist aber nicht nur in bereits abgeschiedener, wenig reaktionsfähiger Form zugegen, sondern ist fortgesetzt durch die Einwirkung des im Gase stets enthaltenen Sauerstoffs auf das Schwefeleisen im Zustande der Neubildung, gewissermaßen im status nascendi, also sehr reaktionsfähig.

Bei einem von Ammoniak nicht vollständig befreiten Gase spielen sich nun in der Reinigung die folgenden Vorgänge ab:

$$2\,NH_4CN + FeS = Fe(CN)_2 + (NH_4)_2S$$
$$(NH_4)_2S + S_2 = (NH_4)_2S_3$$
$$2\,NH_4CN + (NH_4)_2S_3 = 2\,NH_4CNS + (NH_4)_2S.$$

Zunächst bildet sich unter der Einwirkung von Cyanammonium auf Schwefeleisen Eisencyanür und Einfachschwefelammonium. Das letztere nimmt begierig Schwefel auf und geht in Polysulfid über, das sich nun direkt mit frischem Cyanammonium zu Rhodanammonium umsetzt. Dieser Vorgang wird durch den großen Überschuß der Reinigungsmasse an freiem Schwefel ungemein begünstigt. Die hiernach der Rhodanbildung notwendig vorausgehende Bildung von Polysulfid kann auch, da im Gase Ammoniumsulfhydrat enthalten ist, wie folgt verlaufen:

$$2\,NH_4SH + 2\,Fe(OH)_3 = 2\,Fe(OH) + (NH)_4)_2S_2 + 2\,H_2O$$

oder

$$2\,NH_4SH + O = (NH_4)_2S_2 + H_2O.$$

Diese letzte Gleichung erklärt auch die Möglichkeit der Rhodanbildung im Gaswasser.

Auf Grund seiner Untersuchungen kommt Leybold zu folgenden Ergebnissen:

Die Absorption des Cyans in der Reinigungsmasse wird befördert und der Prozentgehalt der Masse an Blau gesteigert, wenn das Gas sich nur sehr langsam durch die Reiniger bewegt. Große Reiniger bedingen an Blau reiche Massen.

Ferner soll das Gas zur Erhöhung der Cyanausbeute in der Reinigungsmasse vor dem Eintritt in die Reiniger möglichst von Ammoniak befreit sein. Gute Ammoniakwäsche ist die wesentliche Bedingung für gute Cyanausbeute.

Dabei kommt es, wie Nauß festgestellt hat[1]), darauf an, durch zweckmäßigen Betrieb des Gaswäschers einen Cyanverlust in diesem möglichst zu vermeiden. Der Verlust wird um so geringer sein, je wirksamer der Wäscher und je kürzer der Weg ist, den das Gas in demselben durchlaufen muß. Nauß stellte den Cyanverlust in einem Wäschersystem zu 30 % fest und konnte ihn durch Benutzung nur eines Wäschers, der bei starker Berieselung zur Ammoniakabsorption genügte, auf 1 % herabdrücken.

Die Cyanverluste im Gaswasser entstehen dadurch, daß das vom Gaswasser vorübergehend aufgenommene Cyanammonium sich zum Teil durch die Berührung mit Schwefelammonium bei Gegenwart von Sauerstoff in Rhodan oder mit dem Eisen der Leitungen zu Ferrocyanammonium umsetzt.

Einfluß der Strömungsgeschwindigkeit des Gases.

Seit jeher hat man bei der trockenen Reinigung das größte Augenmerk darauf gerichtet, mit welcher Geschwindigkeit das Gas die Reinigungsmasse durchströmt, und besonders hat Kunath[2]) auf seine Versuche Regeln aufgebaut, an welche sich der Konstrukteur beim Entwerfen einer Reingeranlage halten soll. Danach sind die Querschnitte der Reiniger so zu bestimmen, daß die Gasgeschwindigkeit von 5 mm pro Sekunde

[1]) Journ. f. Gasbel. 1902 S. 953.

[2]) Journ. f. Gasbel. 1886 S. 979.

als normal gilt, 8 mm nie überschritten wird. Die Zahlen 5 und 8 mm stellen aber nicht die wirkliche Gasgeschwindigkeit dar, sondern den Quotienten von Gasmenge pro Sekunde durch Querschnitt, ergeben also die Geschwindigkeit, die das Gas aufweisen würde, wenn es durch den in Wirklichkeit ja zum Teil durch Masse verlegten Querschnitt frei passieren könnte.

Die Größe eines Reinigers berechnet sich danach, wie folgt:

P = Gaserzeugung in Kubikmetern in einer gewissen Zeit;

v = Geschwindigkeit des Gases in Metern in der Sekunde;

q = Querschnitt des Reinigers in Quadratmetern;

z = Anzahl der Sekunden, in welchen die Produktion P erfolgt;

dann ist

$$P = v \cdot q \cdot z$$

oder

$$q = \frac{P}{v \cdot z}.$$

Für 100 cbm Tageserzeugung ergibt das bei v = 0,005 m/Sek.

$$9 = \frac{100}{0{,}005 \cdot 86\,400} = 0{,}23 \text{ qm.}$$

Auf verschiedene Kastenanzahl und verschiedene Geschwindigkeiten berechnet, erhält man für 100 cbm Tageserzeugung pro Kasten einen Querschnitt von

0,23 qm	bei	5	mm	Geschwindigkeit	wenn 4 Kasten im System
0,17 »	»	7	»	»	
0,35 »	»	3,3	»	»	wenn 3 Kasten im System
0,25 »	»	4,6	»	»	
0,70 »	»	1,66	»	»	wenn 2 Kasten im System
0,51 »	»	2,3	»	»	

Für den Fall, daß die Höchstgeschwindigkeit von 8 mm überschritten würde, sollte nach Kunath durch Parallelschalten von 2 oder mehr Kästen eine genügende Verminderung der Gasgeschwindigkeit angestrebt werden. Schließlich betont Kunath ausdrücklich, daß weder die Zahl der hintereinander geschalteten Kästen noch die Dicke der Masseschichten, sondern immer nur der Querschnitt, und zwar, wenn die Reiniger verschiedene Größen haben, derjenige des kleinsten Reinigers in Betracht kommt.

Diese Regeln haben längere Zeit uneingeschränkte Anerkennung gefunden, sind aber dann durch praktische Ergebnisse von Merz[1]) und durch theoretische Erwägungen und Laboratoriumsversuche von Bößner[2]) widerlegt worden. Letzterer sagt: Chemische Umsetzungen benötigen eine gewisse Zeit, nach deren Ablauf jene neuen Körper gebildet sind, welche aus der Reaktion der dabei beteiligten Stoffe hervorgehen können. Diese bis zur Feststellung des chemischen Gleichgewichts verlaufende Zeit ist aber nicht bedingt durch die Zeit, welche der Austausch der Atome beansprucht — dieser geht mit unmeßbar großer Geschwindigkeit vor sich — sondern durch die Zeit, welche verläuft, bis sich Gelegenheit bietet, daß zwei oder mehr Molekeln, die aufeinander reagieren sollen, zusammentreffen. Dieses Zusammentreffen setzt entweder eine Eigenbewegung der in Betracht kommenden Moleküle voraus, wie dies z. B. bei Gasgemischen und Lösungen der Fall ist, oder daß, wie für den vorliegenden Fall der Einwirkung eines festen Körpers auf ein Gas, künstlich Gelegenheit für das Zusammentreffen der Moleküle geboten werde, indem man das Gas durch die Masse strömen läßt.

Man denke sich z. B. eine Anzahl Würfel von der Seitenlänge C aus Reinigungsmasse aneinandergereiht, wie dies Fig. 213 zeigt. Ob das Gas in der Richtung a oder b die Masse durchströmt, es befindet sich immer die gleiche Zeit hindurch im Kontakte mit der Reinigungsmasse.

---

[1]) Journ. f. Gasbel. 1903 S. 221.

[2]) Journ. f. Gasbel. 1908 S. 777.

Die zu reinigende Gasmenge soll immer in der gleichen Zeit und bei gleichbleibender Gasmenge die Masse einmal in der Richtung *a*, das andere Mal in der Richtung *b* durchdringen. Passiert das Gas in der Richtung *a*, so wird jedes H_2S-Molekül mit der Geschwindigkeit *v* an den Masseteilchen vorbeigeführt, hat also Gelegenheit zu einer bestimmten Anzahl (*n*) Zusammenstöße, welche zur Schwefelabsorption führen.

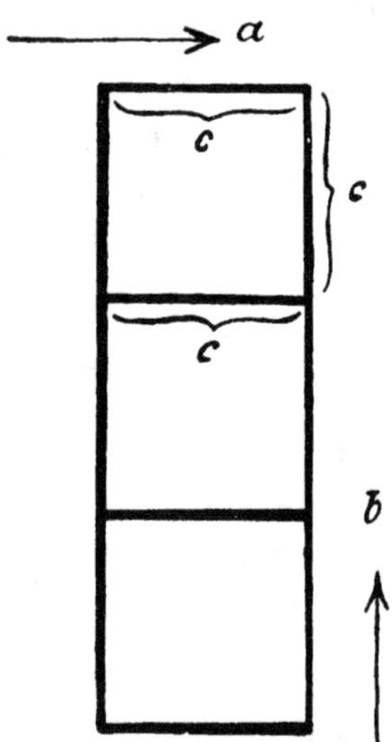

Fig. 213.

Passiert das Gas in der Richtung *b*, so ist natürlich die Geschwindigkeit ein vielfaches von der früheren, z. B. das *m*-fache. Die einzelnen H_2S-Moleküle werden jetzt mit der *m*-fachen Geschwindigkeit an den Masseteilchen vorbeigeführt, die Anzahl der Zusammenstöße in je einem Würfel kann daher nur der *m*-te Teil der früheren *n*-Zusammenstöße sein. Da aber *m* solcher Würfel passiert werden, so ergibt sich *m*-mal die Gelegenheit zu den Zusammenstößen, d. h. die Anzahl der Zusammenstöße zwischen den H_2S-Molekulen und den Masseteilchen ist in beiden Fällen gleich, ob die gleiche Gasmenge in der gleichen Zeit die Masse in der Richtung *a* oder *b* durchdringt, der Reinigungseffekt wird in beiden Fällen der gleiche sein, d. h. er ist von der Geschwindigkeit unabhängig. Versuche von Merz haben schon früher diese theoretische Folgerung bestätigt. Danach erhält man in der Praxis tatsächlich gleiche Reinigungseffekte, ob man das Gas langsam strömen und daher längere Zeit mit der Reinigungsmasse in Verbindung bringt, oder ob man das Gas rascher strömen und dadurch um so intensiver auf die Masse einwirken läßt.

Als logische Folgerung dieser Überlegungen und Tatsachen ergibt sich nach B ö ß n e r, daß die zwei schematisch skizzierten Reiniger *A* und *B* (Fig. 214) in bezug auf Reinigungseffekt einander vollkommen äquivalent sind, wobei gleiche Grundflächen, Schichtenhöhen und gleiches Stundenquantum vorausgesetzt werden.

Es folgt weiter daraus, daß man einen Reiniger nach Schema *A* nicht für das doppelte Gasquantum leistungsfähig machen kann, wenn man den Gasstrom nach Schema *B* teilt, denn in diesem Falle würden der gleichen Gasmenge statt vier nur zwei Schichten, also nur die halbe Massemenge zur Verfügung stehen.

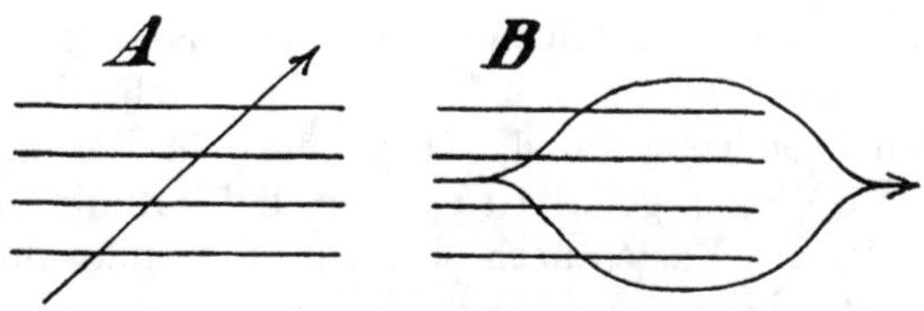

Fig. 214.

Für die Gasreinigung kommt also in erster Linie das Verhältnis zwischen Gas- und Massenmenge in Betracht. Die Geschwindigkeit spielt nur insofern eine Rolle, als sie die Druckverhältnisse ungünstig beeinflussen kann. Gegen den Übelstand eines zu hohen Drucks bietet die Teilung des Gasstroms wohl Abhilfe, aber eine Erhöhung der Leistungsfähigkeit einer Reinigeranlage wird nicht durch bloße Stromteilung, sondern nur durch gleichzeitige Massenvermehrung erreicht. Auch ist der von vielen Gasfachmännern als besonders wichtig hervorgehobenen freien, d. h. nicht durch Holzhorden verlegten Angriffsfläche der Reiniger kein Wert für den Reinigungseffekt beizumessen.

2. Die Konstruktion der Reinigerkästen, der Absperr- und Schaltorgane.

Die Reinigung des Gases von Schwefelwasserstoff erfolgt in den »Reinigern«, welche in der Form von viereckigen Kästen aus gußeisernen Platten zusammengesetzt sind. An den Enden der einzelnen Platten sind Leisten angegossen, welche durch Verschraubungen miteinander verbunden werden. Die Dichtung zwischen den einzelnen Leisten erfolgt durch einen geeigneten Kitt (Filzkitt). Der Boden des Kastens wird mit Zement ausgegossen, um die vorstehenden Leisten zu verdecken. Fig. 215 u. 216 zeigen einen solchen Kasten in der Ansicht und im Schnitt. Der Gaseingang befindet sich unten links und ist oben und an beiden Seiten durch Platten gegen das Hineinfallen von Masse geschützt. Der Austritt des Gases erfolgt oben durch einen aus Platten gebildeten Kanal. Oben um den Kasten läuft eine mit Wasser gefüllte ca. $^1/_2$ m tiefe Rinne (Tasse), in die der den Kasten nach oben abschließende schmiedeeiserne Deckel taucht. Der Kasten hat eine Tiefe von 1,6 bis 1,5 m, sein Querschnitt richtet sich nach der Größe der Gasproduktion, für die der Kasten ausreichen soll. Das Innere des Kastens wird durch schmiedeeiserne T-Träger, auf denen Holzhordenlager ruhen, in 4 Abteilungen geteilt Auf die Holzhorden (Fig. 217), die meist $1 \times 0{,}5$ m groß und 50 mm hoch sind, wird die Reinigungsmasse vollständig gleichmäßig lose so hoch ausgebreitet, daß noch 2 cm Raum zwischen der Masse und der darüberliegenden Horde verbleiben. Soll die Schwefelwasserstoffabsorption im Reiniger durch geringe Geschwindigkeit des durchströmenden Gases begünstigt werden, so sind bei Anwendung der gebräuchlichen horizontalen Horden, bei denen das Gas die Masse vertikal durchströmt, Reiniger von verhältnismäßig großer Grundfläche erforderlich. Diese bieten aber den Vorteil, daß der Druckverlust im Reiniger beim Durchströmen des Gases sehr gering ist. Für kleine Gaswerke, in denen ohne Gassauger gearbeitet wird, ist dieser Umstand von größter Bedeutung. In allen Fällen wird aber durch geringen Druckverlust die Betriebssicherheit erhöht.

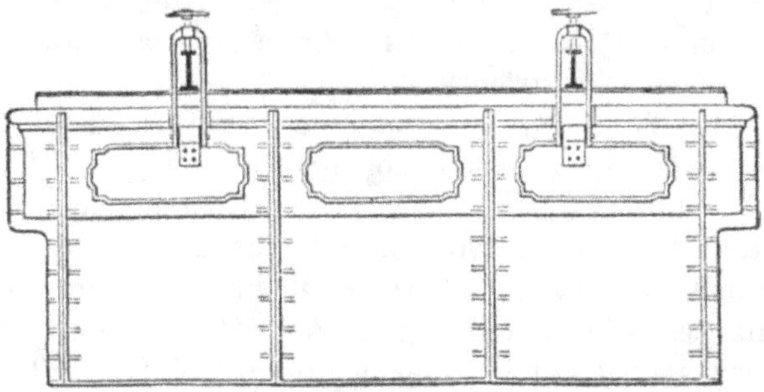

Fig. 215.

Dieser Druckverlust ist außer von der Geschwindigkeit des Gases von der Dicke der zu durchstreichenden Schicht und der Beschaffenheit der Masse, ins-

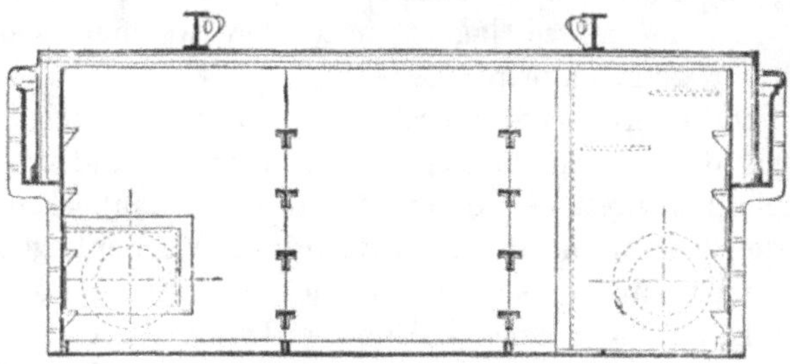

Fig. 216.

besondere auch von der Unterlage, auf der die Masse ruht, abhängig.

Das Verhältnis zwischen Grundfläche und freier

Fig. 217.

Massefläche ist bei horizontalen Horden ein äußerst ungünstiges und stellt sich ungefähr auf 4:1. Nach dieser

Richtung sind neuerdings durch den Einbau anderer Hordenkonstruktionen erhebliche Verbesserungen erzielt worden. Von diesen sei nur die Horde »System Jäger«[1]) hier besprochen. Jäger benutzt vertikale Horden und läßt das Gas nur in horizontaler Richtung die Masse durchströmen.

Bei diesem System kommt es besonders darauf an, daß die Masse in allen Höhenlagen gleich dicht liegt und für das Gas die gleiche Durchlässigkeit besitzt, wodurch allein eine vollständige Ausnutzung der Masse erreicht werden kann. Diese Bedingung wäre durch einfaches Übereinanderlagern der Masse wegen ihres hohen spez. Gewichtes nicht durchzuführen, läßt sich aber erfüllen durch eine Kombination von zwei Hordenkonstruktionen, nämlich:

a) den die vertikal gelagerte Masse seitlich begrenzenden Rand- und Mittelhorden und
b) den sog. Stabhorden, zwischen welchen die Masse lagert, und von welchen sie gegetragen wird.

Die Randhorden bestehen, wie Fig. 218 zeigt, aus horizontalen 5 cm breiten, 7 mm starken und ca. 1 m langen Holzbrettchen, deren vier durch Schrauben an den beiden Enden und in der Mitte mit dazwischenliegenden Klötzchen an eine stärkere Holzleiste angeschraubt sind. Die Höhe einer solchen Randhorde beträgt ca. 20 cm.

Die Mittelhorden (Fig. 219) stellen eine Kombination von zwei Randhorden dar. Der Raum *r*, welcher von der Masse frei bleibt, bildet den Kanal, in welchen entweder das zu reinigende Gas einströmend sich von da links und rechts in die Masse verzweigt oder in dem das gereinigte Gas, aus der Masse von links und rechts kommend, sich vereinigt, um den Reiniger zu verlassen. Zwischen zwei Rand- bzw. Mittelhorden kann, wenn die Breite der Brettchen und deren Abstand voneinander

[1]) Journ. f. Gasbel. 1902 S. 261.

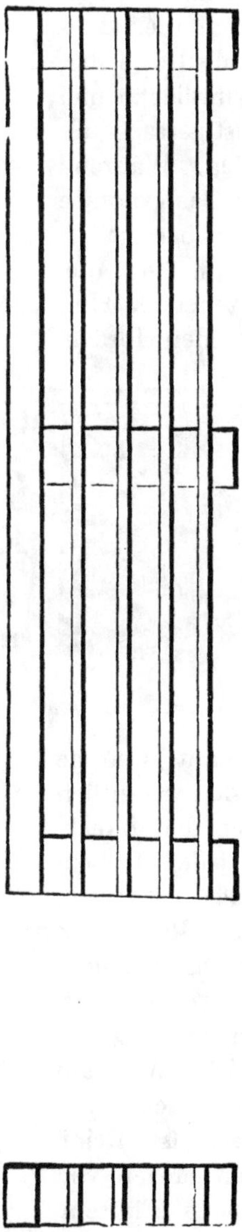

Fig. 218.

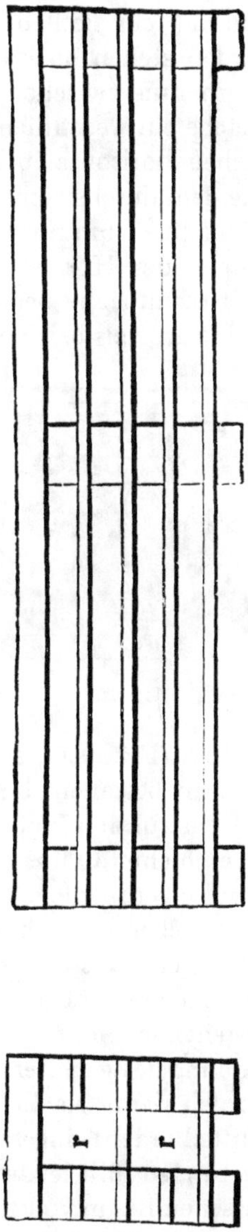

Fig. 219.

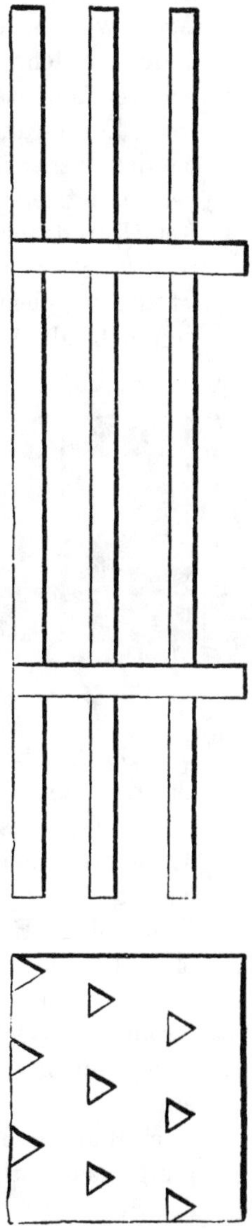

Fig. 220.

in richtigem Verhältnis stehen, Reinigungsmasse eingelagert werden, ohne daß ein seitliches Durchfallen stattfindet. Solche Horden stellen also stehende Roste dar, bei welchen das Verhältnis zwischen Gesamtfläche und freier Durchgangsfläche ein wesentlich günstigeres ist, als bei den bisher üblichen horizontalen Horden. Während bei den letzteren die dem durchströmenden Gas gebotene freie Durchgangsfläche pro 1 qm nur 0,25 qm beträgt, erreicht sie bei den stehenden Horden auf 1 qm 0,647 qm, ist also bei gleicher Gesamtfläche bei den stehenden Horden mehr als $2^1/_2$mal so groß als bei den liegenden Horden.

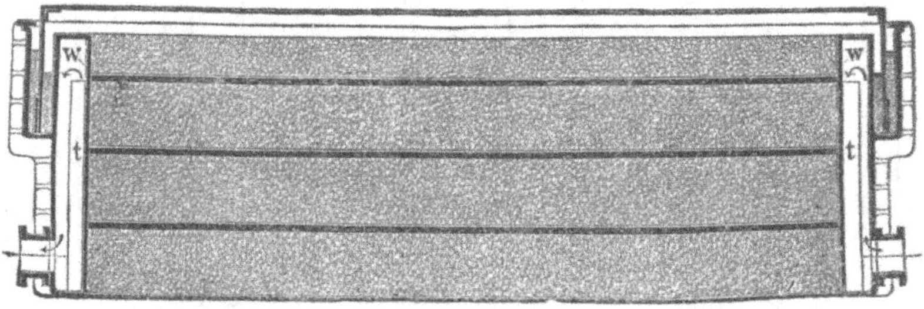

Fig. 221.

Die **Stabhorden** (Fig. 220), so genannt, weil sie aus dreikantigen Stäben bestehen, bilden den wesentlich neuen Teil dieser Konstruktion und haben den Zweck, die übereinander geschichtete Masse in jeder Höhenlage gleich dicht zu lagern, die Masse also zu tragen. Eine solche Horde ist ebenso hoch wie die Rand- und Mittelhorden und besteht aus einer Anzahl von dreikantigen, ca. 1,1 m langen Stäben, welche durch zwei darauf senkrecht stehende Bretter in der aus Fig. 220 ersichtlichen Anordnung festgehalten werden. Wird auf eine solche Stabhorde, wenn sie links und rechts von zwei Rand- oder Mittelhorden eingeschlossen ist, Reinigungsmasse aufgegeben, so füllt letztere den ganzen, von den Stäben freigelassenen Raum vollständig aus. Eine einfache Überlegung ergibt auch, daß bei dieser Anordnung der Stäbe die Masse in allen Höhenlagen gleich dicht gelagert sein muß und daher den horizontal durchströmenden Gasen überall den gleichen Widerstand entgegensetzt.

Bei Anwendung dieser Horden wird der Reiniger dahin abgeändert, daß der Ein- und Austritt des Gases

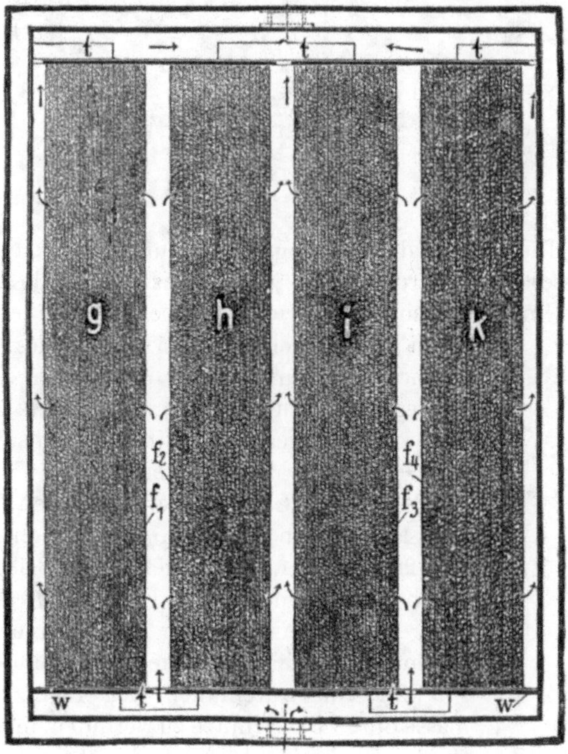

Fig. 222.

in vertikalen, schmalen Schlitzen erfolgt, deren Höhe ebenso groß ist als die der aufeinander geschichteten Horden. Dies erreicht man bei vorhandenen Reinigern leicht durch Vorsetzen von gasdicht schließenden Wandverkleidungen *w* (Fig. 221 und 222), in welchen die eben erwähnten Schlitze freigelassen sind. In Fig. 221,

222 und 223 ist ein für dieses Hordensystem eingerichteter Reiniger dargestellt. Der Gasstrom folgt der Pfeilrichtung, die punktierten Flächen g, h, i, k stellen die vertikalen Masseschichten in Ansicht dar.

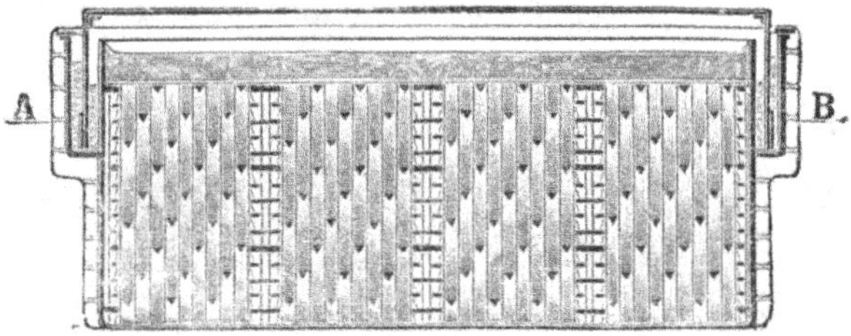

Fig. 223.

Die Anzahl der Eingangsschlitze und die Breite der Massestreifen wird sich in jedem einzelnen Falle nach der Größe der Reiniger zu richten haben; immer jedoch bleibt die Regel bestehen, daß jedes Gasteilchen in eir m Reiniger nur immer einen Massestreifen durchströmt. In jedem nach diesem System gesetzten Reiniger durchströmt das Gas einen Massestreifen, dessen Fläche gleich ist der Summe der vertikalen Eingangsflächen in dem in der Zeichnung Fig. 221, 222 u. 223 dargestellten Beispiele gleich der Summe der Flächen $f_1 + f_2 + f_3 + f_4$. Die Dicke der Massenschichte e ist immer gleich der Breite der Stabhorden.

Fig. 224.

Um ein Durchfallen der Reinigungsmasse durch die Schlitze zu verhüten, müssen an der Rückseite der Verkleidungswand vor den Schlitzen nach unten spitz zulaufende Taschen t angebracht werden, welche dem Gase wohl den Durchgang nach oben freilassen, aber etwa in die Schlitze fallende Reinigungsmasse zurückhalten.

Dadurch, daß die Breite der Massestreifen durch die Breite der zwischen zwei Rand- bzw.

Mittelhorden liegenden Stabhorde bestimmt ist, ist auch die Gewähr gegeben, daß sämtliche Massestreifen von der gleichen Stärke ausfallen, daher das Gas in allen Massestreifen beim Durchströmen den gleichen Widerstand findet, also die Masse gleichmäßig, daher am vollständigsten ausgenutzt wird.

Einen konstruktiv etwas anderen Weg hat Klönne-Dortmund bei seinen Reinigern gewählt, um einmal den Querschnitt des Kastens gut auszunutzen, und das andere Mal, um die Masse so hoch mit Schwefel anzureichern wie nur möglich. Die Einrichtung besteht im Einbau von Ventilen in die Ein- und Ausgangskanal-Platten der Reiniger. Diese Ventile ermöglichen es, nach Belieben mit einfachem oder geteiltem Strom zu arbeiten (Fig. 226). Die Arbeitsweise in diesem Kasten ist folgende: 1. Der Gasstrom geht zunächst ungeteilt von oben nach unten durch den ganzen Kasten, bis eine Druckzunahme eintritt; 2. dann wird ein Ventil geöffnet, so daß das Gas zunächst durch die unterste Horde geht, bis auch hier

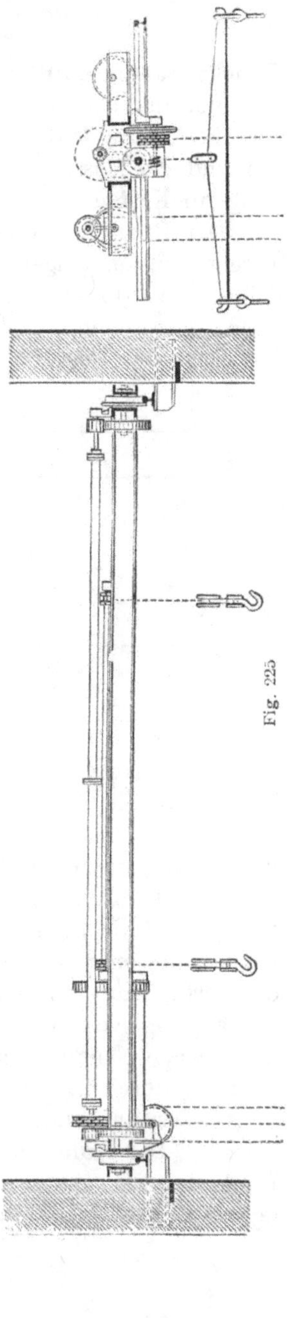

Fig. 225

Druckzunahme eintritt; 3. es wird dann das zweite Ventil geöffnet, und das Gas geht dreiteilig durch. Eine weitere Druckerhöhung tritt dann erfahrungsgemäß nicht mehr ein und die Masse bleibt bis zur fast völligen Erschöpfung im Kasten.

Der Reinigerdeckel ist aus 4 bis 5 mm starken Blechen zusammengenietet. Zwei oben darauf befestigte I-Träger versteifen die Deckelbleche gegen den von unten wirkenden Gasdruck, wie auch beim Anheben des Deckels. Das Heben der Deckel geschieht durch

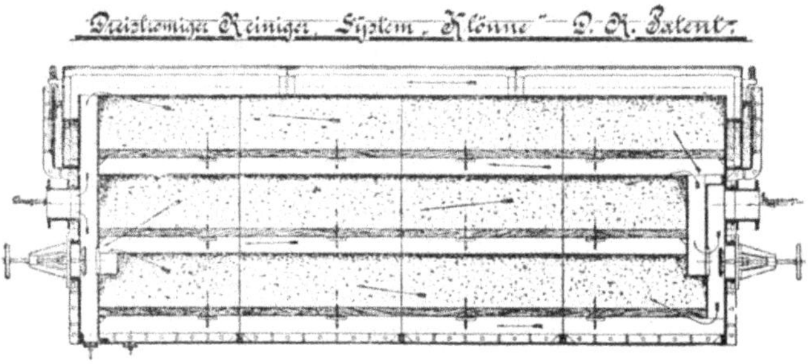

Fig. 226.

besondere Hebezeuge, die seitwärts bewegt werden können, damit der Deckel, sobald er gehoben ist, auch seitwärts zu transportieren ist. Die einfachste Hebevorrichtung ist der in Fig. 224 dargestellte Flaschenzug mit Laufrolle, die auf dem oberen Flansch eines I-Trägers läuft. Zum Heben der Deckel großer Reiniger werden allgemein Laufkräne benutzt, welche je nach den örtlichen Verhältnissen und der Art der Deckelaufhängung verschieden sind. Fig. 225 zeigt einen Laufkran, welcher auf zwei Schienen fährt, deren Unterstützung durch in die Wand eingemauerte Konsole erfolgt. Der Laufkran wird durch eine Haspelkette fortbewegt. Das Anheben der Last geschieht durch zwei Lastketten, die je mit einem Querbalken versehen sind, dessen Haken in die entsprechenden Ösen der Reinigerdeckel eingreifen. Durch Ziehen an einer Haspelkette kann ein Mann die Last heben. Eine selbsttätige Bremse hält den Deckel in jeder Lage fest. Um den Deckel während des Betriebes auf dem Kasten festzuhalten, sind Verschlüsse angebracht (Fig. 227). Die Anzahl dieser Deckelhalter für den einzelnen Reiniger richtet sich nach der Größe des Deckels. Auf dem Deckel befindet sich noch ein Ventil (Fig. 228), um bei Außerbetriebsetzung des Reinigers diesen vor Aufhebung des Deckels entlüften zu können. Ferner ist noch ein

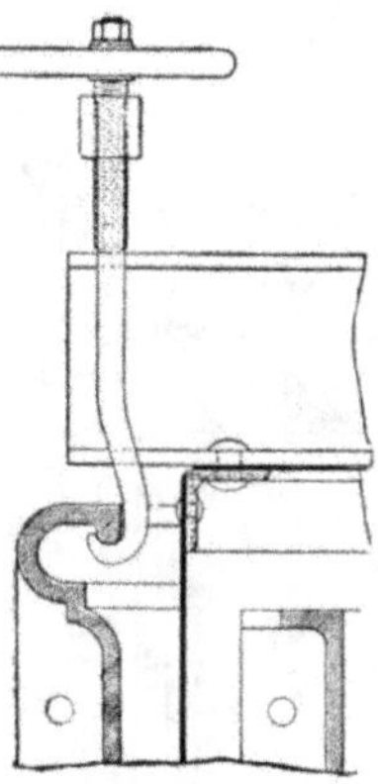

Fig. 227.

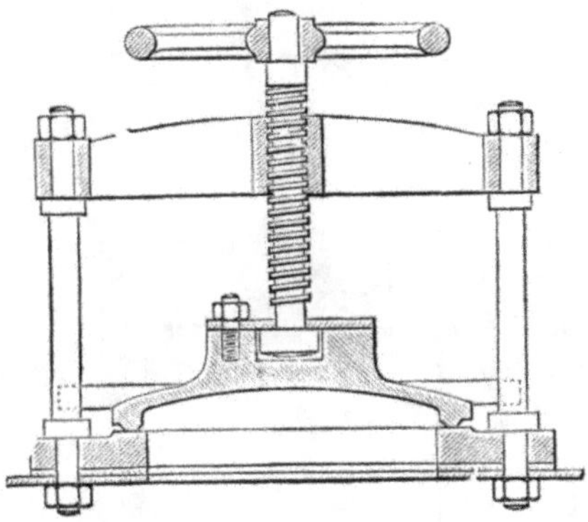

Fig. 228.

Probierhahn zur Entnahme von Gasproben bei der Prüfung auf Schwefelwasserstoff angebracht.

Die allgemein in Anwendung befindlichen flachen Kastenreiniger haben seit den ersten Anfängen der Gasfabrikation nur unwesentliche Änderungen erfahren. Die praktisch durchgeführten Änderungen zur Erhöhung der Leistung der Reinigeranlagen beschränken sich im wesentlichen darauf, in die ursprünglich etwas verschwenderisch benutzten Kästen möglichst viel Reinigungsmasse einzubringen, eine lockere Schichtung der Masse durch Tragstäbe zu erreichen, und durch Stromteilung im Kasten eine niedrige Gasgeschwindigkeit und dadurch geringen Druckverlust zu erzielen.

Konstruktiv wesentlich verschieden von den alten Flachreinigern ist der von Schmied-Aschaffenburg bereits praktisch ausprobierte Hochreiniger. Die Aschaffenburger Hochreinigeranlage besteht aus 3 Kästen. Jeder Kasten hat einen Grundriß von 4 × 1,5 m und eine Höhe von 6 m. Unten und oben ist jeder Reiniger (Fig. 231) durch 4 trichterförmige Übergangsstücke zu

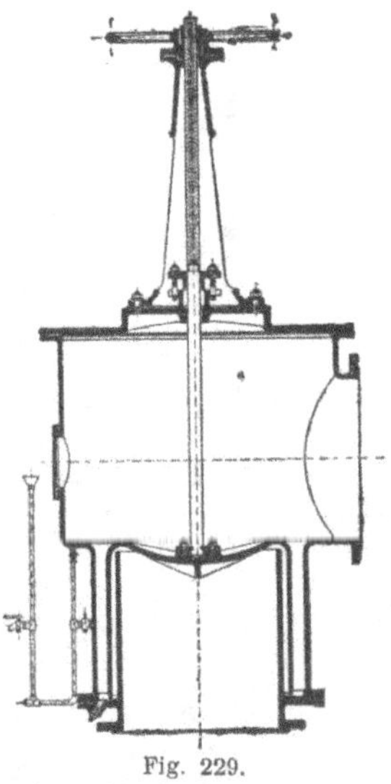

Fig. 229.

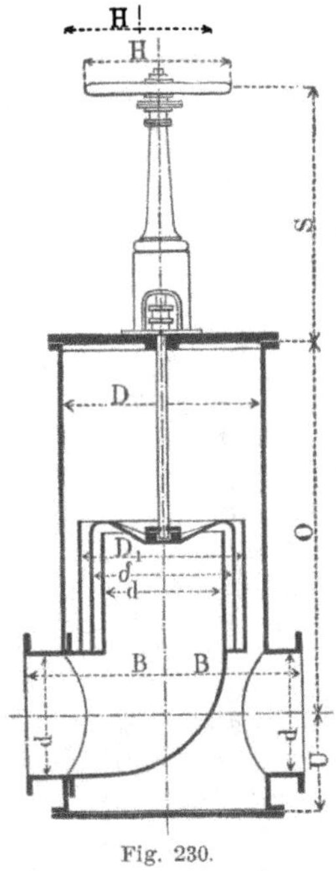

Fig. 230.

4 runden Deckeln eingezogen, die einen Durchmesser von 400 mm haben und trocken mit Bleinuten abgedichtet sind. Die Gasein- und Gasausgänge liegen seitlich im unteren Teil des prismatischen Körpers an den Breitseiten einander gegenüber. Beide sind durch Verteilungsschächte vor dem Einfallen von Masse geschützt. Den Breitseiten parallel im Abstand von 5 cm von der Wand bauen sich Jalousien aus Brettern auf. Der Raum zwischen diesen Jalousien und der Reinigerwand ist frei

und dient der Entfaltung des Gasstroms zwecks Verteilung auf die ganze Eintrittsfläche resp. Austrittsfläche. Der Raum zwischen den Jalousien ist mit Reinigungsmasse ausgefüllt. Um eine lockere Lagerung der Masse zu erreichen und den Bodendruck abzufangen, sind in der Mitte des Reinigerkastens und parallel zur Breitseite desselben an senkrechten Trägern aufgehängte Bretter eingebaut, die etwa in je 1 m Höhenabstand auf Gabeln liegen. Alle Verbindungen, Stützen usw. in der Richtung des Gasstromes sind vermieden, um der Bildung von Kanälen quer durch den Reinigerkasten vorzubeugen. Von oben ragt eine Scheidewand etwa 1 m tief in den prismatischen Teil des Reinigers hinein; die in der ganzen Längsrichtung, also quer zum Gasstrom, bis zur Dichtung mit dem oberen Deckel reicht. Dadurch wird ein Durchgang des Gases durch den obersten lose liegenden Teil der Masse und über der etwa zusammensinkenden Masse vollkommen verhindert. Dem Durchgang des die Masse in horizontaler Richtung durchströmenden Gases bietet der Hochreiniger naturgemäß einen erheblich größeren Widerstand als die üblichen Flachreiniger. Der Druckverlust beträgt pro Kasten ca. 60—80 mm, der sich aber durch Teilung des Gasstromes ähnlich wie bei Flachreinigern wesentlich vermindern läßt. Die Reinigung des Gases vom Schwefelwasserstoff ist eine sehr gute. Es sei hier auf die während 72 Tagen angestellten Versuche der Lehr- und Versuchsgasanstalt Karlsruhe [1]) verwiesen. Es wurden danach mit 1 cbm Masse durchschnittlich 14000 cbm Gas gereinigt.

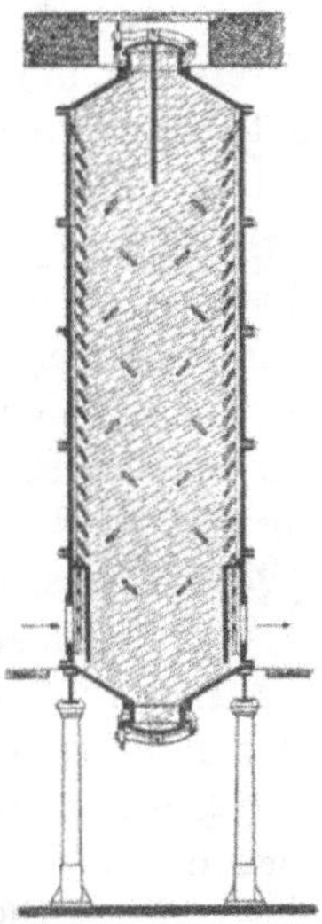

Fig. 231.

[1]) Journ. f. Gasbel. 1910, S. 31.

Die Masse war oben und unten gleich weit nach innen angegriffen. Ein wesentlicher Unterschied im Vordringen des Schwefelwasserstoffs, wie er durch ungleichmäßige Lagerung oben und unten bedingt sein müßte, ließ sich nicht feststellen.

Die Bedienung der Reiniger gestaltet sich äußerst einfach. Nach Ausschaltung des Kastens werden die 4 unteren Verschlußdeckel geöffnet und die Masse in Wagen abgelassen. Bei stark backender Masse wird durch die in der Seitenwandung angebrachten Türen mit Stangen nachgeholfen. Die Entleerung eines Kastens mit 23 cbm Masseinhalt beanspruchte ca. 3 Stunden bei Beschäftigung von 4 Arbeitern. Die Füllung des gleichen Kastens, die von oben durch 4 Öffnungen vorgenommen wurde, dauerte mit 6 Arbeitern etwas über 1 Stunde. Gegenüber den alten Reinigern bedeutet dieses eine wesentliche Erleichterung der Arbeit beim Auswechseln der Masse.

Die Anlagekosten der Hochreinigeranlage werden besonders günstig beeinflußt

1. durch die geringe Platzbeanspruchung und damit geringere Grunderwerbskosten;

2. durch die niedrigen Hausbaukosten. Z. B. beansprucht eine Flachreinigeranlage von 50000 cbm/Tag einen Grundriß des Hauses von 400 qm, eine Hochreinigeranlage von 50000 cbm/Tag einen Grundriß des Hauses von 164 qm.

Die Flachreiniger sind meist so angeordnet, daß je 4 oder 8 zu einem System vereinigt sind. Das Gas durchstreicht diese Kästen der Reihe nach und zwar tritt es nach dem Prinzip des Gegenstroms zuerst in den Kasten, der schon am meisten Schwefelwasserstoff aufgenommen hat, und durchströmt zuletzt den Kasten, der die neu eingetragene, regenerierte Masse enthält. Damit das Gas die Kästen in dieser Reihenfolge durchströmen kann, sind dieselben durch Rohrleitungen mit eingebauten Absperrorganen verbunden, welche eine entsprechende Schaltung gestatten. Bei größeren Rohrweiten verwendet man gern Abschlußvorrichtungen mit Wasserverschluß, da diese gegenüber den Ventilen mit trockener Dichtung größere Sicherheit für Dichtigkeit bieten. Fig. 229 u. 230 zeigen ein derartiges Eck- resp. Durchgangsventil. Die Tauchung beträgt ca. 500 bis 600 mm. An jedem Ventil ist seitlich ein Probierhahn oder ein Wasserstandglas angebracht, um den Stand der Absperrflüssigkeit jederzeit erkennen zu können. Die Füllung des Ventils kann durch einen seitlichen Trichter während des Betriebes vorgenommen werden. Fig. 232 und 233 zeigen die Anordnung solcher Ventile bei einer Reinigungsanlage mit 4 Kästen. Der Weg des Gases ist durch Pfeile bezeichnet. Zu jedem Kasten gehört ein Eingangs-, Ausgangs- und Umgangsventil. Da nun jeder Kasten mit dem vorhergehenden oder nachfolgenden durch Rohrleitungen verbunden ist, und jeder nach dem Eingangs- oder Ausgangsrohr geschlossen oder geöffnet werden kann, so kann auch jeder der Reiniger zum ersten oder letzten im Systeme gemacht werden. Ein anderes nasses Ventil, das gegenüber dem vorigen den großen Vorzug besitzt, gar keine zu bewegenden Teile zu besitzen, zeigen die Fig. 234 und 235. Das Schließen und Öffnen der Ventile erfolgt durch Zuleiten bzw. Ableiten des Sperrwassers. Infolge dieser Anordnung befindet sich in den Ventilgehäusen stets reines Wasser. Die Verunreinigung des Gases durch Berührung mit der Absperrflüssigkeit, welche vorher mit unreinem Gase in Berührung stand — ein Nachteil, der den Wasserabschlußventilen sonst anhaftet —, ist hierdurch ausgeschlossen. Je zwei gegenüberliegende Kammern A und A_1, B und B_1 des Ventils stehen durch den Untersatz C in Verbindung, so daß die Füllung und Entleerung der zusammenhängenden Kammern gleichzeitig erfolgt.

Der Vorgang ist also kurz folgender: Sollen die Kammern A und A_1, deren räumliche Ausdehnung

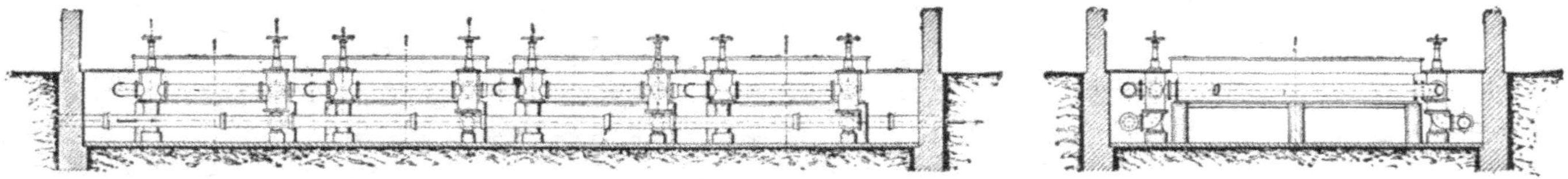

Fig. 232.

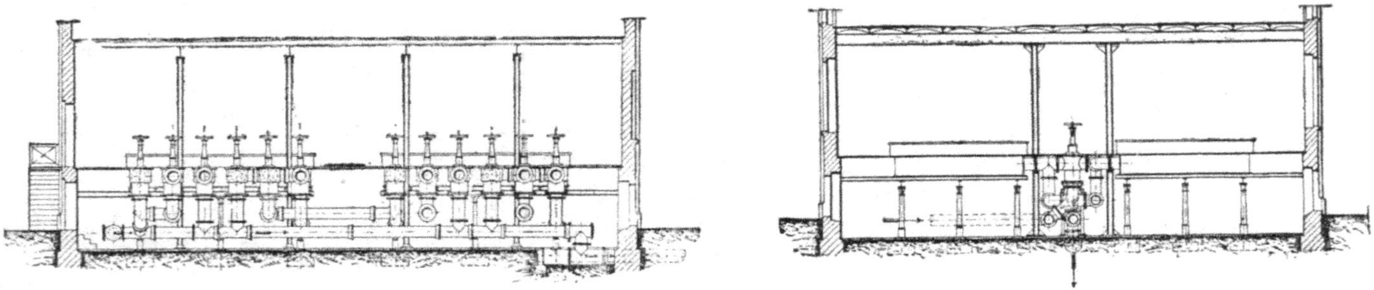

Fig. 233.

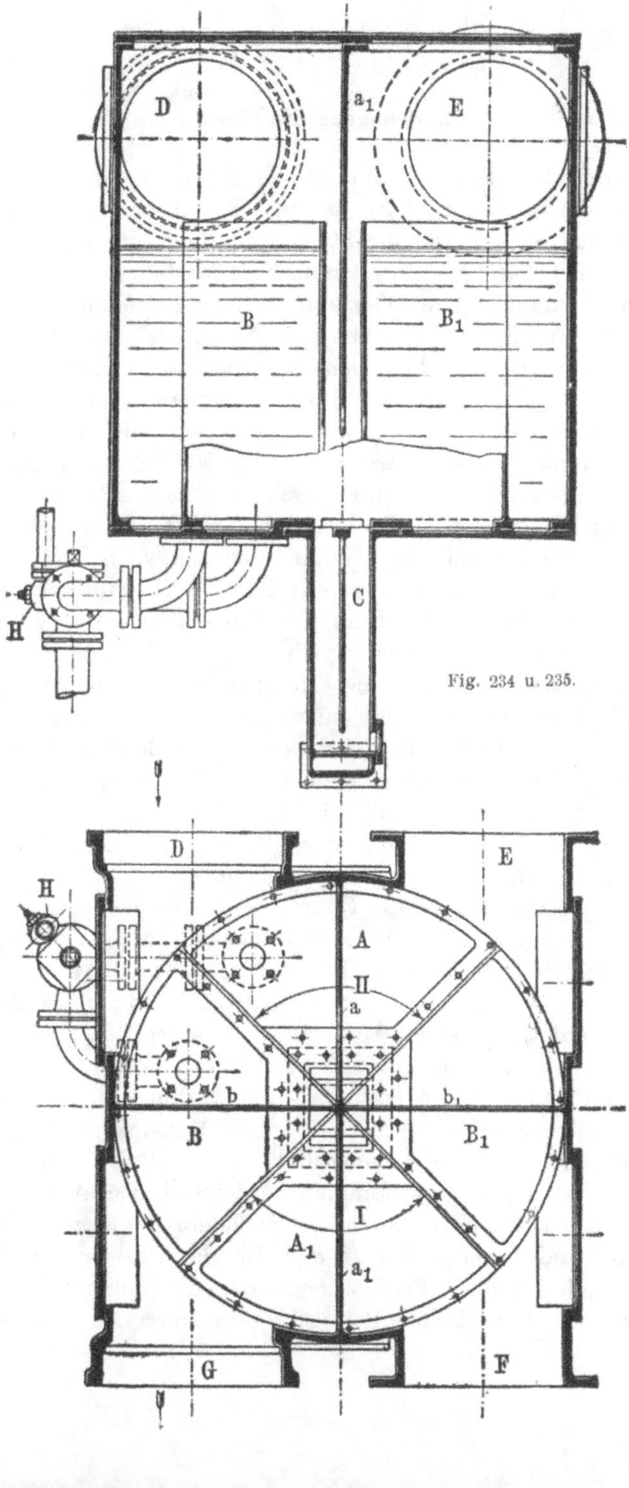

Fig. 234 u. 235.

durch die Pfeile I und II angegeben ist, mit Wasser gefüllt werden, so wird das bei D eintretende Gas von D aus nicht durch die Stutzen E und F in den Reiniger IV (Fig. 236) eintreten bzw. austreten können. Es wird vielmehr den Weg von D nach G nehmen. Dies wird durch die Anordnung der Scheidewände a und a_1 erreicht, welche oben dicht an das Gehäuse angegossen sind, so daß sie bei gefüllten Kammern A und A_1 abschließen. Die Scheidewand b dagegen läßt, da in der Kammer B kein Wasser steht, den Durchgang an dieser Scheidewand nach unten frei, und so kann das Gas ungehindert von D nach G gehen. Da die gegenüberliegende Kammer B_1 ebenfalls leer ist, so ist der Umgang zwischen den Reinigern III und IV geöffnet.

Die Zu- und Ableitung des Wassers an jedem Ventil wird durch einen Vierweghahn A geregelt. Die Anordnung dieser Wasserhähne erfolgt entweder neben jedem Wechselventil oder in einem besonderen Schrank an beliebiger Stelle des Betriebes. Diese letztere Anordnung hat noch den Vorzug, daß der Fußboden des Reinigerraumes überall für die Bewegung der Reinigungsmasse frei bleibt. Fig. 237 zeigt die Anordnung der Ventile in einer Reinigeranlage.

Beträgt der lichte Rohrdurchmesser 250 mm oder weniger, so wendet man meist trockene Ventile an, die für Reinigeranlagen speziell als Dreiwegventile (Fig. 238) ausgebildet werden. Der Ventilteller wird durch eine Schraubenspindel auf- und abwärts bewegt. Der Ventilteller ist seitwärts im Gehäuse geführt, um die Drehung beim Auf- und Niederschrauben zu verhindern. An dem Ventilgehäuse ist seitlich eine mit Deckel verschlossene Öffnung, durch die der Ventilteller zwecks Reinigung oder Erneuerung herausgenommen werden soll. Der Abschluß erfolgt oben oder unten, je nachdem der Ventilteller hoch oder tief steht, so daß für das Gas immer ein Weg frei bleibt. Fig. 239 zeigt die Anwendung für 4 in einer Reihe stehende Reinigerkästen unter Anwendung von 8 Dreiwegventilen. Die Reiniger können hierbei in jeder Reihenfolge, immer im Kreislauf, eingeschaltet werden und zwar 1, 2, 3, 4 oder 3, 4, 1, 2 usw. Es ist überhaupt jede Schaltung möglich, bei welcher zwei oder mehr Reiniger in ununterbrochenem Kreislauf ein-

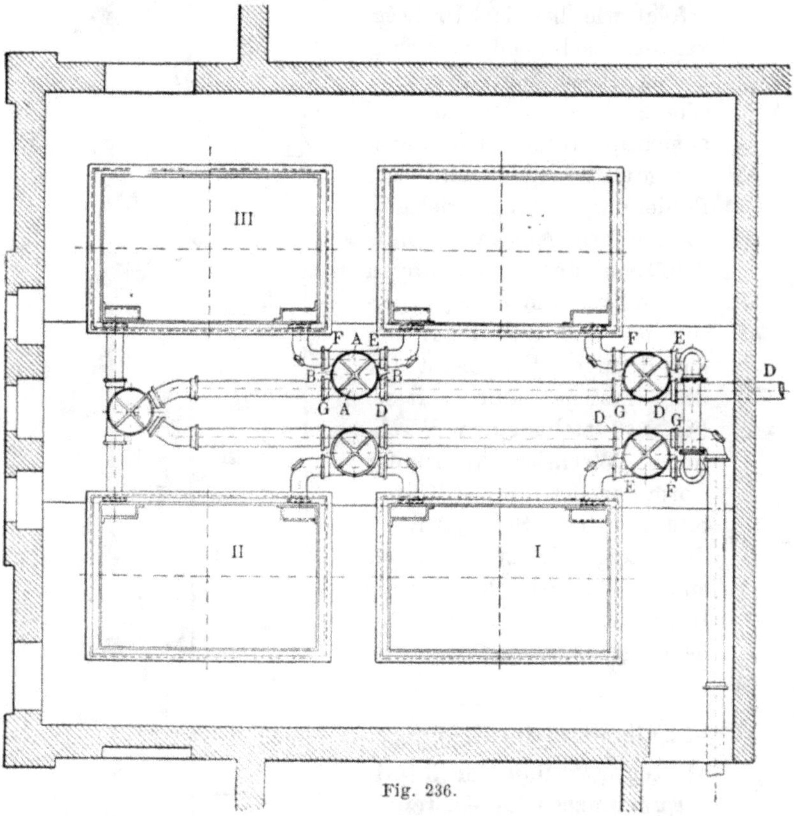

Fig. 236.

geschaltet sind. Für die Einschaltung der Reiniger gilt folgende einfache Regel: Die Spindel des Eingangsventils am ersten im Betrieb befindlichen Reiniger und die Spindel des Ausgangsventils am letzten in Betrieb befindlichen Reiniger stehen hoch, alle anderen Spindeln stehen tief. Eine Vereinigung von Dreiwegventilen in einem einzigen Gehäuse stellt der Wecksche Zentralwechsler dar, der in runder oder viereckiger Anordnung gebaut wird. Die Dichtung erfolgt wie bei den Dreiwegventilen nach oben oder nach unten. Dieser Zentralwechsler (Fig. 240) hat den Vorzug, daß er sich außerhalb der Reinigeranlage aufstellen läßt und seine Bedienung bei Betriebsstörungen erfolgen kann, ohne den Reinigungsraum betreten zu müssen. Ein weiterer Vorzug ist, daß der Raum um die Reiniger frei bleibt für den Transport der Masse. Fig. 240 stellt einen Weckschen Wechsler in runder Form dar, der für vier Kästen bestimmt ist. Seine Anwendung zeigt Fig. 241, aus der auch die Übersichtlichkeit der Rohrleitungen ohne weiteres hervorgeht.

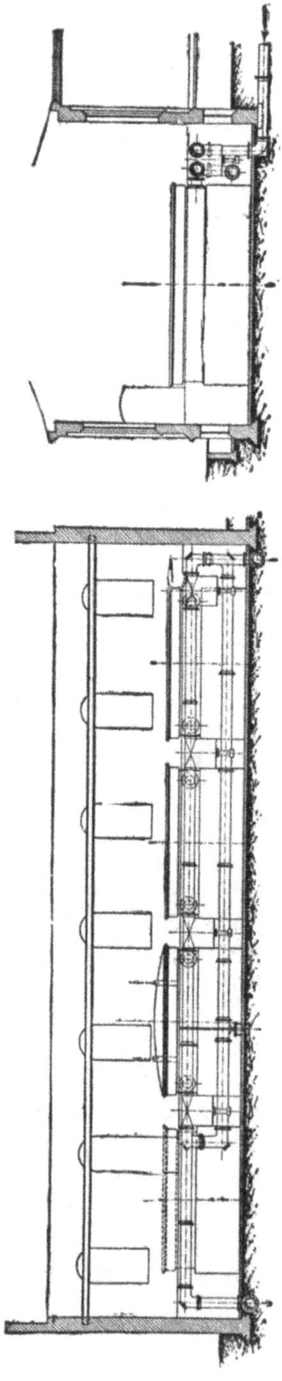

Fig. 237.

---

3. Entlastung der Reinigung.

a) Regeneration der Reinigungsmasse im Kasten.

Der Betrieb der Reinigung gestaltet sich bedeutend einfacher, wenn nach der Erschöpfung der Masse deren Regeneration im Kasten selbst vorgenommen wird. Diesen

Weg hat die Firma Klönne-Dortmund betreten, indem sie bei einigen von ihr erbauten Reinigeranlagen folgende Anordnung traf, die das häufige Auswechseln der Masse umgeht. An jedem Kasten ist außer den beiden Gasleitungen noch eine Luftrohrleitung angeschlossen, durch welche Luft mittels eines Dampfstrahlgebläses gesaugt werden kann. Diese Leitung mit dem Gebläse wird in Betrieb genommen, sobald die Masse in dem Kasten das durchstreichende Gas nicht mehr genügend vom Schwefelwasserstoff befreit. Die Gasleitungen werden dann abgestellt, in dem Deckel des Kastens das Luftventil geöffnet, und das Dampfstrahlgebläse in Betrieb gesetzt, so daß die angesaugte Luft die in dem Kasten lagernde Masse von oben nach unten durchstreicht, das Gebläse passiert und an einer geeigneten Stelle das Freie wieder erreicht. Das Durchsaugen der Luft wird solange fortgesetzt bis die Temperatur der infolge der Regeneration erwärmten Luft gleich der Temperatur der Außenluft ist. Ist dieses eingetreten, kann der Kasten wieder in Betrieb genommen werden. Nach den gemachten Erfahrungen muß durch die Masse

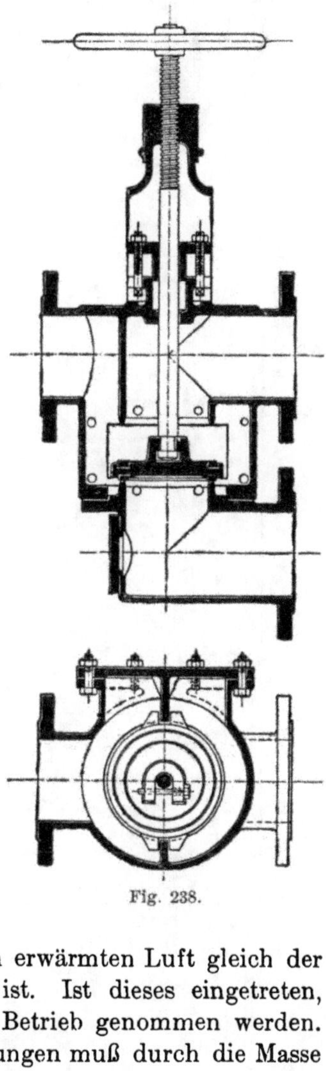

Fig. 238.

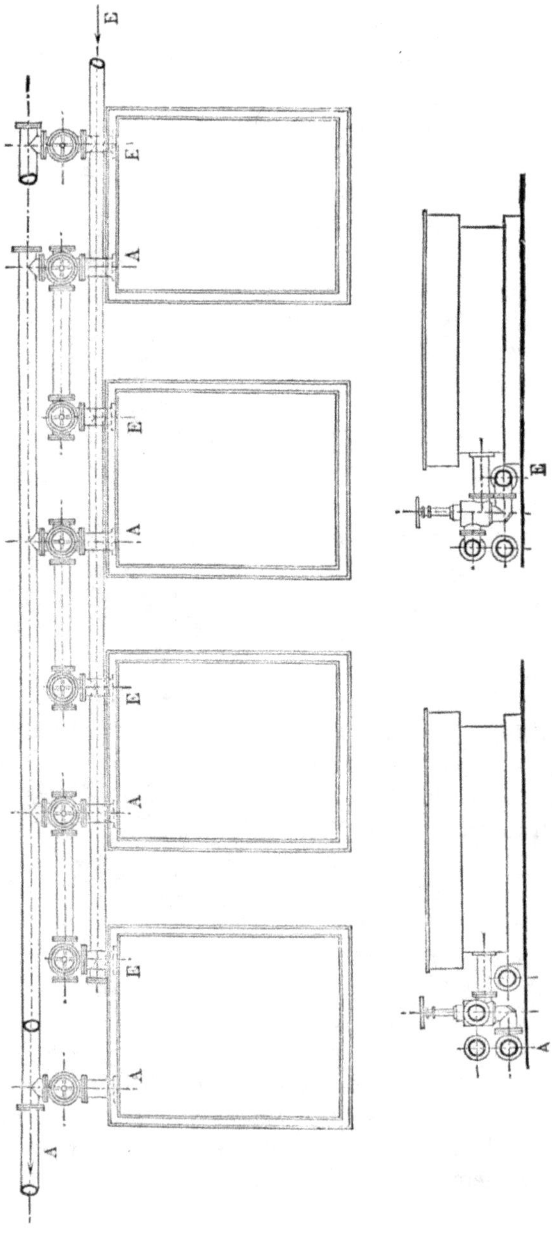

Fig. 239.

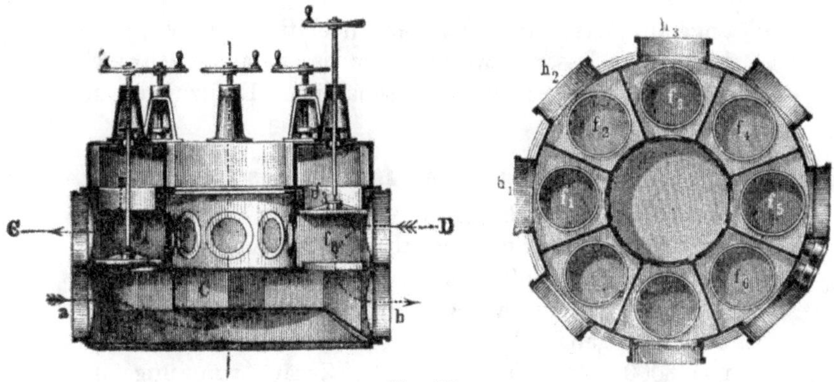

Fig. 240.

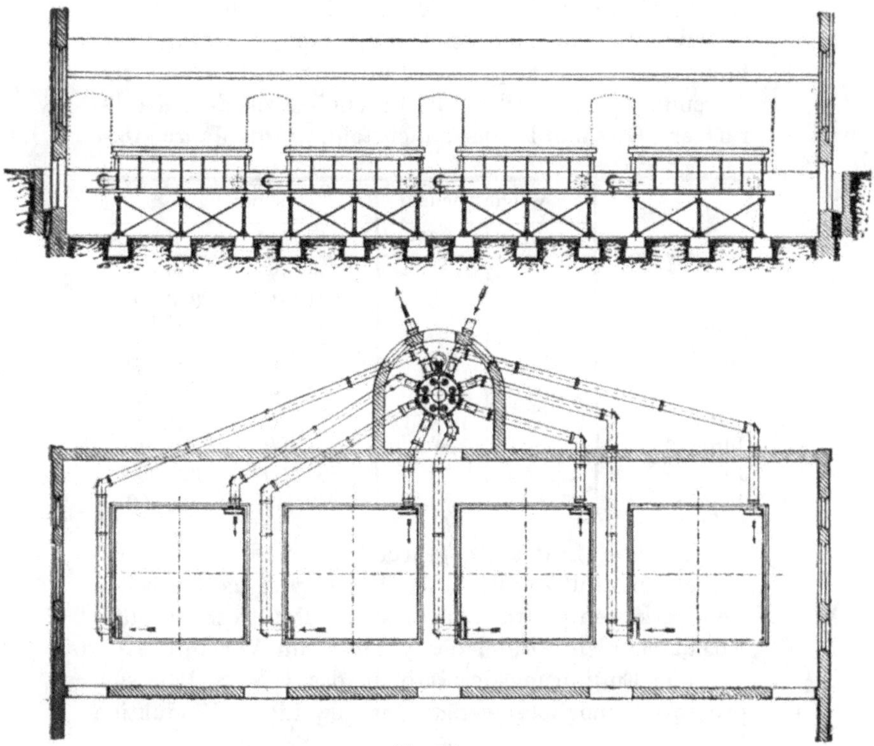

Fig. 241.

ungefähr das Fünffache der theoretisch notwendigen Luftmenge gesaugt werden, um das gesamte Schwefeleisen zu regenerieren und schädliche Erhitzungen zu vermeiden.

b) Zuführung von Luft in das Gas.

Über die praktischen Vorteile der ihrem Wesen nach an anderer Stelle erörterten Luftbeimischung zum Gase reden die folgenden Zahlen eine beredte Sprache.

Ohne Luftzuführung genügt, je nach dem Schwefelwasserstoffgehalt des Gases, 1 cbm Masse zum Reinigen von 3000—5000 cbm Gas, bei Zusatz von ungefähr 1,5 % Luft werden dagegen pro 1 cbm Masse 12000 bis 15000 cbm Gas die Reinigung passieren können, ehe die Regeneration der Masse erforderlich wird.

Wie selten die Reiniger gewechselt zu werden brauchen, wenn dem Gase Luft zugesetzt wird, zeigt folgende Tabelle, welche die Ergebnisse aus dem Karlsruher Gaswerk zusammenstellt. Im Jahre 1897

	Reinigerwechsel		Gaserzeugung	
	1897	1898	1897	1898
			cbm	cbm
Januar . .	15	5	794 160	816 410
Februar . .	10	5	592 820	631 670
März . . .	9	3	499 470	563 010
April . . .	5	2	343 780	386 700
Mai . . .	6	1	350 700	361 040
Juni . . .	3	0	281 400	308 730
Juli . . .	4	1	302 100	333 990
August . .	4	1	288 040	336 290

wurde ohne Luftzusatz gearbeitet, im Jahre 1898 dagegen mit Luftzusatz. Die Anzahl der gewechselten Reinigerkästen betrug in diesem Jahr trotz erhöhter Abgabe nur ein Drittel der Wechsel im Vorjahre.

Zur Einführung der Luft in das Gas, welche sich prozentual möglichst genau der jeweiligen Produktion anpassen soll, sind ein ganze Reihe von Apparaten konstruiert.

Einer der ersten Apparate war der **statische Luftmesser von Helck**, welcher in Fig. 242 dar-

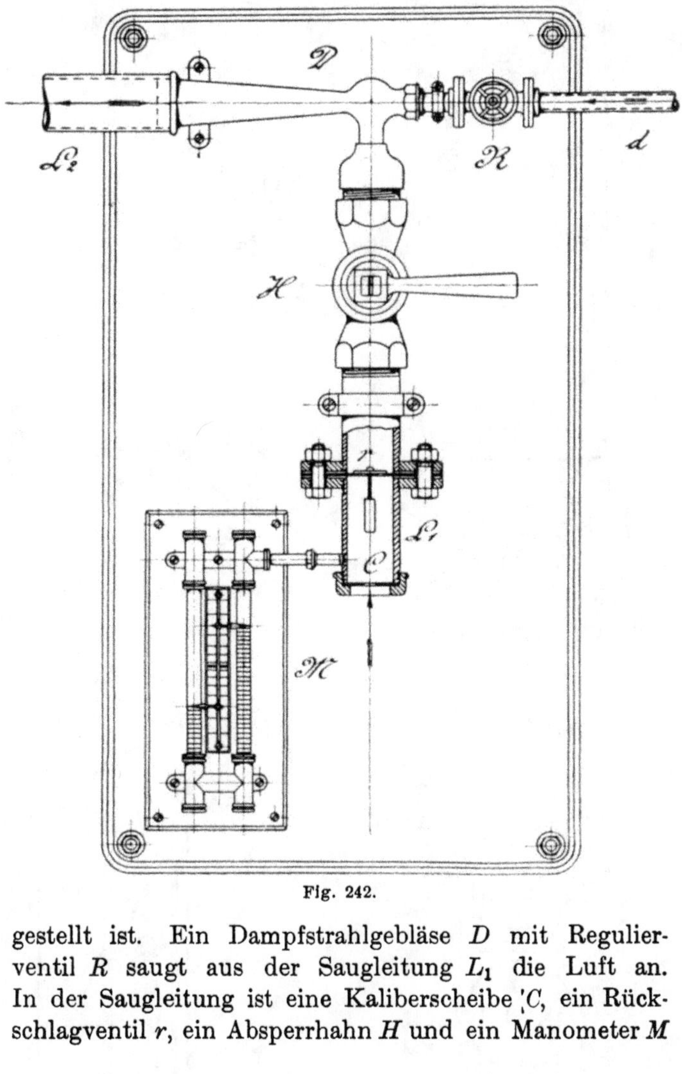

Fig. 242.

gestellt ist. Ein Dampfstrahlgebläse D mit Regulierventil R saugt aus der Saugleitung L_1 die Luft an. In der Saugleitung ist eine Kaliberscheibe C, ein Rückschlagventil r, ein Absperrhahn H und ein Manometer M

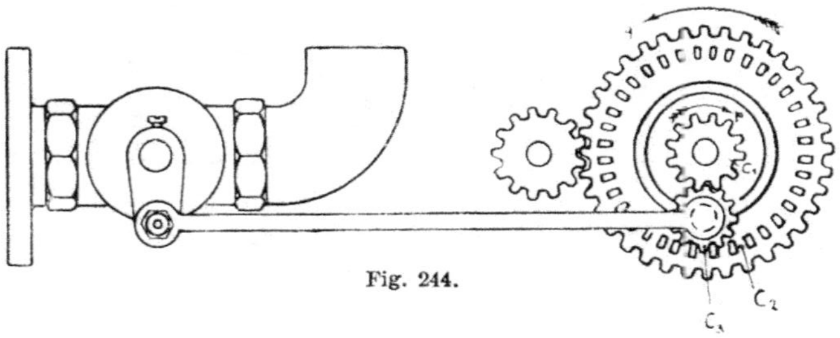

Fig. 244.

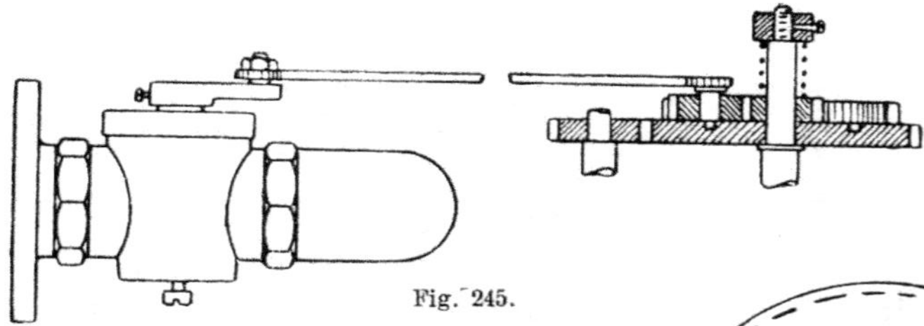

Fig. 245.

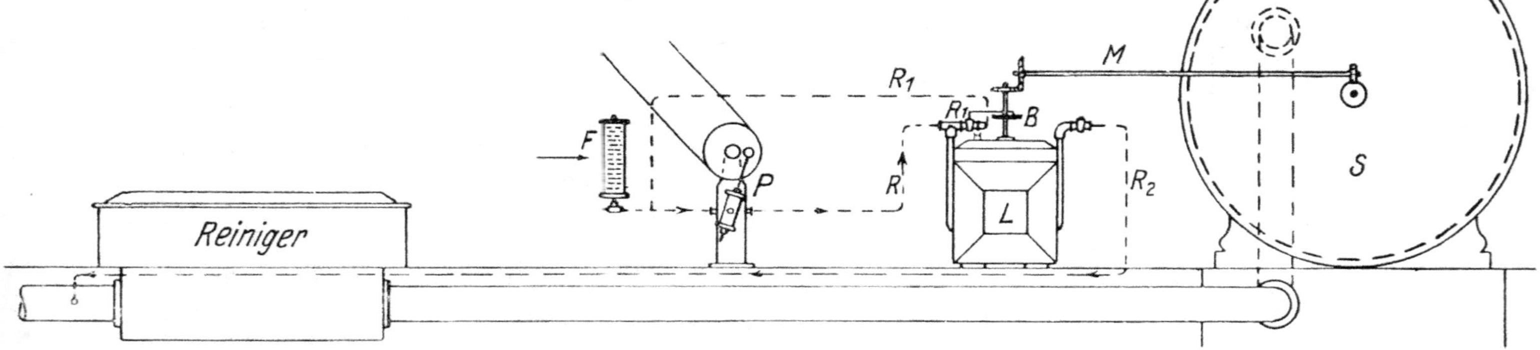

Fig. 243.

angeordnet. Die Leitung L_2 führt zu dem Gasbetriebsrohre.

Durch das Dampfstrahlgebläse kann in dem Rohrstutzen zwischen dem Rückschlagventil und der Kaliberscheibe, deren Durchflußöffnung genau bestimmt ist, ein gewisser, am Manometer M abzulesender Unterdruck hervorgebracht werden, welcher eine Einsaugung von Luft durch die Öffnung der Scheibe C zur Folge hat. Zwischen diesem Unterdrucke und der Scheibe C bestehen gewisse Beziehungen, welche sich unschwer durch Versuche feststellen lassen. Die Resultate dieser Versuche werden als Skala an dem Manometer angebracht, so daß der bedienende Maschinist, welcher die Gasproduktion kennt, den Unterdruck an der Skala so einstellen kann, daß der Luftzusatz zum Gas gerade ein bis zwei Prozent beträgt.

Eine andere Konstruktion zur Lufteinführung[1]) ist von der Dessauer Zentral-Werkstatt entworfen. Diese Konstruktion hat vor allen anderen den Vorzug, daß sich die Lufteinführung ohne weitere Einstellung genau der jeweiligen Gasproduktion anpaßt.

Fig. 243 zeigt die Gesamtanordnung des Apparates, Fig. 244 und 245 die Konstruktion des das Regulierorgan beeinflussenden Planetenräderwerks. Die durch eine Pumpe P durch ein Staubfilter F hindurch angesaugte Luft wird durch das Rohr R dem Luftmesser L zugeführt und setzt beim Durchgang sein gewöhnliches Zählwerk und außerdem das innere Rad C_1 des Planetengetriebes im Sinne des Pfeilers p in Umdrehung. Das Gas geht durch die Stationsuhr S und bewegt deren Zählwerk und mittels einer damit verbundenen Übertragung M das äußere Rad C_2 des Planetengetriebes im Sinne des Pfeiles q. Vor dem Eingang des Luftmessers L ist ein Seitenauslaß R_1 mit einem Hahn H angeordnet, dessen Küken durch eine Zugstange mit dem Wandel-

[1]) Journ. f. Gasbel. 1902. S. 782.

rade C_3 des Planetengetriebes verbunden ist. Die Fördermenge der Pumpe P ist so bemessen, daß sie reichlich einen bestimmten Prozentsatz (2%) der größten stündlichen Durchflußmenge der Stationsuhr S fördert. Wenn der Gasdurchgang kleiner ist, so wird durch den Hahn H ein Teil der geförderten Luft durch die Umgangsleitung R_1 zurückgeleitet. Solange die beiden Uhren L und S übereinstimmend gehen, behält das Wandelrad C_3 seine Lage im Raum unverändert inne, indem es vom Rade C_1 ebensoviel vor- als vom Rade C_2 rückwärtsgetrieben wird; solange bleibt also auch die Stellung des Hahnes H unverändert. Nimmt aber die Gasproduktion zu und damit die Umlaufzahl der Meßtrommel von S, so wird das Wandelrad C_3 verschoben und verstellt den Hahn derart, daß weniger Luft durch den Seitenauslaß R_1 zurückgehen kann und desto mehr durch den Luftmesser L gehen muß. In kurzer Zeit spielen sich dann das Räderwerk und die Hahnstellung wieder ein und bleiben in der neuen Stellung, bis der Gasdurchgang durch S sich von neuem ändert. So wird ganz selbsttätig und zuverlässig der richtige Luftzusatz erreicht.

---

4. Betrieb und Kontrolle der Reinigung.

A. Die Reinigungsmassen und ihre Behandlung.

Das Gas soll beim Verlassen der Reinigung vollständig von Schwefelwasserstoff befreit sein. Hat man ein Reinigersystem von vier Kästen zur Verfügung, so ist der Arbeitsvorgang bei den Reinigerwechseln folgender. Sobald das in den dritten Kasten der Reinigergruppe eintretende Gas eine bestimmte Färbung auf Bleipapier ergibt — der Ausdruck hierfür lautet: »Eingang drei färbt« — wird der erste Kasten ausgeschaltet, und die drei übrigen Reiniger gehen so lange für sich, bis der ausgeschaltete mit neuer oder regenerierter Masse beschickte Reiniger nunmehr als vierter der Gruppe wieder mitarbeiten kann. Es sind also, mit Ausnahme der für das Aus- und Eintragen der Masse des eben ausgeschalteten Reinigers benötigten Zeit, immer alle vier Reiniger einer Gruppe in Tätigkeit.

Seltener wird der Betrieb so geleitet, daß von vier Reinigern nur drei benutzt werden, während der vierte nach dem Entleeren und Füllen in Reserve steht und als letzter eingeschaltet wird, sobald am Ausgang des zweiten Reinigers Schwefelwasserstoff auftritt.

Bei einem System von nur drei Kästen darf das den zweiten Kasten verlassende Gas keine Färbung des Bleiazetats hervorrufen, so daß man immer den letzten Kasten als Reserve hat.

Um festzustellen, wann das Gas einen Reinigungskasten unrein verläßt, ist dem Betreibsleiter ein einfaches Mittel an die Hand gegeben. Ein Streifen Bleipapier, d. h. mit Bleiazetat (Bleiessig) getränktes Fließ- oder Schreibpapier wird über den Probierhahn am Ausgang des zu prüfenden Kastens gehalten. Färbt sich der Streifen bei einer mindestens eine Minute dauernden Einwirkung des Gases hellbraun bis dunkelbraun oder sogar schwarz, so ist das Gas durch Schwefelwasserstoff verunreinigt und es ist Zeit, den ersten Kasten mit neuer Masse zu beschicken. Aus der Stärke der Färbung läßt sich auf die Stärke der Verunreinigung schließen. Diese Kontrolle muß an jedem Tage mindestens einmal (am besten frühmorgens) vorgenommen werden.

Die Empfindlichkeit der Schwefelwasserstoffreaktion auf Bleipapier ist außerordentlich groß. Bei H_2S-Konzentrationen von 1 : 10 000 bis 1 : 100 000 erhält man noch deutliche Färbungsunterschiede, wenn die Versuche unter ganz gleichen Bedingungen ausgeführt werden. Die Grenze der Empfindlichkeit liegt für trockenes Bleipapier ungefähr bei 1 Vol. H_2S in 1000000 Vol. Gas, für feuchtes, ammoniakhaltiges bei 1:10000000.[1])

---

[1]) F. Carpenter, Journ. f. Gasbel. 1908, S. 979.

Um eine fortwährende Kontrolle über die vollständige Reinigung des Gases von Schwefelwasserstoff vor Augen zu haben, verwendet man zweckmäßigerweise den in Fig. 246 dargestellten Apparat, den sog. »Schwefelprober«, der, zum Schutze gegen Regen und Wind mit einem Gehäuse umgeben, an der Außenwand etwa des Reinigerhauses angebracht ist und dessen Einlochflamme ständig brennt. Ist der Apparat mit Manometer oder Druckregler ausgestattet, so vereinigt er in sich eine doppelte Kontrolle. Die Höhe und das Aussehen der Flamme — bei Einregulierung auf einen konstanten Druck — läßt einen gewissen Schluß auf die Beschaffenheit des Gases ziehen, indem ein »armes« Gas mit viel Wasserstoff und wenig schweren Kohlenwasserstoffen eine größere aber fahlere Flamme gibt als ein »normales« Gas, dessen Flamme wieder größer brennt und heller leuchtet als die eines durch Kohlensäure oder Luft verdünnten Gases.

Ein Glasrohr unterhalb des Brenners enthält einen mit Bleilösung getränkten, leicht auswechselbaren Papierstreifen, dessen unteres Ende in ein kleines Näpfchen mit Wasser taucht, denn die Reaktion auf Schwefelwasserstoff ist bedeutend schärfer, wenn der Streifen feucht gehalten wird, als wenn er austrocknet. Der Streifen, der sich im Verlaufe von 24 Stunden nicht merklich bräunen darf, wird täglich erneuert. Eine oft übliche längere Aufbewahrung dieser sorgfältig mit Datum versehenen Streifen ist ziemlich zwecklos, denn auch die etwa gebräunten Streifen werden an der Luft durch Oxydation des Schwefelbleis zu Bleisulfat allmählich wieder weiß.

Wie oft ein Reiniger ausgewechselt werden muß, wird ganz von der Größe der Gasproduktion, von dem Schwefelwasserstoffgehalt des Gases und von der Aufnahmefähigkeit der Masse abhängen. Die letztere wird ihrerseits wieder beeinflußt

1. von der Qualität der Masse,
2. von der Behandlung der Masse bei der Regeneration,
3. von der gänzlichen Entfernung des Teers und des Ammoniaks aus dem Gase vor der Reinigung.

Das in die Reinigung eintretende Gas muß auch genügend gekühlt sein, um nicht etwa in der Reinigung Wasser auszuscheiden und die Masse zu verschmieren.

Schlimmer wirken noch die Ausscheidungen von Teer. Sie verstopfen die Poren der Masse sehr rasch, geben zu Drucksteigerungen Anlaß und entwerten die Masse durch Erschwerung ihrer Verarbeitung.

Über die Wichtigkeit der vollständigen Entfernung des Ammoniaks aus dem Gase vor dem Eintritt desselben in die Reiniger wurden schon an anderer Stelle nähere, durch Untersuchungen Leybolds belegte Angaben gemacht. Je höher der Ammoniakgehalt der Masse ist, desto mehr Cyan geht durch Rhodanbildung für die Blaugewinnung verloren.

Die verschiedenen Reinigungsmassen.

Zur Reinigung des Gases sind natürlich alle Körper verwendbar, die Eisenoxydhydrat in genügender Menge und auch in entsprechender Verteilung besitzen, um dem Gase große Oberfläche und leichten Durchgang zu bieten.

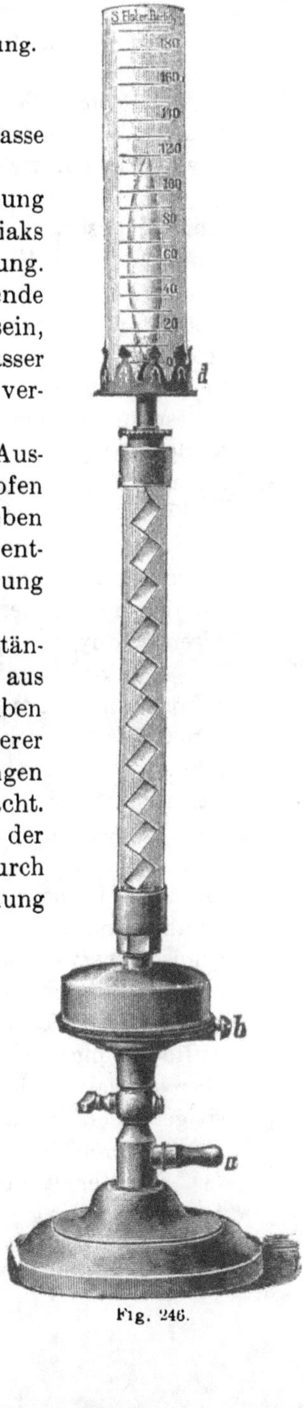

Fig. 246.

Als solche Körper kommen in Betracht: Kiesabbrände, die jedoch fast das ganze Eisen als Eisenoxyd enthalten, welches schwer vom Schwefelwasserstoff angegriffen wird, und dadurch ihre volle Reaktionsfähigkeit erst nach mehrmaligem Regenerieren erlangen, wenn sich das Eisenoxyd allmählich hydratisiert hat.

Da die künstlichen Massen in reinem Zustande meistens zu dicht sind, müssen sie mit Sägespänen aufgelockert werden, um nicht zu hohe Drucksteigerungen in der Reinigung zu verursachen. Die Mischung mit Sägespänen hat aber den Nachteil, daß man einen großen, an der Reinigung nicht teilnehmenden Ballast mit herumschleppen und verarbeiten muß.

Von »künstlichen Massen« sei die Luxmasse, ein alkalisiertes Eisenoxydhydrat, hervorgehoben, das die ausgelaugten Rückstände von der Bauxitverarbeitung zur Gewinnung der Tonerde darstellt und feinverteiltes Eisenoxydhydrat neben geringen Mengen Soda enthält.

»Luxmasse« erfreute sich schon vor einer Reihe von Jahren einer weitverbreiteten Verwendung. Wegen der damals meist üblichen Auflockerung der Masse mit Sägespänen sollte nach Angabe mancher Fabrikanten die Verarbeitung der Massen auf Cyan in Frage gestellt sein. Dadurch wurde der Verkaufswert herabgedrückt, und die Luxmasse mußte in vielen Fällen das Feld räumen. In neuester Zeit hat sie sich wieder gut eingeführt und wird jetzt hauptsächlich mit Raseneisenerz gemischt verwendet. Über die Vorzüge dieser Mischung ist weiter unten noch einiges zu sagen.

Übrigens kann Luxmasse auch ohne Zusatz eines Auflockerungsmittels verwendet werden, erfordert dann aber sorgfältige Überwachung gegen übermäßige Drucksteigerungen im Reiniger und gegen Überhitzung beim Regenerieren.

Der Gehalt der Luxmasse an Soda und die sehr feine Verteilung des Eisenhydroxyds, die nicht auf mechanischem, sondern auf chemischem Wege erzielt ist, begünstigen die Schwefelwasserstoffabsorption und bewirken, daß die Masse sofort energisch »angreift«. Jedoch leistet der Alkaligehalt der Masse der Rhodanbildung genau ebenso Vorschub, wie es ein Ammoniakgehalt der Masse tut.

Auch die Regeneration verläuft bei Luxmasse so stürmisch, daß sie besonders sorgfältiger Überwachung bedarf. Besonders beim Ausbringen aus den Reinigerkästen kann die Masse leicht in Brand geraten. Deshalb empfiehlt es sich, die Masse unmittelbar nach dem Öffnen der Reiniger gut zu durchnässen. Dagegen darf die Masse beim Einfüllen in die Reiniger nicht zu naß sein, da sie sonst infolge ihrer Feinheit zusammenbackt und hohen Druck gibt.

Die Deikesche Masse, erhalten durch Vermengen von schon gebrauchter Masse mit Eisenspänen unter Wasserzusatz und Erwärmung zur Bildung von Schwefeleisen nach der Formel: $2\,Fe + 2\,S = Fe_2S_2$ und nachfolgender Regeneration, findet in größeren Gaswerken wohl kaum noch Verwendung.

Ganz aufgegeben dürfte die Lamingsche Masse sein, die durch Mischung von Sägespänen mit Kalk und Tränkung mit einer Eisenvitriollösung zur Erzeugung eines Niederschlages von Eisenhydroxyd dargestellt wurde. Die Masse enthält infolge der starken Beimengung von Sägespänen wenig Eisenhydroxyd und ist so gut wie wertlos für die weitere Verarbeitung, namentlich weil auch hier der Kalkgehalt, wie Soda oder Ammoniak, Rhodan bildend wirkt.

Es sind noch eine ganze Reihe anderer Präparate in den Handel gebracht worden, die aufzuzählen hier zu weit führen würde. Jedenfalls ist keines dieser Mittel so verbreitet und zweckmäßig wie das natürliche Raseneisenerz, das ein inniges Gemenge von Eisenoxydhydrat und organischer Substanz darstellt und aus Pflanzenresten, gemischt mit den Ausscheidungen eisenhaltiger Gewässer besteht. Der Gehalt an organischer Substanz bedingt die lockere, für die Gasreinigung besonders wertvolle Beschaffenheit dieser Massen. Das Raseneisenerz wird in verschiedenen Gegenden (namentlich in Holland und in den norddeutschen Niederungen) gefunden. Je nach dem Fundort weichen die Massen in chemischer und mechanischer Hinsicht voneinander ab, ja selbst innerhalb einer Grube finden sich Massen von ganz verschiedener Qualität.

Allgemein entwickeln Raseneisenerze erst nach mehrmaliger Regeneration ihre stärkste Aufnahmefähigkeit für Schwefelwasserstoff.

Ganz vorzüglich bewähren sich, wie oben schon erwähnt, Mischungen von Luxmasse und Raseneisenerz. Die an sich meist zu dicht liegende Luxmasse erfährt durch das Rasenerz die nötige Auflockerung, ohne daß ein indifferenter Ballast wie Sägespäne verwandt zu werden braucht. Die stürmische Regeneration der Luxmasse wird durch das träger regenerierende Rasenerz gemäßigt und dadurch die Masse vor Überhitzung geschützt. Schließlich treffen die Vorteile der Luxmasse mit ihrer sofortigen kräftigen H_2S-Absorption und des Rasenerzes mit seiner nach mehrmaligem Gebrauch zunehmenden Reaktionsfähigkeit zusammen.

Man verwendet mit sehr gutem Erfolge Mischungen von 1 Raumteil Luxmasse auf 2 oder 3 Raumteile Raseneisenerz.

Für den Betrieb der Reinigung ist zu beachten, daß sowohl der Reiniger- wie der Regenerierraum gut temperiert sind. Stehen die Reiniger sehr kalt, so schlägt sich aus dem wärmeren, mit Wasserdampf gesättigten Gase leicht Wasser nieder und verschmiert die Masse. Auf die Regeneration der Massen ist die größte Sorgfalt zu verwenden, wenn man gute Erfolge erreichen will. Es muß vor allen Dingen dafür gesorgt werden, daß die frisch aus dem Kasten ausgebrachte Masse sich nicht zu stark erhitzt. Sobald die Masse aus dem Kasten kommt, wird sie am besten sofort ausgebreitet und zwar soll die Schicht nicht höher als 20—30 cm sein. Um der Luft den Zutritt zu erleichtern, werden in die Massen noch Furchen gezogen. In dieser Weise regenerierte Masse erwärmt sich meist nur langsam. Wird dagegen die Masse erst auf einen Haufen geschüttet, so kann die Temperatur leicht zu hoch steigen. Es wird alsdann einerseits das Eisenhydroxyd entwässert und damit unwirksam, anderseits werden, wie schon mehrfach erwähnt, die Cyanverbindungen zu Rhodansalzen oder Ammoniumsulfat umgesetzt und Schwefel zu Schwefelsäure oxydiert. Aus dem mehr oder weniger großen Gehalte der Masse an diesen Salzen — namentlich Ammoniumsulfat — läßt sich leicht auf die zweckmäßige Überwachung der Regeneration ein Schluß ziehen.

Die ausgebreitete Masse ist ständig umzuschaufeln und mit Wasser zu besprengen, bis die Regeneration vollendet ist. Vor dem Eintragen einer neuen oder regenerierten Masse in den Reiniger muß der Masse durch Besprengen mit Wasser unter vorsichtiger Vermeidung einer zu starken Durchnässung und daraus folgenden Verschmierung der nötige Feuchtigkeitsgehalt gegeben werden.

Eine ausgebrauchte Masse ist stets vor dem Versande noch zu regenerieren, da sonst leicht die während des Transportes erfolgende Regeneration zu einer starken Erwärmung der Masse und Zerstörung von Blau führt. Aber auch eine ausgebrauchte, vollkommen regenerierte Masse, welche zum Verkaufe bereit liegt, soll nicht zu lange in hohem Haufen geschichtet werden, denn auch jetzt kann durch eine langsame Oxydation des fein verteilten Schwefels eine Erwärmung und Wertverminderung eintreten. Die Erhitzung kann sogar so weit gehen, daß Rhodan- und Cyanverbindungen völlig zerstört werden, ja daß die ganze Masse bzw. der Schwefel in Brand gerät. Also ist auch die ausgebrauchte Masse ein empfindliches und veränderliches Produkt, das zur Verhütung von Verlusten aufmerksam behandelt und nicht zu lange gelagert werden sollte.

B. Die Wertbestimmung einer neuen Masse.

Jede Regeneration der Masse führt zu einer Steigerung ihres Gehaltes an freiem Schwefel, gleichzeitig wird dadurch der relative Gehalt an Eisenhydroxyd herabgesetzt, dasselbe außerdem durch den Schwefel mehr und mehr eingehüllt, es treten Knollenbildungen auf, alles Umstände, die den Zutritt des Gases zum eigentlich wirksamen Bestandteil der Masse, dem Eisenhydroxyd, erschweren, so daß endlich, wenn der Gehalt an Schwefel auf etwa 35 bis 50% gestiegen ist, die Masse wegen zu geringer H_2S-Aufnahme ausgeschieden und durch neue ersetzt werden muß.

Mit der häufigen Regenerierbarkeit einer Masse ist es aber nicht getan; die Frage ist vielmehr: welche Masse nimmt in der kürzesten Zeit mit möglichst seltener Regenerierung die größte Menge Schwefel auf? Denn darin liegt eine große Ersparnis an Arbeitslohn.

Einen empfindlichen Übelstand bildet die geringe Gleichförmigkeit der Raseneisenerze. Jede Lieferung muß für sich beurteilt werden und zeigt sich beim Gebrauch oft besser, oft schlechter, als man erwartete. Denn wenn auch die Analyse die Menge Eisen angibt, die wirksam auftreten *kann*, so ergibt die Praxis den Wert der Masse als ausschließlich abhängig von der *Form*, in der dieses Eisen vorhanden ist. Neben körniger Masse kommt ausgesprochen mulmige Masse vor, die Korngröße wechselt, durch Aussieben werden verschiedene Feinheitsgrade erzielt, doch behalten die groben Knollen auch nach der Zerkleinerung zu feinerem Erz ihre minderwertigen Eigenschaften.

Ein gutes Raseneisenerz muß zart und weich sein und frei von harten Knollen, anderseits nicht so feinkörnig, daß es sich dicht zusammenlegt, sondern es muß locker und porös bleiben. Eine gute Masse darf oder soll geradezu eine erhebliche Menge organischer Substanzen, Wurzelfasern u. dgl. enthalten. Dadurch erreicht die Masse eine hohe Porosität. Diese organischen

Substanzen sind auch mit Eisenoxydhydrat durchtränkt, so daß sie selbst zur Reinigung beitragen, was bei künstlich zugesetzten Auflockerungsmitteln nicht der Fall ist. Bei günstig zusammengesetzten Reinigungsmassen beträgt im lufttrockenen Zustande die Porosität 75%, d. h. es bleiben dem Gase bei seinem Durchgange $^3/_4$ des Raumes zur Verfügung. Solche Erze sind natürlich sehr leicht und geben nur geringen Druck, ohne irgendeines Auflockerungsmittels zu bedürfen. Was die chemische Zusammensetzung der Eisenerze betrifft, so ist der allein wirksame Bestandteil das Eisenoxydhydrat.

Wenn für die Wertbestimmung neuer Massen von seiten der Lieferanten der Eisenhydroxydgehalt angegeben wird, so ist dies in Wirklichkeit kein Maßstab für die Güte der Masse, da durch die Analyse nur der Eisengehalt bestimmt und auf hydratisiertes Eisenoxyd umgerechnet wird. Die ausschlaggebende wirklich vorhandene Menge von Eisenoxydhydrat läßt sich bei Gegenwart von organischer Substanz — also in den meisten Fällen gar nicht bestimmen.

1 cbm Raseneisenerz wiegt im Durchschnitt 800—850 kg. Die Raseneisenerze weisen 40 bis 86% $Fe(OH)_3$ auf.

An Verunreinigungen, soweit sie organischer Natur sind und zur natürlichen Auflockerung der Masse dienen, braucht sich der Käufer nicht zu stoßen, obwohl das Gewicht des Erzes dadurch nicht unerheblich beeinflußt wird. Massen dagegen, welche viel Sand und Ton enthalten, sind von der Verwendung zur Reinigung auszuschließen. Solche anorganische Verunreinigungen lassen sich meist nur durch die Analyse nachweisen. Einen Anhalt erhält man auch schon, wenn die Masse in einem Standglas mit Wasser geschlämmt wird. Nach dem Schlämmen läßt man das Ganze einige Zeit sich ruhig absetzen; aus den einzelnen abgesetzten Schichten, deren Stärke und Farbe kann man bei einiger Übung auf das Quantum der Verunreinigung schließen.

Nicht zuletzt ist auf die Reaktion der Massen Rücksicht zu nehmen: Saure Massen, wie gewisse Raseneisenerze, beginnen erst dann »anzugreifen«, wenn sie durch Ammoniak aus dem Rohgas alkalisch geworden sind. Es handelt sich also in diesem Falle direkt um die Notwendigkeit, wenigstens bei der ersten Benutzung solcher Massen das Gas nicht vollständig vom Ammoniak zu befreien, damit ein Teil desselben bis in die Masse gelangt. Damit ist aber der oft erwähnte Übelstand der Rhodanbildung gegeben und spricht gegen die Verwendung saurer Massen.

Unter diesen Verhältnissen vermag die chemische Analyse neuer Reinigungsmassen wohl gewisse Anhaltspunkte zu geben, genügt aber allein nicht zur Beurteilung der Masse. Auch der vielfach angewandten Feststellung, wie viel Schwefelwasserstoff eine kleine Probe der Masse bis zur erstmaligen Sättigung aufzunehmen vermag, ist kein großer Wert beizumessen, weil diese Laboratoriumsergebnisse oft genug zu den Resultaten des praktischen Betriebs in Widerspruch stehen. Kleinere Reinigerkästen in Versuchsgasanstalten geben zweifellos den sichersten Anhalt zur Bewertung der Massen. Wo jedoch solche Anlagen fehlen, gibt immerhin die oben erwähnte Methode, d. h. die Sättigung der Masse mit reinem Schwefelwasserstoff für die vergleichende Bewertung verschiedener Proben einwandfreiere Zahlen als andere Methoden, wenn auch die erhaltenen Absorptionszahlen so hoch sind, wie sie in der Praxis nicht erreicht werden.

Neben den analytischen Ergebnissen sind die Beobachtungen über Aussehen, Feinheitsgrad, etwa auch Schlämmprobe der Masse für den Fachmann ausschlaggebend bei der Bewertung.

Für die Untersuchung neuer Massen empfiehlt sich die Feststellung der groben Feuchte, des Eisengehaltes, der Verunreinigungen durch Sand und Ton, der organischen Bestandteile einschließlich des Hydratwassers und der Aufnahmefähigkeit für Schwefelwasserstoff.

Natürliche wie künstliche Massen werden meist mit einem ganz beträchtlichen Feuchtigkeitsgehalt geliefert. Der Käufer hat ein großes Interesse daran, sich nicht zu viel Wasser statt Masse liefern zu lassen und vereinbart zweckmäßig bei der Bestellung einen Maximalgehalt an grober Feuchte von beispielsweise 45 %.

Die grobe Feuchte wird genau wie bei den Kohlen durch mehrtägiges Trocknen einer größeren abgewogenen, in flacher Schicht ausgebreiteten Probe an der Luft und darauffolgende zweite Wägung aus dem Gewichtsverlust ermittelt. Bei Luxmasse ist es üblich, den Gesamtwassergehalt (inkl. Hydratwasser) durch Trocknen einer Probe von 1—5 g bei 110° C bis zur Gewichtskonstanz festzustellen. Im Durchschnitt ergeben sich 40 bis 45 % Wasser.

Für alle Laboratoriumsuntersuchungen wird eine ganz fein pulverisierte sorgfältig entnommene lufttrockene Durchschnittsprobe verwendet.

Hydratwasser und organische Bestandteile ergeben sich aus dem Gewichtsverlust einer Probe von 1 oder 2 g beim Glühen im offenen Tiegel auf dem Teklubrenner.

Als Gehalt an Sand und Ton bezeichnet man den in Salzsäure unlöslichen geglühten Rückstand. 1 oder 2 g Masse werden mit 10 ccm konz. Salzsäure im Wasserbad zur Trockne verdampft, der Rückstand wird mit Salzsäure angefeuchtet, mit kochendem Wasser versetzt, die Lösung filtriert, der Niederschlag mit heißem Wasser ausgewaschen, der Filter mit Niederschlag getrocknet, im Tiegel verbrannt, geglüht und gewogen.

Zur Eisenbestimmung verwendet man zweckmäßig das bei der vorstehenden Bestimmung erhaltene Filtrat vom unlöslichen Rückstand. Dieses Filtrat wird, wenn 2 g Masse verwendet werden, auf ein Liter aufgefüllt, davon werden 250 ccm (entspr. 0,5 g Masse) mit einigen ccm Salpetersäure fünf Minuten gekocht, darauf mit Ammoniak übersättigt, das gefällte Eisenhydroxyd abfiltriert, mit heißem Wasser ausgewaschen und nun zur titrimetrischen Bestimmung des Eisenoxyds nach der vorzüglichen Methode von Zimmermann-Reinhardt in Salzsäure gelöst, gekocht, heiß mit Zinnchlorür in ganz geringem Überschuß reduziert, der Zinnchlorürüberschuß mit Quecksilberchlorid gefällt, Mangansulfat in schwefel- und phosphorsaurer Lösung zugesetzt und mit $^1/_{10}$ n Kaliumpermanganat titriert.

$$1 \text{ ccm } \frac{n}{10} KMnO_4 = 0{,}008 \text{ g } Fe_2O_3 = 0{,}0107 \text{ g } Fe_2(OH)_6.$$

Der naheliegende Gedanke, das Eisen durch Titration direkter zu bestimmen, nämlich die Masse in Salzsäure zu lösen, auf ein bestimmtes Volumen zu verdünnen, zu filtrieren und vom Filtrat einen aliquoten Teil mit Zinnchlorür zu reduzieren usw., ist nicht ausführbar, weil die Titration mit Kaliumpermanganat infolge Anwesenheit gelöster organischer Stoffe ganz unsichere Werte ergibt. Zur gewichtsanalytischen Bestimmung des Eisens muß dieses in der mit Salpetersäure oxydierten Lösung durch Kochen mit überschüssiger Kalilauge allein gefällt werden (Aluminium bleibt gelöst). Der Niederschlag wird abfiltriert, gewaschen, in Salzsäure nochmals gelöst und kochend mit Ammoniak wieder gefällt. Der gut ausgewaschene scharf geglühte Niederschlag wird als Eisenoxyd (1 g Fe_2O_3 = 1,338 g $Fe_2(OH)_6$) gewogen.

Für die Bestimmung der Schwefelwasserstoffaufnahme gibt Drehschmidt folgende, nur in einigen Kleinigkeiten geänderte Anleitung[1]): In einem Kippschen Apparat[2]) (Fig. 247) wird durch Ein-

---

[1]) Post. chem. techn. Analyse, 2. Aufl. Bd. II. 710.

[2]) Die mittlere Kugel des Kippschen Apparates dient zur Aufnahme des in nußgroße Stücke zerschlagenen Schwefeleisens. Durch die obere Kugel, deren Ansatzrohr bis fast auf den Boden der unteren Halbkugel führt. wird die Salzsäure eingefüllt und zwar bei geöffnetem Ableitungshahn der mittleren Kugel. Ist der untere Teil des Apparates ganz mit Säure gefüllt und steigt diese in den mittleren Teil zum

wirkung von Salzsäure auf Schwefeleisen Schwefelwasserstoff entwickelt und zunächst in einer vorgeschalteten Waschflasche mit Wasser gewaschen. Um eine teilweise Regeneration der zu untersuchenden Masse im Verlaufe des Versuches zu verhüten, muß man den Schwefelwasserstoff völlig von Sauerstoff befreien, indem man ihn durch eine mit wenigen Gramm Eisenoxydhydrat gefüllte kleine U-Röhre leitet. Dieses wird in Schwefeleisen verwandelt und hält als solches den Sauerstoff zurück, indem es sich regeneriert. Auf seinem weiteren Wege wird der Gasstrom in einem größeren oder zwei kleineren Zylindern oder Trockentürmen mit gekörntem Chlorkalzium vollständig getrocknet. Zur Aufnahme der zu untersuchenden Masse dient ein Paar Mueunckescher Gastrockentürme (Fig. 248), die an ihrem unteren Tubus durch ein kurzes Schlauchstück verbunden sind. Der eine der beiden Zylinder wird mit der abgewogenen Probe, 25 g Masse, beschickt, die man durch ein Sieb von 1 mm Maschenweite geschüttelt,

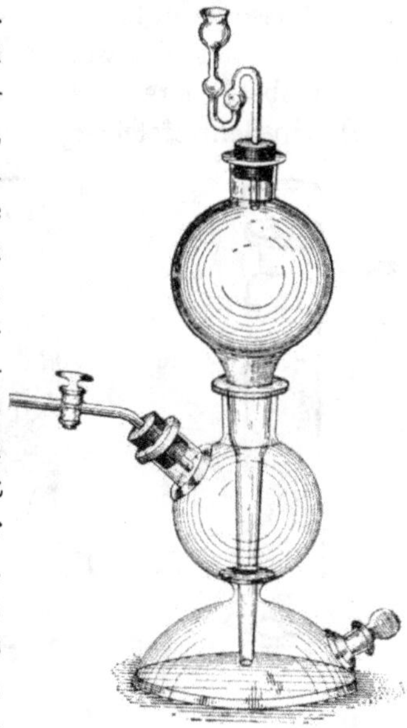

Fig. 247.

Schwefeleisen empor, so beginnt sofort die Schwefelwasserstoffentwicklung. Schließt man den Ableitungshahn, so drängt das entwickelte Gas die Säure durch das Ansatzrohr in die obere Kugel zurück und die Gasentwicklung hört auf. Es ist so viel Säure einzufüllen, daß ein Teil derselben in der oberen Kugel bleibt, damit die Säure im unteren Teil unter Druck steht und beim Entweichen des Gases immer wieder mit dem Schwefeleisen in Berührung kommt.

dann in einer Porzellanschale mit etwa 3 g Sägemehl zur Auflockerung vermischt und mit 10 ccm Wasser befeuchtet hat. Was beim Einbringen an der Schale hängen bleibt, wird mit Filtrierpapier zusammengewischt und damit zu dem übrigen gegeben. Der zweite Zylinder enthält scharf getrocknetes gekörntes Chlorkalzium in Linsen- bis Erbsengröße. Er dient zur Zurückhaltung der Wasserdämpfe, welche beim Versuch durch den Gasstrom aus der Masse fortgetragen werden, und die sich insbesondere bei der Verwandlung des Eisenhydroxydes in Schwefeleisen bilden. Die zwischen dem Kippschen Apparat und dem ersten Muenckeschen Zylinder eingeschaltete Trockenvorrichtung soll verhindern, daß der Gasstrom Feuchtigkeit in die gewogene Masse hineinträgt, der zweite Muenckesche Zylinder hält das durch Wiegen bestimmte und während der Reaktion entstehende Wasser im Apparat zurück.

Fig. 248.

Vor Beginn des Versuches wird die Luft aus den zwei Muenckeschen Zylindern durch Hindurchleiten von Leuchtgas oder Kohlensäure verdrängt, dann werden die gut eingefetteten Hahnstopfen zugedreht und die beiden Zylinder mit ihrer Füllung auf einer Wage tariert, die auf eine entsprechende Belastung von ca. 1000 g eingerichtet ist und für 0,1 g noch deutlichen Ausschlag gibt. Jetzt erst wird der Schwefelwasserstoff in langsamem Strom durch die Masse geleitet, so daß die Blasen des Gasstromes in der direkt mit dem Kippschen Apparat verbundenen Waschflasche eben noch gezählt werden können. Wenn die Probe ganz schwarz geworden ist und die Wärmeentwicklung nachgelassen hat, bzw. der Zylinder wieder abgekühlt ist, leitet man noch eine Stunde länger Schwefelwasserstoff hindurch und verdrängt ihn dann, indem man Leuchtgas oder Kohlensäure in der gleichen Richtung durch die vorgeschaltete Trockenvorrichtung und die Muenckeschen Zylinder strömen läßt. Dann werden die Hahnstopfen der beiden Zylinder zugedreht, diese selbst von der Trockenvorrichtung gelöst und wieder gewogen. Die Gewichtszunahme ergibt direkt den aufgenommenen Schwefelwasserstoff.

Als Beispiele seien einige von Witzeck untersuchte Reinigungsmassen angeführt.

Die Angaben beziehen sich auf lufttrockene Massen.

	Raseneisenerze						Künstliche Massen		
	1	2	3	4	5	6	7	8	9
100 g Masse nahmen H_2S auf	22,5 g	18,2 g	26,4 g	33,4 g	27,6 g	25,0 g	29,7 g	10,0 g	30,0 g
Spez. Gewicht[1])	1,60	1,76	1,92	2,33	2,55	2,25	2,14	—	—
Wassergehalt (8 Std. bei 110° getrocknet)	24,0 %	23,7 %	16,9 %	12,9 %	10,2 %	13,3 %	14,0 %	3,1 %	3,2 %
Glühverlust	55,2 %	53,2 %	45,2 %	33,8 %	29,3 %	30,2 %	22,6 %	24,7 %	15,9 %
Sand und Ton	6,5 %	11,6 %	8,3 %	9,0 %	9,3 %	27,3 %	8,6 %	18,1 %	8,8 %
Eisenhydroxyd[2]) $Fe_2(OH)_6$	53,7 %	47,0 %	59,0 %	73,9 %	80,5 %	52,6 %	65,0 %	51,1 %	89,2 %
Aus dem Eisengehalt[3]) berechnete Aufnahmefähigkeit f. H_2S	25,7 %	22,3 %	28,2 %	35,3 %	38,5 %	25,1 %	31,1 %	24,4 %	42,6 %

[1]) Mittels Pyknometer ermittelt.

[2]) Aus dem Gesamteisengehalt berechnet.

[3]) 100 g $Fe_2(OH)_6$ nehmen 47,8 g H_2S auf.

Der Gehalt an ‚grober Feuchte‘ schwankt zwischen 35 und 47 %. Ein Vergleich der ersten und letzten Horizontalreihe zeigt, daß die berechnete und die tatsächliche Aufnahme von H_2S durchaus nicht immer proportional sind. Besonders starke Abweichungen zeigen die Massen Nr. 5, 8 und 9.

Die obigen Analysen lassen auch die Verschiedenheit von Massen gleicher Herkunft erkennen: jeweils 1 und 2, ferner 5 und 6, sowie 8 und 9 sind zu gleicher Zeit und von demselben Lieferanten bezogen. Nr. 7 ist Luxmasse.

C. Die Untersuchung gebrauchter Massen.

Durch die Untersuchung gebrauchter Reinigungsmassen soll einerseits geprüft werden, wie weit die Masse im Betriebe ausgenutzt wird, anderseits sind die Bestandteile festzustellen, welche dem Material einen Verkaufswert geben. Für den Betrieb kommt hauptsächlich die Menge des Schwefels und des Berliner Blaus in Betracht, welche die Masse aufgenommen hat, weil sich daraus am besten ein Urteil über die Brauchbarkeit einer Masse ableiten läßt.

Für den Betriebsleiter ist aber ferner die Bestimmung des Schwefelcyan- (-Rhodan-) und Ammoniakgehaltes von Bedeutung, denn dessen Kenntnis zeigt ihm, ob und welche Störungen im Reinigerbetriebe vorkommen.

Für den Verkauf der Masse handelt es sich in erster Reihe um die Ermittelung des Cyan- bzw. Blaugehaltes, nach dessen Höhe die Masse meist bezahlt wird. Selten wird ausgebrauchte Masse nach ihrem Schwefelgehalt bewertet, da dessen Verarbeitung auf Schwefelsäure wegen sonstiger Bestandteile der Masse großen Schwierigkeiten begegnet. Dagegen bietet sich bisweilen für Massen, die einen geringen Gehalt an Blau besitzen, dafür aber viel Rhodan- und Ammoniaksalze enthalten, eine günstige Möglichkeit der Verwertung nach dem Gesamtstickstoffgehalt für Düngezwecke.

a) Probenahme.

Für Analysen zur Betriebskontrolle ist eine Durchschnittsprobe aus einer größeren Menge Reinigungsmasse ohne Schwierigkeit zu entnehmen, namentlich da der Feuchtigkeitsgehalt nicht berücksichtigt zu werden braucht, vielmehr die Untersuchungen in einer an der Luft getrockneten Probe vorgenommen werden. Anders ist es bei Verkaufsanalysen. Selbst wenn eine Mischprobe mittels eines langgestielten Probelöffels an vielen verschiedenen Stellen aus dem Innern eines größeren Haufens entnommen wird, ist keine Garantie geboten, daß diese Probe wirklich einen Durchschnitt der einzelnen Reinigerfüllungen darstellt, die auf dem Haufen lagern und namentlich im Feuchtigkeitsgehalt sehr wechseln. Mit Sicherheit erhält man gute Durchschnittsproben, wenn beim Verladen der Masse aus jeder Karre oder jedem Korb eine Probe entnommen und die so abgesonderte Menge gut gemischt wird. Reklamationen zwischen Käufer und Verkäufer über die Wertbestimmung der Masse lassen sich meist dadurch vermeiden, daß beide Parteien ihren Untersuchungen dieselbe in der eben geschilderten Weise gewonnene Probe zugrunde legen. Die Proben, von denen für alle Fälle ein Teil zu einer etwa notwendigen Schiedsanalyse abzusondern ist, müssen zur Vermeidung von Feuchtigkeitsverlusten in gut verstöpselten Gläsern aufbewahrt werden. Gut schließende Blechbüchsen genügen auch in vielen Fällen, eignen sich aber nicht zu längerer Aufbewahrung der Masse, weil sie sehr schnell durchrosten.

b) Bestimmung der Feuchtigkeit.

Der Feuchtigkeitsgehalt der Massen ist, wie schon erwähnt, nur bei Verkaufsanalysen zu bestimmen. Die feuchte Masse läßt sich nur schwer so gut mischen und zerkleinern, daß die geringen, zur Analyse abgewogenen Mengen einen guten Durchschnitt der ganzen Probe geben. Daher wird die feuchte Probe gewogen, in dünner Schicht ausgebreitet, einige Tage an der Luft getrocknet und wieder gewogen. Nun kann die Probe bequem pulverisiert, eventuell gemahlen, dann noch gut gemischt werden. Die in der lufttrocknen Probe ermittelten Prozentgehalte sind mit Berücksichtigung des Feuchtigkeitsgehaltes auf die ursprüngliche Masse umzurechnen, genau so wie dies bei der Kohlenanalyse angegeben ist.

Wie Feld ausdrücklich betont[1]), ist die vielfach übliche Trocknung der Masse bei 50 bis 60° C oder noch höheren Temperaturen durchaus zu verwerfen, weil bei dieser Wärme bereits beträchtliche Cyanverluste eintreten können und eine Bestimmung des gesamten Wassergehaltes doch nicht erreicht wird.

c) Bestimmung des Schwefels.

Die Bestimmung des Schwefels erfolgt durch Extraktion lufttrockner Masse mittels Schwefelkohlenstoffs. Ist die zu untersuchende Masse noch feucht, so kann die vorher abgewogene Probe ohne Bedenken vor der Extraktion bei 90 bis 100° getrocknet werden, da ja der ausgezogene Schwefel selbst gewogen und auf die Masse, so wie sie zur Untersuchung kam, berechnet wird. Feuchte Masse läßt sich mit Schwefelkohlenstoff nicht extrahieren. Nach Drehschmidt[2]) wird ein mit durchlochtem Boden und vorstehendem oberen Rande versehener Porzellantiegel, ähnlich dem von Gooch, gleichzeitig als Trocken- und Extraktionsgefäß benutzt. Der Tiegel wird auf den Gummiring der in Fig. 249 gezeigten Saugvorrichtung gesetzt und mit etwas in Wasser aufgeschlämmtem Asbest beschickt, den man mittels der angeschlossenen Wasserstrahlpumpe auf dem Siebboden festsaugt und mit wenig Alkohol und Äther auswäscht. In den vorsichtig über der Flamme

---

[1]) Journ. f. Gasbel. 1903, S. 562.

[2]) Journ. f. Gasbel. 1892, S. 269.

erhitzten oder auch nur längere Zeit bei 120 bis 150^0 getrockneten Tiegel wägt man 10 bis 25 g Masse ein, deren Feuchtigkeitsgehalt man durch Trocknen bei 90 bis 100^0 annähernd bestimmen kann. Hierauf wird der Tiegel in der durch Fig. 250 veranschaulichten Weise in einen Glasaufsatz gebracht und mit diesem auf ein etwa 50 ccm reinen Schwefelkohlenstoff enthaltendes Kölbchen gesetzt. Nach oben ist der Glasaufsatz mit

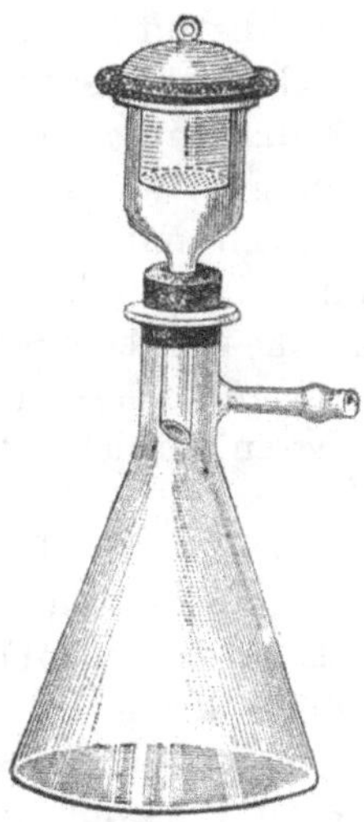

Fig. 249.

Fig. 250.

Fig. 251.

einem Rückflußkühler verbunden. Beim Eintauchen des Kölbchens in ein erwärmtes Wasserbad siedet der Schwefelkohlenstoff, seine Dämpfe ziehen durch den Glasaufsatz an dem Tiegel vorbei, kondensieren sich im Kühler, tropfen auf die schwefelhaltige Masse, lösen den Schwefel und fließen durch den Siebboden ab. Um ein Entweichen der giftigen Schwefelkohlenstoffdämpfe zu vermeiden muß man recht gute, dicht schließende Korkstopfen verwenden; auch darf das Wasser im Wasserbad nicht zu sehr erwärmt werden, weil sonst der

Schwefelkohlenstoff zu stürmisch siedet und seine Dämpfe im Kühler nicht völlig kondensiert werden. Die Extraktion ist beendet, wenn der aus dem Tiegel ablaufende Schwefelkohlenstoff farblos ist. Der durch den aufgenommenen Schwefel gelb oder durch teerige Bestandteile braun gefärbte Schwefelkohlenstoff wird nunmehr durch Erwärmen im Wasserbad und unter Kondensation der Dämpfe in einem abwärts gerichteten Kühler abdestilliert, so daß der Schwefel zurückbleibt, den man vor dem Erstarren durch Drehen des Kolbens an dessen Wänden verteilt. Um die oft vorhandenen teerigen Bestandteile aus dem Schwefel auszuwaschen, kann man ihn mit einigen Kubikzentimetern Äther schütteln, den man dann vorsichtig mit der Pipette abzieht. Zum Schluß saugt man noch mit der Wasserstrahlpumpe einen Luftstrom durch den auf dem Wasserbad mäßig erwärmten Kolben, um die schweren Schwefelkohlenstoff- oder Ätherdämpfe zu verdrängen, und wiegt den vorher tarierten Kolben, dessen Gewichtszunahme den Schwefelgehalt angibt.

Die etwas umständliche Beschickung des Porzellantiegels mit Asbest wird vermieden bei Anwendung des Extraktionsapparates nach Tollens (Fig. 251). Das zur Aufnahme der Masse bestimmte kleine Einsatzrohr von ca. 2 cm lichter Weite ist beiderseits offen und dicht am unteren Ende mit einer Einschnürung versehen. An diesem Ende wird die Öffnung des Rohres mit Filtrierpapier und, um diesem mehr Halt zu geben, mit einer Lage von Tüllgaze überspannt. Auch in diesem Gefäße kann die Masse vor der Extraktion erst bei ca. 90° getrocknet werden, doch soll der Einsatz nicht mehr als bis zu halber Höhe mit Masse gefüllt sein. Das äußere Umhüllungsrohr wird auf das Kölbchen aufgesetzt und nach oben mit dem Kühler verbunden. Die sonstige Ausführung des Versuches entspricht der oben geschilderten.

Für genaue Bestimmungen ist es erforderlich, den in der Regel durch teerige Bestandteile aus dem Rohgas verunreinigten Schwefel zu Schwefelsäure zu oxydieren und als solche zu bestimmen.

Man erwärmt etwa 0,3—0,5 g des feinzerriebenen Schwefels auf dem Wasserbad in einem mit Uhrglas bedeckten Glasschälchen mit rauchender Salpetersäure (spez. Gew. 1,48), die man in kleinen Mengen zugibt. Wenn der Schwefel ganz gelöst ist, was mehrere Stunden erfordert, so dampft man auf dem Wasserbad zweimal mit konz. Salzsäure bis auf wenige Kubikzentimeter ein, filtriert und fällt in der klaren Lösung die Schwefelsäure mit Chlorbarium.

1 g $BaSO_4$ = 0,1374 g Schwefel.

d) Bestimmung des Cyans.

Von den verschiedenen Cyanverbindungen in der Gasreinigungsmasse sind nur die für den Käufer wertvoll, welche sich bei der industriellen Verarbeitung als Ferrocyan gewinnen lassen. Demnach handelt es sich in der Hauptsache um unlösliches Ferrocyan (Berliner Blau) und um kleine Mengen Cyanammonium, die durch Analysen festzustellen und — meistens als Berliner Blau ausgedrückt — auf die feuchte Originalmasse bezogen der Bewertung zugrunde zu legen sind.

Die komplizierten, zum Teil noch unbekannten Verbindungsformen des Cyans und die Anwesenheit von Verunreinigungen in immer wechselnden Verhältnissen erschweren die analytische Bestimmung des Cyans in hohem Maße, so daß die meisten Untersuchungsmethoden stark voneinander abweichende unsichere Werte ergeben. Eine Einigung über den Verkauf von Masse ist fast nur auf Grundlage einer einheitlichen von Käufer und Verkäufer anerkannten Analysenmethode zu erzielen.

Die weiteste Verbreitung hat die als Knublauchs Methode bekannte Bestimmungsart des Ferrocyans gefunden, die sich an die fabrikatorische Verarbeitung der Masse anlehnt. Da viele Käufer von Masse nur die nach dieser Methode gefundenen Resultate anerkennen, soll der Gang der Analyse hier beschrieben werden, trotzdem dieser Methode ein unten zu erörternder Nachteil anhaftet. Das Prinzip der Analyse ist folgendes: Die Masse wird mit Kalilauge zersetzt und ausgelaugt, aus der Lösung wird das Ferrocyan mit Eisenchlorid und Salzsäure als Berliner Blau abgeschieden. Das so gereinigte Blau wird wieder mit Lauge zersetzt. In der von Rhodan- und wertlosen Cyanverbindungen freien Lösung wird nach dem Ansäuern das Ferrocyan mit Kupfersulfatlösung titriert. Zur Erzielung gleichmäßiger Resultate ist die folgende Analysenvorschrift[1]) genau einzuhalten:

10 g der fein zerriebenen lufttrocknen Masse werden im 250 ccm-Kolben mit 50 ccm Kalilauge (1 : 10) übergossen und 16 Stunden unter öfterem Schütteln (zu Anfang und Ende der Extraktionszeit) stehen gelassen. Hierauf wird zur Marke aufgefüllt, noch 5 ccm Wasser (auf Rechnung des Volumens der Masse) zugesetzt, gemischt und filtriert. Die ersten Teile des Filtrats müssen mehrmals bis zum klaren Durchlaufen filtriert werden. Vom Filtrat werden 100 ccm in ein Becherglas mit 25 ccm einer heißen Eisenchloridlösung (60 g Eisenchlorid, 200 ccm konzentrierte Salzsäure mit Wasser auf 1 l verdünnt) eingetragen, das Gemisch wird einige Zeit nahe am Sieden erhalten, dann im Heißwassertrichter durch ein Faltenfilter filtriert und mit heißem Wasser ausgewaschen. Der Niederschlag samt Filter kommt in ein Becherglas, wird mit 20 ccm Kalilauge (1 : 10) zersetzt und zu einem Brei verrührt, dann in einen 250 ccm-Kolben gespült und zur Marke aufgefüllt. Läßt sich in dem alkalischen Auszuge mit Nitroprussidnatrium Schwefelwasserstoff nachweisen, so schüttelt man die Lösung mit etwa 1 g Bleikarbonat. Darauf filtriert man durch trocknes Faltenfilter und verwendet vom Filtrat je 50 ccm nach Ansäuern mit 5 ccm Schwefelsäure (1 : 5) zur Titration.

[1]) Journ. f. Gasbel. 1889, S. 450.

Die Titration wird mit einer Kupfersulfatlösung ausgeführt, die 12 bis 13 g kristallisiertes Kupfersulfat im Liter enthält. Zur Einstellung der Kupfersulfatlösung dient eine Ferrocyankaliumlösung mit 4 g ($K_4Fe[CN]_6 + 3\,H_2O$) im Liter. Um dieses Salz in der nötigen Reinheit zu erhalten, kristallisiert man es aus heißer konzentrierter Lösung durch schnelle Abkühlung aus, saugt die Mutterlauge am Saugfilter ab und trocknet das Salz zwischen reinem Fließpapier und im Exsikkator. 50 ccm der Ferrocyankaliumlösung versetzt man in einer Porzellanschale mit 2,5 ccm Schwefelsäure und läßt die Kupferlösung aus einer in $^1/_{10}$ ccm geteilten Bürette einfließen unter beständigem Rühren mit einem Glasröhrchen, das man auch zur bequemen Entnahme kleiner Proben benutzen kann. Nimmt man keine weitere Fällung von Ferrocyankupfer wahr, so gibt man einige Tropfen der Flüssigkeit auf Filtrierpapier. Färbt sich letzteres infolge seines geringen Eisengehaltes an den Wasserrändern der ausgeflossenen Probe noch blau, so muß mit der Titration fortgefahren werden. Tritt aber keine Blaufärbung mehr ein, so macht man an Stelle der früheren Tüpfelproben Filterproben, indem man auf kleine Filter von 2 bis 3 cm Durchmesser mehrere Tropfen der Flüssigkeit bringt und das Filtrat in ein Reagenzglas fallen läßt, das einen Tropfen stark verdünnter Eisenchloridlösung enthält. Das Filter bringt man nach Abgabe einiger k l a r e r Tropfen in die Schale zurück. Die Titration gilt als beendigt, wenn die letzte Filterprobe mit der Eisenchloridlösung nach einer Minute keine Blaufärbung mehr zeigt. Natürlich muß die Titration mehrmals wiederholt werden, da die zuerst gefundenen Resultate meist nur Annäherungswerte sind.

Die Umsetzung erfolgt nach der Gleichung:

$$K_4Fe(CN)_6 + 2\,CuSO_4 = Cu_2Fe(CN)_6 + 2\,K_2SO_4.$$

Der angewandten Ferrocyanlösung entsprechen ungefähr 13 ccm Kupfersulfatlösung. Ist deren Titer genau ermittelt, so kann sie, genau wie oben beschrieben, zur Titration des Auszuges aus der Masse verwendet werden.

Auch hier ist aus mehreren Titrationen das Mittel zu nehmen. Das Ergebnis der Titration, zu der 50 ccm, entsprechend 0,8 g Masse, verwendet wurden, folgt aus:

$$K_4Fe(CN)_6 + 3\,H_2O$$

$$= \frac{\text{Verbrauchte Kupferlösung in ccm}}{\text{Titer der Kupferlösung in ccm}} \cdot 25\,\%.$$

1 Teil Ferrocyankalium = 0,678 Teile Berliner Blau.

Beispiel: 50 ccm Ferrocyankaliumlösung verbrauchen 12,6 ccm Kupfersulfatlösung,

50 ccm des Masseauszuges verbrauchen 9,8 ccm Kupfersulfatlösung, demnach enthält die Masse

$$\frac{9{,}8}{12{,}6} \cdot 25 = 19{,}45\,\% \text{ Ferrocyankalium}$$

entsprechend $19{,}45 \cdot 0{,}678 = 13{,}19\,\%$ Berliner Blau.

Abgesehen von der langwierigen und umständlichen Titration, die nur nach längerer Übung gut übereinstimmende Resultate gibt, bietet die Knublauchsche Methode einen prinzipiellen Nachteil durch teilweise Überführung der Cyan- in Rhodanverbindungen infolge der langen Aufschließungsdauer mit Ätzkali in Gegenwart von Schwefel.

Auf diesen Fehler weist W. Feld ausdrücklich hin[1]) und zeigt, daß diesem sehr wichtigen Umstande wie beim Knublauchschen so auch bei den meisten anderen Verfahren viel zu geringe Aufmerksamkeit geschenkt worden ist. In allen Fällen muß die Untersuchung von Reinigungsmassen bzw. »Rohcyan« überhaupt so ausgeführt werden, daß im Verlaufe der Untersuchung selbst keine Veränderungen im Verhältnis der einzelnen Verbindungen zueinander eintreten können. Besonders muß dafür Sorge getragen werden, daß sich aus den Eisencyanverbindungen keine Rhodanverbindungen bilden.

[1]) Journ. f. Gasbel. 1903, S. 664.

Mit dem neuen von W. Feld ausgearbeiteten Verfahren der Cyanbestimmung[1]) ist eine einwandfreie, sichere, sehr schnell auszuführende analytische Methode gefunden, deren allgemeine Verbreitung, speziell auch als Grundlage für alle Verkaufsanalysen zur Vermeidung der bisher so häufigen Differenzen zwischen den Resultaten der Käufer und Verkäufer als sehr wünschenswert erscheint.

Das Prinzip von Felds Methode besteht darin, das Cyan in Gestalt von Blausäure aus seinen verschiedenen Verbindungen durch Destillation abzuscheiden, in Natronlauge aufzufangen und das erhaltene Cyannatrium mit n/10 Silbernitratlösung direkt zu bestimmen.

Um zu verhindern, daß im Verlaufe der Untersuchung Eisencyanverbindungen in Rhodanverbindungen übergehen, muß das Aufschließen des Rohcyans mit Ätzalkalien in der Kälte und in möglichst kurzer Zeit ausgeführt werden und darauf durch Zusatz von Magnesiumchlorid vor dem Erhitzen die weitere Einwirkung des Ätzalkalis neutralisiert werden. Dadurch gelingt es in der Tat, die Rhodanbildung ganz zu vermeiden. Durch die überschüssige Magnesiumchloridlösung wird alles freie Ätzalkali unter Ausscheidung von Magnesiumhydroxyd in Chlorid übergeführt, und Ammoniak und Schwefelwasserstoff werden aus ihren Verbindungen durch Kochen in kurzer Zeit ausgetrieben:

$$K_2S + MgCl_2 + 2\,H_2O = Mg(OH)_2 + 2\,KCl + H_2S.$$

Darauf werden die Eisencyanverbindungen durch eine Quecksilberchloridlösung, aus der infolge des vorhandenen Überschusses von Magnesiumchlorid trotz der Alkalität kein Quecksilberoxyd ausgefällt wird, unter Entstehung von Quecksilbercyanid und Ausscheidung von Eisenoxydhydrat zersetzt:

$$2\,K_4FeCy_6 + 8\,HgCl_2 + 3\,Mg(OH)_2 = 6\,HgCy_2 + Hg_2Cl_2 + Fe_2(OH)_6 + 8\,KCl + 3\,MgCl_2.$$

[1]) Journ. f. Gasbel. 1903 S. 561 ff., 1904 S. 545.

Durch hellbraunroten Niederschlag bei wasserklarer Flüssigkeit zeigt sich die vollendete Zersetzung an. Abzüglich der dem Alkali äquivalenten Menge von Magnesiumchlorid soll dessen Überschuß so groß sein, daß auf 1 Mol. $HgCl_2$ etwa 3 bis 4 Mol. $MgCl_2$ kommen, weil bei wesentlich geringerem Überschuß Quecksilberoxyd oder basisches Quecksilbersalz ausgeschieden und dadurch die Umsetzung in Quecksilbercyanid sehr verzögert wird.

Ferner muß die Quecksilberchloridlösung kochend in die kochende Eisencyanidlösung gegeben werden; ist eine der Lösungen nicht heiß genug, so entsteht sehr schwer zersetzliches Ferrocyanquecksilber.

Aus dem gebildeten Quecksilbercyanid wird die Blausäure durch Destillation mit verdünnter Schwefelsäure ausgetrieben und in verdünnter Natronlauge aufgefangen.

Als ein Zeichen unvollständiger Umsetzung beim Kochen mit Quecksilberchloridlösung tritt nach dem Ansäuern durch die Einwirkung des Eisensulfats auf Quecksilberferrocyanid Blaufärbung auf. Durch Spuren, die offenbar fast bei jeder Analyse der Zersetzung entgehen, färbt sich der Destillationsrückstand schmutziggrün. Der Überschuß an Säure soll nach Abzug der dem vorhandenen Alkali äquivalenten Menge mindestens das vier- bis fünffache Äquivalent des zugesetzten Quecksilberchlorids betragen.

Bei der Destillation geht Schwefel — herrührend vom freien Schwefel oder von Polysulfiden — mit über, löst sich in der vorgelegten Natronlauge als Sulfid oder Thiosulfat und stört die Titration mit Silberlösung. Durch Zusatz von etwa 0,5 g Bleikarbonat zu dem auf ein bestimmtes Volumen aufgefüllten Destillat, Filtrieren und Titrieren in einem aliquoten Teile ist diese Störung zu umgehen.

Je nachdem in der Masse das gesamte oder nur das an Eisen gebundene Cyan bestimmt werden soll, wird entweder das freie Alkalicyanid durch Zusatz von Eisenoxydulsalz in Eisencyanid übergeführt:

$$6\,NH_4CN + 6\,NaOH + FeSO_4 = Na_4FeCy_6 + Na_2SO_4 + 6\,NH_3 + 6\,H_2O,$$

oder es wird vor dem Aufschließen der Masse mit Ätznatron das Cyan des Alkalicyanides durch Erwärmung mit Magnesiumchlorid ausgetrieben:

$$2\,KCN + MgCl_2 + 2\,H_2O = Mg(OH)_2 + 2\,KCl + 2\,HCN.$$

Für die Titration des Cyannatriums mit Silberlösung empfiehlt sich ein Zusatz einiger Kubikzentimeter Jodkalilösung, wodurch die Titration auch bei Gegenwart von Chloriden genau ausfällt.

Bei zahlreichen Analysen hat sich folgende gegen Felds Angabe etwas vereinfachte Anordnung des Destillationsapparates als gut und sicher bewährt.[1])

Zur Aufnahme der zu destillierenden Lösung dient ein runder Schottscher Kolben von 700 ccm Inhalt, der durch einen Tropfenfänger mit dem Liebigschen Kühler verbunden ist. Der Kühler mündet in einen vorgelegten Erlenmeyerkolben mit doppelt durchbohrten Stopfen, an den sich noch zur Sicherheit ein wie der Erlenmeyerkolben mit Natronlauge beschicktes Dreikugelrohr anschließt.

Die Ausführung der Bestimmung des gesamten Cyans in Reinigungsmassen oder Cyanschlamm gestaltet sich schließlich mit genauer Angabe der vorteilhaftesten Reaktionsverhältnisse folgendermaßen:

Zu 2 g Masse (oder ca. 0,5 g Cyanschlamm) gibt man in einer Reibschale 1 ccm $FeSO_4$-Lösung (278 g Eisenvitriol im Liter) und 5 ccm 8 n NaOH (320 g Ätznatron im Liter). Nach fünf Minuten langem Verreiben fügt man langsam unter ständigem Umrühren 30 ccm $MgCl_2$-Lösung (610 g Magnesiumchlorid im Liter) hinzu

---

[1]) Siehe Fig. 15 S. 44: Destillationsapparat zur Stickstoffbestimmung in Kohlen.

und spült die ganze Masse mit so viel heißem Wasser in den Destillationskolben, daß das Flüssigkeitsvolumen etwa 200 ccm beträgt. Nach etwa fünf Minuten langem Kochen werden 100 ccm kochende $HgCl_2$-Lösung (27 g Sublimat im Liter) in die kochende Flüssigkeit gegossen. Darauf wird wieder etwa zehn Minuten lang gekocht, dann der Kolben mit dem Destillationsapparat verbunden, 30 ccm 8 n H_2SO_4 (392 g H_2SO_4 im Liter, spez. Gewicht = 1,235) zugegeben und etwa 20 bis 30 Minuten destilliert. Die Vorlage wird mit 20 ccm 2 n NaOH (80 g im Liter) beschickt. Bei getrübtem Destillat wird das oben erwähnte Reinigungsverfahren mit Bleikarbonat angewendet. Die Titration erfolgt unter Zusatz von 5 ccm verdünnter Jodkalium-Lösung. Das Auftreten einer gelblichmilchigen Trübung zeigt den Endpunkt der Titration an. 1 ccm 1/10 n $AgNO_3$-Lösung (genau 17,0 g $AgNO_3$ im Liter) entspricht 0,009 556 g Berliner Blau ($Fe_7[CN]_{18}$).

Die ganze Analyse inkl. Abwiegen der Substanz und Titration mit voraufgegangener Klärung durch Bleikarbonat läßt sich bequem in $1^1/_4$ bis $1^1/_2$ Stunden ausführen.

Beispiel: 2 g Reinigungsmasse werden angewandt, das Destillat auf 250 ccm aufgefüllt, mit Bleikarbonat entschwefelt, 200 ccm abfiltriert und titriert (entsprechend $2 \cdot \frac{4}{5} = 1{,}6$ g Masse. Verbrauch an $\frac{1}{10}$ n Silbernitratlösung = 17,6 ccm:

$$\frac{17{,}6 \cdot 0{,}009556 \cdot 100}{1{,}6} = 10{,}51\,\%\ \text{Berliner Blau.}$$

e) Bestimmung des Ammoniaks.

Das Ammoniak ist in der Reinigungsmasse zum Teil in wasserlöslicher Form, z. B. als Ammoniumsulfat, Cyanammonium, Rhodanammonium, zum Teil an unlösliche Eisencyansalze gebunden, enthalten. An anderer Stelle wurde auf den wichtigen Einfluß des Ammoniaks in der Masse auf die Bildung von Rhodanverbindungen hingewiesen, und darin liegt der Grund, der die Kenntnis des Ammoniakgehaltes in der Masse für den Betriebsleiter wünschenswert macht. Das an unlösliche Eisencyansalze fest gebundene Ammoniak wird als wenig reaktionsfähig für die Rhodanbildung kaum in Betracht kommen, wichtiger ist der Gehalt an löslichen Ammoniaksalzen.

Zur Bestimmung dieses in wasserlöslicher Verbindung vorhandenen Ammoniaks laugt man eine Probe von 25 g ungetrockneter Masse mit 0,5 Liter kaltem Wasser, dem man zur späteren leichteren Filtrierbarkeit einige Kubikzentimeter Magnesiumchloridlösung zugesetzt hat, unter häufigem Umschütteln einen Tag lang aus und filtriert dann durch ein trockenes Filter. 200 ccm des Filtrates (entsprechend 10 g Masse) werden nach Zusatz von wenig konzentrierter Kalilauge destilliert. Das abgetriebene Ammoniak fängt man in einem abgemessenen Volumen Normalsäure auf und titriert den Säureüberschuß mit Normallauge zurück, entsprechend der im Kapitel »Das Gaswasser und seine Verarbeitung« gegebenen Anleitung.

Soll der gesamte Ammoniakgehalt einer Masse bestimmt werden, so destilliert man 5 g Masse direkt mit ca. 20 ccm 8 n Natronlauge und etwa 250 ccm Wasser in einem geräumigen Kolben über kleiner Flamme, um Überschäumen der Flüssigkeit zu verhüten. Die Differenz des in diesem Destillat gefundenen gesamten Ammoniaks gegen das vorher bestimmte wasserlösliche Ammoniak bezeichnet den Gehalt des an Eisencyansalze gebundenen.

f) Bestimmung des Rhodans.

Das Vorkommen größerer Mengen von Rhodanverbindungen weist den Betriebsleiter, wie frühere Erörterungen zeigten, auf Mängel und Störungen in der Reinigung oder Regeneration hin, die auf beträchtlichen

Ammoniakgehalt der Masse, auf zu starken Luftzusatz zum Gase oder zu hohe Erhitzung der Masse bei der Regeneration zurückzuführen sind.

Die nicht ganz einfache Bestimmung des Rhodans wird am sichersten nach Felds Destillationsmethode[1]) ausgeführt. Diese beruht auf der Beobachtung, daß Rhodanverbindungen, mit konzentrierter Salzsäure über Aluminiumspäne destilliert, quantitativ in Ammoniak, Kohlenstoff und Schwefelwasserstoff zerfallen:

$$3\,NH_4CNS + 4\,Al + 18\,HCl = 6\,NH_4Cl + 2\,Al_2Cl_6 + 3\,C + 3\,H_2S.$$

Der Schwefelwasserstoff wird mit Jodlösung titriert. Da unter den gleichen Bedingungen auch die in der Masse etwa enthaltenen Thiosulfate Schwefelwasserstoff abspalten, so müssen diese erst durch Kochen der Probe mit Quecksilberchlorid und Magnesiumchlorid unter Zusatz von etwas Magnesia zerstört werden:

$$Na_2S_2O_3 + HgCl_2 + MgO = HgS + 2\,NaCl + MgSO_4.$$

Zu diesem Zweck werden 12 g der Probe mit 100 ccm Wasser und 30 ccm · $MgCl_2$-Lösung (610 g Magnesiumchlorid im Liter) zur Zersetzung etwa vorhandener Sulfide gekocht, bis kein Geruch nach Schwefelwasserstoff mehr bemerkbar ist. Nunmehr fügt man ca. 2 g Magnesiumoxyd und 50 ccm kochende $HgCl_2$ · Lösung (27 g Sublimat im Liter) hinzu, kocht wieder 10 bis 15 Minuten zur Zerstörung des Thiosulfats, läßt abkühlen, füllt auf 300 ccm auf und filtriert. Je nach dem Gehalte an Rhodan werden vom Filtrat 100 ccm = 4 g der Probe oder 50 ccm = 2 g mit Salzsäure über Aluminium destilliert.

Zunächst wird der Destillierkolben mit 6 Aluminiumröllchen aus etwa 20 cm langen und 1/2 cm breiten Aluminiumblechstreifen beschickt. Wenn man die Röllchen nach der Destillation sorgfältig mit Wasser von der

---

[1]) Journ. f. Gasbel. 1903, S. 561 ff.

Säure befreit, lassen sie sich öfter benutzen. Der Destillierkolben wird mit einem kleinen Tropftrichter versehen, dessen Rohr bis fast auf den Boden des Kolbens reicht. An den Kolben schließt sich eine erste von außen gekühlte Vorlage zur Aufnahme überdestillierenden Wassers. Eine zweite und dritte Vorlage wird mit einer abgemessenen Menge $^1/_{10}$ n-Jodlösung (12,69 g Jod mit ca. 20 g Jodkalium im Liter) und je 2,5 ccm 4 n-HCl (145 g HCl im Liter, d. h. Salzsäure vom spezifischen Gewicht 1,067), eine vierte Vorlage mit abgemessener $^1/_{10}$ n-Thiosulfatlösung (24,83 g kristallisiertes Natriumthiosulfat im Liter) beschickt, welch letztere die aus der dritten Vorlage entweichenden Joddämpfe aufnimmt.

Der Zusatz von Salzsäure zur Jodlösung ist unbedingt erforderlich, um Jodverbrauch durch überdestillierenden Cyanwasserstoff zu verhüten. Die letzte Vorlage ist mit einer als Aspirator wirkenden ca. 15 l fassenden Flasche verbunden. Fig. 252 zeigt den von Feld angewandten Apparat, dessen einzelne Teile natürlich durch andere zweckmäßige Gaswaschvorrichtungen ersetzt werden können.

Nachdem die zu destillierende Probe in den Kochkolben zum Aluminium gegeben ist und man sich von der Dichtigkeit des Apparats überzeugt hat, leitet man zur Verdrängung der Luft Kohlensäure durch die Apparatur, bis etwa 2 l Wasser aus dem Aspirator abgelaufen sind. Nun schließt man den Gashahn am Tropftrichter und führt durch diesen in den inzwischen zum Kochen erhitzten Kolbeninhalt 20 ccm 4 n-HCl. Da jetzt eine sehr stürmische Wasserstoffentwicklung beginnt, muß vorsichtig erhitzt werden. Der Säurezusatz ist noch zweimal zu wiederholen. Zwischendurch leitet man einen schwachen Kohlensäurestrom durch den Apparat, so daß während der ganzen Destillation, die auf mindestens $^1/_2$ Stunde ausgedehnt wird, ungefähr 15 l aus dem Aspirator abfließen. Während der Destillation darf keine

Luft in die Apparatur eindringen, weil sich der Schwefelwasserstoff mit dem Sauerstoff unter Schwefelabscheidung zersetzen und dadurch die Bestimmung zu niedrig ausfallen würde. Das Ende der Reaktion läßt sich daran erkennen, daß frische, natürlich ebenfalls abgemessene Jodlösung beim Eintropfen durch das Aufsatzröhrchen in die erste entfärbte Kugel der zweiten Vorlage nicht mehr entfärbt wird. Der in der ersten Vorlage sich abscheidende Kohlenstoff stört die Analyse nicht.

Nach beendigter Destillation schließt man den Wasserablauf der Saugflasche und läßt durch den Tropftrichter am Kochkolben langsam Luft eintreten, bis der Druck ausgeglichen ist. Den Inhalt der Vorlagen spült man zusammen und titriert das überschüssige Jod (ohne vorher die Säure abzustumpfen!) mit $^1/_{10}$ n-Thiosulfat unter Zusatz von Stärkelösung bis zum Verschwinden der Blaufärbung.

Da die Absorption nach der Gleichung: $H_2S + 2\,J = 2\,HJ + S$ erfolgt, so ist 1 ccm $^1/_{10}$ n-Jodlösung

$= 0{,}00296$ g HCNS (Rhodanwasserstoff)

$= 0{,}0038$ g NH_4CNS (Rhodanammonium).

Beispiel: 100 ccm = 4 g der Probe wurden destilliert. Vorgelegt waren 40 ccm $^1/_{10}$ n-Jod und 10 ccm $^1/_{10}$ n-Thiosulfat. Zurücktitriert wurde mit 4,5 ccm $^1/_{10}$ n-Thiosulfat.

Der Jodverbrauch betrug demnach: 40 — 14,5 = 25,5 ccm $^1/_{10}$ n-Jod, entsprechend: $\frac{25{,}5 \cdot 0{,}0038 \cdot 100}{4}$ = 2,42 % NH_4CNS.

g) Stickstoffbestimmung.

Am Stickstoffgehalt der Massen, der für die besonders im Ausland übliche Verwendung ausgebrauchter Masse zu Düngezwecken als Grundlage der Bewertung dient, sind Cyan-, Ammoniak- und Rhodanverbindungen beteiligt.

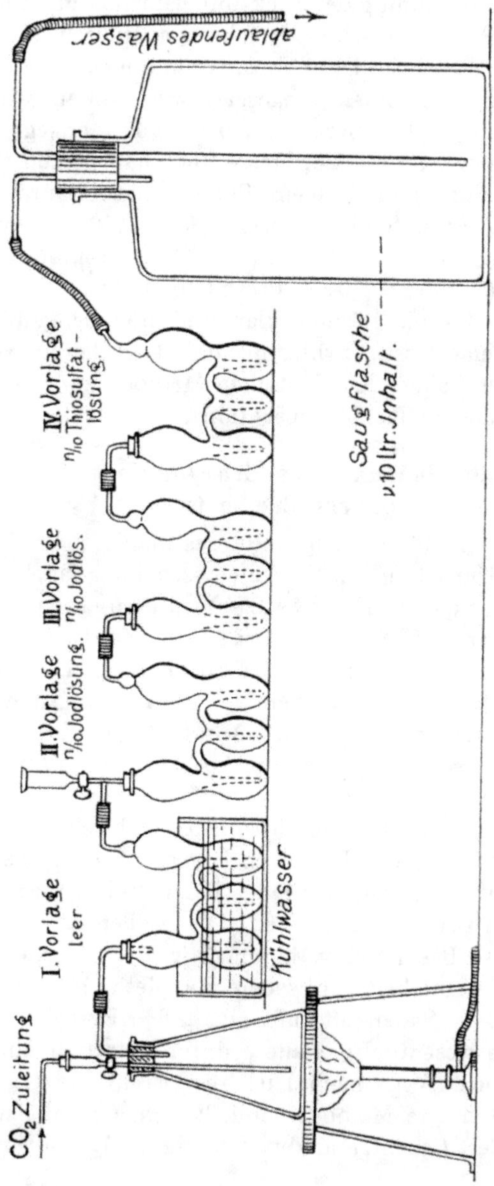
CO2 Zuleitung
I. Vorlage leer
Kühlwasser
II. Vorlage n/10 Jodlösung.
III. Vorlage n/10 Jodlös.
IV. Vorlage n/10 Thiosulfat-lösung.
Saugflasche v. 10 ltr. Inhalt.
ablaufendes Wasser

Fig. 252.

Die Bestimmung des Stickstoffs läßt sich nicht direkt nach dem Kjeldahlschen Verfahren ausführen, weil bei diesem der Stickstoff der Cyanverbindungen nicht vollständig in Ammoniak umgesetzt wird. Man verfährt am besten nach einer von Jodlbauer angegebenen Modifikation: Zu 1 g der Masse fügt man 20 ccm konz. Schwefelsäure und 2,5 ccm Phenolschwefelsäure (50 g Phenol in Schwefelsäure von 66° Bé zu 100 ccm gelöst), setzt noch 2—3 g Zinkstaub und 5 Tropfen Platinchlorid (1 ccm = 0,04 g Pt) zu und erhitzt mehrere Stunden, bis die Lösung klar und nur hellgelb (vom Eisen) gefärbt ist. Erhitzung und Destillation werden genau wie bei der Kjeldahlschen Methode zur Stickstoffbestimmung in Kohlen ausgeführt.

D. Zur Bestimmung des Schwefelwasserstoffs und Sauerstoffs im Gase.

Weniger für die Kontrolle des Reinigerbetriebes als für die Beurteilung der Schwefelabscheidung einer Kohle kommt die quantitative Bestimmung des Schwefelwasserstoffs im Rohgase und des im gereinigten Gase verbleibenden Gesamtschwefels in Frage. Die entsprechenden Bestimmungsmethoden sollen daher nicht hier im Anschluß an die Reinigerkontrolle, sondern später im Abschnitt »Gasanalyse« besprochen werden.

Wird dem Gase in der oben beschriebenen Weise zur Entlastung des Reinigerbetriebes Luft zugesetzt, so bekommt die Ermittelung des im gereinigten Gase verbleibenden Sauerstoffs größere Wichtigkeit. Für diese Bestimmung kommt, je nach der erforderlichen Genauigkeit, entweder die Methode durch Absorption des Sauerstoffs mit alkalischer Pyrogallollösung oder die wesentlich genauere durch Titration auf jodometrischem Wege nach Lubberger in Frage.

Die erstere Methode schließt sich dem allgemeinen Gang der Leuchtgasanalyse an, zur Ausführung der zweiten bedient man sich der Bunte-Bürette, so daß die Besprechung auch dieser Bestimmungen zweckmäßigerweise dem späteren Kapitel über Gasanalyse vorbehalten bleibt.

E. Bestimmung des Cyans im Gase.

Als wichtige Kontrolle über die Wirksamkeit der trocknen Reinigung oder des Cyanwäschers ist die Bestimmung des Cyans im Gase hervorzuheben. In derselben Weise, wie beim Ammoniakwäscher der Verlauf der Absorption durch gleichzeitige Ammoniakbestimmungen im Gase vor und hinter dem Wäscher zu verfolgen ist, kann die Wirksamkeit der Cyanabsorption ermittelt werden. Ferner ist wegen der früher erwähnten zerstörenden Wirkung des Cyans auf Gasbehälter und Gasmesser die Bestimmung des im gereinigten, aus dem Behälter abgegebenen Gase verbleibenden Cyans von großem Interesse.

Als Bestimmungsmethode empfiehlt sich die Anwendung der von W. Feld angegebenen Cyanbestimmung im »Rohcyan«, die sich dem vorliegenden Zweck in einfacher Weise anpassen läßt.

Zur Absorption benutzt man zwei oder drei hintereinandergeschalteten intensiv wirkende Gaswaschflaschen oder auch ein Zehnkugelrohr nach Lunge. Nach den Absorptionsapparaten hat das Gas einen Experimentiergasmesser zu passieren und wird, wenn der Gasdruck zur Überwindung der Widerstände nicht ausreicht, mittels Wasserstrahlpumpe durch die Apparate gesaugt. In diesem Falle darf man nicht versäumen, den im Gasmesser herrschenden Unterdruck durch Manometer festzustellen und ihn nötigenfalls für die Umrechnung des gemessenen Gasvolumens zu berücksichtigen.

Bei Bestimmung des Cyans in teerhaltigem Gase wird vor die Cyanabsorptionsflaschen eine mit verdünnter Schwefelsäure beschickte Waschflasche eingeschaltet. In dieser wird der Teer größtenteils, das Ammoniak vollständig, nicht aber das Cyan zurückgehalten.

Als Absorptionsflüssigkeit verwendet man 20 ccm 8 n-NaOH (320 g Ätznatron im Liter), 8 ccm $FeSO_4$-Lösung (278 g Eisenvitriol im Liter) und ca. 40 bis 50 ccm Wasser. Diese Mischung wird in die Waschflaschen verteilt. Je nach der zu erwartenden Cyanmenge läßt man mindestens 50 l, bei gereinigtem Gas 100 bis 200 l durch die Waschflaschen strömen. Darauf wird die Absorptionsflüssigkeit mit etwas Wasser in den zur Destillation bestimmten ca. $^3/_4$ l fassenden Kolben gespült und kalt mit Salz- oder Schwefelsäure neutralisiert. Nach Zusatz von 5 ccm 8 n-NaOH und 90 ccm 6 n-$MgCl_2$ (610 g Magnesiumchlorid im Liter) hält man den Kolbeninhalt etwa $^1/_4$ Stunde im Kochen. Das Magnesiumchlorid ist langsam unter kräftigem Schütteln zuzusetzen, da sonst $Mg(OH)_2$ in Klumpen ausfällt. Zur kochenden Flüssigkeit gibt man nun 350 ccm einer kochenden Lösung $^1/_5$ n-$HgCl_2$ (27 g Sublimat im Liter) und läßt noch weitere 20 bis 25 Minuten kochen. Nach dem Erkalten werden 30 ccm 8 n-H_2SO_4 (Schwefelsäure vom spez. Gewicht 1,235) zugesetzt, der Kolben an den Destillationsapparat[1]) angeschlossen und $^1/_2$ Stunde in eine Vorlage destilliert, welche 20 ccm 2 n-NaOH (80 g im Liter) enthält. Das Destillat, welches nur bei Cyanbestimmungen in schwefelwasserstoffhaltigem Gas getrübt ist und dann mit Bleikarbonat gereinigt werden muß, wird mit $^1/_{10}$ n-$AgNO_3$ (17,0 g im Liter) unter Zusatz von 5 ccm verdünnter Jodkaliumlösung titriert.

Von besonderer Wichtigkeit für das Gelingen der Bestimmung[2]) ist folgendes:

Das Neutralisieren darf ja nicht versäumt werden, der dann zugesetzte Überschuß von 5 ccm 8 n-NaOH

---

[1]) Siehe Fig. 15, S. **44**.

[2]) Nach freundlicher privater Mitteilung von Herrn Dr. K. Bunte.

darf eher zu groß als zu klein ausfallen. Das Magnesiumchlorid muß langsam zugesetzt werden; die Sublimatlösung muß siedend heiß in die kochende Flüssigkeit gegeben werden. Bei Untersuchung von Rohgas muß soviel Quecksilber zugesetzt werden, daß nach Bindung des ganzen H_2S noch ein Überschuß bleibt. Färbt sich bei der Destillation der Kolbeninhalt grün, so ist die Bestimmung als mißlungen zu verwerfen.

1 ccm $^1/_{10}$ n-Silbernitrat = 0,00541 g HCN (Cyanwasserstoff). Ausgedrückt wird das Ergebnis in g pro 100 cbm Gas.

Beispiel: Vor der Reinigung für 50 l Gas: 10,4 ccm $^1/_{10}$ n-$AgNO_3$

$$= \frac{10{,}4 \cdot 0{,}00541 \cdot 100000}{50} = 112{,}5 \text{ g HCN/100 cbm.}$$

Nach der Reinigung für 150 l Gas: 7,8 ccm $^1/_{10}$ n-$AgNO_3$

$$= \frac{7{,}8 \cdot 0{,}00541 \cdot 100000}{150} = 28{,}1 \text{ g HCN/100 cbm.}$$

Demnach wurden absorbiert = 84,4 g HCN/100 cbm, woraus sich die Wirkung der Reinigung ergibt zu:

$$\frac{84{,}4 \cdot 100}{112{,}5} = 75{,}0\,\%.$$

5. Der Cyanwäscher.

Die unvollständige Absorption der Cyanverbindungen in der trockenen Reinigung bedeutet nicht nur den Verlust eines verwertbaren Nebenproduktes, sondern bringt durch Einwirkung des Cyanwasserstoffs — namentlich mit Sauerstoff zusammen — Zerstörungen von Gasbehälterblechen und Gasmessern mit sich. Seit langem wird daher die vollständige Absorption des Cyans durch ein besonderes Verfahren angestrebt, das gleichzeitig die trockene Reinigung des Gases zu entlasten geeignet ist.

Es wurde schon erwähnt, daß die Cyanverbindungen — abgesehen von geringen Verlusten durch Rhodan- und Ferrocyanbildung im Gaswasser — infolge der leichten Flüchtigkeit und der durch Kohlensäure bewirkten Zersetzung des Cyanammons die verschiedenen Apparate fast unvermindert passieren und erst in der Reinigung zum größeren Teil, aber nicht vollständig absorbiert werden.

Leybold hat eine Reihe von Untersuchungen über die Aufnahme des Cyans in den Apparaten der Fabrik gemacht.[1]) Allerdings verwendete er zu seinen Versuchen schottische Woodville-, englische Silkworth-, australische Boghead- neben wenig Saar- und Ruhrkohle und vergaste jede Sorte in getrennten Retorten, wobei das Gas sich in der Vorlage mischte, so daß die Mengenverhältnisse des Cyans ganz andere sind als bei Verwendung der für Deutschland hauptsächlich in Betracht kommenden Saar-, Ruhr-, schlesischen u. a. Kohlen (s. Abschnitt »Destillationsprozeß«, Cyanausbeute).

Die folgende Tabelle über die Leyboldschen Versuche enthält den Cyangehalt des Gases in Grammen, in Volumprozenten, sowie die Umrechnung auf das der Cyanbewertung meist zugrunde gelegte Berliner Blau.

Von den zahlreichen in den letzten 25 Jahren erfundenen Reinigungsverfahren für Cyan (Patente von Knublauch, Rowland, Gasch, Bueb, Feld u. a.) hat nur das Verfahren von Bueb eine weitere Verbreitung gefunden. Nach Bertelsmanns[2]) Angaben arbeiten 28 Gaswerke mit dem Buebschen Verfahren.

Diese Methode[3]) besteht darin, daß das Leuchtgas in einem mechanischen Wäscher (System des Stan-

[1]) Journal f. Gasbel. 1890, S. 336 ff.
[2]) Bertelsmann, Technologie der Cyanverbindungen S. 240.
[3]) Journal f. Gasbel. 1899, S. 469, desgl. 1900, S. 747.

Cyan im Gase.

Gasprobe	Gramm Cyanwasserstoff in 100 cbm Gas	Vol.-Proz. Cyanwasserstoff	Gramm Berliner Blau auf 100 cbm Gas	Verteilung des Cyanwasserstoffs: Es sind abgeschieden aus 100 cbm	Verteilung des Cyanwasserstoffs: in Prozenten	
aus der Vorlage	265,9	0,217	470,5	10,0 g	3,76	
nach d. Kühlung	255,9	0,209	452,8	4,3 »	1,62	
n. d. Skrubber	251,6	0,205	445,2	119,9 »	45,09	Reini-
» » 1. Reinig.	131,7	0,107	233,1	48,4 »	18,20	gung
» » 2. »	83,3	0,067	147,4	21,7 »	8,16	71,45
» » 3. »	61,6	0,050	109,0	20,4 »	7,67	
im Behältergas	41,2	0,033	72,9	41,2 »	15,50	
				265,9 g		

dard-Wäschers) in innige Berührung mit einer konzentrierten Eisenoxydulsalzlösung gebracht wird. Dabei verbindet sich der Cyanwasserstoff unter Zuhilfenahme des im Gase vorhandenen Ammoniaks mit dem vom Schwefelwasserstoff ausgefällten Eisensulfid unter Bildung einer u n l ö s l i c h e n Eisencyan-Ammoniumverbindung $[(NH_4)_2 Fe Fe (CN)_6]$, die den Wäscher in Form eines dünnen Schlammes mit einem Cyangehalt entsprechend 14% Berliner Blau und 6 bis 7% Ammoniak verläßt.

Der Cyanwäscher selbst wird als sog. Standardwäscher ausgeführt (Fig. 253) und enthält vier Kammern. Drei Kammern sind mit Holzbündeln gefüllt und dienen zur Absorption des Cyans; in der dem Gasausgang des Wäschers zunächst befindlichen vierten Kammer wird die Waschflüssigkeit umgesetzt. Diese Kammer enthält rotierende Blechscheiben, zwischen denen starke Ketten als Rührwerk aufgehängt sind. Die als Waschflüssigkeit dienende Eisenoxydulsulfatlösung wird unter dem Einfluß des im Gase enthaltenen Ammoniaks und

Schwefelwasserstoffs in Schwefeleisen und Ammoniumsulfat übergeführt. Nach vollendeter Ausfällung des Schwefeleisens wird der Sulfidschlamm mittels einer Flügelpumpe den Cyanabsorptionskammern zugeführt. Beim Eintritt in die vierte Kammer soll das Gas praktisch vollkommen von Cyan befreit sein. Da die Tem-

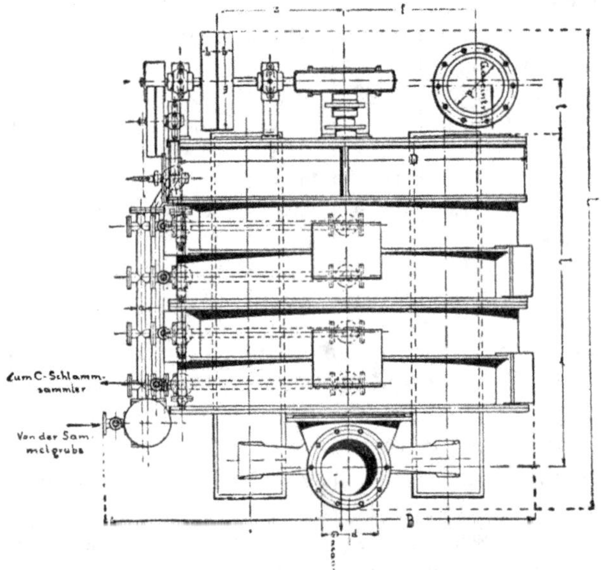

Fig. 253.

peratur des Gases beim Eintritt in den Cyanwäscher nicht unter 35° betragen soll, läßt man das von den Vorlagen kommende Gas nur einen Luftkühler, dann den Gassauger und den Teerscheider passieren, leitet es dann gleich in den Cyanwäscher, an den sich der Wasserkühler und zur Entfernung des nicht mit dem Cyan zusammen absorbierten Ammoniaks ein Ammoniakwäscher anschließt. Der darauf folgenden trocknen Reinigung fällt nur noch die Aufgabe der Schwefelwasserstoffabsorption zu.

Der Betrieb[1]) des Wäschers gestaltet sich folgendermaßen: Ein Arbeiter probiert von Zeit zu Zeit, ob die in der vierten Kammer befindliche Eisensulfatlösung vollständig umgesetzt ist. Zu diesem Zwecke entnimmt er der Kammer etwas Flüssigkeit, filtriert diese und setzt dem Filtrat einige Tropfen rohen Gaswassers (Ammoniak und Schwefelwasserstoff) zu. Entsteht in der vorher wasserhellen Flüssigkeit eine dunkle Trübung, so ist die Umsetzung noch nicht beendet, bleibt dieselbe klar und ist festgestellt, daß der Wäscher ungebundenes Cyan durchläßt, so kann mit dem Wechseln der Laugen begonnen werden. Die Anwesenheit von Cyan am Ausgang des Wäschers wird festgestellt, indem eine kleine Menge des zu prüfenden Gases durch eine mit konzentrierter Kalilauge und Eisenvitriollösung gefüllte Waschflasche geleitet wird. Die Waschflüssigkeit wird dann angesäuert und mit Eisenchlorid versetzt. An einer Blaufärbung ersieht man, daß Cyan vorhanden ist.

Nun beginnt der Arbeiter die Kammer 1, welche den stärksten Schlamm enthält, zu entleeren. Eine Flügelpumpe drückt den Schlamm in ein über dem Anschlußgleis liegendes Hochreservoir, von wo derselbe in die Eisenbahnwaggons abgelassen werden kann. Hierauf wird der Schlamm aus Kammer 2 in Kammer 1, der von 3 nach 2 und die umgesetzte Sulfatlösung von 4 nach 3 gepumpt. Diese Manipulationen sind etwa alle 18—24 Stunden erforderlich.

Es ist höchst wichtig, mit dem Umpumpen solange zu warten, bis die Lösung der Kammer 4 vollständig umgesetzt ist, andernfalls würde das noch nicht vollständig gefällte Schwefeleisen die Holzbündel in der zweiten Kammer in einigen Stunden vollständig verstopfen und den Wäscher unbrauchbar machen.

Die Kammer 4 wird dann mit einer frischen Eisenvitriollösung beschickt. Dieselbe wird hergestellt, in-

---

[1]) Journal f. Gasbel. 1904, S. 45.

dem der Wärter rohen Eisenvitriol in einem gußeisernen Gefäß in heißem Wasser auflöst. Die Lösung muß etwa 19—20° Bé schwer sein, je nachdem der Wäscher beansprucht wird.

Besondere Aufmerksamkeit muß der Behandlung der Wasserstandsköpfe und -gläser sowie den Ventilen gewidmet werden. Erstere verstopfen sich sehr leicht und die Ventile setzen sich leicht fest. Der Verschleiß an Ventilen, Flügelpumpen und Rührketten ist bedeutend.

Der aus dem Cyanwäscher kommende Cyanschlamm wird nach Bueb in einer Anlage (Fig. 254) verarbeitet, die aus einem Kocher, einem Kühler und einer Filterpresse besteht. Die Verarbeitung geschieht in der Weise, daß der Cyanschlamm zunächst in dem Kocher mit direktem Dampf aufgekocht wird. Dabei entweichen die flüchtigen Ammoniakverbindungen, wie Schwefelammonium und kohlensaures Ammoniak, zusammen mit Wasserdämpfen. Diese Destillate werden durch den Kühler geleitet, in dem sie sich kondensieren und den sie als ein relativ starkes Ammoniakwasser von 5% NH_3 verlassen. Dieses Wasser kann direkt zu dem Gaswasser in der Zysterne zurückgegeben werden. Der Ammoniakmenge nach repräsentiert das beim Kochen überdestillierende Ammoniak ungefähr ein Viertel des im Rohschlamm enthaltenen. Im Kocher selbst sollen während der Destillation die etwa in löslichem Zustande noch vorhandenen Cyanverbindungen quantitativ in unlösliches Ferrocyan-Ammonium-Doppelsalz verwandelt werden, so daß das zurückbleibende Reaktionsprodukt nur noch aus dem absolut unlöslichen Ferrocyan-Ammonium-Doppelsalz und aus einer cyanfreien schwefelsauren Ammoniaklösung bestehen würde. Das Destillationsrohr nach dem Kühler wird nunmehr geschlossen und der Inhalt des Kochers mittels Luftdruck, welcher durch die kleine am Kocher befindliche Luftpumpe erzeugt wird, durch die Filterpresse gedrückt. In der

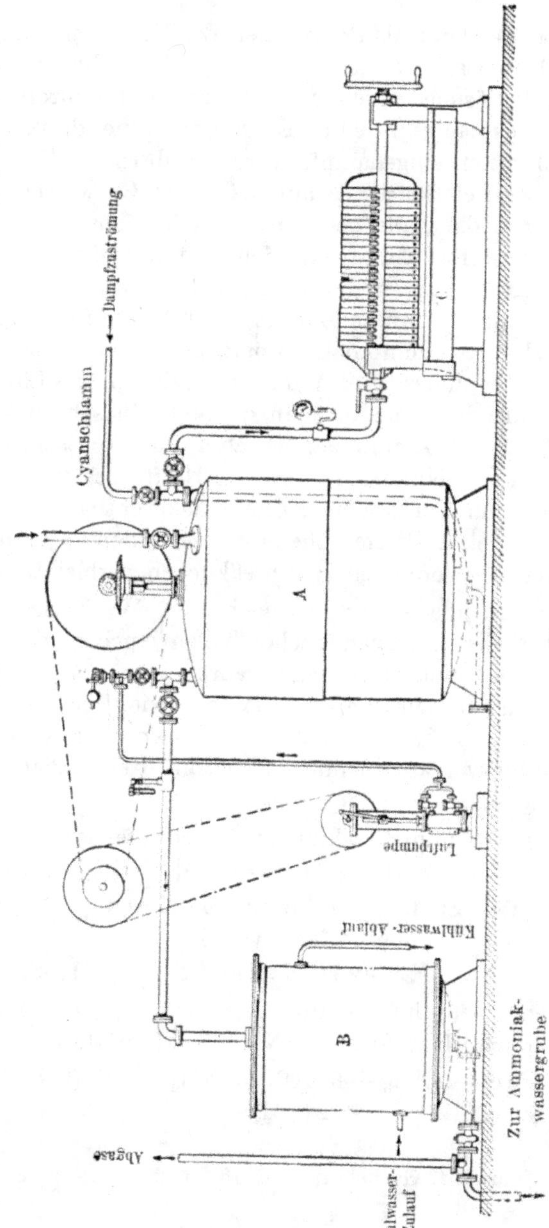
Cyanschlamm
Dampfzuströmung
A
B
C
Luftpumpe
Kühlwasser-Ablauf
Abgase
Kühlwasser-Zulauf
Zur Ammoniakwassergrube

Fig. 254.

Filterpresse bleibt als Preßkuchen das Ferrocyan-Ammonium-Doppelsalz zurück, während die schwefelsaure Ammoniaklösung durch die Filterpresse hindurchfließt und zweckmäßig in einer Eindampfpfanne direkt zur Kristallisation eingedampft wird. Fabriziert die Gasfabrik schwefelsaures Ammoniak aus Gaswasser, so leitet man die nahe bis zum Kristallisationspunkt eingedampfte schwefelsaure Ammoniaklösung direkt in die Sättigungskästen. Selbstverständlich kann man die schwefelsaure Ammoniaklösung, welche etwa 10% schwefelsaures Ammoniak enthält, auch zum Gaswasser zurückgeben, indes ist es immer vorzuziehen, die Lösung direkt einzudampfen, da man dadurch ein sehr billiges schwefelsaures Ammoniak erhält. In der schwefelsauren Ammoniaklösung ist ca. die Hälfte des im rohen Cyanschlamm vorhandenen Ammoniaks enthalten, während das letzte Viertel chemisch gebunden in dem in der Presse gewonnenen Blaupreßkuchen verbleibt.

Eingehende Untersuchungen von W. Feld[1]) an einem Buebschen Cyanwäscher haben ergeben, daß bei dem Ammoniakcyanwaschverfahren die Reaktionen nicht ganz in der Weise verlaufen, wie Bueb angibt. Nach den von Feld gemachten Analysen stellt sich der Absorptionsvorgang vielmehr als ein in drei Stadien verlaufender dar:

Erstes Stadium: Bildung von Schwefeleisen

$$FeSO_4 + 2\,NH_3 + H_2S = FeS + (NH_4)_2SO_4.$$

Zweites Stadium: Bildung von Eisencyanür und unlöslichem Ammoniumferrocyanid

$$FeS + 2\,NH_3 + 2\,HCN = Fe(CN)_2 + (NH_4)_2S,$$

daneben findet im Anfang in untergeordnetem Maße, später reichlicher, folgende Nebenreaktion statt:

$$2\,FeS + 6\,NH_3 + 6\,HCN = (NH_4)_2\,Fe\,Fe\,(CN)_6 + 2\,(NH_4)_2S.$$

[1]) Journal f. Gasbel. 1904, S. 132 u. ff.

Drittes Stadium: Bildung von löslichem Ammoniumferrocyanid:

$$Fe(CN)_2 + 4\,NH_3 + 4\,HCN = (NH_4)_4\,Fe(CN)_6$$

mit der Nebenreaktion

$$(NH_4)_2 Fe Fe(CN)_6 + 6\,NH_3 + 6\,HCN = 2\,(NH_4)_4 Fe(CN)_6.$$

Daraus folgert, daß keineswegs, wie Bueb annimmt, das Endprodukt ein unlösliches Doppelsalz ist, sondern vielmehr ein Gemisch, welches nach den von Feld angestellten Analysen etwa zu einem Drittel bis zur Hälfte aus löslichem Ferrocyanammonium $(NH_4)_4\,Fe\,(CN)_6$, zu etwa $^1/_3$ bis $^1/_4$ aus unlöslichem Eisencyanür $(Fe_2\,Fe\,(CN)_6$ und zu $^1/_3$ bis $^1/_4$ aus unlöslichem Ammoniumferrocyanid $(NH_4)_2\,Fe\,Fe\,(CN)_6$ besteht. Aus dieser Tatsache ergibt sich weiter die wichtige Folgerung, daß die absorbierende Wirkung des Schlammes bedeutend besser ausgenutzt werden könnte. Zu diesem Zweck hat man nur eine erheblich verdünntere Eisenvitriollösung zur Wäsche zu verwenden als Bueb vorschreibt. Denn wollte man bei der von Bueb vorgeschriebenen Konzentration ($15\,\%\,FeSO_4 = 28\,\%\,FeSO_4 \cdot 7\,H_2O$) die Absorption so weit treiben, bis nahezu alles Eisen in lösliches Ammoniumferrocyanid übergeführt ist, so erhielte man theoretisch einen Schlamm mit $28\,\%\,Fe_7\,(CN)_{18}$. Ein solcher Schlamm würde aber besonders während des Überganges von der Bildung von unlöslichem Ferrocyanür in lösliches Ammoniumdoppelsalz so steif sein, daß er einerseits sehr schlecht absorbieren würde und anderseits schon bei der Ausfällung des Eisens als Schwefeleisen den Wäscher sehr belasten und Druckverluste verursachen würde. Aus diesen Gründen wird es sich empfehlen, mit verdünnteren Eisenvitriollösungen zu arbeiten. Da die Äquivalentgewichte von Eisenvitriol $(Fe\,SO_4 + 7\,H_2O)$ und unlöslichem Blau $\left(\frac{Fe_7\,(CN)_{18}}{3}\right)$ nahezu gleich sind, so hat man, um einen Schlamm mit 14 bis 18 % Blaugehalt zu gewinnen, eine 14 bis 18proz. Eisenvitriollösung zu wählen. Jedenfalls sollte man über eine 20proz. Lösung (200 kg $FeSO_4 \cdot 7 H_2O$ pro 1 cbm Wasser) nicht hinausgehen.

Weiter hat Feld[1]) nachgewiesen, daß durch das Kochen des gewonnenen Cyanschlammes nach der von Bueb gegebenen Anweisung nicht unwesentliche Verluste bis zu 10 % durch Verflüchtigung von Cyanwasserstoff auftreten. Diese Verluste lassen sich jedoch vermeiden, wenn man das Ammoniak aus dem Schlamm mit Alkali austreibt oder das gelöste Ferrocyan vor dem Kochen ausfällt. Diese Ausfällung kann vorgenommen werden mittels einer Säure, oder besser mittels eines Eisensalzes, da dadurch nicht nur das gesamte Cyan unlöslich wird, sondern auch unter Innehaltung der richtigen Verhältnisse das ganze Ammoniak von dem Ferrocyan abgespaltet werden kann, so daß man einerseits ammoniakfreies, leicht filtrierbares, unlösliches Blau (Eisencyanür, falls mit Eisenoxydulsalzen oder Ferrocyanid, falls mit Eisenoxydsalz gefällt wurde) und anderseits eine ziemlich reine Ammoniaksalzlösung erhält. Dadurch verliert allerdings die Verarbeitung des Schlammes an Einfachheit. In den meisten Fällen wird der Cyanschlamm, so wie er den Wäscher verläßt, verkauft, so daß eine weitere Behandlung des Schlammes in Fortfall kommt.

Der finanzielle Gewinn aus dem direkten Verkauf des Cyanschlammes ist ein äußerst geringer. Zwar kann die Cyanausbeute in nutzbarer Form beim Cyanwäscher leicht das Doppelte vom Blaugehalt der Reinigungsmasse erreichen, was bei gleichen Cyanpreisen für Masse wie für Schlamm auch die doppelte Einnahme bedeutet, doch erleidet man einen erheblichen Verlust durch den Verkauf von Ammoniak im Cyanschlamm, in welchem ungefähr 1/3 des gesamten Ammoniaks in gebundener Form verbleibt. Da aber in den meisten

[1]) Journal f. Gasbel. **1904**, S. 157 u. ff.

Fällen sich das Ammoniak zu weit höheren Preisen verwerten läßt, als hierfür von den Abnehmern des Cyanschlammes gezahlt wird, so verbleibt aus der Cyanwäsche nach Abzug der Kosten für Dampf, Wartung usw. so gut wie kein Gewinn. Durch Überproduktion oder Konkurrenz von anderer Seite kann aber schließlich der für Cyanprodukte gezahlte Preis soweit sinken, daß für die Gaswerke nicht nur kein Gewinn aus der Cyanwäsche entspringt, sondern daß diese mit einem bestimmten Kostenaufwand verbunden ist. In diesem Falle bleibt ihr Wert trotz aller Mängel, die ihr noch anhaften, wenigstens in dem Sinne bestehen, daß die anderen Vorteile, wie Entlastung der trockenen Reinigung, Schonung der Gasbehälterbleche und die zweifellos längere Haltbarkeit der Gasmesser, den ausfallenden Gewinn, bzw. die Kosten der Cyanwäsche verschmerzen lassen. Der indirekte Nutzen, den die Cyanwäsche durch Schonung der Gasmesser usw. bringt, läßt sich eben nicht so zahlenmäßig nachweisen, wie der Gewinn an einem Nebenprodukt der Gasfabrikation.

XI. Der Stationsgasmesser.

Als Kontrolle über die Größe der Gaserzeugung dient der Stationsgasmesser, in dem das Volumen des aus den Reinigern kommenden Gases vor seinem Eintritt in die Gasbehälter gemessen wird.

Die Einrichtung eines solchen Stationsgasmessers ist folgende: Das gußeiserne Gehäuse besteht aus einem zylindrischen Mantel, an dessen beiden Flanschen (Fig. 255 u. 256) ein Vorderboden *V* und ein Hinterboden *H* durch eine Anzahl Schrauben fest angepreßt wird. Der Hinterboden trägt die Gaseinströmungs- und Gasausströmungsröhren, während auf dem Vorderboden das Zählwerk angebracht ist. Der Rohrstutzen *A*, der mit dem Knierohr *y* in Verbindung steht, dient zur Zuführung, der Rohrstutzen *B* zur Ableitung des Gases. Am Vorderboden ist das vordere Lager für die Trommelachse *W* aufgeschraubt. Die hintere Lagerung ist an dem Knierohr oder an einem besonderen Lagerbock angebracht. Zur Wasserzuführung dient das Füllrohr *F* mit Trichter am Hinterboden; der zum Abfluß des überschüssigen Wassers vorgesehene Überlauf *U* ist daneben angebracht. Das Zählwerk ist in einem am Vorderboden befestigten Schutzkasten eingeschlossen.

Die Trommel der Stationsgasmesser ist bei den meisten großen Messern als Crosley-Trommel[1]) konstruiert. Diese Trommel besteht aus einem sich um

[1]) Journ. f. Gasbel. 1893, S. 645.

eine horizontale Achse drehenden Zylinder, der durch vier gegen die Achse geneigt liegende ebene Schaufeln in vier gleichgroße Kammern geteiilt wird. Die Fig. 257 stellt die Trommel nach Abnahme des Zylindermantels dar und gibt ein Bild der vier Kammern. Die geneigten Schaufeln sind vorn und hinten flügelartig fortgesetzt. Diese Fortsetzungen, die sog. Deckschaufeln, bilden die Grundflächen des Trommelzylinders, liegen jedoch nicht fest aufeinander, sondern lassen für die Ein- und Ausströmung des Gases schlitzförmige Öff-

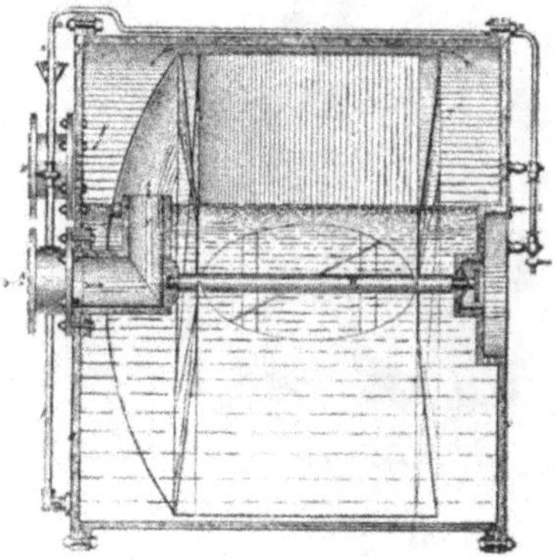

Fig. 255.

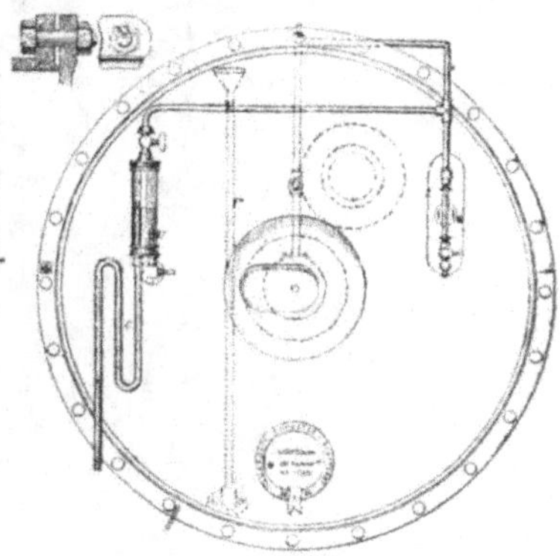

Fig. 256.

nungen zwischen sich. Schaufeln und Deckschaufeln sind an dem umschließenden Zylindermantel festgelötet, der an der vorderen Seite, an der das Gas einströmt, in einer Kugelkappe seinen Abschluß findet, durch welche vor dem messenden Teil der Trommel noch ein zur Gaszuführung dienender Vorhof gebildet wird. Die Kappe ist in der Mitte durchbrochen, um die Trommelachse w_1 hindurchzulassen. Letztere liegt so tief unter der Oberfläche der Füllflüssigkeit, daß auch die einzelnen an der Achse nicht geschlossenen Trommelkammern abgesperrt werden. Die Einströmungsschlitze der Kammern münden im Vorhofe innerhalb der Kugelkappe, während die Schlitze auf der hinteren Seite für Ausströmung des

Gases bestimmt sind. Der Einströmungs- und der Ausströmungsschlitz jeder Kammer sind so gelegt, daß sich stets nur der eine außerhalb der Füllflüssigkeit befindet daß also das einströmende Gas niemals direkt durch die Trommel hindurchdringen kann. Außerdem liegen diese Schlitze so, daß beim ersten Eintauchen des Einströmungsschlitzes einer Kammer die vorangehende Kammer noch nicht ganz entleert ist, so daß der Gasstrom während

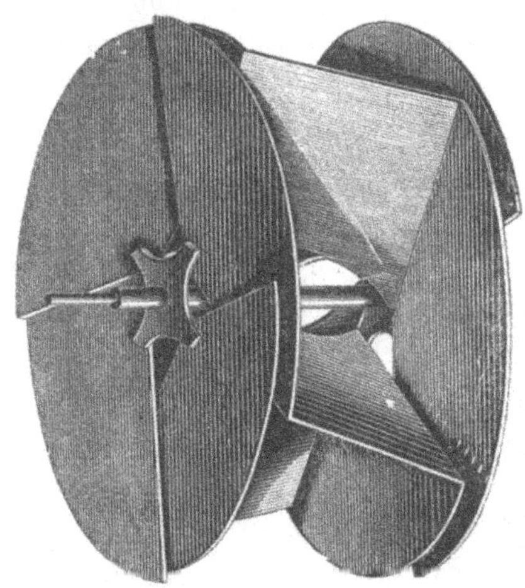

Fig. 257.

des ganzen Verlaufes der Trommeldrehung keine Unterbrechung erleidet.

Die Wirkungsweise der Trommel ist in den Fig. 258 bis 263 veranschaulicht. Die Fig. 258 bis 260 zeigen die Trommel in einer Drehungsphase, in der die mit Gas gefüllte Kammer I mit dem Ausgangsrohr in Verbindung steht, während in die Kammer II, deren unterer Teil einschließlich des Ausflußschlitzes noch unter dem Flüssigkeitsspiegel liegt, Gas einströmt. Fig. 258 a gibt eine Ansicht der Trommel von oben, unter teilweiser Abdeckung des Umschlußmantels, Fig. 258 b zeigt eine perspektivische Ansicht von rechts gesehen, Fig. 258 c eine solche von links gesehen. Dabei wird, wie auch auf den folgenden Figuren, der Weg des in die Meßräume einströmenden Gases durch Pfeile der nachstehenden Art, ⟶ der Weg des ausströmenden, gemessenen Gases durch ähnliche, fettgedruckte Pfeile **⟶** veranschaulicht.

Die Trommel wird dadurch in Drehung gesetzt, daß das zuströmende Gas einen höheren Druck hat als das ausströmende. Befindet sich z. B. die Trommel in der Stellung der Figuren 258 a—c in Ruhe, so wird das Gas in dem ganzen Verlauf der Leitung, sowohl vor dem Gasmesser als hinter demselben, als auch in allen Teilen des Gasmessers selbst im wesentlichen unter gleichem Druck stehen. Treibt jedoch der Gassauger das Gas durch den Messer, so steht das Gas in der Kammer II unter höherem Druck als in Kammer I, deren Ausflußschlitz mit dem Ausgangsrohr des Gasmessers in Verbindung ist. Der Druckunterschied in beiden Kammern wirkt auf die sie trennende Mittelschaufel und dreht diese in dem durch den Pfeil angegebenen Sinne. Bei normalem Durchgangsquantum und Zustand des Messers beträgt die Druckdifferenz zwischen Eingang und Ausgang nicht mehr als 10 mm.

So lange diese Drucksteigerung hinter dem Eingangsrohr des Gasmessers andauert, sind auch im Innern der Trommel Druckdifferenzen vorhanden und so lange dauert daher auch die Drehung fort.

Die Figuren 259 a—c zeigen die Trommel in einer gegen die Figuren 258 a—c um 45^0 fortgeschrittenen Bewegungsphase, in der nun die Kammer II ganz mit Gas gefüllt ist, was auf der Zeichnung durch dicht aneinander gelagerte Punkte angedeutet ist. Der Einflußschlitz der Kammer II ist soeben in die Flüssigkeit eingetaucht (Fig. 259 c), wodurch jede weitere Gaseinströmung in diese Kammer abgeschnitten ist. Das in II enthaltene Gas kann aber noch nicht ausströmen, weil der Ausflußschlitz dieser Kammer noch ganz unter dem Flüssigkeitsspiegel liegt. Das in den Gasmesser gelangende

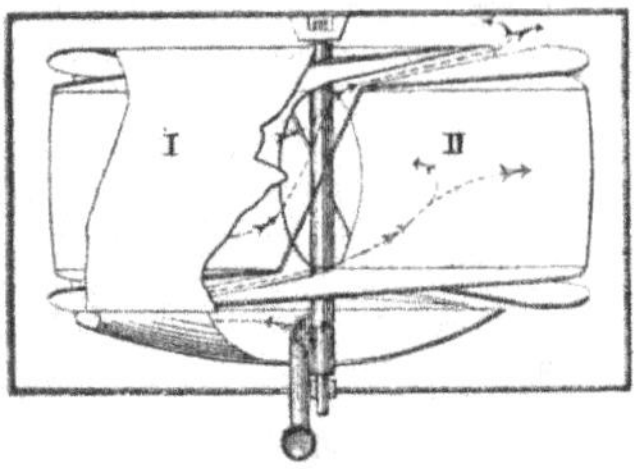

Fig. 258 a.

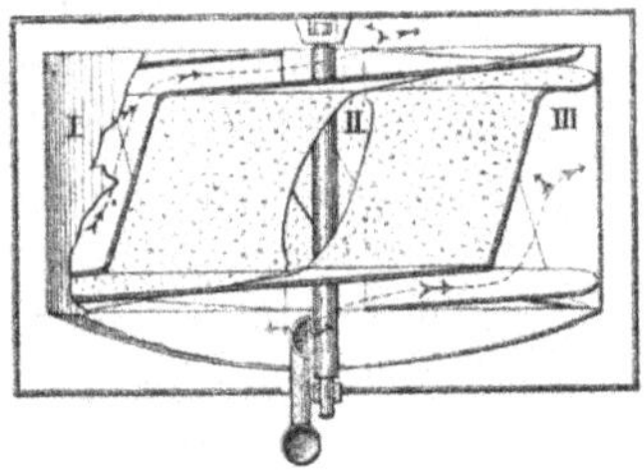

Fig. 259 a.

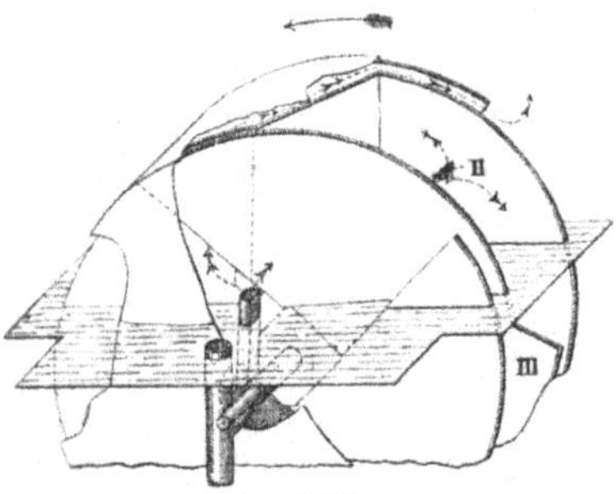

Fig. 258 b.

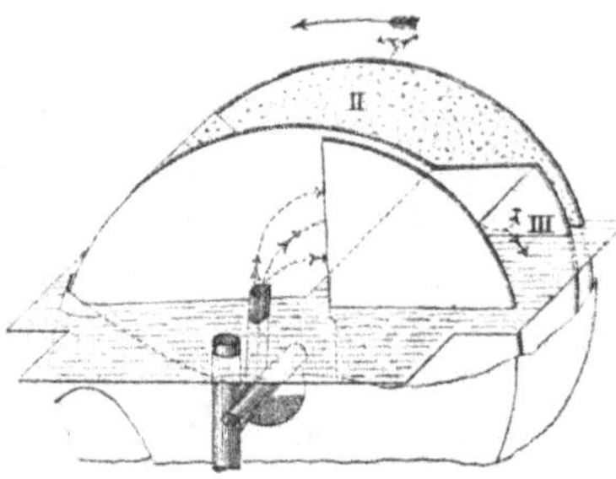

Fig. 259 b.

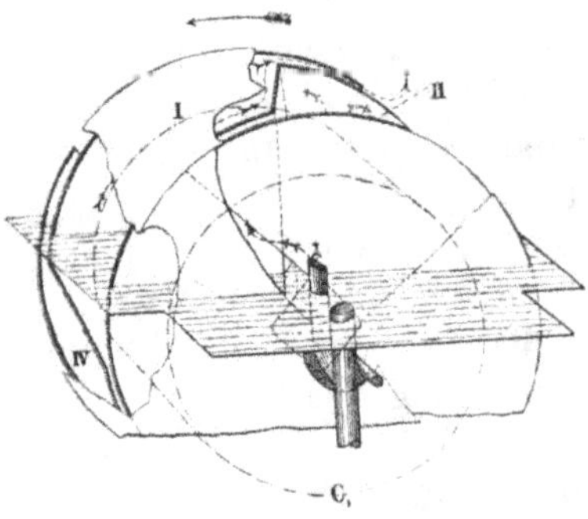

Fig. 258 c.

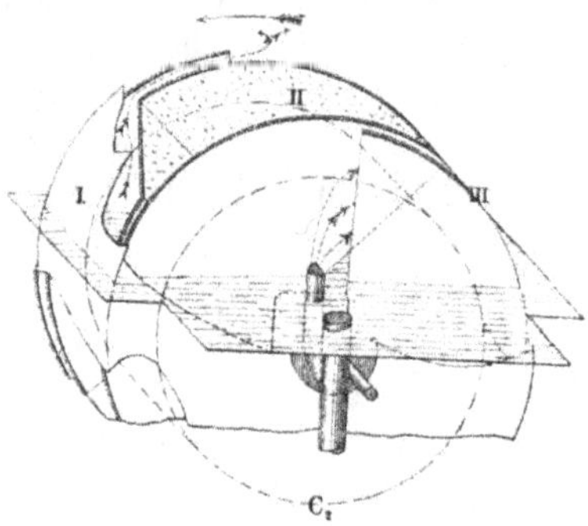

Fig. 259 c.

Gas strömt bereits in die Kammer III ein, in der nun ein Überdruck gegen die noch nicht vollständig entleerte Kammer I stattfindet, wodurch die Drehung der Trommel fortgesetzt wird, bis bei einer weiteren, nicht dargestellten Drehungsphase der Ausflußschlitz von II aus der Flüssigkeit heraustritt, wonach sich für diese Kammer derselbe Zustand ergibt, welcher in den Figuren 258a—c für die Kammer I angenommen worden ist.

Um die in den Figuren 258 u. 259 veranschaulichte Wirkungsweise der Trommel noch deutlicher zu versinnbildlichen, ist in den Figuren 260 u. 261 eine Abwicklung zweier zylindrischer Schnitte aus den Figuren 258 c u. 259 c dargestellt. Fig. 260 zeigt, wie in der Drehungsphase der Figuren 258a—c das gemessene Gas aus der Kammer I ausströmt, während das neu ankommende in die Kammer II einströmt, und ferner, wie sowohl der Ausfluß von II, als der Einfluß von III noch unter dem Flüssigkeitsspiegel liegen. In Fig. 261 sieht man Gas aus der Kammer I noch ausströmen, während Einfluß und Ausfluß der Kammer II abgesperrt sind, und das einströmende Gas in die Kammer III eintritt.

Der Flüssigkeitsstandzeiger *Z*, der in Fig. 262 in vergrößertem Maßstabe dargestellt ist, besteht aus einem in Metallfassungen eingesetzten Glasrohr, dessen unterer Teil durch das Rohr *m* mit dem Wasser im Gehäuse kommuniziert, während der obere Teil durch die in *V* eingeschraubte Fassung *S* gehalten wird und in dem Rohr *a* seine Fortsetzung findet. Letzteres ist über das Gehäuse hinweggeführt und mündet schließlich in dem Gaseinströmungsrohr *A* (vgl. Fig. 255). Durch diese Anordnung wird erreicht, daß der Gasdruck im Flüssigkeitsstandrohr mit dem des einströmenden Gases übereinstimmt. Hinter dem Standrohr liegt der Zeiger *z*, der die Höhe des normalen Wasserstandes angibt. Statt seiner findet sich zuweilen ein Visier oder eine vertiefte Marke.

Um die richtige Aufstellung bei ihrer Anwendung zu sichern, sind die kleineren Stationsgasmesser vielfach mit einem am Gehäuse befestigten Fußuntersatz versehen. Bei den größeren Gasmessern sind für diesen Zweck an dem Gehäuse ebene Flächen oder geradlinige

Marken angebracht, deren Horizontierung durch eine Setzwage, Wasserwage oder dgl. kontrolliert werden kann.

Als Überlauf verwendet man meist die Kingsche Konstruktion, die aus Fig. 263 zu ersehen ist.

Abwickelung des Zylindermantels C_1.

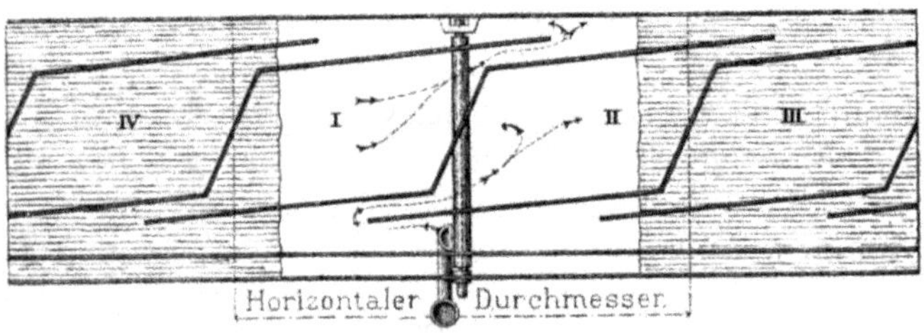

Fig. 260.

Dieser Überlauf besteht im wesentlichen aus einer Büchse U, in die von unten her das eigentliche Überlaufrohr u hineinreicht, dessen untere Fortsetzung bei

Abwickelung des Zylindermantels C_2.

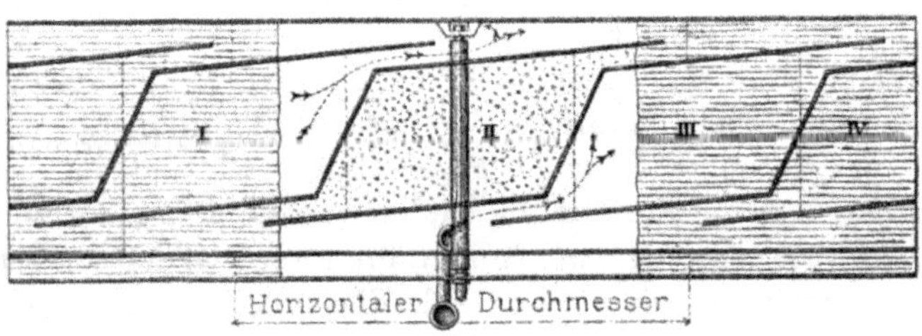

Fig. 261.

h wieder mit dem Innern des Gehäuses in Verbindung steht. Das Rohr u wird von einer unten offenen, nahezu bis auf den Boden der Büchse reichenden Glocke e umschlossen. Der Druck des einströmenden Gases wirkt durch das Rohr a, das hier die Gestalt eines Doppelknies hat, auf das innerhalb der Glocke e befindliche Wasser und läßt es in dem Raum zwischen der Glocke und der Wand der Büchse U ansteigen. Aus diesem ringförmigen Raum fließt es dann im Falle des Überschusses durch den Auslauf *d* ab. Um den Wasserstand leicht justieren zu können, ist auf das Rohr *u* eine Hülse aufgesetzt, die sich höher und tiefer schrauben läßt und festgelötet wird, wenn der Wasserstand richtig reguliert ist.

Am unteren Ende des Gasmessergehäuses ist ein Hahn angebracht, durch den das Wasser abgelassen

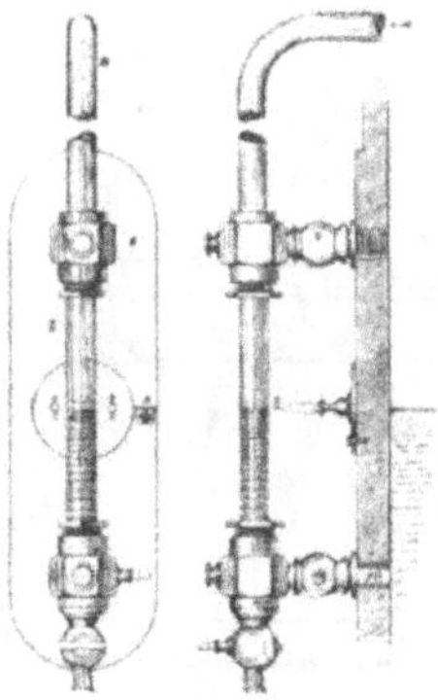

Fig. 262.

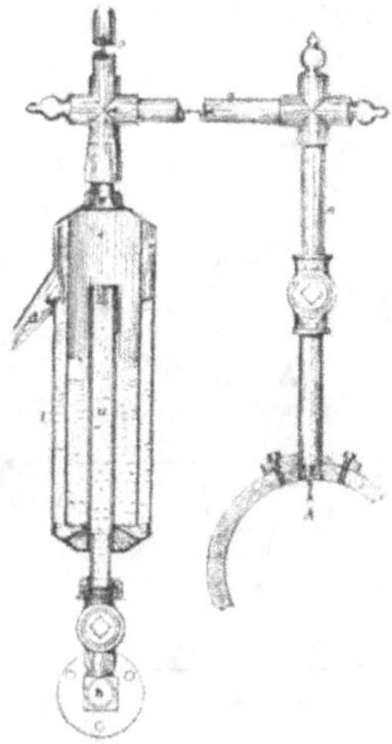

Fig. 263.

werden kann. Dieses muß namentlich dann öfters geschehen, wenn das Wasser leicht Schlamm absetzt. Um auch die Meßtrommel entleeren zu können, ist an jeder Kammer eine Entleerungsschraube angebracht, welche durch ein Handloch im Gehäuse gelöst werden kann. Bei großen Gasmessern ist dieses Loch als Mannloch ausgebildet und entspricht einem gleichgroßen Loch im Trommelmantel, so daß man ohne Schwierigkeit in das Innere der Trommel steigen kann, um es zu reinigen oder auszubessern.

Neben der beschriebenen Gasmesserkonstruktion führt sich neuerdings der Messer mit Duplextrommel[1]) ein. Diese Trommel (Fig. 264) besitzt eine zentrale Kammer, welche den Trommelboden der gewöhnlichen Trommeln ersetzt, und dazu dient, das Gas in die verschiedenen Meßkammern zu verteilen, welche symmetrisch auf jeder Seite der zentralen Kammer angeordnet sind. Infolge dieser Anordnung heben sich die bei der Umdrehung entstehenden Druckwirkungen auf, da sie einander entgegengesetzt sind. Die Trommelwelle dreht sich auf einem einzigen Lager von sehr großer Spann-

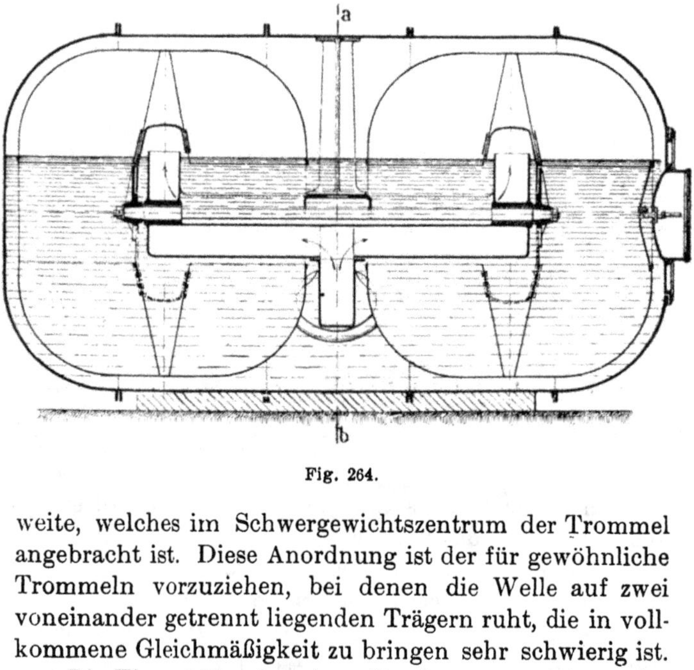

Fig. 264.

weite, welches im Schwergewichtszentrum der Trommel angebracht ist. Diese Anordnung ist der für gewöhnliche Trommeln vorzuziehen, bei denen die Welle auf zwei voneinander getrennt liegenden Trägern ruht, die in vollkommene Gleichmäßigkeit zu bringen sehr schwierig ist.

Die Figur 265 zeigt einen Duplexmesser, wie er für die Messung großer Volumen gebaut wird. Er besteht im wesentlichen aus zwei Duplextrommeln, die auf derselben Trommelwelle gelagert sind. Der Eintritt des

[1]) Fabrikanten: Danubia A.-G., Straßburg i. E., Schirmer und Richter, Leipzig.

Gases findet durch ein Mittelstück statt, welches gleichzeitig als Ein- und Ausgangsrohr und innere Armatur dient. Die Druckwirkungen und ebenso das Gewicht der in Bewegung befindlichen Teile werden daher gleichzeitig ausgeglichen. Infolge der zentralen Lagerung der Trommeln können die Vorder- und Rückseite des Gasmessers ohne weiteres abmontiert werden, wenn sich die Notwendigkeit einer inneren Untersuchung ergeben sollte. Einer der Hauptvorteile dieser Anordnung ist durch die

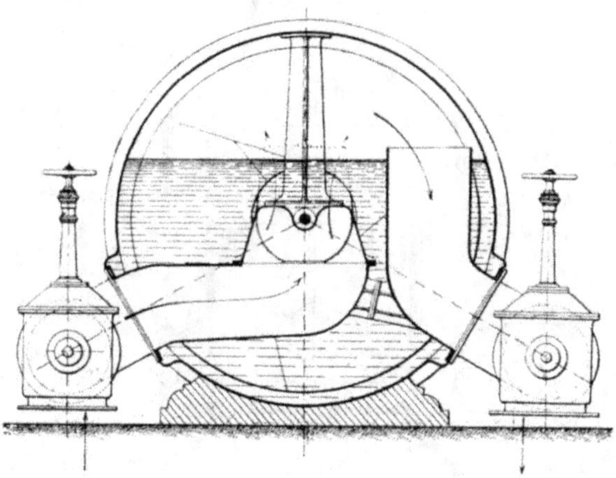

Fig. 265.

gepaarten Trommeln bedingt, die mit einer ihren Dimensionen entsprechenden Geschwindigkeit laufen. Eine einzige Trommel von gleichem Volumen wie die beiden vereinigten könnte infolge ihrer viel beträchtlicheren Dimensionen nur mit einer sehr merklich verringerten Geschwindigkeit laufen, denn der Widerstand wächst mit der Geschwindigkeit der Trommel sehr rasch. Im Gegensatz zu der Duplexkonstruktion ist man bei gewöhnlichen Messern, die nur sehr geringe Geschwindigkeiten zulassen, gezwungen, sie in sehr großen Dimensionen auszuführen. Diese besitzen außerdem noch den

Nachteil, daß die Trommelschaufeln infolge des großen Flächenmaßes eine starke Bewegung des Wassers verursachen.

In neuerer Zeit ist auch statt des vorbeschriebenen Volumengasmessers ein **Flügelradgasmesser** in Verwendung gekommen, allerdings nach den bisherigen praktischen Ergebnissen sehr verschieden beurteilt, zum Teil sogar als durchaus unzuverlässig abgelehnt wird.

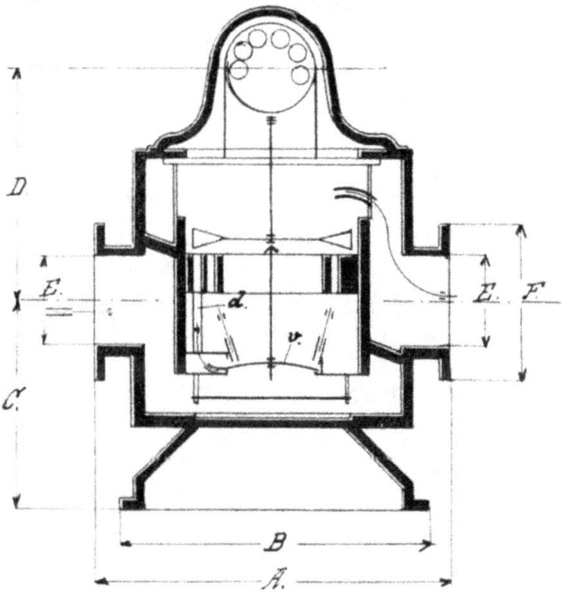

Fig. 266.

Der innere Mechanismus des Messers besteht in der Hauptsache aus einem Flügelrad (Fig. 266), dessen Achse vertikal steht. Das horizontal liegende Flügelrad, das äußerst leicht konstruiert ist, besteht aus einer vollen Blechscheibe, an deren Rand sich die um 45° gedrehten Flügel befinden. Das Flügelrad ist also ähnlich gebaut wie das Triebrad an den Windmotoren. Die Achse des Flügelrades läuft oben und unten in einem Steinlager, wodurch die größte Beweglichkeit und Dauerhaftigkeit der der Abnutzung unterworfenen Teile gesichert ist. Auf der Achse sitzt außerdem noch ein Zahnrad bei den kleineren Messern oder eine Schnecke bei den größeren, welche die Umdrehungen des Flügelrades auf ein Räderwerk übertragen, das seinerseits wieder die Umdrehungszahl auf entsprechend eingeteiltem Zifferblatt markiert. Unter dem Flügelrad befindet sich eine Anzahl senkrechter Kanäle, welche das durchströmende Gas entsprechend verteilen und senkrecht auf die Flügel treffen lassen. Außerdem ist noch vor den Einströmkanälen ein leichtes Ventil (*v* in Fig. 266) angebracht, welches das Zurückströmen des Gases verhüten soll. Der Hauptzweck dieses Ventiles ist jedoch, zu veranlassen, daß kleine Gasmengen unter einem etwas erhöhten Druck durch einen Nebenkanal (*d* in Fig. 266) zu den Flügeln strömen und die Umdrehungen des Flügelrades auch beim Durchfluß von kleineren Quantitäten sichern. Ganz kleine Quantitäten werden von dem Messer nicht registriert werden können, jedoch ist durch die Einrichtung, daß das Gas direkt durch den Kanal zu den Flügeln strömt, ein hoher Empfindlichkeitsgrad und große Meßgenauigkeit erreicht worden. Der Meßbereich erstreckt sich bei diesem Messer von seiner maximalen Leistungsfähigkeit herunter bis zu dem zehnten Teil seines Maximums. Das ist ein Resultat, das für praktische Zwecke vollkommen genügen dürfte. Weitere Vorteile bietet dieser Messer dadurch, daß der innere Mechanismus leicht herausgenommen, nachgesehen, gereinigt oder durch einen neuen ersetzt werden kann. Ferner ist der geringe Raum, den der Messer einnimmt, ein nennenswerter Vorzug.

Die größten Flügelradmesser, welche bis jetzt gebaut wurden, haben eine Durchlaßfähigkeit von 400000 cbm in der Stunde. Auch bei diesen größten Messern ist der innere Mechanismus leicht zu Reinigungs- oder Reparaturzwecken herausnehmbar, und es ist geradezu erstaunlich, welchen geringen Raum ein Messer von solcher Leistung einnimmt. Wenn seine Einführung als Stationsmesser in Gaswerken und für andere genaue Messungszwecke auch wohl nicht in Betracht kommt, da der Apparat nicht als eichfähig anerkannt werden dürfte, so macht ihn doch die bedeutende Raumersparnis für manche Zwecke empfehlenswert, denn er beansprucht nur $^1/_{10}$ des Raumes, den der gewöhnliche Messer erfordert. Sein Preis beträgt nur annähernd die Hälfte, und die Kosten für Fundierung und Aufstellung sind auf ein Minimum vermindert. Kann er nicht als Hauptmesser Verwendung finden, so wird er vielleicht im Betriebe als Nebenmesser gute Dienste zu leisten vermögen. Erwähnt sei nur die Verwendung des rotierenden Messers in Wassergasanstalten. Es besteht hier kein Hindernis, die während der Gasungsperiode entstehenden großen Gasquantitäten direkt vom Generator fort durch den Gasmesser zu schicken. In solchem Falle würde ein Volumengasmesser vollständig versagen.

Eine andere Verwendungsart des rotierenden Messers, auf die hinzuweisen nicht unterlassen werden soll, erscheint besonders wertvoll für Gaswerksbetriebe. Zur Feststellung des Gasverbrauches einzelner Straßenzüge, Stadtteile oder ganzer Vororte kann kein Messer geeigneter sein als der rotierende. Er kann ohne Schwierigkeit in das Straßenrohr eingebaut werden, ohne daß man zu befürchten braucht, daß Frost den Messer beeinflußt. Auch tritt durch das Einbauen eines solchen Messers kein nennenswerter Druckverlust ein.

XII. Gasbehälter.

Zum Ausgleich zwischen Gasverbrauch und Gasproduktion wird ein Gasbehälter als Zwischenglied notwendig.

Man versteht darunter im allgemeinen einen zylindrischen Kessel, Glocke genannt, der in ein mit Wasser gefülltes Bassin eintaucht (Fig. 267). Im leeren Zustand sitzt die Glocke auf dem Boden des Wasserbassins auf, hebt sich dann beim Einleiten des Gases infolge des Gasauftriebes und hält sich schwimmend je nach der Größe der Gaszufuhr im Wasserbassin. Die Größe des Behälterinhaltes soll bei modernen Werken in der Regel so bemessen sein, daß 50 bis 70% des maximalen Tagesverbrauches aufgespeichert werden können.

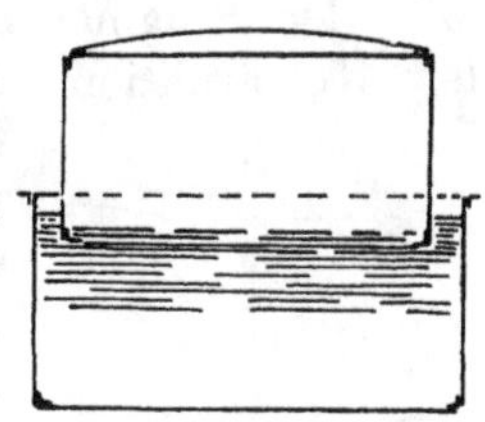

Fig. 267.

Im Laufe der Jahre haben sich verschiedene Behältersysteme herausgebildet. Man unterscheidet zunächst die beiden Hauptgruppen »offene« und »geschlossene« Behälter. Bei den offenen Behältern befinden sich die Glocken bzw. Teleskope ohne weiteren Schutz gegen Witterungseinflüsse vollständig in der freien Atmosphäre, während beim geschlossenen Behälter diese Teile noch durch ein zirkusartig gebautes, rundes Gebäude, das gewöhnlich durch eine Schwedlersche Kuppel bedacht ist, gegen Wind und Wetter geschützt sind. Bei den offenen Behältern werden wieder zwei verschiedene Bauarten unterschieden, nämlich solche mit einem Bassin aus Beton, Eisenbeton oder Mauerwerk und solche mit eisernem Bassin.

Die Betonbassins (Figur 268) werden zum größten Teil in den Boden eingebaut, während die eisernen Bassins (Figur 269) meist auf Bodenniveauhöhe gestellt werden und nur ein Fundament von ca. 500 bis 1000 mm Höhe erhalten. Dieses besteht gewöhnlich aus einer Ringmauer in gutem Backsteinmauerwerk mit Zementmörtel und einer festgestampften Kiesschicht innerhalb der Ringmauer. Je nach der Konstruktion der Glocke

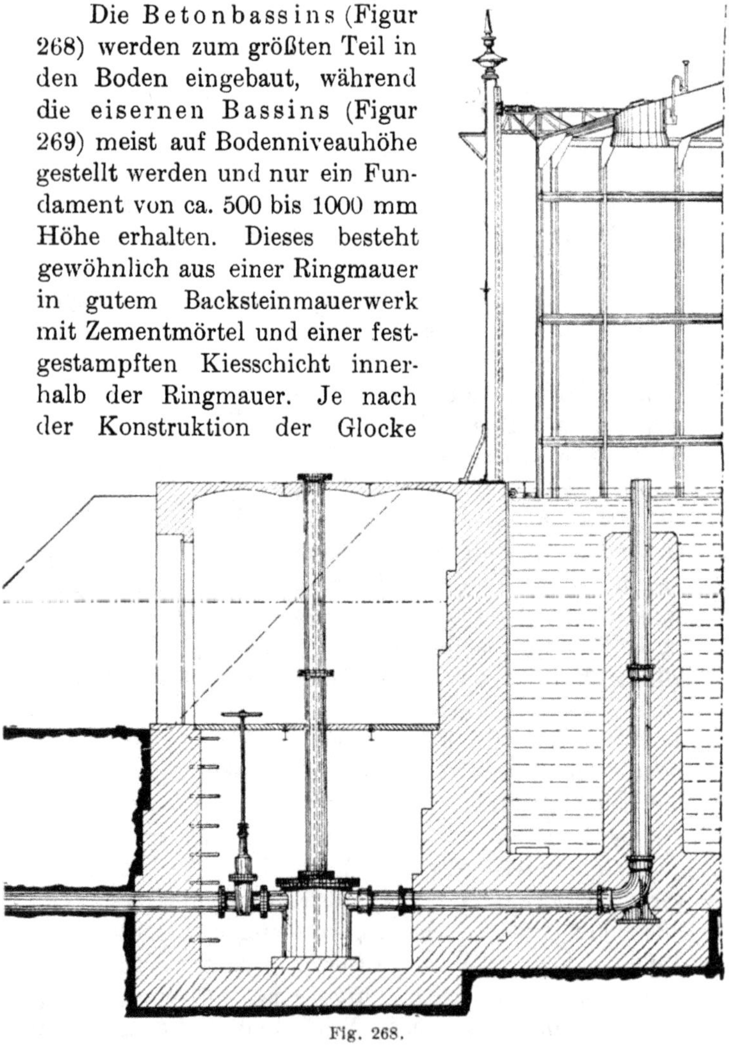

Fig. 268.

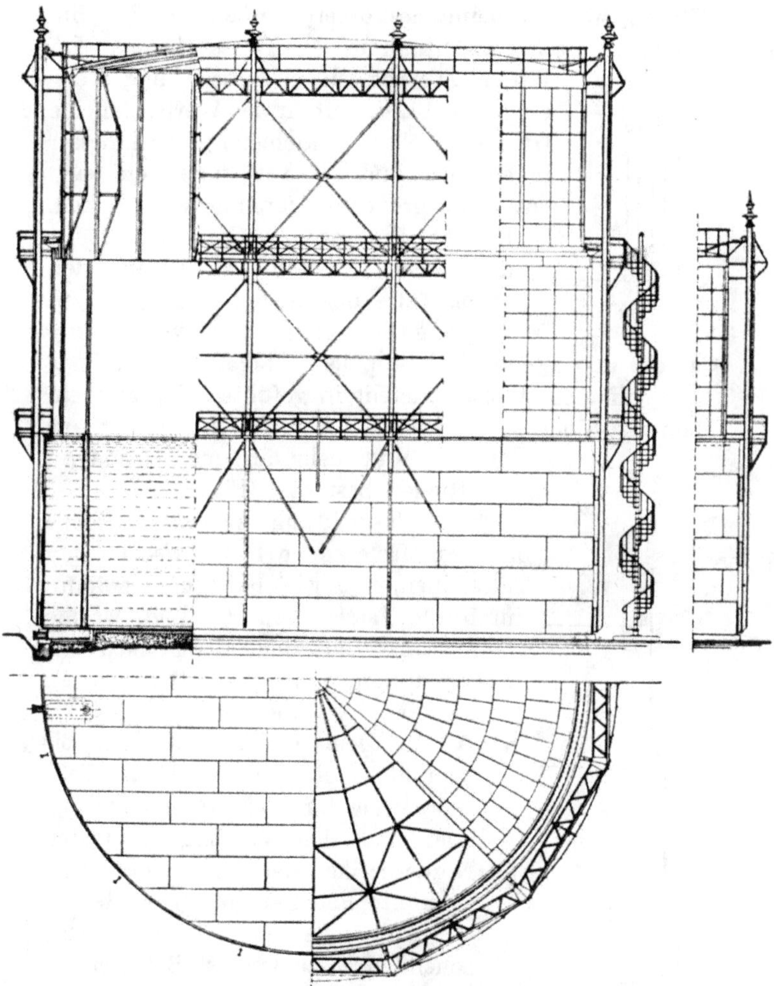

Fig. 269.

wird dann weiter unterschieden zwischen einfachen Gasbehältern und einmal, zweimal und mehrfach teleskopierten Behältern. Beim einfachen Behälter besteht der das Gas aufnehmende Teil lediglich aus der

Glocke, während beim teleskopierten noch weitere zylindrische Kessel zur Aufnahme des Gases dienen. Im leeren Zustand sitzen Glocke und Teleskope im Bassin auf in der Weise, daß die Glocke mit dem kleinsten Durchmesser innen sitzt und die Teleskope sich nach außen mit größerem Durchmesser anreihen. Bei der Füllung mit Gas steigt zuerst die Glocke hoch und zieht dann den ersten Teleskop mit der Schöpf- bzw. Haktasse nach, der erste Teleskop wieder den zweiten Teleskop usw. (Fig. 270).

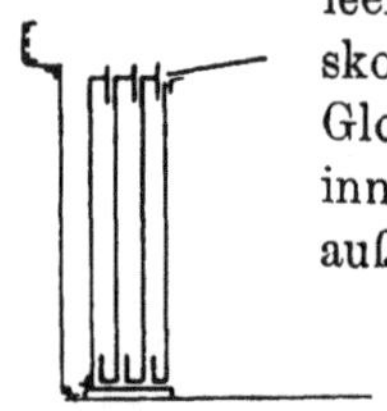

Fig. 270.

Auf diese Weise entsteht in gefülltem Zustand ein hoher Zylinder, der je nach der Teleskopierung aus zwei, drei und mehr einzelnen Zylindern, bzw. Ringen besteht. (Fig. 271).

Die Gasdichtung zwischen Glocke und den Teleskopen bzw. zwischen den Teleskopen, wird, wie oben schon erwähnt, durch die Tassen bewerkstelligt, welche beim Austritt aus dem Bassin sich mit Wasser füllen und so ein Entweichen des Gases verhindern.

In Deutschland geht man bis jetzt nicht über eine dreifache Teleskopierung hinaus, während in England und den Vereinigten Staaten Nordamerikas vier- bis sechsfach teleskopierte Behälter gebaut werden.

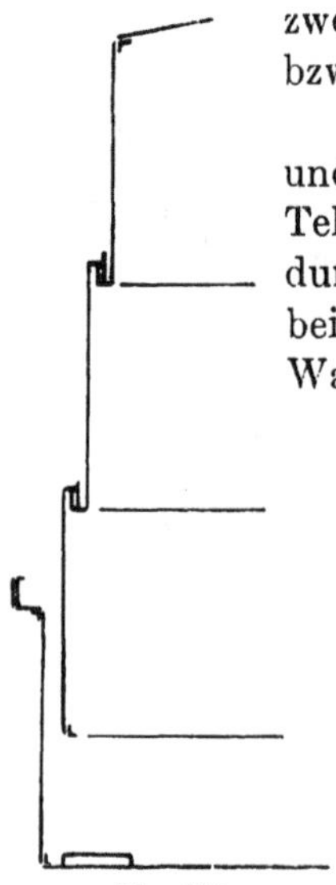

Fig. 271.

An Stelle der früher vorherrschenden geschlossenen Behälter, die bei größeren Dimensionen sehr kostspielige Gebäude erfordern, sind fast ausschließlich die offen stehenden Behälter in Aufnahme gekommen.

Die Umbauten für geschlossene Behälter werden durch die erforderlichen bedeutenden Mauerstärken und peinlich sorgfältige Fundamentierung sehr verteuert. Auch die Schwedlersche Kuppel über dem ganzen Gebäude fällt wegen der nicht einfachen Montage recht kostspielig aus. Diese wird in den meisten Fällen unten bis auf den äußersten Ringkranz fertig montiert und in diesem Zustand durch besondere Hebevorrichtung hochgehoben, um dann oben vollends ausgebaut zu werden. Den hohen Kosten steht allerdings ein leichteres und einfaches Führungsgerüst gegenüber, doch macht dies im Vergleich zum Gebäudebau wenig aus.

Gasbehälter mit Betonbassin sind ebenfalls verhältmäßig teuer, weil die Wandstärken des Bassins mit Rücksicht auf den hohen Wasserdruck recht bedeutend sein müssen. Bei mittleren und größeren Behältern sind die Stärken am Unterrand des Bassins vielfach schon 2 bis 3 m, so daß viel Mauer- und Betonmaterial benötigt wird. Eine Änderung könnte hier allerdings eintreten, wenn Eisenbeton für die Bassinmäntel allmählich mehr Eingang finden würde. Eisenbeton hat eine verhältnismäßig hohe Zugfestigkeit, so daß die Wandstärken ganz bedeutend schwächer ausgeführt werden könnten. So werden Wasserhochbehälter neuerdings vielfach schon mit recht gutem Erfolg in Eisenbeton ausgeführt. Da die erwähnten Betonbassins gewöhnlich im Boden sitzen, so erfordert der Erdaushub immer viel Arbeit und Geld. Daher werden heutzutage bei Behälterneubauten in der Regel eiserne Bassins gewählt. Diese fallen wesentlich billiger aus wie die oben erwähnten, da der große Erdaushub wegfällt und das nötige Blechmaterial für den Bassinmantel und Boden im Preise hinter dem Mauermaterial wesentlich zurücksteht.

Auch betriebstechnisch sind die eisernen Bassins den anderen Bauarten vorzuziehen, da man bei etwaigem Undichtwerden gewöhnlich mit leichter Mühe durch Nachstemmen während des Betriebes Abhilfe schaffen kann. Gasbehälter mit einfacher Glocke werden in der Regel nur noch bei kleinen Einheiten von 100 bis

500 cbm Inhalt gebaut. Für größere Einheiten wird ein teleskopierter Behälter stets leichter und billiger wie ein einfacher. Es hat dies seinen Grund darin, daß verhältnismäßig am meisten Gewicht auf das Bassin entfällt, während die Teleskope ziemlich leicht ausgeführt werden. Bei einem einfachen Behälter hat nun das Bassin etwa denselben Inhalt wie die Glocke, während beispielsweise bei einem einmal teleskopierten Behälter das Bassin etwa nur dem halben Gasinhalt von

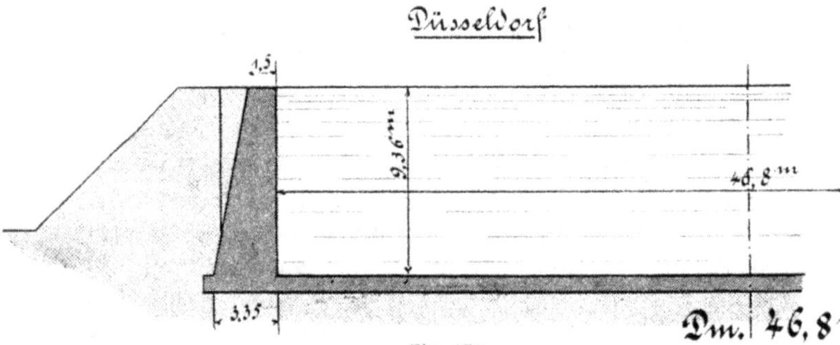

Fig. 272.

Dm. 46,8 m
H. 9,36 m

Glocke und Teleskope entsprechen muß. Je höher man deshalb mit der Teleskopierung geht, um so leichter und billiger wird der Behälter. In sehr vielen Fällen wird zuerst nur ein einfacher Behälter gebaut, die Konstruktion jedoch so gewählt, daß man später ohne Schwierigkeit einen Teleskop einsetzen und das Führungsgerüst um eine Etage verlängern kann.

Ein Gasbehälter besteht aus den Hauptkonstruktionsteilen:

Bassin,
Führungsgerüst,
Glocke und Teleskope.

Für Bassins aus Beton oder gemauertem Material soll nur bestes und zuverlässiges Material verwendet werden. Die Wandstärken nehmen unter sonst normalen Verhältnissen, entsprechend der von oben nach unten wachsenden Zugbeanspruchungen, staffelförmig zu. Die Zugbeanspruchungen hängen ab von der Größe des Durchmessers und von der Tiefe des Behälters und nehmen in den unteren Querschnitten recht bedeutende Dimensionen an. Die Ringspannungen betragen beispielsweise bei einem Becken von 20 m Durchmesser und 5 m Tiefe für den untersten Ringquerschnitt von 1 m Höhe 50000 kg und bei einem solchen von 40 m Durchmesser und 8 m Höhe 160000 kg. Je nach der Beschaffenheit des Bodens und der Höhe des Grundwassers nehmen die Wandungen verschiedene Quer-

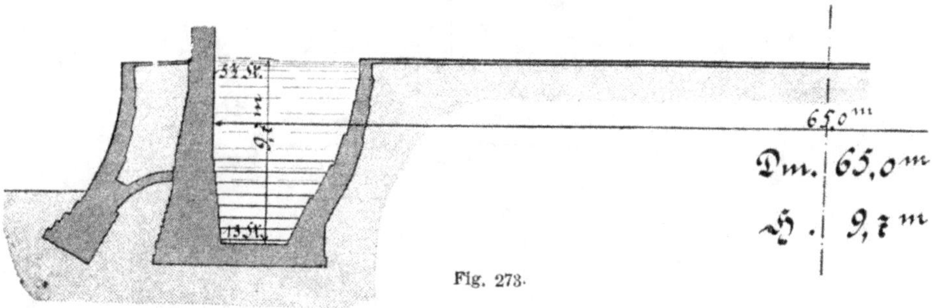

Fig. 273.

schnittsformen an, wie die nebenstehenden Skizzen (Fig. 272, 273 u. 276) von ausgeführten Behältern zeigen.

Unter den Eisenbassins unterscheidet man je nach der Form des Bodens, solche mit Flachboden, mit Intzeboden, Kugelboden und dann Ringbassins. Die Außenmäntel haben bei diesen Konstruktionen in der Regel zylindrische Form. Unter Umständen jedoch, namentlich bei größeren Dimensionen, ist es von Vorteil, für den Mantel andere Umrisse zu wählen, man bildet dann die Wände entweder in Trogform zwischen vertikalen Trägern (Tonnenbleche) (Fig. 274) oder in Form von gewölbten Blechen (Wölbbassin) aus (Fig. 275). Als Material für die Mäntelbleche wird in der Regel Flußeisen verwendet, bei großen Behältern neuerdings auch

Stahl. Die zylindrischen Mäntel größerer Behälter werden an den oberen Schüssen in der senkrechten Naht bzw. bei kleineren Behältern auf der ganzen Höhe ein- oder zweifach überlappt genietet und in den unteren Schüssen bzw. bei größeren Behältern fast auf der ganzen Höhe zweiseitig gelascht, während die horizontalen Nähte fast durchweg überlappt genietet werden. Die Blechschüsse wählt man zur Ersparung von Nietarbeit möglichst lang, wenn möglich so groß wie einem durch zwei Führungsständern gebildeten Segment entspricht. Mit der Beanspruchung geht man bis zu 1200 kg/qcm. Die Blechstärken wechseln bei zylindrischen Mänteln je nach

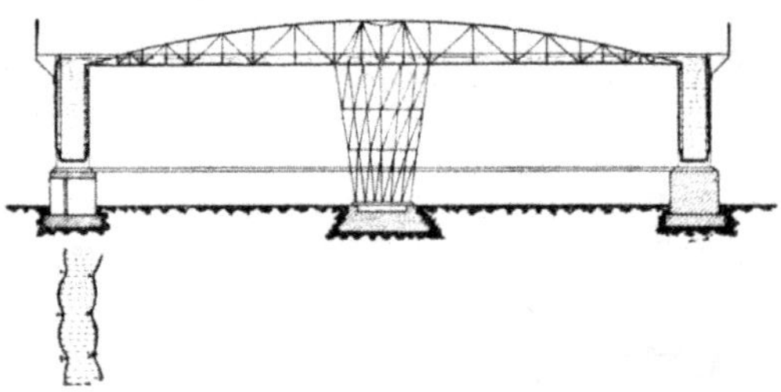

Fig. 274.

der Entfernung des Blechschusses von der Wasserlinie von 6 bis zu 25 mm und mehr und berechnen sich nach der Formel:

$$\delta = \frac{D \cdot H \cdot S}{2 \cdot 100 \cdot s \cdot \varphi}$$

worin D den Durchmesser des Bassins,

H die Höhe vom obersten Rande des Beckens bis zum unteren Rande des zu berechnenden Blechschusses,

S das Gewicht von 1 cbm Wasser,

s die zulässige Materialspannung für das Blech und

φ die Festigkeit in der Nietnaht bedeutet.

Man wählt in der Praxis für φ bei mehrreihiger Doppellaschennietung bis zu 85 % und bei mehrreihiger Überlappungsnietung bis zu 75 %.

Wie aus der erwähnten Formel ersichtlich, ist die Wandstärke bei zylindrischen Wänden vom Durchmesser des Behälters abhängig, infolgedessen werden die Blechstärken bei großen Behältern in den untern Schüssen ziemlich stark, so daß man bald bei der Ausführung

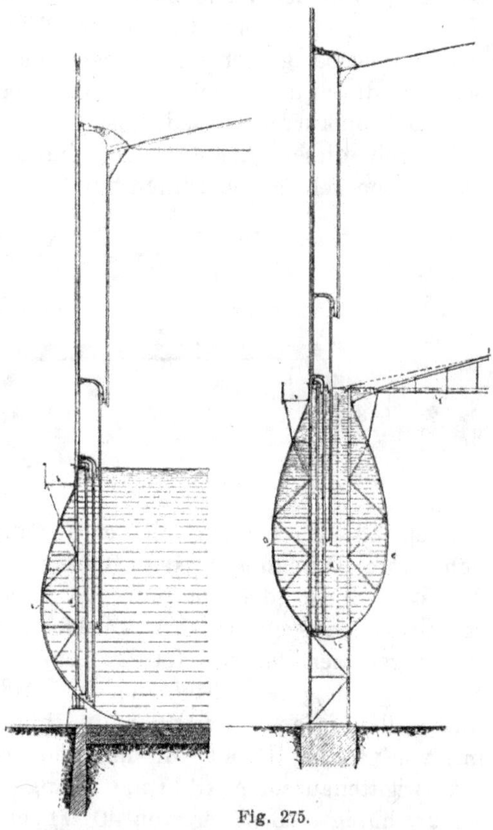

Fig. 275.

der Nietung auf erhebliche Schwierigkeiten stößt. Wie schon oben erwähnt, geht man in diesem Falle gerne auf die nach einem bestimmten Radius gekrümmten Tonnenbleche (Fig. 274) oder auf den Wölbmantel über, in dem die Wände durch verschieden gewölbte Bleche gebildet werden (Fig. 274). Die Auswölbung ist hierbei so gewählt, daß die Mittellinie des Blechvertikalschnittes mit der aus dem Wasserdruck sich ergebenden Stützlinie möglichst zusammenfällt. Die lotrechten Kräfte werden dabei durch die Stützen *d* aufgenommen, ferner ist der Übergang von der Wand zu den Bodenblechen ein durchaus stetiger, indem der untere Winkelring, welcher namentlich bei großen Durchmessern ungünstig beansprucht ist, durch tangentialen Anschluß des Flachbodens an die Wölbkurve vermieden ist.

Man ist mit diesen Ausführungen imstand, für die Behältergrößen sehr große Dimensionen zu wählen,

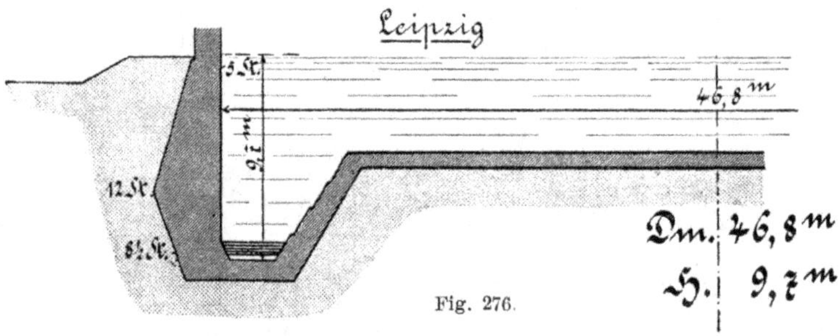

Fig. 276.

weil die Blechstärken erheblich leichter ausfallen und nicht mehr vom Durchmesser des Bassins abhängig sind. Die Wölbeform, die von der Maschinenfabrik Augsburg-Nürnberg ausgeführt wird, wurde erstmals bei einem vierteiligen Behälter von 150000 cbm Inhalt für Wien-Simmering mit gutem Erfolg zur Anwendung gebracht und soll nun auch bei einem fünfhübigen Behälter mit 250000 cbm Inhalt für das städtische Gaswerk Wien-Brigittenau zur Ausführung gelangen. Auch bei einem dreihübigen Behälter von 40000 cbm Inhalt für das Gaswerk Mainz wurde das Wölbbassin gewählt.

Der untere Flachboden besteht aus Blechen von ca. 7 bis 9 mm Stärke; die Bleche werden mit Ausnahme der Randschüsse viereckig gewählt. Die mittlere Bodenbelastung beträgt ca. 0,8 bis 1 kg pro qcm.

Sind die Bodenverhältnisse sehr schlechte oder ist der Grund und Boden sehr teuer, so baut man Behälter, deren Bassininhalt auf ein Minimum reduziert ist und welche gestatten, den unter dem Behälter liegenden Raum noch anderweitig, z. B. als Magazin zu verwenden. Diese Forderung wird erfüllt durch Aufstellung von Behältern mit Innenböden (Intzeboden, Kugelboden usw.) und durch die Ringbassins.

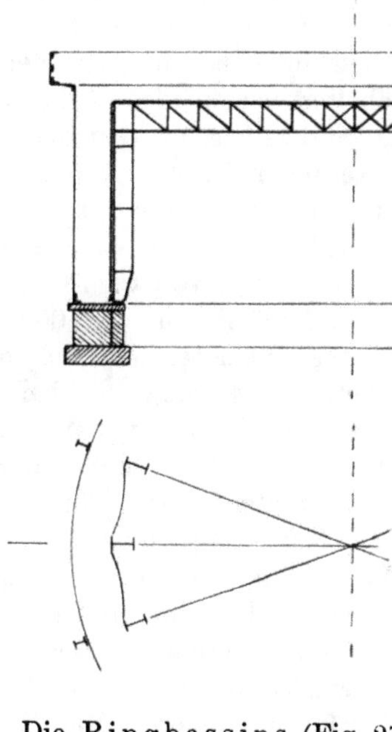

Fig. 277.

Die Ringbassins (Fig. 277) haben einen zweiten Innenmantel, der entweder aus einzelnen gegen starke senkrechte Fachwerks- und Blechträger abgestützten Tonnenblechen gebildet wird, oder aus glatten zylindrischen Blechen besteht, die sich gegen eine Betonringmauer stützen (Patent Scheuß) oder der schließlich ebenfalls die Form eines Wölbmantels hat.[1]) Oben

[1]) Patent der Maschinenfabrik Augsburg-Nürnberg.

schließt sich eine horizontale Flachdecke an, die durch Trägerrost und entsprechende Fachwerksträger unterstützt ist. Die Höhe der Wassersäule über dem Flachboden beträgt in der Regel nur ca. 400 bis 800 mm, da durch diese lediglich die gasdichte Absperrung herbeigeführt werden soll. Durch diese Art von Bassins wird unter dem Behälter ein sehr großer Raum zur weiteren Verwertung gewonnen. Die statische Berechnung dieser Art Ringbassins ist mit Vorsicht durchzuführen, weil es sich namentlich bei größeren Behältern um recht bedeutende Kräfte handelt und da ferner bei der Wasserfüllung des Behälters verschiedene Belastungsfälle eintreten, die genau untersucht und in der Konstruktion berücksichtigt werden müssen.

Ein solcher Behälter mit 100000 cbm Inhalt ist in Amsterdam aufgestellt. Die Innenhalle hat einen Durchmesser von ca. 55 m und eine Höhe von ca. 16 m. Die Wassermasse ist bei diesem Behälter auf ca. 5000 cbm reduziert, während sie bei einem Behälter mit Flachboden mindestens 30000 cbm betragen würde, was bei den ungünstigen Bodenverhältnissen in Amsterdam einen nicht zu unterschätzenden Vorteil für die Fundierung und Standfestigkeit des Behälters bedeutet. Ein weiterer Behälter für 200000 cbm Nutzinhalt, mit Ringbassin von sehr bedeutenden Abmessungen wurde in den Jahren 1909 und 1910 auf der Gasanstalt Hamburg-Grosbrook fertig gestellt; derselbe besitzt vierteilige Glocke, die Durchmesser der Glocke und Teleskope sind 70,7, 71,6, 72,5 und 73,4 m bei 12,90 m äußerer Mantelhöhe. Der Unterbau des Behälters ruht auf einem Rost von ca. 16 m langen Betonpfählen und reicht bis 6 m über Flur, er hat 30 Fenster und 2 Tore, welche so groß sind, daß durch dieselben das Eisenbahngeleise der Gasanstalten hindurchgeführt werden kann. Das Becken ist ein Ringbecken der oben erwähnten Bauart mit glattem zylindrischem Blechinnenmantel im Betonring (Patent Scheuß). Die äußere zylindrische Wand hat einen Durchmesser von 74, die innere von 69,20 m. Die Betonringmauer, gegen die sich der innere Blechmantel abstützt, verläuft konisch und ist unten ca. 2,00 m stark. Durch diese Art Konstruktion sind beide Mäntel in der Lage die Wasserdrücke, unter Vermeidung jeglicher Biegungsbeanspruchung, allein durch Ringkräfte

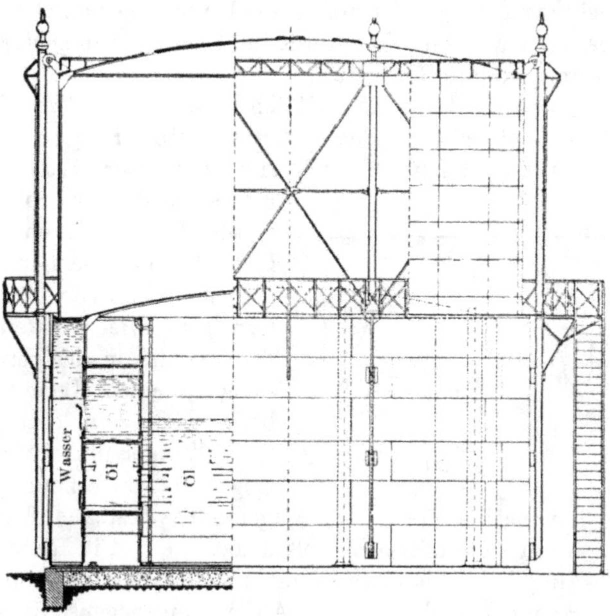

Fig. 278.

aufzunehmen. Der Innenmantel ist verhältnismäßig einfach und durchsichtig gebaut. Die Gitterträger für den oberen Flachboden ruhen außer auf der erwähnten Ringmauer im Zentrum auf einem eisernen Pfeiler. Das Gespärre des Behälters ist feststehend und über der oberen Decke des Beckens aufgebaut. Im Innern des Behälters ist ein sehr großer, wertvoller Raum geschaffen und zugänglich gemacht worden. Die Kosten des ganzen Bauwerkes beliefen sich auf rund 1400000 M.

Auch bei kleineren Behältern werden neuerdings Ringbehälter in Anwendung gebracht, um den geschaffenen Innenraum als Ölbehälter für die Karburieröle bei Wassergasanlagen zu verwenden; es können sogar durch Einbau eines zweiten Innenmantels zwei Ölbehälter für verschiedene Öle (Fig. 278) gebildet werden. Zur Vermeidung eines Unterdruckes bei Entnahme von Öl wird hierbei jeweils der frei werdende Raum durch geeignete Öffnungen mit Gas gefüllt.

Bei den Bassins mit Innenböden haben diese Böden entweder die Form (Fig. 279) einer Kugel, eines Kegels oder sonst einer Kurve zweiter Ordnung.

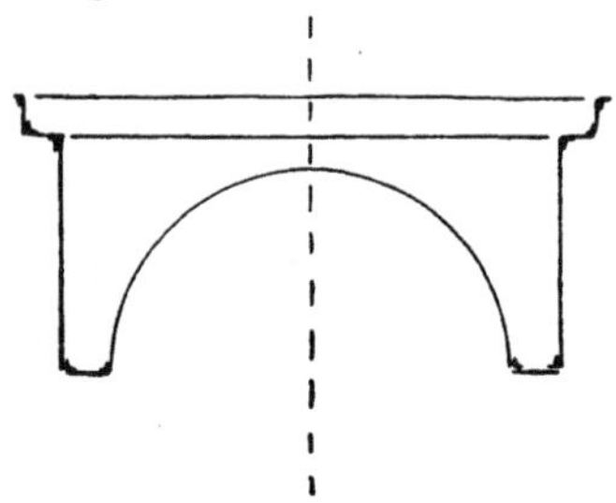

Fig. 279.

Eine spezielle Konstruktion dieser Böden bilden die Intzeböden, die namentlich bei Wasserhochbehältern sehr viel verwendet werden und in der Hauptsache aus einem Kegelstützboden (Fig. 280), dem unteren Winkel und Auflagering und dem Innengegenboden, meist in Form eines Kugelbodens bestehen. Die in Richtung des äußeren Kegelstützbodens und in Richtung des Innenkugelbodens wirkenden Kräfte geben horizontale Komponenten, die sich im Auflagering gegenseitig aufheben. Der stützende Kegelboden sucht den Auflagering zusammenzupressen, während der Gegenboden ihn aneinanderzutreiben strebt. Der Auflagering fällt deshalb verhältnismäßig leicht aus, da er nur in senkrechter Richtung beansprucht wird. Der stützende Kegelboden hat im allgemeinen Zug, der innere Kugelboden Druck auszuhalten. Letzterer ist noch mit besonderen Versteifungen wie Meridianrippen und Druckringen zu versehen, um den Boden knicksicher zu machen (Fig. 281). Diese Versteifungen werden im allgemeinen so gelegt, daß sie auf den Blechstoß fallen, so daß die Schüsse dann doppelseitig gelascht sind. Man wählt gewöhnlich auf einer Seite ein Profileisen, auf der anderen ein

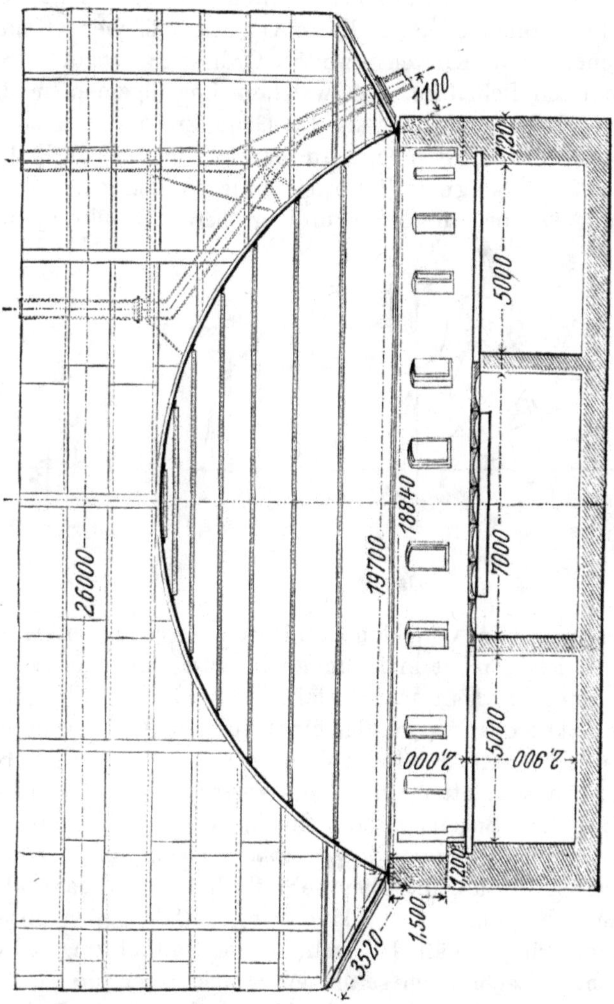

Fig. 280.

Flacheisen (Fig. 282). Die rechnerisch nur unsicher zu ermittelnden Versteifungen werden gewöhnlich auf Grund der Erfahrung festgelegt und müssen namentlich bei größeren Durchmessern vorsichtig gewählt werden.

Neben den Intzeböden werden, wie oben schon erwähnt, Innenböden in Form von Kugelflächen, Kegelflächen und Kurven zweiter Ordnung gebaut. Bei kleineren Behältern, bei welchen im allgemeinen die Bassinhöhe größer ist als der Grundkreisradius der zu überwölbenden Fläche, wird man in den meisten Fällen eine Halbkugel mit Vorteil einlegen können. Sobald nun, wie bei mittleren und größeren Behältern, die

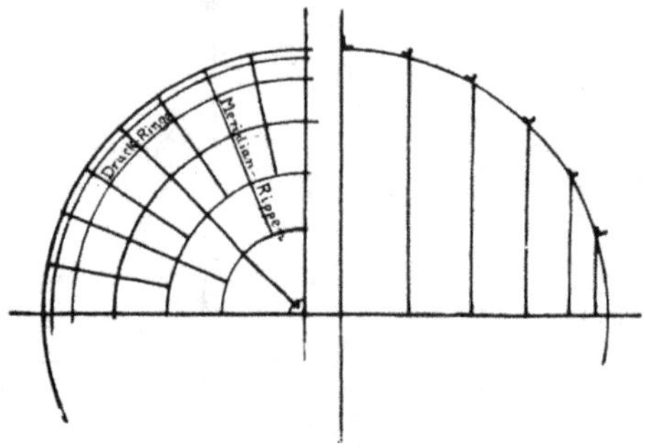

Fig. 281.

Fig. 282.

Bassinhöhe im Vergleich zum Durchmesser immer kleiner wird, ist es nicht mehr möglich, eine volle Halbkugel einzulegen. Man spannt daher entweder eine Kugelkalotte oder verwendet eine Kurve zweiter Ordnung, also eine reine Ellipse oder den Korbbogen. Bei der Kugelkalotte sind die Wasserlasten, namentlich wenn der Bogen verhältnismäßig flach wird, um ein bedeutendes, bis zu 15%, größer wie bei einer Kurve zweiten Grades, die oben sehr flach verläuft, dann aber ziemlich senkrecht am Bodenring einfällt. Der untere Winkelring erhält bei schiefer Einfallrichtung einen recht beträchtlichen seitlichen Druck gegen den Flachring, der größer wird, je mehr sich der Anschlußwinkel vom rechten Winkel (Fig. 283) entfernt. Durch diesen seitlichen Druck sind sehr kräftige Profile bedingt, die noch dazu gekümpelt werden müssen. Beim senkrecht einfallenden Bogen ist dieser seitliche Druck nahezu gleich Null, der Winkelring hat nur die Vertikallast als solche aufzunehmen. Auch das Fundament ist bei der letzteren Konstruktion bedeutend günstiger beansprucht, weil die durch den wagerechten Druck im Fundament entstehenden Tangentialspannungen wegfallen.

Die Ein- und Ausgangsrohre für das Gas werden bei den Innenböden teils durch den Flachbodenring, teils durch den Innenboden und bei Intze-

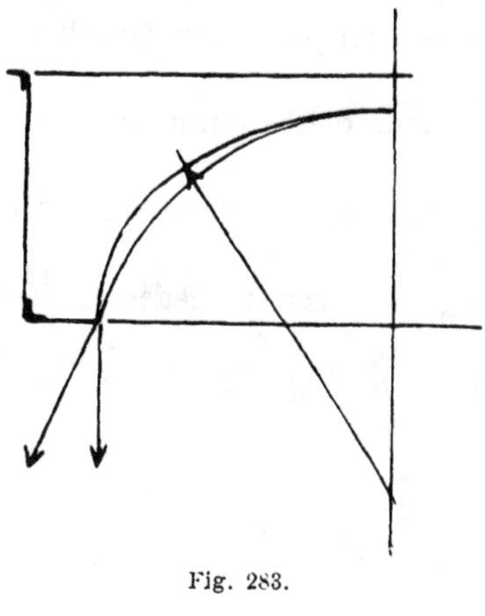

Fig. 283.

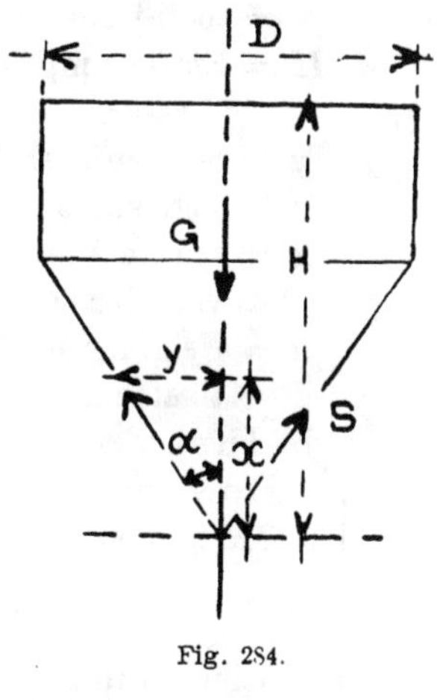

Fig. 284.

böden durch den Kegelstützboden gelegt. Bei Leitung durch den Innenboden ist in konstruktiver Hinsicht darauf Rücksicht zu nehmen, daß der Scheitel des Bodens bei der Füllung sich etwas nach unten senkt und bei einer festen Verbindung der Aus- und Eingangsrohre mit der Blechhaut leicht Brüche entstehen können. Es ist deshalb dafür zu sorgen, daß die Blechhaut sich ungehindert senken kann. Die Konstruktion ist in diesem Falle so, daß die unter den Blechboden führenden Rohre mit je einer ringförmigen Wassertasse umgeben sind, in welche die von dem Blechboden herabhängenden Rohre frei beweglich eintauchen.

Die Beanspruchung soll bei Innenböden (Kugelböden, Korbbögen x) nicht über 400—500 kg pro qcm gehen.

Die Berechnung der Blechstärken für Kugelstützböden und Innenböden geschieht nach folgenden Formeln:

a) Kegelstützboden (Fig. 284).

Die maßgebende Zugkraft beträgt:

$$P = \frac{S \cdot (H - x) \cdot y}{\cos \alpha}$$

Hierin bedeutet

S = spezifisches Gewicht.

H = Entfernung der Kegelspitze von Oberkante Wasser.

y = horizontaler Abstand dieses Punktes von der Vertikalachse.

x = senkrechter Abstand des betreffenden Punktes von der Kegelspitze.

α = Neigung der Kegelerzeugenden gegen die Vertikalachse.

b) Innengegenböden (Fig. 285).

In Form eines Kegels.

Die Meridianspannung ist:

$$M_S = \frac{S \cdot (h + {}^2/_3 x) \cdot y}{2 \cdot \sin \beta}$$

Die Ringspannung:

$$R_S = \frac{S \cdot (h + x) \cdot y}{\sin \beta}$$

Hierin bedeuten:

h = Abstand des Scheitels von der Wasseroberfläche.

x = Höhe des Scheitelpunktes über dem unteren Winkelring.

y = den Radius des betreffenden Punktes.

β = Neigung der Kegelerzeugenden gegen die Horizontale.

c) Innenböden.

In Form einer Kugel (Fig. 285).

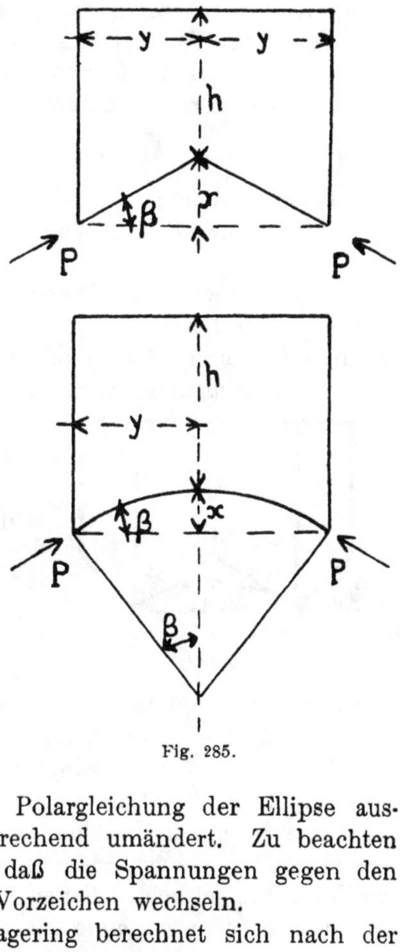

Fig. 285.

Meridianspannung:

$$M_S = S \cdot \left(h + \frac{x}{2}\right) \frac{r}{2}$$

Die Ringspannung:

$$R_S = S \cdot \left(h + \frac{3}{2} x\right) \frac{r}{2}$$

Hierin bedeuten h und x dasselbe, wie unter b) angegeben, dagegen r den Radius der Kugel. Die Ringdruckspannung fällt bei Innenböden in Form eines Kegels oder einer Kugel fast durchweg etwa doppelt so groß aus wie die Meridianspannung. Diese ist demnach maßgebend für die Berechnung der Blechstärke.

Die Blechspannungen für elliptische Böden ergeben sich, indem man von der Polargleichung der Ellipse ausgeht und diese entsprechend umändert. Zu beachten ist bei dieser Form, daß die Spannungen gegen den unteren Eckring ihr Vorzeichen wechseln.

Der untere Auflagering berechnet sich nach der Formel (Fig. 286).

a) Für Hänge- und Stützböden:

$$D = G_1 \frac{\operatorname{ctg} \alpha_1}{2\pi}$$

Hierin bedeuten:

D = das Produkt aus Druckbeanspruchung und nutzbarem Querschnitt des Ringes;

G_1 = das Gewicht der Wassermasse;

α_1 = der Winkel des Hänge- und Stützbodens gegen die Horizontale.

b) Für Intzeböden:

$$D = \frac{1}{2} \pi \, (G_2 \operatorname{ctg} \alpha_2 - G_1 \operatorname{ctg} \alpha_1)$$

Hierin bedeuten:

G_1 = Gewicht der Wassermasse über dem Innenboden.

G_2 = Gewicht der Wassermasse über dem Kegelboden.

α_1 und α_2 = die Einfallwinkel des Innenbodens bzw. Außenbodens gegen die Horizontale.

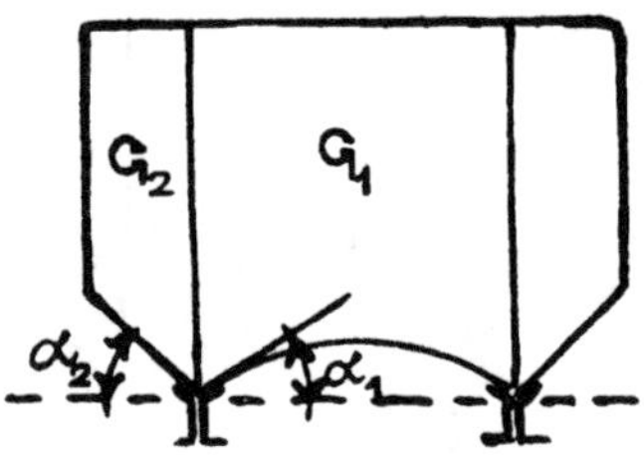

Fig. 286.

Das Führungsgerüst des Gasbehälters soll den auf Glocke und Teleskope wirkenden Winddruck aufnehmen und dafür sorgen, daß die Auf- und Abwärtsbewegung der Behälterteile stets glatt von statten geht. Beim geschlossenen Behälter ist dieses Gerüst sehr einfach, weil es sich hier lediglich um die Reibungswiderstände der Rollen an den Führungssäulen handelt und kein Winddruck zu übertragen ist. Es besteht in diesem Falle aus leichteren Profilen, die mit den Mauersäulen des Gebäudes fest verbunden sind. Ungünstiger liegen die Verhältnisse beim offenen Behälter. Dieser bietet in ausgezogenem Zustande, namentlich wenn er zwei- und dreifach teleskopiert ist, dem Winde eine große Fläche dar. Das Führungsgerüst bildet hier ein regelmäßiges räumliches Fachwerk, eingeteilt nach der Hubzahl des Behälters in verschiedene Etagen. Im Grundriß hat es je nach der Zahl der gewählten Führungsständer die Form eines Vielecks. Bei Behältern mit Mauerbassin wird das Führungsgerüst durch die Füße der Führungsständer im Mauerwerk kräftig verankert, bei Behältern mit Eisenbassin werden die Führungssäulen am Mantel des Eisenbassins selbst angebracht und in der Regel noch durch Diagonalen ausgesteift.

Das Führungsgerüst besteht aus den Führungssäulen, den Traversen bzw. Horizontalversteifungen und Diagonalen.

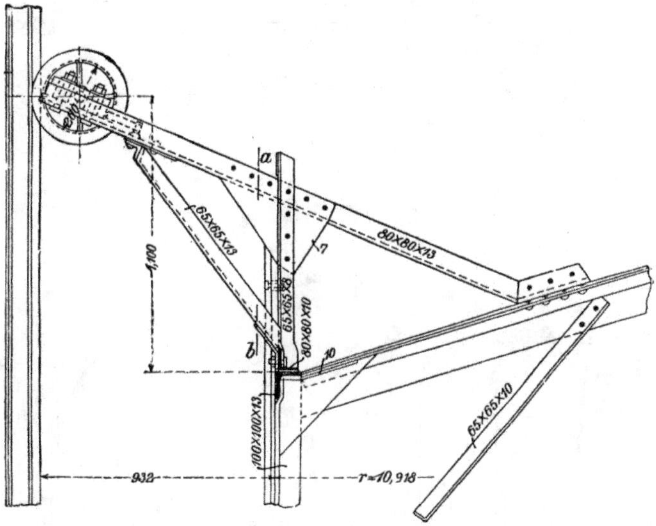

Fig. 287.

Die Übertragung des Winddrucks auf das Gerüst geschieht durch die äußeren und inneren Rollböcke. Die äußeren Rollböcke (Fig. 287) befinden sich am Dachrand der Glocke und auf den Tassen. Die inneren Rollböcke, welche hauptsächlich für die gute Führung des unteren Endes von Glocke und der Teleskope zu sorgen haben, befinden sich gewöhnlich an Unterkante Schöpftasse und bewegen sich entlang der senkrechten Seitenversteifungen der Mäntel und des Bassins (Fig. 288 c—d). Vielfach sind diese auch mit den äußeren Hauptrollböcken (Fig. 288 und 288 a) verbunden. Die Rollen sind verstellbar angeordnet.

Zu unterscheiden sind zwei Hauptsysteme von Führungen: radiale und tangentiale Führungen.

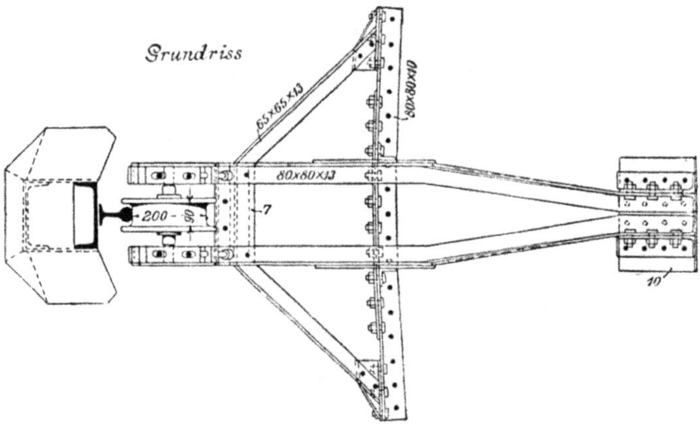

Fig. 287 a.

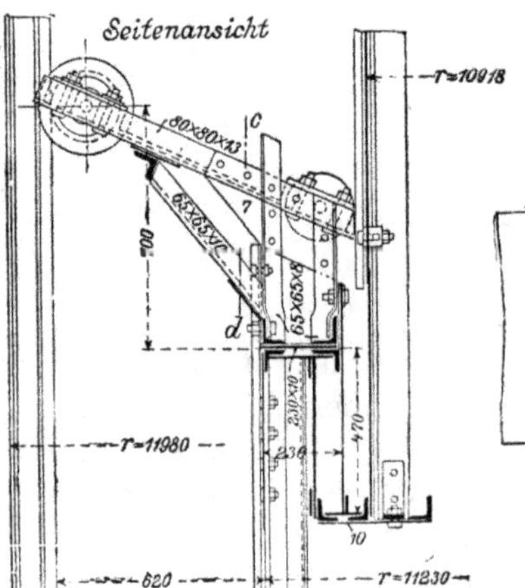

Fig. 288.

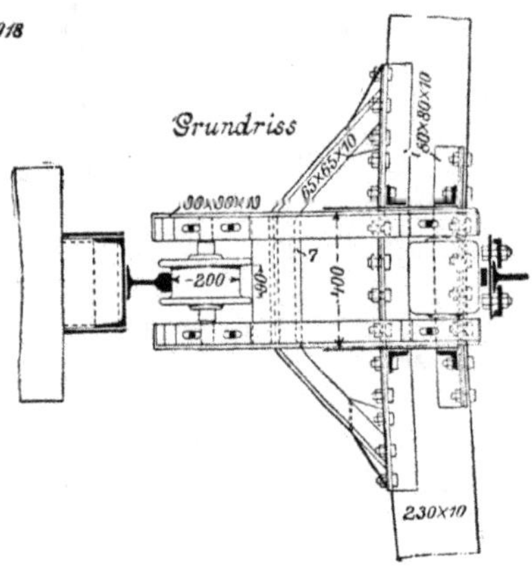

Fig. 288 a.

Über die Vorzüge der einen oder der anderen Führung sind die Ansichten sehr verschieden. Kleinere Behälter werden fast durchweg radial geführt; mittlere Behälter werden teils radial, teils tangential geführt. Große Behälter werden vielfach radial und tangential geführt (Fig. 289). Bei letzteren ist jedoch die Radialführung

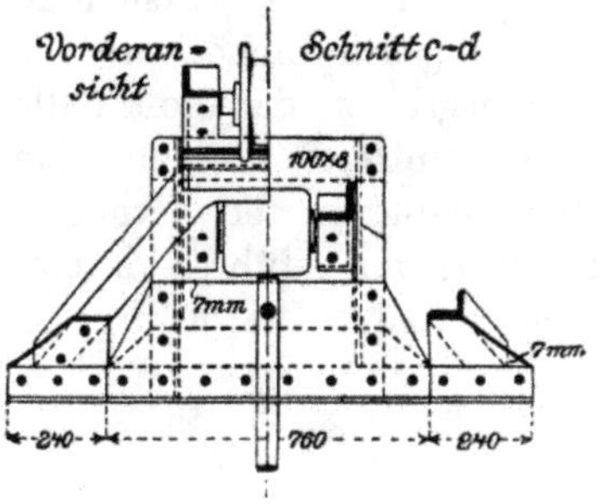

Fig. 288 b.

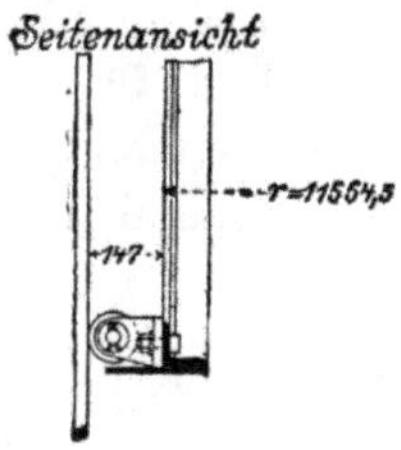

Fig. 288 c.

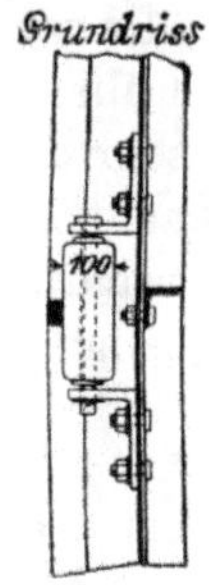

Fig. 288 d.

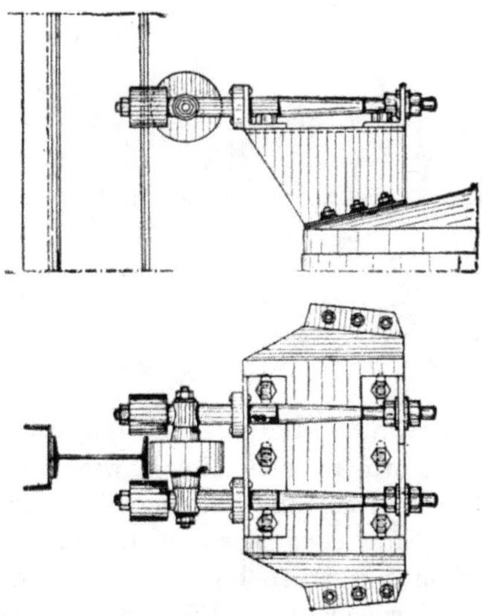

Fig. 289.

vorwiegend. Rein theoretisch betrachtet ist die tangentiale Führung zweifellos die beste, da an der Übertragung des Winddruckes auf das Führungsgerüst bei tangentialer Führung bedeutend mehr Glieder teilnehmen als bei der radialen.

In der Ausführung jedoch ergeben sich nicht so einfache Konstruktionen wie bei Radialführung. Auch bedingt die Tangentialführung eine sehr vorsichtige Montage und richtige Bemessung sämtlicher an der Führung beteiligte Konstruktionsglieder, da andernfalls sehr unliebsame Komplikationen eintreten können. Die amerikanischen 5 bis 6 fach teleskopierten Großgasbehälter sind vielfach fast nur radial geführt, in einzelnen Fällen radial und tangential. Die Führungs-

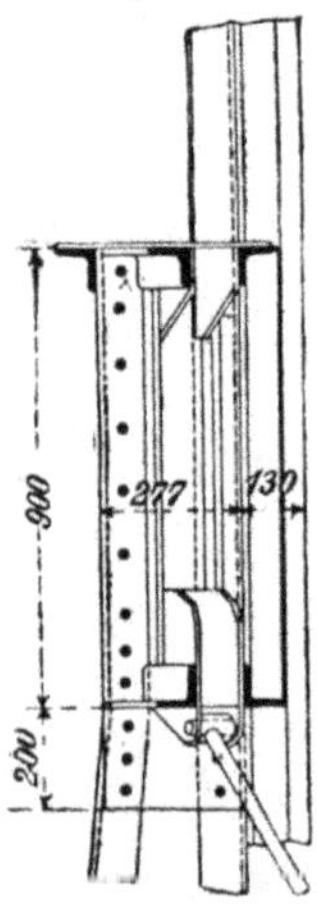

Fig. 290.

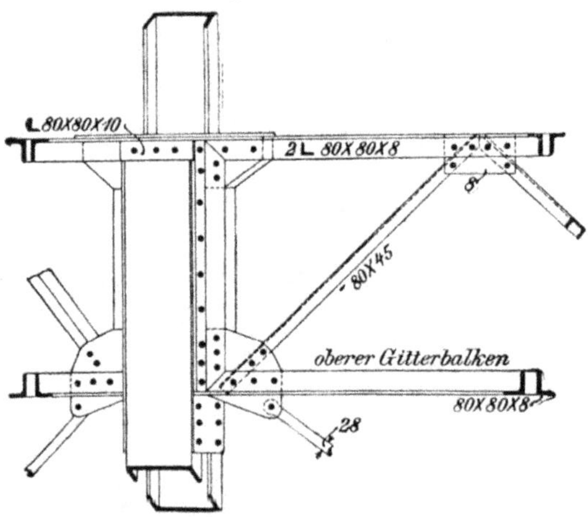

Fig. 290 a.

gerüste zeigen nun für radiale und tangentiale Führung verschiedene Formen, auch im Gewicht ergeben sich bei Radial- und Tangentialführung nicht unwesentliche Differenzen. Eine sehr elegante Lösung für ein tangentiales Führungsgerüst bildet das Patent Müller-Breslau, bei welchem die Führungsschienen in Mitte Raumfeld angebracht sind. Die Ausladung der Rollblöcke ist bei dieser Konstruktion am kleinsten. Diese Form wird fast ausschließlich und mit gutem Erfolg von der Firma Klönne-Dortmund ausgeführt.

Für die Führungssäulen wählt man teils Fachwerksträger (Fig. 290 und 291 a—d), teils, wenn es noch möglich, einfache Träger. Die Traversen oder Horizontalversteifungen sind teils aus einfachen Profilen gebildet, teils haben sie die Form von Gitterträgern (Fig. 290 a) und, um sie nach beiden Seiten knicksicher

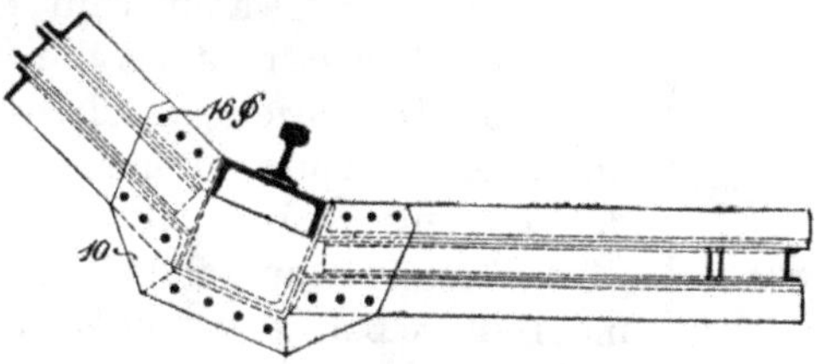

Fig. 290 b.

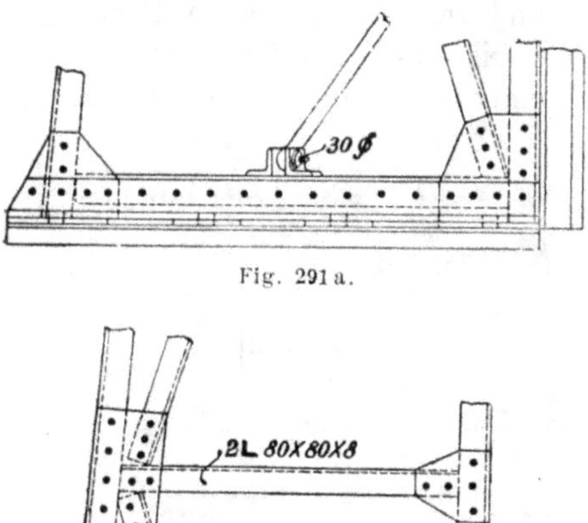

Fig. 291 a.

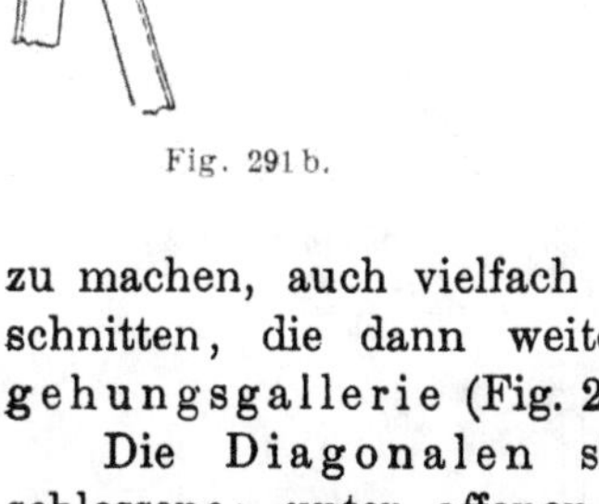

Fig. 291 b.

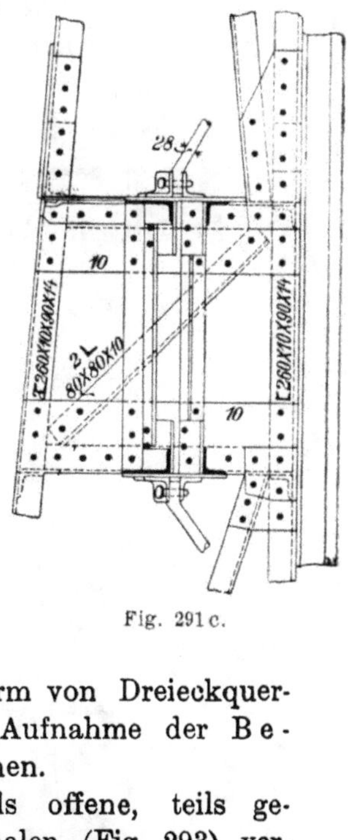

Fig. 291 c.

zu machen, auch vielfach die Form von Dreieckquerschnitten, die dann weiter zur Aufnahme der Begehungsgallerie (Fig. 292) dienen.

Die Diagonalen sind teils offene, teils geschlossene; unter offenen Diagonalen (Fig. 293) versteht man Rundeisenstangen mit Spannschloß, die jederzeit gerichtet und angezogen werden können, was bei der Montage von großem Wert ist. Geschlossene Diagonalen sind ∟, ⊔ oder ⊥-Profile, die mit den Ständern schon bei der Montage fest verbunden werden.

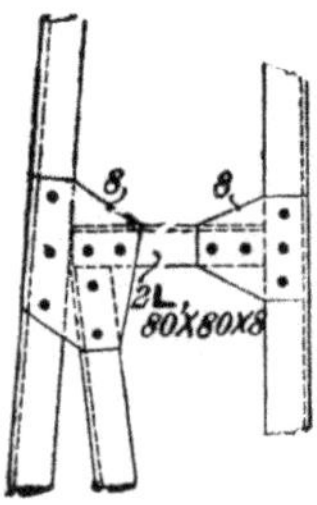

Fig. 291 d.

Wie schon erwähnt, baut man teilweise die Traversen zu begehbaren Galerien aus. Die einzelnen Galerien werden durch eine Treppe miteinander verbunden, die teils als Wendeltreppe, teils als gerade Treppe ausgebildet wird. Für mehrhübige Behälter ist die Wendeltreppe nicht mehr zweckmäßig, weil das Begehen dieser bei längerer Dauer recht unbequem und ermüdend ist. Einige Firmen und insbesondere die amerikanischen Gasbehälterfabrikanten bauen schon seit einer Reihe von Jahren die Gale-

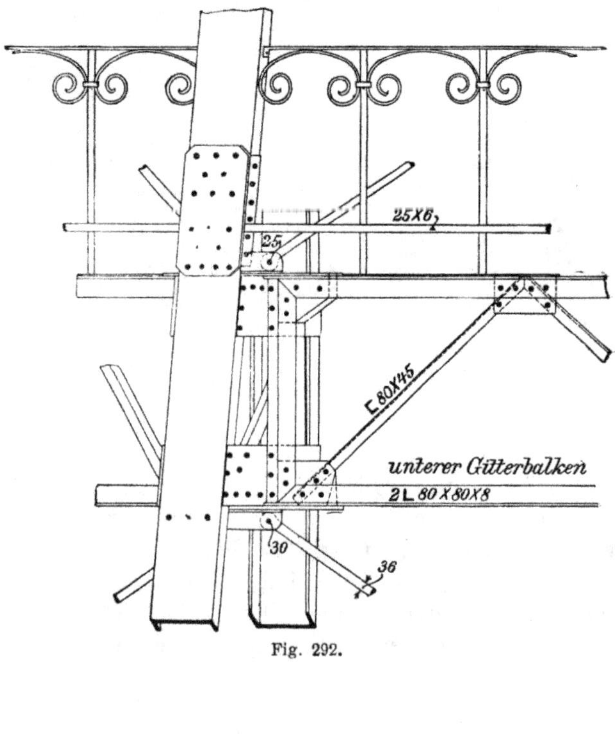

Fig. 292.

rien auf die Tassen auf, so daß man jederzeit die Tassen und Rollböcke begehen kann. Es hat dieses den großen Vorzug, daß man die Rollböcke und die Tassen leicht einer regelrechten Besichtigung und Kontrolle und eventuell rascher Reparatur unterziehen kann.

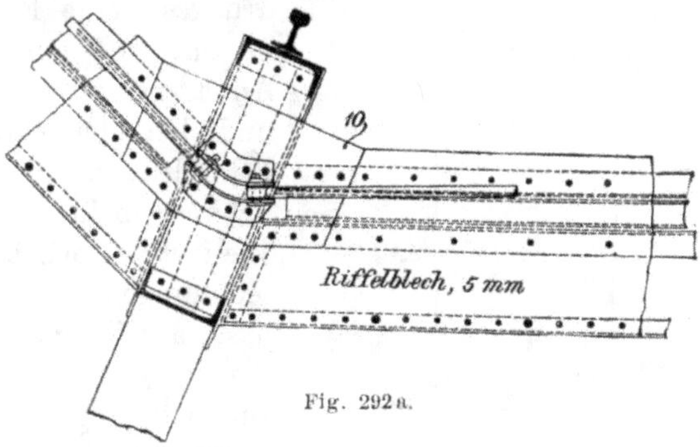

Fig. 292a.

Die **statische Berechnung** eines Führungsgerüstes ist, weil das Ganze ein räumliches Fachwerk bildet, nicht einfach. Auch wird sie von den einzelnen

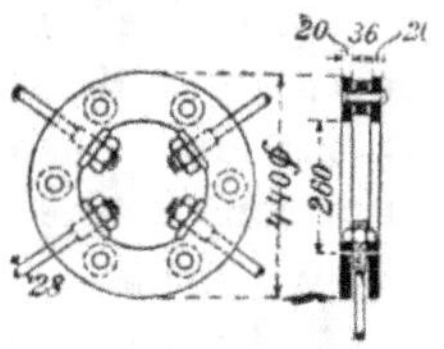

Fig. 293.

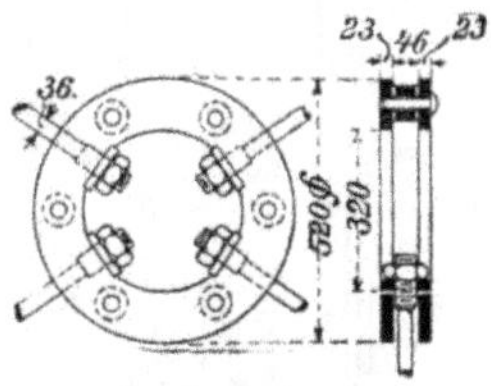

Fig. 293a.

Konstrukteuren sehr verschiedenartig durchgeführt, teils unter recht zweifelhaften Annahmen, die einer kritischen Prüfung nicht immer standhalten könnten. Fast jede größere Gasbehälterfirma hat ihr eigenes System von statischer Berechnung. In den Motiven zu den Gasbehälternormalien heißt es über diesen Punkt: »Die statischen Berechnungen von Gasbehältern sind so verschiedenartig und in ihren Grundlagen so schwankend, daß sie noch nicht für eine Normierung reif erscheinen. Es soll nicht verkannt werden, daß ein einheitliches

Verfahren der statischen Berechnung von Gasbehältern sehr erwünscht wäre. Es ist daher für den Winddruck und den Schneedruck je eine Bestimmung getroffen worden. Es darf jedoch nicht vergessen werden, daß über die Höhe des Winddruckes keine Klarheit besteht und auch die Annahme eines unten und oben gleich starken Winddruckes in Wirklichkeit nicht zutrifft.« Vielfach werden die Berechnungen in Anlehnung an die interessanten und dankenswerten Entwickelungen von Oberingenieur **Niemann-Dessau** und **von Müller-Breslau** durchgeführt.

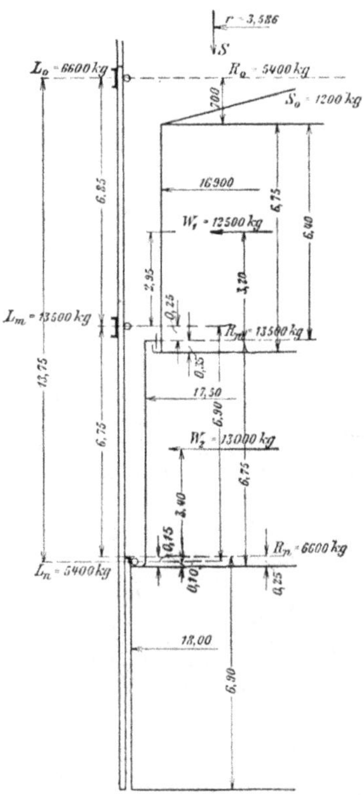

Fig. 294.

Die **Belastungsannahmen** sind in § 2a der Gasbehälternormen festgesetzt und lauten:

»Der statischen Berechnung des Führungsgerüstes und des Glockengerippes, einschließlich des Deckengespärres ist ein höchster Winddruck von 200 kg für das qm normal geschlossene Fläche, die 0,57 der gesamten Projektionsfläche der Seitenwandungen gleich erachtet werden soll, in horizontaler Richtung unter gleichzeitiger Annahme einer einseitigen Schneelast von 40 kg für das qm der dem Winde abgekehrten halben Deckenfläche zugrunde zu legen.«

Man geht im allgemeinen davon aus, daß sämtliche Rollen auf der Windschattenseite an der Übertragung des Winddruckes teilnehmen. Im folgenden sei der Gang der Rechnung an Hand eines Beispiels für Radialführung kurz angegeben.

Es handle sich um einen zweiteiligen Gasbehälter mit 12 Führungsständern (Fig. 294) von 3000 cbm Inhalt mit 12 teiligem Gerüst:

Bassindurchmesser .	18,00	m
Bassinhöhe	6,90	»
Teleskopdurchmesser	17,50	»
Teleskophöhe . . .	6,75	»
Glockendurchmesser .	16,90	»
Glockenhöhe . . .	6,75	»

Der Winddruck beträgt nach den Normen 0,57 × 200 kg = 114 kg pro qm ebener Fläche, einseitige Schneelast 40 kg pro qm Grundfläche. Es ist nun der Winddruck auf

$$\text{Glocke } Q_1 = 16{,}9 \times 6{,}40 \times 114 = \sim = 12\,500 \text{ kg}$$
$$\text{auf Teleskop } Q_2 = 17{,}50 \times 6{,}50 \times 114 = \sim = 13\,000 \text{ »}$$

Summa 25 500 kg

Diese Drucke wirken in halber Höhe von Glocke und Teleskop und müssen nun auf die Rollenebenen bzw. Mitten Traversen verteilt werden. Es geschieht dies nach den einfachen Momentengleichungen, indem man annimmt, daß der Gesamtwinddruck von Glocke und Teleskop durch oberen und mittleren bzw. mittleren und unteren Rollbock aufgenommen wird. Man erhält so für die Rolldrücke:

Oberer Rolldruck:

$$R_o = \frac{12\,500 \cdot 2{,}950}{6{,}85} = 5\,400 \text{ kg}$$

Mittlerer Rolldruck:

$$R_m = 12\,500 - 5400 + \frac{13\,000 \cdot 3{,}4}{6{,}9} = 13\,500 \text{ »}$$

Unterer Rolldruck:

$$R_u = 13\,000 - 6400 = 6\,600 \text{ kg}$$

Summa 25 500 kg

Schneelast auf halbe Deckenfläche beträgt

$$\frac{16{,}9^2 \cdot \pi}{8} \cdot 40 = 4500 \text{ kg}$$

und wirkt im Schwerpunkt der halben Kalotte, der rund 3,6 m von der Behälterachse entfernt liegt.

Dieses Kippmoment erzeugt in den oberen bzw. unteren Rollen einen Druck von

$$S_o = \frac{4500 \cdot 3{,}60}{13{,}750} \cong 1200 \text{ kg}$$

Unter Berücksichtigung dieses Druckes ergibt sich dann ein

oberer Rolldruck $L_o = 5\,400 + 1\,200 = 6\,600$ kg
mittlerer Rolldruck . . . . . . $L_m = 13\,500$ »
unterer Rolldruck $L_n = 6\,600 - 1\,200 = 5\,400$ »

Summa 25 500 kg

Diese Gesamtrolldrucke verteilen sich nun auf etwa die Hälfte der Stiele, und zwar nach dem cosinus² des Zentriwinkels α (Fig. 295). Der größte Einzelrollendruck ergibt sich dann entweder durch graphische Ermittelung oder analytisch zu

$N_o \cong 2200$ kg oben,
$N_m \cong 4600$ » in der Mitte.

Durch Zerlegung dieser Drucke in Richtung der anschließenden Traversen erhält man dann die größten Zugkräfte der Horizontalversteifungen (Fig. 296).

T_o mit ∞ 4250 kg
T_m » ∞ 8900 kg

Die Diagonalkräfte ergeben sich weiter im oberen Felde zu (Fig. 297)

$$D_o = \frac{L_o}{\cos\varphi \cdot 6} = 1900 \text{ kg}$$

im unteren zu

$$D_m = \frac{L_o}{\cos\varphi \cdot 6} + \frac{L_m}{\cos\varphi \cdot 6} \cong 5800 \text{ kg.}$$

Die Drucke in den Vertikalstielen ergeben sich aus den Diagonalzugkräften zu

$$V_o = D_o \sin \varphi \cong \infty\, 1550 \text{ kg.}$$
$$V_u = D_m \sin \varphi \cong \infty\, 4750 \text{ »}$$

Die Traversen werden auf Zug berechnet, die Diagonalen ebenfalls, die Führungsständer durch den Vertikaldruck und Eigengewicht auf Knickung und durch den maximalen Rolldruck auf Biegung. Mit der Beanspruchung geht man ziemlich hoch, da die Windlasten nur zeitweise auftreten.

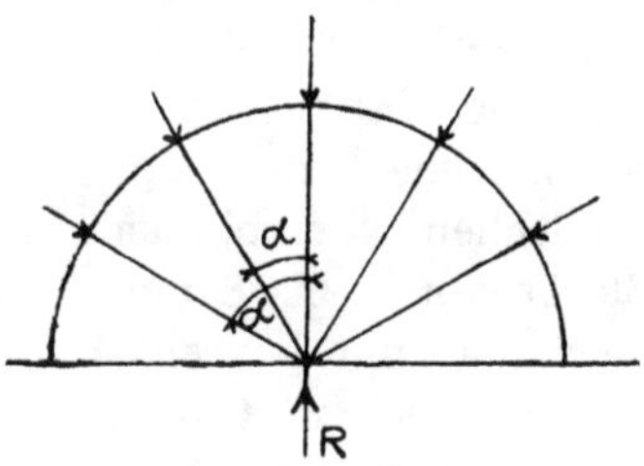

Fig. 295.

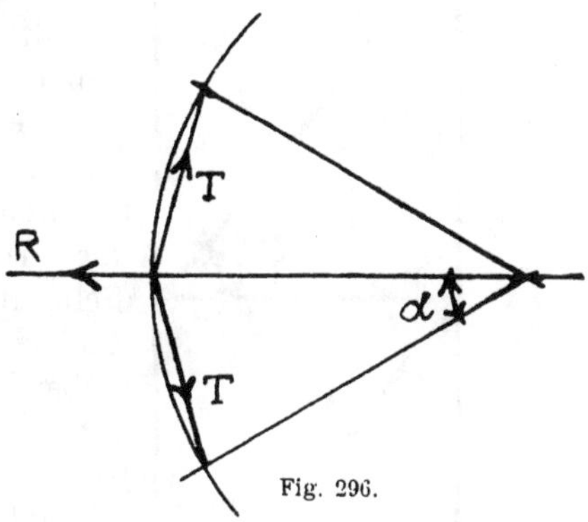

Fig. 296.

Die eigentlichen Behälter für das Gas sind die **Glocke** und die **Teleskopringe**. Die Gasdichtung zwischen Glocke und Teleskop erfolgt durch die **Schöpf-** und **Haktasse** (Fig. 298). Es sind dies in der Regel ⊔-Eisen, mit den eingebauten Tassenblechen, welche Stärken von 4 bis 8 mm erhalten. Diese werden in der Regel gelascht. Wichtig ist die richtige Bemessung der Tassentiefe, welche hauptsächlich von der Größe des Gasdruckes abhängt.

Die Mantelbleche der Teleskope und Glocke sind Bleche von 2 bis 3 mm Wandstärke. Die Beanspruchungen der Mantelbleche ist ca. 100 bis 200 kg/qcm. Die Vernietung ist in der Regel einfache Überlappungsnietung.

Zwecks Aussteifung erhalten die Mäntel noch senkrechte Stützen, welche die Haktasse mit der Schöpftasse verbinden und deren auf ein Führungsfeld gewöhnlich zwei eingebaut werden. Für den Glockenmantel sind diese Stützen von großer Wichtigkeit, da in leerem Zustand, wenn also die Glocke aufsitzt, das ganze Deckengewicht inklusive Schnee und Windlast, Gespärre und Blechhaut durch diese Stützen auf den Boden übertragen wird. Dieselben müssen also sorgfältig dimensioniert werden und sind bei großen Behältern als Fachwerksträger ausgebildet.

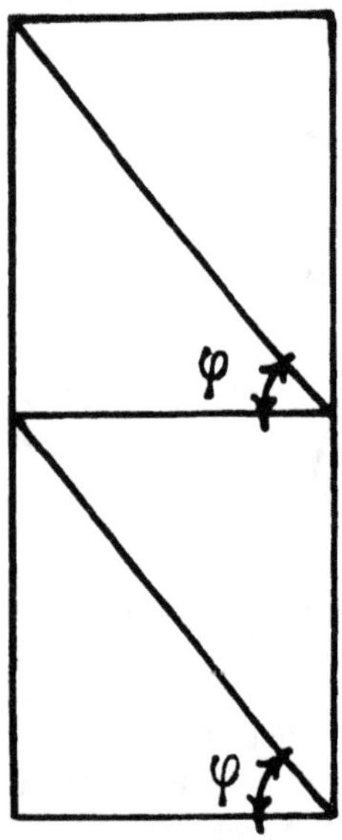

Fig. 297.

Bei großen Behältern werden zur weiteren Aussteifung der Mäntel Streifenbleche eingebaut, welche die Haktassenbleche mit den Schöpftassenblechen verbinden und eine Stärke von 4 bis 8 mm haben. Diese werden mit den senkrechten Stützen verschraubt bzw. vernietet. Bei Behältern von großer Mantelhöhe werden zwischen den senkrechten Stützen häufig noch Diagonalen eingebaut, um so dem Mantel ein möglichst steifes Gerippe zu verleihen. Zur Unterstützung der Decke namentlich bei leerem bzw. aufsitzendem Gasbehälter, wird das sog. Gespärre eingebaut, es ist dies eine nach Art der Schwedlerschen Kuppel konstruierte Dachkonstruktion bestehend aus Sparren, Druckringen und Diagonalen; dasselbe wird teils im Bassin feststehend, auf Stützen lagernd, teils fest mit der Glocke verbunden, zur Ausführung gebracht, in Deutschland wird erstere Anordnung selten und dann fast nur bei größeren Einheiten und Ringbehältern gewählt, während in England und den Vereinigten Staaten Nordamerikas diese Anordnung fast ausschließlich verwendet wird, selbst bei den kleinsten Einheiten. Das ganze Gespärre muß bei der in Deutschland hauptsächlich üblichen beweglichen Anordnung mit dem Dacheckring und den senkrechten Stützen gut verbunden sein. Am unteren Ende der Sparren werden die Rollböcke verschraubt bzw. vernietet. Das Gespärre erhält seine größte Beanspruchung, wenn kein Gasdruck vorhanden und die Decke durch Schnee und Wind belastet ist. Seine Belastung setzt sich dann zusammen aus dem Eigengewicht des

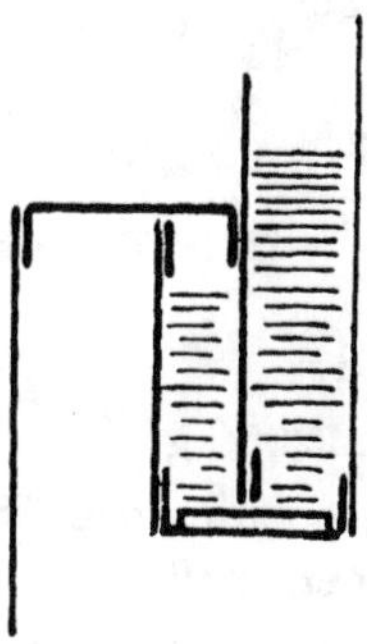

Fig. 298.

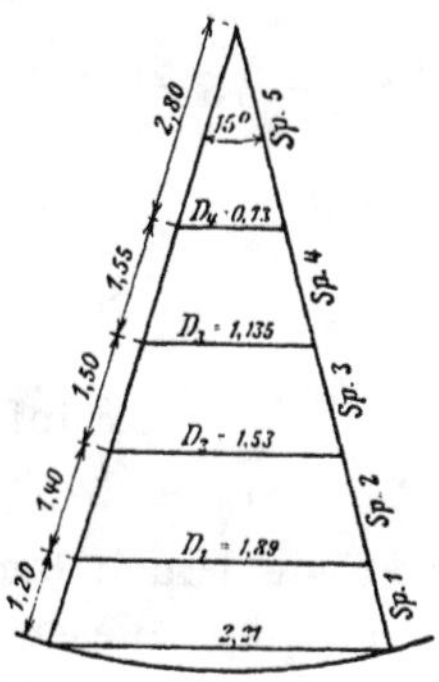

Fig. 298 a.

Gespärres, der Deckenbleche und aus Schnee- und Windlast.

Der Gang der Rechnung möge in folgendem an Hand des oben schon erwähnten Beispieles kurz angegeben sein. Die Belastung pro Quadratmeter Horizontalprojektion betrage unter Annahme einer Schneelast von 40 kg rund 90 kg, der Deckenradius sei zu 35 m gewählt, und die Decke in 24 Felder geteilt, der Zentriwinkel ist demnach 15°. Die Systemanordnung ergibt sich aus Fig. 298 a.

Die Deckenbelastung erzeugt pro laufenden Meter Kugelfläche eine Spannung von

$$P = \frac{r}{2} \cdot p = \frac{35}{2} \cdot 90 = 1575 \text{ kg}.$$

Diese bewirkt in den einzelnen Sparrenfeldern einen Druck im Sparren von

Unterstes Feld:

$$Sp_1 = 1575 \times \frac{2{,}21 + 1{,}89}{2} \cong 3230 \text{ kg}$$

Zweites Feld:

$$Sp_2 = 1575 \times \frac{1{,}89 + 1{,}53}{2} \cong 2700 \text{ kg}$$

Drittes Feld:

$$Sp_3 = 1575 \times \frac{1{,}53 + 1{,}135}{2} \cong 2100 \text{ kg}$$

Viertes Feld:

$$Sp_4 = 1575 \times \frac{1{,}135 + 0{,}73}{2} \cong 1470 \text{ kg}$$

Fünftes Feld:

$$Sp_5 = 1575 \times 1{,}4 \cong 2205 \text{ kg.}$$

Der größte Druck herrscht also im ersten Sparrenfeld mit 3230 kg, dieser ist daher maßgebend für die Bestimmung der auf Knickung zu bestimmenden Sparrenprofile. Die Polygonstäbe erhalten folgende Beanspruchungen

$$D_1 = 1575 \times 1{,}20 = 1890 \text{ kg}$$
$$D_2 = 1575 \times 1{,}40 = 2205 \text{ »}$$
$$D_3 = 1575 \times 1{,}50 = 2365 \text{ »}$$
$$D_4 = 1575 \times 1{,}55 = 2440 \text{ »}$$

hieraus ergeben sich wieder durch Berechnung auf Knickung die benötigten Trägheitsmomente. Die Druckstäbe werden außerdem noch jeweilig mit der halben Feldlast auf Biegung beansprucht, beispielsweise würde wieder im untersten Feld diese Biegungslast sein

$$1/2 \times 1{,}89 \times 1{,}20 \times 90 = 102 \text{ kg.}$$

Die einzelnen Felder sind außerdem noch durch Diagonalen ausgesteift, die ähnlich ermittelt, vielfach aber auch erfahrungsgemäß festgelegt werden.

Die Deckenbleche selbst sind 2 bis 3 mm stark, im Randschuß etwas stärker und werden meistens radial mit Überlappung genietet. Vielfach wird die Decke auch, namentlich in England, aus geraden, d. h. rechteckigen Blechen zusammengenietet. Die Beanspruchung ist ca. 200 bis 300 kg/qm. Sehr wichtig ist die richtige Bemessung des Dacheckringes, der den von der Decke herrührenden Schub in sich aufzunehmen hat. Bei zu schwacher Bemessung dieses Eckringes kann vielfach eine unrunde und ovale Form der Glocke die Folge sein. Der nötige Querschnitt errechnet sich nach der Formel:

$$Q = \frac{R\, D_1\, (S - S_1) \cos a}{4\, s}$$

Hierin bedeutet:

Q = der Querschnitt des Eckringes in qcm:

a = der Neigungswinkel des Deckenanschlusses gegen die Horizontale;

R = der Krümmungsradius der Glockendecke in m;

S = das Gewicht von 1 qm Horizontalprojektion der in ihrer höchsten Lage schwebenden Gasbehälterglocke in kg, also Gewicht der Eisenteile, zuzüglich des Tassenwassers, dividiert durch den Querschnitt des unteren Glockenschusses;

S_1 = das Gewicht von 1 qm Horizontalprojektion der Deckenkonstruktion, also Gewichte der Deckenbleche und des Gespärres, dividiert durch den Querschnitt des oberen Glockenschusses;

s = die zulässige Materialspannung in kg für das qcm.

Die Decken-Radien werden von 20 bis 100 m gewählt. In nachfolgender Tabelle, die aus den Normen für Gasbehälter entnommen ist, sind für verschiedene Glockendurchmesser die Stärke der

Mantelbleche, der Deckenradius, Stärke der Deckenbleche, Zahl der Führungssäulen, Tassentiefe, Tassenblechstärke, Überhöhung des Tassenbleches, Verstärkung des Tassenrandes, oberer Eckring angegeben.

Abmessungen für Normalbehälter.

Laufende Nr.	Durchmesser m	Mantelbleche kg pro qm	Deckenradius m	Deckenbleche kg q qm	Anzahl der Führungssäulen	Tassentiefe für die 2 hüb. Beh. cm	Tassentiefe für die 3 hüb. Beh. cm	Dicke der Tassenbleche mm	Überhöhung des Tassenbleches mm	Verstärkung des Tassenrandes mm	Winkeleisen des Eckringes, dessen Querschnitt durch Anfügen von Blechen zu ergänzen ist
1—3	11,0—12,0	16	20	16	8	30		4	80	40×8	50. 50. 9
4—8	12,5—14,5	»	25	»	»	»		»	»	»	65. 65. 11
9	15,0	»	30	17	»	»		»	»	»	»
10—12	15,6—16,8	»	»	»	»	35	40	5	»	»	»
13	17,4	»	35	18	»	»	»	»	»	»	80. 80. 12
14—16	18,0—19,2	17	»	»	»	»	»	»	»	»	»
17	19,8	»	40	»	»	»	»	»	»	»	
18—19	20,4—21,0	»	»	»	»	»	»	»	100	50×10	»
20	21,7	»	»	»	10	40	45	6	»	»	»
21	22,4	»	45	»	»	»	»	»	»	»	»
22—23	23,1—23,8	»	»	»	»	»	»	»	»	»	»
24—27	24,5—26,6	»	50	20	»	»	»	»	»	»	100. 100. 14
28—30	27,3—28,7	18	»	»	12	»	»	»	»	»	
31	29,4	»	60	»	»	»	»	»	»	»	»
32—34	30,1—31,5	»	»	»	»	»	»	»	»	»	»
35	32,3	»	»	»	14	45	50	7	»	»	»
36—37	33,1—33,9	»	»	»	»	»	»	»	»	»	»
38—41	34,7—37,1	»	70	22	»	»	»	»	»	»	130. 130 16
42—43	37,9—38,7	»	»	»	16	»	»	»	»	»	»
44—49	39,5—43,5	»	80	»	»	»	»	»	»	»	
50—56	44,3—49,1	»	90	24	18	»	»	8	»		»
57	49,9	»	100	»	»	»	»	»	»	»	»
58—62	50,7—53,9	»	»	»	20	»	»	»	»	»	»

Ferner sind in der folgenden Tabelle die Durchmesser von Glocke, erstem und zweitem Teleskop, nebst Höhen für verschiedene Inhalte angegeben.

Lfd. Nr.	Inhalt cbm	D_1 m	D_2 m	D_3 m	H m	Durchmesser des Ausgangsrohres mm
1	400	11,0	—	—	4,31	150
2	450	11,5	—	—	4,43	175
3	500	12,0	—	—	4,52	175
4	600	12,5	—	—	4,99	200
5	700	13,0	—	—	5,37	200
6	800	13,5	—	—	5,69	200
7	900	14,5	—	—	5,55	200
8	1000	12,0	12,5	—	4,44	225
9	1200	12,5	13,0	—	4,90	225
10	1400	13,0	13,5	—	5,28	250
11	1600	13,5	14,0	—	5,59	250
12	1800	14.5	15,0	—	5,47	275
13	2000	15,0	15,6	—	5,65	300
14	2200	15,6	16,2	—	5,75	300
15	2500	16,2	16,8	—	6,05	325
16	2700	16,8	17,4	—	6,08	325
17	3000	14,5	15,0	15,6	5,94	350
18	3500	15,6	16,2	16,8	5,97	350
19	4000	16,2	16,8	17,4	6,32	375
20	4500	16,8	17,4	18,0	6,61	400
21	5000	17,4	18,0	18,6	6,85	400
22	6000	18,6	19,2	19,8	7,21	425
23	7000	19,8	20,4	21,0	7,44	450
24	8000	21,7	22,4	23,1	7,10	475
25	9000	22,4	23,1	23,8	7,48	500
26	10000	23, 8	24,5	25,2	7,41	550
27	12000	25,9	26,6	27,3	7,54	600
28	14000	28,0	28,7	29,4	7,55	600
29	16000	30,1	30,8	31,5	7,50	650
30	18000	31,5	32,3	33,1	7,70	650
31	20000	33,1	33,9	34,7	7,76	700
32	22000	34,7	35,5	36,3	7,78	750
33	25000	36,3	37,1	37,9	8,08	750
34	27000	37,1	37,9	38,7	8,35	800
35	30000	39,5	40,3	41,1	8,19	800
36	35000	41,9	42,7	43,5	8,52	900
37	40000	45,1	45,9	46,7	8,43	900
38	45000	47,5	48,3	49,1	8,56	1000
39	50000	50,7	51,5	52,3	8,37	1000

Von nicht unwesentlichem Einfluß auf die Konstruktion des Gasbehälters ist der verlangte Gasdruck. Derselbe hängt ab vom Gewicht der Glocke und der Teleskope und vom Durchmesser dieser Teile. Er beträgt durchschnittlich 80 bis 200 mm Wassersäule und berechnet sich folgendermaßen:

Es sei ein zweiteiliger Teleskopgasbehälter gewählt von 10000 cbm Inhalt.

Durchmesser der Glocke sei . .	29,3	m
Höhe » » » . .	7,6	»
Krümmungsradius der Glocke . .	60,0	»
Durchmesser des Teleskops . . .	30,0	»
Höhe » » . . .	7,6	»
lichte Weite der Schöpftasse . .	0,18	»
Höhe » » . .	0,38	»
Das Gewicht der Glocke sei . .	64000	kg
» » des Teleskops . .	39000	»
» Wassergewicht der Schöpftasse	6300	»
Der Gasinhalt der Kalotte ist ca.	620	cbm
Derjenige des Zylinderteiles der Glocke	5120	»
und des Teleskops	5100	»

Der Auftrieb durch das Gas ergibt sich zu $(620 + 5120 + 5100) \times 0{,}71 = 7740$ kg.

Damit ergibt sich der Gasdruck des Behälters in seiner höchsten Stellung:

$$\left(\frac{64000 + 6300 + 39000 - 7740}{30^2 \cdot \frac{\pi}{4}}\right) = 144 \text{ mm Wassersäule.}$$

Sitzt der Teleskopring auf dem Bassinboden auf und ist die Glocke so weit gesunken, daß das Wasser der Schöpftasse im Niveau des inneren Bassinwassers steht, so beträgt der Auftrieb nur noch ca. 4100 kg und der Gasdruck ist dann

$$\frac{64000 - 4120}{29{,}3^2 \cdot \frac{\pi}{4}} = 89 \text{ mm Wassersäule.}$$

Der Gasbehälter ist, als einer der wichtigsten Teile des Gaswerksbetriebes, einer ständigen Kontrolle und Pflege zu unterwerfen, die sich in der Hauptsache auf den Schutz der Eisenteile gegen Rost, auf leichten Gang des Behälters, sowie aller Einzelteile, wie Rollen usw., und auf Beseitigung eventuell auftretender Undichtheiten zu erstrecken hat.

Der Schutz der Eisenteile gegen Rost geschieht in der bei Eisenbauwerken üblichen Weise durch rechtzeitige Erneuerung des Anstriches unter Verwendung einer speziell für Gasbehälter geeigneten Farbe, wie solche von einer ganzen Reihe von renommierten Firmen angeboten werden.

Von größter Wichtigkeit für den Betrieb ist der vollkommen stoßfreie Gang des Behälters, da ein Festklemmen oder Schiefgehen der Glocke oder eines Teleskops schwere Folgen nach sich ziehen kann. Die Kontrolle über die bei der Bewegung des Behälters auftretenden Widerstände läßt sich leicht mit Hilfe eines Druckschreibers (Fig. 299) ausführen. Das Untersuchungsverfahren beruht auf folgenden einfachen Erscheinungen: Unter einer gut geführten, einfachen Gasbehälterglocke ist in jeder Höhenlage derselben der Gasdruck fast gleich. Bei teleskopierten Behältern treten so viel verschiedene Drucke auf, als einzelne Teile vorhanden sind. Der Druck wird zunehmen, sobald in die Tasse der nächste Teleskopring einhakt, um dann konstant zu bleiben, bis der nächste Ring gehoben wird. Fig. 300 zeigt den normalen Gang eines dreiteiligen Gasbehälters. Treten bei der Auf- oder Abwärtsbewegung der Glocke durch irgendwelche Ursachen, z. B. schiefstehende Führungsschienen Klemmungen auf, so wird der Gasdruck dadurch gestört, was der graphische Druckschreiber genau vermerkt. Gleichzeitig müssen stündlich Aufschreibungen über den Gasbehälterstand und über die Zeit gemacht werden, um dadurch die Höhenlage festzulegen, in der die Störung eintrat. Fig. 301 stellt die Drucklinie eines Behälters mit zweiteiliger Glocke dar. Bei der Abwärtsbewegung der Glocke fanden nach erfolgtem Aushaken Klemmungen statt. Die Störungen bei *a* und *b* wurden dadurch hervorgerufen, daß der untere Tassenrand der Glocke unter starker Reibung an den Mantelstützen des Teleskopringes vorbeigleiten mußte. Dabei wurde der Widerstand bald stärker, bald schwächer.

Fig. 299.

Als Aufstellungsort für den Registrierapparat kommt die Gasrohrleitung zwischen Behälter und Druckregler oder der Behälter selbst in Frage. Je näher man an den Behälter mit dem Apparat geht, um so weniger stört der Druckverlust, welcher durch die Bewegung des Gases in den Röhren auftritt, die Druckschreibungen.

Da man die Weite der Rohre, sowie die hindurchgehenden Gasmengen aus den Ablesungen kennt, so läßt sich der zulässige Druckverlust rechnerisch leicht ermitteln. Findet ein stärkerer Druckverlust statt, als man berechnet hat, so kann man sicher annehmen, daß eine teilweise Verstopfung des Rohres stattgefunden hat. Man wird gut tun, den Druckschreiber einige Tage auf das Eingangsrohr und einige Tage auf das Ausgangs-

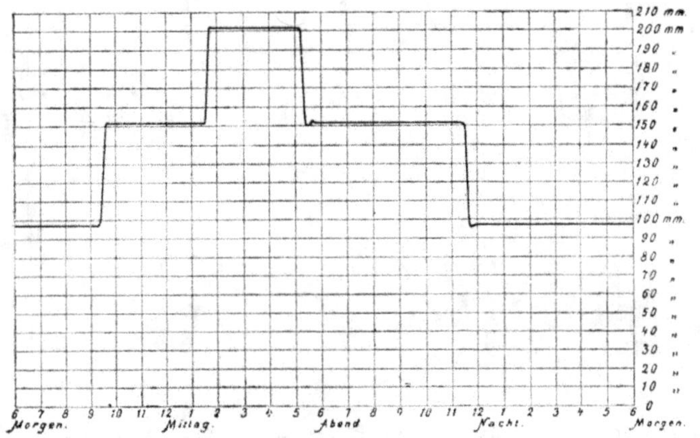

Fig. 300.

rohr und, wenn möglich, auf den Behälter zu stellen und die Untersuchungen auch dann anzustellen, wenn außergewöhnliche Verhältnisse gegeben sind, wie starker Sturm, Schneefall, starker Frost oder große Hitze. Zur Kontrolle des Druckregistrierapparates auf seine Richtigkeit wird man von Zeit zu Zeit einen zweiten Apparat parallel dazu aufstellen, um sicher zu gehen, daß die Resultate nicht irritiert werden durch Unvollkommenheiten des Apparates.

Die Aufsuchung und Beseitigung von Undichtheiten am Gasbehälter bildet einen weiteren wichtigen Punkt bei der Unterhaltung des Gasbehälters. Die Aufsuchung von Gasundichtheiten geschieht am besten durch Abpinseln aller Nietstellen und Blechstöße mit Seifenwasser.

Undichte Stellen zeigen sich dann durch feine Seifenbläschen an. Die Behebung solcher Undichtheiten, die besonders gern an der Behälterdecke auftreten, werden am besten dadurch behoben, daß man gemennigten

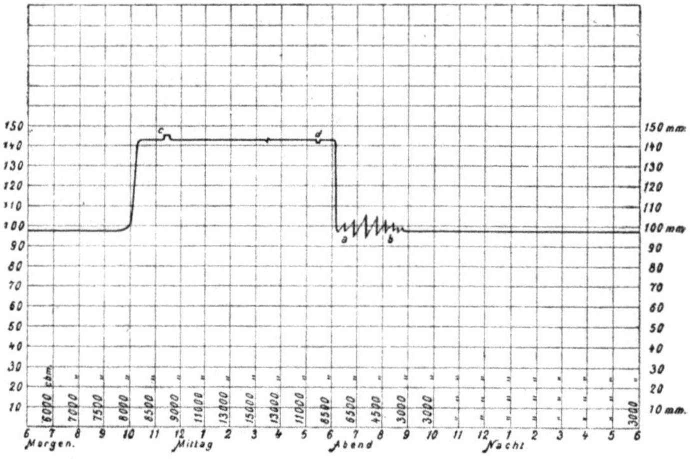

Fig. 301.

Bindfaden oder besser Bleiwolle mit feinen Verstemmern zwischen die Bleche treibt. Die Bleche werden zuvor durch Eintreiben von schwachen Keilen, die später wieder entfernt werden, etwas gelüftet, um das Dichtungsmaterial besser zwischenschieben zu können. Undichtheiten an Nietköpfen lassen sich durch Verstemmen des Nietkopfes selbst leicht beheben.

XIII. Der Stadtdruckregler.

Der Druckregler hat den Zweck, den Gasdruck entsprechend der Gasabgabe zur Stadt so zu regeln, daß das Gas an den Verbrauchsstellen mit konstantem Druck ausströmt. Bei den im allgemeinen Gebrauch befindlichen Apparaten wird dieses dadurch erreicht, daß an einer in Wasser tauchenden Glocke ein Abschlußventil hängt, welches entsprechend den Auf- und Abwärtsbewegungen der Glocke den Durchflußquerschnitt für das Gas vergrößert oder verkleinert. Der Druck am Ausgang des Reglers muß nun so lange konstant bleiben, bis die Belastung der Glocke geändert wird. Diese Belastung ist leicht veränderlich zu halten, und zwar zum Teil durch darauf zu legende Metallgewichte, zum Teil durch Wasserbelastung, indem man in ein auf der Glocke stehendes Gefäß Wasser laufen läßt. Die Wasserbelastung hat den großen Vorzug, leicht variierbar zu sein. Die Glocke muß sich so einstellen, daß das Ventil gerade so viel Gas durchläßt, als zur Herstellung jenes der Belastung entsprechenden Druckes notwendig ist. Ist die Öffnung größer, als dem jeweiligen Bedarf entspricht, so wird das zuviel durchfließende Gas den Druck unter der Glocke erhöhen, dadurch Auftrieb erzeugen, bis durch Verengung des Ventilquerschnitts die richtige Druckhöhe wieder erreicht ist. Das umgekehrte Spiel tritt ein, wenn die Glocke infolge zu geringen Druckes sinkt. Der Ventilquerschnitt vergrößert sich dann, und das infolgedessen mehr hindurchströmende Gas erhöht den Druck und hebt die Glocke, bis sie in Ruhe gerät und Druck und Belastung sich ausgleichen.

Hieraus ergibt sich unmittelbar, daß das Ventil einen großen Querschnitt freigibt, wenn viel Gas verbraucht wird, während bei geringem Gasverbrauch schon eine kleine Öffnung genügt, um das nötige Gas hindurchzulassen.

Hat das Gas vor dem Druckregler einen hohen Druck, so wird der freizugebende Ventilquerschnitt nicht so groß sein müssen, als wenn das Gas dem Regler nur mit einem geringen Druck zugeführt wird. In dem ersten Falle wird das Ventil gezwungen, das Gas stärker zu drosseln als in dem zweiten.

Fig. 302 und 303 zeigen einen Druckregler mit Wasserbelastung in Ansicht und Schnitt. Er besteht aus dem Untersatz *A* mit dem Hohlkegel *C*, Teller C_1 und dem Kübel *B* mit der Schwimmerglocke *D*. Mit *D* verbunden ist die Glocke *E*, welche den auf den Ventilteller von oben wirkenden Gasdruck durch Gegenwirkung aufheben soll. Mit dieser Glocke ist der Teller C_1 durch die hohle Kegelstange starr verbunden. Auf *D* befindet sich das Gefäß *H* für die Wasserbelastung mit dem Überlauf *J*. In dem Untersatz *A* ist eine im Grundriß **U**-förmige Scheidewand so angeordnet, daß das Gas, vom Eingange *K* kommend, den Zwischenraum zwischen *C* und F_1 passieren muß, um zu dem Ausgange *L* zu gelangen.

Über dem Teller ist also Eingangs- oder Behälterdruck, unter dem Teller Ausgangs- oder Stadtdruck. Die auf den Ventilteller wirkenden verschiedenen Drucke werden gänzlich aufgehoben durch die auf die Glocke *E* von oben und unten wirkenden Drucke, so daß also der Ventilteller unbeeinflußt ist von dem Gasdruck. Die Betätigung des Reglers wird nur durch den unter die Glocke *D* tretenden Gasdruck bewirkt, welcher dem Druck am Ausgang des Reglers entspricht. Der Schwimmer *G* an der Glocke ist so bemessen, daß die

Fig. 302.

Glocke ohne Belastung gerade eben im Wasser schwimmt. Den Auftrieb erhält sie durch den unter der Glocke herrschenden Druck.

Um nun einen bestimmten Druck am Ausgange zu erreichen, wird in das auf der Glocke *G* stehende Gefäß *H* Wasser eingelassen. An diesem Gefäß ist ein verstellbarer Überlauf angebracht, so daß man die Größe der Wasserbelastung leicht einstellen kann. Der außerhalb des Gefäßes liegende Teil des Überlaufes ist mit einer Griffkurbel und einem Zeiger versehen, welcher auf einer Skala angibt, welchem Drucke die durch die jeweilige Überlaufhöhe bestimmte Wasserlast entspricht.

Die Einstellung des Druckes geschieht bei diesem Regler durch menschliche Bedienung. Trotz dieser geringen Mühe, welche die Behandlung der Wasserbelastung erfordert, ist von Anfang an das Bestreben hervorgetreten, die während 24 Stunden entsprechend der Größe des Konsums nötige Änderung des Druckes durch den Apparat selbsttätig besorgen zu lassen. Es sind auch eine ganze Reihe von derartig selbsttätigen Reglern entstanden, die aber alle den Fehler haben, daß sie trotz ihrer automatischen Tätigkeit überwacht werden müssen. Wenn man aber einen solchen Regler überwachen muß, dann ist die bei einem nicht selbsttätigen Regler mehr zu leistende Arbeit des Einstellens des Druckes so gering, daß man sie gern mit in Kauf nimmt, wenn man die positive Gewißheit hat, daß der eingestellte Druck wirklich vorhanden bleibt, während man bei automatischen Reglern sich von der sog. Selbsttätigkeit abhängig macht und beim Versagen des Apparates Gefahr läuft, in der Stadt zu geringen oder zu hohen Druck zu haben. Bei einem nicht selbsttätigen Druckregler kann man den bedienenden Arbeiter mit Hilfe eines Druckschreibers, der für den Arbeiter unzugänglich ist, stets kontrollieren und den Arbeiter persönlich haftbar machen für jedes Versehen in der Druckgebung. Der Druckschreiber wird verschließbar aufgestellt und mit dem Druck am Ausgange des Reglers verbunden. Die Höhe des zu gebenden Druckes wird dem Arbeiter vorgeschrieben, ebenso die Zeiten, wann die Druckerhöhungen zu erfolgen haben. Diese Angaben variieren in den einzelnen Städten, da sie ab-

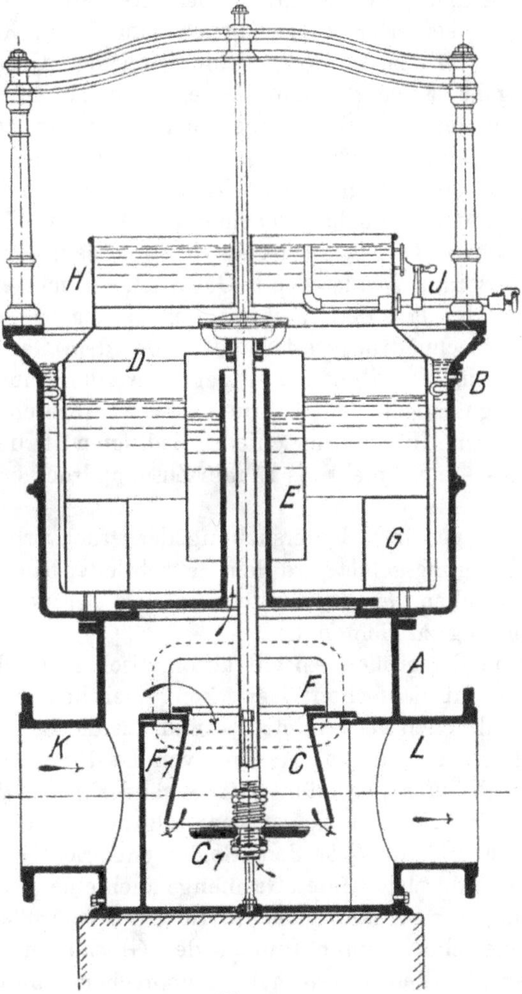

Fig. 303.

hängig sind von den örtlichen Verhältnissen und von der Beschaffenheit des Rohrnetzes. Mit Rücksicht auf die Undichtigkeiten in der Straßenrohrleitung wird zur Verringerung des Verlustes außerhalb der Hauptverbrauchsstunden ein wesentlich geringerer Druck gegeben. Im Rohrnetz erleidet der Druck eine Verminderung, die von der Länge der Leitung und der Größe der Gasabgabe abhängt. Um diesen Druckabfall auszugleichen, muß der Gasabgabe entsprechend in der Gasanstalt mehr oder weniger Druck gegeben werden, damit das Gas auch an der entferntesten Verbrauchsstelle immer unter möglichst gleichem Druck steht. Zur Zeit der stärksten Gasabgabe ist an der ungünstigsten Stelle des Versorgungsgebietes der Gasdruck zu messen und danach der erforderliche, mit der Gasabgabe schwankende Zuschußdruck festzustellen, der dem Gase beim Eintritt in das Rohrnetz gegeben werden muß. Bei einem gut angelegten Rohrnetz soll — abgesehen von den durch Höhenunterschiede bedingten Druckdifferenzen — nicht mehr als 15 mm Zuschußdruck erforderlich sein.

Eine genauere Untersuchung der Druckverhältnisse im Versorgungsgebiet wird dem Betriebsleiter bald zeigen, nach welchen Gesichtspunkten er sich bei der Druckregulierung zu richten hat.

Von der großen Anzahl automatischer Druckregler werden auf deutschen Gaswerken eigentlich nur drei Konstruktionen verwendet. Es sind das die Druckregler von Elster, von Gareis und von Ledig. Alle drei Konstruktionen arbeiten mit veränderlicher Wasserbelastung. Das Prinzip ist kurz folgendes: Bei gleichbleibendem Druck vor dem Regler entspricht einer bestimmten durchgehenden Gasmenge auch eine bestimmte Öffnung des Drosselorgans im Regler. Vergrößert sich der Querschnitt durch Sinken der Glocke und damit Sinken des Ventils, so geht entsprechend mehr Gas zur Stadt. Je mehr Gas zur Stadt geht, je größer ist die Gasgeschwindigkeit in den Rohrleitungen. Mit der Gasgeschwindigkeit wachsen aber die Reibungsverluste und der Druck fällt schnell ab. Daraus ergibt sich, daß mit der Zunahme der Gasabgabe der Druck, welchen der Regler erzeugt, wachsen muß und umgekehrt abnehmen muß, wenn der Konsum sich vermindert. Ledig erreicht dies auf folgende Weise: Durch Ge-

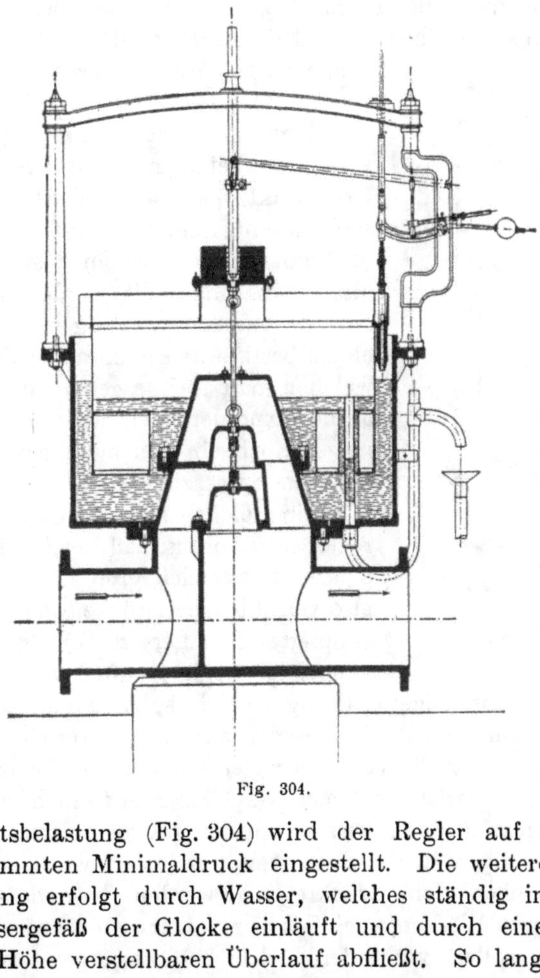

Fig. 304.

wichtsbelastung (Fig. 304) wird der Regler auf einen bestimmten Minimaldruck eingestellt. Die weitere Belastung erfolgt durch Wasser, welches ständig in das Wassergefäß der Glocke einläuft und durch einen in der Höhe verstellbaren Überlauf abfließt. So lange die Gasabgabe eine bestimmte Höhe nicht überschreitet, steht der Ablauf so niedrig, daß sich kein Wasser auf der Glocke ansammeln kann und der erzeugte Druck im Stadtrohrnetz der Gewichtsbelastung entspricht. Steigt die Gasabgabe, so sinkt die Glocke tiefer ein, um die Durchgangsöffnung entsprechend zu öffnen. Durch diese tiefere Einsenkung wird der Überlauf für das Wasser gehoben, weil derselbe an einem Hebel aufgehängt ist, dessen Bewegung von der Bewegung der Glocke abhängig ist, denn ein zweites Hebelsystem verbindet beide miteinander. Der Drehpunkt des einen Hebels ist verstellbar eingerichtet, so daß der Ausschlag des Hebels auf ein bestimmtes Maximum eingestellt werden kann. Diese maximale Stellung entspricht einem bestimmten maximalen Druck, welchen man abends geben muß, um an der exponiertesten Stelle des Rohrnetzes noch ein gleichmäßiges Brennen des Gases zu erzielen.

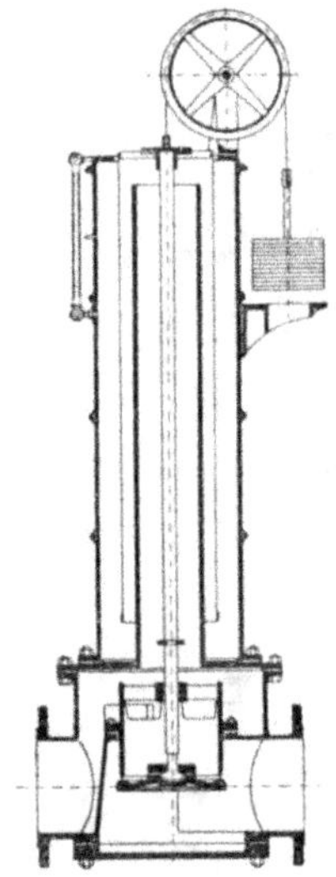

Fig. 305.

Ein solcher selbsttätiger Druckregler setzt voraus, daß der Eingangsdruck stets gleich groß ist. Sobald also verschiedene Drücke (durch teleskopierte Behälter z. B.) am Eingange des Reglers auftreten, so hört seine selbsttätige Wirkung auf. In solchen Fällen muß noch ein sog. Vordruckregler aufgestellt werden. Das ist ein gewöhnlicher Druckregler mit Gewichtsbelastung, der den variabeln Druck des Gases auf einen gleichmäßigen, niederen Druck reduziert, bevor er durch den selbsttätigen Regler noch weiter reduziert wird.

Neben den Druckreglern werden besonders auf größeren Werken noch Sicherheitsregler aufgestellt. Diese sollen verhindern, daß bei Störungen an den Druckreglern (falsche Ventilstellung, Hängenbleiben der

Glocke usw.) die Gaszufuhr zur Stadt unterbrochen wird. Die Sicherheitsregler sind daher so eingerichtet, daß sie bei einem Minimaldruck im Stadtrohr sich selbsttätig öffnen und das Gas vom Gasbehälter direkt in das Rohrnetz treten lassen. Einen solchen Apparat zeigt Fig. 305. Er ist nach Art des Dessauer Umlaufreglers gebaut. Der Ventilteller ist durch die obere Glocke, an der er hängt, entlastet. Das Eigengewicht von Glocke und Teller ist durch ein Gegengewicht ausgeglichen. Die untere Seite des Ventiltellers steht unter dem Drucke des Gases vor dem Stadtdruckregler.

Wird die Gaszufuhr zur Stadt z. B. durch falsche Ventilstellung unterbrochen, so sinkt der Druck, und der Ventilteller öffnet den Umgang für das Gas vom Gasbehälter zur Stadt. Der Ventilteller bleibt in seiner tiefsten Stellung, bis er durch Anheben eines Gegengewichtes wieder gehoben wird.

XIV. Das Wassergas.

I. Allgemeines.

Von großer und in Zukunft voraussichtlich noch steigender Bedeutung ist das Wassergas, ein Gemenge von Wasserstoff und Kohlenoxyd, das durch Einwirkung von Wasserdampf auf glühenden Kohlenstoff (Koks oder Kohle) entsteht und mit nicht leuchtender bläulicher Flamme verbrennt (Blaugas). Der italienische Chemiker Felice Fontana hatte bereits im Jahre 1780 die Reaktion zwischen Wasserdampf und glühender Kohle bei hoher Temperatur beobachtet.[1]) Seine Versuche fallen ungefähr in dieselbe Zeit wie die frühste Verwertung des Kohlengases, denn etwa 1793 destillierte Wm. Murdoch Gas aus bituminösen Kohlen und benutzte dasselbe zur Beleuchtung. Hinter dem großen Aufschwung, den die praktische Verwendung des Kohlengases innerhalb weniger Jahrzehnte erzielte, blieb das Wassergas weit zurück, das im Jahre 1830 in Dublin die erste Einführung zu Beleuchtungszwecken — in karburiertem Zustande — fand. Doch wie dieser, so waren auch die meisten anderen Versuche von recht kurzer Dauer, und der Wassergasprozeß konnte sich trotz seines wiederholten, stets mit erneuten Hoffnungen begrüßten Bekanntwerdens in Europa nirgends behaupten. Ganz anders gestalteten sich die Verhältnisse in den Vereinigten Staaten, wo seit Mitte der 70er Jahre, zuerst von Lowe und Strong, das Wassergas in die Praxis ein-

---

[1]) Geitel, Das Wassergas. S. 3.

geführt war. Die ausgedehnten Anthrazitlager der Vereinigten Staaten boten ein vorzügliches Material für die Darstellung von Wassergas, dessen nicht leuchtende Flamme durch Karburieren mit den in größter Menge zur Verfügung stehenden Erdölrückständen leuchtend gemacht wird. Der neue Leucht- und Heizstoff fand in Amerika so große Verbreitung, daß gegen die Jahrhundertwende etwa $^2/_3$ aller Gaswerke der Vereinigten Staaten Wassergas abgaben.

Die auf dem hohen Kohlenoxydgehalt beruhende Giftigkeit des Wassergases stellte sich lange Zeit dessen Einführung in Europa entgegen, bis endlich auch hier — in Deutschland namentlich durch das Verdienst von Quaglio und Blaß — auf Grund der Erfolge in Amerika das schon vor langem als »Brennstoff der Zukunft« gepriesene Gas seinen siegreichen Einzug hielt. Zahlreiche Autoritäten haben klargelegt, daß von einer im Vergleich zum Steinkohlenleuchtgas erhöhten Gefährlichkeit im Gebrauch des Wassergases wegen dessen giftiger und explosiver Beschaffenheit nicht die Rede ist, wenn nur durch Beimischung intensiv riechender Dämpfe zu dem an sich geruchlosen Wassergas dafür gesorgt wird, daß Ausströmungen des Gases sich durch den Geruch ebenso bemerklich machen wie beim Steinkohlenleuchtgas. Die Explosionsgefahr ist beim Wassergas insofern geringer als beim Leuchtgas, als ein Gasluftgemisch nach Eitner und Trautwein schon bei einem Gehalt von 8% Leuchtgas, dagegen erst mit 12,5% Wassergas explodieren kann.

---

2. Das Prinzip der Wassergaserzeugung.

Leitet man in eine mit geeigneten Brennstoffen geheizte Feuerung von unten Gebläsewind ein, so hängt es von der Temperatur, der Höhe der Schichtung, der Art und Körnung des Brennstoffs und der Stärke, d. h. der Geschwindigkeit des Gebläsewindes ab, ob die Verbrennung vollkommen oder unvollkommen verläuft. Vollkommen ist sie, wenn aus dem verbrannten Kohlenstoff nur Kohlensäure, CO_2, entsteht. Ist sie unvollkommen, so verbleiben noch brennbare Stoffe in den abziehenden Gasen, und zwar hauptsächlich Kohlenoxyd, CO. Wird die Verbrennung absichtlich so geleitet, daß die Verbrennungsprodukte nur sehr wenig CO_2, dagegen so viel CO enthalten, daß die erzeugten Gase durch fernere Verbrennung noch weiter nutzbar gemacht werden können, so ist aus der Feuerung ein Generator geworden und das ausströmende Gas wird Generatorgas genannt. Solches Generatorgas ist in der Gasindustrie schon seit langem für die Heizung der Retortenöfen bekannt. Seine durchschnittliche Zusammensetzung ist:

23 bis 30% CO,
2 » 7% CO_2,
50 » 65% N.

Führt man der der Feuerung zuströmenden Gebläseluft eine bestimmte Menge Wasser in Dampf- oder Staubform zu, benutzt man also z. B. an Stelle der Flügelgebläse ein Dampfstrahlunterwindgebläse, so erhält man in dem Generatorgas durch die Zersetzung des eingeblasenen Wasserdampfes noch gewisse Mengen Wasserstoff und erhöht damit sowohl den Heizwert des entstandenen Gases als auch die Ausnutzung des vergasten Brennstoffes. Das unter solchem Wasserzusatz erzeugte Gas bleibt immer ein Generatorgas; man nennt es jedoch, wenn es in besonders ausgebildeten und für Kraftzwecke viel verwendeten Generatoren gewonnen wird, Kraftgas (Dowsongas, Halbwassergas). Die durchschnittliche Zusammensetzung des Kraftgases ist:

23 bis 27% CO,
6 » 7% CO_2,
17 » 18% H,
47 » 52% N,
0,5 » 2% CH_4.

Wird nun bei einem mit trocknem Unterwind betriebenen Generator der Wind abgestellt, sobald die Brennstoffschicht in helle Glut gekommen ist, und nach luftdichtem Abschluß des Generators Wasserdampf durch diesen geleitet, so entsteht Wassergas. Durch Berührung mit dem glühenden Kohlenstoff zersetzt sich das Wasser in seine Bestandteile Wasserstoff und Sauerstoff, wobei bei sonst gleichen Verhältnissen der letztere mit dem Kohlenstoff bei höheren Temperaturen überwiegend Kohlenoxyd, bei niedrigeren Temperaturen hauptsächlich Kohlensäure bildet. Sinkt die Temperatur unter ca. 400°, so findet überhaupt keine Zersetzung mehr statt. Außer der Temperatur ist, wie Strache[1]) gezeigt hat, auch die Dampfgeschwindigkeit maßgebend für die Dampfzersetzung, so nämlich, daß auch bei niedrigen Temperaturen ein CO_2-armes Gas erzielt wird, falls die Dampfgeschwindigkeit entsprechend gering gewählt wird.

Die Grenzfälle wären demnach:

1. $C + H_2O = CO + H_2$
mit 50 Vol. % CO und 50 Vol. % H
2. $C + 2\,H_2O = CO_2 + 2\,H_2$
mit 33,3 Vol. % CO_2 und 66,7 Vol. % H

Der zweite Teil würde nach Absorption der CO_2 reinen Wasserstoff geben, doch ist die ausschließliche Bildung von CO_2 neben H praktisch nicht durchführbar und die Entfernung so großer CO_2-Mengen zu teuer. Die Formel für die nach 1 und 2 erhaltenen Gase

$$CO_2 + H_2 \rightleftarrows CO + H_2O$$

stellt eine umkehrbare Reaktion dar, für die ein von der Temperatur abhängiges Gleichgewicht besteht. Mit steigender Temperatur nimmt die Reaktion im Sinne des oberen Pfeiles zu.

---

[1]) Journ. f. Gasbel. 1900. S. 355 und 574.

Alle praktisch angewandten Verfahren gehen darauf hinaus, ein Wassergas zu erzeugen, das aus Kohlenoxyd und Wasserstoff besteht. Zur Erzielung eines der theoretischen Zusammensetzung von 50% H und 50% CO möglichst nahe kommenden Wassergases, ist dem Dampf genügend Zeit zur Reaktion zu geben, vor allem aber die Temperatur des Koks genügend hoch zu halten, denn niedrige Temperatur hat hohen CO_2-Gehalt und mangelhafte Zersetzung des Wasserdampfes zur Folge, geringe Mengen von CO_2 und N neben Spuren von Verunreinigungen (wie H_2S) sind stets im Wassergas enthalten. Ein gereinigtes Wassergas (Blaugas) hat durchschnittlich folgende Zusammensetzung:

50 Vol. %	H,
40 » %	CO,
4 bis 7 » %	CO_2,
3 » 6 » %	N,
1 » %	O.

Wie aus der folgenden einfachen Berechnung hervorgeht, ist die Wassergasbildung mit einem beträchtlichen Wärmeverbrauch verbunden.

Bei Temperaturen über 1000° erfolgt die Zersetzung überwiegend nach:

$$\underset{0{,}536\ \text{kg}}{C} + \underset{1\ \text{cbm}}{H_2O\ (\text{Dampf})} = \underbrace{\underset{1\ \text{cbm}}{CO} + \underset{1\ \text{cbm}}{H_2}}_{2\ \text{cbm Wassergas}}$$

Die Zersetzung von 1 cbm H_2O-Dampf erfordert: 2570 WE, bei der Bildung von 1 cbm CO werden frei: 1303 WE, somit ist der Wärmeverbrauch für 2 cbm Wassergas: 1267 WE und für 1 cbm = 634 WE.

Dieser Wärmeverbrauch ist durch Verbrennung von Kohlenstoff zu ersetzen, die, wie schon oben erwähnt, zeitlich von der Erzeugung des Wassergases getrennt ist, aber im Generatorschacht selbst stattfindet.

Man unterscheidet demnach zwei Perioden, die der Verbrennung oder »Blasperiode« und die des Gasmachens oder »Gasperiode«. So einfach dieser Prozeß erscheint, so hat derselbe doch eine außerordentlich große Zahl von Variationen erfahren und zu zahllosen Konstruktionen der zugehörigen Apparate geführt.

Von der durch die Verbrennung des Kohlenstoffs erzielten Wärmemenge ist für die Erzeugung des Wassergases nur der Teil disponibel, welcher in dem glühenden Brennstoff verbleibt, dagegen verloren jene Menge, welche mit den Verbrennungsgasen entweicht. Man hat also als die disponible Wärme die Differenz zwischen der Gesamtverbrennungswärme und der durch die Verbrennungsgase entführten anzusehen. Die disponible Wärmemenge ist also ein Maßstab für den Nutzeffekt des Blasens, d. h. das Verhältnis der beim Blasen nutzbar aufgespeicherten Wärmemenge zu der durch Verbrennung aufgewandten Gesamtwärmemenge. Um eine möglichst große disponible Wärmemenge zu erzielen, bieten sich zwei Wege:

1. Der Verbrennungsprozeß wird so geleitet, daß die Abgase möglichst viel CO_2 enthalten, und daß infolge der vollkommenen Verbrennung in kurzer Zeit eine möglichst hohe Wärmemenge erzeugt wird. Die Abgase werden nicht weiter verwendet.

2. Der Verbrennungsprozeß wird so geleitet, daß die Abgase möglichst viel CO (Generatorgas) enthalten und durch sekundäre Verbrennung des in den Abgasen stets enthaltenen, besonders bei hohen Temperaturen auftretenden CO in einem Dampfüberhitzer auch dieser Teil der Verbrennung der Wassergaserzeugung indirekt zugute kommt.

Wird karburiertes Wassergas erzeugt, so nutzt man die bei der Verbrennung des Kohlenoxyds erhaltene Wärmemenge für die Wassergasbildung meistens durch Verdampfung und Fixierung des Karburieröls aus.

Die in der Periode des »Warmblasens« auftretenden beiden Grenzfälle sind theoretisch folgende:

34,7 Vol. % CO
65,3 » % N,

und

21 Vol. % CO_2,
79 » % N.

Wie groß in den beiden Grenzfällen die zur Erzeugung des Wassergases im Generator gebildete disponible Wärmemenge und der C-Verbrauch ist, zeigt die folgende Vergleichsrechnung:

A. Die Erzeugung von Generatorgas (Lowe-Prozeß) verläuft:

$$C + O + N = CO + N$$

$$0{,}536\,\text{kg};\ 0{,}5\,\text{cbm};\ 0{,}5\cdot\frac{79}{21}\,\text{cbm} = 1\,\text{cbm};\ 0{,}5\cdot\frac{79}{21} = 1{,}88\ \text{cbm}.$$

Bei der Bildung von 1 cbm CO werden frei = 1303 WE.

Die Verbrennungsgase entweichen mit einer Temperatur von ca. 700°, ihre mittlere Wärmekapazität beträgt pro cbm bei 700° 0,324 WE:

$$2{,}88\cdot 0{,}234\cdot 700 = 653\ \text{WE}$$

Demnach bleiben disponibel = 650 WE.

B. Beim Blasen auf CO_2 würden die Verhältnisse folgendermaßen liegen:

$$C + O_2 + N = CO_2 + N$$

$$0{,}536\ \text{kg};\ 1\ \text{cbm};\ \frac{79}{21}\,\text{cbm} = 1\ \text{cbm};\ \frac{79}{21} = 3{,}76\ \text{cbm}.$$

Bei der Entstehung von 1 cbm CO_2 werden frei = 4337 WE

Der Wärmeinhalt der mit ca. 1000° entweichenden Verbrennungsgase beträgt:
mittlere Wärmekapazität für 1 cbm CO_2 = 0,54

$$(0{,}54 + 3{,}76\cdot 0{,}33)\ 1000 = 1780\ \text{WE}$$

Hier bleiben disponibel = 2557 WE.

Es bleibt demnach theoretisch bei gleichem C-Verbrauch bei Verbrennung zu CO_2 viermal soviel Wärme für die Wassergaserzeugung disponibel, wie bei Verbrennung zu CO.

Oben wurde ermittelt, daß zur Darstellung von 2 cbm Wassergas (1 cbm CO und 1 cbm H_2) erforderlich sind . . . . 1267 WE.

Der Wasserdampf muß von 100° auf die Reaktionstemperatur von ca. 1000° erhitzt werden, dazu sind bei einer mittleren Wärmekapazität von 0,48 WE pro cbm erforderlich:

$0{,}48 \cdot 900 =$ 433 WE

Also sind im ganzen nötig = 1700 WE.

A. Beim Blasen auf Generatorgas sind nach der obigen Berechnung für 1 cbm CO disponibel = 650 WE. Zur Gewinnung der für 2 cbm Wassergas nötigen 1700 WE müssen demnach $\frac{1700}{650} = 2{,}62$ cbm CO beim Warmblasen erzeugt werden; hierzu kommen $\frac{2{,}62}{2} \cdot \frac{79}{21}$ $= 4{,}93$ cbm N, so daß auf 2 cbm Wassergas beim Gasen $= 7{,}55$ cbm Generatorgas beim Blasen zu erzeugen sind.

Beim Blasen werden verbraucht $0{,}536 \cdot 2{,}62 = 1{,}404$ kg C

Beim Gasen werden verbraucht . . . . . 0,536 kg C

Demnach beträgt der C-Verbrauch für 2 cbm = 1,940 kg C

und für 1 cbm Wassergas = 0,971 kg C

B. Beim Blasen auf Kohlensäure sind, wie oben gezeigt wurde, für 1 cbm CO_2 disponibel = 2557 WE. Demnach muß man für 2 cbm Wassergas $\frac{1700}{2557}$ $= 0{,}665$ cbm CO_2 beim Warmblasen erzeugen. Hierzu kommen $0{,}665 \cdot \frac{79}{21} = 2{,}50$ cbm N, im ganzen also auf 2 cbm Wassergas = 3,17 cbm Verbrennungsgase.

Beim Blasen werden verbraucht $0{,}536 \cdot 0{,}655 = 0{,}356$ kg C

» Gasen » » . . . . 0.536 kg C

Also werden für 2 cbm Wassergas verbraucht = 0,892 kg C

für 1 cbm Wassergas = 0,446 kg C

Praktisch ist die Differenz zwischen dem Verfahren nach A und B viel geringer, weil die Verbrennung zu CO und zu CO_2 in beiden Fällen nicht so vollkommen verläuft, wie oben angenommen. Dann ist nicht zu vergessen, daß bei A ein großer Teil der Wärme im Dampfüberhitzer bzw. Karburator für den Prozeß disponibel wird, so daß obige Ziffern in bezug auf Wirtschaftlichkeit nicht vergleichbar sind. Effektiv sind sogar bei A die Nutzeffekte ganz naturgemäß besser als bei B, da bei diesem Verfahren doch ein zu großer Teil der Wärme mit den Abgasen durch den Schornstein unbenutzt abzieht.

An einem aus der Praxis entnommenen Beispiel für die Berechnung des Nutzeffektes bei der Wassergasdarstellung nach Dellwik soll gezeigt werden, mit welchen erheblichen Wärmeverlusten dieser Prozeß verknüpft ist.

Aus 1 kg Koks mit 10% Asche = 0,9 kg Kohlenstoff wurden erzeugt 2 cbm Wassergas (auf 0° und 760 mm bezogen) von der Zusammensetzung:

$$\left.\begin{array}{l}6{,}2\%\ CO_2\\ 38{,}6\%\ CO\end{array}\right\}\begin{array}{l}=44{,}8\cdot 0{,}536=0{,}240\ \text{kg C in 1 cbm Wassergas}\\ \cdot\ 3034=1171\ \text{WE}\end{array}$$

$51{,}0\%\ H_2 \quad \cdot\ 2570 = 1311$ »

$4{,}2\%\ N_2$

100,0% Heizwert = 2482 WE pro 1 cbm.

Im verbrauchten Koks enthalten 0,9 · 8100 = 7290 WE
Heizwert der 2 cbm Wassergas . . . . . = 4964 »
Wärmeverbrauch im Apparat . . . . . = 2326 »

Prozentuale Verteilung des Heizwertes:

Im Wassergas enthalten = 68,1%
Im Apparat verbraucht = 31,9%

100,0%

Günstigere Resultate erzielte Bunte[1]) bei Versuchen auf den Warsteiner Gruben- und Hüttenwerken. Dort ergab sich die Ausnutzung der Verbrennungswärme des Koks im Wassergas zu 72%, während die Verluste ca. 28% betrugen: davon trafen auf die mit etwa 900° entweichenden Heizgase 16%, 8% gingen mit dem heißen Wassergase fort, der Rest entfiel auf Strahlung und Wärmeleitung. Auf dem Gaswerk Elberfeld wurde mit Strache-Generatoren sogar ein Nutzeffekt von 80% festgestellt.

Noch vor wenigen Jahren veröffentlichte Glasgow, der Vertreter des Loweprozesses in England, die Bilanz eines Wassergasgenerators[2]), aus der hervorgeht, daß nach den älteren Verfahren nur etwa 57% des im Koks enthaltenen Heizwerts im Wassergas nutzbar gewonnen werden, während 43% verloren gehen.

Die genaue Feststellung der einzelnen Verlustquellen eröffnet allerdings die Möglichkeit, einzelne Verluste zu vermindern. So sind z. B. die Bedingungen, unter denen der Wasserdampf möglichst vollständig von glühenden Kohlen zersetzt wird, für den Wassergasprozeß von größter Bedeutung. Nach der Theorie sind für 1 cbm Wassergas 0,5 cbm $\sim$ 0,4 kg Dampf erforderlich, da jedoch ein Teil des Dampfes den Generator unzersetzt passiert, ist der wirkliche Verbrauch wesentlich größer. Dieser Dampfüberschuß beeinflußt den ökonomischen Effekt des Wassergasprozesses in sehr ungünstiger Weise, weil er einerseits zu seiner Erzeugung einen beträchtlichen Aufwand an Brennstoff erfordert, anderseits die Temperatur im Generator herabsetzt, indem er infolge seiner hohen Kapazität viel Wärme wegführt und durch nachträgliche Kühlung aus dem erzeugten Wassergas wieder entfernt werden muß. Ein rationeller Betrieb ist bei jeder Wassergasanlage durch Überwachung der Dampfzersetzung möglich, wie sie Strache durch seinen Dampfschlußmelder mit sehr günstigen Erfolgen ausführt.

---

[1]) Journ. f. Gasbel. 1898. Nr. 35.

[2]) Geitel, Das Wassergas, 3. Aufl. S. 15.

Den besten Einblick in die Abhängigkeit der Wassergaszusammensetzung und der Zersetzung des Wasserdampfes von der Temperatur der glühenden Kohle bieten die interessanten Versuche von Bunte und Harris[1]). Diese Versuche wurden in der Weise ausgeführt, daß durch ein mit Holzkohle gefülltes, stark erhitztes Rohr Wasserdampf geleitet wurde. Die tabellarische Zusammenstellung der Ergebnisse läßt erkennen, daß mit steigender Temperatur die Menge der Kohlensäure und des unzersetzt den Generator passierenden Dampfes abnimmt.

Temperatur (Mittel) °C	Zusammensetzung des erzeugten Wassergases			Wasserdampf		Geschwindigkeit des Gasstroms l pro Sek.
	Wasserstoff % H_2	Kohlenoxyd % CO_2	Kohlensäure % CO_2	zersetzt %	unzersetzt %	
674	65,2	4,9	29,8	8,8	91,2	0,9
758	65,2	7,8	27,0	25,3	74,7	1,8
838	62,4	13,1	24,5	34,7	65,3	3,66
838	61,9	15,1	22,9	41,0	59,0	3,28
861	59,9	18,1	21,9	48,2	51,8	5,3
954	53,3	39,3	6,8	70,2	29,8	6,3
1010	48,8	49,7	1,5	94,0	6,0	6,15
1060	50,7	48,0	1,3	93,0	7,0	9,8
1125	50,9	48,5	0,6	99,4	0,6	11,3

Diese Versuche sind später[2]) durch Strache dahin ergänzt worden, daß auch bei niedrigen Temperaturen eine gute Zersetzung des Dampfes erzielt werden kann, wenn die Dampfgeschwindigkeit entsprechend gering gewählt wird, wie aus folgender Tabelle hervorgeht:

---

[1]) Journ. f. Gasbel. 1894, S. 82.

[2]) Journ. f. Gasbel. 1900. 355, 574.

Unzersetzter Dampf in Vol.-% des austretenden Gasdampfgemisches.

Dampfgeschwindigkeit	0,58	4,4	7,5	8,9	13,0	13,4	17,0	21,2	21,3
Temperatur im Generator °	788	816	490	500	500	475	560	620	620
unzersetzter Dampf %	2,7	22	27,4	19,7	32,1	48,9	48.5	48,6	63,3

Bis vor wenigen Jahren waren sämtliche Verfahren zur Erzeugung von Wassergas so eingerichtet, daß während der Blasperiode nur Generatorgas erzeugt und dieses dann anderweitig nutzbar verwendet wurde.

Zur Einführung des Dellwik-Fleischer-Prozesses wurde nun der Anspruch erhoben, daß eine Verbrennung des Kohlenstoffs zu hauptsächlich CO_2 und nur wenig CO bei den im Generator herrschenden hohen Temperaturen von $> 1000^0$ technisch möglich sei, wenn die Berührungszeit in dem Generator zwischen Luft und Koks derartig verkürzt würde, daß eine Reduktion der entstandenen CO_2 zu CO nicht stattfinden könne.

Als Mittel zur Erreichung dieses Zweckes wurde geringe Schichthöhe (1,2 m) und hohe Windgeschwindigkeit als dem Dellwikschen Verfahren der CO_2-Verbrennung charakteristisch angegeben.

Mit der Prüfung dieser viel umstrittenen Theorie haben sich Lunge, Boudouard, Strache und Wielandt meist auf Grund von angestellten Experimenten befaßt. Lunge kommt auf Grund seiner Untersuchungen des Dellwik-Apparates in Warstein[1]) zu der Folgerung, daß die bisher herrschende Anschauung einer Dissoziation der CO_2 zu CO und O bei Temperaturen über 1000^0, welche durch die Anwesenheit von C unterstützt wird und gemäß welcher bei Temperaturen über 1000^0 C Kohlenstoff und Sauerstoff stets, ohne Zwischenbildung von CO_2, direkt in das bei diesen Temperaturen bestän-

[1]) Journ. f. Gasbel. 1899, S. 596.

digere CO sich umsetzen, dahin abgeändert werden müsse, daß bei hoher Sauerstoffspannung — wie sie bei der ungewöhnlich gesteigerten Luftgeschwindigkeit im Dellwik-Prozeß vorliegt — der Dissoziationspunkt der CO_2 hinaufgerückt wird auf einen über der Generatortemperatur liegenden Punkt. Eine experimentelle Prüfung dieser Hypothese stellte Lunge nicht an.

Strache hat die Dellwiksche Theorie in einer Reihe eingehender Versuche im Betriebsgenerator[1]) gründlich widerlegt. Unter Verwendung von Schichthöhen (0,8 bis 2,8 m), die die von Dellwik angegebene von 1,2 m teilweise noch unterschritten und von Windgeschwindigkeiten bis zu 4 m (im freien Querschnitt gerechnet) gegenüber der bei Dellwikschen Anlagen herrschenden von 1—1,5 m hat er nachgewiesen, daß ein hauptsächlich aus CO_2 bestehendes Abgas nur im Anfang des Blasens auftreten kann und zwar unabhängig von Schichthöhe und Windgeschwindigkeit, sondern allein von der Temperatur des Generators abhängig. Bei der zu Beginn des Blasens herrschenden niedrigen Temperatur entsteht vorwiegend CO_2, mit der durch das Blasen bewirkten Temperatursteigerung immer mehr CO. Dieser Befund entspricht durchaus den bisherigen Anschauungen über die Vorgänge in einem Generator, so daß der Dellwiksche Befund hoher CO_2-Gehalte seine einfache Erklärung darin findet, daß diese zu Beginn des Blasens ermittelt werden bei verhältnismäßig niedriger Temperatur, die sicher zu Beginn wesentlich unter 1000° liegt. — Es ist nicht erwiesen worden, daß die mittlere Temperatur in einem Dellwik-Generator 1000° beträgt oder übersteigt, und noch weniger ist erwiesen worden, daß bei diesen Temperaturen und den praktisch angewandten Schichthöhen und Windgeschwindigkeiten wesentlich CO_2 gebildet wird. Wenn die mittlere Temperatur 1000° betrüge und die Abgase mit 1000° ab-

[1]) Journ. f. Gasbel. 1900, S. 335, 574.

gehen, so würde dadurch schon ein Wärmeverlust von 3320 WE pro 1 kg C, d. h. von ca. 41% bedingt sein.

Zur Klarlegung der Voraussetzungen für CO- und CO_2-Bildung hat auch Wielandt[1]) eine Reihe von Versuchen ausgeführt, in denen er eine Bestätigung der allgemein bekannten Tatsache erbringt, daß in den untersten Schichten eines Generators zunächst immer CO_2 entsteht, die erst in den oberen Schichten bei Berührung mit glühendem Kohlenstoff zu CO reduziert wird. Da er indessen nur mit einer Schichthöhe von wenigen Dezimetern arbeitete, die in der Praxis, wie oben erwähnt, nicht in Betracht kommen kann, so lassen leider seine Resultate keinen Schluß auf den Zusammenhang zwischen Schichthöhe, Windgeschwindigkeit, Temperatur und CO_2-Gehalt der Abgase zu.

Inzwischen ist auch durch die Nichtigkeitserklärung des Dellwikschen Patentes (im Jahre 1907) seine Unhaltbarkeit bewiesen worden.

3. Die verschiedenen Verfahren zur Darstellung von Wassergas.

Von den, wie schon erwähnt, außerordentlich zahlreichen verschiedenen Verfahren und Apparaten zur Wassergasdarstellung sollen hier nur die zurzeit bekanntesten und speziell in Deutschland verbreitetsten berücksichtigt werden:

a) Verfahren von Humphreys und Glasgow.[2])

In Deutschland hat zur Erzeugung von ölkarburiertem Wassergas, das nach dem Lowe-Prozeß arbeitende Verfahren von Humphreys und Glasgow, das in Amerika schon seit vielen Jahren mit gutem Er-

[1]) Journ. f. Gasbel. 1903, S. 201.

[2]) Lizenz-Inhaber Jul. Pintsch-Berlin.

folge angewendet wird, wohl die größte Verbreitung gefunden.

Der Generator ist ein einfacher Schachtgenerator von ca. 3,5 m Höhe, dessen Konstruktion aus der Abbildung (Fig. 306) ohne weitere Erklärung hervorgeht. Die besonderen Merkmale des Systems beruhen in dem hinter dem Generator aufgestellten Vergaser und Überhitzer.

Dem Generator wird das Brennmaterial von oben zugeführt; die Verbrennungsluft wird von unten eingeblasen. Die in dem Generatorgas aufgespeicherte Wärme wird durch sekundäre Verbrennung für die Karburation des Wassergases mit Öl nutzbar gemacht. Die Generatorgase durchströmen zunächst den Karburator, in welchem sie, mit Gebläseluft gemischt, teilweise verbrennen und die im Innern gitterartig aufgestellten Steine zum Glühen bringen. Der Rest der Gase wird in dem dahinter stehenden Überhitzer nochmals mit Gebläseluft zusammengeführt und vollkommen verbrannt. Die Verbrennungsgase entweichen dann durch einen auf dem Überhitzer sitzenden Schornstein, der gegen den Überhitzer durch eine Klappe abgesperrt werden kann. Ist der Generatorinhalt genügend heiß, so folgt die Periode des »Gasmachens« durch Einleitung von Dampf. Der Dampf kann entweder von unten oder von oben zugeführt werden. Damit der obere Teil des Generators nicht zu heiß wird, bläst man den Dampf von unten und von oben, nach Maßgabe der gewünschten Wärmeverteilung im Generator ein. Jeweils an der entgegengesetzten Seite entweicht das entstandene Wassergas und durchströmt nun auch den Vergaser und Überhitzer. In ersteren wird von oben in fein zerstäubtem Zustande das Karburieröl eingeleitet, das sich an der heißen Schamotteausmauerung erhitzt und verdampft. Durch die ausgiebige Berührung mit den glühenden Steinen des Karburators und Überhitzers findet ein Übergang in Ölgas statt, das dem gleichzeitig durchströmenden

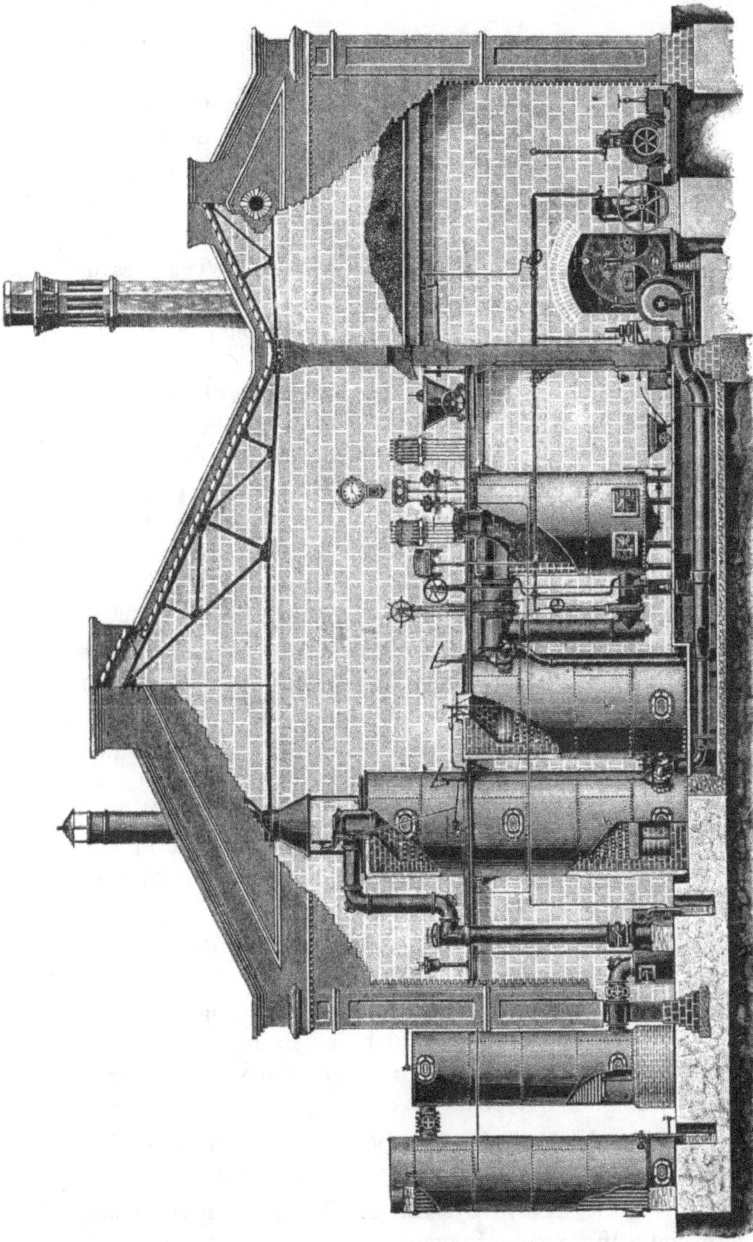

Kühler Skrubber Wäscher Überhitzer Karburator Generator Maschinen- und Dampfkessel

Fig. 306.

Wassergase die gewünschte Leuchtkraft erteilt. Das so karburierte Wassergas durchstreicht dann die Vorlage, den Wäscher und den Kühler, in denen es vom Staub und dem aus der Vergasung der Öle stammenden Teer befreit wird.

Durch die Dauer des Blasens, resp. die Temperatur des Generators hat man es in der Hand, ein Generatorgas mit soviel CO herzustellen, daß dasselbe bei seiner Verbrennung zu CO_2 imstande ist, jene Wärmemenge zu entwickeln, welche bei der folgenden Periode im Vergaser und Überhitzer aufgespeichert sein muß, um das zur Karburierung nötige eingespritzte Ölquantum vollständig zu vergasen. Soll also ein Gas von geringerer Leuchtkraft hergestellt werden, wozu weniger Öl und damit auch weniger Wärme nötig ist, so kann das Generatorgas mehr CO_2 enthalten. Durch diese vollkommenere Verbrennung im Generator wird eine größere Wärmemenge frei zur Erzeugung von reinem Wassergas. Es wird sich dementsprechend die Dauer der Gasungsperiode länger ausdehnen lassen.

Das gekühlte Gas gelangt meist erst in einen Zwischengasbehälter, von wo aus es dann in der Regel, da der Betrieb intermittierend ist, durch die Reinigungsanlagen in die Vorratsbehälter geleitet wird und von hier aus meist durch Beimischung zum Steinkohlengas zur Verwendung kommt.

Die Handhabung der Apparate seitens der Arbeiter wird nach vorhergegangenen Versuchen und Bestimmungen nach der Zeit geregelt und gestaltet sich sehr einfach, da ein Fehlgriff in der Bedienung der Schieber und Ventile durch sinnreich angebrachte Verriegelungen zur Unmöglichkeit gemacht ist.

Soll unkarburiertes Gas hergestellt werden, so hat man nur nötig, mit dem Ölzusatz aufzuhören.

Die mit diesem System in Bremen gefundenen Ausbeuteziffern sind folgende:

Aus 500 kg Koks im Generator und 120 kg im Dampfkessel werden 1000 cbm Wassergas erzeugt. Der dabei verwendete Koks stammt von englischer Kohle und besitzt 6 % Asche. Der Heizwert des Koks = 7300 WE. Der Heizwert des blauen Wassergases = 2500 WE.

1 cbm karburiertes Wassergas, das bei 150 l Verbrauch in offener Flamme brennt, gibt für 23 g Öl 1 HK Leuchtkraftsteigerung, für 16kerziges Gas sind also 0,368 kg Öl pro cbm erforderlich. Von diesem Öl scheiden sich als Teer ungefähr wieder 30 % des verwendeten Öles aus, also = 30 · 0,368 = 0,11 kg Teer.

Der Heizwert des karburierten Wassergases ist = 5000 WE. Die Dauer des Blasens beträgt 4 Min., die des Gasens 7 Min.

b) Verfahren von Strache.

Die von der Prof. Strache-Wassergasgesellschaft, Wien, verwandten Apparate sind sehr verschieden, je nach der Art des zu verarbeitenden Brennstoffes, der Art des zu erzeugenden Gases und je nach dem Grad der Wärmeausnutzung der beim Blasen entstehenden Generatorgase. Es gelangen in den Apparaten dieser Gesellschaft außer Koks auch Steinkohle und Braunkohle zur Verwendung, das Gas kann karburiert oder als Blaugas erzeugt werden, und je nach dem Grade der Wärmeausnutzung ergeben sich einfachere oder kompliziertere Typen mit geringerem oder höherem Nutzeffekt.

Gegenüber anderen Verfahren sind alle Stracheschen Generatoren zunächst in der Betriebsweise durch das stetige Gasen von oben gekennzeichnet, wodurch eine gute Wärmeausnutzung der beim Heißblasen im Vergasungsmaterial aufgespeicherten Wärme, d. h. eine gute Ausbeute erzielt wird. Da bei dieser rationelleren Art des Gasens der Unterteil des Generators wärmer geht als beim abwechselnden Gasen von oben und unten, so ist der übliche gußeiserne Rost, der sich bei anderen Konstruktionen der Einhaltung höherer Temperaturen im Generatorunterteil entgegensetzt, ganz weggelassen und ein Wasserkühlring zur Schonung des Mauerwerks in den Generatorunterteil eingebaut. Zugleich ergibt sich durch den Kühlring und das Fehlen des Rostes ein äußerst vorteilhaftes leichtes Schlacken. Im übrigen sind die Stracheschen Apparate konstruktiv durch die Verwendung eines hydraulischen Abgasventils und eines gemeinsamen hydraulischen Umschaltventils für Gasaustritt und Windeintritt gekennzeichnet, wodurch Gasverluste und Explosionsgefahr durch Undichtheiten vermieden werden und große konstruktive Einfachheit bedingt ist.

Außer durch das ständige Gasen von oben ist eine wesentliche Erhöhung des Nutzeffektes bei einigen der Stracheschen Generatortypen dadurch bedingt, daß die Abgase zur Überhitzung des Dampfes benutzt werden. Während z. B. ein Strachegenerator einfachster Konstruktion ohne Dampfüberhitzer in der Gasanstalt Elberfeld im Dauerbetriebe eine Ausbeute von 1,8 cbm (0° und 760 mm) pro kg Gaskoks erzielt, wurden in der Gasanstalt Pettau bei einem Strachegenerator mit Dampfüberhitzung 2,4 cbm pro 1 kg Gaskoks gewonnen.

Zugleich bietet die Dampfüberhitzung den Vorteil, daß statt des bei anderen Verfahren ausschließlich verwendbaren Koks auch Steinkohlen und Braunkohlen ev. im Gemisch mit Koks direkt zu Wassergas verarbeitet werden können.

Von den verschiedenen Generatortypen der Strache-Gesellschaft seien hier nur zwei kurz beschrieben. Fig. 307 stellt den einfachsten Typus zur Blauwassergaserzeugung aus Koks dar. Da immer nur im Gegenstrom gearbeitet wird, ist die Ventilanordnung wie die ganze Konstruktion äußerst einfach. Zwei Ventile genügen für alle Schaltungen: der hydraulische Umschalter *u*, der den Windeintritt beim Blasen und den Gasaustritt beim Gasen vermittelt, sowie das hydraulische Abgasventil *a*, das beim Blasen die Generatorgase zum Kamin entweichen läßt und beim Gasen den Austritt des oben in den Generator eintretenden Dampfes verhindert.

Soll durch Ausnutzung der Wärme und des CO-Gehaltes der Generatorgase ein höherer Nutzeffekt erzielt werden, so wird an den Generator ein Regeneratorsystem angeschlossen, durch das die durch Sekundärwind verbrannten Generatorgase ihren Weg zum Kamin

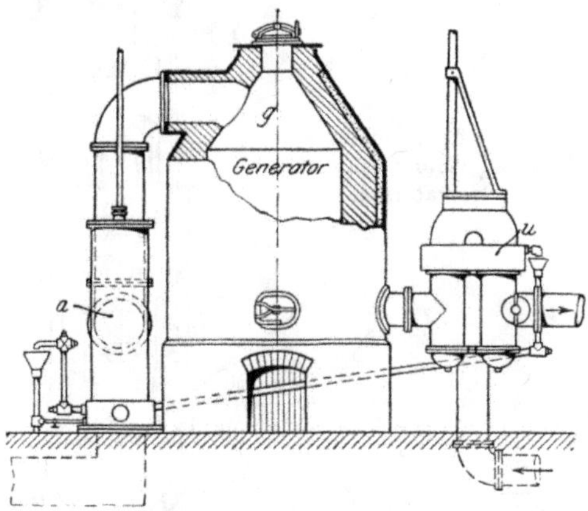

Fig. 307 (Verfahren Strache).
Generator der Wassergasanlage Type A in Elberfeld, Gaswerk.

nehmen, während beim Gasen der Dampf den Regenerator in umgekehrter Richtung durchstreicht und sich dabei an den heißen Steinen überhitzt. Zugleich wird durch den überhitzten Dampf, wie schon erwähnt, die direkte Vergasung von Steinkohle und Braunkohle möglich. Die Kohle wird durch den oben in den Generator eintretenden überhitzten Dampf vergast und verkokt und sinkt herab, so daß der Generatorunterteil eine glühende Koksschicht enthält, an der sich die Destillationsprodukte: Teer, Leuchtgas, Ammoniak etc. größtenteils zu H, n und C zersetzen, sowie der Dampf zu Wassergas umsetzt.

Soll ölkarburiertes Gas erzeugt werden, so kann das Regeneratorsystem statt zur Dampfüberhitzung zur Karburation benutzt werden. Da diesfalls der Dampf direkt in den Oberteil des Generators eintritt, so ist

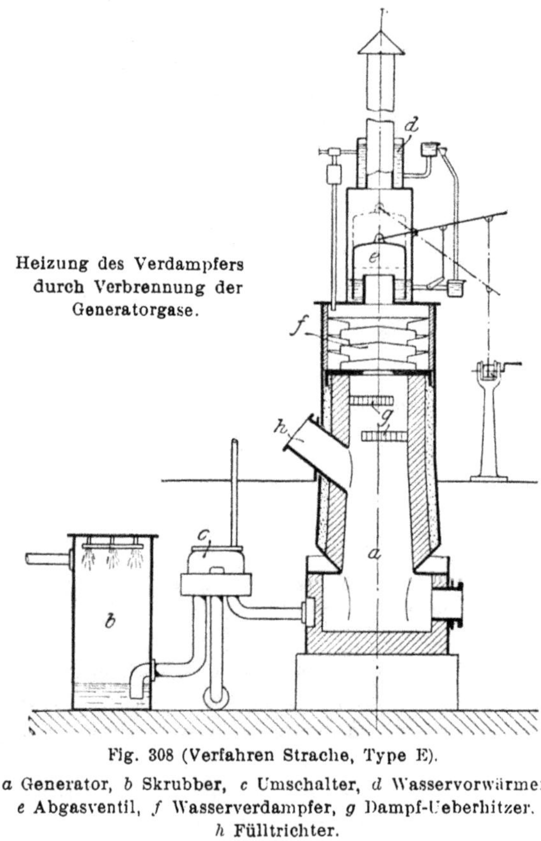

Fig. 308 (Verfahren Strache, Type E).
a Generator, *b* Skrubber, *c* Umschalter, *d* Wasservorwärmer, *e* Abgasventil, *f* Wasserverdampfer, *g* Dampf-Ueberhitzer. *h* Fülltrichter.

nur nötig, ein Zwischenventil zwischen Generator und Regenerator einzubauen, welches beim Gasen ein Entweichen des Dampfes durch den Regenerator verhindert.

Fig. 308 stellt eine Type dar, in der die Abgaswärme außer zur Dampfüberhitzung auch zur Dampferzeugung verwandt wird. In diesem Generator kommen Kohlen zur Vergasung. Die Betriebsweise ist nach dem oben bereits Gesagten und nach der Figur leicht erkenntlich.

Für alle Stracheschen Generatoren ist der Betrieb mittels des Dampfschlußmelders, System

Dampfschlußmelder-Anlage.

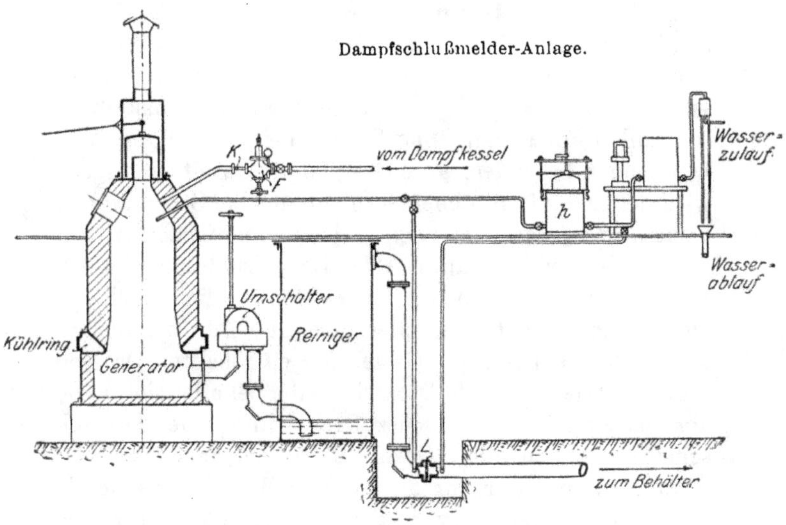

Fig. 309.
F Dampfdruckregler, *K* Dampfdüse, *L* Dronescheibe, *h* Dampfschlußmelder, *a* Autolysator.

Strache (Fig. 309), charakteristisch, durch den ein ungemein rationelles Arbeiten ermöglicht wird.

Von der Erkenntnis ausgehend, daß der unzersetzt durch den Generator gehende Dampf die wesentlichste Wärmeverlustquelle beim Wassergasprozeß bedeutet, erreicht Strache durch diesen Apparat, daß die Gaserzeugung jeweils dann abgebrochen wird, wenn die Produktion infolge unzersetzt durchgehender Dampfmengen unrationell geworden ist. Der Apparat gibt dann jeweils bei einer bestimmten Minimalproduktion pro Minute ein Glockensignal, das den Arbeiter zum

Schließen des Dampfventils auffordert. Es ist dadurch eine gleichmäßige Temperatur des Generators am Schlusse des Gasens bedingt und dadurch wiederum eine Konstanz in allen Verhältnissen: Ausbeute, Stundenleistung, Qualität etc., was bei dem anderwärts üblichen Gasen nach Zeit nicht der Fall sein kann. Durch verschiedene Einstellung des Kontaktes, der das Signal abgibt, läßt sich diejenige Endproduktion ermitteln und dauernd festhalten, bei der die besten Resultate erzielt werden. Je nach Wunsch kann man die Einstellung so wählen, daß man hohe Stundenleistung, hohe Ausbeute oder besonders gute Gasqualität erzielt. Übrigens wird der Dampfschlußmelder nicht nur bei Stracheschen Generatoren, sondern auch bei anderen Systemen mit großem Vorteil verwandt. Der Dampfschlußmelder besteht im wesentlichen aus einer Glocke, die durch die Druckdifferenz gehoben oder gesenkt wird, welche vor oder hinter einer in die Gasleitung eingebauten Drosselscheibe herrscht. Diese Drosselscheibe befindet sich nahe am Gasbehälter, so daß der Druck hinter der Drosselscheibe als konstant (Gasbehälterdruck) angenommen werden kann. Der vor der Drosselscheibe herrschende Druck ist abhängig von der pro Minute durch die Drosselscheibe hindurchgepreßten Gasmenge, d. h. von der minutlichen Gasproduktion. Dieser Druck wird mit Hilfe einer schwachen Rohrleitung auf eine kleine Glasglocke übertragen, welche doppelwandig ist. Doppelwandige Glocken haben nun die Eigentümlichkeit, sich je nach dem in ihrem Innern herrschenden Druck verschieden hoch einzustellen, weil die verdrängte Wassermenge hier in verschieden hohen Stellungen verschieden ist. Aus dieser Kombination ergibt sich nun, daß die Höhe der Stellung der Glocke ohne weiteres die Gasproduktion pro Minute zu erkennen gibt. Ein auf einer Skala spielender Zeiger zeigt sofort an, wieviel cbm Wassergas pro Minute erzeugt werden.

Betrachtet man die Wassergaserzeugung nach dem

bisher üblichen Verfahren, bei dem eine bestimmte Zeit geblasen und ebenso gegast wurde, so findet man, daß der Produktionszeiger zu Beginn des Gasens stets eine sehr hohe Stellung einnimmt und im Laufe des Gasens in wenigen Minuten sehr rasch, in manchen Betrieben sogar bis nahe auf Null herabsinkt. Dies will nun nichts anderes sagen, als daß im Anfange der Gaserzeugung aus der gleichen Dampfmenge viel mehr Gas entstanden ist als am Schlusse der Gasperiode, oder mit anderen Worten, daß am Schlusse der Gasperiode sehr viel Dampf unzersetzt aus dem Generator entweicht. Es sind in manchen Betrieben 95, ja sogar auch 100 % unzersetzten Dampfes am Schlusse der Gaserzeugung nachgewiesen worden. Soll dies vermieden werden, so kann man einfach die Gaserzeugung abbrechen, sowie der Produktionszeiger eine geringe minutliche Gaserzeugung anzeigt.

An dem Produktionszeiger ist ein elektrischer Kontakt angebracht, welcher ein Glockensignal gibt, sowie die Gaserzeugung zu gering, d. h. die Dampfzersetzung schlecht geworden ist. Dieses Signal ist nach Belieben einstellbar und wird nach genauer Beobachtung des Betriebes an einer für die jeweiligen Betriebsverhältnisse entsprechenden Stelle festgelegt. Der Arbeiter hat nun weiter nichts zu tun, als das Dampfventil jedesmal vollständig zu öffnen und zu warten, bis das Glockensignal ertönt, hierauf den Dampf wieder abzustellen und seine vorgeschriebene Zeit lang warmzublasen. Auf diese Weise wird die Temperatur des Generators konstant gehalten, ohne daß der Arbeiter dem Apparat irgendwelche Aufmerksamkeit zu schenken hat. Denn das Glockensignal erfolgt immer dann, wenn bei bestimmter Dampfgeschwindigkeit der Dampfzersetzungsgrad eine bestimmte Grenze erreicht hat, d. h. wenn die Temperatur auf einen bestimmten Grad herabgegangen ist. Bläst er zu kurz, so wird die darauf folgende Gasperiode sehr rasch durch das Glockensignal anzeigen, daß die Dampfzersetzung ungenügend geworden ist, weil die aufgespeicherte Wärmemenge nur eine beschränkte Gasmenge erzeugen kann.

Mit Hilfe eines solchen Dampfschlußmelders wurden in einer Wassergasanlage fremden Systems folgende Resultate erzielt:

	Ausbeute cbm/kg 0° 760 mm	Stundenleistung des Generators	CO_2 %	Unzersetzter Dampf am Schluß des Gasens %
Alte Betriebsweise	1,55	250	6	80—100
Neue Betriebsweise	1,91	409	2	18—25

Neben dem Dampfschlußmelder benutzt Strache zur Kontrolle des Betriebes einen gleichfalls von ihm konstruierten automatischen Gasuntersuchungsapparat, mit dessen Hilfe sich fortlaufend der CO_2-Gehalt sowohl des entstehenden Wassergases als auch der beim Blasen sich bildenden Verbrennungsgase feststellen läßt. Dieser »Autolysator-Apparat« ist im Abschnitt »Gasanalyse« näher beschrieben. Zeigt sich mit Hilfe des Autolysators der CO_2-Gehalt in den Abgasen zu gering, so ist dies ein Beweis einer zu hohen Temperatur im Generatorunterteil; steigt dagegen der CO_2-Gehalt der Abgase zu hoch, so ist die Temperatur zu niedrig. Um dem zu begegnen, müßte einmal mit dem Blasen früher aufgehört und mit dem Gasen früher begonnen werden, das anderemal müßte mit dem Gasen früher, d. h. bei einer noch vollkommeneren Dampfzersetzung bei höherer Temperatur abgebrochen werden. Gleichzeitig wird der CO_2-Gehalt des entstehenden Wassergases für jede Periode bestimmt. Zu Beginn der Periode, wenn die Dampfzersetzung vollkommen ist, zeigt der Apparat wenig CO_2 an und die Anzeige steigt in dem Maße, als die Dampfzersetzung schwächer wird. Die wirtschaftlich günstigsten Werte werden mit Hilfe dieses Apparates und des oben beschriebenen Dampfschlußmelders für jeden Generator durch Versuche festgestellt.

c) Verfahren von Dellwik-Fleischer.

Nach dem Verfahren von Dellwik-Fleischer kann man wie bei den vorher beschriebenen Verfahren sowohl Blaugas als ölkarburiertes Gas erzeugen. Je nach dem einen oder anderen Zweck leitet man bei diesem Verfahren gleich wie bei jenen die Abgase direkt ab oder nutzt ihre Wärme und ihren CO-Gehalt in einem Überhitzersystem zur Karburation aus. Während im letzten Fall der Nutzeffekt nicht wesentlich davon abhängt, ob viel oder wenig CO in den Abgasen auftritt, kommt es bei der Blaugaserzeugung — wo es sich immer um die direkte Ableitung der Abgase handelt — darauf an, ein möglichst CO_2-reiches Abgas zu erzeugen. Dieses kann bei jedem System durch Einhaltung kurzer Blasezeit, niedriger Temperaturen und dementsprechender Dampfgeschwindigkeiten erreicht werden.

Der Dellwik-Generator (Fig. 310), der im allgemeinen aus einem eisernen Mantel mit Schamotteausmauerung und den Armaturen zur Regelung des Windeintritts und der Gasausgänge besteht, wird bis zu einer bestimmten Marke mit Koks gefüllt, von unten angeheizt und mittels eines Hochdruckgebläses heiß geblasen. Während dieses Vorganges ist sowohl der Windschieber als auch die Kaminklappe geöffnet, während die Gasventile geschlossen sind. Der Wind tritt unter dem Rost ein und passiert die Brennstoffschicht, die Abgase entweichen durch den Schlot ins Freie. Letzterer ist so eingerichtet, daß etwa ausgeschleuderte Funken und Koksteilchen aufgefangen werden. Nachdem der Generator genügend warm geblasen ist, wird sowohl der Windschieber als auch die Kaminklappe geschlossen, während zugleich eines der beiden Gasventile gehoben wird, je nachdem von unten oder von oben gegast wird.

Hierauf wird der Dampf in den Generator eingeblasen, und zwar so lange, bis eine rationelle Gasentwickelung nicht mehr stattfindet, was an der Länge einer Probierflamme kontrolliert wird. Passiert den Generator unzersetzter Wasserdampf, so wird der Dampf abgeschlossen, die Kaminklappe und der Windschieber geöffnet, zugleich aber auch das Gasventil wieder geschlossen und der Generator von neuem heiß geblasen. So findet abwechselnd Blase- und Gasperiode statt. Erstere dauert gewöhnlich nur einige Minuten, letztere bis zu 10 bis 12 Minuten. Diese Zeiten werden durch andere Arbeitsbedingungen, die im Generator selbst liegen, wie insbesondere Qualität und Stückgröße des vergasten Koks, Dampfdruck und dadurch bedingte Durchgangsgeschwindigkeit der Gase, Schichthöhe usw. wesentlich beeinflußt und müssen dann durch Versuche für den wirtschaftlich günstigsten Erfolg festgestellt werden.

Der Dampf wird jeweils abwechselnd einmal unter der Brennschicht und einmal oberhalb der Brennschicht eingeblasen, um eine gleichmäßigere Wärmeverteilung im Generator zu erzielen. Dagegen findet das Blasen nur von unten statt. Das Einfüllen des Brennmaterials in den Generator geschieht jeweils nach ca. drei Gasperioden durch einen fahrbaren Fülltrichter, welcher direkt über den Generator gefahren wird und in diesen sein Brennmaterial entleert. Der Generator ist in seinem unteren Teil mit Mortontüren versehen, die sowohl zum Herausnehmen der Schlacken als auch der Asche dienen. Windschieber und Gasventile sind durch eine sinnreiche Hebelkombination gegenseitig derart verriegelt, daß beide zugleich niemals geöffnet werden können, dem Generatorarbeiter also jeder Handgriff festgelegt ist. Zur besseren Sicherung sind ferner noch an den Windschiebern und an den Gasventilen Explosionsvorrichtungen angebracht, an welchen sofort der geringste Gasaustritt bemerkbar ist.

Das in dem Generator erzeugte Wassergas verläßt diesen, durchströmt einen mit Koks gefüllten und mit

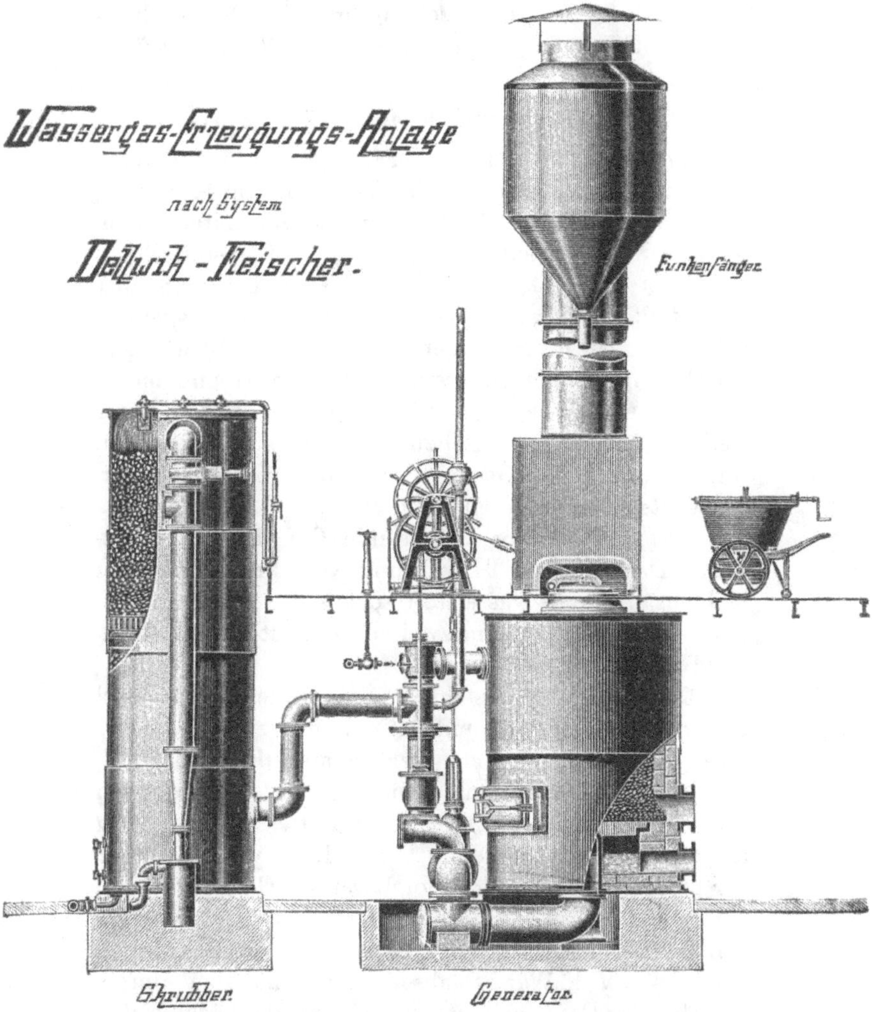

Fig. 310.

Wasser berieselten Skrubber und gelangt in einen kleinen Zwischenbehälter, welcher den Zweck hat, den periodischen Betrieb auszugleichen, so daß das Gas von hier aus in gleichmäßigem Strom nach der Reinigung oder auch gleich zur Mischung mit dem Steinkohlengase nach dem Sammelrohr hinter der Vorlage geführt werden kann.

d) Verfahren von Kramers und Aarts.

Das neue, erst im Laufe der letzten Jahre in mehreren größeren Anlagen ausgeführte Verfahren von Kramers und Aarts beruht, wie das von Dellwik, darauf, während der Blasperiode bei niedriger Brennstoffschicht möglichst viel CO_2 zu erzeugen. Zwei nebeneinander aufgestellte Generatoren, die während der Blasperiode jeder für sich auf Hitze geblasen werden, sind während der Gasungsperiode hintereinandergeschaltet und bieten dadurch eine wesentlich höhere Koksschicht als der Dellwikgenerator. Zwischen die beiden Generatoren sind während der Gasungsdauer noch zwei hoch erhitzte Regeneratoren eingeschaltet, in denen sich das den ersten Generator verlassende CO und der unzersetzte Dampf unter Mitwirkung von Frischdampf zu Kohlensäure und Wasserstoff zersetzen. Diese Kohlensäure wird dann in dem zweiten Generator zu Kohlenoxyd reduziert.

Der Apparat[1]) besteht im wesentlichen aus zwei Generatoren (Fig. 311 und 312) *G* und zwei Regeneratoren *R*, wozu noch ein Rekuperator *V* zur Vorwärmung der Luft kommt. Die beiden Regeneratoren stehen auf ein Drittel ihrer Höhe mittels Durchgang *D* fortwährend miteinander in Verbindung, während jeder der beiden mit dem korrespondierenden Generator oben verbunden ist. Die zwei Regeneratoren, welche in üblicher Weise netzartig mit Mauersteinen ausgesetzt sind, damit sie viel Wärme absorbieren und den durchstreichenden Gasen eine große Reaktionsoberfläche bieten können, münden aus in einen gemeinschaftlichen Re-

[1]) Journ. f. Gasbel. 1903, S. 924 u. folg.

kuperator, der, wie schon erwähnt, zur Vorwärmung der Gebläseluft resp. zur Abkühlung der Abgase dient. Weiter ist *L* die Luftleitung, welche aus dem Rekuperator eine Verzweigung nach den Generatoren hat und die Gebläseluft unterhalb als Primärluft, oberhalb als Sekundärluft den beiden Feuern zuführt. Der für die Wassergasbildung nötige Dampf wird einem der beiden Generatoren unterhalb des Feuers und den Regeneratoren unten zugeführt. Unter den Rosten münden die Gasröhren in ein gemeinschaftliches Hauptrohr aus, welches das Gas nach den Kühlapparaten führt. Die Verbindung zwischen den Regeneratoren und dem Rekuperator ist verschließbar, ebenso wie die Gasableitungsröhren an den Generatoren. Die Umsteuerung der Verschlüsse der Gas-, Luft- und Dampfschieber wird von einem Punkt bedient.

Beim Warmblasen ist die Windzufuhr nach den Generatoren und die Verbindung mit dem Rekuperator geöffnet, die Luft kommt oben in den Rekuperator kalt hinein, wird von den heißen Abgasen im Gegenstrom vorgewärmt, zerteilt sich alsdann und tritt ober- und unterhalb der beiden Feuer in die Generatoren. Da die Höhe der Brennstoffschicht nur eine kleine ist, findet bei richtiger Wahl des Zeitpunktes, in dem das Blasen abzubrechen ist, die Verbrennung im Feuer hauptsächlich zu Kohlensäure statt. Infolge der hohen Temperatur, besonders gegen Schluß der Blasperiode, tritt jedoch immer eine teilweise Reduktion zu CO ein; es wird aber dieses mittels Sekundärluft wiederum zu CO_2 verbrannt und die entstandene Wärme samt der eigenen Wärme der Abgase in dem Regenerator aufgespeichert bzw. in dem Rekuperator an Gebläseluft abgegeben. Auf diese Weise wird die Wärme der Blaseperiode möglichst ökonomisch für den Apparat selbst gebraucht, denn

1. findet die völlige Verbrennung hauptsächlich in dem Feuer selbst statt,

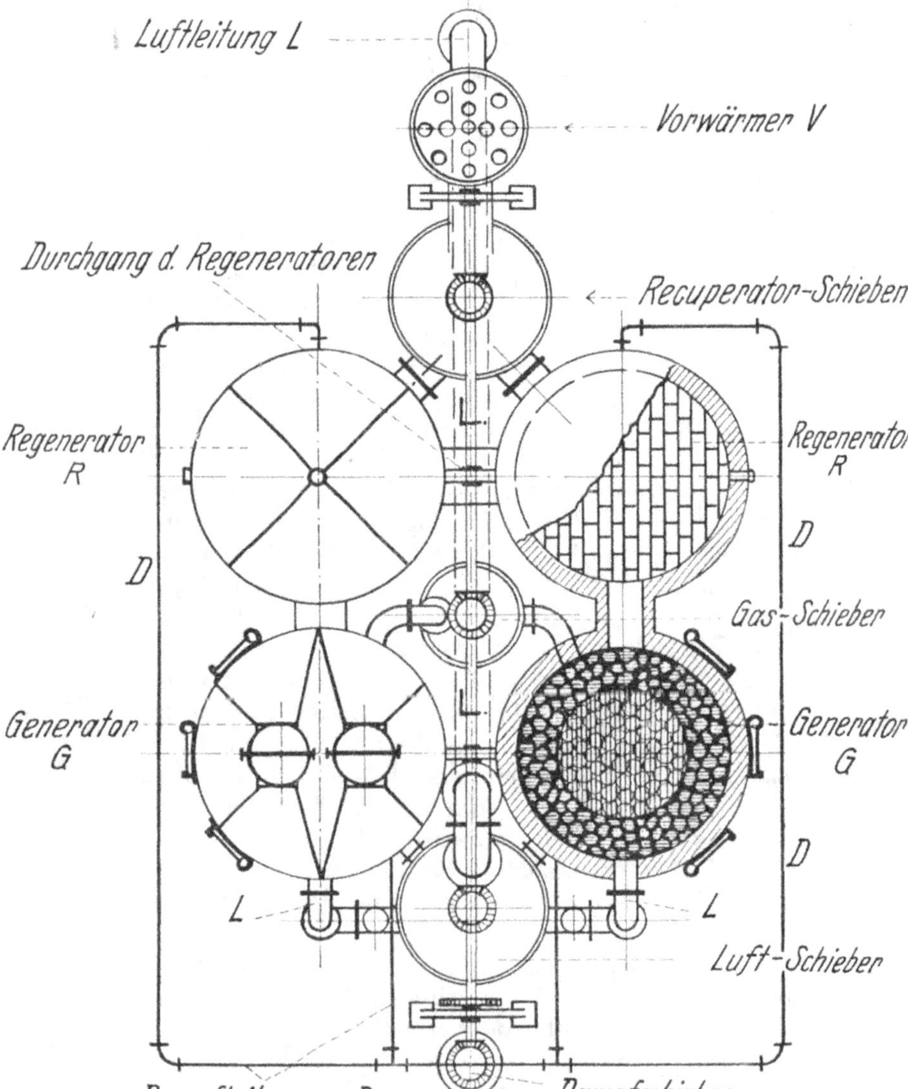
Luftleitung L
Vorwärmer V
Durchgang d. Regeneratoren
Recuperator-Schieben
Regenerator R
Regenerator R
D
D
Gas-Schieber
Generator G
Generator G
D
L
L
Luft-Schieber
Dampfleitungen D
Dampfschieber

Fig. 311.

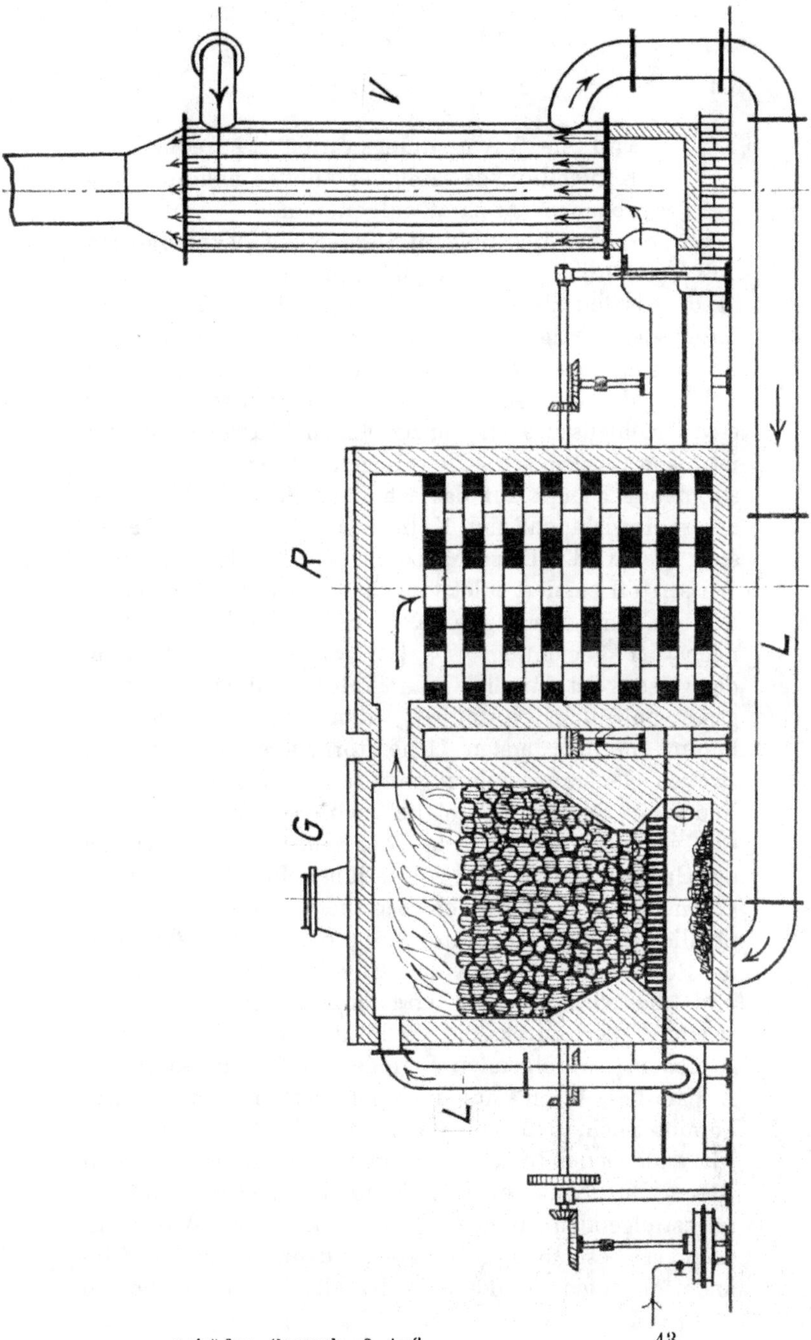

Fig. 312.

2. wird die Verbrennungswärme des reduzierten Kohlendioxyds samt der Abhitze nahezu völlig von dem Apparat aufgenommen.

Nach dem Warmblasen werden die Rekuperatoren und Luftventile geschlossen, Dampf beispielsweise unten in den ersten Generator und in die beiden Regeneratoren gleichzeitig eingeblasen und der Durchgang des Gases aus dem zweiten Generator geöffnet. Es bildet sich in dem ersten Generator also Wassergas. Mit etwas Kohlensäure und unzersetztem Wasserdampf tritt jetzt das Gasgemisch in die Regeneratoren, wo der einströmende Dampf auf das schon gebildete Kohlenoxyd derart einwirkt, daß sich Kohlensäure bildet und Wasserstoff frei wird. Diese Mischung von Kohlensäure und Wasserstoff passiert zuletzt noch den zweiten Generator, und es wird darin die Kohlensäure völlig reduziert nach der Gleichung $CO_2 + C \rightleftharpoons 2\,CO$. Dieser Gang des Gasens ist für die Qualität des erhaltenen Wassergases unbedingt vorteilhaft, denn der Wasserdampf kommt in dem ersten Generator zuerst und in dem zweiten Generator zuletzt mit dem heißesten Teile des Feuers in Berührung, folglich wird die Zersetzung der CO_2 so energisch sein, daß während der ersten Hälfte der Gasperiode CO_2 fast vollständig fehlt. Während des Gasmachens kühlen sich sämtliche Apparatteile ab, nämlich der erste Generator durch die Wassergasbildung, die Regeneratoren durch den eingeführten Wasserdampf und die stattfindende Zersetzung desselben und das zweite Feuer durch die Reduktion der Kohlensäure, so daß in der folgenden Periode des Blasens sämtliche Apparatteile Wärme aufzunehmen imstande sind. Dazu kommt noch, daß sich der zweite als Reduktionsraum wirkende Generator am wenigsten abkühlt, deshalb beim Blasen am heißesten wird und infolgedessen in der nächstfolgenden Periode des Gasens als Wassergaserzeuger besonders geeignet ist, denn in zwei aufeinanderfolgenden Perioden werden die Rollen der beiden

Generatoren miteinander vertauscht. Selbstverständlich wird alsdann Dampf dem zweiten Generator von unten zugeführt.

4. Die Herstellung von Wassergas in Steinkohlen-Gaswerken.

Wassergasapparate sind in Deutschland hauptsächlich als Ergänzung zu bestehenden Steinkohlengasanstalten eingeführt. In dieser Beziehung wirkten die Städte Bremen und Hamburg (System Humphreys und Glasgow) und Königsberg (Dellwik) bahnbrechend. Die guten Erfolge, welche hier erzielt wurden, verhalfen dem Wassergas bald zu weiterer Verbreitung in deutschen Städten, wobei die gegen Steinkohlengaswerke von gleicher Produktion bedeutend geringeren Anlagekosten der Wassergasanstalten und die großen Ersparnisse an Arbeitslöhnen hauptsächlich ins Gewicht fielen.

Noch eine ganze Reihe anderer Vorteile machten bald das Wassergas zu einer unentbehrlichen Hilfsquelle für viele Gasanstalten.

Von besonderem Werte sind z. B. Wassergasanlagen für solche Gaswerke, die ihrer vollen Ausnutzung schon sehr nahe gekommen sind und an eine Erweiterung oder völligen Neubau denken müssen. Einer Vergrößerung des bestehenden Werkes stellt sich oft genug durch Platzmangel ein unüberwindliches Hindernis entgegen.

Bedenkt man nun, daß ein Gaswerk für $^{11}/_{12}$ des ganzen Jahres noch genügend groß ist und nur für etwa $^{1}/_{12}$ unzureichende Öfen und Apparate besitzt, so muß man zu der Überzeugung kommen, daß sich eine Erweiterung durch vollständigen Neubau einer Gasanstalt nicht lohnt. Dagegen wird sich wohl in jedem Gaswerke — nötigenfalls nach dem Wegreißen einiger alter Öfen — Platz für eine Wassergasanstalt finden, welche die vorhandene Anlage zur Bewältigung der Maximalproduktion in den Wintermonaten befähigt und die Errichtung einer neuen Kohlengasanstalt noch für lange Jahre überflüssig macht. Allerdings kann man nur bei ölkarburiertem Wassergas, das auf hohen Heizwert gebracht worden ist, bedeutendere Mengen zusetzen. Bei unkarburiertem und benzolkarburiertem Wassergas muß dagegen der Zusatz durch das ganze Jahr prozentual gleichmäßig sein, wenn Störungen im Brennen vermieden werden sollen, da es im Interesse einer gleichmäßigen Leuchtkraft besonders bei den modernen Invertbrennern auf einen konstanteren, wenn auch nicht gerade sehr hohen Heizwert ankommt.

Auch werden diejenigen Werke an die Erbauung einer Wassergasanstalt denken, welche mit der Gefahr eines Arbeiterausstandes zu rechnen haben. In solchen Fällen bewährt sich die sofortige Betriebsbereitschaft der Wassergasanlage und die Möglichkeit, mit sehr wenig Arbeitskräften große Gasmengen zu produzieren, als sichere Hilfe.

Schwere Arbeit ist, außer dem Schlacken der Generatoren in Wassergasanstalten überhaupt nicht zu leisten. Die sonstige Tätigkeit beschränkt sich auf Umstellen der Ventile und auf das Nachfüllen des Koks.

Während Retortenöfen tagelang angeheizt werden müssen, ehe sie zur Gasproduktion verwendbar sind, ist ein Wassergasgenerator innerhalb 3 bis 4 Stunden betriebsfähig und kann ebenso ohne Schaden für kurze Pausen wieder still gestellt werden.

Diese sofortige Betriebsbereitschaft der Wassergasanlagen ermöglicht es, die bei Störungen im Betriebe der Steinkohlengasanstalt ausfallenden Gasmengen sogleich durch Wassergas zu ersetzen.

Neben der geringen Raumfläche der Apparate sei zuletzt noch als Vorzug der Wassergasanlagen die lohnende Verwendung größerer Koksmengen erwähnt. Für manche Gaswerke bildet der Koks ein schwer verkäufliches Nebenprodukt, das aber bei der Verwendung zur Wassergasdarstellung bedeutende Ersparnisse an Gaskohlen erzielen läßt. Für die Erzeugung von 1000 cbm Steinkohlengas durch Destillation in Retorten gebraucht man etwa 3,5 t Gaskohle, für 1000 cbm Wassergas braucht man dagegen nur 0,4—0,6 t Koks. Für je 1 Million cbm Wassergas werden also 3500 t Gaskohlen frei. Auf der anderen Seite wird aber durch den Ausfall dieser 3500 t Kohle auch noch weniger Koks erzeugt, von dem wieder ein großer Teil zur Wassergaserzeugung verwendet wird, so daß die zum Verkauf stehenden Koksbestände im Verhältnis gegen früher nur noch sehr klein sein werden.

Die Darstellung des Wassergases erfährt eine empfindliche Verteuerung durch die bei Zusatz größerer Mengen von Wassergas notwendige Karburation. »Blaugas« hat keine Leuchtkraft und einen Heizwert von etwa 2900 WE o. H., würde also bei der Vermischung mit Leuchtgas dieses erheblich verschlechtern. Bei beträchtlichem Wassergaszusatz kann eine solche Wertverminderung nur dadurch verhütet werden, daß das Wassergas bis zu einer dem Steinkohlengas ungefähr entsprechenden Leucht- und Heizkraft aufgebessert wird.

Diese Bedingung ist erfüllt bei der Herstellung von ölkarburiertem Wassergas. Nimmt man z. B. den Heizwert des Ölgases zu 8500, den des Wassergases zu 2500 WE an, so hat das karburierte Gas einen Heizwert bei einem Zusatz von 25 Vol. % Ölgas

$$0{,}25 \cdot 8500 + 0{,}75 \cdot 2500 = 4000 \text{ WE}.$$

Von diesem Gase können einem Leuchtgase von etwa 5000 WE schon beträchtliche Mengen ohne wesentliche Wertverminderung beigemischt werden.

Bei einem Ölpreis von 8 ℳ pro 100 kg und einem Verbrauch von 400 g pro 1 cbm Wassergas betragen die Karburationskosten 3,2 ₰ für 1 cbm Wassergas.

In Amerika und England stehen für die Karburation des Wassergases die Petroleumrückstände billig zur

Verfügung, dagegen liegen die Bezugsverhältnisse für diese Öle in Deutschland infolge des hohen Zolles sehr ungünstig. Da aber auch die heimischen Öle hoch im Preise stehen, wird die weitere Verbreitung des so zweckmäßigen Verfahrens zur Herstellung von ölkarburiertem Wassergas recht erschwert.

Unter diesen Umständen hat man sich in Deutschland, namentlich nach der Einführung des Dellwikprozesses zur Herstellung von »Blaugas« der Karburation mit Benzol zugewendet, deren Wirksamkeit aus folgendem Beispiel ersichtlich ist:

Bei einem Zusatz von ca. 20% Blaugas wird die Leuchtkraft eines 14- oder 15kerzigen Gases, je nach dem CO_2-Gehalt des Wassergases, auf 4—5 Kerzen heruntergedrückt. Um diesem Gas wieder die ursprüngliche Leuchtkraft zu erteilen, also dasselbe auf etwa 13 Kerzen aufzubessern, sind je nach dem CO_2-Gehalt des Gases, der dabei eine große Rolle spielt, 30—40 g Benzol pro cbm Mischgas erforderlich. Die Karburationskosten betragen in diesem Falle bei einem Benzolpreis von 20 ₰ pro kg 0,6—0,8 ₰ pro cbm.

Durch den gleichen Zusatz von 20% Blaugas mit einem Heizwert von 2500 WE zu einem Leuchtgas von 5000 WE wird der Heizwert des Mischgases auf $0{,}2 \cdot 2500 + 0{,}8 \cdot 5000 = 4500$ WE herabgedrückt. Durch Karburation dieses Mischgases mit 35 g Benzol (entsprechend 10 l Benzoldampf) wird das Gasvolumen nur um 1% vermehrt, der Heizwert aber auf 4800 WE aufgebessert, da die Verbrennungswärme von 10 l Benzoldampf 330 WE beträgt.

Diese Aufbesserung des Mischgases mit Benzoldämpfen findet aber sehr bald ihre Grenzen, da bei kaltem Wetter im Winter der Taupunkt, d. h. die Sättigungstemperatur für Benzol, leicht überschritten wird und sich alsdann der Benzoldampf in den Leitungen ausscheidet.

Mit Rücksicht hierauf darf bei Benzolkarburierung der Wassergaszusatz 20% nicht wesentlich überschreiten, wenn man nicht Störungen — namentlich an den Gasmotoren und Gaskochapparaten der Konsumenten — riskieren will. Die Aufbesserung mit Ölgas stellt sich in dieser Beziehung günstiger, da der hauptsächlichste Träger seiner Leucht- und Heizkraft, das Äthylen, ein Gas ist, das auch bei den niedrigsten vorkommenden Temperaturen beständig ist. Ölkarburiertes Wassergas erreicht leicht den gleichen Heizwert wie das Steinkohlengas und kann dann mit diesem in ganz beliebigem Verhältnis gemischt werden.

Ein weiterer Fortschritt in der Verwendung des Wassergases wurde dadurch gemacht, daß man das Wassergas unkarburiert in die Teervorlage einleitete, wo es einen Teil der Kohlenwasserstoffdämpfe begierig aufnahm, welche sonst mit dem Teer kondensiert worden wären, so daß man dadurch eine kleine Ersparnis an der zur Karburierung nötigen Benzolmenge erreichte. Die beiden in der Vorlage gemischten Gase passieren in diesem Falle gemeinsam die Apparatenanlage der Steinkohlengasanstalt.

Bei diesem Verfahren schwankt der Benzolverbrauch je nach der Mischungsmethode und der im Beleuchtungsbezirk vorgeschriebenen Lichtstärke zwischen 100 bis 150 g pro cbm Wassergas.[1])

---

[1]) Die Volumenzunahme des Gases durch die Benzolkarburation berechnet sich bei der Verwendung des handelsüblichen 90er-Benzols folgendermaßen: 90er-Benzol enthält 84 %, Benzol, 13 % Toluol, 3 % Xylol.

Bei 0° und 760 mm Barometerstand wiegt

1 l Benzol	1 l Toluol	1 l Xylol
3,486 g	4,112 g	4,738 g

also geben

$$3{,}486 \text{ kg Benzol} = 1 \text{ cbm Dampf}$$

und $$84 \text{ kg}: \frac{84}{3{,}486} = 24{,}09 \text{ cbm Benzoldampf}$$

$$4{,}112 \text{ kg Toluol} = 1 \text{ cbm Dampf}$$

und $$13 \text{ kg}: \frac{13}{4{,}112} = 3{,}16 \text{ cbm Toluoldampf}$$

Durch die eingehenden Versuche von Lewes-London veranlaßt, ging man bald dazu über, das Wassergas nicht mehr in die Vorlage, sondern in die Retorten selbst einzuleiten, um hierdurch noch eine größere Menge licht- und wärmegebender Bestandteile des Steinkohlengases vom Wassergas aufnehmen zu lassen, die sonst durch Zersetzung an den heißen Retortenwänden als Graphit oder durch Kondensation mit dem Teer für die Gasausbeute verloren gehen würden.

Dieses Verfahren der Selbstaufbesserung (Autokarburation) wurde jedoch sehr bald wieder aufgegeben, da einmal die bei den Lewesschen Versuchen erzielten Werte in der Praxis nicht erreicht wurden, das andere Mal, weil die Durchleitung des Blaugases durch die Retorte äußerst kompliziert in der Anlage und in der Bedienung war. Man begnügt sich daher mit der Einleitung des Blaugases in die Vorlage resp. in das Gassammelrohr.

Neuerdings hat Terhaerst-Nürnberg ein rationelles Karburationsverfahren vorgeschlagen und erprobt, das darin besteht, daß man durch kurze Ausgasung der Kohlen ein heizkräftigeres Kohlengas erzeugt, dem man entsprechend mehr unkarburiertes Wassergas zusetzen kann. Es könnte auf diese Weise die Karburierung des Wassergases mittels Öl oder Benzol ganz entfallen, ohne daß man den Wassergaszusatz stark einschränken müßte. Dieses Verfahren würde nicht nur eine bedeutende Verringerung der Anlagekosten, sondern auch eine höhere Rentabilität erzielen.

$$4{,}738 \text{ kg Xylol} = 1 \text{ cbm Dampf}$$

und $$3 \text{ kg}: \frac{3}{4{,}738} = 0{,}63 \text{ cbm Xyloldampf}$$

Im ganzen geben also 100 kg 90° Benzol 27,88 cbm Dampf, 100 kg reines Benzol würden

$$\frac{100}{3{,}486} = 28{,}67 \text{ cbm Dampf geben.}$$

XV. Die Gasfernversorgung.

Die Wirtschaftlichkeit eines Steinkohlengaswerkes ist an eine bestimmte Einwohnerzahl, bzw. an ein Konsum-Minimum gebunden, das bei ungefähr 100000 cbm pro Jahr liegen dürfte. Bei einem Bedarf unter dieser Grenze werden besonders solche Gemeinden, die in der Nähe von Städten mit eigenen Gaswerken liegen, zweckmäßig das Gas von diesen zu erhalten suchen, statt eine eigene Anlage zu bauen. Damit ist die Frage der Gasfernversorgung gegeben, für die sich auch häufig innerhalb der Städte Beispiele finden, wenn bestehende ältere Gasanstalten außer Betrieb gesetzt werden, aber doch von ihnen aus die Versorgung weiter erfolgen soll. In solchem Falle liegt es nahe, die vorhandenen Gasbehälter durch ein eigenes Druckrohr von der neuen Gasanstalt aus zu speisen. Dadurch wird die Erzeugung des Gases billiger und die Verteilung des Gases im Verbrauchsgebiet bleibt unverändert. Bis vor wenigen Jahren hatte man, obwohl in Amerika schon längst Vorbilder genug dafür bestanden, sich in Deutschland nicht an die Versorgung fern von einer bestehenden Gasanstalt liegender Gemeinden gewagt. Auch innerhalb der Städte hatte man sich bisher damit begnügt, das Gas durch ein mehr oder minder engmaschiges Verteilungsnetz an nahe wohnende Konsumenten abzugeben und bei beträchtlicher Steigerung des Konsums in einem andern Stadtteil ein neues Gaswerk zu errichten. Der pekuniäre Erfolg war dann immer noch so günstig, daß ein Bedürfnis nach Einführung irgendwelcher Neuerungen sich nur langsam entwickelte, bis endlich der Wettbewerb mit der elektrischen Licht- und Kraftübertragung zur Nachahmung und somit zum Verlassen der alten Bahnen zwang.

Die Vorarbeiten für die Fernversorgung einer Nachbargemeinde mit Gas werden sich im allgemeinen zu erstrecken haben auf:

A) Ermittelung des zu erwartenden Gaskonsums,
B) Prüfung der in Betracht kommenden Ausführungsarten,
C) Prüfung der Kosten und Rentabilität.

A. Die Ermittelung des zu erwartenden Gaskonsums erfolgt in bekannter Weise entweder durch Umfrage oder durch Berechnung mittels der »Statistik« unter Berücksichtigung des Charakters der Stadt und eventuell vorhandener größerer Konsumenten.

B. Prüfung der in Betracht kommenden Ausführungsarten.

Im Gegensatz zu den amerikanischen Fernversorgungsanlagen, bei denen das Gas auf 6—8 Atmosphären gepreßt und unter Fortlassung von Gasbehältern dem Absatzgebiet zugeführt wird, ist man in Europa dazu übergegangen, niedrigeren Gasdruck zu verwenden, und im Versorgungsgebiet meistens Gasbehälter zu errichten. Für deutsche Verhältnisse, bei denen es sich meist im Vergleich zu Amerika nur um kleine Anlagen handelt, konnte man der Kosten und der Betriebssicherheit wegen die amerikanischen Grundsätze nicht gut verwerten.

Sind solche detachierten Gasbehälter vorhanden, so genügt es in vielen Fällen, das Gas einige Stunden am Tage unter dem Druck des Hauptbehälters von der gaserzeugenden Anstalt aus den Zwischenbehältern zuzuführen, die meistens nur 50—80 mm Glockendruck besitzen, während bei den Behältern des Hauptgaswerks, je nach der Teleskopierung, ein höherer Druck herrscht. Reicht der Druckunterschied der beiden Behälter nicht aus, um die erforderliche Gasmenge überzuleiten, so bedient man sich zur Förderung des Gases eines Gebläses. Diese beiden Arten der Gasversorgung lassen sich auch mit Vorteil, je nach der Anlage und dem Gasverbrauch, vereinigen, indem man die Gasförderung zur Zeit des geringen Konsums durch den höheren Druck des Hauptbehälters besorgen läßt, und nur zur Zeit der stärksten Abgabe, also in den Abendstunden, das Gebläse zu Hilfe nimmt.

Neben dieser Art der Fernversorgung mit Zwischenbehältern haben noch Anlagen mit Hochdruckleitungen aber ohne Zwischenbehälter Verbreitung gefunden, bei denen das Gas an den Verbrauchsstellen durch Druckregler von dem höheren Druck der Fernleitung auf den gewünschten niedrigen Verteilungsdruck reduziert wird. Dabei wird das Gas in der Gaswerkzentrale nur so weit gepreßt — und das ist das Charakteristikum dieser Anlagen, — daß bei der jeweils zu fördernden Gasmenge der entstehende Reibungswiderstand überwunden wird.

Es sind demnach folgende Arten von Fernversorgungen zu unterscheiden:

I. Anlagen mit Zwischenbehältern, welche
   a) ohne mechanische Druckerhöhung, d. h. nur unter dem Gasbehälterdruck der Zentrale oder unter Ausnutzung des Gasauftriebes bei Geländehöhenunterschieden,
   b) mit mechanischer Druckerhöhung, unter Benutzung von Gebläsen arbeiten.

II. Anlagen ohne Zwischenbehälter, bei denen die Verteilungsleitungen durch Druckregler an die Fernleitungen angeschlossen sind.

Allgemein gültige Grundsätze für den Entwurf einer Fernversorgungsanlage lassen sich natürlich nicht aufstellen, da dafür örtliche Verhältnisse maßgebend sind. Im allgemeinen kann man aber doch sagen, daß Anlagen nach Ia nur für nahegelegene Gebiete Verwendung finden werden, weil die in Frage kommende Druckdifferenz nur innerhalb enger Grenzen wirksam ist, in der Hauptsache werden bei Fernversorgungen nur die Anlagen unter Ib und II den Anforderungen voll entsprechen.

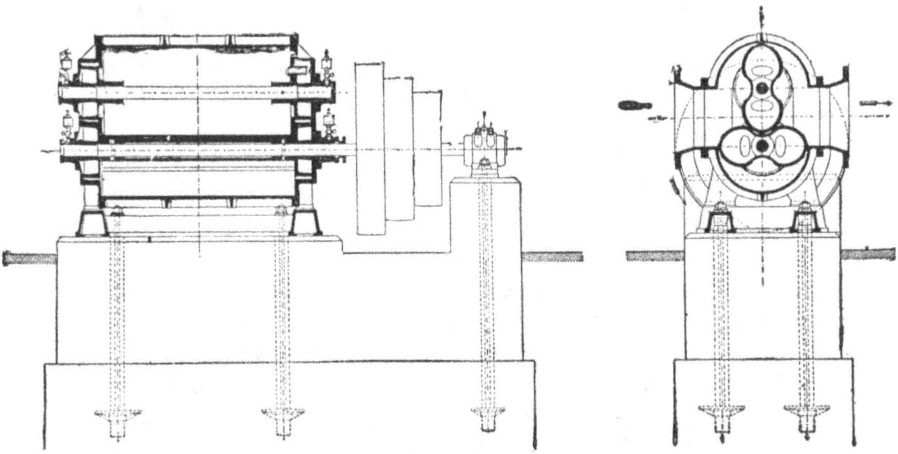

Fig. 313.

Die normale Gas-Fernversorgungsanlage besteht aus folgenden Teilen:

1. Gebläseanlage
2. Regleranlage, alleinstehende, oder im Anschluß an einen
3. Ausgleichbehälter mit Heizanlage
4. Rohrleitung.

Zur Erzeugung eines Druckes bis zu 600 mm Wassersäule können mit Vorteil die bekannten Gassauger kleinerer Abmessung benutzt werden, für Drucke bis zu 2000 mm Wassersäule muß man die größeren Modelle verwenden. Im Gegensatz hierzu können die Kapselradgebläse (Fig. 313 und 314) schon bei kleinen Abmessungen einen hohen Druck erzeugen und eignen sich besonders zum Pressen auf Druckhöhen von mehreren Metern Wassersäule. Durch

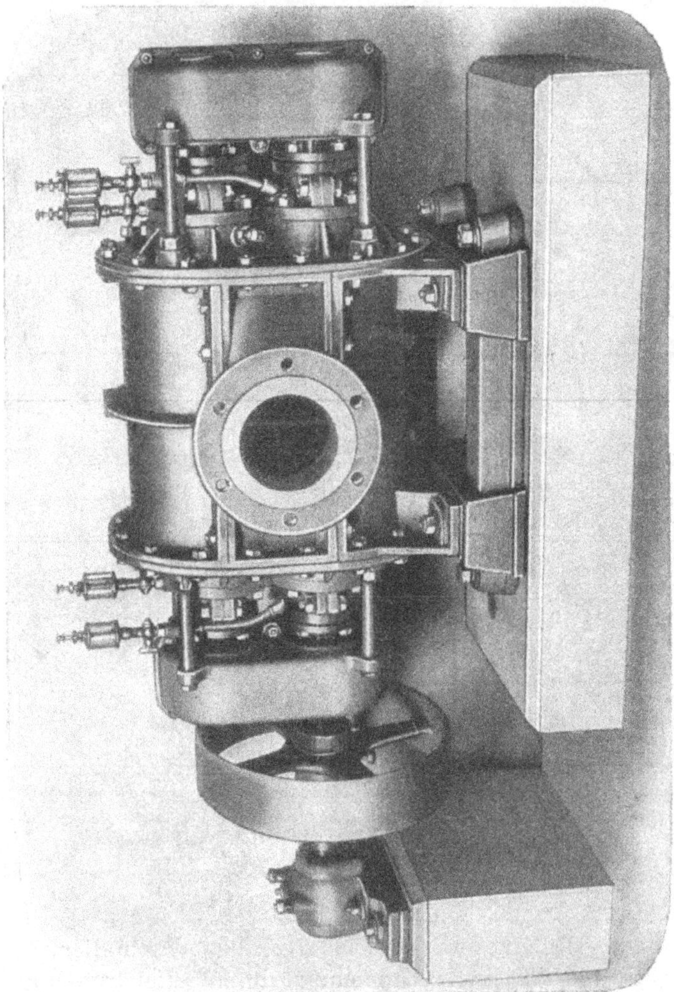

Fig. 314.

die Hintereinanderschaltung mehrerer solcher Gebläse können mit Leichtigkeit auch noch bedeutend höhere

Drucke erzielt werden. Wo dauernd auf großen Gegendruck zu rechnen ist, hat sich die Benutzung von Kompressoren (Fig. 315) als zweckmäßig herausge-

Fig. 315.

stellt. Der Antrieb der Gebläse erfolgt durch Riemen oder mit direkter Kuppelung durch Elektromotor, Dampfmaschine oder Gasmotor. Diese Antriebsmaschinen sind mit einem automatischen Ausschalter versehen, der in Funktion tritt, sobald der Gasdruck in der Fernleitung eine bestimmte Höhe überschreitet. Außerdem ist in die Druckleitung ein Sicherheitsrücklaßventil (Fig. 316) eingeschaltet, das die Druckseite mit der Saugseite verbindet und ähnlich wirkt, wie die schon beschriebenen Umlaufregler bei den Gassaugern. Wenn der Druck in der Gasfernleitung die festgesetzte Größe überschreitet, so öffnet sich das Ventil, läßt das überschüssige Gas in die Saugleitung zurücktreten, und bleibt so lange offen, als der normale Druck noch nicht erreicht ist. Durch einen Kontakt, der auf der Ventilstange angebracht ist, wird gleichzeitig noch ein Läutwerk in Tätigkeit gesetzt, das den Maschinisten auf die abnormen Druckverhältnisse in der Fernleitung aufmerksam macht und an das Abstellen der Maschine gemahnt, wenn dieses nicht schon durch die Ausschalter automatisch geschehen ist.

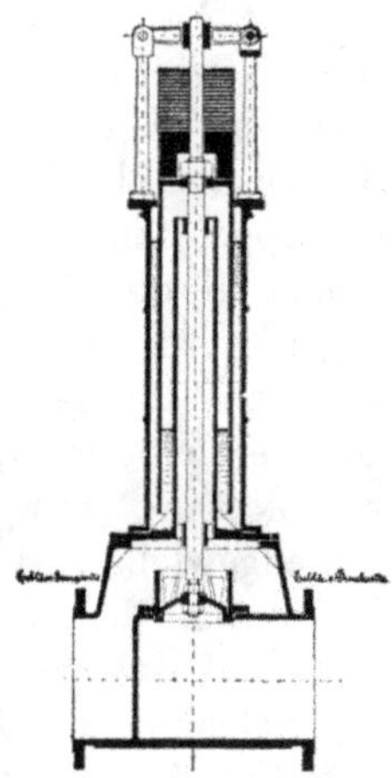

Fig. 316.

Zur Druckregulierung des aus einem Zwischenbehälter in das Verteilungsnetz tretenden Gases verwendet man am besten die schon früher beschriebenen Stadtdruckregler. Sollen aber einzelne Abnehmer aus der Hochdruckleitung direkt mit Gas versorgt werden, so müssen in deren Abzweigleitung trockene Regler (Membran-Regler) eingebaut werden.

Die Zwischenbehälter entsprechen in der Konstruktion den gewöhnlichen Gasbehältern. Nur in die Eingangs-Gasleitung sind automatische Absperrvorrichtungen eingebaut, die bei gefülltem Behälter diesen gegen die Speiseleitung abschließen. Die Anordnung einer solchen Absperrvorrichtung stellt Fig. 317 dar. Das Ventil ist mit einem Hebel und darauf verschiebbarem Gewicht versehen. An dem einen Ende des Hebels greift ein Seil an, das über eine durch die Gasbehälterglocke verschiebbare Rolle läuft und an dem andern Ende ein Gewicht trägt. Beginnt die Rolle sich zu heben, so schließt sie das Ventil, da das Gegengewicht eine größere Zugkraft auf das Seil ausübt als der Ventilkörper, demnach der Hebel in die Höhe gezogen wird. Auch bei weiterem Steigen der Glocke bleibt das Ventil geschlossen; nur das Gegengewicht wird hierbei durch den beweglichen Anschlagkörper, an welchem die Rolle befestigt ist, gehoben.

Die Druckrohrleitungen werden, soweit dessen Durchmesser 250 mm nicht überschreitet, zweckmäßigerweise aus Mannesmann-Stahlrohren hergestellt. Diese Rohre haben gegenüber den Gußröhren den Vorteil absoluter Bruchsicherheit,

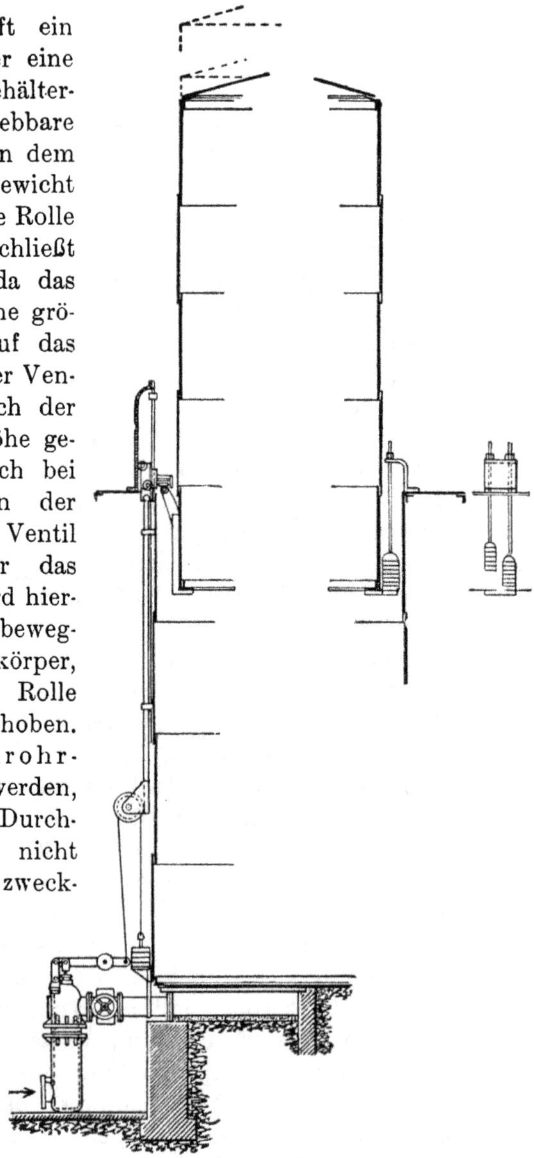

Fig. 317.

worauf großer Wert zu legen ist, denn ein Rohrbruch würde bei dem Mangel jedweder Reserve unter Umständen die ganze Fernversorgung in Frage stellen. Ferner sind den Mannesmannröhren noch folgende wesentliche Vorzüge nachzurühmen: die großen Baulängen mit der halben Dichtungszahl gegenüber Gußeisen, das leicht biegsame Rohrmaterial, das bequeme, schnelle und billige Verlegen derselben, die Entbehrlichkeit von Formstücken bei Knicken, die Herstellung von schwachen Krümmungen nicht durch die ungleichmäßige Ausbildung der Muffendichtung, sondern durch Biegen des Rohres. Die Verlegung der Rohre, gleichgültig ob Guß- oder Mannesmann-Röhren, muß mit besonderer Sorgfalt ausgeführt werden, um die Bildung von Wassersäcken, die den Wirkungsgrad der Anlage stark beeinträchtigen würden, nach Möglichkeit zu verhindern. In die Leitung müssen eine Anzahl Absperrtöpfe eingebaut werden, so daß man in der Lage ist, die Leitung streckenweise auf ihre Dichtigkeit jederzeit nachprüfen zu können.

Bei Annahme eines Gasverlustes durch Rohrundichtigkeit von 1 l für Stunde und Kilometer unter einem mittleren Druck von 50 mm Wassersäule kann man für höhere Drucke folgende Tabelle aufstellen:

Gasverluste durch Rohrundichtigkeit.

Anfangsdruck	Enddruck	Mittlerer Druck	Gasverlust
50 mm	50 mm	50 mm	1 l
500 »	80 »	290 »	2,4 »
1000 »	80 »	540 »	3,3 »
1500 »	80 »	790 »	4 »
2000 »	80 »	1040 »	4,6 »
2500 »	80 »	1290 »	5,1 »
3000 »	80 »	1540 »	5,6 »
3500 »	80 »	1790 »	6 »
4000 »	80 »	2040 »	6,4 »
4500 »	80 »	2290 »	6,8 »
5000 »	80 »	2540 »	7,1 »

Der Druckleitungsdurchmesser wird nach den im nächsten Abschnitt angegebenen Formeln berechnet.

C. Die Prüfung der Kosten und der Rentabilität.

Wenn die Versorgung eines entfernter liegenden Gebietes mit Gas für die bestehende Gasanstalt rentieren soll, so muß pro Jahr die Gasabgabe so groß sein, daß aus ihr die für Verzinsung und Tilgung des Anlagekapitals A nötige Summe und die Unterhaltung der die Fernversorgung ausmachenden Apparate und Rohrleitungen bestritten werden kann. Es können dafür folgende Sätze vom Anlagekapital in Rechnung gestellt werden: Zins 4%, Tilgung 2%, Unterhaltung 2%, dazu eventuell noch ein Nutzen von 1—2%, so daß man insgesamt auf 8—10% rechnen darf. Aus den Gaseinnahmen muß also im allgemeinen auf einen Überschuß von 8—10 Pfennig pro cbm über die reinen Gestehungskosten des Gases gerechnet werden, die den vorgenannten 8—10% gegenübergestellt werden können. Für eine Jahresabgabe von Q cbm hat man dann die Rentabilitätsbedingung

$$0{,}10\,Q \geqq 0{,}10\,A,$$

oder

$$Q \geqq A,$$

d. h. der jährliche Gasabsatz in Kubikmeter muß mindestens gleich dem Kostenaufwand in Mark sein.

XVI. Die physikalische und chemische Betriebskontrolle.

I. Druckmesser.

Zur Bestimmung des an den verschiedenen Stellen des Betriebes herrschenden Gasdruckes bedient man sich der Manometer. Diese Manometer werden entweder an den einzelnen Apparaten angebracht, oder man stellt alle gemeinsam an einem Punkt auf und verbindet jeden durch eine Rohrleitung mit dem zugehörigen Apparat. Diese Zentralisierung bietet natürlich für die Kontrolle einen schnelleren Überblick als die im Betriebe einzeln verteilten Manometer. Eine Störung im Betriebe wird sich an den Manometern als abnorme Drucksteigerung oder Druckverminderung bemerkbar machen.

Das Manometer in seiner einfachsten Form besteht aus einer **U**-förmigen Glasröhre, deren Schenkel zur Hälfte mit Wasser gefüllt sind. Das Ende des einen Schenkels verbindet man mit der zu prüfenden Gasleitung. Durch den auf der einen Seite wirkenden Gasdruck tritt eine Veränderung des Wasserstandes in den beiden Schenkeln ein. Die Höhendifferenz der beiden Wasserspiegel wird in Millimetern an einer zwischen den Schenkeln angebrachten Skala abgelesen. Fig. 318 zeigt ein solches Manometer, das sich, zu mehreren vereinigt, leicht in einem gemeinsamen Schrank unterbringen läßt. Noch übersichtlicher in der Anordnung ist das von S. Elster-Berlin konstruierte Manometer (Fig. 319). Hier bildet den zweiten mit der Atmosphäre verbundenen Schenkel für sämtliche 4 Manometer eine einzige Röhre, an deren oberem Ende sich ein Wasserkasten befindet. In diesem halbkreisförmigen Behälter ist ein Halbzylinderschwimmer zur Erzielung eines konstanten Wasserstandes aufgehängt, welcher für sämtliche Manometerröhren den Wasserspiegel auf der Gegenseite ständig auf Null hält. Die Größe des Schwimmers gegenüber den Glasröhren ist so ausreichend gewählt, daß aus Mangel an Wasser nicht so leicht Falschzeigen eintreten kann. Überschreitet der Zeiger eine an einer Skala markierte Stelle, so muß Wasser nachgefüllt werden, und zwar so lange, bis der Zeiger wieder unter der Marke schwimmt. Die Anzahl der Manometergläser kann beliebig groß gewählt werden, jedoch muß dementsprechend groß der seitliche Wasserkasten gewählt werden oder es müssen 2 Kästen, auf jeder Seite des Tableaus einer, aufgestellt werden.

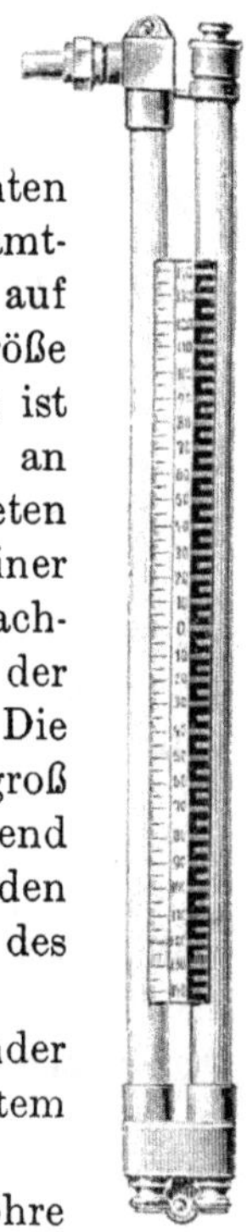

Fig. 318.

Ein ähnliches Manometer mit feststehender Nullmarke ist von Lux nach folgendem System konstruiert:

Hat bei einer kommunizierenden Röhre der eine Schenkel einen Querschnitt von einer, der andere Schenkel von 39 Flächeneinheiten, so wird ein Druck von beispielsweise 40 mm den Wasserspiegel im zweiten Rohr um 1 mm senken, und den im engen Rohr um 39 mm heben. Es kommen also 97,5 % des gemessenen Druckes in dem engen Schenkel und nur 2,5 % in dem weiten Schenkel zum Ausdruck. Stellt man sich daher eine Skala her, bei der man 97,5 mm in 100 gleiche Teile teilt, so fällt die Höhenänderung des Wasser-

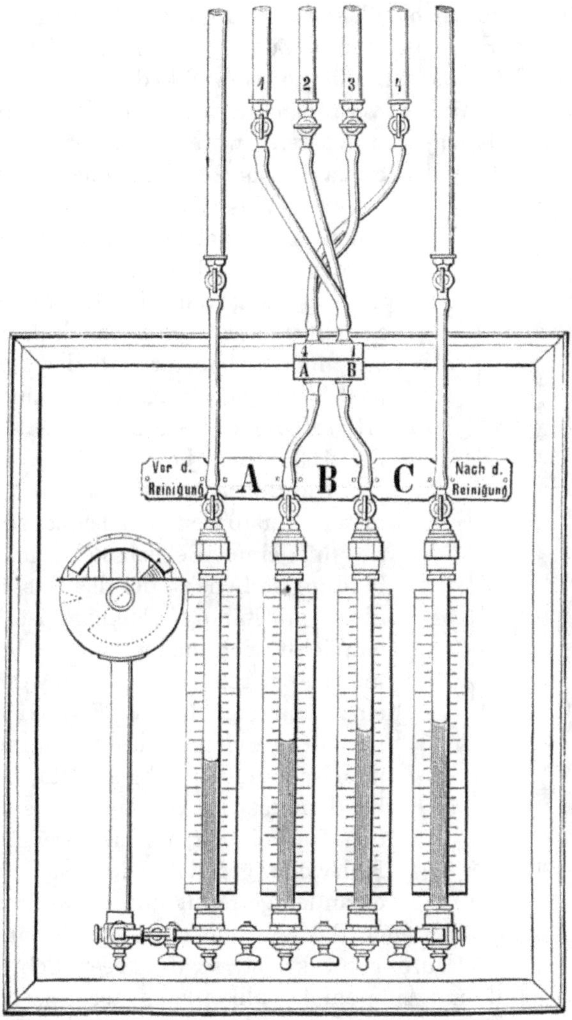

Fig. 319.

spiegels im weiten Gefäß außer Betracht und man hat, um den Druck festzustellen, nur eine Ablesung zu machen. Zur Füllung dieser in Fig. 320 u. 321 gezeigten Manometer wird nicht Wasser, sondern ein Mineralöl von höherem Siedepunkt mit Zusatz von rotem Farbstoff verwendet. Das spezifische Gewicht dieser viel langsamer als Wasser verdunstenden Lösung ist geringer als das des Wassers, worauf bei der Graduierung der Skala Rücksicht genommen ist, die den Druck in mm Wassersäule angibt.

Fig. 321.

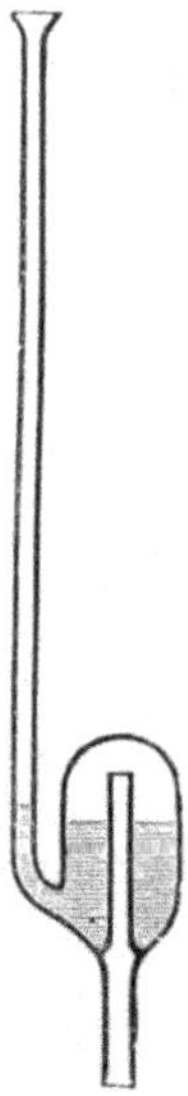

Fig. 320.

Neben den beschriebenen Druckmessern werden zur Sicherung des Betriebes noch 1 bis 2 Alarmdruckmesser aufgestellt und zwar gewöhnlich der eine vor dem Exhaustor und der andere nach dem Stadtdruckregler. Ein derartiger Druckmesser ist auf Seite 368 Fig. 160 schon beschrieben worden.

Die Rohrleitungen zu den Manometern verstopfen sich leicht, sobald sie mit einer Betriebsstelle in Verbindung stehen, an der das Gas noch nicht vollständig gereinigt ist. Es empfiehlt sich daher, in die Manometerleitungen kleine Reinigertöpfe einzuschalten. Der in Fig. 322 (Patent der Berlin-Anhalter Maschinenbau-A.-G.) abgebildete Topf, bei dem das Gas von unten bis unter den Deckel tritt, ist mit zwei Lagen Holzwolle gefüllt. Diese sind voneinander getrennt durch zwei Lagen Bimsstein, von denen die eine mit Bleiessig, die andere mit Schwefelsäure getränkt ist, so daß Teer, Schwefelwasserstoff und Ammoniak vollkommen absorbiert werden. Der Reiniger (Fig. 323) wird direkt auf das Hauptgasrohr gesetzt, so daß zum Manometer nur gereinigtes Gas gelangt.

Ein recht handliches und billiges Manometer für einzelne Druckbestimmungen an wechselnden Stellen des Betriebes, das mit einem Schlauch sofort an jedem Probierhahn angeschlossen werden kann, zeigt Fig. 324.

Um den Stand der Manometer recht deutlich sichtbar zu machen, färbt man das Wasser zweckmäßig mit einigen Tropfen einer alkoholischen Lösung von Fluo-

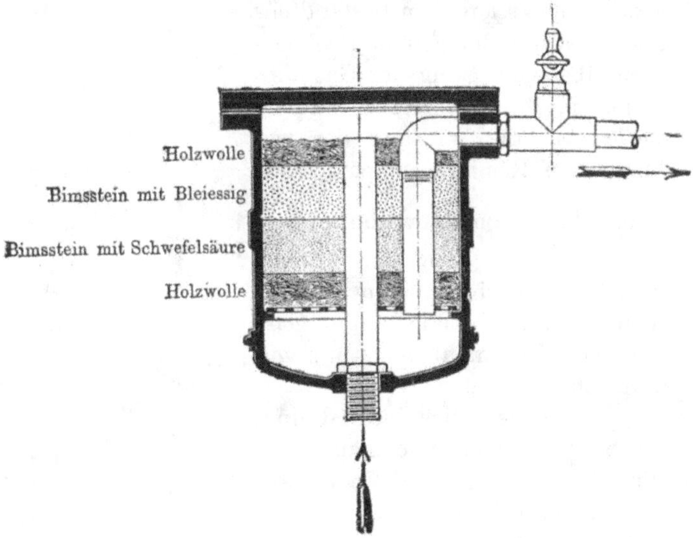

Fig. 322.

resceïn, das im auffallenden Lichte grün, im durchscheinenden Lichte gelb erscheint.

---

2. Gasanalyse.

Zur Überwachung des Gaswerksbetriebes ist die Gasanalyse unentbehrlich. Welche Bedeutung die Untersuchung der Generator- und Rauchgase für den Ofenbetrieb bei richtiger Anwendung gewinnen kann, ist schon im Kapitel »Retortenöfen« besprochen worden. Daß auch Wassergasanlagen nur unter gasanalytischer Kontrolle dauernd günstige Ergebnisse liefern können, ist bei der von Temperatur und anderen Bedingungen so außerordentlich abhängigen Wassergaserzeugung selbstverständlich. Vom fertigen, d. h. gereinigten Leuchtgas regelmäßig vollständige Analysen auszuführen, liegt wohl häufig kein dringendes Bedürfnis vor, aber dafür ermöglicht die Gasanalyse jederzeit die Feststellung eines gerade interessierenden Bestandteils des Gases und eine genaue Beobachtung über den Gang der Gasfabrikation in ihren einzelnen Stadien, sowie über die Wirkung der verschiedenen Reinigungsapparate.

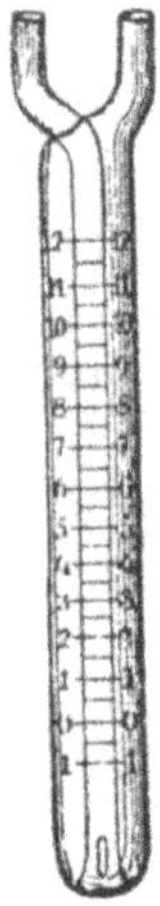

Fig. 324.

a) Gasvolumenberechnung.

Der Besprechung der Gasanalysen seien folgende allgemeine physikalische Betrachtungen über Gase und deren Volumenberechnung vorausgeschickt.

Soll der jeweilige Zustand einer gegebenen Gasmenge vollständig bestimmt werden, so sind Volumen, Druck und Temperatur, die sogenannten Zustandsgrößen des Gases zu messen. Diese sind so voneinander abhängig, daß immer eine durch die beiden anderen bestimmt ist.

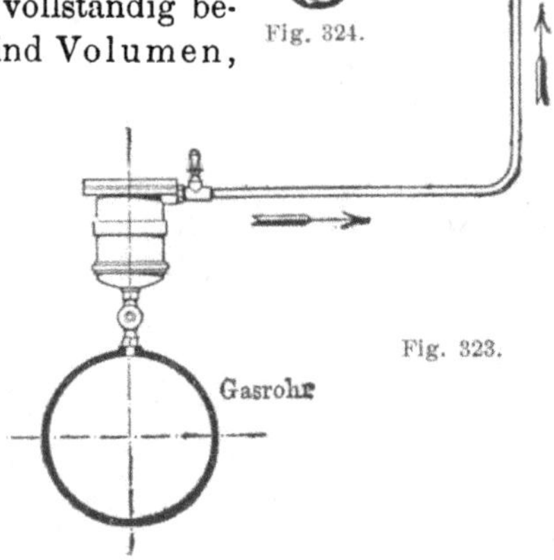

Fig. 323.

Um Gasvolumina, die unter verschiedenem Druck und Temperatur gegeben sind, miteinander vergleichen zu können, muß man jedes Gasvolumen durch Berechnung auf einen Normalzustand zurückführen. Als Normalvolumen wird die Raumgröße bezeichnet, welche eine gegebene Gasmenge beim

Druck einer Quecksilbersäule von 760 mm Höhe und bei einer Temperatur von 0^0 C in trockenem Zustande einnimmt.

Nach der kinetischen Gastheorie bestehen die Gase aus einzelnen kleinsten Teilchen, den Molekülen, die, im allgemeinen durch verhältnismäßig sehr große Zwischenräume voneinander getrennt, wie harte, elastische Kugeln mit einer gewissen Geschwindigkeit durcheinanderfliegen, ähnlich den Mücken eines Mückenschwarmes. Der Druck eines Gases gegen die das Gasvolumen begrenzende Wand rührt von den Stößen her, welche die Gasmoleküle auf diese Wand ausüben. Die Zahl dieser Stöße bleibt für eine gegebene Gasmenge die gleiche, auch wenn — bei gleichbleibender Temperatur — der vom Gase erfüllte Raum vergrößert bzw. verkleinert wird, doch vermindert bzw. vermehrt sich dann die Zahl der Stöße in bezug auf die Volumeneinheit, d. h. der Druck nimmt ab bzw. zu.

1. Gesetz von Boyle-Mariotte.

Die von derselben Gewichtsmenge Gas eingenommenen Volumina verhalten sich bei konstanter Temperatur und bei verschiedenen Drucken umgekehrt wie die Drucke.

Sind V und V_1 die Volumina, welche dieselbe Gasmenge bei den Drucken P bzw. P_0 einnimmt, so ist

$$V : V_1 = P_0 : P \text{ oder } V_1 = \frac{VP}{P_0}$$

Ist das Volumen V eines Gases bei Barometerstand b gemessen, so ergibt sich das Volumen V_{760} der gleichen Gewichtsmenge Gas bei 760 mm Barometerstand:

$$V_{760} : V = b : 760 \text{ oder } V_{760} = \frac{V \cdot b}{760}$$

Demnach bedeutet eine Änderung des Barometerstandes um 8 mm eine Volumenänderung um annähernd 1%.

Durch Änderung der Gastemperatur ändert sich die Geschwindigkeit der Molekularbewegung und damit die Zahl der molekularen Stöße, die mit steigender Temperatur zunimmt, mit sinkender Temperatur abnimmt und eine Druckvermehrung bzw. -verminderung zur Folge hat. Bleibt aber der äußere auf das Gas wirkende Druck der gleiche wie vorher, so wird sich die Änderung des inneren Gasdruckes durch entsprechende Volumenänderung ausgleichen.

2. Gesetz von Gay-Lussac.

Die von derselben Gewichtsmenge Gas eingenommenen Volumina wachsen bei konstantem Druck proportional mit der Temperatur. Die von derselben Menge Gas ausgeübten Drucke wachsen bei konstantem Volumen proportional mit der Temperatur. Der Druckvermehrungskoeffizient ist dem Ausdehnungskoeffizienten gleich und beträgt für alle Gase mit geringen Abweichungen $\alpha = 0{,}003665 = \frac{1}{273}$ des Volumens von 0^0 C. D. h.: die Ausdehnung, welche ein Volumen V eines Gases durch Temperatursteigerung um t^0 erfährt, ist $V \cdot \alpha \cdot t$, demnach $V_t = V(1 + \alpha t)$.

Wird bei konstantem Druck P_0 das Volumen V_1 von t^0 auf 0^0 reduziert, so ist das Volumen bei 0^0

$$V_0 = \frac{V_1}{1 \cdot + a t}$$

Einer Änderung der Temperatur um 3^0 C entspricht also eine Volumenänderung um annähernd 1 %.

Wird aus den Gleichungen

$$V_1 = \frac{VP}{P_0} \quad \text{und} \quad V_0 = \frac{V_1}{1 + \alpha t}$$

V_1 eliminiert, so ergibt sich die sog. *Zustandsgleichung des Gases*

$$PV = P_0 \; V_0 \; (1 + \alpha t)$$

Jedes Gas hat das Bestreben, den zur Verfügung stehenden Raum ganz zu erfüllen. Bei unbegrenztem Raum würde also das Volumen einer gegebenen Gasmenge ins Unendliche wachsen, der Druck auf Null sinken. Aus dem Boyle-Mariotteschen Gesetz ergibt sich daher unmittelbar:

3. Gesetz von Dalton.

Sind mehrere Gase in demselben Raume zusammen, so verhält sich jedes so, als ob es allein vorhanden wäre. Der Gesamtdruck des Gemenges ist gleich der Summe der Partialdrücke, welche die einzelnen Gase ausüben würden, wenn jedes für sich einen Raum erfüllte, der gleich dem von der Mischung erfüllten Raum ist.

Besteht z. B. ein Gasgemisch von 1 cbm aus 25 Vol. % Kohlensäure und 75 Vol. % Luft und ist der Gesamtdruck 760 mm Quecksilbersäule, so ist

der Partialdruck der Kohlensäure	$= 0{,}25 \cdot 760 =$	190 mm
» » » Luft	$= 0{,}75 \cdot 760 =$	570 »
der Gesamtdruck		760 mm

Dem Gewicht nach ist nun so viel Kohlensäure vorhanden, wie dem Gewicht von 1 cbm derselben bei 190 mm Druck entspricht, und Luft soviel, wie dem Gewicht von 1 cbm bei 570 mm Druck entspricht. Die Gewichte dieser Gasmengen beim angegebenen Partialdruck ergeben sich aus dem Gewicht von 1 cbm (bei 0° u. 760 mm) multipliziert mit dem Partialdruck und durch 760 dividiert.

1 cbm Kohlensäure wiegt bei 0° u. 760 mm 1,9650 kg
1 cbm Luft » » 0° » 760 » 1,294 »

Demnach sind im Gemisch vorhanden:

$$\frac{1{,}965 \cdot 190}{760} = 0{,}491 \text{ kg Kohlensäure und } \frac{1{,}294 \cdot 570}{760} = 0{,}97 \text{ kg Luft}$$

0,491 kg Kohlensäure sind aber bei 760 mm Druck = 250 l und 0,97 kg Luft sind bei 760 mm Druck = 750 l.

Die Wirkung ist daher die gleiche, als hätte man 250 l Kohlensäure von 760 mm Druck mit 750 l Luft von 760 mm Druck gemischt. Es entsteht ein Gemisch von 1 cbm mit 760 mm Druck.

Dampfspannung.

An der Oberfläche jeder Flüssigkeit findet bei jeder Temperatur Dampfbildung statt. Deshalb übt jede Flüssigkeit in der Torricellischen Leere eine Depression auf die Quecksilbersäule aus, d. h. wenn eine Flüssigkeit oder ein flüchtiger fester Körper in das Vakuum eines Barometerrohres gebracht wird, so sinkt die Quecksilbersäule um einen gewissen Betrag. Diese Tension oder Dampfspannung ist von der Temperatur und von der Natur des Stoffes abhängig und experimentell zu ermitteln. Steht ein abgegrenztes Gasvolumen mit Flüssigkeit in Berührung, so tritt ein von der Temperatur abhängiger Gleichgewichtszustand zwischen Gas, Dampf und Flüssigkeit ein, indem von letzterer allmählich so viel verdampft, daß der Partialdruck dieses Dampfes der Dampftension der Flüssigkeit für die betreffende Temperatur entspricht.

Eine gegebene Raumgröße wird also die gleiche Menge Dampf aufnehmen, gleichgültig, ob sie leer oder mit einem Gase gefüllt ist.

Der vorher leere oder mit Gas gefüllte Raum ist mit dem Dampf der Flüssigkeit gesättigt, so lange noch ein Teil der Flüssigkeit unverdampft zurückbleibt. Die Sättigung erfolgt nicht momentan, weil durch die Verdampfung Wärme gebunden wird, also eine Abkühlung eintritt. Um Sättigung bei der ursprünglichen Temperatur zu erreichen, ist von außen Wärme zuzuführen.

Wenn durch Wärmezufuhr die Temperatur eines Gemisches von Gas und Dampf steigt, so nimmt das Volumen des Gemisches nicht nur entsprechend der Ausdehnung nach dem Gesetz von Gay-Lussac zu, sondern vermehrt sich, vorausgesetzt, daß noch Flüssigkeit vorhanden ist, außerdem um ein gewisses Dampfvolumen, das der mit steigender Temperatur erhöhten Dampftension entspricht.

Die Volumenverminderung bei einer Temperaturerniedrigung ist demgemäß mit einer Kondensation von

Dampf bis zur Erreichung der entsprechenden niedrigeren Tension verbunden. Ist jedoch die ganze Flüssigkeit bereits verdampft, so verhält sich das Gas-Dampfgemisch bei einer Temperatursteigerung wie ein Gasgemisch nach dem Gesetz von Gay-Lussac; ebenso verhält es sich bei einem Temperaturabfall, aber nur bis zu der Temperatur, bei welcher das Gas mit dem Dampfe gesättigt ist, und unterhalb welcher der Dampf sich zu kondensieren beginnt. Diese Temperatur wird als Taupunkt und die über ihren Taupunkt erwärmten Dämpfe als überhitzt bezeichnet.

Da in den meisten Fällen der Praxis die Gase mit Wasser in Berührung kommen, ist bei der Volumenberechnung der Gase auf ihren Feuchtigkeitsgehalt Rücksicht zu nehmen, der aber nur dann der Berechnung zugänglich ist, wenn das Gas mit Wasserdampf gesättigt, also dauernd mit Wasser in Berührung ist.

Volumenzunahme durch Erwärmung und gleichzeitige Sättigung mit Wasserdampf.

Beispiel. 1 cbm trockene Luft bei 0° und 760 mm Druck wiegt 1,294 kg und dehnt sich bei Erwärmung auf 50° aus zu: $V_{50} = V_0 \, (1 + \alpha \cdot 50) = 1{,}1835$ cbm, so daß 1 cbm Luft bei 50° und 760 mm Druck wiegt:

$$\frac{1{,}294}{1{,}1835} = 1{,}0934 \text{ kg}$$

Wird diese Luft von 50° mit Wasser von 50° C in Berührung gebracht und durch entsprechende Wärmezufuhr die Sättigung der Luft mit Wasserdampf bei 50° bewirkt, so erhöht sich bei gleichbleibendem Volumen der Gesamtdruck um den Partialdruck des Wassers bzw. wird bei gleichbleibendem Druck ein Gemisch erhalten, welches aufweist

einen Gesamtdruck von . . . . 760 mm
einen Partialdruck für Wasserdampf von 92 »

Demnach einen Partialdruck für Luft von 668 mm.

Bei 668 mm wiegt 1 cbm Luft von 50°

$$\frac{1,0934}{760} \cdot 668 = 0,9611 \text{ kg}$$

d. h. 1 cbm trockener Luft hat sich beim Erwärmen auf 50° und Sättigen mit Wasserdampf derart ausgedehnt, daß in 1 cbm des Gemisches bei 50° und 760 mm Druck nur noch 0,9611 kg Luft vorhanden sind, und das Ganze aus 1 cbm trockener Luft von 0° und 760 mm entstandene Gemisch bei 50° und 760 mm

$$\frac{1,294}{0,9611} = 1,3465 \text{ cbm wassergesättigter Luft beträgt.}$$

Abzüglich der trockenen Luft 1,1835 cbm

bleiben 0,1630 cbm = 12,10 Vol. % Wasserdampf.

Natürlich ist dem Gewicht nach 0,163 cbm Wasserdampf von 50° und 760 mm gleich 1,3465 cbm Wasserdampf von 50° und 92 mm, nämlich

$$\frac{0,8041}{1,1835} \cdot 0,163 = \frac{0,8041 \cdot 1,3465 \cdot 92}{1,1835 \cdot 760} = 0,1107 \text{ kg } H_2O$$

Demnach sind in 1 cbm des bei 50° mit Wasser gesättigten Gases $\frac{0,1107}{1,3465} = 82,2$ g Wasser enthalten. Da Wasser bei 50° eine Verdampfungswärme von 622 WE pro kg hat, sind zur Verdampfung der obigen 0,1107 kg 69 WE zuzuführen.

Das Gewicht g des in 1 cbm gesättigten Gases enthaltenen Dampfes ist, wie sich aus obigem ergibt, gleich dem Gewicht von 1 cbm Dampf bei dem Partialdruck f und der Temperatur t^0[1]).

$$g = \frac{L_{(0^0\ 760)} \cdot f}{(1 + \alpha t) \cdot 760},$$ wo L = normales Litergewicht des Dampfes.

---

[1]) Diese und die folgenden Berechnungsmethoden sind zum Teil zuerst von W. Feld abgeleitet und angewendet, aber bisher noch nicht veröffentlicht worden. Die Benutzung der neuen Formeln zu obigen Ausführungen hat mir Herr Feld gütig erlaubt. Dr. R. W.

Beispiel: Bei 50^0 enthält 1 cbm Gas, das mit Wasser gesättigt ist,

$$\frac{0{,}8041 \cdot 92}{1{,}1835 \cdot 760} = 82{,}2 \text{ g Wasser.}$$

Die Volumprozente an Dampf, welche ein Gas im Sättigungszustande enthält, ergeben sich nach dem Daltonschen Gesetz aus dem Partialdruck des Dampfes, der sich zum Gesamtdruck verhält, wie das Dampfvolumen zum Gesamtvolumen.

Beispiel: Ein bei 50^0 mit Wasserdampf gesättigtes Gas enthält:

$$\frac{92}{760} = \frac{x}{100},\ x = 12{,}10 \text{ Vol. \% Wasserdampf.}$$

Mit Hilfe der folgenden aus dem obigen Beispiel abzuleitenden Formel läßt sich die Volumenänderung eines trockenen Gases bei Sättigung mit irgendeinem Dampf für jede Temperatur berechnen; dabei bedeutet:

V_t = Volumen des mit Dampf gesättigten Gases bei Barometerstand b und t^0 Temperatur,
V_0 = Volumen des trockenen Gases bei 0^0 und 760 mm
f = Dampftension oder Sättigungsdruck der betreffenden Flüssigkeit
s = Gewicht von 1 cbm des Gases bei 0^0 und 760 mm,

$$V_t = V_0 \frac{760}{b-f} \cdot \frac{1+\alpha t}{s} \cdot s.$$

Der Faktor s hebt sich auf, zum Beweis, daß die Ausdehnung für alle Gase die gleiche ist.

$$V_t = V_0 \frac{760\,(1+\alpha t)}{b-f}$$

Z. B. $V_{50} = V_0 \frac{760 \cdot 1{,}1835}{760-92} = 1{,}3465$ cbm

Für Sättigung mit Wasserdampf bei 100^0 erhält man das Volumen

$$V_{100} = V_0 \frac{760\,(1+\alpha t)}{760-760} = V_0 \frac{760\,(1+\alpha t)}{0} = \infty$$

d. h. bei 100^0 wird das Volumen des wassergesättigten Gases unendlich groß.

Umgekehrt ergibt sich das Normalvolumen des trockenen Gases bei 0^0 und 760 mm aus dem Volumen des dampfgesättigten Gases bei t^0 und Barometerstand b

$$V_0 = \frac{V_t}{1+at} \cdot \frac{b-f}{760} \quad \text{Regnaultsche Formel.}$$

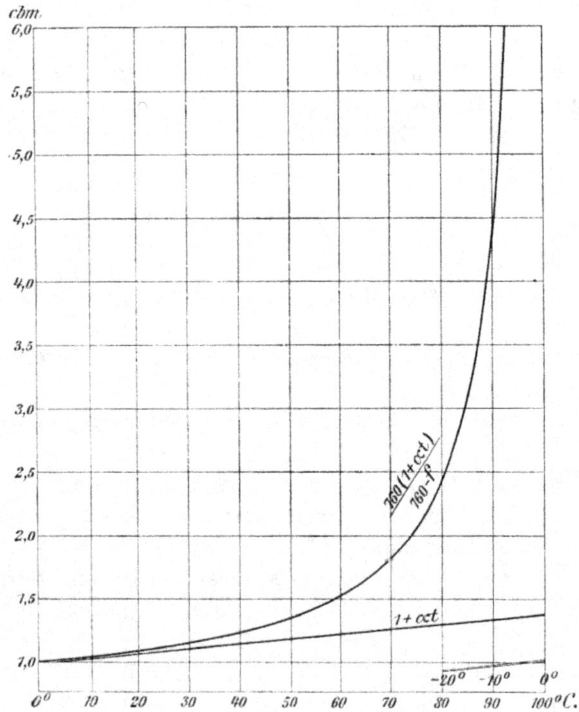

Volumenzunahme von Gasen mit der Temperatur in trockenem Zustand und bei Sättigung mit Wasserdampf.
Fig. 325.

Bei der in der Praxis häufigen Umrechnung auf das Volumen bei 15^0 und 760 mm (trocken) lautet die Formel[1])

$$V_{15} = V_t \frac{1+\alpha \cdot 15}{1+\alpha t} \cdot \frac{b-f}{760}$$

[1]) Der Feuchtigkeitsgehalt bleibt hierbei oft unberücksichtigt; in der Formel fällt dann f weg.

Natürlich gilt die Regnaultsche Formel für die Volumenzunahme nur bei gesättigten Dämpfen. Sobald der Sättigungspunkt überschritten ist, die Dämpfe also »überhitzt« werden, nimmt das Volumen nach dem Gesetz von Gay-Lussac zu.

Beispiel: Das Volumen des für 50° mit Wasserdampf gesättigten Gases (1 cbm 0°, 760 mm, trocken) dehnt sich bei weiterer Erhitzung auf 100° aus

$$\text{zu: } V_0 \frac{760\,(1+\alpha \cdot 50)}{760-92} \cdot \frac{(1+\alpha \cdot 100)}{(1+\alpha \cdot 50)} = 1{,}555 \text{ cbm}$$

Fig. 325 zeigt die Zunahme des Volumens von Gasen mit der Temperatur einerseits in trockenem Zustand, anderseits bei Sättigung mit Wasserdampf.

Die oben abgeleitete Formel: $g = \dfrac{L\,(0^0, 760) \cdot f}{(1+\alpha t)\,760}$ gibt die Menge des in 1 cbm gesättigten Gases enthaltene Gewichtsmenge von Dampf. Wird der Ausdruck für g mit dem Volumen multipliziert, zu dem 1 cbm Gas (0°, 760 mm, trocken) bei Sättigung mit Dampf vom Partialdruck f bei t^0 und Barometerstand b anwächst, so ergibt sich das Gesamtgewicht G des zur Sättigung von 1 cbm Gas (0°, 760 mm, trocken) bei b und t^0 nötigen Dampfes.

$$G = g \cdot V_t = g \cdot \frac{760\,(1+\alpha t)}{b-f} = \frac{L\,(0^0, 760) \cdot f}{(1+\alpha t) \cdot 760} \cdot \frac{760\,(1+\alpha t)}{b-f}$$

$$G = \frac{L\,(0^0, 760) \cdot f}{b-f}$$

Beispiel: Bei 50° nimmt 1 cbm Gas (0°, 760 mm, trocken) Wasser auf:

$$\frac{0{,}8041 \cdot 92}{668} = 0{,}1107 \text{ kg}$$

wie oben auch auf anderem Wege berechnet wurde.

Die Berechnungen der Gasvolumina werden bedeutend erleichtert durch Benutzung der nachstehenden Tabellen für die häufiger vorkommenden Werte $\dfrac{b}{760}$ und $1+\alpha t$

Werte von $\frac{b}{760}$.

b	$\frac{b}{760}$	b	$\frac{b}{760}$	b	$\frac{b}{760}$
720	0,947	740	0,974	760	1,000
721	0,949	741	0,975	761	1,001
722	0,950	742	0,976	762	1,003
723	0,951	743	0,978	763	1,004
724	0,953	744	0,979	764	1,005
725	0,954	745	0,980	765	1,007
726	0,955	746	0,982	766	1,008
727	0,957	747	0,983	767	1,009
728	0,958	748	0,984	768	1,011
729	0,959	749	0,986	769	1,012
730	0,961	750	0,987	770	1,013
731	0,962	751	0,988	771	1,015
732	0,963	752	0,990	772	1,016
733	0,965	753	0,991	773	1,017
734	0,966	754	0,992	774	1,018
735	0,967	755	0,993	775	1,020
736	0,968	756	0,995	776	1,021
737	0,970	757	0,996	777	1,022
738	0,971	758	0,997	778	1,024
739	0,972	759	0,999	779	1,025
740	0,974	760	1,000	780	1,026

Werte von $1 + \alpha t$ von 0° bis 100°.

t^0	$1 + \alpha t$	t^0	$1 + \alpha t$	t^0	$1 + \alpha t$
0	1,0000	20	1,0734	40	1,1468
1	1,0037	21	1,0771	41	1,1505
2	1,0073	22	1,0807	42	1,1541
3	1,0110	23	1,0844	43	1,1578
4	1,0147	24	1,0881	44	1,1615
5	1,0184	25	1,0918	45	1,1652
6	1,0220	26	1,0954	46	1,1688
7	1,0257	27	1,0991	47	1,1725
8	1,0294	28	1,1028	48	1,1762

Werte von $1+at$ von 0° bis 100°

t^0	$1+at$	t^0	$1+at$	t^0	$1+at$
9	1,0330	29	1,1064	49	1,1798
10	1,0367	30	1,1101	50	1,1835
11	1,0404	31	1,1138	55	1,2019
12	1,0440	32	1,1174	60	1,2202
13	1,0477	33	1,1211	65	1,2386
14	1,0514	34	1,1248	70	1,2569
15	1,0551	35	1,1285	75	1,2753
16	1,0587	36	1,1321	80	1,2936
17	1,0624	37	1,1358	85	1,3120
18	1,0661	38	1,1395	90	1,3303
19	1,0697	39	1,1431	95	1,3487
20	1,0734	40	1,1468	100	1,3665

Die auf S. 708 u. 709 stehende Tabelle enthält für die verschiedenen Temperaturen die Tension des Wasserdampfes f, die Vol. % Wasserdampf für gesättigtes Gas, die Volumenzunahme von 1 cbm Gas (normal) bei Sättigung mit Wasserdampf, die Litergewichte von Wasserdampf, die Mengen Wasser in 1 cbm gesättigten Gases (g) und die zur Sättigung von 1 cbm Gas (normal) erforderlichen Wassermengen (G). Die Werte für f, g und G sind auch in Fig. 326 graphisch dargestellt.

4. Satz von Avogadro. Gleiche Volumina verschiedener Gase enthalten bei gleichem Druck und gleicher Temperatur gleiche Anzahl von Molekülen.

Demgemäß müssen sich — bei gleichem Druck und gleicher Temperatur — die Litergewichte der Gase und Dämpfe wie deren Molekulargewichte verhalten, und das Molekulargewicht jedes Gases oder Dampfes oder verdampfbaren Körpers, in Gramm ausgedrückt, müßte in gasförmigem Zustand, bei 0°, 760 mm, stets dasselbe Volumen haben.[1])

[1]) Doch sind in vielen Fällen unbedeutende Abweichungen von diesem Gesetze festgestellt worden.

Temperatur	Tension des Wasserdampfes in Quecksilber mm	Vol. % Wasserdampf in gesättigtem Gase	Gewicht von 1 l Wasserdampf bei t^0 g	g Wasser in 1 cbm gesättigten Gases $= g$	Volumen von 1 cbm Gas (normal) bei Sättigung mit Wasserdampf cbm	g Wasser zur Sättigung von 1 cbm Gas (normal) $= G$
0	4,6	0,61	0,8041	4,9	1,006	4,9
1	4,9	0,65	0,801	5,2	1,010	5,3
2	5,3	0,70	0,798	5,6	1,014	5,7
3	5,7	0,75	0,795	6,0	1,019	6,1
4	6,1	0,80	0,793	6,3	1,023	6,5
5	6,5	0,86	0,790	6,8	1,027	7,0
6	7,0	0,92	0,787	7,2	1,032	7,5
7	7,5	0,98	0,784	7,7	1,036	8,0
8	8,0	1,05	0,781	8,2	1,040	8,5
9	8,6	1,12	0,778	8,7	1,045	9,1
10	9,2	1,21	0,776	9,4	1,049	9,8
11	9,8	1,29	0,773	10,0	1,054	10,5
12	10,5	1,38	0,770	10,6	1,059	11,3
13	11,2	1,47	0,768	11.3	1,063	12,0
14	11,9	1,57	0,765	12,0	1,068	12,8
15	12,7	1,67	0,762	12,7	1,073	13,7
16	13,5	1,78	0,759	13,5	1,078	14,6
17	14,4	1,90	0,757	14,6	1,083	15,8
18	15,4	2,03	0,754	15,3	1,088	16,7
19	16,3	2,16	0,752	16,2	1,093	17,7
20	17,4	2,29	0,749	17,2	1,099	18,8
21	18,5	2,44	0,747	18,2	1,104	20,1
22	19,7	2,59	0,744	19,3	1,109	21,4
23	20,9	2,75	0,742	20,4	1,115	22,7
24	22,2	2,92	0,739	21,6	1,121	24,2
25	23,6	3,11	0.737	22,9	1,127	25,8
26	25,0	3,29	0,734	24,2	1,133	27,4
27	26,5	3,48	0,732	25,5	1,139	29,0
28	28,1	3,70	0,729	27,0	1,145	30,9
29	29,8	3,92	0,727	28,5	1,152	32,8
30	31,5	4,15	0,724	30,1	1,158	34,8
35	41,8	5,50	0,713	39,2	1,194	46,8
40	54,9	7,22	0,701	50,6	1,236	62,0
45	71,4	9,40	0,690	64,9	1,286	83,5

Temperatur	Tension des Wasserdampfes in Quecksilber mm	Vol. % Wasserdampf in gesättigtem Gase	Gewicht von 1 l Wasserdampf bei t^0 g	g Wasser in 1 cbm gesättigten Gases $= g$	Volumen von 1 cbm Gas (normal (bei Sättigung mit Wasserdampf cbm	g Wasser zur Sättigung von 1 cbm Gas (normal) $= G$
50	92,0	12,11	0,680	82,3	1,347	110,9
55	117,5	15,5	0,669	103,4	1,422	147,0
60	148,8	19,6	0,659	129,0	1,517	195,7
65	186,9	24,6	0,649	160,0	1,640	262,0
70	233,1	30,7	0,640	196,0	1,810	356,0
75	288,5	38,0	0,631	239,0	2,060	492,0
80	354,6	46,7	0,622	290,0	2,430	704,0
85	433,0	57,0	0,613	349,0	3,050	1064,0
90	525,4	69,1	0,604	418,0	4,310	1802,0
95	633,8	83,4	0,596	497,0	8,120	4037,0
100	760,0	100,0	0,588	588,0		
110	1075,4		0,573			
120	1491,3		0,558			

$$\frac{\text{Molekulargewicht}}{\text{spezif. Gewicht}} = \text{Molekularvolumen} \sim 22{,}4 \text{ l}$$

Beispiel:

$$1 \text{ Mol Kohlensäure} = \frac{44}{0{,}001965} \sim 22392 \text{ ccm}$$

$$1 \text{ Mol Wasserdampf} = \frac{18{,}016}{0{,}0008041} \sim 22405 \text{ ccm}$$

Umgekehrt ergeben sich die Litergewichte für 0° durch Division des Molekulargewichts mit dem Molekularvolumen.

$$\text{Litergewicht } (0^0, 760 \text{ mm}) = \frac{\text{Molekulargewicht}}{22{,}4}$$

Ferner sind die Litergewichte für Temperatur t^0 und Barometerstand b aus den Litergewichten bei 0°, 760 mm durch Division mit $1 + \alpha t$ und Multiplikation mit $\frac{b}{760}$ zu berechnen.

$$L(t^0, b) = L(0^0, 760) \cdot \frac{b}{(1 + \alpha t)\, 760}$$

Taupunkt.

Als Nutzanwendung der obigen Ergebnisse sei hier noch eine einfache Ermittlung des Taupunktes[1]) angegeben.

Bekanntlich ist ein Gas mit einem Dampf praktisch nur bis zur niedrigsten Temperatur zu sättigen, welcher das Gas auf dem Wege zur Verwendungsstelle ausgesetzt ist. Jede etwa bei höherer Temperatur vorgenommene stärkere Anreicherung ist zwecklos, wenn an anderer Stelle der Taupunkt unterschritten wird, weil dadurch teilweise Ausscheidung erfolgt. Diese Erwägung ist z. B. für die Benzolkarburation von einschneidender Bedeutung.

Die nachstehende Tabelle für Benzoldampftension entspricht der weiter oben für Wasserdampf angegebenen. Unter anderem ist daraus zu ersehen, daß Leuchtgas mit durchschnittlich 0,8 bis 1,1 Vol. % Benzoldampf nur den dritten bis vierten Teil des Benzols enthält, welches es bei 0° C aufzunehmen vermag.

Dampfdruck des Benzols und Benzolgehalt des Gases.

Temperatur	Dampfdruck mm Quecksilber	Vol. % Benzoldampf im gesättigten Gase	1 Liter Benzoldampf wiegt bei t^0 g	1 cbm Gas (normal) bei t^0 mit Benzol gesättigt cbm	g Benzoldampf in 1 cbm gesättigten Gases $= g$	g Benzoldampf zum Sätt. von 1 cbm Gas (normal) $= G$
— 20°	5,8	0,76	3,76	0,934	28,7	26,8
— 15°	8,8	1,16	3,69	0,956	43,2	41,3
— 10°	12,9	1,70	3,62	0,980	61,4	60,2
— 5°	18,3	2,41	3,56	1,005	85,5	85,9
— 0°	25,3	3,33	3,486	1,034	116,1	120,0
+ 10°	45,3	5,96	3,37	1,102	200,0	220,4
20°	76,7	10,1	3,25	1,194	328	392
30°	120,2	15,8	3,14	1,318	497	655
40°	183,6	24,2	3,04	1,512	734	1110
50°	271,4	35,7	2,95	1,840	1051	1934
60°	390,1	51,4	2,86	2,506	1467	3676
70°	547,4	72,0	2,78	4,490	1992	8944
80°	751,9	98,8	2,70	121,4	2666	323650
90°	1012,8	100,0	2,62	∞		

[1]) Nach W. Feld.

Zur Ermittelung des Taupunktes sind die Werte für G, d. h. die Gewichtsmengen des zur Sättigung von 1 cbm Gas (0°, 760 mm, trocken) bei t^0 erforderlichen Dampfes

$$G = g\,\frac{760\,(1 + \alpha t)}{760 - f} = \frac{L\,(0^0, 760)\cdot f}{760 - f}$$

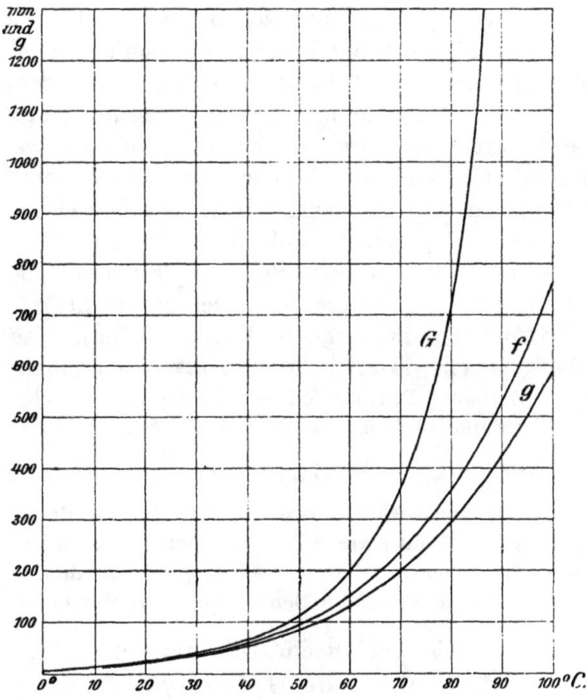

Tension des Wasserdampfes, Wassergehalt in gesättigtem Gas, Taupunkt.

Fig. 326.

für die verschiedenen Temperaturen in ein Koordinatensystem einzutragen, wie dies in Fig. 326 für Wasserdampf geschehen ist.

Gibt nun z. B. 1 t Kohlen bei der Destillation 10% Wasser und 300 cbm Gas (0°, 760 mm, trocken), so kommen auf 1 cbm Gas (normal) 0,333 kg Wasser. Wie die Kurve der Werte *G* zeigt, reichen 333 g Wasser aus, um 1 cbm Gas (normal) bei ca. 69° C zu sättigen. Also liegt der Taupunkt dieses Gases für Wasserdampf bei 69°.

Zum Schluß dieser Erörterungen sei noch auf die Bedeutung des Partialdruckes bzw. der Dampftension für die Waschung von Gasen hingewiesen.

Das vollständige Auswaschen eines Gasbestandteils durch rein physikalische Lösung, gleichgültig, ob es sich um Gas oder Dampf handelt, ist nur dann möglich, wenn die letzten Spuren mit noch ganz ungebrauchtem Waschmittel absorbiert werden. Die schon etwas mit dem betreffenden Bestandteil angereicherte Waschflüssigkeit zeigt eine gewisse Tension bzw. Partialdruck in bezug auf diesen Bestandteil. Sobald diese Spannung dem Partialdruck des gleichen Bestandteils im Gase gleichkommt, ist eine weitere Auswaschung nicht möglich, weil dann von dem Bestandteil durch die Tension ebensoviel abgegeben, wie durch Absorption aufgenommen wird.

Enthält z. B. Koksofengas 35 g Benzol in 1 cbm, entsprechend 10 Liter Dampf = 1 Vol. %, so beträgt der Partialdruck des Benzols im Gase $\frac{760}{100} = 7{,}6$ mm.

Das hochsiedende Waschöl hat eine bei der Waschtemperatur sehr geringe Tension, sobald diese aber durch Anreicherung mit Benzol den Wert von 7,6 mm erreicht hat, kann das Öl kein Benzol mehr aufnehmen.

b) Technische Gasanalyse.

Für die technische Gasanalyse sind Apparate und Verfahren ausgearbeitet worden, welche die Reduktion der gemessenen Gasvolumina auf den Normalzustand zu umgehen erlauben, ohne daß die von der »wissenschaftlichen oder exakten« Gasanalyse gewährleistete Genauigkeit eine beträchtliche Einbuße erleidet. Hierfür ist nach dem oben Gesagten Beständigkeit des Druckes, der Temperatur und des Feuchtigkeitsgehaltes erforderlich. Um diesen Bedingungen gerecht zu werden, müssen zunächst die Analysen so rasch ausgeführt werden können, daß für die Dauer der Untersuchung eine Änderung der äußeren Einflüsse wie Barometerstand und Temperatur nicht zu befürchten ist. Sodann hat die Messung der Volumina immer unter dem gleichen Druck zu erfolgen, der gleich dem atmosphärischen oder gleich diesem zuzüglich des Druckes einer Wassersäule von bestimmter Höhe ist. Den leichter eintretenden und die Analysen stärker beeinflussenden Temperaturänderungen kann nur durch die zweckmäßige Wahl eines möglichst gleichmäßig temperierten Untersuchungsraumes und durch Bewahrung der Apparate vor Luftzug und strahlender Wärme vorgebeugt werden. Namentlich ist darauf zu achten, daß die Sperr- und Absorptionsflüssigkeiten immer die Temperatur des Arbeitsraumes haben und daß eine Erwärmung der Apparate durch ungeschicktes Anfassen vermieden wird. Der Feuchtigkeitsgehalt ist ohne weiteres zu vernachlässigen, denn alle Messungen der technischen Gasanalyse werden über Wasser als Sperrflüssigkeit ausgeführt, so daß die Gase stets mit Wasserdampf gesättigt sind. Diese Verwendung des Wassers als Sperrflüssigkeit an Stelle des in der exakten Gasanalyse benutzten Quecksilbers bringt allerdings den Nachteil mit sich, daß die Gase entsprechend ihrem Partialdruck und ihrer Löslichkeit in Wasser von diesem absorbiert werden. Wie die Tabelle zeigt, ist die hieraus entspringende Fehlerquelle für Stickstoff, Sauerstoff, Wasserstoff, Methan und Kohlenoxyd gering, wird aber für Kohlensäure, Äthylen u. a. recht beträchtlich, worauf bei der Leuchtgasanalyse in später zu erörternder Weise Rücksicht zu nehmen ist. Die Lösung der Bestandteile eines Gasgemisches in Wasser ist aber nicht nur von der Löslichkeit der einzelnen Bestandteile, sondern auch von dem Partialdruck abhängig. Je geringer der Druck, desto geringer die Löslichkeit. Auch nimmt die Löslichkeit der Gase mit steigender Wassertemperatur ab.

Löslichkeit von Gasen in Wasser.

1 l Wasser von 20° C absorbiert wieviel ccm Gas von 0° und 760 mm?

Äthylen	148,8	ccm
Ammoniak	654 000,0	»
Kohlenoxyd	23,1	»
Kohlensäure	901,4	«
Luft, atmosphärische .	17,0	»
Methan	35,0	»
Sauerstoff	28,4	»
Schwefelwasserstoff .	2 905,3	»
schweflige Säure . .	39 374,0	»
Stickstoff	14,0	»
Wasserstoff	19,3	»

Über die verschiedenen Bestimmungsarten von Gasen sei noch gesagt:

In erster Reihe steht die volumetrische Analyse, die sich auf der absorptiometrischen und auf der Verbrennungsmethode aufbaut. Durch Auswahl geeigneter Absorptionsmittel und ihrer Anwendung in bestimmter Reihenfolge gelingt es, aus einem Gasgemisch sukzessive die Einzelbestandteile wegzunehmen und deren Menge durch Zurückmessen des hinterbleibenden Restes festzustellen. Auf diese Weise werden Kohlensäure, schwere Kohlenwasserstoffe, Sauerstoff, Kohlenoxyd u. a. bestimmt. Die nicht oder unzulänglich absorbierbaren Gase wie Methan, Wasserstoff und bisweilen auch Kohlenoxyd werden nach Vermischung mit einer mehr als ausreichenden Luftmenge durch Überleiten über glühendes Platin, Palladium oder Kupferoxyd (ohne Luftzusatz) oder durch den elektrischen Funken zur Verbrennung gebracht und ihr ursprüngliches Volumen aus der beobachteten Kontraktion bzw. der als Verbrennungsprodukt auftretenden Kohlensäure durch deren Absorption ermittelt. Aus der Tabelle auf S. 738 sind die bei der Verbrennung der Gase mit Sauerstoff in Frage kommenden Volumenverhältnisse zu ersehen. Der nicht reaktionsfähige, d. h. weder durch Absorption noch durch Verbrennung zu bestimmende Gasrest wird als Stickstoff in Rechnung gesetzt.

Für die weitere gasanalytische Methode durch Titration ergeben die später zu erörternden Bestimmungen des Schwefelwasserstoffs nach Bunte und des Sauerstoffs nach Lubberger charakteristische Beispiele.

Eine sehr eingeschränkte Anwendung findet die sog. gravimetrische Methode, d. h. die Gewichtsbestimmung eines Gases, der meist die Überführung dieses Gases in eine wägbare feste oder flüssige Verbindung vorausgeht.

Werden die verschiedenen Bestandteile eines Gasgemisches sämtlich auf volumetrischem Wege bestimmt und die Ergebnisse in Volumprozenten ausgedrückt, so sind Gasanalysen, die unter verschiedenen Temperatur- und Druckbedingungen ausgeführt sind, auch ohne Reduktion auf den Normalzustand untereinander vergleichbar. Dagegen ist die Reduktion nicht zu umgehen, wenn etwa der eine oder andere Gasbestandteil nicht volumetrisch, sondern titrimetrisch, wie der Schwefelwasserstoff oder gravimetrisch bestimmt, seine Menge also nach normalen Verhältnissen ermittelt wurde und auf das unter anderen Bedingungen gemessene Gasvolumen bezogen werden soll. Dasselbe gilt für den besonders wichtigen Fall, daß der Heizwert eines gemessenen Gasvolumens in Vergleich gesetzt werden soll zu Heizwertbestimmungen, die unter anderen Verhältnissen ausgeführt wurden.

c) Gasanalytische Apparate.

Bei der in einem früheren Kapitel besprochenen Untersuchung der Rauchgase war ausschließlich die Einrichtung und Handhabung des Orsatapparates zur Besprechung gekommen.

Diesem Apparate haben seine Handlichkeit und die geringen Ansprüche, die er an Übung und Geschicklichkeit des Untersuchers stellt, zu einer weiten Verbreitung verholfen. Doch birgt sich hinter dem scheinbar besonders großen Vorzug seiner steten Bereitschaft ein schwerwiegender Nachteil. Nur allzu leicht können durch häufige Analysen die Absorptionsflüssigkeiten über die Grenze ihrer Wirksamkeit hinaus benutzt und die rechtzeitige Füllung mit frischen Lösungen versäumt werden. Die starke Kalilauge des ersten Absorptionsgefäßes vermag viele Liter Kohlensäure aufzunehmen, und eine Abnahme ihrer Wirksamkeit wird man noch nicht wahrnehmen können, wenn die Absorptionsfähigkeit der Pyrogallollösung schon sehr abgeschwächt und die der Kupferchlorürlösung bereits aufgehoben ist. Eine häufigere Benutzung der gleichen Kupferchlorürlösung bedingt mit Sicherheit eine unvollständige Aufnahme des Kohlenoxydes, die schließlich sogar zu einer Abgabe von früher absorbiertem Kohlenoxyd aus der Lösung an das Gas führen kann. Nur durch Berührung mit ungebrauchter Kupferchlorürlösung kann das Gas von den letzten Kohlenoxydresten befreit werden. Soll aber der Orsatapparat jeweils nach einer geringen Zahl von Analysen mit frischen Lösungen gefüllt werden, so ergibt sich daraus eine beträchtliche Verschwendung von Chemikalien, und die dem Apparat nachgerühmte Einfachheit und schnelle Benutzbarkeit geht verloren.

Als das zweckmäßigste Hilfsmittel der technischen Gasanalyse im Gaswerksbetriebe hat sich wohl die Buntebürette bewährt und eine entsprechend weite Verbreitung gefunden.

Die Buntebürette bietet für jeden, der sich der Mühe unterzieht, sich einige Übung in ihrer Handhabung anzueignen, einen vollwertigen Ersatz für den Orsatapparat, dessen oben erläuterter Fehler durch die Art und Weise ihrer Anwendung durchaus vermieden wird.

Das Wesen der Buntebürette besteht darin, daß Meß- und Absorptionsraum zusammenfallen, und daß zu jeder Bestimmung eine neue, aber geringe Menge von Absorptionslösung erforderlich ist. Durch kräftiges Schütteln der leichten und handlichen Bürette, deren gebräuchlichste Form Fig. 327 zeigt, ist eine viel intensivere Einwirkung der Lösungen auf das Gas herbeizuführen als dies beim Orsatapparat durch die eingeschmolzenen Verteilungsröhrchen errreicht wird.

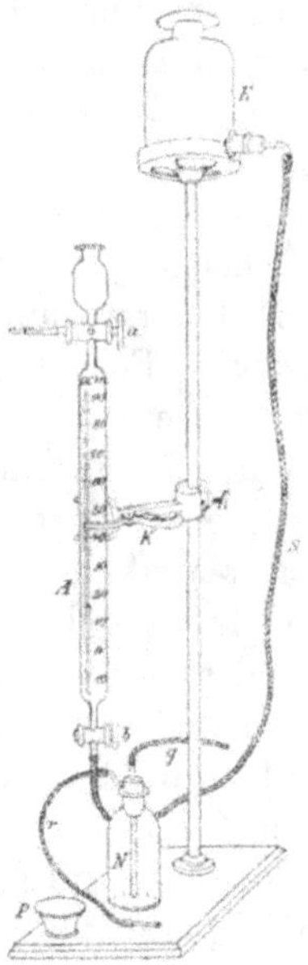

Fig. 327.

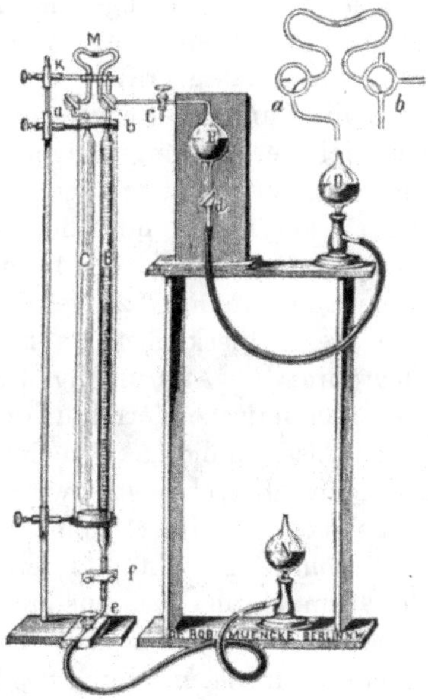

Fig. 328.

Die ausschließliche Verwendung des Orsatapparates für Kohlensäurebestimmungen kann Vorteile bieten, wenn etwa eine Kesselfeuerung mit periodischer Beschickung einer stundenlang währenden Kontrolle durch Rauchgasanalysen unterzogen werden soll. Zu guten Durchschnittswerten des Gehaltes an Kohlensäure in den Rauchgasen einer solchen Feuerung kann man nur durch eine große Anzahl rasch aufeinander folgender

[1]) Journ. f. Gasbel. 1889, S. 3.

Kohlensäurebestimmungen gelangen, die sich mit der Buntebürette nur dann ebenso schnell und sicher wie mit dem Orsatapparat ausführen lassen, wenn mehrere abwechselnd zu benutzende Büretten zur Verfügung stehen.

Es sei erwähnt, daß der Orsatapparat und die Buntebürette nur als die zwei im Gaswerksbetriebe wegen ihrer Einfachheit und meist völlig genügenden Genauigkeit am häufigsten angewandten Beispiele aus der beträchtlichen Menge verschiedener gasanalytischer Apparate herausgegriffen wurden. In Fällen, in denen auch die Buntebürette versagt, die, wie später zu zeigen ist, viel verwendungsfähiger als der Orsatapparat ist, kommen Vorrichtungen der exakten Gasanalyse in Frage, von denen nur die dem Gaswerkslaboratorium angepaßte, von Drehschmidt[1]) angegebene Form erwähnt und in Fig. 328 gezeigt sei. Bei diesem Apparate dient Quecksilber als Sperrflüssigkeit. *B* ist die Meßröhre; die Anbringung des Kompensators *C* macht eine rechnerische Korrektur der Temperatur- und Druckverhältnisse unnötig. Im Kompensator ist ein Luftvolumen abgeschlossen, welches durch das mit einer Flüssigkeit gefüllte Manometer *M* mit dem Gase in *B* in Verbindung steht. Änderungen im Luftdruck und der Temperatur beeinflussen die beiden Gasvolumina in gleicher Weise, so daß die entsprechenden Korrekturen durch Gleichstellung des Druckes in beiden Röhren zu umgehen sind.

d) Entnahme von Gasproben.

Die Entnahme von Gasproben richtet sich wohl nach dem Plus- oder Minusdruck, unter dem das aufzufangende Gas steht, erfolgt aber meist unter Anwendung eines Aspirators. Bevor die zu untersuchende Probe aufgefangen werden darf, muß aus allen Leitungen und Zwischenapparaten von der Entnahmestelle bis zum Sammelgefäß die Luft gänzlich entfernt werden.

[1]) Journ. f. Gasbel. 1889, S. 3.

Häufig kann wegen rasch wechselnder Zusammensetzung oder schlechter Mischung der Gase eine einzelne Analyse keinen sicheren Anhalt über die Beschaffenheit des Gases geben. In diesem Falle wird ein zuverlässiger Durchschnittswert entweder aus einer größeren Reihe von Analysen oder aus der Analyse einer während längerer Zeit in einem zweckmäßigen Behälter aufgesammelten größeren Gasmenge gewonnen, die aus dem Hauptstrom abzuleiten ist.

Zur Probeentnahme von Rauchgasen aus Retortenöfen oder Kesselfeuerungen sind in die Abzugskanäle an passenden Stellen Saugrohre einzuführen und mit Ton und Schamotte abzudichten. Das Material dieser Rohre richtet sich nach der Hitze der Abgase. Metalle, besonders Eisen, sind bei höherer Temperatur wegen

Fig. 329.

der starken chemischen Einwirkung auf die durchströmenden Gase und wegen ihrer störenden Wärmeleitung zu vermeiden. Glasröhren können nur unter 500 bis 600° C angewandt werden. Am sichersten, freilich auch am teuersten, sind Porzellan- oder Quarzglasröhren, während unglasierte Tonröhren wegen ihrer Porosität zu verwerfen sind.

Die Röhren seien nicht zu kurz, damit die durchströmenden Gase sich abkühlen können, und die angeschlossenen Schläuche nicht durch die Hitze leiden. Zur Zurückhaltung von Ruß und Flugstaub genügen einige in das Rohr gesteckte Flocken Glaswolle; zur Beseitigung von Teer aus Rohgas müßte ein Gefäß mit Watte zwischengeschaltet werden.

Als Saugvorrichtung ist die einfach konstruierte Saug- und Druckpumpe (Fig. 329) sehr empfehlenswert. Mit ihrer Hilfe kann leicht auch ein größeres Gefäß ohne Sperrflüssigkeit mit dem zu untersuchenden

Gase vollgepumpt werden, wenn dieses Gas in genügender Menge zur Verfügung steht, denn erst nach dem Durchströmen des fünffachen Volumens an Gas ist die Luftverdrängung als vollständig anzusehen. Da die Saugbälle nicht immer zuverlässig arbeiten, muß man ein Zurücktreten von Gas aus dem Sauger in das Sammelgefäß dadurch vermeiden, daß man jedesmal beim Zusammenpressen des Balls den Schlauch zwischen diesem und dem Gasbehälter durch Einknicken schließt.

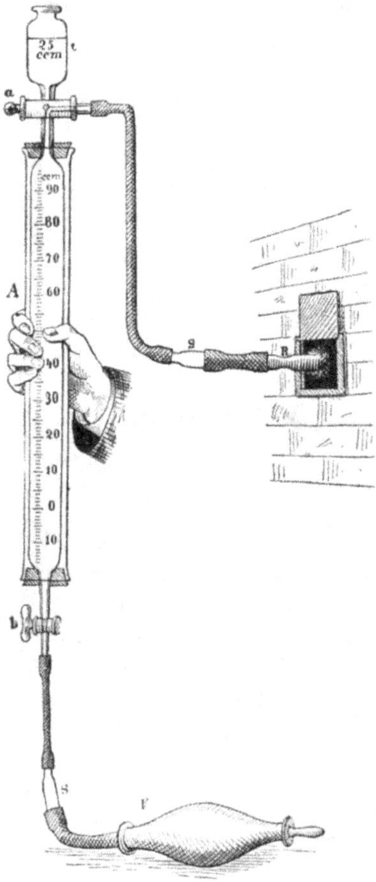

Fig. 330.

Steht das aufzufangende Gas unter Druck, so fällt natürlich die Saugpumpe fort. Es ist zweckmäßig, Rauchgase wegen ihres beträchtlichen Kohlensäuregehaltes in trokkenen Gefäßen, also mit Hilfe einer Saugpumpe, aufzufangen, damit der Verlust an Kohlensäure durch Absorption im Sperrwasser nicht zu groß werde (Fig. 330). Es ist unstatthaft, die Bürette in der auf Fig. 330 dargestellten Weise anzufassen, da die Erwärmung der Bürette, auch bei vorhandenem Mantelrohr, noch die spätere Abmessung des Gasvolumens beeinflussen kann. In anderen Fällen kann man die Bürette oder Sammelflasche selbst als Saugvorrichtung benutzen, indem man sie mit Wasser füllt und nach Verbindung mit der Entnahmestelle auslaufen läßt. In dieser Weise wirken die zum Auffangen größerer Gasmengen zweckmäßigen Aspiratoren aus Zinkblech von 15 bis 20 l Inhalt (Figur 331), ferner Gasbehälter bis 50 l (Fig. 332) oder Doppelaspiratoren verschiedener Konstruktion (Fig. 333). Das Volumen des aufgefangenen Gases läßt sich nach der auslaufenden Wassermenge oder direkt nach einer am Behälter angebrachten Einteilung abmessen. Umgekehrt kann man durch Einleiten von Wasser in den unteren Teil des Behälters das Gas durch den oberen Hahn in die Untersuchungsapparate drücken.

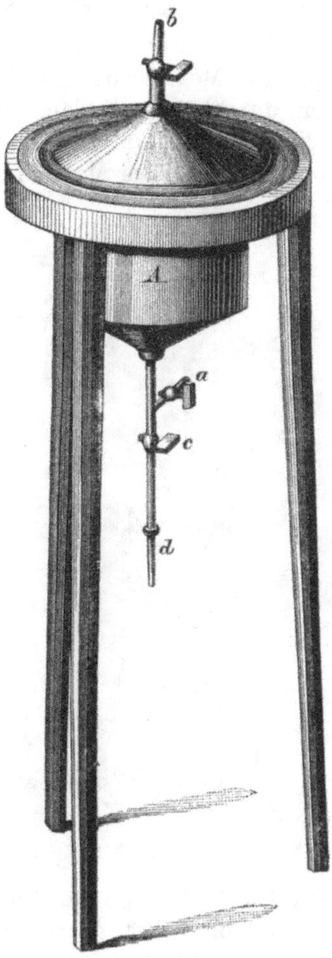

Fig. 331.

Zu kontinuierlicher Absaugung größerer Gasmengen dienen Wasserstrahlpumpen von Glas oder Metall, die, wie die Figur 334 zeitg, als Injektoren wirken und durch das bei *a* einströmende Wasser bei *b* eine stark saugende Wirkung ausüben.

e) Gasanalyse mit der Buntebürette.

Die Bürette (Fig. 327) stellt ein in $^1/_5$ oder $^1/_{10}$ ccm geteiltes Meßrohr dar, das oben durch einen Dreiweghahn mit durchbohrter Verlängerung des Kükens, unten durch einen einfach durchbohrten Hahn verschließbar ist. Vom oberen Ende des Meßrohrs bis zur Nullmarke beträgt

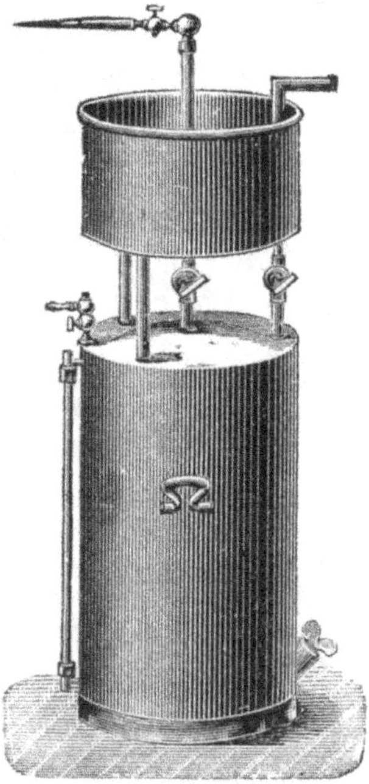

Fig. 332.

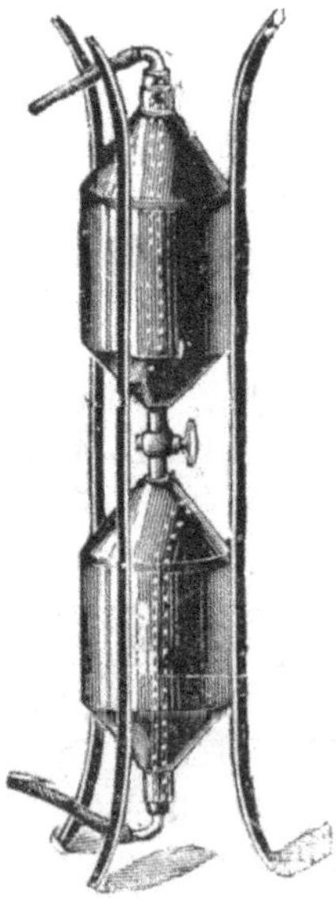

Fig. 333.

der Inhalt der Bürette genau 100 ccm. Über die Nullmarke hinaus ist die Teilung nach unten noch um 10 oder 15 ccm fortgesetzt. Die Bürette ist mit einem trichterförmigen Aufsatz versehen, an dem ein Inhalt von 20 oder 25 ccm markiert ist.

Je nach den verschiedenen Stellungen des Dreiweghahnes kommuniziert:

1. der Trichteraufsatz mit der Hahnspitze, Stellung ⅃

2. der Trichteraufsatz mit dem Meßraum, Stellung |
3. der Meßraum mit der Hahnspitze, Stellung ⅂.

Da die im Handel erhältlichen Büretten von recht verschiedener Qualität sind, beachte man folgendes: Die Röhre am unteren Hahn soll so eng sein, daß bei geschlossenem Hahn das in der Kapillare befindliche Wasser auch bei kräftigem Schütteln der Bürette nicht

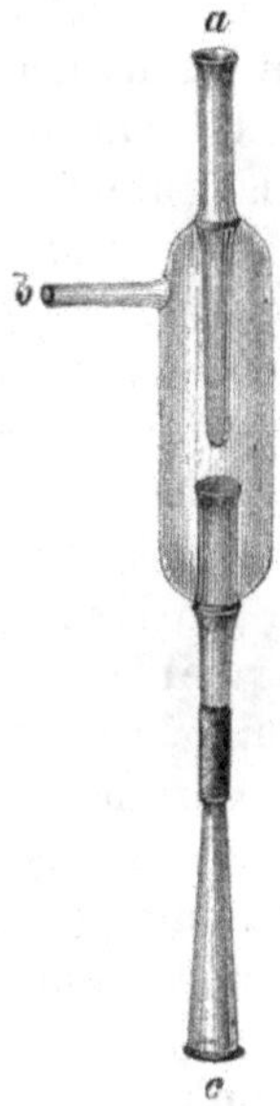

Fig. 334.

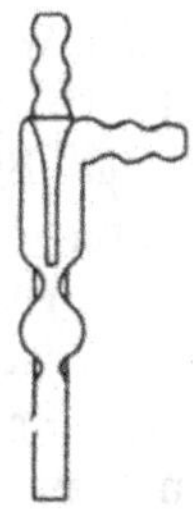
Fig. 334 a.

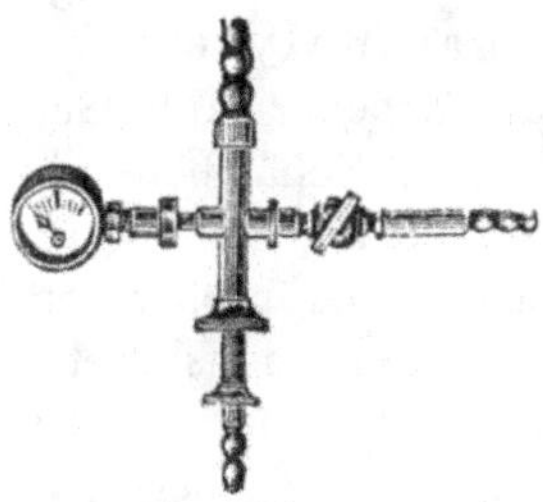
Fig. 334 b.

ausfließt. Der Dreiweghahn muß sich in eine Zwischenstellung bringen lassen, bei der alle drei Öffnungen geschlossen sind; dies ist nicht zu erreichen, wenn die Bohrungen zu weit sind. Die mit Talg gut eingefetteten Hähne sollen auch bei einem in der Bürette erzeugten starken Vakuum unbedingt dicht schließen, d. h. auch bei längerem Stehen muß die Flüssigkeit in der oberen und unteren Kapillare innerhalb .der Bürette stehen bleiben. Man tut gut, die Teilung der Bürette durch Ausfließenlassen und Wägen des Wassers von 10 zu

10 ccm nachzuprüfen. Die neueren, von Joh. Greiner, München, gelieferten Büretten zeigen nicht die unzweckmäßige Ausbauchung des oberen Teiles wie die älteren Formen, sondern sind glatt zylindrisch.

Zur Vermeidung von Temperaturänderungen ist die Bürette bei allen Manipulationen stets am Trichteraufsatz oder an den Kapillarrohransätzen anzufassen. Auch ist die Bürette möglichst vor äußerer Benetzung mit Wasser zu schützen, weil dessen Verdunstung der Bürette Wärme entzieht. Die gleiche Vorsicht ist auch bei den häufig empfohlenen Büretten mit Glasmantel, der übrigens recht unnötig ist, zu beobachten. Daß Arbeitsraum, Sperr- und Absorptionsflüssigkeiten gleichmäßig temperiert sein müssen, wurde schon weiter oben erwähnt. Vor jeder Probeentnahme ist die Bürette gut auszuspülen und ev. durch Hindurchleiten von Luft und vorsichtiges Erwärmen zu trocknen.

Zur Durchführung einer vollständigen Leuchtgasanalyse sind erforderlich: 2 Büretten mit Zubehör, d. h. Gestell, Klammern, Saug- und Druckflasche, Schälchen für die Absorptionslösungen, Gummischlauch und Quetschhahn, ferner schwer schmelzbare Glasröhrchen mit Palladiumdraht, 1 Bunsenbrenner, 1 Explosionsbürette oder Pipette mit 2 eingeschmolzenen Platindrähten, zwischen deren Spitzen der elektrische Funke überspringt, 1 Funkeninduktor mit galvanischen Elementen.

Als Absorptionsmittel werden gebraucht:

Zur Bestimmung der Kohlensäure: Kalilauge 1 : 2 (1 Teil Ätzkali in 2 Teilen Wasser gelöst),

zur Bestimmung des Sauerstoffes: alkalische Pyrogallollösung stets frisch gemischt aus 1 Vol. Pyrogallussäurelösung 1 : 5 und 3 Vol. Kalilauge 1 : 2,

zur Bestimmung der schweren Kohlenwasserstoffe: gesättigtes Bromwasser, d. h. etwa 20 g Brom in 1 l Wasser, zur Bestimmung des Kohlenoxyds: eine Lösung von 40 g Kupferchlorür in 1 l konzentrierter Salzsäure.

Die Handhabung der Bürette bei der Analyse gestaltet sich folgendermaßen:

Auffangen des Gases. Soll Gas in der leeren bzw. luftgefüllten Bürette aufgefangen werden, so dreht man den Dreiweghahn so, daß seine seitliche Bohrung mit dem Meßraum kommuniziert (Stellung ⌉), stellt die Verbindung der seitlichen Hahnspitze mit der Gasentnahmestelle her und läßt die Bürette so lange von Gas durchströmen, bis die Luft verdrängt ist, wobei der Hahn ev. mit Saugpumpe oder Aspirator verbunden ist. Dann wird zuerst der untere, darauf der obere Hahn (Zwischenstellung) durch rasche Drehung geschlossen. Der Trichteraufsatz ist dabei mit Wasser gefüllt zu halten. Ist dagegen die Bürette zur Probenahme mit Wasser gefüllt, so läßt man die mit der Gaszuleitung verbundene Dreiweghahnspitze mit dem Trichteraufsatz kommunizieren (Stellung ⌋). Durch diesen, der jetzt nur wenig Wasser enthalten darf, läßt man so viel Gas entweichen, daß aus den Verbindungsschläuchen alle Luft verdrängt wird, dreht den Hahn um 180° (⌉), öffnet den unteren Hahn und schließt, wenn das Wasser bis etwas unter die Nullmarke abgelaufen ist, zuerst den oberen (Zwischenstellung), dann den unteren Hahn. Über die Spitze des Dreiweghahns wird in Stellung ⌋ ein kurzes Schlauchende gestreift, das durch ein eingeschobenes Glasstäbchen verschlossen ist, so daß kein Wasser aus dem Trichter auslaufen kann.

Zum Abmessen des Gasvolumens wird das untere Ende der Bürette, falls diese ganz mit Gas gefüllt ist, durch einen Gummischlauch mit dem hochstehenden Wassergefäß *F* (Fig. 327) verbunden. Vorher überzeuge man sich, ob der Schlauch sowie die Kapillare unter dem Hahn *b* ganz mit Wasser gefüllt sind. Letzteres ist leicht zu erreichen, wenn man durch Öffnen des Hahnes *a* und Nachfüllen von Wasser in den Trichter etwas Sperrflüssigkeit in den unteren Teil der Bürette laufen läßt und durch Öffnen des Hahnes *b* auch die Kapillare damit füllt. Ist der bis ans äußerste Ende vollständig mit Wasser gefüllte Schlauch *s* mit der Bürette verbunden, so läßt man aus der Druckflasche *F* von unten Wasser in die Bürette treten, bis das Niveau den Nullpunkt der Teilung fast erreicht hat. Der untere Hahn *b* wird geschlossen und durch Drehung des Dreiweghahnes *a* die Verbindung von Meßgefäß mit Trichteraufsatz hergestellt (Stellung |), so daß das überschüssige Gas hier entweichen kann und der in der Bürette zurückbleibende Rest unter dem bei allen Messungen in gleicher Höhe zu erhaltenden Druck der Wassersäule im Trichter steht. Beim Entweichen des Gasüberdrucks fließen einige Tropfen Wasser aus dem Trichter in die Bürette und erhöhen den Wasserstand um ein Geringes (ca. 0,2 ccm). War die Bürette bis etwas unter die Nullmarke mit Gas gefüllt worden, so fällt natürlich die Zuleitung von Wasser aus der Druckflasche fort und die Einstellung des Druckes geschieht nur durch Öffnen des oberen Hahnes (Stellung |) bei vorschriftsmäßig gefülltem Trichteraufsatz. Nach der Ausgleichung des Druckes wird der Hahn in Zwischenstellung gebracht, wobei der Hahnwirbel schräg steht und alle Verbindungen mit den Bohrungen abgeschlossen sind.

Eine geringe Differenz des Wasserstandes im Trichter beim Einstellen des Druckes kommt nur wenig in Betracht, da einem Wasserdruck von 1 cm nur eine Volumenänderung von 0,1 % entspricht.

Bei der Ablesung des Gasvolumens in der Bürette ist eine allgemein gültige Regel für alle Fälle, in denen der Stand einer Flüssigkeitsoberfläche (Meniskus) in einem Glasgefäß bestimmt werden soll, zu beachten: Wasser und andere das Glas benetzende Flüssigkeiten bilden in Röhren keine horizontale, sondern infolge der Kapillaritätswirkung eine nach oben konkave Oberfläche,

Quecksilber und andere nicht benetzende Flüssigkeiten eine konvexe. Da der die Glaswand berührende Rand der Flüssigkeitsoberfläche meist ungenau zu erkennen und von der Beschaffenheit der Flüssigkeit wie der Röhre abhängig ist, hat man sich stets nach dem Stand des unteren Randes der konkaven Wölbung bei Wasser (Fig. 335a), des oberen Randes der konvexen Wölbung bei Quecksilber (Fig. 335b) zu richten.

Zu allen Ablesungen nimmt man am besten die Bürette aus der Klammer des Statives heraus, faßt sie mit Daumen und Zeigefinger an der oberen Hahnkapillare, so daß sie senkrecht nach unten hängt, und hält sie so hoch, daß die Ablesung in horizontaler Richtung erfolgt, denn bei schräger Haltung der Bürette oder bei nicht horizontaler Ablesung verschiebt sich der Meniskus gegen die Teilung des Meßrohres, und Fehler durch Parallaxe sind unvermeidlich. Ist durch ungünstige Beleuchtung die Erkennung des Meniskusstandes erschwert, so halte man ein Stück schwarzes Papier hinter die Bürette, und zwar mit dem oberen Rande wenige Millimeter unter den Meniskus, der sich nun durch die dunkle Spiegelung gegen einen hellen Hintergrund scharf abhebt.

Fig. 335 a.

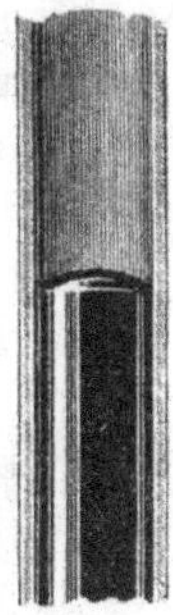

Fig. 335 b.

Um Absorptionsmittel in die Bürette zu bringen, muß man zuvor in dem Meßraum ein Vakuum erzeugen, indem man mit Hilfe der Saugflasche S (Fig. 327) das Sperrwasser aus der Bürette absaugt. Zu diesem Zwecke wird der Schlauch q mit der unteren Kapillare verbunden, dann mit dem Munde durch Saugen an dem Schlauche r in der Flasche N ein Unterdruck erzeugt, der untere Hahn b geöffnet und in dem Augenblick rasch wieder geschlossen, wenn die Wasseroberfläche gerade in die Kapillare über dem Hahn eintritt. Kann man mit dem Munde nicht das nötige Vakuum erzeugen, so empfiehlt es sich, eine Wasserstrahlpumpe zu benutzen. Nach dem Abnehmen des Schlauches von der Bürette saugt man die Flüssigkeit aus dem Schlauche in die Saugflasche zurück, um ein Abhebern des Inhaltes und Auslaufen auf den Tisch zu vermeiden.

Die Absorptionsflüssigkeit wird in dem Schälchen *P* bereitgehalten, und die Spitze der Bürette darin eingetaucht. Beim Öffnen des unteren Hahnes *b* wird das Absorptionsmittel infolge der Luftleere in die Bürette eingesaugt. Der Hahn wird geschlossen, wenn eine genügende Menge in die Bürette eingeströmt ist. Um das Gas in innige Berührung mit dem Absorptionsmittel zu bringen, nimmt man die Bürette aus der Klammer, umfaßt den Trichteraufsatz, dessen Öffnung mit dem Ballen der Hand verschlossen wird, und kann nun, je nach Erfordernis, entweder durch ruhiges Hin- und Herneigen der Bürette deren Wandungen mit der Flüssigkeit benetzen oder die Absorption durch recht kräftiges stoßweises Schütteln beschleunigen.

Bei Gegenwart von Gasen, die im Wasser leicht löslich sind, wie Kohlensäure und schwere Kohlenwasserstoffe, darf nur möglichst wenig Wasser bzw. Absorptionsmittel mit dem Gase in Berührung kommen. Aus diesem Grunde läßt man nach beendeter Absorption zunächst von unten Wasser aus einem Schälchen, genau wie vorher das Absorptionsreagens, bis zur Ausgleichung des Vakuums aufsteigen und stellt dann erst durch Drehung des Dreiweghahnes die Verbindung des Meßraumes mit dem vorher frisch gefüllten Trichteraufsatz her (Stellung |), aus dem nun nur noch ganz wenig Wasser nachläuft. Vor jeder Ablesung ist der Trichter bis zur Marke mit Wasser zu füllen und durch Öffnen des oberen Hahnes der Druck einzustellen. Erst eine bestimmte regelmäßig einzuhaltende Zeit ($^1/_2$ oder 1 Minute) nach der Einstellung, wenn das Wasser von der Bürettenwand abgelaufen ist und die Oberfläche des Sperrwassers nicht mehr steigt, darf die Ablesung des Wasserstandes erfolgen. Werden zur Untersuchung 100 ccm Gas verwendet, so ergeben sich die Volumina der absorbierten Gasbestandteile unmittelbar in Prozenten des Gesamtvolumens.

Um das gebrauchte Absorptionsmittel aus der Bürette zu entfernen, wird es nach Möglichkeit abgesaugt und der Rest ausgewaschen. Zu diesem Zwecke wird bei Unterdruck in der Bürette erst der obere (Stellung |), dann der untere Hahn geöffnet und das auslaufende Wasser durch entsprechenden stetigen Zufluß in den Trichteraufsatz ersetzt. Man beachte, daß bei Unterdruck in der Bürette der untere Hahn nur dann zuerst geöffnet werden darf, wenn gleichzeitig die Bürettenspitze in ein Schälchen mit Wasser getaucht wird, weil andernfalls leicht Luft von unten eingesaugt würde. Das Durchfließen des Wassers durch die Bürette läßt man so lange andauern, bis die mit Lackmuspapier leicht zu prüfende ursprüngliche Reaktion der Flüssigkeit verschwunden ist. Ein Gasverlust kann bei dem Ausspülen der Bürette nicht eintreten, wenn keine in Wasser leicht löslichen Gase zugegen sind.

Die Ablesung des Gasvolumens darf nicht über einem Absorptionsmittel erfolgen, das selbst eine Tension hat, wie Bromwasser oder Salzsäure, oder die normale Wasserdampftension herabdrückt wie starke Kalilauge. Die erstgenannten Reagentien müssen daher durch Zusatz von Kalilauge unschädlich gemacht werden, die letztere wird in so geringen Mengen verwendet, daß sie durch das noch zuzufügende Wasser genügend verdünnt wird.

Vor der Bestimmung eines zweiten Gasbestandteiles durch Einführung eines neuen Absorptionsmittels wird zweckmäßigerweise das Sperrwasser möglichst vollständig bis zum Eintritt in die Kapillare abgesaugt, damit nicht der zurückbleibende Rest das Absorptionsreagens verdünnt und dessen Wirkung beeinträchtigt.

f) Anordnung der Analysen.

Bei der Analyse verschiedener Gasgemische ist für die aufeinanderfolgenden Absorptionen eine ganz bestimmte Reihenfolge einzuhalten, von der die Richtigkeit der Untersuchungsergebnisse wesentlich mit abhängt.

Für Rauchgase (Verbrennungsgase) ist die Reihenfolge:

1. Kohlensäure } durch Absorption.
2. Sauerstoff } durch Absorption.
3. Kohlenoxyd } durch Absorption.
4. Stickstoff als Rest.

Für Steinkohlenleuchtgas:

1. Kohlensäure	durch Absorption.
2. schwere Kohlenwasserstoffe	
3. Sauerstoff	
4. Kohlenoxyd	
5. Wasserstoff	durch Verbrennung.
6. Methan	

Dieses letztere Schema wird auch auf die Untersuchung anderer Gase, wie Generator- oder Wassergas, mit der ihrer Zusammensetzung entsprechenden Veinfachung angewendet.

g) Analyse von Steinkohlenleuchtgas.

Eine vollständige Analyse des reinen Leuchtgases gibt bei der ziemlich gleichmäßigen Zusammensetzung des Gases aus den verschiedenen gebräuchlichen Gaskohlen wertvolle Aufschlüsse über den Gang der Gaserzeugung und ermöglicht, namentlich aus dem Gehalt an schweren Kohlenwasserstoffen und Methan, den Heizwert zu beurteilen.

Für die Analyse von Leuchtgas ist es sehr ratsam, als Sperrflüssigkeit anfänglich kein reines, sondern mit Leuchtgas gesättigtes Wasser zu benutzen, weil dieses die Kohlensäure und schweren Kohlenwasserstoffe aus dem zu untersuchenden Gase kaum mehr zu absorbieren vermag. Allerdings muß dann nach beendigter Bestimmung der schweren Kohlenwasserstoffe wieder reines Sperrwasser benutzt werden, denn andernfalls könnte das mit den löslichen Bestandteilen des Leuchtgases gesättigte Wasser diese jetzt abgeben und das Gasvolumen vermehren.

1. Kohlensäure.

Zur Bestimmung der Kohlensäure genügt 1 ccm Kalilauge 1 : 2, denn diese geringe Menge vermag etwa 90—100 ccm Kohlensäure aufzunehmen. Die Absorption erfolgt sehr rasch, so daß ein einmaliges Bespülen der Bürettenwand mit der Lauge ausreicht und ein stärkeres Schütteln ganz unnötig ist. Nach der Absorption läßt man erst Wasser von unten aufsteigen und nur wenig Wasser langsam aus dem Trichter zum Abspülen der Lauge von den Wandungen und zur Einstellung des Druckes nachfließen. Bei der Kohlensäurebestimmung in ungereinigtem Leuchtgas ist der Schwefelwasserstoff durch Vorschaltung einer Waschflasche mit schwach angesäuerter Kupfervitriol- oder Bleizuckerlösung aus dem Gase zu entfernen, da andernfalls von der Kalilauge auch der Schwefelwasserstoff absorbiert und sich aus der Ablesung nur die Summe beider Bestandteile ergeben würde.

2. Schwere Kohlenwasserstoffe.

Durch die Einwirkung von Brom werden Äthylen und alle anderen in Betracht kommenden ungesättigten Kohlenwasserstoff absorbiert und zugleich Benzol und die anderen Lichtgeber gelöst. Methan dagegen bleibt unverändert.

Zur Entfernung der Kalilauge wird das Sperrwasser möglichst vollständig abgesaugt, die Wandungen mit wenig Wasser aus dem Trichteraufsatz abgespült und dieses wieder abgesaugt. Von dem gesättigten Bromwasser werden etwa 10 ccm in die Bürette gegeben.

Erscheint das Gas nach dem Schütteln nicht durch die Bromdämpfe gelbbraun gefärbt, so ist das Wasser abzusaugen und durch frisches Bromwasser zu ersetzen. Erst wenn die Bürette einige Minuten mit Bromdämpfen gefüllt blieb, ist die Absorption vollendet, das Sperrwasser wird abgesaugt, ca. 1 ccm Kalilauge in die Bürette gegeben und durch Benetzung der Wandung mit der Lauge die Bromdämpfe absorbiert (an der sofortigen Entfärbung erkennbar). Das Auffüllen mit Wasser geschieht wie oben angegeben.

3. Sauerstoff.

Die Bestimmung des Sauerstoffs geschieht durch pyrogallussaures Kalium in stark alkalischer Lösung. Man läßt nach dem Absaugen des Sperrwassers — ein Auswaschen des Restes von Kalilauge ist nicht erforderlich — zuerst 1 Vol. einer frisch bereiteten Pyrogallollösung von ungefähr 1 : 5, dann 3 Vol. Kalilauge 1 : 2 in die Bürette eintreten, im ganzen etwa 10 ccm.

Nach 5 Minuten langem kräftigen Schütteln läßt man von oben bis zum Druckausgleich Wasser einfließen, schüttelt wieder und wiederholt dies, bis kein Wasser mehr eintritt. Von der dunklen Flüssigkeit läßt man einen Teil nach unten ablaufen, während man von oben, an den Wandungen entlang, Wasser nachfließen läßt. Hat sich so eine helle, die Ablesung ermöglichende Wasserschicht auf der dunkelbraunen Lösung gebildet, so kann der Druck eingestellt werden.

Für genaue Sauerstoffbestimmungen reicht diese Methode nicht aus, und die titrimetrische muß gewählt werden, denn während des 5 Minuten währenden Schüttelns ändert sich die Temperatur sehr leicht um so viel, daß eine Gasausdehnung um 0,1—0,2 ccm eintritt. Damit ist aber die Fehlergrenze ebenso groß wie der gewöhnliche Gehalt des Leuchtgases an Sauerstoff.

4. Kohlenoxyd.

Kohlenoxyd wird von salzsaurer Kupferchlorürlösung unter Bildung einer unbeständigen Verbindung, aus der sich das Kohlenoxyd leicht wieder abspaltet, absorbiert. Zur Herstellung der Lösung nimmt man auf 40 g käufliches Kupferchlorür, das immer Chlorid enthält, 1 l konzentrierte Salzsäure. Um die bei Berührung mit Luft leicht eintretende Oxydation des Kupferchlorürs zu vermeiden und das anwesende Chlorid zu Chlorür zu reduzieren, bewahrt man in der Lösung eine Spirale von blankem Kupferdraht auf. Nach längerem Stehen bei Luftabschluß wird die anfangs dunkelgrüne Lösung farblos.

Das Sperrwasser wird abgesaugt, nachgewaschen und wieder abgesaugt. Darauf läßt man ca. 10 ccm der Kupferchlorürlösung eintreten, schüttelt 1 Minute und saugt bei starkem Vakuum in der Saugflasche und vorsichtig geöffnetem Hahn wieder ab. Die Kupferlösung wird durch frische ersetzt, und zwar gibt man jetzt so viel in die Bürette, als überhaupt aufgesaugt wird, denn bei einem beträchtlichen Unterdruck würde die Absorption unvollständig bleiben. Man schüttelt einige Minuten, läßt von unten wieder Kupferchlorürlösung nachsteigen und wiederholt dies, bis keine Kontraktion des Gasvolumens mehr eintritt. Statt des Wassers gießt man nun mehrere Kubikzentimeter konzentrierter Salzsäure in den Trichteraufsatz, öffnet erst den unteren, dann den oberen Hahn (Stellung |) und fängt die auslaufende Kupferchlorürlösung, die nochmals benutzt werden kann, wieder auf. Ehe die Salzsäure aus dem Trichter ganz ausgelaufen ist, füllt man ihn mit Wasser und läßt weiter ausfließen, so daß sich in der Bürette drei Schichten übereinander bilden: Kupferchlorür, Salzsäure und Wasser. Auf diese Weise verhindert man, daß das Wasser sich direkt mit der Kupferchlorürlösung vermischt, wodurch ein störender weißer Niederschlag entstehen würde. Sind Kupferchlorür und

Salzsäure vom Wasser verdrängt, so wird der größte Teil des Sperrwassers abgesaugt, 1 ccm Kalilauge zur Absorption der Salzsäuredämpfe eingeführt, nach kurzem Bespülen der Wandungen mit der Lauge in der bekannten Weise mit Wasser aufgefüllt und der Druck eingestellt.

5. Wasserstoff.

Nach Entfernung des Kohlenoxyds bleibt ein aus Wasserstoff, Methan und Stickstoff bestehender Gasrest zurück, dessen Bestandteile nicht absorbierbar sind. Zur analytischen Bestimmung wird daher dem Gase Luft im Überschuß beigemischt und Wasserstoff und Methan verbrannt. Aus den nach der Verbrennung sich ergebenden Volumveränderungen des Gasrestes läßt sich die ursprüngliche Menge der verbrannten Gase ermitteln. Wasserstoff verbrennt mit Sauerstoff zu Wasserdampf, der sich in der Bürette verflüssigt und mit dem Sperrwasser vermischt, also kein Volumen mehr einnimmt.

Der Prozeß verläuft nach der chemischen Formel:

$$\underset{2\ \text{Vol.}}{2\,H_2} + \underset{1\ \text{Vol.}}{O_2} = \underset{2\ \text{Vol.}}{2\,H_2O},$$

Demnach ergeben 2 Volumen Wasserstoff mit 1 Volumen Sauerstoff 2 Volumen Wasserdampf, die aber verschwinden, so daß die eintretende Kontraktion 3 Volumen beträgt.

Der ursprüngliche Wasserstoffgehalt entspricht $^2/_3$ der Kontraktion.

Um eine vollständige Verbrennung des Wasserstoffs zu erzielen, muß man nach obiger Formel für je 1 ccm Wasserstoff $^1/_2$ ccm Sauerstoff zusetzen. Da statt reinen Sauerstoffs atmosphärische Luft mit 20,9 % Sauerstoff zur Verbrennung zugemischt wird, so ist auf 1 ccm Wasserstoff $\frac{100}{20{,}9} \cdot \frac{1}{2} = 2{,}4$ ccm Luft zu rechnen, doch wird natürlich stets zur Sicherheit ein Luftüberschuß zugeführt.

Die Ausführung der *Wasserstoffverbrennung* gründet sich auf die Beobachtung, daß beim Überleiten eines Wasserstoff-, Methan-, Luftgemisches über mäßig erhitztes Palladium nur der Wasserstoff verbrennt, während das Methan infolge seiner höheren Entzündungstemperatur unverändert bleibt. Diesen Vorgang bezeichnet man als *fraktionierte Verbrennung*, zu deren Ausführung zwei Büretten erforderlich sind.

Das Palladium befindet sich bei der von *Bunte* angegebenen Anordnung als etwa 8 cm langes mehrfach zusammengebogenes Drahtstück in einer ca. 10 cm langen, in der Mitte verengten schwer schmelzbaren Glasröhre von 3 mm lichter Weite, deren Enden durch Asbestfäden lose ausgefüllt sind (Fig. 336).

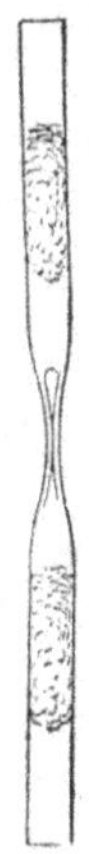

Fig. 336.

Um einen Teil des Gasrestes zur späteren Methanbestimmung aufzubewahren, wird die Explosionsbürette vollständig mit Wasser gefüllt und die Dreiweghahnspitzen der beiden Büretten mit einem kurzen Schlauchstück verbunden. Nur *ein* Trichteraufsatz wird mit Wasser gefüllt. Werden nun die oberen Hähne in die Stellungen └ ┘ gebracht, so läuft das Wasser von einem Trichter in den andern und verdrängt die Luft aus dem Verbindungsschlauch. Beide Hähne werden um 180° gedreht ┌ ┐, der Schlauch der Druckflasche mit dem unteren Hahn der ersten Bürette verbunden, dieser und der untere Hahn der Explosionsbürette geöffnet und ein Teil des Gases in die letztere hinübergedrückt. Vor der Trennung der Büretten werden die oberen Hähne wieder um 180° gedreht.

In der ersten Bürette behält man zur Wasserstoffbestimmung 22 bis 25 ccm Gas zurück, die nach der Druckeinstellung genau abgemessen werden. Angenommen, daß in 25 ccm Gas 15 ccm Wasserstoff enthalten wären, so würden $15 \cdot 2{,}4 = 36$ ccm Luft theoretisch zur Verbrennung genügen. Um jedoch ganz sicher zu gehen, und gleichzeitig die bei theoretischer Mischung stark explosive Eigenschaft abzuschwächen, wendet man einen erheblichen Überschuß an (im ganzen

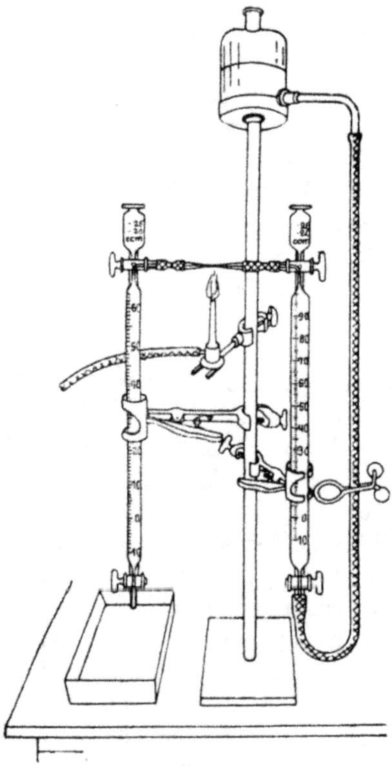

Fig. 337.

etwa 80 ccm Luft). Zum Einleiten der Luft in die Bürette wird erst der untere, dann der obere Hahn (⅂) geöffnet, so daß das auslaufende Wasser die Luft einsaugt. Ist der Wasserspiegel bis auf etwa 105 ccm gesunken, so schließt man rasch den oberen und dann den unteren Hahn, mischt die Gase durch Schütteln der Bürette, stellt den Druck ein und liest ab. Aus dem Trichteraufsatz dieser ersten Bürette wie auch der mit Wasser gefüllten Hilfsbürette wird das Wasser entfernt, und aus beiden Dreiweghahnspitzen werden die letzten Tropfen sorgfältig ausgeblasen. Mittels dickwandiger, gut schließender, kurzer Schlauchstücke wird zwischen den beiden Dreiweghähnen in der durch Fig. 337 veranschaulichten Weise das Glasröhrchen mit Palladiumdraht befestigt. Beim Überstreifen der Schläuche über die Hahnspitzen muß die Verschiebung der konischen Hahnküken in ihren Hülsen peinlich vermieden werden. Die Dreiweghähne werden beide in Zwischenstellung gebracht, so daß keine Bohrung offen ist. Der Trichter der das Gas enthaltenden Bürette wird mit Wasser gefüllt und durch vorübergehendes Öffnen des unteren Hahnes Unterdruck in der Bürette erzeugt. Durch gleichzeitige rasche Umdrehung der Dreiweghähne (┌─┐) kommt das Palladiumröhrchen mit dem Meßraum in Verbindung. Beim Erhitzen des Röhrchens drängt die sich ausdehnende Luft das in der oberen Kapillare befindliche Wasser in die Bürette zurück. Nach Verbindung des Gummischlauches der Druckflasche mit dem unteren Hahn der ersten Bürette öffnet man diesen und erwärmt das Röhrchen an der Verengung mittels eines kleinen Bunsenbrenners unter ständiger fächelnder Bewegung der Flamme so weit, bis an dieser die vom heißen Glas herrührende Kalium- oder Natriumfärbung erscheint. Hierauf wird der untere Hahn der Hilfsbürette geöffnet, so daß das Gas in ziemlich raschem Strome aus der ersten in die zweite Bürette hinübergedrückt wird, wobei das Wasser nicht in Tropfen, sondern im Strahl ausfließen soll. Will man sicher sein, daß kein Methan mit verbrennt, so darf nach Richardts Untersuchungen[1]) der Palladiumdraht sich nicht bis zur sichtbaren Rotglut erhitzen. Sobald die erste Bürette bis an den oberen Hahn mit Wasser gefüllt ist, schließt

---

[1]) Journ. f. Gasbel. 1904, S. 593.

man schnell ihren unteren Hahn und dann auch den der Hilfsbürettee. In gleicher Weise kann nun das Gasgemisch unter etwas stärkerer Erwärmung des Palladiumrohres zurückgeleitet werden. Wenn vollständiger Temperaturausgleich eingetreten ist, wird der Druck eingestellt und die Kontraktion abgelesen.

Als Kontrolle über den Verlauf der Verbrennung kann nachträglich der übrig gebliebene Sauerstoff durch Absorption mit Pyrogallol bestimmt werden. Zieht man diesen Rest von der ursprünglichen, aus dem zugesetzten Luftquantum berechneten Menge ab, so ergibt sich der Sauerstoffverbrauch, der gleich $^1/_3$ der beobachteten Kontraktion sein muß.

6. Methan.

Bei der Verbrennung von Methan entsteht neben Wasserdampf auch Kohlensäure, und zwar nach der Formel:

$$CH_4 + 2\,O_2 = CO_2 + 2\,H_2O,$$

d. h. 1 Volumen Methan und 2 Volumen Sauerstoff geben 1 Volumen Kohlensäure und 2 Volumen Wasserdampf. Von 3 Volumen Gas bleibt also nur 1 meßbares Volumen

Volumenänderung bei der Verbrennung von Gasen mit Sauerstoff.

	Bei der Verbrennung von 1 Vol. brennbarem Gas			Kontraktion nach der Verbrennung und Absorption d. Kohlensäure	Brennbares Gas = Kontraktion mal
	sind erforderlich Vol. Sauerstoff	entstehen Vol. Wasserdampf	entstehen Vol. Kohlensäure		
Methan $= CH_4$	2	2	1	3 Vol.	$^1/_3$
Kohlenoxyd $= CO$	$^1/_2$	—	1	$1\,^1/_2$ »	$^2/_3$
Wasserstoff $= H_2$	$^1/_2$	1	—	$1\,^1/_2$ »	$^2/_3$
Äthylen $= C_2H_4$	3	2	2	4	$^1/_4$
Benzol $= C_6H_6$	7,5	3	6	8,5	$^1/_{8,5}$

zurück, 2 Volumen verschwinden. Das 1 Volumen entspricht demnach der Hälfte der Kontraktion. Wird aber die gebildete Kohlensäure durch Kalilauge absorbiert, so verschwindet auch das dritte Volumen, und das Methan ergibt sich als $^1/_3$ der Gesamtkontraktion und ist gleich dem Volumen der absorbierten Kohlensäure.

Hieraus ergibt sich der in nachstehender Tabelle berechnete Luftbedarf für Leuchtgas von bekannter Zusammensetzung.

Berechnung des Luftbedarfs für Leuchtgas.

Zusammensetzung Vol. %	Sauerstoffbedarf Vol.	Verbrennungsprodukte	
		Vol. H_2O-Dampf	Vol. CO_2
52 H_2	26	52	—
31 CH_4	62	62	31
8 CO	4	—	8
3 C_2H_4	9	6	6
1 C_6H_6	7,5	3	6
2 CO_2	—	—	2
3 N_2	—	—	—
100	108,5	123	53

108,5 Vol. Sauerstoff entsprechend $\frac{100}{20,9} \cdot 108,5 = 519$ Vol. Luft. 1 cbm Gas (normal) liefert $1,23 \cdot 0,8041 = 0,989$ g Wasser, nach dessen Kondensation die Verbrennungsgase enthalten: 410,5 Vol. N und 53 Vol. CO_2 entsprechend 11,4 % CO_2.

Am zuverlässigsten erfolgt die Bestimmung des Methans durch Explosion eines Gasrestes, der noch Methan, Wasserstoff und Stickstoff enthält, nach Zusatz der nötigen Luftmenge. Die Explosion wird durch den Funken eines kleinen Induktoriums bewirkt, der zwischen den eingeschmolzenen Platinspitzen der Explosionsbürette überspringt. Die Menge des Methans kann nun nach der Explosion aus dem durch Absorption mit Kalilauge zu bestimmenden Kohlensäurevolumen direkt ermittelt werden, doch liegt die Gefahr nahe, daß durch die beträchtliche Absorption der Kohlensäure im Sperrwasser die Genauigkeit der Analyse stark beeinträchtigt wird. Genauere Werte erhält man, wenn man von der Gesamtkontraktion (einschließlich der Kohlensäureabsorption) den aus der vorhergegangenen Bestimmung auf Rechnung des Wasserstoffs sich ergebenden Betrag abzieht, dann ist $^1/_3$ der restierenden Kontraktion gleich dem Methanvolumen.

Von dem zur Methanbestimmung in der Explosionsbürette aufbewahrten Gasrest werden für eine Bestimmung von normalem Leuchtgas nur 12 bis höchstens 15 ccm gebraucht und nach Einstellung des Druckes genau abgemessen.

Angenommen, daß in 15 ccm Gas 6 ccm Methan und 8 ccm Wasserstoff enthalten seien, so sind zur Verbrennung erforderlich:

für das Methan	$6 \cdot 2 = 12$	ccm Sauerstoff,
für den Wasserstoff	$8 \cdot {}^1/_2 = 4$	» »
zusammen	16	ccm Sauerstoff

$$\text{entsprechend } \frac{100}{20,9} \cdot 16 = 76,6 \text{ ccm Luft.}$$

Um die Vollständigkeit der Verbrennung zu sichern und die Stärke der Explosion zu mildern, nimmt man 15 bis 25 ccm Luftüberschuß, läßt also den Wasserspiegel auf etwa 110 ccm sinken. Doch darf anderseits der Luftzusatz nicht zu weit getrieben werden, weil sonst leicht die untere Explosionsgrenze überschritten wird und das Gasgemisch infolge zu geringen Gehaltes an brennbaren Bestandteilen nicht zur Entzündung kommt. Das Ansaugen der Luft geschieht in gleicher Weise wie bei der Wasserstoffbestimmung. Sind die Gase durch Schütteln der Bürette gut gemischt, so wird der Druck eingestellt und das Volumen abgelesen. Das noch in der Bürette befindliche Sperrwasser wird abgesaugt, weil auch durch dieses geringe Vakuum die

Stärke der Explosion etwas gemildert wird, sodann verbindet man die Ösen der Platindrähte mit der sekundären Drahtspule des Induktoriums und schaltet den Strom der Elemente ein. Die Explosion läßt sich meistens deutlich an einer in der Bürette schnell von oben nach unten huschenden bläulichen Flamme beobachten. Nun wird von unten Wasser nachgefüllt, von oben der Druck eingestellt und das Volumen abgelesen. In bekannter Weise absorbiert man hierauf mit Kalilauge die Kohlensäure, deren Volumen zugleich einen Anhalt für die Methanbestimmung gibt, stellt wieder den Druck ein und bestimmt die Gesamtkontraktion.

Auch hier ist die Kontrolle durch nachträgliche Bestimmung des übriggebliebenen Sauerstoffs anzuraten. Die Art der Berechnung ist aus dem unten angeführten Beispiel zu ersehen.

7. Stickstoff.

Der weder durch Absorption noch durch Verbrennung näher zu bestimmende Gasrest wird als Stickstoff in Rechnung gesetzt. Wird von dem nach der Sauerstoffabsorption übrig bleibenden Gesamtstickstoff der mit der Luft zugeführte Stickstoff abgezogen, so ergibt der Rest den Stickstoffgehalt des angewandten Gases, der auf den ganzen sog. Gasrest umgerechnet wird. Wird freilich der Stickstoffgehalt als Differenz aller direkt bestimmbarer Gase gegen 100% angenommen, so muß natürlich diese Differenz alle Analysenfehler umfassen, woraus sich die manchmal schwankenden und unwahrscheinlichen Werte für Stickstoff erklären.

Aus dem Ergebnis des Explosionsversuches allein kann man sowohl Wasserstoff als auch Methan und Stickstoff[1]) bestimmen. Ermittelt man nach der Explosion die Menge der gebildeten Kohlen-

[1]) C. Schmidt, Journ. f. Gasbel. 1900, S. 231. Vgl. auch Haber und Weber, ebenda 1896, S. 107 und 802; sowie Bunte, Zeitschr. f. analyt. Chemie 1881, S. 165.

säure, den Verbrauch an Sauerstoff (aus der Differenz des Sauerstoffgehaltes der vor der Explosion zugesetzten Luft und des nach der Explosion zurückbleibenden Sauerstoffvolumens) und die Kontraktion, so gewinnt man drei Zahlen, die zusammen mit der Kenntnis des angewandten Gasrestvolumens vier Gleichungen aufzustellen erlauben, um die drei Bestandteile: Methan, Wasserstoff und Stickstoff zu ermitteln. Auch bei Verzicht auf die verhältnismäßig ungenaue Kohlensäurebestimmung lassen die drei Daten für Kontraktion plus Kohlensäure, Sauerstoffverbrauch und angewandtes Gasvolumen noch immer die drei Bestandteile: CH_4, H_2 und N_2 berechnen. Bezeichnet O_v den Sauerstoffverbrauch, K die Gesamtkontraktion, einschließlich der CO_2, so wird

$$H = {}^4/_3 K - 2\,O_v$$
$$CH_4 = O_v - {}^1/_3 K$$

Der Stickstoff ergibt sich, wie oben erwähnt, als Differenz des von CO_2 und O_2 befreiten Explosionsrestes gegen den Stickstoffgehalt der zugesetzten Luft.

In bezug auf Genauigkeit steht diese Bestimmung prinzipiell hinter der der fraktionierten Verbrennung zurück, doch sind die Resultate bei sorgfältiger Ausführung recht brauchbar, auch bringt diese Methode eine ganz bedeutende Abkürzung der Analyse mit sich.

Zur Ausführung der Bestimmung empfiehlt es sich, bei Leuchtgas etwa 20 ccm Gasrest zu verwenden, da bei kleineren Mengen die Versuchsfehler leicht zu groß werden. Diese 20 ccm werden in der Bunte-Bürette abgemessen und mit etwa 125 ccm Luft gemischt in der weiter unten noch zu erwähnenden Hempelschen Explosionspipette entzündet. Da die Bürette nur 110 ccm faßt, muß der Luftzusatz auf zweimal vorgenommen werden. Um eine vollständige Verbrennung ohne Bildung von Kohlenoxyd oder Salpetersäure zu erzielen, muß man darauf achten, daß nach der Explosion noch 2 bis 5 ccm Sauerstoffüberschuß vorhanden sind.

Bei dieser Methode wird der Wasserstoffgehalt meist etwas niedriger gefunden als bei der Verbrennung über Palladium. Es hat dies wohl seinen Grund in der Gegenwart von Spuren von kohlenstoffreicheren Kohlenwasserstoffen (Äthan) im Gasrest, welche bei der Verbrennung verhältnismäßig mehr Sauerstoff verbrauchen als das Methan.

Explosionsgrenzen.

Die Explosionsgrenzen der verschiedenen Gase sind nicht nur abhängig von deren Art und Zusammensetzung sondern auch in beträchtlichem Maße von der Weite der Gefäße und der Art der Zündung (Flamme, elektrischer Funken, glühender Draht usw.).

Vergleichsweise sind die Explosionsgrenzen verschiedener Gase und Dämpfe von Eitner und Trautwein[1]) in der Bunte-Bürette von 19 mm l. W., wie folgt, festgestellt worden:

Art des Gases	Prozentgehalt der Mischung an brennbarem Gas		
	Keine Explosion (untere Explosionsgrenze)	Explosionsbereich in 19 mm Rohr	Keine Explosion (obere Explosionsgrenze)
Kohlenoxyd . . .	16,4	16,6—74,8 = 58,2	75,1
Wasserstoff . . .	9,4	9,5—66,3 = 56,8	66,5
Wassergas . . .	12,3	12,5—66,6 = 54,1	66,9
Acetylen	3,2	3,5—52,2 = 48,7	52,4
Leuchtgas . . .	7,8	8,0—19,0 = 11,0	19,2
Äthylen	4,0	4,2—14,5 = 10,3	14,7
Alkohol	3,9	4,0—13,6 = 9,6	13,7
Methan	6,0	6,2—12,7 = 6,5	12,9
Äther	2,6	2,9— 7,5 = 4,6	7,9
Benzol	2,6	2.7— 6,3 = 3,6	6,7
Pentan	2,3	2,5— 4,8 = 2,3	5,0
Benzin	2,3	2,5— 4,8 = 2,3	5,0

[1]) Bunte, Über explosive Gasgemenge, Journ. f. Gasbel. 1901, S. 835.

h) Beispiel einer Steinkohlengasuntersuchung.

Angewandtes Gasvolumen 99,8 ccm.

Eine Umrechnung der Ablesungen auf genau prozentuale Verhältnisse durch Multiplikation mit $\frac{100}{99{,}8}$ ist bei so unbedeutenden Abweichungen des Gasvolumens von 100 ccm meist nicht erforderlich, da die Umrechnung sich kaum in Differenzen von 0,01 % äußern würde, während die Fehlergrenze der Analyse etwa bei 0,1 % liegt.

1. Absorption.

Ablesungen:			Vol. %
Stand bei Beginn	0,2		
nach Absorption mit:			
Kalilauge	1,8	Kohlensäure CO_2	1,6 %
Bromwasser	5,4	schwere Kohlenwasserstoffe $C_m H_n$	3,6 %
Pyrogallol	5,6	Sauerstoff O_2	0,2 %
Kupferchlorür	14,0	Kohlenoxyd CO	8,4 %
Gasrest:	86,0 ccm		

2. Fraktionierte Verbrennung.

(Wasserstoffbestimmung.)

Stand bei Beginn	76,2	angewandter Gasrest	23,8 ccm
nach Zufügung von Luft	+ 5,8	zugemischte Luft	82,0 »
		darin Sauerstoff	17,1 ccm
nach der Verbrennung	15,0	Kontraktion	20,8 »

Für den ganzen Gasrest von 86,0 ccm berechnet sich die Kontraktion auf

$$\frac{86{,}0}{23{,}8} \cdot 20{,}8 = 75{,}2 \text{ ccm}$$

demnach beträgt der Wasserstoffgehalt:

$$75{,}2 \cdot \frac{2}{3} = 50{,}1\,\%$$

Wasserstoff $H_2 = 50{,}1\,\%$.

Kontrollbestimmung:

Sauerstoffrest mit Pyrogallol absorbiert.

Stand nach der Absorption 25,2

demnach Sauerstoffrest = 10,2 ccm

Gesamtsauerstoff = 17,1 »

verbrauchter Sauerstoff = 6,9 »

Der Sauerstoffverbrauch soll gleich $^1/_3$ der Kontraktion bei der Wasserstoffverbrennung sein:

$$20{,}8 \cdot {}^1/_3 = 6{,}9.$$

3. Explosion.

(Methan- und Wasserstoffbestimmung.)

Stand bei Beginn . .	86,2	angewandter Gasrest	13,8 ccm
nach Zufügung von Luft	+ 9,8	zugemischte Luft .	96,0 »
		darin Sauerstoff . .	20,1 »
		Stickstoff . .	75,9 »
nach der Explosion . .	13,0	Kontraktion . . .	22,8 »
nach CO_2-Absorption .	18,0	CO_2	5,0 »

woraus sich ergeben würde:

$$5{,}0 \cdot \frac{86{,}0}{13{,}8} = 31{,}2\,\%\ \text{Methan}.$$

Gesamtkontraktion . . . . 27,8 ccm

Für den ganzen Gasrest von 86,0 ccm berechnet sich die Kontraktion auf $\frac{86{,}0}{13{,}8} \cdot 27{,}8 = 173{,}2$ »

die Kontraktion für Wasserstoff betrug . . 75,2 »

die Differenz beider ist gleich: 98,0 ccm

demnach der Methangehalt:

$$98{,}0 \cdot {}^1/_3 = 32{,}7\,\%.$$

Methan CH_4	32,7 %
zusammen	96,6 %
4. Rest als Stickstoff N_2	3,4 %
	100 %.

Bestimmung des Sauerstoffrestes nach der Explosion.

Stand nach der Absorption 23,6, Gasrest 76,4 ccm

demnach Sauerstoffrest = 5,6 ccm

Gesamtsauerstoff = 20,1 »

verbrauchter Sauerstoff = 14,5 »

Nach der Wasserstoffbestimmung sind in dem Gasrest von 13,8 ccm enthalten $\frac{50,1}{86,0} \cdot 13,8 = 8,0$ ccm Wasserstoff, die 4,0 ccm Sauerstoff verbrauchen. Für die Verbrennung des Methans waren demnach 14,5 — 4,0 = 10,5 ccm Sauerstoff erforderlich.

Die Gesamtkontraktion setzt sich zusammen aus:

$4,0 \cdot 3 = 12,0$ ccm für Wasserstoff
$10,5 \cdot {}^3/_2 = 15,8$ » » Methan
zusammen 27,8 ccm.

Die Berechnung von CH_4 und H_2 aus dem Explosionsversuch allein ergibt

$$H = {}^4/_3 \cdot 27,8 - 2 \cdot 14,5 = 8,1 \text{ ccm}$$

$$8,1 \cdot \frac{86,0}{13,8} = 50,5\,\%\ H_2$$

$$CH_4 = 14,5 - {}^1/_3 \cdot 27,8 = 5,2 \text{ ccm}$$

$$5,2 \cdot \frac{86,0}{13,8} = 32,4\,\%\ CH_4$$

Der Gasrest nach der Sauerstoffabsorption besteht
aus Stickstoff = 76,4 ccm N
in der zugemischten Luft waren 75,9 » N
in 13,8 ccm Gas demnach 0,5 ccm N

auf den Gasrest von 86,0 ccm berechnet:

$$0,5 \cdot \frac{86,0}{13,8} = 3,1\,\%\ N$$

gegenüber den oben aus der Differenz gegen 100 ermittelten 3,4 % N.

Ergebnis der Analyse.

Kohlensäure	CO_2	=	1,6 %
schwere Kohlenwasserstoffe	$C_m H_n$	=	3,6 %
Sauerstoff	O_2	=	0,2 %
Kohlenoxyd	CO	=	8,4 %
Wasserstoff	H_2	=	50,1 %
Methan	CH_4	=	32,7 %
Stickstoff	N_2	=	3,4 %
			100,0 %.

i) Verwendung von Absorptionspipetten.

Eine Abänderung der analytischen Methode beruht auf der Benutzung von Absorptionspipetten nach W. Hempel. Statt durch direkte Einführung der Reagentien in die Bürette wird die Absorption durch Einleiten des Gases in besondere, mit den Absorptionsmitteln gefüllte Gefäße von zweckentsprechender Form bewirkt (Fig. 338). Auf dem kapillaren Ansatzrohr, das zweckmäßigerweise stets mit Glashahn versehen sein sollte, der auf den Abbildungen fehlt, wird ein kurzes Stückchen Schlauch mit kapillarem Kniestück zur Verbindung mit der Dreiweghahnspitze der Bürette angebracht. Fehlt der Glashahn, so muß natürlich ein Quetschhahn zwischengeschaltet werden. Die Flüssigkeit in der Pipette läßt man durch Einblasen in die offene Kugel bis fast an das obere Ende der Kapillare steigen und schließt den Hahn. Beim Überschieben des Verbindungschlauches mit der Bürette soll deren Hahn Stellung └─ haben, damit die eingepreßte Luft durch den Trichter entweichen kann. Die Schlauch- und Rohrverbindung von Bürette und Pipette sei möglichst kurz und kapillar, damit der unvermeidliche Luftraum recht klein wird. Das Überleiten des Gases geschieht in gleicher Weise wie von einer Bürette zur andern. Man läßt das Wasser die Bürette ganz füllen und bis an die Kapillare der Pipette vordringen. Nachdem der Hahn geschlossen ist, kann die Verbindung von Pipette und Bürette nötigenfalls gelöst werden, wenn das Gas durch Schütteln der Pipette in gehörige Berührung mit dem Absorptionsmittel gebracht werden soll. Das Schütteln muß natürlich vorsichtig erfolgen, damit kein Gas aus der Absorptionskugel in die Niveaukugel entweicht. Zum Zurückleiten des Gases wird die Verbindung bei Stellung └─ des Dreiweghahnes wieder hergestellt, dann der Hahn um 180^0 gedreht und der untere Hahn geöffnet. Das auslaufende Wasser saugt das Gas aus der Pipette zurück, in welcher man das Absorptionsmittel bis zur anfänglichen Stellung in der Kapillare steigen läßt, worauf erst der Dreiweghahn, dann der untere Hahn geschlossen wird. Nach Entfernung der Pipette wird der Druck in der Bürette eingestellt und das Volumen abgelesen.

Als Absorptionsmittel werden die gleichen Lösungen wie bei der oben beschriebenen Methode benutzt. Zur Kohlensäurebestimmung genügt eine mit Kali-

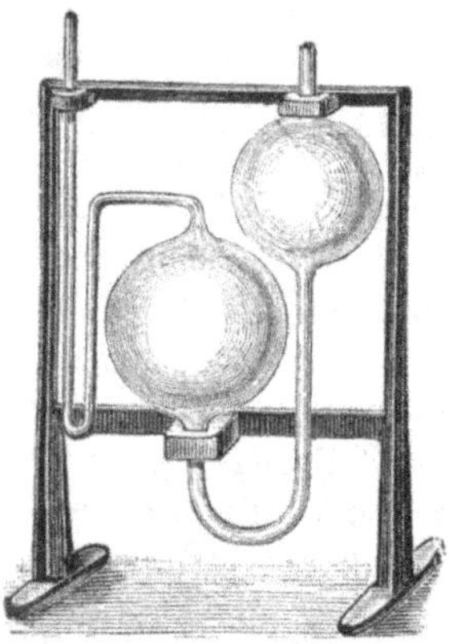

Fig. 338.

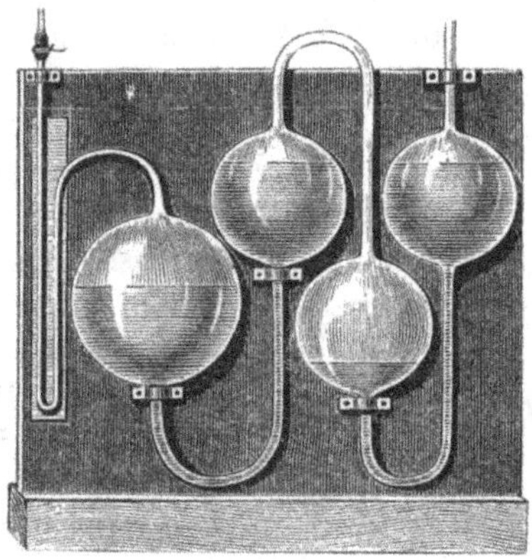

Fig. 339.

lauge gefüllte Pipette, wie sie Fig. 338 zeigt. Die Absorption erfolgt so leicht und schnell, daß kein Schütteln der Pipette nötig ist. Steht die Pipette unbenutzt, so schließe man die offene Kugel durch einen kleinen Stopfen, weil sonst die Lauge allmählich durch die aus der Luft aufgenommene Kohlensäure unwirksam wird.

Für Bromwasser, aus dem lästige Dämpfe entweichen, für alkalische Pyrogallol- und salzsaure Kupferchlorürlösung, die bei Berührung mit Luft Zersetzung erleiden, müssen Doppelpipetten (Fig. 339) gewählt werden, deren zwei hintere Kugeln je nachdem mit Wasser, verdünnter Lauge oder Säure gefüllt werden und Luftabschluß bewirken.

Das Bromwasser wird durch Zufügung eines Tropfens Brom in die Pipette gesättigt gehalten. Zur Absorption der schweren Kohlenwasserstoffe kann statt des Bromwassers auch rauchende Schwefelsäure in einer Pipette nach Fig. 340 angeordnet werden. In beiden Fällen ist ein nachträgliches Überleiten des Gases in die Laugenpipette zur Entfernung der Brom- oder Säuredämpfe erforderlich.

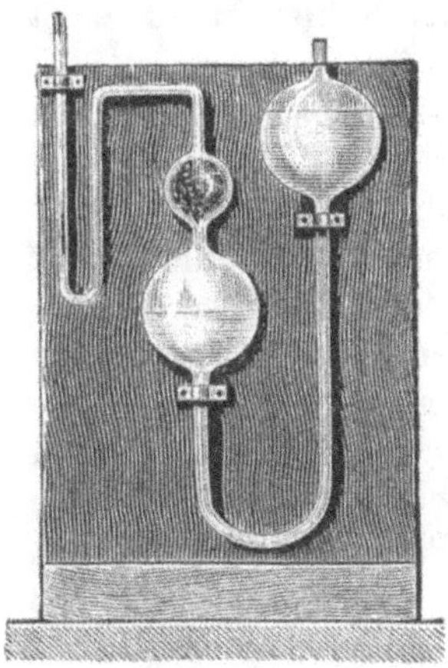

Fig. 340.

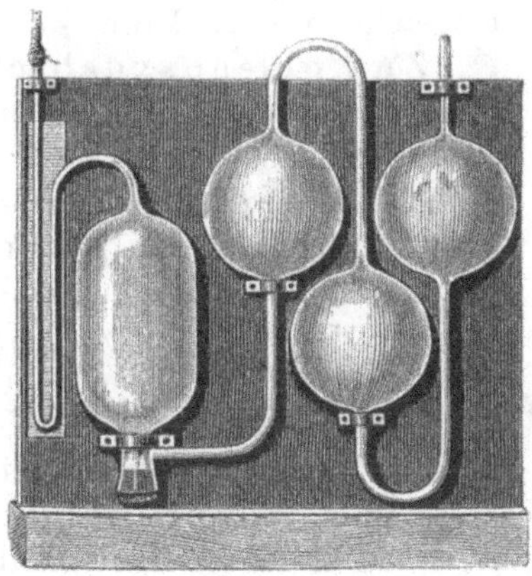

Fig. 341.

Für Sauerstoffabsorption bietet der gelbe Phosphor ein wesentlich wirksameres und sichereres Hilfsmittel als das pyrogallussaure Kali. Eine Pipette, deren zylindrischer Körper von unten durch einen Gummistopfen verschließbar ist (Fig. 341 und 342), wird mit dünnen Phosphorstängchen und Wasser als Sperrflüssigkeit gefüllt. Um die Verwandlung des gelben Phosphors in die unwirksame rote Modifikation zu verhüten, muß man die Pipette im Dunkeln aufbewahren. Die Reaktion vollzieht sich in drei Minuten und wird bei Anwesenheit von mehr als Spuren Sauerstoff sichtbar durch das Auftreten dichter Phosphorsäurenebel, die im Dunkeln leuchten. Wenn dieser Nebel nach beendigter Reaktion auch nicht ganz verschwindet, so übt er doch keinen Einfluß auf das Gasvolumen aus. Leider verbietet sich die Anwendung dieses bequemen Absorptionsmittels immer dann, wenn schwere Kohlenwasserstoffe, Methan und gewisse andere Verbindungen anwesend sind, weil selbst geringe Spuren dieser Gase die Reaktion des Phosphors mit dem Sauerstoff verhindern. Auch erschwert niedere Temperatur (unter 15^0) den Beginn der Reaktion, die aber durch Erwärmung des Pipettengefäßes mit der hohlen Hand leicht eingeleitet werden kann.

Zur Kohlenoxydabsorption sind zwei Pipetten mit Kupferchlorürlösung erforderlich; die eine häufiger zu benutzende dient zur Aufnahme der Hauptmenge des Kohlenoxydes, die zweite mit oft zu erneuernder Lösung absorbiert den letzten Rest. Natürlich ist das Gas durch nachträgliches Einleiten in die Laugenpipette von Salzsäuredämpfen zu befreien.

Bei der fraktionierten Verbrennung über Palladium kann statt der Hilfsbürette ebensogut eine nur mit Wasser gefüllte einfache Pipette benutzt werden, während zur Explosion eine Pipette nach Fig. 343 erforderlich ist. Der Glashahn dieser letzteren dient dazu, das Gas nach Übersaugen des Wassers in die offene Kugel, an welcher zu diesem Zweck ein Gummischlauch angebracht wird, ohne Gegenwart von Wasser unter mäßigem Vakuum zur Explosion bringen zu können. Hier sollte stets ein Glashahn zum Abschluß der Kapillare angebracht sein.

k) Gasanalysen durch Verbrennung.

Weitere Änderungen der Analysenanordnung ergeben sich für die Bestimmung von Wasserstoff und Methan ohne Explosion durch Verbrennung mit Luft an stark glühendem Platin. Fig. 344 zeigt die von Winkler[1]) angegebene Vorrichtung: Die kurze Platinspirale in der mit Wasser gefüllten Pipette wird durch

[1]) Muspratts Chemie IV. Aufl. Bd. III. S. 1072.

den Strom einiger galvanischer Elemente zur hellen Rotglut erhitzt, sobald sie beim Einströmen des Gases aus dem Wasser auftaucht. Auf diese Weise geht die Verbrennung der Gase an dem glühenden Platin ruhig und ohne Explosion vonstatten.

Die unzuverlässige galvanische Batterie wird bei Anwendung der Drehschmidtschen Platinkapillare[1]) (Fig. 345) umgangen, die durch einen Bunsenbrenner mit fächerförmig breiter Flamme auf helle Rot-

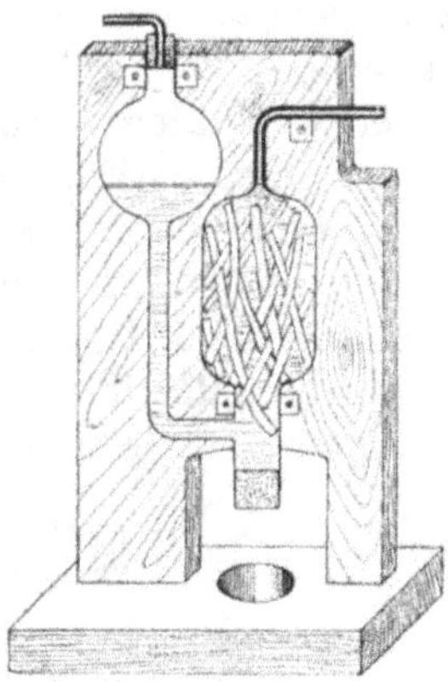

Fig. 342.

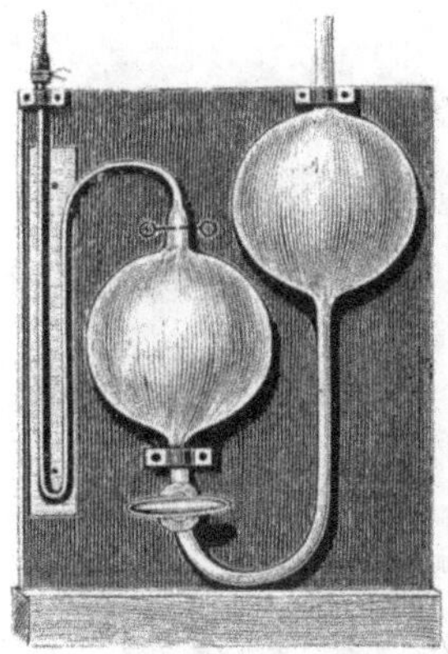

Fig. 343.

glut zu erhitzen ist. Die Verbrennung ist nach zweimaligem Durchleiten des Gases vollendet. Die Wärmeübertragung wird durch die kleinen mit Wasser gefüllten Kühlgefäße verhindert.

Gänzlich abweichend ist die von Jaeger[2]) angegebene Methode, nach der Wasserstoff und Methan durch fraktionierte Verbrennung über erhitztem Kupferoxyd bei verschieden hohen Temperaturen getrennt bestimmt werden können. Der zur Verbrennung nötige Sauerstoff braucht nicht als Luft zugeführt zu werden, sondern wird vom Kupferoxyd geliefert, so daß bei der

[1]) Muspratts Chemie IV. Aufl. Bd. III. S. 1073.

[2]) Journ. f. Gasbel. 1898, S. 764.

Leuchtgasanalyse der ganze Gasrest für diese Bestimmung zu verwenden ist.

Zur Aufnahme des Kupferoxydes dient ein schwer schmelzbares Glas- oder Quarzglasrohr, das zwischen die und Bürette die zur sofortigen Absorption der gebildeten Kohlensäure dienende Laugenpipette geschaltet wird. Die Versuchsanordnung mit geänderter Buntebürette ergibt sich aus Fig. **346**. Zuerst wird der Wasserstoff durch Erhitzen des Kupferoxydes auf 250° C verbrannt, wobei die Temperatur mit einem direkt neben dem erhitzten Röhrchen befindlichen Thermometer gemessen wird. Nach der Bestimmung der Kontraktion wird das Thermometer beseitigt und das Methan über dem zur hellen Rotglut erhitzten Kupferoxyd verbrannt.

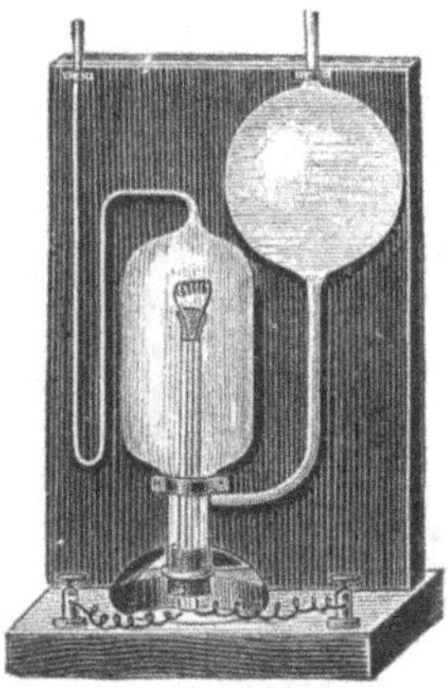

Fig. 344.

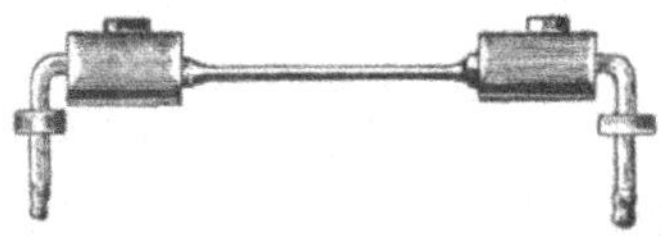

Fig. 345.

Ehe die Ablesungen erfolgen können, muß das Röhrchen sich jeweils völlig abgekühlt haben. Die beobachteten Kontraktionen entsprechen dann direkt den Wasserstoff- und Methanmengen. Zu berücksichtigen ist, daß sich das kleine Luftvolumen des Kupferoxydröhrchens an der Wasserstoffverbrennung beteiligt und zum Teil verschwindet, weshalb ein Betrag von einigen $^1/_{10}$ ccm von der für Wasserstoff festgestellten Kontraktion abgezogen werden muß. Der Apparat von J a e g e r ermöglicht eine sehr genaue S t i c k s t o f f b e s t i m m u n g, die direkt in einem abgemessenen Volumen von 100 ccm Gas durch mehrmaliges langsames Hin- und Herleiten des Gases über das zu starker Glut erhitzte Kupferoxyd ausgeführt wird. Der Stickstoff bleibt als einziger nicht brennbarer und nicht von Kalilauge absorbierbarer Bestandteil zurück.

Endlich sei noch auf die von Pfeiffer[1]) vorgeschlagene analytische Methode verwiesen, nach welcher nur Kohlensäure, schwere Kohlenwasserstoffe und Sauerstoff durch Absorption, dagegen Kohlenoxyd, dessen Absorption ja leicht unvollständig bleibt, mit Wasserstoff und Methan zusammen durch Explosion mit Luft bestimmt wird.

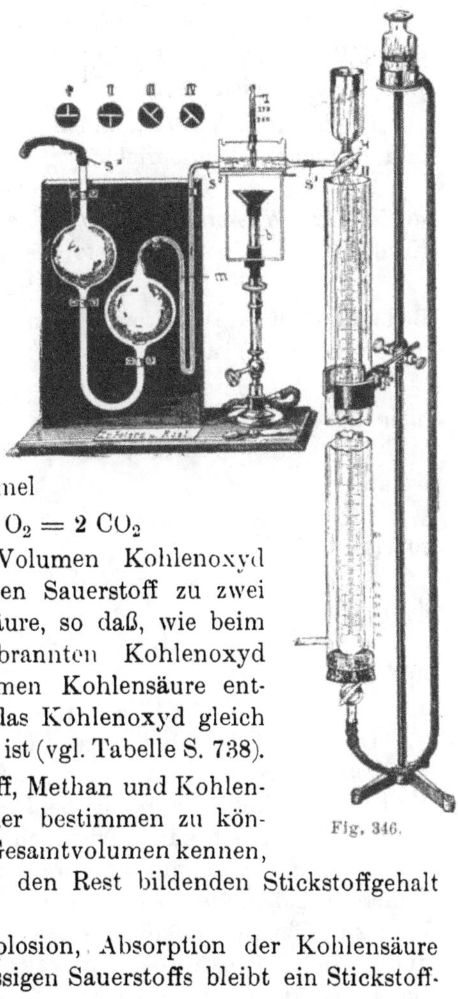

Fig. 346.

Nach der Formel

$$2\,CO + O_2 = 2\,CO_2$$

verbrennen zwei Volumen Kohlenoxyd mit einem Volumen Sauerstoff zu zwei Volumen Kohlensäure, so daß, wie beim Methan, dem verbrannten Kohlenoxyd ein gleiches Volumen Kohlensäure entspricht, während das Kohlenoxyd gleich $^2/_3$ der Kontraktion ist (vgl. Tabelle S. 738).

Um Wasserstoff, Methan und Kohlenoxyd nebeneinander bestimmen zu können, muß man ihr Gesamtvolumen kennen, also zunächst den den Rest bildenden Stickstoffgehalt ermitteln.

Nach der Explosion, Absorption der Kohlensäure und des überschüssigen Sauerstoffs bleibt ein Stickstoff-

[1]) Journ. f. Gasbel. 1899, S. 209.

volumen, das sich aus dem mit der Verbrennungsluft zugeführten Stickstoff und dem im Gas vorhandenen zusammensetzt. Das Volumen der brennbaren Gase V ergibt sich dann zu

$$V = R - N,$$

wobei R das angewandte Gasvolumen, N dessen Stickstoffgehalt bezeichnet.

Da das Kohlensäurevolumen der Summe von Methan und Kohlenoxyd entspricht:

$$CH_4 + CO = CO_2,$$

so ist der Wasserstoff gleich dem nach Abzug der Kohlensäure bleibenden Reste des brennbaren Gases.

$$H = V - CO_2.$$

Bedeutet C die Gesamtkontraktion nach Absorption der Kohlensäure, so ist

$$C = \frac{3}{2} H + \frac{3}{2} CO + 3\ CH_4,$$

oder

$$\frac{2}{3} C = H + CO + 2\ CH_4,$$

da aber

$$V = H + CO + CH_4,$$

so ergibt sich

$$\frac{2}{3} C = V + CH_4$$

demnach

$$CH_4 = \frac{2}{3} C - V$$

und

$$CO = CO_2 - \frac{2}{3} C + V.$$

Diese Methode hat den Vorzug experimenteller Einfachheit, verlangt aber eine genaue Bestimmung der Verbrennungskohlensäure, die bei Benutzung von Wasser als Sperrflüssigkeit kaum, ziemlich genau dagegen bei Benutzung von verdünnter Schwefelsäure zu erzielen ist. Nähere Angaben hierüber sowie über die von Pfeiffer benutzten abweichenden Büretten- und Pipettenformen finden sich in Lunges Untersuchungsmethoden Bd. II. S. 593 oder im Journal für Gasbeleuchtung 1899, S. 209.

l) Spezielle Bestimmungsmethoden.

Für die Bestimmung mancher Bestandteile des rohen oder gereinigten Leuchtgases reichen die oben besprochenen analytischen Methoden nicht aus, indem auf volumetrischem Wege entweder überhaupt keine Bestimmung durchführbar oder wenigstens keine ausreichende Genauigkeit zu erzielen ist.

Im allgemeinen besteht der Unterschied in der Zusammensetzung von rohem und gereinigtem Leuchtgas nur im Mengenverhältnis der einzelnen Bestandteile, denn abgesehen von Schwefelwasserstoff und Teer finden sich die anderen Verunreinigungen in geringen Mengen auch noch im gereinigten Gase.

Mehrere der im folgenden kurz zu erörternden Methoden erfordern besondere Apparate, namentlich aber erschweren die zum Teil erforderlichen sog. Normallösungen von ganz bestimmtem und gelegentlich nachzuprüfendem Gehalte dem nicht als Chemiker ausgebildeten Betriebsleiter die Ausführung dieser Bestimmungen. Es würde viel zu weit führen, die Grundzüge der titrimetrischen (maßanalytischen) und gewichtsanalytischen Bestimmungsmethoden hier zu besprechen, doch soll der Betriebsleiter für den Fall, daß er sich in diesen Grundlagen Kenntnis und Übung zu verschaffen Gelegenheit hatte, wenigstens eine Anregung zur Erweiterung der ihm schon geläufigen Untersuchungen finden.

Neben der Prüfung des Gases auf Verunreinigungen wie Schwefelwasserstoff, Gesamtschwefel, Teer, Naphthalin, Ammoniak, Cyan, Kohlensäure und Sauerstoff sei noch der genaueren Bestimmung der für Leuchtkraft und Heizwert wichtigen schweren Kohlenwasserstoffe in ihren Hauptvertretern Benzol und Äthylen gedacht.

1. Schwefelwasserstoff.

Schwefelwasserstoff darf im gereinigten Gase nicht mehr nachweisbar sein. Für etwa doch vorhandene

Spuren genügt der qualitative Nachweis, d. h. die allmähliche Bräunung eines mit Bleilösung getränkten Papierstreifens, der längere Zeit in den Gasstrom gehalten wird.

Die Bestimmung des Schwefelwasserstoffs im rohen Gase wird nach Bunte[1]) auf titrimetrischem Wege ausgeführt.

Zur Abmessung des Gasvolumens dient die Buntebürette, der Schwefelwasserstoffgehalt wird durch Titration mit Jodlösung ermittelt. Löst man 1,0575 g Jod mit einigen Gramm Jodkalium in Wasser auf und verdünnt auf 1 l, so entspricht 1 ccm dieser Lösung 0,1 ccm Schwefelwasserstoff von 15 ^{0} und 760 mm feucht gemessen.

Das Gas wird mittels eines Aspirators oder Saugballs in einer vollkommen trockenen Bürette aufgefangen, weil wegen der leichten Löslichkeit des Schwefelwasserstoffs die Verwendung von Wasser als Sperrflüssigkeit zu vermeiden ist. Durch Absaugen wird ein kleiner Teil des Gases entfernt und Unterdruck in der Bürette erzeugt. Aus einem untergehaltenen Schälchen läßt man zunächst Jodlösung nur zur Füllung der unteren Kapillare einschließlich der Hahnbohrung aufsteigen, dann bis zum untersten Teilstrich der Skala verdünnte Stärkelösung eintreten, schließlich unter wiederholtem Umschütteln Jodlösung in kleinen Mengen.

Durch die Reaktion

$$H_2S + J_2 = 2\,HJ + S$$

wird, so lange noch Schwefelwasserstoff vorhanden ist, das Jod sofort gebunden und die bei der Mischung von Jod- und Stärkelösung auftretende Blaufärbung wieder zerstört, bis sie nach völliger Zersetzung des Schwefelwasserstoffs bestehen bleibt. Die Menge der bis zur

[1]) Journ. f. Gasbel. 1888, S. 899. Vgl. auch Kast und Behrend ebenda 1889, S. 159.

dauernden Blaufärbung zugesetzten Jodlösung läßt sich an der Bürettenteilung direkt ablesen.

Saugt die Bürette infolge zu geringen Vakuums nicht so viel von der Jodlösung ein, daß die Endreaktion erreicht wird, so wird die verbrauchte Lösung an der Bürettenteilung abgelesen, bis zum untersten Teilstrich abgesaugt und frische Jodlösung eingeführt. Die Resultate der beiden Ablesungen werden dann nur addiert. Das zurückbleibende Gasvolumen wird nach der in üblicher Weise erfolgten Druckeinstellung abgemessen. Aus diesem Volumen und der verbrauchten Jodlösung ergibt sich der Schwefelwasserstoffgehalt.

Beispiel:

Stand der Stärkelösung .	+ 10,0 ccm	
Stand nach Eintreten der Blaufärbung	+ 1,5 ccm	
also verbrauchte Jodlösung	8,5 ccm	= 0,85 ccm H_2S
Stand nach Einstellung des Druckes	4,5 ccm	
demnach Gasvolumen ohne H_2S	95,5 ccm	
H_2S	0,85 ccm	
angewandtes Gasvolumen	96,35 ccm.	

Daraus Prozentgehalt des Gases an Schwefelwasserstoff:

$$x = \frac{0,85 \cdot 100}{96,35} = 0,88\,\%\ H_2S.$$

Sollen Druck, Temperatur und Wasserdampftension berücksichtigt werden, wovon aber für technische Bestimmungen abgesehen werden kann, so muß die Jodlösung 1,133 g Jod in 1 l enthalten. 1 ccm dieser Lösung entspricht dann 0,1 ccm H_2S bei 0^0 und 760 mm trocken gemessen.

Zu etwas genaueren Ergebnissen gelangt man bei folgender kleiner Abänderung der Methode.

Mit einer Pipette mißt man 10 oder 20 ccm Jodlösung ab, bringt sie in ein Schälchen und läßt davon ohne Stärkezusatz gleich so viel wie möglich in das Vakuum der Bürette eintreten. Ein in diesem Falle notwendiger Überschuß an Jod läßt sich nach dem Schütteln an der bestehen bleibenden gelben Farbe der Lösung erkennen.

Nachdem der Druck eingestellt und das Volumen abgelesen ist, spült man den Büretteninhalt samt dem im Schälchen verbliebenen Rest der abgemessenen Jodlösung in ein Becherglas, setzt etwas Stärkelösung zu und titriert mit einer Lösung von Natriumthiosulfat (die 2,069 g im Liter enthält, so daß 1 ccm derselben genau 1 ccm der Jodlösung mit 1,055 g Jod entspricht oder 2,217 g Thiosulfat für die Lösung mit 1,133 g Jod) bis zum Verschwinden der blauen Färbung.

Beispiel:

Gasvolumen	101,8 ccm
Jodlösung	10,0 »
Thiosulfatlösung . .	1,8 »
verbrauchte Jodlösung	8,2 ccm = 0,82 ccm H_2S

$$x = \frac{0{,}82 \cdot 100}{101{,}8 + 0{,}82} = 0{,}80\% \ H_2S.$$

Für gelegentlich nötige Absorption größerer H_2S-Volumina empfiehlt sich die Anwendung einer $^1/_{10}$ n-Jodlösung (12,69 g Jod mit etwas Jodkalium im Liter), von der 1 ccm = 1,12 ccm H_2S bei 0^0 und 760 mm oder = 1,20 ccm H_2S bei 15^0 760 mm feucht.

2. Gesamtschwefel im Leuchtgase.

Die auch im gereinigten Gase enthaltenen Schwefelverbindungen, deren wichtigste der Schwefelkohlenstoff ist, entziehen sich der für Schwefelwasserstoff angegebenen Bestimmungsmethode. Diese Schwefelverbindungen verbrennen zu schwefliger, zum Teil auch zu Schwefelsäure. Wenn auch diese Produkte infolge der starken

Verdünnung mit der Verbrennungskohlensäure, die sich ihrerseits ja nur in Ausnahmefällen bis zu einem lästigen Gehalte in der Luft anreichert, hygienisch nicht zu beanstanden sind, wie z. B. Pettenkofer betont hat, so ist ihnen doch wahrscheinlich der ungünstige Einfluß von Gasflammen auf Zimmerpflanzen zuzuschreiben. Ebenso wie auch die schweflige Säure empfindliche Farben von Tapeten und Bildern zu bleichen und zarte Stoffe zu zerstören vermag und das Rosten und Erblinden von Metallteilen befördert. Der an den Lampenzylindern häufig sich bildende weißliche Anflug weist auch einen Gehalt von schwefelsauren Salzen auf, die sich durch die Einwirkung der Verbrennungsprodukte bilden.

Während der normale Schwefelgehalt des Gases aus Saarkohlen ca. 20 bis 30 g in 100 cbm, aus Ruhrkohlen ca. 50 bis 60 g beträgt, steigt er bei Vergasung mancher, hauptsächlich englischer Kohlen, leicht auf mehr als 100 g, so daß bei der ziemlich ausgedehnten Verwendung englischer Gaskohlen auf dem Kontinente eine sorgfältigere Überwachung des Schwefelgehaltes ratsam wäre. In England wurde schon 1860 eine Bestimmung erlassen, daß in 100 cbm Gas nicht mehr als 45,76 g Schwefel enthalten sein dürften. Namentlich erfordert die immer steigende Verwendung des Steinkohlengases zu Heizzwecken, bei denen es sich um die Verbrennung wesentlich größerer Gasvolumina als bei der Beleuchtung und damit um eine viel stärkere Schweflig- und Schwefelsäurebildung handelt, eine Verminderung des Schwefelgehaltes.

Die einzelnen Schwefelverbindungen des Gases zu ermitteln wäre bei den zum Teil mangelhaften quantitativen Bestimmungsmethoden sehr umständlich und hätte nur theoretischen Wert.

Man begnügt sich damit, die Gewichtsmenge des in 100 cbm enthaltenen Schwefels, in Grammen ausgedrückt, als Gesamtschwefelgehalt des Leuchtgases anzugeben. Die Bestimmung desselben erfolgt zumeist durch Verbrennung eines bekannten Volumens des zu untersuchenden Gases, Auffangen des sauren Verbrennungsproduktes in einer mit etwas Brom versetzten Lösung von Kaliumkarbonat, Ausfällung der entstandenen Schwefelsäure mit Chlorbaryum und Wägung des Baryumsulfats.

$$1 \text{ g } BaSO_4 = 0{,}1374 \text{ g Schwefel.}$$

Große Verbreitung hat der von Drehschmidt[1]) angegebene Apparat zur Schwefelbestimmung nach der obigen Methode gefunden (Fig. 347). Ein Bunsenbrenner steht in einem für gelegentliche Regulierung des Brenners zerlegbaren, oben offenen Gehäuse aus Metall, das die Figur halb durchschnitten zeigt. Obenauf trägt dieses Gehäuse eine ringförmige, mit Quecksilber zu füllende Rinne, in welche ein hoher zylindrischer Glasaufsatz mit engem Abzugsrohr für die Verbrennungsgase aufgesetzt wird. An das Abzugsrohr schließen sich in der aus Fig. 348 ersichtlichen Weise drei Gaswaschflaschen und an diese eine Wasserstrahlpumpe an. Die zur Verbrennung nötige Luft kann nur durch ein mit Schlauchansatz versehenes Rohr in das Gehäuse des Bunsenbrenners gelangen, nachdem sie vorher durch einen mit Bimssteinstücken gefüllten und von Bromlauge (Kaliumkarbonatlösung mit Bromzusatz) berieselten Trockenturm geleitet und von allen schwefelhaltigen und sauren Bestandteilen befreit ist.

Das dem Apparat zugeführte Gas wird an einer Gasuhr gemessen. Es ist zweckmäßig, den Brenner vor Beginn des Versuches geraume Zeit brennen zu lassen, damit man sicher ist, daß die Zuleitung und der Gasmesser nur das zu untersuchende Gas enthält. Die Gaszuführung zum Brenner soll mittels möglichst kurzer Schlauchverbindungen erfolgen, weil neue Gummischläuche Schwefelkohlenstoff aufnehmen und alte Schläuche denselben abgeben und dadurch das Resultat

[1]) Post, Chemisch-technische Analyse.

des Versuches beeinflussen. Einen ähnlichen, leider nicht zu vermeidenden Ausgleich bedingt auch das Wasser des Gasmessers. Frisches Wasser vermag aus einem schwefelreichen Gas beträchtliche Mengen der Schwefelverbindungen zu absorbieren, mit Gas gesättigtes Wasser gibt leicht Schwefelverbindungen wieder ab.

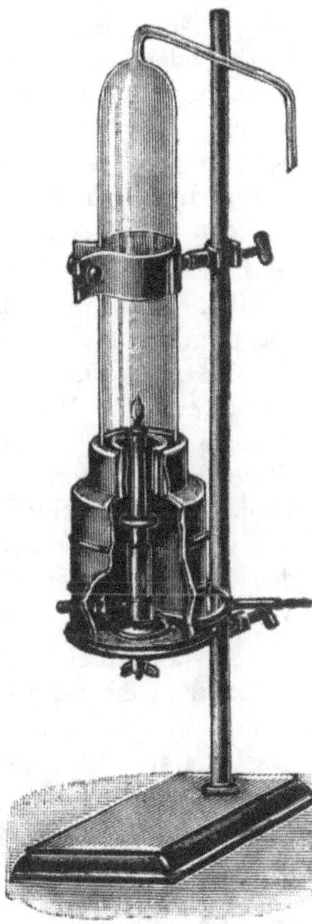

Fig. 347.

Zur Ausführung der Bestimmung füllt man die Absorptionsflaschen mit je 20 ccm einer Kaliumkarbonatlösung (5%). In die beiden ersten Waschflaschen gibt man außerdem noch einige ccm Bromwasser, um schweflige Säure zu Schwefelsäure zu oxydieren. Mittels eines Schraubenquetschhahnes zwischen Gasmesser und Bunsenbrenner reguliert man die Flamme auf einen stündlichen Verbrauch von etwa 25 l, saugt mit der Wasserstrahlpumpe einen sehr lebhaften Luftstrom durch die Waschflaschen, setzt schnell den Glasaufsatz über den Brenner und liest den Stand des Gasmessers ab. Wenn der angesaugte Luftstrom für die völlige Verbrennung des Gases ausreicht, so ist die Flamme scharf umrissen und brennt ruhig, fängt aber bei Luftmangel an zu flackern und fahl zu brennen. Sind 50 bis 100 l Gas verbrannt, so unterbricht man den Versuch und spült den Inhalt der Waschflaschen in ein Becherglas. Die

Flüssigkeit wird mit Salzsäure angesäuert, bis zur Vertreibung des Broms gekocht, mit einigen Kubikzentimetern verdünnter heißer Chlorbaryumlösung gefällt und filtriert. Das Filter wird mit heißem destilliertem Wasser ausgewaschen, getrocknet und verbrannt, der Rückstand im Platin- oder Porzellantiegel mit einem Tropfen Schwefelsäure abgeraucht, geglüht und als Baryumsulfat gewogen. Baryumsulfat $\times$ 0,1374 = Schwefel. Eine Reduktion des Gasvolumens auf normale Daten kann gewöhnlich unterbleiben.

Die leichte Zerbrechlichkeit des Drehschmidtschen Glasaufsatzes hat Hempel[1]) zu der aus Fig. 348 ersichtlichen Abänderung des Apparates veranlaßt. Das Gas brennt hier mit einem etwa 1 cm langen Flämmchen an der fein ausgezogenen Spitze des Verbrennungsrohres *c* in der Mitte einer tubulierten kugelförmigen Vorlage mit eng ausgezogenem Hals, an den sich die Waschflaschen und die Saugpumpe anschließen. Das Flämmchen hat einen Stundenkonsum von etwa 15 l und wird durch den Schraubenquetschhahn so reguliert, daß es mit scharfen Umrissen brennt. Die notwendige Verbrennnungsluft tritt durch *e* in *A* ein.

Anstatt durch Fällung und Wägung als Baryumsulfat kann die Schwefelsäure auch durch Titration bestimmt werden. Zu diesem Zweck werden die Wasserflaschen mit 80 bis 100 ccm käuflichen Wasserstoffsuperoxyds (ca. 3%) beschickt, die vorher mit $^1/_{10}$ Normallauge und Methylorange als Indikator genau neutralisiert worden sind. Nach beendigter Verbrennung wird nochmals Methylorange zu der aus den Waschflaschen zusammengespülten Flüssigkeit gesetzt und mit $^1/_{10}$ Normallauge bis zum Übergang von Rot in Gelb titriert.

1 ccm $^1/_{10}$ Normallauge entspricht 1,6 mg Schwefel.

---

[1]) Hempel, Gasanalytische Methoden, 3. Aufl., S. 256.

Beispiel: 60 l Gas wurden verbrannt und zur Titration 19,2 ccm $^1/_{10}$ n-NaOH verbraucht. Demnach beträgt der Schwefelgehalt des Gases: $\frac{19{,}2 \cdot 1{,}6 \cdot 100}{60}$ $= 51{,}2$ g S in 100 cbm.

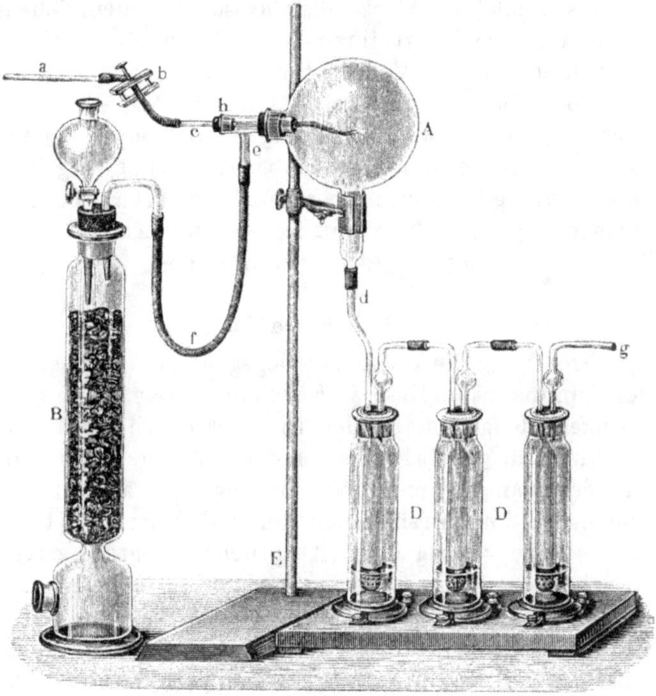

Fig. 348.

3. Teer.

Von den Verunreinigungen des Gases kommt der Teer zuerst zur Ausscheidung, und zwar auf rein physikalischem Wege. Die Wirksamkeit der Vorlagen, der Kühler und des Teerscheiders auf die Entfernung des Teeres aus dem Gase, sowie die vergleichsweise Teerausbeute aus verschiedenen Gaskohlen kann man, da zuverlässigere Methoden leider fehlen, mit dem Apparat nach Tieftrunk[1]) prüfen. Nach dem Teerscheider, spätestens aber nach dem Wäscher, sollte das Gas möglichst frei von Teerdämpfen sein, denn wenn auch die etwa noch vorhandenen Reste durch die als vorzügliches Filter wirkende Reinigungsmasse zurückgehalten werden, so verschmutzt der Teer die Masse in bedenklichem Grade und verringert ihren Wert durch die Erschwerung ihrer weiteren Verarbeitung.

Über die einfache qualitative Prüfung auf Teer, die bei Verwendung eines Droryschen Teerhahnes für verschiedene Proben ganz gut vergleichbare Werte gibt, sowie über die quantitative Bestimmung nach Tieftrunk, ist im Kapitel »Der Teerscheider« bereits gesprochen worden.

4. Naphthalin.

Größeren Schwierigkeiten begegnet die Bestimmung des Naphthalins im Gase, in welchem es zwar nur in ganz geringen Mengen vorhanden ist, aber durch seine Ausscheidung in den Leitungen und deren Verstopfung als eine der unangenehmsten Verunreinigungen auftritt. Die übliche Bestimmungsmethode durch Fällung mit Pikrinsäure vermag keine Ansprüche auf große Zuverlässigkeit zu machen, genügt aber, wenn es sich mehr um eine Betriebskontrolle über die Wirksamkeit eines Naphthalinwäschers handelt. Die Methode wurde im Anschluß an die »Entfernung des Naphthalins aus dem Gase« bereits besprochen.

5. Ammoniak.

Ammoniak und Cyan als wertvolle Nebenprodukte der Gasfabrikation dürfen im gereinigten Gase nicht enthalten sein, weniger weil ihr Verbleiben im Gase einen Gewinnverlust bedeutete, als vielmehr wegen ihrer zerstörenden chemischen Einwirkung auf die Gasbe-

[1]) Winkler, Industriegase II. S. 51.

hälter und Gasmesser. Obendrein verbrennen die Stickstoffverbindungen in der heißen Bunsenflamme zum Teil zu Stickstoffoxyden, denen ganz ähnliche schädigende Einwirkungen wie den Sauerstoffverbindungen des Schwefels zukommen.

Die Bestimmung von Ammoniak- und Cyangehalt sind besonders wichtig für die Überwachung der einzelnen Wasch- und Reinigungsapparate auf ihre Wirksamkeit und für die Prüfung des gereinigten Gases auf vollständige Entfernung dieser Verunreinigungen. Erst in zweiter Reihe kommt die Feststellung der Ausbeuteergebnisse an Stickstoffverbindungen aus den vergasten Kohlen in Betracht.

Den Gehalt an Ammoniak und Cyan, wie auch für die Schwefelverbindungen, den Teerdampf und das Naphthalin, gibt man in Gramm, bezogen auf 100 cbm gereinigtes Gas, meist ohne Berücksichtigung von Druck und Temperatur an. Im gut gereinigten Gase wird sich selten mehr als 0,2 g Ammoniak, leicht aber mehr als 5 g Cyan in 100 cbm vorfinden.

Zwei dem Gaswerksbetriebe zweckmäßig angepaßte Bestimmungsmethoden des Ammoniaks im Gase nach Tieftrunk und Knublauch wurden im Anschluß an den »Ammoniakwäscher« beschrieben.

6. Cyan.

Trotz der leichten Löslichkeit der Cyanverbindungen findet sich in den Abwässern der Kühler und Wäscher Cyan nur in ganz geringen Mengen als Schwefelcyan- (Rhodan-) oder Ferrocyanverbindung, weil durch die Kohlensäure das Cyan aus seinen sonstigen Verbindungen (namentlich Cyanammonium) wieder ausgetrieben wird. Erst in den Eisenoxydreinigern oder im Cyanwäscher wird das Cyan durch Bindung an Eisen zum größten Teil zurückgehalten.

Die Abscheidung des Cyans verteilt sich ungefähr in folgender Weise auf den Weg des Gases:

Es werden aufgenommen:

in den Kühlern	ca.	2—4 %,
» » Wäschern	»	2—4 »
» » Reinigern	»	60—80 »
» » Behältern	»	4—8 »
so daß im Straßengas bleiben	»	5—25 ».

Zusammen mit den verschiedenen Kontrollbestimmungen über den Betrieb der trockenen Reinigung wurde auch die Bestimmung des Cyans im Gase nach W. Feld erörtert.

7. Kohlensäure.

Genauere Bestimmungen der Kohlensäure als durch volumetrische Analyse bei Untersuchung von nur 100 ccm ermöglicht der einfach zu handhabende, aber recht teure und zerbrechliche Apparat von Rüdorff[1]), der mit einem Volumen von ca. 1 l zu arbeiten erlaubt und durch Absorption einer größeren Gasmenge die Genauigkeit erhöht.

Das Prinzip des Apparates (Fig. 349) beruht darin, daß die Kohlensäure durch Kalilauge absorbiert wird und an ihre Stelle ein gleich großes Volumen Kalilauge tritt.

Das Glasgefäß *G* hat einen Inhalt von 1130 ccm. Tubulus *A* mit eingeschliffenem Stopfen und Hahn trägt ein gekrümmtes Glasrohr, durch welches das Gas eintritt. In dem Tubulus *B* ist ein Stöpsel eingeschliffen, der außer einem Gasabflußrohr ein mit Flüssigkeit gefülltes Manometer *M* und einen Dreiweghahn trägt. Die gerade Bohrung desselben verbindet den Gefäßraum *G* mit dem Manometer *M*, die Winkelbohrung den Gefäßraum *G* mit der Außenluft. Der Tubus *C* trägt gleichfalls einen durchbohrten Glasstopfen, der sich fortsetzt in eine Pipette mit Hahn. Die Bürette ist in Kubikzentimeter geteilt und bis zum Nullpunkt mit Kalilauge

[1]) Journ. f. Gasbel. 1865, S. 258.

(1 : 3) gefüllt. Um den Apparat gegen Temperaturschwankungen zu schützen, wird das Gefäß *G* in einen mit Wasser gefüllten Glaskübel *K* gesetzt. Es ist darauf zu achten, daß das Wasser Zimmertemperatur hat.

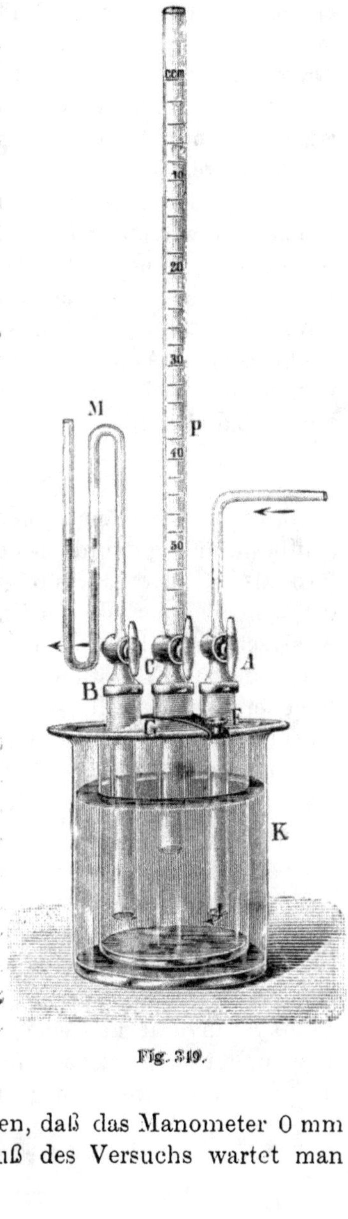

Fig. 319.

Um den Apparat mit Gas zu füllen, läßt man durch den Hahn *A* längere Zeit Gas eintreten und bei *B* durch die horizontale Hahnbohrung entweichen. Man schließt dann zuerst den Hahn *B*, dann Hahn *A*, entfernt den Gummischlauch und stellt durch kurzes Öffnen von Hahn *A* Druckausgleich her. Man läßt nun durch vorsichtiges Öffnen von Hahn *C* langsam einige Tropfen Kalilauge ein. Inzwischen verbindet man das Manometer durch entsprechende Stellung des Hahnes *B* mit dem Glasgefäß. Durch Absorption der Kohlensäure tritt in dem Gefäß bald ein Unterdruck ein, der an dem Manometer leicht verfolgt werden kann. Entsprechend der fortschreitenden Absorption, läßt man immer so viel Kalilauge nachtropfen, daß das Manometer 0 mm Druck zeigt. Gegen Schluß des Versuchs wartet man einige Minuten, um schließlich das Manometer genau auf Null zu stellen. Der an der Pipette abzulesende Laugeverbrauch gibt uns direkt den Kohlensäuregehalt an. Da der Inhalt des Gefäßes zu 1130 ccm bestimmt ist, so entspricht 1 ccm verbrauchter Lauge = 0,0885 % Kohlensäure.

Handelt es sich um die Kohlensäurebestimmung im Rohgas, so müssen erst der Schwefelwasserstoff und das Ammoniak, die beide gleichfalls absorbiert werden würden, entfernt werden. Dies geschieht am einfachsten durch Waschen des Gases vor dem Eintritt in den Rüdorffschen Apparat mit schwach essigsaurer Auflösung von Bleiacetat, die in zwei Absorptionsflaschen vorgeschaltet wird.

8. Sauerstoff.

Auf die Unzulänglichkeit der volumetrischen Sauerstoffbestimmung wurde schon oben hingewiesen, insofern als oft der Sauerstoffgehalt des Gases mit 0,1 bis 0,2 % noch innerhalb der Grenzen der unvermeidlichen Analysenfehler liegt. Die Luftbeimischung zum Gase, die man zur Entlastung der Reinigung durch teilweise Regeneration der Masse innerhalb der Kästen vielfach eingefuhrt hat, macht eine genaue Bestimmungsmethode des in der Reinigung nicht verbrauchten, sondern im Gase verbleibenden Sauerstoffs wünschenswert.

In Anlehnung an die Winklersche Methode der Sauerstoffbestimmung im Wasser hat Lubberger[1]) ein Verfahren zur Feststellung des Sauerstoffgehaltes unter Benutzung der Buntebürette angegeben.

Dieses Verfahren beruht darauf, daß man durch den (in Wasser gelösten) Sauerstoff überschüssiges Manganoxydulhydrat in Gegenwart von Alkali zu Manganoxydhydrat oxydiert, darauf durch Zusatz von Jodkalium und Salzsäure eine dem gelösten Sauerstoff äquivalente

---

[1]) Journal f. Gasbel. 1898, S. 695.

Menge Jod ausscheidet, und diese durch Titration mit Natriumthiosulfatlösung bestimmt, woraus sich die Sauerstoffmenge berechnet. Die eintretenden Reaktionen sind folgende:

$$2\,MnSO_4 + 4\,NaOH = 2\,Na_2SO_4 + 2\,MN(OH)_2,$$
$$2\,Mn(OH)_2 + O + H_2O = 2\,Mn(OH)_3,$$
$$2\,Mn(OH)_3 + 6\,HCl = 2\,MnCl_3 + 6\,H_2O,$$
$$2\,MnCl_3 + 2\,KJ = 2\,MnCl_2 + 2\,KCl + 2\,J.$$

Für den Versuch braucht man folgende Lösungen:

1. »Jodkaliumlösung«: 10 g Ätznatron, 35 g Seignettesalz (kristall-wasserhaltig) und 8,5 g Jodkalium zu 300 ccm gelöst.

2. »Manganlösung«: 14,5 g Mangansulfat ($MnSO_4 + 4\,H_2O$) in 100 ccm Wasser.

3. Thiosulfatlösung ($^1/_{100}$ normal): 2,483 g Natriumthiosulfat ($Na_2S_2O_3 + 5\,H_2O$) zu 1000 ccm gelöst.

4. Sauerstofffreies Wasser, das nach der folgenden, von Pfeiffer[1]) angegebenen Methode leicht zu gewinnen ist:

Kommt lufthaltiges Wasser mit Zink in Berührung, so wird der im Wasser gelöste Sauerstoff vollständig zur Bildung von Zinkhydroxyd verbraucht. Das Zink läßt sich nach dieser Richtung hin besonders reaktionsfähig machen durch Übergießen mit Wasser, dem man 2 Tropfen einer Kupfervitriollösung zugesetzt hat. Nach $^1/_4$ Stunde läßt man die Flüssigkeit ablaufen und wäscht mit Wasser aus. Das so vorbereitete granulierte Zink füllt man in eine dreifach tubulierte Woulffsche Flasche von $^1/_2$ l Inhalt. Durch den einen Tubus führt man ein Rohr *A* bis zum Boden des Gefäßes und befestigt an seinem unteren Ende einen Wattebausch zum Zurückhalten der Zinkhydroxydflocken, das oben herausragende Rohrende ist mit einem ca. 10 cm langen Gummischlauch und

---

[1]) Lunge, Untersuchungsmethoden, V. Aufl. Bd. II, S. 613.

Quetschhahn versehen. Der zweite Tubus ist mit einem Gummistopfen verschlossen, in dessen Bohrung ein kleines Glasstäbchen steckt. Durch den dritten Tubus reicht eine Röhre *B* nur etwa 1 bis 2 cm in die Flasche hinein. Die Flasche wird mit Wasser gefüllt, das man zunächst mit Leuchtgas sättigt. Durch Aufstoßen der Flasche auf die flache Hand entfernt man die zwischen den Zinkstücken sitzenden Gas- und Luftblasen. Nun verbindet man Rohr *B* mit einem erhöht stehenden Wasserbehälter und setzt so die Flasche unter Druck. Durch Lüften des Glasstäbchens im zweiten Tubus läßt man die oben in der Flasche angesammelten Gase entweichen. Nach einigen Stunden zeigt sich das Wasser sauerstofffrei: in einer alkalisch gemachten Probe entsteht auf Zusatz eines Tropfens Manganoxydulsulfatlösung ein völlig weißer Niederschlag von Manganoxydulhydrat. Zum Gebrauche entnimmt man das Wasser aus dem Rohre *A*, indem man es durch Lüften des Quetschhahns in die mit ihrem unteren Ende angeschlossene Bunte-bürette emporsteigen läßt. Das aus dem oberen Reservoir nachfließende Wasser kommt mit dem Zink in innigste Berührung, ehe es die am Boden befindliche Abflußstelle, d. h. das untere Ende des Rohres *A* erreicht, und gibt dabei seinen Sauerstoff ab.

Zur Ausführung der Bestimmung füllt man die Buntebürette mit sauerstofffreiem Wasser, wobei man darauf zu achten hat, daß das Wasser auch die obere Kapillare und die Hahnbohrungen anfüllt, fängt durch Auslaufenlassen der Bürette die Gasprobe auf und mißt in der bekannten Weise ungefähr 100 ccm des Gases ab. Darauf saugt man das Sperrwasser von unten bis an den Hahn heraus und entleert den Trichteraufsatz der Bürette.

Je nachdem die Gasprobe vor oder hinter den Reinigern entnommen ist, d. h. je nachdem im Gase Schwefelwasserstoff vorhanden ist oder nicht, ist die weitere Behandlung nunmehr verschieden.

I. Schwefelwasserstofffreies Gas, nach der Reinigung entnommen: Aus dem Trichteraufsatz läßt man 1 ccm Manganlösung eintreten, darauf durch den unteren Hahn 3 ccm Jodkaliumlösung. Nun schüttelt man die Bürette 10 Minuten lang kräftig, so daß die darin befindliche Flüssigkeit bei jedem Stoß durch die ganze Bürette geschleudert wird. Dann läßt man von unten 1 ccm konzentrierte Salzsäure (25 %) einsteigen und schwenkt um. War das Gas sauerstoffhaltig, so färbt sich die Flüssigkeit jetzt gelb von ausgeschiedenem Jod. Der Trichteraufsatz wird mit destilliertem Wasser gefüllt, luftfreies ist jetzt nicht mehr erforderlich, weil in saurer Lösung durch Sauerstoff kein Jod mehr frei gemacht wird, und der Inhalt der Bürette quantitativ in ein Becherglas gespült. (Das zuletzt auslaufende Wasser darf sich mit Stärkelösung nicht im geringsten bläuen.) Nach Zusatz von etwas Stärkelösung[1]) wird mit $^1/_{100}$ normal Natriumthiosulfat bis zum Verschwinden der blauen Farbe titriert. Von den verbrauchten Kubikzentimetern Thiosulfat werden erfahrungsgemäß 0,3 ccm abgezogen. Dann entspricht jeder Kubikzentimeter Thiosulfat 0,06 ccm Sauerstoff für 15° und 760 mm feucht, mithin 0,06 Vol.-% Sauerstoff, wenn man 100 ccm Gas angewendet hat. Druck und Temperatur können im Hinblick auf die kleinen Beträge außer acht gelassen werden.

II. Schwefelwasserstoffhaltiges Gas, vor der Reinigung entnommen. Da Schwefelwasserstoff die Reaktionen stört, auf denen die Bestimmung beruht, so muß er entfernt werden. Nach dem Absaugen des Sperrwassers läßt man 2 ccm Jodlösung (5 g Jod, 10 g Jodkalium in 100 g Wasser) von unten in die Bürette treten und schüttelt einige Male um. Dann saugt man

[1]) 10 g Stärke werden mit kaltem Wasser zu einem dünnen Brei angerieben. Dieser wird zu 1 l kochenden Wassers langsam und vorsichtig zugegeben (plötzliches Aufkochen tritt leicht ein).

die Jodlösung wieder ab und wäscht ihre Reste von oben mit möglichst wenig luftfreiem Wasser aus. Das ablaufende Wasser darf, mit Stärkelösung geprüft, keine Reaktion auf Jod mehr geben. Dann wird weiter verfahren wie unter I.

Dieses Verfahren ist das Ergebnis einer großen Reihe von Versuchen. Die angegebenen Einzelheiten müssen beachtet werden, wenn die Ergebnisse gut werden sollen. Die Größe der Korrektur von 0,3 ccm Thiosulfat ist durch eine Reihe von blinden Versuchen festgestellt.

9. Schwere Kohlenwasserstoffe.

Nach dem oben beschriebenen Gang der volumetrischen Analyse wurden unter der Bezeichnung »schwere Kohlenwasserstoffe« die Lichtgeber, wie Benzoldampf und Äthylen, neben denen die geringen Mengen ihrer Homologen und anderer Verbindungen, wie z. B. Azetylen, zurücktreten, zusammen absorbiert.

a) Getrennte Bestimmung von Benzol und Äthylen.

Für die Bewertung des Gases, namentlich bei der Berechnung des Heizwertes aus den Ergebnissen der Gasanalysen, wird die getrennte Bestimmung von Benzol und Äthylen von Interesse sein.

Als theoretisch einwandfrei und praktisch leicht ausführbar verdient die Methode von Haber und Oechelhäuser[1]) Beachtung, deren Prinzip folgendes ist: Bei der gemeinsamen Absorption der schweren Kohlenwasserstoffe mit Bromwasser wird nur das Äthylen vom Brom chemisch angegriffen und verbindet sich mit diesem, während der Benzoldampf sich in den entstehenden Kondensaten des Äthylenbromids löst und chemisch unverändert bleibt, also auch kein Brom verbraucht.

In einer Probe des Gases ermittelt man die Summe des Äthylens und Benzols durch Absorption mit Brom-

[1]) Journ. f. Gasbel. 1896, S. 804 und 1900, S. 349.

wasser von bekanntem Bromgehalt und bestimmt den Überschuß des Broms nach Abscheidung einer äquivalenten Menge Jods durch Titration mit Thiosulfat. Aus dem Bromverbrauch und der Gleichung:

$$C_2H_4 + Br_2 = C_2H_4Br_2$$

berechnet sich das Äthylen, indem
1 ccm $^1/_{10}$ n. Thiosulfat = 1,12 ccm Äthylen bei 0° und 760 mm oder = 1,22 ccm bei 15° und 750 mm feucht.

Aus der Differenz des Äthylens gegen die gesamte Absorption ergibt sich der Benzolgehalt.

Die Bestimmung wird in der Buntebürette ausgeführt. Man mißt ungefähr 90 ccm des zu untersuchenden Gases in der Bürette ab unter Beobachtung des Barometerstandes und der Temperatur. Dann saugt man in der bekannten Weise die Flüssigkeit bis zum Hahn ab, entfernt auch sorgfältig die in den nächsten Minuten noch nachlaufenden Tropfen durch Absaugen, gießt etwas halbgesättigtes Bromwasser (ca. 10 g im Liter) in eine kleine Porzellanschale und läßt ca. 15 ccm davon in die Bürette emporsteigen, liest den Stand des Bromwassers an der Bürettenskala ab und läßt, um das noch in der unteren Kapillare befindliche Bromwasser ebenfalls in die Bürette zu bringen, noch 2 bis 3 ccm Wasser nachsteigen. Nun absorbiert man durch 2 Minuten langes Schütteln der Bürette das Äthylen und Benzol. Nach dem Umschütteln muß noch ein reichlicher Bromüberschuß in der Bürette sein. Um diesen Überschuß zu ermitteln, läßt man nach 2 bis 3 Minuten eine starke Jodkaliumlösung von unten in die Bürette emporsteigen und schüttelt kräftig durch. Darauf stellt man mit destilliertem Wasser den Druck ein, liest den Stand ab, entleert den Büretteninhalt unter Nachspülen mit Wasser quantitativ in einen Erlenmeyerkolben und titriert das ausgeschiedene Jod nach Zusatz von Stärkelösung mit $^1/_{10}$ n. Natriumthiosulfatlösung (24,83 g $Na_2S_2O_3 + 5\,H_2O$ im Liter).

Um den Titer des verwendeten Bromwassers festzustellen, verfährt man mit der genau gleichen Menge desselben Bromwassers unter Benutzung derselben Bürette, die man bis zum gleichen Teilstrich füllt wie beim ersten Versuch, ohne Leuchtgas ebenso und ermittelt so die der angewandten Brommenge entsprechende Menge Thiosulfat. Die Differenz der bei beiden Versuchen verbrauchten Kubikzentimeter Thiosulfat entspricht dann dem Äthylen.

Beispiel:

Stand bei Beginn:	8,8	Angewandtes Gas	91,2 ccm
nach Einsaugen des Bromwassers .	+ 4,2		
nach Einsaugen von Jodkalium und Einstellung des Druckes	13,4	Äthylen + Benzol	4,6 ccm = 5,04 %.

Beim Versuch ohne Gas für Brom verbraucht:

12,70 ccm $^1/_{10}$ n. Thiosulfat,

beim Versuch mit Gas für Brom verbraucht:

9,65 ccm $^1/_{10}$ n. Thiosulfat,

Differenz = 3,05 ccm $^1/_{10}$ n. Thiosulfat,

entsprechend $3{,}05 \cdot 1{,}12 = 3{,}42$ ccm Äthylen bei 0° und 760 mm.

Temperatur 21° C, Barometerstand 755 mm

Wasserdampftension bei 21° = 18,4 mm

Demnach beträgt das Volumen des Äthylens:

$$V = \frac{3{,}42\,(1 + 0{,}00367 \cdot 1) \cdot 760}{755 - 18{,}5} = 3{,}80 \text{ ccm} = 4{,}17\,\%$$

oder unter Benutzung des oben angegebenen Annäherungswertes für 15° und 750 mm feucht:

$$3{,}05 \cdot 1{,}22 = 3{,}72 \text{ ccm} = 4{,}08\,\%.$$

Äthylen + Benzol	5,04 %
Äthylen	4,17 »
Benzol	0,87 %

b) Benzol.

Eine genauere Bestimmungsmethode des Benzoldampfes würde namentlich bei kalter Karburation des Steinkohlen- oder Wassergases mit Benzol von Nutzen sein, doch lassen alle bisher angewandten Methoden an Genauigkeit oder Einfachheit sehr zu wünschen übrig.

Der erst seit kurzem angewandten volumetrischen Bestimmung durch Absorption mit ammoniakalischem Nickelnitrat nach Dennis oder mit Ammoniumnickelcyanid nach Hempel und Carthy wurden gute Ergebnisse nachgerühmt, doch bestätigten sich diese nach Versuchen des einen Verf. durchaus nicht.

Die Absorptionsflüssigkeit wird nach Dennis und O'Neill hergestellt durch Auflösen von 16 g Nickelnitrat in 180 ccm Wasser unter Zusatz von 2 ccm konzentrierter Salpetersäure und Eingießen der Lösung in 100 ccm Salmiakgeist von 0,908 spezifischem Gewicht. Das Rezept für die Cyanidlösung nach Hempel lautet: 50 g Nickelsulfat werden in 75 g Wasser gelöst, mit 25 g Cyankali in 40 g Wasser versetzt, dazu 125 ccm Salmiakgeist (0,91) gegeben, bis zur Lösung geschüttelt, 20 Minuten auf 0° abgekühlt, von den Kaliumsulfatkristallen abgegossen, 18 g Zitronensäure in 10 ccm Wasser zugesetzt, 10 Minuten auf 0° gekühlt, dekantiert, 2 Tropfen Benzol zugesetzt und durch Schütteln gelöst. Zur Absorption leitet man das Gas in eine mit der Nickellösung gefüllte Hempelsche Pipette und schüttelt etwa 3 Minuten lang. Durch nachträgliches Einleiten des Gases in eine mit verdünnter Schwefelsäure gefüllte Pipette oder durch direkte Behandlung des Gases in der Bürette mit verdünnter Schwefelsäure werden die Ammoniakdämpfe entfernt.

Früher wurde das Benzol vielfach nach dem von Sainte Claire Déville angegebenen Verfahren durch Ausfrieren[1]) bestimmt.

Nach dieser Methode wird das Benzol aus Gasgemischen durch Abkühlung auf eine konstant zu haltende Temperatur von — 22° C abgeschieden und durch Wägung bestimmt. Das gefundene Gewicht ist um den Betrag von 23,5 g Benzol pro cbm Gas zu vermehren, weil diese Menge in dem auf — 22° abgekühlten Gase konstant zurückbleibt, wie sowohl aus der Dampfspannung des Benzols zu berechnen als auch durch einzelne Versuche ermittelt ist.

---

[1]) Journ. f. Gasbel. 1889, S. 652.

Zur Aufnahme des kondensierten Benzols dient ein gläsernes Schlangenrohr (Fig. 350), das vor dem Versuche gewogen und mit einer Kältemischung aus Eis und Kochsalz in ein Kühlgefäß mit Ablauf für Tropfwasser eingepackt wird. Die Temperatur der Kältemischung ist möglichst konstant bei — 22° zu halten. Damit sich nicht gleichzeitig mit dem Benzol der Wasserdampf aus dem Gase kondensiert, leitet man das Gas vor seiner Einführung in die Schlange zur Entfernung des Wassergehaltes durch einen mit scharf ausgeglühtem Chlorkalzium gefüllten Trockenturm. Zur Verbindung der einzelnen Apparate benutze man möglichst wenig Gummischlauch, weil dieser absorbierend auf die Benzoldämpfe des Gases wirkt. Erst hinter dem Kühlrohr findet eine Gasuhr mit Thermometer Aufstellung zur Messung des hindurchgeleiteten Gases, dessen Temperatur beobachtet werden muß. Zweckmäßig ist es, das Gas in das senkrecht nach unten führende Mittelrohr der Schlange einzuleiten, weil das meiste Benzol sich im Augenblick der ersten plötzlichen Abkühlung kondensiert und die Kondensate bei dieser Anordnung am schnellsten in den unteren Sack gelangen können. Den Versuch dehnt man auf 6 bis 8 Stunden aus, bei einem stündlichen Durchgang von etwa 150 l Gas. Zum Schluß wägt man wieder die Röhre, um die Menge des kondensierten Benzols zu ermitteln, berechnet diese auf 1 cbm Gas und addiert 23,5 g.

1 g Benzol = 287 ccm Dampf bei 0° und 760 mm.

Die Methode bietet den Vorteil, daß die erhaltenen Kondensationsprodukte, die natürlich auch Homologe des Benzols usw. enthalten, durch fraktionierte Destillation genauer ermittelt werden können. Nach Versuchen des einen Verfassers gibt diese Methode zu hohe Werte, weil das Gas oft gar nicht so viel niedrig siedende Benzolhomologe enthält, daß es für die Abkühlungstemperatur als damit gesättigt angesehen werden könnte. Nur für die höher siedenden Homologen wird der Taupunkt unterschritten, so daß sie sich kondensieren. Die Korrektur von 23,5 g Benzol für Gas von — 22° C wird also meist zu hoch sein.

Zuverlässigere Werte erhält man durch Abkühlung des Gases mit einer Kältemischung von Äther und fester

Kohlensäure auf — 75°, wobei, praktisch genommen, das ganze Benzol ausgeschieden wird, so daß keine Korrektur nötig ist. Natürlich ist dieses Verfahren recht kostspielig.

Nach A. Bauers[1]) Vorschrift wird die Benzolbestimmung folgendermaßen ausgeführt: Zwei trockene Mohrsche Kaliapparate werden mit je ca. 10 g Paraffinöl gefüllt und auf 1 mg genau gewogen. Man stellt sie in Eiswasser und saugt mittels eines Aspirators etwa 10 l mit Chlorkalzium scharf getrockneten Gases in ca. 1/2 Stunde hindurch. Die Gewichtszunahme der wieder auf Zimmertemperatur erwärmten Kaliapparate stellt den Benzolgehalt dar. Das Verhältnis des Ölvolumens zum Gasvolumen soll ca. 1 : 500, die Temperatur des Waschöls ca. 0° betragen.

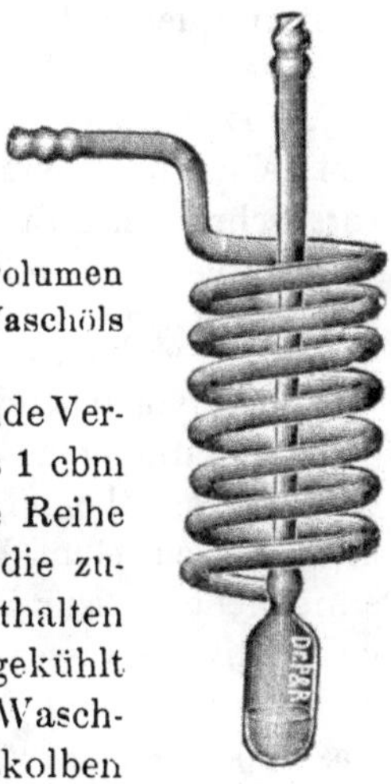

Fig. 350.

In vielen Kokereien ist das folgende Verfahren in Anwendung. Mindestens 1 cbm Gas läßt man mit ca. 50 l/Std. eine Reihe von Waschflaschen durchströmen, die zusammen ca. 500 ccm Paraffinöl enthalten und mit Eis auf annähernd 0° gekühlt werden. Das Paraffinöl aus allen Waschflaschen wird in einen Destillationskolben gefüllt, überhitzter Wasserdampf eingeleitet, der die Benzolhomologen vollständig austreibt, und das aus Wasser und Benzol bestehende Destillat in einer gut gekühlten und geschlossenen Vorlage aufgefangen. In einer Bürette wird das Wasser vom Benzol getrennt und das Volumen und Gewicht des letzteren bestimmt.

Bei sehr sorgfältiger Ausführung gibt die Methode von Harbeck-Lunge[2]), von O. Pfeiffer abge-

[1]) Beiträge zur Chemie der sog. trockenen Destillation Destillation der Steinkohlen, Inauguraldissertation von A. Bauer, Rostock 1905, S. 67.

[2]) Lunge-Böckmann, Untersuchungsmethoden. 5. Aufl., 2. Bd., S. 604. Journ. f. Gasbel. 1899, S. 697.

ändert, brauchbare Resultate. Das Prinzip der Methode besteht darin, daß das Benzol durch Behandeln des Gases mit Nitriergemisch (einem Gemisch gleicher Volumina konzentrierter Schwefelsäure und rauchender Salpetersäure) in Dinitrobenzol übergeführt und als solches gewogen wird. In bezug auf die praktische Ausführung der Methode sei hier nur auf die unten angegebenen Literaturquellen hingewiesen.

Die von O. Pfeiffer[1]) empfohlene, an sich sehr bequeme titrimetrische Bestimmung des Dinitrobenzols gibt leider unsichere Werte, weil die Titerstellung der vorgeschriebenen Zinnchlorürlösung zu ungenau ist, wie Kontrollversuche mit reinem Dinitrobenzol zeigen.

10. Nachweis von Gasausströmungen.

Die vorstehende Besprechung der Gasanalyse brachte naturgemäß fast ausschließlich quantitative Bestimmungsmethoden, welche die genauen Mengenverhältnisse der einzelnen Bestandteile zueinander zu ermitteln ermöglichen. Nur in einzelnen Fällen, z. B. beim Teer und Schwefelwasserstoff, fand die qualitative Prüfung, d. h. der einfache Nachweis vom Vorhandensein eines Gasbestandteils Erwähnung.

Eine solche qualitative Prüfung vermag nun beim Aufsuchen von Undichtheiten im Straßenrohrnetz gute Dienste zu leisten. Es ist eine bekannte Erscheinung, daß Leuchtgas beim Durchströmen durch Erde seinen charakteristischen Geruch leicht vollständig verliert. Demnach wird oft genug wirklich ausströmendes Gas nach der althergebrachten Methode durch »Abriechen« der Leitung nicht nachzuweisen sein. Hier kann nun die viel empfindlichere chemische Reaktion zu Hilfe genommen werden.

Schon im Jahre 1859 empfahl Böttger für den Nachweis von Leuchtgas bzw. Kohlenoxyd eine

[1]) Chemiker-Zeitung 1904, S. 884. Journ. f. Gasbel. 1905, S. 227.

Lösung von Palladiumchlorür. Aus einer solchen Lösung scheidet sich durch Einwirkung von Kohlenoxyd metallisches Palladium ab, es entsteht ein schwarzer Niederschlag, und zwar ist diese Reaktion so empfindlich, daß nach Untersuchungen Buntes[1]) mit Palladiumchlorürlösung getränktes Papier noch bei Anwesenheit von 0,004 % Kohlenoxyd eine deutliche Schwärzung zeigt.

Die praktische Verwendung[2]) der Reaktion ist einfach genug. In ein wie nach der alten »Riechmethode« in die Erde getriebenes Loch wird ein unten mit Spitze versehenes, siebartig durchlöchertes Rohr eingesetzt, durch das etwa ausströmende Gase entweichen können. Auf dem oberen Ende des Rohres wird ein kleines offenes Gefäß befestigt, das zur Aufnahme des mit Palladiumchlorürlösung getränkten Papierstreifens und einiger Tropfen Wasser dient, die den Streifen feucht zu erhalten haben (ganz ähnlich dem Prinzip des unter »Kontrolle der Reinigung« beschriebenen Schwefelprobers). Eine nach mehreren Minuten eintretende Schwärzung des Papierstreifens läßt mit Sicherheit auf die Gegenwart von Kohlenoxyd bzw. Leuchtgas schließen.

11. Vegetationsschäden durch Gasausströmungen.

Zum Schlusse sei noch eines sinnreichen, von O. Pfeiffer angegebenen Verfahrens[3]) gedacht, das bei den oft erhobenen Klagen über Vegetationsschäden durch Gasausströmungen nachzuweisen ermöglicht, ob an der betreffenden Stelle überhaupt eine Gasausströmung stattgefunden hat.

In den Städten ist es eine altbekannte und allgemeine Klage, daß namentlich die Straßenbäume ohne

---

[1]) Journ. f. Gasbel. 1885, Nr. 24 und 25.

[2]) Journ. f. Gasbel. 1886, S. 737.

[3]) Journ. f. Gasbel. 1898, S. 137.

ersichtlichen Anlaß kränkeln und bisweilen sehr rasch gänzlich eingehen. Es liegt ja nun sehr nahe, die Schuld in erster Reihe dem Leuchtgas zuzuschieben, welches hier und dort aus dem Rohrnetz entweicht und an die Wurzeln der Pflanzen kommt. Durch Versuche in größtem Maßstab konnten in der Tat deutliche Vergiftungserscheinungen beobachtet werden, die sich zunächst im Welken und Abfallen der Blätter charakterisierten, während die Wurzelspitzen durchweg getötet und teilweise angefault waren. Weitere Versuche zeigten, daß die Vergiftung der Pflanzen besonders rasch eintrat, wenn das Gas mit Teerbestandteilen, namentlich Phenol, geschwängert war.

Anderseits haben auch viele Versuche keinerlei Einfluß des Leuchtgases auf das Pflanzenwachstum erkennen lassen, so daß die Frage, ob Pflanzen durch Gas vergiftet werden, jedenfalls nicht eindeutig entschieden ist. In Städten kommen unstreitig eine ganze Reihe anderer schädigender Ursachen in Frage. So muß es infolge der dichten Straßenabdeckung den Wurzeln der Bäume an Luft und Feuchtigkeit fehlen, denn der spärliche Kranz, der um den Stamm herum freigelassen zu werden pflegt, hilft diesem Mangel kaum ab.

Die Erscheinung der kranken Pflanze bietet keinen Anhalt für einen Einfluß des Leuchtgases, auch die bisher als Zeichen der Bodenvergiftung durch Leuchtgas geltende eigentümliche bleigraue oder bläuliche Färbung des Erdreichs wurde als trügerisch befunden.

Da nun auch heute noch gegen die Gasanstalt oft genug der Vorwurf erhoben wird, daß sie durch ihr undichtes Rohrnetz Anlaß zu Pflanzenbeschädigung gegeben habe, ist es von Wert, die vorübergehende Anwesenheit von Leuchtgas im Erdreich auch später, wenn der Boden wieder völlig durchlüftet ist, erkennen zu können.

Auf Grund vieler Versuche fand Pfeiffer den sichersten Anhalt für Gasausströmungen in dem Nachweis von schweren Kohlenwasserstoffen, die in einem wässerigen Auszug der Erde sogar annähernd quantitativ mit Brom bestimmt werden können.

Pfeiffer verfährt dabei folgendermaßen:

500 g der Erde werden in einer Flasche mit $^3/_4$ l Wasser übergossen und unter gelegentlichem Umschütteln mehrere Stunden ausgelaugt. Sodann wird wiederholt filtriert, bis man eine ganz klare Flüssigkeit erhält, die außer dem bekannten Erdgeruch keine charakteristischen Merkmale an sich hat. Versetzt man sie aber mit etwas Schwefelsäure und fügt einige Kubikzentimeter schwachen Bromwassers hinzu, so verschwindet das freie Brom, sofern schwere Kohlenwasserstoffe zugegen sind. Zu 100 ccm des Filtrats läßt man in einem Erlenmeyerkolben nach dem Ansäuern mit Schwefelsäure aus einer Glashahnbürette so viel einer dünnen Bromlösung (10 ccm gesättigtes Bromwasser auf 100 ccm verdünnt) zufließen, bis ein Überschuß durch eine eben bemerkliche Gelbfärbung kenntlich wird, die nicht sofort wieder verschwindet. Den Punkt des beendigten Bromverbrauchs kann man erheblich deutlicher machen, wenn man dem Kolbeninhalt einige Tropfen Schwefelkohlenstoff zusetzt, die beim Schütteln den Bromüberschuß rasch aufnehmen und so konzentrieren; gegen das Licht gehalten erscheint der ursprünglich wasserhelle Tropfen gelblich gefärbt. Um einen quantitativen Vergleich derartiger Bestimmungen zu ermöglichen, empfiehlt es sich, das in seinem Gehalt etwas schwankende Bromwasser mit Thiosulfat unter Zusatz von Schwefelsäure, Jodkalium und Stärkelösung zu titrieren.

Blinde Proben mit destilliertem Wasser, ferner mit einem Auszug aus gewöhnlicher Ackererde zeigen, daß ein Zusatz von 0,5 ccm Bromwasser genügt, um in der Flüssigkeit durch Goldfärbung erkannt zu werden.

100 ccm des wässerigen Auszugs aus einer mit Gas gesättigten Versuchserde verbrauchten nach kurzer Durchlüftung der Erde 9 bis 10 ccm Bromwasser, nach sechs Monate langer Aufbewahrung und völliger Austrocknung 11 bis 12 ccm. Die Stärke der Reaktion erleidet also auch nach sehr langem Ruhen der Erde keine Einbuße, so daß auch weit zurückliegende Gasausströmungen sicher nachzuweisen und überall

da ausgeschlossen sind, wo dieser Nachweis schwerer Kohlenwasserstoffe nicht zu liefern ist.

Auf Grund dieser Prüfung wird man oft einer zu Unrecht geführten Klage über Vegetationsschäden durch Gasvergiftung entgegentreten und das dem Leuchtgas gegenüber gehegte Vorurteil zurückdrängen können.

m) Selbsttätige Gasanalysenapparate.

So groß auch die Vervollkommnung ist, welche die der technischen Gasanalyse dienenden Apparate erfahren haben, so müssen doch immer einzelne Proben unternommen werden, und wenn auch jede einzelne Analyse nur mehrere Minuten dauert, so ist doch der Arbeitsaufwand ein so großer, daß man damit wohl eine zeitweise Kontrolle ausführen kann, nicht aber eine fortlaufende, welche eine Person ständig in Anspruch nehmen würde. Es sind daher in den letzten Jahren Apparate konstruiert worden, welche die selbsttätige Bestimmung einzelner Bestandteile in Gasen, besonders der Kohlensäure in Verbrennungsgasen und im Wassergas ermöglichen.

Diese beruhen zum Teil auf der selbsttätigen fortlaufenden Bestimmung des spez. Gewichtes, zum Teil auf mechanischen Vorrichtungen, welche in sinnreicher Weise die Tätigkeit eines Menschen bei der Untersuchung eines Gases ersetzen. Einzelne dieser Apparate ermöglichen eine beständige Ablesung des CO_2-Gehaltes, bei den anderen ist dieses nur zeitweise (etwa alle 5 bis 10 Minuten) möglich. Von großem Vorteil ist es, wenn ein solcher Apparat sowohl die Ablesung der augenblicklichen Zusammensetzung eines Gases als auch die fortlaufende und stets sichtbare Registrierung ermöglicht, denn dann dient der Apparat einesteils zur sofortigen Selbstkontrolle des Arbeiters, der eine Feuerung oder einen anderen chemischen Prozeß bedient, und andernteils zur Kontrolle des Bedienungspersonals durch

Aufsichtsorgane. Strache und Jahoda[1]) haben einen den genannten Zwecken entsprechenden Apparat (Autolysator) konstruiert, der auf folgendem Prinzip beruht (Fig. 351):

K_1 ist ein Kapillarrohr, dessen beide Enden mit dem Differentialmanometer M_1 kommunizieren. Das eine Ende der Kapillare K_1 ist mit dem Regelhahn H

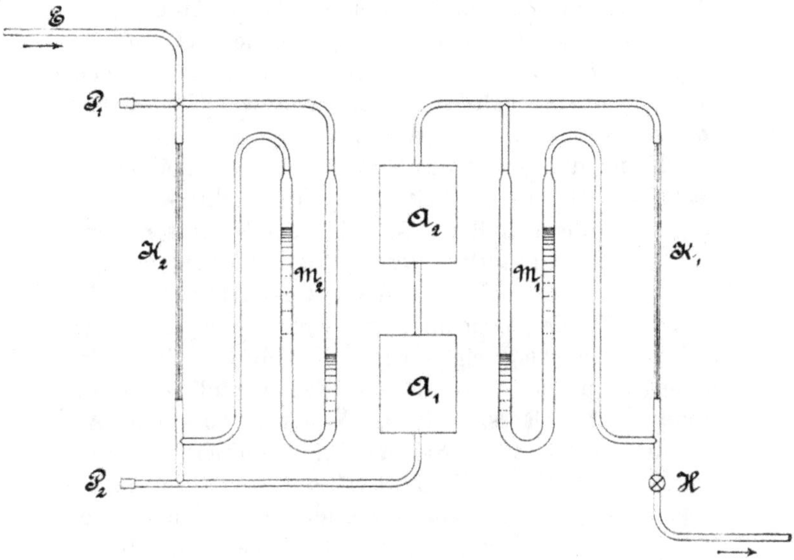

Fig. 351.

verbunden, an welchen eine Wasserluftpumpe angeschlossen wird.

Der Gasdurchgang durch diese Kapillare ist abhängig von dem vom Manometer M_1 angezeigten Druckunterschied. Wird dieser durch entsprechende Einstellung des Hahnes H unverändert gehalten, so ist auch die durch die Kapillare K_1 durchgehende Gasmenge konstant. Das spez. Gewicht des Gases spielt hierbei praktisch keine Rolle, denn dieses kommt wohl beim Durchgang von Gasen durch feine Öffnungen in Blechen

[1]) Zeitschr. f. chem. Apparatenkunde 1907, Nr. 3.

in Betracht, nicht aber beim Durchgang durch lange Kapillarrohre. Die von der Kapillare K_1 mittels der Pumpe in der Zeiteinheit konstant gehaltene Gasmenge wird von einer zweiten Kapillare K_2 her angesogen, deren beide Enden wieder mit dem Druckunterschiedmesser M_2 kommunizieren.

Zwischen den beiden Kapillaren sind Absorptionsgefäße A_1 und A_2 eingeschaltet, welche das von der Kapillare K_2 kommende Gas von dem zu untersuchenden Bestandteil befreien. Das zu untersuchende Gas tritt bei E in den Apparat ein.

Es ist nun ersichtlich, daß durch die Kapillare K_2 ebensoviel Gas in der Zeiteinheit hindurchtreten muß, wie durch die Kapillare K_1, falls von den Absorptionsgefäßen nichts absorbiert wird. Sind die beiden Kapillaren von genau gleicher Weite und Länge, so wird naturgemäß der Druckmesser M_2 in diesem Fall den gleichen Ausschlag zeigen, wie das Manometer M_1. Wird hingegen in den Absorptionsgefäßen A_1 und A_2 ein Bestandteil des Gases, z. B. Kohlensäure, von dem Absorptionsmittel, z. B. Natronkalk, absorbiert, so wird durch die Kapillare K_2 in der Zeiteinheit eine größere Gasmenge hindurchgesogen werden müssen, als durch K_1. Halten wir aber mit Hilfe des Regelhahnes H den Stand des Manometers M_1, und somit den Gasdurchgang durch K_1 konstant, so wird die durch K_2 hindurchgehende Gasmenge sich entsprechend dem Gehalt des Gases an absorbierbaren Bestandteilen vergrößern müssen. Dementsprechend wird auch der Ausschlag des Manometers M_2 ein größerer sein.

Anstatt des Regelhahnes H wird ein selbsttätiger Regler angebracht, welcher den vom Manometer M_1 angezeigten Druckunterschied selbsttätig konstant hält, so daß eine Regelung mittels Hand nicht erforderlich ist.

Der Ausschlag des Manometers M_2 zeigt dann ohne weiteres den Gehalt eines Gases an absorbierten Bestandteilen, z. B. Kohlensäure, an, und eine empirisch

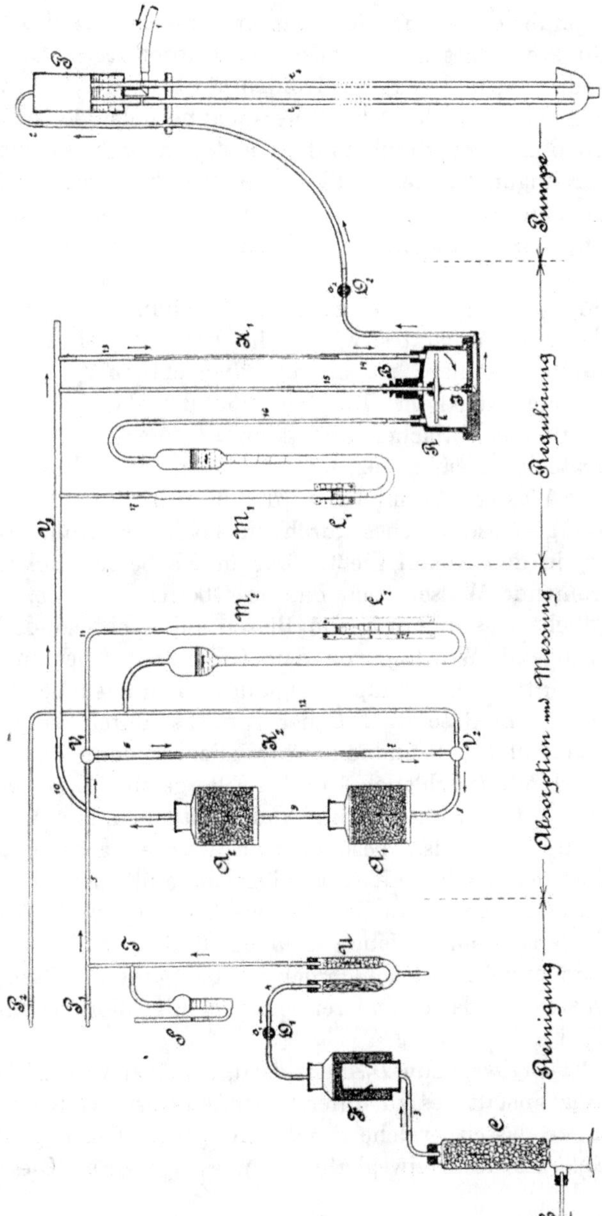

Fig. 352.

durchgeführte Teilung der Manometerskala vermittelt ein direktes Ablesen der Prozente an absorbierten Gasbestandteilen, also z. B. an Kohlensäure.

Das Gas, welches zur Untersuchung gelangt, muß natürlich frei von Staub und Feuchtigkeit sein, welche Verunreinigungen die Kapillare verlegen könnten. Das zu untersuchende Gas muß daher vor Eintritt in den Apparat eine Trocknung und eine Filtration durchmachen.

Fig. 352 zeigt eine schematische Zeichnung aller Bestandteile des Apparates, wie sie in ihm miteinander in Verbindung stehen, jedoch in übersichtlicher Weise auseinander gehalten. Die Fig. 353 des Autolysators zeigt, in wie einfacher und kompendiöser Art diese Apparate in einem gemeinsamen Kasten vereinigt sind.

Die Wasserluftpumpe P wird durch das Rohr 1 mit Wasser gespeist, welches durch die beiden Fallrohre r_1 und r_2 in den Ablauf fließt. Das in die beiden Rohre einströmende Wasser reißt das im Oberteil der Pumpe befindliche Gas in Form von Blasen mit sich, so daß eine saugende Wirkung von dem Gaseintritt 2 her ausgeübt wird. Diese Pumpe saugt das zu untersuchende Gas von dem Gaseintritt E her zunächst durch das in dem Glasgefäß C befindliche Chlorkalzium, dann durch den Verbindungsschlauch 3 in das Filtergefäß F, welches aus einem durchlochten Zylinder, der mit einem Lampendocht überzogen ist, besteht, und welches außerhalb des Lampendochtes mit Glaspulver angefüllt ist. Das Gas durchströmt dann den Dreiweghahn D_1 und tritt durch den Gummischlauch 4 in ein U-Rohr U, dessen einer Schenkel zwecks nochmaliger Reinigung des Gases mit Watte und dessen anderer Schenkel mit Chlorkalzium gefüllt ist.

Der Dreiweghahn D_1 dient dazu, in seiner vertikalen Stellung anstatt des zu untersuchenden Gases Luft eintreten zu lassen, welche durch eine kleine Öffnung o_1 am Gehäuse des Dreiweghahnes eingesaugt wird. Diese dient nach Trocknung im U-Rohre U zur Einstellung des Nullpunktes des Apparates. In wagrechter Stellung saugt dieser Hahn das zu untersuchende Gas an. Das gereinigte Gas durchströmt noch ein T-Rohr T, an welches ein mit Wasser gefülltes Sicherheitsrohr S angefügt

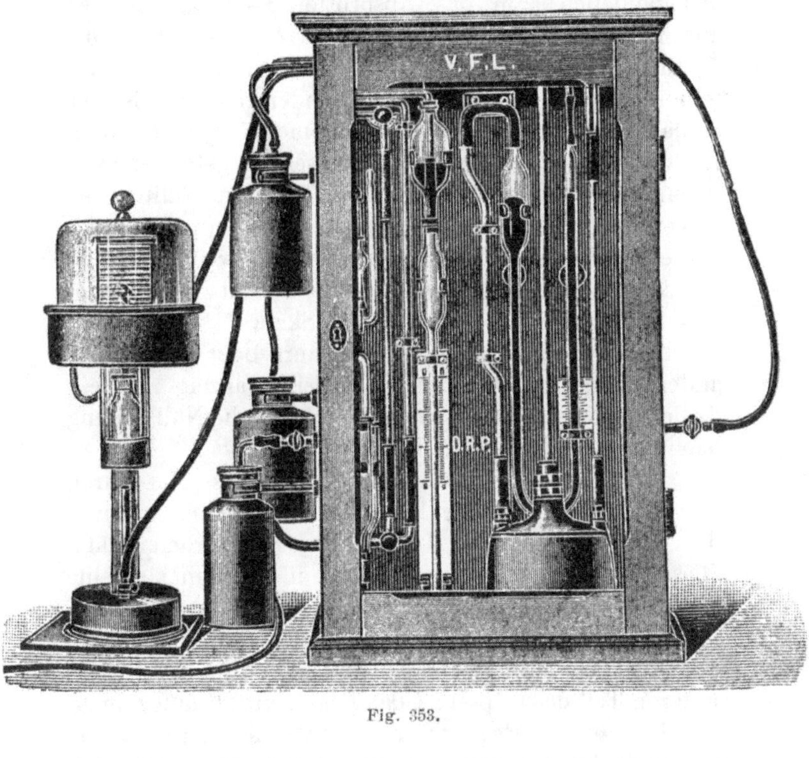

Fig. 353.

ist. Dieses dient dazu, für den Fall, daß der Gaseintritt von E her aus irgendeinem Grund abgeschlossen ist, Luft in sichtbaren Blasen in den Apparat eintreten zu lassen, so daß die Luftverdünnung in dem Apparat keine große werden kann. An dem Ausschlag, welchen die Flüssigkeit im Sicherheitsrohr an dem einen Schenkel zeigt, ist auch stets erkenntlich, unter welcher Saugwirkung das Gas angesogen wird. Das Rohr 5 läßt dann das Gas durch die Verteilungskugel V_1 und den Schlauch 6 von oben her in die Kapillare K_2 eintreten, welche unten mittels des Schlauches 7 an die Verteilungskugel V_2 angeschlossen ist. Der Schlauch 8 leitet das Gas in das Absorptionsgefäß A_1 und von hier durch den Schlauch 9 in das Absorptionsgefäß A_2, welches durch den Schlauch 10 zu dem oberen Verteilungsrohr V_3 führt. Die durch die Kapillare verbundenen Verteilungskugeln V_1 und V_2 sind anderseits mittels der Schläuche 11 und 12 mit dem Manometer M_2 verbunden. Letzteres ist ein mit gefärbtem Vaselinöl gefülltes zweischenkliges Differentialmanometer, dessen Füllung so eingerichtet ist, daß beim Arbeiten des Apparates der obere Flüssigkeitsspiegel stets in dem weiten oberen Gefäß des einen Manometerschenkels steht. An diesem Manometerschenkel ist auch die Skala L_2 angebracht, welche direkt die Prozente Kohlensäure oder irgendeines anderen absorbierten Gasbestandteiles anzeigt Diese Skala ist ein wenig verschiebbar, so daß die Nullstellung leicht eingestellt werden kann.

Vom Verteilungsrohr V_3 gelangt das Gas durch den Schlauch 13 in die Kapillare K_1, welche es durch den Schlauch 14 dem Druckregler R zuströmen läßt. Dieser besteht aus einem Gehäuse, in welchem sich eine aus elastischen Metallplatten gebildete Kapsel k befindet. Das Innere dieser Kapsel steht durch den Schlauch 15 mit dem Verteilungsrohr V_3 in Verbindung. An dem unteren Teil der Kapsel ist das Regelventil J aufgehängt.

Da nun der Reglerraum, welcher die Kapsel k umgibt, den Druck des aus der Kapillare K_1 ausströmenden Gases, hingegen der Innenraum der Kapsel k den Druck des in die Kapillare K_1 einströmenden Gases enthält, so wird die Kapsel k vom Druckunterschied aufgebläht. Je größer dieser Unterschied ist, um so mehr bläht sich die Kapsel auf, und um so mehr schließt sich das Ventil J. Bei B befindet sich eine Regelschraube, welche die Kapsel k und mit ihr das Ventil J höher und tiefer stellen läßt, so daß durch gelinde Drehung der Regelschraube B der Druckunterschied beliebig eingestellt werden kann. Dieser wird an dem Reglermanometer M_1 abgelesen, denn dieses steht einerseits durch das Rohr 16 mit dem Hohlraum des Reglers R und anderseits durch den Schlauch 17 mit dem Verteilungsrohr V_3 in Verbindung.

An dem einen Schenkel des Reglermanometers M_1 ist eine kleine Skala L_1 mit Nullstrichen verschiebbar angebracht, so daß die einmal eingestellte Nullstellung des Apparates hier festgehalten werden kann. Das Gas verläßt den Apparat durch den Dreiweghahn D_2 und gelangt von hier zu der schon beschriebenen Wasserluftpumpe. In der zweiten Stellung des Dreiweghahnes D_2 ist der Apparat gegen die Pumpe zu abgeschlossen, hingegen saugt in diesem Fall die Pumpe durch die kleine Öffnung o_2 des Dreiweghahnes D_2 Luft ein.

Bei Einstellung des Apparates wird zunächst die Pumpe in Tätigkeit gesetzt und dann der Dreiweghahn D_2 so gestellt, daß die Verbindung mit dem Apparat hergestellt ist. Hierbei wird Luft durch die Öffnung o_1 des Dreiweghahnes D_1 durch den Apparat gesogen, wobei die Manometer M_2 und M_1 bestimmte Stellungen einnehmen werden. Sobald diese Stellung konstant geworden ist, dreht man die Regelschraube B so lange, bis das Manometer M_2 auf den Nullstrich der Skala L_2 zeigt. Ist dies dauernd der Fall, so wird am Reglermanometer M_1 die Skala L_1 so weit verschoben, bis ihr Nullpunkt mit der Anzeige des Reglermanometers zusammenfällt. Diese Stellung ist dann für den ganzen weiteren Verlauf der Wirksamkeit des Apparates einzuhalten.

Die Untersuchung des Gases wird nun durch Drehung des Dreiweghahnes D_1 eingeleitet, und die Bedienung des Apparates beschränkt sich darauf, fallweise das richtige Arbeiten des Reglers dadurch festzustellen, daß das Reglermanometer, welches stets die einmal eingestellte Nullstellung beibehalten muß, diese Stellung einhält. Wenn nötig, kann man durch Nachregeln bei der Regelschraube B diese wieder herstellen. Im Zweifelfalle kann auch durch Zurückdrehen des Dreiweg-

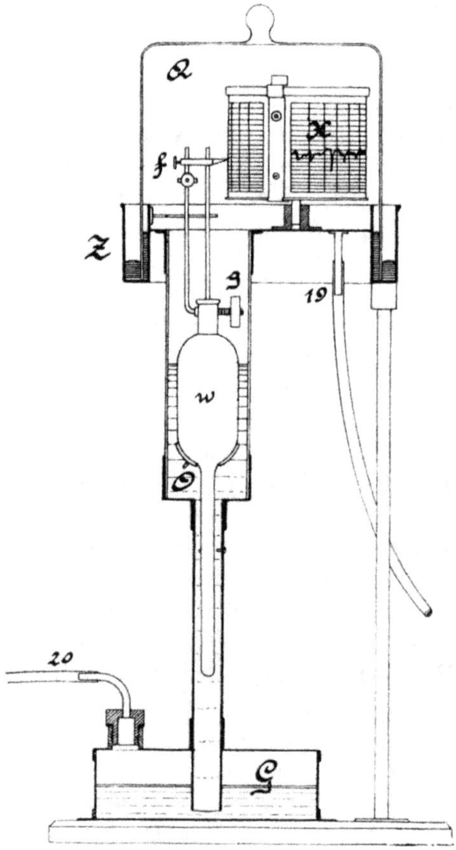

Fig. 354.

hahnes D_1 auf Luft die Nullstellung am Manometer M_2 oder an der Skala L_2 jederzeit geprüft werden.

Der Registrator.

Aus vorstehender Beschreibung ist ersichtlich, daß der Anschluß eines selbsttätigen Druckunterschiedregistrators genügt, um die Ergebnisse der fortlaufenden selbsttätigen Gasuntersuchung in Gestalt einer zusammenhängenden Kurve zu verzeichnen. Zu diesem Zweck besitzt der Autolysator die Rohranschlüsse P_1 und P_2. Falls kein Registrator zur Anwendung gelangt, sind sie mittels je einer Verschlußkappe verschlossen. Soll hingegen der Registrator angeschlossen werden, so entfernt man die Verschlußkappe von P_1 und P_2 und stellt mittels Gummischläuchen oder Bleiröhren die Verbindung mit dem Registrator her.

Der Registrator ist in Fig. 354 dargestellt. Er besteht aus einem Metallgefäß *G*, welches das Glasrohr *O* trägt. Dieses ist anderseits in einem Aufsatz *Z*, der eine mit Quecksilber zu füllende Rinne besitzt, dicht eingekittet. In diese ringförmige Rinne wird die Glasglocke *Q* eingesetzt, wodurch der luftdichte Abschluß hergestellt ist.

Die vom Autolysator herkommenden Schläuche oder Bleirohre werden bei dem Schlauchansatz 19 mit dem Oberteil des Registrators und beim Schlauchansatz 20 mit dessen Unterteil dicht verbunden. Sobald der Autolysator in Tätigkeit gesetzt ist, wird das Wasser im Rohr *O* steigen und hier einen Glasschwimmer *w* heben, der an seinem oberen Ende die Schreibfeder *f* trägt. Ein verstellbares Gewicht *g* drückt die Feder an den Papierstreifen, welcher um die Trommel *X*, die durch ein Uhrwerk gedreht wird, gelegt ist.

Die Feder steigt um so höher empor, je größer der Gehalt des zu untersuchenden Gases, z. B. der Rauchgase, an absorbierbaren Bestandteilen, z. B. Kohlensäure, ist, und die auf dem Papierstreifen der Trommel *X* aufgezeichnete Kurve gibt daher ein zusammenhängendes Bild über die jeweilige Zusammensetzung des untersuchten Gases.

Besonders wertvoll ist die Verwendung des Autolysators zur Kontrolle von Kesselfeuerungen und Generatorfeuerungen, unentbehrlich aber beim Betriebe von Wassergasanlagen. Die hier in Abständen von 2 bis

6 Minuten sich folgenden Perioden des Gasens und Blasens machen einen rasch anzeigenden Apparat zur unumgänglichen Bedingung für die kontinuierliche Gasuntersuchung. Der CO_2-Gehalt des Wassergases steigt in dem Maße als die Temperatur des Generators, von der die Dampfzersetzung abhängt, sinkt, und der Autolysator zeigt daher für jede Gasperiode einen steilen Strich nach aufwärts, um bei der nächsten Gasperiode wieder mit geringem CO_2-Gehalt zu beginnen.

---

3. Der Heizwert des Gases.

a) Allgemeines.

Die Bewertung des Gases hat im Laufe der letzten zwei Jahrzehnte einen schon im Kapitel »Destillationsprozeß« ausführlich besprochenen Umschwung erfahren. Von der einseitigen Betonung der Leuchtkraft ist man vollständig abgekommen, weil erstens die Verwendung des Gases zu Heiz- und Kraftzwecken einen vorher kaum geahnten Aufschwung genommen hat und zweitens das für Gasbeleuchtung fast ausschließlich angewandte Gasglühlicht nicht mehr der Leuchtkraft, sondern der Heizwirkung des Gases seinen Lichteffekt verdankt. Aus dem »Leuchtgas« ist so in Wahrheit ein »Heizgas« geworden.

Für die Helligkeit des Gasglühlichts ist allerdings der Heizwert des Gases doch nicht der einzige Maßstab, denn nicht der Wärmeinhalt (Heizwert), sondern die Wärmeintensität (Temperatur) der Flamme gibt den Ausschlag. Diese beiden Maße zeigen zwar bei ähnlich zusammengesetzten Gasgemischen eine gewisse Proportionalität, können aber bei verschiedenen Gasen ganz wechselnde Verhältnisse zeigen.

---

b) Bestimmung des Heizwertes des Gases.

1. Durch Berechnung aus der Analyse.

Der Heizwert eines Gases läßt sich genau wie das spezifische Gewicht durch Multiplikation des prozentischen Gehaltes seiner einzelnen Bestandteile mit deren Verbrennungswärmen bzw. spezifischen Gewichten berechnen, so daß man also mit Hilfe der chemischen Analyse den Heizwert bestimmen kann. Man benutzt diese Berechnung meist nur bei einfach zusammengesetzten Gasen, wie Wassergas, Generator- und Mischgas, da bei diesen die Analyse unschwer auszuführen ist. Dagegen begnügt man sich bei kompliziert zusammengesetzten Gasgemischen, wie z. B. bei Leuchtgas, meist damit, die Analyse nur gelegentlich zur Kontrolle der Heizwertbestimmung auszuführen, um die Verteilung des Heizwertes auf die einzelnen Bestandteile festzustellen.

Die Verbrennungswärmen für alle wasserstoffhaltigen Brennstoffe wie z. B. Wasserstoff, Methan, Äthylen und Benzol haben verschiedene Werte, je nachdem man

a) die unter Kondensation des gebildeten Wasserdampfes erhaltene gesamte Wärme (oberer Heizwert, o. H.) oder

b) den Heizwert unter Preisgabe der im Wasserdampf bei 100° enthaltenen Wärme (unterer praktischer Heizwert, u. H.) zugrunde legt.

In den meisten praktischen Fällen kommt der untere Heizwert in Frage, der um die Verdampfungswärme des Verbrennungswassers niedriger ist als der obere.

Die folgende Tabelle auf S. 794 zeigt die Berechnung der Verbrennungswärme des Leuchtgases aus der chemischen Zusammensetzung.

Mehr als die Hälfte des Heizwertes kommt also beim Leuchtgas auf Rechnung des Methans.

Für Wassergas, dessen brennbare Bestandteile Wasserstoff, Kohlenoxyd und Methan sind, berechnen

Zusammensetzung des Leuchtgases		1 Vol. enthält	Verbrennungswärme von 1 cbm zu flüssigem Wasser oberer Heizwert	Verbrennungswärme von 1 cbm zu Wasserdampf unterer Heizwert	Anteil an der Verbrennungswärme des Gases WE	Anteil an der Verbrennungswärme des Gases WE
Wasserstoff	H_2	0,49	3 052	2 570	1 495	1 259
Methan	CH_4	0,34	9 527	8 562	3 239	2 911
Kohlenoxyd	CO	0,08	3 034	3 034	243	243
Äthylen	C_2H_4	0,04	14 903	13 939	596	558
Benzol	C_6H_6	0,01	34 423	32 531	344	325
Kohlensäure	CO_2	0,02	—	—	—	—
Stickstoff	N_2	0,02	—	—	—	—
		1,00	—	—	5 917 ob. Heizwert	5 296 unt. Heizwert

sich die Heizwerte bei 0° und 760 mm Druck nach den einfachen Formeln:

$$\text{oberer Heizwert} = 30{,}4\,(CO + H) + 95{,}3\,CH_4$$

$$\text{unterer Heizwert} = 30{,}4\,CO + 25{,}7\,H + 85{,}6\,CH_4,$$

wobei die chemischen Zeichen die prozentischen Anteile darstellen.

Wenn man in Rücksicht auf die technische Verwendung des Gases die Volumina statt auf die Temperatur 0° auf 15° beziehen will, so sind die gefundenen Heizwerte zu reduzieren durch den Faktor $\frac{273}{273 + 15}$ = 0,948, wodurch sich der Heizwert also um ungefähr 5% verringert.

Als Beispiel derartiger Heizwertbestimmungen, welchen auch die mit dem Kalorimeter gefundenen Werte an die Seite gestellt sind, seien die nachstehenden Untersuchungen von Wassergas angeführt.

Wassergas, System Strache, in Ibbenbüren.

Analyse						Oberer Heizwert bei 15°, 760 mm		
H %	CO %	CH_4 %	CO_2 %	O %	N %	aus Analyse berechnet WE	kalorimetrisch bestimmt WE	Differenz %
51,1	33,7	0,5	4,1	0,7	9,9	2511	2526	— 0,6
51,7	34,0	0,6	3,8	0,6	9,3	2540	2526	+ 0,6
54,3	32,3	0,6	3,8	0,5	8,5	2566	2547	+ 0,7

Auf gewöhnliches Leuchtgas ist die Art der Heizwertbestimmung nach dem angedeuteten Wege der Berechnung aus analytischen Daten nicht ohne weiteres übertragbar, wie Pfeiffer-Magdeburg[1]) nachgewiesen hat, da die in Frage kommenden gasanalytischen Methoden wohl Aufschluß geben über die Mengen von Wasserstoff, Kohlenoxyd, Methan und schweren Kohlenwasserstoffen, die letzteren jedoch meist nur ihrer Gesamtmenge nach und nicht deren Menge im einzelnen erkennen lassen. Der Menge nach machen diese Kohlenwasserstoffe beiläufig nur ca. 3,5 Vol.-%, dem Heizwert nach aber ungefähr $^1/_7$ vom Heizwert des Leuchtgases aus. Je nach Art und Menge unterliegt der summarische Heizwert der schweren Kohlenwasserstoffe beträchtlichen Schwankungen. Es handelt sich hier im wesentlichen um Äthylengas und Benzoldampf nebst ihren Homologen, wie solche in der folgenden Tabelle (Seite 796) aufgeführt sind. Die bezüglichen Verbrennungswärmen pro cbm Gas oder Dampf sind in Kolumne e enthalten, in zwei Abteilungen, für oberen und für unteren Heizwert.

Aus den Reihen unter e ist zu ersehen, daß die Heizwerte der einzelnen Kohlenwasserstoffe sehr weit auseinanderliegen; insbesondere besteht zwischen ihren

[1]) Journ. f. Gasbel. 1901, S. 684 bis 688.

a	b	c	d	e		f	g	
Gasart	Formel	Molekular-Gewicht	Verbrennungswärme pro Grammmolekül WE	Verbrennungswärme pro 1 cbm		Spez. Gewicht des Gases	Verbrennungswärme pro spez. Gewichtseinheit n. %	
				ob. Heizwert WE	unt. Heizwert WE		ob. Heizwert WE	unt. Heizwert WE
Äthylen .	C_2H_4	27,94	336,1	14 903	13 939	0,968	155	145
Propylen	C_3H_6	41,91	501,2	22 450	20 983	1,452	155	145
Butylen .	C_4H_8	55,88	650,6	29 140	27 184	1,936	151	140
Benzol . .	C_6H_6	77,82	785,4	34 423	32 531	2,696	131	125
Toluol . .	C_7H_8	91,79	935,6	41 900	39 944	3,181	132	126
Xylol . .	C_8H_{10}	105,70	1091,4	48 880	46 435	3,664	133	127
						Mittel	143	135

Hauptvertretern, Äthylen und Benzol, ein Unterschied von ungefähr 20000 WE, oder 200 WE für jedes Prozent im Leuchtgas, den man bei der Heizwertberechnung natürlich nicht unberücksichtigt lassen kann. Denn wollte man z. B. die im Gase enthaltenen 3,5 % schweren Kohlenwasserstoffe nur als Benzol ansprechen, so würden sie vom Heizwert des Gases einen Anteil von $3{,}5 \cdot 344{,}2 = 1205$ WE ausmachen, während sie anderseits, als Äthylen gerechnet, nur $3{,}5 \cdot 149{,}0 = 522$ WE bedingten; die Differenz von 683 WE bedeutet in bezug auf den Heizwert von Kohlengas einen Fehler um beiläufig 13 %.

Unter verwandten Gasen entspricht der höheren Dichte im allgemeinen eine höhere Verbrennungswärme, und es ist diese Beziehung insbesonders für die schweren Kohlenwasserstoffe auffallend, wie ein Vergleich der Kolumnen e und f (spez. Gewichte) erkennen läßt. Bezieht man daher die Verbrennungswärme auf die spez. Gewichte, letztere gleich 1 gesetzt (Quotient aus e und f), und auf das cbm (%) Gas, so erhält man zunächst nur wenig voneinander differierende Zahlen (Kolumne g). Das arithmetische Mittel derselben — 143 für den oberen, 135 für den unteren Heizwert — kann als eine Konstante betrachtet werden, durch deren Multiplikation mit dem besonders zu ermittelnden spez. Gewicht *s* der schweren Kohlenwasserstoffe CnHm und deren prozentischer Menge im Leuchtgas man ihren Anteil an der Heizkraft des Gases erfährt, entsprechend z. B. dem Ausdruck $s \cdot 143 \cdot \mathrm{CnHm}$ für den oberen Heizwert.

Wie weit die Zuverlässigkeit des so abgeleiteten Mittelwertes reicht, geht aus folgender Überlegung hervor. Die Abweichung der Grenzwerte (155 für Äthylen und 131 für Benzol) von der Konstanten 143 beträgt 12. Im ungünstigsten Falle also, wenn nämlich nur der eine oder nur der andere dieser beiden Bestandteile im Gase vorhanden wäre, würde für jedes Prozent der schweren Kohlenwasserstoffe ein Fehler von 12 WE nach der einen oder anderen Richtung begangen werden; bei Leuchtgas mit 3,5 % dieses Bestandteiles also ein äußerster Fehler von 42 WE, das ist vom gesamten Heizwert etwa $\pm$ 0,8 %.

Zur Feststellung des spez. Gewichtes *s* der schweren Kohlenwasserstoffe, dessen wir zu unserer Berechnung bedürfen, hat man zunächst das spez. Gewicht S_{I} des Leuchtgases zu ermitteln mit Hilfe der weiter unten beschriebenen Methoden. Es ist einleuchtend, daß die spez. Gewichtseinheiten der Einzelgase, erhalten durch Multiplikation ihrer prozentischen Menge mit den bezüglichen spez. Gewichten, in ihrer Summe das spez. Gewicht S_{I} des Gasgemisches ausmachen müssen. Man erfährt daher umgekehrt das spez. Gewicht eines einzelnen Bestandteils, insbesondere der Gruppe der schweren Kohlenwasserstoffe, aus der Differenz. Das folgende Beispiel wird die Berechnung verständlichen. (Die veränderte Kommastellung von S_{I} rechtfertigt sich dadurch, daß auch sämtliche übrige Daten auf 100 Teile bezogen sind.)

Spez. Gewicht des Gases = 0,3938.

Analyse	Spez. Gewicht	Einheiten
CO . . = 8,75 %	0,9671	8,457
CH_4 . = 31,48 »	0,5530	17,410
H . . = 52,70 »	0,0693	3,652
N . . . = 1,54 »	0,9701	1,497
CO_2 . = 1,73 »	1,5197	2,628
$C_n H_m$ = 3,80 »	s	—
100,00 %		S_{II} = 33,644
		S_I = 39,38
		$S_I - S_{II}$ = 5,74 Einh.

$$\text{Spez. Gewicht } s = \frac{5,74}{3,8} = 1,510.$$

Die vollständige Formel für die Berechnung des Heizwertes von Leuchtgas erlangt nach vorstehendem den Ausdruck:

$$\text{o. H.} = 30,4\,(CO + H) + 95,3\,CH_4 + s\,143\,C_n\,H_m$$
$$\text{u. H.} = 30,4\,CO + 25,7\,H + 85,6\,CH_4 + s\,135\,C_n\,H_m,$$

und es sind noch die erhaltenen Werte mit $\frac{273}{288}$ zu multiplizieren, wenn man sie auf eine Temperatur des Gasvolumens von 15° beziehen will.

In den meisten Fällen wird man sich zu Heizwertbestimmungen eines Kalorimeters bedienen, das schon im Hinblick auf die Einfachheit der Bestimmung den Vorzug verdient. Die Heizwertbestimmung durch Analyse ist von Wert als gelegentliche Gegenprobe für die mit dem Kalorimeter ermittelten Resultate, ferner auch als Notbehelf, sofern die kostspielige Apparatur des Kalorimeters nicht zur Verfügung steht.

2. Mit dem Kalorimeter von Junkers.

Das empfehlenswerteste und am einfachsten zu handhabende Kalorimeter für Gas ist das von **Junkers**, welches schnell und sicher gut übereinstimmende Werte gibt. Die Konstruktion des **Junkersschen** Apparates

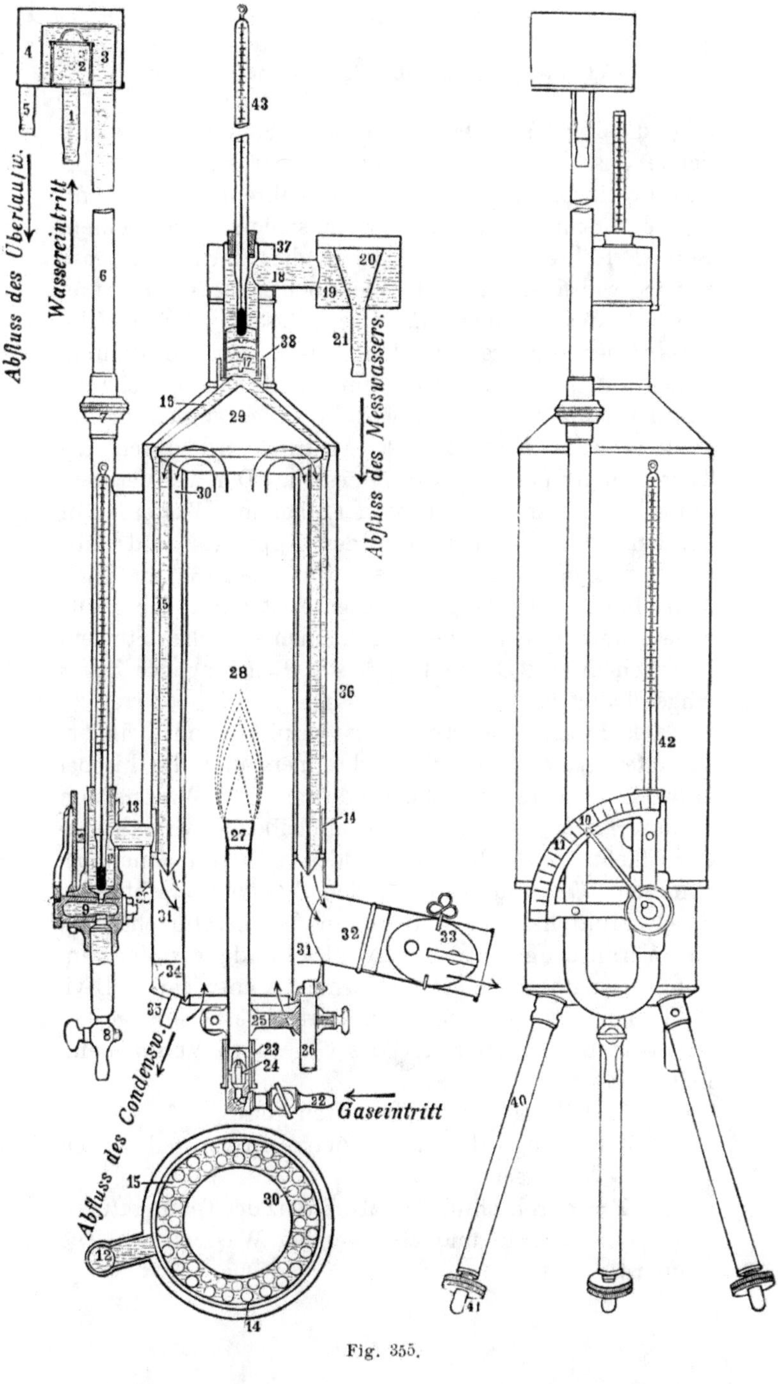

Abfluss des Überlaufw.
Wassereintritt
Abfluss des Messwassers.
Abfluss des Condensw.
Gaseintritt

Fig. 355.

zeigt die Fig. 355. Das Kalorimeter besteht im wesentlichen aus einer Verbrennungskammer, in welcher das Gas in einem gewöhnlichen Bunsenbrenner verbrennt. Die Verbrennungskammer ist umschlossen von einem Bündel Röhren, durch welches die warmen Abgase ziehen, wobei sie ihre Wärme an das die Röhren umspülende Wasser abgeben. Das Wasser tritt mit Hilfe eines Überlaufrohres in den Kessel mit konstantem Druck ein und wird durch einen mit Skala versehenen Regulierhahn (9) genau eingestellt. Die Temperatur des Wassers beim Eintritt und Austritt wird durch die Thermometer (42 und 43) gemessen. Der als Verbrennungsprodukt in den Abgasen enthaltene Wasserdampf kondensiert sich im Innern des Apparates und läuft am Boden desselben aus dem Röhrchen (35) in einen Meßzylinder. Der Weg der Abgase ist durch die Pfeile angedeutet, sie entweichen durch einen seitlichen Stutzen, in welchem eine Drosselklappe zur Regelung des Zuges eingeschaltet ist.

Das Prinzip des Apparates beruht darauf, ein bestimmtes Gasvolumen zu verbrennen und die hierbei entwickelte Wärme vollständig durch einen Wasserstrom zu absorbieren, welcher in gleichbleibender Stärke hindurchfließt. Aus der Menge des während einer bestimmten Zeit durchströmenden Wassers ergibt sich durch Multiplikation mit dessen Temperaturerhöhung die Wärmemenge, welche die gleichzeitig zur Verbrennung gelangte abgemessene Gasmenge entwickelt. Dividiert man diese Wärmemenge durch die Gasmenge, so erhält man den Heizwert des Gases pro Volumeneinheit. Ist

G = Menge des verbrannten Gases,

W = Menge des durch den Apparat geflossenen Wassers,

T = durchschnittliche Differenz der Temperaturen des zu- und abfließenden Wassers,

dann ist

$$\text{(oberer Heizwert) } H = \frac{W \cdot T}{G} \text{ Kal.}$$

In diesem oberen Heizwert ist diejenige Wärmemenge mitgemessen, welche bei der Kondensation des in den Verbrennungsgasen enthaltenen Wasserdampfes entsteht.

Da in praktischen Fällen meistens die Abgase mit so hoher Temperatur entweichen, daß sich Wasser nicht kondensieren kann, so sind für je 1 ccm aufgefangenen Kondenswassers (mit K bezeichnet) 600 Kal. in Abzug zu bringen.

Der untere Heizwert stellt sich demnach auf

$$H = \frac{W \cdot T - 600 \cdot K}{G} \text{ Kal.}$$

Übrigens sei erwähnt, daß der obere Heizwert wegen des wechselnden Wasserdampfgehaltes der Luft nur annähernd richtig bestimmt werden kann, während der untere Heizwert von diesem Fehler frei ist.

Um Heizwertbestimmungen, welche zu verschiedenen Zeiten gemacht worden sind, miteinander in Vergleich zu bringen, müssen der Atmosphärendruck b, die Temperatur t des Gases und die Tension des Wasserdampfes f berücksichtigt werden.

Auf normales Gasvolumen umgerechnet ist der untere korrigierte Heizwert:

$$H = \frac{W \cdot T - 600 \cdot K}{G} \cdot \frac{273 + t}{273} \cdot \frac{760}{b - f} \text{ Kal.}$$

Bezogen auf 15° C und 760 mm Barometerstand

$$H = \frac{W \cdot T - 600 \cdot K}{G} \cdot \frac{273 + t}{288} \cdot \frac{760}{b} \text{ Kal.}$$

Die gesamte Apparatenanordnung für eine Untersuchung zeigt Fig. 356. Das Gas tritt bei g in einen Experimentiergasmesser; die Gastemperatur t wird an dem oben aufsitzenden Thermometer abgelesen. Vor der Verbrennung im Kalorimeter durchströmt das Gas noch einen Druckregler, der übrigens vor oder hinter den Gasmesser geschaltet werden kann. Im letzteren

Falle erhält das obere Thermometer des Kalorimeters einen besonders ruhigen Stand; jedoch ist zu beachten, daß das Steigen oder Sinken der Glocke, also eine Volumenänderung des eingeschlossenen Gases, einen Einfluß auf die Ablesungen an der Gasuhr haben muß.

Das Kalorimeter stellt man so auf, daß man die beiden Thermometer für das zu- und abfließende Wasser gut beobachten kann. Damit alle Ablesungen durch eine Person geschehen können, muß man dem Gasmesser eine solche Stellung geben, daß man den Zeiger beobachten kann, während man gleichzeitig das aus dem Kalorimeter abfließende Wasser zur Messung auffängt.

Den mittleren Anschlußstutzen *a* verbindet man durch Gummischlauch mit der Wasserleitung. Den Überlaufstutzen *b* versieht man mit einem Abfluß in der Weise, daß man sich überzeugen kann, ob der Überlauf während der Messung funktioniert (z. B. durch Einschalten eines kurzen Glasröhrchens in die Schlauchableitung). Wie die Figur zeigt, ist die Anordnung des Ablaufs für das bei *c* aus dem Kalorimeter tretende Wasser so getroffen, daß man das Wasser bequem ohne Verlust durch Spritzwasser in ein bereit gehaltenes Gefäß einleiten kann, indem sich der Trichter für das Abflußwasser in gleicher Höhe mit dem dicht danebenstehenden Meßgefäß befindet.

Das Kondenswasser wird in dem kleinen Meßzylinder aufgefangen.

Bei der Ingangsetzung des Kalorimeters wird zunächst der Wasserzufluß so weit geöffnet, daß Wasser am Überlauf *b* austritt. Vor dem Öffnen des Gashahnes nehme man den Brenner heraus und entzünde ihn außerhalb, führe ihn aber erst dann ein, wenn das Kalorimeter ganz gefüllt ist, also Wasser am Abfluß *c* erscheint. Der Brenner soll soweit in die Verbrennungskammer eingeschoben werden, daß das obere Ende des Brennerrohres mindestens 15 cm in das Kalorimeter hineinragt.

Bezüglich der Flammengröße dient als Anhalt, daß das Kalorimeter eine Wärmemenge bis ca. 2000 Kalorien stündlich aufnehmen kann, im Mittel etwa 1200 Kalorien. Je kleiner der Heizwert, um so größer nehme man also den Konsum, für Leuchtgas etwa 100—300 l pro Stunde.

Damit die ganze Zuleitung, der Gasmesser und der Druckregler, auch sicher mit dem zu prüfenden Gase

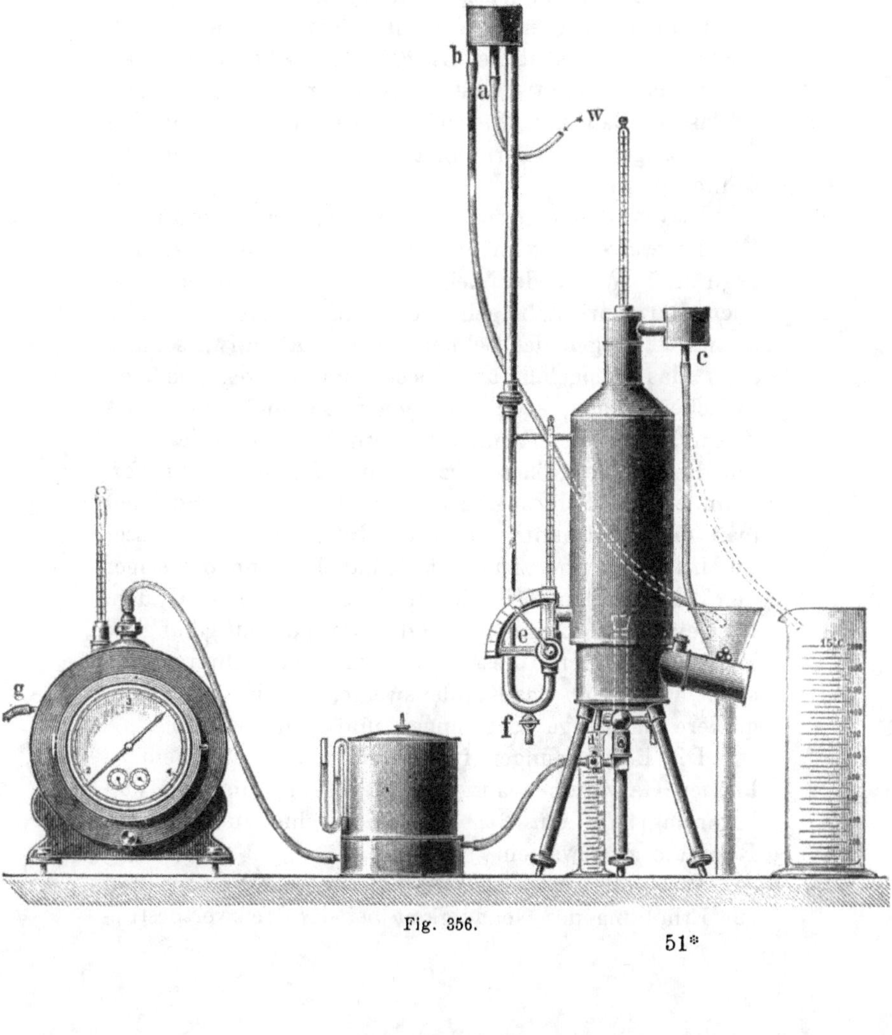

Fig. 356.

gefüllt sind, läßt man die Flamme etwa zehn Minuten brennen.

Nach Einführung des Brenners steigt die Temperatur des Abflußwassers, bis in einigen Minuten der Beharrungszustand eintritt und das Thermometer mit geringen Schwankungen auf einem Punkte stehen bleibt. Durch passende Stellung des Hahnes *e*, der die Menge des durchfließenden Wassers zu regulieren erlaubt, wird die Temperaturdifferenz zwischen dem Zu- und Abflußwasser auf 10 bis höchstens 20° eingestellt. Dabei vermeide man sorgfältig, die Temperatur so hoch steigen zu lassen, daß der Quecksilberfaden in dem nur bis 50° C zeigenden Thermometer oben anstößt und die Röhre sprengt.

Ist der Beharrungszustand erreicht und tropft das Kondenswasser regelmäßig ab, so kann die Messung beginnen: Wenn der Zeiger der Gasuhr durch Null oder eine ganze Zahl geht, leitet man durch schnelles Seitwärtsbewegen des Schlauches das Ablaufwasser aus *c* in das Meßgefäß und liest nun in regelmäßigen Zwischenräumen, etwa nach jeder halben Drehung des Zeigers, die Wassertemperatur am Zu- und Ablauf ab, um durch eine größere Anzahl von Messungen die vorkommenden Schwankungen auszugleichen. So läßt man eine bestimmte Zahl von Litern den Gasmesser durchströmen und zieht den Schlauch, wenn der Zeiger den betreffenden Teilstrich passiert, schnell aus dem Meßgefäß zurück und mißt oder wiegt das aufgefangene Wasser. Während dieses und eventuell mehrerer Versuche wird auch das Kondenswasser für eine bestimmte größere Gasmenge aufgefangen und gemessen.

Die Bestimmungen führe man nicht mit einem zu kleinen Gasvolumen aus. Bei der häufig üblichen Verbrennung von nur 3 l Gas sind keine zuverlässigen Resultate zu erwarten.

Wertvolle Winke zur Vermeidung von Fehlern und zur Erhöhung der Genauigkeit bei der Heizwertbestimmung gibt O. Pfeiffer[1]): Er schreibt z. B.: Die Gasentnahme erfolgt bei allen Versuchen aus einem gegen die Betriebsleitung hin abgesperrten, nur »auf Abgabe« gestellten Behälter, um die Gewähr zu haben, daß eine gute Mischprobe zu Gebote steht, welche sich auch während der Zeit der Versuche nicht ändert. Bei Außerachtlassung dieser Maßnahme werden die Heizwerte bei hintereinander angestellten Bestimmungen aus naheliegenden Gründen oft große Verschiedenheiten aufweisen.

Die größte Sorgfalt erheischt die Leitung des kalorimetrischen Versuches durch Wahrnehmung einer Reihe von Maßnahmen, die sich gerade auf Grund der Ergebnisse der Parallelversuche als unabweisbar herausgestellt haben.

Schon die Messung des dem Kalorimeter zugeführten Gases führt leicht zu erheblichen Fehlern infolge der Ungenauigkeit der Gaszähler. Man wird beim Vergleich verschiedener Experimentiergasmesser (durch Hintereinanderschaltung in wechselnder Reihenfolge) selten Übereinstimmung finden, und es erscheint daher eine besondere Justierung des zu den Versuchen gebrauchten Apparates angezeigt. Solche erfolgt am einfachsten mittels einer zum Aspirator hergerichteten Flasche von 10 l Inhalt, welche einen dreifach durchbohrten Gummistopfen trägt mit einer kurzen Röhre als Gaseingang, einer langen Heberröhre mit Abflußhahn und einer Manometerröhre mit Wasserfüllung. Die Flasche enthält Wasser von Zimmertemperatur und ist mit dem zu prüfenden Gaszähler in sinngemäßer Weise verbunden. Dem Wasserablauf aus dem Heber entspricht dann genau die durch den Zähler hindurchgesaugte Gas- oder Luftmenge, und man hat nur dafür Sorge zu tragen, daß der Druck im Aspirator zu Anfang und zu Ende des Versuchs der nämliche (gleich Null) ist. Pfeiffer stellte auf solche Weise bei neuen, im übrigen gut funk-

[1]) Journ. f. Gasbel. 1901, S. 687.

tionierenden Experimentiergasmessern Abweichungen in der Anzeige fest von über 2% gegenüber dem wahren, durch Wägung des aus dem Aspirator abfließenden Wassers ermittelten Wert. Beträchtliche Abweichungen lassen sich auch konstatieren, wenn der nasse Gasmesser, welcher allein in Frage kommen dürfte, längere Zeit zu Versuchen gedient hat, ohne frisch nachgefüllt zu werden, woraus sich als Regel zur Abhilfe von selbst ergibt, daß man den Zähler mindestens jede Woche einmal nachfüllen muß.

Sehr praktisch und bequemer zu handhaben ist der allerdings recht kostspielige von Junkers & Co. gelieferte Eichapparat für Gasmesser.

Das dem Eichapparat (Fig. 357) zugrunde liegende Meßverfahren beruht darauf, daß man durch abwechselndes Entleeren und Wiederfüllen eines mit Wasser gefüllten, am Halse geeichten Glasballons das Volumen von 1 l absaugt. Das Entleeren und Füllen des Ballons geschieht durch Tiefer- und Höherstellen eines mit dem Ballon verbundenen Wassergefäßes. Zum Ein- und Auslassen des Gases dient ein Dreiweghahn, welcher den Glaskolben abwechselnd mit der Atmosphäre und dem zu eichenden Apparat verbindet.

Um Fehler beim Eichen zu vermeiden, beachte man vor Beginn der Eichung folgendes:

Der zu eichende Apparat, das Füllwasser in demselben, der Eichkolben und das Wasser im Wassergefäße sollen möglichst dieselbe, und zwar Zimmertemperatur haben. Man vermeide daher möglichst die Erwärmung des Kolbens durch ausgeatmete Luft oder durch Körperwärme. (3° C Temperaturunterschied im Gasmesser und Eichkolben bedeuten etwa 1% Meßfehler.) Es empfiehlt sich, die Temperatur im Gasmesser sowie die des Wassers im Wassergefäß zu beobachten.

Je niedriger im allgemeinen die Temperatur ist, desto weniger beeinflußt verschiedener Feuchtigkeitsgehalt des Gases im Gasmesser und im Eichkolben das Meßergebnis.

Zweckmäßig eicht man vermittelst durchgesaugter Luft.

Will oder muß man mit Gas eichen, so muß der Gasmesser einige Zeit in Tätigkeit gewesen sein, ehe die Messung beginnt, damit das Füllwasser mit den im Wasser löslichen Bestandteilen des Gases gesättigt ist. In diesem Falle leitet man am besten das abgemessene Gas durch das Mundstück *g* zu einem Brenner, in dem es sich vermittelst einer Zündflamme, ohne zu belästigen, entzündet.

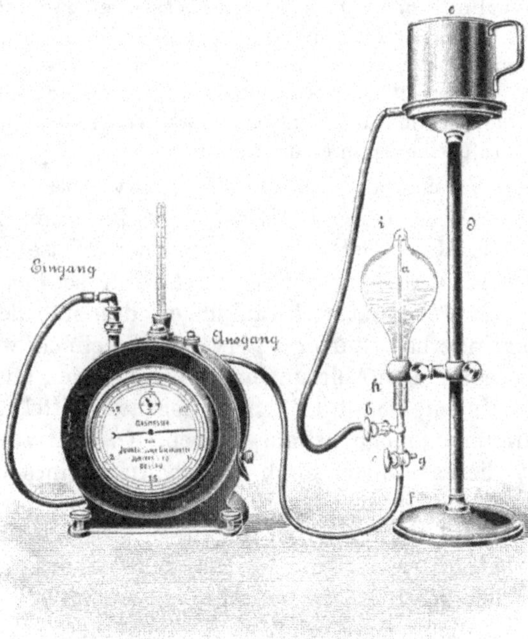

Fig. 357.

Die Bedienung geschieht wie folgt:

Nachdem man (vgl. Fig. 357) den Hahn *b* mit dem Wassergefäße *e* und das Mundstück *f* des Hahnes *c* mit dem Ausgang des Gasmessers verbunden hat, stellt man das zu etwa $^2/_3$ gefüllte Wassergefäß *e* auf den Ständer *d*, öffnet den Durchgangshahn *b* und den Dreiweghahn *c* nach *g* und füllt so den Kolben *a* bis zur Nullmarke *i* mit Wasser, schließt den Durchgangshahn *b* und öffnet den Dreiweghahn *c* nach *f*. Darauf setzt man das Wassergefäß *e* auf den Tisch, öffnet den Durchgangshahn *b* und saugt so viel Wasser ab, bis der Wasserspiegel sich mit der 1 Litermarke *h* am Halse des Kolbens vergleicht. Auf diese Weise ist durch den Gasmesser genau 1 l Luft oder Gas abgesaugt, und der Unterschied zwischen der jetzigen Zeigerstellung und den Angaben des Zifferblattes gibt den Fehler des Gasmessers an.

Zur Wiederholung des Meßvorganges öffnet man den Dreiweghahn *c* nach *g*, setzt das Wassergefäß *e* auf den Ständer, öffnet Hahn *b* und füllt auf diese Weise den Kolben *a* zu einer zweiten Messung bis zur Nullmarke *i* mit Wasser. So erhält man stufenweise fortschreitend die genauen Literteilstriche des Zifferblattes sowie einen Korrektionsfaktor für je eine Trommelumdrehung.

Die Versuchsanordnung der Heizwertbestimmung erweist sich in mancher Hinsicht verbesserungsfähig. Wenn das Kalorimeter in der üblichen Weise direkt von der Wasserleitung aus gespeist wird, so hat man immer mit Temperaturschwankungen des zufließenden Wassers innerhalb kurzer Intervalle zu rechnen, welche zu oft wiederholten Ablesungen am betreffenden Thermometer zwingen, damit sich im gezogenen Mittel (t) die Schwankungen möglichst ausgleichen. O. Pfeiffer vermeidet diesen Fehler durch Vorschaltung eines Hochbehälters aus Zinkblech mit Deckel von etwa 60 l Inhalt, der, auf einem Wandbrett ruhend, derart mit der Wasserleitung verbunden ist, daß diese unmittelbar in den Boden des Behälters einmündet, so daß bei geöffnetem Leitungshahn das lebhaft einströmende Wasser innig gemischt wird. An der Zuleitungsröhre selbst, hinter dem vorerwähnten Hahn, sitzt ein einfacher Schlammhahn zur Verbindung mit dem Kalorimeter. Wasserstandsrohr und eine weite Überfallröhre aus Blech vervollkommnen die Ausstattung des Hochbehälters. Das aus diesem nach dem Kalorimeter abfließende Wasser hat bis auf den letzten Tropfen die nämliche Temperatur, und es ist daher nur eine einzige Aufzeichnung nötig.

Außerdem bietet die Vorrichtung die Annehmlichkeit, das Wasser unter erforderlichen Umständen erst temperieren zu können, entweder durch Eiszusatz oder durch heißes Wasser bzw. Stehenlassen über Nacht. Man füllt dann den Behälter zunächst nicht völlig, sondern läßt das Fehlende erst unmittelbar vor dem Versuch rasch einströmen, damit die Vermischung vor sich gehe.

Von der richtigen Temperierung des zu- und abfließenden Wassers hängt das Gelingen der Heizwertbestimmung nicht unwesentlich ab. Es besteht die begründete Regel, beide Temperaturen womöglich in gleichem Abstand von der Temperatur des Versuchsraumes zu halten und gleichzeitig eine Differenz der Eingangs- und Ausgangstemperatur ($T - t$) von 10 bis höchstens 20° zu bewahren, um die Wärmeabgabe und Aufnahme des Kalorimeters an die Umgebung hintanzuhalten bzw. tunlichst auszugleichen. Die Größe der durch solche Wärmeverluste bedingten Fehler spricht sich deutlich aus in der folgenden Ergebnisreihe von Heizwertbestimmungen ein und desselben Gases, wobei die Temperatur des Zuflußwassers stets die nämliche war (18,5°), diejenige des abfließenden Wassers (T) dagegen von Versuch zu Versuch gesteigert wurde durch Verringerung der Zuflußmenge.

	a	b	c	d	e
T	25,6°	26,6°	28,0°	33,3°	33,7°
H in WE	5552	5538	5518	5476	5462
Diff.	± 0	—0,3%	—0,6%	—1,4%	—1,6%.

Die gewöhnliche, auch in den den Apparaten beigegebenen Prospekten vorgesehene Versuchsanordnung gibt Anlaß zu beträchtlichen Beobachtungsfehlern durch den Gebrauch eines graduierten Meßzylinders zum Auffangen des erwärmten Wassers. Die so gesammelte Flüssigkeitsmenge, höchstens 2 l, ist einerseits zu klein im Verhältnis zu den nicht zu vermeidenden Ungleichheiten, die sich beim Ein- und Abstellen des Wasserzuflusses zum Zylinder ergeben; anderseits kann die Flüssigkeitsmenge in dem weiten Zylinder nicht mit der erforderlichen Genauigkeit abgelesen werden. Ähnliche Fehler ergeben sich gleichzeitig bei der Ablesung der die Gasuhr passierenden Gasmenge, die für einen Versuch ebenfalls nicht zu klein genommen werden sollte.

In jeder Hinsicht empfehlenswerter erweist sich die Vergrößerung des Versuches durch Auffangen von 8 bis 10 l Abflußwasser in einer tarierten Flasche, die dann auf einer geeigneten Dezimalwage bis auf das Gramm genau abgewogen werden kann. Die zum Versuch verwendete Gasmenge beträgt dann 20—30 l. Auch das Kondenswasser wird zweckmäßigerweise in einem tarierten Kölbchen aufgefangen und durch Abwägen für etwa 100 l Gas bestimmt.

Der Versuch wird nun in der Weise geleitet, daß man nach Einstellung der gewünschten Temperaturen von Zu- und Abflußwasser den Durchgang des großen Zeigers durch die Nullstellung als Zeichen zum Beginne benutzt; wenn die Flasche nahezu vollgelaufen ist, wird der Versuch auf das gleiche Zeichen hin abgebrochen. Die verbrauchte Gasmenge wird nach der Zahl der Umdrehungen des großen Zeigers gemessen, indem man bei jeder halben Umdrehung eine Aufzeichnung der Temperatur des Ablaufwassers vornimmt. Die Zahl dieser Aufzeichnungen, multipliziert mit dem durch die Justierung des Gaszählers festgestellten Inhaltswert einer Umdrehung, ergibt den genauen Gasverbrauch. Bei ungefährer Kenntnis des zu erwartenden Heizwertes ist ein Versehen im Zählen der Umdrehungen gegenstandslos, da der Fehler gleich in die Hunderte von Kalorien geht und somit augenblicklich erkannt werden muß. Man kann aber zur Kontrolle auch den Stand des kleinen Zeigers der Gasuhr (für wirklichen Verbrauch) bei Beginn und Ende des Versuchs gleichfalls notieren. Die Temperatur des Zuflußwassers (t) braucht, wenn dasselbe aus einem Reservoir entnommen wird, nur einmal während des Versuchs festgestellt zu werden.

Daneben lassen sich noch die Aufzeichnungen von Temperatur des Versuchsraumes und Barometerstand vornehmen.

Eine Reduktion des Gasvolumens auf Normalvolumen bzw. 15° darf, im Gegensatz zu einem vielfältigen Gebrauch, nicht unterlassen werden. Die Größe des Einflusses von Druck und Temperatur auf das Ergebnis der Heizwertbestimmung zeigt sich deutlich bei nachstehendem Beispiel, welches gleichzeitig dazu dienen soll, die Aufzeichnungen des ganzen Versuchs im Sinne der vorbeschriebenen Gesichtspunkte zum Ausdruck zu bringen:

Temperatur des Gases = 22° C.
Barometerstand = 748 mm.

Glas mit Kondenswasser	105,5 g
Glas	76,2 g
Kondenswasser	29,3 g

bei einem Verbrauch von 30,1 l Gas (siehe unten) entsprechend $\frac{29,3}{30,1} = 0,973$ g Wasser auf 1 l Gas. Verdampfungswärme 600 · 0,973 = 584 Kalorien auf 1 cbm Gas.

Ablesungen:

Zeigerumdrehung	Wassertemperatur Eingang	Ausgang
0	12,65°	29,25°
—	»	29,32°
1	»	29,32°
—	»	29,35°
2	12,68°	29,30°
—	»	29,22°
3	»	29,10°
—	»	29,15°
4	12,72°	29,12°
—	»	29,00°
5	»	29,05°

Zeiger-umdrehung	Wassertemperatur Eingang	Ausgang
—	12,75⁰	29,05⁰
6	»	29,05⁰
—	»	29,15⁰
7	»	29,18⁰
—	»	29,25⁰
8	12,72⁰	29,30⁰
—	»	29,30⁰
9	»	29,32⁰
—	12,75⁰	29,25⁰
10	»	29,25⁰
Im Mittel	12,71⁰	29,20⁰
		12,71⁰
	Temperaturerhöhung	16,49⁰.

Eine Zeigerumdrehung entspricht 3,01 l.
demnach Gasverbrauch 30,1 l.

Glasgefäß mit Kühlwasser	15 795 g
Glasgefäß	5 971 g
Kühlwasser	9 824 g.

Berechnung:

$\frac{9824 \cdot 16,49}{30,1} = 5382$ WE = oberer unkorrigierter Heizwert.

$\frac{9824 \cdot 16,49 - 600 \cdot 29,3}{30,1} = 4798$ WE = unterer unkorrigierter Heizwert.

Der letztere Wert folgt auch aus:

$$5382 - 584 = 4798 \text{ WE}.$$

$5382 \cdot \frac{273 + 22}{288} \cdot \frac{760}{748} = 5597$ WE = oberer korrigierter Heizwert bei 15⁰ und 760 mm (feucht).

$4798 \cdot \frac{273 + 22}{288} \cdot \frac{760}{748} = 4990$ WE = unterer korrigierter Heizwert bei 15⁰ und 760 mm (feucht).

Die günstige Aufnahme und weitverbreitete Anwendung, welche Junkers' von Hand bedientes Kalorimeter gefunden hatte, veranlaßte die ausführende Firma Junkers & Co., Dessau, die Verwendbarkeit des Kalorimeters dadurch zu erhöhen, daß der Apparat selbsttätig arbeitete und gleichzeitig die Resultate

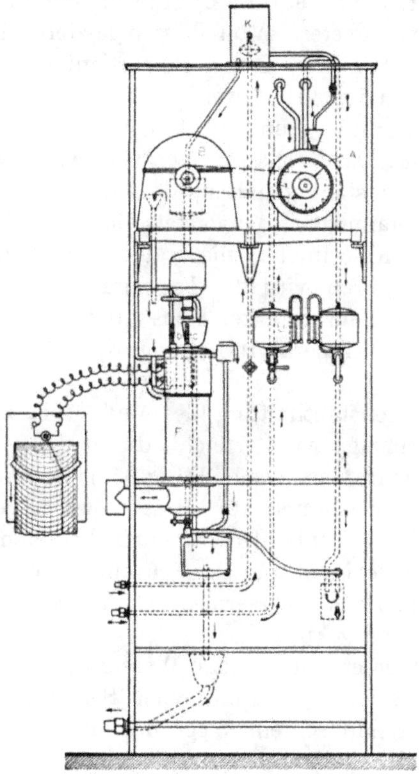

Fig. 358.

graphisch aufzeichnete. Bei dieser Vervollkommnung ist das Prinzip der Heizwertbestimmung des alten Kalorimeters beibehalten worden.

Zur Bestimmung des Heizwertes waren bisher erforderlich: Ablesung der Gasmenge an dem Gasmesser, Messung der Wassermenge, Bestimmung der Temperaturerhöhung der Wassermenge durch Ablesen der beiden

Thermometer; dann war der Heizwert gleich dem Produkt aus Temperaturerhöhung des Wassers und seiner Menge, dividiert durch die Gasmenge. Bei dem selbsttätigen Kalorimeter werden alle erforderlichen Ablesungen ersetzt durch eine einzige direkte Heizwertablesung an einem Galvanometer. Von diesem letzteren Instrument kann außerdem der Heizwert fortlaufend auf einem Papierstreifen registriert werden.

Die Anordnung und Wirkungsweise des Apparates ist folgende: Das Verhältnis von Gasmenge zur Wassermenge ist konstant gehalten, derart, daß die pro Zeiteinheit verbrannte Gasmenge stets einer ganz bestimmten durch das Kalorimeter fließenden Wassermenge entspricht. Dadurch wird die Temperaturerhöhung dieser Wassermenge ein direkter Maßstab für den Heizwert, welcher der Temperaturerhöhung des Wassers proportional ist.

Diese Konstanthaltung des Verhältnisses von Gas- zur Wassermenge wird erreicht durch die zwangläufige Kupplung eines Gasmessers *A* (Fig. 358) mit einem Wassermesser *B* von speziell für diesen Zweck geschaffener Konstruktion. Beide Instrumente befinden sich an höchster Stelle innerhalb des Schrankes, rechts der Gasmesser, links der Wassermesser, und sind durch ein Kettengetriebe gekuppelt.

Das Wasser fließt dem Wassermesser von einem auf dem Schranke befindlichen Schwimmergefäß zu und passiert auf seinem Wege den links unterhalb des Wassermessers befindlichen Zuflußregler. Vom Wasserstrom fließt das Wasser nach einem Ausgleichsgefäß zum eigentlichen Kalorimeter *F*, in welchem die Abgabe der Verbrennungswärme des Gases an den Wassermesser erfolgt. Das Gas strömt zunächst durch den an der Rückwand des Schrankes befindlichen Druckregler, tritt von hier in den Gasmesser ein, durchströmt einen zweiten Druckregler, um schließlich zu dem im untern Fach des Schrankes befindlichen Brenner zu gelangen, welcher in die Verbrennungskammer des Kalorimeters eingeführt wird.

Sämtliche Verbindungsleitungen für Gas und Wasser zwischen den einzelnen Instrumenten sind feste Rohrleitungen und auf der hinteren Seite der Rückwand des Schrankes angebracht, so daß das Aussehen des Instrumentes einfach und übersichtlich ist. Auf der linken Schrankseite befinden sich sämtliche Anschlüsse für Gas, Wasser und Abwasser.

Wie erwähnt, ist die Temperaturerhöhung des Wassers ein direkter Maßstab für den Heizwert, so daß man denselben schon durch einfache Multiplikation eines konstanten Faktors mit der durch die beiden Thermometer festgestellten Temperaturerhöhung erhält. Auf dem weiteren Wege der Vereinfachung der Ablesung ist in dem Kalt- bzw. Warmwasserweg des Kalorimeters ein Thermoelement eingeschaltet. Die Wirkungsweise des Thermoelements beruht auf dem bekannten Prinzip, daß in zwei an einem Ende zusammengelöteten Drähten ein elektrischer Strom entsteht, wenn die Lötstelle stärker erwärmt wird als die beiden anderen Drahtenden. Die Spannung des entstehenden thermoelektrischen Stromes ist proportional der Temperaturdifferenz, also auch dem Heizwert des verbrannten Gases, und somit ist diese Spannung, welche durch ein empfindliches Millivoltmeter gemessen wird, jetzt der direkte Maßstab für den Heizwert. Durch Anbringung einer Kalorienskala an diesem Millivoltmeter kann der Heizwert direkt in Wärmeeinheiten abgelesen werden, und zwar vermöge der deutlichen Unterteilung für praktische Zwecke sehr genau, so daß die Fehlergrenze höchstens $^1/_2\,^0/_0$ beträgt.

Das automatisch arbeitende Kalorimeter gestattet aber auch jederzeit, den Heizwert des Gases auf die bisher gewohnte Art zu bestimmen, wodurch man in der Lage ist, die automatische Heizwertanzeige am Galvanometer auf ihre Richtigkeit zu prüfen.

Der Betrieb des automatischen Kalorimeters ist sehr einfach und sicher. Eine Bedienung ist nur in ganz geringem Umfange erforderlich und erstreckt sich fast nur auf die In- und Außerbetriebsetzung, die durch einige Handgriffe erfolgt. Um den Apparat in Betrieb zu setzen, öffnet man den Gashahn und Wasserhahn, entzündet den Brenner, führt diesen in das Kalorimeter ein und löst die Sicherungsschraube am Galvanometer. Schon nach wenigen Minuten zeigt das Galvanometer den Heizwert richtig an. Die Außerbetriebsetzung gestaltet sich ebenso einfach. Während des Betriebes bedarf das Instrument keinerlei Bedienung und kann ununterbrochen laufen, wenn für ungestörten Wasser- und Gaszufluß gesorgt ist. Auch können mehrere Millivoltmeter in beliebiger Entfernung an das Instrument angeschlossen werden, so daß man in der Lage ist, an mehreren und beliebigen Orten den Heizwert des Gases zu kontrollieren und zu registrieren. Fig. 359 zeigt die photographische Abbildung eines automatischen Kalorimeters.

Eine Verbesserung des automatischen Kalorimeters ist von Messerschmidt konstruiert worden, derart, daß die Eintrittstemperatur des Wassers durch einen empfindlichen Thermoregulator auf eine konstante Temperatur, etwa 18 °C gebracht wird, so daß nunmehr die Austrittstemperatur direkt dem Heizwerte proportional ist. Diese Austrittstemperatur bzw. der Heizwert wird von einem Quecksilberregistrierthermometer graphisch aufgezeichnet. Auch diese Anordnung wird von der Firma Junkers & Co. ausgeführt.

4. Das spezifische Gewicht des Gases.

Das spez. Gewicht läßt sich ebenso wie der Heizwert aus der Analyse berechnen, indem man die spez. Gewichte der einzelnen Gase mit ihrem prozentischen Gehalte multipliziert und die erhaltenen Produkte addiert.

Diese Art der Bestimmung ergibt zwar genaue Resultate, hat aber den Nachteil, für die Betriebskontrolle zu umständlich zu sein.

Fig. 359.

Ein Rückschluß aus der Höhe des spez. Gewichts auf die ungefähre Beschaffenheit des Gases führt leicht zu Irrtümern, denn wie eine einfache Rechnung zeigt, kann ein hohes spez. Gewicht sowohl durch Steigerung des Gehaltes an schweren Kohlenwasserstoffen wie auch an Kohlensäure und Stickstoff bedingt sein. Für den Vergleich der Fabrikation in ihren verschiedenen Stadien, namentlich bei Verwendung eines neuen Rohmaterials oder bei Zusatz von Wassergas zum Leuchtgas, gibt die Kenntnis des spez. Gewichts dem Betriebsleiter jedenfalls interessante Vergleichsmomente und spielt eine große Rolle gerade beim Invertgasglühlicht, das sich gegen Änderungen des spez. Gewichts ebenso wie des Druckes viel empfindlicher zeigt als andere Brenner.

Ein sehr guter Apparat zur genauen Bestimmung des spez. Gewichts steht dem Gasfachmann in dem Bunsen-Schillingschen Apparat zur Verfügung. Das Prinzip desselben beruht auf einem Satze aus der kinetischen Gastheorie, wonach sich die Dichtigkeiten zweier Gase verhalten wie die Quadrate der Ausströmungszeiten, mit denen die Gase unter gleichem Druck aus einer engen Wandöffnung austreten, also $\frac{s_1}{s} = \frac{t_1^2}{t^2}$ oder wenn als Vergleichsgas Luft angenommen wird, deren spez. Gewicht in wassergesättigtem Zustande = 1 ist, $s_1 = \frac{t_1^2}{t_2}$.

Der Apparat besteht aus einem zylindrischen Gefäß (Fig. 360), welches mit Wasser von Zimmertemperatur so weit gefüllt ist, daß dieses auch dann Platz im Gefäße hat, wenn der eingehängte Zylinder mit Luft gefüllt ist. In dem Wasser steht ein unten offener Zylinder, der nach oben in zwei Rohre mündet, welche durch Hähne verschließbar sind. Das mittlere Rohr trägt einen Dreiweghahn, der seitlich mit großem Querschnitt mündet, dagegen nach oben in ein Platinblättchen mit genau kalibrierter enger Öffnung. In das Wassergefäß taucht ein Thermometer zur Beobachung der Temperatur. Man füllt den Zylinder durch Hochheben mit Luft, schließt den Hahn, senkt den Zylinder und läßt die Luft durch geeignete Stellung des Hahnes durch die enge Öffnung in dem Platinblättchen ausströmen. Sobald der aufsteigende Wasserspiegel in dem Glaszylinder eine untere Marke passiert, wird eine Sekundenuhr eingerückt und wieder ausgerückt, sobald die obere Marke von dem Wasserspiegel erreicht ist. Zur Sicherheit wiederholt man das Experiment und nimmt den Durchschnitt der einzelnen Bestimmungen, die nicht mehr als 0,2 Sekunden voneinander abweichen sollen. Die Sekundenuhr muß die Ablesung von $^1/_{10}$ Sekunde noch gestatten. Denselben Versuch wiederholt man nun auch mit Leuchtgas, nachdem man den Luftrest durch etwa 2 Minuten langes Hindurchleiten von Leuchtgas und mehrmaliges Heben und Senken des Zylinders verdrängt hat. Das spez. Gewicht ist dann der Quotient aus den Quadraten der beiden Ausflußzeiten. Ergab der Versuch für Gas die Ausflußzeit zu 143,5 Sekunden und für Luft

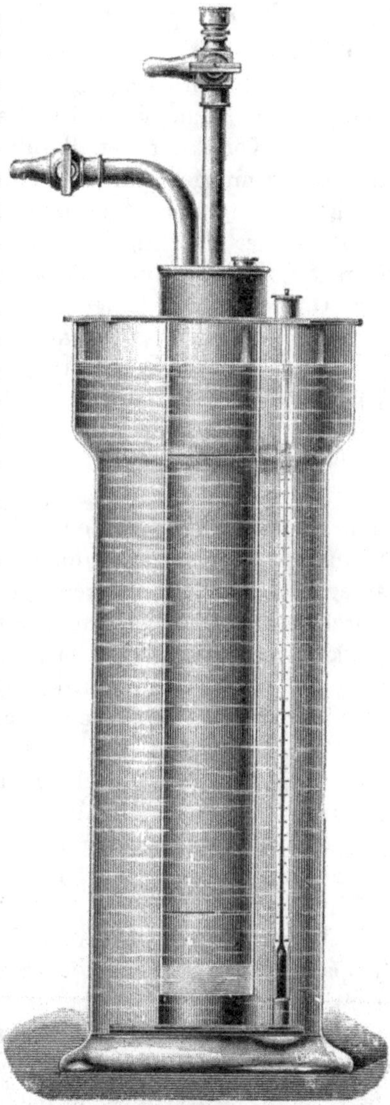

Fig. 360.

zu 218,4 Sekunden, so ist das spez. Gewicht $= \frac{(143,5)^2}{(218,4)^2}$ $= 0,432$.

Die mit dem Schillingschen Apparat gefundenen Werte sind bis auf die dritte Dezimale zuverlässig.

Eine Korrektion des Resultates ist nicht nötig, da die Bestimmungen für Luft und Gas unter gleichen Verhältnissen gemacht werden (bei gleicher Temperatur und gleicher Feuchtigkeit). Ist demnach während des Versuches aus irgendwelchen Gründen die Temperatur des Gases von derjenigen der Luft verschieden um n-Grad, so ist $s = \frac{t_1^2}{t^2\,(1 \pm 0,00366\,n)}$, und zwar ist im Divisor + zu setzen, wenn das Gas kälter und —, wenn das Gas wärmer war als die Luft.

Um die Genauigkeit des Instrumentes zu erhöhen, hat Pannertz den Apparat abgeändert (Fig. 361), indem er den Zylinder an den Stellen, wo die Marken sich befinden, einschnürt. Infolgedessen muß der Wasserspiegel durch den engeren Querschnitt schneller hindurchtreten. Damit ist aber das Passieren der Marken genauer zu beobachten. Übrigens fehlt leider bei diesem letzteren Modell die Schutzkappe für das sorgfältig vor Verstaubung zu bewahrende Platinblättchen.

Zur Umgehung der umständlichen Ausrechnung bietet eine von O. Pfeiffer angegebene, bei Oldenbourg-München erhältliche Koordinatentafel gute Dienste, aus der man durch Ablesen der Ausströmungszeiten auf Ordinate und Abszisse direkt das spez. Gewicht des Gases erfährt.

Wertvolle Dienste vermag im Gaswerksbetriebe ein Apparat zu leisten, der jederzeit selbsttätig das spez. Gewicht des Gases angibt und ständig in Benutzung bleiben kann. Plötzliche Änderungen im spez. Gewichte werden dann sofort wahrgenommen und ihrer Ursache kann ohne Zeitverlust nachgeforscht werden; sei es, daß infolge zu schwacher Retortenladungen, zu hoher

Ofentemperatur oder zu langer Vergasungszeit das Gas stark wasserstoffhaltig und zu leicht wird, oder daß

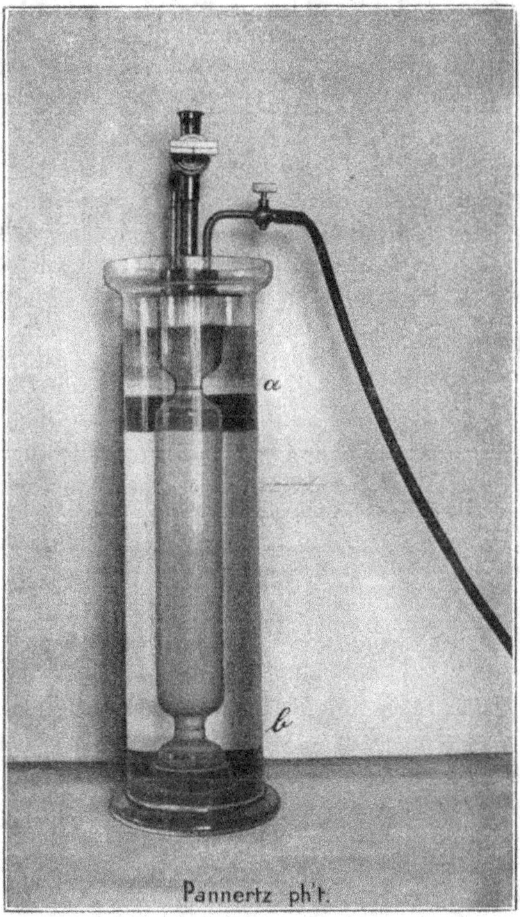

Fig. 361.

durch zu starkes Saugen des Exhaustors oder falsche Regulierung der Luftzuführung dem Gase beträchtliche Mengen Luft beigemischt werden und sein Gewicht dadurch steigt. Ein solcher Apparat muß an einer leicht zugänglichen, Tag und Nacht zu beobachtenden Stelle, aber abgeschlossen, aufgestellt werden können.

Diesen Anforderungen genügt die Luxsche Gaswage[1]) in bester Weise (Fig. 362). Sie beruht auf dem einfachen Prinzip der direkten Auswägung gleicher Luftvolumina und Gasvolumina, deren Gewichtsdifferenz als spez. Gewicht (Luft = 1) auf einer Skala durch den Ausschlag der Wage angezeigt wird. Die Hohlkugel, welche aus Glas sein kann, balanciert mit dem Wagebalken auf zwei Stahlspitzen *ss* (Fig. 363). An dem gabelförmigen Ende des Ständers mündet die Gaszu- und -Ableitung *ro* über den mit Quecksilber gefüllten Näpfchen pp_1. In diese Näpfchen tauchen zwei mit dem Wagebalken fest verbundene Röhrchen, die das Gas zu- und ableiten, ohne die Beweglichkeit des Wagebalkens zu hindern. Das eine Röhrchen führt das Gas durch ein zentrales Rohr in die Hohlkugel, das andere leitet es wieder aus der Glocke und dem Wagebalken ab. Der Wagebalken ist in 100 Teile geteilt und trägt einen aus Nickel gefertigten Reiter.

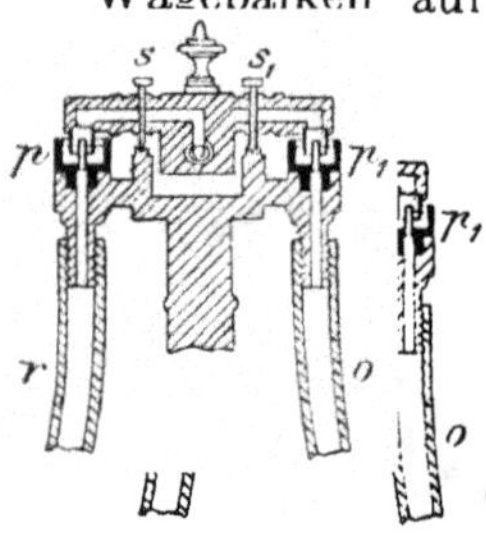

Fig. 362.

Zum Gebrauche muß man der in einem verschließbaren Glaskasten montierten Wage einen festen, Erschütterungen nicht ausgesetzten Standort geben, an dem sie auch vor direktem Sonnenlicht und schroffen Temperaturschwankungen geschützt steht. Durch Arretierung mittels einer an der rechten Schmalseite befindlichen Handscheibe kann der Wagebalken auf dem Ständer festgehalten werden.

Wenn die Hohlkugel mit Luft gefüllt ist und der Reiter auf der äußeren Marke 1 sitzt, so muß der Zeiger genau auf die Nullmarke des Gradbogens einspielen.

[1]) Journal f. Gasbel. 1887, S. 251.

Etwaige Abweichungen können durch Verschiebung der links über der Mitte des Wagebalkens sichtbaren Mutterschraube korrigiert werden. Setzt man nunmehr den Reiter etwa auf den Teilstrich 0,8 des Balkens, so muß sich der Zeiger bei richtiger Empfindlichkeit der Wage auf + 0,2 des Bogens einstellen. Die Summe der Ablesungen muß in jedem Falle 1,0 betragen. Zur Regulierung dient die vertikal verschiebbare Mutterschraube über der Mitte des Wagebalkens.

Um das spez. Gewicht des Leuchtgases zu bestimmen, verdrängt man die Luft durch mindestens

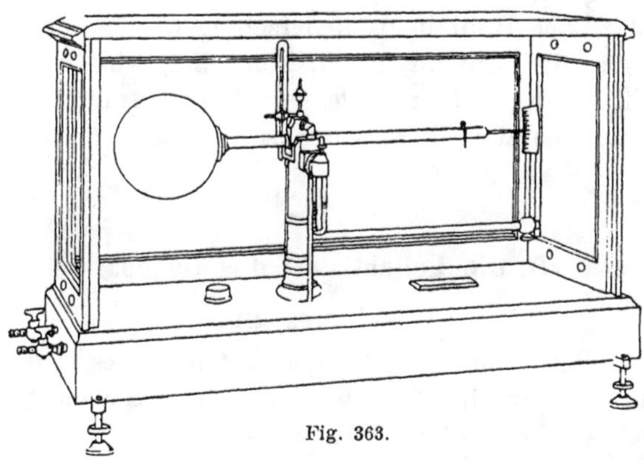

Fig. 363.

5 Minuten langes Hindurchleiten von Gas und setzt den Reiter auf den dem vermuteten Gewicht nahe kommenden Teilstrich, z. B. auf 0,4. Sodann hebt man die Arretierung auf und liest die Anzeige am Gradbogen ab, auf die sich der Zeiger nach mehrmaligem Auf- und Niederpendeln einstellt. Die gefundene Zahl ist zur Angabe der Reiterstellung hinzuzuzählen bzw. abzuziehen, woraus sich auch die zweite Dezimale des spez. Gewichts ergibt, z. B. 0,4 + 0,04 = 0,44.

Genauere Angaben sind für den Betrieb nicht erforderlich und auch unsicher, trotzdem dem Apparat eine Korrektionstabelle für Barometerstand und Temperatur beigegeben wird, durch welche die Resultate scheinbar bis auf die vierte Dezimale genau werden.

Soll der Apparat dauernd in Benutzung bleiben, also ständig Gas durchgeleitet werden, so muß mindestens einmal wöchentlich die Justierung in der oben beschriebenen Weise nachgeprüft und einreguliert werden, zu welchem Zwecke das Gas aus der Hohlkugel durch Luft völlig zu verdrängen ist.

Ferner muß bei dauernder Benutzung des Apparates das Gas vor dem Eintritt in denselben ein mit Watte gefülltes Glasrohr passieren, um von etwa vorhandenen Teerdämpfen oder Staub befreit zu werden, die sich sonst in der Hohlkugel niederschlagen könnten. Das Gas, das den Apparat durchströmt hat, wird in einem Schnittbrenner verbrannt, dessen Flamme somit anzeigt, ob der Apparat in Benutzung ist.

5. Die Leuchtkraft des Gases.

a) Lichtmessung.

Die Bestimmung der Leuchtkraft des Gases wird auch heute noch in der Zeit des Gasglühlichts vielfach zur Betriebskontrolle ausgeführt.

Die Leuchtkraft einer Lichtquelle wird gemessen durch Vergleichung der von ihr auf einer weißen Fläche (Photometerschirm) erzeugten Helligkeit mit der von der Lichteinheit auf derselben oder einer gleichartigen Fläche erzeugten Helligkeit. Die hierzu erforderlichen Apparate heißen Photometer. Die von einer Lichtquelle auf einer Fläche erzeugte Helligkeit ist umgekehrt proportional dem Quadrate der Entfernung zwischen Fläche und Lichtquelle.

Erzeugt die Lichteinheit in der Entfernung **1** die Helligkeil 1, so wird von einer Lichtquelle mit der Leuchtkraft L in der Entfernung a die Helligkeit $\frac{L}{a^2}$

erzeugt. Werden zwei Lichtquellen mit der Leuchtkraft L und l in solche Entfernungen a und b vom Photometerschirm gebracht, daß die von ihnen auf dem Schirm erzeugten Helligkeiten gleich sind, so ist $\frac{L}{a^2} = \frac{l}{b^2}$ oder $\frac{L}{l} = \frac{a^2}{b^2}$, d. h. bei gleicher Helligkeit auf dem Photometerschirm verhalten sich die Lichtstärken wie die Quadrate der Entfernungen zwischen Lichtquelle und Photometerschirm. Ist endlich l die Lichteinheit, so gibt das Verhältnis der Quadrate der Entfernungen $\frac{a^2}{b^2}$ direkt die Leuchtkraft L in Lichteinheiten.

Beim Photometrieren werden durch Verschieben des Photometerschirmes zwischen den Lichtquellen die Entfernungen a und b so lange verändert, bis Helligkeitsgleichheit auf beiden Seiten des Schirmes erzielt ist. Auf der Teilung der Photometerbank ist für die Stellung des Schirmes das Verhältnis $\frac{a^2}{b^2}$ unmittelbar abzulesen.

Die Beziehung der für photometrische Messungen in den einzelnen Ländern gebräuchlichen Lichteinheiten zueinander gibt die folgende Tabelle:

Lichteinheit	HK	VK	EK	10 KP	Carcel
Hefnerkerze	1	0,833	0,877	0,091	0,092
Deutsche Vereinskerze .	1,20	1	1,05	0,109	0,111
Englische Walratkerze .	1,14	0,95	1	0,104	0,105
10 Kerzen Pentanlampe	11,0	9,16	9,6	1	1,01
Carcellampe	10,80	9,0	9,5	0,98	1

b) Photometer und Zubehör.

Um die anzustellenden Versuche unter gleichen Bedingungen vornehmen zu können und dadurch Resultate zu erhalten, welche alle untereinander vergleichbar sind, wurden von der *Lichtmeßkommission des Vereins Deutscher Gas- und Wasserfach-*

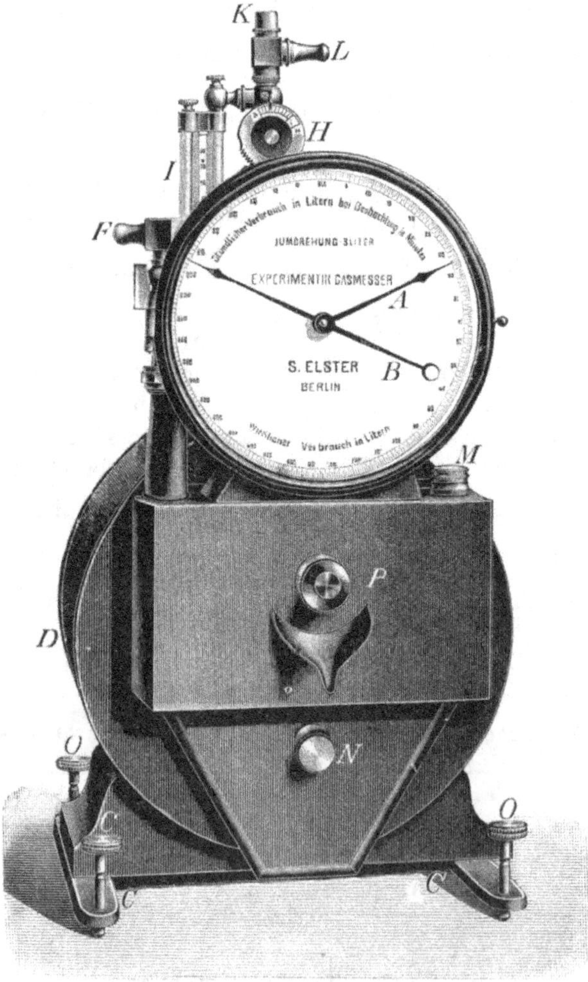

Fig. 364.

männer ausführliche Vorschriften zur Photometrierung des Leuchtgases ausgearbeitet.

Das Wesentliche aus denselben sei hier mitgeteilt.

Der Photometerraum soll als Mindestmaß 4 × 2,6 m bei 3 m Höhe haben, mit guter Lüftung versehen und an Wänden, Boden und Decke matt dunkelgrün bis schwarz gestrichen sein.

Besonders zu beachten ist beim Photometrieren, daß kein von den Wänden oder hellen Gegenständen reflektiertes Licht auf den Photometerschirm fällt. Es empfiehlt sich daher die Anwendung von »Blenden« (mit schwarzem Tuch überspannte Holzrahmen mit passenden Ausschnitten) zwischen Photometerkopf und den Lichtquellen.

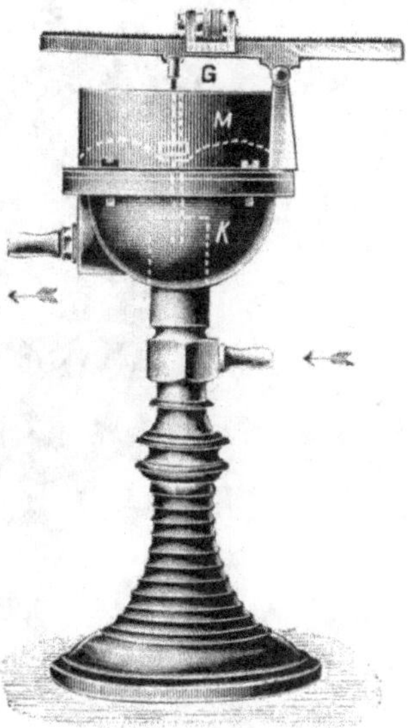

Fig. 365.

Die Temperatur des Photometerraumes soll annähernd 17,5° C sein. Größere Abweichungen als ca. 5° sind zu vermeiden. Für die Messungen werden Temperatur und Luftdruck nicht berücksichtigt.

Der besonders sorgfältig justierte Experimentiergasmesser darf nicht mehr als ± 0,25 % Abweichung zeigen. Sein Zählwerk ist so eingerichtet, daß man den Gasverbrauch möglichst schnell und bequem erkennen kann. Zu dem Zwecke sind zwei Zeiger auf dem Zifferblatt vorhanden (Fig. 364); der kleinere (*A*) gibt den wirklichen Durchgang von Gas an, der längere (*B*) läuft 60mal schneller und gestattet so nach Beobachtung seines Weges während einer Minute den stündlichen Verbrauch abzulesen.

Der Experimentiergasmesser soll mindestens einmal wöchentlich nach richtigem Einstellen mittels Stellschraube und Libelle bei offenem Ein- und Ausgangsrohr aufgefüllt werden. Der Ablauf der Füllungsflüssigkeit soll ohne Druck im Gasmesser wenigstens 5 Minuten dauern.

Die Zeiger des Gasmessers sollen sich vollständig gleichmäßig bewegen. Läutewerke, welche stets den regelmäßigen Gang beeinflussen, sind zu vermeiden.

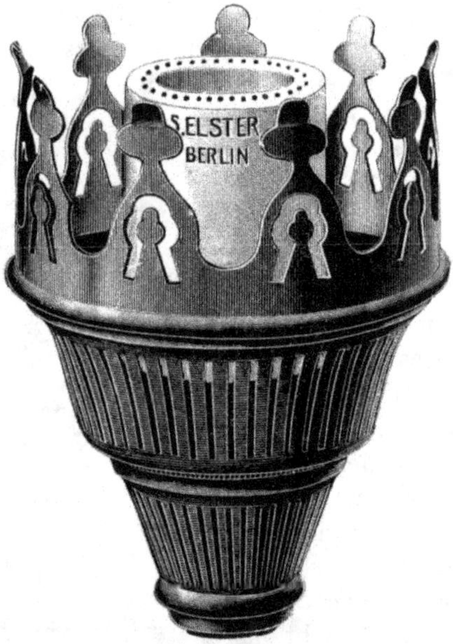

Fig. 366.

An dem Rohraufsatz K ist ein mit Mikrometerschraube fein einstellbarer Ausgangshahn H angebracht, ebenso auch noch ein Manometer J zur Ablesung des Gesdruckes hinter dem Gasmesser.

Um den Wasserspiegel im Gasmesser konstant zu halten, soll derselbe nie einem außergewöhnlich hohen, sondern stets einem gleichmäßigen Druck von höchstens 40 mm Wassersäule ausgesetzt sein. Hierzu wird der Druck vorher durch einen Druckregler verringert und gleichmäßig erhalten (Fig. 365). Je nach der Stellung des Gewichtes G auf dem Hebel H wird die Membrane M mehr oder weniger belastet und demzufolge der Druck unter der Membrane größer oder kleiner erhalten. Der Druck der Zuleitung tritt nur bis zum Kegel und die geringste Steigerung des Druckes unter der Membrane würde ein Heben derselben, mithin ein

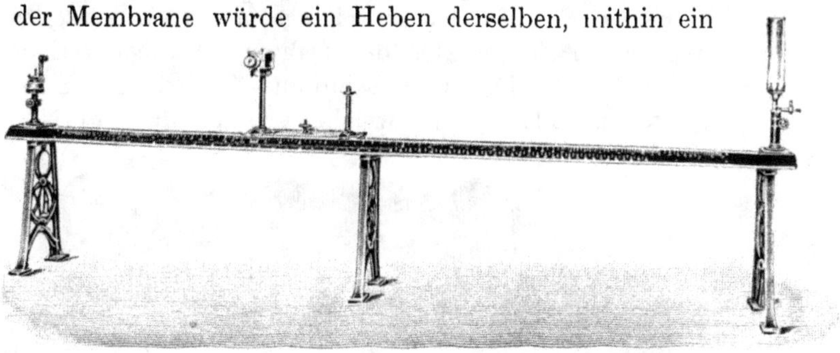

Fig. 367.

Schließen des Kegelventils hervorbringen. Durch Verschieben des Gewichtes G mittels Zahnstange und Schnecke kann somit jeder Druck eingestellt werden.

Der **Druckregler** soll weder vollständig in die Höhe gepreßt sein noch untätig festliegen, sondern richtig schwingen, so daß er Unterschiede im Druck

Fig. 368.

wirklich ausgleicht. Bei sehr hohem Druck ist schon vor dem Regulator der Gashahn teilweise zu schließen, bis der Regulator schwingt.

Weiter ist noch eine **Sekundenuhr** mit Abstellungsvorrichtung nötig, die jährlich wenigstens einmal auf Genauigkeit zu prüfen ist.

Als **Normalgasbrenner** (Fig. 366) wird entweder der **Elstersche Argandbrenner** benutzt, welcher einen Glaszylinder von 210 mm Höhe besitzt, und dessen Leuchtkraft bei einem Stundenkonsum von 150 l gemessen wird, oder ein Schnittbrenner — ebenfalls bei 150 l Konsum —, der eine reine Flamme ohne Spitzen geben und jährlich durch einen neuen ersetzt werden muß.

Das von der Lichtmeßkommission konstruierte Photometer (Fig. 367) hat eine Länge von 2,5 m zwischen den beiden Endpunkten der Teilung. An jedem Ende befindet sich ein durch Zahn und Trieb in der Höhe verstellbarer Träger, in welchen Halter für den Nor-

Fig. 369.

malbrenner und für die Vergleichslichtquelle eingesetzt werden können.

Der Photometermaßstab (Fig. 368) hat zwei Teilungen. Die Teilung S_{II} gestattet, die Lichtstärken direkt abzulesen, wenn die beiden Lichtquellen an den beiden Enden der Photometerbank fest aufgestellt werden und dazwischen der Schirm verschoben wird.

Bringt man dagegen den Schirm und die Normalflamme miteinander in feste Verbindung, so kommt die Skala S_I für die Ablesungen in Frage.

Die Photometerbank soll wagerecht aufgestellt sein in bequemer Höhe für den Beobachter; der Schlitten sei leicht und ohne Klemmen beweglich.

Als Photometerkopf wird mit Vorliebe der von Lummer und Brodhun benutzt (Fig. 369), der den früher allgemein gebräuchlichen Photometerschirm mit Fettfleck nach Bunsen meist verdrängt hat. Derselbe besteht aus einem Gehäuse h, in welchem die Gipsscheibe P sitzt, welche von beiden Seiten durch die miteinander in Vergleich zu bringenden beiden Licht-

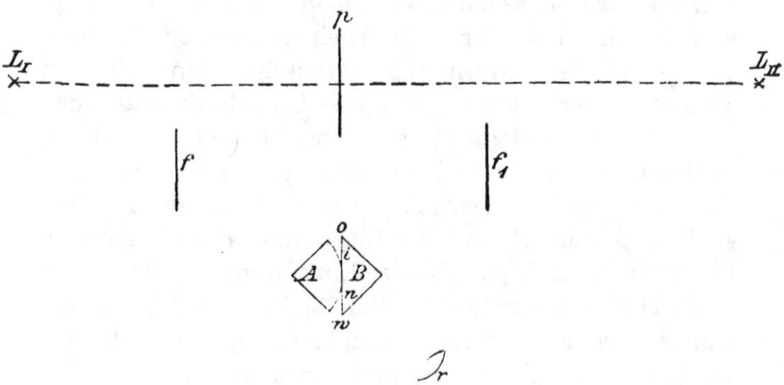

Fig. 370.

quellen beleuchtet wird. Das von der weißen Scheibe reflektierte Licht (Fig. 370) wird durch die beiden Spiegel f und f_1 auf den Prismenkörper AB reflektiert. Der Prismenkörper besteht aus zwei mit ihren Hypothenusenflächen zusammengepreßten Glasprismen A und B, von welchen A durch Abschleifen des Randes der Hypothenusenfläche auf einen kleineren, mittleren Kreis beschränkt ist. Das von L_1 kommende Licht geht ungehindert durch diesen Kreis hindurch, während das von rechts kommende Licht L_2 an den äußeren Teilen der Hypothenusenfläche des rechtsseitigen Prismas reflektiert wird. Infolgedessen erscheint dem Auge r je nach der Helligkeit der Lichtquellen der Kreis hell oder dunkel. Durch Verschieben des Photometerkopfes auf der Photometerbank erreicht man eine gleiche Flächenhelligkeit der Wand *p*, sobald der Kreis in dem Prisma verschwindet und die ganze Hypothenusenfläche einfarbig erscheint. Das Verschwinden der Kreisfläche tritt nur ein bei gleichfarbigen Lichtquellen. Bei verschiedenfarbigen Lichtquellen findet zwar ein derartiges Verschwinden nicht statt, man findet aber leicht eine solche Stellung des Photometerkopfes, daß der mittlere Teil bei Verschieben nach der einen Seite heller, bei Verschieben nach der anderen Seite dunkler wird, diejenige Stellung also, bei welcher, wenn man den Photometerkopf von der einen nach der anderen Seite schiebt, ein Umschlagen des Helligkeitsverhältnisses zwischen dem mittleren Teile des Gesichtsfeldes und seiner Umgebung stattfindet.

Der Photometerkopf kann um 180° gedreht werden, so daß eine etwaige Ungleichseitigkeit des ganzen Apparates unschädlich gemacht werden kann durch Feststellung des Mittels aus der Einstellung des Photometerkopfes in einer Lage und der Einstellung des Apparates nach Drehung von 180°. Man sollte sich nie mit der Einstellung in einer Lage begnügen, sondern stets eine Drehung des Photometerkopfes vornehmen.

Als Lichteinheit ist die Hefnerkerze zur allgemeinen Anwendung gelangt. Sie ist zu definieren als »die Leuchtkraft einer in ruhigstehender, reiner atmosphärischer Luft frei brennenden Flamme, welche aus dem Querschnitt eines massiven, mit Amylazetat gesättigten Dochtes aufsteigt, der ein kreisrundes Dochtröhrchen aus Silber von 7 mm innerem und 8,3 mm äußerem Durchmesser und 25 mm freistehender Länge vollkommen ausfüllt, bei einer Flammenhöhe von 40 mm vom Rande des Dochtröhrchens aus und wenigstens 10 Minuten nach dem Anzünden gemessen«.

Die Konstruktion der Lampe zeigt Fig. 303. Das Messen der Flammenhöhe geschieht am zweckmäßigsten mit dem optischen Flammenmaß von Krüß-Hamburg. Das im Handel befindliche Amylazetat enthält häufig

Beimengungen, welche es für photometrische Zwecke unbrauchbar machen. Es ist deshalb notwendig, das

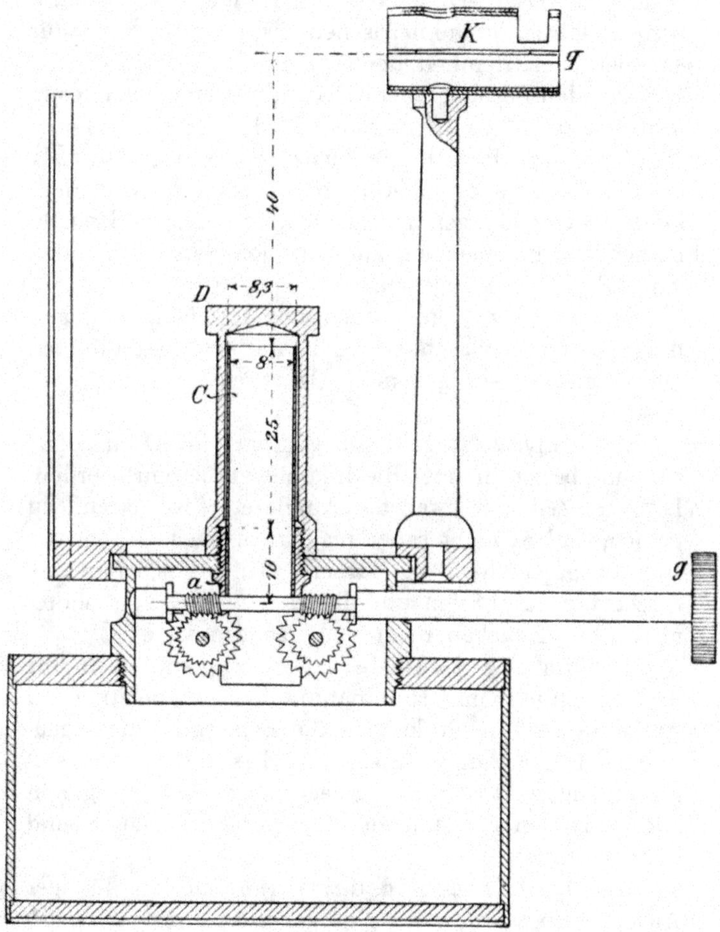

Fig. 371.

Amylazetat aus einer zuverlässigen Handlung zu beziehen und bei dem Ankauf anzugeben, daß es für photometrische Zwecke benutzt werden soll.

Auf Veranlassung der Lichtmeß-Kommission hat sich die Chemische Fabrik von C. A. F. Kahlbaum, Berlin SO., Schlesische Straße, bereit erklärt, Amylazetat zu photometrischen Zwecken in der dafür erforderlichen Reinheit herzustellen.

Um den Bezug brauchbaren Amylazetats zu erleichtern, hat die Großherzoglich Badische Chemisch Technische Prüfungs- und Versuchsanstalt in Karlsruhe es übernommen, von diesem Amylazetat größere Mengen zu beziehen, es auf seine Brauchbarkeit zu untersuchen und in plombierten Flaschen von 1 l Inhalt abzugeben.

Die näheren Kennzeichen des zu Lichtmessungen brauchbaren Amylazetats sind in der jeder beglaubigten Hefnerlampe beigegebenen Gebrauchsanweisung angegeben.

Das Amylazetat soll gut verkorkt im Dunkeln, also am besten in einer Blechflasche aufbewahrt werden. Längere Zeit aufbewahrtes Amylazetat ist darauf zu prüfen, daß es nicht sauer reagiert, es darf also blaues Lackmuspapier nicht rot färben. Tut es das, so ist eine Zersetzung eingetreten und die Flüssigkeit ist zu photometrischen Zwecken nicht mehr zu benutzen.

Den im obigen enthaltenen wichtigsten Regeln für die Einrichtung und Handhabung der photometrischen Apparate sind noch kurzgefaßte Bemerkungen[1]) zuzufügen. Der verlangte Konsum des Brenners soll genau eingestellt werden. Umrechnungen von geringerem oder größerem Konsum auf den Normalverbrauch sind nicht gestattet.

Bei Aufbesserung des Gases mittels flüssiger Aufbesserungsstoffe soll für aufgebessertes und nicht aufgebessertes Gas je ein eigener Gasmesser verwendet werden.

Wird ein Brenner mit Glaszylinder benutzt, so müssen stets Glaszylinder von der gleichen Höhe ver-

---

[1]) Ebenfalls aus den Vorschriften der Lichtmeßkommission.

wendet und vor jeder Lichtmessung ein reiner Zylinder aufgesetzt werden.

Leitung und Apparate sollen vollkommen dicht sein und kein Leuchtgas entweichen lassen.

Vor Beginn der Lichtmessung soll das Gas die Leitung und die Apparate bei voll brennender Flamme wenigstens eine Viertelstunde lang durchstreichen, so daß beide vollkommen von Luft befreit sind.

Die mittlere Höhe der Normalflamme soll in einer horizontalen Ebene mit der Mitte des Photometerkopfes und der Mitte der Flamme der Hefnerlampe liegen.

Der Lummer-Brodhunsche Photometerkopf soll ein vollkommen klares und deutliches Bild zeigen.

Die Hefnerlampe soll von Zeit zu Zeit mittels der Lehre auf das Vorhandensein der richtigen Justierung geprüft werden.

Bildet sich Grünspan in der Hefnerlampe, so muß die Verzinnung des Inneren der Lampe erneuert werden.

Jede amtliche Messung soll erhalten werden durch das arithmetische Mittel aus wenigstens zehn Einzelmessungen, angestellt in Zwischenräumen von je einer Minute.

Für Betriebskontrollen genügen vier Messungen kurz hintereinander.

Nach je fünf bzw. zwei Messungen ist der Photometerkopf zu drehen und dieses durch einen Strich in den Aufschreibungen anzudeuten.

Das Auge des Beobachters muß durch einen dunklen Schirm gegen die direkten Strahlen der beiden Flammen geschützt werden. Dieser Schirm wird an dem Photometerkopf befestigt.

Der Photometerkopf muß gegen die von der weißen Scheibe des Experimentiergasmessers reflektierten Strahlen geschützt werden, am besten durch Anbringung eines Streifens schwarzen Tuches oder schwarzer Pappe seitlich am Gasmesser.

c) Verlauf einer Lichtmessung.

Behufs Anstellung einer genauen photometrischen Probe wird nach wenigstens viertelstündigem vollen Brennen des Normalbrenners der Konsum möglichst genau eingestellt, so z. B. bei Elsters Normal-Argandbrenner auf 150 l stündlichen Konsum. Mittels der Sekundenuhr wird erst der Konsum festgestellt und durch Drehen an der Regulierschraube so lange geändert, bis zwei aufeinander folgende Messungen von je einer Minute, vom Nullpunkt des Gasmessers begonnen, den richtigen Durchgang aufweisen. Am einfachsten ist es, eine Sekundenuhr mit Zurückstellung auf Null anzuwenden, welche stets leicht auf den Ausgangspunkt zurückzubringen ist. Man löst die Arretierung der Sekundenuhr bei dem Nullstand des Gasmessers aus und liest nach 60 Sekunden den Konsum ab.

Vor Beginn der Probe wird der Glaszylinder durch einen reinen ersetzt und die Hefnerlampe angezündet, wenn nötig deren Docht abgewischt und gerade geschnitten. Die Hefnerlampe soll wenigstens 10 Minuten vor der Lichtmessung gebrannt haben. In dieser Zeit wird die Flammenhöhe mittels des optischen Flammenmessers oder des Visiers auf genau 40 mm eingestellt.

Zur Vornahme amtlicher Messungen soll die Hefnerlampe an dem einen, der Gasbrenner an dem anderen Ende der Photometerbank aufgestellt werden, eine Aufstellung der Hefnerlampe auf dem beweglichen Schieber ist für amtliche Messungen unstatthaft, sie ist nur bei Messungen zur Betriebskontrolle erlaubt. Nach richtigem Brennen beider Flammen wird mit dem Einstellen des Photometerkopfs begonnen; der Wagen muß so leicht beweglich sein, daß das Verschieben ohne Störung der Flammen vor sich geht. Der Lummer-Brodhunsche Photometerkopf wird so lange verschoben, bis der scharf sichtbar runde Fleck vollständig verschwunden ist, oder bei geringer Verschiebung ein Umschlag in den Beleuchtungsverhältnissen eintritt. Nunmehr wird an der

Skala, wenn nötig unter Beleuchtung mittels eines kleinen Handspiegels, abgelesen, das Einstellen und Ablesen wird fünfmal in Abständen von je einer Minute wiederholt. Zweckmäßig ist es, die erste Messung nur als Vorprüfung anzunehmen und dann erst zehn Einstellungen vorzunehmen, hiervon fünf in einer Stellung des Photometerkopfes, fünf nach Umdrehen desselben. Das Umdrehen des Photometerkopfes nach fünf Messungen wird in den Notierungen durch einen Strich vermerkt.

Das arithmetische Mittel der zehn Messungen ergibt stets die richtige Zahl für die Leuchtkraft des Gases in Hefnerkerzen, bei Anwendung des vorschriftsmäßigen Brenners und des festgesetzten Konsums, so z. B. 15 Hefnerkerzen bei 150 l stündlichem Konsum im Elsterschen Normal-Argandbrenner.

Bei jeder Lichtprüfung wird der Druck in Millimetern Wasser am Ausgang des Experimentiergasmessers, somit kurz vor dem Brenner, und die Temperatur des Photometerlokals aufgezeichnet.

Bei Betriebskontrollen werden nur vier Einzelmessungen angestellt und zwar kurz hintereinander.

d) Photometrische Untersuchung von Glühkörpern.

1. Arten und Behandlung der Glühkörper.

Die Glühkörper kommen in zwei Arten vor:

1. abgebrannte, kollodinierte (schellackierte),
2. unabgebrannte (flache).

Die abgebrannten kollodinierten Glühkörper werden auf einen Haken gehängt und oben angezündet, so daß der schützende Überzug verbrennt.

Die nicht abgebrannten Glühkörper sind vor allem bis zum Abbrennen vor Feuchtigkeit zu schützen, also in möglichst trockenem Zustande zu beziehen und an trockenem Orte aufzubewahren.

Vor dem Abbrennen werden die Glühkörper über ein Formholz derartig gezogen, daß bei aufrechter Stellung desselben die Maschen und die obere Kante des Kopfes möglichst horizontal verlaufen. Etwaige Falten am Kopfe werden durch Herausstreichen geglättet. Die zum Aufhängen des Glühkörpers dienende Asbestschlinge wird durch einen Haken herausgeholt, wobei man den Kopf des Glühkörpers mit der einen Hand umspannt. Damit der Glühkörper später genau senkrecht hängt, ist die Asbestschlinge so zu biegen, daß ihr Knick in die Verlängerung der Achse des Formholzes fällt.

2. Abbrennen der Glühkörper.

Der über dem Formholz gestreckte Glühkörper wird mit einem Haken vom Formholz abgenommen und frei aufgehängt; auch empfiehlt sich die Aufhängung des unteren Teiles über einer Glas- oder Drahtpyramide, um das Zusammenklappen des unteren Teiles des Glühkörpers beim Abbrennen zu verhindern. Dasselbe läßt sich durch die Anwendung zweier von der Hand gehaltenen, unten in den Glühkörper eingeführte Glasstäbe erreichen.

Das Abbrennen geschieht mittels einer Bunsenflamme, welche man am Kopfe des Glühkörpers anfangend rund um ihn herumführt. Die Verbrennung schreitet dann von oben nach unten gleichmäßig fort, das Gewebe brennt unter Flammenbildung heraus und das Aschenskelett bleibt zurück. Der Kopf des Glühkörpers muß vollständig abglimmen, bevor man zu der folgenden Operation schreitet.

3. Formen und Härten der Glühkörper.

Nach erfolgtem Abbrennen wird der Glühkörper geformt und gehärtet. Hierzu dient ein mit Preßgas gespeister besonderer, meist durch eine Kappe aus Drahtnetz oben abgeschlossener Bunsenbrenner, bei welchem die Flamme nicht nach oben brennt, sondern eine seitliche Ablenkung erfährt; der zum Formen und Härten erforderliche Druck ist je nach der Sorte der Glühkörper verschieden.

Anfänglich wird durch sorgfältige Regulierung zunächst ein schwacher Druck gegeben und der an einem Haken gehaltene Glühkörper so weit über den feststehenden Preßgasbrenner gesenkt, daß sein Kopf noch etwa $1^1/_2$ cm von dem Ende des letzteren absteht. Bei verstärktem Druck forme man dann zunächst den Kopf des Glühkörpers und hebe den Glühkörper dann langsam, so daß er in seiner ganzen Länge die richtige Form erhält. Bei noch stärkerem Druck hebe und senke man hierauf langsam den Glühkörper mehrmals und härte ihn so. Natürlich kann man auch umgekehrt verfahren und bei feststehendem Glühkörper den Brenner auf und nieder bewegen.

Damit ein nach allen Richtungen gleichmäßiges Leuchten erzielt wird, müssen die Glühkörper so geformt sein, daß sie am Brennerkopf leicht anliegen; ein zu weiter Glühkörper verursacht durch seine Beweglichkeit ein Flackern des Lichtes und beansprucht außerdem zu viel Gas. Ist der gehärtete und geformte Glühkörper noch zu lang, so wird er unten abgeschnitten.

4. Beschaffenheit der Brenner.

Brenner verschiedener Konstruktion geben keine untereinander vergleichbaren Resultate in bezug auf die Leistungen der Glühkörper, deshalb sind zu vergleichenden Prüfungen von Glühkörpern immer gleiche Brenner zu benutzen.

Die zu verwendenden Brenner sind ohne Glühkörper auf gleichmäßiges und regelmäßiges Brennen zu prüfen; besonders muß die Gestalt der Flamme und ihres Kernes vollkommen gleichmäßig sein.

Vor jeder Prüfung ist der Brenner durch Ausblasen von Staub und Schmutz zu befreien.

Der Tragstift soll so hoch sein, daß der Abstand zwischen der oberen Kante des Glühkörpers und der Oberkante des Brenners mindestens 70 mm beträgt. Es kommen auch Glühkörper vor, welche infolge der Beschaffenheit ihres Gewebes zur Erzielung größtmöglichster Lichtausbeute einen größeren Abstand verlangen.

Der Glaszylinder soll für den gebräuchlichen Brenner von 110—130 l stündlichem Verbrauch eine Länge von 25 cm haben, es muß ein gerader, dünnwandiger, glatter Zylinder und kein Lochzylinder sein.

5. Einregulieren der Düsen.

Die Brennerrohre sollen untereinander gleich sein und Luftzutrittsöffnungen von derselben Größe haben. Die Düsen sollen so einreguliert werden, daß bei einem Gasdruck von 35—40 mm ein stündlicher Verbrauch von 110—130 l erzielt wird.

Vor Einregulierung der Düsen, welche, wie üblich, auf einer Rampe angebracht sind und alle unter den gleichen Luft- und Gaszutrittsverhältnissen stehen, läßt man die Glühkörper mindestens eine halbe Stunde auf Brennern von ca. 120 l stündlichem Gasverbrauch glühen.

Die Einregulierung der Düsen geschieht dann so, daß man die Düsenöffnungen allmählich erweitert, bis bei einem gleichbleibenden, zwischen 35 und 40 mm liegenden Drucke die größte Lichtwirkung erreicht ist. Zur Kontrolle der richtigen Regulierung ermäßigt man den Druck mittels der Mikrometerschraube des Experimentiergasmessers um etwa 5 mm und überzeugt sich, daß dadurch ein Zurückgehen der Leuchtkraft hervorgerufen wird. Hierauf stellt man den richtigen Druck wieder her.

Es empfiehlt sich, mehrere Brennerrohre mit richtig einregulierten Düsen von verschiedenem, zwischen 110 und 130 l liegendem stündlichen Verbrauch vorrätig zu halten und diese für die photometrischen Messungen dauernd zu benutzen.

6. Photometrische Prüfung der Glühkörper.

Um ein Urteil über die Leuchtkraft einer Glühkörpersorte zu gewinnen, sind mindestens vier Glühkörper der Sorte zu photometrieren.

Das Photometrieren geschieht bei demselben Druck, für welchen die Düsen einreguliert worden sind, nämlich 35—40 mm, und bei einem Gasverbrauch von 110—130 l in der Stunde.

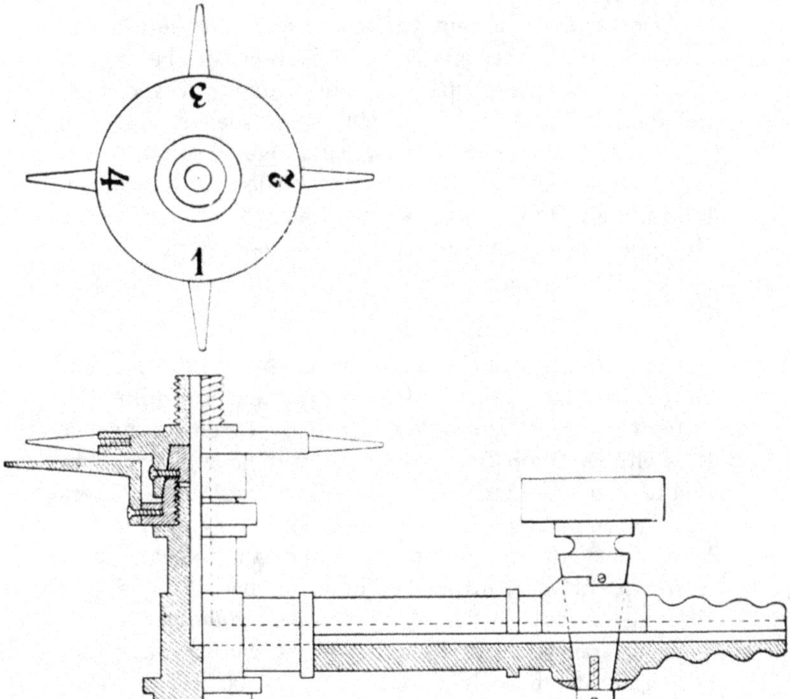

Fig. 372.

Bevor mit der Helligkeitsmessung begonnen wird, soll der Glühkörper mindestens fünf Minuten gebrannt haben, damit der ganze Brenner gleichmäßig erwärmt ist.

Es genügt nicht, die Helligkeit der Glühkörper nur in einer einzigen Richtung zu bestimmen, es ist vielmehr die Messung nach mindestens vier verschiedenen horizontalen Richtungen auszuführen.

Zu diesem Zwecke muß nicht nur der Brennerkopf mit dem Glühkörper, sondern die Düse mit Brennerkopf und Glühkörper gedreht werden. Man bedient sich zweckmäßig hierbei eines kleinen, drehbaren Aufsatzes[1]) (Fig. 372).

Der Aufsatz besteht aus einem feststehenden Konus mit drehbarem Oberteil; letzterer ist hier zum bequemen Einstellen mit Handspeichen und Nummern versehen. Bei dem Drehen wird stets eine Handspeiche auf den feststehenden Arm mittels zweier Finger gestellt.

Das Mittel aus den in verschiedenen Richtungen bestimmten Helligkeiten ergibt die mittlere horizontale Helligkeit des Glühkörpers bei dem gemessenen Druck und Gasverbrauch.

7. Vergleichslichtquelle.

Als Vergleichslichtquelle kann direkt die Hefnerlampe benutzt werden. Jedoch werden ungeübte Beobachter zuerst eine außerordentliche Erschwerung der Einstellung durch den Farbenunterschied zwischen dem Lichte der Hefnerlampe und dem des Glühkörpers empfinden. Diese Schwierigkeit wird für die meisten Beobachter durch Benutzung eines Photometers mit Kontrastwürfel vermindert; immerhin bedarf es einiger Übung, um mittels der Hefnerlampe brauchbare Resultate zu erzielen. Auch wird bei Messung von Glühkörpern mit einer Helligkeit von 70—100 HK die Entfernung zwischen der Hefnerlampe und dem Photometerschirm etwas klein, und eine geringe Verschiebung des Photometerschirms entspricht einer verhältnismäßig großen Veränderung des Messungsresultates. Eine Verlängerung der Photometerbank über die sonst übliche Länge wird aber in den meisten Fällen nicht tunlich sein.

Aus diesen Gründen ist namentlich für längere Untersuchungen die Einschaltung einer Zwischenlichtquelle zu empfehlen. Als solche ist eine kleine elek-

[1]) Journ. f. Gasbel. 1899, S. 559.

trische, durch Akkumulatoren gespeiste Glühlampe, deren durch Widerstände konstant zu erhaltende Spannung durch ein genaues Voltmeter dauernd kontrolliert wird, sehr zweckmäßig. Wo aber eine solche nicht zur Verfügung steht, bietet guten Ersatz auch ein sog. Liliput-Gasglühlichtbrenner mit vorgeschaltetem Druckregulator. Derselbe muß, um nicht störenden Veränderungen seiner Leuchtkraft während der Versuchsdauer unterworfen zu sein, vor der Benutzung zum Photometrieren mindestens 50 Stunden gebrannt haben.

Die Helligkeit der Zwischenlichtquelle wird am Anfang und am Ende des Versuches mittels Hefnerlampe festgestellt. Benutzt man eine elektrische Glühlampe unter Anwendung einer geringeren Stromspannung, als wofür sie bestimmt ist, so braucht man ihre Helligkeit nur in längeren Zwischenräumen zu bestimmen. Während der Versuche muß die Zwischenlichtquelle natürlich ruhig stehen bleiben und darf nicht gedreht werden, damit immer die gleiche Lichtausstrahlung zur Wirkung kommt. Die Hefnerlampe und der Liliputbrenner sollten feststehen und nicht verschoben werden, während die elektrische Glühlampe auf dem Wagen mit dem Photometerkopf in konstanter Entfernung von demselben aufgestellt und mit dem Photometerkopf verschoben werden kann, wobei die Beleuchtungsstärke des Photometerschirmes konstant bleibt.

Weichen die Anfangs- und Endmessungen der Zwischenlichtquelle allzusehr voneinander ab, so ist natürlich die Versuchsreihe überhaupt nicht zu brauchen. Im allgemeinen wird aber bei vorsichtiger Handhabung die erste und die letzte Messung fast dasselbe Resultat ergeben, und das Mittel aus beiden Messungen ergibt dann die Helligkeit der Zwischenlichtquelle in Hefnerkerzen. Mit dieser Zahl muß die für den untersuchten Glühkörper erhaltene Helligkeitszahl multipliziert werden, um seine Helligkeit ebenfalls in Hefnerkerzen ausgedrückt zu erhalten.

8. Dauerprüfung der Glühkörper.

Über den Wert eines Glühkörpers entscheidet nicht nur seine Anfangshelligkeit, sondern auch die Veränderung der Leuchtkraft mit der Zeit. Es gibt Glühkörper, welche am Anfang eine sehr große Helligkeit besitzen, nach verhältnismäßig kurzer Brenndauer aber schon erheblich an Leuchtkraft verlieren, während bei anderen Glühkörpern dieser Übelstand nicht hervortritt oder zuweilen sogar für eine gewisse Zeitdauer eine Erhöhung der Leuchtkraft stattfindet.

Um das Verhalten der Glühkörper in dieser Beziehung festzustellen, genügt es, die Messung ihrer Helligkeit nach einer Brenndauer von 24, 100, 300 und 600 Stunden zu wiederholen.

In den Zwischenzeiten müssen die Glühkörper in vorschriftsmäßiger Weise brennen und der Gasdruck muß auf der vorgeschriebenen Höhe von 35—40 mm bleiben. Es ist also in die Zuleitung zu der für die Dauerversuche dienenden Lampe stets ein Druckregulator von genügender Größe vorzuschalten, der auch während des Abenddruckes die Druckverschiedenheiten ausgleicht.

Zu den Dauerversuchen können vorteilhaft andere Düsen als zu den photometrischen Messungen benutzt werden, doch müssen sie natürlich auch auf den richtigen stündlichen Gasverbrauch einreguliert sein.

Da während des Dauerversuches die Zylinder häufig etwas beschlagen, so ist vor jedem Photometrieren ein reiner Glaszylinder aufzusetzen.

---

6. Der Betriebsrapport.

Der von dem Betriebsleiter zu führende Tagesrapport soll alle Daten enthalten, die nötig sind, um sich an ihrer Hand sofort ein Bild über den Gang des Betriebes des einzelnen Tages machen zu können.

Tagesbericht den ...... ten .... 190 ....

Zeit	Ladungen in den Retorten				Stationsgasmesser	Gasbehälter	erzeugt cbm	abgegeben cbm	Temperatur									Druck														
											Kühler								Kühler						Reinigung							
	Ofen No. I	Ofen No. II	Ofen No. 2	Ofen No. 3					Luft	nach Vorlage	vor I	vor II	vor III	vor Pelonze	vor Wascher	vor Uhr	nach Uhr	Vorlage	vor I	vor II	vor III	Pelonze Eingang	Gassauger Eingang	Wascher Eingang	vor I	vor II	vor III	vor IV	Gasmesser Eingang	Gasbehälter Eingang	Gasbehälter Ausgang	Stadtdruck
7																																
8																																
9																																
10																																
11																																
12																																
1																																
2																																
3																																
4																																
5																																
6																																
7																																
8																																
9																																
10																																
11																																
12																																
1																																
2																																
3																																
4																																
5																																
6																																
7																																
Summa																																

Gas

Vorrat cbm ....
Erzeugt " ....
cbm ....
Verwendet " ....
Vorrat cbm ....
Erzeugt pr 100 kg Kohlen ....

Kohlen

Verwendet kg ....
Ldg. mit ....

Coke

Erzeugt kg ....
in Prozenten ....

Ofenheizung

Coke kg ....
in Prozenten ....

Kesselheizung

Coke kg ....
Kohlen " ....

Reiniger

abgestellt No. ....
angestellt No ....
Stand des Gasmessers ....
heute ....
vorher ....
gereinigt cbm ....

Eingeführt

Kohlen kg ....
" " ....
" " ....
" " ....
Sa. " ....

Ausgeführt

Coke kg ....
" " ....
" " ....
" " ....
Sa. " ....

Teer kg ....
Ammoniakwasser kg ....

Bemerkungen über den Betrieb

Stadt. Gaswerk zu ____________

Monatsbericht pro Januar 1900.

Datum	Kohlenverbrauch			Zahl der Ladungen im Ofen No: mit Retorten										Ladungen		Gas				Gas erzeugt pr 1000 kg	Coke		Reiniger		Kohlen-Lagerübersicht
				1	2	3	4	5	6	7	8	9	10	Summe	erzeugt pro Ladung	erzeugt	abgegeben in 24 Std.	abgegeben bei Tag	Stunden-Maximum		erzeugt	erübrigt	[illegible]	gereinigt	
	kg	kg	kg												cbm	cbm	cbm	cbm	cbm	cbm	kg	kg		cbm	

Coke erzeugt = kg = % der vergasten Kohle
" erübrigt = " = % " " "
" verfeuert = " = % " " "

Gasverbrauch pro Januar 1900 = cbm
" " " 1899 = "
Zunahme = "
" = %

Es ist in ihm genau zum Ausdruck zu bringen, wie oft jede im Betrieb befindliche Retorte und zu welcher Zeit sie mit frischer Kohle beladen wurde. Die insgesamt vergaste Kohlenmenge soll genau festgestellt und in den Rapport eingetragen werden, so daß sich aus der Kohlenmenge und der an dem Stationsgasmesser abgelesenen Gasmenge die Ausbeute pro 100 kg vergaster Kohlen leicht berechnen läßt. In gleicher Weise ist mit dem gewonnenen Koks zu verfahren.

Die Temperaturen des Gases vor und nach den einzelnen Apparaten, desgleichen die Drucke, sind stündlich zu notieren.

Ist ein Reiniger mit neuer Masse beschickt worden, so ist dies im Rapport zu vermerken, ebenso alle etwa eingetretenen Betriebsstörungen.

Das vorstehende Schema zeigt einen derartigen Tagesrapport (S. 845). Für jede Retorte ist in der Ofenrubrik ein Kreis eingetragen, der, sobald die Retorte gefüllt worden ist, im Rapport als voll zu markieren ist. Wird eine Retorte ausgraphitiert, so wird der dieser Retorte entsprechende Kreis durchkreuzt. Durch diese Art der Rapportführung hat man jederzeit die ganze Ofenbatterie vor Augen. Auch läßt sich die Haltbarkeit von Retorten verschiedenen Ursprungs, welche in ein und demselben Ofen eingebaut sind, leicht nachkontrollieren auf Grund der Retortentage, die sich nach diesem Schema für jede Retorte leicht bestimmen lassen. Nach Ablauf eines Monats werden die Resultate der einzelnen Stunden summiert und zu einem Monatsbericht zusammengestellt (S. 846).

XVII.
Die Verteilung des Gases.

I. Die Berechnung der Rohre.

a) Ableitung der Formeln.

Für die Berechnung der Rohre kommt hauptsächlich der Reibungsverlust in Betracht, der entsteht, wenn ein Gas vom Gewicht G mit einer Geschwindigkeit v durch ein horizontal liegendes Rohr von kreisförmigem Querschnitt mit dem Durchmesser D und der Länge L strömt. Man berechnet den Reibungswiderstand entsprechend den von S. Clegg und N. H. Schilling gegebenen Ableitungen unter folgenden Annahmen: Der Reibungswiderstand ist:

1. proportional der zu bewegenden Masse $\frac{G}{g}$,
2. » dem Quadrat der Geschwindigkeit v,
3. » der berührten Fläche $L\pi D$,
4. » einem Reibungskoeffizienten M,
5. unabhängig von der Spannung des Gases.

Es ist also:

1. $$D^2 \frac{\pi}{4} H = M L \pi D v^2 \frac{G}{g} \text{ oder}$$

2. $$H + \frac{4 M L v^2 G}{g D}$$

für jedes beliebige Maßsystem.

Bei Anwendung des metrischen Maßsystems wird $g = 9{,}81$, $G = 1{,}293\ s$ (s = spez. Gewicht des Gases bezogen auf Luft = 1), $v = \frac{4\,Q}{\pi D^2}$ (Q = Gasvolumen i. d. Sekunde, D = Durchmesser in Metern),

3. und es wird $H = 0{,}855 \frac{M L s Q^2}{D^5}$ (für Meter, Kilogramm und Sekunde).

Will man D in cm und Q in cbm pro Stunde ausdrücken, so erhält man statt D: $\frac{D}{100}$

und statt Q: $\frac{Q}{3600}$.

Auf Grund von Versuchen kann man $M = 0{,}003$ annehmen.

4. Es wird dann $H = 1{,}978 \frac{L s Q^2}{D^5} = \infty \frac{2\,L s Q^2}{D^5}$,

setzt man $s = 0{,}4$, so wird

5. $$H = 0{,}8 \cdot \frac{L Q^2}{D^5}.$$

Da in dieser Formel H in Kilogramm für 1 qm ausgedrückt wird, und 1 kg für 1 qm gleich 1 mm Wassersäule ist, so ist H zugleich auch der Druckverlust in Millimetern Wassersäule. Folglich ist

6. $$D^5 = 0{,}8 \frac{L Q^2}{H}.$$

Gewöhnlich findet man die Formel in der Gestalt:

7. $$Q = \lambda \sqrt[5]{\frac{D^5 H}{s \cdot L}}$$ und umgeformt

8 $$D = \sqrt{\frac{Q^2 s L}{\lambda^2 H}}.$$

9. $$H = \frac{Q^2 s L}{\lambda^2 D^5}.$$

10. $$L = \frac{D^5 \lambda^2 H}{Q^2 s}.$$

Darin ist Q = Gasmenge in cbm pro Stunde,
D = Rohrdurchmesser in cm,
H = Druckverlust in mm Wassersäule;
L = Rohrlänge in m
s = spez. Gewicht des Gases,
λ = ein Erfahrungskoeffizient.

λ ist nach Redtenbacher & Schilling = 0,7106,
nach des »Ingenieurs Taschenbuch der Hütte« . . . . = 0,6658,
nach den von Niemann-Dessau auf Grund der Diagramme von F. S. Cripps[1]) berechneten Werten

für D = 15,2	cm und darüber		λ = 0,701
D = 12,7	»		λ = 0,63
D = 10,2	»		λ = 0,59
D = 7,62	»		λ = 0,59
D = 5,18	»		λ = 0.52
D = 3,81	»		λ = 0,49
D = 2,54	»		λ = 0,47
D = 1,27	»		λ = 0,46.

Da diese Formeln für die Berechnung von Gasrohren äußerst schwerfällig zu handhaben sind, sind in der Praxis die mit Hilfe der Formeln gewonnenen Resultate für die üblichen Rohrdurchmesser bald in Tabellenform gebracht worden. Da aber auch bei diesen Tabellen meist noch Nebenrechnungen erforderlich sind, benutzt man gern Diagramme, aus denen sich die Größen Q, D und H bequem ablesen lassen. Am bekanntesten sind die Diagramme von Monnier[2]), die auch im »Kalender für das Gas- und Wasserfach« wiedergegeben sind. Niemann-Dessau hat in seinem Werke »Die Versorgung der Städte mit Leuchtgas«[3])

[1]) Cripps F. S. The Flow of Gases and proportioning Gas-Mains. Original Diagrams with explanatory notes etc. London, Walter King.

[2]) Monnier, D., Aide-Mémoire pour le calcul des conduites de distribution du gaz. Paris 1876.

[3]) Verlag: A. Bergsträßer, Stuttgart.

Diagramm Nr. 1.

Gasmenge $Q = 0$ bis 100 cbm in der Stunde; Rohrdurchmesser *I* bis 225 mm. Druckverlust *H* in mm Wassersäule auf 1000 m länge für Gas vom spez. Gewicht $s = 0{,}40$.

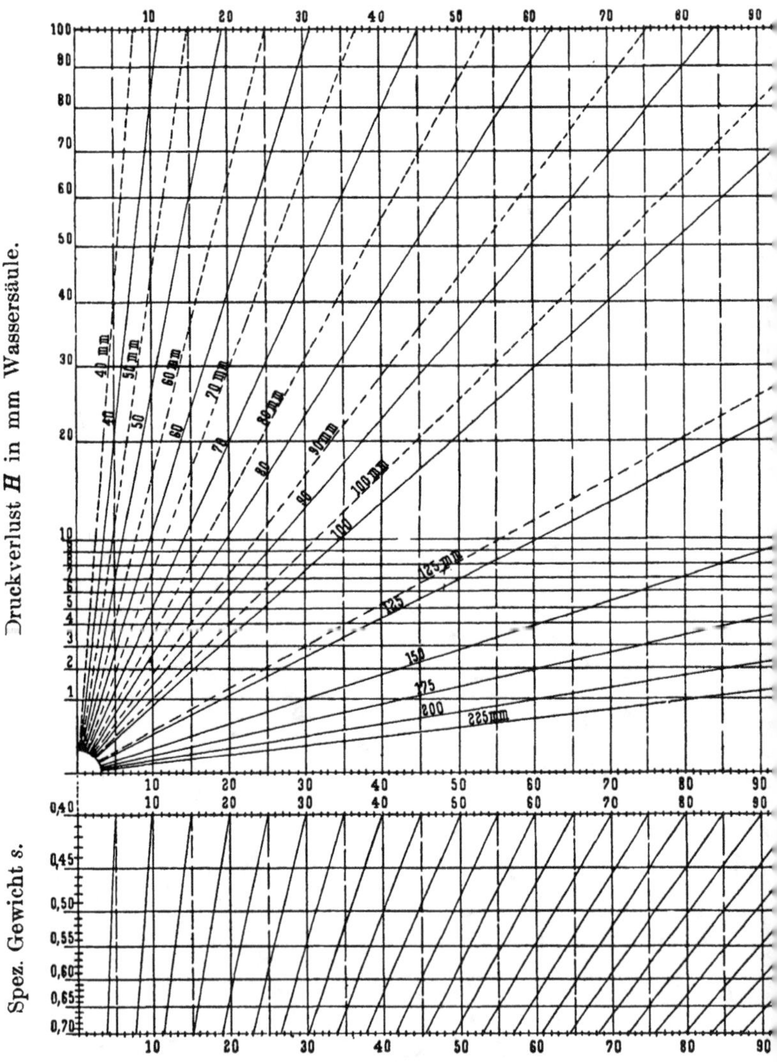

Proportionsriß

zur Reduktion der Gasmengen *Q* nach den Quadratwurzeln a[…] spez. Gewichten *s*.

Zu Seite 851.

Proportionsriß 0 bis

zur Reduktion des Druckverlustes *H* nach der Rohrlänge *L*. 100 cbm.

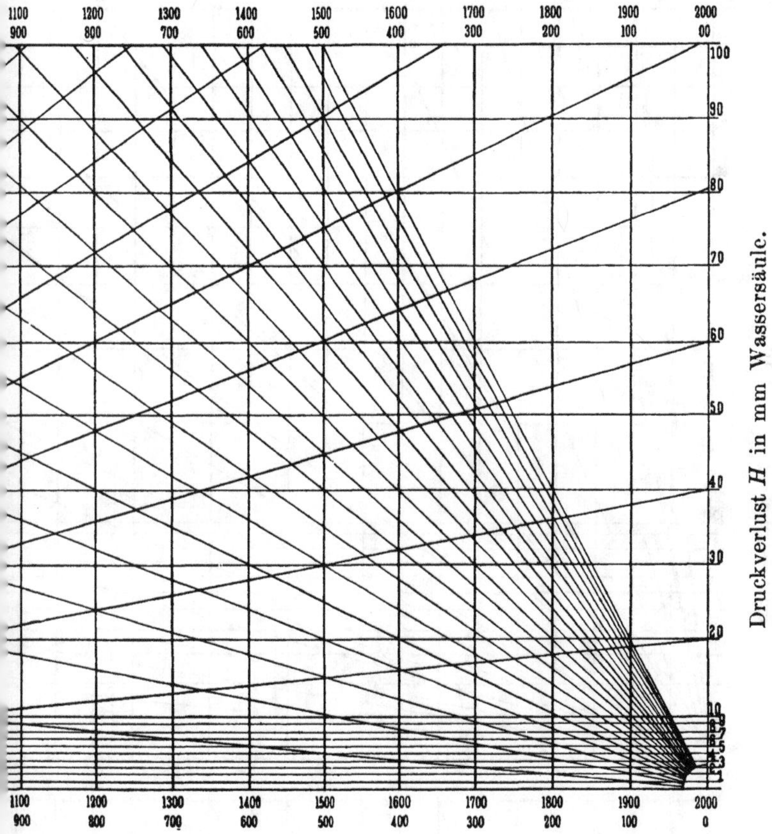

Die voll ausgezogenen schrägen Linien für die Rohrdurch-
ser von 40 bis 225 mm entsprechen dem Werte $\lambda = 0{,}6658$ in der
nel 10 (§ 52). Die gestrichelten schrägen Linien für die Rohr-
hmesser 40 bis 125 mm entsprechen den auf S. 851 angegebenen
zierten Werten von λ.

Diagramm Nr. 2.

Gasmenge $Q = 100$ bis 1000 cbm in der Stunde; Rohrdurchmesser D= bis 600 mm. Druckverlust H in mm Wassersäule auf 1000 m länge für Gas vom spez. Gewicht $s = 0{,}40$.

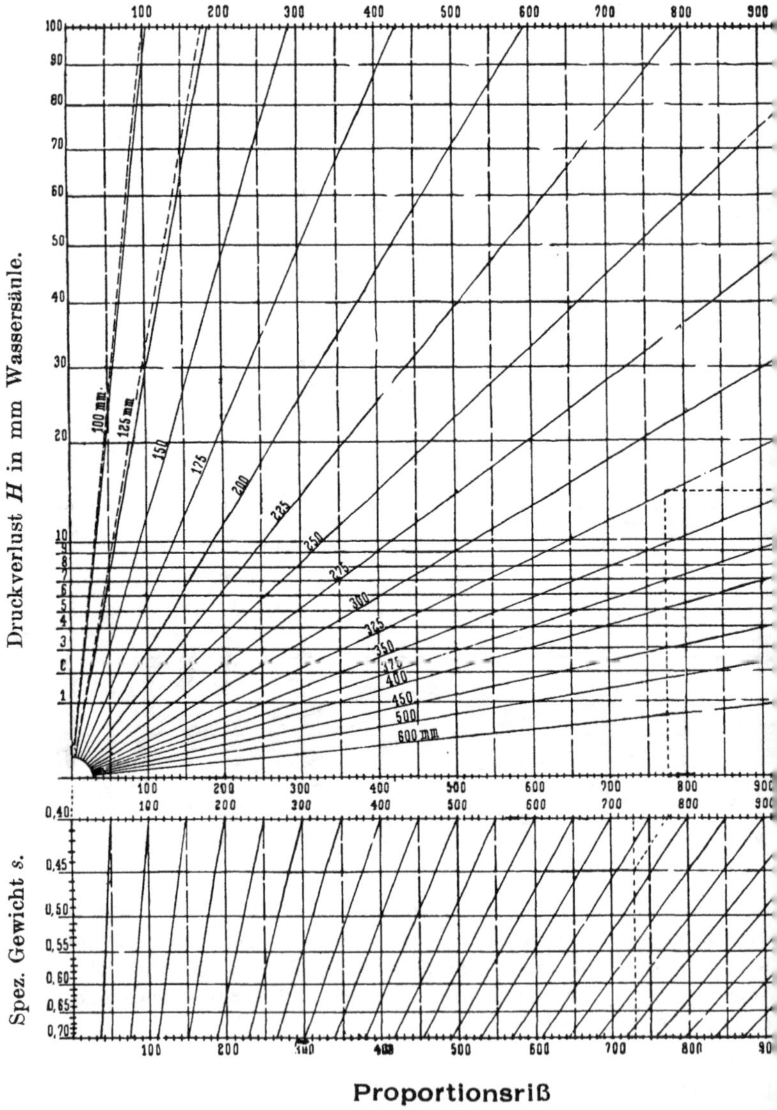

Proportionsriß

zur Reduktion der Gasmengen Q nach den Quadratwurzeln au[s] spez. Gewichten s.

Zu Seite 851.

Proportionsriß
zur Reduktion des Druckverlustes H nach der Rohrlänge L.

100 bis
1000 cbm.

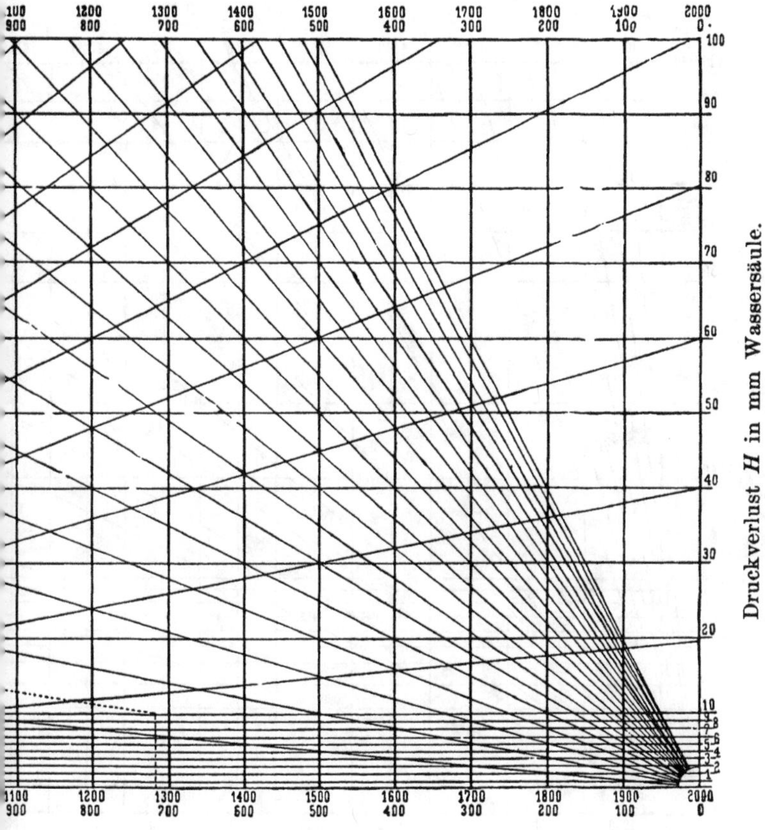

Diagramm Nr. 3.

Gasmenge $Q = 1000$ bis 10000 cbm in der Stunde; Rohrdurch
$D = 250$ bis 1000 mm. Druckverlust H in mm Wassersäule auf
Rohrlänge für Gas vom spez. Gewicht $s = 0,40$.

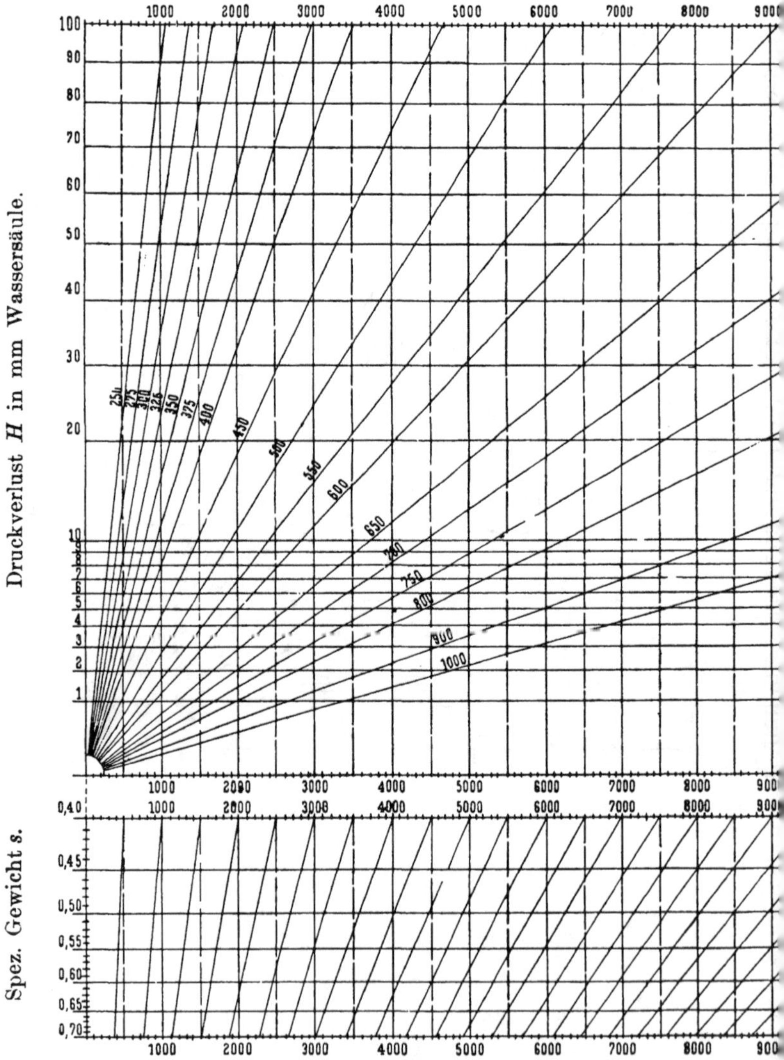

Proportionsriß

zur Reduktion der Gasmengen Q nach den Quadratwurzeln au
spez. Gewichten s.

Proportionsriß 1000 bis
zur Reduktion des Druckverlustes *H* nach der Rohrlänge *L*. 10 000 cbm.

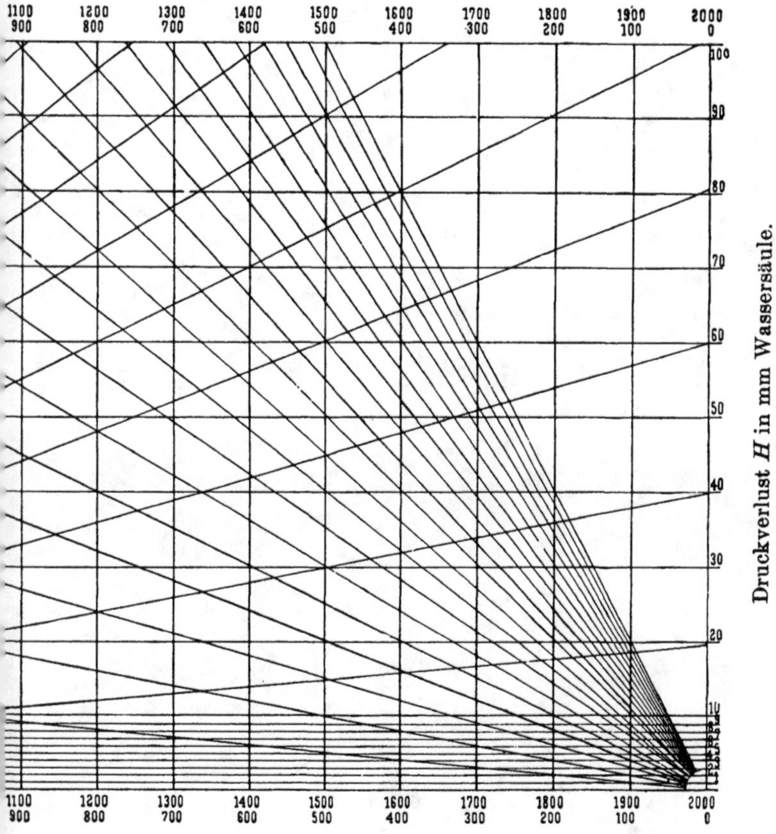

die Vorzüge der Monnierschen Diagramme mit dem erweiterten Inhalte der Crippsschen zu vereinigen gewußt (Diagramme 1, 2 und 3), indem er die Monniersche Darstellungsart für das Hauptdiagramm beibehalten und je einen Proportionsriß für die Reduktion der Druckverluste nach den Rohrlängen und der Gasmengen nach den Quadratwurzeln aus den spez. Gewichten angefügt hat.

Diagramm 1 enthält die Gasmengen Q von 0 bis 100 cbm i. d. Stunde.
die Rohrdurchmesser D von 40 bis 250 mm,

» 2 enthält die Gasmengen Q von 100 bis 1000 cbm i. d. Stunde.
die Rohrdurchmesser D von 100 bis 600 mm,

» 3 enthält die Gasmengen Q von 1000 bis 10000 cbm i. d. Stunde.
die Rohrdurchmesser 250 bis 600 mm.

Die ausgezogenen schrägen Linien für die Rohrdurchmesser in den Hauptdiagrammen entsprechen dem Werte $\lambda = 0{,}6658$ in der Gleichung:

$$Q = \lambda \sqrt{\frac{D^5 \cdot H}{s L}}.$$

Ferner ist $s = 0{,}4$ und $L = 1000$ m angesetzt. Die punktierten schrägen Linien entsprechen für die Rohrdurchmesser 40 bis 125 mm in den Hauptdiagrammen 1 und 2 folgenden Werten von λ

für $D =$	40 mm	$\lambda = 0{,}4994$
» $D =$	50 »	$\lambda = 0{,}5326$
» $D =$	60 »	$\lambda = 0{,}5659$
» $D =$	70 »	$\lambda = 0{,}5792$
» $D =$	80 »	$\lambda = 0{,}5992$
» $D =$	90 »	$\lambda = 0{,}6192$
» $D =$	100 »	$\lambda = 0{,}6325$
» $D =$	125 »	$\lambda = 0{,}6458.$

Von den fünf Größen, welche in der Formel außer der Konstante λ vorkommen, kann man aus dem Diagramm jede einzelne als Unbekannte finden, wenn die vier übrigen gegeben sind.

Beispiel 1 (Diagramm 2). Der Druckverlust H sei unbekannt. Gegeben sei $D = 32{,}5$ cm, $L = 720$ m, $s = 0{,}45$, $Q = 730$ cbm i. d. Stunde. Wir suchen zunächst die Gasmenge von $Q = 730$ cbm unter dem spez. Gewicht von 0,45, verfolgen die schräge Linie bis an das spez. Gewicht von 0,4, folgen der senkrechten Linie, bis sie die schräge Linie für den Durchmesser $D = 325$ mm schneidet. Die horizontale Linie, welche durch den Schnittpunkt gezogen wird, gibt an ihrem Ende den Druckverlust H_1 für 1000 m Rohrlänge an. Da wir aber den Druckverlust H für 720 m Rohrlänge suchen, so haben wir noch die schräge Hilfslinie rechts abwärts weiter zu verfolgen, bis zur ersten Vertikalen des Proportionsrisses für die Reduktion des Druckverlustes nach der Rohrlänge und von da aus weiter schräg abwärts bis zum Schnittpunkt mit der senkrechten, welche durch die Zahl der Rohrlänge $L = 720$ geht. Die durch den Schnittpunkt gehende Horizontale gibt den gesuchten Druckverlust zu 10,7 mm an.

Wenn anstatt $L = 720$ m, d. i. $L < 1000$ m, gegeben wäre $L_1 > 1000$ m z. B. 1720 m, so würde man anstatt der abwärts gerichteten die schräge Linie rechts aufwärts verfolgen und von diesem Schnittpunkt aus die Horizontale nehmen, welche dann den gesuchten Druckverlust $H_1 = 25{,}6$ mm angibt. In dem Diagramm ist der Gang der Ablesungen für das vorstehende Beispiel durch eine punktierte Linie bezeichnet.

Beispiel 2. Der Rohrdurchmesser D sei unbekannt. Gegeben sei $Q = 730$ cbm/Stunde, $s = 0{,}45$, $L = 720$ m, $H = 1{,}07$ mm wie vorhin. Wir suchen $Q = 720$ cbm unter der Linie des spez. Gewichtes von 0,45 und verfahren wie in Beispiel 1, jedoch nur bis wir die senkrechte Linie markiert haben, welche durch die Zahl der äquivalenten Gasmenge von 0,4 spez. Gewichte geht. Darauf suchen wir im Proportionsriß zur Reduktion der

Längen auf der Vertikalen, welche durch $L = 720$ geht, den Punkt, welcher dem Druckverluste $H = 10{,}7$ entspricht, verfolgen, da $L < 1000$ m ist, die aufwärtsgehende schräge Linie bis zum Schnittpunkte mit der Vertikalen, welche dem Druckverluste für $L = 1000$ m entspricht, und übertragen diesen Punkt nach dem Hauptdiagramm. Durch diesen Punkt wird die Horizontale gezogen. Wo diese Horizontale die zuerst angemerkte Vertikale schneidet, liegt der Punkt, welcher den Rohrdurchmesser bestimmt. Wenn dieser Schnittpunkt nicht auf eine der eingezeichneten Linie fällt, so kann man interpolieren oder den nächstliegenden Wert für den Rohrdurchmesser benutzen.

b) Berücksichtigung des Auftriebes des Gases.

Bei den vorstehenden Berechnungen ist durchweg angenommen worden, daß die Rohre horizontal liegen. In der Praxis ist dieses natürlich nicht immer der Fall, und es entsteht, sobald die Rohre ansteigen, ein Auftrieb des Gases, da dieses spezifisch leichter ist als Luft, der rechnerisch nicht vernachläßigt werden darf. Dieser Auftrieb beträgt für jede Einheit des Höhenunterschiedes die Differenz zwischen dem Gewichte der Volumeneinheiten von Luft und Gas, bezogen auf die Flächeneinheit. Daraus ergibt sich für die verschiedenen spez. Gewichte folgende Tabelle:

spez. Gewicht des Gases	0,37	0,38	0,39	0,40	0,41	0,42	0,43
Auftrieb für 1 m Höhenunterschied in mm W. S.	0,815	0,802	0,789	0,776	0,763	0,750	0,737
spez. Gewicht des Gases	0,44	0,45	0,46	0,47	0,48	0,49	0,50
Auftrieb für 1 m Höhenunterschied in mm W. S.	0,724	0,711	0,698	0,685	0,672	0,659	0,646

c) Berücksichtigung von Geschwindigkeitsveränderungen.

Soll ein Gasquantum aus dem Zustand der Ruhe in den der Bewegung übergeführt werden, so ist dazu eine gewisse Druckhöhe H_0 nötig. Diese Druckhöhe ist gleich dem Gewichte einer Gassäule von der Fallhöhe $\frac{v^2}{2g}$. Für Gas vom spez. Gewicht = 0,4, das ist gleich dem absoluten Gewicht = 0,4 · 1,293 = 0.517 kg (1 cbm Luft = 1,293 kg) für 1 cbm, ergeben sich dann die folgenden Größen für die Geschwindigkeitshöhen H und die Druckhöhen H_0:

Geschwindigkeit v in m/Sek.	1	2	3	4	5	6	7	8	9	10
Gassäule $H = \frac{v^2}{2g}$ in m	0,051	0,204	0,459	0,815	1,274	1,835	2,497	3,262	4,128	5,097
Druckhöhe H_0 in mm Wassersäule . .	0,026	0,105	0,237	0,422	0,659	0,949	1,292	1,687	2,135	2,636

In der Praxis werden für die Berechnung der Druckhöhenverluste diese Geschwindigkeitshöhen nur dann eine Rolle spielen, wenn sie in langen Rohrleitungen oft hintereinander wiederkehren und sich summieren.

d) Berücksichtigung von Richtungsänderungen.

Der durch Richtungsänderung des Gasstromes bedingte Druckverlust kann praktisch vernachlässigt werden. Er beträgt bei

bogenförmigen Krümmungen $H_k = \frac{G v^2}{2g} \sin^2 i$

bei scharfen » $H_w = \frac{G v^2}{2g} \cdot \frac{i}{180^0}$,

wenn G = Gewicht von 1 cbm Gas in kg,
g = Beschleunigung der Schwere = 9,81,
v = Geschwindigkeit in Metern pro Sek.,
i = Winkel der beiden Rohrenden (bei kreisbogenförmigen Krümmungen der Zentriwinkel des Bogens).

e) Berücksichtigung von Abzweigungen.

Wird ein Teil des Hauptgasstromes abgezweigt, so nimmt dieser dabei meist auch eine veränderte Geschwindigkeit an, desgleichen auch der Hauptgasstrom, der, um das abgezweigte Quantum vermindert, bei vielleicht gleichem Rohrquerschnitt langsamer fließt. Wird aber das in dem Hauptrohr zu fördernde Quantum kleiner, so sinkt in ihm auch der Druckverlust, der sich nach Redtenbacher folgendermaßen berechnet: Es sei eine Rohrleitung (Fig. 373) von der Länge L mit n Abzweigen, welche in gleichen Abständen voneinander liegen, gegeben. An jeder der Abzweige wird von der Gesamtgasmenge Q die Menge $\frac{q}{n}$ abgeführt, so daß aus der Leitung $Q-q$ austritt. Der Druckverlust H für die ganze Rohrlänge L soll berechnet werden.

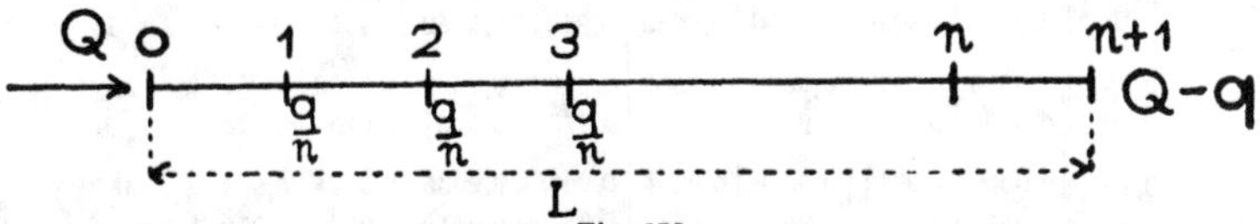

Fig. 373.

Der Druckverlust ist gleich der Summe der Verluste in den einzelnen Abschnitten, deren jede die Länge $\frac{L}{n+1}$ hat. Jeder Abschnitt wäre zu berechnen nach der Formel Nr. 9 und die Resultate zu addieren. Die Addition für die Formel gleich durchgeführt, erhält man:

$$H = \frac{s\,L}{\lambda^2 D^5 (n+1)} \left[Q^2 + \left(Q - \frac{q}{n}\right)^2 + \left(Q - \frac{2q}{n}\right)^2 + \ldots\ldots \left(Q - \frac{nq}{n}\right)^2 \right],$$

entwickelt man diesen Ausdruck, so wird

$$H = \frac{sL}{\lambda^2 D^5} \left[Q^2 - Qq + q^2 \left(\frac{1}{3} + \frac{1}{6n} \right) \right]$$

oder Q^2 vor die Klammer gesetzt

$$H = \frac{sLQ^2}{\lambda^2 D^5} \left[1 - \frac{q}{Q} + \left(\frac{q}{Q}\right)^2 \left(\frac{1}{3} + \frac{1}{6n} \right) \right].$$

Der Ausdruck vor der Klammer stellt den Druckverlust dar, den man ohne Abzweigungen erhalten würde;

dieser Wert muß also mit dem Wert der Klammer multipliziert werden, um den Druckverlust zu ergeben, der entsteht, wenn an den Abzweigen Gas entnommen wird. Monnier nennt diesen Wert in der Klammer M und gibt für M und $\sqrt{M}$ für verschiedene Werte $\frac{q}{Q}$ und n folgende Tabelle, die nur einen Auszug der Original-Tabelle darstellt.

Tabelle für die Werte von M und $\sqrt{M}$.

$\frac{q}{Q}$	Anzahl der Abzweigungen.								
	1	2	4	6	8	10	50	∞	
0,01	0,9900	0,9900	0,9900	0,9900	0,9900	0,9900	0,9900	0,9900	M
	0,995	0,9950	0,9950	0,9950	0,9950	0,9950	0,9950	0,9950	$\sqrt{M}$
0,05	0,9513	0,9510	0,9509	0,9509	0,9509	0,9509	0,9508	0,9508	M
	0,975	0,975	0,975	0,975	0,975	0,975	0,975	0,975	$\sqrt{M}$
0,10	0,9050	0,9042	0,9038	0,9036	0,9035	0,9035	0,9034	0,9033	M
	0,951	0,951	0,951	0,951	0,951	0,951	0,950	0,950	$\sqrt{M}$
0,20	0,8200	0,8167	0,8150	0,8144	0,8142	0,8140	0,8135	0,8133	M
	0,906	0,904	0,903	0,902	0,902	0,902	0,902	0,902	$\sqrt{M}$
0,30	0,7450	0,7375	0,7338	0,7325	0,7319	0,7315	0,7303	0,7300	M
	0,863	0,859	0,857	0,856	0,856	0,855	0,855	0,854	$\sqrt{M}$
0,40	0,6800	0,6667	0,6600	0,6578	0,6567	0,6560	0,6539	0,6533	M
	0,825	0,816	0,812	0,811	0,810	0,810	0,809	0,808	$\sqrt{M}$
0,50	0,625	0,6042	0,5938	0,5903	0,5885	0,5875	0,5842	0,5833	M
	0,791	0,777	0,772	0,768	0,767	0,767	0,764	0,764	$\sqrt{M}$
0,60	0,5800	0,5500	0,5350	0,5300	0,5275	0,5260	0.5212	0,5200	M
	0,762	0,742	0,731	0,728	0,726	0,726	0,722	0,721	$\sqrt{M}$
0,70	0,5450	0,5042	0,4838	0,4769	0,4735	0,4715	0,4650	0,4633	M
	0,738	0,710	0,696	0,691	0,688	0,687	0,682	0,681	$\sqrt{M}$
0,80	0,5200	0,4667	0,4400	0,4311	0,4267	0,4240	0,4155	0,4133	M
	0,721	0,683	0,663	0,657	0.653	0,651	0,645	0,643	$\sqrt{M}$
0,90	0,5050	0,4375	0,4038	0,3925	0,3869	0,3835	0,3727	0,3700	M
	0,711	0,661	0,635	0,627	0,622	0,619	0,610	0,608	$\sqrt{M}$
1,00	0,5000	0,4167	0,375	0,3611	0,3542	0,3500	0,3367	0,3333	M
	0,707	0,646	0,612	0,601	0,595	0,592	0,580	0,577	$\sqrt{M}$

$$\text{Für } n = \infty \text{ wird } M = 1 - \frac{q}{Q} + \frac{1}{3}\left(\frac{q}{Q}\right)^2.$$

Wenn außerdem noch $q = Q$ ist, also alles Gas unterwegs abgegeben wird, so entsteht $M = \frac{1}{3}$.

f) Die Berechnung von Rohrleitungen in der Praxis.

Das von dem einzelnen Rohrstrang zu bewältigende Gasquantum wird am besten unter Berücksichtigung besonders großer Konsumenten nach der folgenden Tabelle bestimmt, deren Werte aus statistischem Material ermittelt sind. Die Konsumziffern dieser Tabelle passen sich recht genau den Verhältnissen gut bewohnter Städte an und berücksichtigen auch schon die Steigerung des Konsums auf Jahre hinaus.

Bedarf an Gas für 100 m bebaute Straßenfront in 1 Stunde.

Charakter der Gegend	Bedarf an Gas für 100 m Häuserfront in 1 Stunde cbm
Beste Geschäftsgegend	14
Gute »	12
Normale »	8—9
Gute Wohngegend	6—6½
Normale »	4—5
Arbeiterbevölkerung	2—3
Unausgesprochene Gegend	2

Ist die Höhe des Konsums für die einzelnen Straßen danach festgelegt, so ist für die Berechnung des Rohrdurchmessers noch die Größe des zulässigen Druckverlustes von der Zentrale bis zur Peripherie des Rohrnetzes anzunehmen sowie der an der Peripherie noch zulässige Minimaldruck. Der Druckverlust soll im allgemeinen nicht größer sein als 30—50 mm, der Minimaldruck nicht kleiner als 25 mm, so daß auf der Zentrale ein Gesamtdruck von 55—75 mm zur Verfügung stehen muß.

Für die Verteilung des Gases kommen zwei Wege in Betracht:

1. Man führt den Hauptspeisestrang mitten durch das Absatzgebiet und läßt von diesem sich nach beiden Seiten hin die kleineren Röhrenstränge verästeln (Verästelungssystem), oder aber

2. man umschließt mit dem Hauptrohr das Absatzgebiet ringförmig und durchzieht dieses von allen Seiten her gegen die Mitte mit den Nebenrohrsträngen (Zirkulationssystem).

Auf die Disponierung des Rohrnetzes haben natürlich lokale Verhältnisse den größten Einfluß. Nach Möglichkeit wird man dem Zirkulationssystem den Vorzug geben, da dieses den Gasdruck im ganzen Bewegungsgebiet gleichmäßiger verteilt.

Für die Berechnung der Rohre in der Praxis benutzt man mit Vorteil die nachstehenden Tabellen[1]) (S. 859 und 860), die alle in den Formeln sich wiederholenden Hilfszahlen enthalten, welche für Berechnung der Rohrdurchmesser der »deutschen Normaltabelle« in Frage kommen.

Beispiel 1 (Fig. 374):

Die einzelnen Rohrdurchmesser für die Situation sind zu berechnen.

Gegeben sind für die einzelnen Rohrstrecken die Gasmenge, der zulässige Druckverlust und die Rohrlänge. Das spez. Gewicht des Gases sei gleich 0,4.

Strecke $A-B$.

$$D = \sqrt[5]{\frac{Q^2 \cdot s \cdot L}{\lambda^2 \cdot H}} = \sqrt[5]{\frac{200^2 \cdot 0{,}4 \cdot 500}{0{,}6658^2 \cdot 5}} = 20{,}4 \text{ cm} \backsim 20{,}0 \text{ cm}.$$

Strecke $B-C$.

$$D = \sqrt[5]{\frac{70^2 \cdot 0{,}4 \cdot 200}{0{,}6658^2 \cdot 2}} = 13{,}4 \text{ cm} \backsim 15{,}0 \text{ cm}.$$

[1]) Niemann, Versorgung der Städte mit Leuchtgas.

Hilfszahlen zur Berechnung von Rohrdurchmessern und Gasmengen.

(D in Zentimetern.

D	$\log D$	$\log \sqrt{D^5}$	$\sqrt{D^5}$
4,0	0,6020600	1,5051500	32,000
5,0	0,6989700	1,7474250	55,902
6,0	0,7781513	1,9453783	88,182
7,0	0,8450980	2,1127450	129,64
8,0	0,9030900	2,2577250	181,02
9,0	0,9542425	2,3856063	243,00
10,0	1,0000000	2,5000000	316,23
12,5	1,0969100	2,7422750	552,43
15,0	1,1760913	2,9402283	871,42
17,5	1,2430380	3,1075950	1281,15
20,0	1,3010300	3,2525750	1788,85
22,5	1,3521825	3,3804563	2401,36
25,0	1,3979400	3,4948500	3125,00
27,5	1,4393327	3,5983318	3965,80
30,0	1,4771213	3,6928033	4929,50
32,5	1,5118834	3,7797085	6021,55
35,0	1,5440680	3,8601700	7247,20
37,5	1,5740313	3,9350783	8611,49
40,0	1,6020600	4,0051500	10119,3
42,5	1,6283889	4,0709723	11775,3
45,0	1,6532125	4,1330313	13584,1
47,5	1,6766936	4,1917340	15550,1
50,0	1,6989700	4,2474250	17677,7
55,0	1,7403627	4,3509068	22434,0
60,0	1,7781513	4,4453783	27885,5
65,0	1,8129134	4,5322835	34063,0
70,0	1,8450980	4,6127450	40996,3
75,0	1,8750613	4,6876533	48713,9
80,0	1,9030900	4,7577250	57243,3
90,0	1,9542425	4,8856063	76843,4
100,0	2,0000000	5,0000000	100000,0
110,0	2,0413927	5,1034818	126906,0
120,0	2,0791812	5,1979530	157744,0

Werte für λ, $\log \lambda$, $\frac{Q_2}{Q_1}$*), $\frac{\sqrt{0,4}}{\lambda}$ und $\log \frac{\sqrt{0,4}}{\lambda}$

(D in Zentimetern.)

D	λ	$\log \lambda$	$\frac{Q_2}{Q_1}$	$\frac{\sqrt{0,4}}{\lambda}$	$\log \frac{\sqrt{0,4}}{\lambda}$
4,0	0,4994	0,6984485—1	0,75	1,26643	0,1025815
5,0	0,5326	0,7264012—1	0,80	1,18749	0,0746288
6,0	0,5659	0,7527397—1	0,85	1,11761	0,0482903
7,0	0,5792	0,7628286—1	0,87	1,09195	0,0382014
8,0	0,5992	0,7775718—1	0,90	1,05550	0,0234582
9,0	0,6192	0,7918309—1	0,93	1,02141	0,0091991
10,0	0,6325	0,8010605—1	0,95	1,99993	0,9999695—1
12,5	0,6458	0,8100980—1	0,97	0,97934	0,9909320—1
15,0**)	0,6658	0,8233438—1	1,00	0,94992	0,9776862—1
beliebig	0,7106†)	0,8516252—1	1,067	0,89003	0,9494048—1
»	0,7027††)	0,8467700—1	1,055	0,90004	0,9542600—1

Strecke C—D.

$$D = \sqrt[5]{\frac{30^2 \cdot 0,4 \cdot 100}{0,6658^2 \cdot 2}} = 8,35 \text{ cm} \sim 10,0 \text{ cm}.$$

Strecke C—E.

$$D = \sqrt[5]{\frac{40^2 \cdot 0,4 \cdot 100}{0,6658^2 \cdot 2}} = 9,36 \text{ cm} \sim 10,0 \text{ cm}.$$

Strecke B—F.

$$D = \sqrt[5]{\frac{130^2 \cdot 0,4 \cdot 150}{0,6658^2 \cdot 2}} = 16,3 \text{ cm} \sim 17,5 \text{ cm}.$$

*) Q_2 bezeichnet die Gasmenge, welche sich bei dem in der betreffenden Reihe angegebenen λ ergibt, Q_1, dagegen die Gasmenge, welche $\lambda = 0,6658$ entspricht.

**) und darüber hinaus.

†) nach Redtenbacher und N. H. Schilling.

††) nach Pole umgerechnet.

Strecke F—G.

$$D = \sqrt[5]{\frac{30^2 \cdot 0{,}4 \cdot 100}{0{,}6658^2 \cdot 2}} = 8{,}35 \text{ cm} \sim 10 \text{ cm}.$$

Strecke F—H.

$$D = \sqrt[5]{\frac{50^2 \cdot 0{,}4 \cdot 150}{0{,}6658^2 \cdot 2}} = 11{,}1 \text{ cm} \sim 12{,}5 \text{ cm}.$$

Strecke F—J.

$$D = \sqrt[5]{\frac{50^2 \cdot 200 \cdot 0{,}4}{0{,}6658 \cdot 2}} = 11{,}8 \text{ cm} \sim 12{,}5 \text{ cm}.$$

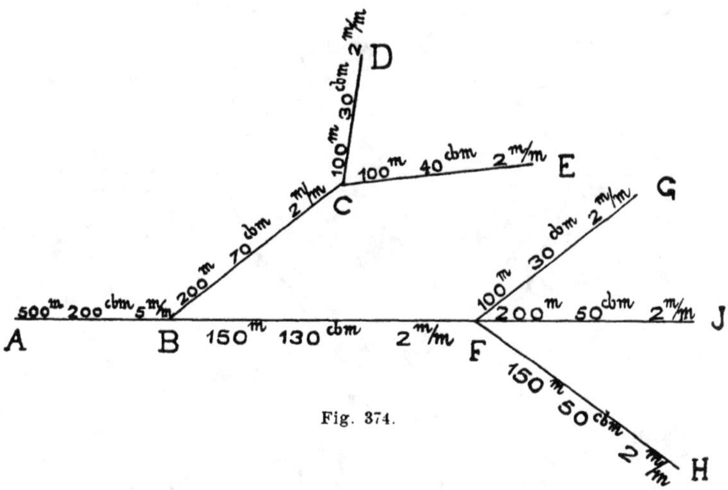

Fig. 374.

Beispiel 2 (Fig. 375):

Die Gasmenge Q teilt sich und durchströmt zwei Rohrstränge, die sich später wieder vereinigen.

Wie groß ist der Druckverlust?

Wie viel Gas strömt durch jedes der Rohre?

D_1 und D_2 = Durchmesser der beiden Rohre,
L_1 » L_2 = Länge der beiden Rohre,
H_1 » H_2 = Druckverlust in jedem der beiden Rohre,
Q_1 » Q_2 = Gasmengen.

Nach der Formel

$$Q = \lambda \sqrt{\frac{D^5 \cdot H}{s \cdot L}}$$

1. ist $Q = Q_1 + Q_2 = \lambda_1 \sqrt{\frac{D_1{}^5 \cdot H_1}{s \cdot L_1}} + \lambda_2 \sqrt{\frac{D_2{}^5 + H_2}{s \cdot L_2}}.$

$H_1 = H_2 = H$, da sich die beiden Rohrstränge wieder vereinigen.

Der Übersichtlichkeit wegen sei

2. $\sqrt{\frac{D_1{}^5}{L_1}} = \alpha_1$ und $\sqrt{\frac{D_2{}^5}{L_2}} = \alpha_2$[1]),

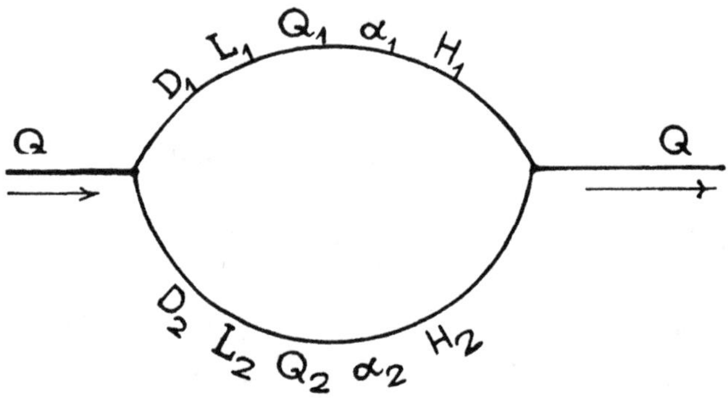

Fig. 375.

dann ist

3 $Q_1 \frac{\sqrt{s}}{\lambda} = \alpha_1 \sqrt{H}$ und $Q_2 \frac{\sqrt{s}}{\lambda} = \alpha_2 \sqrt{H},$

folglich aus Gleichung 1 und 3

4. $$Q \frac{\sqrt{s}}{\lambda} = (\alpha_1 + \alpha_2) \sqrt{H}.$$

---

[1]) Ist λ für verschiedene Durchmesser verschieden, so ist $\alpha_1 = \lambda_1 \sqrt{\frac{D_1{}^5}{L_1}}$ und $\alpha_2 = \lambda_2 \sqrt{\frac{D_2{}^5}{L_2}}$ und erhält dementsprechend $Q_1 \sqrt{s} = \alpha_1 \sqrt{H}$ und $Q_2 \sqrt{s} = \alpha_2 \sqrt{H}$.

5. $$\sqrt{H} = Q\frac{\sqrt{s}}{\lambda} \quad \frac{1}{\alpha_1 + \alpha_2}.$$

6. $$H = Q^2\frac{s}{\lambda^2} \quad \frac{1}{(\alpha_1 + \alpha_2)^2}.$$

Q_1 und Q_2 ermitteln sich aus Gleichung 3 oder, wenn H unbekannt ist, aus

$$\frac{Q_1}{Q_2} = \frac{\alpha_1}{\alpha_2} \text{ und } Q_1 + Q_2 = Q,$$

folglich

7. $$Q_1 = Q\frac{\alpha_1}{\alpha_1 + \alpha_2} \text{ und } Q_2 = Q\frac{\alpha_2}{\alpha_1 + \alpha_2}.$$

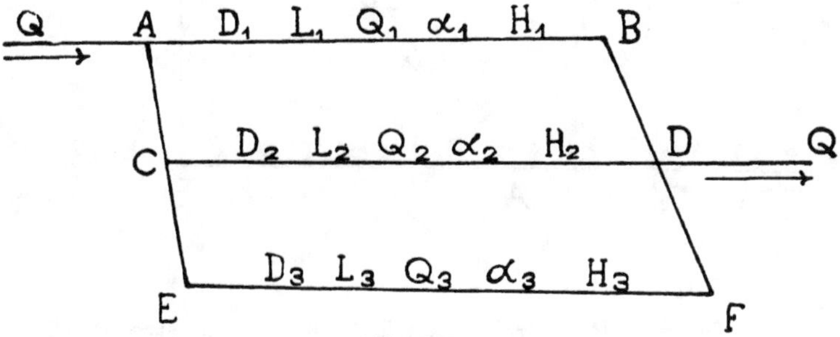

Fig. 376.

Beispiel 3:

Die Gasmenge Q durchströmt n-Rohrstränge, die sich wieder zu einem vereinen, dann wird, wie im Beispiel 2:

8. $$H = Q^2\frac{s}{\lambda^2} \quad \frac{1}{(\alpha_1 + \alpha_2 + \ldots \alpha_n)^2}.$$

9. $$Q_1 = Q\frac{\alpha_1}{\alpha_1 + \alpha_2 + \ldots \alpha_n}$$

$$Q_2 = Q\frac{\alpha_2}{\alpha_1 + \alpha_2 + \ldots \alpha_n}$$

$$Q_n = Q\frac{\alpha_n}{\alpha_1 + \alpha_2 + \ldots \alpha_n}.$$

Die Formeln können praktisch auch dann noch verwendet werden, wenn zwei starke Rohrstränge (*AE* und *BF* in Fig. 376), in denen der Druckverlust ein sehr geringer ist, durch eine Anzahl schwächerer Leitungen von verschiedenen Durchmessern und verschiedenen Längen verbunden sind.

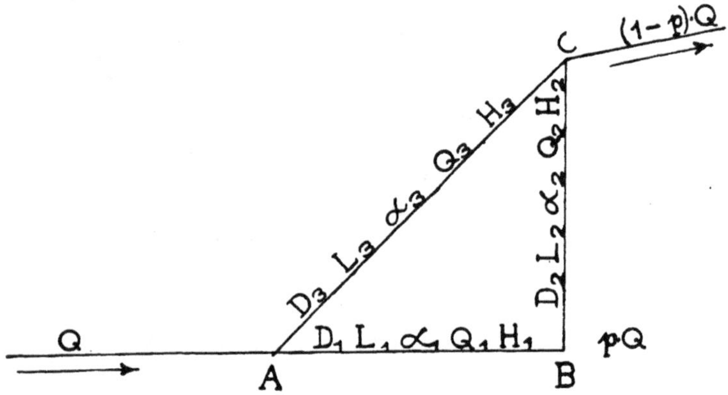

Fig. 377.

Beispiel 4:

In das Rohrdreieck *ABC* (Fig. 377) strömt die Gasmenge Q. Davon entweicht ein Teil $= p \cdot Q$ bei B, der Rest $= (1 - p) \cdot Q$ bei C.

Gegeben sind D_1, D_2, D_3, L_1, L_2, L_3.

Gesucht H_1, H_2, H_3.

Es ist

10. $$Q \frac{\sqrt{s}}{\lambda} = \alpha_1 \sqrt{H_1} + \alpha_3 \sqrt{H_3}.$$

11. $$\alpha_2 \sqrt{H_2} = \alpha_1 \sqrt{H_1} - p\, Q \frac{\sqrt{s}}{\lambda}.$$

12. $$H_1 + H_2 - H_3 = 0;$$

in diese Gleichung die Werte für H_2 und H_3 eingesetzt, ergibt:

13.

$$H_1 + \left(\frac{\alpha_1 \sqrt{H_1} - p\, Q \frac{\sqrt{s}}{\lambda}}{\alpha_2}\right)^2 - \left(\frac{Q \frac{\sqrt{s}}{\lambda} - \alpha_1 \sqrt{H_1}}{\alpha_3}\right)^2 = 0,$$

das ergibt, umgeformt:

$$14. \quad H_1 \cdot (\alpha_2^2 \alpha_3^2 + \alpha_3^2 \alpha_1^2 - \alpha_2^2 \alpha_1^2) - 2\, \alpha_1\, Q \frac{\sqrt{s}}{\lambda}$$

$$(-\alpha_2^2 + p\, \alpha_3^2) \sqrt{H_1} + Q^2 \frac{s}{\lambda^2} (\alpha_3^2 p^2 - \alpha_2^2) = 0.$$

$$\alpha_1 (-\alpha_2^2 + p\, \alpha_3^2) = A$$

$$\alpha_2^2 \alpha_3^2 + \alpha_3^2 \alpha_1^2 - \alpha_2^2 \alpha_1^2 = B$$

$$\alpha_3^2 p^2 - \alpha_2^2 = C,$$

dann ist

$$15. \quad \sqrt{H_1} = Q \frac{\sqrt{s}}{\lambda} \left[\frac{A}{B} \pm \sqrt{\left(\frac{A}{B}\right)^2 - \frac{C}{B}}\right].$$

2. Das Rohrmaterial.

Zu den Hauptrohrleitungen verwendet man bisher zumeist gußeiserne Muffenröhren, welche nach bestimmten Normalien hergestellt und geprüft werden. Jedoch beginnt mehr und mehr die Verwendung der Mannesmannstahlrohre und geschweißter Schmiedeeisenrohre zuzunehmen, zumal diese Rohre gegenüber den gußeisernen erhebliche Vorteile bieten. Die mangelnde Bruchsicherheit der Gußrohre ist ein tatsächlicher Übelstand von verhängnisvoller Tragweite. In wie weitem Maße diesem Übelstande Rechnung getragen wird, das zeigen am besten die vielfachen Einrichtungen und Apparate, die in der Praxis angewendet werden, um Gasundichtheiten an den Rohren aufzufinden. Mit Rücksicht auf die Sprödigkeit des Gußmaterials ist man auch schon lange von der Verwendung der Gußröhren überall dort abgegangen, wo ganz besondere Zuverlässigkeit für Dichtigkeit der Rohrstränge gefordert wird, wie z. B. bei Strombettdurchführungen, bei Überführung über schwankende Brücken, bei der Verlegung in aufgefülltem Terrain usw. Aber der hohe Preis ließ bisher die Verwendung schmiedeeiserner Rohre oder Mannesmannstahlrohre nur an solch exponierten Stellen rentabel erscheinen. Diesem Nachteil ist nun durch die neuen Herstellungsverfahren so gut wie gänzlich abgeholfen, denn geschweißte Rohre sind in den Dimensionen von 500 mm Durchmesser aufwärts, und nach dem Mannesmannverfahren gewalzte Röhren von 200 mm abwärts im Preise sehr wohl konkurrenzfähig. Teurer als Gußrohre stellen sie sich dagegen bisher in den Dimensionen von 225—500 mm Durchmesser. Der Mehrpreis der Rohre wird aber aufgewogen durch die erheblichen Vorzüge. Zunächst kann kein Zweifel darüber bestehen, daß schmiedeeiserne Rohre bzw. Stahlrohre infolge der großen Zähigkeit ihres Materials eine so vorzügliche Sicherheit gegen Bruch und eine solche Dichtigkeit der Verbindungskonstruktion gewährleisten, wie sie das spröde Gußeisen überhaupt nicht zu bieten vermag. Ferner wird durch die mindestens doppelt so große Baulänge der schmiedeeisernen Rohre etwa die Hälfte der bei Gußröhren erforderlichen Muffen gespart.

Weitere Vorteile werden in bezug auf Sicherheit erzielt durch die Vornahme der Röhrenerprobung bis zu 80 Atm., durch die Möglichkeit der Rohrbiegung in kaltem Zustande und auf der Baustelle; nicht minder fällt die Tatsache ins Gewicht, daß Rohrbrüche infolge des Transportes oder beim Auf- und Abladen bei den anderen Rohrsorten nicht zu befürchten sind. Was dem Schmiedeeisenrohr resp. dem Stahlrohr zum Vorwurf gemacht wird, ist, daß es noch nicht die gleiche Rostsicherheit wie die Gußrohre bewiesen habe. Dazu hat es aber dem noch neuen Produkt der Rohrfabrikation bisher an Gelegenheit gefehlt. Immerhin haben die bisherigen ca. 30jährigen Erfahrungen ergeben, daß schmiedeeiserne Rohre bei einem geeigneten Rostschutz während dieser Zeit nicht stärker gerostet sind als gleich lang liegende Gußrohre. Eine sorgfältig hergestellte Umhüllung der Rohre mit asphaltiertem, lockeren (Jute etc.) Gewebe dürfte nach den fast 20jährigen Erfahrungen der Mannesmannwerke einen außerordentlich sicheren Rostschutz bieten. Selbstverständlich ist es erforderlich, beim Verlegen diese Rohrschutzhülle zu revidieren und etwaige verletzte Stellen zu reparieren und die Verbindungen nachträglich ebenfalls mit asphaltiertem Gewebestoff nachzuschützen. Die hierdurch verursachte Mühe ist nur gering und wird durch gute Erhaltung des Rohrnetzes selbst in unreinem, leicht angreifendem Boden belohnt.

Im allgemeinen kann man sagen, daß die Lebensdauer eines Rohres weniger von seiner Zerstörung durch Rost abhängig ist als von anderen Umständen. Erwähnt sei hier nur, daß ein sonst noch gut erhaltenes Rohr schon dann durch ein anderes ersetzt werden muß, wenn es an der Grenze angelangt ist, ein bestimmtes Quantum Gas ohne allzugroßen Druckverlust fortleiten zu können. Dieser Zeitraum tritt aber meist schon viel früher ein als die Zerstörung des Rohres durch Rost. Auf eine zu große Anzahl von Jahren im voraus zu bauen, verbietet sich ganz von selbst; denn die Kosten des Rohrnetzes machen einen so bedeutenden Teil des Anlagekapitals einer Gasversorgungsanlage aus (ca. $^1/_4$), daß die Rentabilität des ganzen Unternehmens in Frage gestellt werden könnte, wollte man die Rohrweiten für eine zu große Reihe von Jahren im voraus bestimmen. Werden zu enge Rohre gegen weitere ausgetauscht, so haben sie im Laufe der Zeit meist schon so gelitten, daß man es nicht mehr wagt, sie noch einmal an anderer Stelle zu verlegen. Die so oft aufgestellte Behauptung daß Gußrohre eine fast unbegrenzte Lebensdauer haben, bedarf aber auch nach den Erfahrungen des letzten Jahrzehnts jedenfalls einer Einschränkung dahin, daß dieses nur zutrifft für jene alten Gußrohre, die aus einem von dem modernen Gußrohr qualitativ sehr verschiedenen Gußeisen hergestellt sind. Dies hat seinen Grund darin, daß die neueren Roheisensorten aus technischen und finanziellen Gründen immer siliziumreicher hergestellt werden, wodurch der Gehalt an gebundenem Kohlenstoff immer geringer, der das Gefüge trennende und auflockernde Gehalt an Graphit immer größer geworden ist. Hierbei haben der allmähliche Übergang vom Holzkohlenroheisen zum Koksroheisen, die technischen Fortschritte im Hochofenbetriebe, besonders die Einführung stärkerer Windpressungen und heißen Gebläsewindes und in Verbindung mit der rapid steigenden Eisenproduktion, die Notwendigkeit, auch weniger reine Erze verhütten zu müssen, als dies früher mit den unvollkommenen Einrichtungen möglich war, zusammengewirkt.

Die gußeisernen Röhren werden einheitlich nach der vom Verein Deutscher Ingenieure und dem Deutschen Verein von Gas- und Wasserfachmännern aufgestellten Normaltabelle fabriziert. (Tabelle siehe S. 870 u. 871.)

Zur Herstellung einer Rohrleitung benötigt man außer den geraden Röhren noch sog. Formstücke, die gleichfalls von den beiden genannten Vereinen normiert sind.

Ein A-Stück ist ein Abzweigstück mit einer Muffe am geraden und einer Flansche am seitlichen Ende (Fig. 378). (Die Bedeutung der Buchstaben ist aus den Zeichnungen ohne weiteres ersichtlich.)

Ein B-Stück ist ein Abzweig mit einer Muffe am geraden und einer solchen am seitlichen Ende (Fig. 379).

Ein C-Stück ist gleichfalls ein Abzweig mit zwei Muffen, jedoch steht das abzweigende Ende nicht rechtwinkelig, sondern schräg zum Hauptrohr (Fig. 380).

Klassifikation der *A*-, *B*- und *C*-Stücke.

A- und *B*-Stücke			*C*-Stücke		
D Durchm. d. Hauptrohres mm	*d* Durchm. d. Abzweiges mm	*L* Baulänge m	*D* Durchm. d. Hauptrohres mm	*d* Durchm. d. Abzweiges mm	*L* Baulänge m
40—100	40—100	0,8	40—100	40—100	0,8
125—325	40—325	1,0	125—275	40—275	1,0
350—500	40—300	1,0	300—425	40—250	1,0
	325—500	1,25		275—425	1,25
550—750	40—250	1,0	450—600	40—250	1,0
	275—500	1,25		275—425	1,25
	550—750	1,50		450—600	1,50
			650—750	40—250	1,0
				275—425	1,25
				450—600	1,50
				650—750	1,75

E-Stücke oder Flanschenmuffenstücke (Fig. 381) haben eine Baulänge von 300 mm, F-Stücke oder Flanschenschwanzstücke (Fig. 382) eine solche von 600 mm für alle Baulängen.

Die Krümmerröhren bilden zwei Klassen, die sog. (J- (Fig. 383) und K-Stücke (Fig. 384).

Zur Ausführung kurzer Krümmungen eignen sich die J-Stücke, deren Krümmungsradius für die kleinen Rohrdurchmesser von 40—90 mm konstant = 250 mm ist, für größere Durchmesser sich aber aus der Formel

$$R = 150 + D$$

berechnet (R = Radius). Das Rohr erhält ein gerades Ansatzstück.

Ein K-Stück ist ein flaches Bogenrohr, bei welchem der Krümmungsradius $R = 10\ D$ ist..

Deutsche Normaltabelle für gußeiserne

Gemeinschaftlich aufgestellt von dem Verein deutscher Ingenieure und

Lichter Durchmesser D	Normal-Wanddicke δ	Äußerer Rohrdurchmesser $D_1 = D + 2\delta$	Uebl. Baulänge L	Muffenrohre									
				Muffen									
									Wulst		Zentrierungsring		
				Muffentiefe	Bleifugendicke f	lichte Weite $D_2 = D_1 + 2f$	Wanddicke $y = 1,4\,\delta$	Äußer. Durchm. $= D_2 + 2y$	Dicke u. Breite $x = 7 + 2\delta$	Durchmesser $= D_2 + 2x$	gr. Durchm. $= D_1 + {}^4/_3 f$	kl. Durchm. $= D_1 + {}^2/_3 f$	Tiefe $= 1,5\,\delta$
mm	mm	mm	m	mm	mm	mm	mm	mm	mm	mm	mm	mm	mm
40	8	56	2	74	7	70	11	92	23	116	65	61	12
50	8	66	2	77	7,5	81	11	103	23	127	76	71	12
60	8,5	77	2	80	7,5	92	12	116	24	140	87	82	13
70	8,5	87	3	82	7,5	102	12	126	24	150	97	92	13
80	9	98	3	84	7,5	113	12,5	138	25	163	108	103	14
90	9	108	3	86	7,5	123	12,5	148	25	173	118	113	14
100	9	118	3	88	7,5	133	13	159	25	183	128	123	14
125	9,5	144	3	91	7,5	159	13,5	186	26	211	154	149	14
150	10	170	3	94	7,5	185	14	213	27	239	180	175	15
175	10,5	196	3	97	7,5	211	14,5	240	28	267	206	211	16
200	11	222	3	100	8	238	15	268	29	296	233	228	16
225	11,5	248	3	100	8	264	16	296	30	324	259	254	17
250	12	274	4	103	8,5	291	17	325	31	353	285	280	18
275	12,5	300	4	103	8,5	317	17,5	352	32	381	311	306	19
300	13	326	4	105	8,5	343	18	379	33	409	337	332	20
325	13,5	352	4	105	8,5	369	19	407	34	437	363	358	20
350	14	378	4	107	8,5	395	19,5	434	35	465	389	384	21
375	14	403	4	107	9	421	20	461	35	491	415	409	21
400	14,5	429	4	110	9,5	448	20,5	489	36	520	442	436	22
425	14,5	454	4	110	9,5	473	20,5	514	36	545	467	461	22
450	15	480	4	112	9,5	499	21	541	37	573	493	487	23
475	15,5	506	4	112	9,5	525	21,5	568	38	601	519	513	23
500	16	532	4	115	10	552	22,5	597	39	630	515	509	24
550	16,5	583	4	117	10	603	23	649	40	683	596	590	25
600	17	634	4	120	10,5	655	24	703	41	737	648	441	26
650	18	686	4	122	10,5	707	25	757	43	793	700	693	27
700	19	738	4	125	11	760	26,5	813	45	850	753	746	28
750	20	790	4	127	11	812	28	868	47	906	805	798	30
800	21	842	4	130	12	866	29,5	925	49	964	858	850	31
900	22,5	945	4	135	12 5	970	31,5	1033	52	1074	962	954	33
1000	24	1048	4	140	13	1074	33,5	1141	55	1184	1065	1057	36
1100	26	1152	4	145	13	1178	36,5	1251	59	1296	1169	1161	39
1200	28	1256	4	150	13	1282	39	1360	63	1408	1273	1265	42

Die Breite des Muffenaufsatzes für das Spitzende im Muffensitze beträgt 0.5 δ.

Die Länge des konischen Überganges vom Muffensitze bis zum glatten Rohre beträgt $t' = t - 35$ mm.

Die normalen Wanddicken gelten für Röhren, welche einem Betriebsdrucke von 10 Atm. und einem Probedrucke von im Max. 20 Atm. ausgesetzt sind und vor allem Wasserleitungs-Zwecken dienen. Für gewöhnliche Druckverhältnisse von Wasserleitungen (4—7 Atm.) ist eine Verminderung der Wanddicken zulässig, desgleichen für Leitungen, in welchen nur ein geringer Druck herrscht (Gas-, Wind-, Kanalisationsleitungen etc.). Für Dampfleitungen, welche größeren Temperaturdifferenzen und dadurch

Muffen- und Flanschenrohre.

dem Deutschen Verein von Gas- und Wasserfachmännern, revidiert 1882.

Muffenrohre					Flanschenrohre										
Gewicht						Flanschen								Gewicht	
	p. lf. m Baulänge								Schraub.			Dichtungsleiste			
										-Dicke					
der Muffe	exkl. Muffe	inkl. Muffe abgerundet	des Bleiringes[1])	Lichter Durchmesser D	Uebliche Baulänge	-Durchmesser	-Dicke	Lochkreisdurchm.	Anzahl	engl. Zoll		Breite	Höhe	einer Flansche	pr. lf m Baulänge
kg	kg	kg	kg	m	m	mm	mm				mm	m	mm	kg	kg
2,2	8,75	10	0,51	40	2	140	18	110	4	1/2	13	25	3	1,89	10,64
2,8	10,57	12	0,69	50	2	160	18	125	4	5/8	16	25	3	2,41	12,98
3,4	13,26	15	0,73	60	2	175	19	135	4	5/8	16	25	3	2,96	16,22
4,0	15,20	16,5	0,94	70	3	185	19	145	4	5/8	16	25	3	3,21	17,34
4,6	18,24	20	1,05	80	3	200	20	160	4	5/8	16	25	3	3,84	20,80
5,3	20,29	22	1,15	90	3	215	20	170	4	5/8	16	25	3	4,37	23,20
6,0	22,34	24	1,35	100	3	230	20	180	4	3/4	19	28	3	4,96	25,65
8,8	29,10	32	1,70	125	3	260	21	210	4	3/4	19	28	3	6,26	33,07
9,7	36,44	40	2,14	150	3	290	22	240	6	3/4	19	28	3	7,69	41,57
11,7	44,36	48	2,46	175	3	320	22	270	6	3/4	19	30	3	8,96	50,33
13,8	52,86	57	2,97	200	3	350	23	300	6	3/4	19	30	3	10,71	60,00
16	61,95	67	3,67	225	3	370	23	320	6	3/4	19	30	3	11,02	69,30
19	71,61	76	4,30	250	3	400	24	350	8	3/4	19	30	3	12,98	80,26
22	81,85	87	4,69	275	3	425	25	375	8	3/4	19	30	3	14,41	91,46
25	92,68	99	5,09	300	3	450	25	400	8	3/4	19	30	3	15,32	102,89
28	104,08	111	5,16	325	3	490	26	435	10	7/8	22	35	4	19,48	117,07
31	116,07	124	5,53	350	3	520	26	465	10	7/8	22	35	4	21,29	130,26
34	124,04	133	6,64	375	3	550	27	495	10	7/8	22	35	4	24,29	140,23
37	136,89	146	7,46	400	3	575	27	520	10	7/8	22	35	4	25,44	153,85
41	145,15	155	7,89	425	3	600	28	545	12	7/8	22	35	4	27,64	163,58
45	158,87	170	8,33	450	3	630	28	570	12	7/8	22	35	4	29,89	178,80
49	173,17	185	8,77	475	3	655	29	600	12	7/8	22	40	4	32,41	194,78
54	188,04	202	10,1	500	3	680	30	625	12	7/8	22	40	4	34,69	211,17
62	212,90	228	11,7	550	3	740	33	675	14	1	26	40	5	44,28	242,42
72	238,90	257	13,3	600	3	790	33	725	16	1	26	40	5	47,41	270,51
84	273,86	295	14,4	650	3	840	33	775	18	1	26	40	5	50,13	307,28
97	311,15	335	15,5	700	3	900	33	830	18	1	26	40	5	56,50	348,82
112	350,76	379	17,4	750	3	950	33	880	20	1	26	40	5	59,81	390,63
123	392,69	425	20,2	800	3										
162	472,76	513	24,7	900	3										
197	559,76	609	29,2	1000	3										
240	666,81	727	34	1100	3										
295	783,15	857	39	1200	3										

Die Schenkellänge der Flanschen-Krümmer- und -T-Stücke mit dem Abzweige D beträgt: $L = D + 100$ mm. Hat der Abzweig den Durchmesser d, so wird die Schenkellänge des Abzweiges von Mitte Hauptrohr aus gemessen:

$$C = \frac{D}{2} + \frac{d}{2} + 100 \text{ mm.}$$

entstehenden Spannungen, sowie für Leitungen, welche unter besonderen Verhältnissen schädigenden äußeren Einflüssen ausgesetzt sind, ist es empfehlenswert, die Wanddicken entsprechend zu erhöhen.

Der äußere Durchmesser des Rohres ist feststehend und sind Änderungen der Wanddicke nur auf den lichten Durchmesser von Einfluß. Als unabänderlich normal gilt ferner die innere Muffenform und die Art des Anschlusses an das Rohr, sowie die Bleifugendicke. Aus Gründen der Fabrikation sind bei geraden Normalröhren Abweichungen von den durch Rechnung ermittelten Gewichten im **Max.** $\pm 3\%$ zu gestatten.

[1]) Gewicht des Teerstrickes ca. 0,1 vom Gewichte des Bleiringes.

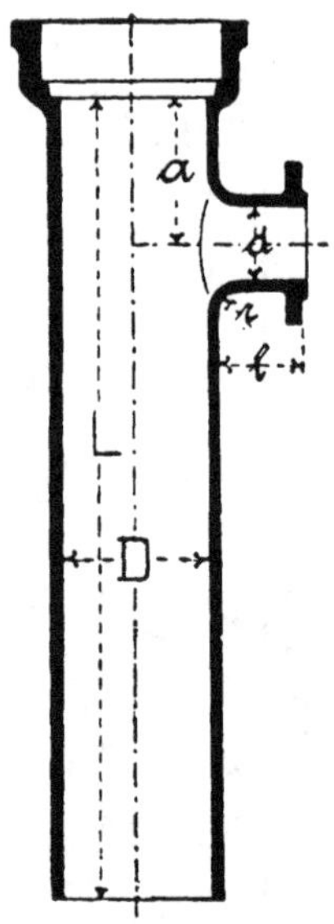

Fig. 378.

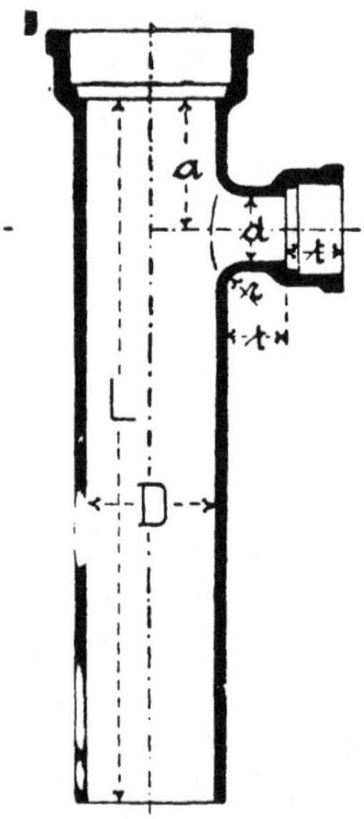

Fig. 379.

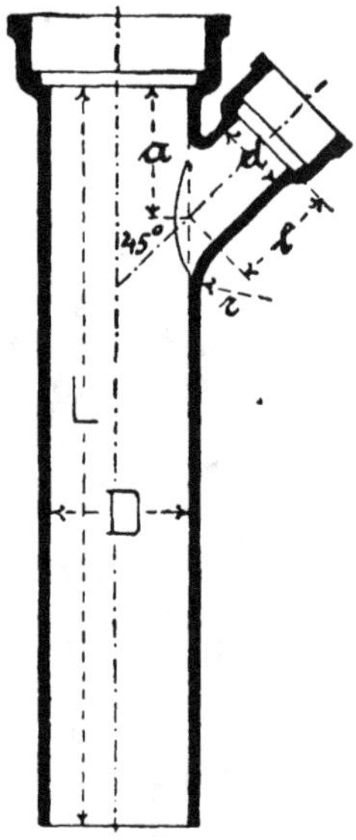

Fig. 380.

Für Krümmer, deren Durchmesser gleich oder größer als 300 mm ist, ist ein Radius = 5 D zulässig und sind diese Formstücke L-Stücke genannt worden (Fig. 385).

Bei den Krümmern bezeichnet die Zahl unter dem Strich die Anzahl der Stücke pro Quadrant. So be-

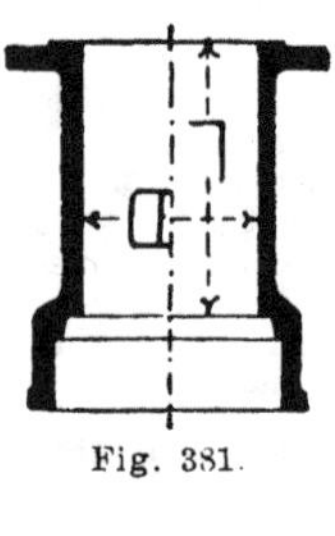

Fig. 381.

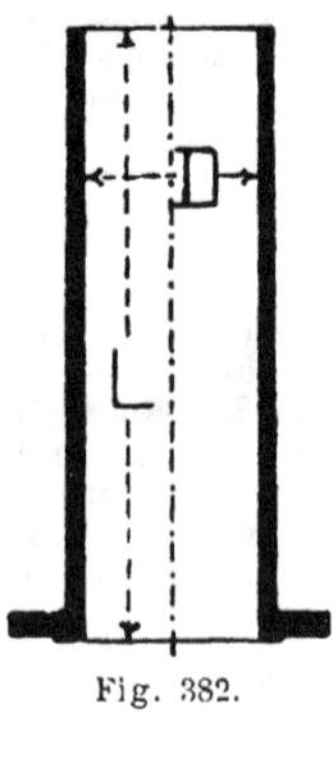

Fig. 382.

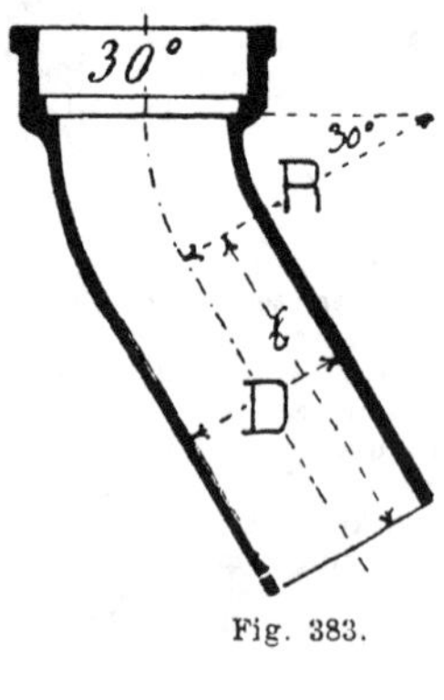

Fig. 383.

deutet beispielsweise in $K \frac{150}{2}$ 150 den Durchmesser des Rohres und 2 die Anzahl der Teile, welche zur Bildung eines Quadranten erforderlich sind.

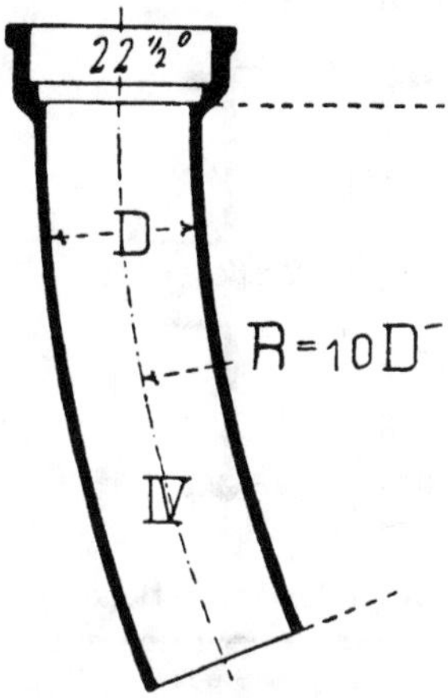

Fig. 384.

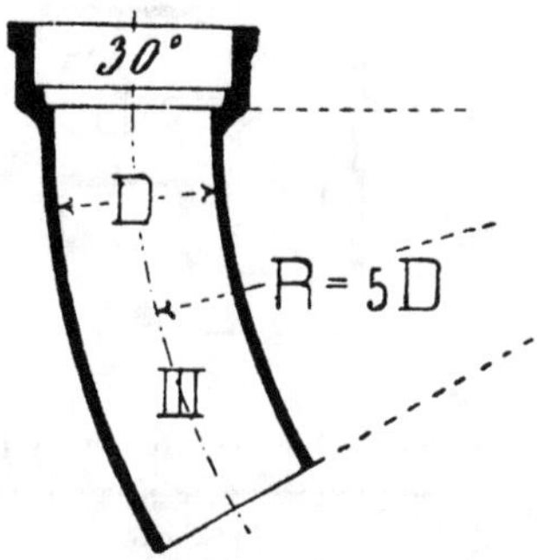

Fig. 385.

Zur Verjüngung der Rohrquerschnitte verwendet man Übergangsstücke (Reduktionen) oder R-Stücke (Fig. 386). Baulänge $L = 1{,}0$ m. Das gerade Muffenende soll die doppelte Muffentiefe zur Länge erhalten, damit man in der Lage ist, von diesem ein Stück bei Bedürfnis abschneiden zu können.

Zur Verbindung zweier Schwanzenden und zum Einbauen von Abzweigstücken ver-

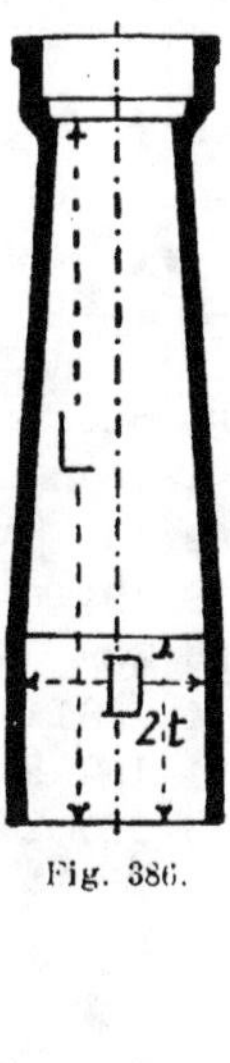

Fig. 386.

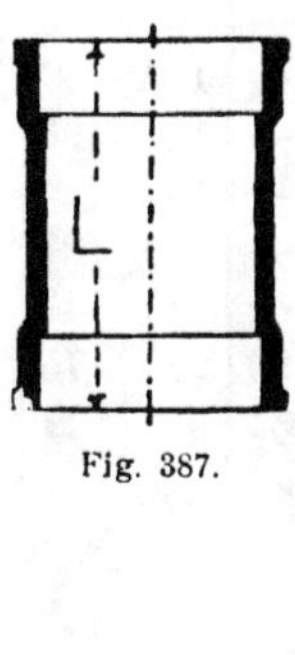

Fig. 387.

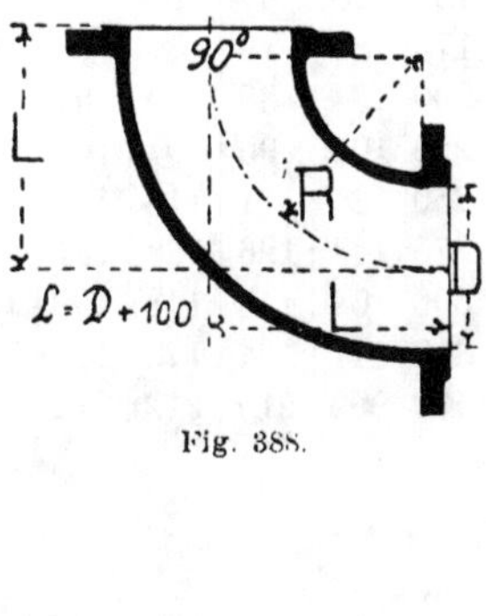

Fig. 388.

wendet man U-Stücke oder Überschieber (Fig. 387). Diese erhalten eine Totallänge gleich der vierfachen Muffentiefe.

Doppelabzweige oder Kreuzstücke haben dieselben Abmessungen wie die A-, B- und C-Stücke und werden als AA-, BB- und CC-Stücke bezeichnet.

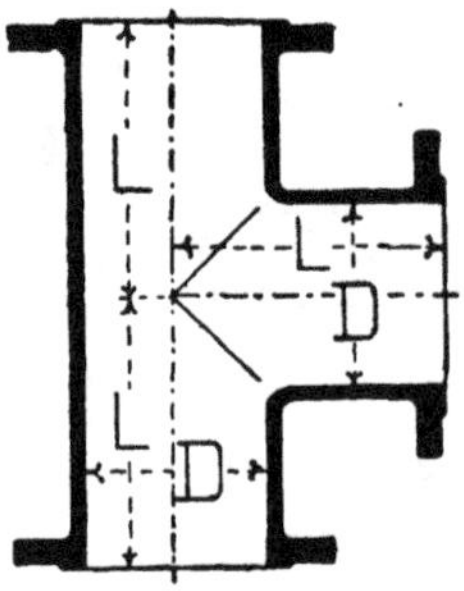

Fig. 389.

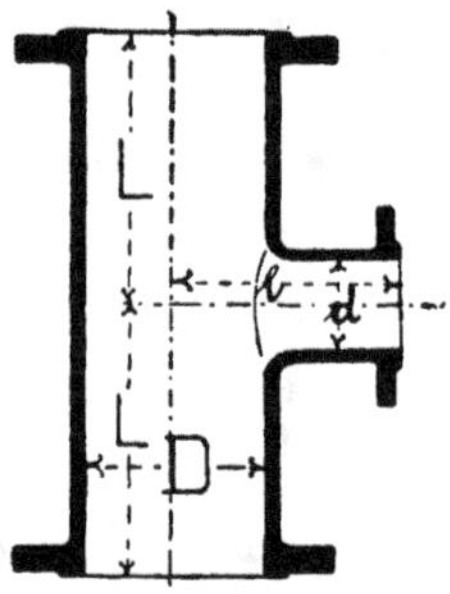

Fig. 390.

Gewichtstabelle für gußeiserne Rohr-Formstücke.

D mm	A-Stücke, d in mm, Gewicht in kg: d=D	80	100	150	200	300	B-Stücke, d in mm, Gewicht in kg: d=D	80	100	150	200	300
40	14	—	—	—	—	—		—	—	—	—	—
50	19	—	—	—	—	—	19	—	—	—	—	—
60	22	—	—	—	—	—	22	—	—	—	—	—
70	27	—	—	—	—	—	27	—	—	—	—	—
80	30	30	—	—	—	—	31	31	—	—	—	—
90	33	32	—	—	—	—	34	33	—	—	—	—
100	37	35	37	—	—	—	38	36	38	—	—	—
125	54	49	51	—	—	—	55	50	52	—	—	—
150	68	59	63	68	—	—	70	60	64	70	—	—
175	88	79	81	84	—	—	90	80	82	86	—	—
200	97	88	90	91	97	—	100	89	91	94	100	—
225	106	95	97	100	104	—	110	96	98	102	107	—
250	125	111	113	116	121	—	130	112	114	118	124	—
275	144	126	128	131	136	—	150	127	129	133	139	—
300	162	146	148	152	155	162	170	147	149	154	158	172
350	241	174	178	182	187	199	250	175	179	184	190	207
400	299	210	212	216	222	234	310	211	213	218	225	247

Die üblichen Formstücke für Flanschenrohrleitungen sind in den Fig. 388—390 abgebildet.

Dieselben werden Flanschenkrümmer und Flanschen-T-Stücke genannt.

Die zum Verschließen der Endmuffen und Endflanschen dienenden End- oder Muffenstöpsel (Fig. 391) und Verschlußmuffen (Fig. 392), End- oder Blindflanschen, gehören zwar nicht zu den normalen Formstücken, sollen aber an dieser Stelle erwähnt werden.

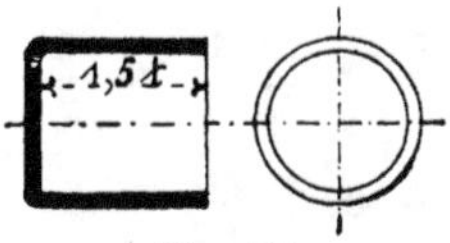

Fig. 391.

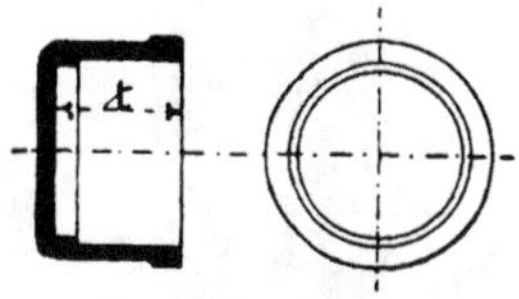

Fig. 392.

Gewichtstabelle für gußeiserne Rohr-Formstücke.

D mm	C-Stücke d = mm: $d = D$	80	100	150	200	300	F-Stücke kg	F-Stücke kg	U-Stücke kg	K-Stücke $R = 10\,D$ Grad	K-Stücke kg	Krümmer 90° $R = 300 + \frac{D}{2}$ kg
	Gewicht in kg											
40	16	—	—	—	—	—	8	9	7	45	9	10
50	21	—	—	—	—	—	10	10	8	45	10	11
60	25	—	—	—	—	—	12	11	10	45	14	14
70	31	—	—	—	—	—	15	14	12	45	18	18
80	37	37	—	—	—	—	17	16	14	45	23	21
90	40	39	—	—	—	—	19	18	15	45	28	23
100	45	42	45	—	—	—	21	20	17	45	34	28
125	65	57	60	—	—	—	26	25	22	45	44	33
150	82	69	72	82	—	—	33	32	26	45	53	45
175	106	88	91	101	—	—	40	39	34	45	68	50
200	119	95	98	108	119	—	47	46	41	30	87	66
225	132	102	105	115	126	—	55	54	46	30	108	75
250	152	115	118	128	139	—	62	61	55	30	136	100
275	178	133	136	146	157	—	71	70	63	30	168	115
300	229	149	152	162	173	229	82	80	75	22,5	178	130
350	282	179	182	192	203	261	102	100	98	22,5	215	165
400	354	218	221	231	242	309	123	120	120	22,5	262	210

Für die Mannesmannröhren gelten folgende Maße:

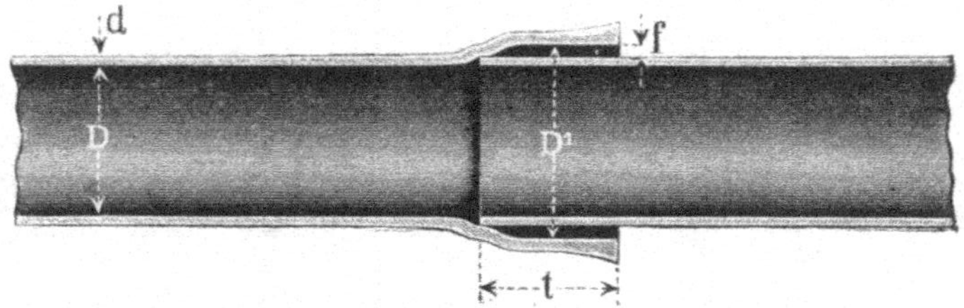

Abmessungen, Gewichte und Preise der normalen Mannesmann-Stahlmuffenrohre.

Lichtweite des Rohres D . . mm	40	50	60	70	75	80	90	100	125	150	175	200	225	250
Wandstärke δ . . . . . . »	3	3	3	$3^1/_4$	$3^1/_2$	$3^1/_2$	$3^3/_4$	4	4	$4^1/_2$	5	$5^1/_2$	$6^1/_2$	$7^1/_2$
Stärke der Dichtungsfuge f . »	7,0	7,5	7,5	7,5	7,5	7,5	7,5	7,5	7,5	7,5	7,5	8,0	8,0	8,5
Lichtweite der Muffe D^1 . . »	60	71	81	91,5	97	102	112,5	123	148	174	200	227	254	282
Muffentiefe t . . . . . . »	81	85	88	90	91	92	94	97	100	103	106	110	110	113
Gewicht pro lfd. m Rohr . ca. kg	3,85	4,9	5,5	6,5	7,8	8,6	10,5	11,6	14,0	19,0	25,5	30,0	40,0	53,0
Preis pro lfd. m Rohr . . . M.														

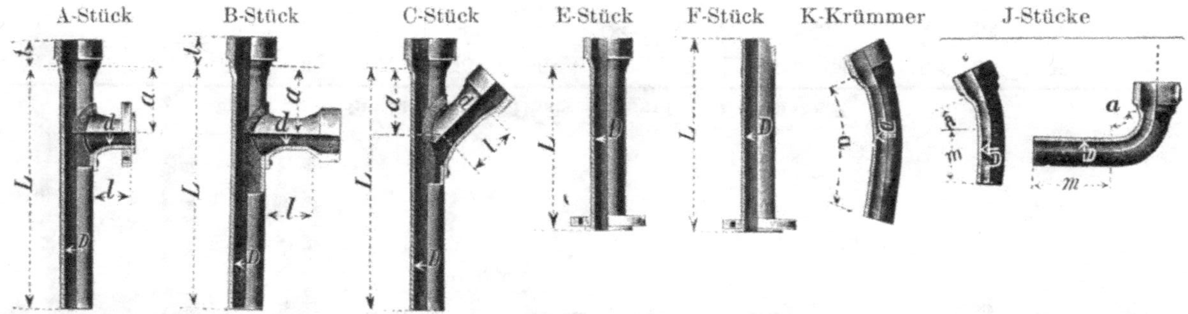

Abmessungen	A- und B-Stücke			C-Stücke			E-Stücke	F-Stücke
	L	l	a	L	l	a	L	L
$D =$ 40–100	800	$120 + 0{,}1\,d$	$100 + 0{,}2\,D + 0{,}5\,d$	800	0,85 a	$60 + D + d$	300	600
$D =$ 125–250	1000			1000				

Gestreckte Baulängen der K-Krümmer (R = 10 D) und der J-Stücke.

Form	Lichtw. $D =$	40	50	60	70	75	80	90	100	125	150	175	200	225	250
F-Krümmer	∢ $a = 11{,}25°$										300	345	390	440	490
›	› $= 22{,}5°$						315	355	390	490	590	685	785	885	980
›	› $= 30°$			310	365	390	415	470	520	650	780	910	1040	1170	1300
›	› $= 45°$	315	395	470	550	590	630	710	780	980	1180	1375	1570	1770	1960

Form	Lichtw. $D =$	40	50	60	70	75	80	90	100	125	150	175	200	225	250
J-Stücke	$\measuredangle\, a = 11{,}25^\circ$	290	300	310	320	325	330	350	360	405	450	490	520	560	625
›	› $= 22{,}5^\circ$	340	350	360	370	375	380	410	420	480	545	610	635	700	800
›	› $= 30^\circ$	370	380	390	400	405	410	445	455	535	610	690	710	790	920
›	› $= 45^\circ$	435	445	455	465	470	480	525	535	640	740	845	870	975	1160
›	› $= 60^\circ$	500	510	520	530	535	540	600	610	740	870	1000	1025	1150	1400
›	› $= 90^\circ$	635	645	655	665	670	675	760	770	950	1135	1320	1340	1525	1865

R-Stück

Anschluß-Stücke

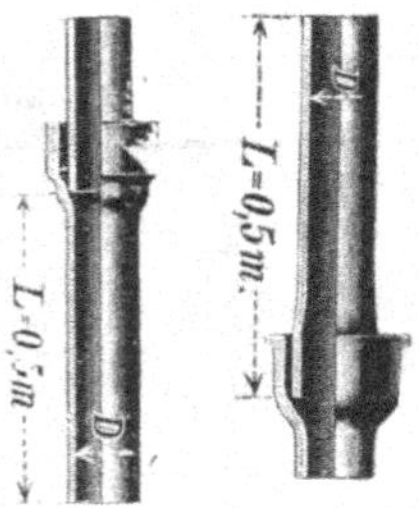

U-Stück

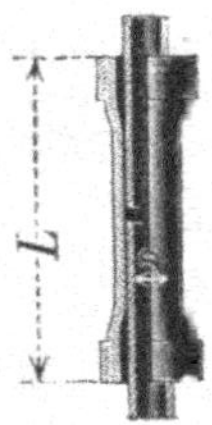

Flanschen-Formstücke

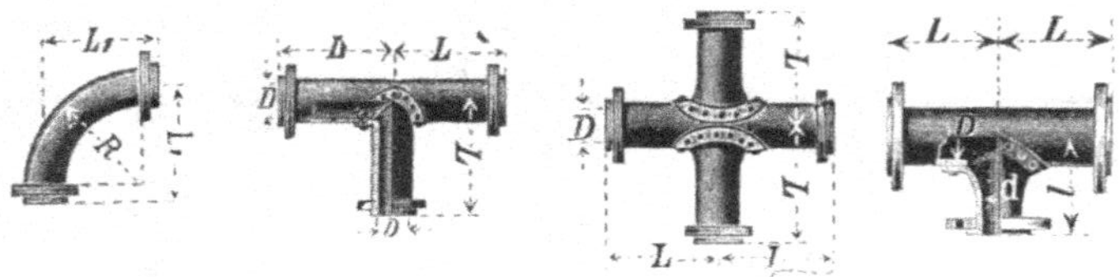

$L_1 = 4\, D$

$L = D + 100$

$l = \frac{1}{2}(D + d) + 100$

Baulängen der Überschiebmuffen U-Stücke.

$D =$	40	50	60	70	75	80	90	100	125	150	175	200	225	250
$L =$	296	308	320	328	332	336	344	352	364	376	388	400	400	412

Gewichtstabelle für gußeiserne Flanschen-Formstücke.

D	Schenkel-länge	Krümmer 90°	T-Stück	Kreuzstück
mm	mm	Gewicht in kg		
40	140	6	8	11
50	150	8	12	15
60	160	9	15	18
70	170	12	18	22
80	180	14	20	27
90	190	17	25	30
100	200	20	28	37
125	225	28	38	51
150	250	35	50	65
175	275	43	67	85
200	300	54	80	105
225	325	65	96	127
250	350	75	112	150
275	375	90	140	180
300	400	102	165	220
325	425	122	200	265
350	450	145	230	310
375	475	167	265	355
400	500	187	295	405

3. Die Verlegung der Rohre.

Gasrohre sollen so tief verlegt werden, daß sie frostfrei und außerhalb des Gebietes der Erschütterungen liegen, die durch darüberfahrende Lastwagen hervorgerufen werden. Mit Rücksicht hierauf soll man den Röhren eine Deckung von wenigstens 1,2 m geben.

Da sich in den Gasrohrleitungen noch Kondensationsprodukte sammeln, so müssen die Rohre, um die Niederschläge zum Abfluß zu bringen, mit Gefälle verlegt werden. Dieses Gefälle soll mindestens 5 mm pro 1 m Rohrlänge betragen. Zur Aufnahme der Kondensationsprodukte werden an den tiefsten Stellen der Rohrleitungen Wassertöpfe eingeschaltet. Diese Wassertöpfe bestehen in der Regel aus einem gußeisernen, zylindrischen Behälter mit zwei seitlichen Muffen und einem oberen Flanschendeckel, auf welchem mit Flanschen das erforderliche Saugrohr zum Auspumpen des Topfes sitzt, und ein Anschlußrohr für eine Straßenlaterne. Ist der Wassertopf überfüllt, so steigt das Wasser sowohl in das Pumpen- wie auch in das Laternenanschlußrohr und bringt die Laternenflamme zum Erlöschen. Man bezeichnet deshalb die an Wassertöpfe angeschlossenen Laternen als Signallaternen. Die Wassertöpfe werden bisweilen auch mit einer vom Deckel herunter reichenden Scheidewand versehen, welche dazu dient, durch Anfüllen des Topfes mit Wasser ein Absperren der Gaszufuhr zu ermöglichen. Von diesen Töpfen sind verschiedene Konstruktionen im Gebrauch. Bouvier hat z. B. den in Fig. 393 abgebildeten Topf mit Erfolg verwendet. Dieser Topf erfüllt dreierlei Zwecke:

1. die Leitung zu entwässern,
2. ein Stück der Rohrleitung gegen das übrige Rohrnetz schnell und sicher absperren zu können,
3. den Gasverlust für jede absperrbare Rohrstrecke zu beliebiger Zeit feststellen zu können.

Der Topf hat die Form eines U, dessen beide Arme sich nach oben horizontal auseinanderbiegen und mit den beiden Röhrenenden, zwischen welche der Topf eingebaut wird, sich verbinden. Der Topf wird in der Mitte durch eine Scheidewand, welche nicht bis auf den Boden reicht, in zwei Hälften geteilt. Durch die Scheidewand führt ein schmiedeeisernes Rohr, welches dazu dient, das Wasser aus dem Topf zu pumpen. In dem gußeisernen Deckel befinden sich noch zwei Schmiederohre, welche zur Prüfung der anstoßenden Rohrstrecken auf ihren Gasverlust verwendet werden.

Soll eine Rohrstrecke geprüft werden, so wird sie durch Füllung der Töpfe mit Wasser gegen die anschließenden Rohrstrecken abgesperrt. Ferner werden die Haupthähne in den Häusern und die Laternenhähne geschlossen. Die beiden seitlichen Rohrstutzen, welche auf dem Deckel des Topfes sitzen, werden dann durch

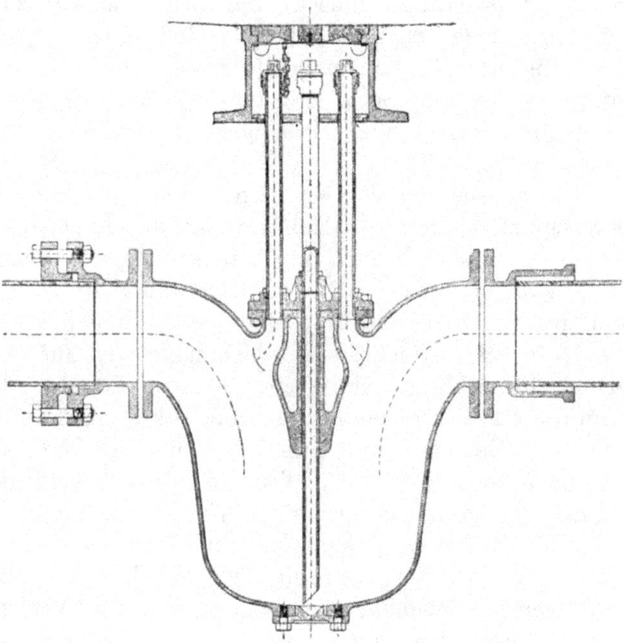

Fig. 393.

weite Schläuche oder schmiedeeiserne Rohre mit den Ein- und Ausgängen eines Experimentiergasmessers verbunden (Fig. 394). Das Gas muß bei dieser Anordnung, da es durch den Topf infolge des Wasserabschlusses nicht treten kann, nach oben durch das Schmiederohr in den Gasmesser und von da durch das zweite Schmiederohr in die abgesperrte Rohrstrecke strömen. Alles in der abgesperrten Rohrstrecke durch undichte Stellen austretende Gas muß den Experimentiergasmesser passieren. Die Verwendung eines Experimentiergasmessers ist insofern vorteilhafter als die eines gewöhnlichen Gasmessers, da der erstere gestattet, noch kleine Gasquantitäten genau abzulesen. Ferner ist die Ziffernskala so eingerichtet, daß man beim Ablesen nach einer Minute ohne weitere Umrechnung das in einer Stunde hindurchtretende Gasquantum abliest. Der Gasmesser wird zum Schutz in einen tragbaren Kasten gestellt, durch dessen Wandung nur die Schlauchstutzen des Ein- und Ausganges ragen. Die Bedienung ist so einfach, daß man die Untersuchung jedem intelligenten Arbeiter anvertrauen kann.

Die Herstellung der Muffendichtung muß sehr gewissenhaft geschehen. Man verfährt dabei folgendermaßen: Sobald die Rohre in die richtige Lage gebracht sind, wird in den Zwischenraum zwischen Rohr- und Muffenwand ein Teerstrick aus lose geflochtenem Hanfgarn von etwa Fingerdicke gleichmäßig bis auf den Grund der Muffe eingetrieben und zwar so, daß das Schwanzende des einen Rohres genau konzentrisch in der Muffe des anderen Rohres sitzt und für die Bleifuge noch genügend Platz bleibt. Nach dem Verstricken des Rohres verschließt man die Muffe vorne durch einen feuchten Tonwickel, dem man nur oben eine entsprechend große Eingußöffnung läßt, durch welche man mittels eines Gießlöffels das heiße, von allen Unreinigkeiten befreite Blei gießt, und zwar so, daß der eingegossene Bleiring mindestens 15 mm über den Rand der Muffe vorsteht. Nach dem Erkalten wird der Tonwickel abgenommen und der Bleiring mit stumpfen Stemmern so weit eingetrieben, daß er eine glatte Fläche bildet. Eine neuere Muffendichtung wird in der Weise vorgenommen, daß man Bleiwolle, d. h. feine, lange Bleispäne, auf kaltem Wege in die Muffe lagenweise einstemmt. Durch das Verstemmen werden die einzelnen Bleifäden so innig aneinander gepreßt, daß ein Bleiring aus einem Stück entsteht. Den gleichen Dienst wie die teure Bleiwolle erfüllt aber auch weicher Bleidraht von 7—9 mm Stärke. Von diesem Draht werden einzelne

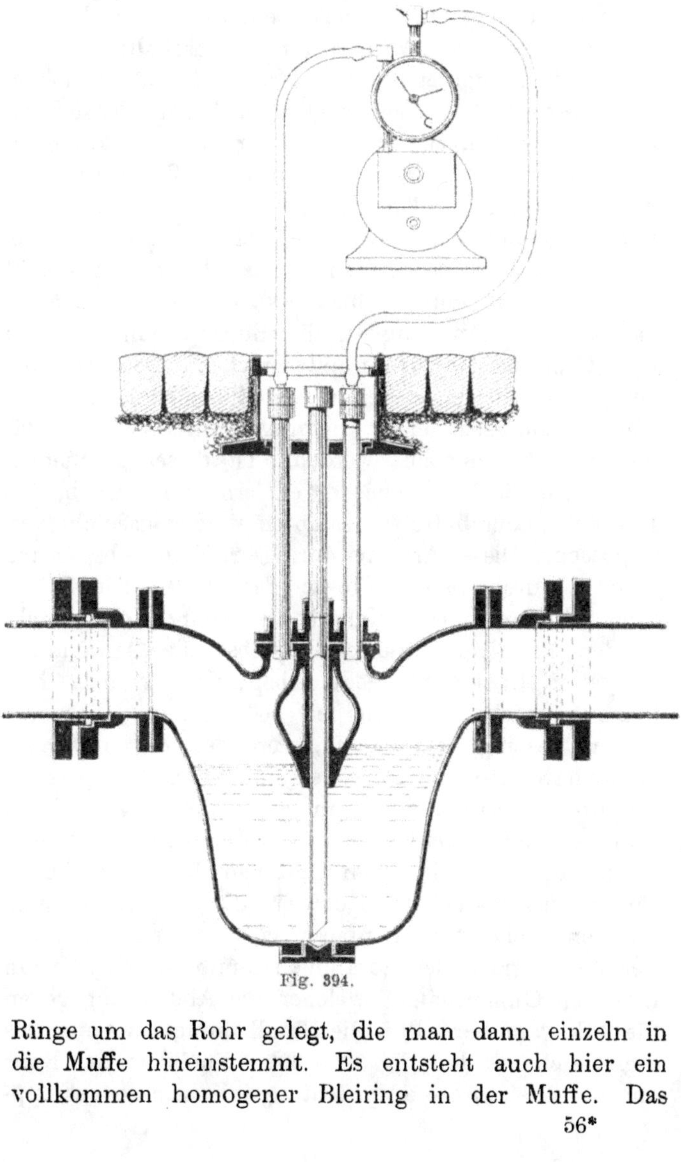

Fig. 394.

Ringe um das Rohr gelegt, die man dann einzeln in die Muffe hineinstemmt. Es entsteht auch hier ein vollkommen homogener Bleiring in der Muffe. Das

Verstemmen gestaltet sich in diesem Falle etwas schwieriger als bei Bleiwolle.

Soll in eine in Betrieb befindliche Rohrleitung, welche nicht durch Absperrtöpfe auszuschalten ist, ein Fassonstück eingesetzt werden, so muß mit Hilfe von Gummi- oder Tierblasen, die in das Innere des Rohres gebracht werden, das Rohr auf der in Frage kommenden Strecke abgesperrt werden. Zu dem Zwecke werden vor und nach der Einbaustelle in das Hauptrohr 1″-Löcher gebohrt; durch diese Löcher werden die genannten elastischen Blasen in das Rohr eingebracht und mit Hilfe eines Schlauches so weit aufgeblasen, daß sie sich ganz eng an die Rohrwandung anlegen und damit die Gaszufuhr unterbrechen. Das zwischen den beiden Blasen liegende Rohrstück kann nun mit einem Rohrabschneider herausgeschnitten und das Fassonstück eingebaut werden. Ist dieses geschehen, so werden die Blasen wieder entfernt und die beiden 1″-Löcher durch Gewindestopfen wieder gasdicht verschlossen. Diese Art der provisorischen Absperrung bietet dadurch, daß die bisher dazu verwendeten tierischen Blasen oder Gummibeutel sehr leicht defekt werden, gewisse Gefahren. Selbst die Anwendung doppelter Blasen für jede Absperrung vermag hier keine ausreichende Sicherheit zu schaffen. Diese Gefahren beseitigt eine neue, von der Kölnischen Maschinenbau-Akt.-Ges. eingeführte Absperrvorrichtung. Diese besteht im wesentlichen aus einem kräftigen, zusammenklappbaren eisernen Ringbügel und einem an ihm befestigten Lederbeutel, der halbkugelförmig ausgebildet ist, so daß er sich beim Zusammenklappen leicht zusammenfalten läßt. An einer äußeren Peripherie trägt der zusammenklappbare Ring einen massiven Gummireifen, welcher die Abdichtung gegen die Rohrwand herstellt. Die Handhabung des Apparates ergibt sich aus den Fig. 395—397. Nachdem das Rohr angebohrt ist, wird die Vorrichtung in zusammengeklapptem Zustande eingeführt. Darauf wird der Bügel mittels der beiden äußeren Handgriffe derart aufgeklappt, daß der Gummiring noch hinter der Kante des Einführungsloches an der Rohrwand anliegt.

Von der Beschaffenheit des Rohrnetzes hängt naturgemäß der größere oder geringere Verlust an Gas ab. Es ist daher eine ständige Überwachung sowohl der Hauptrohrleitungen als auch der im nächsten Kapitel zu besprechenden Zuleitungen notwendig. Selbst jene Rohrleitungen, welche bei der Prüfung nach der Verlegung sich als dicht erwiesen haben, werden mit der Zeit infolge der ständigen Erdbewegungen und Erschütterungen undicht.

Das **Aufsuchen der Undichtigkeiten** geschieht zumeist nach der folgenden Methode.

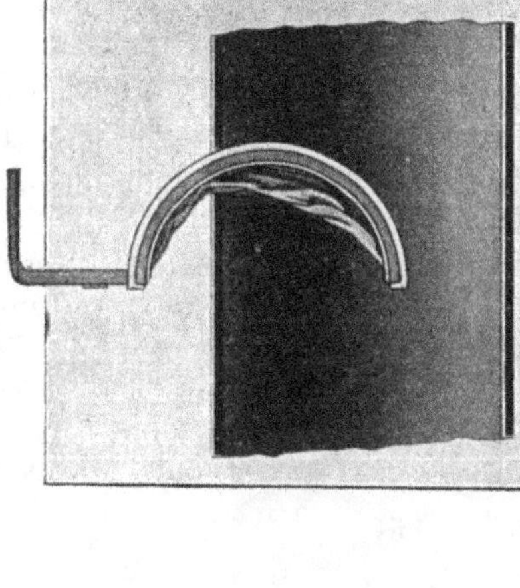

Fig. 395.

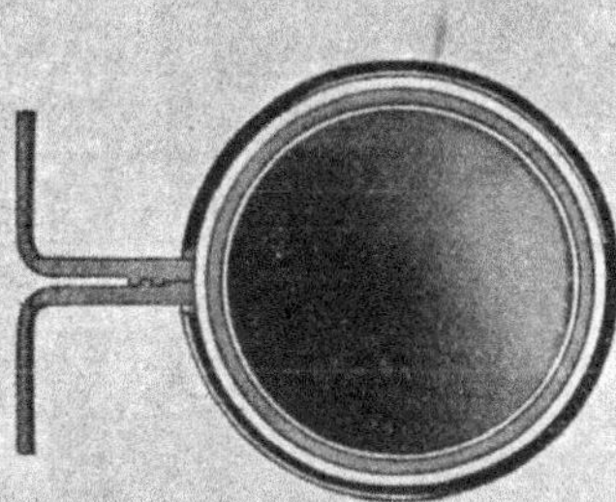

Fig. 396.

Fig. 397.

Man treibt in Entfernungen von 1—2 m mittels einer spitzen Eisenstange Löcher in den Erdboden. Bei stärkeren Ausströmungen macht sich das Gas durch seinen Geruch bemerkbar, geringere Gasmengen lassen sich mit Palladiumchlorürlösung nachweisen. Zu dem Zwecke steckt man in die möglichst nahe an dem Rohr in den Erdboden geschlagenen 40—50 cm tiefen Löcher $^1/_2''$ schmiedeeiserne Rohre (Fig. 398). Sind in einer Anzahl solcher Löcher, die einen durchschnittlichen Abstand von 3 m haben, die Röhren eingesteckt, so

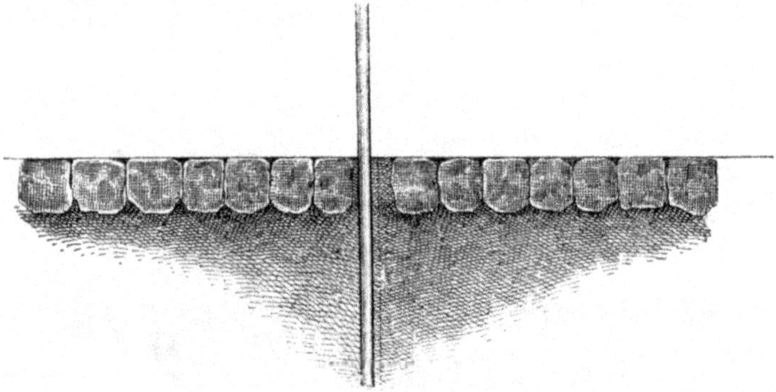

Fig. 398.

setzt man die Glasröhrchen, in denen sich die mit Palladiumchlorürlösung getränkten feuchten (nicht nassen!) Papierstreifen befinden, mittels der Korkstopfen lose auf das obere Ende der Rohre (Fig. 399) und beobachtet, ob eine Schwärzung des Papiers eintritt. Palladiumchlorür hat die Eigenschaft, sich bei Gegenwart von Spuren von Leuchtgas resp. von Kohlenoxyd schwarz zu färben. Das Palladiumpapier muß an Ort und Stelle zubereitet werden, da die Reaktion nur dann richtig eintritt, wenn das Papier während der Prüfung noch feucht ist. Man kann jedes gewöhnliche, weiße Filtrierpapier nehmen. Die Palladiumchlorürlösung

(10%), die kein Palladiumchlorid enthalten darf, und zum Gebrauch aufs 50fache verdünnt wird (1 : 500), wird am besten von der chemisch-technischen Prüfungs- und Versuchsanstalt in Karlsruhe bezogen.

In Straßen mit Asphaltpflasterung läßt sich diese Art der Untersuchung nicht durchführen. Die dichte Decke solcher Straßen, die zwar in Form eines schützenden Gewölbes den Druck und die Erschütterungen schwerer Lastfuhrwerke aufnimmt, bietet den Nachteil, daß bei etwaigen Undichtheiten eines Gasrohres das austretende Gas sich unter dieser Decke verbreitet und das Aufsuchen der Ausströmungsstelle aus diesem Grunde ungemein erschwert wird. Es ist darum ratsam, in dichtes Straßenpflaster schon bei seiner Herstellung Kontrollvorrichtungen einzubauen, welche es ermöglichen, nicht nur durch eine ständige Überwachung das Austreten von Gas in möglichst kurzen Zwischenräumen wahrzunehmen, sondern auch eine Ausströmungsstelle rasch aufzufinden. In München[1]) sind derartige Kontrollröhren mit Erfolg in Straßen mit Asphaltpflaster eingebaut worden. Die Vorrichtung besteht zunächst aus einer gußeisernen Vierung mit 10 cm im Geviert und einem verschließbaren Deckel (Fig. 400). Letzterer muß verschließbar sein, um das Herausspringen bzw. eine mutwillige Beseitigung zu verhindern. Die Kontrollrohre, welche direkt über dem Gasrohr und meist unmittelbar über den Muffen stehen, sind gewöhnliche 1″-Schmiedeeisenröhrchen, welche zur Vermeidung des Eintretens von Wasser und Schlamm mit einem kleinen, leicht aufgesetzten Deckel versehen sind. Sie münden in einer um die Muffe der Rohr-

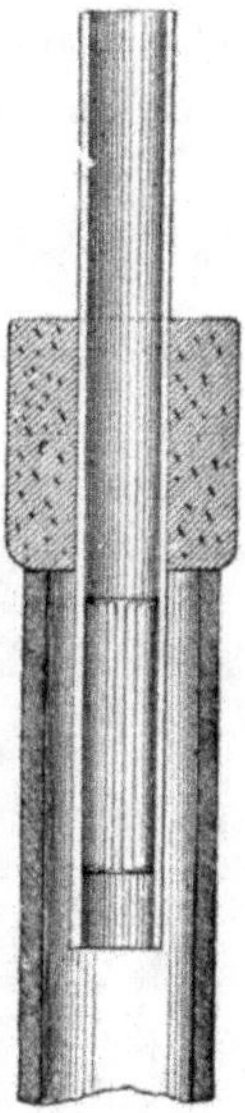

Fig. 399.

---

[1]) Journ f. Gasbel. 1903, S. 839.

leitung gelegten groben Kiesschicht aus (Fig. 401). Der Abstand der einzelnen Kontrollvorrichtungen beträgt 10—12 cm. Die Kosten der Einrichtung betragen ca. M. 7 pro Stück.

4. Die Hauszuleitungen.

Die Zuleitungen zu den Häusern werden zweckmäßig durchweg aus Mannesmannröhren hergestellt. Die Verwendung von Gußröhren für diese Leitungen

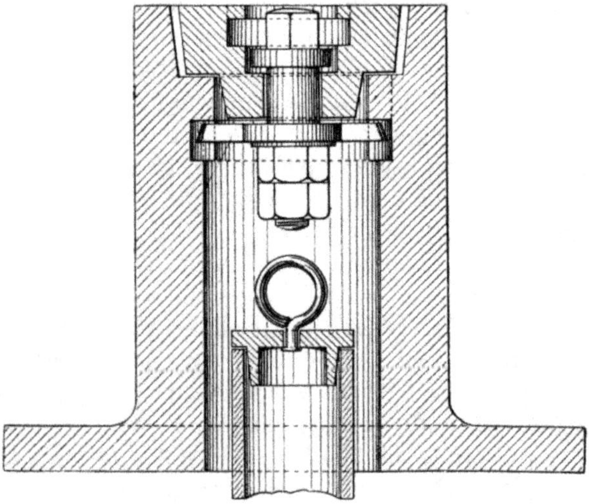

Fig. 400.

von meist geringem Durchmesser verbietet sich von selbst durch die Sprödigkeit des Gußmaterials. Auch von der Verwendung der galvanisch verzinkten Schmiedeeisenrohre kann nur abgeraten werden, da diese teurer aber im Material nicht besser sind. Auch hat sich die Galvanisierung als ungenügender Rostschutz erwiesen. Besser hat sich in dieser Beziehung eine Umhüllungsmasse nach dem folgenden Rezept bewährt:

50 l Teer,
30 l Sand,
10 l an der Luft zerfallener Kalk,
10 l getrocknetes Lehmpulver,
5 kg Pech.

Diese Mischung wird unter häufigem Umrühren längere Zeit gekocht, bis alles Ammoniak aus dem Teer abgetrieben ist. Mit dieser Masse werden die angewärmten Rohre etwa 3 mm dick bestrichen; die Enden werden für die Gewinde freigelassen. Nach dem Verlegen werden die freien Stellen an den Muffen mit der dem Rohrleger mitgegebenen Masse auch noch umhüllt, sowie etwa durch den Transport entstandene Beschädigungen der Umhüllung ausgebessert.

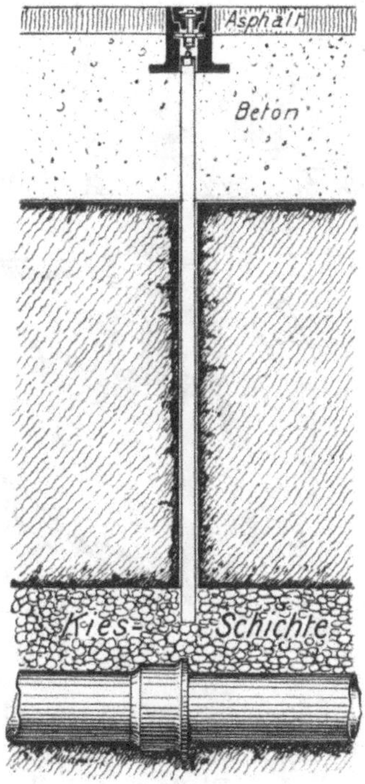

Fig. 401.

Werden die schmiedeeisernen Rohre, statt einen Überzug mit der obigen Masse zu erhalten, in reinen Teer gebettet, so ist darauf zu achten, daß der Teer durch langes Kochen ammoniakwasserfrei gemacht wird, da sonst die Rohre sehr stark angegriffen werden und schon nach einigen Jahren vollkommen zerfallen.

Der Anschluß der Hausleitung an das Hauptrohr erfolgt entweder mittels eines Fassonstückes (B-Stück), welches bei Neuanlage der Hauptrohrleitung gleich mit eingebaut werden kann, oder mit Hilfe einer Anbohrschelle. Eine einfache Vorrichtung, das Hauptrohr anzubohren, zeigt Fig. 402. Sie besteht aus einem verstellbaren Bohrbügel und der Bohrknarre. Nach Herstellung des Bohrloches wird Bügel und Knarre abgenommen und die Rohrschelle anmontiert. Die Rohrschelle in ihrer einfachsten Form besteht (Fig. 403) aus einem gußeisernen Sattel mit Muffe und einem schmiedeeisernen Band, dessen Enden mit Schraubengewinden und Muttern versehen sind.

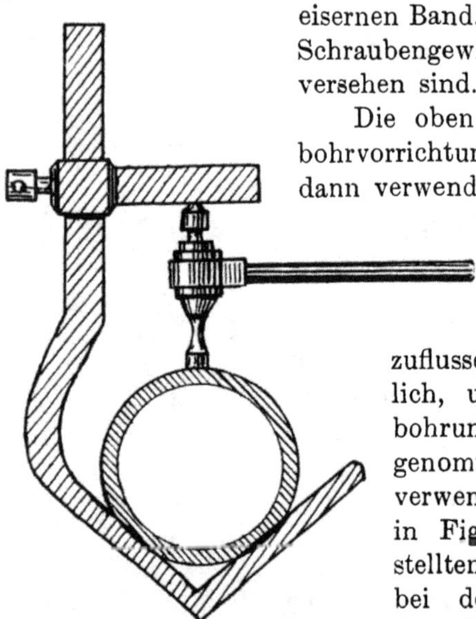

Fig. 402.

Die oben beschriebene Anbohrvorrichtung läßt sich nur dann verwenden, wenn das Gas im Hauptrohr abgesperrt werden kann. Ist eine Absperrung des Gaszuflusses nur schwer möglich, und muß die Anbohrung unter Druck vorgenommen werden, so verwendet man besser den in Fig. 404—407 dargestellten Anbohrapparat, bei dessen Anwendung der Gasverlust auf das geringste Maß herabgemindert wird. Die Anbohrung geschieht in folgender Weise: Nachdem die Rohrschelle (Fig. 408) mit untergelegter Dichtungsscheibe fest um das anzubohrende Rohr gelegt ist, wird der Bohrapparat auf diese aufgesetzt und durch zwei Gelenkketten, welche sich um das Hauptrohr schlingen, befestigt. Hierauf wird bei geöffnetem Hahn die Bohrstange mit dem Bohrer in den Apparat eingeführt, die Bajonettverschluß-Stopfbüchse angezogen, die Bohrknarre auf die Bohrstange gesetzt und die obere Brücke geschlossen. — Das

Bohren mittels Knarre und Zuspannschraube kann nun beginnen. — Ist das Loch in das Rohr gebohrt, so wird der Bohrer, soweit es der an der Bohrstange befindliche Bund gestattet, hochgezogen, der Hahn des Apparates geschlossen, der Bajonettverschluß gelöst und dieser mit Bohrstange und Bohrer herausgenommen. Mittels der Schlüsselstange, deren unteres konisches Ende in den Verschlußstopfen paßt, wird letzterer in den Apparat eingeführt. Hierauf schließt man den Bajonettverschluß, öffnet den Hahn und schraubt den Verschlußstopfen mit Hilfe der Bohrknarre in die Bohrschelle ein. Das Anschlußrohr läßt sich schon vor Herstellung des Bohrloches in das seitliche Gewinde der Rohrschelle einschrauben.

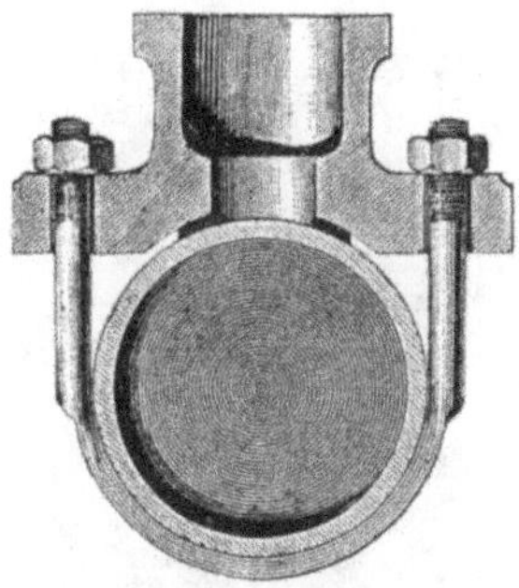

Fig. 403.

Die Zuleitungsrohre sollen durch die Fundamentmauern der Häuser frei beweglich durchgeführt und nicht, wie es noch häufig geschieht, fest eingemauert werden. Man will damit erreichen: 1. daß die Lage des Rohres eine dauernd gesicherte bleibt und durch Senkungen des Mauerwerkes unbeeinflußt bleibt, 2. daß das Rohr zur Frostzeit durch die umgebende Luftschicht gegen das kalte Mauerwerk isoliert ist. So verlegte Rohre werden niemals einfrieren, denn es hat die Erfahrung gelehrt, daß die so störenden Einduftungen an den Zuleitungsrohren immer dort auftraten, wo das Rohr durch eine Mauer ging, gegen die es nicht isoliert war. Die Anordnung trifft man am besten so, daß man (Fig. 409) durch das Mauerwerk einen Holzkasten führt, durch den man das Zuleitungsrohr zieht. Den leeren Raum um das Rohr verstopft man fest mit Werg oder einem anderen guten Isoliermaterial.

5. Die Rohrpläne.

Von größter Wichtigkeit für eine bequeme Bedienung, Kontrolle und Unterhaltung des Rohrnetzes ist die genaue Kenntnis der Lage der Rohre. Diese ist festzulegen

1. durch Einzeichnung der Rohre in einen Plan,
2. durch Markierung der Rohre in der Straße selbst durch Schilder usw.

Fig. 404.

Fig. 405.

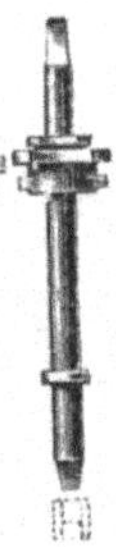

Fig. 406.

Fig. 407.

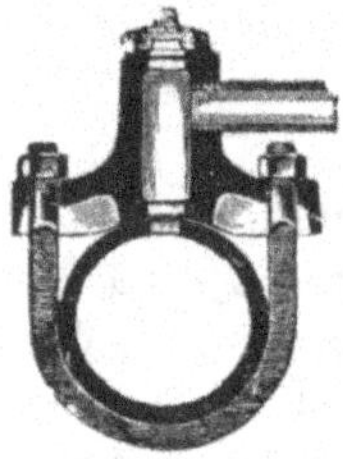

Fig. 408.

In vielen Fällen begnügt man sich damit, auf einem Stadtplane im Maßstabe 1 : 5000 oder 1 : 10000 die Hauptröhren durch einfache farbige Linien und daneben eingeschriebene Rohrdurchmesser anzugeben Auch die Lage der Laternen und Wassertöpfe kann man in einem solchen Plan durch Punkte, Kreise oder Kreuze bezeichnen. Im allgemeinen aber, und besonders für größere Städte, ist es nötig, außer einigen Übersichtsplänen des ganzen Rohrnetzes auch noch Detailpläne im Maßstabe von 1 : 1000 oder 1 : 500 anzufertigen und fortlaufend nach Maßgabe der Neuerungen zu berichtigen.

Zunächst braucht man einen sog. Skelettplan, der einen Überblick über die Stärke und Verteilung der Hauptrohrleitungen bietet. In ihm sind unter Fortlassung der Baufluchtlinien nur die Röhrenzüge in der Weise bezeichnet, daß der Rohrdurchmesser und der Straßenname augenfällig bezeichnet sind.

Neben dem Skelettplan ist ein gewöhnlicher Stadtplan erforderlich, auf welchem die Rohrleitungen nur in einfachen Linien nebst Bezeichnung ihrer Durchmesser angegeben, außerdem aber die Hauptkonsumstellen, wie öffentliche Gebäude, Fabriken, Bahn-

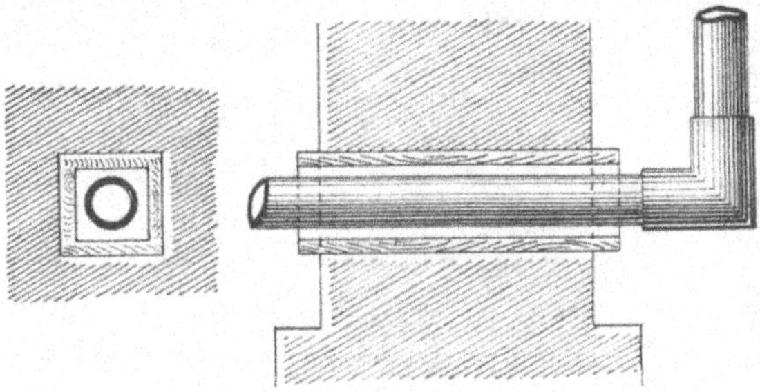

Fig. 409

höfe etc. in der Weise bezeichnet sind, daß man die Begrenzung der Gebäude und der Grundstücke erkennen kann.

Als dritter Plan ist ein Laternenplan für den Laternenwärterdienst nötig. Mit Rücksicht auf die

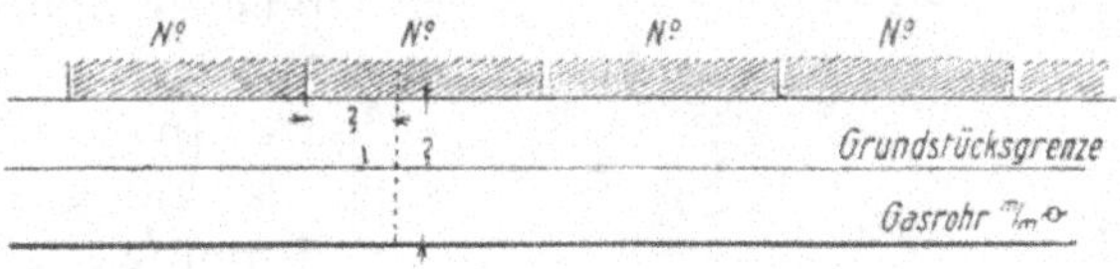

Gasrohrdurchmesser = ...
Durchmesser der Zuleitung = . . .
Datum der Ausführung = ... *Straßenname:* . . . .
Name des Installateurs: . . . . *Hausnummer:* . . . .

Fig. 410.

vielen Änderungen, die in diesem Plan häufig vorgenommen werden müssen, empfiehlt es sich nicht, die einzelnen Laternen einzuzeichnen. Praktischer ist die folgende Anordnung, die gestattet, den Plan leicht auf dem Laufenden zu erhalten. Es wird ein Stadtplan auf einer weichen Unterlage (Filz, Kork oder Insekten-Torf) aufgezogen und in einen Rahmen gespannt. In

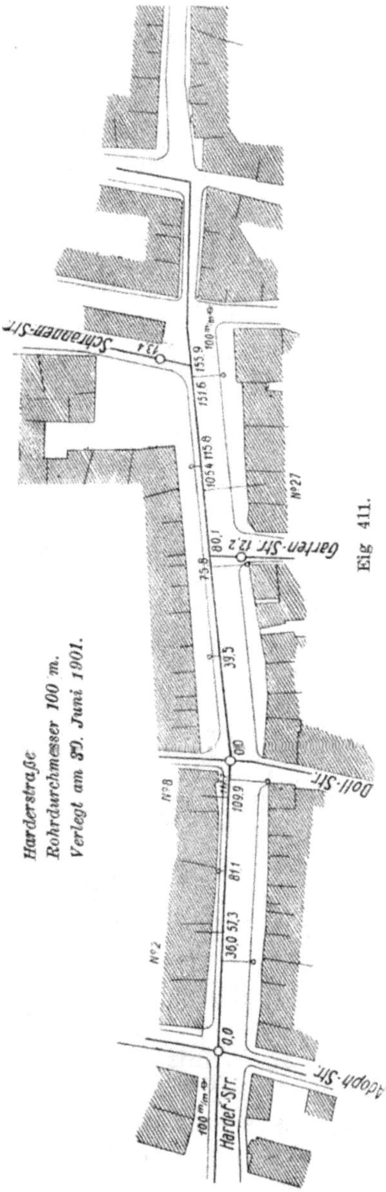

Fig. 411.

diesem Plan werden die Laternen durch eingesteckte Nadeln markiert, die farbige Glasknöpfe tragen; je nach der Farbe unterscheidet man Abend- und Nachtlaternen. Durch Auswechseln oder Umstecken der Nadeln lassen sich leicht Änderungen in der Straßenbeleuchtung nachtragen, ohne daß der Plan selbst dadurch leidet.

Schließlich braucht man noch Detailpläne, die alle Maßangaben enthalten, welche nötig sind, um den Röhrenzug an jeder beliebigen Stelle in Wirklichkeit durch Abstecken von Maßen aufzufinden. In diese Pläne sind die Entfernungen der Rohrmitten von den Gebäuden oder sonstigen möglichst unveränderlichen Gegenständen einzuschreiben, außerdem noch die Tiefenlage des Rohres unter Straßenoberkante. Alle bei gelegentlichen Aufgrabungen aufgefundenen Rohre werden zunächst durch den Installateur auf Rohrkarten (Fig. 410) eingetragen, die straßenweise geordnet in Mappen alphabetisch aufbewahrt werden. Sobald für eine Straße genügend Material vorliegt, so wird danach ein Detailplan ausgearbeitet, der gleichfalls in die betreffende Mappe wandert und in den alle späteren Aufnahmen sofort einzutragen sind.

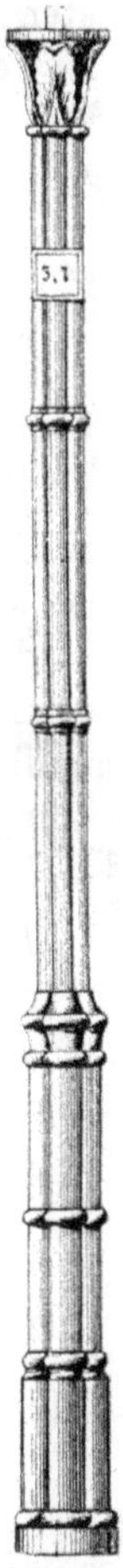

Fig. 412.

Die Eintragung neu verlegter Rohrleitungen in einen Plan geschieht am besten in der Weise, daß man alle Maße von einem Nullpunkt rechnet. Als Nullpunkt kann man mit Vorteil die Wassertöpfe benutzen. Von dem Wassertopf ab werden dann z. B. alle einzelnen Rohrlängen eingemessen. Zu dem Zwecke muß von dem Rohrleger oder dem die Rohrverlegung beaufsichtigenden Beamten jedes einzelne Rohr- und Fassonstück in ein Rapportbuch eingetragen werden. An den Kopf des Rapports sind unter Angabe des Datums die jeweiligen Bodenverhältnisse einzutragen, auf die man beim Graben gestoßen ist. Unter Bemerkungen sind die übrigen Beobachtungen anzugeben, wie z. B.: Kabel gekreuzt oder alten Kanal eingerissen usw. Die Tabelle (S. 897 u. 898) zeigt einen solchen Rohrrapport, der später zur Anfertigung des Detailplans verwendet wird. Die Entfernungen der einzelnen Fassonstücke von dem Wassertopfe werden durch einfache Summierung der Baulängen der einzelnen dazwischen liegenden Rohrstücke erhalten. Diese Summenziffern werden in der Zeichnung an die einzelnen Fassonstücke angeschrieben und zählen alle vom Nullpunkt aus. Die seitlichen Maße werden entweder von den Laternensäulen aus oder in Straßen, wo Wandarme sind, von den Häusermauern aus eingemessen. Fig. 411 zeigt eine solche Straßenaufmessung.

Um aber auch möglichst unabhängig von den Zeichnungen die Lage des Rohres bestimmen zu können, empfiehlt es sich, an den oberen Teil des Schaftes der Laternensäulen einen kleinen Gußklotz zu befestigen, auf welchen die Entfernung von der Laterne bis zum Hauptrohre in Metern aufgemalt oder mit kleinen Zinnziffern aufgelötet wird (Fig. 412). Um die Lage der Wassertöpfe und Absperrtöpfe, besonders während der Winterszeit, wenn Schnee liegt, leicht erkennbar zu machen, werden an den Häusern kleine runde Zinkblechschilder (Fig. 413) angebracht, auf die alle zur Auffindung der Töpfe nötigen Maße erhaben aufgepreßt sind. Diese geprägten Zinkblechschilder haben vor denen aus Gußeisen den Vorzug größerer Billigkeit, und vor den vielfach verwendeten emaillierten Schildern den, daß sie nicht durch Verletzung der Emaille unleserlich werden können. Da das Zinkblech nicht oxydiert, sind die Schilder fast unverwüstlich.

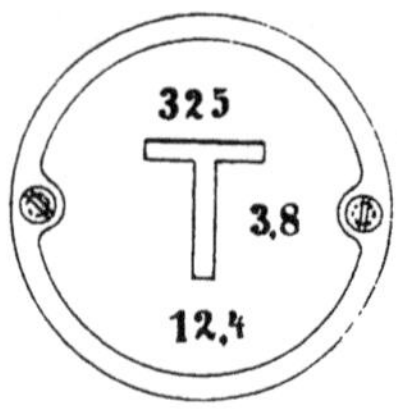

Fig. 413.

Pos.	Stück-zahl	Bezeichnung	Durch-messer	Bau-länge	Summe	Bemerkung	Summe	Entfernung vom Nullpunkt
			mm	m	m		m	m
1	1	Absperrtopf .	100	0,8	0,8	Harderstr. und Adolfstr.-Ecke	0,4	0,0
2	10	Rohre	100	3,5	35,0		35,0	
3	1	A-Stück	100/40	0,8	0,8	Laterne rechts	0,6	36,0
4	3	Rohre	100	3,5	10,5		10,5	
5	1	A-Stück	100/40	0,8	0,8	Zuleitung für Nr. 2	0,8	57,3
6	6	Rohre	100	3,5	21,0		21,0	
7	1	Rohr	100	2,0	2,0		2,0	
8	1	A-Stück	100/40	0,8	0,8	Laterne links	0,8	81,1
9	8	Rohre	100	3,5	28,0		28,0	
10	1	A-Stück	100/40	0,8	0,8	Zuleitung für Nr. 8	0,8	109,9
11	2	Rohre	100	3,5	7,0		7,0	
12	1	A-Stück	100/40	0,8	0,8	Laterne rechts	0,8	117,7
13	1	Rohr	100	3,5	3,5		3,5	
14	1	Rohr (ohne Muffe) .	100	2,7	2,7		2,7	
15	1	Absperrtopf .	100	0,8	0,8	Harderstr. und Dollstr.-Ecke .	0,8	0,0
16	11	Rohre	100	3,5	38,5		38,5	

Pos.	Stück-zahl	Bezeichnung	Durch-messer	Bau-länge	Summe	Bemerkung	Summe	Entfernung vom Nullpunkt
			mm	m	m		m	m
17	1	A-Stück	100/40	0,8	0,8	Laterne links	0,8	39,5
18	10	Rohre	100	3,5	35,0		35,0	
19	1	A-Stück	100/40	0,8	0,8	Laterne rechts, Ecke Gartenstr.	0,8	75,8
20	1	Rohr	100	3,5	3,5		3,5	
21	1	B-Stück	100/100	0,8	0,8	Anschluß an die Gartenstr.	0,8	80,1
22	7	Rohre	100	3,5	24,5		24,5	
23	1	A-Stück	100/40	0,8	0,8	Zuleitung für Haus Nr. 27 .	0,8	105,4
24	2	Rohre	100	3,5	7,0		7,0	
25	1	Rohr	100	2,6	2,6		2,6	
26	1	A-Stück	100/40	0,8	0,8	Laterne links	0,8	115,8
27	10	Rohre	100	3,5	35,0		35,0	
28	1	A-Stück	100/40	0,8	0,8	Laterne rechts	0,8	151,6
29	1	Rohr	100	3,5	3,5		3,5	
30	1	B-Stück	100/100	0,8	0,8	Anschluß a. d. Schrannenstr.	0,8	155,9

XVIII. Berechnung der Gröſse eines Gaswerkes.

Für die Stadt A von ca. 18000 Einwohnern soll ein Gaswerk errichtet werden, das auf eine Reihe von Jahren den Bedarf an Gas für Licht, Kraft und Heizung zu decken vermag. Die Bevölkerungszunahme hatte sich in acht Jahren folgendermaßen gestaltet:

Jahr	Einwohnerzahl abgerundet	Absolute Zunahme	Zunahme in %
1890/91	13900		
1891/92			
1892/93		in 5 Jahren	in 5 Jahren
1893/94		1400 Einwohner	13,67 %
1894/95			
1895/96	15300		
1896/97		in 2 Jahren	in 2 Jahren
1897/98	17600	2300 Einwohner	11,39 %
Durchschnitt	15250	530	3,48 %

Nach dieser Tabelle stieg die Einwohnerzahl in sieben Jahren um 3700 Seelen, d. i. um 26,6 %, und zwar betrug die Steigerung in den ersten fünf Jahren nur 13,67 %, in den beiden letzten Jahren aber 11,39 %, im Durchschnitt betrug sie von Jahr zu Jahr 3,48 %. Angesichts dieser flotteren Entwickelung der Stadt in den letzten Jahren wird man für eine der Zukunft geltende Wahrscheinlichkeitsberechnung die fernere Zunahme der Einwohnerzahl nicht unter 5 % annehmen dürfen.

Aus der Einwohnerzahl läßt sich unter Benutzung der nebenstehenden Tabelle (S. 901), welche die Durchschnittswerte für eine ganze Reihe von Städten enthält, die Größe des zu erwartenden Gaskonsums rechnerisch mit ziemlicher Genauigkeit ermitteln.

Danach betrüge im vorliegenden Fall der pro Einwohner und Jahr zu erwartende Gaskonsum 54,3 cbm. Mit Rücksicht darauf aber, daß bei einem neu zu erbauenden Werk diese Durchschnittsziffer nicht sofort erreicht wird, soll der anfängliche Konsum zu 40 cbm pro Kopf und Einwohner angenommen werden. Eine weitere Erfahrung bei vorhandenen Gaswerken hat ergeben, daß in den meisten Städten der Konsum pro Einwohner und Jahr durchschnittlich um rund 2 cbm steigt. Nimmt also die Einwohnerzahl um 5% und der anfängliche Gaskonsum von 40 cbm um 2 cbm pro Jahr und Einwohner zu, so gelangt man zu folgender Aufstellung:

Jahr	Einwohnerzahl bei 5% Zunahme von Jahr zu Jahr	Produktion pro Kopf der Bevölkerung bei 2 cbm Zunahme von Jahr zu Jahr	Gesamt-Gasproduktion im Jahr cbm	Zunahme der Produktion in %
1898/99	18,480	40	739 200	
1899/1900	19,404	42	814 968	10,25
1900/01	20,374	44	896 456	9,99
1901/02	21,392	46	984 032	9,77
1902/03	22,461	48	1 078 128	9,56
1930/04	23,584	50	1 179 200	9,37
1904/05	24,763	52	1 287 676	9,20
1905/06	26,001	54	1 404 054	9,03
1906/07	27,301	56	1 528 856	8,88
1907/08	28,666	58	1 662 628	8,70
1908/09	30,099	60	1 805 940	8,62
1909/10	31,603	62	1 959 386	8,49
1910/11	33,183	64	2 123 712	8,38
1911/12	34,842	66	2 299 572	8,28
1912/13	36,584	68	2 487 712	8,18
1913/14	38,413	70	2 688 910	8,09
1914/15	40,333	72	2 903 976	7,99
1915/16	42,349	74	3 133 826	7,91

Die Gasabgabeverhältnisse verschiedener Städte.

(Mittelwerte aus der Statistik.)

Art der Gasabgabe	Einwohnerzahl der Städte				
	über 500 000	500 000 bis 100 000	100 000 bis 50 000	50 000 bis 10 000	10 000 bis 3 000
1. Jährliche Gasabgabe pro Einwohner.	cbm	cbm	cbm	cbm	cbm
(α) Privatbeleuchtung	—	34,7	29,0	23,2	22,4
(β) Heiz- und Motorengas	—	25,7	21,2	20,0	14,1
a) Privatverbrauch	76,7	60,4	50,2	43,2	36,5
b) Straßenbeleuchtung	8,3	7,9	7,0	6,6	5,0
c) Selbstverbrauch	0,8	1,0	1,0	1,2	1,4
d) Verlust	3,0	3,7	3,5	3,3	3,1
Summa	88,8	73,0	61,7	54,3	46,0
2. Prozentuale Verteilung der Gasabgabe.	%	%	%	%	%
(α) Privatbeleuchtung	—	47,5	47,1	42,7	48,8
(β) Heiz- und Motorengas	—	35,3	34,4	36,8	30,6
a) Privatverbrauch	86,4	82,8	81,5	79,5	79,4
b) Straßenbeleuchtung	9,3	10,8	11,4	12,2	10,9
c) Selbstverbrauch	0,9	1,4	1,5	2,2	3,0
d) Verlust	3,4	5,0	5,6	6,1	6,7
Summa	100	100	100	100	100
3. Monatserzeugung in Prozenten der Jahresabgabe.	%	%	%	%	%
a) größte	12,8	12,5	12,6	12,9	12,4
b) kleinste	4,6	5,4	5,3	5,5	4,9
4. Tagesabgabe in Prozenten der Jahresabgabe.	%	%	%	%	%
a) größte	0,49	0,48	0,47	0,52	0,46
b) kleinste	0,14	0,13	0,14	0,15	0,13
5. Größte Stundenabgabe.	%	%	%	%	%
a) In Proz. der Jahresabgabe	0,05	0,05	0,06	0,06	0,06
b) » » » größten Tagesabgabe	9,3	10,2	11,7	11,7	12,1
6. Jährliche Gasabgabe auf 1 m Rohrnetzlänge.	cbm	cbm	cbm	cbm	cbm
(α) Privatbeleuchtung	—	40,0	29,6	20,6	14,7
(β) Heiz- und Motorengas	—	29,5	19,6	17,7	14,0
a) Privatverbrauch	123,7	69,5	49,2	38,3	18,7
b) Straßenbeleuchtung	13,4	9,2	6,5	5,9	2,6
c) Selbstverbrauch	1,2	1,1	1,0	1,0	0,8
d) Verlust	4,7	4,2	4,0	2,9	1,6
Summa	143,0	84,0	60,7	48,1	23,7
7. Gasverlust auf 1 km Rohrnetzlänge in Liter pro Stunde	537	480	456	330	183
8. Gasverbrauch von 1 Flamme pro Jahr.					
a) Straßenflamme	389	369	335	339	294
b) Privatflamme (nach Gasmessern)	—	42	45	38	45

Der Steigerung des Gasbedarfs ist selbstverständlich eine Grenze gesetzt und zwar

1. durch die Maximaleinwohnerzahl, welche innerhalb des Gemeindegebietes zu erwarten ist,

2. durch den Höchstkonsum pro Einwohner, der voraussichtlich in der Stadt A eintreten wird. Dieser Höchstkonsum kann mit Rücksicht auf den industriellen Charakter der Stadt zu 80 cbm pro Einwohner und Jahr angenommen werden. Die maximal zu erreichende Einwohnerzahl läßt sich unter Berücksichtigung der geographischen Lage der Stadt A zu 50000 Einwohnern annehmen. Die maximal zu leistende Gasproduktion würde danach $50000 \times 80 = 4000000$ cbm im Jahre betragen. Diese würde etwa im Jahre 1920 erreicht sein. Dieser Jahresleistung von 4000000 cbm entspricht eine größte Tagesleistung von

$$\frac{0{,}52 \cdot 4000000}{100} = 20800 \text{ cbm}$$

und eine kleinste Tagesleistung von

$$\frac{0{,}15 \cdot 4000000}{100} = 6000 \text{ cbm.}$$

Da nun das neue Gaswerk nicht sofort auf die volle, sondern erst auf die halbe Leistung angelegt wird, aber die Gesamtdisposition so getroffen wird, daß jederzeit ohne Schwierigkeit die Erweiterung auf die volle Leistung vorgenommen werden kann, so wären die nötigen Apparate und Öfen nur für eine Leistung von 10400 cbm oder rund 11000 cbm zu berechnen.

Berechnung der Ofen-Anlage:

System: Generatorofen mit neun horizontal liegenden Retorten von 3 m Länge.
Zu vergasende Kohle: Saarkohle.
Gasausbeute = 30 cbm aus 100 kg.
Leistung pro Retorte und Tag = 250 cbm.

Um 11000 cbm zu produzieren, sind folglich nötig $11000 : 250 = 44$ Retorten; das sind $44 : 9 = \sim 5$ Öfen mit je neun Retorten; zur Reserve wären nötig 20%, das sind $\frac{20 \cdot 44}{100} = 8{,}8$ Retorten oder $\backsim$ 9 Retorten; im ganzen wären zu bauen 6 Öfen mit je 9 Retorten.

Kohlenlagerplatz.

Der Kohlenschuppen soll so groß sein, daß er jederzeit ungefähr den Bedarf für drei Monate im Vorrat enthalten kann. In der Regel beträgt der größte Bedarf in den drei Wintermonaten November, Dezember, Januar ein Drittel des Jahresbedarfes. Der gesamte Bedarf beträgt bei 2000000 cbm $\frac{2\,000\,000}{30} \cdot 100 = 6\,670\,000$ kg. Davon wäre $^1/_3$ zu lagern $= 6670000 : 3 = 2223000$ kg.

Das ist ein Volumen $V = \frac{2\,223\,000}{750} = \backsim 3000$ cbm, wenn 1 cbm Kohlen 750 kg wiegt. Wird die Kohle 4 m hoch geschüttet, so wäre zur Lagerung der Kohlenmenge ein Platz von $\frac{3000}{4} = 750$ qm nötig.

Kühler.

Luftkühlung

für 100 cbm Tagesleistung 0,75 qm Luftkühlfläche
für 100 » » 1,125 » Wasserkühlfläche.

Auf das vorliegende Beispiel angewendet:

$110 \cdot 0{,}75 = 82{,}5$ qm Luftkühlung
$110 \cdot 1{,}125 = 123{,}75$ » Wasserkühlung.

Gassauger.

Der Gassauger muß in der Stunde den 24. Teil der Gesamtproduktion zu fördern vermögen, das sind $11\,000 : 24 = \backsim 460$ cbm pro Stunde.

Bei Verwendung eines dreiflügeligen Gassaugers wäre der zu wählen, welcher bei 80 Umdrehungen in der Minute 560 cbm in der Stunde zu saugen vermag. Die lichte Rohrweite dieses Gassaugers ist 300 mm.

Ammoniak-Wäscher.

Für 100 cbm Gasproduktion in 24 Stunden rechnet man bei Beschickung des Wäschers mit Holzwolle oder den bekannten Holzhorden 0,5 cbm, folglich sind nötig

$$110 \cdot 0,5 = 55 \text{ cbm Wäscher-Raum.}$$

Bei Verwendung eines Standard-, Ledig- oder Bürstenwäschers würde erheblich weniger Raum beansprucht. Die Leistung dieser Apparate berechnet sich aus der wasserberührten Fläche. Man rechnet 8 qm Waschfläche bei kleinen Anlagen und mindestens 4 qm Waschfläche bei großen Anlagen.

Eisenreiniger.

Bei Verwendung von vier Kästen ist für 100 cbm 0,23 qm Querschnitt pro Kasten zu rechnen, bei drei Kästen 0,35 qm. Das gäbe bei 11000 cbm Tagesleistung

$$110 \cdot 0,35 = 38,5 \text{ qm}$$

entsprechend einem Kasten von ca. 5×8 m im Lichten.

Produktionsgasmesser.

Der Produktionsgasmesser ist nach der größten stündlichen Gaserzeugung zu berechnen, die sich zu $^1/_8$ der maximalen Tageserzeugung ergibt, und zwar soll der Trommelinhalt so groß sein, daß derselbe bei 100 Umdrehungen in der Stunde der betreffenden Gasmenge entspricht.

$$\frac{11000}{8} = \sim 1400 \text{ cbm;}$$

demnach muß der Trommelinhalt 14 cbm betragen.

Gasbehälter.

Der Nutzinhalt der Gasbehälter soll 70—75 $^0/_0$ der Maximal-Tagesproduktion betragen.

$$\frac{11000 \cdot 70}{100} = 7700 \text{ cbm} \sim 8000 \text{ cbm.}$$

Druckregler.

Dieser muß so groß sein, daß er die maximale Stundenabgabe bewältigen kann. Da nun in dem vorliegenden Falle der Druckregler gleich so groß gewählt werden soll, daß er auch für die spätere höchste Leistung (22 000 cbm/Tag) ausreichen soll, so muß er für eine Stundenleistung genügen, die gleich $^1/_8$ der maximalen Tagesleistung $\frac{22000}{8} = \sim 2800$ cbm ist. Dieser entspricht ein Druckregler von 500 mm lichter Rohrweite.

Berichtigung.

Auf Seite 774, in der 14. Zeile von unten, und zwar in der Formel, lies statt

$$V = 3{,}42\ (1 + 0{,}00367 \cdot 1)$$
$$V = 3{,}42\ (1 + 0{,}00367 \cdot 2)$$

Anhang.

Tabelle der Atomgewichte.

Sauerstoff = 16.

Aluminium	Al	27,1	Kobalt	Co	59,0
Antimon	Sb	120,2	Kohlenstoff	C	12,00
Argon	A	39,9	Krypton	Kr	81,8
Arsen	As	75	Kupfer	Cu	63,6
Baryum	Ba	137,4	Lanthan	La	138,9
Beryllium	Be	9,1	Lithium	Li	7,03
Blei	Pb	206,9	Magnesium	Mg	24,36
Bor	B	11,0	Mangan	Mn	55,0
Brom	Br	79,96	Molybdän	Mo	96,0
Cadmium	Cd	112,4	Natrium	Na	23,05
Caesium	Cs	132,9	Neodym	Nd	143,6
Cerium	Ce	140,25	Neon	Ne	20,0
Chlor	Cl	35,45	Nickel	Ni	58,7
Chrom	Cr	52,1	Niobium	Nb	94
Eisen	Fe	55,9	Osmium	Os	191
Erbium	Er	166	Palladium	Pd	106,5
Fluor	F	19	Phosphor	P	31,0
Gadolinium	Gd	156	Platin	Pt	194,8
Gallium	Ga	70	Praseodym	Pr	140,5
Germanium	Ge	72,5	Quecksilber	Hg	200,0
Gold	Au	197,2	Radium	Ra	225
Helium	He	4	Rhodium	Rh	103,0
Indium	In	115	Rubidium	Rb	85,5
Iridium	Ir	193	Ruthenium	Ru	101,7
Jod	I	126,97	Samarium	Sa	150,3
Kalcium	Ca	40,1	Sauerstoff	O	16,00
Kalium	K	39,15	Scandium	Sc	44,1

Schwefel	S	32,06	Titan	Ti	48,1
Selen	Se	79,2	Uran	U	238,5
Silber	Ag	107,93	Vanadin	V	51,2
Silicium	Si	28,4	Wasserstoff	H	1,008
Stickstoff	N	14,04	Wismut	Bi	208,5
Strontium	Sr	87,6	Wolfram	W	184,0
Tantal	Ta	183	Xenon	X	128
Tellur	Te	127,6	Ytterbium	Yb	173
Terbium	Tb	160	Yttrium	Y	89,0
Thallium	Tl	204,1	Zink	Zn	65,4
Thorium	Th	232,5	Zinn	Sn	119,0
Thulium	Tu	171	Zirconium	Zr	90,6

Litergewichte der Gase.

Name des Gases	Molekularformel	1 l Gas wiegt im Normalzustande g
Azetylen	C_2H_2	1,1650
Äthan	C_2H_6	1,3404
Äthylen	C_2H_4	1,2510
Ammoniak	NH_3	0,7707
Benzol	C_6H_6	3,5821
Brom	Br_2	6,8697
Bromwasserstoff	HBr	3,5316
Butylen	C_4H_8	2,5035
Chlor	Cl_2	3,1801
Chlorwasserstoff	HCl	1,6131
Cyan	C_2N_2	2,3360
Cyanwasserstoff	HCN	1,2228
Jodwasserstoff	HJ	5,7456
Kohlenoxyd	CO	1,2510
Kohlenoxysulfid	COS	2,6828
Kohlensäure	CO_2	1,9772
Luft, atmosphärische	—	1,2932
Methan	CH_4	0,7190
Propan	C_3H_8	1,9660
Propylen	C_3H_6	1,8765
Sauerstoff	O_2	1,4298
Schwefelkohlenstoff	CS_2	3,4204
Schwefelwasserstoff	H_2S	1,5416
Schweflige Säure	SO_2	2,8689
Stickstoff	N_2	1,2562
Stickstoffdioxyd	NO_2	2,0565
Stickstoffoxyd	NO	1,3436
Stickstoffoxydul	N_2O	1,9745
Wasserdampf	H_2O	0,8063
Wasserstoff	H_2	0,08958

Literaturnachweis.

»Journal für Gasbeleuchtung«, herausgegeben von Prof. Dr. H. Bunte.
G. F. Schaar, Kalender für Gas- und Wasserfachtechniker.
»Zum Gaskursus.« Leitsätze des Unterrichts in Gaschemie und Anleitung zu den praktischen Übungen beim Ferienkursus für Gasingenieure, herausgegeben von Prof. Dr. H. Bunte.
N. H. Schilling, Handbuch der Steinkohlengasbeleuchtung.
Muspratt, Enzyklopädie der Chemie.
G. Lunge, Chemisch-technische Untersuchungsmethoden.
Posts chemisch-technische Analyse.
F. Muck, Die Chemie der Steinkohle.
F. Fischer, Die chemische Technologie der Brennstoffe.
Cl. Winkler, Lehrbuch der techn. Gasanalyse.
W. Hempel, Gasanalytische Methoden.
M. Niemann, Versorgung der Städte mit Leuchtgas.
W. Bertelsman, Die Technologie der Cyanverbindungen.
W. Bertelsmann, Der Stickstoff der Steinkohle.
Wernicke, Die Fabrikation der feuerfesten Steine.
Zeitschrift des Vereins deutscher Ingenieure.

Die Figuren 10, 28 und 88 wurden aus Lunge, Chemisch-technische Untersuchungsmethoden (Verlag Julius Springer, Berlin), die Figuren 135, 136, 307, 308 und 309 aus der Zeitschrift des Vereins deutscher Ingenieure 1908, S. 726/27 (Buhle, umfangreiche Kohlenspeicher), 1042/43 entnommen.

Sachregister.

A.

H.

L.

T.

U.

Lehr- und Versuchsgasanstalt

des deutschen Vereins von Gas- und Wasserfachmännern.

Grundriß des Erdgeschosses.

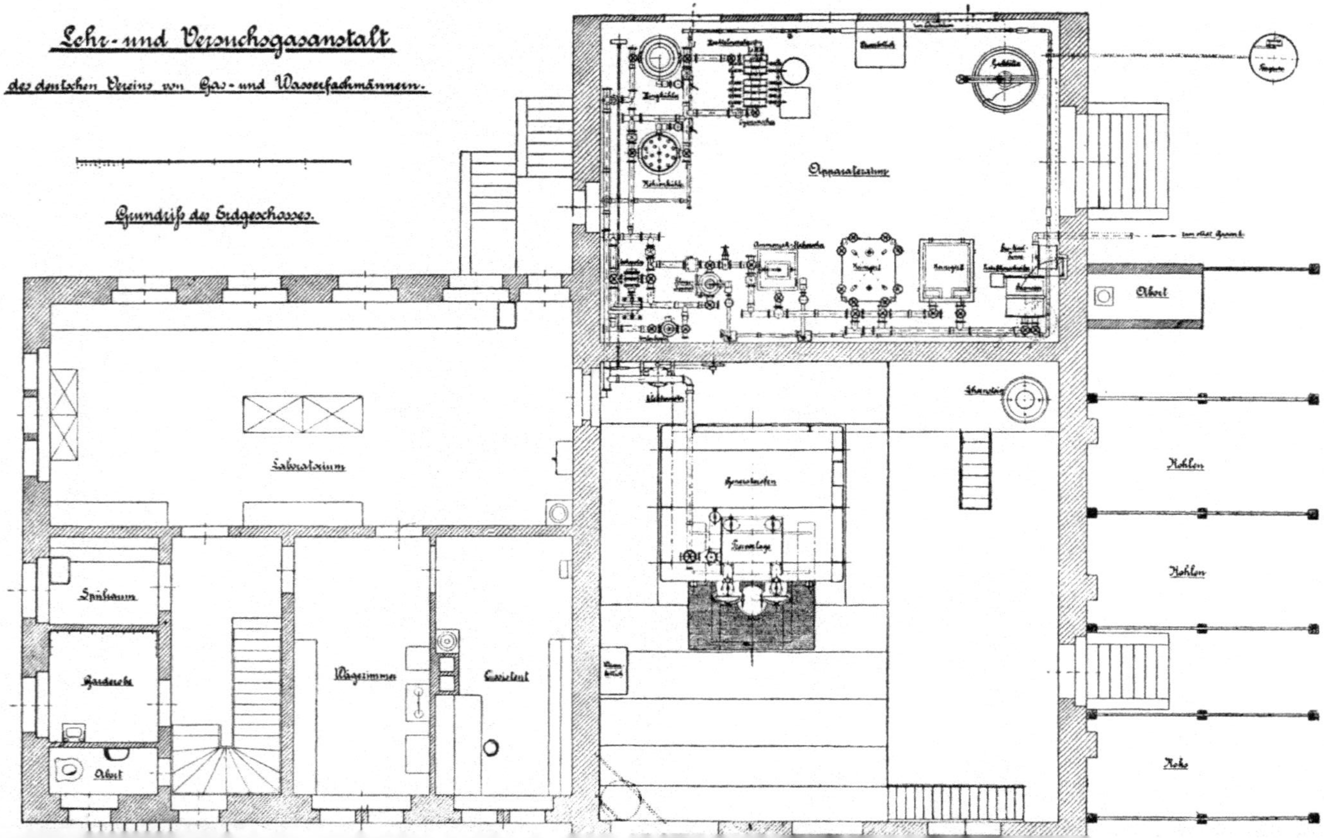

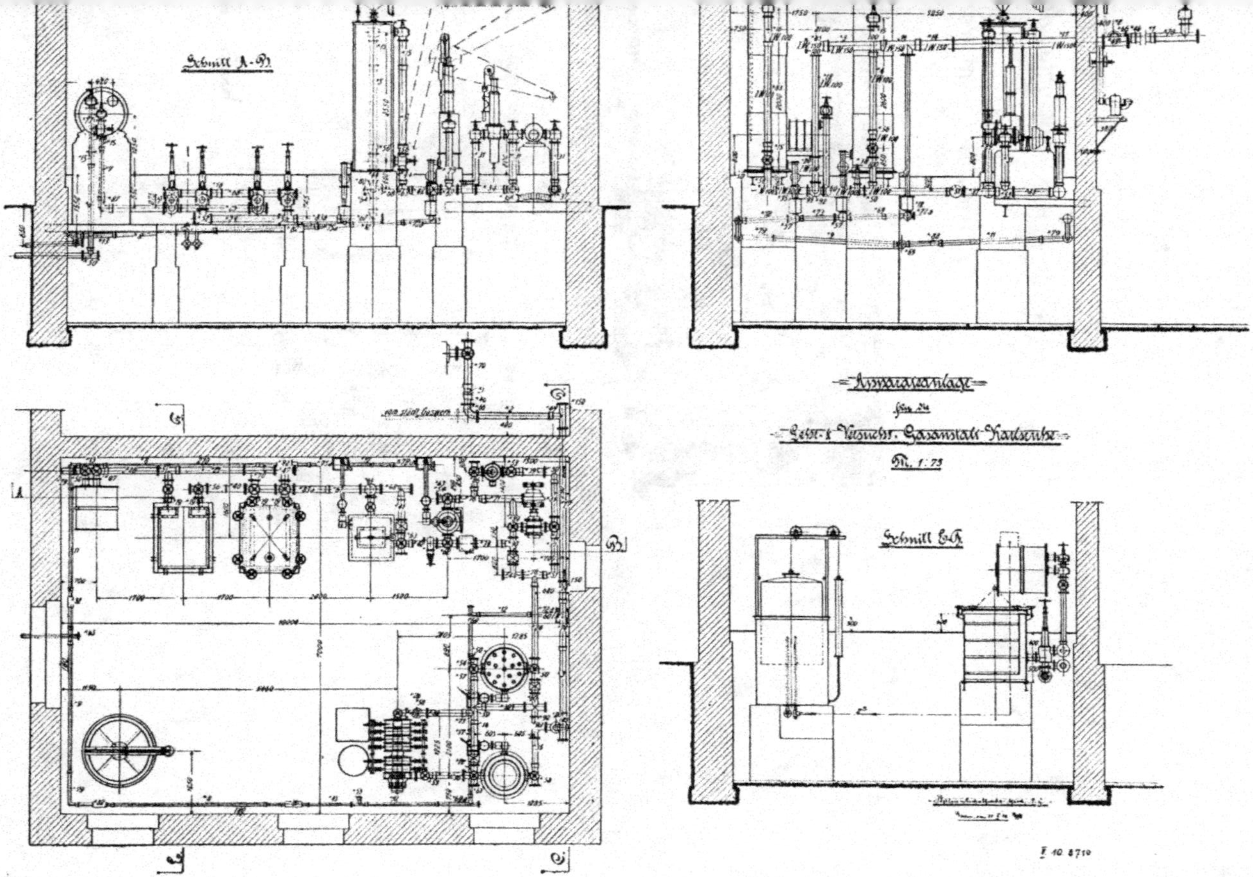

Verlag von R. Oldenbourg, München und Berlin.

Schäfer, Gaswerk. 3. Aufl.

Retortenofe

Einrichtung zum Vor

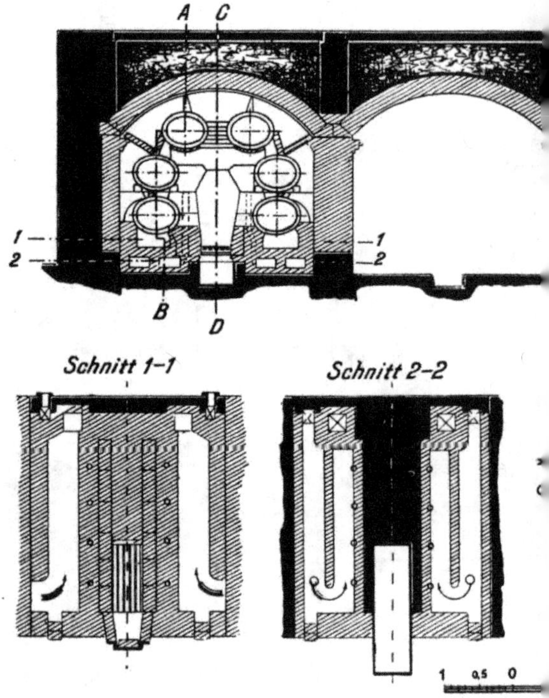

Tafel II.

erung

erbrennungsluft.

Längenschnitt A–B

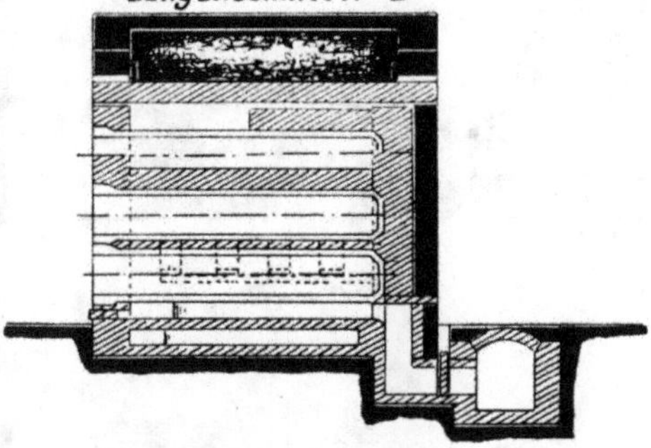

Längenschnitt C–D

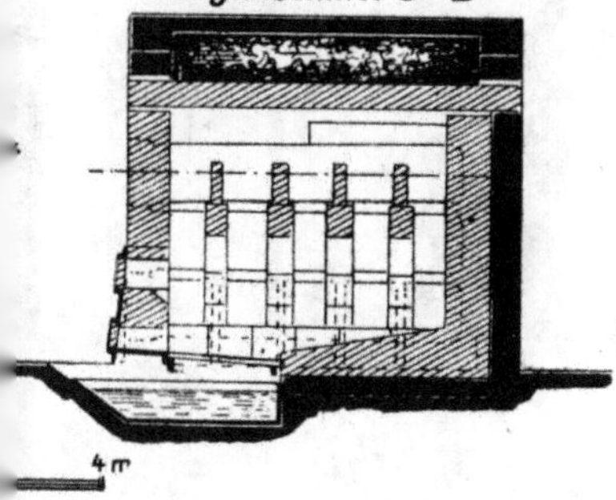

Schäfer, Gaswerk. 3. Aufl.

Halbgeneratorof

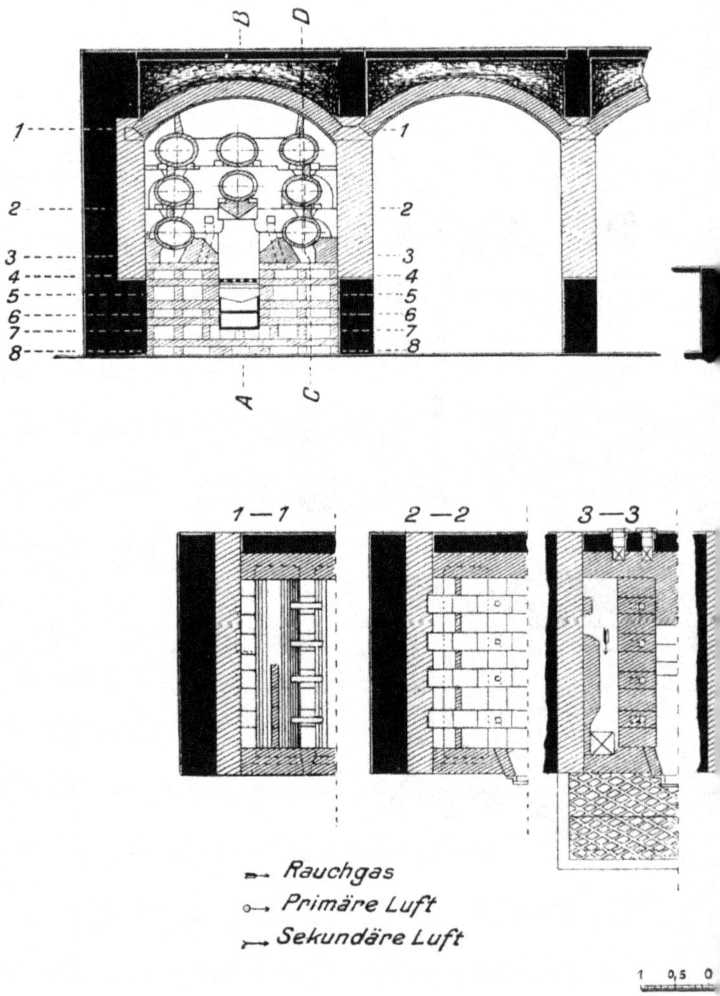

Tafel III.

…sse-Vacherot".

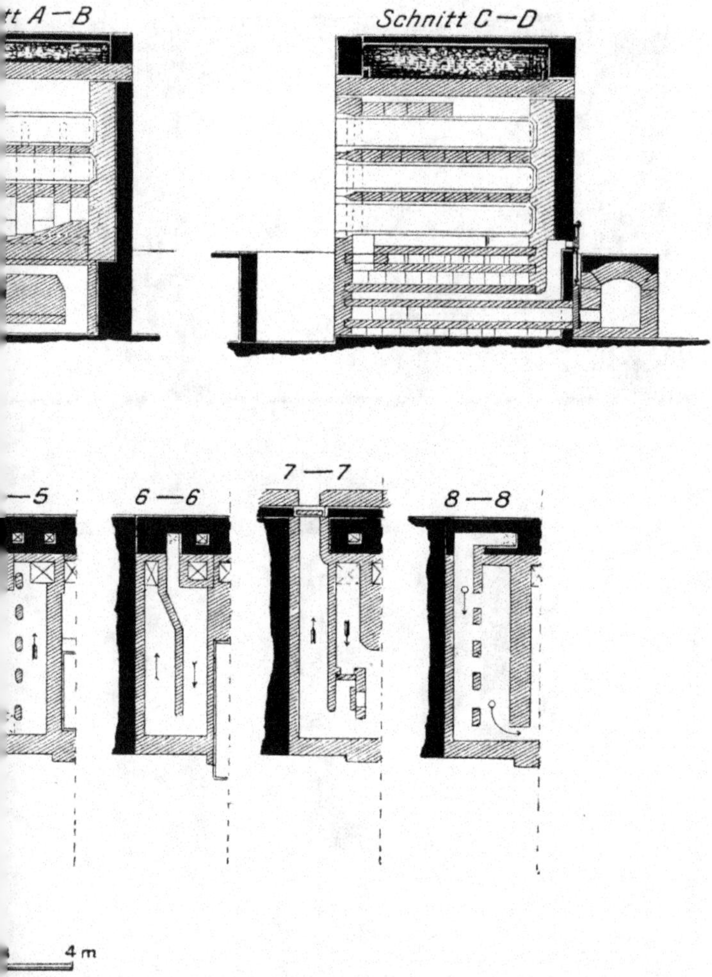

Vollgeneratorofen mit vorliegender

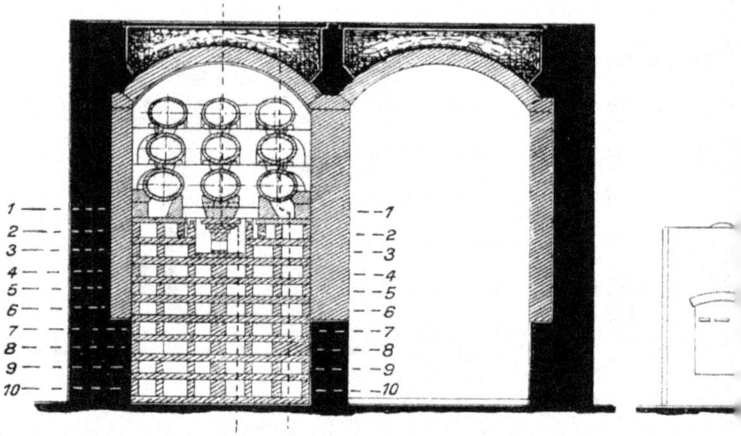

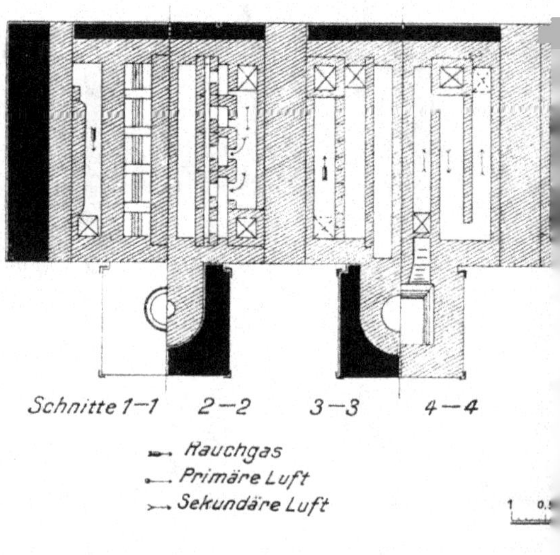

Tafel IV.

·d horizontal liegenden Retorten.

Vollgeneratorofen mit vorliegen

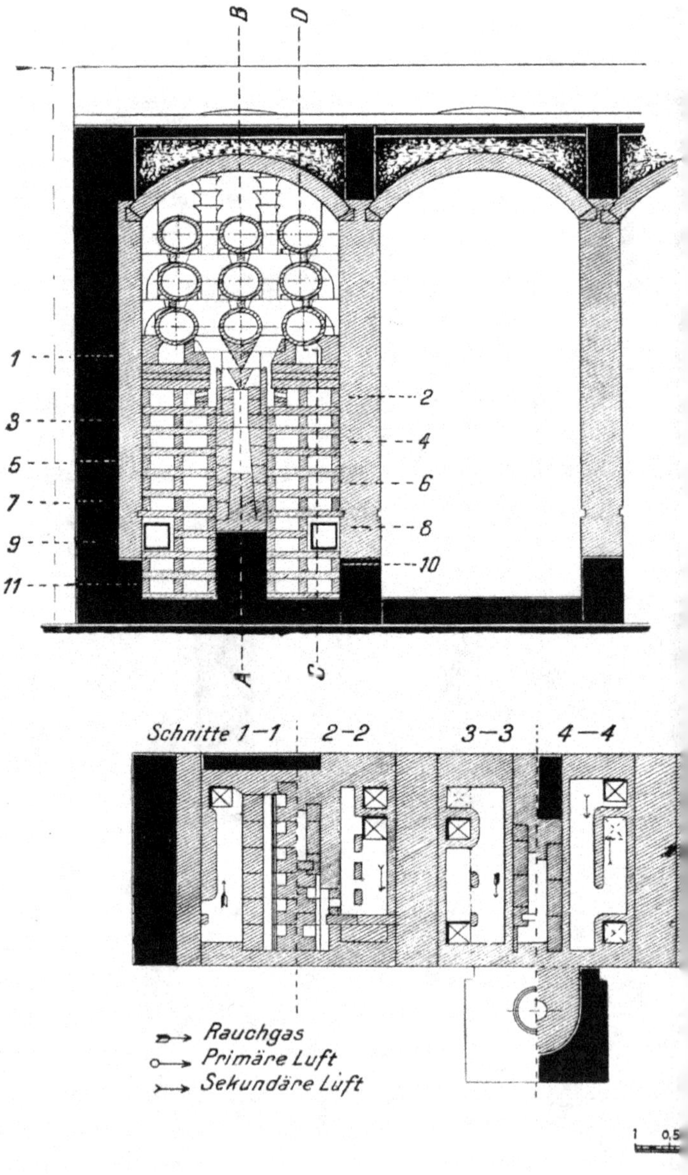

und schräg liegenden Retorten.

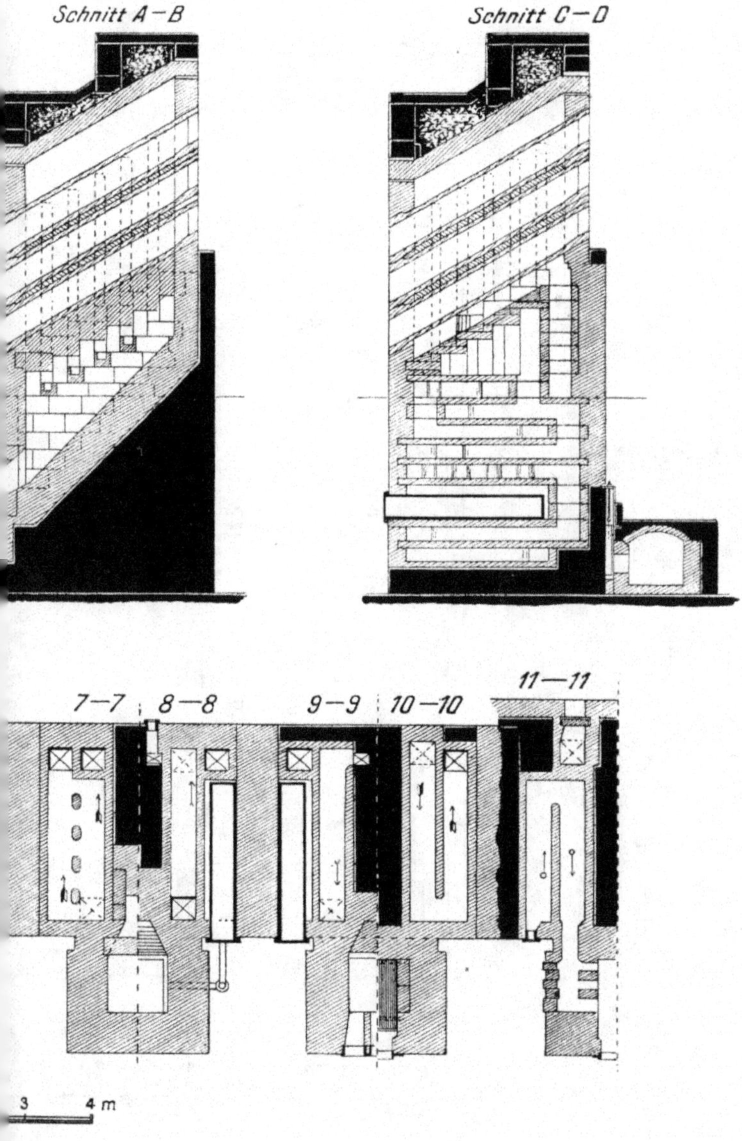

Vollgeneratorofen mit eing

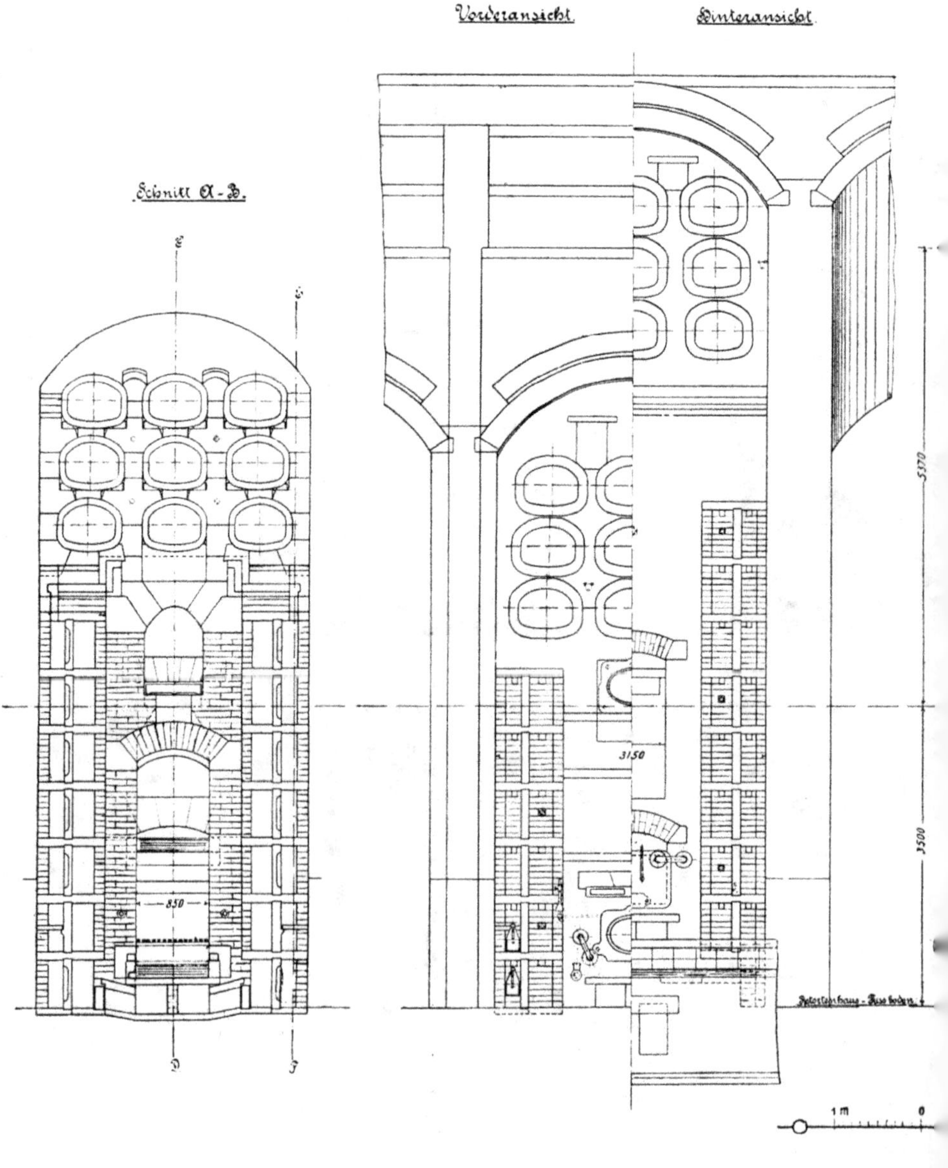

Tafel Va.

rator und schrägen Retorten.

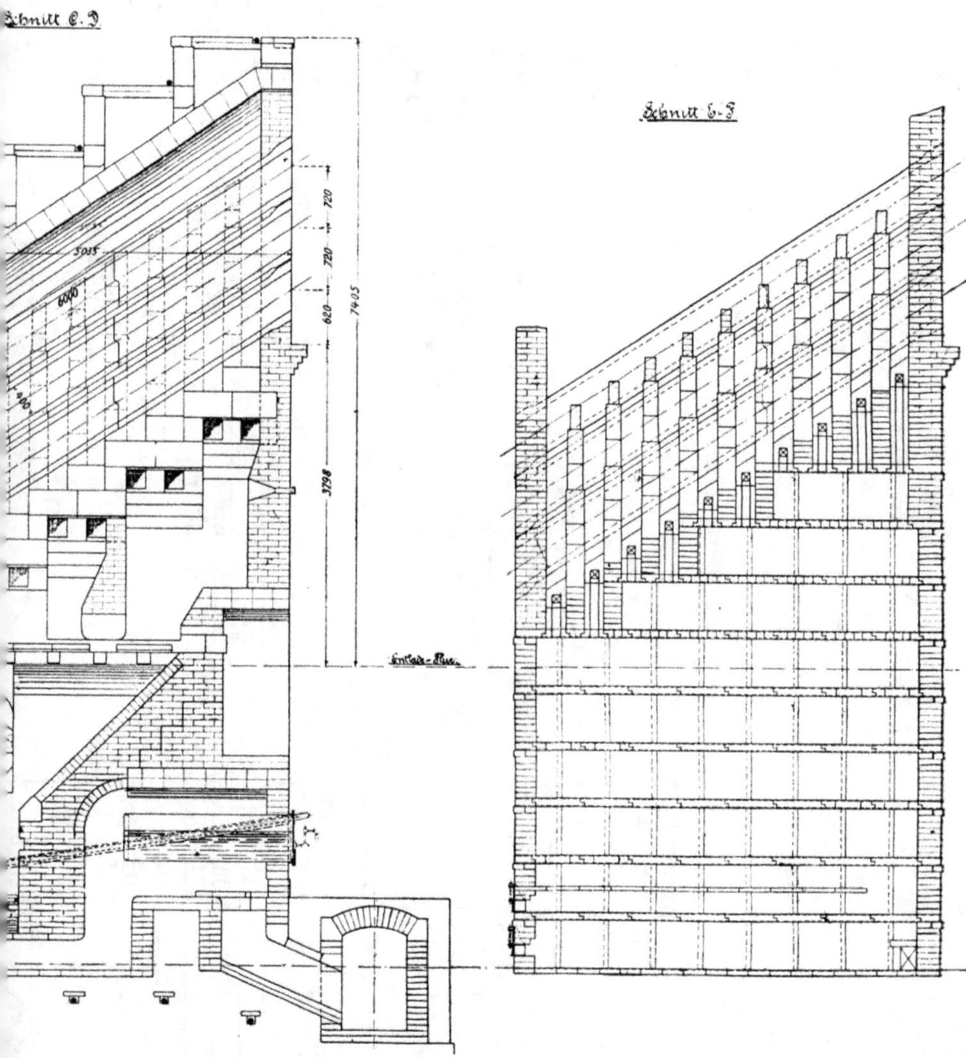

Vollgeneratorof

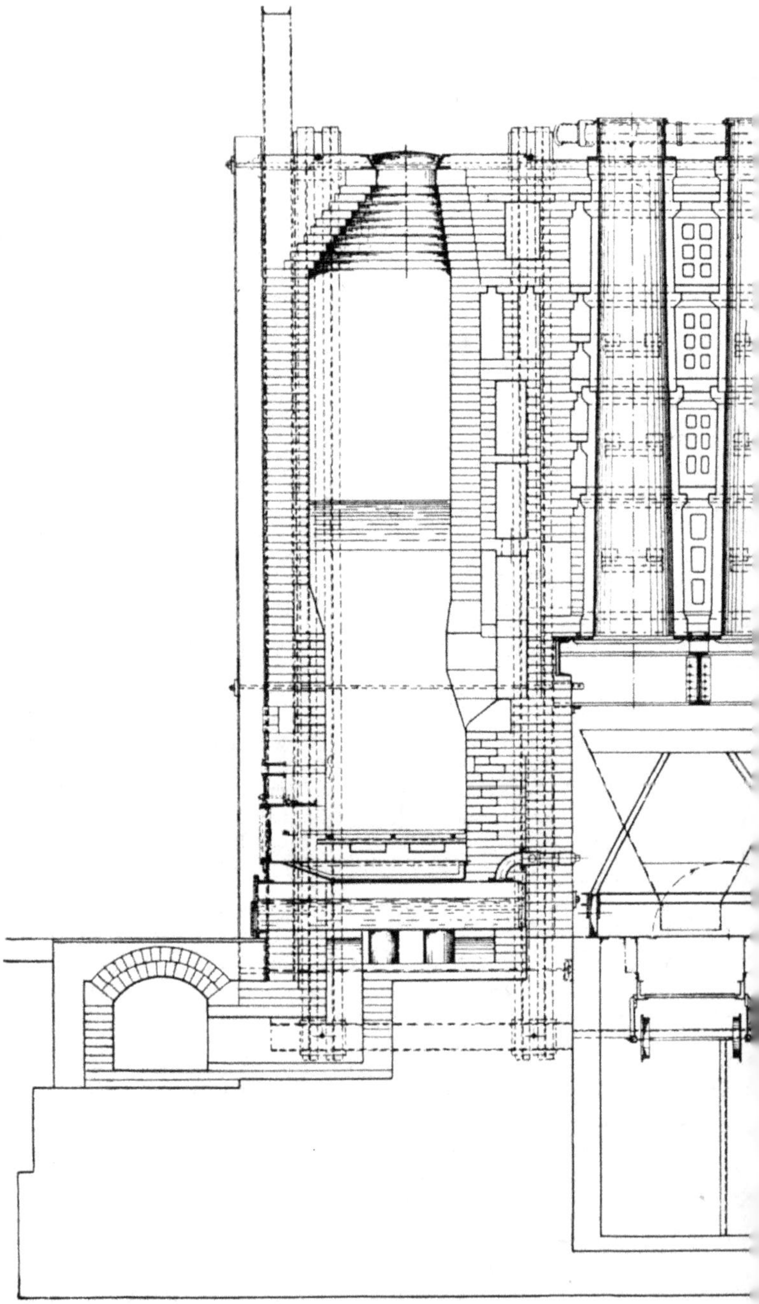

…den Retorten.

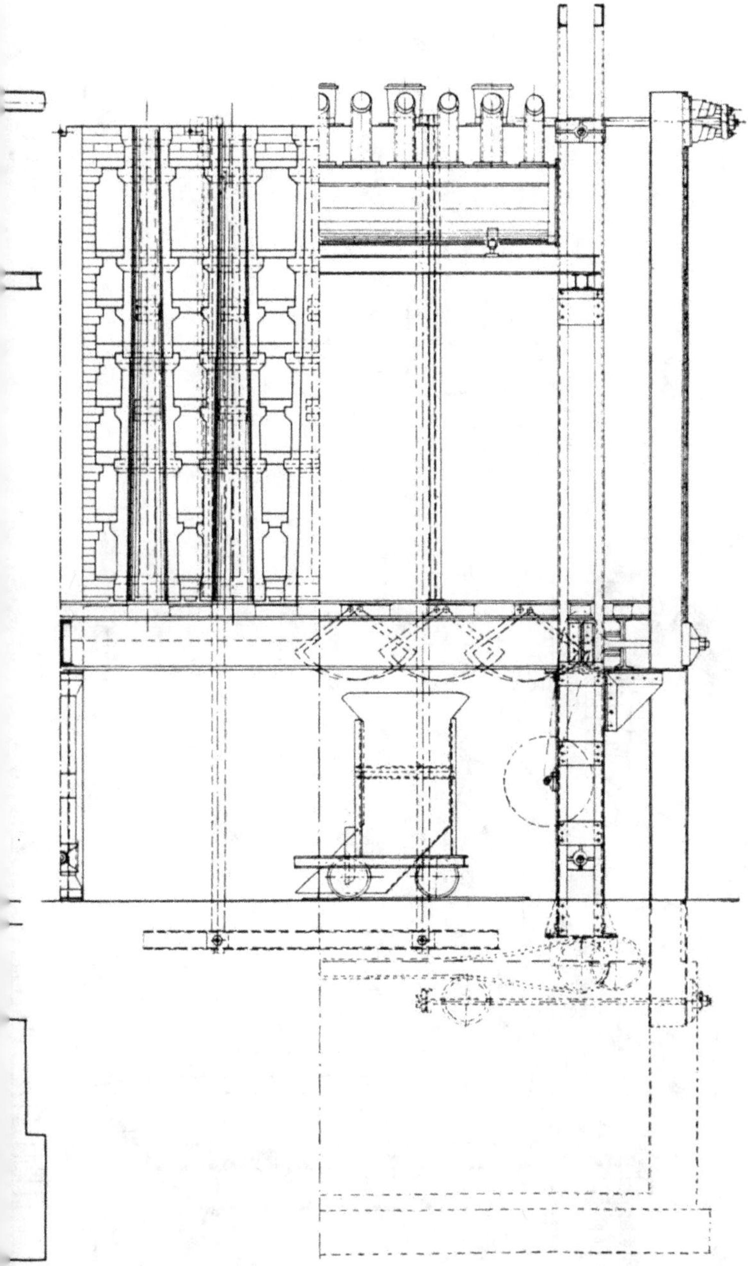

Retorten-Füll

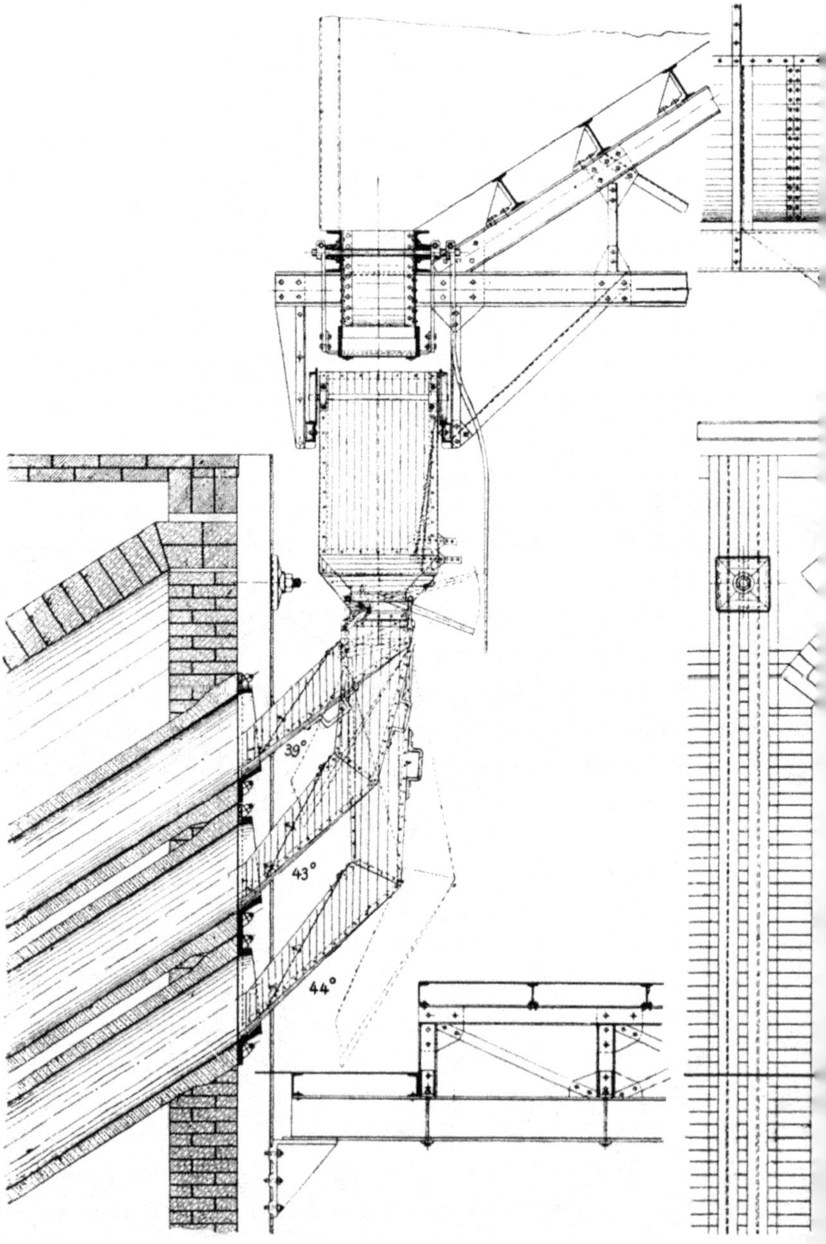

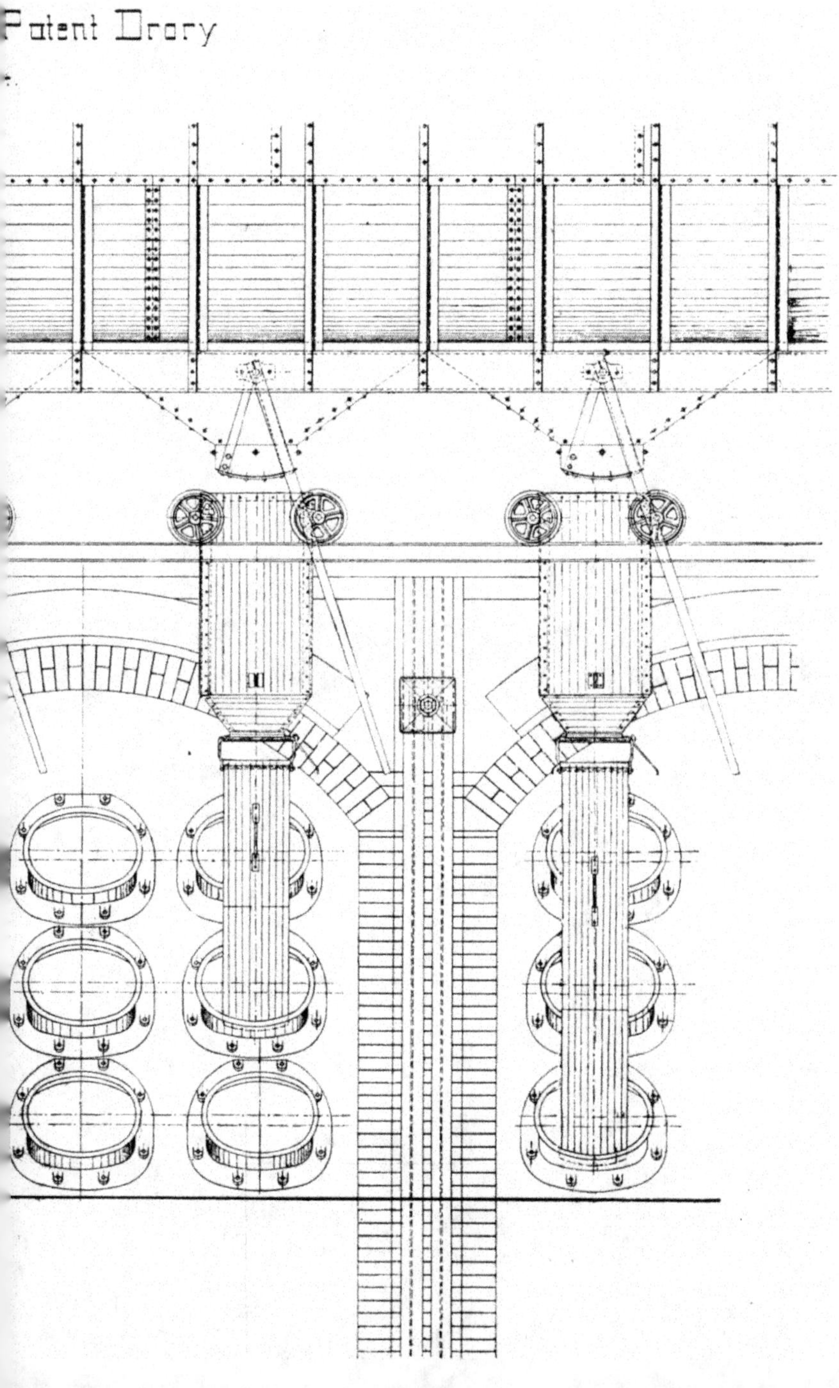
Patent Drory

X.

Y.

Z.

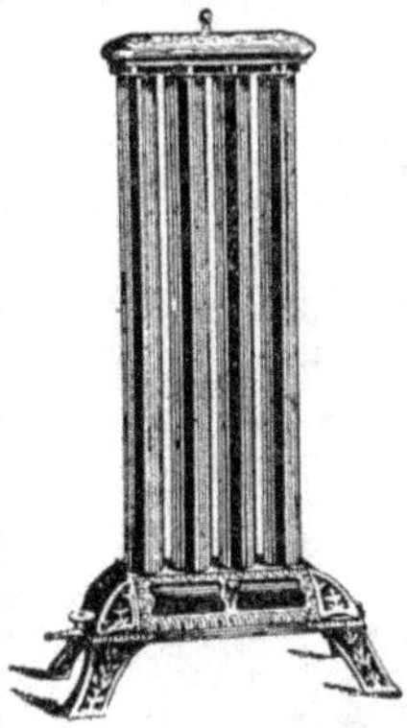

Gasradiator „GLADIATOR"

D. R. G. M.

Bester Gasofen der Gegenwart mit Blaubrenner **ohne** ::: Abzugrohr :::

Kolossale Heizkraft, ca. 40% Gasersparnis

OLSO-BRENNER

(13) D. R. P. 178502 und 191590

bester stehender Gasglühlichtbrenner in 6 Größen ::

30–50% Gasersparnis

gegenüber **Auer-Liliput, Auer-C-Brenner** oder **Auer-Starklicht**

Gasverbrauch bei richtiger Einteilung:

1 Stundenliter pro Hefnerkerze

Man weise wertlosen Schund zurück!

Zu beziehen durch die deutsch. Generalvertreter und den Verband selbständ. deutsch. Installateure

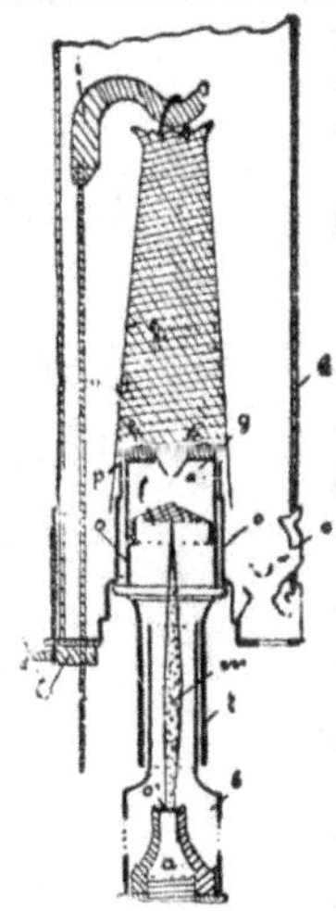

Deutsche Olso-Licht-Centrale G.m.b.H.

Potsdamer-Str. 22a **BERLIN W. 9** Potsdamer-Str. 22a

Telegr.-Adresse: Olsocentrale. — Fernruf: Amt VI, 16465.

Patente auf Brenner u. Glühkörper in fast all. Kulturstaaten!

(1)

Hermann Pipersberg jr., Lüttringhausen

Gegr. 1843 **Gas- und Wassermesserfabrik** Gegr. 1843

liefert:

trockene und nasse Gasmesser, Stationsgasmesser, Gasautomaten, Gasdruckschreiber, Flügelrad-Wassermesser mit Hartgummi-Meßrad. Auch Wassermesser mit vollem Durchgang und Düsenregulierung D. R. P. Nr. 156137 vor- und rückwärts registrierend.

Preislisten und Referenzen auf Wunsch.

Ausstellung Düsseldorf 1902: **Höchste Auszeichnung.**
Weltausstellung Lüttich 1905: **Goldene Medaille.**
Weltausstellung Mailand 1906: **Grand Prix.** (4)

www.ingramcontent.com/pod-product-compliance
Lightning Source LLC
LaVergne TN
LVHW010656300926
849161LV00005B/1136